中国石化员工培训教材

石油化工安装钳工

中国石化员工培训教材编审指导委员会 组织编写

本书主编 赵晓峰

中国石化出版社

内 容 提 要

《石油化工安装钳工》为《中国石化员工培训教材》系列之一。本书主要内容包括：机械制图；金属材料及热处理；常用量器具与机具设备；钳工工艺知识；机械装配与润滑；密封；安装工艺；离心泵、往复泵、转子泵、计量泵、磁力驱动泵、屏蔽泵、高速泵的结构及安装；离心式压缩机、往复式压缩机、螺杆压缩机、轴流式压缩机的结构及安装；汽轮机及烟气轮机的结构及安装；风机的安装；起重机械的安装与使用要求。

本书是安装钳工岗位技能培训的必备教材，也可作为专业技术人员的参考书。

图书在版编目(CIP)数据

石油化工安装钳工／赵晓峰主编．—北京：中国石化出版社，2014.10
中国石化员工培训教材
ISBN 978-7-5114-2966-7

Ⅰ.①石… Ⅱ.①赵… Ⅲ.①石油化工-安装钳工-职工培训-教材 Ⅳ.①TE65 ②TG946

中国版本图书馆 CIP 数据核字(2014)第 180205 号

中国石化出版社出版发行
地址：北京市东城区安定门外大街 58 号
邮编：100011　电话：(010)84271850
读者服务部电话：(010)84289974
http://www.sinopec-press.com
E-mail:press@sinopec.com
北京柏力行彩印有限公司印刷
全国各地新华书店经销
*
787×1092 毫米 16 开本 37 印张 852 千字
2015 年 1 月第 1 版　2015 年 1 月第 1 次印刷
定价：128.00 元

《中国石化员工培训教材》编审指导委员会

序

中国石化是上中下游一体化能源化工公司，经营规模大、业务链条长、员工数量多，在我国经济社会发展中具有举足轻重的作用。公司的发展，基础在队伍，关键在人才，根本在提高员工队伍整体素质。员工教育培训是建设高素质员工队伍的先导性、基础性、战略性工程，是加强人才队伍建设的重要途径。

当前，我们已开启了建设世界一流能源化工公司的新航程，加快转变发展方式的任务艰巨而繁重，这对进一步做好员工教育培训工作提出了新的更高要求。我们要以中国特色社会主义理论为指导，紧紧围绕企业改革发展、队伍建设和员工成长需要，以提高思想政治素质为根本，以能力建设为重点，积极构建符合中国石化实际的培训体系，加大重点和骨干人才培训力度，深入推进全员培训，不断提高教育培训的质量和效益，为打造世界一流提供有力的人才保证和智力支持。

培训教材是员工学习的工具。加强培训教材建设，能够有效反映和传递公司战略思想和企业文化，推动企业全员学习，促进学习型企业建设。中国石化员工培训教材编审指导委员会组织编写的这套系列教材，较好地反映了集团公司经营管理目标要求，总结了全体员工在实践中创造的好经验好做法，梳理了有关岗位工作职责和工作流程，分析研究了面临的新技术、新情况、新问题等，在此基础上进行了完善提升，具有很强的实践性、实用性和较高的理论性、思想性。这套系列培训教材的开发和出版，对推动全体员工进一步加强学习，进而提高全体员工的理论素养、知识水平和业务能力具有重要的意义。

学习的目的在于运用，希望全体员工大力弘扬理论联系实际的优良学风，紧密结合企业发展环境的新变化、新进展、新情况，学好用好培训教材，不断提高解决实际问题、做好本职工作的能力，真正做到学以致用、知行合一，把学习培训的成果切实转变为推进工作、促进改革创新的实际行动，为建设世界一流能源化工公司作出积极的贡献。

二〇一二年七月十六日

前　言

根据中国石化发展战略要求，为加强培训资源建设、推进全员培训的深入开展，集团公司人事部组织梳理了近些年培训教材开发成果，调研了企业培训教材需求，开展了中国石化员工培训课程体系研究。在此基础上，按职业素养、综合管理、专业技术、技能操作、国际化业务、新员工等六类，组织编写覆盖石油石化主要业务的系列培训教材，初步构建起中国石化特色的培训教材体系。系列教材围绕中国石化发展战略、队伍建设和员工成长的需要，以提高全体员工履行岗位职责的能力为重点，把研究和解决生产经营、改革发展面临的新挑战、新情况、新问题作为重要目标，把全体员工在实践中创造的好经验好做法作为重要内容，具有较强的实践性、针对性。这套培训教材的开发工作由中国石化员工培训教材编审指导委员会组织，集团公司人事部统筹协调，总部各业务部门分工负责专业指导和质量把关，主编单位负责组织培训教材编写。在培训教材开发和编写的过程中，上下协同、团结合作，各级领导给予了高度重视和支持，许多管理专家、技术骨干、技能操作能手为培训教材编写贡献了智慧、付出了辛勤的劳动。

《石油化工安装钳工》为技能操作类型的教材，在编写过程中，紧紧围绕石油化工行业特点，以对安装钳工能力需求为原则，以实用、够用为宗旨，突出技能培养，力求使教材具有较强的针对性和实用性。在内容设置上，不仅包含了安装钳工应知应会的基础理论知识及专业基础知识，同时详细讲述了石油化工装置各类机械设备的结构、安装工艺及注意事项、常见故障的诊断及排除方法。

《石油化工安装钳工》教材由中石化第四建设有限公司负责组织编写，主编赵晓峰(第四建设有限公司)，参加编写的人员有高洪波(第四建设有限公司)、薛代兴(第四建设有限公司)、陈玉清(第四建设有限公司)；本教材已经中国石油化工集团公司人事部审定通过，主审邸长友，参加审定的人员有姚军、许继孔、杨德胜、程学军、高宏岩、郑国春、王振亮、宋嘎子、杜宗岚、岳粹黄等，审定工作得到了中石化炼化工程(集团)股份有限公司人事部、南京工程有限公司、宁波工程有限公司、第五建设有限公司、第十建设有限公司的大力支持；

中国石化出版社对教材的编写和出版工作给予了通力协作和配合，在此一并表示感谢。

由于本教材涵盖的内容较多，不同企业之间也存在着差别，编写难度较大，加之编写时间紧迫，不足之处在所难免，敬请各使用单位及个人对教材提出宝贵意见和建议，以便教材修订时补充更正。

目 录

第 1 章 机械制图 …………………………………………………… (1)
1.1 三视图 ……………………………………………………… (1)
1.1.1 投影法的基本概念 ……………………………………… (1)
1.1.2 三视图 …………………………………………………… (2)
1.2 零部件的表达方法 ………………………………………… (3)
1.2.1 视图 ……………………………………………………… (3)
1.2.2 剖视图 …………………………………………………… (6)
1.3 零件图 ……………………………………………………… (14)
1.3.1 零件图的作用和内容 …………………………………… (14)
1.3.2 零件图的视图选择和尺寸标注 ………………………… (15)
1.3.3 零件图的技术要求 ……………………………………… (16)
1.4 装配图 ……………………………………………………… (25)
1.4.1 装配图的作用及内容 …………………………………… (25)
1.4.2 装配图的表示方法 ……………………………………… (27)
1.4.3 装配图视图的选择 ……………………………………… (28)
1.4.4 装配图中的零件序号和明细栏 ………………………… (31)
1.5 计算机绘图 ………………………………………………… (32)
1.5.1 AutoCAD 简介 ………………………………………… (32)
1.5.2 安装与启动 ……………………………………………… (32)
1.5.3 基本命令的使用 ………………………………………… (33)
第 2 章 金属材料与热处理 ………………………………………… (35)
2.1 金属的力学性能 …………………………………………… (35)
2.1.1 力学性能 ………………………………………………… (35)
2.1.2 温度对材料力学性能的影响 …………………………… (37)
2.2 钢 …………………………………………………………… (37)
2.2.1 碳素钢 …………………………………………………… (37)
2.2.2 合金钢 …………………………………………………… (40)
2.3 铸铁 ………………………………………………………… (45)
2.3.1 铸铁的分类 ……………………………………………… (45)
2.3.2 灰铸铁 …………………………………………………… (46)
2.3.3 球墨铸铁 ………………………………………………… (46)
2.3.4 蠕墨铸铁 ………………………………………………… (46)
2.3.5 可锻铸铁 ………………………………………………… (47)
2.3.6 合金铸铁 ………………………………………………… (47)
2.4 有色金属 …………………………………………………… (48)

2.4.1　铜及铜合金 …………………………………………………………（48）
2.4.2　铝及铝合金 …………………………………………………………（51）
2.4.3　滑动轴承合金 ………………………………………………………（53）
2.5　硬质合金 ……………………………………………………………（54）
2.5.1　金属陶瓷硬质合金 …………………………………………………（54）
2.5.2　钢结硬质合金 ………………………………………………………（55）
2.6　钢的热处理 …………………………………………………………（55）
2.6.1　热处理方法及其应用 ………………………………………………（55）
2.6.2　常用工具的热处理 …………………………………………………（56）
2.6.3　表面热处理 …………………………………………………………（57）
第3章　量器具与机具设备 ……………………………………………（59）
3.1　常用量具 ……………………………………………………………（59）
3.1.1　钢直尺、90°角尺、内外卡钳及塞尺 ………………………………（59）
3.1.2　游标读数量具 ………………………………………………………（63）
3.1.3　螺旋测微量具 ………………………………………………………（69）
3.1.4　指示式量具 …………………………………………………………（72）
3.1.5　水平仪 ………………………………………………………………（74）
3.1.6　量块 …………………………………………………………………（77）
3.1.7　螺纹样板 ……………………………………………………………（78）
3.2　常用电子仪器 ………………………………………………………（79）
3.2.1　手持式测振仪 ………………………………………………………（79）
3.2.2　红外测温仪 …………………………………………………………（80）
3.2.3　激光对中仪 …………………………………………………………（81）
3.3　常用光学仪器 ………………………………………………………（82）
3.3.1　水准仪 ………………………………………………………………（82）
3.3.2　自准直仪 ……………………………………………………………（84）
3.4　常用机具设备 ………………………………………………………（85）
3.4.1　钳桌 …………………………………………………………………（85）
3.4.2　台虎钳 ………………………………………………………………（86）
3.4.3　台式钻床 ……………………………………………………………（87）
3.4.4　手电钻 ………………………………………………………………（87）
3.4.5　砂轮机 ………………………………………………………………（88）
3.4.6　电磨头 ………………………………………………………………（88）
3.4.7　角向磨光机 …………………………………………………………（88）
3.4.8　拉卸顶拔器 …………………………………………………………（89）
第4章　钳工工艺知识 …………………………………………………（91）
4.1　划线 …………………………………………………………………（91）
4.1.1　划线的概念 …………………………………………………………（91）
4.1.2　划线的工具 …………………………………………………………（91）
4.1.3　划线前的准备 ………………………………………………………（94）

4.1.4 划线基准的选择 …… (94)
4.2 锯割、錾销和锉削 …… (95)
4.2.1 锯割 …… (95)
4.2.2 錾削 …… (97)
4.2.3 锉削 …… (100)
4.3 刮削和研磨 …… (104)
4.3.1 刮削 …… (104)
4.3.2 研磨 …… (106)
4.4 钻孔和铰孔 …… (111)
4.4.1 钻孔 …… (111)
4.4.2 铰孔 …… (113)
4.5 攻丝和套丝 …… (116)
4.5.1 螺纹 …… (116)
4.5.2 攻丝 …… (119)
4.5.3 套丝 …… (121)
第5章 机械装配与润滑 …… (123)
5.1 螺纹连接 …… (123)
5.1.1 种类 …… (123)
5.1.2 装配 …… (125)
5.2 键连接 …… (129)
5.2.1 种类 …… (129)
5.2.2 装配 …… (131)
5.3 销连接 …… (131)
5.3.1 种类 …… (132)
5.3.2 装配 …… (132)
5.4 过盈连接 …… (133)
5.4.1 种类 …… (133)
5.4.2 装配 …… (133)
5.5 带传动 …… (135)
5.5.1 带传动的类型、特点与应用 …… (135)
5.5.2 V带传动 …… (136)
5.6 链传动 …… (137)
5.6.1 链传动的类型、应用与特点 …… (137)
5.6.2 套筒滚子链传动 …… (138)
5.7 齿轮传动 …… (143)
5.7.1 齿轮传动的基本要求 …… (143)
5.7.2 齿轮传动的种类 …… (143)
5.7.3 齿轮各部分的名称 …… (144)
5.7.4 齿轮的基本参数 …… (145)
5.7.5 渐开线标准直齿轮几何尺寸计算公式 …… (146)

5.7.6 齿轮传动的精度等级 …………………………………………………………（146）
5.8 蜗杆传动 ……………………………………………………………………（147）
5.8.1 蜗杆传动的组成 ……………………………………………………………（147）
5.8.2 蜗杆传动的类型 ……………………………………………………………（147）
5.8.3 蜗杆传动的特点 ……………………………………………………………（148）
5.8.4 蜗杆传动的基本参数 ………………………………………………………（148）
5.8.5 蜗杆传动的润滑 ……………………………………………………………（150）
5.9 联轴器 ……………………………………………………………………（151）
5.9.1 联轴器的分类、特点及应用 ………………………………………………（151）
5.9.2 联轴器的找正 ……………………………………………………………（154）
5.10 滑动轴承 …………………………………………………………………（160）
5.10.1 轴承润滑基本原理 ………………………………………………………（160）
5.10.2 滑动轴承的结构 …………………………………………………………（164）
5.11 滚动轴承 …………………………………………………………………（170）
5.11.1 滚动轴承的类型 …………………………………………………………（170）
5.11.2 滚动轴承的结构组成 ……………………………………………………（171）
5.11.3 滚动轴承的代号 …………………………………………………………（171）
5.11.4 滚动轴承的游隙 …………………………………………………………（172）
5.12 润滑剂 ……………………………………………………………………（172）
5.12.1 润滑油 ……………………………………………………………………（173）
5.12.2 润滑脂 ……………………………………………………………………（189）
第6章 密封 ………………………………………………………………………（197）
6.1 填料密封 …………………………………………………………………（197）
6.1.1 结构及原理 …………………………………………………………………（197）
6.1.2 结构型式 ……………………………………………………………………（198）
6.1.3 填料的要求及其形式 ………………………………………………………（199）
6.1.4 填料密封的安装和使用 ……………………………………………………（200）
6.2 机械密封 …………………………………………………………………（202）
6.2.1 基本结构和原理 ……………………………………………………………（202）
6.2.2 机械密封的类型 ……………………………………………………………（203）
6.2.3 机械密封的辅助设施 ………………………………………………………（206）
6.2.4 机械密封的材料 ……………………………………………………………（209）
6.2.5 机械密封的安装 ……………………………………………………………（214）
6.2.6 机械密封的失效与故障分析 ………………………………………………（217）
6.3 迷宫密封 …………………………………………………………………（219）
6.3.1 工作原理 ……………………………………………………………………（219）
6.3.2 结构、类型和特点 …………………………………………………………（220）
6.3.3 迷宫密封的齿数与节流间隙 ………………………………………………（221）
6.3.4 迷宫密封的材料 ……………………………………………………………（221）
6.3.5 迷宫密封的装配 ……………………………………………………………（221）

6.4 浮环密封 …………………………………………………………………………… (223)
6.4.1 基本结构与工作原理 ………………………………………………………… (223)
6.4.2 浮环密封的优点与缺点 ……………………………………………………… (223)
6.4.3 密封油控制系统 ……………………………………………………………… (224)
6.4.4 浮环密封的安装 ……………………………………………………………… (225)
6.5 蜂窝密封 …………………………………………………………………………… (225)
6.5.1 基本结构与工作原理 ………………………………………………………… (225)
6.5.2 特点 …………………………………………………………………………… (226)
6.6 干气密封 …………………………………………………………………………… (227)
6.6.1 基本结构与工作原理 ………………………………………………………… (227)
6.6.2 干气密封的材料 ……………………………………………………………… (228)
6.6.3 干气密封的类型 ……………………………………………………………… (229)
6.6.4 干气密封的控制系统 ………………………………………………………… (231)
6.6.5 干气密封的安装与拆卸 ……………………………………………………… (232)
第7章 安装工艺 ……………………………………………………………………… (235)
7.1 设备安装前的准备 ………………………………………………………………… (235)
7.1.1 组织、技术准备 ……………………………………………………………… (235)
7.1.2 工具、材料准备 ……………………………………………………………… (235)
7.1.3 设备的开箱、清点和保管 …………………………………………………… (235)
7.2 设备基础的检验和复验 …………………………………………………………… (236)
7.2.1 基础的种类、材料 …………………………………………………………… (236)
7.2.2 中心标板和基准点的埋设 …………………………………………………… (237)
7.2.3 基础的复验 …………………………………………………………………… (238)
7.3 机械设备的安装方法 ……………………………………………………………… (239)
7.3.1 设备的定位 …………………………………………………………………… (239)
7.3.2 地脚螺栓的安装与处理 ……………………………………………………… (241)
7.3.3 垫铁的安装 …………………………………………………………………… (242)
7.3.4 设备的找正 …………………………………………………………………… (246)
7.3.5 灌浆 …………………………………………………………………………… (250)
7.4 机械设备的检验、调整和试运转 ………………………………………………… (255)
7.4.1 检验和调整 …………………………………………………………………… (255)
7.4.2 试运转 ………………………………………………………………………… (279)
第8章 泵 ……………………………………………………………………………… (282)
8.1 离心泵 ……………………………………………………………………………… (283)
8.1.1 工作原理 ……………………………………………………………………… (283)
8.1.2 分类 …………………………………………………………………………… (283)
8.1.3 基本结构 ……………………………………………………………………… (284)
8.1.4 部件 …………………………………………………………………………… (289)
8.1.5 性能参数与特性曲线 ………………………………………………………… (293)
8.1.6 工作点与流量调节 …………………………………………………………… (293)

8.1.7 汽蚀与预防 …………………………………………………………………… (295)
8.1.8 试运转及故障处理 ……………………………………………………………… (296)
8.2 往复泵 ………………………………………………………………………… (298)
8.2.1 工作原理 …………………………………………………………………… (298)
8.2.2 分类和适用范围 ……………………………………………………………… (298)
8.2.3 主要结构类型 ………………………………………………………………… (299)
8.2.4 性能特点和性能曲线 ………………………………………………………… (300)
8.2.5 流量脉动的消除方法 ………………………………………………………… (301)
8.2.6 试运转及故障处理 …………………………………………………………… (302)
8.3 转子泵 ………………………………………………………………………… (304)
8.3.1 工作原理与特点 ……………………………………………………………… (304)
8.3.2 旋转活塞泵 ………………………………………………………………… (306)
8.3.3 单螺杆泵 …………………………………………………………………… (309)
8.3.4 双螺杆泵 …………………………………………………………………… (311)
8.3.5 三螺杆泵 …………………………………………………………………… (313)
8.3.6 齿轮泵 ……………………………………………………………………… (315)
8.3.7 挠性管泵 …………………………………………………………………… (316)
8.3.8 罗茨泵 ……………………………………………………………………… (319)
8.3.9 转子泵的试运转及故障处理 ………………………………………………… (321)
8.4 计量泵 ………………………………………………………………………… (323)
8.4.1 柱塞计量泵 ………………………………………………………………… (324)
8.4.2 隔膜计量泵 ………………………………………………………………… (324)
8.4.3 流量调节 …………………………………………………………………… (326)
8.4.4 计量泵的试运转及故障处理 ………………………………………………… (326)
8.5 磁力驱动泵 …………………………………………………………………… (328)
8.5.1 磁力驱动泵的特点与特殊要求 ……………………………………………… (328)
8.5.2 磁力驱动泵的优点与缺点 …………………………………………………… (329)
8.5.3 磁力泵的磁力驱动器 ………………………………………………………… (330)
8.5.4 磁力驱动离心泵的适用范围 ………………………………………………… (330)
8.5.5 磁力泵运行操作要求 ………………………………………………………… (331)
8.5.6 磁力驱动泵的故障处理 ……………………………………………………… (331)
8.6 屏蔽泵 ………………………………………………………………………… (331)
8.6.1 屏蔽泵电机的特点与特殊要求 ……………………………………………… (332)
8.6.2 屏蔽泵的优点与缺点 ………………………………………………………… (333)
8.6.3 离心式屏蔽泵的适用范围 …………………………………………………… (333)
8.6.4 屏蔽泵运行的注意事项 ……………………………………………………… (333)
8.6.5 屏蔽泵的故障处理 …………………………………………………………… (333)
8.7 高速泵 ………………………………………………………………………… (334)
8.7.1 高速离心泵的结构原理 ……………………………………………………… (334)
8.7.2 高速离心泵的特点 …………………………………………………………… (335)

8.7.3 高速离心泵的试运转及故障处理 ……(336)
第9章 离心式压缩机 ……(338)
9.1 基本组成及工作原理 ……(338)
9.2 分类 ……(339)
9.3 技术参数与特性曲线 ……(339)
9.3.1 技术参数 ……(339)
9.3.2 特性曲线 ……(340)
9.4 流量调节 ……(341)
9.4.1 压缩机与管网联合工作 ……(341)
9.4.2 离心式压缩机的流量调节 ……(344)
9.5 离心式压缩机的结构特点 ……(345)
9.5.1 叶轮 ……(345)
9.5.2 转子及转子轴向力的平衡 ……(346)
9.5.3 隔板、扩压器、弯道和回流器 ……(348)
9.6 离心式压缩机的润滑油系统 ……(350)
9.6.1 润滑油系统的组成 ……(350)
9.6.2 润滑油系统流程简介 ……(352)
9.6.3 对润滑油系统的要求 ……(352)
9.7 离心式压缩机的整体安装 ……(352)
9.7.1 机组就位、找平找正 ……(353)
9.7.2 机组联轴器对中 ……(353)
9.7.3 基础二次灌浆 ……(354)
9.7.4 找正 ……(354)
9.8 现场组装的离心压缩机安装 ……(354)
9.8.1 轴承装配 ……(354)
9.8.2 机壳与隔板的安装 ……(355)
9.8.3 转子安装 ……(356)
9.8.4 密封装置的安装 ……(356)
9.8.5 机壳的闭合 ……(356)
9.9 离心式压缩机组的对中找正 ……(357)
9.9.1 离心式压缩机对中找正常用的方法 ……(357)
9.9.2 激光找正 ……(361)
9.10 开停机注意事项 ……(362)
9.10.1 开机注意事项 ……(362)
9.10.2 停机注意事项 ……(362)
9.11 常见故障和排除方法 ……(362)
第10章 往复式压缩机 ……(364)
10.1 基本组成及工作原理 ……(364)
10.1.1 基本组成 ……(364)
10.1.2 理论循环 ……(365)

10.1.3 实际循环 …………………………………………………………………………（366）
10.1.4 往复式压缩机的受力 ……………………………………………………………（366）
10.2 分类 ……………………………………………………………………………………（368）
10.3 技术参数 ………………………………………………………………………………（369）
10.3.1 排气量 ……………………………………………………………………………（369）
10.3.2 排气压力 …………………………………………………………………………（369）
10.3.3 转速 ………………………………………………………………………………（370）
10.3.4 活塞力 ……………………………………………………………………………（370）
10.3.5 活塞行程 …………………………………………………………………………（370）
10.3.6 功率 ………………………………………………………………………………（370）
10.4 运行及调节 ……………………………………………………………………………（370）
10.5 结构特点和主要部件 …………………………………………………………………（371）
10.5.1 机体 ………………………………………………………………………………（371）
10.5.2 曲轴 ………………………………………………………………………………（372）
10.5.3 连杆及连杆螺栓 …………………………………………………………………（373）
10.5.4 十字头及十字头销 ………………………………………………………………（374）
10.5.5 轴承 ………………………………………………………………………………（376）
10.5.6 汽缸 ………………………………………………………………………………（377）
10.5.7 活塞与活塞杆 ……………………………………………………………………（379）
10.5.8 活塞环 ……………………………………………………………………………（383）
10.5.9 填料密封 …………………………………………………………………………（385）
10.5.10 气阀组件 …………………………………………………………………………（386）
10.6 往复式压缩机的安装 …………………………………………………………………（387）
10.6.1 安装前的准备工作 ………………………………………………………………（387）
10.6.2 整体安装和解体安装 ……………………………………………………………（389）
10.6.3 安装步骤与技术要求 ……………………………………………………………（390）
10.7 往复式压缩机的试车 …………………………………………………………………（411）
10.7.1 机组试车 …………………………………………………………………………（411）
10.7.2 往复式压缩机试车合格及完好标准 ……………………………………………（416）
10.8 往复式压缩机的故障分析与处理 ……………………………………………………（417）
10.8.1 实践经验诊断法 …………………………………………………………………（417）
10.8.2 诊断理论诊断法 …………………………………………………………………（417）
10.8.3 常见故障及其原因和措施 ………………………………………………………（418）
第11章 螺杆压缩机 ………………………………………………………………………（421）
11.1 基本组成及工作原理 …………………………………………………………………（421）
11.1.1 基本组成 …………………………………………………………………………（421）
11.1.2 工作原理 …………………………………………………………………………（421）
11.1.3 螺杆压缩机的优、缺点 …………………………………………………………（423）
11.2 分类 ……………………………………………………………………………………（423）
11.3 技术参数 ………………………………………………………………………………（424）

11.3.1 转子型线种类 …………………………………………………………（424）
11.3.2 转子齿数 ……………………………………………………………（425）
11.3.3 转子啮合间隙、端面间隙和齿顶间隙 ……………………………（425）
11.4 结构特点 ………………………………………………………………（426）
11.4.1 机体 …………………………………………………………………（426）
11.4.2 转子 …………………………………………………………………（427）
11.4.3 轴承 …………………………………………………………………（428）
11.4.4 轴封 …………………………………………………………………（429）
11.4.5 同步齿轮 ……………………………………………………………（429）
11.4.6 容量调节滑阀 ………………………………………………………（429）
11.4.7 内容积比调节滑阀 …………………………………………………（430）
11.5 试车与验收 ……………………………………………………………（431）
11.6 故障分析与处理 ………………………………………………………（433）
第12章 轴流式压缩机 ……………………………………………………（439）
12.1 基本组成及工作原理 …………………………………………………（439）
12.2 分类 ……………………………………………………………………（440）
12.3 性能曲线 ………………………………………………………………（440）
12.4 旋转失速、喘振与阻塞 ………………………………………………（441）
12.4.1 旋转失速 ……………………………………………………………（441）
12.4.2 喘振 …………………………………………………………………（441）
12.4.3 阻塞 …………………………………………………………………（442）
12.5 结构特点 ………………………………………………………………（442）
12.6 轴流式压缩机安装 ……………………………………………………（446）
12.6.1 部件组装要求 ………………………………………………………（447）
12.6.2 轴流式压缩机安装过程中的检测项目 ……………………………（448）
12.7 开停机注意事项 ………………………………………………………（451）
12.8 故障分析与处理 ………………………………………………………（452）
第13章 汽轮机 ……………………………………………………………（453）
13.1 工作原理及基本组成 …………………………………………………（453）
13.2 分类 ……………………………………………………………………（453）
13.3 技术参数 ………………………………………………………………（457）
13.4 结构特点 ………………………………………………………………（457）
13.4.1 汽缸的结构特点 ……………………………………………………（458）
13.4.2 隔板的结构特点 ……………………………………………………（459）
13.4.3 喷嘴的作用 …………………………………………………………（460）
13.4.4 转子的结构特点 ……………………………………………………（460）
13.4.5 动叶片的结构特点 …………………………………………………（462）
13.4.6 转子轴向力产生的原因及平衡方法 ………………………………（463）
13.4.7 汽封系统的结构特点 ………………………………………………（463）
13.4.8 蒸汽室的结构 ………………………………………………………（465）

13.4.9 角形密封环 …………………………………………………………………………………………（465）
13.4.10 机座 …………………………………………………………………………………………………（466）
13.5 调速系统 ………………………………………………………………………………………………（467）
13.6 安装 ……………………………………………………………………………………………………（468）
13.6.1 机座、轴承座和汽缸的安装 …………………………………………………………………（468）
13.6.2 轴承的安装与检修 ……………………………………………………………………………（472）
13.6.3 转子的安装 ……………………………………………………………………………………（472）
13.6.4 隔板的安装与检查 ……………………………………………………………………………（474）
13.6.5 汽封的安装和检查 ……………………………………………………………………………（476）
13.6.6 上汽缸的安装及螺栓紧固 ……………………………………………………………………（477）
13.6.7 调节系统的安装及调试 ………………………………………………………………………（479）
13.6.8 保安系统的安装及调试 ………………………………………………………………………（486）
13.6.9 调节系统的调试 ………………………………………………………………………………（493）
13.6.10 油系统冲洗 …………………………………………………………………………………（494）
13.7 开停机注意事项 ………………………………………………………………………………………（496）
13.7.1 开机注意事项 …………………………………………………………………………………（496）
13.7.2 停机注意事项 …………………………………………………………………………………（497）
13.8 故障原因与处理 ………………………………………………………………………………………（497）
第14章 烟气轮机 ………………………………………………………………………………………（500）
14.1 分类 ……………………………………………………………………………………………………（500）
14.2 工作原理 ………………………………………………………………………………………………（501）
14.3 烟气在级内流道中的流动规律与对叶片磨损的影响 ………………………………………………（502）
14.3.1 烟气在流道内的流动规律 ……………………………………………………………………（502）
14.3.2 烟气粉尘浓度与颗粒尺寸对叶片冲蚀的影响 ………………………………………………（503）
14.4 主要性能参数 …………………………………………………………………………………………（503）
14.5 YLⅡ烟气轮机的主要结构与系统的组成 ……………………………………………………………（504）
14.6 烟气轮机安装 …………………………………………………………………………………………（508）
14.7 开停机注意事项 ………………………………………………………………………………………（516）
14.7.1 开机注意事项 …………………………………………………………………………………（516）
14.7.2 停机注意事项 …………………………………………………………………………………（516）
14.8 故障分析和处理措施 …………………………………………………………………………………（517）
第15章 风机 ……………………………………………………………………………………………（519）
15.1 风机的分类 ……………………………………………………………………………………………（519）
15.2 离心式通风机 …………………………………………………………………………………………（519）
15.2.1 工作原理 ………………………………………………………………………………………（519）
15.2.2 分类 ……………………………………………………………………………………………（519）
15.2.3 结构形式 ………………………………………………………………………………………（520）
15.2.4 结构部件 ………………………………………………………………………………………（522）
15.2.5 性能参数 ………………………………………………………………………………………（524）
15.2.6 安装 ……………………………………………………………………………………………（525）

15.2.7 试运 …………………………………………………………………………（526）
15.3 Gz 轴流式通风机 …………………………………………………………（527）
15.3.1 工作原理 ……………………………………………………………（527）
15.3.2 分类 …………………………………………………………………（527）
15.3.3 结构 …………………………………………………………………（528）
15.3.4 型号表述的意义 ……………………………………………………（529）
15.3.5 安装 …………………………………………………………………（530）
15.3.6 试运转 ………………………………………………………………（535）
15.4 罗茨风机 ……………………………………………………………………（536）
15.4.1 概述 …………………………………………………………………（536）
15.4.2 工作原理与构造 ……………………………………………………（537）
15.4.3 安装 …………………………………………………………………（539）
15.4.4 试车与运行 …………………………………………………………（539）
15.5 故障原因及处理 ……………………………………………………………（539）
第 16 章 起重机械 ……………………………………………………………（542）
16.1 工作特点 ……………………………………………………………………（542）
16.2 起重机分类与主要参数 ……………………………………………………（543）
16.2.1 分类 …………………………………………………………………（543）
16.2.2 起重机主要参数 ……………………………………………………（543）
16.2.3 起重机工作级别 ……………………………………………………（544）
16.2.4 起重机载荷 …………………………………………………………（545）
16.3 起重机械的安装 ……………………………………………………………（545）
16.3.1 起重机的搬运和存放 ………………………………………………（545）
16.3.2 安装前的准备工作及安装要求 ……………………………………（546）
16.3.3 起重机轨道(大车运行轨道)的安装 ………………………………（547）
16.3.4 安全装置的安装 ……………………………………………………（548）
16.3.5 大车用电缆的安装 …………………………………………………（549）
16.3.6 导电装置 ……………………………………………………………（549）
16.3.7 桥式起重机结构的安装 ……………………………………………（549）
16.3.8 门式起重机和装卸结构的安装 ……………………………………（551）
16.3.9 起重机的架设 ………………………………………………………（552）
16.3.10 穿绕起升钢丝绳 ……………………………………………………（553）
16.3.11 起重机的试运转 ……………………………………………………（554）
附录 ………………………………………………………………………………（556）
附录 1 起重机械安装的行政性法规(资料性附录) …………………………（556）
附录 2 起重机械的安全操作规程(资料性附录) ……………………………（558）
附录 3 常用金属密度表(资料性附录) ………………………………………（561）
附录 4 石油化工机械设备常用润滑油 ………………………………………（563）
参考文献 …………………………………………………………………………（571）

第1章　机械制图

1.1　三视图

1.1.1　投影法的基本概念

在工程设计过程中，常常需要把三维形体用二维平面图形表达在纸面上，要达到这个目的，可以靠投影法来实现。

投影法就是投射线经过三维形体，在选定的平面上得到二维图形的方法。由投影法所得的图形称为投影。投影所在的那个选定的平面叫做投影面。

投影方法
- 中心投影法
- 平行投影法
  - 斜投影法
  - 正投影法
    - 单面投影
    - 多面投影

所有投射线都汇于一点的投影叫中心投影法(图1-1)，中心投影法得到的投影一般不反映形体的真实大小，度量性较差，作图复杂，在机械图样中很少采用。

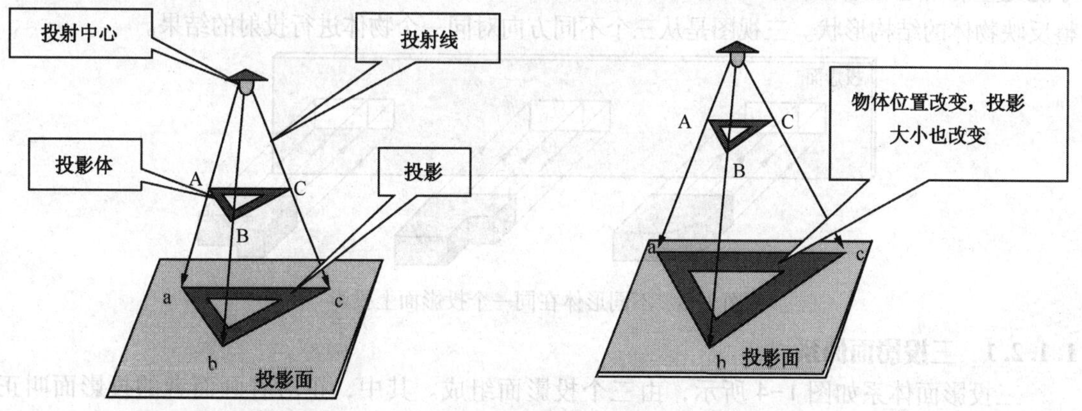

图1-1　中心投影法

投射线相互平行的投影法称为平行投影法(图1-2)。斜投影法是投射线与投影面倾斜，正投影法是投射线与投影面垂直。书中所说的投影都是指正投影。

直线或平面与投影面的相对位置不同，将表现出不同的正投影特性。

1. 直线或平面垂直于投影面——积聚性

当直线或平面垂直于投影面时，其投影积聚为一点或一条直线，这种投影性质称为积聚性。

2. 直线或平面平行于投影面——真实性

空间直线或平面平行于投影面时，其投影反映直线的实长或平面的实形，这种投影性质称为真实性。

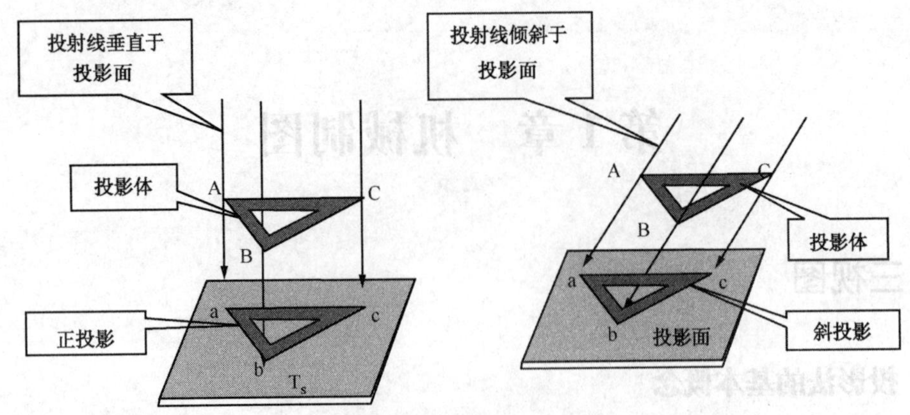

图 1-2　平行投影法

3. 直线或平面倾斜于投影面——类似性

当空间直线或平面倾斜于投影面时，其投影仍为直线或与之类似的平面图形，其投影的长度变短或面积变小，这种投影性质称为类似性。

1.1.2　三视图

在许多情况下，只用一个投影不加任何注解，是不能完整清晰地表达和确定形体的形状和结构的。如图 1-3 所示，三个形体在同一个方向的投影完全相同，但三个形体的空间结构却不相同。可见只用一个方向的投影来表达形体形状是不行的。一般必须将形体向几个方向投影，才能完整清晰地表达出形体的形状和结构。一个视图只能反映物体的一个方位的形状，不能完整反映物体的结构形状。三视图是从三个不同方向对同一个物体进行投射的结果。

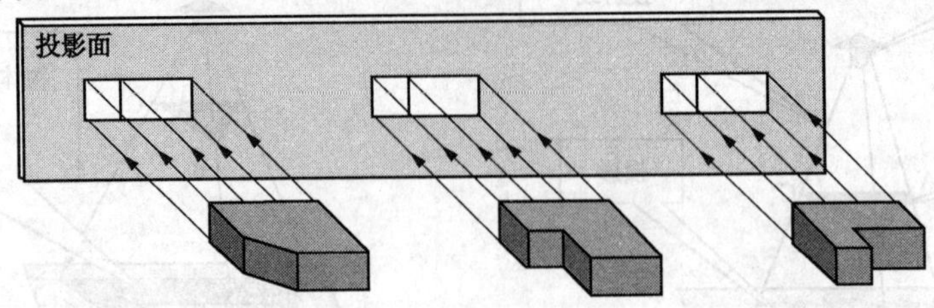

图 1-3　不同形体在同一个投影面上投影

1.1.2.1　三投影面体系

三投影面体系如图 1-4 所示，由三个投影面组成。其中，正对着画面者的投影面叫正立投影面，记作 V 面；水平放置的投影面叫做水平投影面，记作 H 面；侧立在右面的投影面叫做侧立投影面，记作 W 面。这三个投影面两两垂直相交，交线叫做投影轴，分别记为 OX、OY、OZ 轴。三投影轴的交点 O，叫做投影原点。

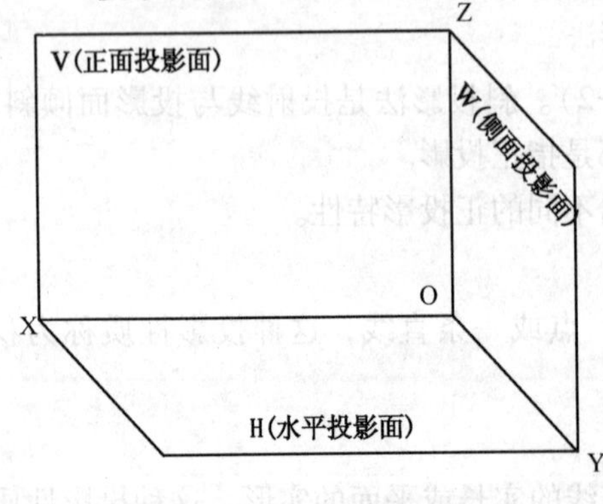

图 1-4　三投影面体系

1.1.2.2　三视图的形成

如图 1-5 所示，首先将形体放置在上述 V、H、W 三投影面体系中，然后分别向三个投影面作正投影。形体在三投影面体系中的摆放位置应注意以下两点：

（1）应使形体的多数表面（或主要表面）平行或垂直于投影面（即形体正放）。

（2）形体在三投影面体系中的位置一经选定，在投影过程中不能移动或变更，直到所有投影都进行完毕。

这样规定的目的主要是为了绘图读图和研究问题的方便。

在三个投影面上作出形体的投影后，为了作图和表示的方便，将空间三个投影面展开摊平在一个平面上。其规定展开方法，如图 1-6 所示。

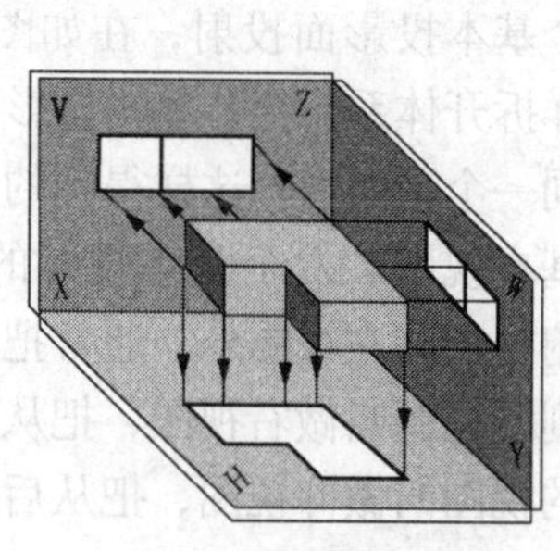

图 1-5　三视图的形成

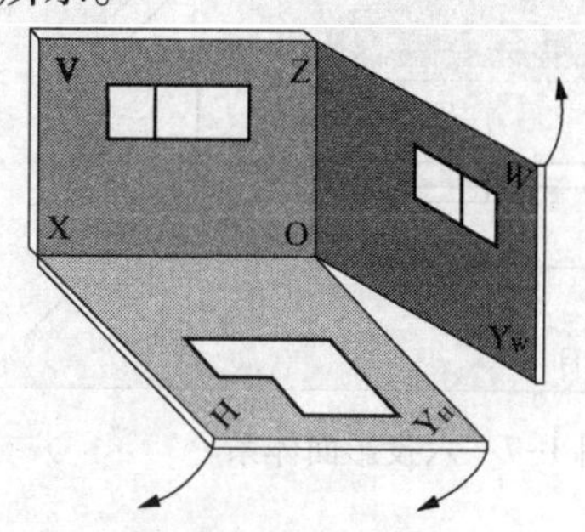

图 1-6　投影面展开

V 面保持不动，将 H 面和 W 面按图中箭头所指，方向分别绕 OX 和 OY 轴旋转，使 H 面和 W 面均与 V 面处于同一平面内，即得形体的三面投影图。

从上述三面投影图的形成过程可知，各面投影图的形状和大小均与投影面的大小无关。另外，可以想象，如果形体上、下、前、后、左、右平行移动，该形体的三面投影图仅在投影面上的位置有所变化，而其形状和大小是不会发生变化的，即三面投影图的形状和大小与形体和投影面的距离与投影轴的距离无关。因此，在画三面投影图时，一般不画出投影面的大小（即不画出投影面的边框线），也不画出投影轴。

工程上，习惯将投影图称为视图，国家标准规定：V 面投影图称为主视图；H 面投影图称为俯视图；W 面投影图称为左视图。

1.1.2.3　三视图的投影规律

由三视图形成的过程可以看到，三个视图配置的位置是：俯视图在主视图的下方，左视图在主视图的右方。三个视图所反映的空间方位是：主视图反映空间左右和上下方向的相对位置；俯视图反映空间左右和前后方向的相对位置；左视图反映空间上下和前后方向的相对位置。

三视图有如下的投影规律：

主、俯视图长对正；

主、左视图高平齐；

俯、左视图宽相等。

这条投影规律常简称为“长对正、高平齐、宽相等”。整个形体以及它的各个组成部分，乃至形体上的每个面、每条线、每个点都要符合这条基本定律，这是在画图或看图时要充分注意的。

1.2　零部件的表达方法

1.2.1　视图

有时候三视图不能完整、清楚地表达一些复杂的形体，为此，设想用增加视图的方法来解决。国家标准规定视图的画法包括基本视图、向视图、局部视图和斜视图。

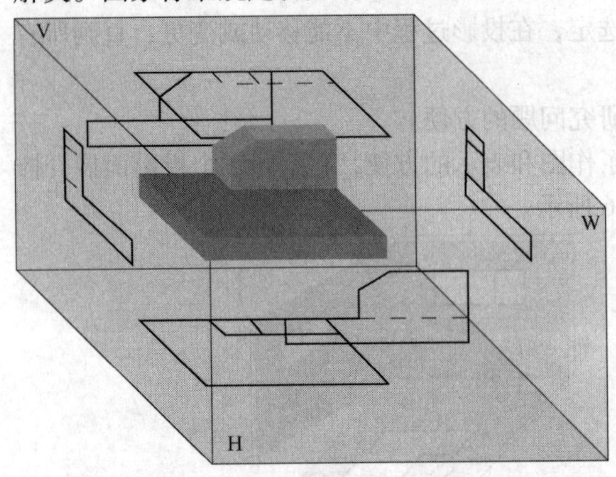

图 1-7　六投影面体系

1.2.1.1　基本视图

设想用立方体的六个面作为投影面，建立如图 1-7 所示的六投影面体系，而每个投影面都叫做基本投影面。把机件形体放入这个体系中，然后从六个不同的方向分别向六个基本投影面投射，在如图 1-8(a)所示那样拆开体系，把各基本投影面展开在与 V 面同一个平面内，这样得到的六个视图统称为基本视图。六个基本视图的名称除主视图、俯视图和左视图外，通常把从右向左投射得到的视图叫做右视图，把从下向上投射得到的视图叫做仰视图，把从后向前投射得到的视图叫做后视图。

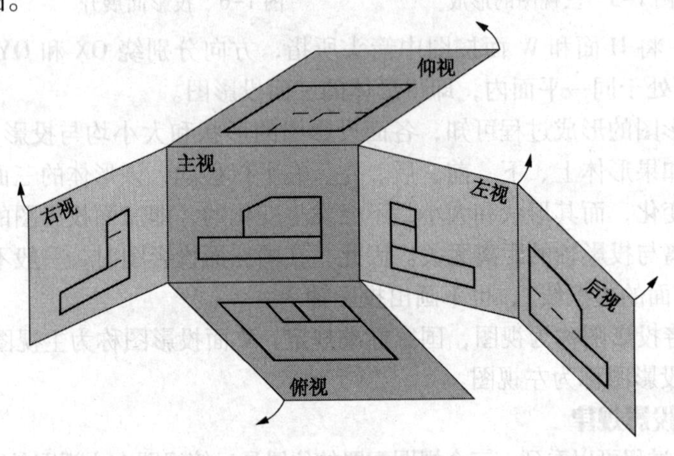

(a)

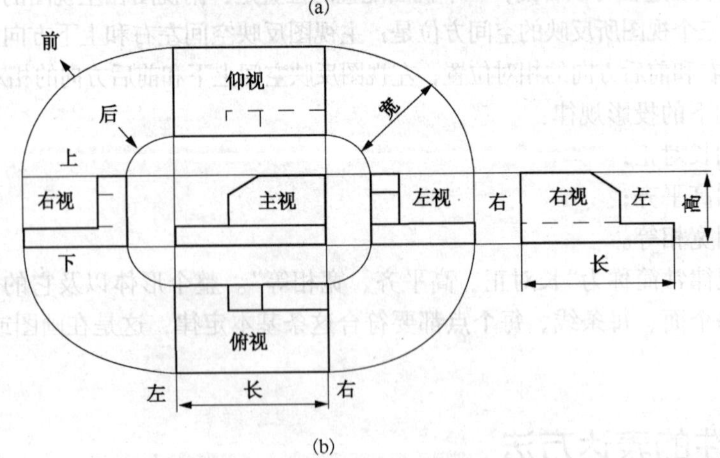

(b)

图 1-8　六个基本视图的形成及其配置

由基本视图形成的过程可知，它们的配置位置如图 1-8(b)所示，注意各基本视图反映空间方位的差别。

1.2.1.2 向视图

当基本视图不按投影关系的位置配置时，叫做向视图。向视图要进行标注，即在它的上方标注“×”（“×”为大写字母如 A、B、C…），在相应视图的附近用箭头指明投射方向，并标注相同的字母，如图 1-9 所示。

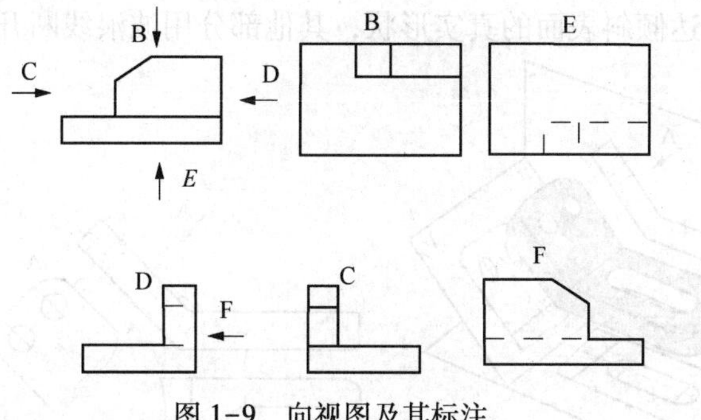

图 1-9 向视图及其标注

1.2.1.3 局部视图

将机件的某一部分向基本投影面投射所得到的视图称为局部视图。

当采用一定数量的基本视图后，该机件仍有部分结构形状未表达清楚，且又没有必要再画出其他完整的基本视图时，可单独将这一部分的结构形状向基本投影面投射。图 1-10(a)所示机件，在画出主、俯两个基本视图 1-10(b)后，仍有两侧的凸台形状和左下侧的肋板厚度没有表达清楚，因此需要画出表达该部分的局部视图 A 和局部视图 B，如图 1-10(b)图中“局部视图 A”用波浪线表示机件投射部分和非投射部分的分界线（该分界线也可用双折线或双点画线表示），“局部视图 B”由于投射部分的结构形状完整，且外轮廓线成封闭，因此波浪线省略不画。

局部视图在绘制时，一般在局部视图的上方中间位置处标注视图名称“×”（“×”为大写拉丁字母），并在相应的视图附近用箭头指明投射方向，并注上同样的大写拉丁字母。

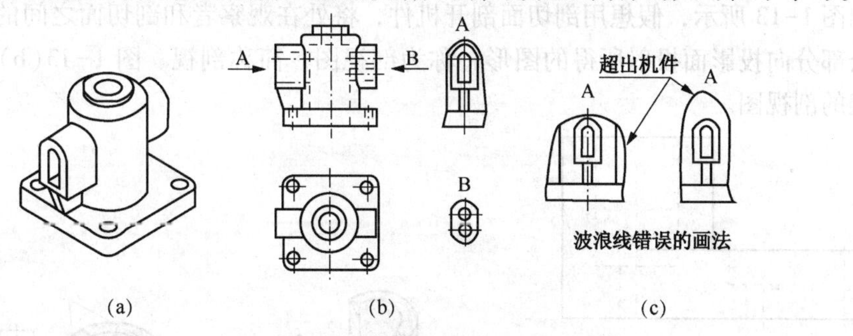

图 1-10 局部视图

1.2.1.4 斜视图

当机件上有倾斜于基本投影面的结构时，为了表达倾斜部分的实形，可设置一个与倾斜结构平行且垂直于一个基本投影面的辅助投影面，然后将该倾斜结构向辅助投影面投射并展平，所得的视图称为斜视图，如图 1-11(a)所示。

斜视图的配置、标注及画法：

(1) 斜视图一般按向视图的配置形式配置，在斜视图的上方必须用字母标出视图的名称，在相应的视图附近用箭头指明投射方向，并注上同样的字母，如图 1-11(b) 所示。

（2）在不致引起误解的情况下，从作图方便考虑，允许将图形旋转，这时斜视图应加注旋转符号，如图 1-11(c)所示，旋转符号为半圆形，半径等于字体高度，线宽为字体高度的1/14~1/10。必须注意，表示视图名称的大写拉丁字母应靠近旋转符号的箭头端，允许将旋转角度标注在字母之后。

（3）斜视图只表达倾斜表面的真实形状，其他部分用波浪线断开，如图 1-11 所示。

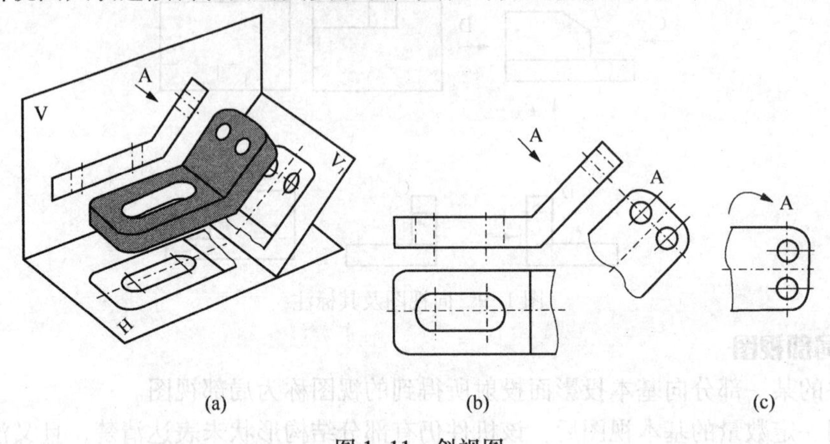

图 1-11　斜视图

1.2.2　剖视图

画视图时，机件的内部形状，如孔、槽等，因其不可见而用虚线表示，如图 1-12 所示。但当机件内部形状比较复杂时，图上的虚线较多，有的甚至和外形轮廓线重叠，这既不利于读图，也不便于标注尺寸。为此，国家标准 GB/T 17452—1998 规定可用剖视图来表达机件的内部形状。

1.2.2.1　剖视图的形成

如图 1-13 所示，假想用剖切面剖开机件，将处在观察者和剖切面之间的部分移开，而将剩余部分向投影面投射所得的图形，称为剖视图，简称剖视。图 1-13(b)中的主视图即为支架的剖视图。

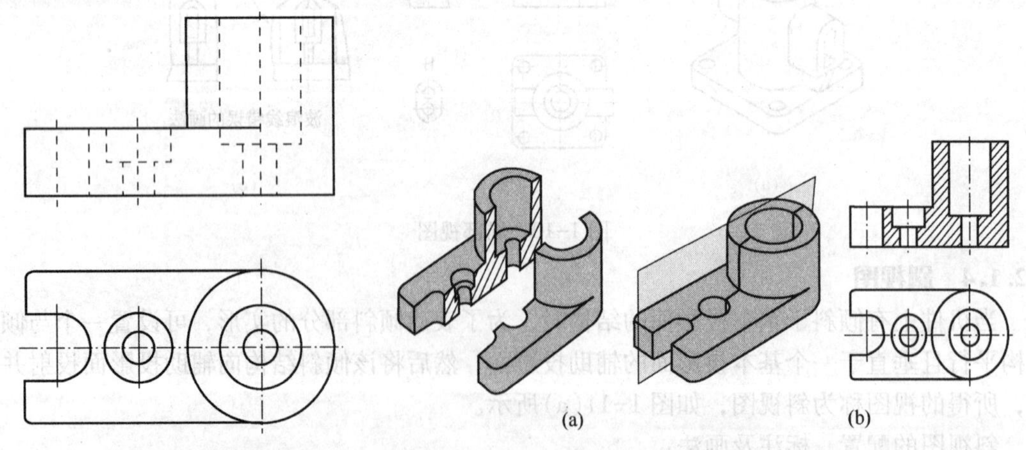

图 1-12　机件的视图　　　图 1-13　剖视图的画法

为区别于一般视图，规定剖视图上在剖切面与被剖形体的接触部位(称为剖面区域)画上剖面符号，如图 1-14 所示。机件材料不同，剖面符号画法也不同，表 1-1 列出了部分常用材料的剖面符号。其中，金属材料的剖面符号是用与水平方向成45°倾斜的细实线表示，而且间隔相等、互相平行。

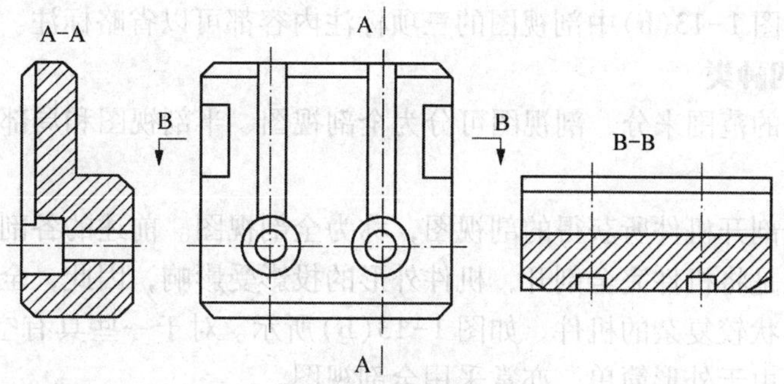

图 1–14　剖视图的标注

表 1–1　常用材料的剖面符号

材料名称	剖面符号	材料名称	剖面符号
金属材料 （已有规定剖面符号者除外）		液体	
非金属材料 （已有规定剖面符号者除外）		固体材料	

1.2.2.2　剖视图的标注

为了便于读图，剖视图上一般要作标注，有如下标注的内容。

1. 剖切符号

用来标明剖切面的剖切位置。它用短粗实线画，线宽是粗实线宽度 b 的 1~2 倍，标注自剖切位置的起始、终止和中间转折处，如图 1–14。

2. 剖视图名称

用来区分不同的剖视图。在剖视图的上方用大写字母标注，如“A–A”、“B–B”…，且用相同的字母注写在相应的剖切符号旁，如图 1–14。

3. 箭头

用来标明剖视图的投射方向。箭头画在剖切起始和终止的两剖切符号的外端，且与剖切符号垂直，如图 1–14。

为使图面清晰，在下列情况下剖视图标注可作省略：

（1）当剖视图按投影关系配置，中间又没有其他图形隔开时，可省略箭头标注。

（2）当单一剖切平面通过形体的对称平面或基本对称平面，且剖视图按投影关系配置、中间又没有其他图形隔开时，可省略标注。

按上述原则，图 1-13(b)中剖视图的三项标注内容都可以省略标注。

1.2.2.3 剖视图的种类

按机件被剖开的范围来分，剖视图可分为全剖视图、半剖视图和局部剖视图三种。

1. 全剖视图

用剖切面完全剖开机件所获得的剖视图，称为全剖视图。前述的各剖视图例均为全剖视图。由于全剖视图是将机件完全剖开，机件外形的投影受影响，因此，全剖视图一般适用于外形简单、内部形状较复杂的机件，如图 1-13(b)所示。对于一些具有空心回转体的机件，即使结构对称，但由于外形简单，亦常采用全剖视图。

2. 半剖视图

当机件具有对称平面时，向垂直于对称平面的投影面上投射所得的图形，允许以对称中心线为界，一半画成剖视图，另一半画成视图，这样获得的剖视图称为半剖视图。半剖视图主要用于内外形状都需要表达、结构对称的机件，如图 1-15 所示。

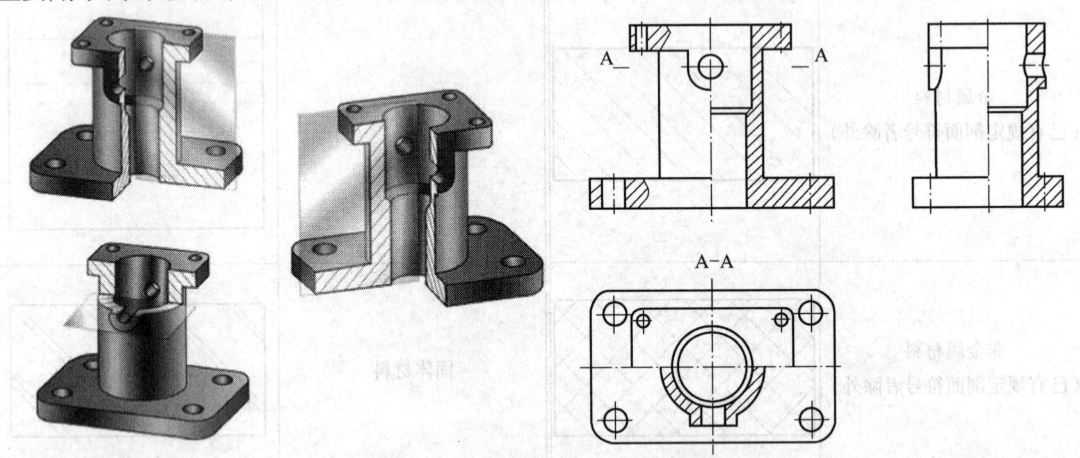

图 1-15　半剖视图的画法及标注

半剖视图中半个视图上的虚线常常省略不画。形体的对称中心线仍用点划线画。图的主、俯视图都是半剖视图，只是主视图省略了剖视图的各项标注，俯视图只省略了箭头的标注，如图 1-15。

3. 局部剖视图

用剖切面局部地剖开形体所得到的剖视图，如图 1-16(a)所示的形体，在主、俯视图上分别作了局部剖视，用来反映形体上这两处局部的内部形状。局部剖视图的分界线用波浪线画出，且波浪线应画在形体实体内，不画入孔、槽的空心处或形体外，如图 1-16(b)所示。

1.2.2.4 剖切面的种类

国家标准规定，根据机件的结构特点，可选择以下剖切面剖切物体：单一剖切面、几个平行的剖切面、几个相交的剖切面(交线垂直于某一基本投影面)。

1. 单一剖切面

仅用一个剖切面剖开机件。本节前述的图例均为单一剖切面，这种剖切方式应用较多。

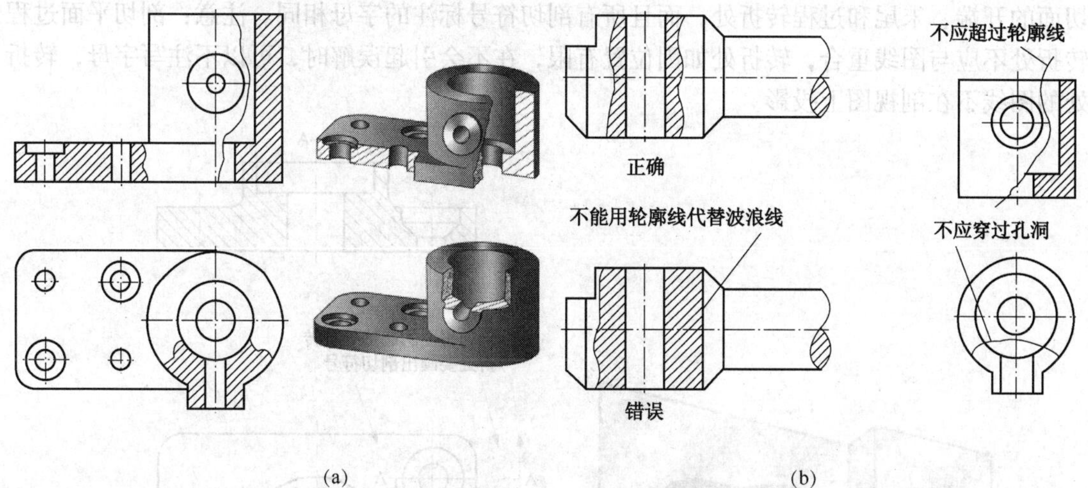

图 1-16　局部剖视图的画法

当机件上倾斜部分的内部结构需要表达时，与斜视图一样，可以选择一个与该倾斜部分平行的辅助投影面，然后用一个平行于该投影面的单一剖切面剖切机件，在辅助投影面上获得剖视图，这种剖切方法叫做斜剖。如图 1-17 所示。用这种方法获得的剖视图，必须注出剖切面位置、投射方向和剖视图名称，为了看图方便，应尽量使剖视图与剖切面投影关系相对应，将剖视图配置在箭头所指方向的一侧，如图 1-17(a)所示。在不致引起误解的情况下，允许将图形作适当的旋转，此时必须加注旋转符号，如图 1-17(b)所示。

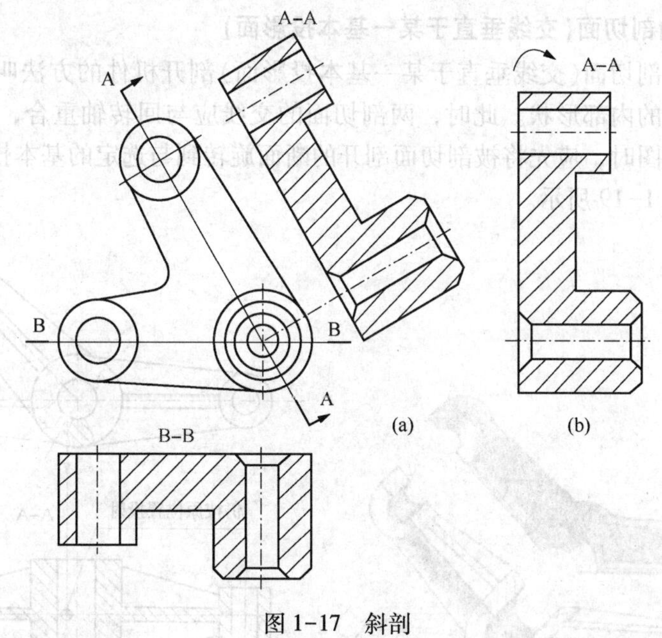

图 1-17　斜剖

2. 几个平行的剖切平面

用几个互相平行的剖切平面剖开形体的方法叫做阶梯剖。机件上具有几种不同的结构要素(如孔、槽等)，它们的中心线排列在几个互相平行的平面上时，宜采用几个平行的剖切面剖切，如图 1-18 所示。

用几个平行的剖切面剖切获得的剖视图，必须标注符号及视图名称。剖切符号标注在剖切面的开端、末尾和过程转折处，而且所有剖切符号标注的字母相同。注意：剖切平面过程转折处不应与图线重合，转折处如因位置有限，在不会引起误解时，可以不注写字母，转折处的图线不在剖视图上投影。

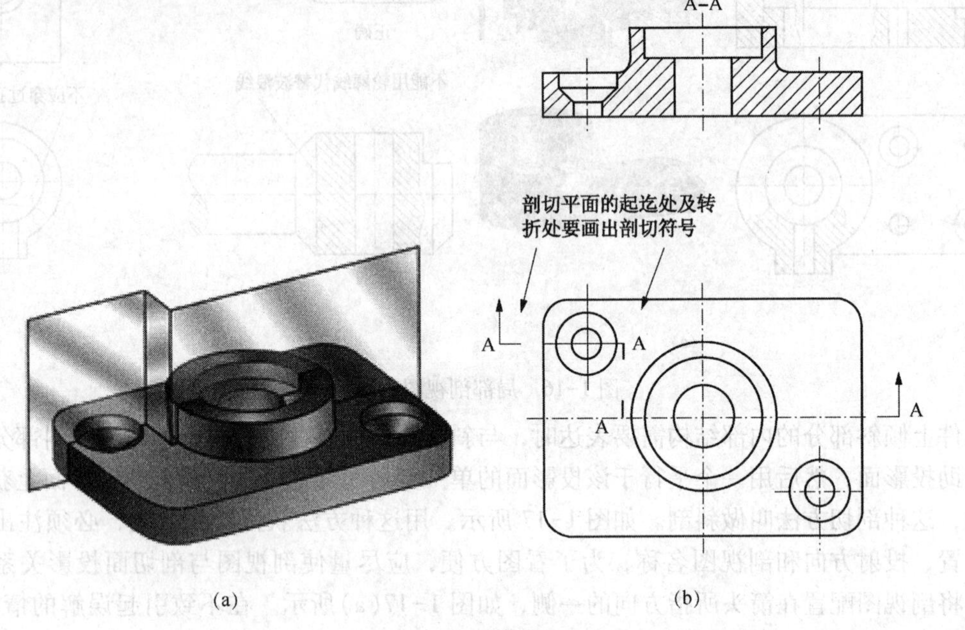

图 1-18　阶梯剖

3. 几个相交的剖切面(交线垂直于某一基本投影面)

用几个相交的剖切面(交线垂直于某一基本投影面)剖开机件的方法叫做旋转剖，以表达具有回转轴机件的内部形状。此时，两剖切面的交线应与回转轴重合，如图 1-19 所示。用这种方法画剖视图时，应先将被剖切面剖开的断面旋转到与选定的基本投影面平行，然后再进行投射，如图 1-19 所示。

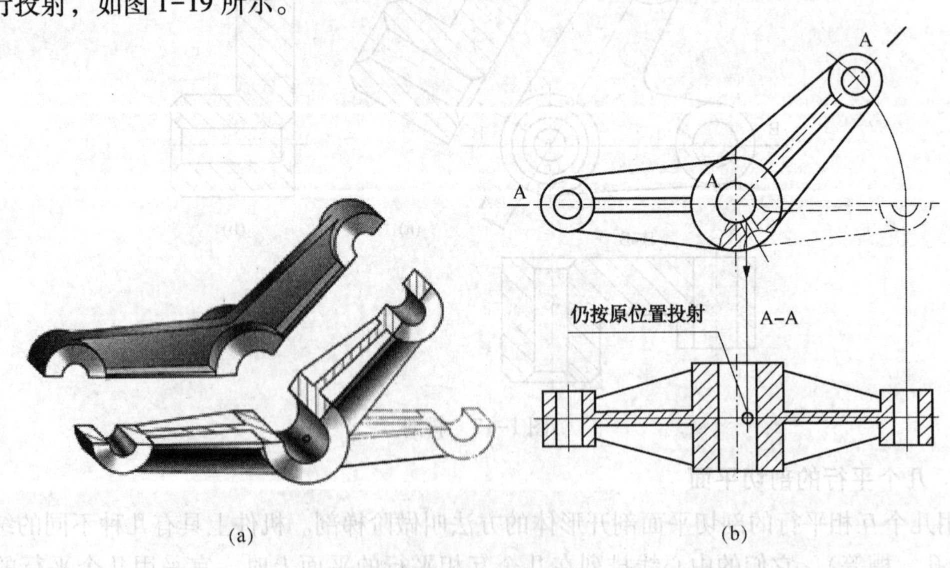

图 1-19　旋转剖

应注意的是，凡在剖切面后，没有被剖到的结构，仍按原来的位置投射。如图 1-19

(b)所示机件上的小圆孔，其俯视图即是按原来位置投射画出的。

用相交的剖切面剖切获得的剖视图，必须标注，如图 1-19(b)所示。剖切符号的起、迄及转折处应用相同的字母标注，但当转折处地方有限又不致引起误解时，允许省略字母。

1.2.2.5 断面图和其他画法

1. 断面图

假想用剖切面将机件的某处切断，仅画出断面的图形，称为断面图(简称断面)。如图 1-20(a)所示的轴，为了表示键槽的深度和宽度，假想在键槽处用垂直于轴线的剖切面将轴切断，只画出断面的形状，在断面上画出剖面线，如图 1-20(b)。

画断面图时，应特别注意断面图与剖视图的区别，断面图仅画出机件被切断处的断面形状，而剖视图除了画出断面形状外，还必须画出剖切面以后的可见轮廓线，如图 1-20(c)所示。

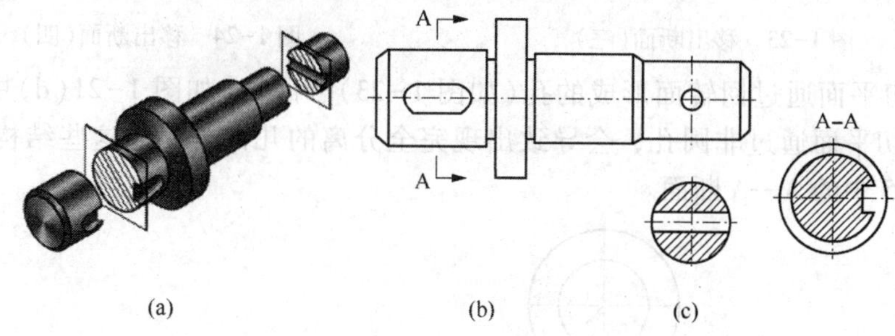

图 1-20　断面图画法

根据断面图配置的位置，断面可分为移出断面和重合断面。

(1) 移出断面图：

① 移出断面的轮廓线用粗实线绘制。

② 为了读图方便，移出断面应尽量画在剖切位置线的延长线上，如图 1-21(b)、(c)所示。必要时，也可配置在其他适当位置，如图 1-21(a)和图 1-21(d)所示。当断面图形对称时，还可画在视图的中断处，如图 1-22 所示。也可按投影关系配置，如图 1-23 所示。

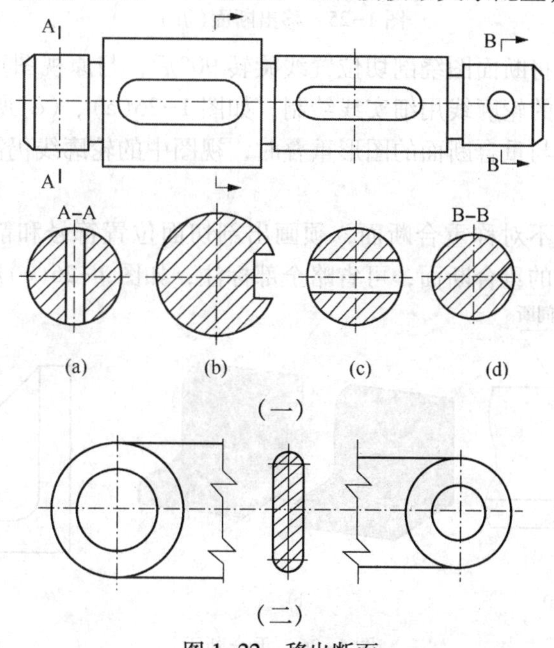

图 1-22　移出断面

③ 剖切平面一般应垂直于被剖切部分的主要轮廓线。当遇到如图 1-24 所示的肋板结构时，可用两个相交的剖切面，分别垂直于左、右肋板进行剖切，这样画出的断面图，中间应用波浪线断开。

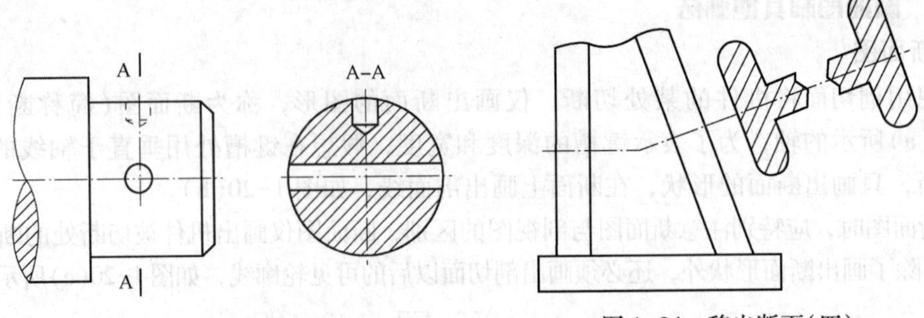

图 1-23　移出断面(三)　　图 1-24　移出断面(四)

④ 当剖切平面通过回转面形成的孔(如图 1-23)、凹坑[如图 1-21(d)中的 B—B 断面]，或当剖切平面通过非圆孔，会导致出现完全分离的几部分时，这些结构应按剖视绘制，如图 1-25 中的 A—A 断面。

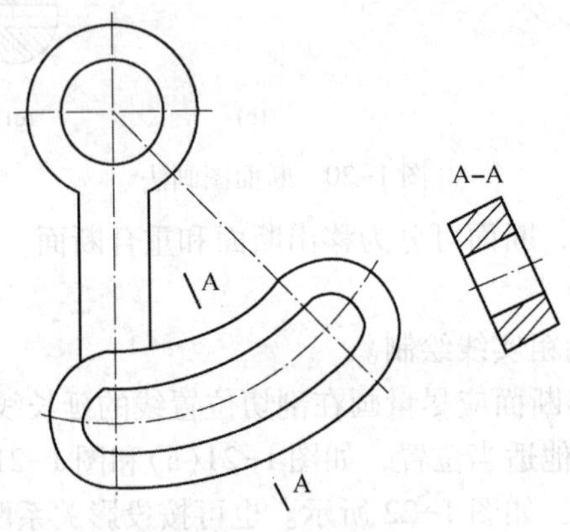

图 1-25　移出断面(五)

(2) 重合断面图。将断面图绕剖切位置线旋转 90°后，与原视图重叠画出的断面图，称为重合断面。重合断面的轮廓线用细实线绘制，如图 1-26(a)、(c)所示。

当视图中的轮廓线与重合断面的图形重叠时，视图中的轮廓线仍需完整地画出，不能间断，如图 1-26(a)所示。

重合断面的标注，不对称重合断面，须画出剖切面位置符号和箭头，可省略字母，如图 1-26(a)所示。对称的重合断面，可省略全部标注，如图 1-26(c)所示。

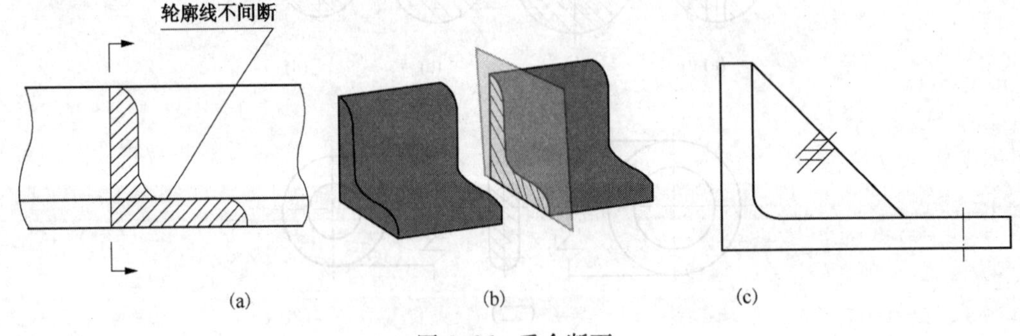

图 1-26　重合断面

2. 其他画法

（1）局部放大图　当机件上某些局部细小结构在视图上表达不够清楚或不便于标注尺寸时，可将该部分结构用大于原图的比例画出，这种图形称为局部放大图。局部放大图可以画成视图、剖视图或断面图，它与被放大部分所采用的表达方式无关。绘制局部放大图时，应在视图上用细实线圈出放大部位，并将局部放大图配置在被放大部位的附近，当同一机件上有几个放大部位时，需用罗马数字顺序注明，并在局部放大图上方标出相应的罗马数字及所采用的比例，如图 1-27(a)所示。当机件上被放大的部位仅有一处时，在局部放大图的上方只需注明所采用的比例，如图 1-27(b)所示。

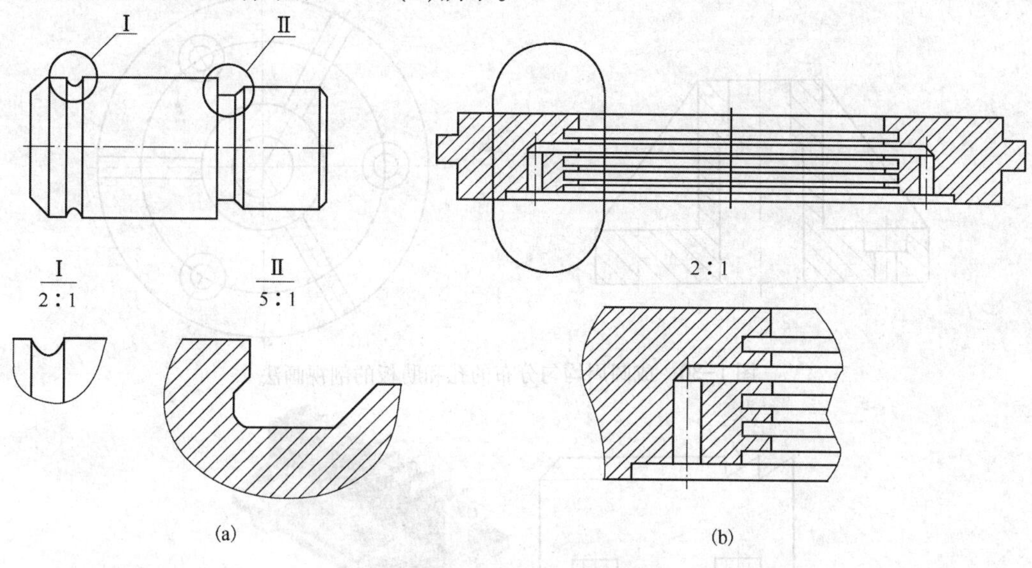

图 1-27　局部放大图画法

（2）对于机件上的肋、轮辐和薄壁等结构　当剖切面沿纵向（通过轮辐、肋等的轴线或对称平面）剖切时，规定在这些结构的截断面上不画剖面符号，但必须用粗实线将它与邻接部分分开，如图 1-28 左视图中的肋和图 1-29 主视图中的轮辐。但当剖切平面沿横向（垂直于结构轴线或对称面）剖切时，仍需画出剖面符号，如图 1-28 的俯视图。

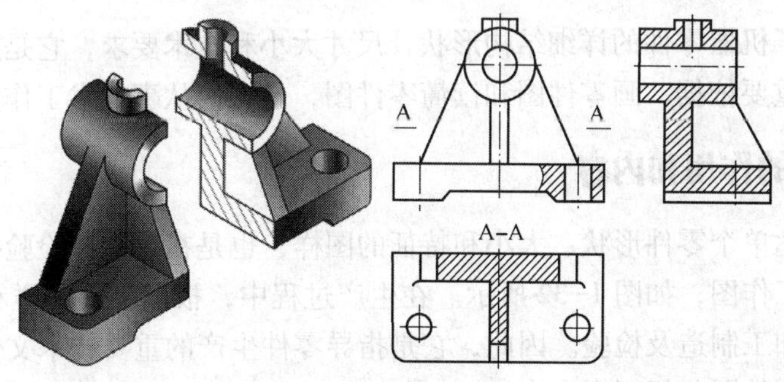

图 1-28　肋的画法

（3）当回转体机件上均匀分布的肋、轮辐、孔等结构不处于剖切平面时　可将这些结构假想旋转到剖切平面上画出，如图 1-30 所示。

（4）若干形状相同且有规律分布的齿、槽等结构　可以仅画出一个或几个完整结构的图形，其余用细实线连接，但必须在机件图中注明该结构的总数，如图 1-31 所示。

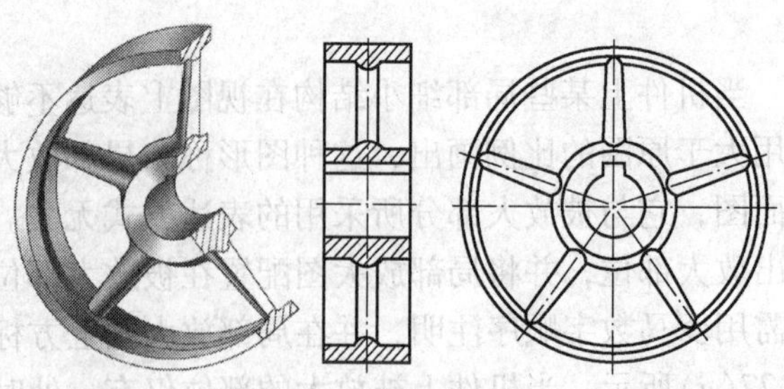

图 1-29　轮辐的画法

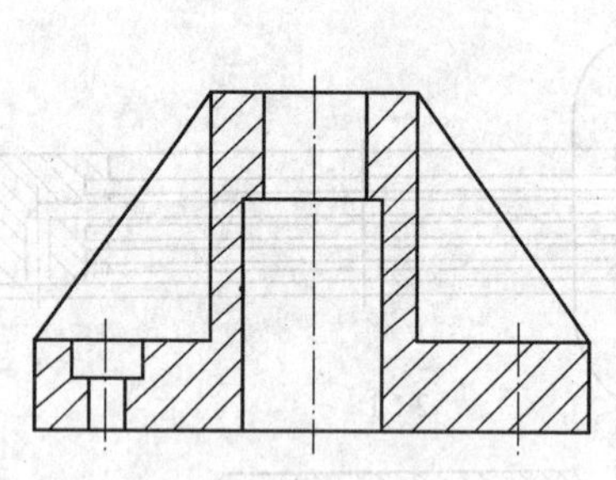

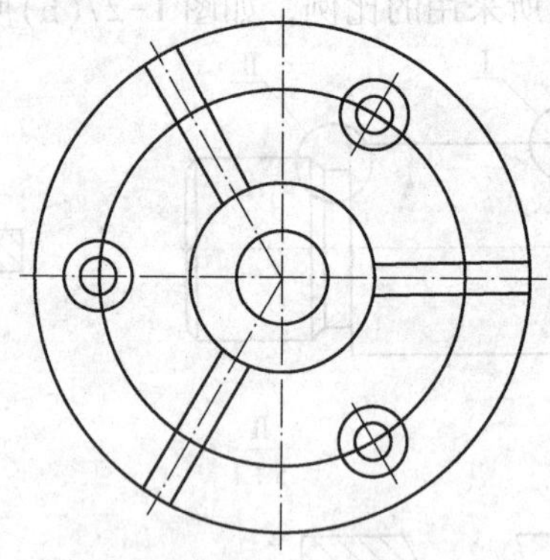

图 1-30　成圆周均匀分布的孔和肋板的剖视画法

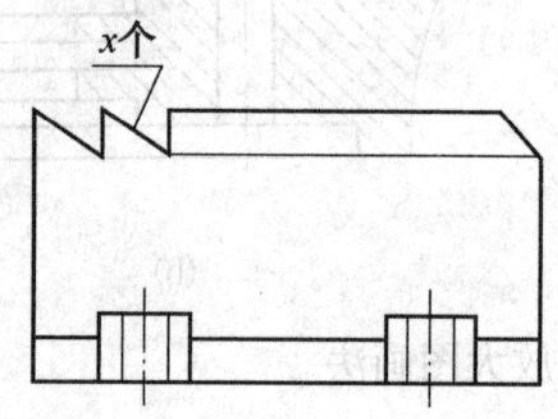

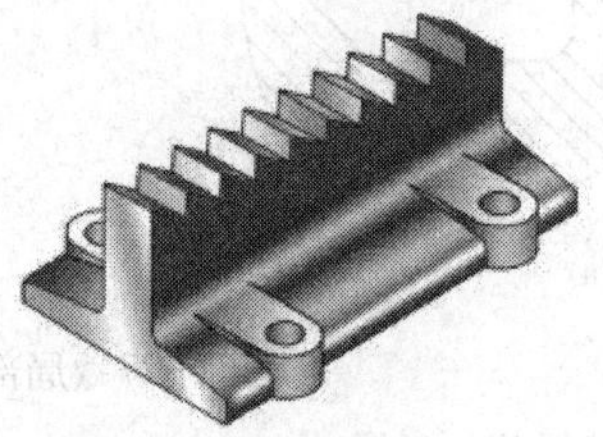

图 1-31　若干形状相同且有规律分布的齿、槽等结构的简化画法

1.3 零件图

零件图表达了机器零件的详细结构形状，尺寸大小和技术要求，它是用于加工、检验和生产机器零件的重要依据，画零件图和读懂零件图，是人们从事技术工作的基础。

1.3.1　零件图的作用和内容

零件图是表达单个零件形状、大小和特征的图样，也是在制造和检验机器零件时所用的图样，又称零件工作图，如图 1-32 所示。在生产过程中，根据零件图样和图样的技术要求进行生产准备、加工制造及检验。因此，它是指导零件生产的重要技术文件。

一张完整的零件图包括下列内容：

（1）一组视图　用恰当的表达方法，完整、清晰地表达零件各部分的结构形状。

（2）完整的尺寸　零件制造和检验所需的全部尺寸。

（3）技术要求　用规定的符号、数字及文字注明零件制造和检验应达到的技术指标。

（4）标题栏　图纸右下角的标题栏中填写零件的名称、材料、数量、比例、图号以及设计人员的签名等。

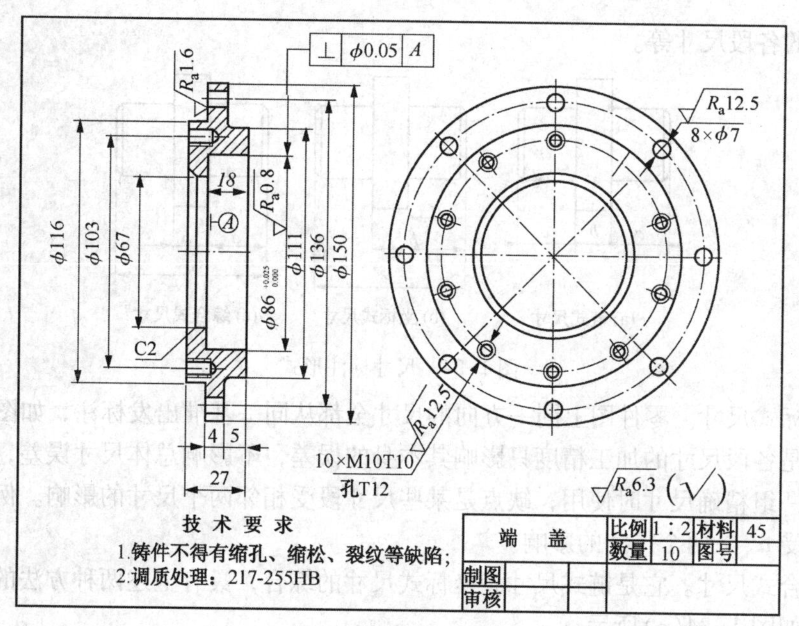

图 1-32　端盖零件图

1.3.2　零件图的视图选择和尺寸标注

1.3.2.1　视图的选择

零件的视图选择就是选用一组合适的视图表达出零件的内、外结构形状及其各部分的相对位置关系。

一个好的零件视图表达方案是：表达正确、完整、清晰、简练，同时易于读图。

由于零件的结构形状是多种多样的，所以在画图前应对零件进行结构形状分析，并针对不同零件的特点选择主视图及其他视图，确定最佳表达方案。

选择视图的原则是：在完整、清晰的表达零件内、外形状的前提下，尽量减少图形数量，以方便画图和读图。

1.3.2.2　尺寸标注

1. 尺寸基准

零件在机器中或加工及测量时，用以确定零件上各部分位置的一些面、线、点称为零件的尺寸基准。通常将零件上的一些面(重要端面、安装底面、对称面)和线(孔的轴线、对称中心线等)作为尺寸基准。根据基准在生产过程中的作用不同，一般将基准分为设计基准(主要基准)和工艺基准(辅助基准)。如图 1-33所示，主要基准和辅助基准之间必须有尺寸联系，基准选定后，重要尺寸应从主要基准直接标注。

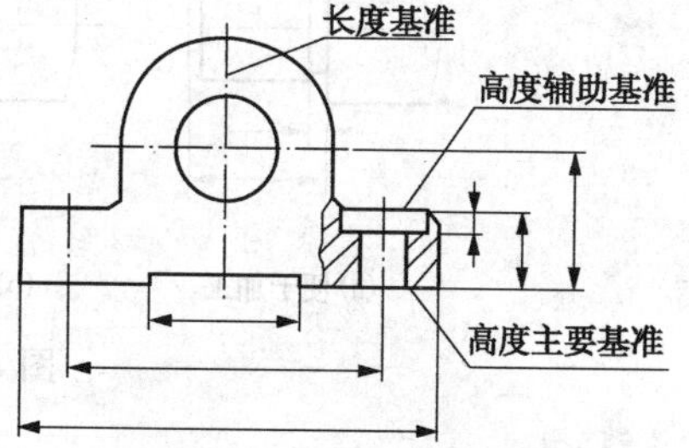

图 1-33　尺寸基准

2. 标注尺寸的形式

(1) 链式尺寸。零件图上同方向的各尺寸逐段连续标注，各尺寸基准都不相同，前一尺寸的终点即为后一尺寸的基准，如图 1-34(a)所示。其优点是能保证每一段尺寸的精度，彼此的加工误差并不相互影响；缺点是加工的尺寸误差积累在总体尺寸上，使总体尺寸难以保证。链式尺寸常用于标注孔组中心距、阶梯状零件中要求十分精确的各段尺寸等。

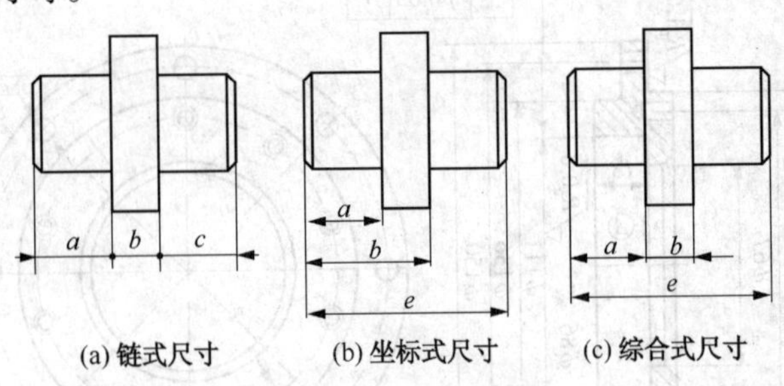

图 1-34　尺寸标注形式

(2) 坐标式尺寸。零件图上同一方向的尺寸全都从同一基准出发标注，如图 1-34(b)所示。其优点是各段尺寸的加工精度只影响其本身的误差，不影响总体尺寸误差，适用于由一个基准定出一组精确尺寸时使用；缺点是某些尺寸段受相邻两个尺寸的影响。例如中间圆柱的轴向尺寸受 *a*、*e* 两个尺寸的影响。

(3) 综合式尺寸。它是链式尺寸和坐标式尺寸的综合，具有上述两种方法的优点，应用最为广泛。如图 1-34(c)所示。

1.3.2.3　尺寸标注注意事项

(1) 零件的重要尺寸标注。零件上的重要尺寸通常是指有装配要求、配合要求、精度要求、性能或形状要求等的一些尺寸，由于零件的加工总存在误差，为使零件的重要尺寸不受其他尺寸的影响，必须在零件图中把重要尺寸从基准直接标注出，如图 1-33 中轴承座轴线的高度尺寸。

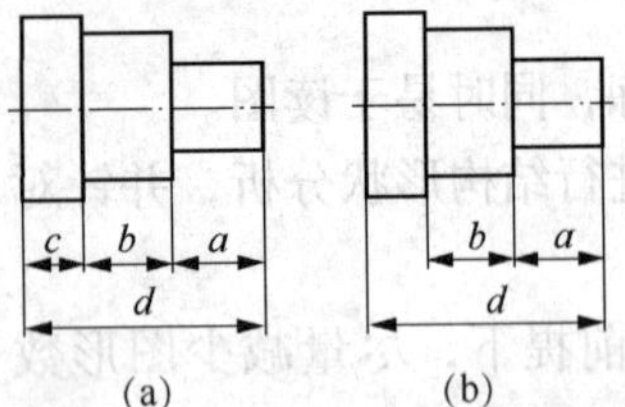

图 1-35　避免标注成封闭尺寸链

(2) 避免标注成封闭尺寸链。如图 1-35(a)所示，尺寸是同一方向串联并头尾相接组成封闭的图形，称为封闭尺寸链。若尺寸 *a* 比较重要，则尺寸 *a* 将受到尺寸 *b*、*c*、*d* 的影响。为保证 *a* 的精度，常将不重要的尺寸 *c* 不标注，使尺寸 *a* 和 *b* 的误差都积累到不重要的尺寸 *c* 上。

(3) 标注尺寸要便于加工，并尽量使用通用量具。如图 1-36(a)、(b)所示。

(4)标注尺寸时应考虑便于测量。如图 1-36(c)、(d)所示。

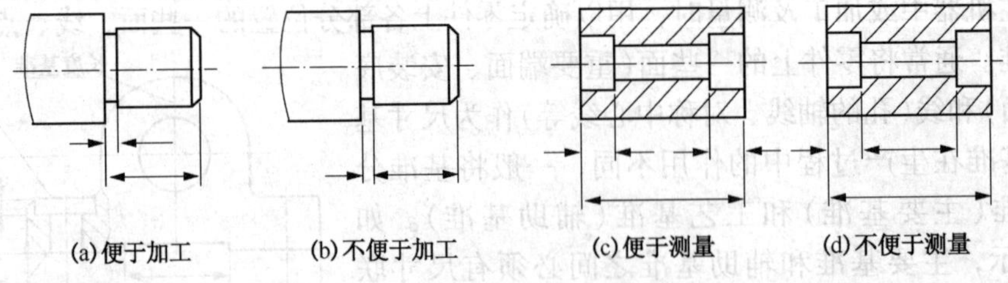

图 1-36　标注尺寸便于测量和加工

1.3.3　零件图的技术要求

1.3.3.1　表面粗糙度

1. 表面粗糙度的基本概念

表面结构参数分为三类，即三种轮廓(R、W、P)，R 轮廓采用的是粗糙度参数，W 轮廓采用的是波纹度参数，P 轮廓采用的是原始轮廓参数。其中，评价零件的表面质量最常用的是 R 轮廓。不论采用何种加工所获得的零件表面，都不是绝对平整和光滑的，零件表面存在的微观凹凸不平轮廓峰谷，这种表示零件表面具有较小间距和峰谷所组成的微观几何形状特征，称为表面粗糙度，如图 1-37 所示。

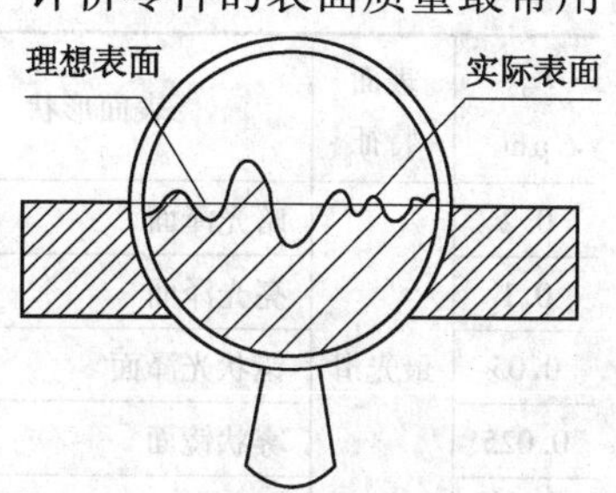

图 1-37　表面粗糙度的形成

2. 表面粗糙度代(符)号及评定参数

表面粗糙度的评定参数有：轮廓算术平均偏差 R_a 和轮廓最大高度 R_z。R_a 应用范围较广泛。R_a 是指在取样长度 L 范围内，被测轮廓线上各点至基准线距离的算术平均值。如图 1-38所示，可用下式来表示：

$$R_a = \frac{1}{l}\int_0^L |z(x)|\mathrm{d}x = \frac{1}{m}\sum_{i=1}^{m} z_i$$

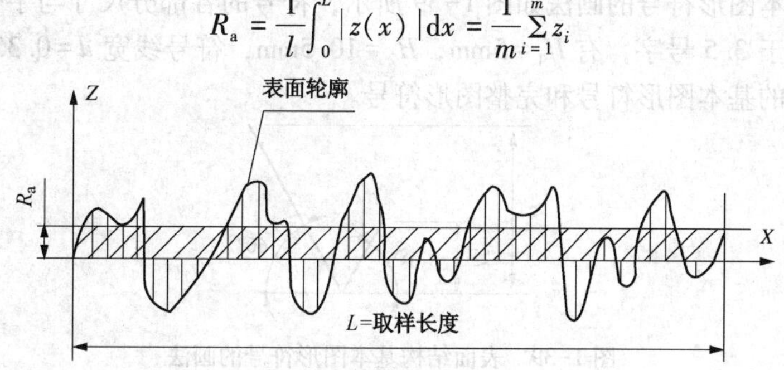

图 1-38　轮廓算术平均偏差

轮廓算术平均偏差 R_a 值的选用，既要满足零件表面的功能要求，又要考虑经济合理性。具体选用时，可参照已有的类似零件图，用类比法确定。零件的工作表面、配合表面、密封表面、摩擦表面和精度要求高的表面等，R_a 值应取小一些；非工作表面、非配合表面和尺寸精度低的表面，R_a 值应取大一些。表 1-2 列出了 R_a 值与加工方法的关系及其应用实例，可供选用时参考。

表 1-2　表面粗糙度 R_a 值应用举例

R_a/μm	表面特征	表面形状	获得表面粗糙度的方法举例	应用举例
100	粗糙的	明显可见的刀痕	锯断、粗车、粗铣、粗刨、钻孔及用粗纹锉刀、粗砂轮等加工	管的端部断面和其他半成品的表面、带轮法兰盘的结合面、轴的非接触端面，倒角，铆钉孔等
50		可见的刀痕		
25		微见的刀痕		
12.5	半光滑	可见加工刀痕	拉制(钢丝)、精车、精铣、粗铰、粗铰埋头孔、粗剥刀加工、刮研	支架、箱体、离合器、带轮螺钉孔、轴或孔的退刀槽、量板、套筒等非配合面、齿轮非工作面、主轴的非接触外表面、IT8~IT11级公差的结合面
6.3		微见加工刀痕		
3.2		看不见加工刀痕		
1.6	光滑	可辨加工痕迹的方向	精磨、金刚石车刀的精车、精铰、拉制、剥刀加工	轴承的重要表面、齿轮轮齿的表面、普通车床导轨面、发动机曲轴、凸轮轴的工作面、活塞外表面 IT6~IT8 级公差的结合面
0.8		微见加工痕迹的方向		
0.4		不可见加工痕迹的方		

续表

R_a/μm	表面特征	表面形状	获得表面粗糙度的方法举例	应用举例
0.2	最光滑	暗光泽面	研磨加工	活塞销和涨圈的表面、分气凸轮、曲柄轴的轴颈、气门及气门座的支持表面、发动机汽缸内表面、仪器导轮表面、液压传动件工作面、滚动轴承的滚道、滚动体表面、仪器的测量表面、量块的测量面等
0.1		亮光泽面		
0.05		镜状光泽面		
0.025		雾状镜面		
0.012		镜面		

3. 表面粗糙度符号的表示及意义

表面结构基本图形符号的画法如图 1-39 所示，符号的各部分尺寸与字体大小有关，并有多种规格。对于 3.5 号字，有 $H_1=5\text{mm}$，$H_2=10.5\text{mm}$，符号线宽 $d=0.35\text{mm}$。表 1-3 列出了表面粗糙度的基本图形符号和完整图形符号。

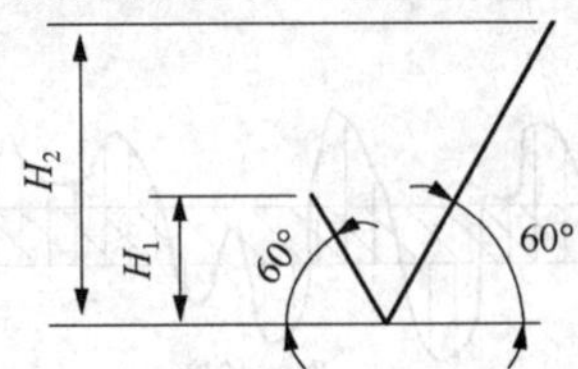

图 1-39　表面结构基本图形符号的画法

表 1-3　表面粗糙度符号及意义

符号	意　义	表面粗糙度参数和各项规定标注的位置
	基本符号，单独使用这符号是没有意义的。	a_1　b　a_2　$c(f)$　e　d a_1、a_2—粗糙度高度参数的允许值，μm； b—加工方法、镀涂或其他表面处理； c—取样长度，mm； d—加工纹理方向符号； e—加工余量，mm； f—粗糙度间距参数值（mm）或轮廓支承长度率
	基本符号上加一短划，表示表面粗糙度是用去除材料方法获得。例如：车、铣、钻、磨、剪切、抛光、腐蚀、电火花加工等	
	基本符号加一小圆，表示表面粗糙度用不去除材料的方法获得。例如铸、锻、冲压变形、热轧、冷轧、粉末冶金等，或者是用于保持原供应状况的表面（包括保持上道工序的状况）	
	以上三个符号的长边可加一横线，用于标注参数；在长边与横线间可加一小圆，表示所有表面具有相同的表面粗糙度要求	

1.3.3.2　公差与配合

1. 零件的互换性

在一批相同规格和型号的零件中，不须选择，也不经过任何修配，任取一件就能装到机器上，并能保证使用性能的要求，零件的这种性质，称为互换性。零件具有互换性，对于机械工业现代化协作生产、专业化生产、提高劳动效率提供了重要条件。

2. 尺寸的术语及定义

（1）公称尺寸　设计给定的尺寸。孔的基本尺寸以 D 表示，轴的基本尺寸以 d 表示。

（2）实际尺寸　加工后通过实际测量得到的尺寸。孔的实际尺寸以 D_a 表示，轴的实际尺寸以 d_a 表示。

（3）极限尺寸　是允许尺寸变化的界限值。其中较大的称为上极限尺寸，较小的称为下极限尺寸。极限尺寸是根据零件的使用要求确定的，它可能大于、等于或小于基本尺寸。孔的上极限尺寸以 D_{max} 表示，下极限尺寸以 D_{min} 表示；轴的上极限尺寸以 d_{max} 表示，下极限尺寸以 d_{min} 表示。

3. 公差和偏差的术语及定义

（1）极限偏差　极限偏差分为上极限偏差和下极限偏差，极限偏差是设计者根据实际需要确定的。上极限偏差是上极限尺寸减其基本尺寸所得的代数差。下极限偏差是下极限尺寸减其基本尺寸所得的代数差。

孔的上极限偏差以 ES 表示，$ES=D_{max}-D$；轴的上极限偏差以 es 表示，$es=d_{max}-d$。孔的下极限偏差以 EI 表示，$EI=D_{max}-D$；轴的下极限偏差以 ei 表示，$ei=d_{min}-d$。

（2）实际偏差　实际偏差是实际尺寸减其基本尺寸所得的代数差。

孔的实际偏差以 E_a 表示，$E_a=D_a-D$。

轴的实际偏差以 e_a 表示，$e_a=d_a-d$。

（3）尺寸公差　允许尺寸的变动量。公差等于上极限尺寸减下极限尺寸，也等于上极限偏差减下极限偏差所得的代数差。孔的公差以 T_D 表示，轴的公差以 T_d 表示。

公差=上极限尺寸-下极限尺寸

公差=上极限偏差-下极限偏差

4. 极限与配合图解、零线、公差带

（1）极限与配合图解　为了直观地表达公称尺寸、极限尺寸、极限偏差和公差之间的相互关系，一般采用极限与配合示意图。如图 1-40 所示。

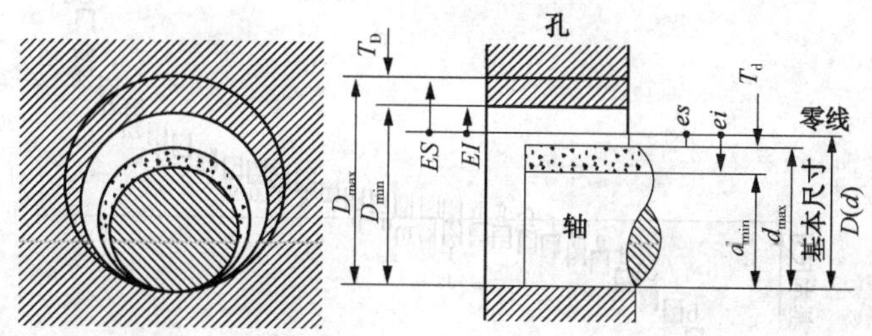

图 1-40　极限与配合示意图

图 1-40 中将公差和极限偏差部分放大。但是，为了使用方便，在实用中一般不画出孔和轴，只将轴向截面图中有关公差部分按规定放大画出，这种图称为极限与配合图解，又称为公差带图解。如图 1-41 所示。

（2）零线　在公差带图解中，偏差值为零的一条基准直线，叫做零线，也称为零偏差线。通常零线表示公称尺寸。如图 1-41 所示。

（3）公差带　如图 1-41 所示，由代表上、下极限偏差两条直线所限定的一个区域称为公差带。在国家标准中，公差带包括：公差带大小，由标准公差确定；公差带位置，由基本偏差确定。

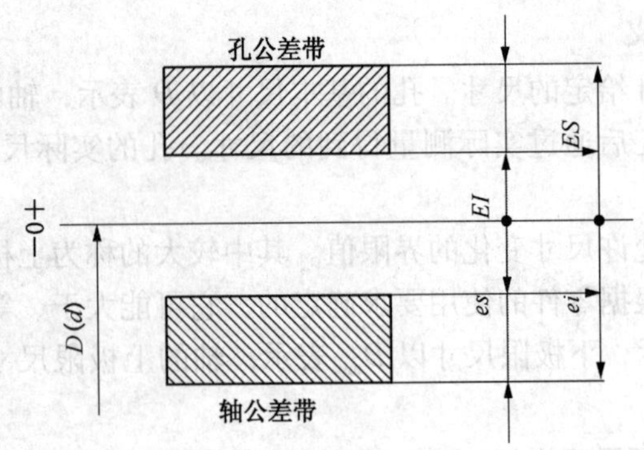

图 1-41　公差带图解

5. 标准公差与基本公差

国家标准 GB/T 1800—2009 中规定，公差带是由标准公差和基本偏差组成。标准公差确定公差带的大小，基本偏差确定公差带的位置。

(1)标准公差　就是国家标准所确定的公差。标准公差共分 20 级：IT01、IT0、IT1、IT2、…、IT18。“IT”表示标准公差；“IT7”表示标准公差 7 级。从 IT01 至 IT18，公差等级依次降低，相应的标准公差数值依次增大。

(2) 基本偏差　就是用来确定公差带相对于零线位置的上极限偏差或下极限偏差，一般指靠近零线的那个偏差。为了便于制造业的管理，国家标准对孔和轴各规定了 28 个基本偏差，该 28 个基本偏差就构成基本偏差系列。如图 1-42 所示。

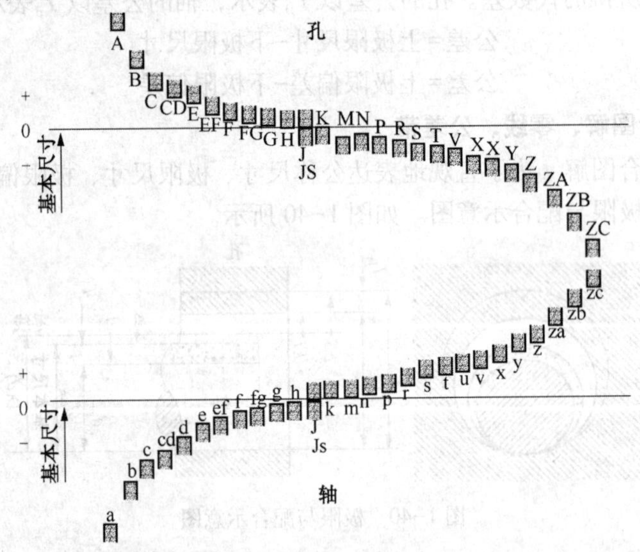

图 1-42　基本偏差系列

从图中可以看出：

① 基本偏差代号用拉丁字母(一个或两个)表示，孔用大写字母、轴用小写字母表示。

② 轴的基本偏差从 a~h 是上极限偏差(*es*)，从 j~zc 为下极限偏差(*ei*)。

③ 孔的基本偏差从 A~H 是下极限偏差(*EI*)，从 J~ZC 为上极限偏差(*ES*)。

④ 孔 JS 和轴 js 的公差带对称分布在零线的上下两侧，因此其基本偏差为上极限偏差(+IT/2)或下极限偏差(-IT/2)。

⑤ 孔 H 和轴 h 的基本偏差均为零。

6. 配合的基本术语和定义

(1) 配合　就是基本尺寸相同的、相互结合的孔与轴公差带之间的相配关系。

(2) 间隙配合　当孔的公差带在轴的公差带之上，形成具有间隙的配合(包括最小间隙等于零的配合)。如图 1-43(a)。

(3) 过盈配合　当孔的公差带在轴的公差带之下，形成具有过盈的配合(包括最小过盈等于零的配合)。如图 1-43(b)。

(4) 过渡配合　当孔与轴的公差带相互交叠，既可能形成间隙配合，也可能形成过盈配合。如图 1-43(c)。

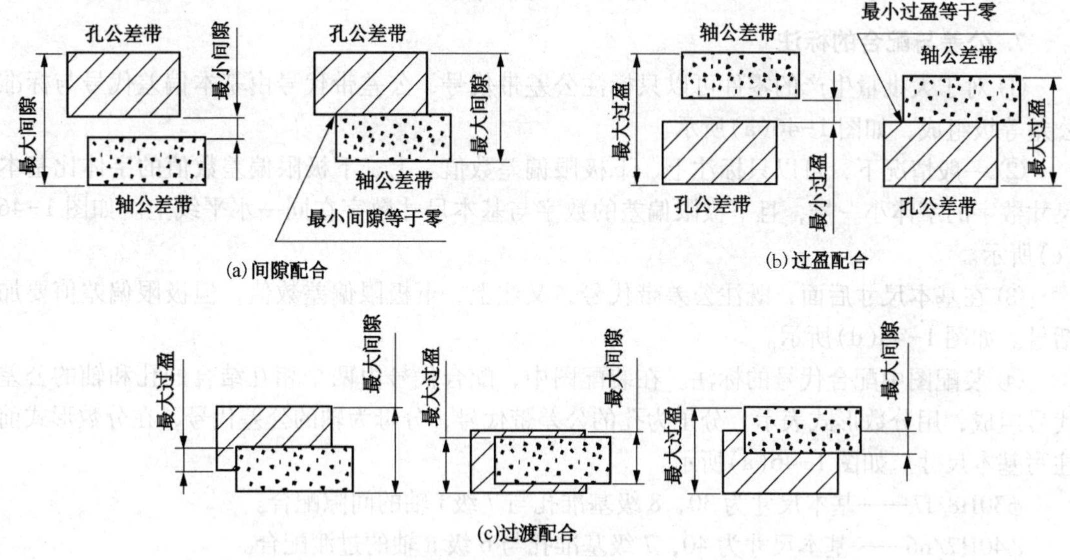

图 1-43　配合的种类

(5) 合制　为了便于选择配合，减少零件加工的专用刀具和量具，国家标准对配合规定了两种基准制—基孔制和基轴制。

① 基孔制　基孔制是基本偏差固定不变的孔公差带，与不同基本偏差的轴公差带形成各种配合的一种制度。基孔制的孔为基准孔，它的下偏差为零。基准孔的代号为“H”。如图 1-44所示。

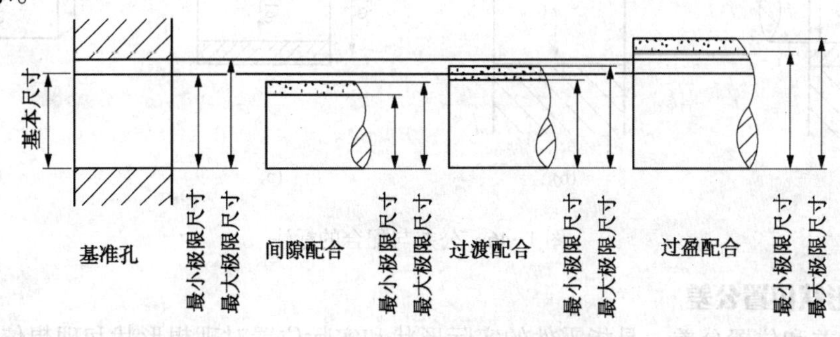

图 1-44　基孔制配合

② 基轴制　是基本偏差固定不变的轴公差带，与不同基本偏差的孔公差带形成各种配合的一种制度。基轴制的轴为基准轴，它的上偏差为零。基准轴的代号为“h”。如图 1-45。

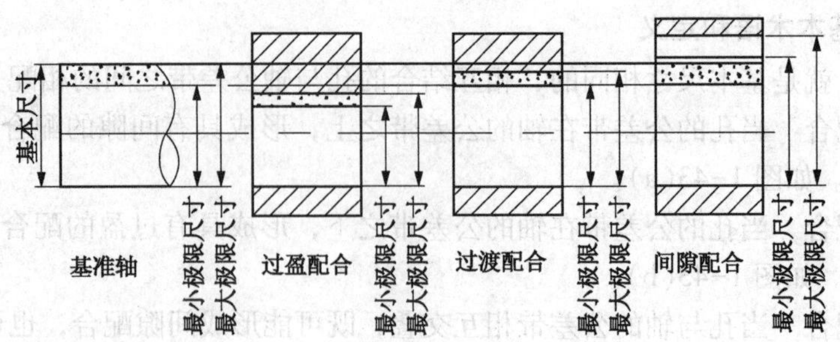

图 1-45　基轴制配合

7. 公差与配合的标注

① 对于大批量生产的零件可以只标注公差带代号，公差带代号由基本偏差代号与标准公差等级组成，如图 1-46(a)所示。

② 一般情况下，可以只标注上、下极限偏差数值。上、下极限偏差数值的字体比基本尺寸数字的字体小一号，且下极限偏差的数字与基本尺寸数字在同一水平线上。如图 1-46(c)所示。

③ 在基本尺寸后面，既注公差带代号，又注上、下极限偏差数值，但极限偏差值要加括号。如图 1-46(d)所示。

④ 装配图中配合代号的标注。在装配图中，配合代号由两个相互结合的孔和轴的公差代号组成，用分数形式表示。分子为孔的公差带代号，分母为轴的公差代号，在分数形式前注写基本尺寸。如图 1-46(a)所示。

ϕ30H8/f7——基本尺寸为 30，8 级基准孔与 7 级 f 轴的间隙配合。

ϕ40H7/n6——基本尺寸为 40，7 级基准孔与 6 级 n 轴的过渡配合。

ϕ18P7/h6——基本尺寸为 30，6 级基准轴与 7 级 P 孔的过盈配合。

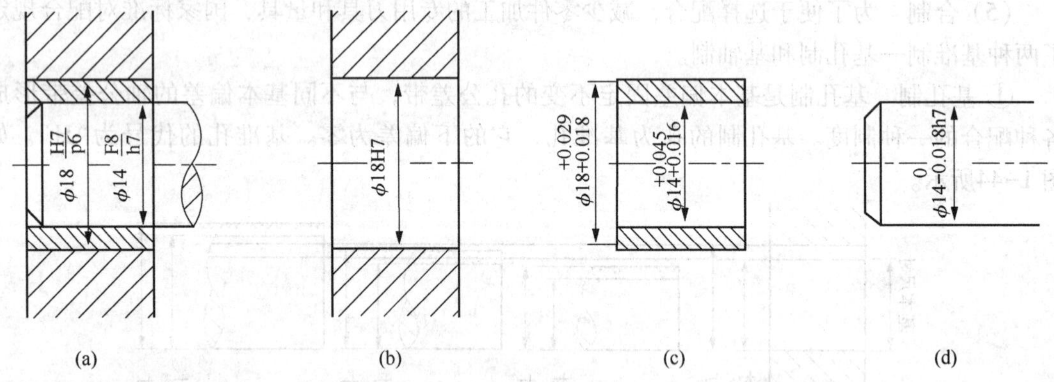

图 1-46　公差与配合的标注

1.3.3.3　形状位置公差

形状公差和位置公差，是指零件的实际形状和实际位置对理想形状和理想位置的允许变动量。合理确定形位公差，才能满足零件的使用性能与装配要求，它同尺寸公差、表面粗糙度一样，是评定零件质量的一项重要指标。

如图 1-47(a)所示的圆柱体，由于加工误差的原因，应该是直线的母线实际加工成了曲线，这就形成了圆柱体母线的形状误差。此外，直线、平面、圆、轮廓线和轮廓面偏离理想形状的情况，也形成形状误差。如图 1-47(b)所示的台阶轴，由于加工误差的原因，出现了两段圆柱体的轴线不在一条直线上的情况，这就形成了轴线的实际位置与理想位置的位置误差。此外，零件上各几何要素的相互垂直、平行、倾斜、对称等对理想位置的偏离情况，也形成位置误差。

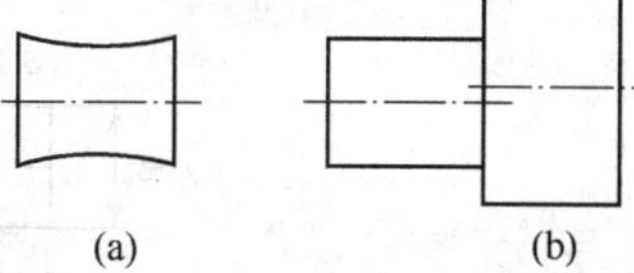

图 1-47　形位误差的形成

1. 形位公差代号、基准代号

形位公差各项目符号见表 1-4 所示。

表 1-4　形位公差种类名称及符号

公差		特征项目	符号
形状	形状	直线度	—
		平面度	⏥
		圆度	○
		圆柱度	⌭
形状或位置	轮廓	线轮廓度	⌒
		面轮廓度	⌓

公差		特征项目	符号
位置	定向	平行度	//
		垂直度	⊥
		倾斜度	∠
	定位	同轴(同心)度	◎
		对称度	⌯
		位置度	⌖
	跳动	圆跳动	↗
		全跳动	⌰

形位公差在一个长方形框格内填写，框格用细实线绘制，可分两格或多格，一般水平放置或垂直放置。第一格填写形位公差符号，其长度应等于框格的高度；第二格填写公差数值及有关公差带符号，其长度应与标注内容的长度相适应；第三格及其以后的框格，填写基准代号及其他符号，其长度应与有关字母的宽度相适应。图 1-48 表示形位公差符号，基准符号的内容，其中 h 为字高，d 为粗实线的宽度。

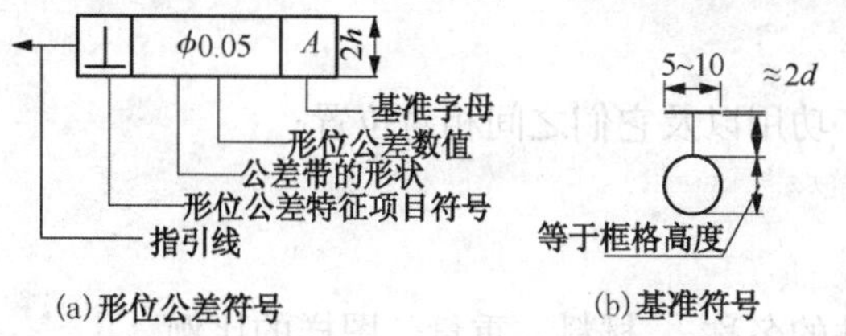

图 1-48　形位公差符号的画法

2. 形位公差的标注

用带箭头的指引线将框格与被测要素相连，按下列方式标注：

(1) 当被测要素是零件上的线或面时，指引线的箭头应垂直指向被测要素的轮廓线或其延长线上，但必须与相应尺寸线明显地错开，如图 1-49 所示。

(2) 当被测要素是轴线或中心平面时，指引线的箭头应与该段轴的直径尺寸线对齐，如图 1-50(b)所示。

(3) 基准代号由短横线、圆圈、连线和字母组成。当基准要素是轴线或中心平面时，基准符号应与该要素的尺寸线对齐，如图 1-50(b)所示；当基准要素是轮廓线或表面时，基准符号应画在轮廓线外侧或其延长线上，如图 1-50(a)所示，并与尺寸线明显地错开。

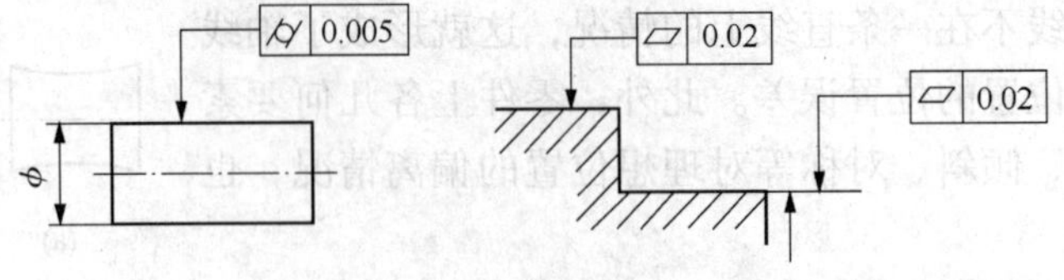

图 1-49　形位公差的标注(一)

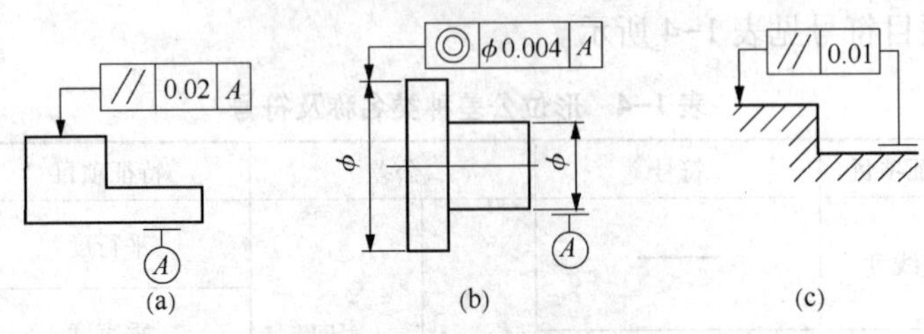

图 1-50　形位公差的标注(二)

代表基准符号的短粗线可以用连线与形位公差框格的另一端相连，如图 1-50(c)所示。图 1-51 所示是气门阀杆的形位公差标注示例。

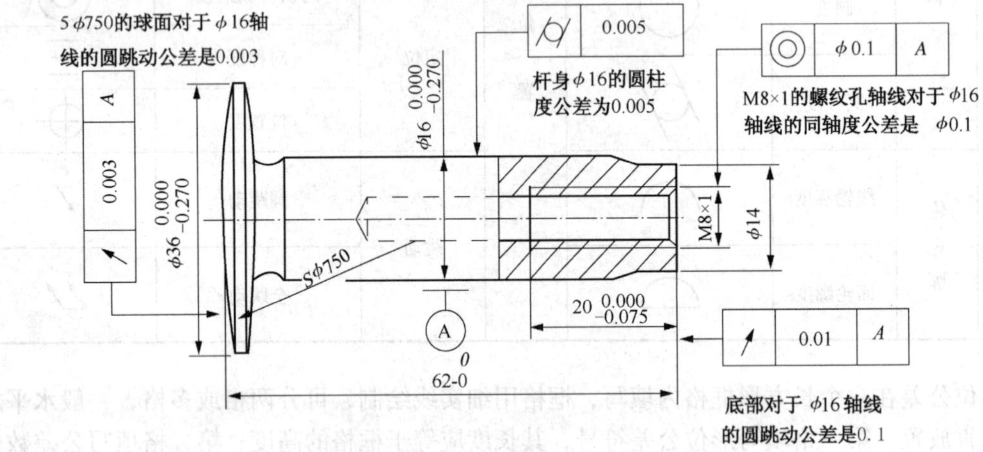

图 1-51　气门阀杆形位公差标注

1.3.3.4　读零件图的方法步骤

1. 读零件图的要求

(1) 了解零件的名称、用途和材料；

(2) 了解组成零件各部分结构形状的特点、功用以及它们之间相对位置；

(3) 了解零件的制造方法和技术要求。

2. 读零件图的方法步骤

(1) 看标题栏　从标题栏中可以了解到零件的名称 、材料、重量、图样的比例。

(2) 进行表达方案的分析：

① 找出主视图。

② 有多少视图、剖视、剖面等，还要找出它们的名称、相互位置和投影关系。

③ 有剖视、剖面的地方要找到剖切面的位置。

④ 有局剖视图、斜视图的地方，必须找到表示投影部位的字母和表示投影方向的箭头。

⑤ 有无局部放大图和简化画法。

（3）进行形体分析、线面分析和结构分析　形体分析一般都体现为零件的某一结构，可用下列顺序进行分析：

① 先看大致轮廓，再分几个较大的独立的部分进行分析，逐个读懂。

② 对外部结构进行分析，逐个读懂。

③ 对内部结构进行分析，逐个读懂。

④ 对不便于进行形体分析的部分进行线面分析，搞清投影关系，最后分析细节。

（4）进行尺寸分析：

①根据形体分析和结构分析，了解定形尺寸和定位尺寸。

②根据零件的结构特点，了解基准和尺寸的标注形式。

③了解功能尺寸。

④了解非功能尺寸。

⑤确定零件的总体尺寸。

（5）进行结构、工艺和技术要求的分析：

① 根据图形了解结构特点；

② 根据零件的特点可以确定零件的制造方法；

③ 根据图形内、外的符号和文字注解，可以更清楚地了解技术要求。

1.4　装配图

1.4.1　装配图的作用及内容

1.4.1.1　装配图的作用

机器或部件是由若干个零件按一定的关系和技术要求组装而成，表达机器或部件的图样称为装配图。表示一台完整机器的装配图，称为总装图。表示机器中某个部件或组件的装配图，称为部件装配图。通常总装图只表示各部件间的相对位置和机器的整体情况，而把整台机器按各部件分别画出装配图。见图 1-52。

在设计新产品或改进原有产品时，一般都要画出它的装配图，然后根据装配图画出零件图，零件制成后，再按装配图的要求将零件组装成机器或部件。因此装配图是表达设计意图，表达部件或机器的工作原理，零件间的装配关系以及检验、安装和维修时的重要技术文件。

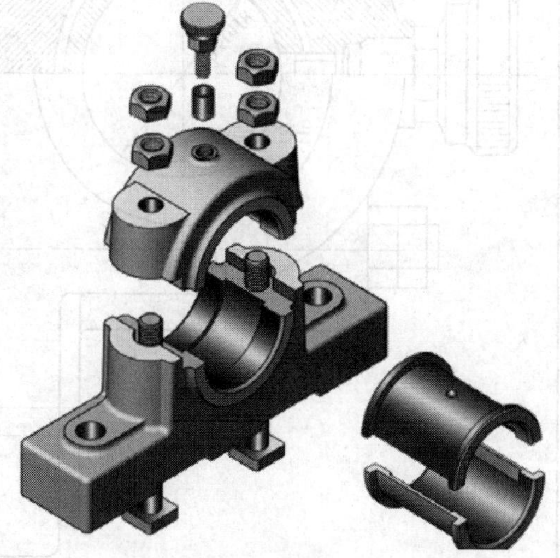

图 1-52　滑动轴承拆卸图

1.4.1.2　装配图的内容

从图 1-53 可以看出，一张完整的装配图，包括以下四个方面的内容：

（1）一组视图　表示各零件间的相对位置关系，相互连接方式和装配关系，表达主要零件的结构特征以及机器或部件的工作原理。

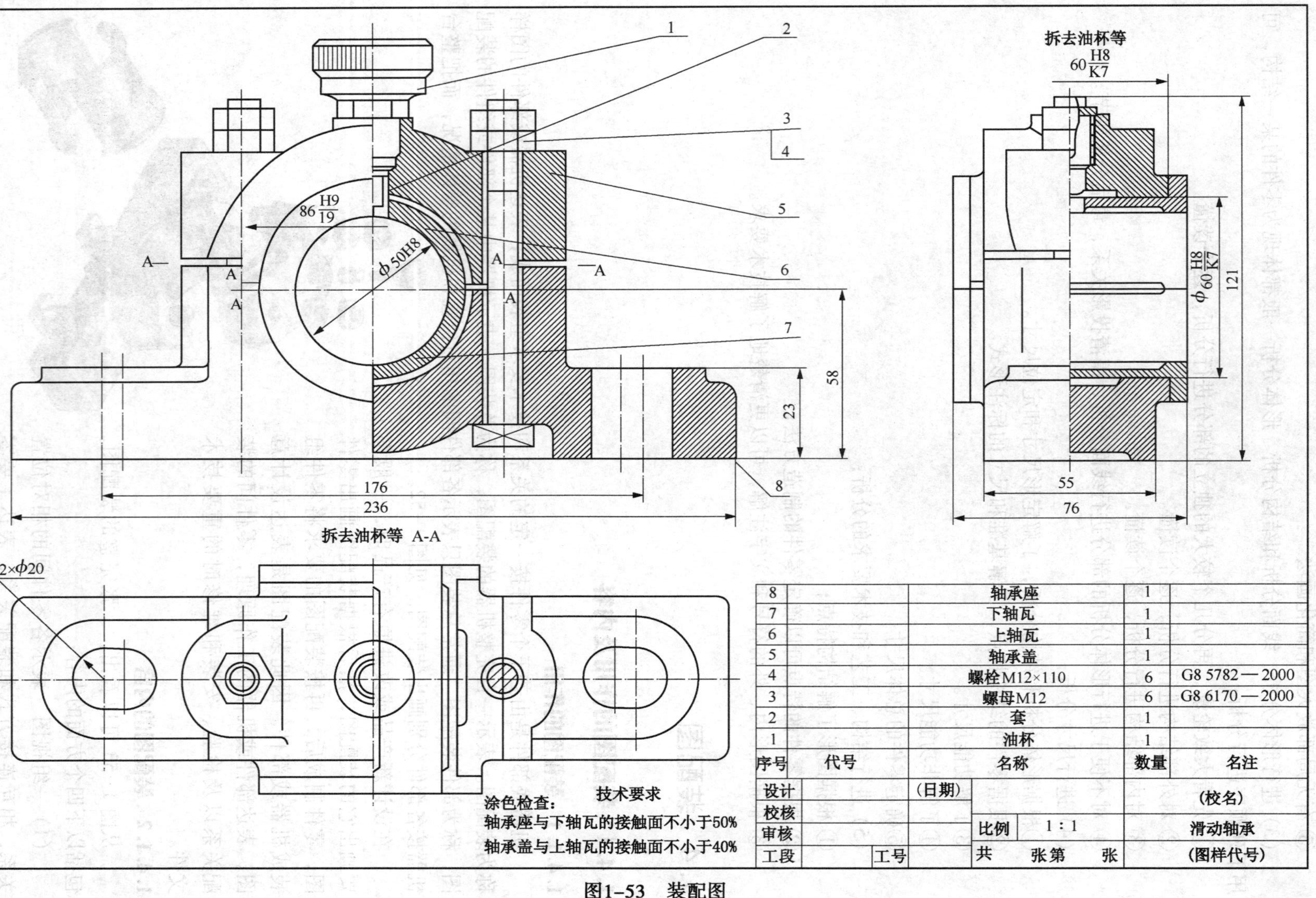

8		轴承座	1	
7		下轴瓦	1	
6		上轴瓦	1	
5		轴承盖	1	
4		螺栓M12×110	6	G8 5782—2000
3		螺母M12	6	G8 6170—2000
2		套	1	
1		油杯	1	
序号	代号	名称	数量	名注

设计		(日期)		(校名)
校核				
审核			比例 1:1	滑动轴承
工段	工号		共 张第 张	(图样代号)

图1–53 装配图

（2）必要的尺寸　表示机器或部件规格性能、装配安装尺寸、总体尺寸和一些重要尺寸。

（3）技术要求　用规定的符号或文字说明装配、检验时必须满足的条件。

（4）零件序号　明细栏和标题栏说明零件的序号、名称、数量和材料等有关事项。

1.4.2　装配图的表示方法

装配图的表达与零件图的表达方法基本相同，前面学过的各种表达方法，如视图、剖视、断面等，在装配图的表达中也同样适用。但机器或部件是由若干个零件组装而成，装配图表达的重点在于反映机器或部件的工作原理，零件间的装配连接关系和主要零件的结构特征，所以装配图还有一些规定画法及特殊表达法。

1.4.2.1　装配图的规定画法

（1）零件的接触面或配合面，规定只画一条线。对于非接触面、非配合表面，即使间隙再小，也必须画两条线(图 1-54)。

（2）相邻两零件的剖面线要有区别(要么方向相反，要么线间距不等)。同一零件在各个视图上的剖面线方向和间隔均应一致(图 1-54)。

（3）当剖切平面通过标准件和实心零件的轴线时，如螺纹紧固件、键、销、轴、杆等，这些零件按不剖绘制(图 1-54)。

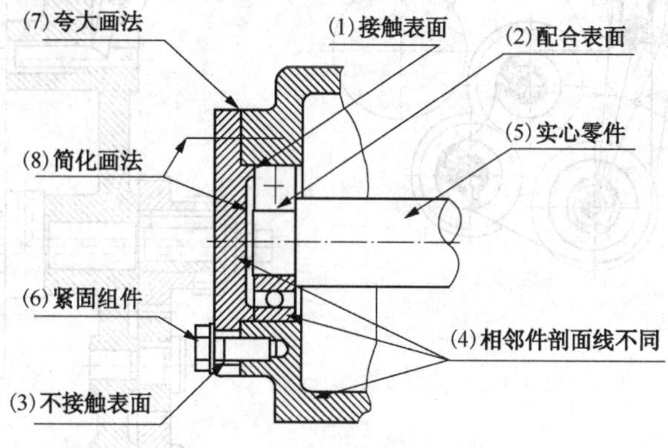

图 1-54　装配图的规定画法

1.4.2.2　装配图的特殊表达法

1. 沿结合面剖切

绘制装配图时，根据需要可沿某些零件的结合面选取剖切平面，这时在结合面上不应画出剖面线，但被横向剖切的螺钉和定位销等应画剖面线，如图 1-55 中 A-A 所示。

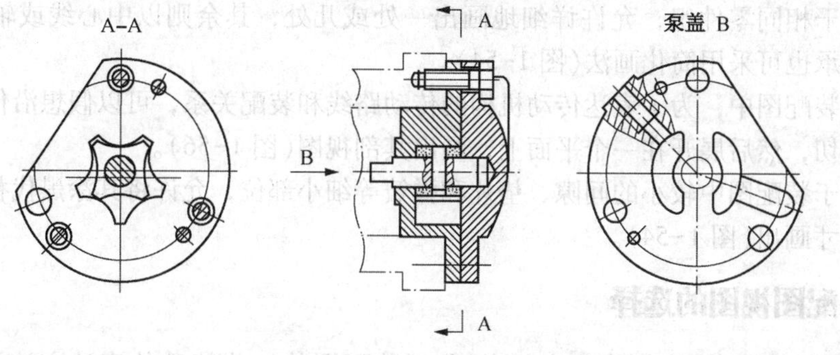

图 1-55　转子油泵的表达

2. 单个零件的表达

在装配图中，为表达某个零件的形状，可另外单独画出该零件的形状，如图 1-55 中的 B 向视图是专门表达转子油泵泵盖形状的一个视图。

3. 拆卸画法

在装配图中，当某个或几个零件遮住了需要表达的其他结构或装配关系，而该结构在其他视图中已表示清楚时，可假想将其拆去，只画出所要表达的部份视图，此时应在该视图的上方加注"拆去××等"，这种画法称为拆卸画法，如图 1-53 中 A-A 拆去油杯等。

4. 假想画法

当需要表达运动零件的运动范围或极限位置时，可将运动件画在一个极限位置或中间位置上，另一个极限位置用细双点划线画出，如图 1-56 所示，其双点划线表示运动部位的左右侧极限位置。当需要表达装配体与相邻机件的装配连接关系时，可用双点划线表示出相邻机件的外形轮廓，如图 1-56 中 A-A 的细双点划线。

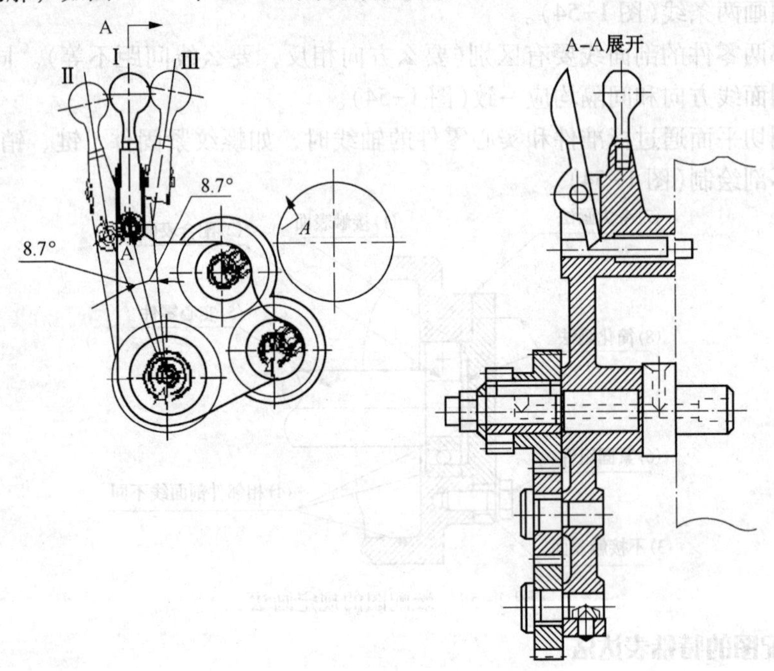

图 1-56　三星齿轮传动机构装配图

5. 简化画法

(1) 在装配图中，对零件的工艺结构如圆角、倒角和退刀槽等允许省略不画。对于螺纹连接件等若干相同零件组，允许详细地画出一处或几处，其余则以中心线或轴线表示其位置。滚动轴承也可采用简化画法(图 1-54)。

(2) 在装配图中，为了表达传动机构的传动路线和装配关系，可以假想沿传动路线上各轴线顺序剖切，然后展开在一个平面上，画出其剖视图(图 1-56)。

(3) 对于装配图中较小的间隙、垫片和弹簧等细小部位，允许将其涂黑代替剖面符号或适当加大尺寸画出(图 1-54)。

1.4.3　装配图视图的选择

根据已学过的机件的各种表达方法(包括装配图的一些特殊的表达方法)，考虑选用何种表达方案，才能较好地反映部件的装配关系、工作原理和主要零件的结构形状。

画装配图与画零件图一样，应先确定表达方案，也就是视图选择：首先，选定部件的安放位置和选择主视图；然后，再选择其他视图。

1.4.3.1 装配图的主视图选择

部件的放置位置应尽量与工作位置一致，主视图应以表达部件的工作原理和主要装配关系为重点，且采用适当的剖视。

1.4.3.2 其他视图的选择

根据确定的主视图，选取能反映尚未表达清楚的其他装配关系、外形及局部结构的视图，并选取适当的剖视表达各零件的内在联系。根据部件的结构特点，在选用各种方案时，应同时确定视图数量，以完整、清晰表达部件的装配关系和全部结构为前提，尽量采用最少的视图。

例如：如图1-57所示。球阀是用于管道中启闭和调节液体流量的部件，工作时扳动扳手带动阀杆旋转，使阀心通孔改变位置，从而调节通过球阀的流量大小。阀体和阀盖用螺柱和螺母联接。为了密封，在阀杆和阀体间装有密封环和螺纹压环，并在阀心两侧装有密封圈。可以看出，球阀的装配干线有两条，一条为垂直方向，是扳手的动作传到阀心的传动路线；另一条是沿阀孔水平轴线的通道干线。此外还有限制扳手转动角度的限位结构，经上述剖析后，对球阀的传动路线及作用有了清楚的了解，在选择视图时即可针对这些特点考虑表达方案。

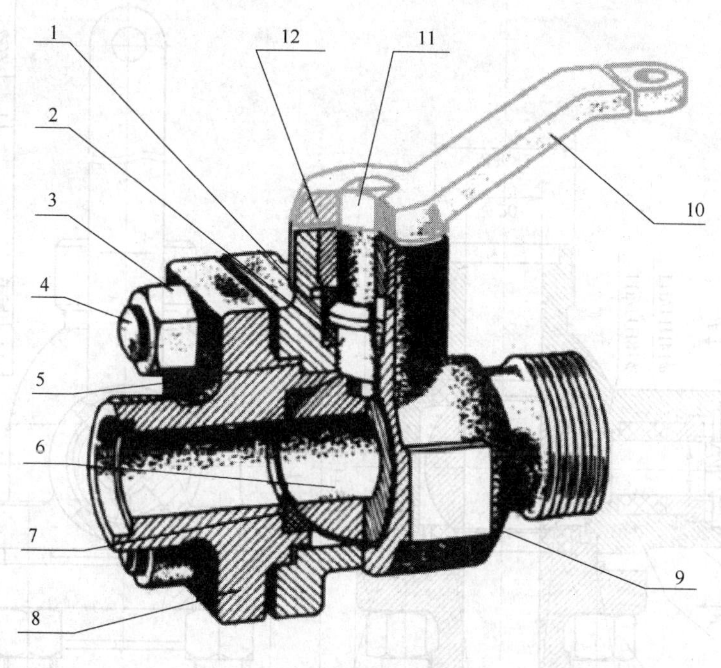

图1-57 球阀

1—密封环；2—垫；3—螺母；4—螺柱；5—垫片；6—阀芯；7—密封圈；8—阀盖；9—阀体；10—扳手；11—阀杆；12—螺纹压环

主视图选用通过球阀前后对称平面，即通过两条装配干线(轴线)剖切的全剖视图，并按扳手在上方，阀孔轴线为水平位置，如图1-58所示。这样不仅表达出两条主要装配干线，且符合工作位置。

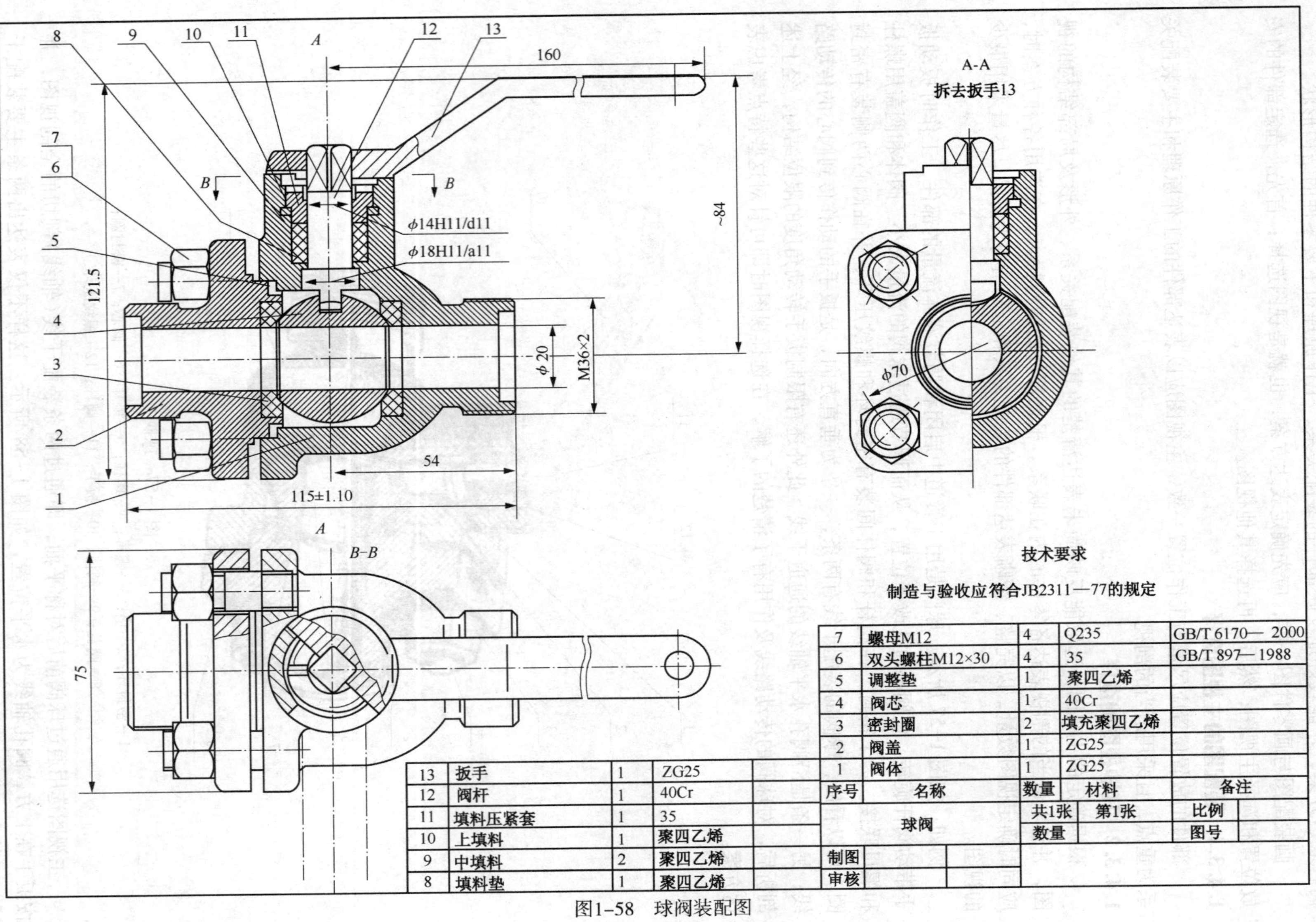

序号	名称	数量	材料	备注
13	扳手	1	ZG25	
12	阀杆	1	40Cr	
11	填料压紧套	1	35	
10	上填料	1	聚四乙烯	
9	中填料	2	聚四乙烯	
8	填料垫	1	聚四乙烯	
7	螺母M12	4	Q235	GB/T 6170— 2000
6	双头螺柱M12×30	4	35	GB/T 897— 1988
5	调整垫	1	聚四乙烯	
4	阀芯	1	40Cr	
3	密封圈	2	填充聚四乙烯	
2	阀盖	1	ZG25	
1	阀体	1	ZG25	

球阀		共1张	第1张	比例	
		数量		图号	
制图					
审核					

图1–58 球阀装配图

全剖视的主视图虽清楚地表达了两条主要装配干线，能反映球阀的工作原理，但球阀的外形结构及其他一些装配关系未表达清楚。所以，选用俯视图反映各主要零件的外形。另外，采用零件 9 的局部视图使得阀体的外形表达更加完整。而零件 5 的 B 向视图不仅更加完整地表达了阀盖的外形，同时也表达了连接螺柱的数量和位置。使得整个视图表达方案简洁明了。

1.4.4 装配图中的零件序号和明细栏

为了便于看图和装配工作，必须对装配图中的所有零部件进行编号，同时要编制相应的明细栏。

1.4.4.1 零件序号

（1）装配图中的序号由横线（或圆圈）、指引线、小黑点和数字四个部分组成。指引线应自零件的可见轮廓线内引出，并在引出端画小黑点，在另一端横线上（或圆内）填写零件的序号。指引线和横线都用细实线画出。指引线之间不允许相交，避免与剖面线平行。序号的数字要比装配图上尺寸数字大一号或两号。如图 1-59 所示。

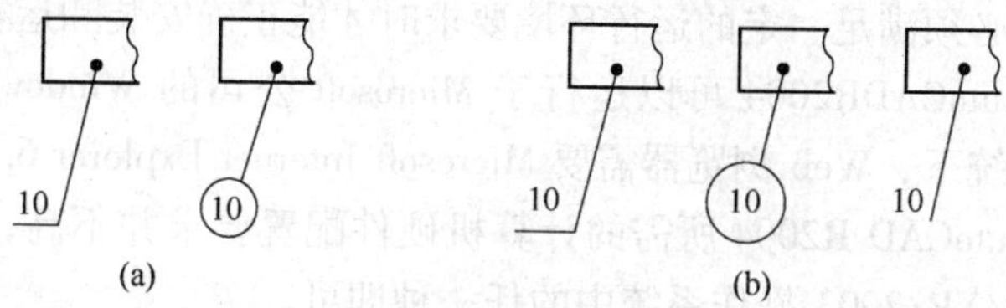

图 1-59 零件序号的编写方法

（2）每种不同的零件编写一个序号，规格相同的零件只编一个序号。标准化组件，如油杯、滚动轴承和电动机等，可看成是一个整体，只编注一个序号，如图 1-60 中的油杯。

（3）零件的序号应沿水平或垂直方向，按顺时针或逆时针方向排列，并尽量使序号间隔相等，如图 1-60 所示。

（4）对紧固件或装配关系清楚的零件组，允许采用公共指引线。如指引线所指部位较薄小不便画小黑点时，可在指引线末端画出箭头，并指向该部位的轮廓线，如图 1-60 所示。

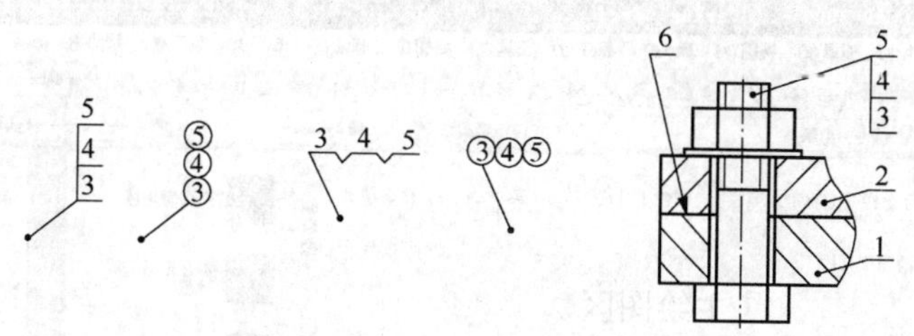

图 1-60 公共指引线

1.4.4.2 明细栏

明细栏是装配图中全部零件的详细目录，一般绘制在标题栏上方。零件的序号自下而上填写。如果位置不够，可将明细栏分段画在标题栏的左方，若零件过多，在图面上画不下时，可在另一张图纸上单独编写。

1.5 计算机绘图

1.5.1 AutoCAD 简介

AutoCAD 是美国 Autodesk 公司于 1982 年推出的，是世界上著名的 CAD 软件包之一。该系统在十多年的时间中，版本不断更新，从早期的 AutoCAD R1.0，一直发展到目前的 AutoCAD R2010，已做了十多次重大修改，功能日趋完善，从简易的二维绘图发展成为目前的集真三维设计、通用数据库管理于一体的绘图软件包。

目前，AutoCAD 已在机械、建筑、电子、气象、商业等领域中获得广泛的应用。我们从教学的角度出发，对 AutoCAD R2004 的基本功能和应用作一个概括性的介绍。

1.5.2 安装与启动

1.5.2.1 软硬件配置

AutoCAD R2004 必须满足一定的运行环境要求时才能正确安装和运行。

（1）软件环境 AutoCADR2004 可以运行于 Microsoft 公司的 Windows NT/2000/XP/2003 中的任意一种操作系统下，Web 浏览器需要 Microsoft Internet Explorer 6.0 或更高版本。

（2）硬件环境 AutoCAD R2004 所需的计算机硬件配置要求并不高，只要机器能够运行 Windows 9x/NT/2000/XP/2003 操作系统中的任一种即可。

1.5.2.2 安装方法

将 AutoCAD R2004 的安装光盘放入 CD-ROM 驱动器中，光盘的 Auto Run 功能将自动运行安装程序，启动安装程序（或运行光盘中的 SETUP. EXE 程序）。安装过程比较简单，只需在安装向导的提示下，选定安装方法，便可轻松地完成 AutoCAD R2004 的安装。

1.5.2.3 启动

双击桌面上的 AutoCAD R2004 快捷方式或单击桌面上“开始”按钮，选择“程序”组中的/“AutoCAD R2004”/“AutoCAD R2004”程序项，即可启动 AutoCAD R2004。启动后屏幕将显示主操作界面，如图 1-61 所示。

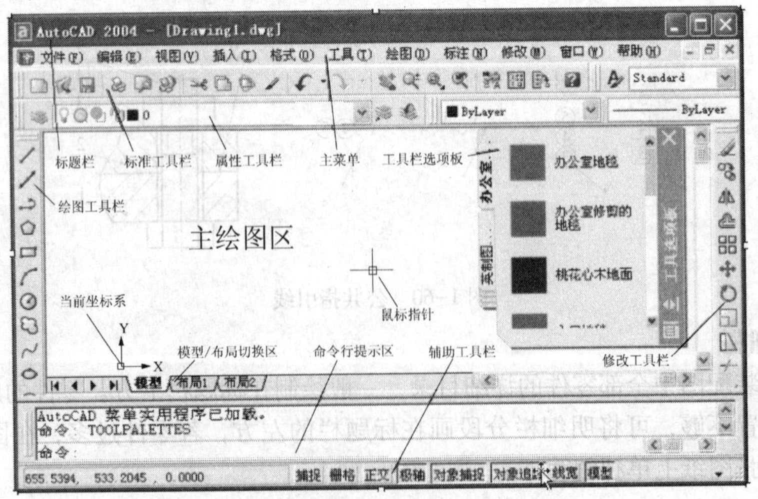

图 1-61 AutoCAD R2004 主界面

1.5.3 基本命令的使用

绘图、编辑与显示等基本命令是 AutoCAD 软件人机对话绘图的基础部分。任何复杂图形都是由一些基本图形元素按一定的位置关系组成的，因此应首先掌握这部分内容，才能有效地应用软件和进行开发工作。限于篇幅，只能扼要介绍。

1.5.3.1 基本绘图命令

AutoCAD 常用的绘图命令都放在绘图工具栏中，如图 1-62 所示。工具栏的图标形象地显示了该命令的功能。这里介绍最基本、最简单的一些图形实体的绘制方法。例如：直线、圆、圆弧、椭圆、矩形、多边形、多段线等的屏幕绘图方法。

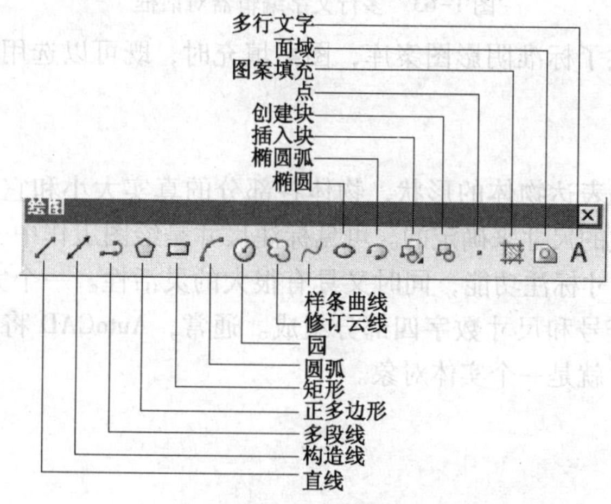

图 1-62　绘图工具栏

1.5.3.2 图形编辑指令

图形编辑是指对已有的图形进行修改、移动、删除、复制、剪切等操作。AutoCAD 提供了丰富的图形编辑命令，交替地使用绘图命令和编辑命令，可提高绘图效率和质量。图形编辑命令的操作一般包括实体选择和对选择集进行图形编辑两个部分。

1.5.3.3 图形显示控制及辅助绘图工具

为了便于图形的绘制和编辑，AutoCAD 提供了用于控制图形显示的命令及准确地找到实体上某些特殊点的目标捕捉命令。控制图形显示的命令只改变图形在屏幕上的显示方式，以便于观察，不改变图形中各实体的尺寸和位置，因而图纸本身大小并不发生变化。目标捕捉命令本身并不生成或编辑实体，而只是为绘制或编辑实体时提供一个准确捕捉特殊点的辅助功能，使用户在较短的时间画出精度更高的图形。

1.5.3.4 文本标注

在绘图过程中，不仅要绘制图形，还需要在图形中注写必要的文字说明，它与图形共同来表达完整的设计思想。这里将介绍与绘制文本有关的 TEXT 命令、MTEXT 命令及 DDEDIT 命令。输入文本时，就会弹出如图 1-63 所示的“多行文字编辑器”对话框。它是一个“Mini”型的文本编辑器，用户在这里可以完成文本的输入、文本的字型、文本的高度、文本的颜色及堆叠等功能。

1.5.3.5 图案填充

在绘制剖视图和断面图时，需要在指定区域内填充剖面符号(剖面线)，也称为图案填充。AutoCAD 提供了强大的图案填充功能，使我们能够顺利完成该项任务。AutoCAD 在

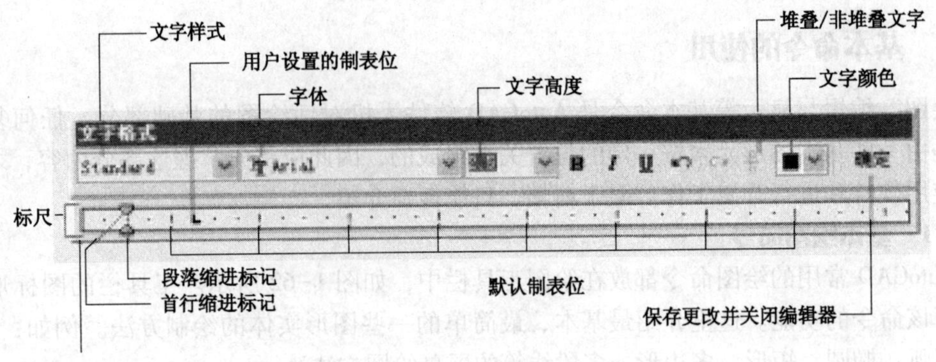

图 1-63　多行文字编辑器对话框

ACAD. PAT 文件中提供了标准阴影图案库，图案填充时，既可以选用标准图案，也可以使用用户自定义的图案。

1.5.3.6　尺寸标注

图样的主要作用是表达物体的形状，物体各部分的真实大小和它们之间的确切位置关系。它是由图形中标注的尺寸来确定的。可见标注尺寸是绘图工作中一项重要的内容。AutoCAD 提供了丰富的尺寸标注功能，同时又具有很大的灵活性。一个完整的尺寸由尺寸线、尺寸界线、尺寸终端符号和尺寸数字四部分组成。通常，AutoCAD 将以上四部分作为一个图块处理，即一个尺寸就是一个实体对象。

第 2 章　金属材料与热处理

本章主要阐述了金属性能、金属学的基本知识和常用金属材料以及钢的热处理。

2.1　金属的力学性能

2.1.1　力学性能

材料的力学性能是指材料在外力作用下所表现出来的特性。力学性能包括强度、塑性、硬度、冲击韧度等。

2.1.1.1　强度

强度是指金属材料抵抗塑性变形(永久变形)和断裂的能力。抵抗塑性变形和断裂的能力越大，则强度越高。

1. 拉伸试样

强度数据是通过拉伸试验测定的。拉伸试验方法是用静拉伸力对标准试样进行轴向拉伸，同时连续测量力和相应的伸长，直至断裂。根据测得的数据，即可求出有关的力学性能。图 2-1 中 d_0为试样的直径，L_0为标距长度。按国家标准，拉伸试样有长试样($L_0=10d_0$)和短试样($L_0=5d_0$)两种。

2. 拉伸曲线

图 2-2 是低碳钢的拉伸曲线图，图中纵坐标表示拉伸力 F，单位为 N；横坐标表示绝对伸长量 ΔL，单位为 mm。

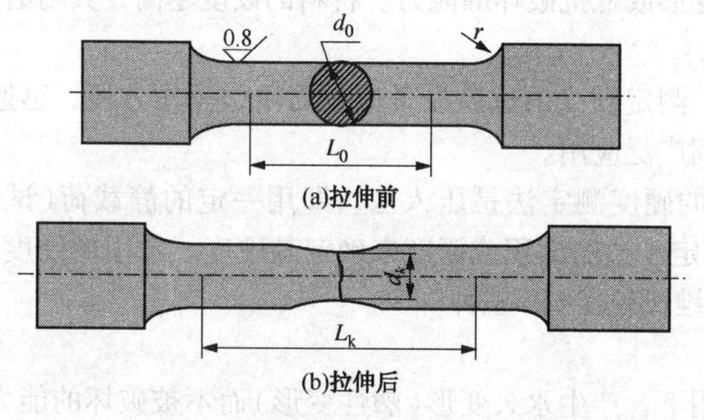

图 2-1　拉伸试样

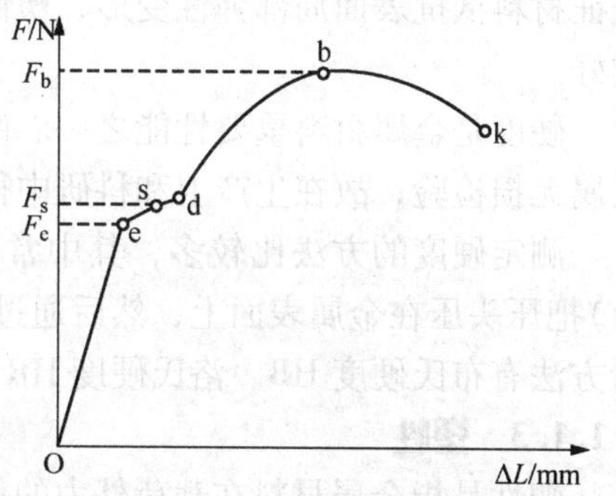

图 2-2　低碳钢的拉伸曲线图

当载荷不超过 F_e 时，拉伸曲线 Oe 为一斜直线，即试样的伸长量与拉伸力(载荷)成正比。如果卸除拉伸力，试样能完全恢复到原来的形状和尺寸，材料处于弹性变形阶段。

当拉伸力超过 F_e 后，试样将进一步伸长，此时若卸除拉伸力，试样不能恢复到原来的形状，这种拉伸力消失后仍继续保留的变形叫做塑性变形。

当拉伸力达到 F_s 时，拉伸力不增加，试样的变形仍继续进行，这种现象称为屈服。

当拉伸力继续增加到某一最大值 F_b 时，试样的局部截面缩小，产生“缩颈”现象。此后，变形主要集中在缩颈处，所能承受的拉伸力迅速下降，达到 F_k 时，试样在缩颈处断裂。

3. 强度指标

试样受到外力作用时，在其内部产生大小与外力相等而方向相反的相互作用力，称为内力。单位截面积上的内力称为应力，拉伸时的应力用符号 σ 表示。

$$\sigma = \frac{F}{S_0}$$

（1）弹性极限　弹性极限是指试样产生完全弹性变形时所能承受的最大拉应力，用 σ_e 表示，单位 MPa。

$$\sigma_e = \frac{F_e}{S_0}$$

（2）屈服点（又称屈服强度）　屈服点是指试样产生屈服现象时的最小应力，用 σ_s 表示，单位 MPa。对于低塑性材料或脆性材料，由于屈服现象不明显，常以产生一定的微量塑性变形（一般以残余变形量达到 $0.2\%L_0$）的应力为屈服点，用 $\sigma_{0.2}$ 表示，称条件屈服强度。

$$\sigma_s = \frac{F_s}{S_0}$$

（3）抗拉强度　抗拉强度是指试样在拉断前所承受的最大应力，用 σ_b 表示，单位 MPa。抗拉强度表示材料抵抗均匀塑性变形的最大能力，也是设计机械零件和选材的主要依据。

$$\sigma_b = \frac{F_b}{S_0}$$

屈服强度和抗拉强度在机械设计和选择、评定金属材料时有重要意义，材料不能在超过其 σ_s 的条件下工作，否则会引起机件的塑性变形；更不能超过其 σ_b 的条件下工作，否则会导致机件的破坏。

2.1.1.2　硬度

金属材料抵抗其他更硬物体压入表面的能力称为硬度，是衡量材料软硬程度的判据，它表征材料抵抗表面局部弹性变形、塑性变形或抵抗破坏的能力。材料的硬度越高，其耐磨性越好。

硬度是金属材料重要性能之一。由于测定硬度的试验设备比较简单，操作方便、迅速，又属无损检验，故在生产上和科研中得到广泛应用。

测定硬度的方法比较多，其中常用的硬度测定法是压入法，即用一定的静载荷（试验力）把压头压在金属表面上，然后通过测定压痕的面积或深度来确定其硬度。常用的硬度试验方法有布氏硬度 HB、洛氏硬度 HR 和维氏硬度 HV 三种。

2.1.1.3　塑性

塑性是指金属材料在载荷外力的作用下，产生永久变形（塑性变形）而不被破坏的能力。金属材料在受到拉伸时，长度和横截面积都要发生变化，因此，金属的塑性可以用长度的伸长（延伸率）和断面的收缩（断面收缩率）两个指标来衡量。

金属材料的延伸率和断面收缩率愈大，表示该材料的塑性愈好，即材料能承受较大的塑性变形而不破坏。一般把延伸率大于百分之五的金属材料称为塑性材料（如低碳钢等），而把延伸率小于百分之五的金属材料称为脆性材料（如灰口铸铁等）。塑性好的材料，它能在较大的宏观范围内产生塑性变形，并在塑性变形的同时使金属材料因塑性变形而强化，从而提高材料的强度，保证了零件的安全使用。此外，塑性好的材料可以顺利地进行某些成型工艺加工，如冲压、冷弯、冷拔、校直等。因此，选择金属材料作机械零件时，必须满足一定的塑性指标。

2.1.1.4 冲击韧性

是反映金属材料对外来冲击负荷的抵抗能力，工程上常用一次摆锤冲击弯曲试验来测定材料抵抗冲击载荷的能力，即测定冲击载荷试样被折断而消耗的冲击功 A_k，单位为焦耳(J)。这个值越大，则韧性越好，受冲击时，越不容易断裂。

2.1.2 温度对材料力学性能的影响

2.1.2.1 温度升高的影响—蓝脆现象

众所周知，温度对金属的性能有显著影响。金属材料的力学性能随着温度的升高而发生变化。铜、铝等有色金属材料及非金属材料，温度升高，其强度降低，塑性提高。但对于碳钢来说，温度在200℃以内时强度和弹性模量基本不变，塑性变化也不大，当温度达到250℃左右时，抗拉强度提高，而塑性和冲击韧性下降，出现所谓“蓝脆现象”(表面氧化膜呈现蓝色，由此而命名)，此时进行热加工金属材料易发生裂纹。当温度在350℃以上时，屈服点、抗拉强度急剧下降；当温度达到600℃时，强度几乎等于零，金属材料几乎完全丧失承载力。如图2-3所示。

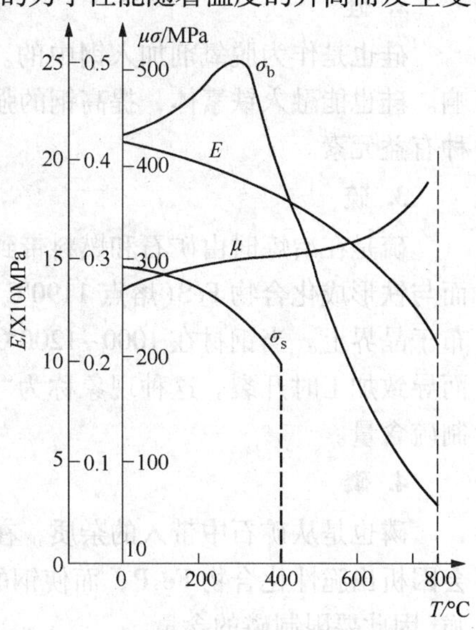

图2-3 温度变化对碳钢力学性能的影响

2.1.2.2 温度降低的影响—低温冷脆现象

当温度在0℃以下，随温度降低，金属材料强度略有提高，而塑性、韧性降低，脆性增大。尤其当温度下降到某一温度区间时，钢材的冲击韧性值急剧下降，出现低温脆断。通常又把金属材料在低温下的脆性破坏称为“低温冷脆现象”，产生的裂纹称为“冷裂纹”。因此，在低温下工作的金属材料，特别是受动力荷载作用的材料，应具有负温冲击韧性的合格保证，以提高抗低温脆断的能力。否则由于材料的冷脆性，零件在低温下容易发生脆性断裂，破坏时应力较低，又无可见的变形现象，危险性较大。

2.2 钢

钢，是对含碳量质量百分比介于0.02%~2.04%之间的铁碳合金的统称。钢的化学成分可以有很大变化，只含碳元素的钢称为碳素钢(碳钢)或普通钢；在实际生产中，钢往往根据用途的不同含有不同的合金元素，比如：锰、镍、钒等，称为合金钢。人类对钢的应用和研究历史相当悠久。如今，钢以其低廉的价格、可靠的性能成为世界上使用最多的材料之一，是建筑业、制造业和人们日常生活中不可或缺的成分。可以说钢是现代社会的物质基础。

2.2.1 碳素钢

碳素钢简称碳钢，是含碳量低于2.11%的铁碳合金。碳钢中除了含有碳元素之外，还含有少量的锰、硅、硫、磷等元素，这些元素是在冶炼时由原料带入钢中的，通称为杂质。

在钢铁材料中，碳素钢占有很大的比重。与合金钢相比，碳素钢冶炼简便，价格低廉，而其性能也可满足工业上的一般要求，因此在建筑、交通运输及机械制造工业中应用非常广泛。

2.2.1.1 常存杂质对钢性能的影响

1. 锰

锰是炼钢时由于用锰铁脱氧而残留在钢中的杂质。锰具有一定的脱氧能力，能够清除钢中的 FeO，显著改善钢的质量。锰能与硫化合成 MnS，减轻硫的有害作用。锰还能溶解于铁中，形成含锰铁素体，提高钢的强度和硬度。所以锰是一种有益元素。

2. 硅

硅也是作为脱氧剂加入钢中的。硅的脱氧作用比锰还要强，能消除 FeO 对钢的不良影响。硅也能融入铁素体，提高钢的强度。硅在碳钢中的含量一般小于 0.5%。所以硅也是一种有益元素。

3. 硫

硫是在冶炼时由矿石和燃料带到钢中的杂质，炼钢时难于除尽。硫在铁中溶解度极小，而与铁形成化合物 FeS(熔点 1190℃)。FeS 与 Fe 能形成低熔点的共晶体(熔点 985℃)，分布于晶界上。当钢材在 1000~1200℃进行热压力加工时，由于 FeS-Fe 共晶体已经熔化，从而导致加工时开裂。这种现象称为“热脆”。因此，一般将硫看作是钢中的有害杂质，要限制硫含量。

4. 磷

磷也是从矿石中带入的杂质，在炼钢时难于除尽。钢中磷的含量即使只有千分之几，也会因析出脆性化合物 Fe_3P，而使钢的脆性增加，特别在低温时更为显著。这种现象称为“冷脆”因此要限制磷的含量。

钢中的硫和磷是有害元素，它们的含量必须严格控制。但是，适当提高硫、磷含量，由于钢的脆性增加，可使钢在切削时切屑容易断裂，从而提高切削效率，延长刀具寿命，改善钢的切削加工性能。

2.2.1.2 碳素钢的分类

碳素钢有多种分类方法，现将几种主要的分类法简述如下：

1. 按钢的含碳量分类

(1) 低碳钢　含碳量小于 0.25%；

(2) 中碳钢　含碳量在 0.25%~0.60%；

(3) 高碳钢　含碳量大于 0.60%。

2. 按脱氧方法分类

(1) 沸腾钢　在熔炼末期，钢液仅用弱脱氧剂锰铁不完全脱氧，在钢液中保留相当数量的 FeO，在浇注凝固时，由于碳和 FeO 发生反应，钢液中不断析出 CO 而沸腾，故称沸腾钢。这种钢的内部分布着许多气孔，轧成钢坯后，头部切除量很小，成材率较高，成本较低。在钢锭的表层有一定厚度的致密细晶带，若轧成钢板表面质量较好，因此宜于轧制成薄钢板，用于制造冷冲压件。但是沸腾钢的成分偏析大，组织不致密，性能不均匀，冲击韧性较差，所以机械性能要求高的零件，不宜采用沸腾钢。

（2）镇静钢　钢液在浇注前经过完全脱氧，凝固时不沸腾，称镇静钢。这种钢的钢锭结构致密，质量较高，但成材率较低。沸腾钢在牌号后面加“F”表示，镇静钢不用符号。

3. 按钢的质量分类

碳钢质量的高低，主要根据钢中杂质 S、P 的含量来划分，可分为普通碳素钢、优质碳素钢、高级优质碳素钢和特级优质碳素钢四类。

（1）普通碳素钢　钢中 S、P 含量较高，S 不大于 0. 050%，P 不大于 0. 045%；

（2）优质碳素钢　钢中 S、P 含量较低，S 不大于 0. 030%，P 不大于 0. 035%；

（3）高级优质碳素钢　钢中含有 S、P 杂质很低，S 含量不大于 0. 020%，P 不大于 0. 030%；

（4）特级优质碳素钢　钢中含有 S、P 杂质最低，S 含量不大于 0. 015%，P 不大于 0. 025%。

4. 按用途分类

（1）碳素结构钢　用于制造机械零件和工程结构的碳钢，含碳量大多在 0. 7%以下，一般属于低碳钢和中碳钢。

（2）碳素工具钢　用于制造各种加工工具（刀具、模具）及量具，含碳量一般在 0. 65%以上，一般属于高碳钢。

2. 2. 1. 3　碳素钢牌号的和用途

1. 碳素结构钢

碳素结构钢的牌号由代表屈服点的字母、屈服点数值、质量等级符号、脱氧方法符号等四个部分按顺序组成，例如：Q235AF。碳素结构钢主要保证力学性能，故其牌号体现其力学性能，用 Q+数字表示，其中“Q”为屈服点“屈”字的汉语拼音字首，数字表示屈服点数值，例如 Q275 表示屈服点为 275MPa。若牌号后面标注字母 A、B、C、D，则表示钢材质量等级不同，含 S、P 的量依次降低，钢材质量依次提高。若在牌号后面标注字母“F”则为沸腾钢，标注“b”为半镇静钢，不标注“F”或“b”者为镇静钢。例如 Q235AF 表示屈服点为 235MPa 的 A 级沸腾钢，Q235C 表示屈服点为 235MPa 的 C 级镇静钢。碳素结构钢一般情况下都不经热处理，而在供应状态下直接使用。通常 Q195、Q215、Q235 碳钢的质量分数低，焊接性能好，塑性、韧性好，有一定强度，常轧制成薄板、钢筋、焊接钢管等，用于桥梁、建筑等结构和制造普通螺钉、螺母等零件。Q255 和 Q275 碳钢的质量分数稍高，强度较高，塑性、韧性较好，可进行焊接，通常轧制成型钢、条钢和钢板作结构件以及制造简单机械的连杆、齿轮、联轴节、销等零件。

2. 优质碳素结构钢

优质碳素结构钢含有害杂质 P、S 的量及非金属夹杂物较少，其均匀性及表面质量都比较好，且必须同时保证钢的化学成分和力学性能。这类钢的产量较大，价格便宜，力学性能较好，广泛用于制造各种机械零件和结构件。这些零件通常都要经过热处理后使用。

优质碳素结构钢的牌号是用两位数表示钢中的 C 的质量分数，以万分之几表示。例如，“40 钢”表示平均碳的质量分数为 0. 40%的优质碳素结构钢。不足两位数时，前面补 0。从 10 钢开始，以数字“5”为变化幅度上升一个钢号。若数字后带“F”（如 08F），则表示为沸腾钢。优质碳素结构钢按含锰不同，分为普通含锰量（0. 35%～0. 8%）和较高含锰量（0. 7%～1. 2%）两组。较高含锰量的一组，在钢号后加“Mn”，如 15 Mn、20 Mn 等。

常用的优质碳素结构钢的性质及应用范围如下：

08 钢、10 钢的含碳量很低，其强度低而塑性好，且有较好的焊接性能和压延性能，通常轧制成薄板或钢带。主要用于制造冷冲压零件，如各种仪表板、容器及垫圈等零件。

15 钢、20 钢、25 钢也具有较好的焊接性和压延性能，常用于制造受力不大、韧度较高的结构件和零件，如焊接容器、制造螺母、螺钉等，以及制造强度要求不太高的渗碳零件，如凸轮、齿轮等。渗碳零件的热处理一般是在渗碳后再进行一次淬火(840~920℃)及低温回火。

35 钢、40 钢、45 钢、50 钢、55 钢属于调质钢，可用来制造性能要求较高的零件，如齿轮、连杆、轴类等。调质钢一般要进行调质处理，以得到强度与韧度良好配合的综合力学性能。对综合力学性能要求不高或截面尺寸很大、淬火效果差的工件可采用正火代替调质。

60 钢、65 钢、70 钢、75 钢、80 钢、85 钢属于弹簧钢，经适当热处理后，可用来制造要求弹性好、强度较高的零件，如弹簧、弹簧热圈等，也可用于制造耐磨零件。冷成形弹簧一般只进行低温去应力处理。热成形弹簧一般要进行淬火(~850℃)及低温回火(200~250℃)处理

3. 碳素工具钢

在机械制造业中，用于制造各种刃具、模具及量具的钢称为工具钢。由于工具要求高硬度和高耐磨性且多数刃具还要热硬性，所以工具钢的含碳量均较高。工具钢通常采用淬火+低温回火的热处理工艺，以保证高硬度和耐磨性。

碳素工具钢的碳的质量分数为 0.65%~1.35%。根据其 S、P 的含量不同，碳素工具钢又可分为优质工具钢和高级优质工具钢两类。

碳素工具钢的钢号以“碳”字汉语拼音字头“T”表示，其后面加上顺序数字，数字表示钢的 C 的平均质量分数，以千分之几表示，如为高级优质碳素工具钢，则在数字后再加“A”字。如 T8 钢表示碳的质量分数平均为 0.8%的优质碳素工具钢。T12A 钢表示碳的质量分数平均为 1.2%的高级优质碳素工具钢。含锰量较高者，在钢号后标以“Mn”，如 T8Mn。碳素工具钢的优点是容易锻造、加工性能良好，而且价格便宜，生产量占全部工具钢的 60%左右。缺点是淬透性低，Si、Mn 含量略有改变，就会对淬透性产生较大的影响。因此，对碳素工具钢还容易产生淬火变形和淬裂，尤以形状复杂的工具为甚，同时它的回火抗力也较差。为了提高碳素工具钢的可锻性及减少其淬裂倾向，其硫、磷含量应比优质碳素结构钢限制更严格。

2.2.2 合金钢

在普通碳素钢基础上添加适量的一种或多种合金元素而构成的铁碳合金叫合金钢。根据添加元素的不同，并采取适当的加工工艺，可获得高强度、高韧性、耐磨、耐腐蚀、耐低温、耐高温、无磁性等特殊性能。

2.2.2.1 合金钢的分类

合金钢的分类方法很多，常用的分类有如下几种：

1. 按合金元素含量多少分类

低合金钢(合金总量低于 5 %)；中合金钢(合金总量为 5 %~10 %)；高合金钢(合金总量高于 10 %)。

2. 按用途分类

合金结构钢、合金工具钢 、特殊性能钢。

2.2.2.2 合金钢的牌号

我国合金钢的牌号是按其含碳量、合金元素种类及含量、质量级别等来编制的。

1. 合金结构钢

其牌号由“两位数字+元素符号+数字”三部分组成。前面两位数字代表钢中平均含碳量的万分之几；元素符号表示钢中所含的合金元素，元素符号后面数字表示该元素的平均含量的百分之几。合金元素的平均含量<1.5%时，一般只标明元素而不标明数值；当平均含量为≥1.5%、≥2.5%、≥3.5%……时，则在合金元素后面相应地标出2，3，4……。例如40Cr，其平均含碳量为0.4%，平均铬的含量<1.5%。如果是高级优质钢，则在牌号的末尾加“A”。例如38CrMoAlA钢，则属于高级优质合金结构钢。此外，专用钢用其用途的汉语拼音字首来标明。如GCr15表示碳质量分数约1.0%、铬质量分数约1.5%(特例)的滚珠轴承钢。Y40Mn，表示碳质量分数为0.4%、锰质量分数少于1.5%的易切削钢。

2. 合金工具钢

这类钢的编号方法与合金结构钢的区别仅在于：当含碳量<1%时，用一位数字表示含碳量的千分之几；当碳的质量分数≥1%时，则不予标出。例如Cr12MoV钢，其平均碳的含量为1.45%~1.70%，所以不标出；Cr的平均含量为12%，Mo和V的含量分别小于1.5%。又如9SiCr钢，其平均含碳量为0.9%，硅、铬的含量<1.5%。不过高速工具钢例外，其碳的平均含量无论多少均不标出。因合金工具钢及高速工具钢都是高级优质钢，所以它的牌号后面也不必再标“A”。

3. 特殊性能钢

这类钢牌号前面数字表示碳含量的千分之几。例如3Cr13钢，表示平均含碳量为0.3%，Cr的含量为13%。当碳的含量≤0.03%或≤0.08%时，则在牌号前面分别冠以“00”及“0”表示，例如00Cr17Ni14Mo2，0Cr19Ni9钢等。

2.2.2.3 合金钢的主要性能和用途

1. 合金结构钢

用于制造各类机械零件以及建筑工程结构的钢称为结构钢。

合金结构钢的成分特点，是在碳素结构钢的基础上适当地加入一种或多种合金元素，例如，铬、锰、硅、镍、钼、钨、钒等。合金元素除了保证有较高的强度或较好的韧度外，另一重要作用是提高钢的淬透性，使机械零件在整个截面上得到均匀一致的、良好的综合力学性能，在具有高强度的同时又有足够的韧度。

合金结构钢主要包括低合金结构钢、调质钢、渗碳钢、易切削钢、弹簧钢、滚动轴承钢等。

(1) 低合金结构钢　低合金结构钢是一种低碳结构用钢，合金元素含量较少，一般在3%以下，主要起细化晶粒和提高强度的作用。这类钢的强度显著高于相同碳含量的碳素钢，所以常称其为低合金高强度钢。它还具有较好的韧度、塑性以及良好的焊接性和耐蚀性，主要用于桥梁、车辆和船舶、锅炉、高压容器等产品方面。

它的碳含量不超过0.2%。这类钢的使用性能主要依靠加入少量的锰、硅、钒、铌、铜、磷等合金元素来满足。锰是强化基体元素，其含量一般在1.8%以下。硅、钒、铌等元素在钢中能形成微细碳化物，起细化晶粒和弥散强化作用，提高钢的屈服强度、抗拉强度以及低温冲击韧度。常用低合金结构钢有 Q295、Q345、Q390。

（2）渗碳钢　用于制造渗碳零件的钢称为渗碳钢。渗碳钢的碳含量一般在 0.10%～0.25%之间，属于低碳钢。低的碳含量可保证渗碳零件心部具有足够的韧度和塑性。因其淬透性高，零件心部的硬度和强度，在热处理前后差别较大，可通过热处理使渗碳件的心部达到较显著的强化效果。

合金渗碳钢中所含的主要合金元素有铬、镍、锰和硼等，其主要作用是提高钢的悴透性，改善渗碳零件心部组织和性能，同时还能提高渗碳层的性能（如强度、韧度及塑性）。

低淬透性合金渗碳钢，如 15Cr、20Cr、20Mn2 等，一般可用作受力不太大，不需要高强度的耐磨零件，如柴油机的凸轮轴、活塞销等。

中淬透性合金渗碳钢，如 20CrMnTi，12CrNi3，20CrMnMo，20MnVB 等，合金元素的总含量不大于 4%，其淬透性和力学性能均较高。常用作承受中等动载荷的受磨零件，如变速齿轮、齿轮轴、十字销头、花键轴套、气门座、凸轮盘等。

高淬透性合金渗碳钢，如 12Cr2Ni4A，18Cr2Ni4WA 等，合金元素总含量在 4%～6%之间，淬透性很大，经渗碳、淬火与低温回火后心部强度高，强度与韧度配合好，常用作承受重载和强烈磨损的大型、重要零件，如内燃机车的主动牵引齿轮、柴油机曲轴、连杆等。

（3）合金调质钢　调质钢是指经过调质处理后使用的碳素结构钢和合金结构钢。多数调质钢属于中碳钢，具有良好的综合力学性能，常用于制造汽车、拖拉机、机床及其他要求具有良好综合力学性能的各种重要零件，如柴油机连杆螺栓、汽车底盘上的半轴以及机床主轴等。

调质钢的碳含最介于 0.25%～0.50%之间。合金调质钢中含有铬、镍、锰、硅等的合金元素，其主要作用是提高钢的淬透性，并使调质后的回火索氏体组织得到强化。

常用调质钢分为碳素调质钢和合金调质钢。碳素调质钢有 35 钢、40 钢、45 钢和 40Mn、50Mn 等，合金调质钢有 40MnB、40MnVB、35CrMo 及 40CrNiMoA。

（4）合金弹簧钢　合金弹簧钢是用于制造弹簧或者其他弹性零件的钢种。

弹簧一般是在交变应力下工作，常见的破坏形式是疲劳破坏，因此，合金弹簧钢必须具有高的屈服点和屈强比（σ_s/σ_b）、弹性极限、抗疲劳性能，以保证弹簧有足够的弹性变形能力并能承受较大的载荷。同时，合金弹簧钢还要求具有一定的塑性与韧性，一定的淬透性，不易脱碳及不易过热。一些特殊弹簧还要求有耐热性、耐蚀性或在长时间内有稳定的弹性。

合金弹簧钢为中、高碳成分，一般碳含量 0.45%～0.7%，以满足高弹性、高强度的性能要求。加入的合金元素主要是 Si、Mn、Cr，作用是强化铁素体、提高淬透性和耐回火性。但加入过多的 Si 会造成钢在加热时表面容易脱碳，加入过多的 Mn 容易使晶粒长大。加入少量的 V 和 Mo 可细化晶粒，从而进一步提高强度并改善韧性。此外，它们还有进一步提高淬透性和耐回火性的作用。

常用的合金弹簧钢有 60Si2Mn、50CrVA、30W4Cr2VA 等。在重型机械、铁道车辆、汽车、拖拉机上都有广泛的应用，如安全阀弹簧、汽轮机汽封弹簧等。

（5）合金轴承钢　滚动轴承钢（ball bearing steel）是用于制造滚动轴承的滚动体和内外套圈的钢，通常在淬火状态下使用。滚动轴承在工作中需承受很高的交变载荷，滚动体与内外圈之间的接触应力大，同时又工作在润滑剂介质中。因此，滚动轴承钢具有高的抗压强度和抗疲劳强度，有一定的韧性、塑性、耐磨性和耐蚀性，钢的内部组织、成分均匀，热处理后有良好的尺寸稳定性。常用的滚动轴承钢是含碳 0.95%~1.10%、含铬 0.40%~1.60%的高碳低铬轴承钢，如 GCr6、GCr9、GCr15 等。

现代的滚动轴承钢可分为高碳铬轴承用钢、渗碳铬轴承用钢、不锈轴承用钢和高温轴承用钢四大类。在轴承制造工业中应用面广、使用量大的是高碳铬轴承钢。

2. 合金工具钢

在碳素工具钢中加入 Si、Mn、Ni、Cr、W、Mo、V 等合金元素的钢。

合金工具钢的淬硬性、淬透性、耐磨性和韧性均比碳素工具钢高，按用途大致可分为刃具、模具和量具用钢 3 类。其中碳含量高的钢(碳质量分数大于 0.80%)多用于制造刃具、量具和冷作模具，这类钢淬火后的硬度在 HRC60 以上，且具有足够的耐磨性；碳含量中等的钢(碳质量分数 0.35%~0.70%)多用于制造热作模具，这类钢淬火后的硬度稍低，为 HRC50~55，但韧性良好。

(1) 合金刃具钢　刃具在工作条件下产生强烈的磨损并发热，还有震动和承受一定的冲击负荷。刃具用钢应具有高的硬度、耐磨性、红硬性和良好的韧性。为了保证其具有高的硬度，满足形成合金碳化物的需要，钢中碳质量分数一般在 0.80%~1.45%。铬是这类钢的主要合金元素，质量分数一般在 0.50%~1.70%，有的钢还含有钨，以提高切削金属的性能。这类工具钢因含有合金元素，因此淬透性比碳素工具钢好，热处理产生的变形小，具有高的硬度和耐磨性。常用的钢类有铬钢、硅铬钢和铬钨锰钢等。

主要用于制造低速切削刃具(如木工工具、钳工工具、钻头、铣刀、拉刀等)及测量工具(如卡尺、千分尺、块规、样板等)。量具刃具钢要求具有高硬度(62~65HRC)、高耐磨性、足够的强韧性、高的热硬性(即刃具在高温时仍能保持高的硬度)；为保证测量的准确性，要求量具刃具钢具有良好的尺寸稳定性。

9SiCr 是应用广泛的刃具钢，用于制作要求变形小的各种薄刃低速切削刃具，如板牙、丝锥、铰刀等。

(2) 合金模具钢　模具大致可分为冷作模具、热作模具和塑料模具 3 类，用于锻造、冲压、切型、压铸等。由于各种模具用途不同，工作条件复杂，因此对模具用钢，按其所制造模具的工作条件，应具有高的硬度、强度、耐磨性，足够的韧性，以及高的淬透性、淬硬性和其他工艺性能。由于这类用途不同，工作条件复杂，因此对模具用钢的性能要求也不同。

冷作模具用于冷态下(工作温度低于 200~300℃)金属的成形加工，如冷冲模、冷挤压模、剪切模等。这类模具承受很大的压力、强烈的摩擦和一定的冲击，因此，要求具有高硬度、耐磨性和足够的韧性。此外，形状复杂、精密、大型的模具还要求具有较高的淬透性和小的热处理变形。用于这类用途的合金工具用钢一般属于高碳合金钢，碳质量分数在 0.80%以上，铬是这类钢的重要合金元素，其质量分数通常不大于 5%。但对于一些耐磨性要求很高、淬火后变形很小模具用钢，最高铬质量分数可达 13%，并且为了形成大量碳化物，钢中碳质量分数也很高，最高可达 2.0%~2.3%。冷作模具钢的碳含量较高，其组织大部分属于过共析钢或莱氏体钢。常用的钢类有高碳低合金钢、高碳高铬钢、铬钼钢、中碳铬钨钢等。

热作模具用于热态金属的成形式加工，如热锻模、压铸模、热挤压模等。热作模具工作时受到比较高的冲击载荷，同时模腔表面要与炽热金属接触并发生摩擦，局部温度可达 500℃以上，并且还要不断反复受热与冷却，常因热疲劳而使模腔表面龟裂，故要求热作模具钢在高温下具有较高的综合力学性能及良好的耐热疲劳性。此外，必须具有足够的淬透性。这类钢一般属于中碳合金钢，碳质量分数在0.30%~0.60%，属于亚共析钢，也有一部分钢由于加入较多的合金元素(如钨、钼、钒等)而成为共析或过共析钢。常用的钢类有铬锰钢、铬镍钢、铬钨钢等。

(3) 合金量具钢　量具应具有良好的尺寸稳定性、高耐磨性、高硬度和一定的韧性。因此，量具用钢应具有硬度高、组织稳定、耐磨性好，以及良好的研磨和加工性能、热处理变形小、膨胀系数小和耐蚀性好。这类钢一般属于过共析钢，加入的合金元素有铬、锰、钨、钼等。常用的钢类有铬钢、铬钨锰钢、锰钒钢等。

3. 特殊性能钢

特殊性能钢具有特殊物理或化学性能，用来制造除要求具有一定的机械性能外，还要求具有特殊性能的零件。其种类很多，机械制造中主要使用不锈耐酸钢、耐热钢、耐磨钢。不锈耐酸钢包括不锈钢与耐酸钢。能抵抗大气腐蚀的钢称为不锈钢。而在一些化学介质(如酸类等)中能抵抗腐蚀的钢称为耐酸钢。

(1) 不锈耐酸钢　一般不锈钢不一定耐酸，而耐酸钢则一般都具有良好的耐蚀性能。按照化学成分不同，不锈钢分为铬不锈钢、铬镍不锈钢和铬锰不锈钢等；按照组织特征，不锈钢分为马氏体不锈钢、铁素体不锈钢、奥氏体不锈钢和双相不锈钢等。

① 马氏体不锈钢　常用马氏体不锈钢含碳量为0.1%~0.45%、含铬量为12%~14%，属铬不锈钢。随着钢中含碳量的增加，钢的强度、硬度、耐磨性提高，但耐蚀性则下降。为了提高耐蚀性及机械性能，这类钢最后热处理是淬火和回火。它在空气中可淬硬，但一般仍用油冷。这类钢多用于机械性能要求较高，而耐蚀性要求较低的零件。如汽轮机叶片、各种泵的零件、弹簧、滚动轴承及一些医疗器械。

② 铁素体不锈钢　常用含碳量低于0.15%，含铬量为12%~30%，也属于铬不锈钢。其塑性、焊接性均较马氏体钢好。这类钢广泛用于硝酸、氮肥、磷酸等化学工业中。

③ 奥氏体不锈钢　这是应用最广泛的不锈钢，属镍铬钢。奥氏体不锈钢，是指在常温下具有奥氏体组织的不锈钢。钢中含Cr约18%、Ni8%~10%、C约0.1%时，具有稳定的奥氏体组织。奥氏体铬镍不锈钢包括18Cr-8Ni钢和在此基础上增加Cr、Ni含量并加入Mo、Cu、Si、Nb、Ti等元素发展起来的高Cr-Ni系列钢。奥氏体不锈钢无磁性而且具有高韧性和塑性，但强度较低，不可能通过相变使之强化，仅能通过冷加工进行强化，如加入S、Ca、Se、Te等元素，则具有良好的易切削性。此类钢除耐氧化性酸介质腐蚀外，还能耐硫酸、磷酸以及甲酸、醋酸、尿素等的腐蚀，高硅的奥氏体不锈钢对浓硝酸具有良好的耐蚀性。由于奥氏体不锈钢具有全面的和良好的综合性能，在各行各业中获得了广泛的应用。

④ 铁素体-奥氏体不锈钢　是近年发展起来的新型不锈钢。内部组织由奥氏体和δ铁素体两相组成，故又称为双相不锈钢，它克服了奥氏体不锈钢应力腐蚀抗力差的缺点，还提高了抗晶间腐蚀及焊缝热裂的能力。0Cr21Ni5Ti、1Cr21Ni5Ti等都属于双相不锈钢。

(2) 耐热钢：

① 抗氧化钢(不起皮钢)　一般钢铁在较高温度下(560℃以上)表面容易氧化，主要是由于在高温下生成松脆多孔的FeO，它较易剥落，最终导致零件破坏。实际应用的抗氧化钢，大多数是在铬钢、铬镍钢、铬锰氮钢基础上添加硅、铝制成的。和不锈钢一样，含碳量增多，会降低钢的抗氧化性。故一般抗氧化钢为低碳钢。

② 热强钢　金属在高温下的强度有两个特点：一是温度升高，金属原子间结合力减弱、强度下降；二是在再结晶温度以上，即使金属受的应力不超过该温度下的弹性极限，它也会

缓慢地发生塑性变形，且变形量随时间的增长而增大，最后导致金属破坏。这种现象称为蠕变。产生的原因是：在高温下金属原子扩散能力增大，使那些在低温下起强化作用的因素逐渐减弱或消失。热强钢采用的合金元素，如铬、镍、钼、钨、硅等，除具有提高高温强度的作用外，还可提高高温抗氧化性。

（3）耐磨钢　耐磨钢是指在强烈冲击载荷作用下才能发生硬化的高锰钢。它只有在强烈冲击与摩擦的作用下，才具有耐磨性，在一般机器工作条件下，它并不耐磨。主要用于制造坦克、拖拉机的履带、挖掘机铲斗的斗齿以及防弹钢板、保险箱钢板、铁路道岔等。由于高锰钢极易加工硬化，使切削加工困难，故大多数高锰钢零件是采用铸造成型的。

2.3　铸铁

铸铁是指含碳量在2%以上的铁碳合金。工业用铸铁一般含碳量为2%~4%。碳在铸铁中多以石墨形态存在，有时也以渗碳体形态存在。除碳外，铸铁中还含有1%~3%的硅，以及锰、磷、硫等元素。合金铸铁还含有镍、铬、钼、铝、铜、硼、钒等元素。碳、硅是影响铸铁显微组织和性能的主要元素。

铸铁的抗拉强度、塑性和韧性要比碳钢低。虽然铸铁的机械性能不如钢，但由于石墨的存在，却赋予铸铁许多为钢所不及的性能。如良好的耐磨性、高消振性、低缺口敏感性以及优良的切削加工性能。此外，铸铁的碳含量高，其成分接近于共晶成分，因此铸铁的熔点低，约为1200℃左右，铁水流动性好，由于石墨结晶时体积膨胀，所以传送收缩率小，其铸造性能优于钢，因而通常采用铸造方法制成铸件使用。

2.3.1　铸铁的分类

2.3.1.1　根据碳存在的形式分

（1）白口铸铁(简称白口铁)　白口铸铁中的碳主要以渗碳体形式存在，断口呈白亮色。其性能硬而脆，切削加工困难。除少数用来制造硬度高、耐磨、不需要加工的零件或表面要求硬度高、耐磨的冷硬铸件外(如破碎机的压板、轧辊、火车轮等)，还可作为炼钢原料和可锻铸铁的毛坯。

（2）灰口铸铁(简称灰口铁)　灰口铸铁中的碳主要以片状石墨的形式存在，断口呈灰色。灰口铸铁具有良好的铸造性能和切削加工性能，且价格低廉，制造方便，因而应用比较广泛。

（3）麻口铸铁(简称麻口铁)　麻口铸铁中的碳既以渗碳体形式存在，又以石墨状态存在。断口夹杂着白亮的游离渗碳体和暗灰色的石墨，故称为麻口铁。生产中很少用麻口铁。

2.3.1.2　根据石墨形状分

（1）灰铸铁　铸铁中的石墨形状呈片状。

（2）蠕墨铸铁　铸铁中的石墨大部分为短小蠕虫状。

（3）可锻铸铁(又称玛铁、玛钢)　铸铁中的石墨是不规则团絮状。

（4）球墨铸铁　铸铁中的石墨呈球状。

此外，为了获得某些特殊性能，应使铸铁中的常规元素高于规定的含量，并且加入一定的合金元素，此称之为合金铸铁。例如、耐磨铸铁、耐热铸铁和耐蚀铸铁等。

2.3.2 灰铸铁

灰铸铁是指铁水经过简单的炉前处理，浇注后获得具有片状石墨的铸铁。按基体组织的不同灰铸铁分为三类：铁素体基体灰铸铁；铁素体-珠光体基体灰铸铁；珠光体基体灰铸铁。因其生产工艺简单，价格低廉，故在工业中应用最为广泛。在铸铁生产中，灰铸铁约占80%以上。

灰铸铁的牌号由“HT+一组数字”组成。HT是“灰铁”两字的汉语拼音首字母，数字表示最低抗拉强度，单位为MPa。例如：HT100，表示最低抗拉强度为100MPa的灰铸铁。

灰铸铁中的片状石墨对基体的割裂严重，在石墨尖角处易造成应力集中，使灰铸铁的抗拉强度、塑性和韧性远低于钢，但抗压强度与钢相当，也是常用铸铁件中力学性能最差的铸铁。同时，基体组织对灰铸铁的力学性能也有一定的影响。

铁素体基体灰铸铁的石墨片粗大，强度和硬度最低，故应用较少，适用于载荷小、对摩擦和磨损无特殊要求的不重要铸件，如防护罩、盖、油盘、手轮、支架、底板、重锤、小手柄等。

珠光体基体灰铸铁的石墨片细小，有较高的强度和硬度，主要用来制造较重要铸件，适用于承受较大载荷和要求一定的气密性或耐蚀性等较重要铸件，如汽缸、齿轮、机座、飞轮、床身、汽缸体、汽缸套、活塞、齿轮箱、刹车轮、联轴器盘、中等压力阀体等。

铁素体-珠光体基体灰铸铁的石墨片较珠光体灰铸铁稍粗大，性能不如珠光体灰铸铁，适用于承受中等载荷的铸件，如机座、支架、箱体、刀架、床身、轴承座、工作台、带轮、端盖、泵体、阀体、管路、飞轮、电机座等。故工业上较多使用的是珠光体基体的灰铸铁。

灰铸铁还具有良好的铸造性能、良好的减振性、良好的耐磨性能、良好的切削加工性能、低的缺口敏感性。

2.3.3 球墨铸铁

球墨铸铁是20世纪50年代发展起来的一种高强度铸铁材料。经过球化处理和孕育处理的铸铁液，浇注后石墨结晶球状，获得球墨铸铁，

球墨铸铁是由“QT”(“球铁”两字汉语拼音字首)后附最低抗拉强度σ_b值(MPa)和最低断后伸长率的百分数表示。例如牌号QT700-2表示最低抗拉强度为700MPa、最低断后伸长率为2%的球墨铸铁。

由于石墨呈球状，避免了石墨对基体的割裂，所以其机械性能远远超过灰铸铁，优于可锻铸铁，甚至接近钢材，而价格低于钢，并且仍具有普通灰口铸铁的许多优良性能，如良好的铸造性、减震性、切削加工性及低的缺口敏感性等。因此，许多重要机械零件如曲轴、连杆、齿轮、阀体、缸套等均可采用球墨铸铁，以节约钢材、降低成本。

2.3.4 蠕墨铸铁

蠕墨铸铁是20世纪60年代发展起来的一种新型高强度铸铁。生产蠕墨铸铁的方法与球墨铸铁相似，即在出铁时往铁水中加入蠕化剂，进行蠕化处理，然后加入孕育剂作孕育处理而得到一种石墨形态介于片状和球状石墨之间的铸铁。

蠕墨铸铁的牌号为“RuT+数字”。牌号中，“RuT”是“蠕铁”二字汉语拼音的大写字头，

为蠕墨铸铁的代号；后面的数字表示最低抗拉强度。例如：牌号 RuT300 表示最低抗拉强度为 300MPa 的蠕墨铸铁。

蠕墨铸铁的石墨呈蠕虫状，短而厚，端部圆滑，分布均匀。其机械性能介于普通灰铸铁和球铁之间，热疲劳性能好。具有接近灰口铸铁的优良的铸造性能。它主要应用于一些经受热循环载荷，要求组织致密、结构复杂、强度高的铸件，如汽缸盖、汽缸套、钢锭模、液压阀等铸件。它是一种有发展前程的结构材料。

2.3.5 可锻铸铁

白口铸铁通过石墨化或氧化脱碳可锻化处理，改变其金相组织或成分而获得的有较高韧性的铸铁，俗称玛钢、马铁。但可锻铸铁并不能进行锻压加工。

可锻铸铁的牌号是由“KTH”(“可铁黑”三字汉语拼音字首)或“KTZ”(“可铁珠”三字汉语拼音字首)后附最低抗拉强度值(MPa)和最低断后伸长率的百分数表示。例如牌号 KTH 350-10 表示最低抗拉强度为 350 MPa、最低断后伸长率为 10%的黑心可锻铸铁，即铁素体可锻铸铁；KTZ 650-02 表示最低抗拉强度为 650 MPa、最低断后伸长率为 2%的珠光体可锻铸铁。

由于可锻铸铁中的石墨呈团絮状，对基体的割裂作用较小，因此它的力学性能比灰铸铁高，塑性和韧性好。与球墨铸铁相比，具有铁水处理容易质量稳定、废品率低的优点。可锻铸铁的基体组织不同，其性能也不一样，其中黑心可锻铸铁具有较高的塑性和韧性，而珠光体可锻铸铁具有较高的强度、硬度和耐磨性。常用于制造薄壁、形状复杂且要求一定韧性的小型铸件。但由于它工艺复杂、成本较高，逐渐被球墨铸铁所代替。

2.3.6 合金铸铁

铸铁是由铁、碳和硅等组成的合金。它比碳钢含有较多硫、磷等杂质元素。为了进一步提高铸铁的力学性能或特殊性能，还可以加入合金元素，或提高硅、锰、磷等元素的含量，这种铸铁称为合金铸铁。常用的合金铸铁分为：耐磨铸铁、耐热铸铁、耐蚀铸铁等。

2.3.6.1 耐磨铸铁

耐磨铸铁分减磨铸铁和抗磨铸铁两类。

(1) 减磨铸铁。应有较低的摩擦系数和能够很好的保持连续油膜的能力。最适宜的组织形式应是在软的基体上分布有坚硬的强化相。细层状珠光体灰铸铁就能满足这一要求，其中铁素体为软基体，渗碳体为强化相，同时石墨也起着贮油和润滑的作用。

高磷铸铁，提高磷的含量，可形成高硬度的磷化物共晶，呈网状分布在珠光体基体上，形成坚硬的骨架，使铸铁的耐磨损能力比普通灰铸铁提高一倍以上。在含磷较高的铸铁中再加入适量的 Cr、Mo、Cu 或微量的 V、Ti 和 B 等元素，则耐磨性能更好。

(2) 抗磨铸铁。抗磨铸铁的组织应具有均匀的高硬度。

普通白口铸铁就是一种抗磨性高的铸铁，但其脆性大，不宜作承受冲击的零件，在有冲击的场合可使用冷硬铸铁；含有少量的 Cr、Mo、W、Mn、Ni、B 等合金元素的低合金白口铸铁，具有一定的韧性，用于低冲击载荷条件下的抗磨零件，如抛丸机叶片、砂浆泵件、农产品加工设备中的易磨损件等；在中、低冲击载荷的高应力碾研磨损条件下，高铬白口铸铁代替高锰钢已显示了优越的抗磨性能；中锰球墨铸铁具有很好的耐磨性，较高的强度和韧性，适用于饲料粉碎机锤片、中小球磨机磨球、衬板、粉碎机锤头等。

2.3.6.2 耐热铸铁

耐热铸铁是指在高温下具有一定的抗氧化和抗生长能力，并能承受一定载荷的铸铁。

在高温下铸铁会发生氧化和生长现象。氧化是指铸铁在高温下受氧化性气氛的侵蚀，在铸铁表面产生氧化皮；生长是指铸铁在高温下产生不可逆的体积长大的现象，其原因是氧气通过石墨片的边界及裂纹间隙渗入铸铁内部，生成密度较小的氧化物，加上高温下渗碳体分解形成比容较大的石墨，使铸铁的体积不断胀大。

为防止热生长，耐热铸铁采用球墨铸铁较好。目前耐热铸铁中主要采用加入 Si、Al、Cr 等合金元素，它们在铸铁表面形成一层致密的稳定性好的氧化膜（SiO_2、Al_2O_3、Cr_2O_3），保护内部金属不被继续氧化。同时，这些元素能提高固态相变临界点，使铸铁在使用范围内不致发生相变，以减少由此而造成的体积胀大和显微裂纹等。

常用的耐热铸铁有中硅铸铁、高铬铸铁、镍铬硅铸铁、镍铬球墨铸铁等。用来代替耐热钢制造耐热零件，如加热炉底板、热交换器、坩埚等。

2.3.6.3 耐蚀铸铁

耐蚀铸铁具有较高的耐蚀性能，耐蚀措施与不锈钢相似，一般加入 Si、Al、Cr、Ni、Cu 等合金元素，在铸件表面形成牢固的、致密而又完整的保护膜，阻止腐蚀继续进行，并提高铸铁基体的电极电位，提高铸铁的耐蚀性。

应用最广泛的是高硅耐蚀铸铁，这种铸铁在含氧酸类和盐类介质中有良好的耐蚀性，但在碱性介质和盐酸、氢氟酸中，因表面 SiO_2 保护膜被破坏，耐蚀性有所下降。耐蚀铸铁广泛用于化工部门，用来制造管道、阀门、泵类、反应锅及盛贮器等。

2.4 有色金属

通常将金属分为两大类，即黑色金属和有色金属。钢铁被称为黑色金属，铝、铜、镁、锌、铅等及其合金被称为有色金属。由于有色金属及合金具有独特的性能，如密度小、比强度大、比模量高、耐热、耐腐蚀以及良好的导电性和导热性。同时许多有色金属又是制造各种优质合金钢和耐热钢所必需的合金元素，因此有色金属在金属材料中占有重要地位，是现代工业中不可缺少的工程材料。

2.4.1 铜及铜合金

2.4.1.1 纯铜

纯铜呈玫瑰红色，因其表面在空气中氧化形成一层紫红色的氧化物而常称紫铜，密度 $8.9\times10^3kg/m^3$，熔点为 1083℃，具有面心立方晶格，没有同素异构转变。纯铜的强度低，σ_b 约为 200~250MPa；塑性高，δ 约为 35%~45%，便于承受冷、热锻压加工。纯铜的抗蚀性较好，在大气、水蒸气、水和热水中基本不受腐蚀，在海水中易受腐蚀。纯铜具有很高的导电、导热性，其导电性仅次于银居第二位，故在电器工业和动力机械中得到广泛的应用，如用来制造电导线、散热器、冷凝器等。

工业纯铜中铜的含量为 99.5%~99.95%，其牌号以“铜”的汉语拼音字首“T”+顺序号表示，见表 2-1。

表 2-1　工业纯铜的牌号、成分及用途

牌号	代号	纯度/%	杂质/%		杂质总量/%	用　途
			Bi	Pb		
一号铜	T1	99.95	0.002	0.005	0.05	导电材料和配制高纯度合金
二号铜	T2	99.90	0.002	0.005	0.1	导电材料，制作电线、电缆等
三号铜	T3	99.70	0.002	0.01	0.3	铜材、电气开关、垫圈、铆钉、油管等
四号铜	T4	99.50	0.003	0.05	0.5	铜材、电气开关、垫圈、铆钉、油管等

2.4.1.2　铜合金

纯铜的强度低，不适于制作结构件，为此常加入一定量的合金元素制成铜合金。铜合金是工业生产中广泛使用的有色金属材料。按化学成分的不同，铜合金可分为黄铜、青铜和白铜，这里只是介绍黄铜和青铜。

1. 黄铜

黄铜是以锌为主要合金元素的铜合金，因成金黄色故称黄铜。按其化学成分的不同，分为普通黄铜和特殊黄铜两种。

（1）普通黄铜　以锌和铜组成的合金叫普通黄铜。锌加入铜中不但能使强度增高，也能使塑性增高。当含锌量增加到30%～32%时，塑性最高。当增至40%～42%时，塑性下降而强度最高。这是由于合金组织中出现了以化合物 CuZn 为基的固溶物（称为 β 相）所造成的。当含锌量超过45%以后，组织全部为 β 相，黄铜的强度急剧下降，塑性太差，已无使用价值。

普通黄铜的牌号用“黄”的汉语拼音字首“H”加数字表示，数字表示铜的平均含量，如 H68 表示铜含量为 68%，其余为锌。

普通黄铜的力学性能、工艺性和耐蚀性都较好，应用较为广泛。普通黄铜牌号及用途见表 2-2。

表 2-2　普通黄铜牌号及用途

牌　号	用　途
H96	冷凝管、散热器及导电零件等
H90	奖章、供水及排水管等
H80	薄壁管、造纸网、波纹管、装饰品、建筑用品等
H70	弹壳、造纸、机械及电气零件
H68	形状复杂的冷、深冲压件、散热器外壳及导管等
H62、H59	机械、电气零件，铆钉、螺帽、垫圈、散热器及焊接件、冲压件

（2）特殊黄铜　在普通黄铜基础上加入其他合金元素的铜合金，称为特殊黄铜。常加入的合金元素有铅、铝、锰、锡、铁、镍、硅等。这些元素的加入都能提高黄铜的强度，其中铝、锰、锡、镍还能提高黄铜的抗蚀性和耐磨性。

特殊黄铜可分为压力加工和铸造用的两种，前者加入合金元素较少，使之能溶入固体中，以保证较高的塑性；后者不要求高的塑性，为了提高强度和铸造性能，可以加入较多的合金元素。

特殊黄铜的代号表示形式是“H+第一合金元素符号+铜含量-第一合金元素含量+第二合金元素含量”，数字之间用“-”分开。例如 HPb59-1 表示加入铅的特殊黄铜，其含铜量为 59%，含铅量为 1%。

铸造黄铜的牌号则以“铸”字汉语拼音字首“Z+铜锌元素符号(CuZn)”表示，具体为“ZCuZn+锌含量+第二合金元素符号+第二合金元素含量”，如 ZCuZn40Pb2 表示含 Zn40%，含 Pb2%，余量为 Cu 的铸造黄铜。特殊黄铜、铸造黄铜的牌号及用途见表 2-3、表 2-4。

表 2-3 特殊黄铜牌号及用途

类别	牌号	用途
铅黄铜	HPb63-3	钟表、汽车、拖拉机及一般机器零件
	HPb59-1	适于热冲压及切削加工零件，如销子、螺钉、垫圈等
铝黄铜	HAl77-2	海船冷凝器管及耐蚀零件
	HAl60-1-1	齿轮、蜗轮、轴及耐蚀零件
	HAl59-3-2	船舶、电机、化工机械等常温下工作的高强度耐蚀零件
硅黄铜	HSi80-3	耐磨锡青铜的代用材料，船舶及化工机械零件
锰黄铜	HMn58-2	船舶零件及轴承等耐磨零件
铁黄铜	HFe59-1-1	摩擦及海水腐蚀下工作的零件
锡黄铜	HSn90-1	汽车、拖拉机弹性套管
	HSn62-1	船舶零件
镍黄铜	HNi65-5	压力计管、船舶用冷凝管、电机零件

表 2-4 铸造黄铜牌号及用途

类别	牌号	用途
硅黄铜	ZCuZn16Si4	接触海水工作的配件以及水泵、叶轮和在空气、淡水、油、燃料以及工作压力在 4.5MPa，工作温度在 225℃以下蒸汽中工作的零件
铅黄铜	ZCuZn40Pb2	一般用途的耐磨、耐蚀零件，如轴套、齿轮等
铝黄铜	ZCuZn25Al6Fe3Mn3	高强度、耐磨件，如桥梁支承板、螺母、螺杆、滑块和蜗轮等
	ZCuZn31Al2	压力铸造件，如电机、仪表等以及造船和机械制造中的耐蚀零件
锰黄铜	ZCuZn40Mn3Fe1	耐海水腐蚀零件，以及 300℃以下工作的管件，船舶用螺旋桨等大型铸件
	ZCuZn40Mn2	在空气、淡水、海水、蒸汽(<300℃)和各种液体、燃料中工作的零件

2. 青铜

青铜原指铜锡合金，后指除黄铜、白铜(以镍为主加元素的铜基合金)以外的铜合金均称青铜，并常在青铜名字前冠以第一主要添加元素。青铜具有良好的耐蚀性、耐磨性、导电性、切削加工性、导热性能、较小的体积收缩率。按主加合金元素的不同可分为锡青铜、铝青铜、铍青铜等；按生产方式的不同可分为压力加工青铜、铸造青铜。

(1) 锡青铜。以锡为主加元素的铜基合金称锡青铜。锡青铜的力学性能、随含锡量的不同而变化，当含锡量在 5%~6%以下时，锡溶于铜中形成固溶体，合金的强度与塑性随含锡量的增加而上升。当含锡量超过 5%~6%时，合金组织中出现硬而脆的 Cu31Sn8 化合物，使塑性急剧下降，当含锡大于 20%时，锡青铜的强度也急剧下降。工业用锡青铜的含锡量都在3%~14%之间。含锡量小于8%的锡青铜具有较好的塑性，适用于锻压加工；含锡量大于10%的锡青铜塑性低，只适用于铸造。

锡青铜在铸造时，因为锡青铜的结晶范围较大，流动性差，易形成分散的微小缩孔，所以铸造收缩率很小，适宜铸造形状复杂、外形尺寸要求较严格的铸件。但因致密性差，不适于制造密封性要求高的铸件。

锡青铜抗大气、海水、蒸汽的腐蚀性能比黄铜和纯铜好，此外，冲击时不产生火花，无冷脆现象，耐磨性高。

（2）铝青铜。以铝为主加合金元素的铜基合金称铝青铜，是得到最广泛应用的一种青铜。它的成本比较低，一般铝的含量为8.5%~10.5%。铝青铜具有良好的力学性能，耐蚀性和耐磨性，并能进行热处理强化。铝青铜有良好的铸造性能，在大气、海水、碳酸及大多数有机酸中具有比黄铜和锡青铜更高的抗蚀性，此外还有冲击时不发生火花等特性。宜作机械、化工、造船及汽车工业中的轴套、齿轮、蜗轮、管路配件等零件。

（3）铍青铜。以铍为主加合金元素的铜基合金称铍青铜。一般铍的含量为1.7%~2.5%。铍青铜可以淬火时效处理，有很高的强度、硬度、疲劳极限和弹性极限，而且耐蚀、耐磨、无磁性、导电和导热性好，受冲击无火花等。在工艺方面，它承受冷、热压力加工的能力很强，铸造性能亦好。主要用于制作高级精密的弹性元件，如弹簧、膜片、膜盘等，特殊要求的耐磨零件，如钟表的齿轮和发条、压力表游丝；高速、高温、高压下工作的轴承、衬套及矿山、炼油厂用的冲击不带火花的工具。铍青铜价格较贵。

青铜的牌号用“青”字的汉语拼音字首“Q”加主要元素符号及含量表示。铸造青铜，在牌号前加一“Z”字。例如ZQSn10表示含锡量10%的铸造用青铜。常用青铜的牌号、化学成分、力学性能及用途举例见表2-5。

表2-5　常用青铜的牌号及用途

类别	代号(或牌号)	用　　途
压力加工锡青铜	QSn4-3	弹性元件、化工机械耐磨零件和抗磁零件
	QSn6.5-0.1	精密仪器中的耐磨零件和抗磁元件，弹簧
	QSn4-4-2.5	飞机、汽车、拖拉机用轴承和轴套的衬垫
铸造锡青铜	ZCuSn10Zn2	在中等及较高载荷下工作的重要管配件，阀、泵体等
	ZCuSn10P1	重要的轴瓦、齿轮、连杆和轴套等
特殊青铜（无锡青铜）	ZCuAl10Fe3	重要的耐磨、耐蚀重型铸件，如轴套、蜗轮等
	ZCuAl9Mn2	形状简单的大型铸件，如衬套、齿轮、轴承
	QBe2	重要仪表的弹簧、齿轮等
	ZCuPb30	高速双金属轴瓦、减摩零件等

2.4.2　铝及铝合金

2.4.2.1　纯铝

纯铝是一种银白色的金属，熔点(与其纯度有关，99.996%时)为660.24℃，具有面心立方晶格，无同素异构转变。纯铝的相对密度较小，约为2.7，仅是钢铁密度的三分之一左右。纯铝还具有导电、导热性能好，抗腐蚀性能好等特点。

纯铝材料按纯度可分为三类。

(1) 高纯铝　纯度为99.93%~99.99%，牌号有L01、L02、L03、L04等四种，编号越大，纯度越高。高纯铝主要用于科学研究及制作电容器等。

(2) 工业高纯铝　纯度为98.85%~99.9%，牌号有L0、L00等，用于制作铝箔、包铝及冶炼铝合金的原料。

(3) 工业纯铝　纯度为98.0%~99.0%，牌号有L1、L2、L3、L4、L5等五种，编号越大，纯度越低。工业纯铝可制作电线、电缆、器皿及配制合金。

工业纯铝的抗拉强度和硬度很低，分别(铸态)为90~120MPa，24~32HBS，不能作为结构材料使用。但其塑性极高，延伸率δ(退火)为32%~40%，断面收缩率ψ(退火)为70%~90%。能通过各种压力可加工成板、带、箔和挤压制品等。

2.4.2.2　铝合金

纯铝的强度低，不宜制作承受重载荷的结构件，当向铝中加入一定量的合金元素(如硅、铜、锰等)，可制成强度高的铝合金。除了保留纯铝的低密度、良好的导电性和导热性等优点外，通过合金化和其他工艺方法，可获得较高的强度，并保持良好的加工性能。许多铝合金不仅可通过冷变形提高强度，而且可用热处理来大幅度地改善性能。因此铝合金可用于制造承受较大载荷的机器零件和构件，广泛应用于民用与航空工业。

2.4.2.3　铝合金的分类

根据铝合金的成分及生产工艺特点，可将铝合金分为变形铝合金和铸造铝合金两大类。

1. 变形铝合金

根据化学成分和性能的不同，变形铝合金可分为防锈铝合金、硬铝合金、超硬铝合金、锻铝合金四类，变形铝合金代号以汉语拼音字首+顺序号表示，如LF、LY、LC、LD分别代表防锈铝、硬铝、超硬铝和锻铝。

(1) 防锈铝合金　主加合金元素是Mn和Mg，锻造退火后得到单相固溶体组织，塑性、耐蚀性良好。Mn的主要作用是提高耐蚀能力，还有固溶强化作用。Mg在固溶强化的同时能降低合金的密度，减轻零件的结构重量。防锈铝合金不能通过热处理来强化，只能采用冷变形产生加工硬化。常用的防锈铝合金有LF5、LF21等，广泛应用于航空工业，也可用于经压延、焊接加工的耐蚀零件，如管道、油箱、铆钉等。

(2) 硬铝合金属　AL-Cu-Mg系合金。加入铜和镁是为了在时效过程中产生强化相。这类合金既可通过热处理(时效处理)强化来获得较高的强度和硬度，还可以进行变形强化。硬铝在航空工业中获得了广泛的应用，如用作飞机构架、螺旋桨、叶片等，但其抗蚀性较差。

(3) 超硬铝合金　是Al-Cu-Mg-Zn系合金。经时效处理后，可得到铝合金中的最高强度。超硬铝合金热塑性较好，但是耐蚀性较差，也可以通过包铝的方法加以改善。常用的超硬铝有LC4、LC6等，主要用作要求质量轻受力大的重要构件，如飞机大梁、起落架、隔板等。

(4) 锻铝合金　有Al-Cu-Mg-Si系普通锻铝合金及Al-Cu-Mg-Ni-Fe系耐热锻铝合金，共同的特点是热塑性、耐蚀性较好，经锻造后可制造形状复杂的大型锻件和模锻件。

普通锻铝合金包括LD2、LD5、LD6、LD10等，主要强化相为Mg_2Si。LD2的抗蚀性接近防锈铝，LD10的强度与硬铝相近。普通锻铝合金可用于离心压缩机叶轮、导风轮等。

耐热锻铝合金包括LD7、LD8、LD9等，顺序号越大，耐热性越差。主要耐热强化相为

Al_9FeNi，适于制作工作在150~225℃的叶片、叶轮等。

2. 铸造铝合金

根据化学成分的不同，铸造铝合金可分为Al-Si系、Al-Cu系、Al-Mg系、Al-Zn系四大类。铸造铝合金代号以汉语拼音字母字首(ZL表示“铸铝”)+三位数字表示，第一位数字1、2、3、4分别代表Al-Si、Al-Cu、Al-Mg、Al-Zn系，后两位数字是合金的顺序号。如ZL102代表顺序号为2的Al-Si系铸造合金。

(1) Al-Si系铸造铝合金　Al-Si系铸造铝合金通称硅铝明，根据合金元素的种类和组元数目的不同，可分为简单硅铝明(Al-Si二元合金)和特殊硅铝明(Al-Si-Mg系、Al-Si-Cu-Mg系等)。

简单硅铝明具有良好的流动性、较小的热裂倾向。铸件因针状硅晶体的存在，强度和塑性都很差，脆性较大，不能直接应用。工业上常通过变质处理后，得到铸造性能良好，还具有良好的耐热、抗蚀和焊接性的硅铝明。但是强度较低，而且不能通过淬火时效强化。多用作形状复杂受力不大的零件，如仪表、水泵壳体等。

在Al-Si二元合金基础上加入铜、镁、锌等合金元素，就得到了特殊硅铝明。经强化相后，在进行淬火时效强化，可明显提高强度，可用作飞机仪表零件、汽缸体等。

(2) Al-Cu系铸造铝合金　Al-Cu合金的强度和耐热性都比较好，但是组织中共晶体较少，铸造性能较差，热裂、疏松的倾向较大，耐蚀性也较差。常用的Al-Cu铸造合金有ZL201、ZL202、ZL203等，可用作内燃机汽缸头、活塞、增压器的导风轮等。

(3) Al-Mg系铸造铝合金　Al-Mg合金有较高的强度，良好的耐蚀性和机加工性，密度很小(为$2.55\times10^3kg/m^3$，比纯铝还轻)，但是铸造性、耐热性较差，可进行时效处理，常用的Al-Mg合金有ZL301、ZL302等，可用作为腐蚀和冲击条件下服役的零件，如船舶零件，氨用泵体等。

(4) Al-Zn系铸造铝合金　Al-Zn合金铸造性能优良，价格低廉。铸态下有“自行淬火”现象，锌原子被固溶在过饱和固溶体中。经变质和时效处理后，有较高的强度，但是耐蚀性较差，热裂倾向较大。常用Al-Zn合金有ZL401、ZL402等，可用于机动车辆发动机零件及形状复杂的仪表零件。

2.4.3 滑动轴承合金

又称轴瓦合金。用于制造滑动轴承中的轴瓦及内衬的材料。

2.4.3.1 轴承合金应具备的性能

轴承合金应具备如下性能：

(1) 良好的减摩性能。要求由轴承合金制成的轴瓦与轴之间的摩擦系数要小，并有良好的可润滑性能

(2) 有一定的抗压强度和硬度能承受转动着的轴施予的压力；但硬度不宜过高，以免磨损轴颈。

(3) 塑性和冲击韧性良好。以便能承受振动和冲击载荷，使轴和轴承配合良好。

(4) 表面性能好。即有良好的抗咬合性、顺应性和嵌藏性。

(5) 有良好的导热性、耐腐蚀性和小的热胀系数。

轴瓦材料不能选用高硬度的金属，以免轴颈受到磨损；也不能选用软的金属，防止承载能力过低。因此轴承合金应既软又硬，组织特点是，在软基体上分布硬质点，或者在硬基体上分布软质点。

若轴承合金的组织是软基体上分布硬质点，则运转时软基体受磨损而凹陷，硬质点将凸出于基体上，使轴和轴瓦的接触面积减小，而凹坑能储存润滑油，降低轴和轴瓦之间的摩擦系数，减少轴和轴承的磨损。另外，软基体能承受冲击和震动，使轴和轴瓦能很好的结合，并能起嵌藏外来小硬物的作用，保证轴颈不被擦伤(见图 2-4)。轴承合金的组织是硬基体上分布软质点时，也可达到上述同样目的。

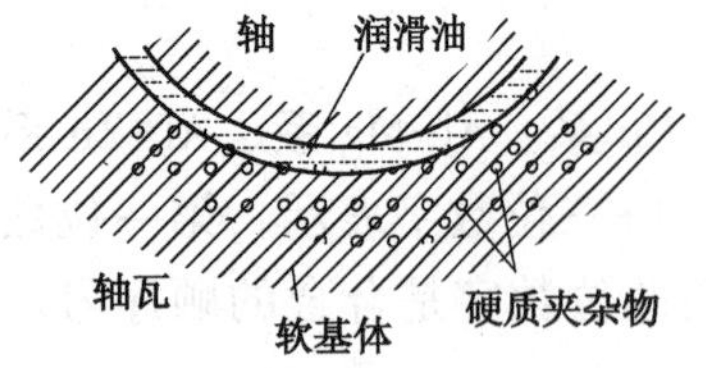

图 2-4　软基体轴与轴瓦配合示意图

2.4.3.2　滑动轴承合金的分类及牌号

常用的轴承合金按主要成分可分为锡基、铅基、铝基、铜基等数种，前两种称为巴氏合金，轴承合金一般在铸态下工作，其牌号以“铸”字汉语拼音字首“Z”开头，表示方法为“Z+基本元素符号+主加元素符号+主加元素含量+辅加元素符号+辅加元素含量……”。例如，ZSnSb12Pb10Cu4，即表示含 Sb12%、含 Pb10%和 Cu4%的锡基轴承合金。

1. 锡基与铅基轴承合金

(1) 锡基轴承合金(锡基巴氏合金)　它是以锡为基础，加入锑、铜等元素组成的合金。其组织是由锑溶入锡形成的固溶体为软基体，以锡与锑、锡与铜形成的化合物为硬质点组成的。这种合金有良好的耐磨性、韧性、导热性、耐蚀性和抗冲击性，但承载能力较低。常用于最重要的轴承，如发动机、汽轮机、压气机等巨型机器的高速轴承。

(2) 铅基轴承合金(铅基巴氏合金)　它是以铅-铅为基础，加入锡、铜等元素的轴承合金，属于软基体加硬质点的组织。这类合金的硬度、强度、韧性均较锡基合金低，且摩擦系数较大，但价格较便宜。铅基轴承合金常用来制造承受中、低载荷的中速轴承。如汽车、拖拉机的曲轴、连杆轴承及电动机轴承。

2. 铜基、铝基轴承合金

铜基、铝基轴承合金大多属于硬基体软质点的组织，其承载能力高，但磨合能力较差。其中铝基轴承合金的线膨胀系数较大，易与轴咬合，因此需要加大轴承间隙。

除上述轴承合金外，可作滑动轴承的还有粉末冶金含轴承、聚四氟乙烯等工程塑料。

2.5　硬质合金

硬质合金是以碳化钨(WC)、碳化钛(TiC)等高熔点、高硬度的碳化物的粉末和起粘结作用的金属钴粉末经混合、加压成型、再烧结而制成的一种粉末冶金制品。因其工艺与陶瓷烧结相似，所以也称金属陶瓷硬质合金或烧结硬质合金。硬质合金具有高硬度(69~81HRC)、高热硬性(可达 900~1000℃)、高耐磨性和较高抗压强度。用它制造切削刀具，其切削速度、耐磨性与寿命都比高速钢高。硬质合金通常制成一定规格的切削刀片，装夹或镶焊在刀体上使用。它还用于制造某些冷作模具、量具及不受冲击、震动的高耐磨零件。

目前，常用的硬质合金有金属陶瓷硬质合金和钢结硬质合金。

2.5.1　金属陶瓷硬质合金

金属陶瓷硬质合金是将一些难熔的金属碳化物粉末(碳化钨、碳化钛等)和黏结剂(钴、镍等)混合，加压成形后烧结而成的一种粉末冶金材料，因其工艺与陶瓷烧结相似而得名。

2.5.1.1 钨钴类硬质合金

它的主要化学成分分为碳化钨和钴。其代号用“硬”、“钴”汉语拼音字首“YG”加数字表示。数字代表硬质合金中含钴量的百分数。例如：YG6 表示钨钴类硬质合金，含钴量为 6%，其余为碳化钨。常用的牌号有 YG3、YG6、YG8 等。这类合金刀具主要用来加工产生断续切屑的脆性材料。

2.5.1.2 钨、钴、钛类硬质合金

由碳化钨、碳化钛和钴组成。其牌号用“硬”“钛”两字的汉语拼音字首“YT”加数字表示，数字表示硬质合金中碳化钛的百分数。例如 YT15 表示含碳化钛量为 15%的钨钴钛类硬质合金。常用的牌号有 YT5、YT15、YT30 等。钨钴钛类硬质合金刀具主要用来加工韧性材料，如各种钢材。

2.5.1.3 通用硬质合金

以碳化钽(TaC)或碳化铌(NbC)取代钨钴钛类硬质合金中的一部分碳化钛而成。通用硬质合金又叫万能硬质合金，其牌号用“硬”“万”两字首“YW”加序号数字表示。这类合金刀具适宜于加工各类钢材，特别是当切削不锈钢、耐热钢、高锰钢等难加工的钢材时效果更好。

2.5.2 钢结硬质合金

钢结硬质合金是以一种或几种碳化物(如 TiC、WC)为强化相，以合金钢(如高速钢、铬钼钢等)的粉末为粘结剂制成的粉末冶金材料。这种材料有耐热、耐蚀和抗氧化等性能，可进行焊接和锻造加工，经退火后可进行切削加工，淬火、回火后有相当于硬质合金的高硬度和耐磨性，硬度可达 70HRC。用作刃具时，钢结硬质合金的寿命与钨钴类合金差不多，大大超过合金工具钢，由于它可切削加工，故适宜制造各种形状复杂的刃具、模具与耐磨零件。

2.6 钢的热处理

2.6.1 热处理方法及其应用

热处理方法及其应用见表 2-6。

表 2-6　热处理方法及其应用

热处理方法	定　义	应　用
退火	将金属或合金加热到适当温度，保持一定时间，然后缓慢冷却的热处理工艺	用来消除铸锻件的内应力和组织不均匀及晶粒粗大等现象，消除冷轧胚件的冷硬现象和内应力，降低硬度，以便切削
正火	将钢材或钢件加热到 A_{c3} 以上 30～50℃，保温适当时间后，在静止的空气中冷却的热处理工艺	用来处理低碳和中碳结构钢件及渗碳钢件，使其组织细化，增加强度与韧性，减少内应力、改善切削性能
淬火	将钢件加热到 A_{c3} 或 A_{c1} 点以下的某一温度，保持一定时间，然后以适当的速度冷却获得马氏体和贝氏体组织的热处理工艺	用来提高钢的硬度和强度。但淬火时会引起内应力使钢变脆，所以淬火后必须回火

续表

热处理方法	定　义	应　用
回火	钢件淬硬后，在加热到 A_{c1} 点以下的某一温度，保温一定时间，然后冷却到室温的热处理工艺	用来消除淬火后的脆性和内应力，提高钢的塑性和冲击韧性
调质	钢件淬火后及高温回火的复合热处理工艺	用来使钢获得高的韧性和足够的强度。很多重要零件是经过调质处理的
表面淬火	仅对工件表层进行淬火的工艺。一般包括感应淬火、火焰淬火等	表面淬火常用来处理齿轮等
渗碳	为了增加钢件表层的碳含量和一定碳浓度梯度，将钢件在渗碳介质中加热并保温使碳原子渗入表层的化学热处理工艺	增加钢件的耐磨度、表面硬度、抗拉强度和疲劳强度；适用于低碳、中碳(C<0.40%)结构钢的中小型零件和大型的重负荷、受冲击、耐磨的零件
渗铬	将铬渗入工件表层的化学热处理工艺	用来提高零件的耐蚀、耐磨、抗氧化、和抗疲劳的性能，兼有渗碳和渗氮的优点
渗氮（氮化）	在一定温度下(一般在 A_{c1} 温度下)使活性氮原子渗入工件表面的化学热处理工艺	用来提高结构钢制件的耐磨性、表面硬度和疲劳强度、提高抗蚀能力
碳氮共渗	在一定温度下同时将碳、氮渗入工件表面奥氏体中并以渗碳为主的化学热处理工艺	增加钢件的表面硬度、耐磨性能和疲劳强度，提高刃具的切削性能和使用寿命
发蓝处理（发黑）	将钢材或钢件在空气-水蒸气或化学药物中加热到适当温度，使其表面形成一层蓝色或黑色氧化膜，以改善钢的耐腐性和外观的工艺	氧化处理后的零件外表美观，同时具有抗腐蚀能力，常用于金属的表面处理。如各种武器、精密仪器零件的装饰防护处理
磷化（磷酸盐处理）	把工件浸入磷酸盐溶液中，使工件表面获得一层不溶于水的磷酸盐薄膜的工艺	磷化处理不改变金属的力学性能。磷化膜一般作为机械零件的防护层，以及各种武器的润滑层和防护层
自然时效处理	合金工件经固溶热处理后在室温进行的时效热处理	用来消除铸件、焊接件及热处理件的内应力，减少变形
人工时效处理	合金工件经固溶热处理后在室温以上的温度进行的时效处理	

2.6.2　常用工具的热处理

2.6.2.1　锤子

锤子用碳素工具钢(T7、T8)制造，锤头和锤尾均需淬火。

淬火时，最好在盐浴炉中加热，或用高频电流加热，加热温度为770~800℃。在箱式炉加热时，先淬锤头，后淬锤尾，这样交替地冷却，直至中部呈暗黑色时为止；最后移至油中使其完全冷却。

回火是在270~350℃的温度下进行的，回火时间为30~40min。回火后的硬度为HRC49~56。

2.6.2.2　冲子

冲子又叫穿孔器，用碳素工具钢(T7、T8)制造。

冲子的工作部分(圆锥部分)经过淬火才能使用。淬火时，将冲子加热至770~800℃，然后放到水中冷却。

淬火后，在250~320℃的温度下回火20~40min。回火后，冲子工作部分的硬度应达到HRC52~57。

2.6.2.3 扳手

扳手采用中碳钢(40、50、40Cr)和渗碳钢(15钢)等制作。

扳手淬火时只淬头部。40和50钢制的扳手在盐浴炉或连续式加热炉中加热到820~840℃时，取出淬入水中冷却；而40Cr钢制的扳手，加热到840~860℃，淬入油中冷却。渗碳钢制的扳手，需经渗碳处理，渗碳深度为0.3~0.5mm(厚2.5~4mm的扳手)和0.6~1.0mm(厚5~8mm的扳手)。

碳钢制的扳手在370~420℃的温度下回火；渗碳钢制的扳手在320~380℃的温度下回火；40Cr钢制的扳手在400~450℃的温度下回火，回火时间为30~40min。

回火后，扳手工作部分的硬度为HRC40~50；渗碳钢扳手的硬度为HRC48~54。

2.6.2.4 螺钉旋具

螺钉旋具采用碳素工具钢(T7、T8)和优质碳素结构钢(50、60钢)制造，其工作部分(长约20mm)需经淬火。

淬火时可采用局部加热淬火或整体加热局部淬火的方式。淬火后，在水中进行冷却。

T7、T8钢所作螺钉旋具的淬火温度为770~800℃，回火温度为320~370℃；50~60钢所作螺钉旋具的淬火温度为820~850℃，回火温度为280~350℃。回火时间为20~30min。

2.6.2.5 刮刀

刮刀是一种刮研工具，常用碳素工具钢(T11A、T12A和T13A)制作。

淬火时，将工作端浸入盐浴炉内加热。浸入长度为15~20mm。加热后在水中冷却。回火温度为120~140℃，回火时间1~2h。

刮刀在热处理后要达到该种钢所能达到的最高硬度。

2.6.3 表面热处理

通过对钢件表面的加热、冷却而改变表层力学性能的金属热处理工艺，称为表面热处理。

对工件表面进行强化的金属热处理工艺。它不改变零件心部的组织和性能。广泛用于既要求表层具有高的耐磨性、抗疲劳强度和较大的冲击载荷，又要求整体具有良好的塑性和韧性的零件，如曲轴、凸轮轴、传动齿轮等。表面热处理分为表面淬火和化学热处理两大类。

2.6.3.1 表面淬火

通过不同的热源对工件进行快速加热，当零件表层温度达到临界点以上(此时工件心部温度处于临界点以下)时迅速予以冷却，这样工件表层得到了淬硬组织而心部仍保持原来的组织。为了达到只加热工件表层的目的，要求所用热源具有较高的能量密度。根据加热方法不同，表面淬火可分为感应加热(高频、中频、工频)表面淬火、火焰加热表面淬火、电接触加热表面淬火、电解液加热表面淬火、激光加热表面淬火、电子束表面淬火等。工业上应用最多的为感应加热和火焰加热表面淬火。

2.6.3.2 化学热处理

将工件置于含有活性元素的介质中加热和保温，使介质中的活性原子渗入工件表层或形成某种化合物的覆盖层，以改变表层的组织和化学成分，从而使零件的表面具有特殊的机械或物理化学性能。通常在进行化学渗的前后均需采用其他合适的热处理，以便最大限度地发挥渗层的潜力，并达到工件心部与表层在组织结构、性能等的最佳配合。根据渗入元素的不同，化学热处理可分为渗碳、渗氮、渗硼、渗硅、渗硫、渗铝、渗铬、渗锌、碳氮共渗、铝铬共渗等。

第 3 章　量器具与机具设备

3.1　常用量具

根据安装钳工的特点，下面将对一些常用的量具进行介绍。

3.1.1　钢直尺、90°角尺、内外卡钳及塞尺

3.1.1.1　钢直尺

钢直尺是由不锈钢板制成的一种直尺，是常用量具中最基本的一种。尺边平直，尺面有米制或英制的刻度，可以用来测量工件的长度、宽度、高度和深度。有时还可以用来对一些要求较低的工件表面进行平面度误差检查。

它的长度有 150mm、300mm、500mm、1000 mm、1500mm 和 2000mm 几种规格。图 3-1 是常用的 150 mm 钢直尺。尺面上米制尺寸刻线间距一般为 1mm，但在 1~50mm 一段内刻线间距为 0.5mm，为钢直尺的最小刻度。

图 3-1　150mm 钢直尺

由于刻度线本身宽度就有 0.1~0.2mm，在加上尺本身的刻度误差，所以用钢直尺测量出的数值误差比较大，而且 1mm 以下的小数值只能靠估计得出，因此不能用作精确的测定。

使用钢直尺测量时，必须使钢直尺的零线和被测量工件的边缘相重合。为了使尺放得稳妥，应用拇指贴靠在工件上(图 3-2)。读数时，视线必须和钢直尺的尺面垂直，否则将因视线歪斜而造成读数误差。

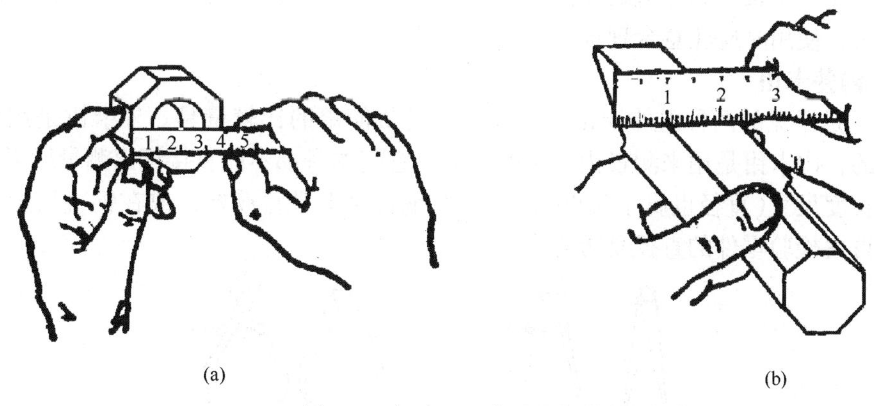

图 3-2　钢直尺的使用方法

3.1.1.2　90°角尺

90°角尺主要用来检验直角及划垂直线，在机械装配中，用以检验零部件相互位置的垂直误差。

90°角尺按形式不同可分为圆柱角尺、宽座角尺和刀口角尺，见图3-3。其中宽座角尺结构简单，使用方便，可以测量工件的内、外角，在生产中应用较广泛。

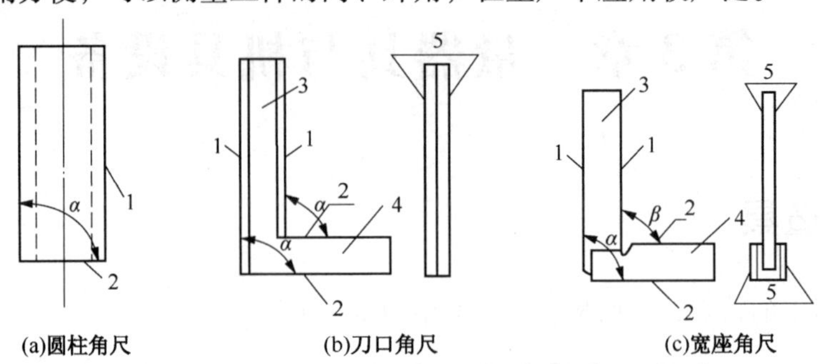

图3-3　90°角尺结构形式

1—测量面；2—基面；3—长边；4—短边；5—侧面

90°角尺的制造精度分为00、0、1和2级四个级别。其中00级精度最高，2级精度最低。00级精度的90°角尺，仅用来测量和检验高精度工件；0级和1级精度的90°角尺用来测量和检验精密工件；2级精度的90°角尺用来测量和检验一般工件。

使用90°角尺前，应根据被测件的尺寸和精度要求，选择90°角尺的规格和精度等级，并应检查工作面和边缘是否有碰伤、毛刺等明显缺陨，擦净角尺的工作面和被测工件的表面。

测量时，先将角尺的短边放在辅助基准表面(或平板)上，再将90°角尺的长边轻轻地靠拢被测工件表面，不要碰撞。观察90°角尺与被测表面之间的间隙大小和出现间隙的部位。根据透光间隙的大小和出现间隙的部位判断被测部位的垂直度误差值。在观察时，一般有五种情况出现：无光、中间部位有少光、两端有少光、上端有光、下端有光。第一种情况说明被测面不仅平面度符合要求，而且与基准面垂直；第一、第二种情况说明垂直度符合要求，但平面度达不到要求，后两种情况说明有垂直度误差。

在实际生产中，也可用塞尺和量块分别在90°角尺的长边接近顶端处测量。这时，塞尺片或量块组尺寸的最大差值即为工件垂直度的线值误差。

在使用90°角尺时应注意：长边测量面和短边测量面是工作面，所以只能用这两个面去测量，而不允许用长边和短边的侧面以及侧棱去测；90°角尺的使用精度与检测时所用的平板精度有关，使用时应注意合理选用平板。

3.1.1.3　内外卡钳

图3-4是常见的两种内外卡钳。内外卡钳是最简单的比较量具。外卡钳是用来测量外径和平面的，内卡钳是用来测量内径和凹槽的。它们本身都不能直接读出测量结果，而是把测量得的长度尺寸(直径也属于长度尺寸)，在钢直尺上进行读数，或在钢直尺上先取下所需尺寸，再去检验零件的直径是否符合。

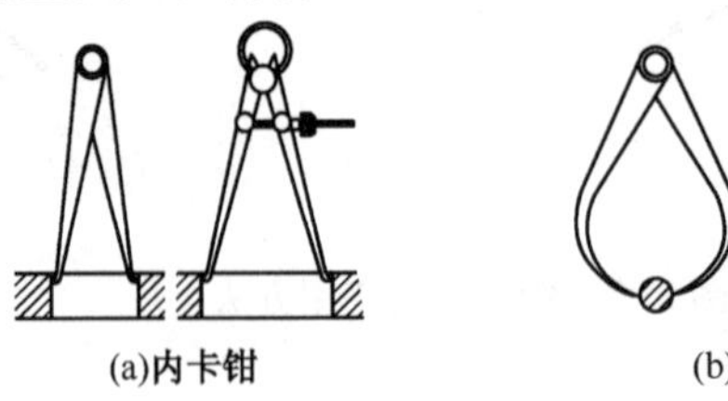

图3-4　内外卡钳

（1）卡钳开度的调节　首先检查钳口的形状，钳口形状对测量精确性影响很大，应注意经常修整钳口的形状，图 3-5 所示为卡钳钳口形状好与坏的对比。调节卡钳的开度时，应轻轻敲击卡钳脚的两侧面。先用两手把卡钳调整到和工件尺寸相近的开口，然后轻敲卡钳的外侧来减小卡钳的开口，敲击卡钳内侧来增大卡钳的开口，如图 3-6(a) 所示。但不能直接敲击钳口，如图 3-6(b) 所示，这会因卡钳的钳口损伤量面而引起测量误差。更不能在机床的导轨上敲击卡钳，如图 3-6(c) 所示。

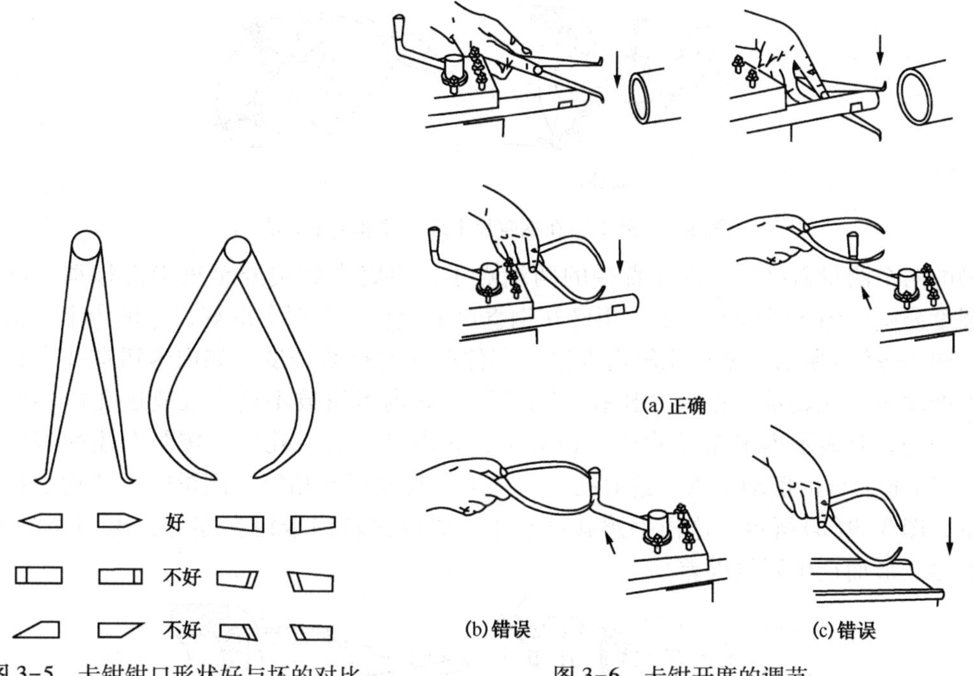

图 3-5　卡钳钳口形状好与坏的对比　　图 3-6　卡钳开度的调节

（2）外卡钳的使用　外卡钳在钢直尺上取下尺寸时，如图 3-7(a) 所示，一个钳脚的测量面靠在钢直尺的端面上，另一个钳脚的测量面对准所需尺寸刻线的中间，且两个测量面的联线应与钢直尺平行，人的视线要垂直于钢直尺。

用已在钢直尺上取好尺寸的外卡钳去测量外径时，要使两个测量面的连线垂直零件的轴线，靠外卡钳的自重滑过零件外圆时，我们手中的感觉应该是外卡钳与零件外圆正好是点接触，此时外卡钳两个测量面之间的距离，就是被测零件的外径。所以，用外卡钳测量外径，就是比较外卡钳与零件外圆接触的松紧程度，如图 3-7(b) 以卡钳的自重能刚好滑下为合适。如当卡钳滑过外圆时，我们手中没有接触感觉，就说明外卡钳比零件外径尺寸大，如靠外卡钳的自重不能滑过零件外圆，就说明外卡钳比零件外径尺寸小。切不可将卡钳歪斜地放上工件测量，这样有误差。图 3-7(c) 所示。由于卡钳有弹性，把外卡钳用力压过外圆是错误的，更不能把卡钳横着卡上去，图 3-7(d) 所示。对于大尺寸的外卡钳，靠它自重滑过零件外圆的测量压力已经太大了，此时应托住卡钳进行测量，图 3-7(e) 所示。

（3）内卡钳的使用　用内卡钳测量内径时，应使两个钳脚的测量面的联线正好垂直相交于内孔的轴线，即钳脚的两个测量面应是内孔直径的两端点。因此，测量时应将下面的钳脚测量面停在孔壁上作为支点见图 3-8(a)，上面的钳脚由孔口略往里面一些逐渐向外试探，并沿孔壁圆周方向摆动，当沿孔壁圆周方向能摆动的距离为最小时，则表示内

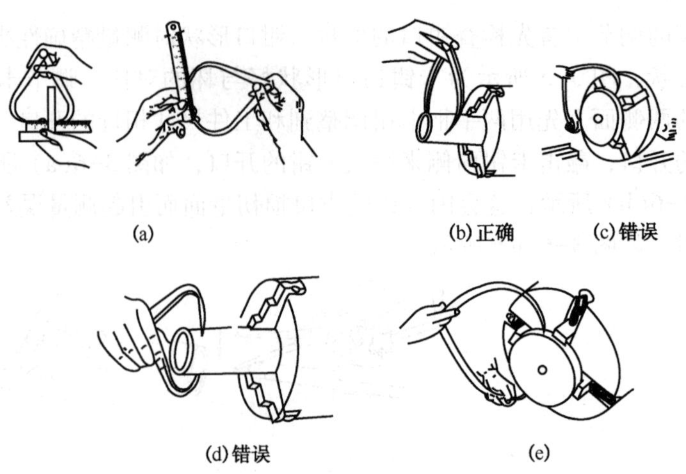

图 3-7　外卡钳在钢直尺上取尺寸和测量方法

卡钳脚的两个测量面已处于内孔直径的两端点了。再将卡钳由外至里慢慢移动，可检验孔的圆度公差，图 3-8(b) 所示。用已在钢直尺上或在外卡钳上取好尺寸的内卡钳去测量内径，图 3-9(a)所示。就是比较内卡钳在零件孔内的松紧程度。如内卡钳在孔内有较大的自由摆动时，就表示卡钳尺寸比孔径内小了；如内卡钳放不进，或放进孔内后紧得不能自由摆动，就表示内卡钳尺寸比孔径大了，如内卡钳放入孔内，按照上述的测量方法能有 1~2mm 的自由摆动距离，这时孔径与内卡钳尺寸正好相等。测量时不要用手抓住卡钳测量，图 3-9(b)所示，这样手感就没有了，难以比较内卡钳在零件孔内的松紧程度，并使卡钳变形而产生测量误差。

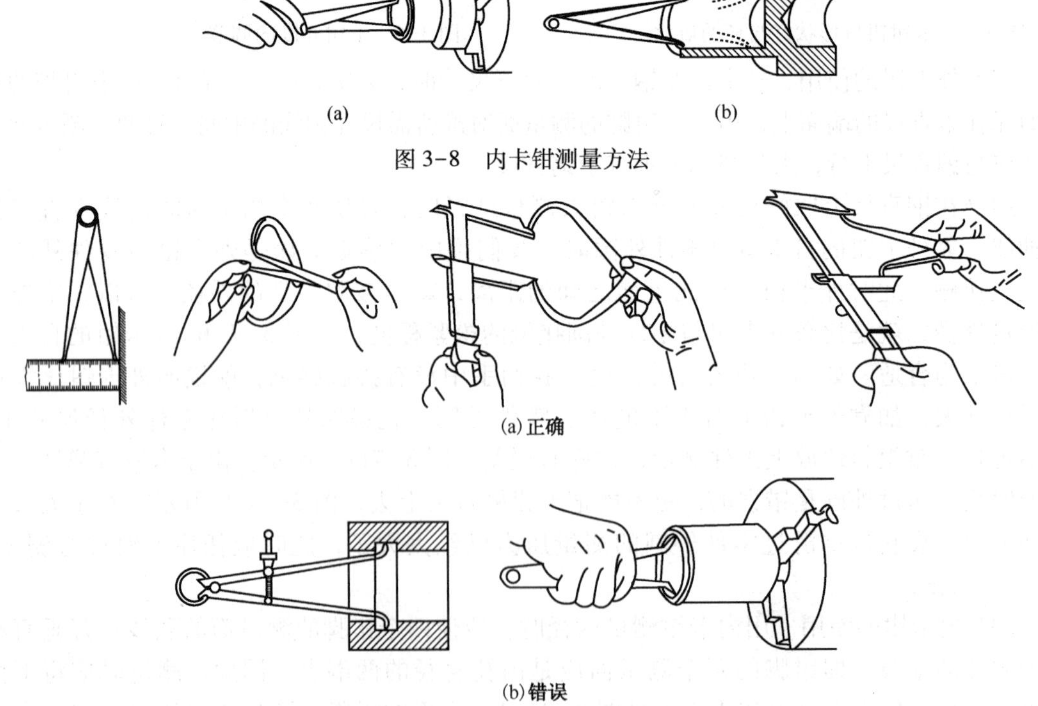

图 3-8　内卡钳测量方法

图 3-9　卡钳取尺寸和测量方法

（4）卡钳的适用范围　卡钳是一种简单的量具，由于它具有结构简单、制造方便、价格低廉、维护和使用方便等特点，广泛应用于要求不高的零件尺寸的测量和检验，尤其是对锻铸件毛坯尺寸的测量和检验，卡钳是最合适的测量工具。

卡钳虽然是简单量具，只要掌握得好，也可获得较高的测量精度。例如用外卡钳比较两根轴的直径大小时，就是轴径相差只有 0.01mm，有经验的老师傅也能分辨得出。又如用内卡钳与外径百分尺联合测量内孔尺寸时，有经验的老师傅完全有把握用这种方法测量高精度的内孔。这种内径测量方法，称为“内卡搭百分尺”，是利用内卡钳在外径百分尺上读取准确的尺寸，如图 3-10 所示，再去测量零件的内径；或内卡在孔内调整好与孔接触的松紧程度，再在外径百分尺上读出具体尺寸。这种测量方法，不仅在缺少精密的内径量具时是测量内径的好办法，而且对于某零件的内径，如图 3-10 所示的零件，由于它的孔内有轴而使用精密的内径量具有困难，则应用内卡钳搭外径百分尺测量内径方法，就能解决问题。

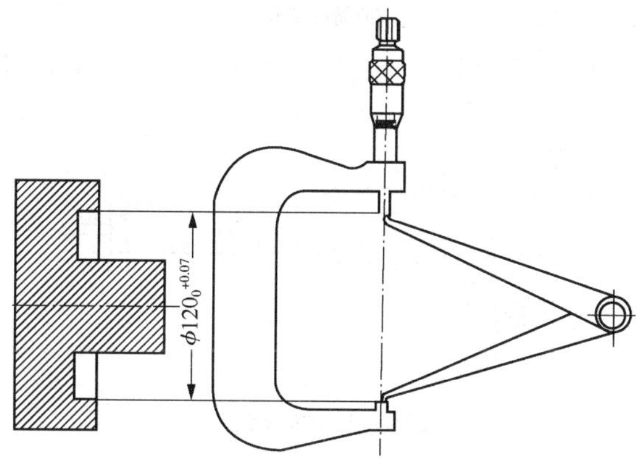

图 3-10　内卡搭外径百分尺测量内径

3.1.1.4　塞尺

塞尺又称厚薄规或间隙片。是用来检验零部件装配间隙大小及其他位置的误差。如用来检验机床特别紧固面和紧固面、活塞与汽缸、活塞环槽和活塞环、十字头滑板和导板、进排气阀顶端和摇臂、齿轮啮合间隙等两个结合面之间的间隙大小。塞尺是由许多层厚薄不一的薄钢片组成（图 3-11）按照塞尺的组别制成一把一把的塞尺，每把塞尺中的每片具有两个平行的测量平面，且都有厚度标记，以供组合使用。

测量时，根据结合面间隙的大小，用一片或数片重迭在一起塞进间隙内。例如用 0.03mm 的一片能插入间隙，而 0.04mm 的一片不能插入间隙，这说明间隙在 0.03～0.04mm 之间，所以塞尺也是一种界限量规。使用塞尺时要注意以下几点：

（1）使用前清除工件和塞尺上的灰尘和油污。

（2）测量时不能用力太大，以免塞尺弯曲和折断。

（3）尽量减少片数。

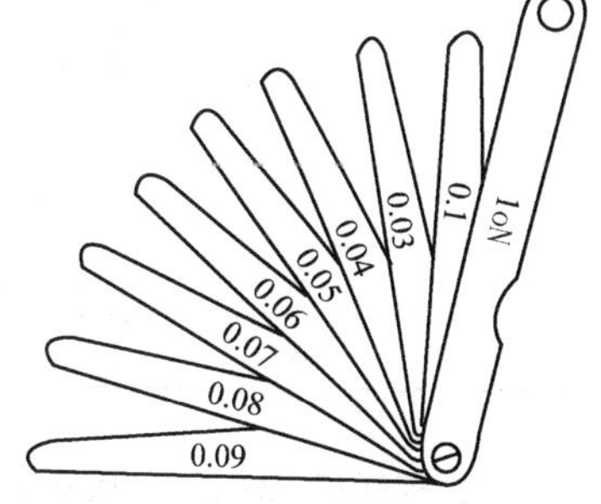

图 3-11　塞尺

3.1.2　游标读数量具

3.1.2.1　游标卡尺

利用游标原理对两测量面相对移动分隔的距离进行读数的测量器具，称为游标卡尺，简称为卡尺或普通卡尺。它是一种比较精密的量具，具有结构简单、使用方便和测量的尺寸范围大等特点，它能直接测量出工件的内径、外径、长度、宽度、深度和孔距等，应用范围很广。

游标卡尺的构造如图 3-12(a)所示。它由主尺和副尺(游标)组成。主尺和固定卡脚制成一体；副尺和活动卡脚制成一体。有的游标卡尺还带有测量深度的装置，如图 3-12(b)所示。

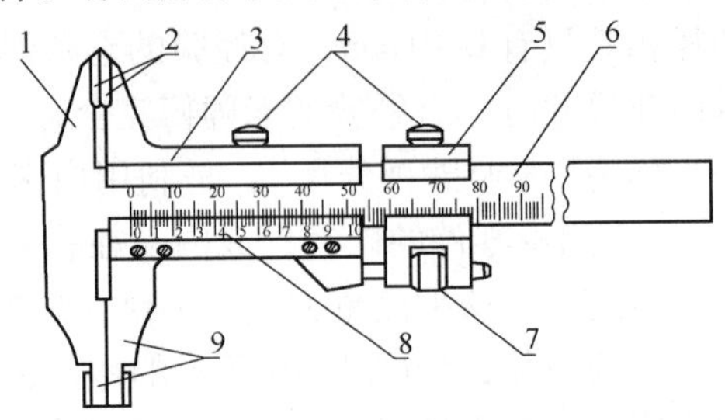

(a)游标卡尺

1—尺身；2—上量爪；3—尺框；4—紧固螺钉；5—微动装置；6—主尺；7—微动螺母；8—游标；9—下量爪

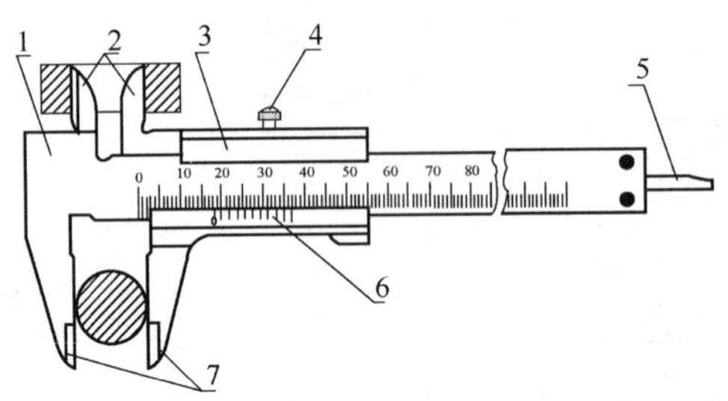

(b)带深度尺的游标卡尺

1—尺身；2—上量爪；3—尺框；4—紧固螺钉；5—深度尺；6—游标；7—下量爪

图 3-12　游标卡尺的构造

游标卡尺的型式分为Ⅰ、Ⅱ、Ⅲ、Ⅳ、Ⅴ五种。各型游标卡尺的测量范围和游标分度值见表 3-1。

表 3-1　常用游标卡尺的测量范围和分度值(GB 21389—2008)

型式	常用测量范围/mm	游标分度值 i
Ⅰ	0～125；0～150 0～200；0～300 0～500；0～1000	0.02；0.05；0.10
Ⅱ		
Ⅲ		
Ⅳ		
Ⅴ		

1. 刻线原理(以 i=0.02mm 的游标卡尺为例)

尺身(主尺)的每一小格为 1mm，游标尺刻线总长为 49mm，并等分为 50 格(图 3-13)，因此，游标尺的每一格为：49/50=0.98mm 主尺与游标尺相对一格之差 0.02mm。所以游标卡尺测量的精度为 0.02mm。

2. 游标卡尺的读数方法

用游标卡尺测量工件时，读数分为三个步骤(图 3-14)：

(1) 读出游标尺(副尺)上零线左面的尺身(主尺)上的整毫米数。

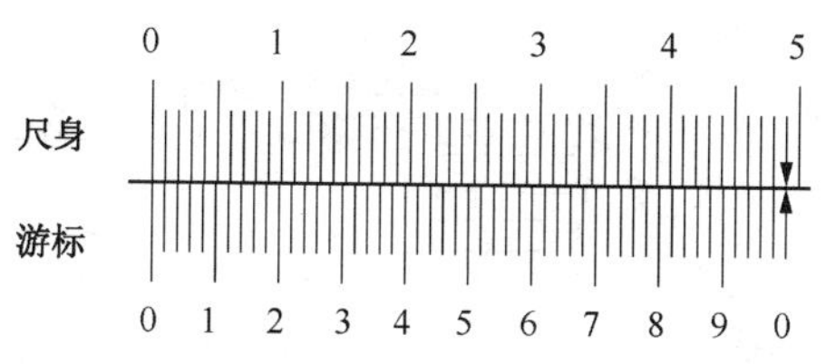

图 3-13　0.02mm 游标卡尺刻线原理

（2）再看游标尺从“0”刻线第几条刻线与尺身某一刻线对齐，其游标刻线数与精度的乘积为不足 1mm 的小数部分。

（3）把主尺整毫米数和副尺上的小数部分加起来即为测量尺寸。

（即：实际测量尺寸=主尺的整毫米数 +刻线数×0.02）

22+22×0.02=22.44mm

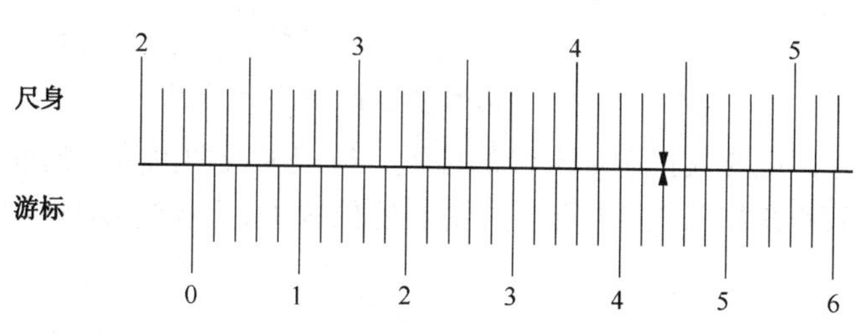

图 3-14　游标卡尺的读数方法

3. 使用方法和注意事项

量具使用是否合理，不但影响量具本身的精度，且直接影响零件尺寸的测量精度，甚至发生质量事故。所以，我们必须重视量具的正确使用，对测量技术精益求精，务使获得正确的测量结果，确保产品质量。

使用游标卡尺测量零件尺寸时，必须注意下列几点：

（1）测量前应把卡尺揩干净，检查卡尺的两个测量面和测量刃口是否平直无损，把两个量爪紧密贴合时，应无明显的间隙，同时游标和主尺的零位刻线要相互对准。这个过程称为校对游标卡尺的零位。

（2）移动尺框时，活动要自如，不应有过松或过紧，更不能有晃动现象。用固定螺钉固定尺框时，卡尺的读数不应有所改变。在移动尺框时，不要忘记松开固定螺钉，亦不宜过松以免掉了。

（3）当测量零件的外尺寸时：卡尺两测量面的联线应垂直于被测量表面，不能歪斜。测量时，可以轻轻摇动卡尺，放正垂直位置，图 3-15 所示。否则，量爪若在如图 3-15 所示的错误位置上，将使测量结果 a 比实际尺寸 b 要大；先把卡尺的活动量爪张开，使量爪能自由地卡进工件，把零件贴靠在固定量爪上，然后移动尺框，用轻微的压力使活动量爪接触零件。如卡尺带有微动装置，此时可拧紧微动装置上的固定螺钉，再转动调节螺母，使量爪接触零件并读取尺寸。决不可把卡尺的两个量爪调节到接近甚至小于所测尺寸，把卡尺强制的卡到零件上去。这样做会使量爪变形，或使测量面过早磨损，使卡尺失去应有的精度。

测量沟槽时，应当用量爪的平面测量刃进行测量，尽量避免用端部测量刃和刀口形量爪去测量外尺寸。而对于圆弧形沟槽尺寸，则应当用刃口形量爪进行测量，不应当用平面形测量刃进行测量，如图 3-16 所示。

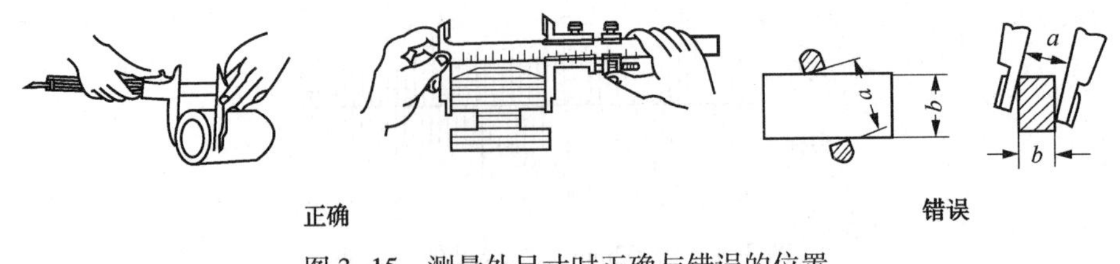

图 3-15　测量外尺寸时正确与错误的位置

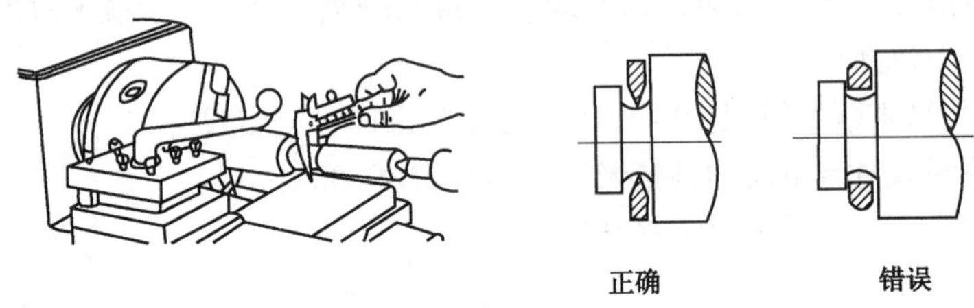

图 3-16　测量沟槽时正确与错误的位置

测量沟槽宽度时，也要放正游标卡尺的位置，应使卡尺两测量刃的联线垂直于沟槽，不能歪斜，否则，量爪若在如图 3-17 所示的错误的位置上，也将使测量结果不准确(可能大也可能小)。

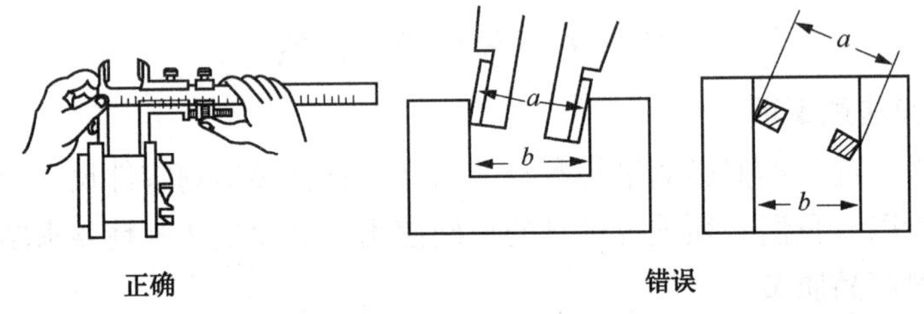

图 3-17　测量沟槽宽度时正确与错误的位置

(4) 当测量零件的内尺寸时：如图 3-18 所示，要使量爪分开的距离小于所测内尺寸，进入零件内孔后，再慢慢张开并轻轻接触零件内表面，用固定螺钉固定尺框后，轻轻取出卡尺来读数。取出量爪时，用力要均匀，并使卡尺沿着孔的中心线方向滑出，不可歪斜，免使量爪扭伤；变形和受到不必要的磨损，同时会使尺框走动，影响测量精度。

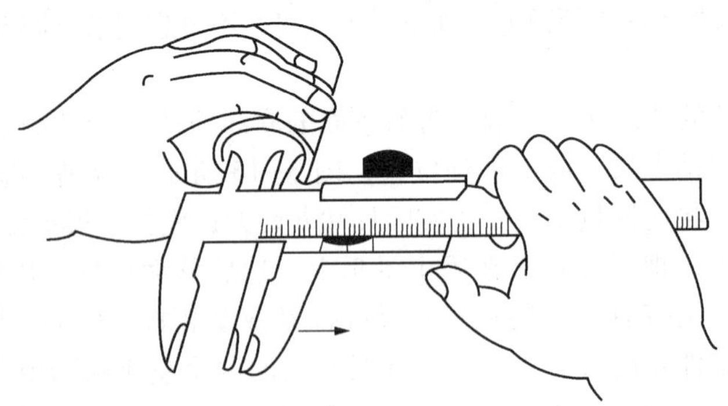

图 3-18　内孔的测量方法

卡尺两测量刃应在孔的直径上，不能偏歪。图 3-19 为带有刀口形量爪和带有圆柱面形量爪的游标卡尺，在测量内孔时正确的和错误的位置。当量爪在错误位置时，其测量结果，将比实际孔径 D 要小。

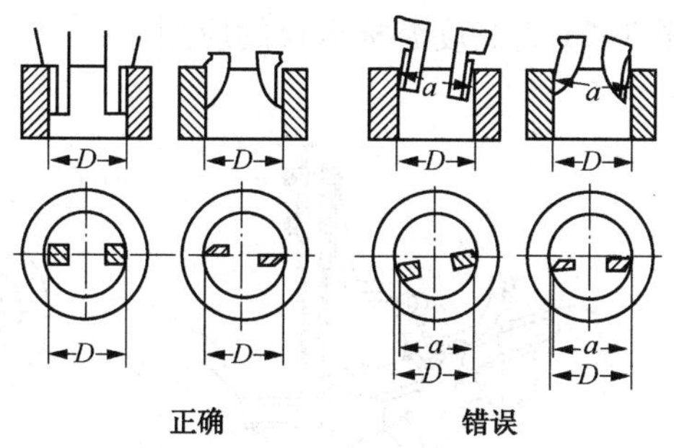

图 3-19　测量内孔时正确与错误的位置

（5）用下量爪的外测量面测量内尺寸时，在读取测量结果时，一定要把量爪的厚度加上去。即游标卡尺上的读数，加上量爪的厚度，才是被测零件的内尺寸。测量范围在 500mm 以下的游标卡尺，量爪厚度一般为 10mm。但当量爪磨损和修理后，量爪厚度就要小于 10mm，读数时这个修正值也要考虑进去。

（6）用游标卡尺测量零件时，不允许过分地施加压力，所用压力应使两个量爪刚好接触零件表面。如果测量压力过大，不但会使量爪弯曲或磨损，且量爪在压力作用下产生弹性变形，使测量的尺寸不准确（外尺寸小于实际尺寸，内尺寸大于实际尺寸）。

在游标卡尺上读数时，应把卡尺水平地拿着，朝着亮光的方向，使人的视线尽可能和卡尺的刻线表面垂直，以免由于视线的歪斜造成读数误差。

（7）为了获得正确的测量结果，可以多测量几次。即在零件的同一截面上的不同方向进行测量。对于较长零件，则应当在全长的各个部位进行测量，务使获得一个比较正确的测量结果。

3.1.2.2　高度游标卡尺

简称高度尺。顾名思义，它的主要用途是测量工件的高度，另外还经常用于测量形状和位置公差尺寸，有时也用于划线。它由主尺、基座、尺框、量爪、紧固螺钉、微动装置等组成，其读数原理与游标卡尺相同。如图 3-20 所示。

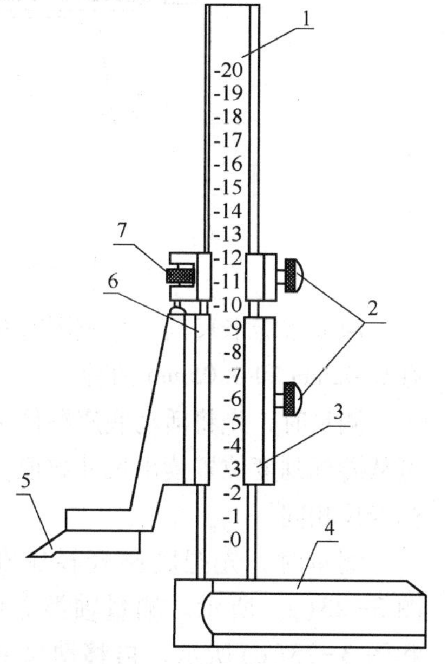

图 3-20　高度游标卡尺

1—主尺；2—紧固螺钉；3—尺框；4—基座；5—量爪；6—游标；7—微动装置

高度游标卡尺的测量范围有 0～300mm、0～500mm、0～1000mm、0～1500mm、0～2000mm 几种，其游标分度值有 0.1mm、0.05mm、0.02mm 三种。

高度游标卡尺是用质量较大的基座 4 代替固定量爪 5，而动的尺框 3 则通过横臂装有测量高度和划线用的量爪，量爪的测量面上镶有硬质合金，提高量爪使用寿命。高度游标卡尺的测量工作，应在平台上进行。当量爪的测量面与基座的底平面位于同一平面时，如在同一平台平面上，主尺 1 与游标 6 的零线相互对准。所以在测量高度时，量爪测量面的高度，就是被测量零件的高度尺寸，它的具体数值，与游标卡尺一样可在主尺（整数部分）和游标（小数部分）上读出。

应用高度游标卡尺划线时，调好划线高度，用紧固螺钉 2 把尺框锁紧后，也应在平台上进行先调整再进行划线。图 3-21 为高度游标卡尺的应用。

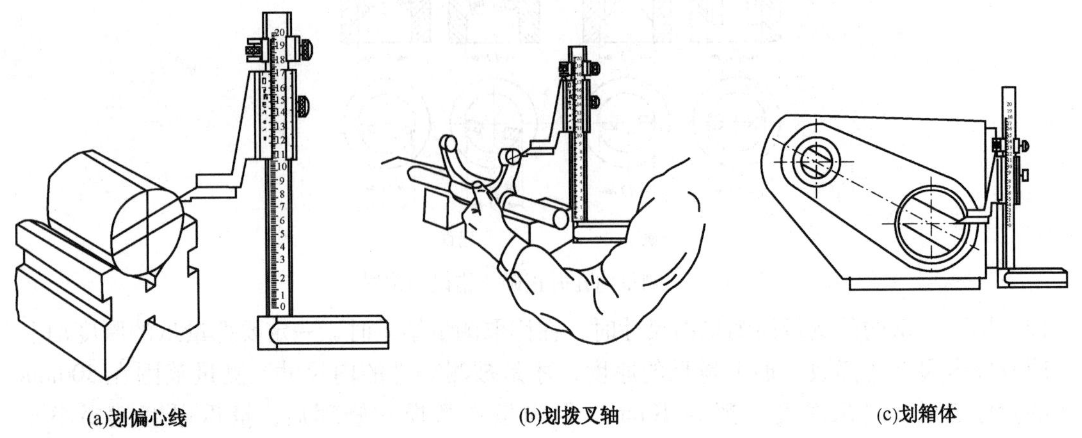

图 3-21　高度游标卡尺的应用

3.1.2.3　深度游标卡尺

深度游标卡尺(图 3-22)又叫深度尺，主要用途是测量孔的深度、槽的深度和台阶的高度等。它由主尺、副尺(游标)、底座和固定螺钉组成。

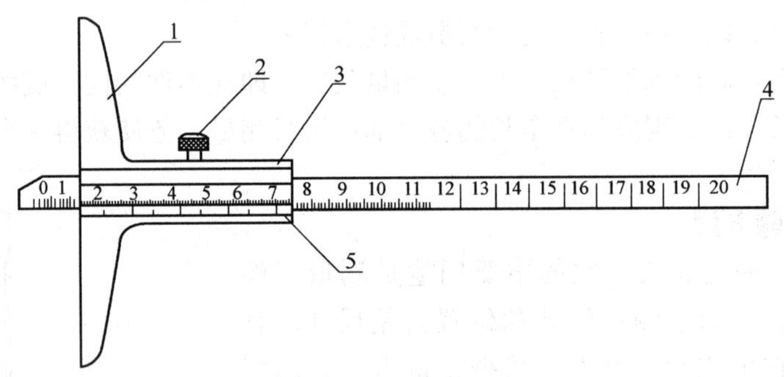

图 3-22　深度游标卡尺

1—底座；2—紧固螺钉；3—副尺；4—主尺；5—游标

深度游标卡尺的测量范围有 0~125mm、0~250mm、0~300mm、0~500mm；游标读数值有 0.02mm 和 0.05mm 两种。

测量时，先将活动底座贴住工件表面，然后缓缓推动主尺，当主尺测头接触底面时，即可从游标刻度位置读出尺寸数值，或者先旋紧紧固螺钉，取出后再读尺寸，其读数方法与游标卡尺相同。

测量时，先把底座轻轻压在工件的基准面上，两个端面必须接触工件的基准面，图 3-23(a) 所示。测量轴类等台阶时，底座的端面一定要压紧在基准面，图 3-23(b) 和图 3-23(c)所示，再移动尺身，直到尺身的端面接触到工件的量面(台阶面)上，然后用紧固螺钉固定副尺，提起卡尺，读出深度尺寸。多台阶小直径的内孔深度测量，要注意尺身的端面是否在要测量的台阶上，如图 3-23(d) 。当基准面是曲线时，如图 3-23(e)，底座的端面必须放在曲线的最高点上，测量出的深度尺寸才是工件的实际尺寸，否则会出现测量误差。

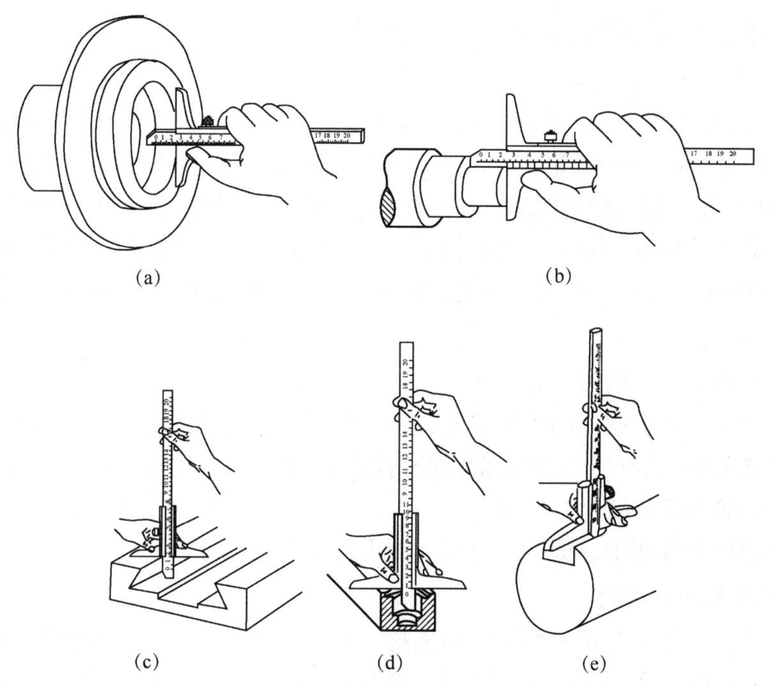

图 3-23　深度游标卡尺的使用方法

3.1.3　螺旋测微量具

3.1.3.1　外径千分尺

外径千分尺常简称为千分尺，是生产中经常使用的一种测量工具，用以测量或检验精密零件的长、宽、高等外形尺寸。它比游标卡尺测量精密度要高，通过它能够准确地读出 0.01mm，并可估出 0.005mm。

外径千分尺的结构如图 3-24 所示。它是由固定的尺架、测砧、测微螺杆、固定套管、微分筒、测力装置、锁紧装置等组成。

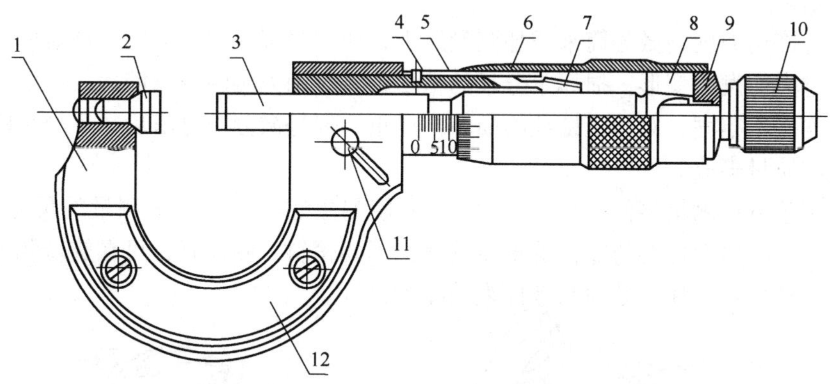

图 3-24　0~25mm 外径千分尺

1—尺架；2—固定测砧；3—测微螺杆；4—螺纹轴套；5—固定刻度套筒；6—微分筒；7—调节螺母；8—接头；9—垫片；10—测力装置；11—锁紧螺钉；12—绝热板

外径千分尺的测量范围在 0~500mm 时，其每一种规格的调节范围在 25mm 以内，所以从 0 开始，每增加 25mm 为一种规格。测量范围在 500~1000mm 时，其每一种规格的调节范围在 100mm 以内，所以每增加 100mm 为一种规格。

1. 刻线原理

外径千分尺固定套管上有一条水平线，这条线上、下各有一列间距为 1mm 的刻度线，上面的刻度线恰好在下面二相邻刻度线中间。微分筒上的刻度线是将圆周分为 50 等分的水平线，它是旋转运动的。根据螺旋运动原理，当微分筒（又称可动刻度筒）旋转一周时，测微螺杆前进或后退一个螺距 0.5mm。这样，当微分筒旋转一个分度后，它转过了 1/50 周，这时螺杆沿轴线移动了 1/50×0.5mm=0.01mm，因此，使用千分尺可以准确读出 0.01mm 的数值。

2. 读数方法

千分尺的具体读数方法可分为三步：

（1）读出固定套筒上露出的刻线尺寸，一定要注意不能遗漏应读出的 0.5mm 的刻线值。

（2）读出微分筒上的尺寸，要看清微分筒圆周上哪一格与固定套筒的中线基准对齐，将格数乘 0.01mm 即得微分筒上的尺寸。

（3）将上面两个数相加，即为千分尺上测得尺寸。

3. 使用方法及注意事项

（1）使用前，应把千分尺的两个测砧面揩干净，转动测力装置，使两测砧面接触（若测量上限大于 25mm 时，在两测砧面之间放入校对量杆或相应尺寸的量块），接触面上应没有间隙和漏光现象，同时微分筒和固定套筒要对准零位。

（2）转动测力装置时，微分筒应能自由灵活地沿着固定套筒活动，没有任何卡涩和不灵活的现象。如有活动不灵活的现象，应送计量站及时检修。

（3）测量前，应把零件的被测量表面揩干净，以免有脏物存在时影响测量精度。绝对不允许用千分尺测量带有研磨剂的表面，以免损伤测量面的精度。用千分尺测量表面粗糙的零件亦是错误的，这样易使测砧面过早磨损。

（4）用千分尺测量零件时，应当手握测力装置的转帽来转动测微螺杆，使测砧表面保持标准的测量压力，即听到嘎嘎的声音，表示压力合适，并可开始读数。要避免因测量压力不等而产生测量误差。

绝对不允许用力旋转微分筒来增加测量压力，使测微螺杆过分压紧零件表面，致使精密螺纹因受力过大而发生变形，损坏千分尺的精度。有时用力旋转微分筒后，虽因微分筒与测微螺杆间的连接不牢固，对精密螺纹的损坏不严重，但是微分筒打滑后，千分尺的零位走动了，就会造成质量事故。

（5）使用千分尺测量零件时（图 3-25），要使测微螺杆与零件被测量的尺寸方向一致。如测量外径时，测微螺杆要与零件的轴线垂直，不要歪斜。测量时，可在旋转测力装置的同时，轻轻地晃动尺架，使测砧面与零件表面接触良好。

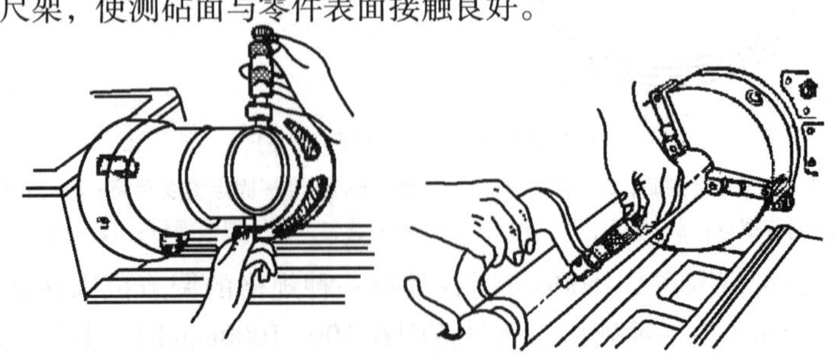

图 3-25　在车床上使用外径千分尺的方法

（6）用千分尺测量零件时，最好在零件上进行读数，放松后取出千分尺，这样可减少测砧面的磨损。如果必须取下读数时，应用制动器锁紧测微螺杆后，再轻轻滑出零件，把千分尺当卡规使用是错误的，因这样做不但易使测量面过早磨损，甚至会使测微螺杆或尺架发生变形而失去精度。

（7）在读取千分尺上的测量数值时，要特别留心不要读错 0.5mm。

（8）为了获得正确的测量结果，可在同一位置上再测量一次。尤其是测量圆柱形零件时，应在同一圆周的不同方向测量几次，检查零件外圆有没有圆度误差，再在全长的各个部位测量几次，检查零件外圆有没有圆柱度误差等。

（9）对于超常温的工件，不要进行测量，以免产生读数误差。

（10）用单手使用外径千分尺时，如图 3-26(a)所示，可用大拇指和食指或中指捏住活动套筒，小指勾住尺架并压向手掌上，大拇指和食指转动测力装置就可测量。

用双手测量时，可按图 3-26(b)所示的方法进行。

值得提出的是几种使用外径千分尺的错误方法，比如用千分尺测量旋转运动中的工件，很容易使千分尺磨损，而且测量也不准确；又如贪图快一点得出读数，握着微分筒来挥转(图 3-27)等，也会破坏千分尺的内部结构。

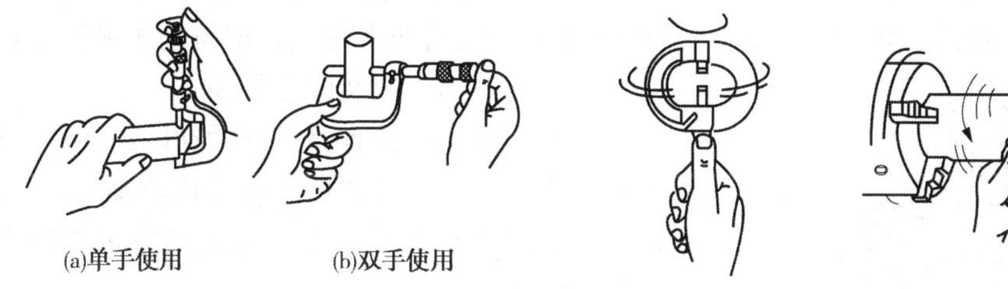

(a)单手使用　　(b)双手使用

图 3-26　正确使用　　　　图 3-27　错误使用

3.1.3.2　内径千分尺

内径千分尺主要用来测量孔径、槽宽等尺寸。它分为普通式(图 3-28)和杠杆式(图 3-29)两种。内径千分尺其读数方法与外径千分尺相同。

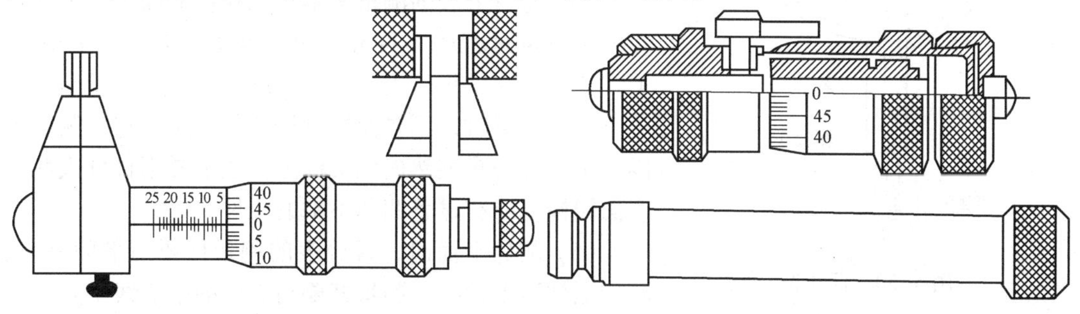

图 3-28　普通内径千分尺　　　　图 3-29　杠杆式内径千分尺

测量小孔时，用普通内径千分尺。它的刻线方向与外径千分尺和杠杆式内径千分尺相反。当微分筒顺时针旋转时，微分筒连同左面的卡脚一起向左移动，测距越来越大。

测量较大的孔径时，用杠杆式内径千分尺。它由两部分组成，一是尺头部分，二是加长杆。其分格原理和螺杆螺距与外径千分尺相同。螺杆的最大行程是 13mm。为了增加测量范围，可在尺头上旋入加长杆。成套的内径千分尺，加长杆可测量 1500mm 甚至更大的尺寸。

在使用内径千分尺时，首先要进行检验。其方法可用外径千分尺校核，看其侧得的数字是否与内径千分尺的标准尺寸相符合。用加长杆时，接头必须旋紧，否则将影响测量的准确度。测量时，先将内径千分尺的测头和被测孔的表面擦净，将内径千分尺调至比被测尺寸略小，然后把固定测头先放入孔内，左手拿住它并把它压向孔壁，使它与孔壁紧密接触，再把活动测头放入孔内，右手慢慢旋转微分筒，同时沿着孔的轴向和径向小心地摆动，直至在轴向找到最小值，径向找到最大值为止，此时即为实测值。

3.1.4 指示式量具

3.1.4.1 百分表

百分表常用于形状和位置误差以及小位移的长度测量。百分表的结构较简单，传动机构是齿轮系，外廓尺寸小，重量轻，传动机构惰性小，传动比较大，可采用圆周刻度，并且有较大的测量范围，不仅能作比较测量，也能作绝对测量。测量范围为0~3mm、0~5mm、0~10mm，分度值为0.01mm。

常见的百分表的构造如图3-30所示。当测量杆向上或向下移动1mm时，通过齿轮传动系统带动大指针5转一圈，小指针7转一格。刻度盘在圆周上有100个等分格，每格的读数值为0.01mm。小指针每格读数为lmm。测量时指针读数的变动量即为尺寸变化量。刻度盘可以转动，以便测量时大指针对准零刻线。先读小指针转过的刻度线(即毫米整数)，再读大指针转过的刻度线(即小数部分)，并乘以0.01，然后两者相加，即得到所测量的数值。

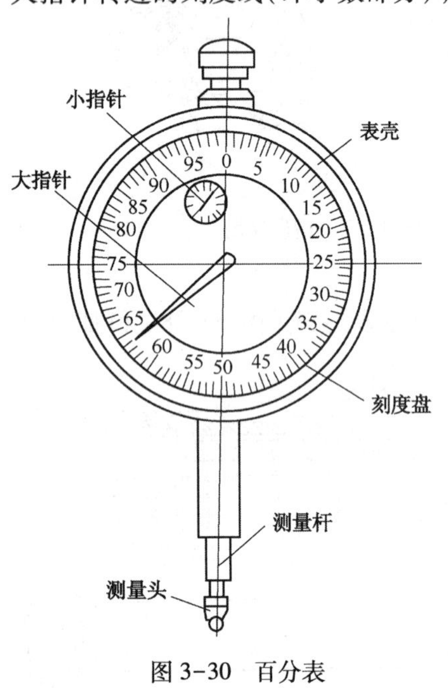

图3-30 百分表

百分表的使用方法及注意事项：

(1) 使用前，应检查测量杆活动的灵活性。即轻轻推动测量杆时，测量杆在套筒内的移动要灵活，没有轧卡现象，每次手松开后，指针能回到原来的刻度位置。被测件表面应擦净。

(2) 使用时，必须把百分表固定在可靠的夹持架上。切不可贪图省事，随便夹在不稳固的地方，否则容易造成测量结果不准确，或摔坏百分表。

(3) 将百分表的测量头垂直压在被测面上，为保证在整个测量过程中，百分表测量头始终压在被测表面上，通常将测量头压入一定的深度，一般为1~2mm。

(4) 测量时，不要使测量杆的行程超过它的测量范围，不要使表头突然撞到工件上，也不要用百分表测量表面粗糙度或有显著凹凸不平的工件。

(5) 测量平面时，百分表的测量杆要与平面垂直，测量圆柱形工件时，测量杆要与工件的中心线垂直，否则，将使测量杆活动不灵或测量结果不准确。

(6) 为方便读数，在测量前一般都让大指针指到刻度盘的零位。

3.1.4.2 杠杆百分表

杠杆百分表又被称为杠杆表或靠表(图3-31)，是利用杠杆-齿轮传动机构或者杠杆-螺旋传动机构，将尺寸变化为指针角位移，并指示出长度尺寸数值的计量器具，杠杆百分表可用于测量形位误差，也可用于比较测量的方法测量实际尺寸，还可以测量小孔、凹槽、孔距、坐标尺寸等，它体积小、精度高，适应于一般百分表难以测量的场所。杠杆百分表目前有正面式、侧面式及端面式几种类型。杠杆百分表的分度值为0.01mm，测量范围不大于

1mm，它的表盘是对称刻度的。

杠杆百分表的使用方法及注意事项：

1. 使用前检查

（1）检查相互作用：轻轻移动测杆，表针应有较大位移，指针与表盘应无摩擦，测杆、指针无卡阻或跳动。

（2）检查测头：测头应为光洁圆弧面。

（3）检查稳定性：轻轻拨动几次测头，松开后指针均应回到原位。

（4）沿测杆安装轴的轴线方向拨动测杆，测杆无明显晃动，指针位移应不大于 0.5 个分度。

2. 使用方法及注意事项

（1）将表固定在表座或表架上，稳定可靠。

（2）测量时，用手轻轻抬起测杆，将工件放入测头下测量，不可把工件强行推入测头下。显著凹凸的工件不用杠杆表测量。

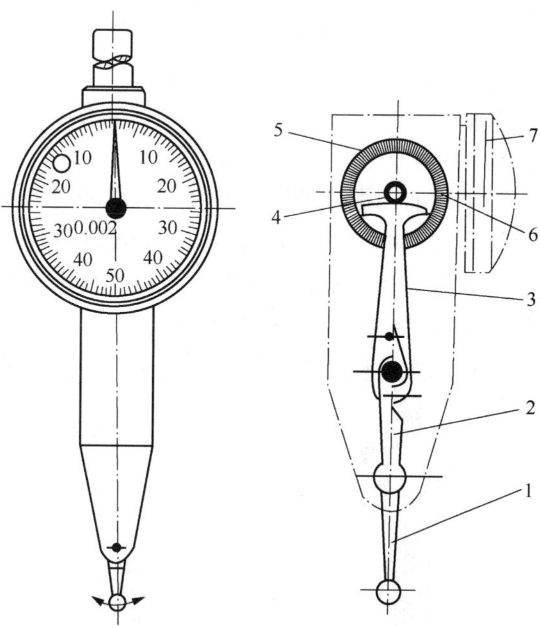

图 3-31　杠杆百分表

1—测量杆；2—拨杆；3—扇形齿轮；4—小齿轮；5—端面齿轮；6—小齿轮；7—指针

（3）测量时，不准用工件撞击测头，以免影响测量精度或撞坏杠杆百分表。为保持一定的起始测量力，测头与工件接触时，测量杆应有 0.3~0.5mm 的压缩量。

（4）测量时注意表的测量范围，不要使测头位移超出量程。

（5）不使测杆做过多无效的运动，否则会加快零件磨损，使表失去应有精度。

（6）测量杆上不要加油，以免油污进入表内，影响千分表的灵敏度。

（7）千分表测量杆与被测工件表面必须垂直，否则会产生误差。

（8）杠杆千分表的测量杆轴线与被测工件表面的夹角愈小，误差就愈小。如果由于测量需要，α 角无法调小时（当 $\alpha>15°$），其测量结果应进行修正。从图 3-32 可知，当平面上升距离为 a 时，杠杆千分表摆动的距离为 b，也就是杠杆千分表的读数为 b，因为 $b>a$，所以指示读数增大。具体修正计算式如下：

$$a=b\cos\alpha$$

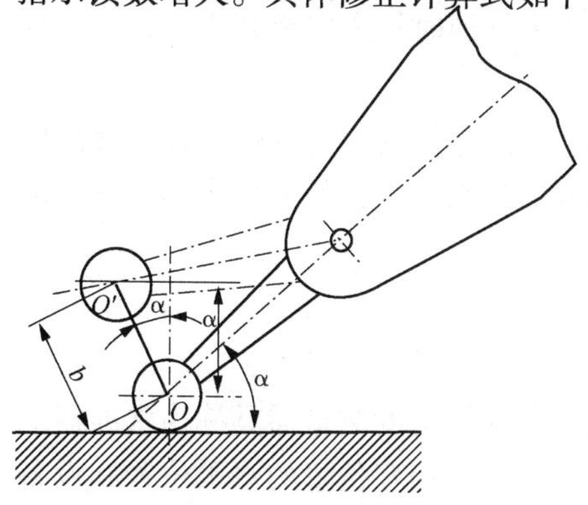

图 3-32　杠杆千分表测杆轴线位置引起的测量误差

例　用杠杆千分表测量工件时，测量杆轴线与工件表面夹角 α 为 30°，测量读数为 0.048mm，求正确测量值。

解　$a=b\cos\alpha=0.048\times\cos30°$

$=0.048\times0.866$

$=0.0416(\text{mm})$

3.1.4.3　内径百分表

内径百分表是测量孔径的工具，常用来测量圆柱形内孔和深孔的尺寸及其几何形状的正确性，尤其是测量深孔特别方便。内径百分表经一次调整后可测量公称尺寸相同的若干个孔而中途不需调整，尤其在大批量生产中，应用十分方便。

内径百分表由表头和表架两部分组成，其外观如图 3-33 所示。在其测量头部有可换测头和量杆，测量内孔时孔壁压迫量杆推动百分表指针转动而显示出读数。测量完毕时，在弹簧的作用下量杆复位。通过更换测量头可改变内径百分表的测量范围。内径百分表的分度值为 0.01mm。

测量前，根据被测量的尺寸选取相应的测量头，装在表架上，然后利用标准环或外径千分尺来调整内径百分表的零位，如图 3-34 所示。

调整内径百分表零位时，先按几次活动测量头，试一下表，再将表稍作摆动，找出最小值(即表针拐点)，如图 3-35 所示。然后，转动百分表刻度盘，使零线与拐点相重合，再将表摆动几次，检查一下零位。零位对好后，从标准环内取出百分表。

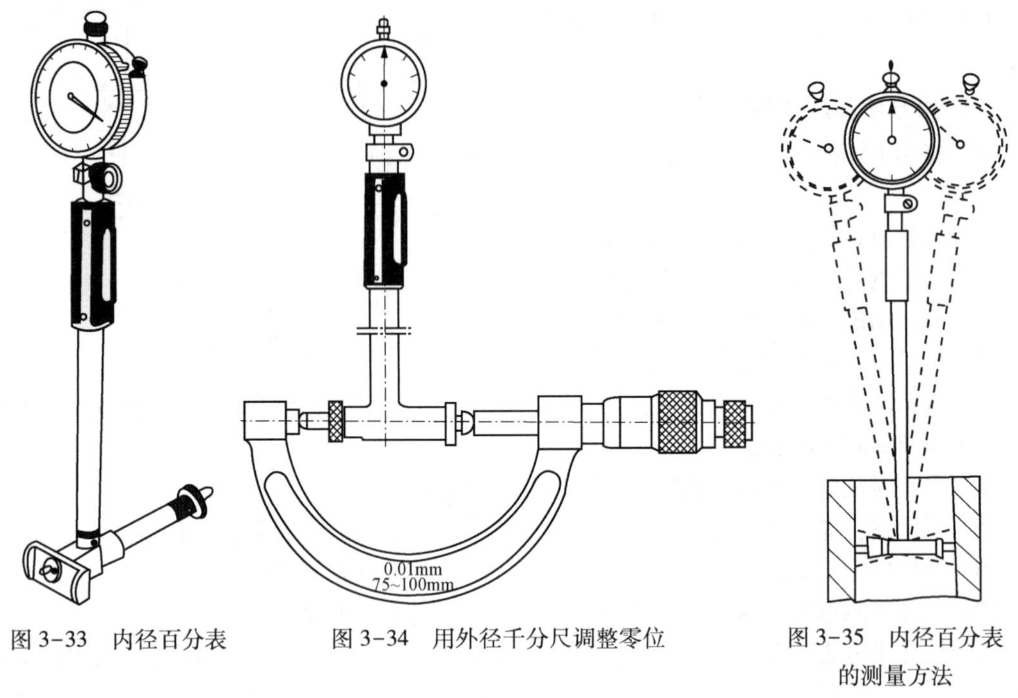

图 3-33　内径百分表　　图 3-34　用外径千分尺调整零位　　图 3-35　内径百分表的测量方法

测量时，操作方法与校对零位相同。读数时，表针的指示数值就是被测孔径与标准环孔径的差值。如果指针正好指在零位，说明被测孔径与标准环孔径的尺寸相同；如果表针顺时针方向离开零位，表示被测孔径小于标准环的孔径；如果表针逆时针方向离开零位，表示被测孔径大于标准环的孔径。

使用内径百分表时，应注意不要让测头突然触及工件，以免损伤表内零件，被测表面应擦干净，以保证测量准确；内径百分表应避免受潮及粘染油污和灰尘，使用后应小心地安放在匣内。

3.1.5　水平仪

利用水准器气泡偏移来测量被测平面相对水平面微小倾角的角度测量器具称为水准器式水平仪，又称为气泡式水平仪，俗称水平仪。主要用于测量机件相互位置的水平位置和设备安装时的平面度、直线度和垂直度，也可测量零件的微小倾角。在机械测量中，常用的水平仪有四种：条式水平仪、框式水平仪、光学合像水平仪和电子水平仪。本章只介绍前三种钳工常用的水平仪。

3.1.5.1 条式水平仪

图 3-36 是钳工常用的条式水平仪。它由 V 型的工作底面和与工作底面平行的水准器（即气泡）两部分组成。当水平仪的底平面准确地处于水平位置时，水准器的气泡正好处于中间位置；被测平面稍有倾斜，水准器的气泡就向高的一方移动，在水准器的刻度上可读出两端高低相差值。分度值为 0.02mm/m 的水平仪，即表示气泡每移动一格时，被测长度为 1m 的两端上，高低相差 0.02mm。条式水平仪的外形尺寸见表 3-2。

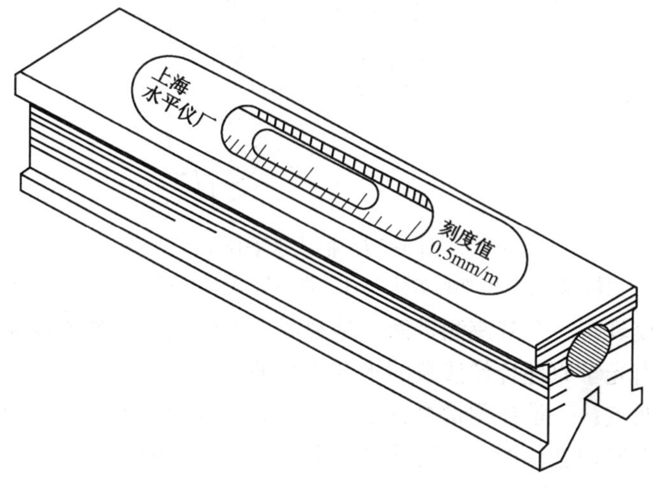

图 3-36 条式水平仪

表 3-2 水平仪的分度值、规格及外形尺寸表（GB 16455—1996）

型式	分度值/（mm/m）	规格	工作面长度 L/mm	工作面宽度 W/mm	V 形工作面夹角 α
框式、条式	0.02 0.05 0.10	100	100	≥30	120°或 140°
		150	150	≥35	
		200	200		
		250	250	≥40	
		300	300		

3.1.5.2 框式水平仪

如图 3-37 所示，框式水平仪有四个相互垂直的都是工作面的平面，并有纵向、横向两个水准器。因此，它除了完成条式水平仪工作外，还能检验机件的垂直度。它的刻度值见表 3-2中的规格，使用方法与条式水平仪相同。

常用的框式水平仪的规格是 200mm×200mm。因此，当 1m 长的高低差是 0.02mm 时，水平仪的测量面两端在 200mm 长度的高低差是 0.004mm。也就是说，当气泡在玻璃管内移动 1 格时，测量面两端（200mm）高低差就是 200×0.02/1000＝0.004mm。

如用刻度值为 0.02mm/1000mm 的水平仪测量长度为 1.6m 的平面，如果水平仪水准气泡向右移动 2 格，则平面两端倾斜的高度差为（1.6×10^3）×0.02/1000×2＝0.064mm。

3.1.5.3 光学合像水平仪

光学合像水平仪，广泛用于精密机械中，测量工件的平面度、直线度和找正安装设备的正确位置。

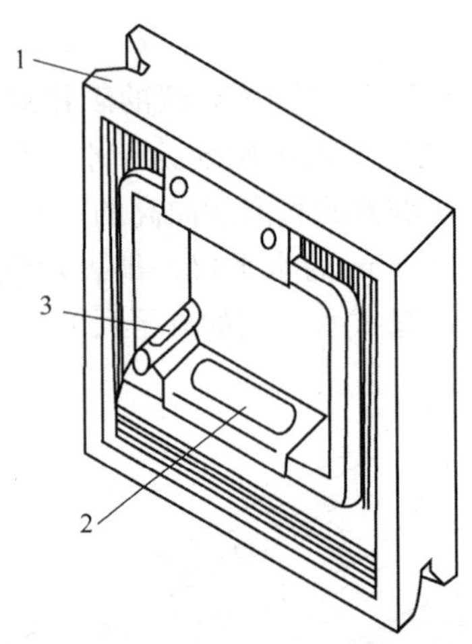

图 3-37 框式水平仪

1—主体(基座)；2—纵向水准器(主水准器)；3—横向水准器(副水准器)

光学合像水平仪具有一个基座测量面，是利用重力原理，以测微螺旋副相对基座测量面调整水准气泡，并由光学原理合像读数的水准式水平仪。合像水平仪与框式水平仪和条式水平仪的最大差异有两点：一是在测量过程中，在读数之前要调整气泡，使之合像后再读数；二是合像是通过光学原理进行的。尽管不同，但合像水平仪的基本原理仍是重力原理。

如图 3-38 所示，合像水平仪中合像棱镜系统是由两块完全对称的多面棱镜组成，每块多面棱镜上有三个倾斜为 45°的直角反射面 A、B、C；当水平管水平时，水平气泡居中，气泡左右两端的半个影像通过多面棱镜上的 A 面(此面上镀有银)反射到 B 面，再由 B 面反射到 C 面，最后通过凸透镜放大而获得合像气泡影像。若水平管左端高、右端低，则水平气泡偏向左端，此时通过合像棱镜系统反射后，出现左边半个影像长、右边半个影像短的现象。若水平管右端高、左端低，则出现相反的状况，水平管的倾斜度越大，则左右两半个气泡影像偏差越大。

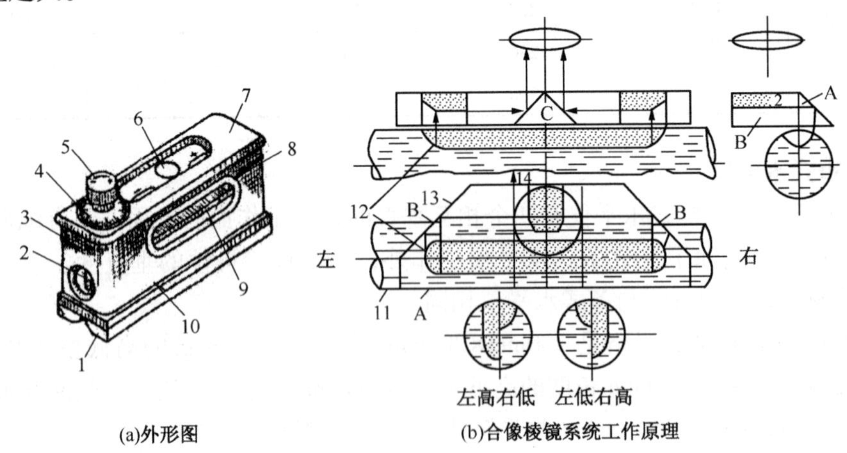

图 3-38 合像水平仪

1—V 形底座；2—横刻度窗；3—外壳；4—刻度盘；5—旋钮；6—合像放大镜；7—盖板；8—窗口；9—水平管；10—反光板；11—水平管；12—气泡；13—多面棱镜；14—合像气泡影像

1. 读数方法

读数时，先从侧面横刻度窗内读取整数(1mm/m)，再从刻度盘读小数(0.01mm/m)。调节旋钮带动刻度盘转动一圈(100格)，两者的和就是所测得被测面的水平度的数值。如横刻度窗内的标尺指针在刻度线3过一点，上刻度盘指的刻度线为16时，则水平仪读数为3.16mm。

2. 零位调整

把水平仪放置在平板或平台上，先测得一次水平度数值，然后将水平仪调转180°，在同一位置上测得另一个数值，两次读数和的一半便是该水平仪的示值误差。此时，将刻度盘转至误差值相当的格数，使刻线与零位线对齐，固定分度盘。经复查，其误差应在允许值范围内。

3. 合像水平仪的正确使用和维护

(1) 测量前，必须将水平仪工作面和被测量面擦干净，避免擦伤工作面或造成测量误差。

(2) 操作时，应避免触摸气泡玻璃管，也不得对着气泡呼气。

(3) 水平仪应轻拿轻放，不得有撞击现象，也不得在被测表面上推来推去。

(4) 测量时，特别是在测量铅垂面时，应均匀用力紧靠立面上，读数应为正、反多次测量的平均值。

(5) 读数时，视线应垂直对准气泡玻璃管，以免出现偏差。

(6) 水平仪不要在强烈阳光下使用。测量时，水平仪与被测件应尽量在同温下，不能过高也不能过低。

(7) 水平仪使用完毕，应擦拭干净，放入专用盒内妥善保管。

3.1.5.4 水平仪使用的注意事项

(1)使用水平仪时，测量面上不得有任何灰尘。对于测量面长度为200mm、分度值为0.02mm/m的水平仪，如果其测量面沾有直径为2μm的尘粒，则可能产生的最大示值误差为1/2分度。

(2) 水平仪在测量时应避免温度的影响。水准器中液体受温度影响后将使气泡长度改变，若温度变化2~3℃时，水准器气泡的长度将变化1个分度。为减小温度的影响，测量时由气泡两端读数，取平均值作为测量结果。

(3) 读水平仪示值时，应在垂直于水准器的位置上进行。

3.1.6 量块

量块又叫块规，是极精密的量具，常用来测量精密零件或校验其他量具与仪器，也可用于调整精密机床。在技术测量上，量块是长度计量的基准。它有上、下两个测量面和四个非测量面。量块一般成套制作，装在特制的木盒内。为了减少量块的磨损，每套量块中都备有保护量块的护块。测量时，为了适应不同尺寸的需要，常将量块叠接使用，但是叠接的块数越多，误差越大。因此。需要叠接使用时，量块的块数越少越好，最好不要超过4块。叠接量块时，要特别小心。否则，不仅量块贴合不牢，而且会很快磨损。测量完毕后，应立即拆开量块，洗擦干净，涂上防护油，放在盒中格子内。

为了使量块组的块数为最小值，在组合时就要根据一定的原则来选取块规尺寸，即首先选择能去除最小位数的尺寸的量块。例如，若要组成87.545mm的量块组，其量块尺寸的选择方法如下：

量块组的尺寸　　　　　　　　87.545mm
选用的第一块量块尺寸　　　　1.005mm
剩下的尺寸　　　　　　　　　86.54mm
选用的第二块量块尺寸　　　　1.04mm
剩下的尺寸　　　　　　　　　85.5mm
选用的第三块量块尺寸　　　　5.5mm
剩下的即为第四块尺寸　　　　80mm

量块是很精密的量具，使用时必须注意以下几点；

（1）使用前，先在汽油中洗去防锈油，再用清洁的麂皮或软绸擦干净。不要用棉纱头去擦量块的工作面，以免损伤量块的测量面。

（2）清洗后的量块，不要直接用手去拿，应当用软绸衬起来拿。若必须用手拿量块时，应当把手洗干净，并且要拿在量块的非工作面上。

（3）把量块放在工作台上时，应使量块的非工作面与台面接触。不要把量块放在蓝图上，因为蓝图表面有残留化学物，会使量块生锈。

（4）不要使量块的工作面与非工作面进行推合，以免擦伤测量面。

（5）量块使用后，应及时在汽油中清洗干净，用软绸揩干后，涂上防锈油，放在专用的盒子里。若经常需要使用，可在洗净后不涂防锈油，放在干燥缸内保存。绝对不允许将量块长时间的粘合在一起，以免由于金属粘结而引起不必要损伤。

3.1.7　螺纹样板

螺纹样板是一种带有不同螺距牙型的薄钢片，主要用于检验螺纹螺距尺寸及其公差。螺纹样板可用来检验普通螺纹的螺距，其基本牙型角为60°，也可检验统一螺纹的螺距，其基本牙型角为55°，两种螺纹样板的厚度都是0.5mm，一般为成套供应，成套螺纹样板如图3-39所示，其螺距尺寸见表3-3。

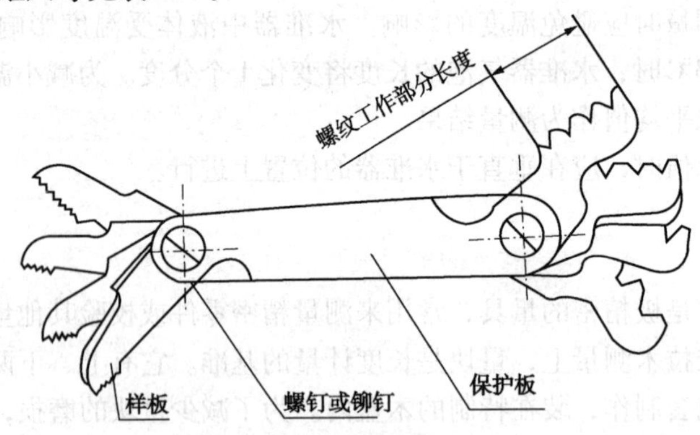

图3-39　螺纹样板

表3-3　成套螺纹样板的螺距尺寸系列（JB/T 7981—2010）

螺距	普通螺纹的螺距/mm	统一螺纹的螺距/（牙/英寸）
螺距尺寸系列	0.40，0.45，0.50，0.60，0.70，0.75，0.80，1.00，1.25，1.50，1.75，2.00，2.50，3.00，3.50，4.00，4.50，5.00，6.00	28，24，20，18，16，14，13，12，11，10，9，8，7，6，5，4.5，4
样板数	20	17

3.2 常用电子仪器

3.2.1 手持式测振仪

手持式测振仪主要用于机械设备的振动位移、速度(烈度)和加速度三项参数的测量，利用测振仪在轴承座上测得的数据，就可确定设备(风机、泵、压缩机、电机等)当前所处的状态。它具有结构简单、操作方便、携带方便等特点。

3.2.1.1 工作原理

加速度传感器信号首先经滤波放大得到加速度信号，然后经一级积分得到速度信号，此信号再经一级积分便得到位移信号，这三种信号经测量选择开关选择出一种信号，进行交直流转换和 A/D 转换，最后送三位半液晶屏显示。见图 3-40。

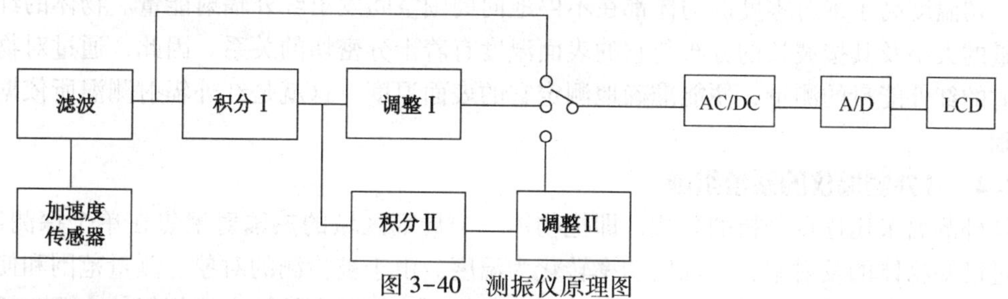

图 3-40 测振仪原理图

3.2.1.2 功能特点

(1)结构简单，操作方便。按振动传感器与主机的连接方式分为一体式和分体式。一体化式[图 3-41(b)]将加速度传感器和仪表装在一个壳体内，使用时只需将仪表探头对准被测体，按下测量键即可进行测量；分体式[图 3-41(a)]加速度传感器用磁性吸座固定在被测设备表面上，通过信号线传输测量信号。

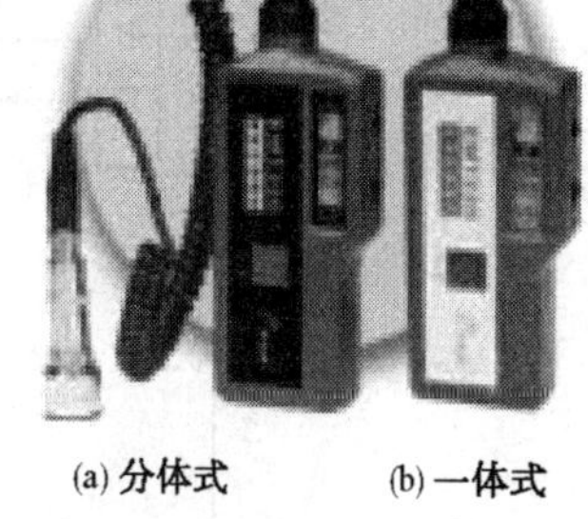

图 3-41 手持式一体化和分体式测振仪

(2) 仪表采用一节 9V 叠层电池供电，具有低电压检测和指示功能，当电池电压下降到影响测量精度值，液晶显示器有电池符号出现，提醒用户更换电池。

(3) 具有自动关机功能，使得电池具有更长的使用寿命。

(4) 仪表具有锁存功能，松开测量键后可将数据锁存，便于使用、读数。

(5) 仪表主要从能量的角度反应被测物体振动的大小，可以测量振动速度的均方根值，位移的峰-峰值以及加速度的半峰值，从而满足了各种测振需要。

3.2.1.3 主要技术指标：

1. 测量范围

振动位移(P-P)：0~1999μm

振动速度(RMS)：0~199.9mm/s

振动加速度(O-P)：0~199.9m/s^2

2. 幅值测量误差

频响范围与幅值误差：

振动位移(P-P)：10~500Hz，≤±5%

振动速度(RMS)：10~500Hz，≤±5%

振动加速度(O-P)：10~1000Hz，≤±10%

3. 幅值线性误差

振动位移(P-P)：0~20μm，≤±10%；>20μm，≤±5%

振动速度(RMS)：0~2.0mm/s，≤±10%；>2.0mm/s，≤±5%

振动加速度(O-P)：0~2.0m/s^2，≤±10%；>2.0m/s^2，≤±5%

3.2.2 红外测温仪

3.2.2.1 红外测温仪工作原理

一切温度高于绝对零度的物体都在不停地向周围空间发出红外辐射能量。物体的红外辐射能量的大小及其按波长的分布与它的表面温度有着十分密切的关系。因此，通过对物体自身辐射的红外能量的测量，便能准确地测定它的表面温度，这就是红外辐射测温所依据的客观基础。

3.2.2.2 红外测温仪的系统组成

红外测温采用逐点分析的方式，即把物体一个局部区域的热辐射聚焦在单个探测器上，并通过已知物体的发射率，将辐射功率转化为温度。由于被检测的对象、测量范围和使用场合不同，红外测温仪的外观设计和内部结构不尽相同，但基本结构大体相似，主要包括光学系统、光电探测器、信号放大器及信号处理、显示输出等部分组成，其基本结构如图 3-42 所示。

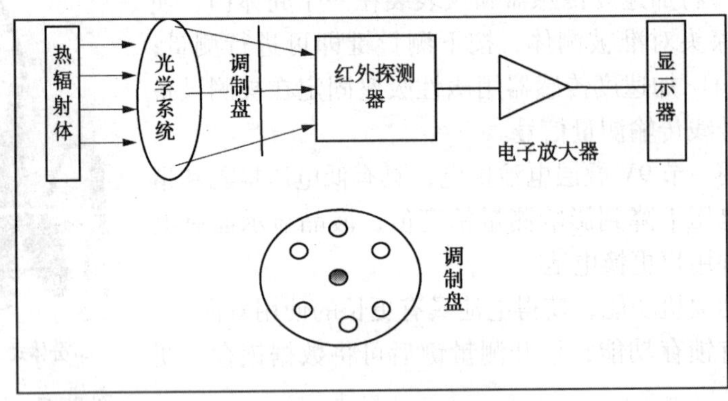

图 3-42 红外测温仪结构图

辐射体发出的红外辐射，进入光学系统，经调制器把红外辐射调制成交变辐射，由探测器转变成为相应的电信号。该信号经过放大器和信号处理电路，并按照仪器内的算法和目标发射率校正后转变为被测目标的温度值。

3.2.2.3 红外测温仪的分类及性能特点

红外测温仪的种类很多，可分为便携式、在线式、扫描式，并有光纤、双色等测温仪。

便携式(手持式) 体积小、重量轻、电池供电，适合随身携带，可随时进行温度的检测和记录，有光学瞄准或激光瞄准装置，操作非常简单，只需轻轻一扣扳机，就能进行测量。

在线式(固定式) 固定安装在工业现场，可以24h连续监测，和计算机相连，闭环控制，打印输出。加装保护及风冷、水冷装置，可以在恶劣环境及315 ℃的高温下工作。

扫描式 即行扫描测温仪，用于测量90°视场内一条线的温度分布，每行可测256个点，利用软件，在监视器上形成目标的热图像，它能更直观、更清晰、更快捷地进行温度监测，尤其适用于传送带、旋转窑、滚筒等连续运动的目标。

光纤式 由于光纤直径小、可弯曲，适合在狭小、弯曲的通道及环境温度很高的恶劣环境中进行测量。

双色(比色)测温仪 利用两个很窄的相近波段测量同一物体，取较短波段信号与较长波段信号的比值，这个比值随温度的升高而加大，这种根据比值测温的测温仪叫比色测温仪或双色测温仪。由于这两个波段靠得非常近，当被测物在这个很窄的波长内，发射率没有变化时，则发射率和气氛吸收对两个信号的衰减相同，不会影响比值。所以，双色测温仪抗干扰能力强，对发射率、烟雾、灰尘、水气不敏感，可以测量部分被遮挡的目标，测量感应线圈缝隙内加热工件的温度，更显其卓越性能。

3.2.2.4 红外测温仪使用时应注意的问题

(1) 只测量表面温度，红外测温仪不能测量内部温度。

(2) 波长在5μm以上不能透过石英玻璃进行测温，玻璃有很特殊的反射和透过特性，不允许精确红外温度读数。但可通过红外窗口测温。红外测温仪最好不用于光亮的或抛光的金属表面的测温(不锈钢、铝等)。

(3) 定位热点，要发现热点，仪器瞄准目标，然后在目标上作上下扫描运动，直至确定热点。

(4) 注意环境条件，蒸汽、尘土、烟雾等阻挡仪器的光学系统而影响精确测温。

(5) 环境温度，如果测温仪突然暴露在环境温差为20℃或更高的情况下，允许仪器在20min内调节到新的环境温度。

3.2.3 激光对中仪

激光对中仪主要由显示器、激光发射器、探测器、接收器、夹具、系统打印机等部分组成，它可以根据需要选择不同的配置进行轴对中、机组对中、热膨胀补偿对中测量、虚脚检查、固定地脚选择、平面测量、直线测量等，并用储存器储存测量结果。测量方法有时钟法或三点法。

3.2.3.1 轴对中

纠正两台相连机器的相对位置，例如电机和泵，使机器在正常的操作温度下轴的中心线成为一条直线。轴对中，意思是水平和垂直移动机器的两个前脚和两个后脚，直到轴准达到给定公差的范围内。测量的方法基于逆向显示对中的原理，用两束激光来代替钢棒和百分表。由于激光没有钢棒下垂的缺点，所以给系统带来很高的精确度。

3.2.3.2 机组对中

机组对中即三个或更多的转动轴通过联轴节连接，例如驱动单元—齿轮箱—从动单元。使用普通对中工具必须分段测量，根据结果人工计算应做调整的一段轴，既繁琐又容易出差错。而使用激光轴对中系统可以做所有测量，并且该系统能做计算，可确定选择哪一段轴固定不动。

3.2.3.3 热膨胀补偿对中

大多数机器在运行过程中产生一定的热量。最理想的情况是驱动机和从动机受热的影响一致，因而不需要输入补偿值。但在有些情况下从动机温度更高（例如热液体泵）或更低。制造厂对于热膨胀的限定也不尽相同，但多数情况是提供一个人为的对中偏差系数，用平移补偿值或角度偏差值来表示。在开始调整工作前，可在系统中的轴对中程序中预先设定热膨胀补偿值。选择热膨胀补偿值有三种方式：地脚偏差值、表值（百分表）或平行/角度偏差值。所有输入数据作为预设定值，而轴对中时只需要朝着零的方向调整就可以了。

3.2.3.4 虚（软）脚检查

开始调整之前，应该先纠正虚脚。否则，测量结果没有什么价值。如果没有某种测量工具，或多或少都不可能确认有虚脚。虚脚检查程序可在应用程序当中的应用设定进入。

3.2.3.5 固定地脚选择

有些时候机器显示为可移动而实际上不能移动，或者可移动机器的某些地脚不能调整。在这种情况下为了进行适当的调整，固定地脚选择程序是非常有帮助的。

3.2.3.6 平面测量

在平面测量程序中，激光平面被用作参考基准。在一个或者更多的位置上，激光平面和被测点在距离上的偏差可以通过接收器测量出来。

3.2.3.7 直线测量

在一般直线测量程序中，激光束被用为参考基准。在两个或者更多的位置上，激光束和被测点在距离上的偏差可以通过探测器部件测量出来。

激光对中仪是一种精密仪器，在使用过程中要做好维护和保养。应用棉布或棉球蘸淡肥皂水擦洗系统，但探测器表面只能用酒精清洗。不能用纸巾擦拭探测器表面，以免留下划痕。为发挥最佳功效，激光管口、探测器表面和计算机连接处应避免油污，显示单元应保持清洁，防止划伤显示屏表面。

3.3 常用光学仪器

3.3.1 水准仪

3.3.1.1 水准测量原理

水准测量是利用一条水平视线，并借助水准尺，来测定地面两点间的高差，这样就可由已知点的高程推算出未知点的高程。

3.3.1.2 水准仪的组成

水准测量所使用的仪器为水准仪，工具为水准尺和尺垫。水准仪按其精度可分为 DS05、DS1、DS3 和 DS10 等四个等级。建筑工程测量广泛使用 DS3 级水准仪。根据水准测量的原理，水准仪的主要作用是提供一条水平视线，并能照准水准尺进行读数。因此，水准仪构成主要有望远镜、水准器及基座三部分。

1. 望远镜

DS3 水准仪望远镜主要由物镜、目镜、对光透镜和十字丝分划板所组成。物镜和目镜多采用复合透镜组，十字丝划板上刻有两条互相垂直的长线，竖直的一条称竖丝，横的一条称为中丝，是为了瞄准目标和读取读数用的。在中丝的上下还对称地刻有两条与中丝平行的短横线，是用来测定距离的，称为视距丝。十字丝分划板是由平板玻璃圆片制成的，平板玻璃片装在分划板座上，分划板座固定在望远镜筒上。

十字丝交点与物镜光心的连线，称为视准轴或视线。水准测量是在视准轴水平时，用十字丝的中丝截取水准尺上的读数。

对光凹透镜可使不同距离的目标均能成像在十字丝平面上。再通过目镜，便可看清同时放大了的十字丝和目标影像。从望远镜内所看到的目标影像的视角与肉眼直接观察该目标的视角之比，称为望远镜的放大率。DS3 级水准仪望远镜的放大率一般为 28 倍。

2. 水准器

水准器分为管水准器和圆水准器。

水准器是用来指示视准轴是否水平或仪器竖轴是否竖直的装置。有管水准器和圆水准器两种。管水准器用来指示视准轴是否水平，圆水准器用来指示竖轴是否竖直。

(1) 管水准器　又称水准管，是一纵向内壁磨成圆弧形的玻璃管，管内装酒精和乙醚的混合液，加热融封冷却后留有一个气泡。由于气泡较轻，故恒处于管内最高位置。水准管上一般刻有间隔为 2mm 的分划线，分划线的中点 0，称为水准管零点。通过零点作水准管圆弧的切线，称为水准管轴。当水准管的气泡中点与水准管零点重合时，称为气泡居中；这时水准管轴处于水平位置。水准管圆弧 2mm 所对的圆心角称为水准管分划值。安装在 DS3 级水准仪上的水准管，其分划值不大于 20in/2mm。

微倾式水准仪在水准管的上方安装一组复合棱镜，通过复合棱镜的反射作用，使气泡两端的影像反映在望远镜旁的复合气泡观察窗中。若气泡两端的半像吻合时，就表示气泡居中。若气泡的半像错开，则表示气泡不居中，这时，应转动微倾螺旋，使气泡的半像吻合。

(2) 圆水准器　圆水准器顶面的内壁是球面，其中有圆分划圈，圆圈的中心为水准器的零点。通过零点的球面法线为圆水准器轴线，当圆水准器气泡居中时，该轴线处于竖直位置。当气泡不居中时，气泡中心偏移零点 2mm，轴线所倾斜的角值，称为圆水准器的分划值，由于它的精度较低，故只用于仪器的概略整平。

3. 基座

基座的作用是支承仪器的上部并与三脚架连接。它主要由轴座、脚螺旋、底板和三角压板构成。

4. 水准尺和尺垫

水准尺是水准测量时使用的标尺。其质量好坏直接影响水准测量的精度。因此，水准尺需用不易变形且干燥的优质木材制成。要求尺长稳定，分划准确。常用的水准尺有塔尺和双面尺两种。塔尺多用于等外水准测量，其长度有 2m 和 5m 两种，用两节或三节套接在一起。尺的底部为零点，尺上黑白格相间，每格宽度为 1cm，有的为 0.5cm，每一米和分米处均有注记。双面水准尺多用于三、四等水准测量。其长度有 2m 和 3m 两种，且两根尺为一对。尺的两面均有刻划，一面为红白相间称红面尺；另一面为黑白相间，称黑面尺(也称主尺)，两面的刻划均为 1cm，并在分米处注字。两根尺的黑面均由零开始。而红面，一根尺由 4.687m 开始至 6.687m 或 7.687m，另一根由 4.787m 开始至 6.787m 或 7.787m。

尺垫是在转点放置水准尺用的，它用生铁铸成，一般为三角形，中央有一突起的半球体，下方有三个支脚。用时将支脚牢固地插入土中，以防下沉，上方突起的半球形顶点作为竖立水准尺和标志转点之用。

3.3.1.3 水准仪的使用

水准仪的使用包括仪器的安置、粗略整平、瞄准水准尺、精平和读数等操作步骤。

（1）安置水准仪　打开三脚架并使高度适中，目估使架头大致水平，检查脚架腿是否安置稳固，脚架伸缩螺旋是否拧紧，然后打开仪器箱取出水准仪，置于三脚架头上用连接螺旋将仪器牢固地固连在三脚架头上。

（2）粗略整平　粗平是借助圆水准器的气泡居中，使仪器竖轴大致铅垂，从而视准轴粗略水平。在整平的过程中，气泡的移动方向与左手大拇指运动的方向一致。

（3）瞄准水准尺　首先进行目镜对光，即把望远镜对着明亮的背景，转动目镜对光螺旋，使十字丝清晰。再松开制动螺旋，转动望远镜，用望远镜筒上的照门和准星瞄准水准尺，拧紧制动螺旋。然后从望远镜中观察。转动物镜对光螺旋进行对光，使目标清晰，再转动微动螺旋，使竖丝对准水准尺。当眼睛在目镜端上下微微移动时，若发现十字丝与目标影像有相对运动，这种现象称为视差。产生视差的原因是目标成像的平面和十字丝平面不重合。由于视差的存在会影响到读数的正确性，必须加以消除。消除的方法是重新仔细地进行物镜对光，直到眼睛上下移动，读数不变为止。此时，从目镜端见到十字丝与目标的像都十分清晰。

（4）精平与读数　眼睛通过位于目镜左方的符合气泡观察窗看水准管气泡，右手转动微倾螺旋，使气泡两端的像吻合，即表示水准仪的视准轴已精确水平。这时，即可用十字丝的中丝在尺上读数。现在的水准仪多采用倒像望远镜，因此读数时应从小往大，即从上往下读。先估读毫米数，然后报出全部读数。精平和读数虽是两项不同的操作步骤，但在水准测量的实施过程中，却把两项操作视为一个整体；即精平后再读数，读数后还要检查管水准气泡是否完全符合。只有这样，才能取得准确的读数。

3.3.2 自准直仪

自准直仪是一种光学测角仪器，它是利用光学自准直原理来观测目标位置的变化，广泛应用于直线度和平面度的测量。它和多面棱体配合可以检测分度机构的分度误差；此外，还可测量零部件的垂直度、平行度等。

光学自准直原理：如图 3-43 所示，光线通过位于物镜焦平面的分划板后，经物镜形成平行光。平行光被垂直于光轴的反射镜反射回来，再通过物镜后在焦平面上形成分划板标线像与标线重合。当反射镜倾斜一个微小角度 α 角时，反射回来的光束就倾斜 2α 角。

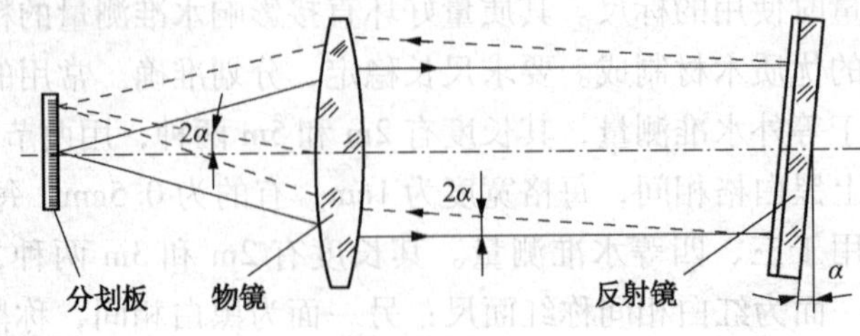

图 3-43　光学自准直原理

自准直仪工作原理：如图 3-44 所示，从光源发出的光线，经聚光镜 6 照亮分划板上的十字线，由半透明反射镜 12 折向测量光轴，经物镜成为平行光束射出，再经目标反射镜反射回来，使十字线成像于分划板 2、可动分划板的刻线面上，旋转鼓轮带动测微装置移动，对准双刻线(刻在可动分划板上)，由目镜观察，使双刻线与十字线重合，然后在鼓轮 1 上读数。

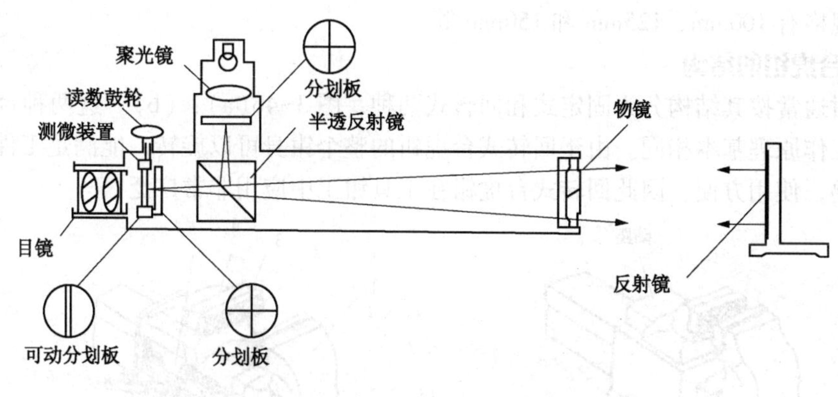

图 3-44　自准直仪工作原理

3.4　常用机具设备

3.4.1　钳桌

钳桌也称作钳台(图 3-45)，它是工具钳工主要的工作场地。钳桌一般用木制或者钢木结构制成，以便确保工作时的稳定性。为了使操作者有合适的工作高度和位置，要求钳桌的桌面到地面的距离为 800~900mm；而钳桌的长度和宽度可根据工作场地的大小和实际生产需要来确定。此外，要求固定钳身的钳口处于钳桌边缘外，以便于对工件顺利夹紧和操作者进行各种操作。钳桌还可以用来放置和收藏工具钳工常用的各种工具、量具和准备加工的工件。

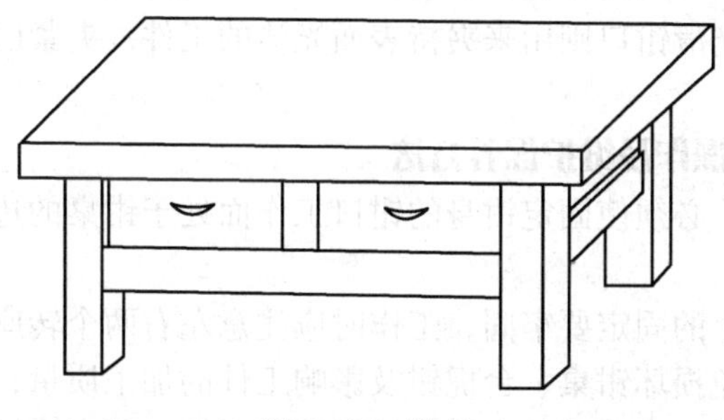

图 3-45　钳桌

钳桌使用中的注意事项：

(1) 钳桌上放置的各种工具、量具和工件不要处于钳桌边缘之外；

(2) 量具和精密零件应当摆放整齐，钳桌表面上垫一块橡胶板以防止碰伤零件；

(3) 暂时不使用的工具和量具，应当整齐地摆放在钳桌的抽屉内或者柜内的工具箱中；

(4) 工件加工完成后，应马上清除桌面上的切屑和杂物，并放置好相关的工具、量具和工件，保持桌面的整洁。

3.4.2 台虎钳

台虎钳是工具钳工夹持工件进行手工操作的通用夹具，其规格用钳口的宽度来表示。其常用几种规格有 100mm、125mm 和 150mm 等。

3.4.2.1 台虎钳的结构

台虎钳通常按其结构分为固定式和回转式两种，图 3-46(a)、(b)。这两种台虎钳的主要结构和工作原理基本相同。由于回转式台虎钳的整个钳身可以旋转，能满足工件不同方位加工的需要，使用方便，因此回转式台虎钳在工具钳工中应用非常广泛。

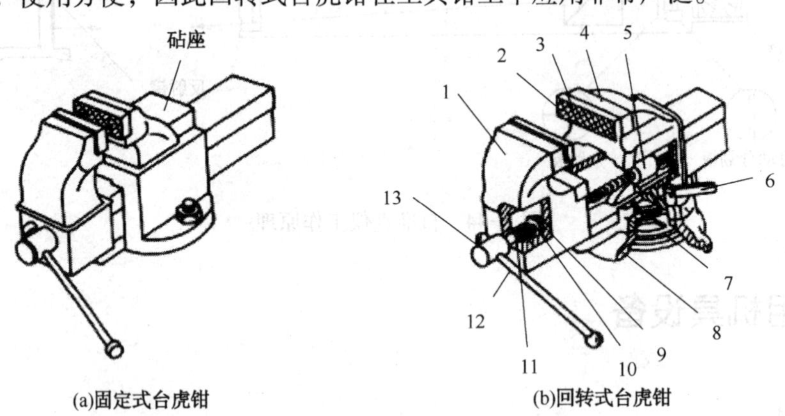

图 3-46 台虎钳的结构与组成

1—活动钳身；2—螺钉；3—钢钳口；4—固定钳身；5—螺母；6—转座手柄；7—夹紧盘；8—转座；9—销；10—挡圈；11—弹簧；12—手柄；13—丝杆

台虎钳的结构组成及其工作原理：活动钳身 1 通过导轨与固定钳身 4 的导轨孔做滑动配合，丝杆 13 装在活动钳身上，能够旋转但不能轴向移动，并与安装在固定钳身内的螺母 5 配合。当摇动手柄 12 使丝杆旋转时，就带动活动钳身相对于固定钳身做进退移动，起到夹紧或松开工件的作用。钳口的工作面上制有交叉网纹和光面两种形式，交叉网纹钳口夹紧工件后不易产生滑动，而光滑钳口则用来夹持表面光洁的工件，夹紧已经加工过的表面后不会损伤工件表面。

3.4.2.2 台虎钳的使用操作及维护保养方法

(1) 安装台虎钳时，必须使固定钳身的钳口工作面处于钳桌的边缘外，以免在夹持长的工件时下端受到阻碍；

(2) 台虎钳在钳桌上的固定要牢固，工作时应注意左右两个转座手柄必须扳紧，且保证钳身没有松动迹象，以免损坏钳桌、台虎钳及影响工件的加工质量；

(3) 夹紧工件时，只允许用手的力量来扳紧丝杆手柄，不允许用锤子敲击手柄或套上长管子去扳手柄，以免丝杆、螺母及钳身因受力过大而损坏；

(4) 夹紧工件所需夹紧力的大小，应视工件的精度、表面粗糙度、刚度及操作要求来定。原则是既要夹紧可靠，又不要损伤和破坏完工后工件的质量；

(5) 有强力作用时，应尽量使强力朝向固定钳身，以免损坏丝杆和螺母；

(6) 不允许在活动钳身的光滑平面上进行敲击作业，以免降低活动钳身与固定钳身的配合性能；

(7) 台虎钳使用完后，应立即清除钳身上的切屑，特别是对丝杆和导向面应擦干净，并加注适量机油，有利于润滑和防锈。

3.4.3 台式钻床

3.4.3.1 台钻的结构

台式钻床简称台钻，台钻的布局形状与立钻相似，但结构较简单，容易操作，适用于单件和小批量生产。因台钻的加工孔径很小，一般为12mm，故主轴转速往往很高(在400r/min以上)，因此不宜在台钻上进行锪孔、铰孔和攻螺纹等操作。为保持主轴运转平稳，常采用V形带传动，并由五级塔形带轮来进行速度变换。需要说明的是，台钻主轴进给只有手动进给，一般都具有控制钻孔深度的装置。钻孔后，主轴能在蜗圈弹簧的作用下自动复位。图3-47为Z512型台钻的结构简图，它主要由13个零部件组成。钻孔时，若工件较小，可直接放在工作台上钻孔；若工件较大，应把工作台转开，直接放在钻床底座9上钻孔。

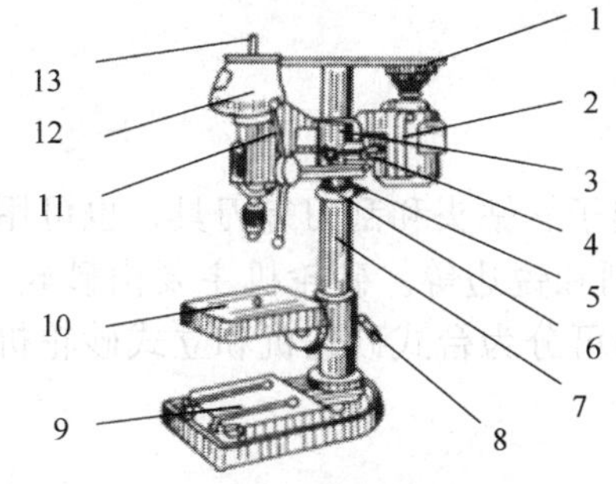

图3-47 台钻的结构

1—带轮；2—电动机；3—本体；4—手柄；5—螺钉；6—保险环；7—立柱；8—工作台锁紧手柄；9—底座；10—工作台；11—进给手柄；12—罩壳；13—主轴

3.4.3.2 台钻的操作

(1) 主轴转速的调整　需根据钻头直径和加工材料的不同，来选择合适的转速。调整时应先停止主轴的运转，打开罩壳，用手转动带轮，并将V形带挂在小带轮上，然后再挂在大带轮上，直至将V形带挂到适当的带轮上为止。

(2) 工作台上下、左右位置的调整　先用左手托住工作台，再用右手松开锁紧手柄，并摆动工作台使其向下或向上移动到所需位置，然后再将锁紧手柄锁紧。

(3) 主轴进给位置的调整　主轴的进给是靠转动进给手柄来实现的。钻孔前应先将主轴升降一下，以检查工件放置高度是否合适。

3.4.3.3 台钻的使用维护注意事项

(1) 用压板压紧工件后再进行钻孔，当孔将钻透时，要减少进给量，以防工件甩出。

(2) 钻孔时工作台面上不准放置工具、量具等物品，钻通孔时须使钻头通过工作台面，在刀孔或工件下面垫一垫块。

(3) 台钻的工作台面要经常保持清洁，使用完毕须将台钻外露的滑动面和工作台面擦干净，并加注适量润滑油。

3.4.4 手电钻

手电钻就是以交流电源或直流电池为动力的钻孔工具，是手持式电动工具的一种，有手提式电钻和手枪式电钻两种，如图3-48所示。由于它具有操作简单、携带方便、使用灵活、体积小、重量轻等特点，因此广泛用于工件不便在钻床上进行加工的场合。

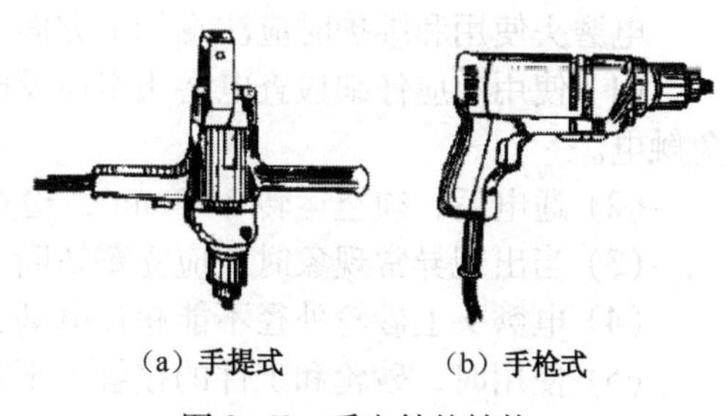

(a) 手提式　(b) 手枪式

图3-48 手电钻的结构

手电钻的正确使用与维护：

(1) 外壳要有接地或接零保护，塑料外壳应防止碰、磕、砸，不要与汽油及其他溶剂接触；

(2) 钻孔时不宜用力过大过猛，以防止工具过载；转速明显降低时，应立即把稳，减少施加的压力；突然停止转动时，必须立即切断电源。

（3）安装钻头时，不许用锤子或其他金属制品物件敲击，手拿电动工具时，必须握持工具的手柄，不要一边拉软导线，一边搬动工具，要防止软导线擦破、割破和被轧坏等。

（4）较小的工件在被钻孔前必须先固定牢固，这样才能保证钻时使工件不随钻头旋转，保证作业者的安全。

（5）外壳的通风口(孔)必须保持畅通，必须注意防止切屑等杂物进入机壳内。

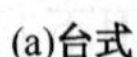

(a)台式　　(b)立式

图 3-49　砂轮机

3.4.5　砂轮机

砂轮机主要用于刃磨契子、钻头和刮刀等刀具，也可用来磨去工件或材料上的毛刺和锐边等。砂轮机主要由砂轮、电动机和机体组成。按外形可分为台式砂轮机和立式砂轮机两种，如图 3-49 所示。

下面重点介绍砂轮机的操作规程和安全知识。

3.4.5.1　砂轮机的操作规程

（1）砂轮机起动前，应检查安全托板装置是否固定可靠和完好，并注意观察砂轮表面有无裂缝；

（2）砂轮机起动后，应观察砂轮机的旋转是否平稳，旋转方向与指示牌是否相符，以及有无其他故障存在；

（3）砂轮外圆表面若不平整，应用砂轮修正器进行修正；

（4）待砂轮转速正常后才能进行磨削；

（5）对长度<50mm 的小件进行磨削时，应用钳子或其他工具夹持，千万不能用手握；

（6）使用完毕应随即切断电源。

3.4.5.2　砂轮机使用安全常识

（1）砂轮机应有安全罩；

（2）操作时，人不能正对砂轮站立，应站在砂轮的侧面或斜侧位置。在磨削时不要用力太猛，以免砂轮碎裂。

3.4.6　电磨头

电磨头属于磨削工具，如图 3-50 所示。它适用于对各种形状复杂的工件进行修磨或抛光。

电磨头使用和维护时应注意如下方面：

（1）使用前应仔细检查电磨头本体及电源线的绝缘及接地是否正常，不得有裸露现象以免触电。

（2）通电后，须空运转 2~3min，检查传动部分运转是否正常。

（3）当出现异常现象时，应立刻切断电源，排除故障后再使用。

（4）电磨头上砂轮外径不能超过电磨头铭牌上规定的尺寸。

（5）使用时，砂轮和工件的接触力不宜过大，人不能面对砂轮轮缘，工具应与人体位置倾斜一定的角度。

（6）按工件的材料和形状选择合适的砂轮，新装的砂轮必须进行修整后，才能使用。

（7）使用完毕，应及时清理干净，放于干燥处。

3.4.7　角向磨光机

角向磨光机适用于磨光、切割等操作。如图 3-51 所示。

图 3-50　电磨头

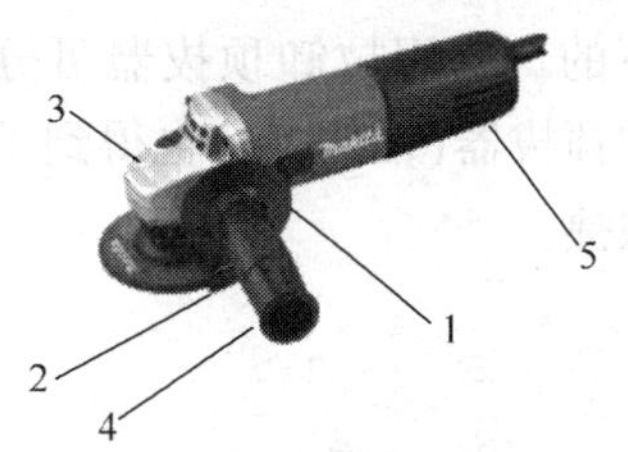

图 3-51　角向磨光机
1—开关；2—磨轮护罩；3—主轴锁；
4—侧握把；5—外部的碳刷接近面板

3.4.7.1　角向磨光机磨轮或切割盘的安装方法

角向磨光机具有两个可逆的法兰盘，以适应不同的附件需要。安装时须确保法兰盘侧面的选择正确，不要使附件和法兰盘之间有过大的游隙。安装步骤如下：

（1）断开电源。

（2）把法兰盘固定到主轴上，如图 3-52(a)。

（3）使磨轮或切割盘抵住法兰盘。

（4）把有螺纹的外法兰盘旋接到主轴上，如图 3-52(b)。

（5）在充分下压主轴锁的同时，转动磨轮或切割盘，直至达到锁定位置，使主轴保持不动为止。

（6）用销钉扳手将螺纹法兰盘紧固，如图 3-52(c)。

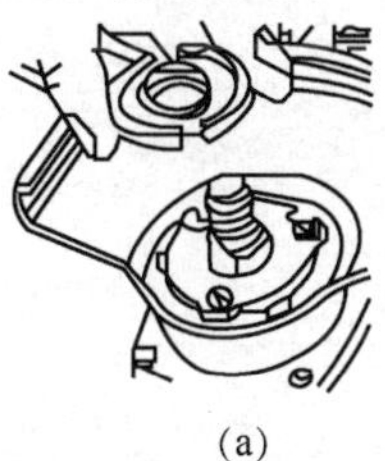

(a)

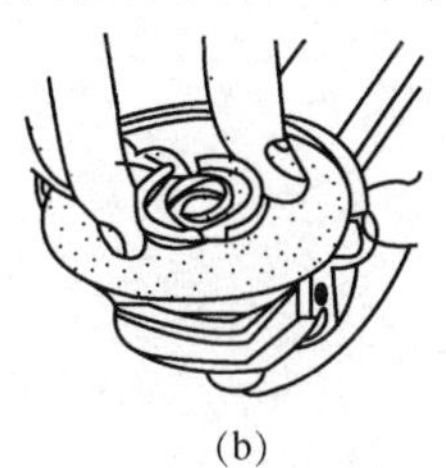

(b)

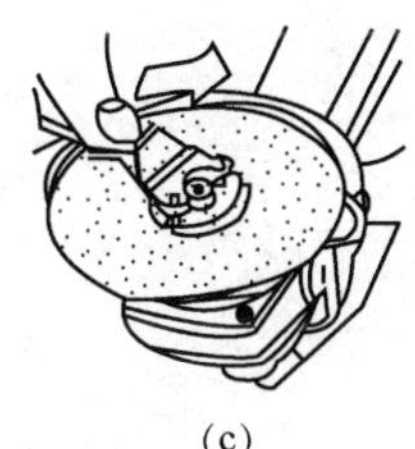

(c)

图 3-52　角向磨光机磨轮/切割盘的安装步骤

3.4.7.2　操作注意事项

使用时，为确保安全，除检查磨光机本体及电源的绝缘必须合格、电压额定值必须匹配外，要注意如下几方面：

（1）在使用前，要检查所用磨轮是否有裂痕或疵点，如果有明显的裂痕或疵点务必将其更换。

（2）当启动工具时，需握住工具，让其空转 1min 左右，检查合格后，方可使用。

（3）使用时，操作者须佩戴护目镜，不得与磨轮成一线，以免磨轮或飞溅物伤人。

（4）在操作时，不要用磨轮撞击或有其他强力性动作。如果发生了这种情况，必须停下来检查磨轮。

（5）使用扁平切割轮时，在整个切割过程中，都要保持一定的角度，对切割轮不要施加侧向压力。

（6）使用完毕后，须断开电源，拔下插头，并进行清洁保养。

3.4.8　拉卸顶拔器

拉卸顶拔器主要用于装卸滚动轴承、带轮、齿轮、轴套式联轴器等，它是利用卡爪和顶撑螺杆将零件卸下的。通用拉卸顶拔器可分为两爪式、三爪式和铰链式等，如图 3-53 所示。目前液压拉卸顶拔器(图 3-54)也得到了广泛应用，其加压部分可采用脚踏式或手压式，使用时更省力、快捷。

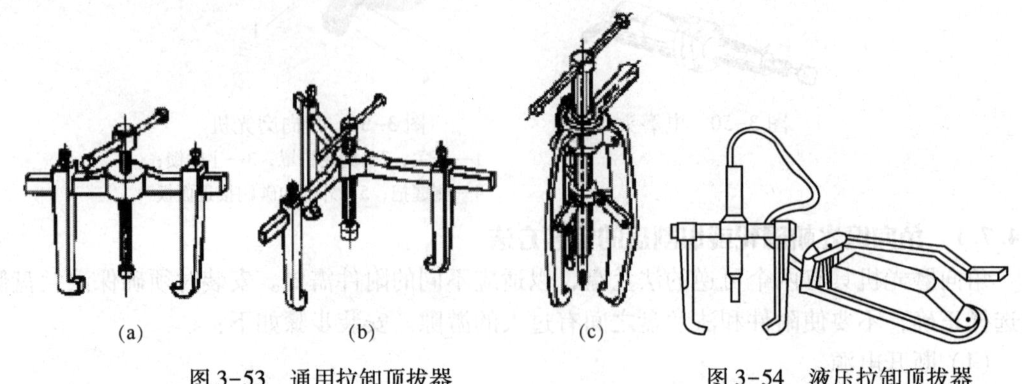

图 3-53　通用拉卸顶拔器　　　　图 3-54　液压拉卸顶拔器

第4章　钳工工艺知识

钳工的工作范围很广，而且专业化的分工也比较明确，但是每个钳工都必须熟练地掌握下述各项基本操作技能，并能很好地应用。

4.1　划线

4.1.1　划线的概念

根据图样或工件尺寸的技术要求，用划线工具准确地在毛坯或工件上，划出待加工的界限的操作过程，称为划线。

划线分平面划线和立体划线两种。只需要在工件一个表面上划线后即能明确表明加工界限的，称之为平面划线，如图4-1(a)所示，需要在工件几个互成不同角度(通常是互相垂直)的表面上划线，才能明确表明加工界限的，称为立体划线，如图4-1(b)所示。

划线的作用不但能使零件在加工时有一个明确的界限，而且能及时的发现和处理不合格的毛坯，避免加工后造成损失。当毛坯误差不大时，又可通过划线的借料得到补救，此外划线还便于复杂工件在机床上安装、找正和定位。

4.1.2　划线的工具

在划线过程中为了保证尺寸的准确性和达到较高的工作效率，必须熟悉各种划线工具及其正确的使用方法。划线的主要工具有划线平板、钢板尺、高度尺、直角尺、划针、划线盘、高度游标尺、划规、样冲等。其中钢板尺、直角尺、高度游标卡尺在第3章中已经介绍，这里就不再加以叙述。

4.1.2.1　划线平台(又称划线平板)

如图4-2所示。一般用铸铁制成，工作表面经过刨、刮等精加工，具有较好的平面度，是划线或检测时的基准面。因此，要保证平台的精确性。在使用中严禁敲打，用完后要涂上机油、盖上木盖，以防生锈。

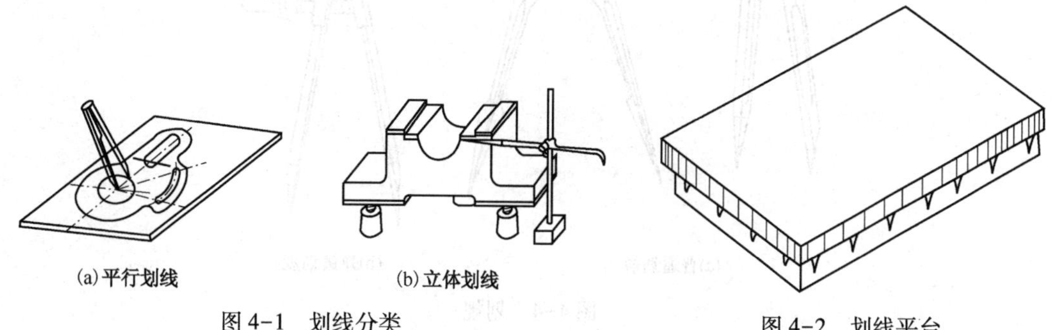

(a)平行划线　　(b)立体划线

图4-1　划线分类　　图4-2　划线平台

4.1.2.2　划针

划针是直接在毛坯或工件上划线的工具。在已加工表面上划线时常用$\phi3\sim\phi5$mm的弹簧钢和高速钢制成划针，将划针先磨成 15°~20°，并经淬火处理提高其硬度及耐磨性。在铸件、锻件等表面上划线时，常用尖部含有硬质合金的划针。

使用划针时通常用右手握持，使针尖与钢直尺的底边接触，并应向外侧倾斜约 15°~20°，且向划线方向倾斜约 45°~70°，均匀用力使针尖沿钢直尺移动划出线来，划线时尽可能一次划成，避免连续几次重划，否则线条变粗，反而模糊不清，如图 4-3 所示。

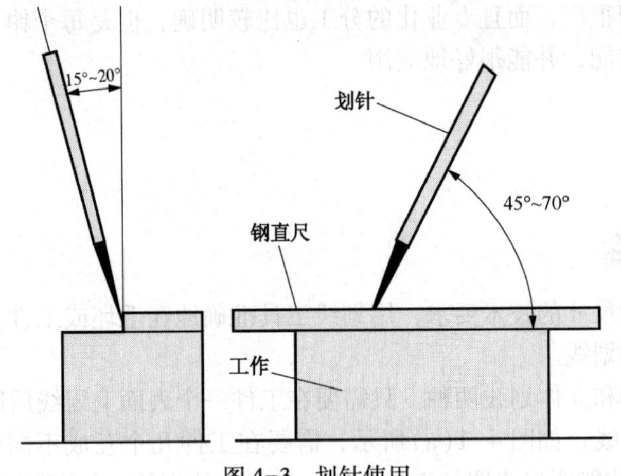

图 4-3　划针使用

4.1.2.3　划规

也被称作圆规、划卡、划线规等，在钳工划线工作中可以划圆和圆弧、等分线、等分角度以及量取尺寸等，是用来确定轴及孔的中心位置、划平行线的基本工具。一般用中碳钢或工具钢制成，两脚尖端部位经过淬硬并刃磨。钳工用的划规分为普通划规、扇形划规和长划规。

(1) 如图 4-4(a)所示为普通划规，结构简单、制造方便。铆合处紧松要适当。两脚长短要一致，如在普通划规上装上锁紧装置，当拧紧锁紧螺钉，则可保持已调节好的尺寸。

(2) 如图 4-4(b)所示为弹簧划规，使用时，旋动调节螺母，使调节尺寸方便。该划规结构刚度较差，使用在光滑表面上划线。

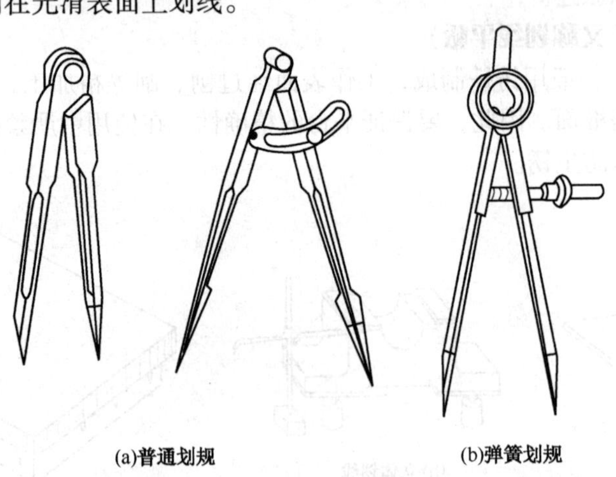

(a)普通划规　　(b)弹簧划规

图 4-4　划规

(3) 大尺寸划规又称滑杆划规，见图 4-5 所示，用来划大尺寸的圆。松开锁紧螺钉，在滑杆上移动划规脚，就可调节到所需尺寸，利用微调装置，还可使尺寸得到微调。

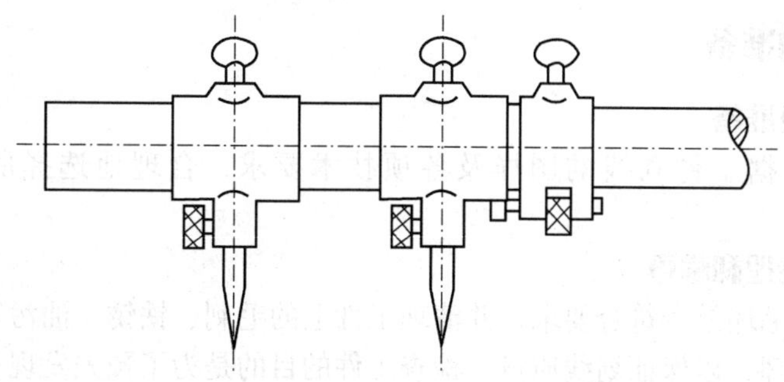

图 4-5　滑杆划规

4.1.2.4　划线盘

划线盘是在工件上划线和找正工件位置常用的工具。图 4-6 所示为划线用的划线盘。划针的一端焊有硬质合金，另一端弯头是找正工件用的。划线盘不用时，划针尖要朝下放，或者在划针尖上套一塑料软管，不使划针露出。

4.1.2.5　样冲

样冲用于在工件已划好的加工线条上冲点，作加强界限标志(称检验样冲点)，以保存所划的线条。这样即使工件在搬运、安装过程中线条被揩磨模糊时，仍留有明显的标记。在使用划规划圆弧或钻孔前，也要先用样冲在圆心上冲眼，作为划规定心脚的立脚点或钻孔定中心(称中心样冲点)。

(1) 样冲的制造材料　样冲一般用工具钢制成，尖端处淬硬，其顶尖角度在用于加强界限标记时大约为 40°，用于钻孔定中心时约取 60°。

(2) 冲点方法先外倾对中后立直　先将样冲外倾使尖端对准线的正中，然后再将样冲立直冲点，如图 4-7 所示。

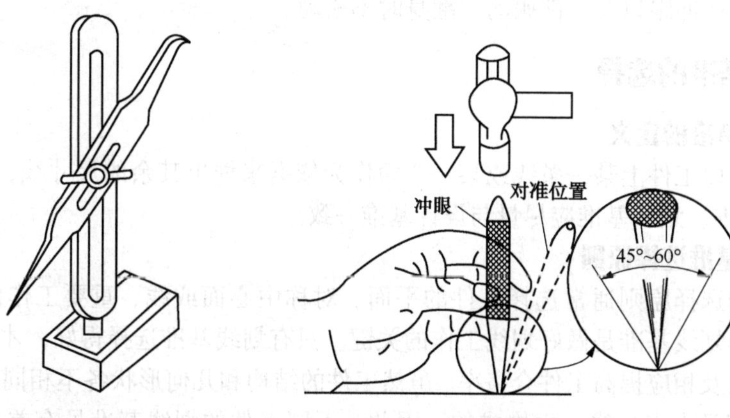

图 4-6　划线盘　　图 4-7　样冲及其使用方法

(3) 冲点要求位置准确，深浅适当，线短点少，线长点多，交叉转折必冲点。位置要准确，中点不可偏离线条；在曲线上冲点距离要小些，如直径小于 20mm 的圆周线上应有四个冲点，而直径大于 20mm 的圆周线上应有八个以上冲点。在直线上冲点距离可大些，但短直线至少有三个冲点。在线条的交叉转折处则必须冲点。冲点的深浅要掌握适当，在薄壁上或光滑表面上冲点要浅，粗糙表面上要深些。

4.1.3 划线前的准备

4.1.3.1 工、量具准备

划线前必须根据工件划线的图样及各项技术要求，合理地选择所需要的各种工、量具。

4.1.3.2 工件的清理和检查

根据图样检查毛坯是否符合要求，并清理工件上的毛刺、铁锈、油污等，尤其是划线的部位，更应仔细清理，以保证划线质量。检查工件的目的是为了预先发现工件上的缩孔、砂眼、裂纹、歪斜以及形状和尺寸等方面的缺陷，在认定经过划线之后能够消除缺陷或这些缺陷不致造成废品时，才可进行下一步工作。

4.1.3.3 工件涂色

为了方便划出清晰的线条，需在工件外表面上均匀涂上薄薄的一层涂料。常用涂料见表4-1。

表 4-1 划线时常用的涂料

涂料名称	制作方法	用途
白灰水	用白灰、乳胶和水调成稀糊状	用于毛坯件
硫酸铜溶液	硫酸铜和水并加少量的硫酸溶液	用于已加工件
蓝油	龙胆紫、虫胶漆和酒精配制而成	用于精加工件

4.1.3.4 在工件孔中装中心塞块

划线时，为了划出孔的中心以便于用圆规划圆，在孔中要装入中心塞块，常用的中心塞块有木塞块、铅塞块和可调塞块。一般小孔用木塞块和铅塞块，大孔用可调塞块。塞块要塞得紧，保证在打样冲眼以及工件搬动、翻身时不松动。

4.1.4 划线基准的选择

4.1.4.1 划线基准的定义

划线时，应以工件上某一条线或某一个面作为依据来划出其余的尺寸线，这样的线(或面)称为划线基准。划线基准应尽量与设计基准一致。

4.1.4.2 划线基准选择原则

划线基准的选择原则通常选择工件的平面、对称中心面或线、重要工作面作为划线基准。合理地选择划线基准是做好划线工作的关键。只有划线基准选择得好，才能提高划线的质量和效率，以及相应提高工件合格率。虽然工件的结构和几何形状各不相同，但是任何工件的几何形状都是由点、线、面构成的。因此，不同工件的划线基准虽有差异但都离不开点、线、面的范围。

(1) 以平面为基准一般选择零件上的较大平面、端面、底面作为划线基准。

(2) 以对称中心为基准，对于对称(或接近于对称)的零件，一般选择其对称中心面或对称中心线作为划线基准。

(3) 以重要工作面为基准零件的结合面、工作面，往往比较光滑、重要，常常作为划线基准。

(4) 划线基准应与设计基准相一致。划线基准是指在划线时用来确定工件上的各部分尺寸、几何形状和相对位置的点、线、面基准。设计基准指在零件图上用来确定其他点、线、面位置的基准。在选择划线基准时，应先分析图样，找出设计基准，使划线基准与设计基准尽量一致，这样能够直接量取划线尺寸，简化换算过程和减少划线误差。由于划线时，零件的每一个方向的尺寸都需要一个基准，因此，平面划线时一般选两个划线基准，而立体划线时一般要选择三个划线基准。

4.2 锯割、錾销和锉削

4.2.1 锯割

利用锯条锯断金属材料(或工件)或在工件上进行切槽的操作称为锯割。锯割是一种切削加工，主要用于锯断各种原材料或半成品、锯掉工件上的多余部分以及在工件上开槽等。锯割分手工锯割和机械锯割两种。

虽然当前各种自动化、机械化的切割设备已广泛使用，但手工锯切割还是常见的，它具有方便、简单和灵活的特点，在单件小批生产、临时工地以及切割异形工件、开槽、修整等场合应用较广。因此手工锯割是钳工需要掌握的基本操作之一。

4.2.1.1 锯割工具

手锯由锯弓和锯条两部分组成。

(1) 锯弓　锯弓用来张紧锯条，分为固定式和可调式两种。

(2) 锯条　钳工手锯锯条根据齿距不同可分为粗齿、中齿、细齿三种。不同规格的锯条适用于锯削不同材料，见表 4-2。

表 4-2　锯条规格及应用

齿距	锯割材料
粗齿(齿距为 1.4~1.8mm)	低硬度钢、铝、纯铜及较厚工件
中齿(齿距为 1.2mm)	普通钢材、铸铁、黄铜、厚壁管子、较厚的型钢等
细齿(齿距为 0.8~1mm)	硬性金属、小而薄的型钢、板料、薄壁管子等

4.2.1.2 锯割的操作

(1) 安装锯条　锯条安装应注意两个问题，一是锯齿向前，只有锯齿向前才能正常切削；二是锯条松紧适当，太松或太紧锯条都容易崩断，安装好后应无扭曲现象，锯条平面与锯弓纵向平面应在同一平面内或互相平行的平面内。

(2) 工件的夹持　工件的夹持要牢固，不可有抖动，以防锯割时工件移动而使锯条折断，同时也要防止夹坏已加工表面和工件变形。工件尽可能夹持在虎钳的左面，以方便操作，锯割线应与钳口垂直，以防锯斜，锯割线离钳口不应太远，以防锯割时产生抖动。

(3) 起锯　起锯的方式有远起锯和近起锯两种，如图 4-8 所示。一般情况采用远起锯，因为此时锯齿是逐步切入材料，不易卡住，起锯比较方便。起锯角 α 以 15°左右为宜。为了起锯的位置正确和平稳，可用左手大拇指挡住锯条来定位，如图 4-9 所示。起锯时压力要小，往返行程要短，速度要慢，这样可使起锯平稳。

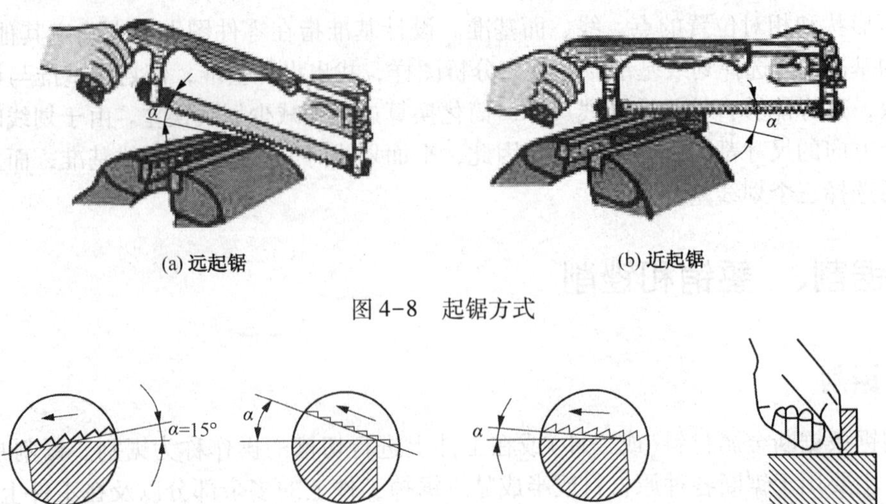

α
α
(a) 远起锯
(b) 近起锯

图 4-8　起锯方式

α=15°
α
α
(a) 正确
(b) 太大
(c) 太小
(d) 拇指导靠起锯

图 4-9　起锯方法

（4）站立姿势　右脚与台虎钳中心线成 75°角，左脚与台虎钳中心线成 30°角。握锯时右手握柄，左手扶锯弓，如图 4-10 所示，身体正前方与台虎钳中心线成大约 45°角，前腿弓后腿绷。

4.2.1.3　几种不同截面形状的锯割

（1）棒料的锯割　如果锯割的断面要求平整，则应从开始连续锯到结束。若要求不高，可分为几个方向锯下。

（2）管子的锯割　锯割管子前，可划出垂直与轴线的锯割线，由于锯割时对划线的精度要求不高，最简单的方法可用矩形纸条（划线边必须直）按锯割尺寸绕住工件外圆，然后用滑石划出。锯割时必须把管子夹正。薄管子和精加工过的管子，应夹在有 V 行槽的两木衬垫之间（图 4-11）。锯割薄壁管子时不可在一个方向从开始连续锯割到结束。

30°
75°
与肩宽一致

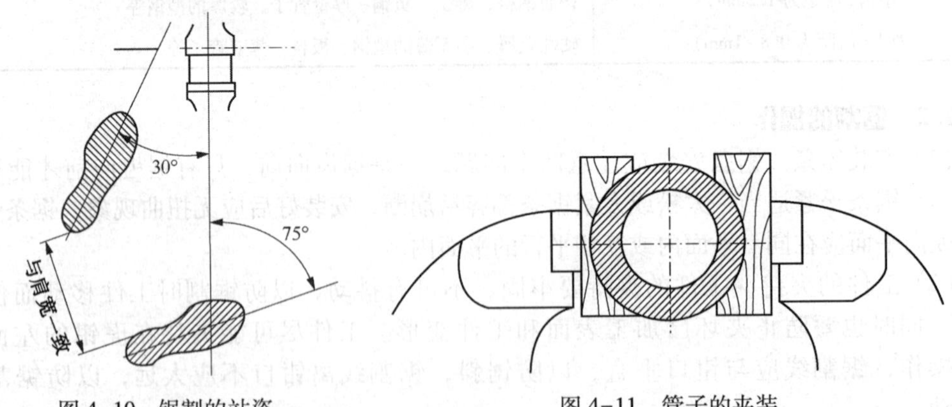

图 4-10　锯割的站姿

图 4-11　管子的夹装

（3）锯割薄板材料，为使锯割过程中不会颤动，可以用两块木板把板料夹在中间，见图 4-12（a），连木板一起锯割。也可以把薄板料直接夹在台虎钳上见图 4-12（b），用手锯作横向斜推锯，使锯齿与薄板接触的齿数增加，避免锯齿崩裂。

（4）深缝锯割　当锯缝的深度超过锯弓的高度时，见图 4-13（a），应将锯条转过 90°重新安装，使锯弓转到工件的旁边再锯割，见图 4-13（b），也可把锯条安装成锯齿在锯内进行锯割，见图 4-13(c)。

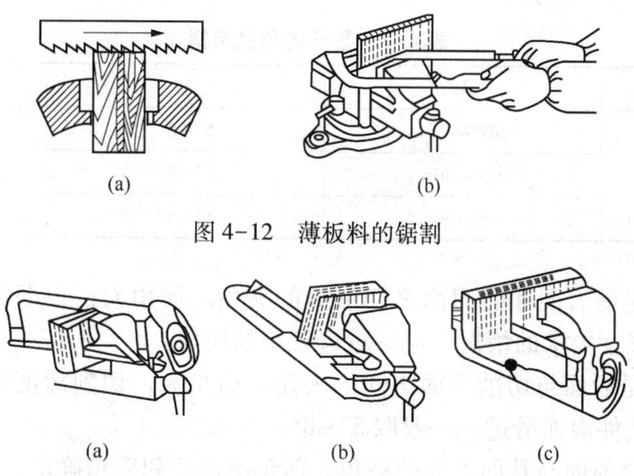

图 4-12　薄板料的锯割

图 4-13　深缝锯割

4.2.2　錾削

用锤子打击錾子对金属工件进行切削加工的方法，叫錾削，又称凿削。一般用来錾掉锻件的飞边、铸件的毛刺和浇冒口，錾平焊接边缘，把板料或条料断成几块，錾沟槽、油槽，錾削各种曲面和平面等。经常用于不便于机械加工的场合。

錾削操作所使用的工具，主要包括手锤和錾子。

4.2.2.1　錾子的类型和用途

见表 4-3。

表 4-3　錾子的类型及用途

名称	简图	特点与用途
扁錾(扁铲)	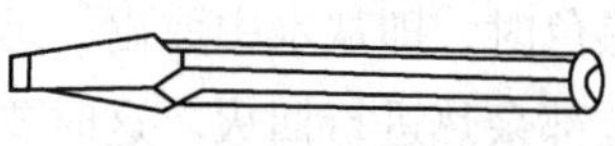	切削部分为平面，切削刃略带圆弧，常用来切削平面，去除凸缘、毛边和分割材料
狭錾(尖錾)	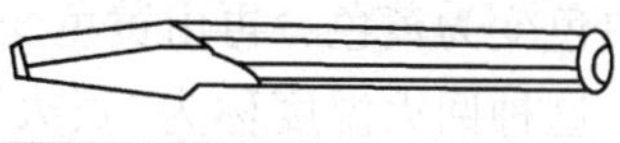	切削刃较强，切削部分的两侧面从切削刃起向柄部逐渐变狭，主要用于錾槽和分割曲线形板料
油槽錾	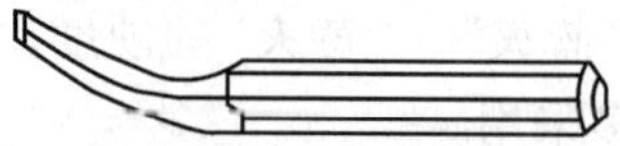	切削刃强，呈圆弧形和菱形，主要用于錾削润滑油槽

4.2.2.2　錾子的角度选择

錾子的切削部分包括两个表面(前刀面和后刀面)和一条切削刃(锋口)。

为了认识錾子在切削时的几何角度，如图 4-14 所示，需要假设选定两个坐标平面，即切削平面与基面。假设两个坐标平面互相垂直，则构成了錾子切削的角度，包括楔角、后角、前角，角度的选择见表 4-4。

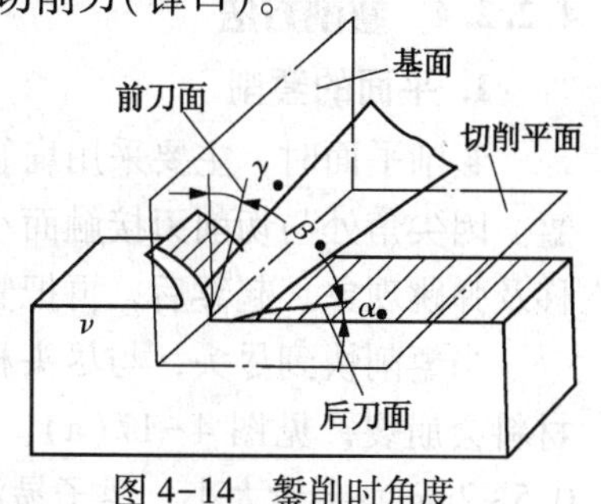

图 4-14　錾削时角度

(1) 切削平面　通过切削刃且与切削表面相切的平面称为切削平面，錾子的切削平面与切削表面重合。

(2) 基面　通过切削刃上任一点与切削速度方向垂直的

平面称为基面(錾削时的切削速度与切削平面方向一致)。

表 4-4　錾子的角度选择

工件材料	β_0	α_0	γ_0
工具钢、铸铁	70°～80°	5°～8°	$\gamma_0=90°-(\beta_0+\alpha_0)$
结构钢	60°～50°	5°～8°	
铜、铝、锡	45°～30°	5°～8°	

(3) 楔角 β_0　是前刀面和后刀面之间形成的夹角。楔角大，刃部强度高，但切削阻力大。因此，在满足强度要求的情况下应尽量选较小的楔角。

(4) 后角 α_0　是后面与切削平面之间的夹角。后角大，切削深度大，切削困难；后角小，易造成錾子从工件表面滑过。一般取 5°～8°。

(5) 前角 γ_0　是前面与基面之间的夹角。前角由楔角和后角确定。

4.2.2.3　錾子的刃磨和热处理

1. 錾子的刃磨

錾子切削刃的刃磨方法是：将錾子刃面置于旋转着的砂轮轮缘上，并略高于砂轮的中心，且在砂轮的全宽方向作左右移动，如图 4-15 所示。刃磨时要掌握好錾子的方向和位置，以保证所磨的楔角符合要求。前、后两面要交替磨，应对称，由目测来判断。刃磨时，加在錾子上的压力不应太大，以免刃部因过热而退火，必要时，可将錾子浸入冷水中冷却。

图 4-15　錾子的刃磨

2. 錾子的热处理

先将錾子的切削部分进行粗磨，然后把錾子切削部分的 25mm 左右深度加热到 750～780℃，呈暗樱红色后，取出快速浸入冷水中冷却(浸入深度约为 5～6mm)，并沿水面作缓慢移动，可使淬火部分与不淬火部分的界线不十分明显，减少在这交界处发生开裂的倾向。当錾子未在水中的部分变成黑色时，即从水中取出，迅速将刃面在砖石或砂布上擦几下，去掉表面氧化层或污物，利用上部余热进行回火。这时要注意观察表面随温度升高而颜色变化的情况，从水中取出后由灰白色变为黄色，再由黄色变为红色、紫色、蓝色；当呈现黄色时，把錾子全部浸入水中冷却，这种回火温度称为“黄火”；当呈现蓝色时，把錾子全部没入水中冷却，这种回火温度称为“蓝火”。“黄火”的硬度比“蓝火”高，耐磨，但较脆容易断裂；“蓝火”硬度比较适宜，故较多采用。

但应注意錾子淬火时出水后，由白色过渡到黄色，再由黄色过渡到蓝色的时间非常短，只有几秒钟，所以要取得适宜的硬度，就必须把握好时机。

4.2.2.4　錾削方法

1. 平面的錾削

錾削平面时，主要采用扁錾如图 4-16 所示。开始錾削时应从工件侧面的尖角处轻轻起錾。因尖角处与切削刃接触面小，阻力小，易切入，能较好地控制加工余量，而不致产生滑移及弹跳现象。起錾后，再把錾子逐渐移向中间，使切削刃的全宽参与切削。

当錾削快到尽头，与尽头相距约 10 mm 时，应调头錾削，见图 4-17(b)，否则尽头的材料会崩裂，见图 4-17(a)。对铸铁、青铜等脆性材料尤应如此。錾削余量一般为每次 0.5～2mm。余量太小，錾子易滑出，而余量太大又使錾削太费力，且不易将工件表面錾平。

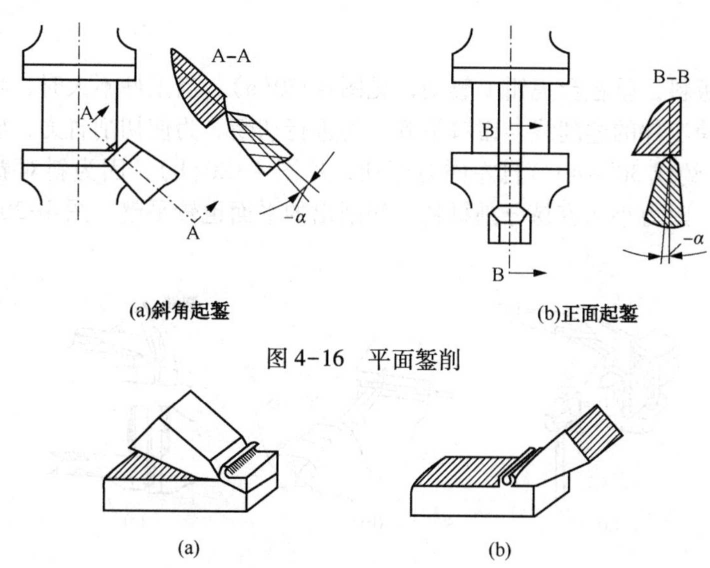

(a)斜角起錾　　(b)正面起錾

图 4-16　平面錾削

(a)　　(b)

图 4-17　平面錾削

錾削较宽平面时，见图 4-18(a)，应先用窄錾在工件上錾若干条平行槽，再用扁錾将剩余部分錾去，这样能避免錾子的切削部分两侧受工件的卡阻。

錾削较窄平面时，见图 4-18(b)，应选用扁錾，并使切削刃与錾削方向倾斜一定角度。其作用是易稳定住錾子，防止錾子左右晃动而使錾出的表面不平。

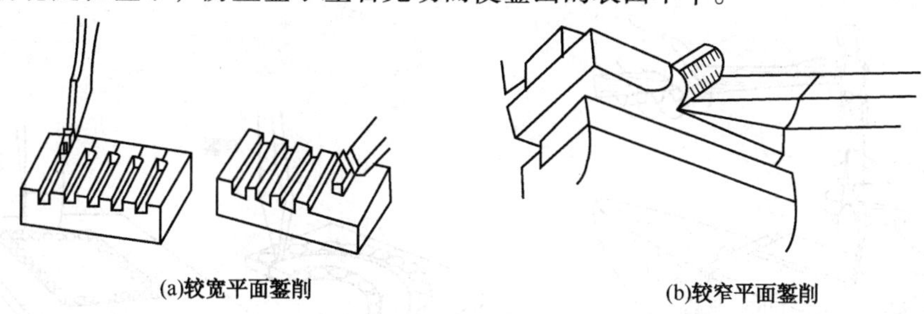

(a)较宽平面錾削　　(b)较窄平面錾削

图 4-18　平面錾削

2. 油槽的錾法

油槽要求錾得光滑且深浅一致。錾油槽前，首先要根据油槽的断面形状对油槽錾的切削部分进行准确刃磨，再在工件表面准确划线，最后一次錾削成形。也可以先錾出浅痕，再一次錾削成形。在平面上錾油槽时，錾削方法基本上与錾削平面一样。在曲面上錾槽时，錾子的倾斜角度应随曲面变化而变化，以保持錾削时的后角不变。錾削完毕后，要用刮刀或砂布等除去槽边的毛刺，使槽的表面光滑。见图 4-19。

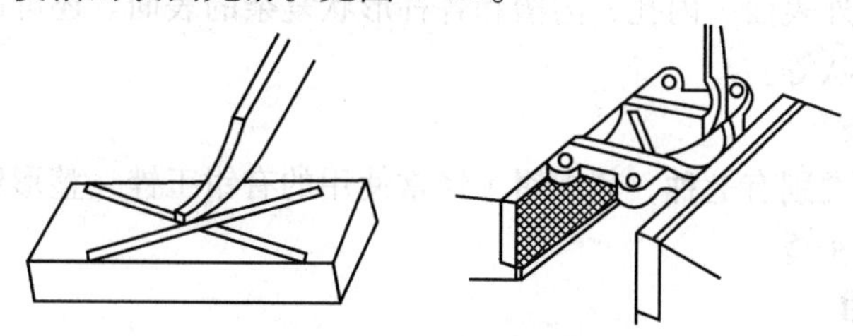

图 4-19　油槽的錾法

3. 錾削板料

(1) 小尺寸板料，就在台虎钳上錾切，见图 4-20(a)。当工件不大时，将板料牢固地夹在台虎钳上，并使工件的錾削线与钳口平齐，再进行切断。为使切削省力，应用扁錾沿着钳口并斜对着板面(约成 30°~45°)自左向右錾切，见图 4-20(b)，因为斜对着錾切时，扁錾只有部分刃錾削，阻力小而容易分割材料，切削出的平面也较平整。图 4-20(c)为错误的切断法。

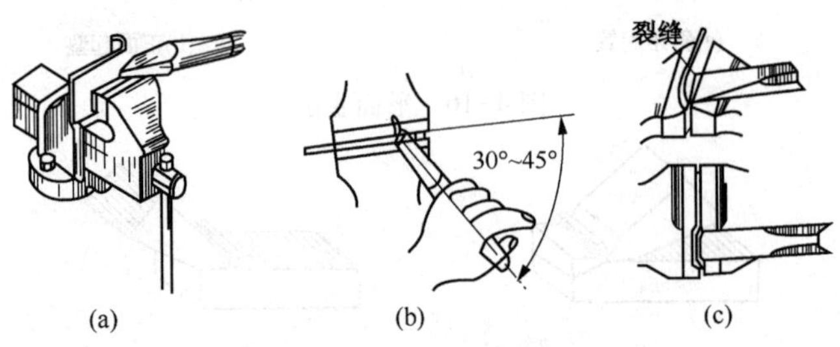

图 4-20　小尺寸板料錾削

(2) 大尺寸板料，应在铁砧上切断，如图 4-21 所示。此时錾子应垂直于工件。为避免碰伤錾子的切削刃，应在板料下面垫上废旧的软铁材料。

(3) 形状较复杂板料的切断，如图 4-22 所示。有一定厚度及较复杂板料的切断，应先划线，钻出密集的排孔，再用扁錾或窄錾逐步錾切成形。

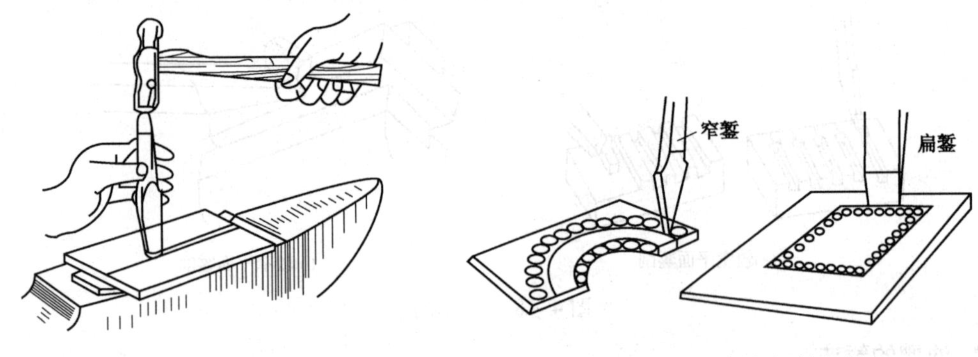

图 4-21　大尺寸板料錾削　　图 4-22　形状复杂板料錾削

4.2.3　锉削

用锉刀对工件表面进行切削加工，使工件达到所要求的尺寸、形状和表面粗糙度的操作叫锉削。锉削精度可以达到 0.01mm，表面粗糙度可达 R_a0.8μm。锉削的应用范围很广，可以锉削平面、曲面、外表面、内孔、沟槽和各种形状复杂的表面。还可以配键、做样板、修整个别零件的几何形状等。

4.2.3.1　锉刀的分类

按国家标准锉刀类别有七种，其中钳工经常使用的有钳工锉、整形锉、异形锉。具体类型、代号及形式见表 4-5。

4.2.3.2　锉刀的选用

(1) 根据加工材料软硬、加工余量、精度和表面粗糙度的要求选择锉刀的粗细，具体应用见表 4-6。

表 4-5 锉刀型式代号(GB/T 5809—2003)

类别代号	类别	型式代号	型式
Q	钳工锉	01	齐头扁锉
		02	尖头扁锉
		03	半圆锉
		04	三角锉
		05	方锉
		06	圆锉
Z	整形锉	01	齐头扁锉
		02	尖头扁锉
		03	半圆锉
		04	三角锉
		05	方锉
		06	圆锉
		07	单面三角锉
		08	刀型锉
		09	双半圆锉
		10	椭圆锉
		11	圆边扁锉
		12	菱形锉
Y	异形锉	01	齐头扁锉
		02	尖头扁锉
		03	半圆锉
		04	三角锉
		05	方锉
		06	圆锉
		07	单面三角锉
		08	刀型锉
		09	双半圆锉
		10	椭圆锉

表 4-6 锉刀刀齿粗细的选择

锉纹号	锉齿	适用场合			
		加工余量/mm	尺寸精度/mm	表面粗糙度 R_a/μm	应用
1	粗	0.5~1	0.2~0.5	50~12.5	适于粗加工或有色金属
2	中	0.2~0.5	0.05~0.2	6.3~1.6	适于粗锉后加工
3	细	0.05~0.2	0.01~0.05	1.6~0.8	锉光表面或硬金属
4	油光	0.025~0.05	0.005~0.01	0.8~0.2	精加工时修光表面

(2) 根据工件形状和加工面的大小选择锉刀的形状和规格，见表 4-7。

表 4-7 锉刀型式的选择

锉刀型式	应用	实例
扁锉	锉平面、外圆面、凸弧面	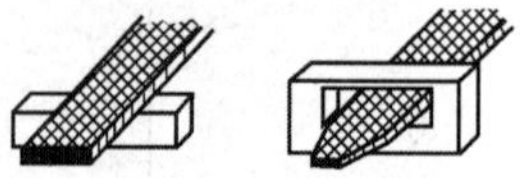
半圆锉	锉凹弧面、平面	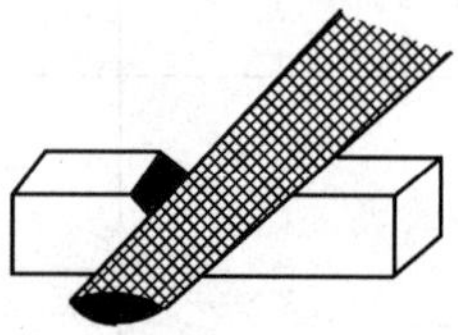
三角锉	锉内角、三角孔、平面	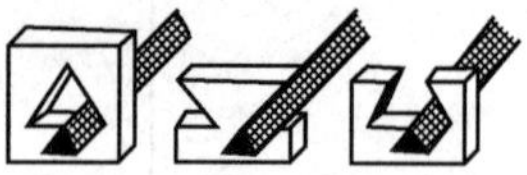
方锉	锉方孔、长方孔	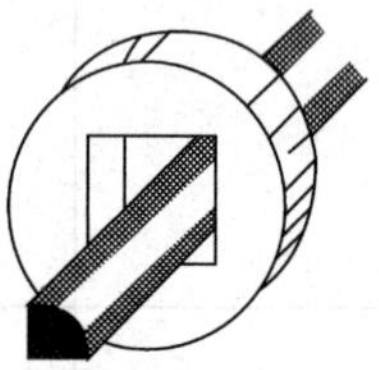
圆锉	锉圆孔、半径较小的凹弧面、椭圆面	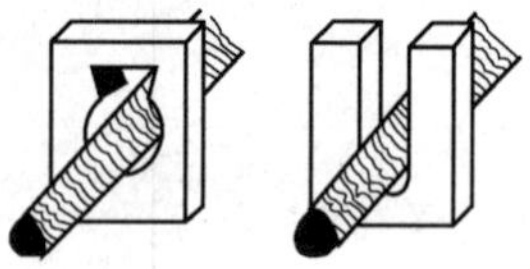
菱形锉	锉菱形孔、锐角槽	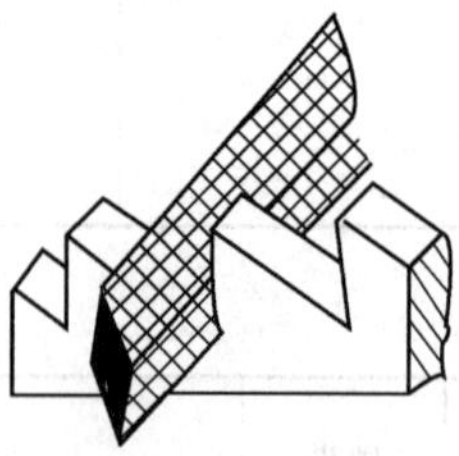
刀型锉	锉内角、窄槽、楔形槽及锉方孔、三角孔、长方形的平面	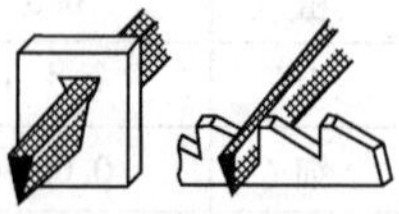

4.2.3.3 锉削的方法

1. 平面的锉削方法

(1) 顺锉法[图 4-23(a)] 顺锉法是顺着同一方向对工件锉削的方法。它是锉削的基本方法，其特点是锉纹顺直，较整齐美观，可使表面粗糙度变细。

(2) 交叉锉法[图 4-23(b)] 交叉锉法是从两个方向交叉对工件进行锉削。其特点是锉面上能显示出高低不平的痕迹，以便把高处锉去。用此法较容易锉出准确的平面。

(3) 推锉法[图 4-23(c)] 推锉法是两手横握锉刀身，平稳地沿工件表面来回推动进行锉削，其特点是切削量少，降低了表面粗糙度，一般用于锉削狭长表面。

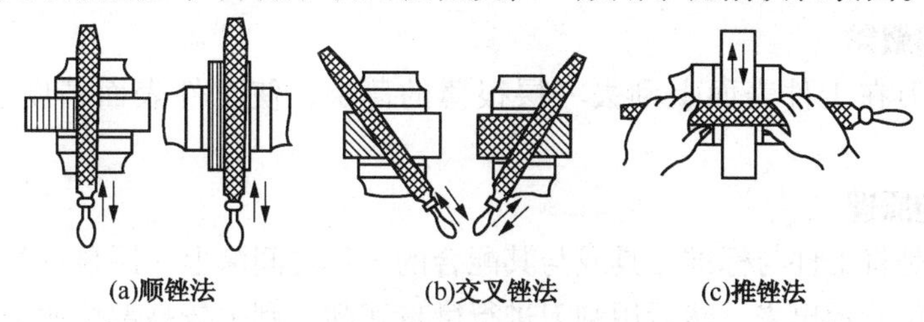

图 4-23 平面锉削方法

2. 圆弧面的锉削方法

圆弧面锉削有外圆弧面和内圆弧面锉削两种。外圆弧面用平锉，内圆弧面用半圆锉或圆锉。

(1) 外圆弧面锉削 锉刀要完成两种运动：前进运动和锉刀围绕工件的转动。两手运动的轨迹是两条渐开线。锉削外圆弧面有两种锉削方法。

① 横着圆弧锉 见图 4-24(a)，将锉刀横对着圆弧面，依次序把棱角锉掉，使圆弧处基本接近圆弧的多边形，最后用顺锉法把其锉成圆弧。此方法效率高，适用于粗加工阶段。

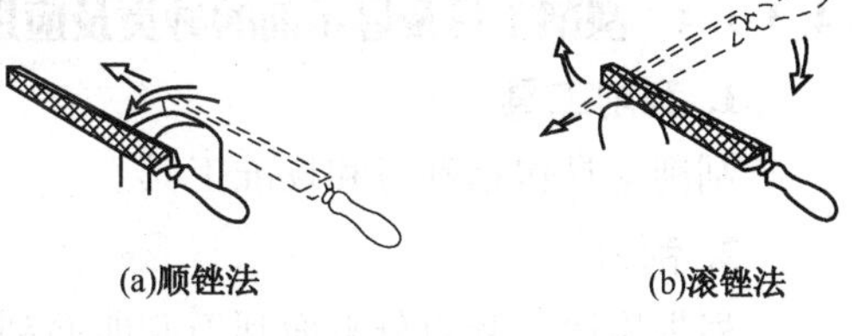

图 4-24 外圆弧面锉削方法

② 顺着圆弧锉 见图 4-24(b)，锉削时，锉刀在向前推的同时，右手把锉刀柄往下压，左手把锉刀尖往上提，这样能保证锉出的圆弧面无棱角，圆弧面光滑，它适用于圆弧面的精加工阶段。

(2) 内圆弧面的锉削 见图 4-25，锉刀同时要完成三个运动：前进运动；向左或向右移动(约半个到一个锉刀宽度)；围绕锉刀中心线转动(顺时针或逆时针方向转动约 90°)。若

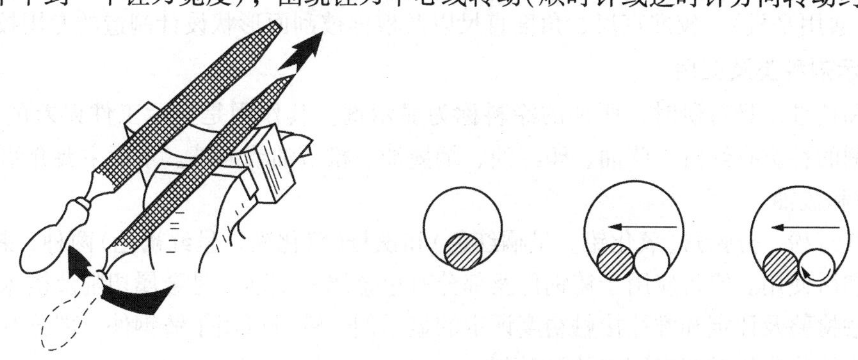
图 4-25 内圆弧面锉削方法

只有前进运动，圆孔不圆；若只有前进运动和向左或右移动，圆弧面形状也不正确。只有同时完成以上三个运动才能把内圆弧面锉好，因为这样才能使锉刀工作面沿着工件的圆弧作圆弧形滑动锉削。

4.3 刮削和研磨

4.3.1 刮削

4.3.1.1 刮削的概念

刮削是用刮刀在工件表面上刮去一层很薄的薄层，使工件表面精度达到要求的切削方法。

4.3.1.2 刮削的原理

其操作过程是将工件与标准工具或与其配合的工件之间涂上一层显示剂，经过对研，使工件上较高的部位显示出来，然后用刮刀进行微量切削，刮去较高部位的金属层。经过这样反复地对研和刮削，工件就能达到规定的形状和精度要求。

4.3.1.3 刮削的特点及应用

刮削具有切削量小、切削力小、产生热量小、装夹变形小等特点。能获得很高的尺寸精度、形状和位置精度、接触精度、传动精度和很小的表面粗糙度值。

因此，机床导轨和滑行面、滑动轴承的接触面、工具量具的接触面及密封面等，在机械加工之后也常用刮削方法进行加工。

4.3.1.4 刮削工具及显示剂的种类及应用

1. 刮削工具

刮削工具包括刮刀和校准工具。

2. 刮刀

根据用途，刮刀分平面刮刀和曲面刮刀两大类。平面刮刀用于刮削平面和刮花，常用的平面刮刀有直头和弯头两种。根据刮削表面的精度要求不同，可分为粗刮刀、细刮刀、精刮刀三种。曲面刮刀用于刮削内曲面，常用的有三角刮刀、蛇头刮刀和柳叶刮刀。

3. 校准工具

校准工具是用来推磨研点和检查被刮面准确性的工具，也称为研具。常用的校准工具有校准平板(通用平板)、校准直尺、角度直尺以及根据被刮面形状设计制造的专用校准型板。

4. 显示剂种类及应用

工件和校准工具对研时，所加的涂料称为显示剂。其作用是显示工件误差的位置和大小。显示剂的种类有红丹、蓝油、印红油、烟墨油、松节油或酒精。下面主要介绍常用的显示剂“红丹和蓝油”。

(1) 红丹粉　分铅丹(氧化铅，呈橘红色)和铁丹(氧化铁，呈红褐色)两种，颗粒较细，用机油调和后使用。铅丹应用于铸钢件及部分有色金属的刮削，是金属切削及机床机械加工结合面接触检验及评定和锥孔接触精度评定的显示剂。铁丹可用于铸钢件及部分有色金属的刮削，但不能作为接触精度评定的显示剂。

(2) 蓝油　用蓝粉和蓖麻油及适量机油调和而成，呈深蓝色，显示的研点小而清楚，多用于精密工件和有色金属及其合金工件的刮削和检验。

4.3.1.5 刮削方法

1. 平面刮削

平面刮削法适用于各种互相配合的平面和滑动平面，如平板、角度垫铁和机床导轨的滑动面等。

（1）平面刮削步骤　根据工件的精度要求，刮削分为粗刮、细刮、精刮和刮花几种：

① 粗刮　当机械加工后，表面刀痕显著、刮削余量较大或者工件表面生锈时，都需要首先进行粗刮。粗刮时，用长刮刀，刀口端部要平，刮过的刀迹较宽(10mm 以上)，行程较长(10~15mm)，刀迹要连成一片，不可重复。当高起的接触点达到每 $25mm^2$ 内有 4~6 个时，粗刮就算达到了要求。

② 细刮　粗刮后的表面高低相差很大。细刮就是将高点刮去，让更多的点子显示出来。细刮时，刮刀磨得中间略凸些。刀迹宽 6mm 左右，长 5~10 mm，刀迹依点子而分布。连续两次的刮削方向，应成 45°或 60°的网纹。当点子达到每 $25mm^2$ 的面积上有 10~16 个时，细刮就算完成。

③ 精刮　在细刮后要进一步提高质量，则需进行精刮。精刮时，用小刮刀轻刮，刀迹 4mm 左右，长约 5mm。当点子逐渐增多时，可将点子分为三种类型刮削，最大最亮的点子全部刮去，中等的点子在中部刮去一小片，小的点子留下不刮。经推磨第二次刮削时，小点子会变大。中等点子分为两个点子，大点子则分为几个点子，原来没有点子的地方也会出现新点子。经过几次反复，点子就会越来越多。当达到每 $25mm^2$ 的面积上有 20~50 个点子时，细刮工作即可结束。

④ 刮花　它是在已刮好的平面上，再经过有规律的刮削，使其形成各种花纹。这些花纹既能增加美观，又在滑动表面起着存油的作用，还可借助刮花的消失，来判断平面磨损的程度。

（2）平面刮削方式　平面刮削方式分手推式和挺括式。

① 手推式　见图 4-26，右手握手柄，左手握刀杆，距刀刃约 50~70mm 处，刮刀和被刮表面成 25°~30°。同时，左脚前跨一步，上身向前倾，刮削时，右臂利用上身摆动向前推，左手向下压，并引导刮刀运动方向，在下压推挤的瞬间迅速抬起刮刀，这样就完成了一次刮削运作。这种方式操作方便、动作灵活，对刮刀长度要求不高，但要有较大臂力。适合各种工作位置、加工余量较小的工件。

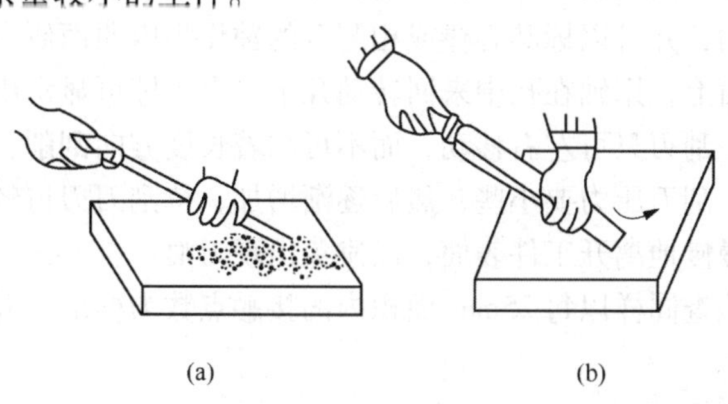

图 4-26　手推式刮削

② 挺刮式　见图 4-27，将刮刀柄(圆柄处)顶在小腹下侧，双手握刀杆离刃口为 70~80mm 处，左手在前，右手在后。刮削时，左手下压，落刀要轻，利用腿和臂部力量使刮刀

向前推挤，双手引导刮刀前进。在推挤后的瞬间，用双手将刮刀提起，这样就完成了一次刮削运作。这种方式要求有较开阔的工作场地，刮刀柄所处位置距刮削平面约 150mm 为宜，能借助腿部和腰部的力量加大刮削量，工作效率高。适于加工余量大的工件。

图 4-27　挺刮式刮削

（3）研点方法　研点应根据工件的不同形状和被刮削面积大小区别进行，如表 4-8 所示。一般规定用 25mm×25mm 的方框置于检查面上，据框内显点数量衡量刮削质量。

表 4-8　研点方法

工件种类	研点方法
中小型	基准平板不动，工件被刮面在平板上推磨
大型	工件不动，平板在工件被刮面上推磨，采用水平仪与研点相结合来判断
不对称	在工件不同部位采用压和托相结合的方法，使被刮面贴紧基准工具
薄板	不能直接用手按薄板中间或两头，应将薄板固定在平整的衬垫上，推磨衬垫

2. 曲面刮削

曲面刮削的原理和平面刮削一样，但刮削内曲面时采用的是三角刮刀或匙形刮刀，刮削所作的运动是螺旋运动，并且以标准心棒或相配合的轴作为内曲面研点的工具。研磨时，将显示剂均匀地涂在轴面上，用轴在孔中来回转动几下，点子即可显示出来，然后对高点进行刮削。在刮削过程中，刮刃只可左右移动，而不可顺着长度方向刮削，以免留下刀痕。

曲面刮削开始时，刮刀压力要小些，然后逐渐增加，待刮刀刃口经过最高点以后，再逐渐减少压力，使刮刀慢慢地离开工件表面，以避免出现刀痕。

曲面刮削的精度检查同样以每 25mm^2 面积内的接触点数为标准，并且点子应均匀地分布在整个曲面上。

4.3.2　研磨

用研磨工具和研磨剂，从工件上研去一层极薄表面层，使工件具有准确的尺寸和形状以及很高的表面加工精度，这种加工方法叫研磨。在机械加工过程中，研磨是一道精加工工序。研磨通常采用手工操作，其设备简单，操作方便，造价较低，便于维修。

4.3.2.1 研磨方式

见表4-9。

表4-9 研磨方式

方式	工艺	适用范围及特点
干研磨（压嵌法）	将磨料均匀地嵌入在研具表层中，研磨时在干燥情况下研磨	干研磨可获得很高的加工精度和低表面粗糙度，但研磨效率较低，只适用于平面精研磨
湿研磨（深敷法）	将液态或膏状研磨剂涂敷或连续注入研具表面，磨料在工件与研具之间不停地翻滚，对工件表面形成切削运动	加工表面呈无光泽的麻点状。加工效率高，一般用于粗研磨

4.3.2.2 研具

研具是保证工件精度的重要因素，一方面把本身的几何形状复映给工件，另一方面又是研磨剂的载体。研具应满足以下技术条件：组织结构细致均匀，很高的稳定性和耐磨性，较好的嵌存磨料的性能，工作面硬度稍软于工件表面等。研具质量应严格保证，在使用前应经技术测量和校准。常用研具有平面研具、外圆柱研具和内圆柱研具。

1. 平面研具

（1）板型　研磨块规、精密量具等表面。

（2）条形　研磨小尺寸薄片工件的表面。

（3）带槽条形　研磨平面导轨等狭长工件表面。

（4）角度条形　研磨V形导轨等有角度的工件表面。

（5）玻璃平板　用于研磨时不允许加研磨剂的零件，具有防锈能力。

2. 圆柱面研具

（1）圆柱整体型　主要用于研磨单件圆柱形孔。

（2）圆锥整体型　研磨单件圆锥孔。

（3）可调型　多件组合结构，可在一定的尺寸范围内进行调整，用于研磨成批生产的工件。

3. 内圆柱面研具

包括整体式、可调式和盲孔式研具。

4.3.2.3 研磨剂

1. 磨料

磨料在研磨中起切削作用。研磨加工的效率、精度和表面粗糙度都与磨料有密切的关系。研磨磨料按硬度可分为硬磨料和软磨料两类。常用磨料有氧化物磨料、碳化物磨料、金刚石磨料，见表4-10。

（1）氧化物磨料　主要用于碳素工具钢及有色金属的研磨。

（2）碳化物磨料　主要用于硬质合金、陶瓷、硬铬等高硬度零件的研磨。但这种研料不能做超精密研磨。

（3）金刚石磨料　常用金刚石磨料有两种：一种是天然金刚石，另一种是人造金刚石。金刚石磨料的切削能力比氧化物和碳化物的磨料都高。主要用于硬质合金、硬铬、陶瓷、宝石等高硬度零件的超精密研磨。由于价格昂贵，使用时应注意回收。

表 4-10　磨料的种类和用途

分类	名称	代号	物理性质	用途
氧化物系	棕刚玉	A	棕褐色，硬度高，韧性好，价格便宜	粗、精研磨钢、铸铁
	白刚玉	WA	白色，硬度比棕刚玉高，韧性差	精研磨淬火钢、高速钢、高碳钢
	铬刚玉	PA	玫瑰红或紫色，韧性好，研磨光洁度高	研磨量具及低粗糙度值表面的零件
	单晶刚玉	SA	淡黄色或白色，韧性和硬度比白刚玉高	研磨不锈钢、高钒高速钢及韧性好的材料
碳化物系	黑碳化硅	C	黑色有光泽，硬度比白刚玉高，脆而锋利，导电、导热性能好	研磨铸铁、黄铜、铝、耐火材料及非金属材料
	绿色碳化硅	GC	绿色，硬度和脆性比黑碳化硅高，有良好的导热性和导电性	研磨硬质合金、硬铬、宝石、陶瓷、玻璃材料
	碳化硼	BC	灰黑色，硬度次于金刚石，耐磨性好	精研磨和抛光硬质合金、人造宝石等硬材料
金刚石系	人造金刚石	JR	无色透明或淡黄色，或黄绿色，硬度高，比天然金刚石略脆，表面粗糙	粗精研磨硬质合金、人造宝石
	天然金刚石	JT	硬度最高，价格昂贵	精研或超精研磨硬质合金，表面粗糙度可达 0.012▽
其他	氧化铁		红色或暗红色，比氧化铬软	精研磨抛光铁、玻璃等材料
	氧化铬		深绿色	

2. 研磨膏

研磨膏是在研磨粉中加入粘结剂和润滑剂调制而成的。常用的添加剂有硬脂酸、石蜡、动物脂肪、凡士林、煤油、油酸等，其主要作用是使磨料均匀分布；另外，部分添加剂含有活性化学附加物，可提高研磨效率和表面质量。因此，研磨膏的应用极为广泛。常用研磨膏主要有刚玉类研磨膏，碳化硅、碳化硼类研磨膏，氧化铬类研磨膏，金刚石类研磨膏。

3. 研磨液

研磨液的作用在于使研磨粉均匀分布、润滑，并在工件表面形成氧化膜，从而加速研磨过程。常用的研磨液有以下几种：

（1）润滑油　应用较普遍，一般选择黏度等级为 15~46 号的润滑油。在精研中常用 1 份机油和 3 份煤油混合使用。

（2）煤油　主要用于要求研磨速度快，而对工件表面粗糙度要求不高的粗研磨。

（3）猪油　最适于精密研磨，因为猪油中含有动物性油酸，有助于研磨，能细化表面粗糙度。

（4）水　适用于玻璃、水晶的研磨。

4.3.2.4　研磨方法

1. 研磨的运动轨迹

手工研磨的运动轨迹一般采用直线、摆线、螺旋线和仿 8 字形等几种。不论哪一种轨迹的研磨运动，其共同特点是工件的被加工面与平板工作面作相密合的平行运动。这样的研磨运动既能获得比较理想的研磨效果，又能保持平板的均匀磨损，提高平板的使用寿命。

（1）直线轨迹　直线研磨运动的轨迹不能相互交错，这种轨迹容易直线重迭，光洁度不高，但可获得较高的几何精度。

（2）摆线轨迹　多用于研磨成修理刀口平尺及四棱平尺等。

（3）螺旋线轨迹　用于研磨圆片或圆柱形零件的端面，能获得较低的表面粗糙度值和平面度。

（4）仿8字轨迹　多用于小平面的零件的研磨，能使相互研磨的面保特均匀的接触。

2. 研磨余量

研磨在精密加工工艺过程中往往被安排在最后一道工序。所以研磨切削能力较差。对其加工余量可以从下列三个方面来考虑选择。

（1）一般每研磨一遍所研去的金属层厚度不超过0.002mm。如面积大或形状复杂、精度要求高的零件，研磨应取较大的余量值。

（2）根据预加工的质量选取，预加工的质量高，研磨余量取较小的值，反之取较大的值。

（3）要从实际出发，双面、多面和位置精度要求很高的零件，应根据实际情况选择余量的值。

3. 典型平面的研磨

（1）一般平面　把工件需研磨的表面贴合在敷有磨料的研具上，沿研具的全部表面呈“8”字形轨迹运动，见图4-28(a)。

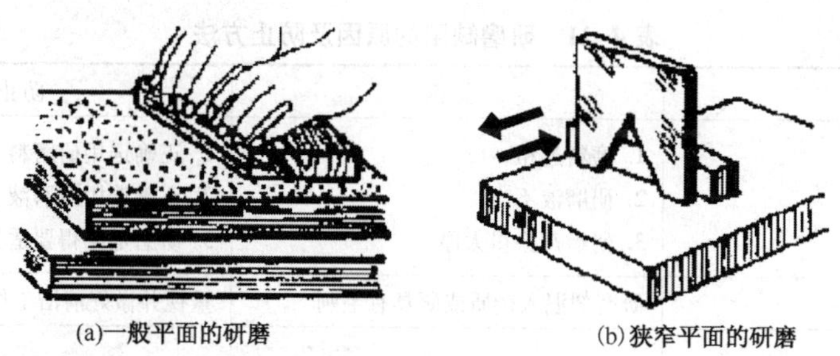
(a)一般平面的研磨　(b)狭窄平面的研磨

图4-28　平面研磨

（2）狭窄平面　用金属块制成“导靠”，用直线形轨迹研磨，见图4-28(b)，如工件数量较多，可采用螺栓或C型夹头将几块工件夹在一起进行研磨，见图4-29。

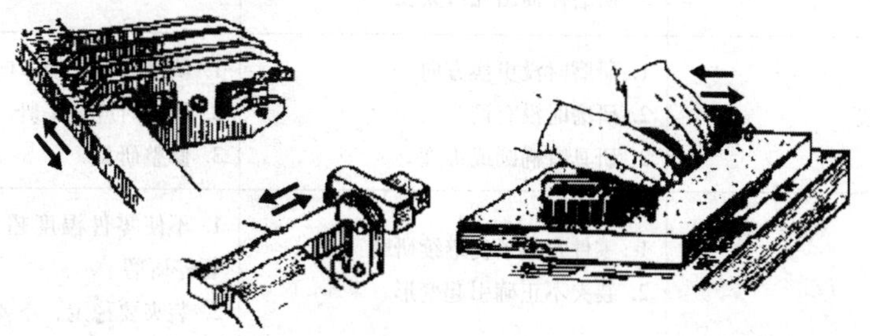
图4-29　较多工件一起研磨

（3）双斜面平面　双斜面平面研磨，其平直度为0.03/100mm。双斜面平面研磨分粗研磨和精研磨。

① 粗研磨　用浸湿汽油的棉花束沾上磨料，均匀涂敷在平板的工作面上，进行粗研磨。

如果工作场地的温度高，需滴上适量的煤油，保持一定的湿润性。对于小规格的双斜面平面研磨时，用右手的三个手指捏持工件两侧非工作面中部［如图 4-30（a）］，工件的纵向摆成与操作者的正面视线约 30°～45°。大规格的双斜面平面需用双手捏持，即根据上述方式用左、右手分别捏住工件两头的侧面，工件纵向摆成与操作者正面平行，见图 4-30（b）。

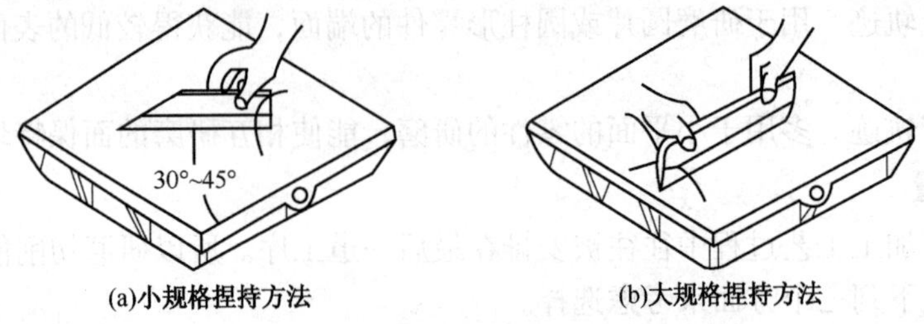

图 4-30　研磨双斜面平面时手的捏持方法

双斜面平面的研磨运动是沿其纵向移动和以其测量面为轴线作左右 30°摆动相结合的运动形式。纵向移动的距离不宜过长。研磨时，掌握要平稳，应使接触面均匀地遍及平板的研磨面，并应注意尺口部位，相应地要多摆动研磨几次，使其达到技术要求。

经过粗研磨，要求双斜面平面测量面的尺口部位的平直度和形状保持正确。

② 精研磨　精研磨的运动形式与粗研磨大致相同，选用适宜的磨料，经过压嵌的细化作用，嵌入研具的研磨粉颗粒将随之减小，且更趋于均匀。

4.3.2.5　产生研磨缺陷的原因及防止方法

见表 4-11。

表 4-11　研磨缺陷的原因及防止方法

缺陷	原因	防止方法
表面粗糙	1. 磨料过粗 2. 研磨液不当 3. 研磨剂涂得太厚	1. 正确选用研磨料 2. 正确选用研磨液 3. 研磨剂涂得要适当
表面拉毛	研磨剂混入杂质或研具有毛刺	重视并做好清洁工作
平面成凸状或孔口扩大	1. 研磨剂太厚 2. 孔口或零件边缘被挤出的研磨剂未擦去 3. 研磨棒伸出孔口太长	1. 研磨剂涂抹要适当 2. 将被挤出的研磨剂擦去再研 3. 研磨棒伸出长度要适当
孔口椭圆形或有锥度	1. 研磨时没更换方向 2. 研磨时没有调头 3. 研具有椭圆或锥度	1. 研磨时应交换方向 2. 研磨时应调头研 3. 修整研具
薄形工件拱曲变形	1. 零件发热了仍继续研磨 2. 装夹不正确引起变形	1. 不使零件温度超过 50℃，发热后应暂停研磨 2. 装夹要稳定，不要夹得太紧
孔的直线度不好，各段错位	研具与加工孔配合过松，轴向往复运动长短不一	调整配合间隙，单独修整某段孔壁，使用符合要求的新研具光整孔壁全长
尺寸不精确	研磨工具不正确	选精度高的研磨工具

4.4 钻孔和铰孔

4.4.1 钻孔

用钻头在实体材料上加工孔的方法，叫钻孔。钻孔时，工件固定不动，钻头除了围绕轴心作旋转运动(切削运动)外，还要对着工件作直线运动(进给运动)。由于这两种运动是同时进行的，所以，钻头是按螺旋运动来钻孔的。

4.4.1.1 钻头

1. 麻花钻

麻花钻是最常用的钻头，它的钻身带有螺旋槽且端部具有切削能力。标准的麻花钻由柄部、颈部及工作部分等组成，见图 4-31。

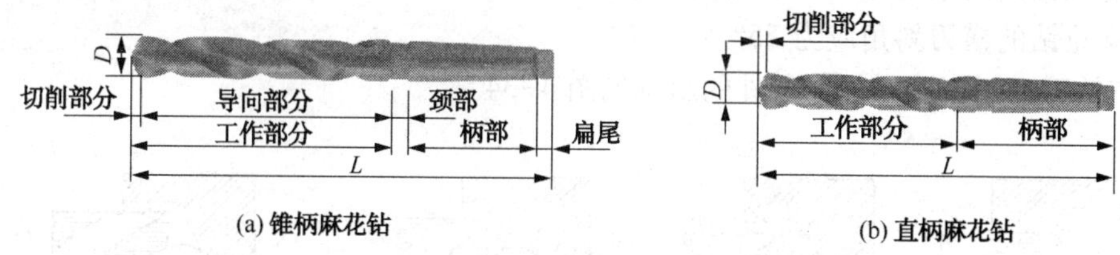

图 4-31 麻花钻的组成

(1) 柄部是钻头的装夹部位，装夹时起定心作用，钻削时起传递扭矩的作用。它分直柄和莫氏锥柄两种。锥柄可传递较大扭矩(主要是靠柄的扁尾部分)，用于直径大于 12mm 的钻头；直柄传递扭矩较小，一般用于直径小于 12mm 的钻头。

(2) 颈部是柄部与工作部分的连接部分，并作为磨削外径时的砂轮退刀位置。直径较大的钻头在颈部标注有商标、钻头直径和材料牌号等。小直径钻头不做出颈部。

(3) 麻花钻工作部分是钻头的主要部分，它包括导向部分和切削部分。

导向部分的作用是在切削过程中使钻头能保持钻削方向和修光孔壁，同时也是切削部分的后备部分。为了减少在切削过程中由钻头与孔壁之间的摩擦所产生的热量，在导向部分制有很窄的两条倒锥形刃带，以保证切削顺利进行。

切削部分主要担负切削工作。切削部分由六面(两个前面、两个后面和两个副后面)，五刃(两条主切削刃、两条副切削刃、一条横刃)组成，见图 4-32。

2. 标准麻花钻的刃磨方法

(1) 麻花钻的刃磨方法　刃磨前，钻头切削刃应放在砂轮中心水平面上或稍高些。钻头轴线与砂轮外圆柱表面母线在水平面内的夹角等于顶角的一半，同时柄部向下倾斜 1°~ 2°，见图 4-33(a)。

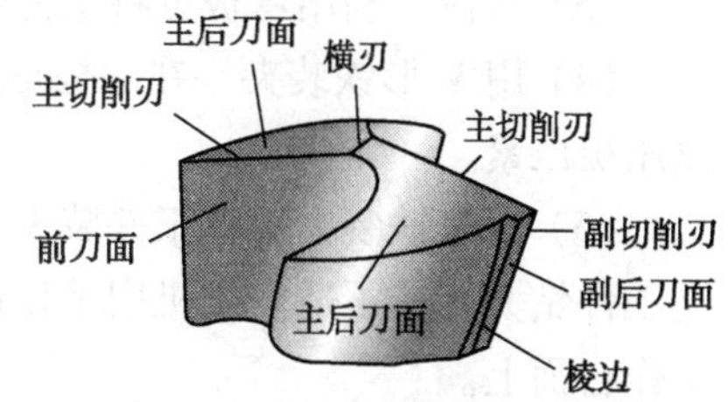

图 4-32 工作部分各部位名称

刃磨钻头时，用右手握住钻头前端作支点，左手握住柄部，以钻头前端支点为圆心，柄部上下摆动，并略带旋转，见图 4-33(b)。

当一个主切削刃磨削完毕后，把钻头转过 180°刃磨另一个主切削刃，身体和手要保持原来的位置和姿势，这样容易达到两刃对称的目的，刃磨方法同上。

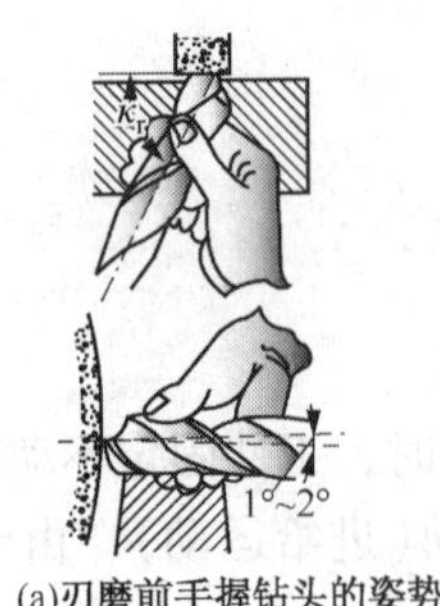

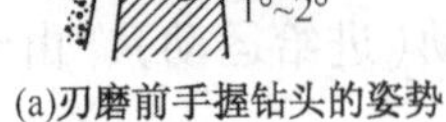

(a)刃磨前手握钻头的姿势

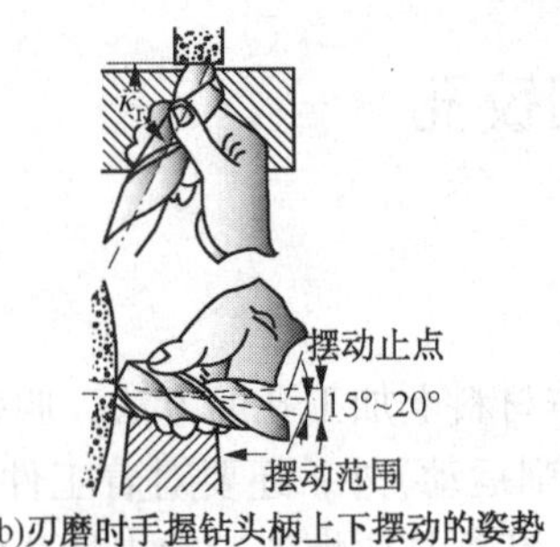

(b)刃磨时手握钻头柄上下摆动的姿势

图 4-33　麻花钻的刃磨方法

（2）麻花钻的刃磨要求　麻花钻刃磨后，必须符合以下要求：

① 麻花钻的两条主切削刃和钻头轴线之间的夹角应对称。

② 麻花钻的两条主切削刃长度应相等。

③ 麻花钻的横刃斜角应为 55°。

麻花钻刃磨不正确对加工工件的影响见图 4-34。

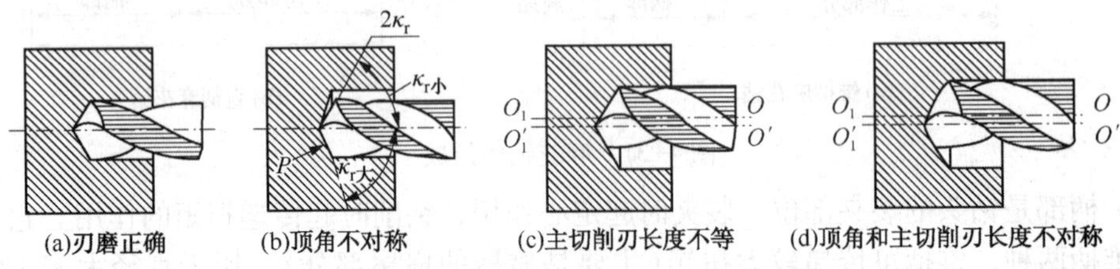

图 4-34　麻花钻刃磨不正确对加工工件的影响

4.4.1.2　钻孔方法

1. 工件常用装夹方法

（1）手握或用手虎钳装夹　可用来夹持小型工件和薄板件，如果工件外形能够用手握住，可用手直接握住工件进行钻孔。对于短小或不适于用手握持的工件，必须使用手虎钳或小型台虎钳来夹紧。

（2）平口钳(又叫机用虎钳)　用来装夹平整及较大的工件，装夹时在工件下面垫一木块，必要时，机用平口虎钳还应用螺钉固定在钻床工作台面上。

（3）弯板　利用弯板可将工件竖直地进行装夹。

（4）用 V 形铁装夹　在圆柱形或套筒类工件上钻孔时，一般把工件放在 V 形铁上并配以压板压紧。

（5）用角铁装夹　将工件装夹在已固定在钻床工作台面的角铁上，在钻床工作台面上装夹工件钻大孔或不适宜用机用平口虎钳装夹的工件，可直接用压板、螺栓把工件固定在钻床工作台面上。

2. 麻花钻的装卸

（1）直柄麻花钻的装卸　直柄钻头需用钻夹头夹持。先将钻头柄部塞入钻夹头的三个卡爪内，其夹持长度应不少于 15mm；然后，用钻夹头钥匙旋转夹头套，使内螺纹圈带动三个卡爪移动，可夹紧(或松开)钻头。

（2）锥柄麻花钻的装卸　当锥柄麻花钻的锥柄规格与车床尾座套筒的锥孔规格相同时，

可将钻头锥柄部直接插入尾座套筒的锥孔内进行钻孔，若不相符时可加用莫氏变径钻套。拆卸时，先将车床尾座套筒向后缩回，取下麻花钻后，再用斜铁插入莫氏变径钻套腰形孔内，敲击斜铁就可把钻头卸下来。

3. 钻孔的操作方法与步骤

（1）在工件表面划线，并打上样冲眼。当钻大孔时，还应划出几个检查圆，然后将样冲眼打大一些，以便准确落钻定心。

（2）恰当选择转速。转速的快慢一般可根据材料和钻头的大小来确定。钻削硬材料时，转速要低些；钻削软材料时，转速可高些。用大钻头钻孔时，转速要低些；用小钻头钻孔时，转速要高些，并且进给力要小些，以防折断。例如，用 10mm 钻头钻钢铁材料，转速一般为 500r/min；用 1mm 钻头钻印制线路板，转速一般用 1400r/min 左右。试运转设备，确定设备完好。调整转速，并装夹钻头，使钻头牢固地在钻轴上一起旋转而无跳动现象。

（3）正确选择工件的装夹方法，应使钻头垂直于孔的端面，并注意用适当的夹紧力，以防工件变形。

（4）起钻时要待钻头旋转平稳后再接触工件表面，对准孔的中心（样冲眼）先钻一个浅坑，检查孔位是否正确。如有误差，及时纠正。纠正方法：如偏差较小，可在起钻同时用力将工件向偏移反方向推移，达到逐步借正；如偏差较大，可在借正方向上打上几个样冲眼或凿上几条槽，见图 4-35，以减少此处切削阻力，达到借正的目的。

（5）进给时，进给用力不应使钻头有弯曲现象，以免使钻孔轴线歪斜。要经常退钻排屑。钻孔将穿时，进给力必须减小。

（6）钻孔过程中加注足够的冷却润滑液（一般钢件可使用 3%~5%的乳化液），使钻头散热、冷却、减少摩擦，提高孔的加工质量和延长钻头的使用寿命。

（7）钻头用钝后必须及时修磨。

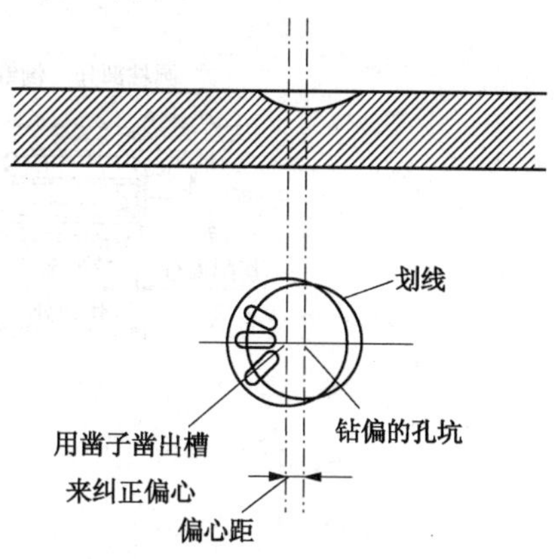

图 4-35　纠正钻偏的孔

4.4.1.3　注意事项

（1）钻孔前检查设备是否安全可靠，工件装夹是否牢固。

（2）在工作台上安装夹具或直接安装工件的时候，必须将台面的切屑、污垢擦净，否则夹具或工件不能放正。

（3）钻孔时，不准戴手套及使用棉纱头。

（4）钻通孔时，工件下面应衬垫铁，防止损坏工作台。

（5）钻床主轴换速、调换钻头和装拆工件时，必须停车后进行。

（6）清除切屑应用刷子刷，不可用手抹或用嘴吹，并且必须在停车后进行。

4.4.2　铰孔

用铰刀从工件孔壁上切除少量金属，以减小孔的表面粗糙度和提高孔的尺寸精度的加工方法称为铰孔。铰刀的刀齿数量多，切削余量小，切削阻力小，导向性好，所以加工精度高，一般尺寸精度可达 IT7~IT9 级，表面粗糙度值可达 R_a0.8~3.2μm。铰孔是孔的精加工方法之一，在生产中应用很广。

4.4.2.1 铰刀的分类

(1) 按使用方法分为手用和机用两种；

(2) 按加工孔的形状分为圆柱孔、圆锥孔和阶梯形孔三种；

(3) 按构造形式分为整体式和组合式两种；

(4) 按直径的调整性能分为可调节式和不可调节式；

(5) 按铰刀的齿形分为直齿和螺旋齿两种。

4.4.2.2 铰刀的结构

铰刀分为手用铰刀和机用铰刀两种，其结构如图 4-36 所示。铰刀由工作部分、颈部和柄部三部分组成。铰刀的工作部分包括最前端的 45°倒角，45°倒角部分便于铰削开始时将铰刀引导入孔中，并起保护切削刃的作用，此部分称为引导锥；紧接后面的是切削部分，这部分是承担主要切削工作的锥体；再后面就是校准部分，机用铰刀有圆柱校准部分和倒锥校准部分两段，圆柱校准部分起导向和修光孔壁的作用，也是铰刀的备磨部分，倒锥校准部分只起导向作用。柄部起传递扭矩的作用，颈部起连接作用。

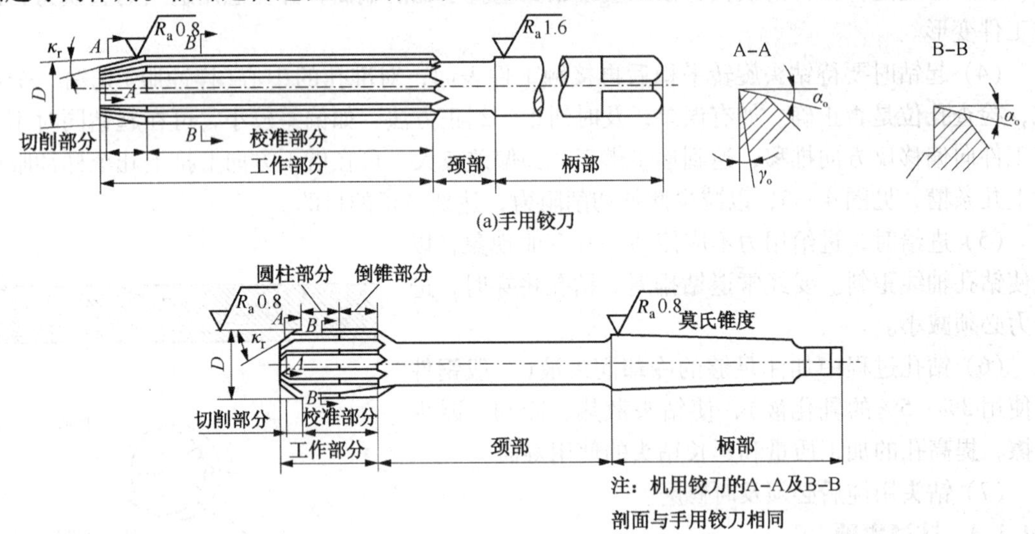

图 4-36 标准圆柱铰刀

4.4.2.3 铰孔方法

1. 铰削用量

铰削用量包括铰削余量、切削速度和进给量。在铰削过程中，摩擦、切削力、切削热及积屑瘤都是影响铰削用量是否合理的原因，铰削用量的选择将直接影响加工孔的精度和表面粗糙度。

(1) 铰刀的切削速度和进给量　采用普通的高速钢铰刀进行铰孔加工，当加工材料是铸铁时，切削速度 $V_c \leqslant 10$m/min，进给量 $f \leqslant 0.8$mm/r；当加工材料为钢料时，切削速度 $V_c \leqslant 8$m/min，进给量 $f \leqslant 0.4$mm/r。

(2) 铰削余量　铰削余量应适中。太小时，上道工序残留余量去除不掉，使铰孔质量达不到要求，且铰刀啃刮现象严重，增加刀具的磨损；太大时，将破坏铰削过程的稳定性，增加切削热，铰刀直径胀大，孔径也会随之变大，且会增大加工表面粗糙度。

2. 切削液的选择

为了能提高铰孔的加工表面质量并延长刀具的耐用度，应选用有一定流动性的切削液，用来冲去切屑和降低温度，同时也要有良好的润滑性。当铰削韧性材料时，可采用润滑较好的植物油作为切削液；当铰削铸铁等脆性材料时，通常采用机油。

3. 圆柱孔铰孔

(1) 手铰时，两手用力要均匀，并且只能正转，不能倒转，否则会挤住切屑，使刀刃崩裂或损坏，影响加工质量。铰孔时应不断加切削液，铰完后铰刀顺转退出。

(2) 机铰时，最好在工件一次装好后，连续进行钻孔、扩孔或铰孔，这样可保证刀具轴心的位置不变。当不便采用连续加工时，可采用浮动夹头，以减少铰孔后孔径扩大的现象。

4. 圆锥孔铰孔

尺寸较小的圆锥孔，可先按小头直径钻出圆柱孔，然后用圆锥铰刀铰削即可。对于深度尺寸较大的孔，为了节省时间，铰孔前首先钻出阶梯孔，然后再用铰刀铰削。铰削过程中，要经常用相配的锥销来检查铰孔的尺寸。

4.4.2.4 铰刀在使用中的手工修磨

铰刀在使用中磨损最严重的地方是切削部分与校准部分的过渡处，如图 4-37 所示。

切削刃后面磨损不严重时，可用油石沿切削刃的垂直方向轻轻推动，加以修光，如图 4-38所示。

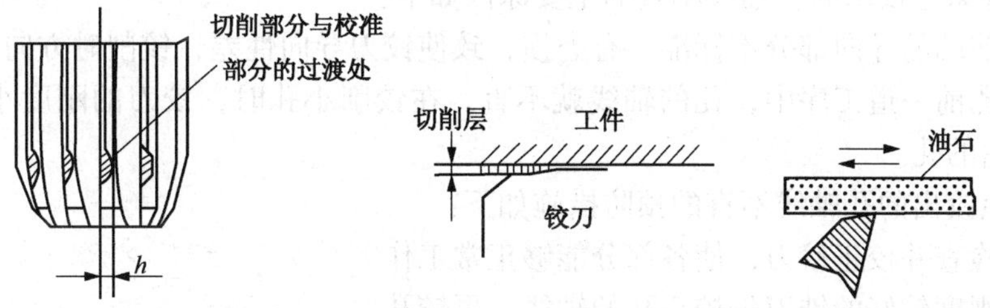

图 4-37　铰刀磨损的情况　　　图 4-38　铰刀后面磨损后的研磨

如欲将刃带宽度磨窄时，也可用上述方法将刃带研出 1°左右的小斜面(如图 4-39)，并保持需要的刃带宽度。但研磨后面时，不能将油石沿切削刃方向推动(如图 4-40)，如这样推动容易使油石产生沟痕，稍有不慎就可能将刀齿刃口磨圆，从而降低其切削性能。

图 4-39　铰刀刃带过宽时的修研　　　图 4-40　不正确的修研方法

当刀齿前面需要修研时，应将油石贴紧在前面上，沿齿槽方向轻轻推动，特别应注意不要损伤刃口。

修研高速钢铰刀时，一般可用 W14、中硬(2Y)或硬(Y)的白色氧化铝油石；修研硬质合金铰刀时，可用碳化硅油石。

4.4.2.5 铰孔的质量分析

1. 孔径过大

(1) 在铣床上铰出的孔径过大的主要原因如下：

① 铰孔前没有仔细检查所选铰刀的直径。

② 加工孔与铰刀的轴线同轴度差或铰刀偏摆较大。

③ 进给速度过高，使铰刀温度升高，增大加工孔的直径。

④ 铰孔时，进给量过大。

(2) 避免孔径过大的预防措施如下：

① 在铰孔前要仔细检查铰刀的尺寸。

② 装夹时要将铰刀夹紧。

③ 在铰孔时一定要选择合理的进给速度和进给量。

2. 孔径过小

(1) 在铣床上铰出的孔径过小的主要原因如下：

① 使用磨损或磨钝的铰刀铰孔。

② 铰削钢件时，铰削余量太大，由于铰后内孔弹性变形恢复而使孔径变小。

③ 在加工铸铁件时加了煤油。

(2) 避免孔径过小的预防措施如下：

① 及时更换铰刀。

② 根据加工材料的不同，选择合理的铰削余量和润滑油，以保证铰削质量。

3. 孔轴线不直

(1) 在铣床上铰出的孔轴线不直的主要原因如下：

① 铰刀前端的导向部分不标准，有磨损，致使铰刀导向性差，铰削时方向发生偏斜。

② 在铰孔前一道工序中，孔的轴线就不直。在铰削小孔时，铰刀的刚度小，不能改变原有轴线弯曲的孔。

(2) 避免铰出的孔轴线不直的预防措施如下：

① 定期检查并校正铰刀，使各部分能够正常工作。

② 可用刚度较好的铣刀先校正孔的轴线，再铰孔。

4. 孔表面粗糙度值大

(1) 在铣床上铰出的孔表面粗糙度值大的主要原因如下：

① 铰削退刀时铰刀反转。

② 铰削余量选用不当。

③ 铰削速度高，产生积屑瘤，粘有积屑瘤的铰刀使容屑槽中切屑过多。

④ 切削液选择不当或浇注不充分。

(2) 避免孔表面粗糙度值大的预防措施如下：

① 保证铰刀正转退刀。

② 在铰削时要选择合理的铰削余量、铰削速度和切削液，避免积屑瘤的产生。

4.5 攻丝和套丝

4.5.1 螺纹

4.5.1.1 螺纹的分类

(1) 螺纹分内螺纹和外螺纹两种。

（2）按牙形分可分为：三角形螺纹、梯形螺纹、矩形螺纹、锯齿形螺纹，见图 4-41。

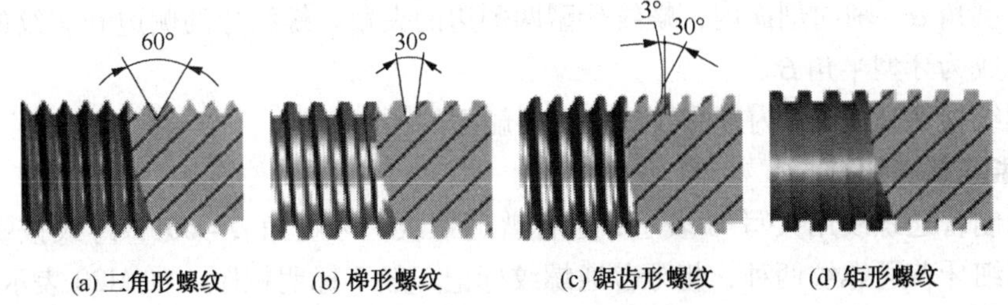

(a) 三角形螺纹　(b) 梯形螺纹　(c) 锯齿形螺纹　(d) 矩形螺纹

图 4-41　螺纹牙形

（3）按线数分单线螺纹和多线螺纹见图 4-42。

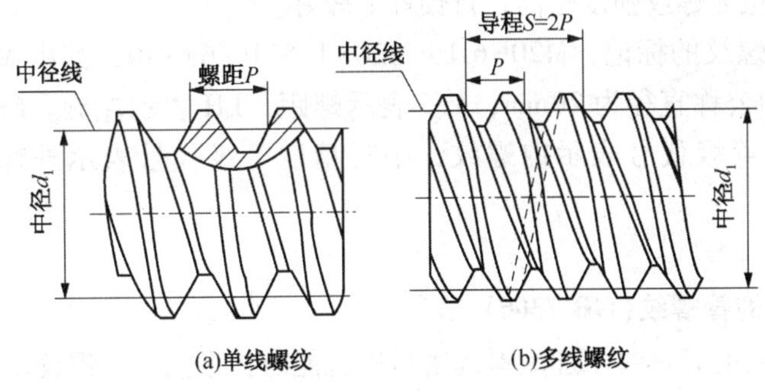

(a)单线螺纹　(b)多线螺纹

图 4-42　螺纹线数

（4）按旋入方向分左旋螺纹和右旋螺纹两种，右旋不标注，左旋加 LH，如 M24×1.5LH，见图 4-43。

（5）按用途不同分有：米制普通螺纹、用螺纹密封的管螺纹、非螺纹密封的管螺纹、60°圆锥管螺纹、米制锥螺纹等。

4.5.1.2　螺纹的要素(图 4-44)

（1）大径 d　与外螺纹牙顶或内螺纹牙底相重合的假想圆柱面的直径，亦称公称直径(管外螺纹除外)。

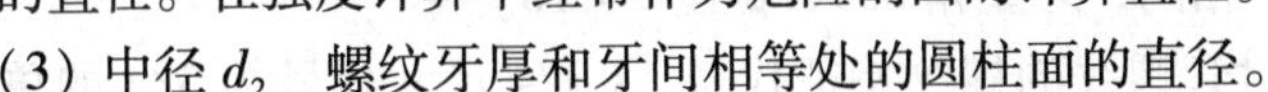

（2）小径 d_1　与外螺纹牙底或内螺纹牙顶相重合的假想圆柱面的直径。在强度计算中经常作为危险剖面的计算直径。

(a)左旋　(b)右旋

图 4-43　螺纹旋转方向

（3）中径 d_2　螺纹牙厚和牙间相等处的圆柱面的直径。

（4）线数 n　螺纹的螺旋线数。为了便于制造，一般情况下 $n \leqslant 4$。

（5）螺距 P　螺纹相邻牙型上对应点间的轴向距离。

（6）导程 S　在同一螺旋线上相邻两牙型上对应点间的轴向距离。

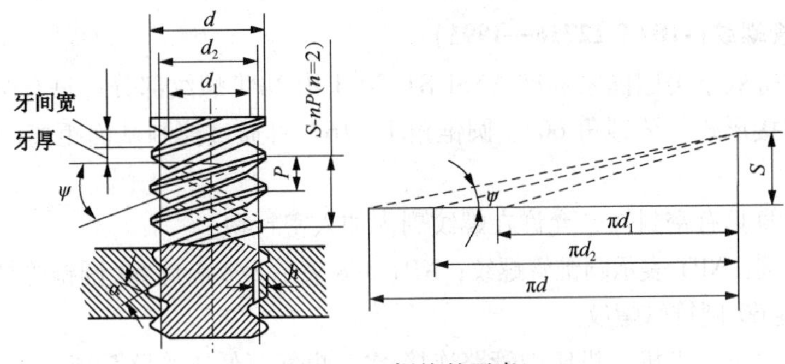

图 4-44　螺纹的要素

（7）螺纹升角 Ψ　在中径圆柱面上螺旋线的切线和垂直于螺纹轴线的平面间的夹角。

（8）牙型角 α　轴向剖面内，螺纹牙型两侧边的夹角。螺纹牙的侧边和螺纹的轴线的垂线间的夹角成为牙型半角 β。

（9）螺纹接触高度 h　内外螺纹旋合后接触面的径向高度。

4.5.1.3　米制普通螺纹

（1）米制普通螺纹用大写 M 表示，也称普通螺纹，牙型角 $\alpha=60°$；螺纹按螺距分粗牙普通螺纹和细牙普通螺纹两种，粗牙普通螺纹标记一般不标明螺距，如 M20 表示粗牙螺纹；细牙螺纹标记必须标明螺距，如 M30×1.5 表示细牙螺纹、其中螺距为 1.5。

（2）普通螺纹用于机械零件之间的连接和紧固，一般螺纹连接多用粗牙螺纹，细牙螺纹比同一公称直径的粗牙螺纹强度略高，自锁性能较好。

（3）米制普通螺纹的标记：M20-6H、M20×1.5LH-6g-40，其中 M 表示米制普通螺纹，20 表示螺纹的公称直径为 20mm，1.5 表示螺距，LH 表示左旋，6H、6g 表示螺纹精度等级，大写精度等级代号表示内螺纹，小写精度等级代号表示外螺纹，40 表示旋合长度。

4.5.1.4　管螺纹

1. 用螺纹密封的管螺纹(GB 7306)

（1）用螺纹密封的管螺纹不加填料或密封质就能防止渗漏。用螺纹密封的管螺纹有圆柱内螺纹和圆锥外螺纹、圆锥内螺纹和圆锥外螺纹两种连接形式。压力在 5×10^5Pa 以下时，用前一种连接已足够紧密，后一种连接通常只在高温及高压下采用。

（2）用螺纹密封的管螺纹内螺纹有圆锥、圆柱两种形式。外螺纹只有圆锥一种形式。牙型如下：锥度 1∶16，牙形角 55°，旧螺纹标准示例：ZG3/8。

（3）标记示例：圆锥内螺纹 Rc 3/8；圆柱内螺纹 Rp3/8；圆锥外螺纹 R3/8；当螺纹为左旋螺纹时 Rc 3/8-LH(LH 表示左旋螺纹)。

2. 非螺纹密封的管螺纹(GB 7307)

（1）若要求联结后具有密封性，可压紧被连接件螺纹副外的密封面，也可在密封面间添加密封物。

（2）该螺纹标准与 ISO 228/1 相同，牙型角 55°、锥度 1∶16。

（3）标记示例：G 表示非密封管螺纹的螺纹特征代号。G3/4 尺寸代号为 3/4 的单线右旋圆柱内螺纹；G3/4A 或 G3/4B 尺寸代号为 3/4 的单线右旋圆柱外螺纹，标记中的 A 和 B 是螺纹中径的公差等级；G3/4LH 和 G3/4A-LH 中的 LH 表示左旋螺纹，二者构成的螺纹副仅标注外螺纹的标记代号。

3. 60°圆锥管螺纹(GB/T 12716—1991)

（1）该螺纹等效于美国国家标准 ANSI B1.20.1 中 NPT 螺纹部分。只有圆锥内螺纹和圆锥外螺纹一种连接形式。牙型角 60°、圆锥角 1∶16，可通过控制基面距离(基准长度)来控制直径尺寸。

（2）螺纹本身具有密封性，允许在螺纹副内加入密封物。

（3）标记示例：NPT 表示圆锥管螺纹；NPT 3/8 表示 3/8 右旋 60°圆锥管螺纹；NPT 3/8-LH 表示 3/8 左旋 60°圆锥管螺纹。

（4）用途：汽车、飞机、机床中管路连接 水、煤气等低压管路系统。

4.5.2 攻丝

用丝锥在孔中切削出内螺纹，称为攻丝。

4.5.2.1 攻丝的工具

攻丝用的工具主要是丝锥和铰手。

1. 丝锥

丝锥又名螺丝攻，它是加工内螺纹的刀具，有手用和机用两种，并分为粗牙和细牙。常用的是粗牙丝锥。丝锥一般用合金工具钢或碳素工具钢制成，经热处理淬硬，其结构见图 4-45。

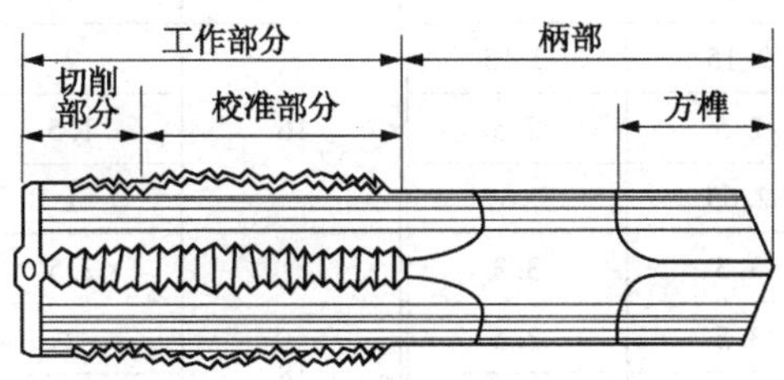

图 4-45 丝锥

手用丝锥一般由两支组成一套，其中切削部分长、锥角小的为头锥(头攻)；切削部分短、锥角大的为二锥(二攻)。使用时，应顺序使用头锥、二锥完成内螺纹的加工。

2. 铰手

铰手是用来夹持丝锥的工具。有普通铰手和丁字铰手两类，结构见图 4-46。应根据丝锥的大小合理选用铰手，见表 4-12。

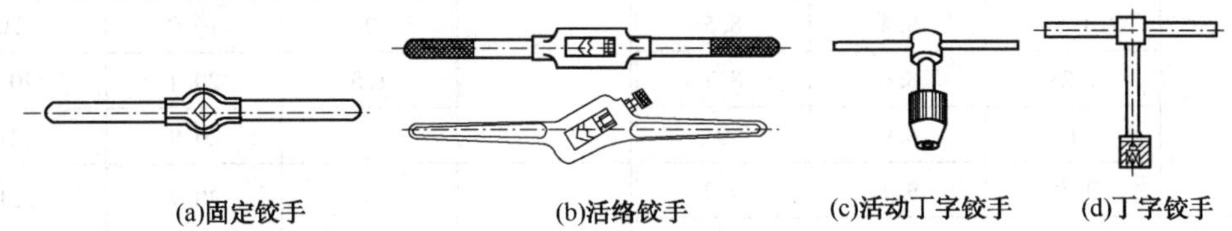

图 4-46 铰手

表 4-12 常用攻丝铰手规格 mm

丝锥直径	≤6	8~10	12~14	≥16
铰杠长度	150~200	200~250	250~300	400~500

4.5.2.2 攻丝的方法

1. 攻丝前先确定底孔的直径

确定底孔直径的大小，要根据螺纹直径的大小、工件材料的塑性大小来考虑，使攻丝时能保证加工出的螺孔得到完整的牙形。常用的方法有直接查表法，见表 4-13。

也可用经验公式来计算确定：

塑性材料(钢)：$D=d-P$

脆性材料(铸铁)：$D=d-(1.04\sim1.10)P$

式中：D—底孔直径，mm；d—螺纹外径，mm；P—螺距，mm。

表 4-13 钻普通螺孔底孔的钻头直径 mm

螺纹直径 d	螺距 P	钻头直径 D 铸铁、青铜、黄铜	钻头直径 D 钢、可锻铸铁、紫铜、层压板
2	0.4	1.6	1.6
	0.25	1.75	1.75
2.5	0.45	2.05	2.05
	0.35	2.15	2.15
3	0.5	2.5	2.5
	0.35	2.65	2.65
4	0.7	3.3	3.3
	0.5	3.5	3.5
5	0.8	4.1	4.2
	0.5	4.5	4.5
6	1	4.9	5
	0.75	5.2	5.2
8	1.25	6.6	6.7
	1	6.9	7
	0.75	7.1	7.2
10	1.5	8.4	8.5
	1.25	8.6	8.7
	1	8.9	9
	0.75	9.1	9.2
12	1.75	10.1	10.2
	1.5	10.4	10.5
	1.25	10.6	10.7
	1	10.9	11

螺纹直径 d	螺距 P	钻头直径 D 铸铁、青铜、黄铜	钻头直径 D 钢、可锻铸铁、紫铜、层压板
14	2	11.8	12
	1.5	12.4	12.5
	1	12.9	13
16	2	13.8	14
	1.5	14.4	14.5
	1	14.9	15
18	2.5	15.3	15.5
	2	15.8	16
	1.5	16.4	16.5
	1	16.9	17
20	2.5	17.3	17.5
	2	17.9	18
	1.5	18.4	18.5
	1	18.9	19
22	2.5	19.3	19.5
	2	19.9	20
	1.5	20.4	20.5
	1	20.9	21
24	3	20.7	21
	2	21.8	22
	1.5	22.3	22.5
	1	22.9	23

当加工不通孔的螺孔时，除了确定螺孔的底孔直径外，还要确定螺孔的底孔深度，可按下式计算：$H=h+0.7d$

式中 H—底孔的深度，mm；

h—螺纹有效深度，mm；

d—螺纹外径，mm。

2. 攻丝的操作方法及步骤

工件上螺孔底孔的孔口要倒角，通孔的螺孔两端都要倒角以便于丝锥切入工件。

将工件夹持好后，用头锥起攻。把装在铰手上的头锥切削部分插入底孔，使丝锥中心与工件螺孔的中心重合。一手握住铰手中部，加适当压力，另一手作配合，按螺纹旋进方向，将丝锥逐渐切入工件，见图 4-47。当丝锥切入 1~2 圈后用目测或角尺检查丝锥是否与工件表面垂直，见图 4-48，并不断校正。当切入 3~4 圈时丝锥相对工件的位置应正确无误。然后进行正常的攻丝操作。两手用力均匀，为了避免因切屑堵塞而引起攻丝困难，每扳转铰手 1/2~1 圈，就应该倒转 1/2 圈，使切屑碎断，以利排屑。头锥攻完后，换用二锥攻丝，以保证内螺纹有良好的旋入性。

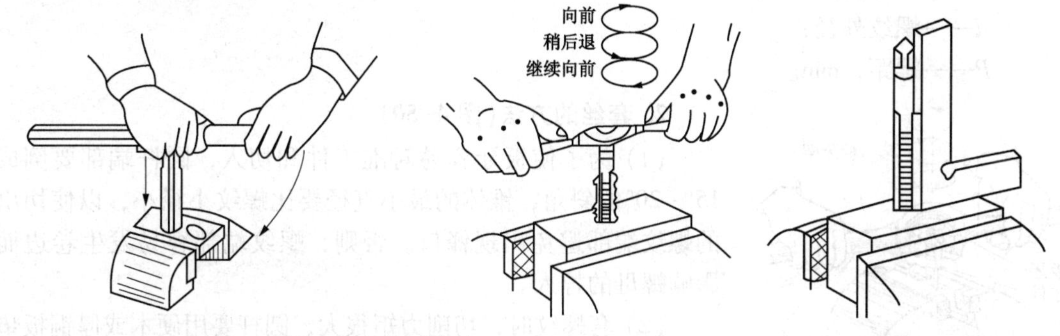

图 4-47　起攻方法　　　　图 4-48　检查攻丝垂直度

当攻不通孔的螺孔时，可在丝锥上做深度标记，以得到预定的螺孔深。攻丝时经常取出丝锥，清除孔内切屑，以防因切屑堵塞而折断丝锥或攻丝不能顺利进行。

为了提高螺纹的表面粗糙度要求和保持丝锥的良好切削性能，攻丝时应根据不同的材料，选用冷却润滑液，如钢材料工件选用机油或工业植物油润滑；铸铁材料工件可不用或用煤油润滑。

4.5.3　套丝

用板牙在圆杆上切削出外螺纹，称为套丝。

4.5.3.1　套丝的工具

套丝的工具主要是圆板牙和板牙架。

1. 圆板牙

圆板牙是加工外螺纹的刀具，结构见图 4-49。

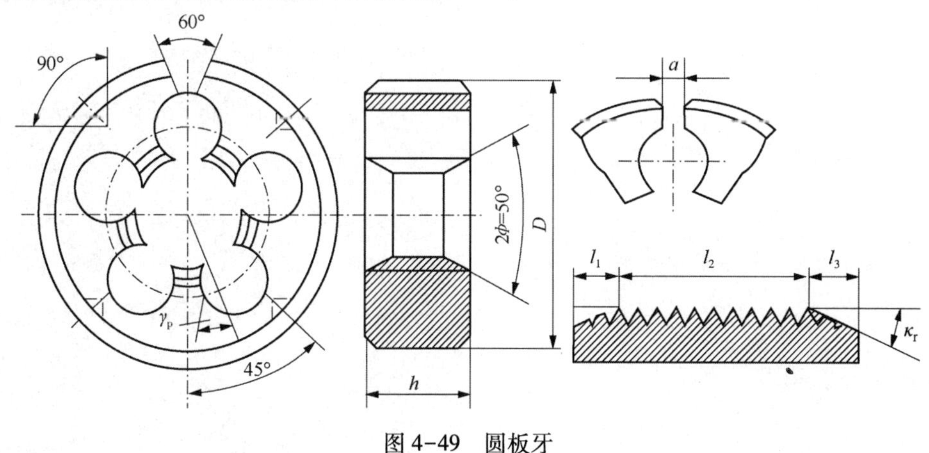

图 4-49　圆板牙

2. 板牙架

板牙架是用来安装圆板牙的工具，结构见图 4-50。

4.5.3.2 套丝方法

1. 圆杆直径的确定

与攻丝一样先确定圆杆直径 D。其可用公式计算确定：

$$D=d-0.13P$$

式中 D——套丝前圆杆直径；

d——螺纹外径；

P——螺距，mm。

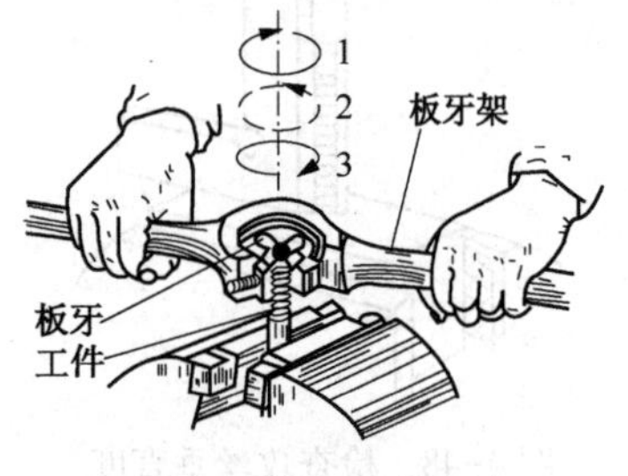

图 4-50 套丝方法

2. 套丝的方法(图 4-50)

(1) 为了使板牙容易对准工件和切入，圆杆端部要倒成15°~20°的斜角，锥体的最小直径要比螺纹小径小，以使切出的螺纹端部避免出现锋口。否则，螺纹端部容易发生卷边而影响螺母的拧入。

(2) 套螺纹时，切削力矩很大，圆杆要用硬木或厚铜板垫好，才能可靠地夹紧。圆杆套螺纹部分离钳口也要尽量近。

(3) 开始时，为了使板牙切入工件，要在转动板牙时施加轴向压力。但等板牙面旋入并切出螺纹时，则不需再加压力，以免损坏螺纹和板牙。

(4) 套螺纹时，应保持板牙的端面与圆杆的轴线垂直。否则，切出的螺纹牙一面深一面浅。

(5) 在钢料上套螺纹要加切削液，以提高螺纹表面质量和延长板牙寿命。常用的切削液为加浓的乳化液或机油，要求较高时可用菜油或二硫化钼。

第 5 章　机械装配与润滑

根据规定的技术要求，将零件或部件进行配合和连接，使之成为半成品或成品的过程，称为装配。机器的装配是机器制造过程中最后一个环节，它包括装配、调整、检验和试验等工作。装配过程使零件、套件、组件和部件间获得一定的相互位置关系，所以装配过程也是一种工艺过程。

5.1　螺纹连接

螺纹连接是利用螺纹紧固件和被连接件构成的可拆连接。螺纹连接是最常用的连接方法，这种连接具有构造简单，联接可靠，装拆迅速，生产标准化和成本低廉等优点，故在机器零部件的装配中被广泛采用。

5.1.1　种类

5.1.1.1　普通螺栓连接

用于连接两个能够开通孔的零件。被连接件上开有通孔，插入螺栓后在螺栓的另一端拧上螺母。采用普通螺栓(图 5-1)与通孔之间留有间隙，通孔的加工要求较低，结构简单、装拆方便，损坏后容易更换，应用广泛。采用铰制孔螺栓时(图 5-2)，通孔与螺栓间常采用过渡配合。这种连接能精确固定被连接件的相对位置，适于承受横向载荷，但通孔的加工精度要求较高，常采用配钻、铰加工。

5.1.1.2　双头螺柱连接

用于两个被连接件中一个较厚、且材料强度较差，又需要经常装拆，不适合用螺栓连接的场合。经常在较厚的被连接件上制出螺纹孔，较薄的被连接件上制出光孔，将双头螺柱拧入螺纹孔中，穿过光孔，用螺母压紧，见图 5-3。拆卸时只需旋下螺母而不必拆下双头螺柱，可避免较厚被连接件上的螺纹孔损坏。

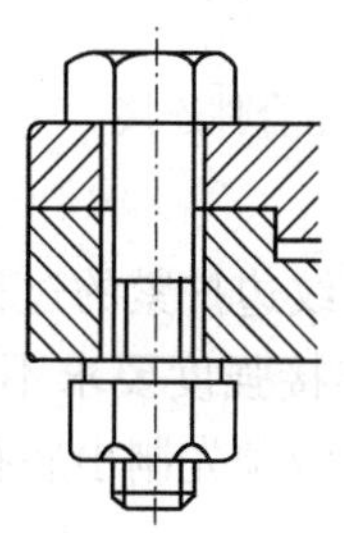

图 5-1　普通螺栓连接

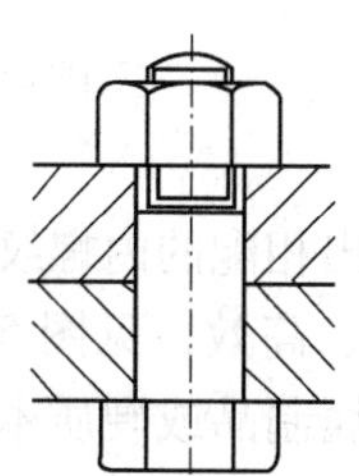

图 5-2　铰制孔螺栓连接

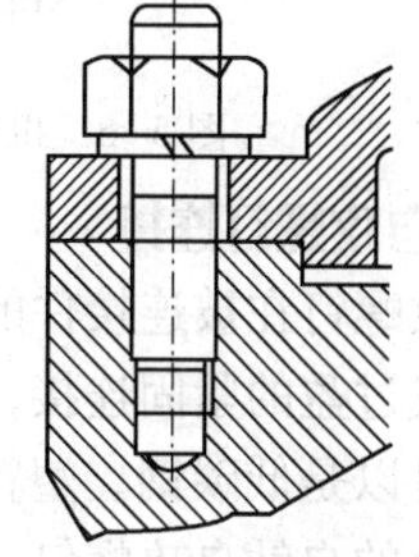

图 5-3　双头螺柱连接

5.1.1.3　螺钉连接

用于两个被连接件中一个较厚、另一个较薄且不能经常拆卸处。将螺钉(或螺栓)直接拧入被连接件之一的螺纹孔中，见图 5-4，压紧另一被连接件。其结构比双头螺柱连接简单，紧凑、光整。

5.1.1.4 紧定螺钉连接

利用拧入被连接件螺纹孔中的紧定螺钉末端顶住或进入另一被连接件的表面或进入另一被连接件的表面或凹坑中，用以固定两个被连接零件的相对位置，可传递不大的力和扭矩，见图5-5。此种连接结构简单，有的可任意改变两被连接零件在周向或轴向的位置，便于调整。

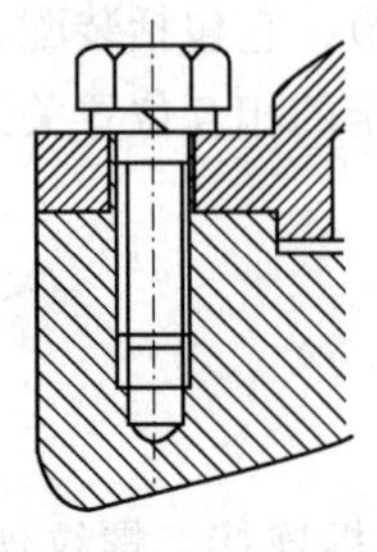

图5-4 螺钉连接

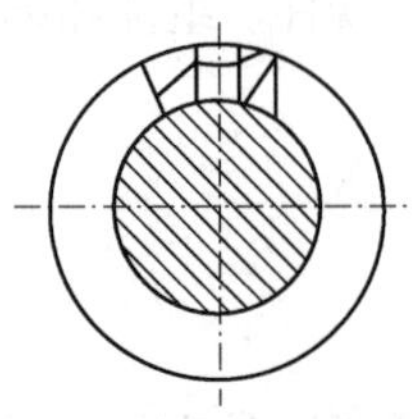

图5-5 紧定螺钉连接

5.1.1.5 机器螺钉连接

用于强度要求不高、螺纹直径小于10mm、螺钉直接拧入机体的场合。螺钉头可全部或局部沉入被连接件中，这种结构多用于要求外表面平整、光洁的场合，见图5-6。

5.1.1.6 紧固件—组合件连接

垫圈与外螺纹紧固件由标准件专业厂生产后组装成套供应。这种连接件使用方便、省时、安全可靠、常用于密集采用紧固件连接的场合，见图5-7。

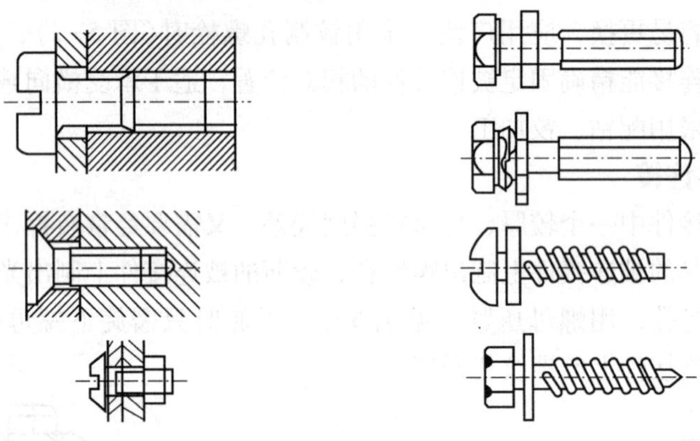

图5-6 机器螺钉连接　　图5-7 紧固件—组合件连接

5.1.1.7 自攻螺钉连接

用自攻螺钉在被连接件的光孔中攻出相配的内螺纹，在边攻螺纹边拧紧的过程中，螺钉与内孔形成过盈的紧固连接，更为简单、高效，见图5-8。用于连接强度要求不高的场合。被连接件可以是低碳钢、塑料、有色金属制品或硬质木材等。一般应预先制出底孔。若采用带钻头部分的自钻自攻螺钉，则不需预制底孔。

5.1.1.8 木螺钉连接

一般用于铁木构件的连接。金属件应预制通孔，木质件视其材质的硬度和木螺钉的长度，可以不预制或制出一定大小、深度的预制孔，见图5-9。

5.1.1.9 自攻锁紧螺钉连接

其螺纹为弧形三角形截面螺纹，螺钉经表面淬硬，可拧入金属材料的预制孔内。挤压形成内螺纹，挤压形成的内螺纹比切制的内螺纹提高强度 30% 以上。螺钉的最小抗拉强度为 800MPa。自攻锁紧螺纹，所需拧紧力矩小，但锁紧性能好，见图 5-10。

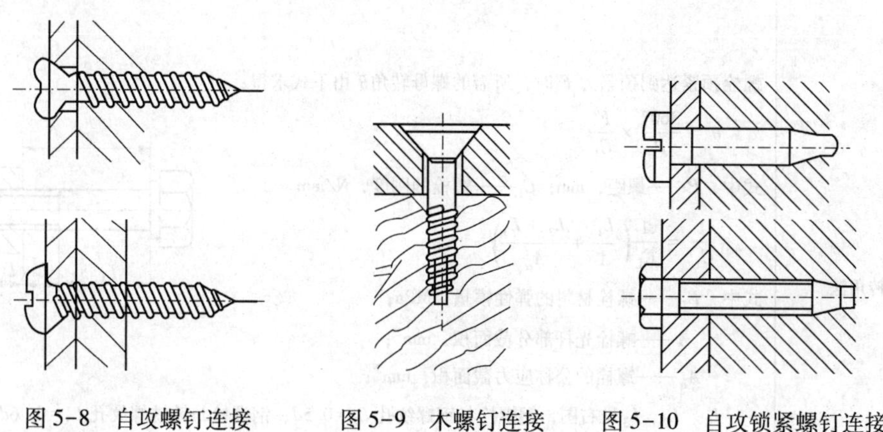

图 5-8　自攻螺钉连接　　图 5-9　木螺钉连接　　图 5-10　自攻锁紧螺钉连接

5.1.2 装配

5.1.2.1 螺纹连接的装配方法

螺纹连接的装配方法见表 5-1。

表 5-1　螺纹连接的装配方法

<table>
<tr><th>控制预紧力
的方法</th><th colspan="3">特点和应用</th></tr>
<tr><td rowspan="8">感觉法</td><td colspan="3">靠操作者在拧紧时的感觉和经验。拧紧 4.6 级螺栓施加在扳手上的拧紧力 F 如下：</td></tr>
<tr><td>M6</td><td>45N</td><td>只加腕力</td></tr>
<tr><td>M8</td><td>70N</td><td>加腕力和肘力</td></tr>
<tr><td>M10</td><td>130N</td><td>加全手臂力</td></tr>
<tr><td>M12</td><td>180N</td><td>加上半身力</td></tr>
<tr><td>M16</td><td>320N</td><td>加全身力</td></tr>
<tr><td>M20</td><td>500N</td><td>加上全身重量</td></tr>
<tr><td colspan="3">最经济简单，一般认为对有经验的操作者，误差可达±40%，用于普通的螺纹连接</td></tr>
<tr><td>力矩法</td><td colspan="3">用测力矩扳手或定力矩扳手控制预紧力，是国内外长期以来应用广泛的控制预紧力的方法。费用较低，一般认为误差有±25%。若表面有涂层、支承面，螺纹表面质量较好。力矩扳手示值准确，则误差可显著减小，有润滑的控制效果较好</td></tr>
<tr><td>测量螺栓
伸长法</td><td colspan="3">用于螺栓在弹性范围内时的预紧力控制。误差在±(3%~5%)，使用麻烦，费用高，用于特殊需要的场合</td></tr>
</table>

控制预紧力的方法	特点和应用
螺母转角法	螺栓预紧达到预紧力 F'时，所需的螺母转角θ 由下式求得： $\theta = \frac{360°}{P} \times \frac{F'}{C_L}$ 式中，P——螺距，mm；C_L——螺栓的刚度，N/mm。 $\frac{1}{C_L} = \frac{1}{E_L}\left(\frac{L_1}{A} + \frac{L_2 + L_3}{A_\alpha}\right)$ 式中　E_L——螺栓材料的弹性模量，MPa； A——螺栓光杆部分截面积，mm^2； A_α——螺栓的公称应力截面积，mm^2； L_1、L_2、L_3见右图，钢螺栓与钢螺纹孔 $L_3 = 0.5d$；钢螺栓与铸铁螺纹孔 $L_3 = 0.6d$。 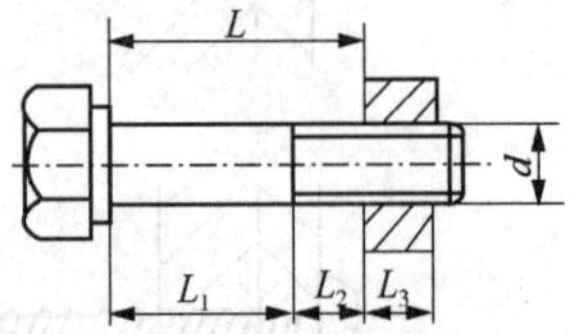 采用此法，需先把螺栓副拧紧到"紧贴"位置，再转过角度 θ 误差在±15%。在美国和德国的汽车业和钢结构中广泛使用
应变计法	在螺栓的无螺纹部分贴电阻应变片，以控制螺栓杆所受拉力，误差可控制在±1%以内，但费用昂贵
螺栓预胀法	对于较大的螺栓，如汽轮机螺栓，用电阻丝加热到一定温度后拧上螺母(不预紧，冷却后即产生预紧力。通过控制加热温度即可控制预紧力
液压拉伸法	用专门的液压拉伸装置拉伸螺栓，使其受一定轴向力，拧上螺母后，除去外力即可得到预期的预紧力

5.1.2.2　螺纹连接拧紧力矩和预紧力的计算

1. 拧紧力矩的计算

为了增强螺纹连接的刚性、紧密性、防松能力以及防止受横向载荷螺栓连接的滑动，多数螺纹连接在装配时都要预紧。对于螺栓连接，其拧紧力矩 T 用于克服螺纹副的螺纹阻力矩 T_1 及螺母与被连接件(或垫圈)支承面间的端面摩擦力矩 T_2。施加拧紧力矩时，可用力矩扳手法、螺母转角法、指示垫圈法、测定螺栓伸长法和螺栓预伸长法控制顶紧力，后两种方法较准确但使用不便。计算拧紧力矩的计算公式为

$$T = T_1 + T_2 = F'\tan(\phi + \rho_v)\frac{d_2}{2} + \frac{F'\mu}{3} \times \frac{D_w^3 - d_0^3}{D_w^2 - d_0^2} = KF'd$$

$$K = \frac{d_2}{2d}\tan(\phi + \rho_v) + \frac{\mu}{3d} \times \frac{D_w^3 - d_0^3}{D_w^2 - d_0^2}$$

式中　d——螺纹公称直径，mm；

F'——预紧力，N；

d_2——螺纹中径，mm；

ψ——螺纹升角；

ρ_v——螺纹当量摩擦角。$\rho_v=\arctan\mu_v$；

μ_v——螺纹当量摩擦因数；

μ——螺母与被连接件支承面间的摩擦因数，见表 5-2；

K——拧紧力矩系数。

D_w、d_0见图 5-11 所示。

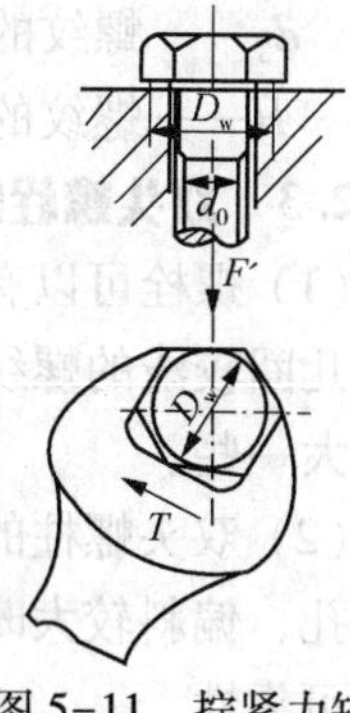

图 5-11　拧紧力矩

表 5-2 推荐的μ值供参考使用，较精确的数值应通过实验取得。

对于普通粗牙 M12～M64 螺纹，当量摩擦因数$\mu_v=0.10\sim0.20$，取$\mu=0.15$，则拧紧力矩系数K在 0.1～0.3 范围内变动，表 5-3 推荐的 K 值可供计算时参考。

表 5-2　预紧连接结合面的摩擦因数μ值

被连接件	钢或铸铁零件		钢结构件		
表面状态	干燥的加工表面	有油的加工表面	喷砂处理	涂敷锌漆	轧制、钢刷清理表面
μ值	0.10～0.16	0.06～0.10	0.45～0.55	0.40～0.50	0.30～0.35

表 5-3　拧紧力矩系 K

摩擦表面状态	精加工表面		一般加工表面		表面氧化		表面镀锌		干燥粗加工表面	
	有润滑	无润滑	有润滑	无润滑	有润滑	无润滑	有润滑	无润滑	有润滑	无润滑
K值	0.10	0.12	0.13～0.15	0.18～0.21	0.20	0.24	0.18	0.22	—	0.26～0.30

一般来讲K值主要取决于两个摩擦副的摩擦因数μ_v和μ，对标准螺栓来说，尺寸大小对K值的影响是很小的，为了进一步简化，一般机械中常假设$\mu_v=\mu=\mu'$（此条件常近似符合工程实际）。这样拧紧力矩的公式可简化为如下形式：

一般标准六角螺栓

$K=1.25\mu'$，$T=1.25\mu'F'd$

小六角螺栓或圆柱头内六角螺钉

$K=1.2\mu'$，$T=1.2\mu'F'd$

式中，$\mu_v\neq\mu$时，取$\mu'=\frac{1}{2}(\mu_v+\mu)$。

2. 预紧力的计算

预紧力的大小需根据螺栓组受力的大小和连接的工作要求决定。一般规定拧紧后螺纹连接件预紧应力不得大于其材料的屈服点σ的 80%。对于一般连接用钢制螺栓，推荐的预紧力F'计算如下：

碳素钢螺栓 $F'=(0.6\sim0.7)\sigma_B A_B$

合金钢螺栓 $F'=(0.5\sim0.6)\sigma_B A_B$

式中　σ_B——螺栓材料屈服点，MPa；

A_B——螺栓公称应力截面积，mm^2。

$$A_B=\frac{\pi}{4}\left(\frac{d_2+d_3}{2}\right)^2 \qquad d_3=d_1-\frac{H}{6}$$

式中　d_1——外螺纹小径，mm；

d_2——外螺纹中径，mm；

d_3——螺纹的计算直径，mm；

H——螺纹的原始三角形高度，mm。

5.1.2.3 双头螺栓的装配要点

(1) 螺栓可以有几种方式防松，其一是使中径有一定过盈量；也可采用台肩型式或利用最后几圈较浅的螺纹等方法，以达到配合的紧固性。当螺栓装入软材料机体时，其过盈量要适当大一些。

(2) 双头螺柱的轴线必须与机体表面垂直。当有较小偏斜时，应把螺柱拧出来用丝锥校正螺孔，偏斜较大时，不得强行校正，以免使拉紧螺柱紧固后承受额外的弯曲应力，影响连接的可靠性。

(3) 装入双头螺柱时，应在螺纹部分加润滑油，可减少拧入时的摩擦阻力，并有防锈和易于拆卸的作用。

5.1.2.4 螺钉、螺母的装配要点

(1) 凡与螺钉、螺母贴合的表面均应光洁平整，否则易使连接件松动或使螺杆弯曲。

(2) 拧紧多只螺母时，须按照一定的顺序进行，并分次逐步拧紧，否则会使零件或螺杆产生松紧不一致甚至变形。在拧紧长方形布置的成组螺母时，应从中间开始，逐渐向两边对称地扩展，如图 5-12 所示；在拧紧圆形或方形布置的成组螺母时，应对称地进行，如图 5-13所示。

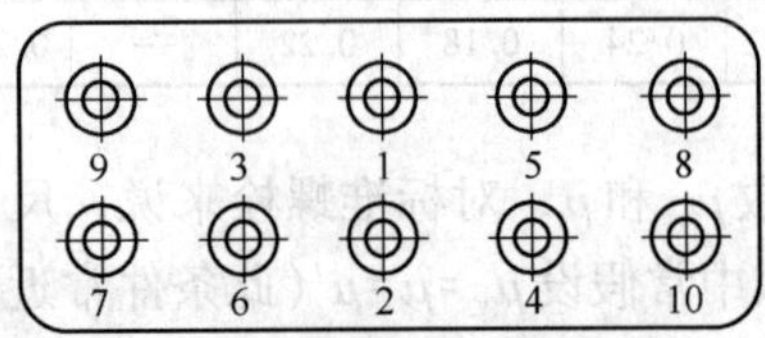

图 5-12 拧紧长方形布置的成组螺母的顺序

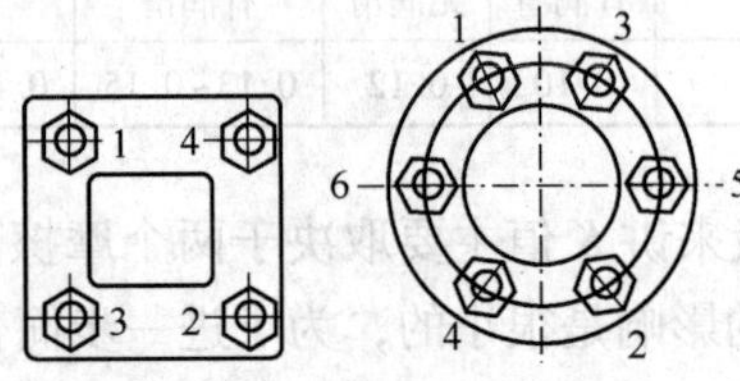

图 5-13 拧紧方形、圆形布置的成组螺母的顺序

(3) 拧紧力矩应适当，通常用标准扳手或测力扳手扳紧。

(4) 连接件在工作中有振动或冲击时，必须采用附加的防松装置。

5.1.2.5 螺纹连接的常用防松装置(表 5-4)

表 5-4 螺纹连接的常用防松装置

类别		结构	特点及应用
增大摩擦力	弹簧垫圈		靠垫圈压平后产生的弹力。结构简单，但弹力不均，不十分可靠，多用于不重要的联接
	锁紧螺母		利用螺母拧紧后的对顶作用，先将主螺母拧紧至预定位置，然后再拧紧副螺母。当拧紧副螺母后，在主副螺母间螺杆因受力变形(伸长)，使螺纹的接触位置改变，在螺纹接触面上产生压力。由于使用两只螺母，增加了尺寸和重量，不经济，故一般用于低速重载或较平稳的场合
			螺母一端具有非圆形收口或开缝后径向收口，拧紧后张开，利用相旋合螺纹副段的径向回弹力来锁紧。该方法简单、可靠，可多次装拆，可用于较重要的连接

续表

类别		结构	特点及应用
机械方法	开口销与带槽螺母	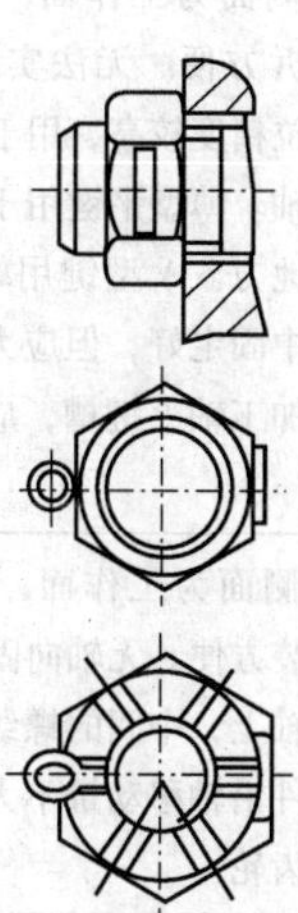	是把螺母直接锁在螺栓上，防松可靠，但螺杆上的销孔位置不易与螺母最佳锁紧位置的槽吻合，装配较难。用于变载、振动易松之处，或普通螺母配开口销，销孔在螺母拧紧后配钻，适用于单件或零星生产的重要连接
	止动垫圈	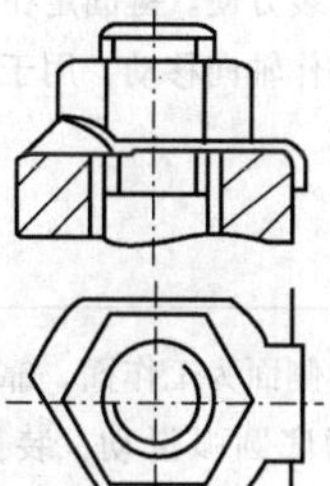	利用单耳或双耳止动垫圈把螺母或螺钉头锁住。装入时先把垫圈的内翅插入螺杆的槽中，然后拧紧螺母，再把外翅弯入螺母的外缺口内，防松可靠。只能用于连接部分有容纳弯耳的地方
	串联钢丝	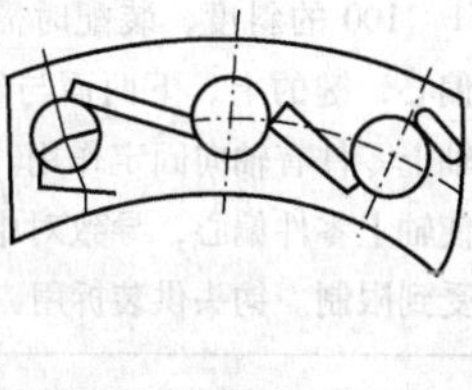	用钢丝连续穿过一组螺钉头部的小孔(或螺母和螺栓的小孔)，利用钢丝的牵制作用来防止回松，适用于布置较紧凑的成组螺纹连接。装配时应注意钢丝的穿绕方向，否则螺母仍有回松可能

5.2 键连接

键连接是通过键来实现轴和轴上零件间的周向固定以传递运动和转矩。如齿轮、联轴器，皮带轮、叶轮等。它具有结构简单、工作可靠，装拆方便等优点，故应用广泛。

5.2.1 种类

键和键连接的类型、特点及应用见表5-5。

表 5-5　键和键连接的类型、特点及应用

类型和标准		简图	特点及应用
平键	普通型平键 薄型平键	A型 B型 C型	键的侧面为工作面，靠侧面传力，对中性好，装拆方便。无法实现轴上零件的轴向固定。定位精度较高，用于高速或承受冲击、变载荷的轴。薄型平键用于薄壁结构和传递转矩较小的地方。A 型键用端铣刀加工轴上键槽，键在槽中固定好，但应力集中较大；B 型键用盘铣刀加工轴上键槽，应力集中较小；C 型用于轴端
	导向型平键	A型 B型	键的侧面为工作面，靠侧面传力，对中性好，拆装方便。无轴向固定作用。用螺钉把键固定在轴上，中间的螺纹孔用于起出键。用于轴上零件沿轴移动量不大的场合，如变速箱中的滑移齿轮
	滑键		键的侧面为工作面，靠侧面传力，对中性好，拆装方便。键固定在轮毂上，轴上零件能带着键作轴向移动，用于轴上零件移动量较大的地方
半圆键	半圆键		键的侧面为工作面，靠侧面传力，键在轴槽中沿槽底圆弧滑动，装拆方便，但要加长健时，必定使键槽加深使轴强度削弱。一般用于轻载，常用于轴的锥形轴端处
楔键	普通型楔健 钩头型楔键 薄型钩头楔键	>1:100 >1:100 >1:100 >1:100	键的上下面为工作面，键的上表面和毂槽都有 1∶100 的斜度，装配时需打入、楔紧、造成偏心，键的上、下两面与轴和轮毂相接触。对轴上零件有轴向固定作用。由于楔紧力的作用使轴上零件偏心，导致对中精度不高，转速也受到限制。钩头供装拆用，但应加保护罩
	切向键	>1:100	由两个斜度为 1∶100 的楔键组成。能传递较大的转矩，一对切向键只能传递一个方向的转矩，传递双向转矩时，要用两对切向键，互成 120°~135°。用于载荷大、对中要求不高的场合。键槽对轴的削弱大，常用于直径大于 100mm 的轴
端面键	端面键	D　b　b　l	在圆盘端面嵌入平键，可用于凸缘间传力，常用于铣床主轴

5.2.2 装配

5.2.2.1 松键连接的装配要求

（1）键与键槽的配合应符合图纸要求，装配前应对其尺寸进行测量。

（2）普通平键、导向平键、半圆键和槽的剖面尺寸公差见表 5-6。

（3）键与键槽应具有良好的表面粗糙度。

（4）键必须与槽底紧贴，键头与轴间应留有 0.1mm 的间隙。键的顶面和壳槽之间应有 0.3~0.5mm 的间隙。

表 5-6 普通平键、导向平键、半圆键和槽的剖面尺寸公差

配合种类	配合性质	宽度 b 的极限偏差			适用范围
		键	轴槽	壳槽	
1	松键连接（间隙配合）	h9	H9	D10	导向平键
2	一般键连接（过渡配合）		N0	Js0	键和轴槽、壳槽配合
3	较紧键连接（过渡配合）		P9	P0	普通平键、半圆键

5.2.2.2 紧键连接的装配要求

（1）紧键的斜度与轮壳槽的斜度应符合图纸要求，并经检验合格后，方可进行装配。

（2）紧键与槽的两侧应留有一定的间隙。楔键侧间隙见表 5-7。

（3）对于钩头斜键，不能使钩头紧贴套件的端面，应留有一定距离，以利拆卸。

表 5-7 楔键侧间隙 mm

键宽 b	键高 h	侧间隙	键宽 b	键高 h	侧间隙
12~18	5~11	0.35	32~50	11~28	0.50
20~28	8~16	0.40	55~100	32~50	0.60

5.2.2.3 花键连接的装配要求

（1）应细致地检查零件的加工质量、尺寸和形状位置偏差，表面粗糙度应符合图纸要求。

（2）在轴和套体的端部应倒棱。

（3）静配合的花键连接，为了避免由于形状和位置偏差的影响使装配发生困难，也应有较小的间隙。

（4）动配合的花键连接应保证精确的间隙配合，使套件在轴上滑动自如，没有阻滞现象，但不能过松，用手摇动套件时，不应感觉到有间隙。

（5）过渡配合的连接允许有少量过盈，但不得过紧，否则易拉伤配合表面；过盈较大时，可将套件加热（80%~120%）后进行装配。

5.3 销连接

销连接主要分圆柱销连接和圆锥销连接及开口销三类。

5.3.1 种类

5.3.1.1 圆柱销连接

这种连接的销子外圆呈圆柱形，依靠配合时的过盈量固定在销孔中，它可以用来固定零件、传递动力或用为定位件。圆柱销连接不宜多次装拆，一经拆卸，销子的过盈就会丧失。因此，拆卸后圆柱销装配必须调换新销子，圆柱销连接中，销子和销孔的表面粗糙度值较低，一般在 $R_a1.6$~$0.4\mu m$ 之间，以保证配合精度。

5.3.1.2 圆锥销连接

标准圆锥销外圆具有 1∶50 的锥度，它靠销子的外锥与零件锥孔的紧密配合连接零件。特点是装拆方便，定位准确，可以多次装拆而不影响零件定位精度，故主要用于定位，也可固定零件和传递动力。

5.3.1.3 开口销

开口销具有工作可靠、拆卸方便的特点，故主要用于锁定其他紧固件及销轴、槽形螺母等场合。

5.3.2 装配

5.3.2.1 圆柱销的装配

先将两个被连接的零件一起钻孔和铰孔，使表面粗糙度 $R_a \leqslant 1.6$，严格控制配合精度；然后选择合适的销钉涂上润滑油，用铜棒轻轻打入孔内。某些定位销不能用打入法时，可用C 形夹头把销子压入孔内(图 5-14)；对于盲销孔还应磨出排气槽，以利装配。

5.3.2.2 圆锥销的装配

将两工件相互定位后进行钻孔，再以铰刀铰削，使表面粗糙度 $R_a \leqslant 1.6$。铰好孔后，如能以手指将圆锥销塞入孔内 80%~85%，则能得到正常的过盈。而销子装入孔内的深度一般也较适当(图 5-15)；对于盲销孔同样应磨出排气槽，以利装配。

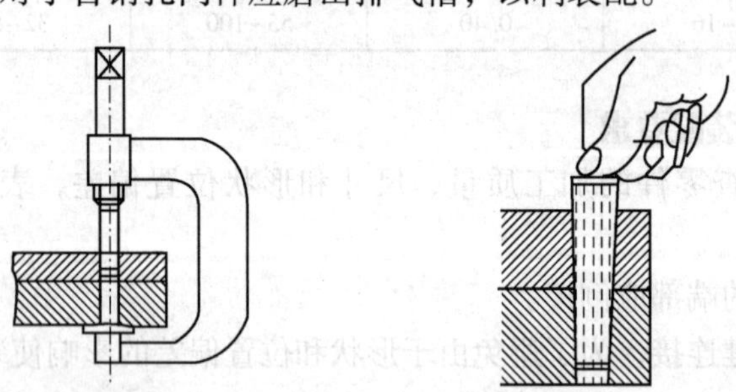

图 5-14 用夹头把销子压入孔中　　图 5-15 圆锥销的正确配合

有时，为了便于取出销子，可采用带螺纹的圆锥销。拧紧螺母，即可将带螺纹的销子拔出。

5.3.2.3 开口销的装配

开口销由扁圆的钢条对合而成，属于圆柱形销的一种。它的两腿长短不同，以便于分开。如果螺母拧紧后须进行止动，则可将开口销插进螺栓顶上预先开好的孔内，将两腿扳开即可；如果螺母、螺栓均有孔或槽，则必须旋正对准后方可装销。

5.4 过盈连接

过盈连接是依靠包容件(孔)和被包容件(轴)配合后的过盈，来实现紧固连接的。这种连接的结构简单、同心度好、承载能力强，能承受变载和冲击力，还可避免零件因加工键槽而削弱强度，但配合加工精度要求较高，采用圆柱面接合时装拆不便。过盈连接的配合面主要有圆柱面和圆锥面。

5.4.1 种类

5.4.1.1 圆柱面过盈连接

其配合过盈值的大小，是由连接本身要求的紧固程度所决定的。在确定配合级别时，一般应选择其最小过盈等于或稍大于连接所需的最小过盈。因过盈量过大将导致装配困难，而过盈量过小将满足不了传递一定扭矩的要求，在确定精度等级时，若选较高精度的配合，则其实际过盈变动范围较小，装配后连接件的松紧程度不会发生大的差异，但加工要求较高；配合精度较低时，虽可降低加工精度要求，但实际配合过盈变动范围较大。在批量生产时，各连接件的承载能力和装配性能相差较大，往往需分组选择装配。

为易于装配，包容件孔端与被包容件进入端都应倒角，见图 5-16。通常取 $\beta=5°\sim10°$，$a=0.5\sim3$mm，$A=1\sim3.5$mm。

5.4.1.2 圆锥面过盈连接

它是利用包容件与被包容件相对轴向位移后相互压紧来实现过盈结合的。其压紧方式有液压装拆，见图 5-17。配合面的锥度通常为 1∶50~1∶30；也有靠螺纹连接实现轴向压紧的，见图 5-18，其配合面的锥度通常为 1∶30~1∶8。圆锥面过盈连接的结构形式有：包容件的内锥孔与被包容件的外锥体直接配合，见图 5-17(a)；也有将零件之一制成圆柱面，并在其间设置一中间套，中间套有外锥式[图 5-17(b)]和内锥式[图 5-17(c)]。

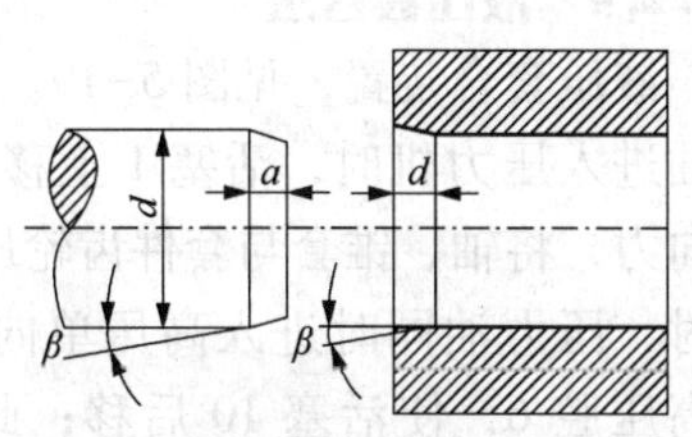

图 5-16 圆柱面过盈连接的倒角

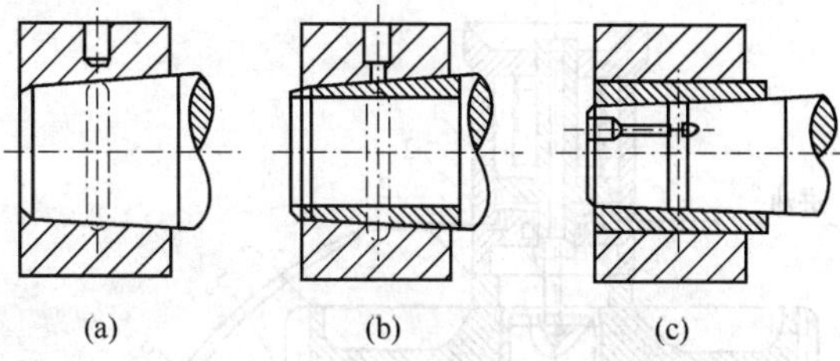

图 5-17 液压装拆的圆锥面过盈连接

圆锥面过盈连接的特点：压合距离短，装拆方便，装拆时配合面不易擦伤，可用于多次装拆的场合，但其配合面加工不便。

5.4.2 装配

5.4.2.1 压装法

压装法是过盈连接最常采用的一种装配方法，它是将具有过盈量配合的两个零件压到配合位置的装配方法。根据施压方式的不同，压装法分为冲击压装、工具压装和压力机压装三种。

过盈连接采用压装时的要求如下：

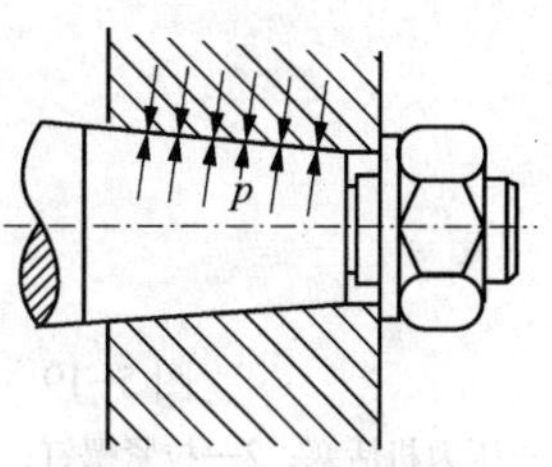

图 5-18 靠螺母压紧的圆锥面过盈连接

（1）配合零件的前端最好有一定的倾斜角（通常约为10°），以使压装力尽量减少。

（2）压装前，配合表面必须用油润滑，以防卡住，同时也可提高结合强度。

（3）压装时，必须保证轴与孔的中心线一致，不允许存在倾斜现象。

（4）对于薄壁轴套，压装时要防止变形。

（5）在压装的最后阶段，用力要均匀，压装速度要一致，并且不得间断，一直到压装完成。

5.4.2.2 热装法

热装法是将具有过盈量配合的两个零件，装配时先将包容件加热胀大，再将被包容件装入到配合位置的装配方法。

热装法采用的加热方法主要有以下几种：火焰加热法、介质加热法、电阻和辐射加热法、感应加热法。

为了传递一定的轴向力和转矩，采用热装法装配时，过盈量必须有适当的数值，一般可根据下面的经验公式确定：

$$\delta = \frac{d}{25} \times 0.04$$

式中 δ——轴、孔间的过盈量，mm；

d——轴和孔的基本尺寸，mm。

即每25mm直径需0.04mm过盈量。

5.4.2.3 冷装法

冷装法是将具有过盈量配合的两个零件，装配时先将被包容件用冷却剂冷却，使其尺寸收缩，再装入包容件使其达到配合位置的装配方法。对小过盈量的小型连接件和薄壁衬套等多采用干冰冷缩（可冷至-78℃）；对过盈量较大的连接件，如发动机的主、副杆衬套等，多采用液氮冷缩（可冷至-196℃）。冷缩法的收缩变形量较小，所以多用于过渡配合，而轻型静配合相对少用。

5.4.2.4 液压套合法

液压套合装置，见图5-19。当压力油进入压力机时，活塞1上移产生轴向力，将轴、锥套与套件齿轮压紧；此时，压力油同时进入高压单向阀5和高压腔6，使活塞10后移；此前，已将回油阀9打开，进油阀8关闭，直至活塞10后移到底，低压腔7回油完毕；再将进油阀8打开，回油阀9关闭；此后，油从8进入低压腔7，作用在活塞上，使油缸活塞向前推移，使高压腔6中的油压增大，并将包容件孔扩大，从而使轴、锥套与齿轮压装到位。当达到预定部位后，应先消除径向油压，后消除轴向油压，即可完成过盈装配。

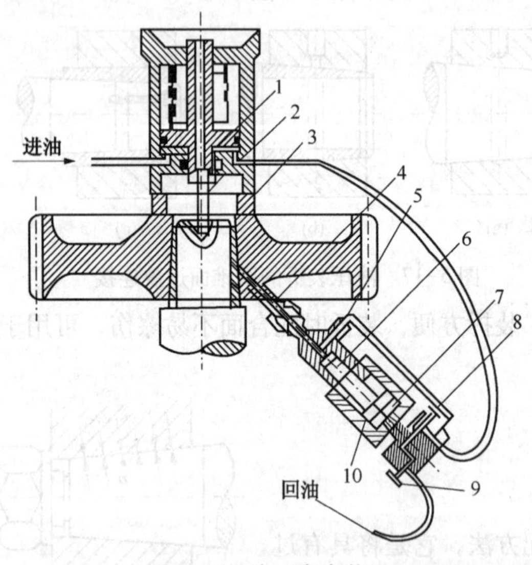

图5-19 液压套合装置

1—压力机活塞；2—拉紧螺钉；3—垫圈；4—接头；5—高压单向阀；6—高压腔；7—低压腔；8—进油截止阀；9—回油截止阀；10—活塞

5.5 带传动

5.5.1 带传动的类型、特点与应用(表 5-8)

表 5-8 带传动的类型、特点与应用

类型	带简图	传动比	带速/(m/a)	传动效率/%	特点与应用
普通 V 带			20~30 最佳 20		带两侧与轮槽附着较好，当量摩擦因数较大，允许包角小，传动比较大，中心距较小，预紧力较小，传动功率可达 700kW
窄 V 带		≤10	最佳 20~15 极限 40~50		带顶呈弓形，两侧呈内凹形，与轮槽接触面积增大，柔性增加，强力层上移，受力后仍保持整齐排列、除具有普通 V 带的特点外，能承受较大预紧力，速度和可挠曲次数提高，寿命延长，传动功率增大，单根可达 75kW；带轮宽度和直径可减小，费用比普通 V 带降低 20%~40%。可以完全代替普通 V 带
联组窄 V 带			20~30	85~95	窄 V 带的延伸产品。各 V 带长度一致，整体性好；各带受力均匀，横向刚度大，运转平稳，消除了单根带的振动；承载能力较高。寿命较长；适用于脉动载荷和有冲击振动的场合，特别是适用于垂直地面的平行轴传动、要求带轮尺寸加工精度高。目前只有 2~5 根的联组
多楔带			20~40		在平带内表面纵向布有等间距 40°三角楔的环形带。兼有平带与联组 V 带的特点，但比联组带传递功率大，效率高，速度快，传动比大，带体薄，比较柔软，小带轮直径可很小，机床中应用较多
普通平带		不得大于 5，一般不大于 3	15~30	83~95，有张紧轮 80~92	抗拉强度较大，耐湿性好，中心距大。价格便宜，但传动比小，效率较低，可呈交叉、半交叉及有导轮的角度传动，传动功率可达 500kW

续表

类型	带简图	传动比	带速/(m/a)	传动效率/%	特点与应用
梯形齿同步带		≤10	<1~40	98~99.5	靠齿啮合传动，传动比准确，传动效率高，初张紧力最小，轴承承受压力最小，瞬时速度均匀，单位质量传递的功率最大；与链和齿轮传动相比，噪声小，不需润滑，传动比、线速度范圈大，传递功率较大；耐冲击振动较好，维修简便、经济。广泛用于各种机械传动中
圆弧齿同步带					同梯形齿同步带，且齿根应力集中小，寿命更长，传递功率比梯形齿高1.2~2倍

5.5.2 V带传动

5.5.2.1 普通V带的结构形式

普通V带是一种横截面为梯形、楔角为40°的环形传动带。它由包布、顶胶、抗拉体、底胶等部分构成。按抗拉体的结构分为绳芯V带和帘布芯V带两种类型。

5.5.2.2 普通V带的技术规格

普通V带的技术规格见图5-20、表5-9和表5-10。

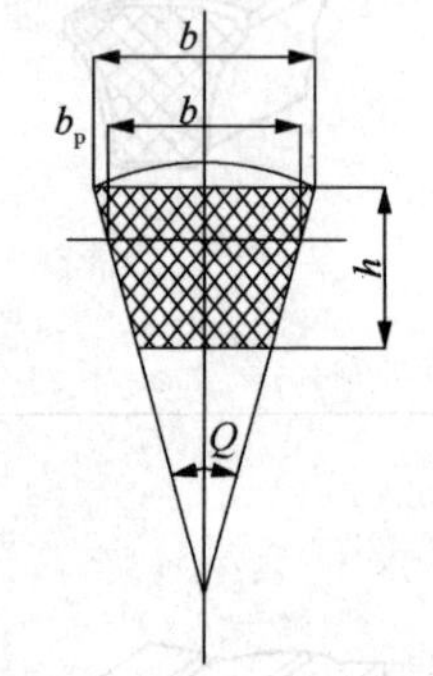

图5-20 普通V带截面尺寸

表5-9 普通V带的截面尺寸(GB/T 11544—2012) mm

尺寸 截型	节宽 b_p	顶宽 b	高度 h	楔角 α
Y	5.3	6.0	4.0	
Z	8.5	10.0	6.0	
A	11.0	13.0	8.0	
B	14.0	17.0	11.0	40°
C	19.0	22.0	14.0	
D	27.0	32.0	19.0	
E	32.0	38.0	23.0	

表 5-10 普通 V 带的基准长度(GB/T 11544—2012)

截型						
Y	Z	A	B	C	D	E
200	405	630	930	1560	2740	4660
224	475	700	1000	1760	3100	5040
250	530	790	1100	1950	3330	5420
280	625	890	1210	2195	3730	6100
315	700	990	1370	2420	4080	6850
355	780	1100	1560	2715	4620	7650
400	820	1250	1760	2880	5400	9150
450	1080	1430	1950	3080	6100	12230
500	1330	1550	2180	3520	6840	13750
	1420	1640	2300	4060	7620	15280
	1540	1750	2500	4600	9140	16800
		1940	2700	5380	10700	
		2050	2870	6100	12200	
		2200	3200	6815	13700	
		2300	3600	7600	15200	
		2480	4060	9100		
		2700	4430	10700		
			4820			
			5370			
			6070			

5.6 链传动

链传动是以链条为中间传动件的啮合传动。见图 5-21，链传动由主动链轮 1、从动链轮 2 和绕在链轮上并与链轮啮合的链条 3 组成。

5.6.1 链传动的类型、应用与特点

5.6.1.1 链传动的类型与应用

按照用途不同，链可分为起重链、牵引链和传动链三大类。起重链主要用于起重机械中提起重物，其工作速度 $v \leqslant 0.25\text{m/s}$；牵引链主要用于链式输送机中移动重物，其工作速度 v

≤4m/s；传动链用于一般机械中传递运动和动力，通常工作速度 $v\leqslant15$m/s。

通常链传动传递的功率 $P\leqslant100$kW，中心距 $a\leqslant5\sim6$m，传动比 $i\leqslant8$，线速度 $v\leqslant15$m/s，广泛应用于农业机械、建筑工程机械、轻纺机械、石油机械等各种机械传动中。

传动链有齿形链和滚子链两种。齿形链是利用特定齿形的链片和链轮相啮合来实现传动的，见图 5-22。齿形链传动平稳，噪声很小，故又称无声链传动。齿形链允许的工作速度可达 40m/s，但制造成本高，重量大，故多用于高速或运动精度要求较高的场合。本节重点讨论应用最广泛的套筒滚子链传动。

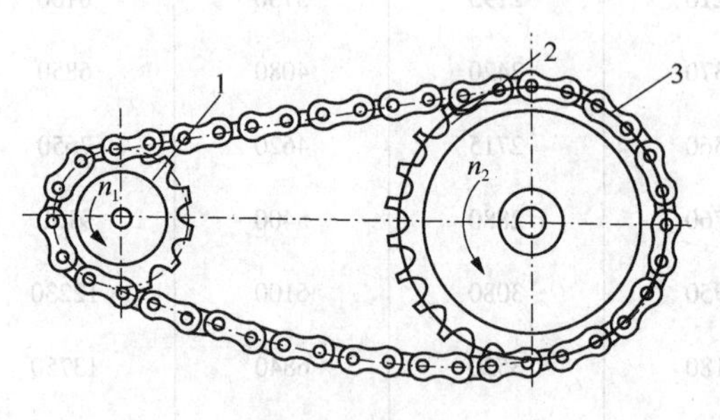

图 5-21　链传动

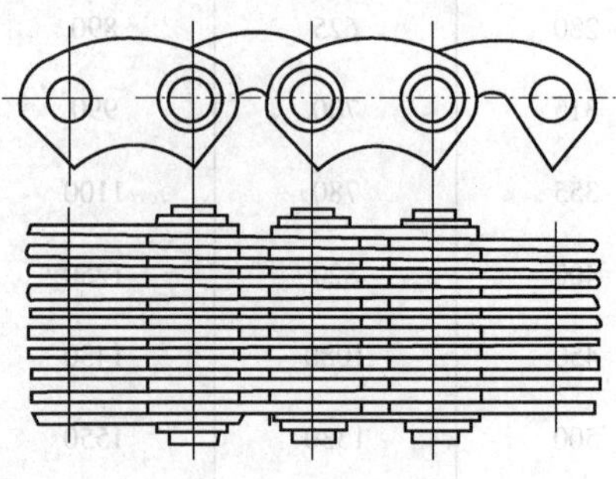
图 5-22　齿形链

5.6.1.2　链传动的特点

（1）和带传动相比　链传动能保持平均传动比不变；传动效率高；张紧力小，因此作用在轴上的压力较小；能在低速重载和高温条件下及尘土飞扬的不良环境中工作。

（2）和齿轮传动相比　链传动可用于中心距较大的场合且制造精度较低。

（3）只能传递平行轴之间的同向运动，不能保持恒定的瞬时传动比，运动平稳性差，工作时有噪声。

5.6.2　套筒滚子链传动

5.6.2.1　滚子链的结构和规格

滚子链由内链板 1、套筒 2、销轴 3、外链板 4 和滚子 5 组成，见图 5-23。内链板和套筒、外链板和销轴用过盈配合固定，构成内链节和外链节。销轴和套筒之间为间隙配合，构成铰链，将若干内外链节依次铰接形成链条。滚子松套在套筒上可自由转动，链轮轮齿与滚子之间的摩擦主要是滚动摩擦。链条上相邻两销轴中心的距离称为节距，用 p 表示，节距是链传动的重要参数。节距 p 越大，链的各部分尺寸和重量也越大，承载能力越高，且在链轮齿数一定时，链轮尺寸和重量随之增大。因此，设计时在保证承载能力的前提下，应尽量采取较小的节距。载荷较大时可选用双排链(图 5-24)或多排链，但排数一般不超过三排或四排，以免由于制造和安装误差的影响使各排链受载不均。

链条的长度用链节数表示，一般选用偶数链节，这样链的接头处可采用开口销或弹簧卡片来固定，见图 5-25(a)、(b)，前者用于大节距链，后者用于小节距链。当链节为奇数时，需采用过渡链节见图 5-25(c)。由于过渡链节的链板受附加弯矩的作用，一般应避免采用。

GB/T 1243—2006 规定滚子链分为 A、B 系列，其中 A 系列较为常用，其主要参数见表 5-11。表中链号和相应的国际标准号一致，链号乘以 25.4/16mm 即为节距值。

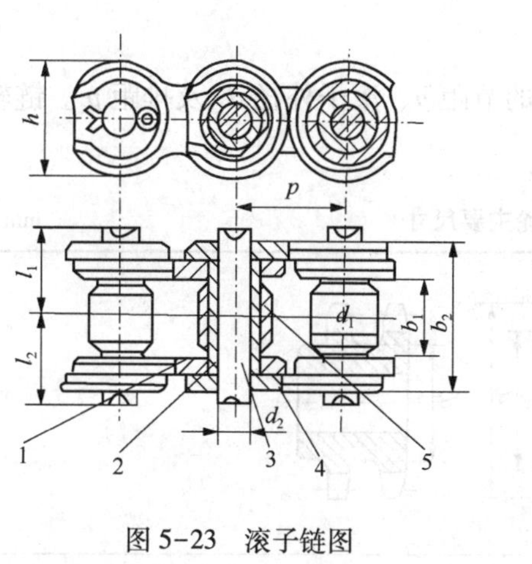

图 5-23 滚子链图

图 5-24 双排滚子链

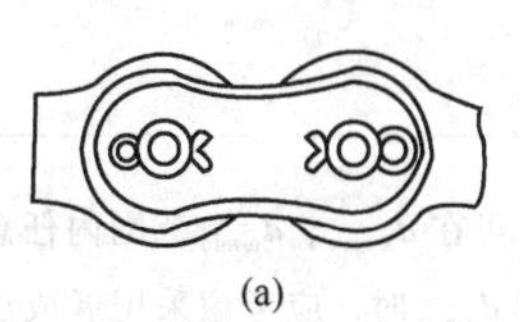

(a)

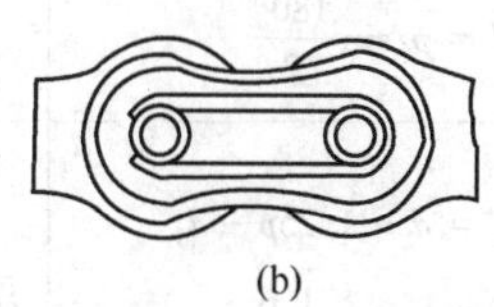

(b)

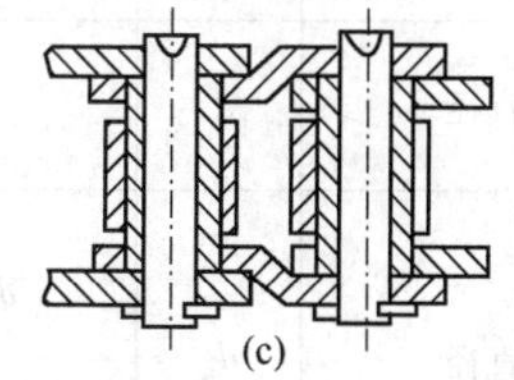

(c)

图 5-25 滚子链接头形式

表 5-11 A 系列滚子链的基本参数和尺寸（GB/T 1243—2006）

链号	节距 p /mm	排距 p_1 /mm	滚子外径 d_1/mm	内链节内宽 b_1/mm	销轴直径 d_2/mm	内链板高度 h_2/mm	单排极限拉伸载荷 FQ/kN
08A	12.70	14.38	7.92	7.85	3.98	12.07	13.9
10A	15.875	18.11	10.16	9.40	5.09	15.09	21.8
12A	19.05	22.78	11.91	12.57	5.96	18.01	31.3
16A	25.40	29.29	15.88	15.75	7.94	24.13	55.6
20A	31.75	35.76	19.05	18.90	9.54	30.17	87.0
24A	38.10	45.44	22.23	25.22	11.11	36.20	125.0
28A	44.45	48.87	25.40	25.22	12.71	42.23	170.0
32A	50.80	58.55	28.58	31.55	14.29	48.26	223.0
36A	57.15	65.84	35.71	35.48	17.46	54.30	281.0
40A	63.50	71.55	39.68	37.85	19.85	60.33	347.0
48A	76.20	87.83	47.63	47.35	23.81	72.39	500.0

滚子链的标记为：链号—排数—链节数标准号。例如：16A-1-82 GB/T 1243—2006 表示：A 系列滚子链、节距为 25.4mm、单排、链节数为 82、制造标准 GB/T 1243—2006。

5.6.2.2 滚子链链轮

1. 链轮的基本参数及主要尺寸

链轮的基本参数为：链轮的齿数 z、配用链条的节距 p、滚子外径 d_1 及排距 p_t。链轮的主要尺寸及计算公式见表 5-12。

表 5-12 滚子链链轮主要尺寸 mm

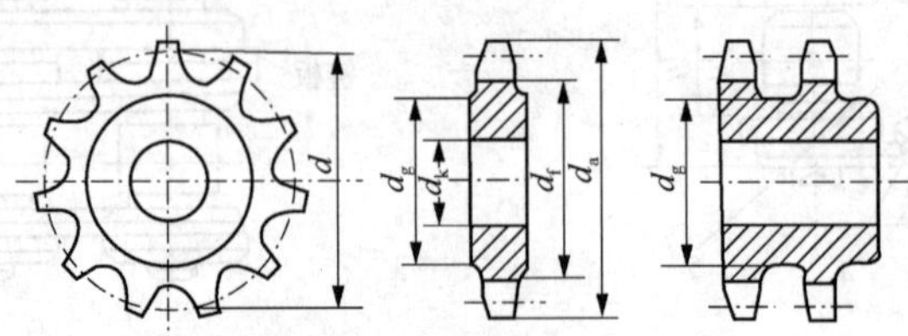

名称	代号	计算公式	备 注
分度圆直径	d	$d=p/\sin\dfrac{180^\circ}{2}$	
齿顶圆直径	d_a	$d_{a\,max}=d+1.25p-d_1$ $d_{a\,min}=d+(1-\dfrac{1.6}{z})p-d_1$	可在 $d_{a\,max}$、$d_{a\,min}$ 范围内任意选取，但选用 $d_{a\,max}$ 时，应考虑采用展成法，加工时有发生顶切的可能性。
分度圆弦齿高	h_a	$h_{a\,max}=(0.625+\dfrac{0.8}{z})p-0.5d_1$ $h_{a\,min}=0.5(p-d_1)$	h_a 是为简化放大齿形图的绘制而引入的辅助尺寸(表 5-13) $h_{a\,max}$ 相应于 $d_{a\,max}$　$h_{a\,min}$ 相应于 $d_{a\,min}$
齿根圆直径	d_f	$d_f=d-d_1$	
齿侧凸缘(或排间槽)直径	d_g	$d_g\leqslant p\cot\dfrac{180^\circ}{z}-1.04h_2-0.76$ h_2—内链板高度(见表 5-11)	

注：d_a、d_g 值取整数，其他尺寸精确到 0.01mm。

2. 链轮的齿形

链轮的齿形应能保证链节平稳而自由地进入和退出啮合，不易脱链，且形状简单便于加工。GB/T 1243—2006 规定了滚子链链轮的端面齿形(表 5-13)和轴面齿形(表 5-14)，由于滚子表面齿廓与链轮齿廓为非共轭齿廓，故链轮齿形设计有较大的灵活性，即在最大、最小范围内均可使用。

若链轮采用标准齿形，在链轮工作图上可不绘制出端面齿形，只须注明按 GB/T 1243—2006 制造即可。但为了车削毛坯，需将轴面齿形画出。

3. 链轮的结构和材料

链轮的结构如图 5-26 所示。直径小的链轮常制成实心式[图 5-26(a)]；中等直径的链轮常制成辐板式[图 5-26(b)]；大直径(d>200mm)的链轮常制成组合式，可将齿圈焊接在轮毂上[图 5-26(d)]或采用螺栓联接[图 5-26(c)]。

润滑油的渗入。润滑油推荐用 L-AN32、L-AN46 和 L-AN68 号全损耗系统用油。

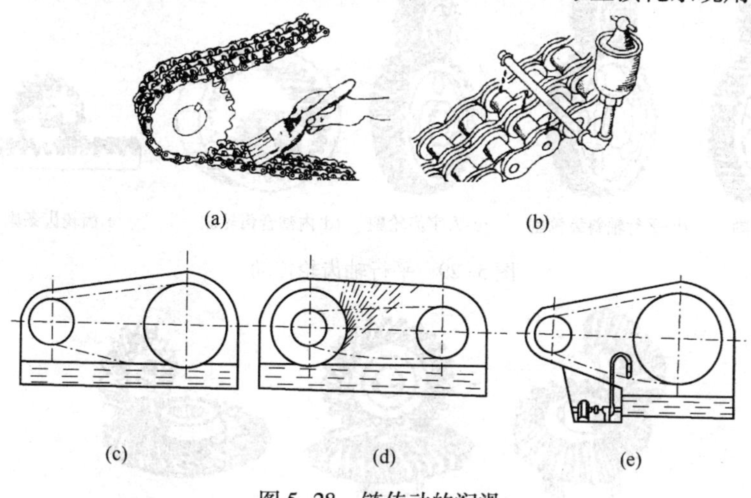

图 5-28　链传动的润滑

5.7　齿轮传动

齿轮传动是由齿轮副组成的传递运动和动力的一套装置。齿轮传动的优点是：①传动比稳定，传递运动准确可靠；②传动效率较高，一般传动效率 $\eta=0.94\sim0.99$；③结构紧凑，适用的圆周速度和功率范围大；④寿命长且可靠；⑤可实现平行轴、任意角相交轴和任意角交错轴之间的传动。

齿轮传动的缺点是：①制造和安装精度要求高，成本高，工作时有噪音；②不能实现无级变速；③不适合于远距离轴间的传动。

5.7.1　齿轮传动的基本要求

1. 传动平稳

在齿轮传动过程中，应保证瞬时传动比恒定不变。以保持传动的平稳性，避免或减小传动中的冲击、振动和噪声。

2. 承载能力大

要求齿轮的结构尺寸小、体积小、质量轻，而承受载荷的能力强，即强度高、耐磨性好、寿命长。

5.7.2　齿轮传动的种类

按齿轮副两传动轴的相对位置不同，可分为平行轴齿轮传动(图 5-29)、相交轴齿轮传动(图 5-30)和交错轴齿轮传动(图 5-31)三类。平行轴齿轮传动属平面传动，相交轴齿轮传动和交错轴齿轮传动属空间传动。

按齿轮分度曲面不同，可分为圆柱齿轮传动[图 5-29，图 5-31(a)]和锥齿轮传动[图 5-30，图 5-31(b)]。

按齿线形状不同，可分为直齿齿轮传动[图 5-29(a)、(d)、(e)；图 5-30(a)]、斜齿齿轮传动[图 5-29(b)，图 5-30(a)，图 5-30(b)]和曲线齿齿轮传动[图 5-30(c)，图 5-31(b)]。

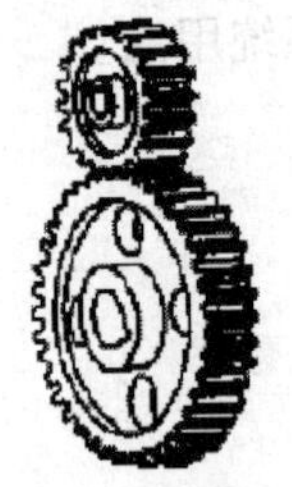
(a)直齿轮副

(b)平行轴斜齿轮副
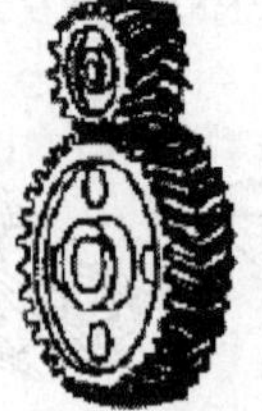
(c)人字齿轮副
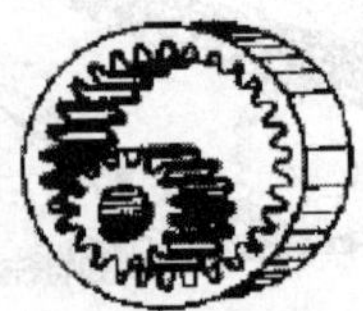
(d)内啮合齿轮副

(e)齿轮齿条副

图 5-29　平行轴齿轮传动

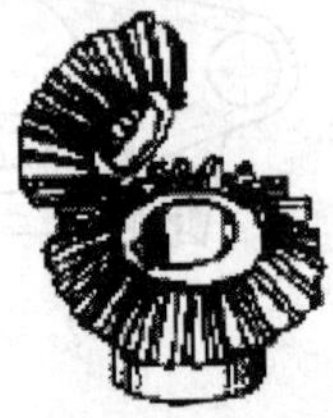
(a)直齿锥齿轮副

(b)斜齿锥齿轮副

(c)曲线齿锥齿轮副

图 5-30　相交轴齿轮传动

(a)交错轴斜齿轮副
(b)准双曲面齿轮副

(c)蜗杆副

图 5-31　交错轴齿轮传动

按齿轮传动的工作条件不同，可分为闭式齿轮传动和开式齿轮传动。

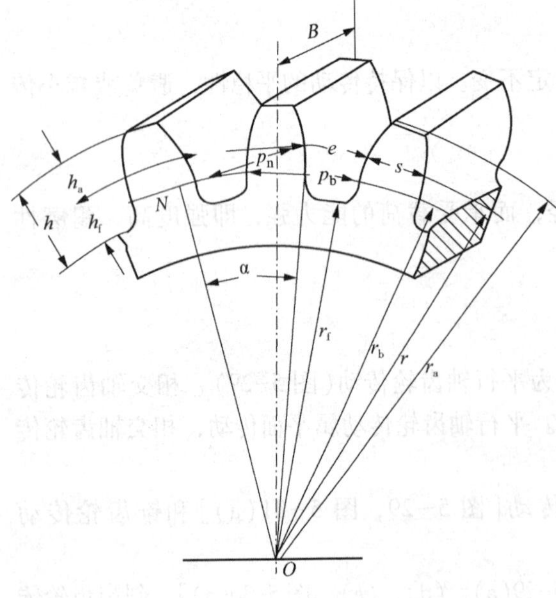

图 5-32　外齿轮

按轮齿齿廓曲线不同，可分为渐开线齿轮传动、摆线齿轮传动和圆弧齿轮传动等，其中渐开线齿轮传动应用最广。

5.7.3　齿轮各部分的名称

图 5-32 中所示为外齿轮的一部分，齿轮上每个凸起部分称为齿，齿轮的齿数用 z 表示。

分度圆：人为选定的设计齿轮的基准圆。半径用 r、直径用 d 表示

齿顶圆：过所有轮齿顶端的圆。半径用 r_a、直径用 d_a 表示。

齿顶高：分度圆与齿顶圆之间的径向距离。用 h_a 表示。

齿根圆：过所有齿槽底部的圆。半径用 r_f、直径用 d_f 表示。

齿根高：分度圆与齿根圆之间的径向距离。用 h_f 表示。

全齿高：齿顶圆与齿根圆之间的径向距离。用 h 表示。

基圆：产生渐开线的圆。半径用 r_b、直径用 d_b 表示。

齿厚：每个轮齿上的圆周弧长。在半径为 r_k 的圆上度量的弧长称为该半径上的齿厚，用 s_k 表示；在分度圆上度量的弧长称为分度圆齿厚，用 s 表示。

槽宽：两个轮齿间槽上的圆周弧长。在半径为 r_k 的圆周上度量的弧长称为该半径上的槽宽，用 e_k 表示。在分度圆上度量的弧长称为分度圆槽宽，用 e 表示。

齿距：相邻两个轮齿同侧齿廓之间的圆周弧长。在半径为 r_k 的圆周上度量的弧长称为该半径的齿距，用 p_k 表示；显然 $p_k=s_k+e_k$。

在分度圆上度量的弧长称为分度圆齿距，用 p 表示，$p=s+e$。

在基圆上度量的弧长称为基圆齿距，用 p_b 表示，$p_b=s_b+e_b$。

法向齿距：相邻两个轮齿同侧齿廓之间在法线方向上的距离。用 p_n 表示。由渐开线性质可知：$p_n=p_b$。

5.7.4 齿轮的基本参数

知道了齿轮各部分的定义及名称，那么，齿轮各部分的关系是怎样的？如何进行计算？为此，规定了以下五个基本参数：

5.7.4.1 齿数 Z

为了减小齿轮传动机构的尺寸、重量，一般小齿轮齿数的选择为不发生根切的最小齿数，再通过传动比计算出其他齿轮的齿数。

5.7.4.2 分度圆模数 *m*

分度圆周长 $=\pi d=zp$，因而分度圆直径 d 为：$d=\dfrac{zp}{\pi}$。从这个式子可见，由于 π 是无理数，所以不论 p 取任何有理数，都会使计算出的分度圆和以它为基准的其他圆的直径为无理数，这会给齿轮的设计、制造和测量带来诸多不便，为此，人为地将 $\dfrac{p}{\pi}$ 的比值取为有理数，用 m 表示，m 称为分度圆模数，简称为模数，单位是 mm，$m=\dfrac{p}{\pi}$。

5.7.4.3 分度圆压力角 *α*(图 5-33)

分度圆确定后，就要确定用作齿廓曲线的渐开线的形状。渐开线的形状是由基圆决定的，由 $r_k=\dfrac{r_b}{\cos\alpha_k}$ 可知，已知分度圆半径后，只要选定一个分度圆压力角 α，就可以求出基圆半径：$r_b=r\cos\alpha$。

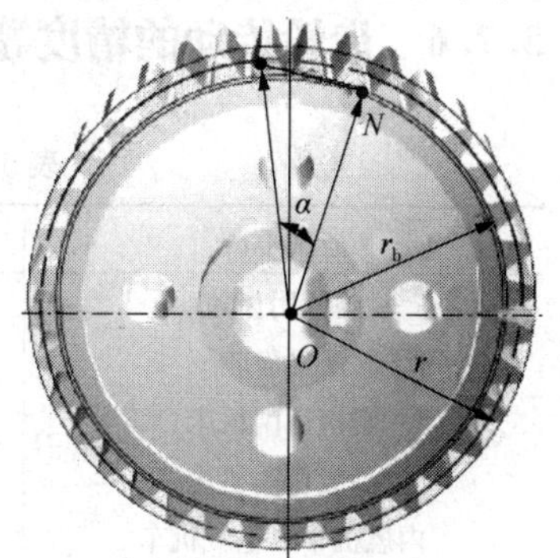

图 5-33 分度圆压力角

压力角 α 标准值：我国规定标准值一般为 20°，某些行业也采用 14.5°，15°。

5.7.4.4 齿顶高系数 h_a^*

齿顶高 h_a 用齿顶高系数 h_a^* 与模数的乘积表示：$h_a=h_a^*m$。

5.7.4.5 顶隙系数 c^*

齿根高 h_f 用齿顶高系数 h_a^* 与顶隙系数 c^* 之和乘以模数表

示：$h_f=(h_a^*+c^*)m$。

齿顶高系数与顶隙系数的标准值：

正常齿制当 $m\geqslant 1\text{mm}$ 时，$h_a^*=1$，$c^*=0.25$；当 $m<1\text{mm}$ 时，$h_a^*=1$，$c^*=0.35$。

短齿制 $h_a^*=0.8$，$c^*=0.3$。

5.7.5 渐开线标准直齿轮几何尺寸计算公式(表 5-16)

表 5-16 渐开线标准直齿轮几何尺寸计算公式

基本参数		$z,\ \alpha,\ m,\ h_a^*,\ c^*$	
名称	符号	公式	
分度圆直径	d	$d_1=mz_1$	$d_2=mz_2$
齿顶高	h_a	$h_a=h_a^*m$	
齿根高	h_f	$h_f=(h_a^*+c^*)m$	
全齿高	h	$h=h_a+h_f=(2h_a^*+c^*)m$	
齿顶圆直径	d_a	$d_{a1}=d_1\pm 2h_a=(z_1\pm 2h_a^*)m$　$d_{a2}=d_2\pm 2h_a=(z_2\pm 2h_a^*)m$①	
齿根圆直径	d_f	$d_{f1}=d_1\mp 2h_f=(z_1\mp 2h_a^*\mp 2c^*)m$　$d_{f2}=d_2\mp 2h_f=(z_2\mp 2h_a^*\mp 2c^*)m$①	
基圆直径	d_b	$d_{b1}=d_1\cos\alpha=mz_1\cos\alpha$　$d_{b2}=d_2\cos\alpha=mz_2\cos\alpha$	
齿距	p	$p=\pi m$	
齿厚	s	$s=\pi m/2$	
槽宽	e	$e=\pi m/2$	
中心距	a	$a=(d_1\pm d_2)/2=m(z_1\pm z_2)/2$①	
顶隙	c	$c=c^*m$	
基圆齿距	p_b	$p_n=p_b=\pi m\cos\alpha$②	
法向齿距	p_n		

注：① 上面的符号用于外齿轮，下面的符号用于内齿轮；中心距计算公式上面符号用于外啮合齿轮传动，下面符号用于内啮合齿轮传动。

② 因为 $zp_b=\pi d_b=\pi mz\cos\alpha$，所以 $p_b=\pi m\cos\alpha$。

在这五个参数中，模数 m、压力角 a、h_a^*、c^* 都已标准化，设计齿轮时，一般按国家标准选取。

5.7.6 齿轮传动的精度等级(表 5-17)

表 5-17 各种机械传动所采用齿轮的精度等级

应用范围	精度等级	应用范围	精度等级
测量用齿轮	2~5	航空发动机	4~7
透平齿轮	3~6	拖拉机	6~10
精密切削机床	3~7	一般减速器	6~9
一般切削机床	5~8	轧钢机	6~10
内燃机车、电气机车	6~7	起重机械	7~10
轻型汽车	5~8	地质矿山绞车	8~10
载重汽车	6~9	农业机械	8~11

5.8 蜗杆传动

5.8.1 蜗杆传动的组成

蜗杆传动由蜗杆、蜗轮和机架组成，用来传递空间两交错轴的运动和动力。如图 5-34 所示。通常两轴交错角为 90°，蜗杆为主动件。

5.8.2 蜗杆传动的类型

见图 5-35，根据蜗杆的形状，蜗杆传动可分为圆柱蜗杆传动、环面蜗杆传动和锥面蜗杆传动。

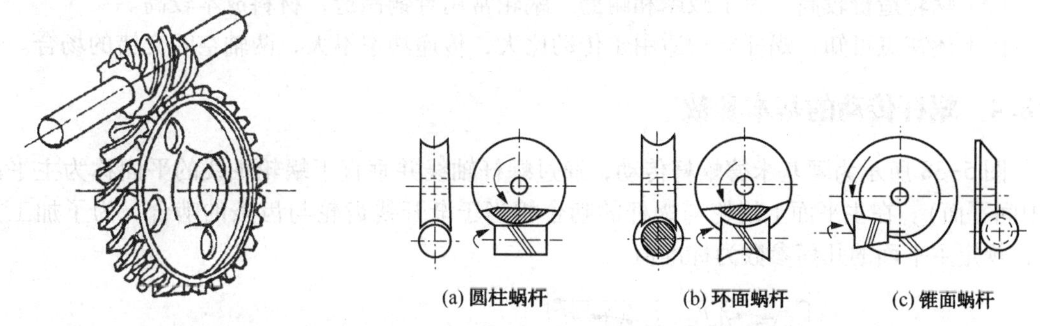

图 5-34 蜗杆传动　　图 5-35 蜗杆传动的类型

圆柱蜗杆传动，按蜗杆轴面齿型又可分为普通蜗杆传动和圆弧齿圆柱蜗杆传动。

普通蜗杆传动多用直母线刀刃的车刀在车床上切制，可分为阿基米德蜗杆(ZA 型)、渐开蜗杆(ZI 型)和法面直齿廓蜗杆(ZH 型)等几种。

见图 5-36，车制阿基米德蜗杆时刀刃顶平面通过蜗杆轴线。该蜗杆轴向齿廓为直线，端面齿廓为阿基米德螺旋线。阿基米德蜗杆易车削难磨削，通常在无需磨削加工情况下被采用，广泛用于转速较低的场合。

见图 5-37，车制渐开线蜗杆时，刀刃顶平面与基圆柱相切，两把刀具分别切出左、右侧螺旋面。该蜗杆轴向齿廓为外凸曲线，端面齿廓为渐开线。渐开线蜗杆可在专用机床上磨削，制造精度较高，可用于转速较高功率较大的传动。

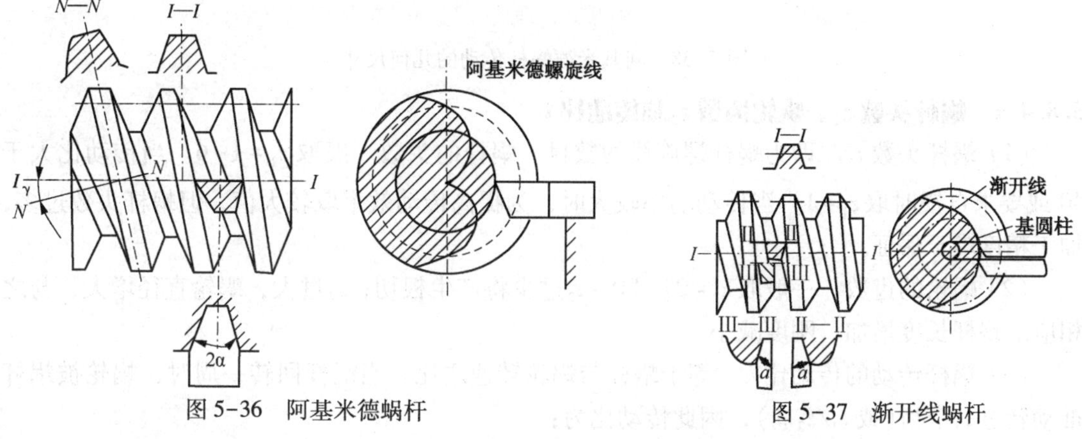

图 5-36 阿基米德蜗杆　　图 5-37 渐开线蜗杆

蜗杆传动类型很多，本节仅讨论目前应用最为广泛的阿基米德蜗杆传动。

5.8.3 蜗杆传动的特点

(1) 传动比大，结构紧凑　单级传动比一般为 10~40(<80)，只传动运动时(如分度机构)，传动比可达 1000。

(2) 传动平稳，噪声小　由于蜗杆上的齿是连续的螺旋齿，蜗轮轮齿和蜗杆是逐渐进入啮合又逐渐退出啮合的，故传动平稳，噪声小。

(3) 有自锁性　当蜗杆导程角小于当量摩擦角时，蜗轮不能带动蜗杆转动，呈自锁状态。手动葫芦和浇铸机械常采用蜗杆传动满足自锁要求。

(4) 传动效率低　蜗杆蜗轮啮合处有较大的相对滑动，摩擦剧烈、发热量大，故效率低。一般 $\eta=0.7\sim0.9$，具有自锁性能的蜗杆效率仅 0.4。

(5) 蜗轮造价较高　为了减摩和耐磨，蜗轮常用青铜制造，材料成本较高。

由上述特点可知：蜗杆传动适用于传动比大，传递功率不大，两轴空间交错的场合。

5.8.4 蜗杆传动的基本参数

图 5-38 所示为阿基米德蜗杆传动，通过蜗杆轴线并垂直于蜗轮轴线的平面称为主平面(中间平面)。在主平面上蜗轮与蜗杆的啮合相当于渐开线齿轮与齿条的啮合。为了加工方便，规定主平面的几何参数为标准值。

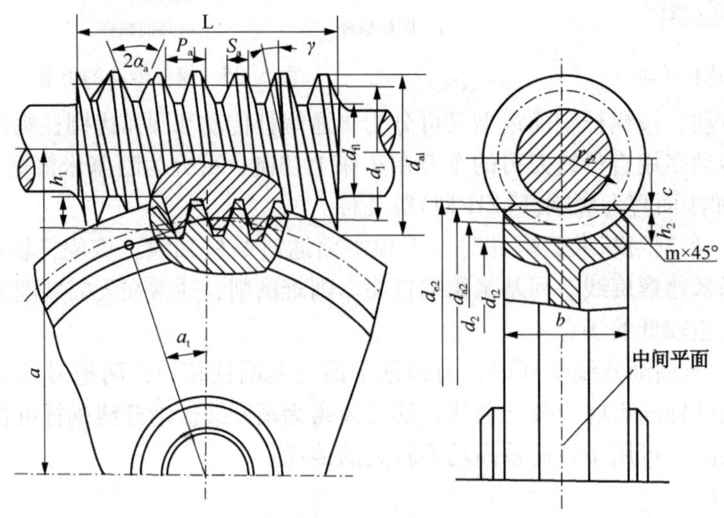

图 5-38　阿基米德蜗杆传动的几何尺寸

5.8.4.1 蜗杆头数 z_1、蜗轮齿数 z_2 和传动比 i

(1) 蜗杆头数 z_1　即为蜗杆螺旋线的数目。蜗杆的头数一般取 $z_1=1\sim6$。当传动比大于 40 或要求自锁时取 $z_1=1$；当传动功率较大时，为提高传动效率取较大值，但蜗杆头数过多，加工精度难于保证。

(2) 蜗轮的齿数　一般取 $z_2=27\sim80$。z_2 过少将产生根切；z_2 过大，蜗轮直径增大，与之相应的蜗杆长度增加，刚度减小。

(3) 蜗杆传动的传动比 i　等于蜗杆与蜗轮转速之比。当蜗杆回转一周时，蜗轮被蜗杆推动转过 z_1 个齿(或 z_1/z_2 周)，因此传动比为：

$$i = \frac{n_1}{n_2} = \frac{z_2}{z_1}$$

式中，n_1、n_2分别为蜗杆和蜗轮的转速，r/min。

在蜗杆传动设计中，传动比的公称值按下列数值选取：5、7.5、10、12.5、15、20、25、30、40、50、60、70、80。其中10、20、40、80为基本传动比应优先选用。z_1、z_2可根据传动比 i 按表5-18选取。

表5-18　z_1和z_2的推荐值

i	7~8	9~13	14~24	25~27	28~40	>40
z_1	4	3~4	2~3	2~3	1~2	1
z_2	28~32	27~52	28~72	50~81	28~80	>40

5.8.4.2　模数 m 和压力角 α

由于蜗杆传动在主平面内相当于渐开线齿轮与齿条的啮合，而主平面是蜗杆的轴向平面又是蜗轮的端面(图5-38)，与齿轮传动相同，为保证轮齿的正确啮合，蜗杆的轴向模数 m_{a1}应等于蜗轮的端面模数 m_{t2}；蜗杆的轴向压力角 α_{a1}应等于蜗轮的端面压力角 α_{t2}；蜗杆分度圆导程角 γ 应等于蜗轮分度圆螺旋角 β，且两者螺旋方向相同。即：

$$m_{a1} = m_{t2} = m$$

$$\alpha_{a1} = \alpha_{t2} = \alpha$$

$$\gamma = \beta$$

5.8.4.3　蜗杆的分度圆直径 d_1和导程角 β

见图5-39，将蜗杆分度圆柱展开，其螺旋线与端平面的夹角 γ 称为蜗杆的导程角。可得：

$$\mathrm{tg}\gamma = \frac{z_1 p_{a1}}{\pi d_1} = \frac{z_1 m}{d_1}$$

式中，p_{a1}为蜗杆轴向齿距，mm；d_1为蜗杆分度圆直径，mm。

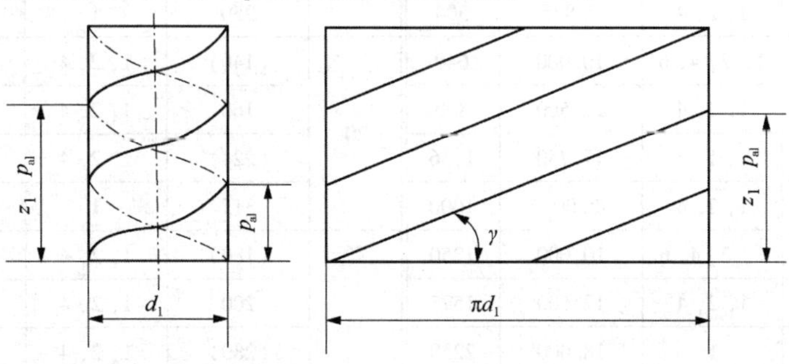

图5-39　分度圆柱展开图

蜗杆的螺旋线与螺纹相似也分左旋和右旋，一般多为右旋。对动力传动，为提高效率应采用较大的 γ 值，即采用多头蜗杆；对要求具有自锁性能的传动，应采用 γ <3°30″的蜗杆传动，此时蜗杆的头数为1。由上式得：

$$d_1 = m\frac{z_1}{\mathrm{tg}\gamma} = mq$$

式中，$q=\dfrac{z_1}{\text{tg}\gamma}$称为蜗杆的直径系数，当 m 一定时，q 值增大，则蜗杆直径 d_1增大，蜗杆的刚度提高。小模数蜗杆一般有较大的 q 值，以使蜗杆有足够的刚度。

蜗杆与蜗轮正确啮合，加工蜗轮的滚刀直径和齿形参数必须与相应的蜗杆相同，为限制蜗轮滚刀的数量，d_1亦标准化。d_1与 m 有一定的匹配见表 5-19。

表 5-19　蜗杆基本参数($\Sigma=90°$)(摘自 GB/T 10085—1988)

模数 m/mm	分度圆直径 d_1/mm	蜗杆头数 z_1	直径系数 q	m^2d_1/mm³	模数 m/mm	分度圆直径 d_1/mm	蜗杆头数 z_1	直径系数 q	m^2d_1/mm³
1	18	1	18.000	18	6.3	(80)	1, 2, 4	12.698	3175
1.25	20	1	16.000	31.25		112	1	17.778	4445
	22.4	1	17.920	35	8	(63)	1, 2, 4	7.875	4032
1.6	20	1, 2, 4	12.500	51.2		80	1, 2, 4, 6	10.000	5376
	28	1	17.500	71.68		(100)	1, 2, 4	12.500	6400
2	(18)	1, 2, 4	9.000	72		140	1	17.500	8960
	22.4	1, 2, 4, 6	11.200	89.6	10	(71)	1, 2, 4	7.100	7100
	(28)	1, 2, 4	14.000	112		90	1, 2, 4, 6	9.000	9000
	35.5	1	17.750	142		(112)	1, 2, 4	11.200	11200
2.5	(22.4)	1, 2, 4	8.960	140		160	1	16.000	16000
	28	1, 2, 4, 6	11.200	175	12.5	(90)	1, 2, 4	7.200	14062
	(35.5)	1, 2, 4	14.200	221.9		112	1, 2, 4	8.960	17500
	45	1	18.000	281		(140)	1, 2, 4	11.200	21875
3.15	(28)	1, 2, 4	8.889	278		200	1	16.000	31250
	35.5	1, 2, 4, 6	11.27	352	16	(112)	1, 2, 4	7.000	28672
	45	1, 2, 4	14.286	447.5		140	1, 2, 4	8.750	35840
	56	1	17.778	556		(180)	1, 2, 4	11.250	46080
4	(31.5)	1, 2, 4	7.875	504		250	1	15.625	64000
	40	1, 2, 4, 6	10.000	640	20	(140)	1, 2, 4	7.000	56000
	(50)	1, 2, 4	12.500	800		160	1, 2, 4	8.000	64000
	71	1	17.750	1136		(224)	1, 2, 4	11.200	89600
5	(40)	1, 2, 4	8.000	1000		315	1	15.750	126000
	50	1, 2, 4, 6	10.000	1250	25	(180)	1, 2, 4	7.200	112500
	(63)	1, 2, 4	12.600	1575		200	1, 2, 4	8.000	125000
	90	1	18.000	2250		(280)	1, 2, 4	11.200	175000
6.3	(50)	1, 2, 4	7.936	1985		400	1	16.000	250000

5.8.5　蜗杆传动的润滑

润滑对蜗杆传动特别重要，因为润滑不良时，蜗杆传动的效率将显著降低，并会导致剧烈的磨损和胶合。通常采用黏度较大的润滑油，为提高其抗胶合能力，可加入油性添加剂以提高油膜的刚度，但青铜蜗轮不允许采用活性大的油性添加剂，以免被腐蚀。

闭式蜗杆传动的润滑油黏度和润滑方法可参考表 5-20 选择。开式传动则采用黏度较高的齿轮油或润滑脂进行润滑。闭式蜗杆传动用油池润滑，在 $v_S \leq 5$m/s 时常采用蜗杆下置式，浸油深度约为一个齿高，但油面不得超过蜗杆轴承的最低滚动体中心，见图 5-40(a)、(b)；$v_S > 5$m/s 时常用上置式，见图 5-40(c)，油面允许达到蜗轮半径 1/3 处。

表 5-20 蜗杆传动的润滑油黏度及润滑方法

滑动速度 v_S/(m/s)	<1	<2.5	<5	>5~10	>10~15	>15~25	>25
工作条件	重载	重载	中载	—	—	—	—
运动黏度 υ(40℃)/(mm^2/s)	1000	680	320	220	150	100	68
润滑方法	浸油			浸油或喷油	喷油润滑，油压/MPa		
					0.07	0.2	0.3

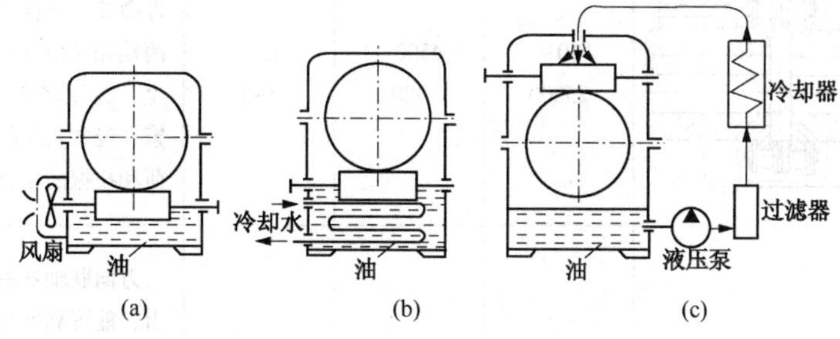

图 5-40 蜗杆传动的润滑方法

5.9 联轴器

联轴器是连接两轴或连接轴和回转件的一个部件，在传递运动和动力过程中和轴一同回转不脱开。联轴器除具有连接功能之外，也可使之具有安全防护等功能。

5.9.1 联轴器的分类、特点及应用(表 5-21)

表 5-21 联轴器的分类、特点及应用

类别	名称	简图	公称转矩 T_n/N·m	许用转速 N_p/(r·min^{-1})	轴颈范围/mm	特点及应用
固定式刚性联轴器	凸缘联轴器		25~100000	12000~16000	12~250	结构简单，成本低，无补偿性能、不能缓冲减振，对两轴安装精度要求较高，用于振动很小的工况条件，连接中、高速和刚性不大的且要求对中性较高的两轴
	胀套式联轴器					结构简单，靠摩擦力传递转矩，无键连接，要求两轴对中性好，用于小转矩传递

续表

类别	名称	简图	公称转矩 T_n/N·m	许用转速 N_p/(r·min^{-1})	轴颈范围/mm	特点及应用
可移动式刚性联轴器	齿式联轴器		1120~4500000	300~4000	22~1000	工作可靠，承载能力大，具备少量补偿性能。与其他类型联轴器相比，尺寸相同时传递转矩最大。但构造复杂，制造困难，成本高，有噪声，不能缓冲减振。工作环境温度-20~80℃。 TGL尼龙内齿圈鼓形齿式联轴器(JB/T 5514)具有缓冲减振的能力，多用于中小转矩的传动
	滚子链联轴器		40~25000	4500~900	16~190	结构简单、重量轻、工作可靠、寿命长、装拆方便，且有少量补偿两轴相对偏移性能，用于潮湿、多尘、高温场合，不宜用于启动频繁、经常正反转以及较剧烈冲击载荷和扭振的场合。
	万向联轴器		1.25~1600		10~40	万向联轴器有较大的角向补偿能力，能可靠地传递转矩和运动。适用于轧钢机械、起重运输机械、工程、矿山、石油以及其他重型机械。 SWC型不用螺栓固定轴承，提高了可靠度。且便于维护。 SWP型做成剖分式，用螺栓连接，便于更换轴承，但可靠度降低，可在$\beta=5°\sim15°$下工作
金属弹性元件联轴器	膜片式联轴器		25~1×7^{10}	10700~350	14~950	结构紧凑、强度高、使用寿命长，具有耐酸、耐碱、防腐蚀的特点，且不需润滑。 可用于高温、高速、有腐蚀介质的工况条件，广泛用于各种机械传动中。工作环境温度-20~250℃
	蛇形弹簧联轴器		45~800000	10000~540	18~500	适用于连接传递中、大功率，具有一定补偿两轴相对偏移、减振和缓冲性能。且互换性好，型式安全，技术先进，适用范围广泛。其工作环境温度为-30~150℃

续表

类别	名称	简图	公称转矩 T_n/N·m	许用转速 N_p/(r·min^{-1})	轴颈范围/mm	特点及应用
非金属弹性元件联轴器	梅花型弹性联轴器	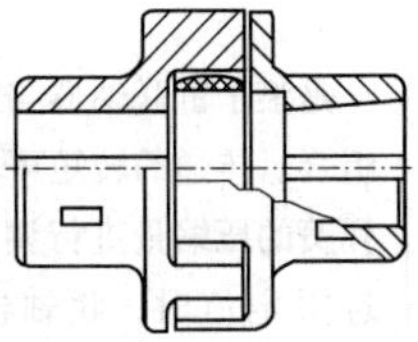	45~25000	4750~950	12~160	结构简单，径向尺寸小，不需润滑，维护方便，具有减振缓冲性能。 用于启动频繁，经常正反转的中低速、中小功率以及工作可靠性要求高的场合，不宜用于重载及轴向尺寸限制的场合。工作温度为-35~80℃
	弹性套柱销联轴器	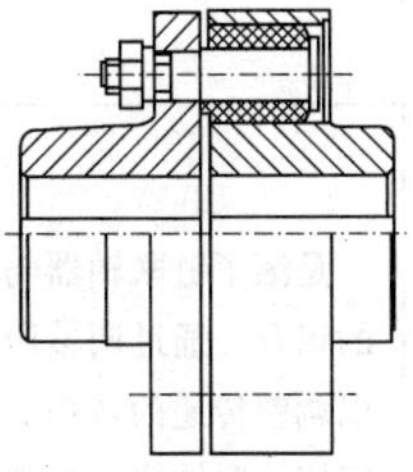	6.3~16000	8800~1000	7~170	结构简单，制造容易，不需润滑，具有一定的减振缓冲性能。 用于对中精度较高，冲击载荷不大，减振要求不高的中小功率场合工作环境温度为-20~70℃
	弹性柱销齿式联轴器	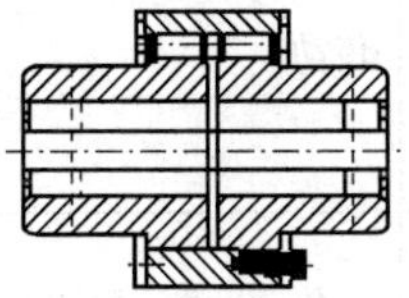	112~2800000	5000~430	12~850	结构简单，维修方便，寿命长，传动转矩大。具有一定补偿两轴相对偏移和一般减振性能，可部分代替齿式联轴器，但噪声大。工作温度为-20~70℃，对于减振、噪声要求很高的场合不宜使用
	轮胎式联轴器	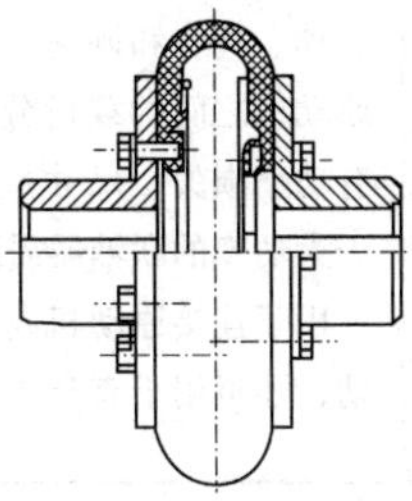	10~25000	5000~800	11~180	其有补偿两轴相对偏移和较好的减振、缓冲、电绝缘性能，寿命较长，不需润滑，装拆方便，径向尺寸大。 用于有冲击、振动，启动频繁、经常正反转以及潮湿、多尘的场合，工作温度-20~80℃
	弹性块联轴器	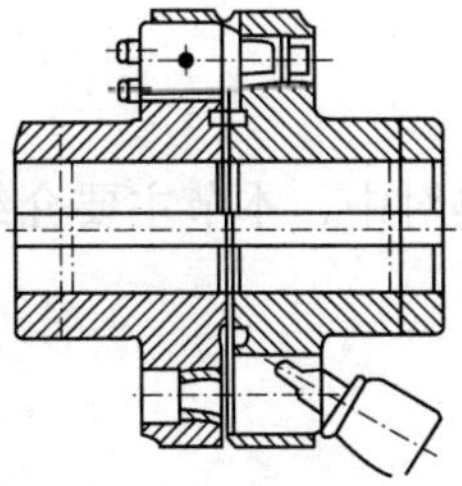	10000~3150000	1275~130	85~850	节能，无噪声，不需润滑，安装维修简单，寿命长并具有补偿两轴相对偏移、减振、缓冲性能，可用于连接同轴线的大中功率、振动冲击较大的轴承传动。工作环境温度为-30~120℃
	梅花联轴器	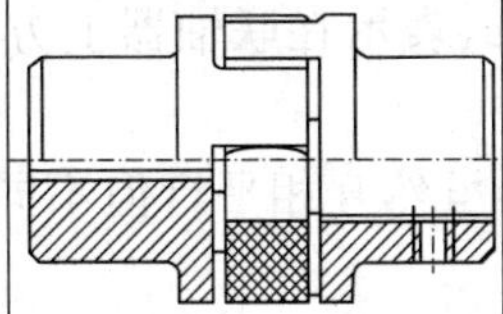				具有缓冲减振、不需润滑、维护方便的特点，有一定的补偿两轴偏移的能力，适用载荷变化不大，工作平稳、启动频繁、正反转多变的中低速、中小功率的传动

续表

类别	名称	简图	公称转矩 T_n/N·m	许用转速 N_p/(r·min^{-1})	轴颈范围/mm	特点及应用
安全联轴器	链轮摩擦式安全联轴器					是滚子链联轴器与摩擦离合器的组合。传递的转矩可通过调整碟形弹簧的压缩量进行调整。当转矩超过限定值时，联轴器会打滑、报警，具有过载保护作用
	钢球安全联轴器					是滚子链联轴器与钢球转矩制器的组合。通过调整压紧碟形弹簧可以调整传递的转矩。当转矩超过限定值，联轴器会打滑、报警，具有过载保护作用。多用于小转矩的传动
	液力联轴器	液力联轴器				传动平稳，能隔离扭转振动，防护动力过载，可以方便地实现空载启动、离合和调速，能够均匀多台原动机之间的载荷分配，但传动中有功率损失，尺寸、重量较大，对于大功率的联轴器需要辅助设备。 用于连接原动机与负载之间的传动，还可用于离合和调速

5.9.2 联轴器的找正

联轴器的找正又称联轴器的对中，对中可分为冷对中和热对中，本节主要介绍冷对中的技术。

5.9.2.1 找正时偏移情况的分析

找正联轴器时，一般可能遇到以下四种情况。

(1) $s_1=s_3$，$a_1=a_3$，见图 5-41(a)。这表示两半联轴器是处于既平行又同心的正确位置，这时两轴的中心线必位于一条线上。此处 s_1，s_3和 a_1，a_3表示在联轴器上方 0°和下方 180°两个位置上的轴向间隙和径向间隙。

(2) $s_1=s_3$，$a_1\neq a_3$，见图 5-41(b)。这表示两半联轴器虽然互相平行但不同心，这时两轴的中心线之间有平行的径向位移，其偏心距为 $e=\frac{a_3-a_1}{2}$。

(3) $s_1 \neq s_3$，$a_1 = a_3$，见图 5-41(c)。这表示两半联轴器虽然同心，但不平行，这时两轴的中心线之间有倾斜的角位移(倾斜角为 α)。

(4) $s_1 \neq s_3$，$a_1 \neq a_3$，见图 5-41(d)。这表示两半联轴器既不平行，又不同心，这时两轴的中心线之间既有径向位移，又有角位移。

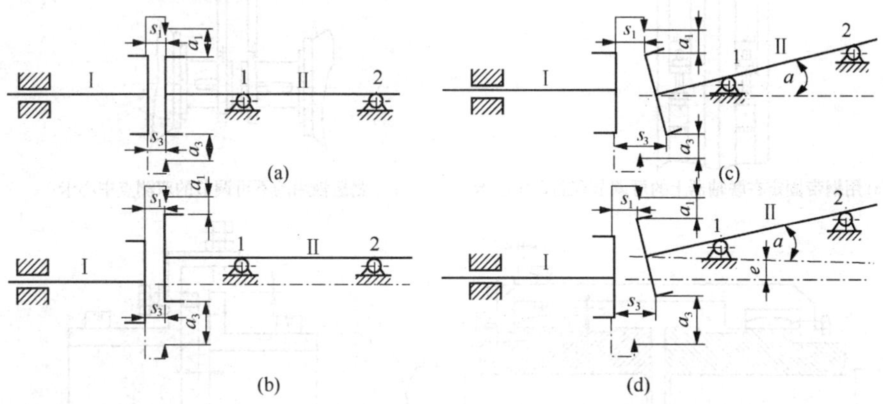

图 5-41　联轴器找正时可能遇到的四种情况

联轴器处于后三种情况时，都不正确，故均需要找正，直到获得第一种正确的情况为止。一般在安装机器时，首先把从动机安装好，使其轴处于水平，然后安装主动机，所以，找正时只需调整主动机，即在主动机的支脚下面用加减垫片的方法来进行调整。

5.9.2.2　找正测量的方法

联轴器在找正时主要测量其同轴度(径向位移或径向间隙)和平行度(角位移或轴向间隙)。根据测量时所用工具的不同，其测量方法可分为以下三种：

(1) 利用直角尺测量联轴器的同轴度和利用平面规及楔形间隙规测量联轴器的平行度。它们的测量方法见图 5-42。这种找正方法虽然简单，但精密度不高，一般只能应用于不需要精密找正中心的粗糙的低速机器。

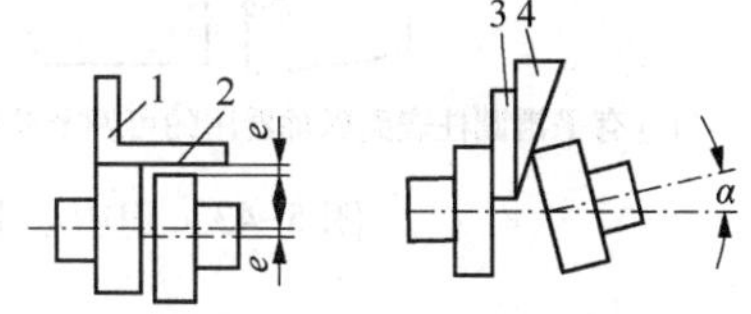

图 5-42　用直角尺、平面规、楔形间隙规测量方法

1—直角尺；2—塞尺；3—平面规；4—楔形间隙规

(2) 利用中心卡及塞尺测量联轴器的同轴度和平行度。一般找正用的中心卡结构见图 5-43。利用中心卡及塞尺可以同时测量联轴器的径向间隙 a 和轴向间隙 s。这种找正方法操作方便、精密度高，比较通用。

(3) 利用中心卡及百分表测量联轴器的同轴度和平行度。此法与上述方法基本一样，不同的只是将测点螺钉换上两个百分表而已。因为有了精密度较高的百分表来测量径向间隙和轴向间隙，故此法的精密度最高，它适用于需要精确找正中心的精密的和高速的机器。

利用中心卡及塞尺或百分表来测量联轴器的同轴度(径向间隙)和平行度(轴向间隙)时，常用一点法来进行测量。所谓一点法是指在测量一个位置上的径向间隙时，同时又测量同一个位置上的轴向间隙。测量时，先装好中心卡，并使两联轴器向着相同的方向一起旋转，使中心卡首先位于上方垂直的位置 0°，用塞尺(或百分表)测量出径向间隙 a_1 和轴向间隙 s_1，然后将两半联轴器顺次转到 90°、180°、270°三个位置上，分别测量出 a_2、s_2；a_3、s_3；a_4、s_4。将测得的数值记在记录图中，见图 5-44。

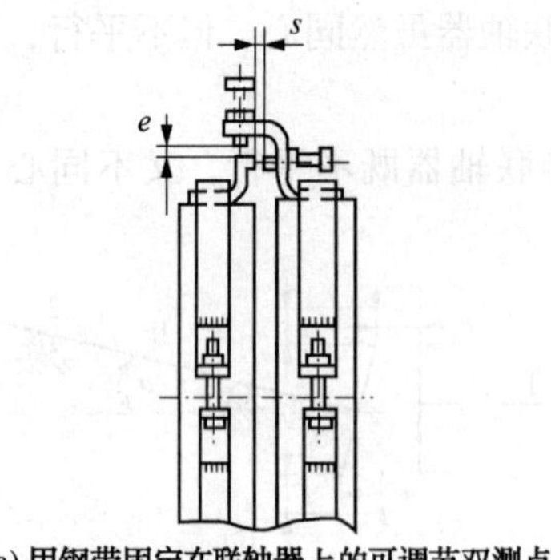

(a) 用钢带固定在联轴器上的可调节双测点中心卡

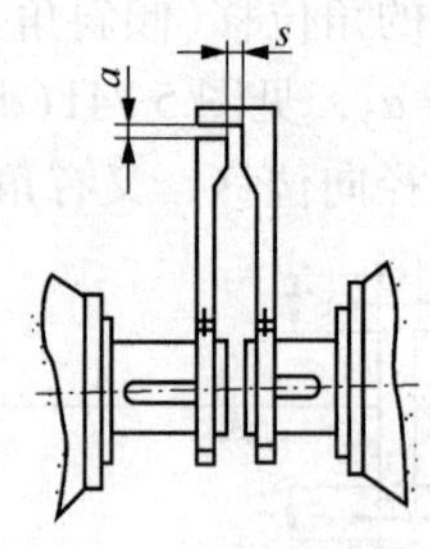

(b) 侧量轴用的不可调节的双测点中心卡

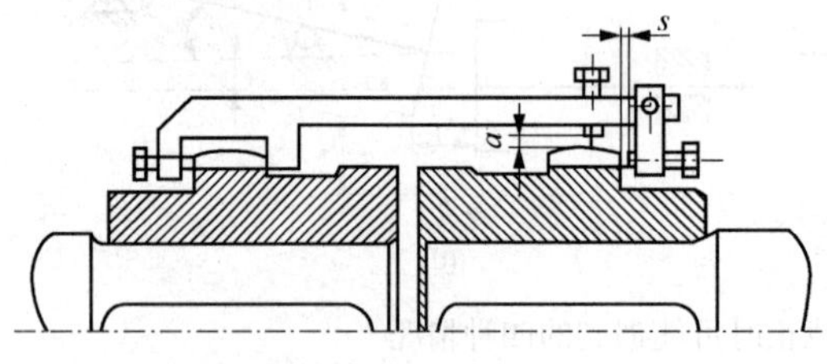

(c) 测量齿形联轴器用的可调节的双测点中心卡

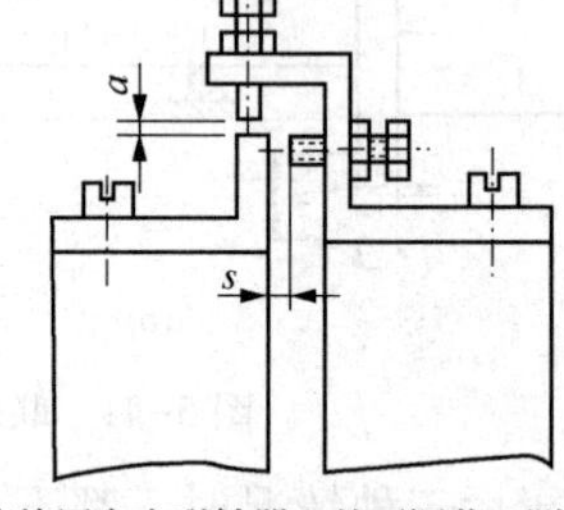

(d) 用螺钉直接固定在联轴器上的可调节双测点中心卡

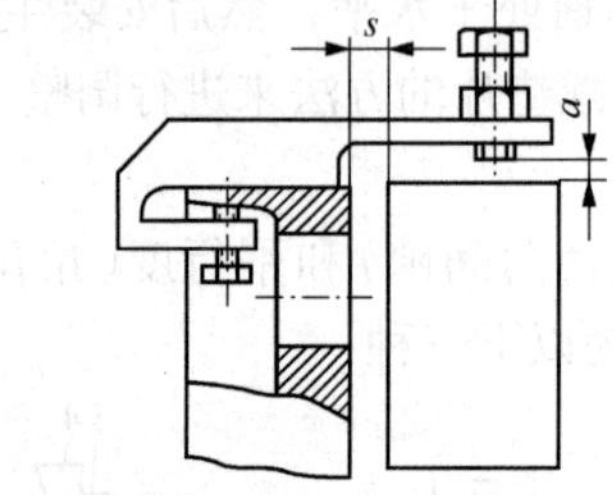

(e) 有平滑圆柱表面联轴器用的可调节单测点中心卡

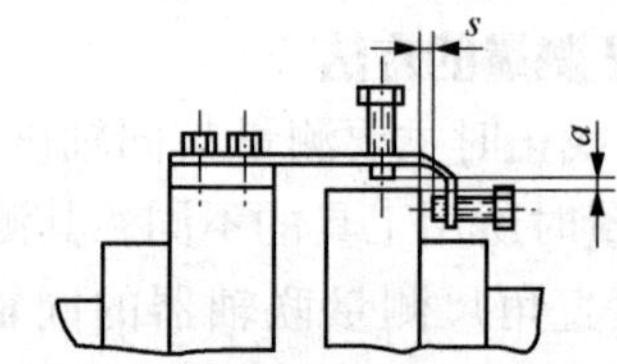

(f) 测量具有平滑圆柱面联轴器的双测点中心卡

图 5-43　用中心卡测量联轴器同轴度和平行度的方法

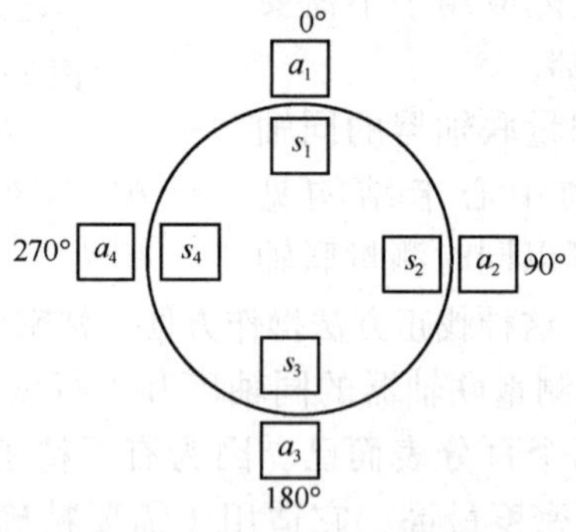

图 5-44　一点法记录图

当两半联轴器重新转到0°位置时，再次测得径向间隙和轴向间隙的数值记为 a'_1、s'_1。此处 a'_1、s'_1数值应与 a_1、s_1相等。若 $a'_1 \neq a_1$、$s'_1 \neq s_1$，则必须检查其产生原因(大部分是轴向窜动引起的)，并予以消除，然后再继续进行测量，直到所测得的数值正确为止。最后所测得的数据应该符合下列条件：$a_1+a_3=a_2+a_4$；$s_1+s_3=s_2+s_4$。

在测量过程中，如果由于基础的结构影响，无法测量联轴器最低位置上的径向间隙 a_3 和轴向间隙 s_3，则可根据其他三个已测得的间隙数值推算出来：$a_3=a_2+a_4-a_1$；$s_3=s_2+s_4-s_1$。

最后，比较对称点上的两个径向间隙和轴向间隙的数值（如 a_1 和 a_3；s_1 和 s_3），若对称点的数值相差不超过规定的数值(0.05~0.10mm)时，则符合要求，否则要进行调整。调整时通常采用在垂直方向加减驱动机支脚下面的垫片或在水平方向移动驱动机位置的方法来实现。

对于粗糙和小型的机器，在调整时，根据偏移情况采取逐渐近似的经验方法来进行调整（即逐次试加或试减垫片，以及左右敲打移动主机）。对于精密的和大型的机器，在调整时，则应该通过计算来确定应加或应减垫片的厚度和左右的移动量（图 5-45）。调整垫片最大不能超过 13mm，且每组调整垫片数量不能超过 5 张。

5.9.2.3 找正计算和调整

联轴器的径向间隙和轴向间隙测量完毕后，就可根据偏移情况来进行调整。在调整时，一般先调整轴向间隙，使两半联轴器平行。然后调整径向间隙，使两半联轴器同心。为了准确快速地进行调整，应先经过如下的近似计算，确定在主动机支脚下应加上或减去的垫片厚度。

现在以既不平行又不同心的一种偏移情况为例，介绍联轴器找正时的计算及调整方法。见图 5-45(a)，Ⅰ为从动机轴，Ⅱ为主动机轴。设找正测量的结果为 $s_1>s_3$；$a_1>a_3$。

第一步，使两半联轴器平行。

由图可知，为了要使两半联轴器平行，必须在驱动机的支脚 2 下加上厚度为 $x$mm 的垫片才能达到。此处 x 的数值可以利用图上画有阴影线的两个相似三角形的比例关系算出：

$$x=\frac{b}{D}\cdot L$$

式中 b——在 0°与 180°两个位置上测得的轴向间隙的差值，$b=s_1-s_3$，mm；

D——联轴器的计算直径（应考虑到中心卡测量处大于联轴器直径的部分），mm；

L——驱动机纵向两支脚间的距离。

由于支脚 2 垫高了，而支脚 1 底下没有加垫，因此轴Ⅱ会以支脚 1 为支点发生很小的转动，这时两半联轴器的端面虽然平行了，但是主动机轴上的半联轴器的中心却下降了 $y$mm，如图 5-45(b)所示。此处 y 的数值同样可以利用图上画有阴影线的两个相似三角形的比例关系算出：

$$y=\frac{x}{L}\cdot l=\frac{\frac{b\cdot L}{D}}{L}=\frac{b}{D}\cdot l$$

式中 l——支脚 1 到半联轴器测量平面之间的距离，mm。

第二步，使两半联轴器同心。

由于 $a_1>a_3$，即两半联轴器不同心，其原有径向位移量（偏心距）为 $e=\frac{a_1-a_3}{2}$，再加上在第一步找正时又使联轴器中心的径向位移量增加了 $y$mm。所以，为了要使两半联轴器同心，必须在驱动机的支脚 1 和 2 下同时加上厚度为 $(y+e)$mm 的垫片。

由此可见，为了要使驱动机轴上的半联轴器和从动机轴上的半联轴器既平行又同心，则必须在驱动机的支脚 1 底下加上厚度为 $(y+e)$mm 的垫片，而在支脚 2 底下加上厚度为 $(x+y+e)$mm 的垫片，见图 5-45(c)。

联轴器在各种偏移情况下找正时，在驱动机的支脚下应加上或减去的垫片厚度的计算公式见表 5-22。

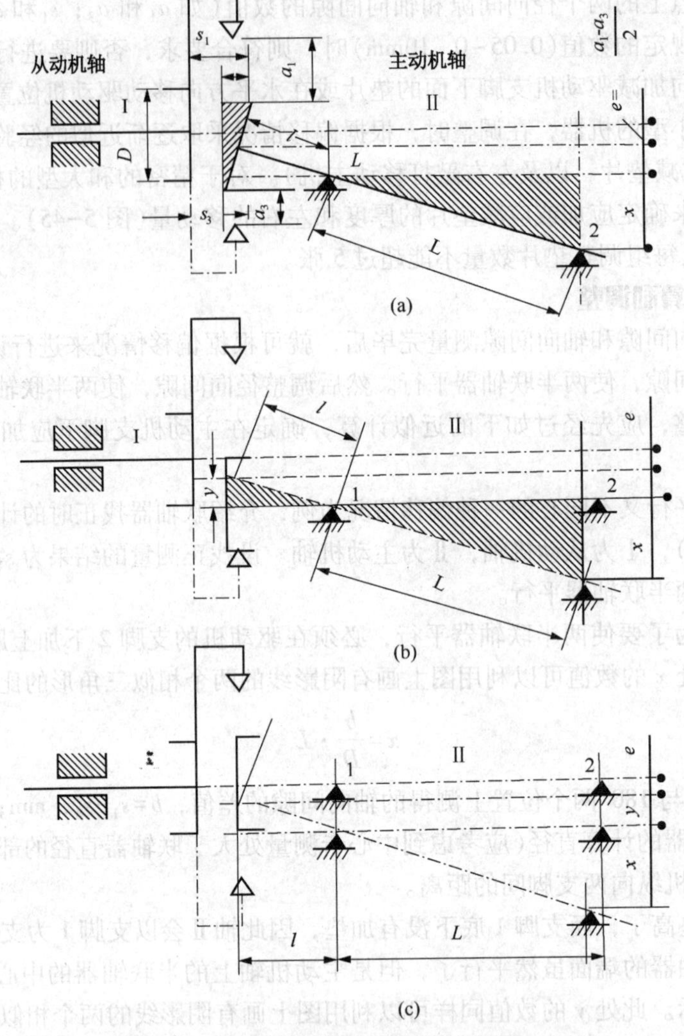

图 5-45　联轴器找正计算和加减垫片调整方法

表 5-22　联轴器找正时垫片厚度的计算公式

偏移情况	驱动机支脚 1	驱动机支脚 2
$s_1=s_3$，$a_1>a_3$	加 $e=\dfrac{a_1-a_3}{2}$	加 $e=\dfrac{a_1-a_3}{2}$
$s_1=s_3$，$a_1<a_3$	减 $e=\dfrac{a_3-a_1}{2}$	减 $e=\dfrac{a_3-a_1}{2}$
$s_1>s_3$，$a_1=a_3$	加 y	加$(x+y)$
$s_1<s_3$，$a_1=a_3$	减 y	减$(x+y)$
$s_1>s_3$，$a_1>a_3$	加$(y+e)$	加$(x+y+e)$
$s_1>s_3$，$a_1<a_3$	加$(y-e)$	加$(x+y-e)$
$s_1<s_3$，$a_1<a_3$	减$(y+e)$	减$(x+y+e)$
$s_1<s_3$，$a_1>a_3$	减$(y-e)$	减$(x+y-e)$

驱动机一般有四个支脚，故在加垫片时，驱动机两个前支脚下应加同样厚度的垫片，而

两个后支脚下也要加同样厚度的垫片。但由于加工误差的原因，四个支脚往往存在不同程度的虚角现象，所以在找正前应检查驱动机的虚角情况，测得的虚角数值应加入到相应的支脚计算后的数值当中去。

全部径向间隙和轴向间隙调整好后，必须满足下列条件：$a_1=a_2=a_3=a_4$，$s_1=s_2=s_3=s_4$。这表明驱动机轴和从动机轴的中心线已位于一条直线上。

在调整联轴器之前，先要调整好两联轴器端面之间的间隙，此间隙应大于轴的轴向窜动量。

5.9.2.4 找正实例计算

见图 5-46(a)，驱动机纵向两支脚之间的距离 $L=3000$mm，支脚 1 到联轴器测量平面之间的距离 $l=500$mm，联轴器的计算直径 $D=400$mm，找正时所测得的径向间隙和轴向间隙数值见图 5-46(b)所示。试求支脚 1 和 2 底下应加或应减的垫片厚度。

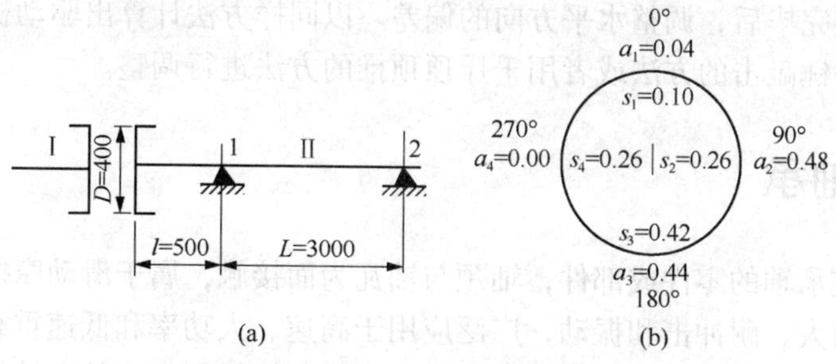

图 5-46 找正计算加减垫片实例

由图 5-46(b)可知，联轴器在 0°与 180°两个位置上的轴向间隙 $s_1<s_3$，径向间隙 $a_1<a_3$，这表示两半联轴器既不平行，又不同心。根据这些条件可作出联轴器偏移情况的找正计算示意图。如图 5-47 所示。

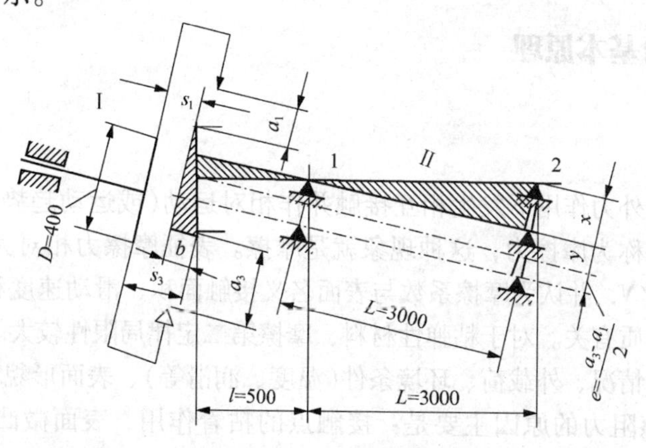

图 5-47 找正计算图

第一步，使两半联轴器平行。

由于 $s_1<s_3$，故 $b=s_3-s_1=0.42-0.10=0.32$mm。所以，为了要使两半联轴器平行，必须从驱动机支脚 2 下减去厚度为 $x$mm 的垫片，x 值可由下式计算：

$$x=\frac{b}{D}\cdot L=\frac{0.32}{400}\times3000=2.4\text{mm}$$

但是，这时主动机轴上的半联轴器中心却被抬高了 $y$mm，y 值可由下式计算：

$$y=\frac{l}{L}\cdot x=\frac{500}{3000}\times 2.4=0.4\text{mm}$$

第二步，使两半联轴器同心。

由于 $a_1<a_3$，故原有的径向位移量(偏心距)为：

$$e=\frac{a_3-a_1}{2}=\frac{0.44-0.04}{2}=0.20\text{mm}$$

所以，为了要使两半联轴器同心，必须从支脚 1 和 2 下同时减去厚度为 $(y+e)=0.40+0.20=0.60$mm 的垫片。

由此可见，为了要使两半联轴器既平行、又同心，则必须在驱动机的支脚 1 下减去厚度为 $(y+e)=0.60$mm 的垫片，在支脚 2 下减去厚度为 $(x+y+e)=2.4+0.4+0.2=3.0$mm 的垫片。

垂直方向调整完毕后，调整水平方向的偏差。以同样方法计算出驱动机水平方向上的偏移量。然后，用手锤敲击的方法或者用千斤顶顶推的方法进行调整。

5.10 滑动轴承

滑动轴承是支承轴的零件或部件，轴颈与轴瓦为面接触，属于滑动摩擦。与滚动轴承相比，具有承载能力大、耐冲击和振动，广泛应用于高速、大功率和低速重载的机器中。运转平稳性能好，可以得到很高的旋转精度，因此常用作金属切削机床的主轴轴承。剖分式结构便于安装和检修调试，成为大型设备选择支承方式的唯一可行途径。此外，结构简单、成本低廉，可长期运转而无需加注润滑剂。综上所述，滑动轴承凭借其显著的优越性被石油及化工企业广泛应用于生产设备与机器之中。

5.10.1 轴承润滑基本原理

5.10.1.1 摩擦

1. 概述

两个物体表面在外力作用下发生相互接触并作相对运动(或运动趋势)时，在接触面之间产生的切向运动阻力称为摩擦力，这种现象就是摩擦。表征摩擦力相对大小的是摩擦系数 f。摩擦第二定律：$f=F/N$，并认为摩擦系数与表面名义接触面积、滑动速度和载荷大小无关，只与材料性质和表面性质有关。对于粘弹性材料，摩擦第二定律局限性较大。影响摩擦阻力的因素：接触表面的运动情况、外载荷、环境条件(温度、润滑等)、表面形貌和材料性质。

产生摩擦和摩擦阻力的原因主要是：接触点的粘着作用、表面微凸体间啮合的机械作用、表面间边界膜的剪切作用、表面间流体的剪切作用和滚动接触中的弹性滞后作用等。从微观尺度来看，物体表面是粗糙的，因而在正压力作用下发生相互接触时，两表面仅仅在它们的理论接触区中的微凸体上相遇，一些微凸体被压平或压入配合表面，真实接触面积通常远远小于名义接触面积。不仅在两个接触物体的硬度和弹性模量不同时会出现压入现象，而且在两个物体的硬度相同，而轮廓峰的外形不同时也会产生压入现象。而且，一般情况下，物体表面被一层称为边界膜(物理膜或化学膜，如：氧化膜)的东西所覆盖。在真实接触的这些区域内，接触处被边界膜所分隔，当两表面作切向位移时，就必须克服因微凸体压入的啮合作用和边界膜的剪切作用而产生的变形阻力。边界膜的剪切作用称作边界摩擦，摩擦系数一般在 0.15~0.04 之间。如果表面上的边界薄膜因种种原因被去除或被破坏，如载荷或温度过大等，接触将发生在表面微凸体的洁净材料间，则两个表面的接触处的原子间将会相互吸引，从而产生强大的粘着力，能在一定程度上形成牢固的结点。在高真空(如外层空间)下工作的机构中，这种现象特别显著。粘着性质取决于接触物理学及接触化学。当发生相对滑动时，一定要克服这些粘着力，也就是说，粘着产生的结点必须被剪断。剪断这些节点的力也是两个表面间产生摩擦的主要原因之一，称作粘着摩擦。粘着作用产生的摩擦系数与结点的剪切强度相应，微凸体压入的啮合作用产生的摩擦系数与材料剪切强度和材料硬度等相关。

粘着作用和啮合作用产生的摩擦称作干摩擦，摩擦系数较大，一般在 0.3~0.6 之间，铜、铬等的干摩擦系数达 0.8~1.5，聚四氟乙烯的干摩擦系数最小，为 0.04~0.1，石墨为 0.08 左右。如果两表面之间有润滑剂存在，由于润滑剂有黏度存在，相对运动使润滑剂剪切滑动所产生的阻力就形成了摩擦的另一个原因，称作流体摩擦。流体摩擦的摩擦系数较小，一般在 0.001~0.02 之间。多数情况下，两表面之间既有材料间的直接接触，又有边界膜和流体膜的存在，称作混合摩擦，摩擦系数一般在 0.01~0.1 之间。滚动摩擦则是作相对滚动的两表面之间的材料变形的滞后现象引起的。较硬的表面间的滚动摩擦系数较小，一般在 0.002~0.008 之间，点接触为 0.002~0.004，线接触为 0.004~0.006。由摩擦而造成的能源损失约占世界能量产量的 1/3~1/2，可见摩擦的影响是比较巨大的，合理的减小摩擦损失对于节约能源是非常有意义的。

2. 摩擦的分类

（1）按物体运动状态分类：

① 静摩擦　两物体表面产生接触，有相对运动趋势但尚未产生相对运动时的摩擦。

② 动摩擦　两相对运动表面之间的摩擦。

（2）按相对运动方式分类：

① 滑动摩擦　两接触物体接触点具有不同速度和(或)方向时的摩擦。

② 滚动摩擦　两接触物体接触点的速度之大小和方向相同时的摩擦。

③ 自旋摩擦　两接触物体环绕其接触点处的公法线相对旋转时的摩擦。

（3）按表面润滑程度分类：

① 干摩擦　两摩擦表面之间不加任何润滑剂，两表面直接接触的摩擦。

② 边界摩擦(即边界润滑)　两个滑动摩擦表面，因润滑剂供应非常不足而无法建立流体摩擦，只能在摩擦表面形成极薄的油膜(厚度只有 0.1~0.2μm)状态下的摩擦。

③ 流体摩擦(即流体润滑)　两个滑动摩擦表面之间充满润滑剂，以流体层隔开相对运动表面时的摩擦，即由流体的黏性阻力或流变阻力引起的摩擦。

④ 混合摩擦(即混合润滑)　半干摩擦和半流体摩擦的统称。

a. 半干摩擦　边界摩擦和干摩擦同时发生的摩擦。

b. 半流体摩擦　流体摩擦和边界摩擦或流体摩擦和干摩擦同时发生的摩擦。

5.10.1.2　滑动轴承的分类、润滑及实现润滑的条件

1. 滑动轴承的分类

滑动轴承具有工作平稳、可靠，结构简单、尺寸小、精度高、振动小，噪声比滚动轴承低、可以承受重载等优点，在保证液体润滑而非干摩擦的条件下，可以长期在设计转速下运行，所以滑动轴承在压缩机上的应用也比较广泛。

(1) 滑动轴承按照润滑情况可分为不完全润滑轴承和液体滑动轴承。

① 不完全润滑轴承　这种轴承轴颈与轴承工作表面间的润滑油不能把两个表面完全隔开，仍有直接接触之处，该类轴承结构简单，精度要求不高，但磨损大，多用于锻、铸和起重运输机械。

② 液体滑动轴承　液体滑动轴承又分为动压轴承和静压轴承。

a. 动压轴承　这种轴承轴颈与轴承工作表面被一层油膜完全隔开，油膜有足够的压力平衡外载荷，轴颈与轴承的工作面完全被油楔隔开，处于液体润滑状态中。如单油楔轴承结构，适应于载荷方向基本固定的场合。多油楔轴承结构较复杂，能满足变方向载荷和高速回转的要求。动压轴承还有径向、推力和径向推力之分，以及固定瓦和可倾瓦之分。

b. 静压轴承　轴颈与轴承被外界供给的一定压力的承载油膜完全隔开，油膜的形成不受相对滑动速度的限制，在各种速度(包括速度为零)下均有较大承载能力。轴的稳定性好，可满足轴的高度平稳回转要求，摩擦系数小，机械效率高。但需要一套复杂的供油系统，多用于各种机床。

(2) 按负荷方向可分为径向轴承、推力轴承和径向推力轴承。

(3) 按润滑剂可分为液体润滑轴承、气体润滑轴承、半固体润滑轴承和固体润滑轴承。

(4) 按结构可分为整体式和剖分式轴承、固定瓦和活动瓦轴承、全周(360°)和部分(120°)包角轴承。

(5) 按瓦壁的厚薄可分为厚壁瓦轴承和薄壁瓦轴承。

(6) 按油楔数量可分为单油楔轴承和多油楔轴承。

(7) 按轴承材料可分为金属轴承、粉末冶金轴承和非金属轴承。

2. 滑动轴承润滑油的作用

(1) 润滑作用　机器在运转时，如果一些摩擦部位得不到适当的润滑，就会产生干摩擦。实践证明，干摩擦在短时间内产生的热量足以使金属熔化，造成机件的损坏甚至卡死。因此必须对机器中的摩擦部位给予良好的润滑。当润滑油流到摩擦部位后，就会粘附在摩擦表面上形成一层油膜，减少摩擦机件之间的阻力，而油膜的强度和韧性是发挥其润滑作用的关键。

(2) 冷却作用　机器靠润滑油从摩擦部位吸收热量后带回到油系统中。

(3) 洗涤作用　机器在工作中，会产生许多污物。如吸入空气中带来的砂土、灰尘等，润滑油氧化后生成的胶状物，机件间摩擦产生金属屑等等。这些污物会附着在机件的摩擦表面上，如不清洗下来，就会加大机件的磨损。因此，必须及时将这些污物清理，这个清洗过程是靠润滑油在机体内循环流动来完成的。

(4) 密封作用　润滑油在机器各部位的间隙中形成油膜，保证了这些部位的密封性，并能阻止外界空气等进入介质中。

(5) 防锈作用　机器在运转或存放时，大气、润滑油、燃油中的水分等，会对机件造成腐蚀和锈蚀，从而加大摩擦面的损坏。润滑油在机件表面形成的油膜，可以避免机件与水及酸性气体直接接触，防止产生腐蚀、锈蚀。

3. 滑动轴承实现润滑的条件

如图 5-48 所示，旋转着的轴颈在外载荷 P 的作用下，其轴心将沿某一方向偏移一个距离 e，结果形成一个从大变小的间隙。由于轴的转动，会使有一定黏度的润滑油，从间隙的大端挤入间隙的小端，从而产生使轴抬起的压力，使轴颈和轴承的工作表面被一层油膜隔开，即实现动压润滑。轴承油膜各处的压强并不一致，从油楔进油口起沿下半瓦油膜压强逐

渐升高至最大压强 P_{max}，然后逐渐减少。滑动轴承的任务就是在一定的负荷 P、转速和供油情况下，形成油膜压力，承受负荷 P，保持轴颈与轴瓦之间有一定的最小间隙 h_{min}，而且油温不宜过高。

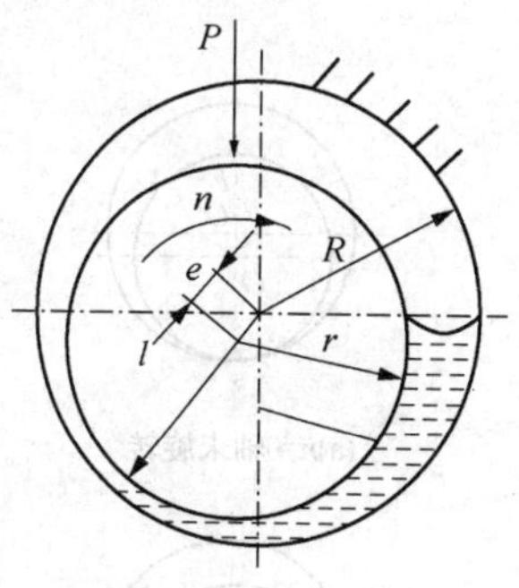

图 5-48　实现动压润滑示意图

因此只有具备以下条件的油膜才能起到轴承的作用：

（1）必须使油隙呈楔状，进油口大，出油口小。

（2）止推盘(或轴颈)对瓦块有相当的相对滑动速度。

（3）润滑油具有一定的黏度。

（4）要有足够充分的供油量。

轴承油膜的形成和油膜压强的大小受轴的转速、润滑油黏度、轴承间隙以及轴承负荷和轴承结构等因素的影响。一般转速越高，油的黏度越大，被带进的油越多，油膜压强越大，承受的载荷越大。但是，油的黏度过大，会使油分布不均匀，增加摩擦损失，不能保持良好的润滑效果。轴承间隙过大，对油膜形成不利，并增大对油量的消耗；过小，又会使油量不足，不能满足轴承冷却的要求。负荷过大，油膜形成会很困难，当超过轴承的承载能力时，轴瓦就会烧坏。对支承轴承来说，轴承长度和直径的比 L/d 过大，润滑油不容易从轴端流走，使温度升高，而且由于制造安装误差，不可避免的轴偏斜使轴承端部产生边缘压力过大，造成严重磨损和疲劳破坏。所以 L/d 过大没有好处。一般圆瓦轴承和可倾瓦轴承宽径比 L/d 分别为 0.6~1.0 和 0.4~0.6。

5.10.1.3　润滑原理

1. 动压滑动轴承的工作原理

压缩机所使用的径向支承轴承和推力轴承，无论具体为何种形式，绝大多数均为流体动压滑动轴承。

在动压滑动轴承中，轴颈与轴承孔的间隙内充满着润滑油。轴颈未旋转时，沉在孔的底部，如图 5-49(a)的位置；当轴开始旋转时，轴颈依靠摩擦力的作用，在旋转相反方向上沿轴承内表面往上爬行，到达一定位置后，摩擦力不能支持转子重量，就开始下滑，见图 5-49(b)；为保持润滑油流量的连续性，被轴颈从楔形间隙的大口带进的油，肯定等于从小口带出的油，因此收敛形的楔形间隙必然使润滑油的压力升高而实现流速增大，润滑油在楔形间隙内升高的压力就是流体动压力，所以这种轴承称为流体动压轴承。在间隙内的油层就是油膜，油层所产生的流体动压力即油膜压力，油膜压力把转子轴颈抬起，见图 5-49(c)。

2. 动压滑动轴承的参数

（1）动压轴承的几何参数：

轴颈在轴承内旋转时的油压分布以及表示轴颈工作位置的几何参数见图 5-50。

其中相对间隙 ψ[$\psi=c/r$，其中 c 为半径间隙($R-r$)，r 为轴径半径]、宽径比 L/d、偏心率 ε($\varepsilon=e/c$，其中 e 为偏心距)是比较重要的几何参数。相对间隙 ψ 越小，旋转精度就越高，但轴承的承载能力和润滑油的流量也越小，轴承容易发热；反之，则相反。对高速($v>10$m/s)轻载($P<3$MPa)的圆柱轴承，通常 $\psi=0.0015\sim0.0025$。宽径比 L/d 小，润滑油的侧漏现象较显著，油膜承载力会降低，但摩擦热量易带走，同时对轴的弯曲变形和制造安装误差不敏感。现今，高速、大功率的汽轮机、离心式压缩机大多采用 $L/d=0.4\sim0.6$ 的短轴承结构。偏心率 ε 越大，偏心距 e 也就越大，转子的稳定性就越好，但要防止因最小油膜厚度 h_{min} 过薄($h_{min}=c-e$)而发生干摩擦。

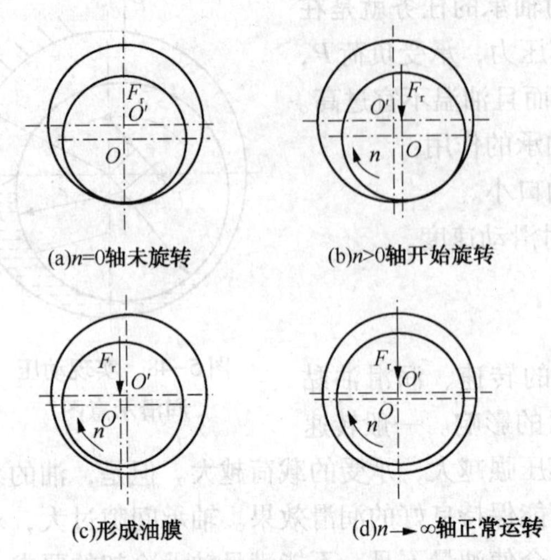

(a)n=0轴未旋转　(b)n>0轴开始旋转

(c)形成油膜　(d)$n\to\infty$轴正常运转

图 5-49　轴颈开始旋转时油膜的形成过程

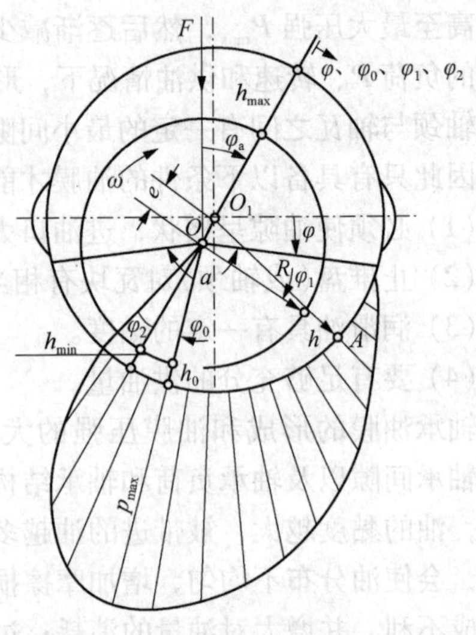

图 5-50　圆柱轴承内油膜压力分布

(2) 轴承承载能力系数：

由油膜力而产生的轴承承载能力与多种因素有关，例如：载荷、几何尺寸、转速、油的黏度等等。对单油楔的圆柱轴承，由雷诺方程导出的轴承承载能力系数 S 的表达式则揭示了其中的具体关系

$$S=(P\psi 2)/(2\mu vL)$$

式中　P——轴承载荷，主要为转子的重量和离心力，N；

润滑油的动力黏度，单位：Pa·s；另外 $\mu=\nu\rho$，其中 ν 为油的运动黏度，ρ 为密度，ν 的单位：m^2/s；

v——轴颈的圆周速度，$v=2\pi nr/60=\pi nd/60$，m/s。

轴承承载能力系数 S 是用来确定轴承工作状态的一个重要系数，几何形状相同的轴承，系数 S 相同时轴承就具有相似的性能，而 S 本身也是偏心率 ε 和轴承宽径比 L/d 的系数，偏心率越大或宽径比越大，则 S 数也越大，轴承承载能力也越高。

$S>1$ 时，为低速重载转子，轴承工作状态的稳定性好，但应防止因偏心率过大而产生的最小油膜厚度过薄，发生干摩擦。$S<1$ 时，为高速轻载转子，轴承易产生因油膜力而引起的不稳定工作状态。大机组的转子绝大多数为高速轻载转子，因此应尽可能地使 S 数增大，以提高轴承转子系统的稳定性。

5.10.2　滑动轴承的结构

5.10.2.1　径向轴承

径向轴承一般分为圆瓦轴承、椭圆轴承、多油楔轴承、可倾瓦轴承等。

1. 圆瓦轴承

这种轴承结构简单(图 5-51)，但高速稳定性差，只能用于中小型和低速机器中。这种轴承在低速重载时，轴颈处于较大的偏心下工作，因而工作是稳定的，可是在高速轻载时，油膜较厚，轴颈处于非常小的偏心下工作，因而表现出极大的不稳定性。油膜涡动发生后，很难抑制，所以在高速轻载下很少采用。图 5-51 是圆瓦轴承结构图，上下两半瓦由螺钉 5 连接在一起，为保证上下瓦对正，中心设有销钉 6。轴瓦内孔浇铸巴氏合金，它具有质软、熔点低和良好的耐热性能。巴氏合金应结合紧密，不允许有裂纹、伤痕、气孔及脱落现象。轴静放在轴瓦上时，轴颈与轴瓦上方之间的间隙(顶隙)等于两侧间隙之和。轴颈与轴瓦的接触角不小于 60°～70°，在此区域内保证完全接触。

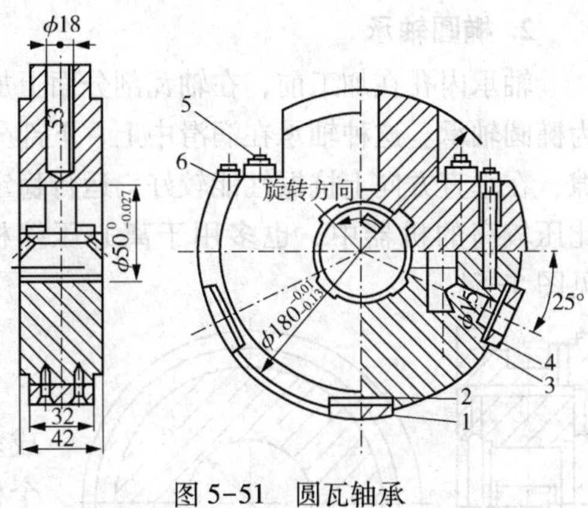

图 5-51　圆瓦轴承

1、3—垫块；2、4—垫片；5—螺钉；6—销钉

润滑油经下轴瓦垫块 3 之孔进入轴瓦并由轴颈带入油楔，经由轴承的两端而泄入轴承箱内。一般润滑油压强(表压)为 0.39～0.49MPa。垫块 1、3 保证轴瓦在轴承壳中定位及对中，可以通过磨削垫片 2、4 来调整轴承位置。

圆瓦轴承按照瓦壁厚度 t 与轴承内径 d 之比以及合金层厚度分为厚壁瓦及薄壁瓦两种。

(1) 厚壁瓦轴承(图 5-52)　瓦壁厚度 t 与轴承内径 d 之比 $t/d>0.05$，合金层厚 $t_1=0.01d+(1\sim2)$mm。厚壁瓦轴承一般有整体式和剖分式两种，但多为剖分式，轴瓦上瓦和两侧常开有油槽，以贮存或运输润滑油，这种轴承多用于离心式水泵、活塞式压缩机、离心式风机、齿轮箱及工业汽轮机等。

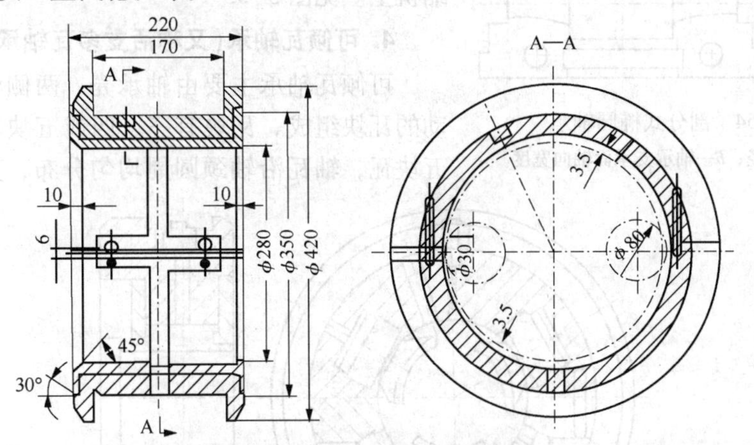

图 5-52　整体对开成二瓣的厚壁轴瓦

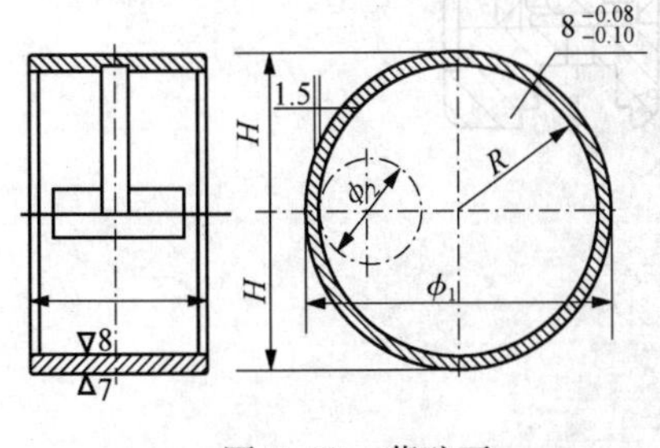

图 5-53　薄壁瓦

(2) 薄壁瓦轴承(图 5-53)　瓦壁厚度 t 与轴承内径 d 之比 $t/d\leqslant0.05$，合金层厚 $t_1=0.2\sim1.5$ mm，壁厚 1.5～7mm。瓦背都是用钢管或金属板冲压而成，无垫片，不能调整，损坏后必须更换，不能修理。薄壁瓦与轴承座有良好的贴合性，但为了保证轴承与座孔的配合精度，让轴承在自由状态下不是正圆，而是曲率半径大于轴承座孔的半径，以便让轴承装入轴承座后，上下两半轴瓦高出轴承座孔剖分面一定距离，有时还在瓦背上镀一层 0.01～0.03mm 的锡或铜。这种轴承合金的贴合性、导热性、承载能力均好。多用于活塞压缩机连杆大头瓦、多列压缩机主轴瓦等。

2. 椭圆轴承

轴承内孔在加工前，在轴瓦剖分面上加合适的垫片，加工后去掉垫片，重新组合后就成为椭圆轴承。这种轴承在润滑中上、下部分形成的两个油楔方向相反，顶部间隙小于侧面间隙，在垂直方向上抗振性能较好，运行稳定，轴承散热好，但功耗较大。多用于中型、轴承比压较高的机器中，也多用于离心压缩机、增速器轴承，在高速工业汽轮机上也采用。见图 5-54。

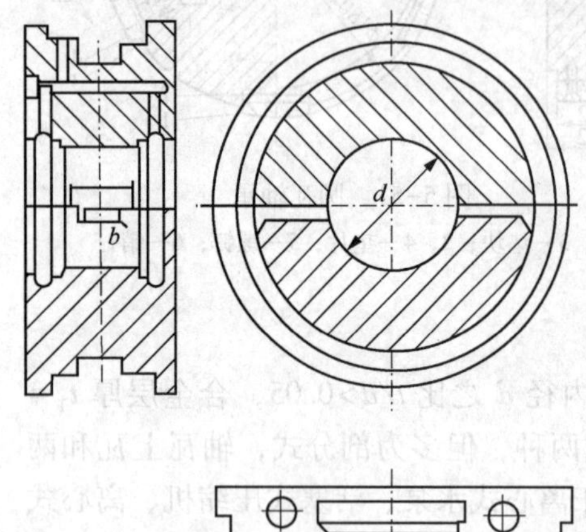

图 5-54　剖分式椭圆轴承

d—轴承内径；*b*—轴承支承面轴向宽度

3. 多油楔轴承

在圆柱轴承内表面加工出三个以上的油腔就形成多油楔轴承。在这种轴承中，轴在旋转时形成多个相互独立又均匀分布的油楔，不管轴承是否承载，各油腔都可形成油膜，使轴心无偏移，运转精度提高。由于油楔多，油膜不连续，油膜短，所以不易产生油膜振荡。抗振性能好，可以正反转。强制润滑时各油楔同时进油，油多，油温低。但承载能力稍低，适用于高速轻载。三油楔轴承多用于汽轮发电机上，四油楔轴承用于高速工业汽轮机和离心压缩机上。见图 5-55。

4. 可倾瓦轴承(又称活支多瓦轴承)

可倾瓦轴承主要由轴承壳、两侧油封和自由摆动的瓦块组成。瓦块有三、四或五块不等，一般是五块瓦，轴瓦沿轴颈圆周均匀分布，其中有一块瓦

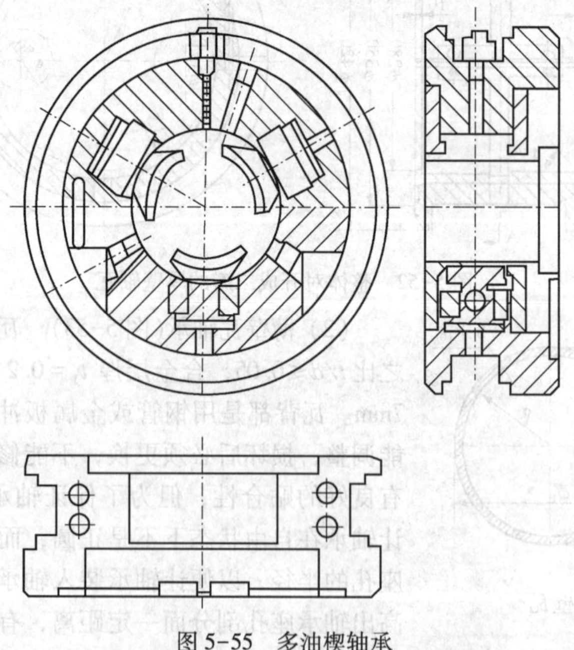

图 5-55　多油楔轴承

在轴颈的正下方，以便停车时支承轴颈及冷态时找正。瓦块装在壳体内的 T 型槽中，并用装在壳体上与轴瓦松配的销钉或螺钉来定位。五块瓦工作面都浇铸巴氏合金，瓦块的背面直

径小于轴承壳体孔的内径，每一块瓦背圆弧与轴承壳孔是线接触，瓦块能在壳体的支承面上自由地摆动，自动调节瓦块的位置，以达到形成最佳承载油楔的位置。每一块瓦均能自由摆动，在任何情况下都能形成最佳油膜，高速稳定性好，不易发生油膜振荡，多用于高速轻载机器如离心压缩机上。见图 5-56。

国内可倾瓦瓦块一般用 25 钢或 35 钢制成，内表面浇铸一层巴氏合金(通常用锡基巴氏合金 ChSnSb11-6)。国外用的也是锡基巴氏合金。这层合金厚度很薄，一般都在 1~3mm，要求巴氏合金有较高的抗疲劳强度，与钢背贴合紧密。这类轴承在加工时的主要要求是：瓦壳与瓦块配合内径公差一般应控制在 0.025mm 范围内，等分的定位销孔中心距公差亦应在此数据范围内；瓦块厚度公差应保证在 0.0125mm 范围内，这样可保证瓦块的互换性，在装配时可不必刮研找正。

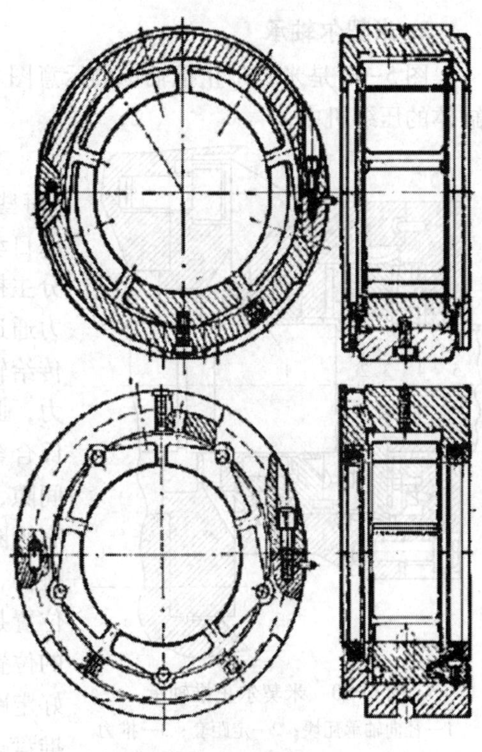

图 5-56 可倾瓦轴承

其他类型的径向轴承还有球形轴承，当轴有微量弯曲时，这种轴承可自动调整中心，保证轴瓦与轴颈保持良好接触及在长度方向上负荷分配均匀。它是由轴瓦、轴瓦壳体和瓦枕三部分组成。多用于大型电机中的轴承。

5.10.2.2 推力轴承

1. 整体式推力轴承

(1) 空心止推轴承 使接触面上压力分布比较均匀，一般取 $d_1=0.5d_2$。见图 5-57。

(2) 环形肩止推轴承 可以利用开通的纵向油沟来引入润滑油。广泛用于低速、轻载的部位。见图 5-58。

(3) 环形垫止推轴承 修复及更换方便，常用于轴的定位或较轻载荷。见图 5-59。

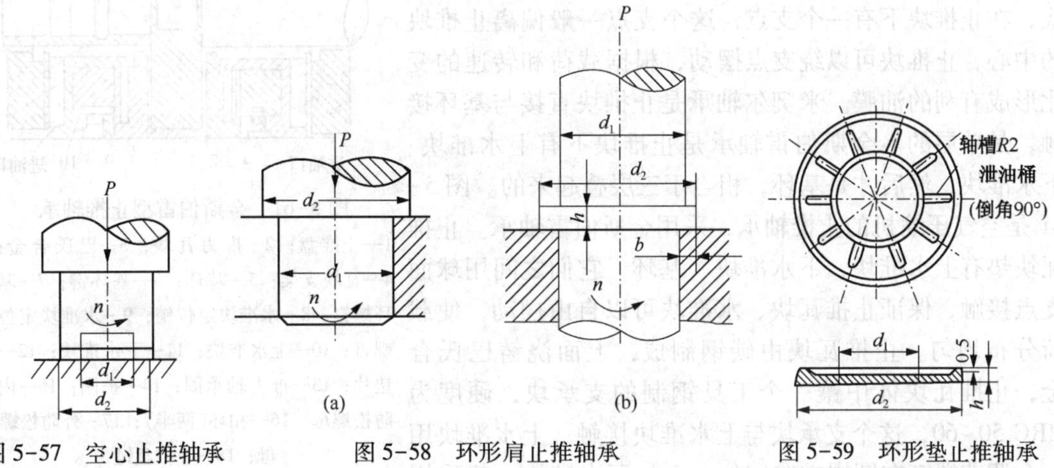

图 5-57 空心止推轴承

图 5-58 环形肩止推轴承

图 5-59 环形垫止推轴承

2. 米契尔轴承

图 5-60 是米契尔止推轴承的示意图。米契尔型止推轴承可以整体拆装，主要用在筒形缸体的压缩机中。

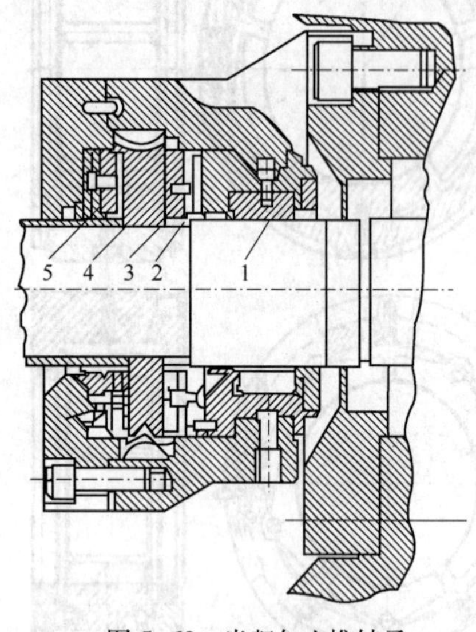

图 5-60 米契尔止推轴承
1—径向轴承瓦块；2—定距套；3—推力瓦块；4—推力盘；5—推力瓦块

米契尔止推轴承，止推块与基环之间有一个定位销(有些采用钢球或刀口接触)，当止推块承受推力时，可以自动调整止推块位置，形成有利油楔。在推力盘两侧分主推力瓦块和副推力瓦块。正常情况下，转子的轴向力通过推力盘经过油膜传给主推力瓦块，然后通过基环传给轴承座。在起动或甩负荷时可能出现反向轴向推力，此推力将由副推力瓦块来承受。瓦块表面上浇铸巴氏合金，其厚度应小于压缩机动、静部分间的最小轴向间隙，这样做是因为：一旦巴氏合金熔化后，推力盘尚有钢圈支承着，短时间内不致引起压缩机内动、静部分碰伤，一般巴氏合金厚度为1~1.5mm。推力盘在轴向的位置是由止推轴承来保证的，即由止推盘和止推瓦块间的位置来确定。所以，根据压缩机通流部分的尺寸确定好定距套的长度，在维修时不要改变。如果需要更换止推盘，应该注意新止推盘的厚度有无变化，有变化时应重新确定定距套的长度，以便准确保证转子在汽缸里的轴向位置。推力盘和瓦块间留有间隙，可以保证止推盘和瓦块间形成油楔承受转子的轴向推力。此间隙通常称为推力间隙或转子的工作窜动量(它和未装好止推瓦块时转子的轴向窜量不一样)。另外还有一种被称为单置式推力轴承的结构与之类似，这种推力轴承的推力瓦块的固定是用背面的销孔挂在支持环的销钉上，防止瓦块随推力盘转动。瓦的支点偏心，进油后稍倾，形成油楔。瓦块一般为 8~16 块 。这种轴承多用于透平空压机、大型汽轮机的轴瓦中。

3. 金斯伯雷轴承

金斯伯雷轴承和米契尔轴承的共同点是活动多块式，在止推块下有一个支点，这个支点一般偏离止推块的中心，止推块可以绕支点摆动，根据载荷和转速的变化形成有利的油膜。米契尔轴承是止推块直接与基环接触，是单层的。金斯伯雷轴承是止推块下有上水准块、下水准块，然后才是基环，相当于三层叠起来的。图 5-61 是空气压缩机的止推轴承，采用金斯伯雷轴承。止推瓦块垫有上水准块、下水准块、基环，它们之间用球面支点接触，保证止推瓦块、水准块可以自由摆动，使载荷分布均匀。止推瓦块由碳钢制成，上面浇铸巴氏合金，止推瓦块体中镶一个工具钢制的支承块，硬度为 HRC 50~60，这个支承块与上水准块接触。上水准块用一个调节螺钉在圆周方向定位，上、下水准块一般采用

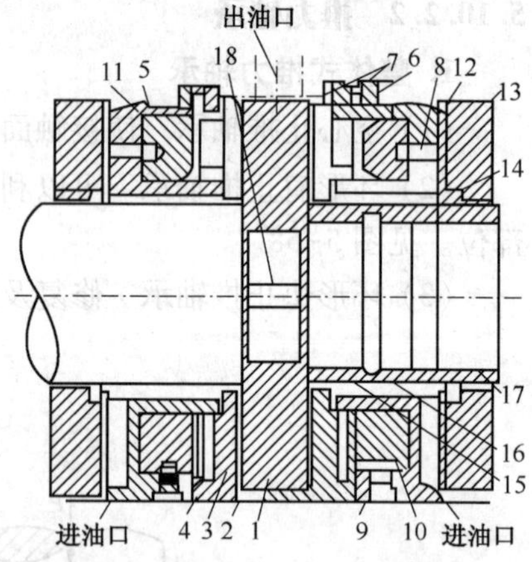

图 5-61 金斯伯雷型止推轴承
1—止推盘；2—推力瓦块；3—巴氏合金；4—瓦块支架；5—基环；6—基环键；7—基环螺钉；8—水准块定位销；9—水准块定位螺钉；10—上水准块；11—下水准块；12—垫片；13—推力轴承圈；14—护圈；15—内防松螺母；16—扣环(两半)；17—外防松螺母；18—止推盘键

精密铸造铸出，可以用耐磨的 QT40-10 制成。下水准块装在基环的凹槽中，用它的刃口与基环接触。上水准块用螺钉来定位。为防止基环转动，在基环上设有防转销键。转子的轴向窜量可以用调整垫片调整。

润滑油从轴承座与外壳之间进来，经过基环背面铣出的油槽，并通过基环与轴颈之间的空隙进入止推盘与止推块之间。止推盘转动起来，由于离心力的作用，油被甩出，由轴承座的上方排油口排出。

金斯伯雷轴承的特点是载荷分布均匀，调节灵活，能补偿转子的不对中、偏斜，并可反转，这种轴承具有良好的均载减载能力。但是轴向尺寸长，结构复杂。多用于离心压缩机上。

4. 弹性圈止推轴承

图 5-62 所示是剖分为两半的弹性圈止推轴承，每半基环有四块扇形推力瓦块，瓦块工作面浇铸有巴氏合金，每块推力瓦块的 1/3 与瓦圈为一整体，2/3 悬空，使推力瓦块有一定的弹性。当轴向推力作用时，可因弹性使瓦块倾斜，产生油楔。多用于小型汽轮机的前轴承。

5.10.2.3 复合轴承

在支撑轴承体的端面上焊有一层轴承合金，该层合金起止推作用。一般在透平空压机的增速器上用于支撑、止推增速齿轮用。见图 5-63。

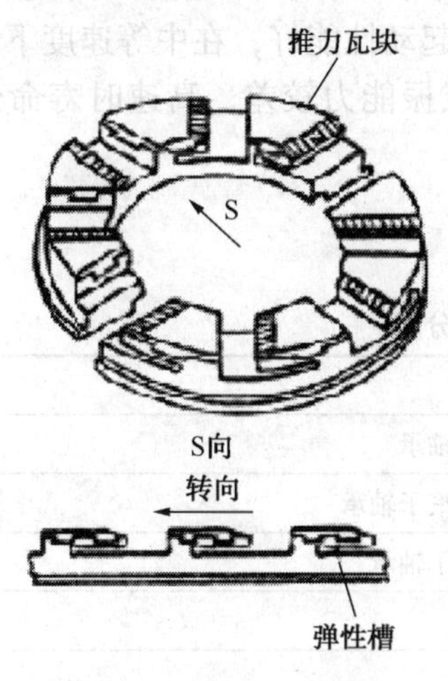

图 5-62　弹性圈止推轴承

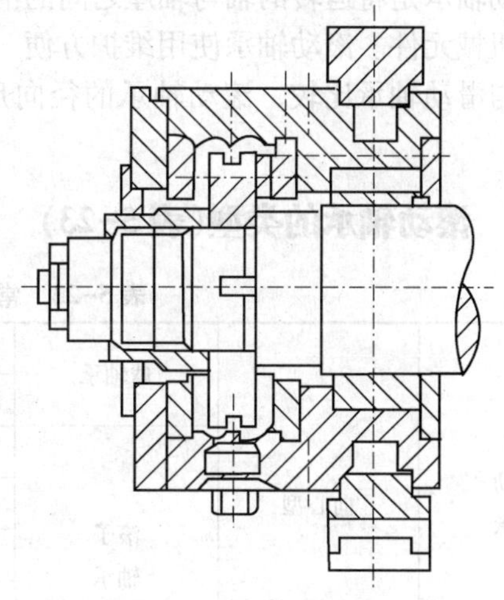
图 5-63　复合轴承

5.10.2.4 其他轴承

1. 静压轴承

静压轴承是利用油泵将高压油送到轴颈和轴瓦之间，靠液体的静压平衡外载荷而实现液体润滑的一种轴承。它具有以下优点：

(1) 能在任何转速下实现液体润滑，并具有设计所需的承载能力，所以能满足从轻载到重载，从低速到高速等不同机械的轴承要求，适应性好，寿命长。

(2) 起动摩擦阻力小。

(3) 具有很高而且稳定的刚性，运转精度比较高。

静压轴承的缺点是需要一套压力供油装置，所以设备成本高，体积大。

2. 气体轴承

气体轴承包括气体动压轴承、气体静压轴承和气体压膜轴承三大类。气体润滑剂主要是空气，也有用氢、氦、氮、一氧化碳和水蒸气等作为润滑剂的。由于采用气体作为润滑剂，因此，轴与轴瓦被气体隔开，使轴在轴承中无接触地旋转或呈悬浮状态。气体黏度小，化学稳定性好，对温度变化不敏感。因此气体轴承具有摩擦功耗小、精度高、速度高、温升小、寿命长、耐高低温及原子辐射、对主机和环境不污染等优点。此外，轴承表面的加工误差能被气体的可压缩性所均化，因而可达到极高的旋转精度。如今，气体轴承在精密仪器、精密机床、高速离心机、高低温环境以及反应堆等设备中应用日益广泛。在某些工况下，气体轴承甚至是唯一可用的支承形式。

气体轴承的缺点是承载能力小、刚性差、稳定性差、对工作条件和材料要求严格，气体轴承还要求有稳定过滤气源等。

3. 磁力轴承

磁力轴承是利用磁场力使轴悬浮，故又称为磁悬浮轴承。它无需任何润滑剂，可在真空中工作。因此，可达到极高的速度。多用于超高速离心机中。

5.11 滚动轴承

滚动轴承是将运转的轴与轴座之间的滑动摩擦变为滚动摩擦，从而减少摩擦损失的一种精密的机械元件。滚动轴承使用维护方便，工作可靠，起动性能好，在中等速度下承载能力较高。与滑动轴承比较，滚动轴承的径向尺寸较大，减振能力较差，高速时寿命低，声响较大。

5.11.1 滚动轴承的类型(表 5-23)

表 5-23 常用滚动轴承的分类

滚动轴承	向心型	球轴承	单列向心球轴承
			双列向心球面球轴承
		滚子轴承	单列向心短圆柱滚子轴承
			双列向心球面滚子轴承
			长圆柱滚子轴承
			滚针轴承
			螺旋滚子轴承
滚动轴承	向心推力型	球轴承	单列向心推力球轴承
			双联向心推力球轴承
		滚子轴承	单列圆锥滚子轴承
			双列圆锥滚子轴承
			四列圆锥滚子轴承
	推力向心型及推力型	球轴承	单向推力轴承
			双向推力轴承
		滚子轴承	推力短圆柱滚子轴承
			推力圆锥滚子轴承
			推力向心球面滚子轴承

5.11.2 滚动轴承的结构组成(图5-64)

外圈装在轴承座孔内，一般不转动。内圈装在轴颈上，随轴转动。滚动体是滚动轴承的核心元件。保持架，将滚动体均匀隔开，避免摩擦。目前，润滑剂也被认为是滚动轴承第五大件，它主要起润滑、冷却、清洗等作用。

5.11.3 滚动轴承的代号

滚动轴承代号是用字母加数字来表示轴承结构、尺寸、公差等级、技术性能等特征的产品符号。GB/T 272—1993 规定轴承的代号由三部分组成：基本代号、前置代号、后置代号。基本代号是轴承代号的基础。前置代号和后置代号都是轴承代号的补充，只有在遇到对轴承结构、形状、材料、公差等级、技术要求等有特殊要求时才使用，一般情况可部分或全部省略。

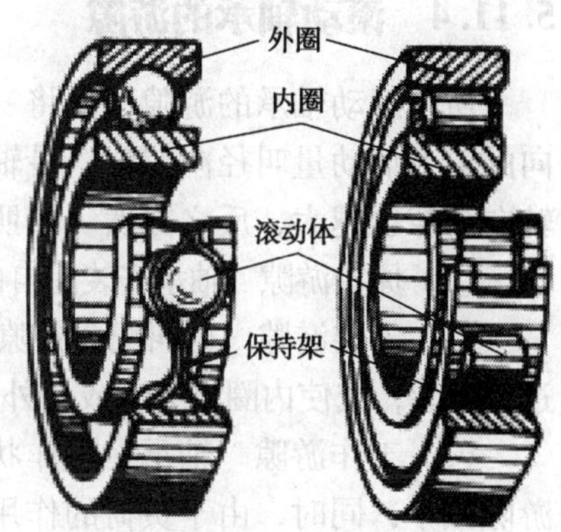

图5-64 滚动轴承的结构组成

5.11.3.1 基本代号

基本代号用来表明轴承的内径、直径系列、宽度系列和类型，一般最多为五位数，先分述如下：

(1) 轴承内径用基本代号右起第一、二位数字表示。对常用内径 $d=20\sim480$mm 的轴承内径一般为5的倍数，这两位数字表示轴承内径尺寸被5除得的商数，如04表示 $d=20$mm；12表示 $d=60$mm 等等。对于内径为10mm、12mm、15mm 和17mm 的轴承，内径代号依次为00、01、02和03。对于内径小于10mm 和大于500mm 轴承，内径表示方法另有规定，可参看 GB/T 272—1993。

(2) 尺寸系列代号包括直径系列代号和宽度系列代号，用基本代号右起第三或第三和第四位数字联合表示。当直径系列和宽度系列的对比横、列为0系列(正常系列)时，对多数轴承在代号中可不标出宽度系列代号0。其具体表示方法可参看 GB/T 272—1993。

(3) 轴承类型代号用基本代号右起第五位数字表示(对圆柱滚子轴承和滚针轴承等类型代号为字母)。

5.11.3.2 后置代号

轴承的后置代号是用字母和数字等表示轴承的结构、公差及材料的特殊要求等等。后置代号的内容很多，下面介绍几个常用的代号。

(1) 内部结构代号是表示同一类型轴承的不同内部结构，用字母紧跟着基本代号表示。如：接触角为15°、25°和40°的角接触球轴承分别用C、AC和B表示内部结构的不同。

(2) 轴承的公差等级分为2级、4级、5级、6级、6X级和0级，共6个级别，依次由高级到低级，其代号分别为/P2、/P4、/P5、/P6、/P6X和/P0。公差等级中，6X级仅适用于圆锥滚子轴承；0级为普通级，在轴承代号中不标出。。

(3) 常用的轴承径向游隙系列分为1组、2组、0组、3组、4组和5组，共6个组别，径向游隙依次由小到大。0组游隙是常用的游隙组别，在轴承代号中不标出，其余的游隙组别在轴承代号中分别用/C1、/C2、/C3、/C4、/C5表示。

5.11.3.3 前置代号

轴承的前置代号用于表示轴承的分部件，用字母表示。如用L表示可分离轴承的可分离套圈；K 表示轴承的滚动体与保持架组件等等。

实际应用的滚动轴承类型是很多的，相应的轴承代号也是比较复杂的。以上介绍的代号是轴承代号中最基本、最常用的部分，熟悉了这部分代号，就可以识别和查选常用的轴承。关于滚动轴承详细的代号表示方法可查阅 GB/T 272—1993。

5.11.4 滚动轴承的游隙

所谓滚动轴承的游隙，是将一个套圈固定，另一套圈沿径向或轴向的最大活动量。沿径向的最大活动量叫径向游隙，沿轴向的最大活动量叫轴向游隙。一般来说，径向游隙越大，轴向游隙也越大，反之亦然。按照轴承所处的状态，游隙可分为下列三种：

（1）原始游隙　轴承安装前自由状态时的游隙。原始游隙是由制造厂加工、装配所确定的。

（2）安装游隙　也叫配合游隙，是轴承与轴及轴承座安装完毕而尚未工作时的游隙。由于过盈安装，或使内圈增大，或使外圈缩小，或二者兼而有之，均使安装游隙比原始游隙小。

（3）工作游隙　轴承在工作状态时的游隙，工作时内圈温升最大，热膨胀最大，使轴承游隙减小；同时，由于负荷的作用，滚动体与滚道接触处产生弹性变形，使轴承游隙增大。轴承工作游隙比安装游隙大还是小，取决于这两种因素的综合作用。

（4）选择轴承游隙时，应考虑以下几个方面：

① 轴承的工作条件，如载荷、温度、转速等；

② 对轴承使用性能的要求(旋转精度、摩擦力矩、振动、噪声)；

③ 轴承与轴和外壳孔为过盈配合时导致轴承游隙减小；

④ 轴承工作时，内外套圈的温度差导致轴承游隙减小；

⑤ 因轴和外壳材料的膨胀系数不同，导致轴承游隙减小或增大。

⑥ 根据使用经验，球轴承最适宜的工作游隙为近于零；滚子轴承应保持有少量的工作游隙。在要求支承刚性良好的部件中，轴承允许有一定数值的预紧力。对游隙的选择，主要是选择合适的工作游隙。

⑦ 国家标准规定的游隙值分为三组：有基本组(0 组)、小游隙辅助组(1、2 组)和大游隙辅助组(3、4、5 组)。选择时，在正常工作条件下，宜优先选用基本组，便可使轴承得到合适的工作游隙。当基本组不能满足使用要求时，则应选用辅助组游隙。大游隙辅助组适用于轴承与轴和外壳孔采用过盈配合、轴承内外圈温差较大、深沟球轴承需要承受较大轴向负荷或需改善调心性能及要求提高极限转速和降低轴承摩擦力矩等场合；小游隙辅助组适用于要求较高的旋转精度、需严格控制外壳孔的轴向位移以及需减少振动和噪声的场合。

游隙是滚动轴承能否正常工作的一个重要因素。选择适当的游隙，可使载荷在轴承滚动体之间合理分布；可限制轴(或外壳)的轴向和径向位移，保证轴的旋转精度；能使轴承在规定的温度下正常工作；减少振动和噪声，有利于提高轴承的寿命。因此。在选用轴承时，必须选择适当的轴承游隙。

5.12 润滑剂

现代化工机器具有大型、高速、连续、自动化等特点，润滑系统被称为机器的血脉，而润滑油又被称为机器的血液，润滑工作的好坏不仅影响机器设备的寿命，而且关系到机器的安全连续运转。

涂在机器轴承或者物体某个运动部位表面的油状液体，有减少摩擦、避免发热、防止机器磨损等作用。一般是分馏石油的产物，也有从动植物油中提炼的，亦称“润滑脂”，不挥发的油状润滑油。按其来源分动植物油、石油润滑油和合成润滑油三大类。石油润滑油的用量占总用量97%以上，因此润滑油常指石油润滑油。主要用于减少运动部件表面间的摩擦，同时对机器设备具有冷却、密封、防腐、防锈、绝缘、功率传送、清洗杂质等作用。主要以来自原油蒸馏装置的润滑油馏分和渣油馏分为原料，通过溶油脱沥青 、溶油脱蜡、溶油精制、加氢精制或酸碱精制、白土精制等工艺，除去或降低形成游离碳的物质、低黏度指数的物质、氧化安定性差的物质、石蜡以及影响成品油颜色的化学物质等组分，得到合格的润滑油基础油，经过调合并加入添加油后即成为润滑油产品。润滑油最主要的性能是黏度、氧化安定性和润滑性，它们与润滑油馏分的组成密切相关。黏度是反映润滑油流动性的重要质量指标。不同的使用条件具有不同的黏度要求。重负荷和低速度的机械要选用高黏度润滑油 。氧化安定性表示油品在使用环境中，由于温度、空气中氧以及金属催化作用所表现的抗氧化能力。油品氧化后，根据使用条件会生成细小的沥青质为主的碳状物质，呈黏滞的漆状物质或漆膜，或黏性的含水物质，从而降低或丧失其使用性能。润滑性表示润滑油的减磨性能。

我国的润滑剂分类，参照、采用国际ISO标准，制定了润滑剂和有关产品的国标分类标准(GB/T 7631.1—2008)。该标准将L类产品分为19个组。其分组及代号均与ISO标准一致(表5-24)。

表5-24 润滑剂、工业用油和相关产品(L)类的分类

组别代号	组别名称	组别代号	组别名称
A	全损耗系统油	N	电器绝缘油
B	脱模油	P	风动工具油
C	齿轮油	Q	热导油
D	压缩机油(包括冷冻机和真空泵)	R	暂时保护防腐蚀油
E	内燃机油	T	汽轮机油
F	主轴、轴承和离合器油	U	热处理油
G	导轨油	X	用润滑脂的场合
H	液压油	Y	其他应用场合油
M	金属加工油	Z	蒸汽汽缸油

5.12.1 润滑油

5.12.1.1 润滑油的组成

润滑油一般由基础油和添加油两部分组成。基础油是润滑油的主要成分，决定着润滑油的基本性质，添加油则可弥补和改善基础油性能方面的不足，赋予某些新的性能，是润滑油的重要组成部分。

1. 润滑油基础油

润滑油基础油主要分矿物基础油及合成基础油两大类。矿物基础油应用广泛，用量很大(约95%以上)，但有些应用场合则必须使用合成基础油调配的产品，因而使合成基础油得到迅速发展。

矿物基础油由原油提炼而成。润滑油基础油主要生产过程有：常减压蒸馏、溶油脱沥青、溶油精制、溶油脱蜡、白土或加氢补充精制。1995年修订了我国现行的润滑油基础油标准，主要修改了分类方法，并增加了低凝和深度精制两类专用基础油标准。矿物型润滑油的生产，最重要的是选用最佳的原油。

矿物基础油的化学成分包括高沸点、高相对分子质量烃类和非烃类混合物。其组成一般为烷烃(直链、支链、多支链)、环烷烃(单环、双环、多环)、芳烃(单环芳烃、多环芳烃)、环烷基芳烃以及含氧、含氮、含硫有机化合物和胶质、沥青质等非烃类化合物。

2. 添加油

添加油是近代高级润滑油的精髓，正确选用合理加入，可改善其物理化学性质，对润滑油赋予新的特殊性能，或加强其原来具有的某种性能，满足更高的要求。根据润滑油要求的质量和性能，对添加油精心选择，仔细平衡，进行合理调配，是保证润滑油质量的关键。一般常用的添加油有：黏度指数改进油、倾点下降油、抗氧化油、清净分散油、摩擦缓和油、油性油、极压油、抗泡沫油、金属钝化油、乳化油、防腐蚀油、防锈油、破乳化油、抗氧抗腐油等。

目前国内的主要添加油生产商都在北方，因为相对于南方，在北方生产的添加油含水量要小。

5.12.1.2 润滑油作用

使用润滑油的目的，是为了润滑机械的摩擦部分，减少摩擦抵抗，阻止烧结和磨损，减少动力的消耗，以提高机械效率。除此之外，还有一些实用方面的作用，归纳如下：

(1) 减少摩擦　在摩擦面之间加入润滑油，能使摩擦系数降低，从而减少了摩擦阻力，节约能源的消耗。在流体润滑条件下，润滑油的黏度和油膜厚度对减少摩擦起到十分重要的作用。随着摩擦副接触面间金属—金属接触点的增多，出现了边界润滑条件，此时润滑油的化学性质(添加油的化学活性)就显得极为重要了。

(2) 降低磨损　机械零件的粘着磨损、表面疲劳磨损和腐蚀磨损与润滑条件很有关系。在润滑油中加入抗氧、抗腐油有利于抑制腐蚀磨损，而加入油性油、极压抗磨油可以有效地降低粘着磨损和表面疲劳磨损。

(3) 冷却作用　润滑油可以减轻摩擦，并可以吸热、传热和散热，因而能降低机械运转摩擦所造成的温度上升。

(4) 防腐作用　摩擦面上有润滑油覆盖时，就可以防止或避免因空气、水滴、水蒸气、腐蚀性气体及液体、尘土、氧化物等所引起的腐蚀、锈蚀。

(5) 绝缘性　精制矿物油或有些合成油的电阻大，可用作电绝缘油。

(6) 力的传递　油可以作为静力的传递介质。例如汽车、起重机的液压油。也可以作为动力的传递介质，例如自动变速机油。

(7) 减振作用　润滑油吸附在金属表面上，本身应力小，所以，在摩擦副受到冲击载荷时具有吸收冲击能的本领。如汽车的减振器就是油液减振的(将机械能转变为流体能)。

(8) 清洗作用　通过润滑油的循环可以带走油路系统中的杂质，再经过滤器滤掉。内燃机油还可以分散尘土和各种沉淀物，起着保持发动机清净的作用。

(9) 密封作用　润滑油对某些外露部件形成密封，防止水分或杂质的侵入，在汽缸和活塞间起密封作用。

5.12.1.3 润滑油的基本性能

润滑油是一种技术密集型产品，是复杂的碳氢化合物的混合物，而其真正使用性能又是复杂的物理或化学变化过程的综合效应。润滑油的基本性能包括一般理化指标、性能指标和模拟台架试验指标。每一类润滑油脂都有其共同的一般理化性能，以表明该产品的内在质量。对润滑油来说，一般理化性能如下：

（1）外观（色度） 油品的颜色，往往可以反映其精制程度和稳定性。对于基础油来说，一般精制程度越高，其烃的氧化物和硫化物脱除的越干净，颜色也就越浅。但是，即使精制的条件相同，不同油源和基础的原油所生产的基础油，其颜色和透明度也可能是不相同的。对于新的成品润滑油，由于添加油的使用，颜色作为判断基础油精制程度高低的指标已失去了它原来的意义。

（2）密度 密度是润滑油最简单、最常用的物理性能指标。润滑油的密度随其组成中含碳、氧、硫的数量的增加而增大，因而在同样黏度或同样相对分子质量的情况下，含芳烃多的、含胶质和沥青质多的润滑油密度最大，含环烷烃多的居中，含烷烃多的最小。

（3）黏度 黏度反映油品的内摩擦力，是表示油品油性和流动性的一项指标。在未加任何功能添加油的前提下，黏度越大，油膜强度越高，流动性越差。

（4）黏度指数 黏度指数表示油品黏度随温度变化的程度。黏度指数越高，表示油品黏度受温度的影响越小，其黏温性能越好，反之越差。

（5）闪点 闪点是表示油品蒸发性的一项指标。油品的馏分越轻，蒸发性越大，其闪点也越低。反之，油品的馏分越重，蒸发性越小，其闪点也越高。同时，闪点又是表示石油产品着火危险性的指标。油品的危险等级是根据闪点划分的，闪点在45℃以下为易燃品，45℃以上为可燃品。在油品的储运过程中严禁将油品加热到它的闪点温度。在黏度相同的情况下，闪点越高越好。因此，用户在选用润滑油时应根据使用温度和润滑油的工作条件进行选择。一般认为，闪点比使用温度高20~30℃，即可安全使用。

（6）凝点和倾点 凝点是指在规定的冷却条件下油品停止流动的最高温度。油品的凝固和纯化合物的凝固有很大的不同。油品并没有明确的凝固温度，所谓“凝固”只是作为整体来看失去了流动性，并不是所有的组分都变成了固体。

润滑油的凝点是表示润滑油低温流动性的一个重要质量指标。对于生产、运输和使用都有重要意义。凝点高的润滑油不能在低温下使用。相反，在气温较高的地区则没有必要使用凝点低的润滑油。因为润滑油的凝点越低，其生产成本越高，造成不必要的浪费。一般说来，润滑油的凝点应比使用环境的最低温度低5~7℃。但是特别还要提及的是，在选用低温的润滑油时，应结合油品的凝点、低温黏度及黏温特性全面考虑。因为低凝点的油品，其低温黏度和黏温特性亦有可能不符合要求。

倾点表示在降温时被冷却油品能流动的最低温度。

凝点和倾点都是油品低温流动性的指标，两者无原则的差别，只是测定方法稍有不同。同一油品的凝点和倾点并不完全相等，一般倾点都高于凝点2~3℃，但也有例外。

（7）酸值、碱值和中和值 酸值是表示润滑油中含有酸性物质的指标，单位是mgKOH/g。酸值分强酸值和弱酸值两种，两者合并即为总酸值（简称TAN）。通常所说的“酸值”，实际上是指“总酸值（TAN）”。碱值是表示润滑油中碱性物质含量的指标，单位是mgKOH/g。碱值亦分强碱值和弱碱值两种，两者合并即为总碱值（简称TBN）。通常所说的“碱值”实际上是指“总碱值（TBN）”。中和值实际上包括了总酸值和总碱值。但是，除了另有注明，一般所说的“中和值”，实际上仅是指“总酸值”，其单位也是mgKOH/g。

（8）水分 水分是指润滑油中含水量的百分数，通常是重量百分数。润滑油中水分的存在，会破坏润滑油形成的油膜，使润滑效果变差，加速有机酸对金属的腐蚀作用，锈蚀设备，使油品容易产生沉渣。总之，润滑油中水分越少越好。

(9) 机械杂质　机械杂质是指存在于润滑油中不溶于汽油、乙醇和苯等溶油的沉淀物或胶状悬浮物。这些杂质大部分是砂石和铁屑之类，以及由添加油带来的一些难溶于溶油的有机金属盐。通常，润滑油基础油的机械杂质都控制在0.005%以下(机械杂质在0.005%以下被认为是无)。

(10) 灰分和硫酸灰分　灰分是指在规定条件下，灼烧后剩下的不燃烧物质。灰分的组成一般认为是一些金属元素及其盐类。灰分对不同的油品具有不同的概念，对基础油或不加添加油的油品来说，灰分可用于判断油品的精制深度。对于加有金属盐类添加油的油品(新油)，灰分就成为定量控制添加油加入量的手段。国外采用硫酸灰分代替灰分。其方法是：在油样燃烧后灼烧灰化之前加入少量浓硫酸，使添加油的金属元素转化为硫酸盐。

(11) 残炭　油品在规定的实验条件下，受热蒸发和燃烧后形成的焦黑色残留物称为残炭。残炭是润滑油基础油的重要质量指标，是为判断润滑油的性质和精制深度而规定的项目。润滑油基础油中，残炭的多少，不仅与其化学组成有关，而且也与油品的精制深度有关，润滑油中形成残炭的主要物质是：油中的胶质、沥青质及多环芳烃。这些物质在空气不足的条件下，受强热分解、缩合而形成残炭。油品的精制深度越深，其残炭值越小。一般讲，空白基础油的残炭值越小越好。现在，许多油品都含有金属、硫、磷、氮元素的添加油，它们的残炭值很高，因此含添加油油的残炭已失去残炭测定的本来意义。机械杂质、水分、灰分和残炭都是反映油品纯洁性的质量指标，反映了润滑基础油精制的程度。

5.12.1.4　常见润滑油的性能和用途

1. 齿轮油

以石油润滑油基础油或合成润滑油为主，加入极压抗磨剂和油性剂调制而成的一种重要的润滑油。用于各种齿轮传动装置，以防止齿面磨损、擦伤、烧结等，延长其使用寿命，提高传递功率效率。

(1) 齿轮润滑的特点：

虽然齿轮传动的类型是多种多样的，对润滑的要求有所不同，但有着如下的共同特点：

① 齿轮的当量曲率半径小，油楔条件差。齿面间存在着滑动，而且滑动的方向和大小急剧变化，极易引起磨损、擦伤和胶合。

② 齿轮的接触压力非常高，如一般滑动轴承单位负荷压力最大不超过100MPa，而一些重载机械，如卷扬机、起重机、水泥窑、轧钢机减速器齿轮的齿面应力可达400~1000MPa，双曲线齿轮可达1000~3000MPa。

对于闭式齿轮传动的破坏形式主要是指胶合和点蚀，这都与接触应力有关。当边界润滑达到了极压润滑(即高压高温边界的润滑)状态，单靠提高油的黏度及油性已经不行了。为了防止油膜破坏后，齿面金属的直接接触，在齿轮油中加入极压添加剂，这种添加剂在极压高温下，放出活性元素与金属起反应生成低熔、高塑性的一层薄膜而防止齿面间的擦伤与胶合。

③ 齿面加工精度不高，润滑是断续性的，每次啮合都需要重新建立油膜，这些也是容易引起磨损、擦伤与胶合的原因。

④ 润滑对齿轮失效有较大影响，见表5-25。

⑤ 齿轮润滑好坏还易受其他因素的影响，如齿形的修整、箱体及轴的变形、材料的选取及热处理方法是否适当、装配及安装精度等。

表 5-25 润滑对齿轮失效的影响

齿轮损伤类别 润滑油性能及工作状态	磨损	腐蚀性磨损	擦伤与胶合	点蚀	剥落	整体塑变	滚扎与锤击	峰谷塑变	起皱	断齿
润滑油黏度	△		△	△		△		△	△	
润滑油性质	△		△	△		△		△	△	
润滑方式及润滑油供应量	△	△	△	△		△			△	

注：△表示有影响。

（2）齿轮油的性能：

齿轮油应具有良好的抗磨、耐负荷性能和合适的黏度。此外，还应具有良好的热氧化安定性、抗泡性、水分离性能和防锈性能。

① 抗磨、耐负荷性能　由于齿轮负荷一般都在 490MPa 以上，而双曲线齿面负荷更高达 2942MPa，为防止油膜破裂造成齿面磨损和擦伤，在齿轮油中一般都加入极压抗磨剂，以前常用硫-氯型、硫-磷-氯型、硫-氯-磷-锌型、硫-铅型和硫-磷-铅型添加剂。目前普遍采用硫-磷或硫-磷-氮型添加剂。

② 黏度　是选用齿轮油的重要因素。1983 年美国汽车工程师协会（SAE）对汽车齿轮油按 98.9℃（210°F）运动黏度分为七级，其中 70W、75W、80W 和 85W 为冬用及寒区用齿轮油，其最低使用温度相应为-55℃、-40℃、-26℃和-12℃；其余三个黏度级为 90、140 和 250，级别愈高则表示黏度愈大。近年，从节能出发，普遍采用低黏度的四季通用的稠化油（多级齿轮油）。工业齿轮油的黏度分级与润滑油相同，均用 40℃运动黏度的中心值表示。

（3）齿轮油的分类：

根据 GB/T 7631.7—2008，我国齿轮油分二大类，一类是工业齿轮油，另一类是车辆齿轮油。

① 工业齿轮油　工业齿轮油分为工业闭式齿轮油、工业开式齿轮油两种。

a. 工业闭式齿轮油　一般传动齿轮副都有密闭的齿轮箱，有的齿轮箱就是油箱，齿轮部分浸泡在油中，有的由油泵供油到齿轮中，润滑后流到油箱后回到油系统中。这类齿轮油统称闭式齿轮油，是应用最广用量最大的齿轮油品种。我国工业闭式齿轮油分类，参照 AGMA250 系列、美钢 224 和 ISO 的标准分类，见表 5-26。

表 5-26 工业闭式齿轮油的分类

分类		现行名称	组成、特性及使用说明	相对应的国外标准
ISO	我国			
CKB	CKB 抗氧防锈型	工业齿轮油	由精制矿物油加入抗氧、防锈添加剂调配而成，有严格的抗氧、防锈、抗泡、抗乳化性能要求，适用于一般轻载荷的齿轮润滑	AGMA 250.04 R&O 型
CKC	CKC 极压型	中载荷工业齿轮油	由精制矿物油加入抗氧、防锈、极压抗磨剂调配而成，比 CKB 具有较好的抗磨性，适用于中等载荷的齿轮润滑	AGMA 250. 03 EP
CKD	CKD 极压型	重载荷工业齿轮油	由精制矿物油加入抗氧、防锈、极压抗磨剂调配而成，比 CKC 具有更好的抗磨性和热氧化安定性，适用于高温下操作的重载荷的齿轮润滑	AGMA250.04EP 美钢 224

续表

分类		现行名称	组成、特性及使用说明	相对应的国外标准
ISO	我国			
CKE	CKE 蜗轮蜗杆	蜗轮蜗杆油	由精制矿物油或合成烃加入油性剂等调配而成，具有良好润滑特性和抗氧、防锈性能，适用于蜗轮蜗杆齿轮之润滑	AGMA250. 04COMP，MIL—L—5019E(1982)6135，MIL—L—18486B(OS)(1982)
CKT	CKT 合成烃极压型	低温中载荷工业齿轮油	以合成烃为基础油，加入同 CKC 相似的添加剂，性能除具有 CKC 的特性外，还有更好的低温、高温性能，适用于在高、低温环境下中载荷齿轮的润滑	
CKS	CKS 合成烃型	合成烃齿轮油	由合成油或半合成油为基础油加入各种相应的添加剂，适用于低温、高温或温度变化大，耐化学品以及其他特殊场合的齿轮传动润滑	

b. 工业开式齿轮油　大量齿轮传动系统的齿轮副在齿轮箱内，还有一些齿轮传动系统敞开在室外，它们一般是大型、低转速的齿轮传动装置，如钢铁、水泥、港口等有这类设备。开式齿轮传动由于转速低，油在齿面上的保持性十分重要，与闭式齿轮传动系统的润滑相比，有如下特点：供油方式有油浴、注油和喷射，因而开式齿轮油要有一定的黏附性，黏度较高。为了达到黏附的目的，开式齿轮油除具有齿轮油的基本要求即极压抗磨性外，其组成中一种是含有沥青或光亮油组分；另一种是加入挥发性溶剂(对喷射供油系统)，油喷到齿面后溶剂挥发，齿轮油附在齿面；第三种是含有固体润滑剂如石墨、二硫化钼等。

加沥青或固体润滑剂使齿轮外观又黑又脏，很难清洗，加挥发性溶剂有的易燃，有的对环境或人体有害，都有其缺点，但都由其配套的润滑系统所决定，因而都有使用。我国开式齿轮油分类见表 5-27。

表 5-27　工业开式齿轮油的分类

分类		现行名称	组成、特性及使用说明	相对应的国外标准
ISO	我国			
CKH	CKH	普通开式齿轮油	由精制润滑油加抗氧防锈剂调制而成，具有较好的抗氧、防锈性和一定的抗磨性。适用于一般载荷的开式齿轮和半封闭式齿轮润滑	
CKJ	CKJ	极压开式齿轮油	由精制润滑油加入多种添加剂调制而成，比 CKH 油具有更好的极压性能。适用于苛刻条件下的开式或半封闭式的齿轮箱润滑	Timken OK 值不小于 200N，或 FZG 齿轮试验通过九级以上
CKM	CKM	溶剂稀释型开式齿轮油	由高黏度的普通开式或极压开式齿轮油加入挥发性溶剂调制而成，当溶剂挥发后，齿面上形成一层油膜，该油膜具有一定的极压性能	溶剂挥发后的油膜强度 Timken OK 值不小于 200N，或 FZG 齿轮试验通过九级以上

此分类无通用的产品标准规格，有极压要求不高的防锈抗氧型、极压型及高极压型。从组成上分为无溶剂型及含溶剂型，含沥青型和含固体润滑剂型等。我国只有一个沥青型的普通开式齿轮油规格 SH/T 0363—1992，见表 5-28。

表 5-28　普通开式齿轮油(SH/T 0363—1992)

项　目	质量指标				
黏度等级 相近的原牌号 运动黏度(100℃)/(mm^2/s)	68 1 号 60~75	100 2 号 90~110	150 3 号 135~165	220 3 号 200~245	320 4 号 290~350
闪点(开口)/℃　不低于	200			210	
铜片腐蚀(45 号钢，100℃，3h)	合格				
防锈性(15 号钢，蒸馏水)	无锈				
最大无卡咬负荷 P_b/N(kgf)　不小于	686(70)				
清洁性	必须无沙子和磨料				

c. 工业齿轮油的黏度分级　我国工业齿轮油的黏度分级过去采用 50℃运动黏度分类法，已废除。现采用国际通用的 ISO 348 工业润滑油黏度分类法，按其 40℃运动黏度的中心值分为 68、100、150、220、320、460、680 七个牌号。下面将新黏度等级(新旧牌号)及美国齿轮制造商协会(AGMA)、国际标准化组织(ISO)的黏度等级对应于表 5-29。

表 5-29　工业润滑油黏度等级

黏度级	40℃运动黏度/(mm^2/s)	相当于旧牌号(50℃黏度)	AGMA 黏度级	ISO 黏度级
68	61.2~74.8	50	2EP	VG 68
100	90~110	50~70	3EP	VG 100
150	135~165	90	4EP	VG 150
220	198~242	120	5EP	VG 220
320	288~352	200	6EP	VG 320
460	414~506	250	7EP	VG 460
680	612~748	350	8EP	VG 680

d. 工业齿轮油的组成　工业齿轮油的基础油大多采用矿物油，由于用途广阔，故黏度范围很宽，从 ISO 68 到 ISO1000 以上。近年来由于长寿命化、节能等需要，已有很多用合成油，如聚 α-烯烃、PAG 等作工业齿轮油的基础油添加剂，以硫磷型极压抗磨剂为主剂，还有油性剂、抗氧剂、抗泡剂、金属钝化剂、破乳剂等。有的还含摩擦改进剂，如油溶性钼盐等。开式齿轮油还有黏附剂，如沥青、高分子聚合物和挥发性溶剂。而蜗轮蜗杆油则不允许含对铜有腐蚀的活性硫，油性剂要强一些。

e. 工业齿轮油的选用　选择齿轮油的四条原则是：

- 根据齿轮线速度选择齿轮油黏度。速度高的选用低黏度油，速度低的选用高黏度油，见表 5-30。
- 根据齿面接触应力选择齿轮油类型，见表 5-31。
- 注意使用温度。油温高，油黏度应大，夏天用高黏度油，冬天用低黏度油。
- 考虑齿轮润滑和轴承润滑是否同一系统，是滚动轴承还是滑动轴承。滑动轴承要求润滑油的黏度较低。

表 5-30　闭式齿轮黏度选用等级

齿 轮 种 类	节线速度/(m/s)	黏度等级(40℃)
直齿轮 斜齿轮 锥齿轮	0.5	460~1000
	1.3	320~680
	2.5	220~460
	5.0	150~320
	12.5	100~220
	25	68~150
	50	46~100

表 5-31　低速重载齿轮选油表(闭式齿轮)

<table>
<tr><th>齿轮种类</th><th>润滑方式</th><th colspan="2">齿面应力/MPa</th><th>推荐用油类型</th><th>使用工况</th></tr>
<tr><td rowspan="4">圆柱齿轮与圆锥齿轮</td><td rowspan="4">油浴润滑与循环润滑</td><td colspan="2">传动齿轮，低于 350</td><td>工业齿轮油</td><td>一般传动齿轮</td></tr>
<tr><td rowspan="3">动力齿轮</td><td>低负荷 350~500</td><td>工业齿轮油、中负荷工业齿轮油</td><td>一般齿轮或有冲击高温的齿轮</td></tr>
<tr><td>中负荷 500~1100</td><td>中负荷工业齿轮油或重负荷工业齿轮油</td><td>矿井提升，露天采掘，水泥球磨机，高温有冲击的齿轮</td></tr>
<tr><td>重负荷高于 1100</td><td>重负荷齿轮油</td><td>冶金、轧钢、井下、采煤、高温有冲击有水部位的齿轮</td></tr>
</table>

② 车辆齿轮油：a. 车辆齿轮油的分类　我国车辆齿轮油根据组成特性和作用要求分为普通车辆齿轮油、中负荷车辆齿轮油、重负荷车轮齿轮油三个品种，分别相当于 API 分类的 GL-3、GL-4、GL-5。其中：普通车辆齿轮油用于手动变速箱、螺旋伞齿轮驱动桥的润滑。中负荷车辆齿轮油用于手传动箱、螺旋锥齿轮和使用条件不太苛刻的驱动桥。重负荷车轮齿轮油用于工作条件特别苛刻的驱动桥和手传动箱。

b. 车辆齿轮油黏度分类　车辆齿轮油按 100℃运动黏度和表观黏度为 150000mPa · s 时最高使用温度规定，分为 70W、75W、80W、85W、80、85、90、140、250 九个黏度等级(牌号)。

c. 多级齿轮油的表示方法多级齿轮油是指油品在宽温度范围内，既能在低温流动性方面达到低黏度齿轮油水平，又能在高温润滑方面达到高黏度齿轮油水平。其表示方式为：XXW/XXX(即"低黏度号+W/高黏度号")，数字后带 W 的表示冬用，不带 W 的表示夏用，例如 75W/90 85W/140 等。

d. 多级车辆齿轮油的优点　多级齿轮油同时具有良好的低温启动性和良好的高温润滑性，并具有一定的节能效果，国外车辆齿轮油多为多级齿轮油。

e. 车辆齿轮油的选用　车辆齿轮油的选用原则主要根据驱动桥类型、工况条件、负荷及速度等确定油品使用的质量等级，根据最低环境使用温度和传动装置最高操作温度来确定油品黏度等级。

一般情况下，螺旋伞齿轮驱动选用 GL-3，如解放牌、跃进牌汽车；中等速度和负荷的单级准双曲面齿轮，齿面平均接触应力在1500MPa以下，对国产汽车后桥选用GL-4或GL-5车辆齿轮油，如东风牌汽车、北京吉普。

高速重载双曲线齿轮、齿面接触应力高达2000~4000MPa，滑动速度为10m/s，如上海、红旗、桑塔纳轿车及各种进口车，必须选用GL-5车辆齿轮油。

f. 根据环境温度选择车辆齿轮油的黏度级别　原则上，气温低、负荷小的条件下，可选用黏度较小的车辆齿轮油，气温较高，负荷较重的条件下，可选用黏度较大的油品。

- 环境温度不低于0℃地区，可选90、85W/140。
- 环境温度不低于-20℃地区，可选用85W/90、85W/140。
- 环境温度不低于-35℃，须选用80W/90。
- 环境温度达到-45℃地区，须选用75W。
- 对于重载或道路条件恶劣的车辆，应选用高黏度牌号车辆齿轮油。

③ 蜗轮蜗杆油　各种减速机构的传动绝大多数采用蜗轮蜗杆组合，它们的传动比大，噪音及振动小、体积小。蜗轮为磷青铜，蜗杆为硬度很高的钢。从润滑的角度分析，与工业齿轮油相比，蜗轮蜗杆油的特点是：

- 发生在蜗轮和蜗杆间主要是滑动摩擦，对油性要求高些，但不如齿轮对齿轮传动时对油的极压性要求那么高。
- 有铜组件，一般的齿轮油中的极压添加剂组分都含活性硫，而活性硫对铜有腐蚀，因而蜗轮蜗杆油不能含活性硫。

目前我国有一蜗轮蜗杆油产品标准SH/T 0094—1991，黏度分级有：220、320、460、680、1000；质量分级有：L-CKE和L-CKE/P（普通型和极压型）二类，都是矿物油型。随着工业的发展，蜗轮蜗杆已小型化、高效化，要求润滑油能对油温和噪音的下降起作用，并要求长寿命，因而发展了PAG型蜗轮蜗杆油。PAG油有如下特点：

- 摩擦系数比矿物油低，产生热量小，见表5-32。
- 它的比热容高于矿物油，也就是每提高1℃所需的热量大于矿物油。
- 矿物油的牵引系数（Traction coefficient）比PAG高，也会产生较多的热。

表5-32　齿轮油的摩擦系数比较

油类型	ISO黏度级	平均摩擦系数μ
矿物油型	220	0.048
PAO型	220	0.036
PAG型	220	0.033

实际使用也表明PAG型蜗轮蜗杆油在降低油温、噪音和延长使用寿命上有明显效果，见图5-65。

现代所有的工业齿轮油均使用硫-磷添加剂配方体系，其中的活性硫是极压作用的主体，而活性硫有可能对铜部件造成腐蚀，虽然在工业齿轮油添加剂配方中加入金属钝化剂类使铜腐蚀指标得以通过，但在使用中仍不能令人放心。其次，工业齿轮油中适应滑动性能的油性添加剂成分不足，使蜗轮蜗杆工作不够顺畅。所以切记不要用工业齿轮油作为蜗轮蜗杆油使用。

2. 汽轮机油

（1）汽轮机油的作用：

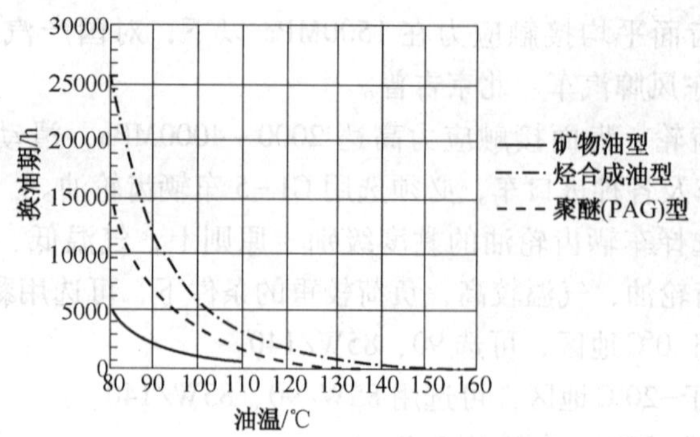

图 5-65 油温与齿轮油换油期

① 润滑作用 汽轮机油通过油楔作用把滑动轴瓦托起，起流体润滑作用。由于负荷不重，没有达到边界润滑区域，一般无需具备极压性能，仅靠保证一定黏度即可保证润滑。

② 调速作用 起液压介质作用，传递动力。起调速作用，要求可压缩性小，能迅速把油中及油面的空气分离等，具有液压液的基本性质。

③ 冷却作用 汽轮机的转速一般在3000r/min以上，机组高速运转会产生大量摩擦热，蒸汽和燃气的高温也通过叶片传递到轴承，这些都通过循环流动的汽轮机油把热量带走，通过冷却系统降温，使机组在适当的温度下安全长周期运转。

（2）汽轮机油性能及要求：

① 优良的抗氧化安定性 汽轮机组都较大，油箱大，油容量大，换一次油费用大，因而要求汽轮机油换油期长，一般要数年到十多年，这就要求汽轮机油的抗氧化性能好，变质慢。

② 抗乳化和防锈性能好 蒸汽和冷凝水渗进油系统的可能性大，要求汽轮机油抗乳化性能好，能迅速与水分离而除去。水的存在也易造成锈蚀，因而也要求防锈性好，在船上或沿海的汽轮机有可能有海水或盐雾的入侵，因而要通过锈蚀试验的B法(人工海水)。

③ 良好的黏温性及适当的黏度 作为调速系统的工作液，要靠一定的黏度去完成。一般采用的黏度级为ISO32、46和68。因此在温度变化时黏度的变化应尽量小，也就是黏温性要好，一般要求黏度指数要在90以上。

④ 抗泡性好 机组运转时空气会进到油系统中产生泡沫，会影响供油的连续性及调速系统的工作平稳，因而要求有少泡及迅速消泡的性能。

⑤ 极压性能好 有些情况下要求极压性能，当汽轮机不是直接连接到载荷而要用齿轮连接时，齿轮传动也要由汽轮机油润滑，汽轮机油就要求有一定的极压性能。

（3）汽轮机油的分类：

按国标GB 7631.10—1992和GB 11120—2011，汽轮机油分类见表5-33。

表 5-33 汽轮机油分类

用 途	具体用途	组成和性质	代号	典型应用
蒸汽，直接连接载荷	一般用途	深度精制矿物油基础油+防锈抗氧	TSA	发电机及工业装置的汽轮机组，无需提高齿轮承载能力
蒸汽，直接或齿轮连接载荷	高承载能力	TSA+高承载能力	TSE	要求改善承载能力的上述机组

（4）汽轮机油品种：

① TSA 汽轮机油 这是应用最普遍的一种一般用途的汽轮机油，常称防锈汽轮机油或

透平油，我国国标为 GB 11120—2011，它的正规名字就叫汽轮机油。TSA 汽轮机的技术要求，见表 5-34。

表 5-34 L-TSA 和 L-TSE 汽轮机油技术要求(GB 11120—2011)

项目		质量指标							试验方法
		A			B				
黏度等级(按 GB 3141)		32	46	68	32	46	68	100	
运动黏度(40℃)/mm^2		28.8~35.2	41.4~50.6	61.2~74.8	28.8~35.2	41.4~50.6	61.2~74.8	90.0~110.0	GB/T 265
黏度指数	不小于	90			85				GB/T 1995
倾点/℃	不高于	-6			-6				GB/T 3535
闪点(开口)/℃	不低于	186		195	186		195		GB/T 3536
密度(20℃)/(kg/m^3)		报告			报告				GB/T 1884 GB/T 1885
酸值(以 KOH 计)/(mg/g)	不大于	0.2			0.2				GB/T 4945
清洁度/级		—/18/15			报告				GB/T 14039
水分(质量分数)/%	不大于	0.02			0.02				GB/T 11133
抗乳化性(乳化液达到 3mL 时间)/min									GB/T 7305
54℃	不大于	15	15	30	15	15	30	—	
82℃	不大于	—	—	—	—	—	—	30	
泡沫性(泡沫倾向/泡沫稳定性)/(mL/mL)									GB/T 12579
程序Ⅰ(24℃)	不大于	450/0			450/0				
程序Ⅱ(93.5℃)	不大于	50/0			100/0				
程序Ⅲ(后 24℃)	不大于	450/0			450/0				
氧化安定性									
1000h 后总酸值(以 KOH 计)/(mg/g) 不大于		0.3	0.3	0.3	报告	报告	报告	—	GB/T 12581
总酸值达 2.0(以 KOH 计)/(mg/g)的时间/h	不小于	3500	3000	2500	2000	2000	2000	1000	GB/T 12581
1000h 后油泥/mg		200	200	200	报告	报告	报告	—	SH/T 0124
液相锈蚀(24h)		无锈							GB/T 11143
铜片腐蚀(100℃，3h)/级 不大于		1							GB/T 5096
空气释放值(50℃)/min	不大于	5		6	5	6	8	—	SH/T 0308

② TSE 汽轮机油　当汽轮机由齿轮连接到载荷时，汽轮机油不但要润滑汽轮机，还要润滑齿轮，就要用极压汽轮机油，即表 5-34 中的 TSE。

③ 抗氨汽轮机油　这是分类中没有的品种。它的背景是我国很多引进的大型化肥项目，其中的氨气压缩机与汽轮机共用一个润滑系统，若采用新标准的汽轮机油就会产生一个大问题，因为汽轮机油采用的防锈添加剂有一定酸性，而氨是碱性的，当氨气渗到汽轮机油中就

会与酸性物反应而产生少量絮状沉淀。为了解决这类问题就产生一个新品种——抗氨汽轮机油，它是在添加剂配方上作了改变，采用与氨气不发生反应的防锈添加剂，规格中加上一个往汽轮机油中通氨气评定其反应性的试验方法(SH/T 0302)，其他质量要求与正常的汽轮机油基本相同。我国的行业标准为SH/T 0362—1996，见表5-35。

表5-35 抗氨汽轮机油(SH/T 0362—1996)

项目	质量指标			试验方法
牌号	32	32D	68	GB/T 3141
运动黏度(40℃)/(mm^2/s)	28.8~35.2	28.8~35.2	61.2~74.8	GB/T 265
黏度指数不小于	90	90	90	GB/T 1995
倾点/℃ 不高于	-17	-27	-17	GB/T 3535
闪点(开口)/℃ 不低于	180	180	180	GB/T 267
酸值/(mgKOH/g) 不大于	0.03	0.03	0.03	GB/T 264
灰分(加剂前)/% 不大于	0.005	0.005	0.005	GB/T 508
水分	无	无	无	GB/T 260
机械杂质	无	无	无	GB/T 511
氧化安定性(酸值达2.0mgKOH/g的时间)/h 不大于	1000	1000	1000	GB/T 2581
破乳化时间(54℃)/min 不大于	30	30	30	GB/T 7305
液相锈蚀试验(蒸馏水，24h)	无锈	无锈	无锈	GB/T 1143
抗氨性试验	合格	合格	合格	SH/T 0302

(5) 汽轮机油的基础油　汽轮机油的基础油一般为深度精制的矿物油，含少量的抗氧防锈添加剂。

(6) 汽轮机油的选择：

① 要根据汽轮机的类型选择汽轮机油的品种，如普通的汽轮机组可选择TSA汽轮机油，接触氨的汽轮机组须选择抗氨汽轮机油，减速箱载荷高、调速器润滑条件苛刻的汽轮机组须选择极压汽轮机油。

② 要根据汽轮机的轴转速选择汽轮机油的黏度等级，通常在保证润滑的前提下，应尽量选用黏度较小的油品。低黏度的油，其散热性和抗乳化性均较好。

(7) 汽轮机油的使用管理：

① 汽轮机油的容器，包括储油缸、油桶和取样工具等必须洁净。尤其在储运过程中，不能混入水、杂质和其他油品。不得用镀锌或有磷酸锌涂层的铁桶及含锌的容器装油，以防油品与锌接触发生水解和乳化变质。

② 新机加油或旧机检修后加油或换油前，必须将润滑油管路、油箱清洗干净，不得残留油污、杂质，尤其不得残留如金属清洗剂等表面活性剂。合理的方法是先用少量油品把已清洗干净的管路循环冲洗一下，抽出后再进油。每次检修抽出的油品，应进行严格的过滤并经检验合格后，方可再次投入运行。

③ 汽轮机油的使用温度40~60℃为宜，要经常调节汽轮机油冷却器的冷却水量或供油量，使轴承回油管温度控制在60℃左右。

④ 在机组的运行过程中，要防止漏气、漏水及其他杂质的污染。

⑤ 定期或不定期地将油箱底部沉积的水及杂质排出，以保持油品的洁净。

⑥ 定期或根据具体情况随机地对运行中的汽轮机油取样，观察油样的颜色和清洁度，并有针对性地对油样进行黏度、酸值、水分、杂质、水分离性、防锈性、抗氧剂的含量等项目的分析。如变化过大，应及时换油。

表 5-36 中包含了运行中汽轮机油的质量指标和检查周期，表 5-37 是国外一些石油公司推荐的汽轮机油换油指标，可供参考。

表 5-36　运行中汽轮机油的质量指标和检查周期

项目	GB/T 7596	GB/T 14541 指标	GB/T 14541 周期
外观	透明	透明，无机械杂质	每周
颜色		无异常变化	每周
黏度(40℃)/(mm^2/s)	与新油原始值相差≤20%	与新油原始值相差<±10%	6 个月
闪点(开口)/℃	与新油原始值比不低于 15℃	同左	必要时
洁净度(NAS)/级	250MW 及以上报告	NAS，≤8	3 个月
酸值/(mgKOH/g)	未加防锈剂≤0.2	未加防锈剂≤0.2	3 个月
	加防锈剂≤0.3	加防锈剂≤0.3	3 个月
锈蚀试验	无锈	无锈	6 个月
破乳化度/min	≤60	≤30	6 个月
水分	200MW 及以上≤100mg/L	氢冷却机组≤80mg/kg	3 个月
	200MW 以下≤200mg/L	非氢冷却机组≤80mg/kg 水轮机(水岛部分除外)	
泡沫试验/mL	250MW 及以上报告	200MW 及以上≤500/10	每年或必要时
空气释放值/min	250MW 及以上报告	200MW 及以上≤10	必要时

表 5-37　国外汽轮机油换油指标

项　　目		丸善石油公司	大协石油公司	加德士石油公司	日本船用机关学会
运动黏度(40℃)变化率/%	大于	±10	±15	±20	±10
酸值/(mgKOH/g)	大于	0.5	0.3	0.3	0.3
水分/%	大于	0.2	0.2	爆裂试验有水	0.1
表面张力(25℃)/(dyn/cm)	小于	新油的 1/2	15		
色度	大于		5		
沉淀值/(mL/10mL)	大于		0.1		
污染度/(mg/100mL)	大于				

3. 压缩机油

(1) 压缩机油的作用及主要性能：压缩机油主要用于压缩机汽缸运动部件及排气阀的润滑，并起防锈、防腐、密封和冷却作用。由于压缩机一直处于高压、高温及有冷凝水存在的环境中，因此压缩机油应具有优良的高温氧化安定性、低的积炭倾向性、适宜的黏度和黏温性能、良好的油水分离性、防锈防腐性等。

(2) 压缩机油的分类：压缩机油按压缩机的结构型式分往复式空气压缩机油和回转式空气压缩机油两种，每种各分有轻、中、重负荷三个级别。压缩机油按基础油种类又可分为矿油型压缩机油和合成型压缩机油两大类。

往复式空气压缩机油分为轻负荷 L-DAA、中负荷 L-DAB、重负荷 L-DAC 三种，黏度等级均设 32、46、68、100、150 五个牌号，其中 DAA、DAB 属矿油型，DAC 属合成油型。

回转式空气压缩机油按轻、中、重负荷也分为三种，即轻负荷的 L-DAG、中负荷的 L-DAH，重负荷的 L-DAJ，黏度等级均设 15、22、32、46、68、100 六个牌号，其中 DAG、DAH 属矿油型，DAJ 为合成型。

(3) 目前国内空气压缩机油的规格标准和品种：目前国内已标准化的往复式空气压缩机油品种有 L-DAA、L-DAB 两种，标准为 GB 12691—1990，黏度等级均分 32、46、68、100、150 五个牌号。

回转式空气压缩机油已标准化的有 L-DAG 轻负荷喷油回转式空压机油，标准为 GB 5904—1986，黏度等级分 15、22、32、46、69、100 六个牌号；L-DAH 回转式(螺杆)空压机油标准为企标，设 32、46、32A、46A 四个牌号，DAH 油是由加氢基础油调制而成的新型优质螺杆空压机油，具有优良的热氧化安定性和低的积炭倾向，其中 32A、46A 为抗磨型。

(4) 如何选用压缩机油：根据压缩机油的设计类型、环境条件、操作负荷选择空压机油的类型，一般情况下，长期高温环境(>30℃)下，选用 L-DAB 油，高速水冷或低压、小压缩比的压缩机可选用低黏度压缩机油。通常空冷活塞式轴输出功率<20kW，选用 32、46、100 号(环境温度<-10℃可选 32)DAA、DAB、DAC 空压机油；水冷活塞式选用 68 或 100 号 DAA 油；滴油回转式选 100、150、220 号 DAB 或 DAC 油；喷油回转式选 32 号 DAG、DAH 或 DAJ 油。

4. 液压油

(1) 液压油的分类与牌号划分：液压油的种类繁多，分类方法各异，长期以来，习惯以用途进行分类，也有根据油品类型、化学组分或可燃性分类的。这些分类方法只反映了油品的用途，但缺乏系统性，也难以了解油品间的相互关系和发展。ISO 6743 提出了《润滑剂、工业润滑油和有关产品—第四部分 H 组》分类，即 ISO 6743/4，该系统分类较全面地反映了液压油间的相互关系及其发展。GB 7631. 2—2003 等效采用 ISO 6743/4 的规定。液压油采用统一的命名方式，其一般形式如下："类-品种-数字"，如 L-HV-22，其中：L—类别(润滑剂及有关产品，GB 7631. 1)，HV—品种(低温抗磨)，22—牌号(黏度级，GB 3141)，液压油的黏度牌号由 GB 3141 做出了规定，等效采用 ISO 的黏度分类法，以 40℃运动黏度的中心值来划分牌号。

(2) 液压油的规格、性能及应用：液压油的规格、性能及应用：在 GB/T 7631. 2—2003 分类中的 HH、HL、HM、HR、HV、HG 液压油均属矿油型液压油，这类油的品种多，使用量约占液压油总量的 85%以上，汽车与工程机械液压系统常用的液压油也多属这类。以下分别介绍其规格、性能及其应用。

① HH 液压油按 GB 7631. 2—2003 分类，HH 液压油是一种不含任何添加剂的矿物油。这种油虽已列入分类之中，但在液压系统中已不使用。因为这种油安定性差、易起泡，在液压设备中使用寿命短。

② HL 液压油(也称通用型机床工业用润滑油)：

a. 规格　HL 液压油是由精制深度较高的中性基础油、加抗氧和防锈添加剂制成的。HL 液压油按 40℃运动黏度可分为 15、22、32、46、68、100 六个牌号。

b. 用途　HL 液压油主要用于对润滑油无特殊要求，环境温度在 0℃以上的各类机床的轴承箱、齿轮箱、低压循环系统或类似机械设备循环系统的润滑。它的使用时间比机械油可延长一倍以上。该产品具有较好的橡胶密封适应性，其最高使用温度为80℃。

③ 抗磨液压油(HM 液压油)：

a. 规格　抗磨液压油(HM 液压油)是从防锈、抗氧液压油基础上发展而来的，它有碱性高锌、碱性低锌、中性高锌型及无灰型等系列产品，它们均按 40℃运动黏度分为 22、32、46、68 四个牌号。

b. 用途：

- 抗磨液压油主要用于重负荷、中压、高压的叶片泵、柱塞泵和齿轮泵的液压系统。
- 用于中压、高压工程机械、引进设备和车辆的液压系统。如电脑数控机床、隧道掘进机、履带式起重机、液压反铲挖掘机和采煤机等的液压系统。
- 除适用于各种液压泵的中高压液压系统外，也可用于中等负荷工业齿轮(蜗轮、双曲线齿轮除外)的润滑。其应用的环境温度为-10～40℃。该产品与丁腈橡胶具有良好的适应性。

④ HR、HG 液压油：

HR 液压油是在环境温度变化大的中低压液压系统中使用的液压油。该油具有良好的防锈、抗氧性能，并在此基础上加入了黏度指数改进剂，使油品具有较好的黏温特性。该类油由于用量小至今尚未大力开发，在此不作详细介绍。

HG 液压油原为普通液压油中的 32G 和 68G，曾用名为液压导轨油，该产品是在 HM 液压油基础上添加油性剂或减磨剂构成的一类液压油。该油不仅具有优良的防锈、抗氧、抗磨性能，而且具有优良的抗黏滑性。该产品主要适用于各种机床液压和导轨合用的润滑系统或机床导轨润滑系统及机床液压系统。在低速情况下，防爬效果良好。目前的液压导轨油属这一类产品。

⑤HV、HS 液压油(低温液压油)：

a. 规格　这是两种不同档次的液压油，在 GB 7631.2—2003 中均属宽温度变化范围下使用的液压油。此二类油都有低的倾点，优良的抗磨性、低温流动性和低温泵送性。HV、HS 液压油按基础油分为矿油型与合成油型两种，按 40℃运动黏度，HV 油分为 15、22、32、46、68、100 六个牌号，HS 油分为 15、32、32、46 四个牌号。

b. 用途：

- HV 低温液压油主要用于寒区或温度变化范围较大和工作条件苛刻的工程机械、引进设备和车辆的中压或高压液压系统。如数控机床、电缆井泵以及船舶起重机、挖掘机、大型吊车等液压系统。使用温度在-30℃以上。
- HS 低温液压油主要用于严寒地区上述各种设备。使用温度为-30℃以下。

(3) 根据设备的类型选择：① 根据摩擦副的形式及其材料　根据摩擦副的形式及其材料，叶片泵的叶片与定子面与油接触，在运动中极易磨损，其钢-钢的摩擦副材料，适用于以 ZDDP(二烷基二硫代磷酸锌)为抗磨剂的 L-HM 抗磨液压油；柱塞泵的缸体、配油盘、活塞的摩擦形式与运动形式也适于使用 HM 抗磨液压油，但柱塞泵中有青铜部件，由于此材质部件与 ZDDP 作用产生腐蚀磨损，故有青铜件的柱塞泵不能使用以 ZDDP 为添加剂的 HM 抗磨液压油。同时，选用液压油还要考虑其与液压系统中密封材料相适应。

一般叶片泵可选用含锌型抗磨液压油，柱塞泵最好选用无灰型油。叶片泵压力高于 15MPa、柱塞泵压力高于 30MPa、两种型号泵同时存在的液压系统，应选用符合 Denison HF

-0 规格的油品。

② 液压系统中泵的主要类型：

液压油的润滑性对三大泵类减磨效果的顺序是叶片泵>柱塞泵>齿轮泵。故凡是叶片泵为主油泵的液压系统不管其压力大小选用 HM 油为好。液压系统的精度越高，要求所选用的液压油清洁度也越高，如对有电液伺服阀的闭环液压系统要求用数控机床液压油，此两种油可分别用高级 HM 和 HV 液压油代替。试验表明：三类泵对液压油清洁度要求的顺序是柱塞泵高于齿轮泵与叶片泵，而在对极压性能的要求顺序是齿轮泵高于柱塞泵与叶片泵。根据泵阀类型及液压系统特点选择液压油参照表 5-38。

表 5-38 根据泵阀类型及液压系统特点选择液压油

设备类型	系统压力	系统温度	润滑油类型	黏度等级
叶片泵	<7MPa	5~40℃	HM 型液压油	32、46
	>7MPa	40~80℃	HM 型液压油	46、68
	<7MPa	5~40℃	HM 型液压油	46、68
	>7MPa	40~80℃	HM 型液压油	68、100
螺杆泵	—	5~40℃	HL 型液压油	32、46
	—	40~80℃	HL 型液压油	46、68
齿轮泵		5~40℃	HL 型液压油，中高压以上时用 HM 型液压油	32、46、68
	—	40~80℃	HL 型液压油，中高压以上时用 HM 型液压油	100、150
径向柱塞泵	—	5~40℃	HL 型液压油，中高压以上时用 HM 型液压油	32、46
		40~80℃	HL 型液压油，中高压以上时用 HM 型液压油	68、100、150
轴向柱塞泵	—	5~40℃	HL 型液压油，中高压以上时用 HM 型液压油	32、46
	—	40~80℃	HL 型液压油，中高压以上时用 HM 型液压油	

(4) 液压油的质量要求：

汽车及工程机械等的液压系统使用液压油作为工作介质，这类液压系统中油液的流速不大而压力较高，故称为静压传动。液压油质量的优劣将在很大程度上影响液压系统的工作可靠性和使用寿命。通常对液压油的质量要求有如下几点：

① 适宜的黏度及良好的黏温性能，以确保在工作温度发生变化的条件下能准确、灵敏地传递动力，并能保证液压元件的正常润滑。

② 具有良好的防锈性及抗氧化安定性，在高温高压条件下不易氧化变质，使用寿命长。

③ 具有良好的抗泡沫性，使油品在受机械不断搅拌的工作条件下，产生的泡沫易于消失，以使动力传递稳定，避免液压油的加速氧化。

④ 良好的抗乳化性，能与混入油中的水迅速分离，以免形成乳化液导致液压系统金属材质的锈蚀和降低使用效果。

⑤ 良好的极压抗磨性，以保证液压油泵、液压马达、控制阀和油缸中的摩擦副在高压、高速苛刻条件下得到正常的润滑，减少磨损。

除上述基本质量要求外，对于一些特殊性能要求的液压油尚有特殊的要求。如低温液压油要求具有良好的低温使用性能；抗燃液压油要求具有良好的抗燃性能；抗银液压油可用于有银部件的液压系统。

5. 12. 2　润滑脂

润滑脂是稠厚的油脂状半固体。用于机械的摩擦部分，起润滑和密封作用。也用于金属表面，起填充空隙和防锈作用。主要由矿物油(或合成润滑油)和稠化剂调制而成。

5. 12. 2. 1　润滑脂的基本组成

润滑脂主要是由稠化剂、基础油、添加剂三部分组成。一般润滑脂中稠化剂含量约为10%~20%，基础油含量约为75%~90%，添加剂及填料的含量在5%以下。

(1) 基础油　基础油是润滑脂分散体系中的分散介质，它对润滑脂的性能有较大影响。一般润滑脂多采用中等黏度及高黏度的石油润滑油作为基础油，也有一些为适应在苛刻条件下工作的机械润滑及密封的需要，采用合成润滑油作为基础油，如酯类油、硅油、聚α-烯烃油等。

(2) 稠化剂　稠化剂是润滑脂的重要组分，稠化剂分散在基础油中并形成润滑脂的结构骨架，使基础油被吸附和固定在结构骨架中。润滑脂的抗水性及耐热性主要由稠化剂所决定。用于制备润滑脂的稠化剂有两大类。皂基稠化剂(即脂肪酸金属盐)和非皂基稠化剂(烃类、无机类和有机类)。

皂基稠化剂分为单皂基(如钙基脂)、混合皂基(如钙钠基脂)、复合皂基(如复合钙基脂)三种。90%的润滑脂是用皂基稠化剂制成的。

(3) 添加剂与填料　一类添加剂是润滑脂所特有的，叫胶溶剂，它使油皂结合更加稳定，如甘油与水等。钙基润滑脂中一旦失去水，其结构就完全被破坏，不能成脂，如甘油在钠基润滑脂中可以调节脂的稠度。另一类添加剂和润滑油中的一样，如抗氧、抗磨和防锈剂等，但用量一般较润滑油中为多。如磷酸酯、二烷基二硫代磷酸锌、极压抗磨剂、复合剂、滴点提高剂等。有时，为了提高润滑脂抵抗流失和增强润滑的能力，常添加一些石墨、二硫化钼和碳黑等作为填料。

5. 12. 2. 2　润滑脂的分类

润滑脂品种和牌号繁多，为了规范润滑脂的生产，特别是为了方便用户使用，有必要对润滑脂进行统一分类和命名。润滑脂分类的方法有很多，主要有按组成、应用、性能三种分类方法。下面分别予以介绍。

1. 按组成分类

润滑脂由基础油、稠化剂、添加剂组成，润滑脂按基础油种类分为矿物油润滑脂和合成油润滑脂，矿物油润滑脂是通常情况下用得最多的润滑脂，可满足一般情况下各种机械设备的润滑要求。合成油润滑脂主要用于一些特殊情况下的润滑，如航空航天、精密仪器仪表等的润滑。通常，人们更习惯按润滑脂稠化剂种类来对润滑脂进行分类，因为不同类型的稠化剂的润滑脂有不同的性能可满足不同的润滑要求，常见的润滑脂稠化剂类型如表5-39。

表 5-39　润滑脂稠化剂的类型

皂基	单皂	钙皂、钠皂、锂皂、铝皂、钡皂、铅皂等
	混合皂	钙-钠皂、锂-钙皂
	复合皂	复合钙皂、复合纳皂、复合铝皂、复合锂皂
非皂基	有机稠化剂	聚脲、酰胺、阴丹士林、酞 铜、聚四氟乙烯
	无机稠化剂	膨润土、硅胶
	烃基稠化剂	石蜡、地蜡、石油脂

2. 按应用分类

润滑脂按主要作用分为：润滑、防护、密封润滑脂；按适用范围分为：普用、专用、多效润滑脂；按适用的部件分为：滚动轴承脂、齿轮脂、阀门脂、螺纹脂等；按适用温度范围分为：低温、高温、宽温脂；按应用领域分为：汽车脂、航空脂、船用脂、钢铁工业用脂、食品机械用脂等；按承受负荷的能力分为：普通用脂、极压脂。

3. 按性能分类

国际标准化组织 ISO 于 1987 年发布了以润滑脂使用性能为基础的分类方法 ISO 6743/9。该分类方法主要考虑的因素是：操作温度、水污染、极压性能等，这些性能要求在润滑脂代号中用大写英文字母表示，最后标记润滑脂稠度等级号。我国于 1990 年等效采用 ISO 6743/9 标准颁布了润滑脂分类国家标准 GB/T 7631.8—1990，第八部分 X 组（润滑脂组），即润滑脂代号为：L-X（字母 1）（字母 2）（字母 3）（字母 4）（稠度级号），润滑脂代号中字母的意义如表 5-40。

表 5-40 润滑脂代号中字母的意义

L	X	字母 1	字母 2	字母 3	字母 4	稠度等级
润滑剂类	润滑脂组	最低温度	最高温度	水污染	极压性	稠度号

润滑脂稠度根据 NLGI 的划分方法，按工作锥入度分为 9 个等级，见表 5-41。

表 5-41 润滑脂稠度等级

NLGI	000	00	0	1	2	3	4	5	6
工作锥入度/0.1mm	445~475	400~430	355~385	310~340	265~295	220~250	175~205	130~160	85~115

GB/T 7631.8—1990 润滑脂（X 组）的分类见表 5-42。

表 5-42 润滑脂分类标记字母

代号	用途	使用要求								
		操作温度范围				水污染	字母 3	负荷	字母 4	稠度
		最低温度/℃	字母 1	最高温度/℃	字母 2					
X	用润滑脂的场合	0 -20 -30 -40 <-40	A B C D E	60 90 120 140 160 180 >180	A B C D E F G	在水污染条件下润滑脂的润滑性、抗水性和防锈性	A B C D E F G H I	A 表示非极压脂，B 表示极压脂	A B	

水污染的确定见表 5-43。

表 5-43 字母 3(水污染)的确定

环境条件①	防锈性②	字母	环境条件①	防锈性②	字母
L	L	A	M	H	F
L	M	B	H	L	G
L	H	C	H	M	H
M	L	D	H	H	I
M	M	E			

注：① L 代表干燥环境，M 表示静态潮湿环境，H 表示水洗；

② L 代表不防锈，M 表示淡水存在下的防锈性，H 表示盐水存在下的防锈性。

举例：某润滑脂使用在下述条件：温度范围-20～160℃；在水淋条件下对淡水防锈；高负荷；稠度 1 号。则这种润滑脂可标记为：L-XBEHB 1

5.12.2.3 润滑脂的性能及其评定指标

润滑脂的使用范围很广，工作条件差异也很大，不同的机械设备对润滑脂性能要求很不相同。润滑脂性能是润滑脂组成及其制备工艺的综合体现。润滑脂性能的评价，不但在生产上和研究工作上有决定性的意义，而且在使用部门对润滑脂的选择和检验上也是必不可少的。根据汽车及工程机械用脂部位的具体情况，对润滑脂的基本要求是：适当的稠度，良好的高低温性能，良好的极压、抗磨性，良好的抗水、防腐、防锈和安定性等。

1. 稠度

在规定的剪力或剪速下，测定润滑脂结构体系变形程度以表达体系的结构性，即为稠度的概念。它是一个与润滑脂在所润滑部位上的保持能力和密封性能，以及与润滑脂的泵送和加注方式有关的重要性能指标。某些润滑点之所以要使用润滑脂，就是因为其有一定的稠度，从而使其具有一定的抵抗流失的能力。不同稠度的润滑脂所适用的机械转速、负荷和环境温度等工作条件不同，因此，稠度是润滑脂的一个重要指标。

润滑脂的稠度等级可用锥入度来表示。润滑脂的锥入度是指在规定时间、温度条件下，规定重量的标准锥体穿入润滑脂试样的深度，以(1/10)mm 表示。润滑脂的锥入度测定可按《润滑脂锥入度测定法》(GB/T 269—1991)规定的方法进行。润滑脂锥入度通常包括不工作、工作、延长工作、块锥入度四种，不工作锥入度一般不象工作锥入度那样能有效地代表使用中润滑脂的稠度，通常检验润滑脂时最好用工作锥入度。延长工作锥入度适用于工作超过 60 次所测定的锥入度。润滑脂锥入度测定方法概要：在 25℃ 条件下将锥体组合件从锥入计上释放，使锥体沉入试样 5s 的深度来分别测定润滑脂的上述四种锥入度。

锥入度反映了润滑脂在低剪切速率条件下变形与流动性能。锥入度值越高，脂越软，即稠度越小，越易变形和流动；锥入度值越低，则脂越硬，即稠度越大，越不易变形和流动。由此可见，锥入度可有效地表示润滑脂的稠度，是选用润滑脂的重要依据。我国用锥入度范围来划分润滑脂的稠度牌号。

2. 高温性能

温度对于润滑脂的流动性具有很大影响，温度升高，润滑脂变软，使得润滑脂附着性能降低而易于流失。另外，在较高温度条件下还易使润滑脂的蒸发损失增大，氧化变质与凝缩分油现象严重。润滑脂失效的主要原因，大多是由于凝胶的萎缩和基础油的蒸发损失所致，即润滑脂失效过程的快慢与其使用温度有关。高温性能好的润滑脂可以在较高的使用温度下保持其附着性能，其变质失效过程也较缓慢。润滑脂的高温性能可用滴点、蒸发度和轴承漏失量等指标进行评定。

润滑脂的滴点是指其在规定条件下达到一定流动性时的最低温度，以℃表示。滴点没有绝对的物理意义，它的数值因设备与加热速率不同而异。润滑脂的滴点主要取决于稠化剂的种类与含量，润滑脂的滴点可大致反映其使用温度的上限。显然，润滑脂达到滴点时其已丧失对金属表面的黏附能力。一般地说，润滑脂应在滴点以下 20~30℃或更低的温度条件下使用。

润滑脂的滴点可按 GB/T 4929—1985《润滑脂滴点测定法》进行测定。方法概要：将润滑脂装入滴点计的脂杯中，在规定的标准条件下，记录润滑脂在试验过程中达到规定流动性时的温度。该标准与 ISO/DP 2176 等效。GB/T 3498—2008 是润滑脂宽温度范围滴点测定法。

润滑脂的蒸发度是指在规定条件下蒸发后，润滑脂的损失量所占的质量百分数。润滑脂的蒸发度主要取决于所采用的基础油的种类、馏分组成和相对分子质量。高温、宽温度条件下使用的润滑脂，其蒸发度的测定尤为重要，蒸发度可以定性地表示润滑脂上限使用温度。润滑脂基础油蒸发损失，就会使润滑脂中的皂基稠化剂含量相对增大，导致脂的稠度发生变化，使用中会造成内摩擦增大，影响润滑脂的使用寿命。因而，蒸发度指标可以从一定程度上表明润滑脂的高温使用性能。

SH/T 0337—1992 是测定润滑脂蒸发度的方法。GB/T 7325—1987 是测定润滑脂和润滑油蒸发损失的方法，方法概要：把放在蒸发器里的润滑脂试样，置于规定温度的恒温浴中，热空气通过试样表面 22h，根据试样失重计算蒸发损失。

为了更好地评价车辆及工程机械所用润滑脂的高温性能，还要通过模拟试验，测定高温条件下轴承的工作特性及测定轴承漏失量。

据统计，绝大部分滚动轴承润滑都采用润滑脂，因此，润滑脂的轴承使用寿命是一项极其重要的性能指标。润滑脂在高温轴承寿命试验机上的评定，可以模拟润滑脂在一定的高温、负荷、转速条件下的工作性能，因此，测得的结果对实际使用具有一定的参考价值。一般是在试验机上观测，当润滑脂达到使用寿命时，脂膜破坏，出现破坏力矩的峰值，试验自动停车，还会伴随出现轴承温升记录指示值剧升和干摩擦噪声，若经反复启动仍不能转动，则表示润滑脂膜已遭破坏，试验结束，试验所进行的时间就是润滑脂的高温轴承寿命。一般而言，润滑脂的轴承寿命越长，表示其使用期也越长。

SH/T 0428—2008 是高温条件下润滑脂在球轴承中的工作性能测定法。

测定润滑脂轴承漏失是模拟润滑脂在汽车及工程机械轮载滚动轴承中的工作性能。SH/T 0326—1992《润滑脂漏失量试验》规定了漏失量测定方法，方法概要：取脂样 90g±1g，往轮毂中装脂样，小轴承中装脂样 2g±0.1g，另一个轴承中装脂样 3g±0.1g，转速为 660r/min±30r/min，轴承温度为 104℃±1℃，箱中温度为 113℃±3℃，运行时间为 6h，以脂在轴承上被甩出量的多少来衡量润滑脂的工作特性，并在试验结束时注意观察轴承的表面状况。显然，漏失量越大说明润滑脂的高温工作性能越差。

3. 低温性能

汽车与工程机械起步时的温度与环境温度近乎一致，在寒冷地区使用时，要求润滑脂在低温条件下仍能保待良好的润滑性能，它取决于润滑脂低温条件下的相似黏度及低温转矩。

我们知道润滑油的黏度随温度的升高而减小，所以同一种润滑油，由于温度不同，黏度也不同。润滑脂的黏温特性则要比润滑油复杂，因为润滑脂结构体系的黏温特性还要随剪力的变化而改变。

润滑脂在一定温度条件下的黏度是随着剪切速率而变化的变量，这种黏度称之为相似黏度，单位为：Pa·s。润滑脂中相似黏度随着剪切速率的增高而降低，但当剪切速率继续增加，润滑脂的相似黏度接近其基础油的黏度后便不再变化。润滑脂相似黏度与剪切速率的变化规律称为黏度-速度特性。黏度随剪切速率变化愈显著，其能量损失愈大。一般可以根据低温条件下润滑脂相似黏度的允许值来确定润滑脂的低温使用极限。

润滑脂的相似黏度也随温度上升而下降，但仅为基础油的几百甚至几千分之一，所以，润滑脂的黏温特性比润滑油好。

SH/T 0048—1991 规定了润滑脂相似黏度的测定方法，采用的是非恒定流量毛细管黏度计。

低温转矩是表示润滑脂在低温条件下使用时阻滞低速度滚珠轴承转动的程度。低温转矩可以表示润滑脂的低温使用性能，用 9.8N·cm 转矩测出使轴承在 1min 内转动一周时的最低温度，作为润滑脂的最低使用温度。

润滑脂的低温转矩除了与基础油的低温黏度有关以外，还与润滑脂的强度极限有关。

SH/T 0338—1992《滚珠轴承润滑脂低温转矩测定法》规定了启动与运转转矩的测定方法，该方法可测在-20℃条件下滚珠轴承润滑脂的启动与运转转矩，作为评价润滑脂在低温条件下运转阻力大小的评定指标。

4. 极压性与抗磨性

涂在相互接触的金属表面间的润滑脂所形成的脂膜，能承受来自轴向与径向的负荷，脂膜具有的承受负荷的特性就称做润滑脂的极压性。一般而言，在基础油中添加了皂基稠化剂后，润滑脂的极压性就增强了。在苛刻条件下使用的润滑脂，常添加有极压剂，以增强其极压性。目前普遍采用四球试验机来测定润滑脂的脂膜强度。SH/T 0202—1992《润滑脂极压性能测定法(四球机法)》规定了润滑脂极压性能的测定方法，该方法用综合磨损值和烧结点来表示。综合磨损值也称负荷-磨损指数，是用四球法测定润滑剂极压性能时，在规定条件下得到的若干次修正负荷的平均值。烧结点也称烧结负荷，指在规定条件下使钢球发生烧结的最低负荷(N)。SH/T 0203—1992《润滑脂极压性能测定法(梯姆肯试验机法)》用 0K 值(即最大合用值)来表示润滑脂的极压性能。所谓 0K 值是指在用梯姆肯法测定润滑剂承压能力的过程中，出现刮伤或卡咬现象时所加负荷的最小值(N)。

润滑脂通过保持在运动部件表面间的油膜，防止金属对金属相接触而磨损的能力称为抗磨性。润滑脂的稠化剂本身就是油性剂，具有较好的抗磨性。在苛刻条件下使用的润滑脂，添加有二硫化钼、石墨等减磨剂和极压剂，因而具有比普通润滑脂更强的抗磨性，这种润滑脂被称为极压型润滑脂。

SH/T 0204—1992《润滑脂抗磨性能测定法(四球机法)》规定了润滑脂抗磨性能的测定方法。SH/T 0427—1992《润滑脂齿轮磨损测定法》是用齿轮磨损试验机测定润滑脂抗磨性的方法。

5. 抗水性

润滑脂的抗水性表示润滑脂在大气湿度条件下的吸水性能，要求润滑脂在储存和使用中不具有吸收水分的能力。润滑脂吸收水分后，会使稠化剂溶解而致滴点降低，引起腐蚀，从而降低保护作用。有些润滑脂，如复合钙基脂，吸收大气中的水分还会导致变硬，逐步丧失润滑能力。润滑脂的抗水性主要取决于稠化剂的抗水性与乳化性。汽车与工程机械在使用过程中，底盘各摩擦点可能与水接触，这就要求润滑脂具有良好的抗水性。抗水性差的润滑脂吸收大气中水分或遇水后往往造成稠度降低甚至乳化而流失。SH/T 0109—1992 规定了用抗水淋性能测定法测定润滑脂抗水性的方法。方法概要：在规定条件下，将已知量的试样加入试验机轴承中，在运转中受水喷淋，根据试验前后轴承中试样质量差值，得出因水喷淋而损失的润滑脂量。也可用测定润滑脂溶水性能的方法测定其抗水性。方法概要：在试样中逐次加入定量的水分，测其 10 万次延长工作锥入度再与试验前 60 次工作锥入度相比较，其差值大小可评定该试样的溶水性能。

6. 防腐性

防腐性是润滑脂阻止与其相接触金属被腐蚀的能力。润滑脂的稠化剂和基础油本身是不会腐蚀金属的，使润滑脂产生腐蚀性的原因很多，主要是由于氧化产生酸性物质所致。一般而言，过多的游离有机酸、碱都会引起腐蚀。腐蚀试验就是检测润滑脂是否对金属有腐蚀作用，测定的方法有好几种，试验条件也各异，但都是在一定温度和试验时间下，通过观察金属片上的变色或产生斑点等现象来判断润滑脂腐蚀性的大小。SH/T 0331—1992《润滑脂腐蚀试验法》，采用 100℃，3h，铜片、钢片进行测定。GB/T 7326—1987《润滑脂铜片腐蚀试验》规定了润滑脂对铜部件腐蚀性测定方法，采用 100℃，24h，铜片进行测定，分甲法与乙法。甲法是将试验铜片与铜片腐蚀标准色板进行比较，确定腐蚀级别；乙法是检查试验铜片有无变色。GB/T 5018—2008《润滑脂防腐蚀性试验法》规定了润滑脂防腐蚀性能的试验方法。方法概要：将新的清洗净的涂有润滑脂试样的新轴承，在轻微负荷的推力下运转 60s±3s，使润滑脂如实际使用时分布。轴承在 52℃±1℃和 100%相对湿度条件下存放 48h±0.5h，然后清洗并检查轴承外圈滚道的腐蚀痕迹。本方法中的腐蚀是指轴承外圈滚道的任何表面损坏(包括麻点、刻蚀、锈蚀等)或黑色污渍。该方法可以评定在潮湿条件下润滑脂阻止与其相接触金属产生锈蚀及其他形式腐蚀的能力。

7. 胶体安定性

胶体安定性是指润滑脂在储存和使用时避免胶体分解，防止液体润滑油析出的能力。润滑脂发生皂油分离的倾向性大则说明其胶体安定性不好，将直接导致润滑脂稠度改变。评定润滑脂胶体安定性可采用分油试验进行。GB/T 392—1977《润滑脂压力分油测定法》，通过测定润滑脂的分油量来评定润滑脂的胶体安定性。方法概要：用加压分油器将油从润滑脂中压出，然后测定压出的油量，以质量百分数表示。SH/T 0324—2010《润滑脂分油的测定锥网法》，规定了用锥网分油法测定润滑脂分油量的方法，适用于测定润滑脂在温度升高条件下的分油倾向。

8. 氧化安定性

润滑脂在储存与使用时抵抗大气的作用而保持其性质不发生永久变化的能力称为氧化安定性。润滑脂的氧化与其组分，也即稠化剂、添加剂及基础油有关。润滑脂中的稠化剂和基础油，在储存或长期处于高温的情况下很容易被氧化。氧化的结果是产生腐蚀性产物、胶质和破坏润滑结构的物质，这些物质均易引起金属部件的腐蚀和降低润滑脂的使用寿命。由于润滑脂中的金属(特别是锂皂)或其他化合物对基础油的氧化具有促进作用，所以，润滑脂的氧化安定性很大程度上取决于基础油的氧化安定性，且其氧化安定性要比其基础油差，因此润滑脂中普遍加入抗氧剂。SH/T 0325—1992 规定了润滑脂氧化安定性的测定方法。方法概要：在 100℃，氧压为 0.80MPa 下通入氧气，100h 后观察氧气的压力降，以不大于

0.3MPa 为合格。SH/T 0335—1992 规定了润滑脂的化学安定性测定法。

9. 机械安定性

机械安定性是指润滑脂在机械工作条件下抵抗稠度变化的能力。机械安定性差的润滑脂，使用中容易变稀甚至流失，影响脂的寿命。机械安定性也叫剪切安定性，SH/T 0122—1992《润滑脂滚筒安定性测定法》，规定了润滑脂机械安定性的测定方法。方法概要：用 50g 试样，在室温（21~38℃）条件下，在滚筒试验机上工作 2h 后，测定试验前后润滑脂的工作锥入度。

5.12.2.4 润滑脂的选用

1. 皂基润滑脂

皂基润滑脂占润滑脂的产量 90%左右，使用最广泛。最常使用的有钙基、钠基、锂基、钙钠基、复合钙基等润滑脂。复合铝基、复合锂基润滑脂也占有一定的比例，这两种脂是有发展前景的品种。

（1）钙基润滑脂　是由天然脂肪或合成脂肪酸用氢氧化钙反应生成的钙皂稠化中等黏度石油润滑油制成。

滴点在 75~100℃之间，其使用温度不能超过 60℃，如超过这一温度，润滑脂会变软甚至结构破坏不能保证润滑。

具有良好的抗水性，遇水不易乳化变质，适于潮湿环境或与水接触的各种机械部件的润滑。

具有较短的纤维结构，有良好的剪断安定性和触变安定性，因此具有良好的润滑性能和防护性能。

（2）钠基润滑脂　是由天然或合成脂肪酸钠皂稠化中等黏度石油润滑油制成。

具有较长纤维结构和良好的拉丝性，可以使用在振动较大、温度较高的滚动或滑动轴承上。尤其是适用于低速、高负荷机械的润滑。因其滴点较高，可在 80%或高于此温度下较长时间内工作。

钠基润滑脂可以吸收水蒸气，延缓了水蒸气向金属表面的渗透。因此它有一定的防护性。

（3）钙钠基润滑脂　具有钙基和钠基润滑脂的特点。

有钙基脂的抗水性，又有钠基脂的耐温性，滴点在 120℃左右，使用温度范围为 90~100℃。

具有良好的机械安全性和泵输送性，可用于不太潮湿条件下的滚动轴承上。

最常应用的是轴承脂和压延机润滑脂，可用于润滑中等负荷的电机、鼓风机、汽车底盘、轮毂等部位滚动轴承。

（4）锂基润滑脂　是由天然脂肪酸（硬脂酸或 12-羟基硬脂酸）锂皂稠化石油润滑油或合成润滑油制成。由合成脂肪酸锂皂稠化石油润滑油制成的，称为合成锂基润滑脂。

因锂基润滑脂具有多种优良性能，被广泛地用于飞机、汽车、机床和各种机械设备的轴承润滑。滴点高于 180℃，能长期在 120℃左右环境下使用。具有良好的机械安定性、化学安定性和低温性，可用在高转速的机械轴承上。具有优良的抗水性，可使用在潮湿和与水接触的机械部件上。锂皂稠化能力较强，在润滑脂中添加极压、防锈等添加剂后，制成多效长寿命润滑脂，具有广泛用途。

（5）复合钙基润滑脂　用脂肪酸钙皂和低分子酸钙盐制成的复合钙皂稠化中等黏度石油

润滑油或合成润滑油制成。耐温性好，润滑脂滴点高于180℃，使用温度可在150℃左右。

具有良好的抗水性、机械安定性和胶体安定性。具有较好的极压性，适用于较高温度和负荷较大的机械轴承润滑。复合钙基润滑脂表面易吸水硬化，影响它的使用性能。

(6) 复合铝基润滑脂 是由硬脂酸和低分子有机酸(如苯甲酸)的复合铝皂稠化不同黏度石油润滑油制成。具有良好的各种特性，适用于各种电机、交通运输、钢铁企业及其他各种工业机械设备的润滑。具有短的纤维结构，良好的机械安定性和泵送性。因其流动性好，适用于集中润滑系统。具有良好的抗水性，可以用于较潮湿或有水存在下的机械润滑。

(7) 复合锂基润滑脂 是由脂肪酸锂皂和低分子酸锂盐(如壬二酸，癸二酸，水杨酸和硼酸盐等)两种或多种化合物共结晶、稠化不同黏度石油润滑油制成，广泛应用于轧钢厂炉前辊道轴承、汽车轮轴承、重型机械、各种高阻抗磨轴承以及齿轮、涡轮、蜗杆等润滑。具有高的滴点，具有耐高温性；复合皂的纤维结构强度高，在高温条件下具有良好的机械安定性，有长的使用寿命；有良好的抗水淋特性，适于潮湿环境工作机械的润滑，如轧钢机械等。

(8) 复合磺酸钙基润滑脂 美国SOLTEX公司率先开发出的高金属含量的新型润滑脂，具有强抗腐蚀性、极压耐磨性能和长的使用寿命，复合磺酸钙基润滑脂不需要加入添加剂即可达到锂基脂的效果，是最有发展前途的润滑脂品种之一。

2. 无机润滑脂

主要有膨润土润滑脂及硅胶润滑脂两类。表面改质的硅胶稠化甲基硅油制成的润滑脂，可用于电气绝缘及真空密封。膨润土润滑脂是由表面活性剂(如二甲基十八烷基苄基氯化铵或氨基酰胺如bentone 434)处理后的有机膨润土稠化不同黏度的石油润滑油或合成润滑油制成，适用于汽车底盘、轮轴承及高温部位轴承的润滑，它具有以下特点：

膨润土润滑脂没有滴点，它的耐温性能决定于表面活性剂和基础油的高温性能，它的低温性能决定于选用的基础油类型。稠化剂的用量对脂的低温性能也有影响。

具有较好的胶体安定性，润滑脂的机械安定性随表面活性剂的类型而异。

对金属表面的防腐蚀性稍差。因此，润滑脂中要添加防锈剂以改善这个性能。

3. 有机润滑脂

各种有机化合物稠化石油润滑油或合成润滑油，各具有不同的特性，这些润滑脂大都作特殊用途。如阴丹士林、酞菁铜稠化合成润滑油制成高温润滑脂可用于200~250℃工况；含氟稠化剂，如聚四氟乙烯稠化氟碳化合物或全氟醚制成的润滑脂，可耐强氧化性，作为特殊部件的润滑。又如聚脲润滑脂可用于抗辐射条件下的轴承润滑等。

聚脲润滑脂是由聚脲稠化剂稠化石油润滑油或合成润滑油制成，耐高温性能好，在25~225℃宽温范围内脂的稠度变化不大，又由于稠化剂分子中不含金属离子，消除了高温下金属对润滑油的催化作用，所以氧化安定性好；脲基脂在149℃，10000r/min条件下，轴承运转寿命超过4000h。聚脲脂是近十年来迅速发展的一种广泛用途的产品，用于钢铁工业高温部位的润滑，用于食品工业和电力、电子工业以及长寿命的密封轴承的润滑。

第6章　密　　封

密封可分为静密封和动密封两大类。静密封主要有垫密封、密封胶密封和直接接触密封三大类。根据工作压力，静密封又可分为中低压静密封和高压静密封。中低压静密封常用材质较软、密封面宽度较宽的垫密封；高压静密封则用材质较硬、密封面很窄的金属垫片。动密封可以分为旋转密封和往复密封两种基本类型。按密封件与其作相对运动的零部件是否接触，可分为接触式密封和非接触式密封；按密封件的接触位置又可分为圆周密封和端面密封，端面密封又称为机械密封。动密封中的离心密封和螺旋密封，是借助机器运转时给介质以动力得到密封，故有时称为动力密封。本章着重介绍石油化工机械中常用的几种动密封。

6.1　填料密封

填料密封又称为压紧填料密封，俗称盘根密封。填料密封因其结构比较简单，价格不贵，来源广泛而获得许多工业部门的青睐。填料密封主要用于机械行业中的过程机器和设备运动部分等动密封，比如离心泵、压缩机、真空泵、搅拌机、反应釜的转轴密封和往复泵、往复式压缩机的柱塞或活塞杆以及做螺旋运动阀门的阀杆等与机体之间的密封。

6.1.1　结构及原理

填料密封结构见图6-1(a)，填料装入填料腔以后，通过紧固压盖螺栓，压盖对盘根作轴向压缩，当轴与填料有相对运动时，由于填料的塑性，使它产生径向力，并与轴紧密接触。与此同时，填料中浸渍的润滑剂被挤出，在接触面之间形成润滑膜。由于接触状态并不是特别均匀的，接触部位便出现“边界润滑”状态，称为“轴承效应”；而未接触的凹部形成小油槽，有较厚的润滑膜，接触部位与非接触部位组成一道不规则的迷宫，起阻止液流泄漏的作用，此称“迷宫效应”，这就是填料密封的机理。显然，良好的密封在于维持“轴承效应”和“迷宫效应”。也就是说，要保持良好的润滑和适当的压紧。若润滑不良，或压得过紧都会使油膜中断，造成填料与轴之间出现干摩擦，最后导致烧轴和出现严重磨损。

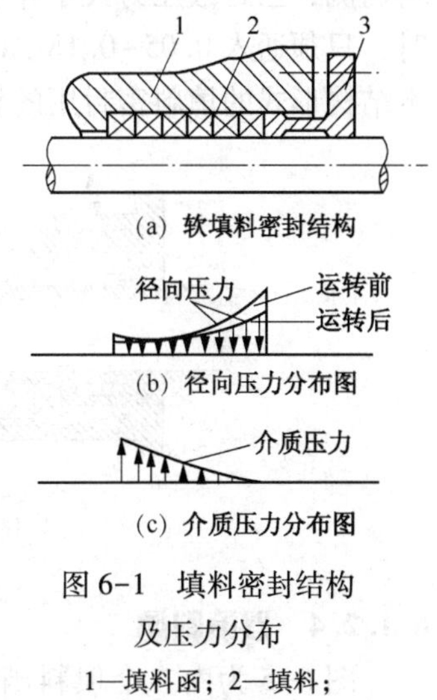

图6-1　填料密封结构及压力分布

1—填料函；2—填料；3—填料压盖

为此，需要经常对填料的压紧程度进行调整，以便填料中的润滑剂在运行一段时间流失之后，再挤出一些润滑剂，同时补偿填料因体积变化所造成的压紧力松弛。显然，这样经常挤压填料，最终将使浸渍剂枯竭，所以定期更换填料是必要的。此外，为了维持液膜和带走摩擦热，有意让填料处有少量泄漏也是必要的。

6.1.2 结构型式

在化工用动设备中，因温度、压力、介质各异，故填料密封的结构形式较多。主要有以下几种。

6.1.2.1 单填料函

单填料函(图 6-2)结构是最为简单的填料密封，无需任何辅助装置，适于低温、低压、低真空度的情况，采用棉纱、石棉类填料居多。

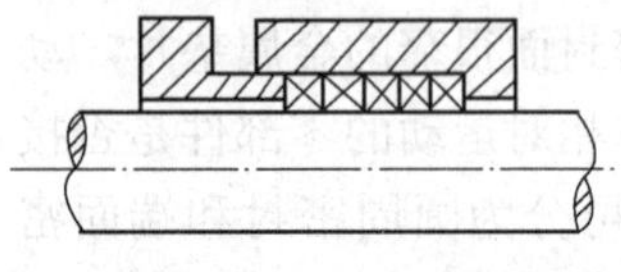

图 6-2 单填料函结构

6.1.2.2 夹套填料函

填料(图 6-3)外部有夹套通以冷却水或蒸汽，以改善填料的工作条件，对于高温介质或低温易结晶的介质尤为适用。

6.1.2.3 带液环填料函

见图 6-4，在填料函中部或内侧引入封液，通过液环进入填料两侧，当封液压力大于介质压力 0.05~0.1MPa 时，便可阻止介质外漏。当设备内为负压时，只须通入 0.05~0.1MPa 封液，即可阻止空气进入设备内部。在现有化工转动设备中，本结构形式的填料密封用的较多，封液不仅可以堵漏，而且还可以对填料进行润滑和冷却。

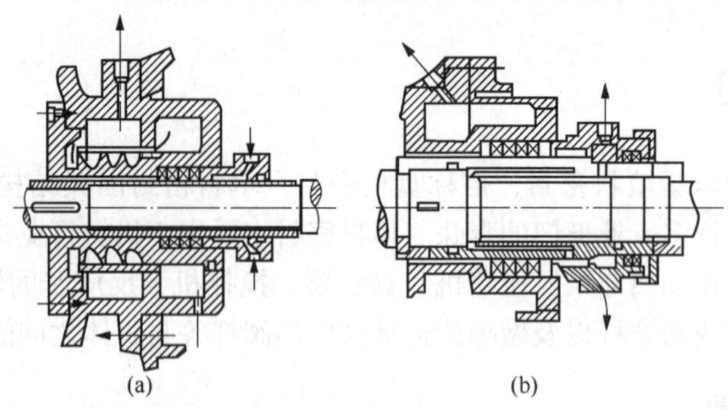

图 6-3 夹套填料函结构

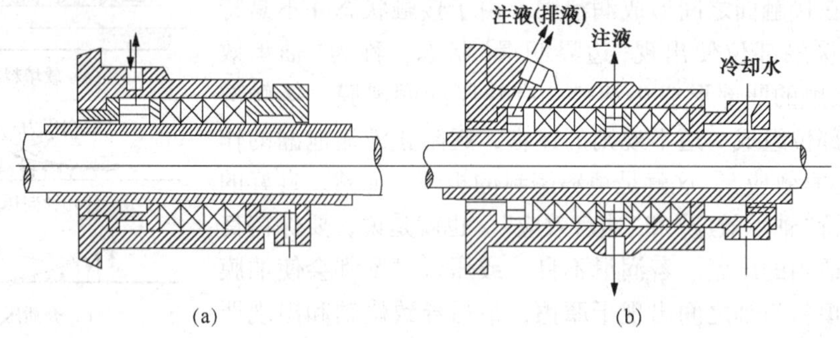

图 6-4 带液环填料函结构

6.1.2.4 双填料函

图 6-5 为由二个填料函组成的结构，二密封函之间可以引入封液冲洗液，进行液封、冷却、润滑，也可搜集泄漏液，对于易燃、易爆、有毒、高压气体、液体适用，图 6-5 所示的双填料函结构中，可通过主、副填料之间的泄漏量来判断主填料函是否需要压紧。

6.1.2.5 锥形填料函

图 6-6 为锥形的填料函，用于比较特殊的场合，如用动力密封的泵，当泵工作时，无须填料函起密封作用，而停车时，动力密封失效，需利用轴的轴向窜动装置，使填料与轴接

触，起到密封作用。

6.1.2.6 旋转填料函

图6-7为旋转填料函结构，用于某些轴静止时而外壳体保持转动的化工传动设备。

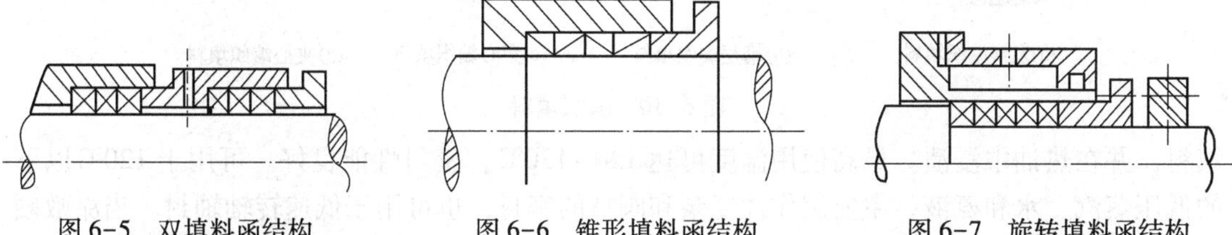

图6-5 双填料函结构　　图6-6 锥形填料函结构　　图6-7 旋转填料函结构

6.1.2.7 浮动填料函

图6-8(a)、(b)分别为内圈和外圈可浮动的填料函结构，该结构适用于轴和壳体不同心或在转动时摆动、跳动较大的场合，结构中利用弹性或柔软性良好的材料(如橡胶)作过渡体，使填料函或轴处于浮动状态，补偿壳体和轴的偏心。

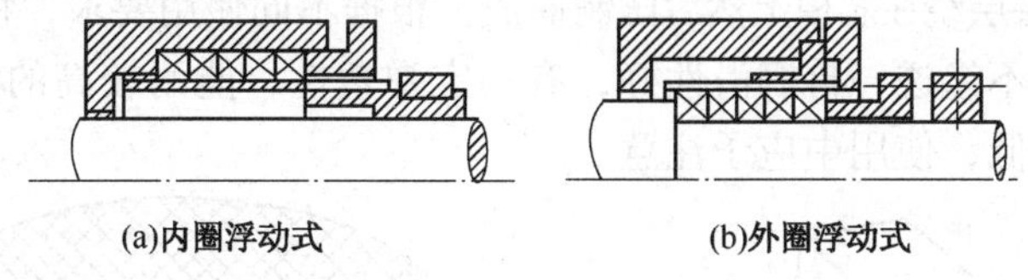

图6-8 浮动填料函结构

6.1.3 填料的要求及其形式

6.1.3.1 填料材料的要求

(1) 有较好的弹性和塑性。

(2) 有一定的强度，使填料不至于在未磨损前先损坏。

(3) 化学稳定性高。

(4) 不渗透性好。

(5) 导热性能好，易于迅速散热，且当摩擦发热后能承受一定的高温。

(6) 自润滑性好，耐磨损，并且摩擦系数低。

(7) 填料制造工艺简单，装填方便，价格低廉。

6.1.3.2 填料结构型式

1. 绞合填料(图6-9)

把几股纤维绞合在一起，将其填塞在填料腔内用压盖压紧，即可起密封作用。常用于低压蒸汽阀门，很少用于转轴或往复杆的密封。用各种金属箔卷成束再绞合的填料，涂以石墨，可用于高压、高温阀门，若与其他填料组合，也可用于动密封。

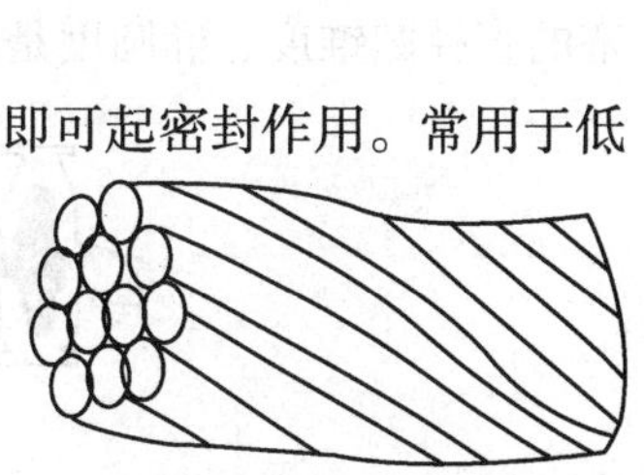

图6-9 绞合填料

2. 编织填料(图6-10)

是软填料密封采用的主要形式。它是将填料材料加工成丝或线状，然后在专门的编织机上按需要的方式进行编结而成，有发辫编织、套层编织、穿心编织、夹心编织等。

3. 叠层填料(图6-11)

在石棉或其他纤维编织的布上涂抹黏结剂，然后将一层层叠合或卷绕，加压硫化后制成

图 6-10　编织填料

填料，并在热油中浸渍。最高使用温度可达 120~130℃，密封性能良好。可用于 120℃以下的低压蒸汽、水和氨液，主要用作往复泵和阀杆的密封，也可用于低速转轴轴封。当涂敷硬橡胶时，还可用于水压机的活塞杆。这种填料因其含润滑剂不足，所以在使用时必须另加润滑剂。

4. 模压填料

模压填料主要是将软填料材料经过一定形状的模压制成相应形状的填料环而使用。图 6-12 为由柔性石墨带材一层层绕在芯模上然后压制而成，根据不同使用要求，将采用不同的压制压力。这种填料致密，不渗透，自润滑性好，有一定弹塑性，能耐较高的温度，使用范围广，但柔性石墨抗拉强度低，使用中应予注意。

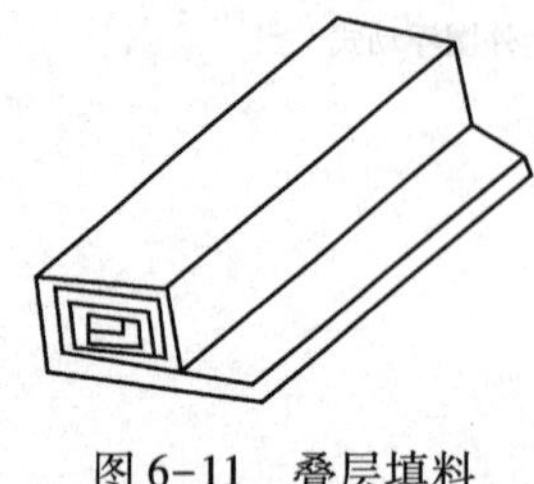
图 6-11　叠层填料

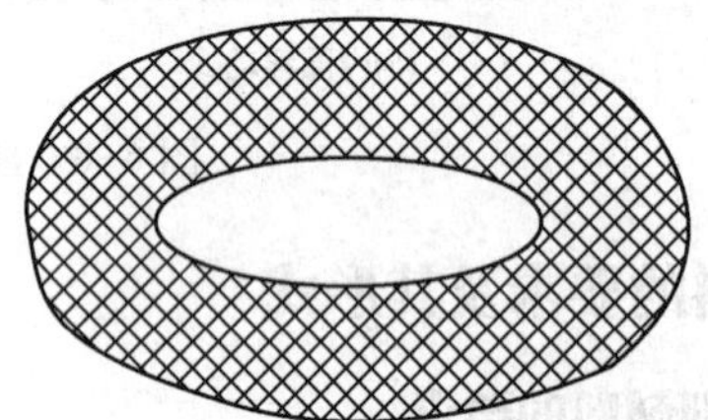
图 6-12　模压填料

6.1.4　填料密封的安装和使用

填料的组合与安装对密封的效果和寿命影响较大。往往出现相同材料、相同结构、同一设备，使用效果差异很大的情况，故必须十分重视安装技术。

安装时应注意以下几点：

(1) 用百分表检查旋转轴与填料函的同轴度和轴的径向圆跳动量，柱塞与填料函的同轴度、十字头与填料函的同轴度，见图 6-13。对修复的柱塞(如经磨削、镀硬铬等)需检查柱塞的直径圆锥度、椭圆度是否符合要求。

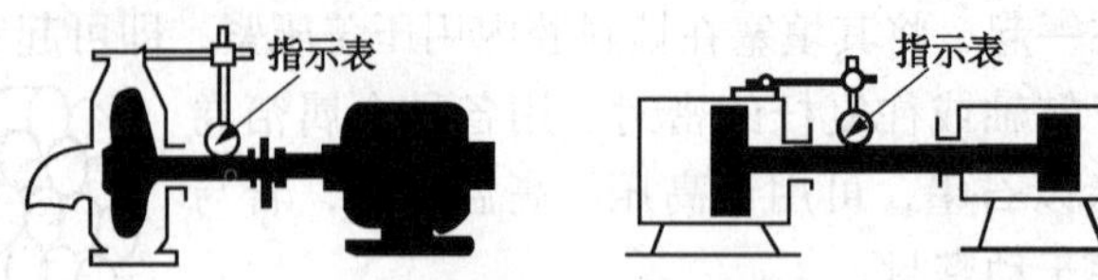

图 6-13　同轴度及径向圆跳动检查

(2) 清理填料函。对填料函内已损填料必须掏清[图 6-14(b)]，轴表面要光滑，不应有拉毛、刮痕。

(3) 检查填料材质是否与要求相符，断面尺寸与填料函和轴向尺寸是否相匹配。最好采取如图 6-15 所示的用木棍滚压办法，避免用锤敲打而造成填料受力不均匀，影响密封效果。填料断面尺寸 $b=(D-d)/2$(D 为填料函内径、d 为轴径)，避免过大或过小。

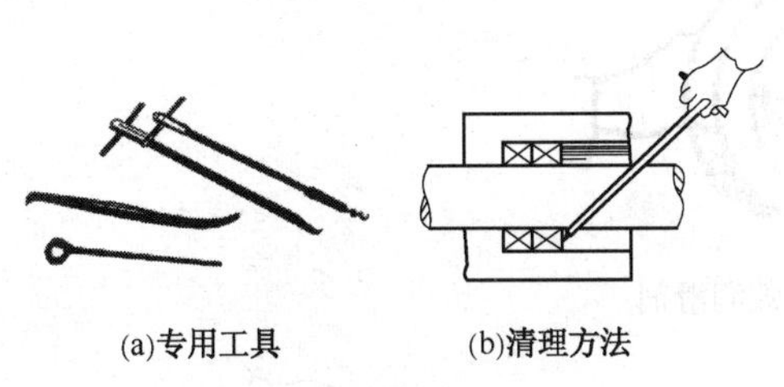

图 6-14 清理填料函

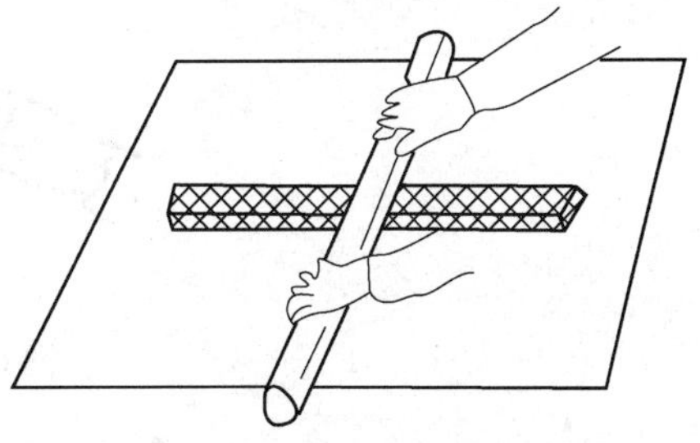

图 6-15 用木棒滚压填料

(4) 沿轴或柱塞周长，用锋利刀口将填料切断。最好的办法是用一与轴同直径的圆柱，把填料绕在柱上，然后用刀切断，切成后的环接头应吻合(图 6-16)，切口可以是直口或45°斜口。

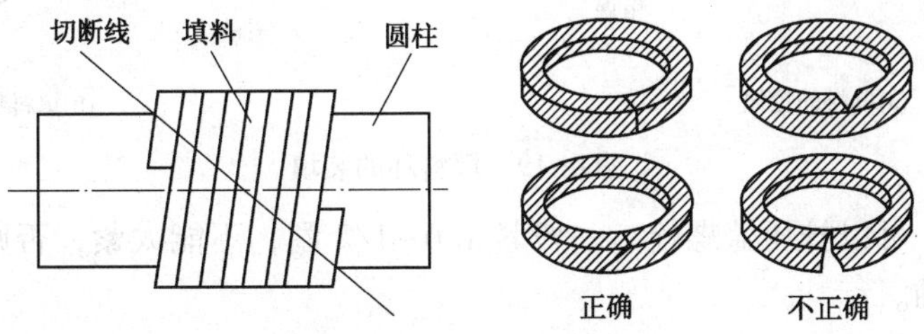

图 6-16 填料手工切割方法

(5) 预压成型。用于高压密封的填料，必须经过预压成型，与未经预压的填料相比，其径向压紧力分布比较均匀合理，密封效果也好，预压缩的比压应高于介质的压力，其值可取介质压力的 1.2 倍。图 6-17 为在油压千斤顶上进行预压控制油压表读数，预压后填料应及时装入函中，以免填料弹性恢复。

(6) 装填，应一圈圈装填，每圈在装填前内表面涂以润滑剂(图 6-18)，轴向扭开后套入轴上(图 6-19)。见图 6-20，用与填料尺寸相同的两半木轴套压装填料，然后用压盖对木轴套进行压紧，施加适当压紧力即可。按上述方法装第二圈填料、第三圈填料。须注意每圈填料接口应错开，每装一圈用手盘动一次轴，以便控制压紧力。

(7) 填料装完后，对称地把紧压盖螺栓(图 6-21)，避免填料压偏，用手盘动轴或柱塞使其稍能转动即可。

(8) 软硬填料混合安装，硬填料应放在填料函内侧，软填料靠近压盖处。

(9) 安装过程中，填料不要随便乱放，以免表面沾污泥砂、灰尘等物，因为这些污物很难清除，一旦随填料装入后，就会对轴产生强烈磨损。

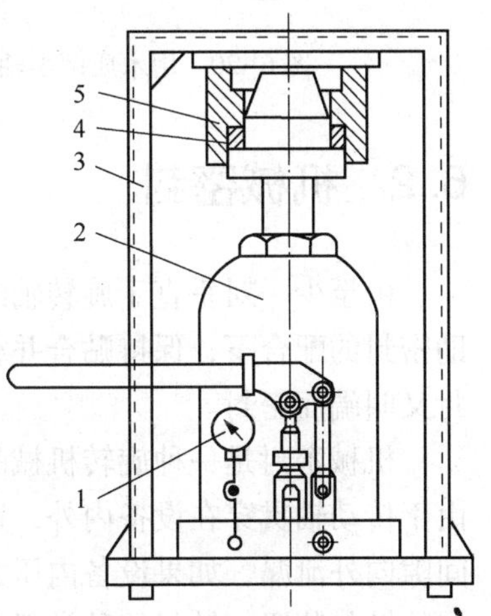

图 6-17 填料的预压成型

1—压力表；2—油压千斤顶；3—金属框架；4—填料；5—预压成型模具

(10) 填料安装后需进行试运转，不必启动电机，用手盘动轴，使填料紧松适宜。如用手转不动，阻力大，应考虑松一下压盖螺栓。试运转的目的，可调节好填料松紧。正式运转开始后，如没有泄漏，说明压盖太紧；另外，还可以根据摩擦力矩、填料函外壳温度上升情况、介质的泄漏量(1~6滴/秒较为合理)大小来逐渐调节压盖螺栓。填料函的外壳温度不应急剧上升，一般比环境温度高 30~40℃可认为合适，能保持稳定温度即认为合格。投入运转后，应随时观察泄漏情

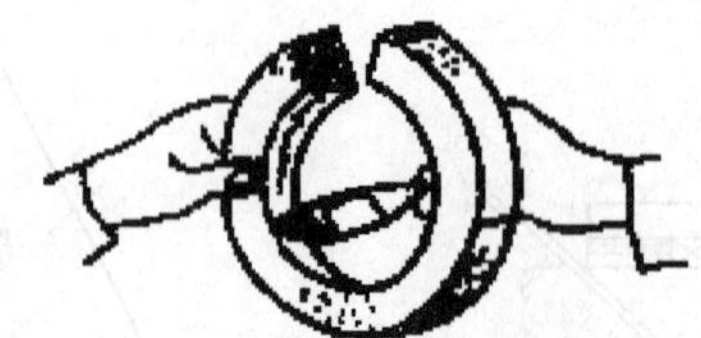

图 6-18　涂敷润滑剂

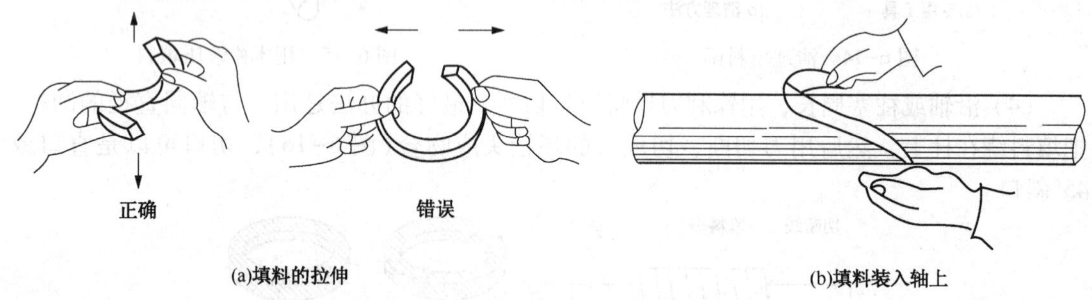

图 6-19　填料环的装填

况，如泄漏增大，可以拧压盖螺栓，一般紧 1/6～1/2 圈，不能太紧，否则有可能导致填料过度磨损甚至烧轴。

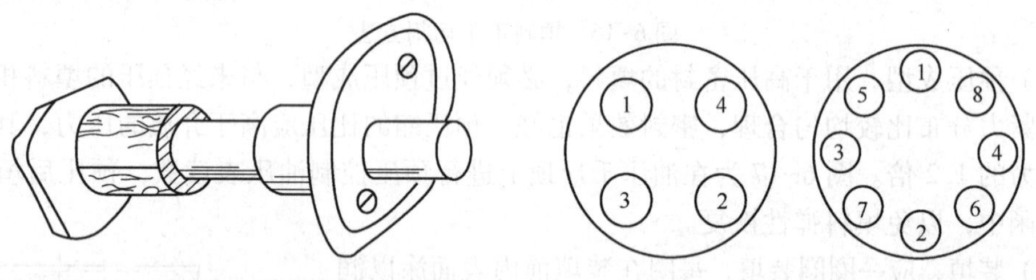

图 6-20　用木质两半轴套压紧填料　　图 6-21　对称拧紧螺栓示意图

6.2　机械密封

由至少一对垂直于旋转轴线的端面在流体压力和补偿机构弹力(或磁力)的作用以及辅助密封的配合下，保持贴合并相对滑动而构成的防止流体泄漏的装置，叫机械密封。机械密封又叫端面密封。

机械密封是一种旋转机械的轴封装置。比如离心泵、离心机、反应釜和压缩机等设备。由于传动轴贯穿在设备内外，这样，轴与设备之间存在一个圆周间隙，设备中的介质通过该间隙向外泄漏，如果设备内压力低于大气压，则空气向设备内泄漏，因此必须有一个阻止泄漏的轴封装置。轴封的种类很多，由于机械密封具有泄漏量少和寿命长等优点，所以当今世界上机械密封是在这些设备最主要的轴密封形式之一。

6.2.1　基本结构和原理

常用机械密封结构见图 6-22。由静止环(静环)1、旋转环(动环)2、弹性元件 3、弹簧座 4、紧定螺钉 5、旋转环辅助密封圈 6 和静止环辅助密封圈 8 等元件组成，防转销 7 固定在压盖 9 上以防止静止环转动。旋转环和静止环往往还可根据它们是否具有轴向补偿能力而称为补偿环或非补偿环。

机械密封中流体可能泄漏的途径有图6-22中的A、B、C、D四个通道。C、D泄漏通道分别是静止环与压盖、压盖与壳体之间的密封，二者均属静密封。B通道是旋转环与轴之间的密封，当端面磨损后，它仅仅能追随补偿环沿轴向作微量的移动，实际上仍然是一个相对静密封。因此，这些泄漏通道相对来说比较容易密封。静密封元件最常用的有橡胶O形圈或聚四氟乙烯V形圈，而作为补偿环的旋转环或静止环辅助密封，有时采用兼备弹性元件功能的橡胶、聚四氟乙烯或金属波纹管的结构。A通道则是旋转环与静止环的端面彼此贴合作相对滑动的动密封，它是机械密封装置中的主密封，也是决定机械密封性能和寿命的关键。因此，对密封端面的加工要求很高，同时为了使密封端面间保持必要的润滑液膜，必须严格控制密封断面的压强，压力过大，不易形成稳定的润滑液膜，会加速端面的磨损；压力过小，泄漏量增加。所以，要获得良好的密封性能又有足够寿命，在设计和安装机械密封时，一定要保证密封面的压强在最适当的范围。

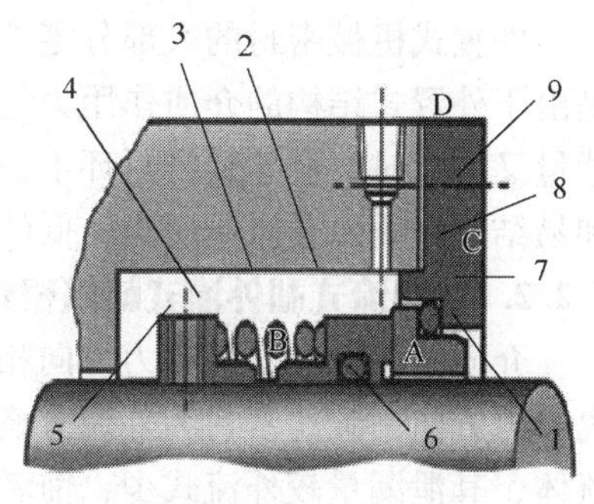

图6-22 机械密封结构

6.2.2 机械密封的类型

6.2.2.1 平衡式和非平衡式机械密封

能使介质作用在密封端面上的压力卸荷的为平衡式，不能卸荷的为非平衡式。按卸荷程度不同，前者又分为部分平衡式(部分卸荷)和过平衡式(全部卸荷)。平衡式密封[图6-23(a)]端面上所受的作用力随介质压力的升高而变化较小，因此适用于高压密封；非平衡式密封[图6-23(b)]密封端面所受的作用力随介质压力的变化较大，因此只适用于低压密封。平衡式密封能降低端面上的摩擦和磨损，减小摩擦热，承载能力大，但其结构较复杂，一般需在轴或轴套上加工出台阶，成本较高。后者结构简单，介质压力小于0.7MPa时广泛作用。

6.2.2.2 内置式和外置式机械密封

弹簧和动环安装在密封箱内与介质接触的密封为内置(装)式密封[图6-24(a)]；弹簧和动环安装在密封箱外不与介质接触的密封为外置(装)式密封[图6-24(b)]。

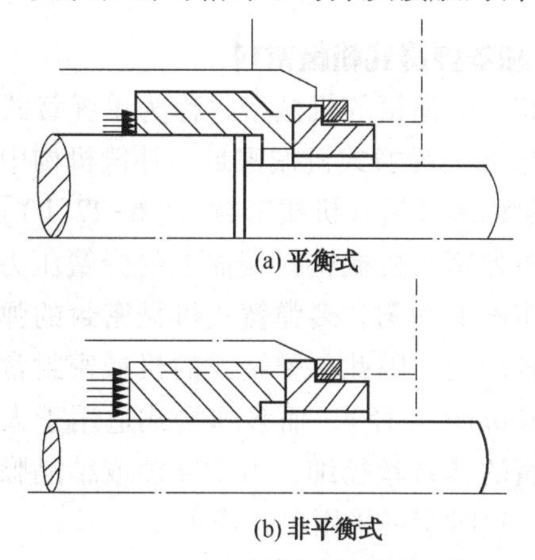
(a) 平衡式

(b) 非平衡式

图6-23 平衡式与非平衡式机械密封

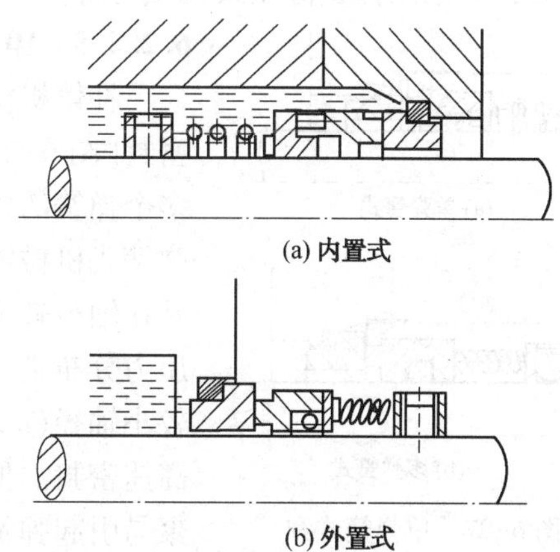
(a) 内置式

(b) 外置式

图6-24 内置式和外置式机械密封

内置式机械密封可以利用密封箱内介质压力来密封，机械密封的元件均处于流体介质中，密封端面的受力状态以及冷却和润滑情况好，是常用的结构型式。

外置式机械密封的大部分零件不与介质接触，暴露在设备外，便于观察及维修安装。但是由于外置式结构的介质作用力与弹性元件的弹力方向相反，当介质压力有波动，而弹簧补偿量又不大时，会导致密封环不稳定甚至严重泄漏。外置式机械密封仅用于强腐蚀、高黏度和易结晶介质以及介质压力较低的场合。

6.2.2.3 内流式和外流式机械密封

介质泄漏方向与离心力方向相反的密封为内流式密封[图 6-25(a)]；介质泄漏方向与离心力方向一致的密封为外流式密封[图 6-25(b)]。由于内流式密封中离心力可阻止泄漏流体，其泄漏量较外流式少，前者适用于高压、高转速的场合，密封可靠。需要加强端面润滑的场合采用后者较合适，但介质压力不宜过高，一般为 1~2MPa。

6.2.2.4 静止式和旋转式机械密封

弹簧不随轴一起旋转的密封为静止式密封[图 6-26(a)]；弹簧随轴一起旋转的密封为旋转式密封[图 6-26(b)]。由于静止式密封的弹簧不受离心力影响，常用于高速机械密封中。

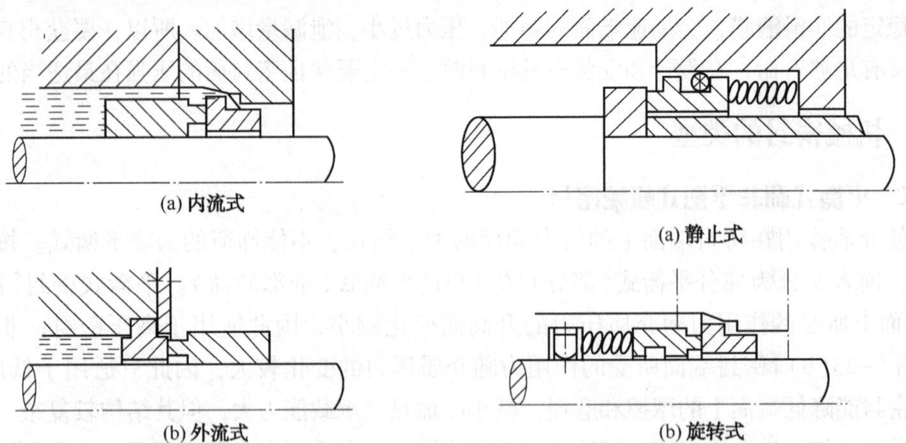

图 6-25 内流式和外流式机械密封　　图 6-26 静止式和旋转式机械密封

旋转式机械密封的弹性元件装置简单，径向尺寸小，是常用的结构，但不宜用于高速条件，因高速情况下转动件的不平衡质量易引起振动和介质被强烈搅动。因此，线速度大于 30m/s 时，宜采用弹簧静止式机械密封。

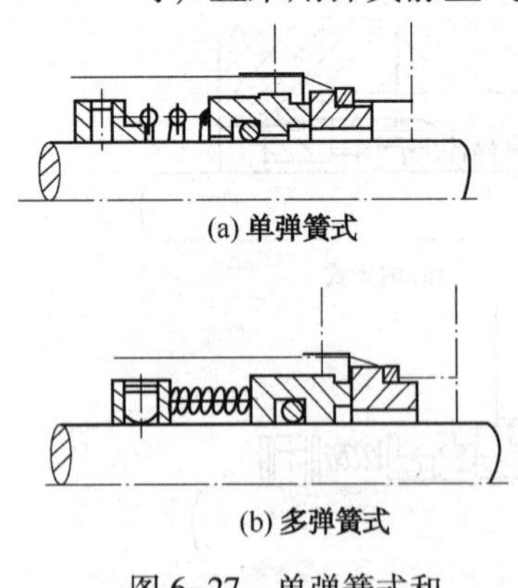

图 6-27 单弹簧式和多弹簧式机械密封

6.2.2.5 单弹簧式和多弹簧式机械密封

补偿机构中只有一个弹簧的机械密封称为单弹簧式机械密封[图 6-27(a)]或叫大弹簧式机械密封，补偿机构中含有多个弹簧的机械密封称多弹簧式机械密封[图 6-27(b)]或小弹簧式机械密封。单弹簧式机械密封端面上的弹簧压力，尤其在轴径较大时分布不够均匀。多弹簧式机械密封的弹力簧压力分布则相对比较均匀，因此单弹簧式的机械密封常用于较小轴径($d \ngtr 80 \sim 150$mm 轴径)，而多弹簧式适用于大轴径高速密封。但多弹簧的弹簧丝径细，由于腐蚀或结晶颗粒积聚易引起弹簧失效，这时宁可采用单弹簧式。

6.2.2.6 单端面式和双端面式机械密封

由一对密封端面组成的为单端面密封[图 6-28(a)]，由二对密封端面组成的为双端面密封[图 6-28(b)、(c)]。单端面密封结构简单，制造、安装容易，一般用于介质本身润滑性好和允许微量泄漏的条件，是常用的密封型式，当介质有毒、易燃、易爆以及对泄漏量有严格要求时，不宜使用。

双端面密封有轴向双端面密封和径向双端面密封。沿径向布置的双端面密封结构较轴向双端面密封紧凑。双端面密封适用于介质本身润滑性差、有毒、易燃、易爆、易挥发、含磨粒及气体等。

轴向双端面密封有面对面或背靠背布置的结构，工作时需在两对端面间引入高于介质压力0.05~0.15MPa 的封液以改善端面间的润滑及冷却条件，并把介质与外界隔离，有可能实现介质“零泄漏”。

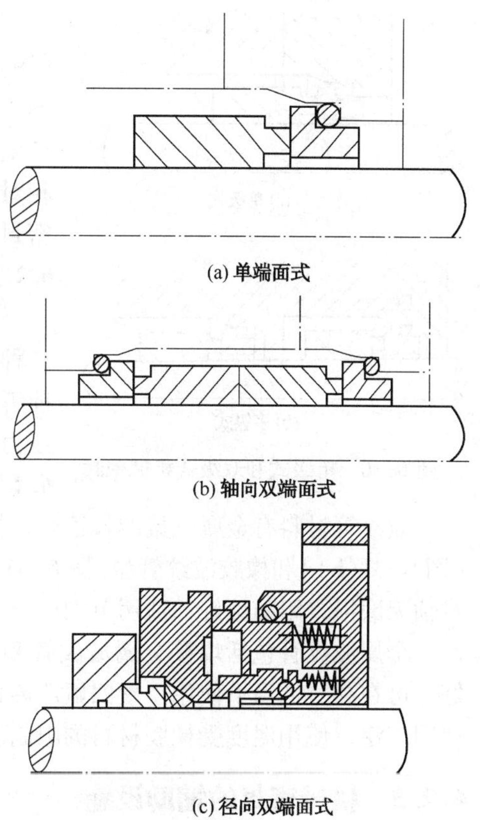
(a) 单端面式

(b) 轴向双端面式

(c) 径向双端面式

图 6-28　单端面式和双端面式机械密封

6.2.2.7　接触式和非接触式机械密封

接触式机械密封[图 6-29(a)]是指密封面微凸体接触的机械密封，密封面间隙 $h=0.5\sim2\mu m$。摩擦状态为混合摩擦和边界摩擦；非接触式机械密封是指密封面微凸体不接触的机械密封，密封面间隙对于流体动压密封 $h>2\mu m$，对于流体静压密封 $h>5\mu m$。摩擦状态为流体摩擦、弹性流体动力润滑。

普通机械密封大都是接触式密封，而可控间隙机械密封是非接触式密封。接触式密封结构简单、泄漏量小，但磨损、功耗、发热量都较大。在高速、高压下使用受一定限制。非接触式密封发热量、功耗小，正常工作时没有磨损，能在高压高速等苛刻工况下工作，但泄漏量较大。

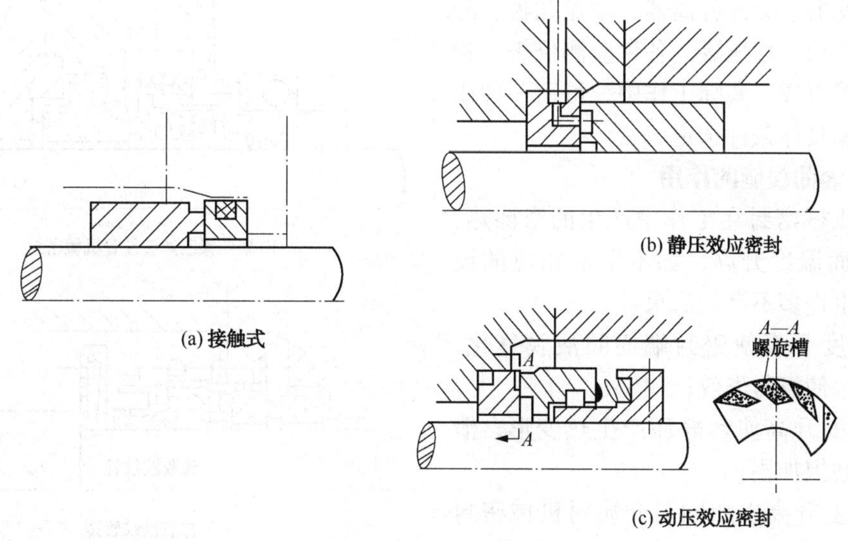

(a) 接触式

(b) 静压效应密封

(c) 动压效应密封

图 6-29　接触式和非接触式机械密封

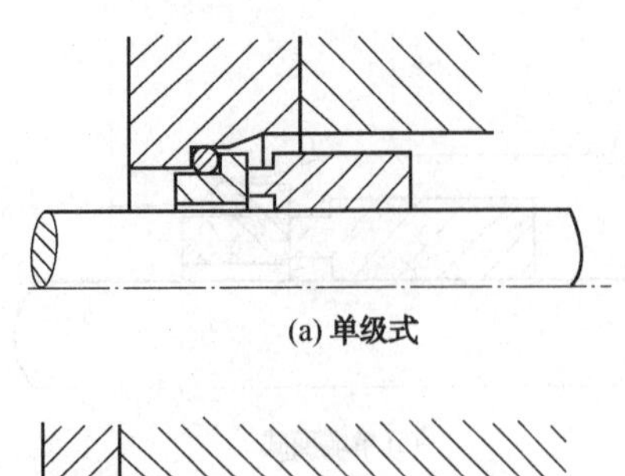
(a) 单级式

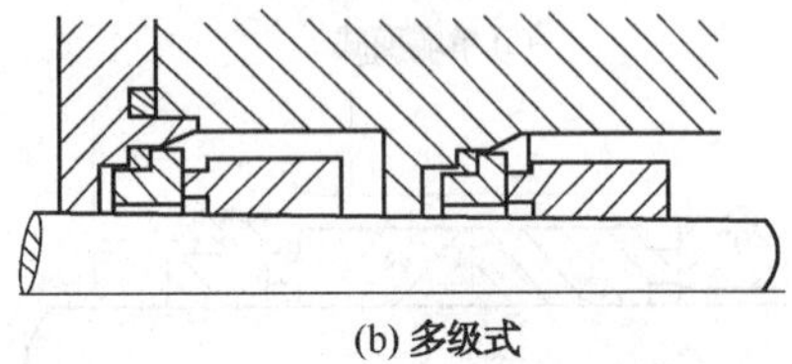
(b) 多级式

图 6-30　单级式和双级式机械密封

非接触式又分为流体静压[图 6-29(b)]和流体动压[图 6-29(c)]两类。流体静压密封，系指利用外部引入的压力流体或被密封介质本身，通过密封端面的压力降产生流体静压效应的密封。流体动压密封系指利用端面相对旋转自行产生流体动压效应的密封，如螺旋槽端面密封。

6.2.2.8　单级式和双级式机械密封

使密封介质处于一种压力状态为单级，处于二种或二种以上压力状态为双级或多级机械密封，见图 6-30。前者与单端面密封相同，后者各级密封串联布置，介质压力依次递减，可用于高压工况。

6.2.2.9　波纹管型机械密封

波纹管材料有金属、聚四氟乙烯、橡胶等，分别称为金属[图 6-31(a)]、聚四氟乙烯[图 6-31(b)]和橡胶波纹管型[图 6-31(c)]机械密封。波纹管型密封在轴上没有相对滑动，对轴无磨损，跟随性好，适用范围广。

金属波纹管包括焊接金属波纹管和液压成型波纹管，其本身能代替弹性元件，耐蚀性好，可在高、低温下使用。聚四氟乙烯耐蚀性好，可用于各种腐蚀介质中。橡胶价格便宜，使用广泛，使用温度受橡胶材料的限制。

6.2.3　机械密封的辅助设施

通过冲洗、冷却、过滤和分离等方式，实现对机械密封的润滑、冷却或调温、冲洗、净化、稀释和冲掉泄漏介质，改善密封的工作环境的设施称之为机械密封的辅助设施。机械密封的辅助设施是许多元件的统称。由过滤器、旋液分离器、限流孔板、冷却器、压力罐、增压罐、各种监测仪表、管路和管件等组成。实际工作中，可用一种或几种，根据具体条件选定。

6.2.3.1　辅助设施的作用

(1) 机械密封在工作中产生的摩擦热，使密封端面温度升高，如不采取相应的设施，会产生许多不良的后果：

① 温度升高使密封端面间液膜气化，磨损加剧，使密封失效；

② 温度升高使动静环产生热变形，泄漏增大、磨损加剧；

③ 温度升高也加剧了介质对机械密封的腐蚀；

④ 温度升高使辅助密封圈老化、变质

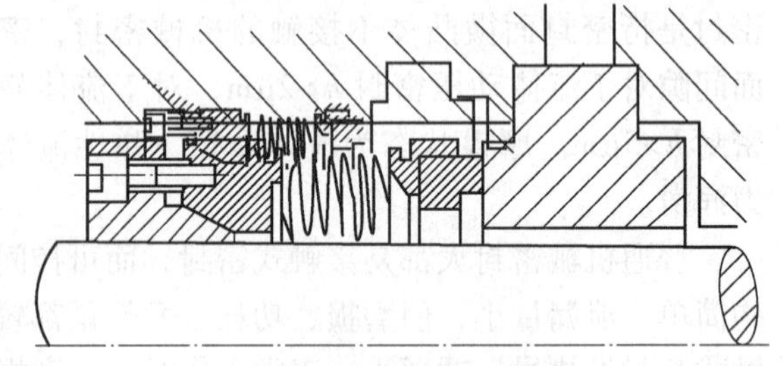
(a) 焊接金属波纹管机械密封

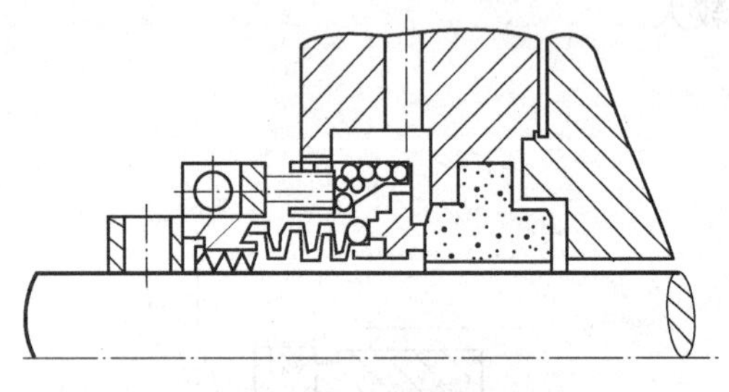
(b) 聚四氟乙烯波纹管机械密封

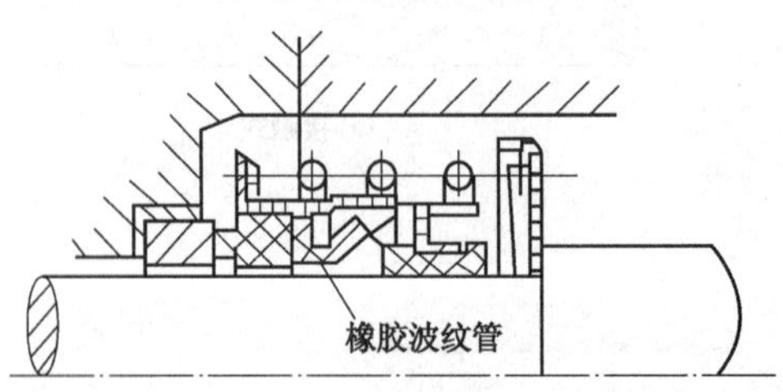

(c) 橡胶波纹管型

图 6-31　波纹管型机械密封

而失效；

⑤ 温度升高，浸渍合成树脂的石墨因树脂碳化而性能下降，浸金属的石墨环因金属熔化而泄漏。

采用辅助设施，可带走密封端面之间摩擦所产生的热量，保持密封端面间良好的润滑状态，使机械密封各部件良好地工作。

（2）在易气化介质中，保证密封腔中的压力，使之不气化。

（3）对于有固体颗粒的介质、易结晶的介质和强腐蚀性的介质，采用辅助设施，还能保护密封不受损害。

（4）在低温泵的密封中，可起到保温和供热的作用等。

正确、合理地选用辅助设施，不仅对密封的稳定性而且对延长使用寿命都有重要意义；对安全生产以及对减少漏损、减少维修工作量和降低生产成本也有一定的作用，必须给予足够的重视。

6.2.3.2 机械密封的冲洗

所有辅助设施中最主要的工作方式是冲洗。所谓冲洗是将密封流体注入到密封腔内，完成润滑、冷却、净化等功能，将不利的环境改变为密封能接受的工作环境。冲洗的种类很多，按冲洗方式和密封流体的不同可分为自冲洗、循环冲洗和注入式冲洗。

1. 自冲洗

是用泵本身产生的压差或密封腔内的泵送装置产生的压差，使被密封介质通过密封腔形成闭合回路实现冲洗。按密封流体的流动方向可以分为正向冲洗、反向冲洗、两向冲洗和贯穿冲洗。

（1）正向冲洗　利用泵内压力较高处（泵出口）的液体作为冲洗液来冲洗密封腔（图6-32）。这种冲洗方式也称为自冲洗。这是最常用的冲洗方法。

（2）反向冲洗　从密封腔引出介质返回泵内压力较低处（泵入口），利用介质自身循环进行冲洗（图6-33）。这种内冲洗也叫做反向冲洗。这种方法用于密封腔压力与泵排出压差较小的场合下。

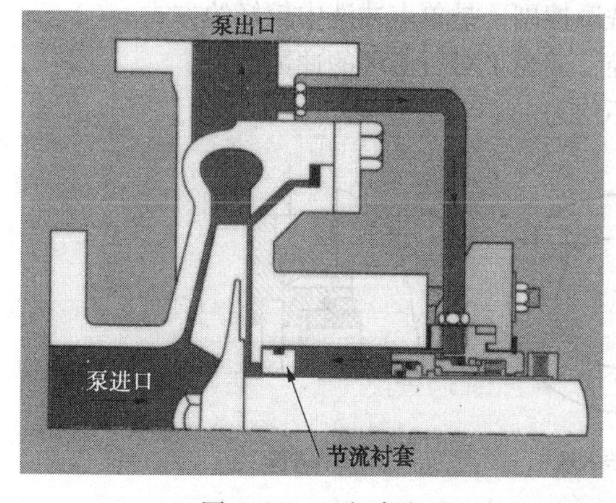

图6-32　正向冲洗

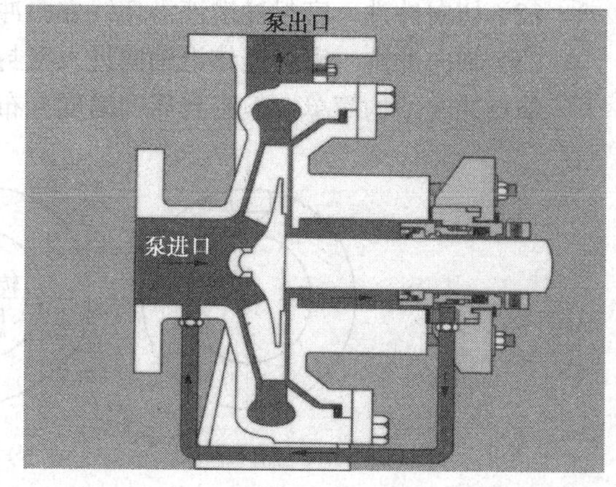

图6-33　反向冲洗

（3）两向冲洗　对于双支承泵可采用两向冲洗（图6-34），出口端密封腔中的压力高于入口端，将两端密封腔用管线连接起来，对泵出口端是反向冲洗，泵入口端是正向冲洗，故称为两向冲洗。

（4）贯穿冲洗　从泵高压侧（泵出口）引入介质，再从密封腔引出介质返回泵的低压侧

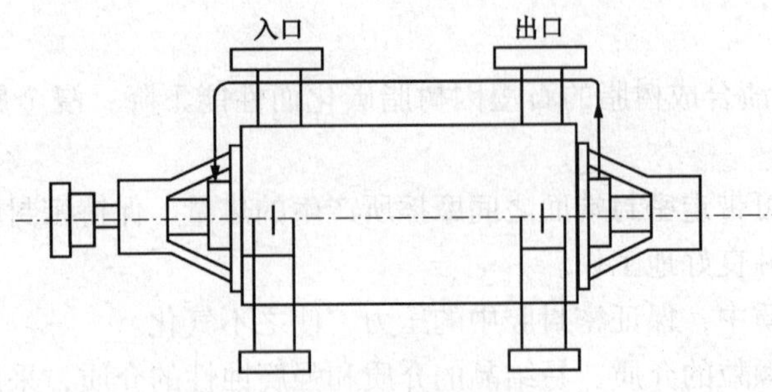

图 6-34　两向冲洗

泵入口(图 6-35)。这种内冲洗叫做贯穿冲洗，也有称为贯通冲洗。

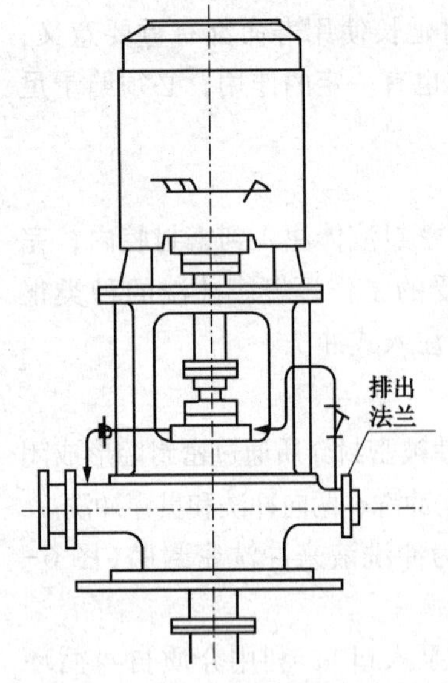

图 6-35　贯穿冲洗

2. 循环冲洗

是通过产生压差的设施(例如泵送环等)使外加的密封流体(有人称隔离液)进行循环，达到冲洗的目的。

3. 注入式冲洗

是被密封介质不宜做密封流体时，从外部注入另一种液体到密封腔内，改善密封工作条件的一种方法。

6.2.3.3　冲洗液进入到密封腔的形式

冲洗液进入密封腔的方式有两种：单点冲洗和多点冲洗。

1. 单点冲洗

见图 6-36，冲洗液由一个流出口冲洗密封，又可分为径向冲洗、轴向冲洗和切向冲洗三种方式。

(1) 径向冲洗　密封流体沿径向垂直冲洗摩擦副，其结构简单，是应用较多的一种方式。但冲洗量不可过大，以防止将石墨环冲出缺口。

(2) 切向冲洗　密封冲洗液沿切线方向冲洗摩擦副，是单点冲洗中较好的方式。

(3) 轴向冲洗　密封流体沿轴向进入密封腔，避免了对石墨环的冲蚀作用。

单点冲洗结构简单，但密封周围温度分布不均匀。

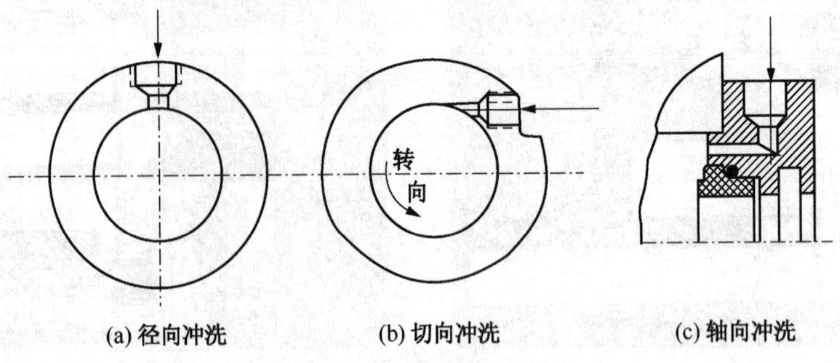

图 6-36　单点冲洗的冲洗方式

2. 多点冲洗

冲洗液沿圆周多个小孔同时进入密封腔，并起冲洗作用，见图 6-37。多点冲洗克服了单点冲洗的缺点，使摩擦副周围的温度分布更均匀。但其结构较为复杂，需增加一个冲洗环，内设 6~8 个小孔，孔径 3~4mm。多点冲洗用在易气化的介质中，也可用在机械密封摩擦副承受高负荷工况场合。

冲洗孔位置应尽量开设在摩擦副处，以便更好地把热量带走。单点冲洗不能直接对准石墨环(静环)，也不能远离摩擦副使冲洗作用减弱。

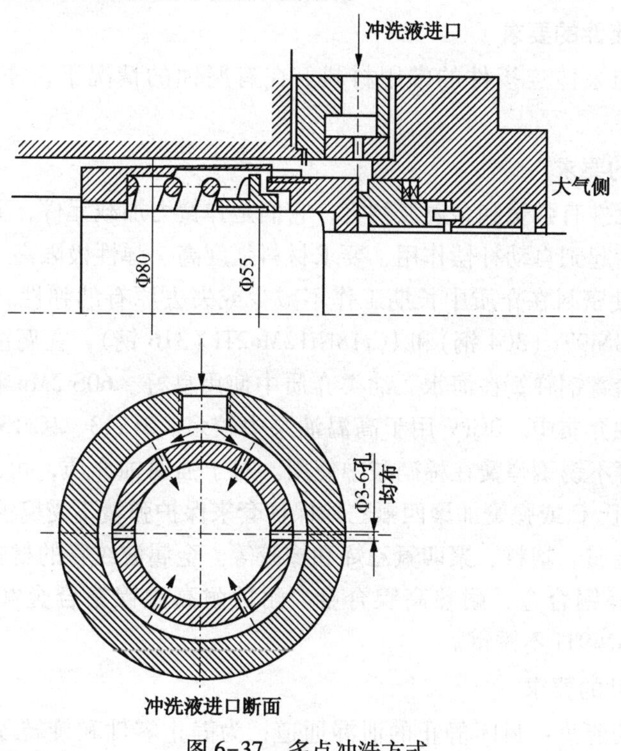

图 6-37　多点冲洗方式

6.2.4　机械密封的材料

在这里，主要介绍机械密封常用的结构材料以及在不同使用条件下选择材料的影响因素。前面介绍过，机械密封主要由 4 组基本构件组成(图 6-38)：与泵体连接件—密封体、盖等；弹性元件—弹簧、波纹管等；辅助密封件—O 形圈、填料；密封端面。

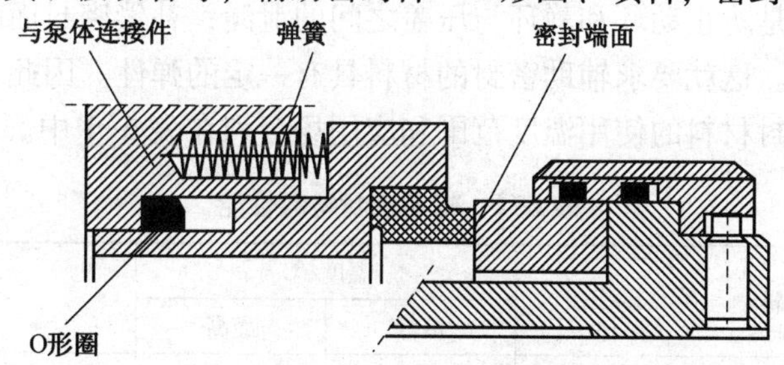

图 6-38　机械密封基本构件图

目前机械密封材料选用的依据主要是根据经验，必要时可通过实验进行验证。通常情况下，选材是制造厂家的任务，用户需要向厂家提供密封流体的详细资料，其中包括详细的化学成分和在使用中可能发生的非设计工况。

6.2.4.1　一般要求

1. 对密封组件的要求

凡与密封介质接触的密封材料必须满足下列要求：

（1）在正常使用条件的温度下不致明显降低其强度；

（2）其机械强度足以承受正常的压力和旋转速度的影响；

（3）能耐介质的腐蚀。

2. 对与泵体连接件的要求

不锈钢是制作与泵体连接件的常用材料。在有腐蚀的情况下，需要耐腐蚀性更强的材料。

3. 对弹性元件的要求

机械密封弹性元件有弹簧和金属波纹管，它们是弹簧力加载元件，要保证密封面良好的贴合并在端而磨损后起到自动补偿作用，要求材料强度高、弹性极限高、耐疲劳、耐腐蚀以及耐高(或低)温，使密封在介质中长期工作不减少或失去原有的弹性。泵用机械密封的弹簧多用 2Cr13，1Cr18Ni9Ti（304 钢）和 1Cr18Ni12Mo2Ti（316 钢），在腐蚀性弱介质中，也可以用碳素弹簧钢。磷青铜弹簧在海水、油类介质中使用良好。60Si2Mn 和 65Mn 碳素弹簧钢经常用在常温无腐蚀介质中。0CrV 用于高温油泵中较多。3Cr13、2Cr13 弹簧适用于弱腐蚀介质，1Cr18Ni9Ti 等不锈钢弹簧在稀硝酸中使用。对于强腐蚀介质，可采用耐腐蚀合金(如高镍铬合金等)、哈氏 C 或弹簧加聚四氟乙烯保护套来保护弹簧不受腐蚀。

波纹管材料有金属、塑料、聚四氟乙烯和橡胶等。金属波纹管的材料可以用奥氏体、马氏体等不锈钢或高镍铜合金、耐热高镍合金、耐蚀耐高温镍铬合金和磷青铜。也有采用 OCr18Ni9Ti 和 1Cr18Ni9Ti 不锈钢。

4. 对辅助密封件的要求

辅助密封件的功能为：封闭静止的泄漏通道；为静止零件和旋转零件提供一定的回弹力，使其在弹性变形范围内。

为有效地密封，必须利用弹性元件使密封面保持接触，因此，其中一个辅助密封能产生轴向位移，以保持其密封性能(当采用波纹管密封时，由于它可以作轴向移动而无须可动的辅助密封件)。辅助密封件有多种形状，如平垫、O 形圈、V 形圈、U 形圈等，后两种主要适用于滑动件密封，O 形圈既可用于滑动密封也可用于静密封，平垫只可用于静密封。

辅助密封的作用是防止动环和静环与压盖之间的泄漏；补偿密封面的偏斜和振动，以保证密封面良好的贴合。这就要求辅助密封的材料具有一定的弹性。因此，首选材料应是合成橡胶等。常用辅助密封材料的使用温度范围和应用场合列在表 6-1 中。

表 6-1　辅助密封材料性能

材　料		温度/℃		应　用
		最低	最高	
合成橡胶	丁腈橡胶	-40~-30	100~200	油类
	乙丙橡胶	-50	150	热水、酸碱、酒精、酮
	氟橡胶	-15	180~200	热碳氢化合物
稀有橡胶	低腈橡胶	-55	100	某些液化石油气
	氟硅橡胶	-55	200	特殊化工
	硅橡胶	-55	200	特殊化工
	过氟合成橡胶	-30	260	特殊化工

续表

材料		温度/℃		应用
		最低	最高	
非合成橡胶	聚四氟乙烯	-100	250	低、高温
	聚四氟乙烯/复合物	-100	300	低、高温
	压缩石棉纤维	—	500	高温
	柔性石墨	—	500	高温

6.2.4.2 密封端面材料

机械密封依靠密封副超微的高精度密封端面组合和相互滑动磨擦，形成密封面。要确保和维持密封面的精度和密封性，在很大程度上依赖于构成密封副的材料特征。通常，对密封副材料有如下要求：机械性能好，弹性模量高；自润滑性好；配对材料摩擦学相容性好，粘着倾向小，配合性能好；配对材料耐磨性好；导热性、耐热性、耐冲击性好；线膨胀系数小，如用镶环结构，还要考虑其与基体材料的线膨胀系数尽量接近；化学和电化学相容性、耐腐蚀性好；加工性好；有保持流体膜能力；价格合适等。下面分别介绍几种常用的密封副材料：

1. 密封面软材料(碳石墨)

密封面软材料中应用最普遍的是碳石墨，因为它本身具有良好的的自润滑性、化学惰性以及成本较低。碳石墨的自润滑性是因为当这种材料和碳化物、金属或陶瓷摩擦时，在微观上有一薄层石墨转移膜迅速涂覆在摩擦表面上。如果摩擦界面变为干运转摩擦，这一层转移膜在控制温升中起到重要作用。

碳石墨通常是将碳或焦炭与天然或人造石墨以及沥青或树脂相混合以制成原坯。其中的树脂作为粘合剂使混合物形成整体。经混合并形成后的坯块在1000℃温度下烘焙，在此温度下粘合剂变成焦炭并将细末粘结在一起。焙烧使碳—石墨原坯具有多孔性，需要经几次浸渍而成为不渗透材料，以获得较好的密封性能。在高温下使用时，烧焙后的坯块再加热到2500℃以上，可制得电化石石墨类密封件。

原坯材料与浸渍材料的选择基本取决于使用条件，所用材料有以下三大类：

(1) 树脂浸渍类　树脂浸渍类材料的化学稳定性范围广，而电化石墨类材料的抗化学腐蚀性最好；金属填充类的耐磨性较好。

(2) 金属填充类　金属浸渍类密封件可以用锑、银、铜和巴氏合金等多种金属作浸渍剂，其耐化学腐蚀性能低于树脂浸渍类材料，因而在酸性介质中使用会受到限制。然而，其强度高于纯碳—石墨类，与某些材料配合使用时具有良好的工作特性(能耐边界摩擦)。但是，与另一些材料配合时，金属浸渍类材料性能较差，原因是电解作用会导致填充金属流失而造成剧烈磨损。

(3) 电化石墨填充类　电化石墨填充类材料，其质地较软，在有磨粒的情况下磨损较大。在早期的主泵机械密封中，石墨材料通常选用浸锑，其耐磨性和强度都较理想，但由于金属锑的半衰期较长，而主泵的机械密封又是可控泄漏密封，因此现在大多数的主泵机械密封用纯石墨材料。

石墨能与多种材料的密封面配对，因此，在机械密封中得到广泛的应用。国产石墨材料的主要性能见表6-2。

表 6-2　国产碳石墨材料的主要性能

类　别	浸渍剂	体积密度 ρ/(g/cm^3)	抗弯强度 σ_b/MPa	抗压强度 σ_b/MPa	硬度 HS	气孔率 Ψ/%	膨胀系数 α/(10^{-6}/℃)	使用温度/℃
纯碳类		1.56~1.75	30~400	75~95	65~60	15~8	4~3	350~450
浸渍树脂类	环氧树脂	1.56~1.85	45~60	90~210	50~85	1.0~1.5	4.5~4.8	200
	呋喃树脂	1.56~1.70	45~60	100~240	55~95	1.5~2.0	4.8~6.5	200
浸渍金属类	巴氏合金	2.40	35~65	65~160	30~60	8.0~9.0	5.2~5.5	180
	铝合金	2~2.10	85~115	180~275	40~65	2.0~2.5	7.5~8.0	350~450
	锑	2.20	35~65	80~190	35~75	2.0	6.5~7.2	350~450
	铜合金	2.4~2.6	45~70	110~250	35~75	2.0	6.0~6.2	350~400
	银	2.8~3.0	60~71	220~260	73~80	1.0	5.0	500

国产石墨的性能还与发达国家的石墨还有一定的差距，主要表现为颗粒度大，自然就表现为孔隙度大，其强度、自润滑性和耐磨性也就较进口石墨低。因此在很多重要设备上都使用国外品牌的石墨。而其他材料在机械密封应用过程中与国外的差距都较小。

2. 密封面硬材料

(1) 金属材料　在某些机械密封中，由于金属的加工性能好，常常使用金属材料作为密封面材料。一般情况下都使用合金来制造密封，如：镍合金(镍合金铸铁)、硬质合金(含钴、铬和钛的合金)等；对于一些不耐腐蚀的，如：铸铁、模具钢和轴承钢等特殊钢常用于低负荷、油类液体。在大亚湾核电站中，有一些使用金属做机械密封密封面的例子。CRF 循环水泵机械密封的动环，它使用耐海水铸铁制造；SRI 冷却水泵机械密封的静环，使用不锈钢制造。现在主要的机械密封硬环材料主要有硬质合金(YG6)、SiC、Al_2O_3等，在船用机械密封中还有更硬的材料碳化硼，由于其硬度更高，加工难度较大，故使用量较少。

(2) 工程陶瓷(氧化铝)　氧化铝硬度高、耐磨性好，但是耐热冲击能力低。在氧化铝中添加少量金属元素制成氧化铝金属陶瓷。其成分中 88%~92%是 Al_2O_3，其余为 Fe、Cr、Ni 等金属元素。加入金属元素可以改善氧化铝金属陶瓷的导热率和降低脆性，但其耐腐蚀性有所下降。这种陶瓷常用于批量较大的汽车冷却水泵机械密封中。

工业陶瓷在机械密封中使用以来，继续被高性能的碳化硅所替代，只有耐腐蚀性能最佳的、纯度为 99.5%的氧化铝在石油化工中有一定量的应用。

(3) 硬金属(碳化钨)　烧结碳化钨由坚硬的碳化物颗粒与韧性金属(钴、镍)粘结剂烧结而成。通常用于重载(高 PV 值)场合。尽管其价格较贵，但是，因为它韧性和刚性大、耐磨性好而越来越多地应用在机械密封中。6%钴基碳化钨使用范围最广，镍基碳化钨由于耐腐蚀性更好而在石油化工中使用更多，但其综合性能较钴基碳化钨差一些，但其耐腐蚀性较钴基碳化钨好一些。

(4) 新型陶瓷(碳化硅、氮化硅)　相对于碳化硅，氮化硅的硬度和耐腐蚀性有些欠缺，更主要的是材料脆性大，在加工和安装过程中较易损坏，所以在机械密封中应用较少。

碳化硅的硬度接近金刚石并具有突出的耐磨性。碳化硅是在机械密封中应用最广泛的材料之一。

碳化硅除在高温下溶融强碱和强氧化气体外，在全浓度硫酸和沸点接近的苛性碱中也能稳定地使用，特别是在很大的温度范围内保持耐腐蚀性和耐磨性。

碳化硅的制造方法很多，下面介绍几种：

① 常压烧结碳化硅(无压烧结 SiC)　采用粉末冶金的制造方法，得到高纯度的整体碳化硅坯件。碳化硅烧结后可能产生不同的结晶组织，其中 α 相为粒状结晶；β 相为针状结晶。烧结 α 型就是将高密度 α 相碳化硅经模制和高温烧结而形成一个整体的碳化硅原坯件。这种材料不含游离硅，是所有碳化硅材料中最硬并且耐腐蚀性也很好。其极限温度为 1370℃。

② 反应烧结碳化硅(细粒反应烧结 SiC)　反应烧结碳化硅是用多孔碳型材与溶融金属反应烧结成整体碳化硅坯件。这类材料含有 10%~12%的游离硅。某些酸和碱类介质可以引起游离硅浸析，所以不建议用于强酸碱类介质。在所有高硬度密封材料中，它的减摩性最好，同碳石墨配对成最优异的密封副，API 682 标准中规定优先采用这种密封副。

③ 化学汽相反应硅化石墨　将碳石墨型材暴露在一氧化硅蒸汽中，化学蒸汽反应过程中使表面碳转化成碳化硅，有百分之几的石墨散布在表而上。这种材料在润滑性和耐磨性上有所改善。

④ 化学汽相沉积硅化石墨　将碳石墨型材暴露在一氧化硅蒸汽中，化学沉积过程中使表面高纯度、高密度碳化硅表层生成。

⑤ 热压烧结碳化硅　它由粒度≤1μm 的 SiC 粉加入适当的添加剂，装入石墨模具内，在 2000~2100℃的热压炉内加压(30~50MPa)制成。由于在氧化环境下，表层产生保护性的 SiO_2 膜的缘故，它是 SiC 中化学稳定性最好的一种。这种材料常常用于耐腐蚀密封副。

⑥ 转换型碳化硅　将多孔的碳石墨基体材料的表层部分与硅气体反应生成碳化硅。由于这种材料的基体是碳，所以它的力学性能低于固体碳化硅，主要用于轻载。各种碳化硅材料的主要性能见表 6-3(日本皮拉公司数据)。

表 6-3　各种碳化硅材料的主要性能

性能/种类(用途)		SiC(P_2)	WC(U_2)	Al_2O_3(J_6)	转换 SiC	涂覆 SiC	反应烧结 SiC Si 5%~10%	常压烧结 SiC SiC≥97%
机械性能	抗压强度 σ_b/MPa	N/A	3500	3200	120	13800	200	3900
	抗弯强度 σ_b/MPa	400	700	390	100	173	520	600
	莫氏硬度 HM/MV	(2600)	(2000)	(2300)	13 (2800)	13 (3500)	13 (2800)	13 (2800)
	弹性模量 E/PGa	350	700	380	29	480	410	410
热性能	膨胀系数 α/(10^{-6}/℃)	4.0	4.9	6.7	4.0	4.0	4.0	4.0
	导入率 λ/[W/(m·K)]	83.736	93.04	33.4944	110	101	200	84
	使用温度 t/℃	N/A	N/A	N/A	200	200	1300	1300
密度 ρ/(g/cm^3)		3.2	15.2	3.8	2.0	3.2	3.1	3.15

现在国外一些 SiC 生产厂家也推出一种加碳加硅的，其中含有大约 10%~20%的游离碳和硅，这种材料较上面所说的 SiC 其硬度和强度有所降低，但其自润滑性能有大幅提高，这对延长机械密封的运行寿命有很大帮助。

6.2.5 机械密封的安装

6.2.5.1 机械密封的防护

（1）因为许多密封的动、静环易脆裂，如不小心磕碰有可能损坏，所以应采取措施避免密封环的损伤。不要将密封面随意放置；一般采用干净的纤维编织物加以保护；不要用手及其他物体直接接触密封面；严禁在搬运、检查和安装过程中有任何磕碰。

（2）避免密封圈接触其他液体，以防止受损。一般情况下，除非有特殊规定，密封中的橡胶密封圈不要接触矿物油或其他油类；严禁接触腐蚀类化学液体；检查密封圈是否在有效期内。

6.2.5.2 对设备的精度要求

机械密封本身是设备的一个部件，设备的安装及运转情况无疑要对密封产生较大的影响。为使密封可以顺利地安装和可靠地运行，机械密封对所配设备也有一定的要求。

通常对安装机械密封部位的轴或轴套的径向和轴向跳动(图 6-39)、表面粗糙度、外径公差、运转时轴的轴向窜动等都有一定的要求，对于安装普通工况机械密封轴或轴套的精度要求见表 6-4，密封腔体与端盖(或釜口法兰)结合定位端面对轴(或轴套)表面的跳动要求见表 6-5。

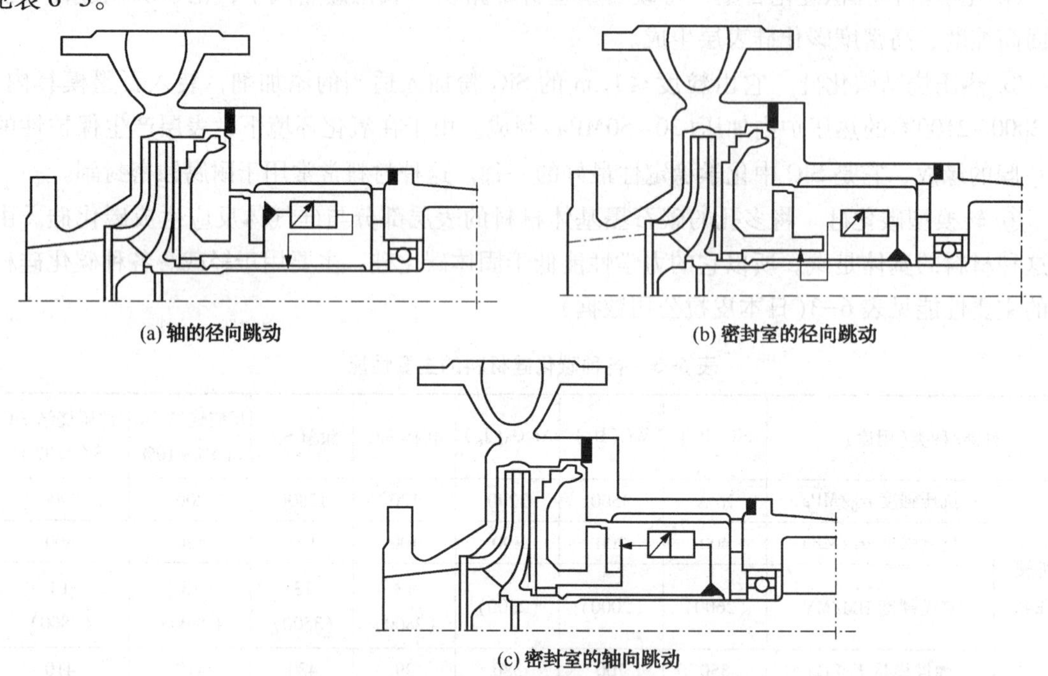

(a) 轴的径向跳动　(b) 密封室的径向跳动　(c) 密封室的轴向跳动

图 6-39　机械密封部位的轴或轴套的径向和轴向跳动

表 6-4　安装机械密封的轴或轴套的精度要求

类　别	轴径或轴套外径/mm	径向跳动/mm	表面粗糙度 Ra/μm	外径尺寸公差	转轴轴向跳动/mm
泵用	10~50	≤0.04	≤1.6	h6	≤0.1
	>50~120				
釜用	20~50	≤0.4	≤1.6	h6	≤0.5
	>50~130	≤0.6			

表 6-5 密封腔体与密封端盖定位端面对轴(或轴套)表面的跳动要求

类 别	轴径或轴套外径/mm	跳动偏差/mm
泵用	10~50	≤0.04
	≥50~120	≤0.06
釜用	20~130	≤0.1

6.2.5.3 安装前的准备工作

1. 安装文件

安装机械密封前，一定要阅读密封制造厂的使用说明书。

2. 目视检查

检查要进行安装的机械密封的型号、规格是否正确无误，零件是否完好，密封圈尺寸是否合适，动、静环表面是否光滑平整。拆开包装后，先进行目视检查，密封面、密封圈是否有缺陷。若有缺陷，必须更换或修复。如有条件，也可以使用光学平晶检查密封面。

注意：检查中应尽量避免对密封面的反复揩拭。

3. 检查转动件和配合件

(1) 检查传动销、定位销在孔或槽中的配合；

(2) 橡胶或金属波纹管式密封，应检查波纹管是否完好；

(3) 检查定位螺钉的状况；

(4) 用小弹簧机械密封时，应检查小弹簧的长度和刚性是否相同，是否有倾斜现象，如有需调整到正确位置。使用大圈弹簧传动时，须注意其旋向是否与轴的旋向一致，其判别方法是：面向动环端面，视转轴为顺时针方向旋转者用右旋弹簧；转轴为逆时针旋转者，用左旋弹簧；

(5) 设备的精度是否满足安装机械密封的要求。

6.2.5.4 安装时的注意事项

(1) 清洁 安装时，首先要清洁干净密封零件、轴表面、密封腔体，并保证密封液管路畅通。安装过程中应保持清洁，特别是动、静环的密封端面及辅助密封圈表面应无杂质、灰尘。不允许用不清洁的布擦拭密封端面。应采取措施避免杂质进入密封腔或密封冲洗管路。

(2) 润滑 为了便于装入，装配时可以在轴或轴套表面、端盖与密封圈配合表面涂抹合适的润滑剂。动环和静环的密封端面上也应涂抹合适的润滑剂，以避免在启动瞬间产生干摩擦，造成密封端面的损坏。合适的润滑剂有润滑脂、肥皂水、洗涤液等，但这些润滑剂必须是工艺允许的。在安装时有密封圈需要通过的地方，一定要有相应的引角，并且需光滑过渡，否则极易损坏 O 形密封圈。

注意：乙丙类橡胶制成的弹性元件不能用矿物基的润滑脂润滑，否则将引起溶胀、分解。推荐使用硅脂。

(3) 安装方向 泵效应环式密封，通常是在动环组件上开设螺旋槽。对这种密封要按驱动和非驱动标志安装。对静环组件上也开设螺旋槽的密封，必须注意动环、静环组件上螺旋槽的配合方向。

(4) 定位 轴上没有轴向定位轴肩的情况，要正确地调整、确定动环的定位，以保证动环、静环摩擦副合适的闭合力。现在，集装式机械密封得到了越来越多的应用。集装式机械密封极大地降低或彻底地消除了泵的轴向装配误差对机械密封的轴向装配尺寸的影响，极大地方便了安装。而且集装式机械密封在安装前可以进行静压试验，以验证密封部分的安装结果，从而保证了设备的安装质量。

（5）冲洗口位置　带有冲洗水进出口的机械密封，安装时要注意冲洗水进出口与密封腔或泵体上的孔的正确对应。

（6）避免敲打　安装过程中不允许用工具敲打密封元件，以防止密封件被损坏。

（7）冲洗管路清洁　密封循环/冲洗管路安装时，要确保管路接头的清洁、安装位置正确，保证管路通畅。

（8）橡胶波纹管式机械密封安装　由于橡胶波纹管式机械密封是橡胶与轴(金属)配合，安装时发涩，不易安装到位。当轴向位置安装不当时还影响弹簧力的大小。所以，安装橡胶波纹管式机械密封时要涂上足够的润滑剂，保证橡胶波纹在轴(或轴套)上滑动自如。

6.2.5.5　安装顺序

安装准备完成后，就可按一定顺序实施安装，完成静止部件在端盖内安装和旋转部件在轴上的安装，最后完成密封的总体组合安装。以图 6-40 所示的离心泵用单端面内装非平衡式机械密封为例，其安装顺序介绍如下：

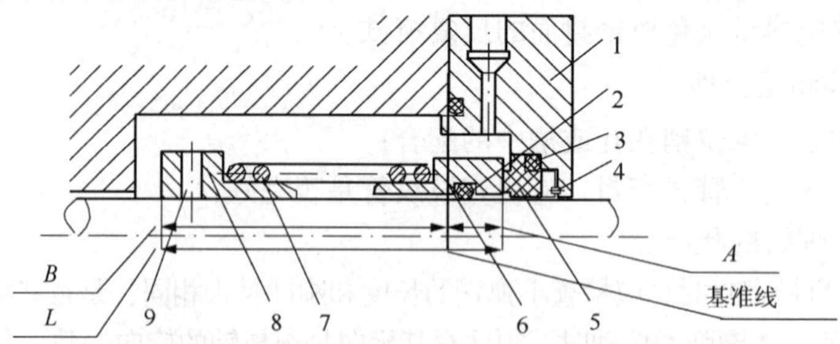

图 6-40　单端面内装非平衡式机械密封安装示例

1—静环座；2—动环辅助密封圈；3—静环辅助密封圈；4—防转销；5—静环；6—动环；7—弹簧；8—弹簧座；9—紧定螺钉

（1）静止部件的安装　将防转销 4 插入密封端盖相应的孔内，再将静环辅助密封圈 3 从静环 5 尾部套入，如采用 V 形圈，注意其安装方向，如是 O 形圈，则不要滚动。然后，使静环背面的防转销槽对准防转销装入密封端盖内。防转销的高度要合适，应与静环保留 1~2mm 的间隙，不要顶上静环。最后，测量出静环端面到密封端盖端面的距离 A。

静环装到端盖中去以后，还要检查密封端面与端盖中心线的垂直度及密封端面的平面度。对输送液态烃类介质的泵，垂直度误差不大于 0.02mm，油类等介质可控制在 0.04mm 以内。

（2）确定弹簧座在轴上的安装位置　确定弹簧座的安装位置，应在调整定好转轴与密封腔壳体的相对位置的基础上进行。首先在沿密封腔端面的泵轴上正确地划一条基准线。然后，根据密封总装图上标记的密封工作长度，由弹簧座的定位尺寸调整弹簧的压缩量至设计规定值。弹簧座的定位尺寸(图 6-40)可按下式得出：

$$B=L-A$$

式中：B——弹簧座背端面到基准线的距离；

L——旋转部件工作位置总高度，$L=L'-H$；

L'——旋转部件组装后的自由高度；

H——弹簧压缩量；

A——静环组装入密封端盖后，由静环端面到端盖端面的距离。

（3）旋转部件的组装　将图6-40的弹簧7两端分别套在弹簧座8和推环上，并使磨平的弹簧两端部与弹簧座和推环上的平面靠紧。再将动环辅助密封圈2装入动环6中，并与推环组合成一体，然后将组装好的旋转部件套在轴（或轴套）上，使弹簧座背端面对准规定的位置，分几次均匀地拧紧紧定螺钉9，用手向后压迫动环，看是否能轴向浮动。

（4）静止部件组件安装　将安装好静止部件的密封端盖安装到密封腔体上，将端盖均匀压紧，不得装偏。用塞尺检查端盖和密封腔端面的间隙，其误差不大于0.04mm。检查端盖和静环对轴的径向间隙，沿圆周各点的误差不大于0.1mm。

注意：每个密封制造厂的产品是不同的，同一个密封制造厂的产品也有不同的种类和结构，所以，上述例子不一定适用其他结构的机械密封的安装。在安装某一种机械密封时，一定要仔细阅读并理解该产品的安装文件，尤其是机械密封的剖面图。只有在充分掌握密封的结构情况下，才有可能对机械密封进行正确的安装。

6.2.5.6　安装检查

1. 开车前检查

（1）安装完毕后，应予盘车，观察有无碰触之处，如感到盘车很重，必须检查轴是否碰到静环，密封件是否碰到密封腔，否则应采取措施予以消除；

（2）如果带有密封辅助系统，应检查密封辅助系统是否安装正确，隔离液是否符合操作要求，隔离液是否按要求加压，隔离液是否无阻循环，检查管路上的部件是否正常工作，等等；

（3）对自冲洗的密封系统，若循环管路不通畅，则会导致密封迅速失效。启动前检查过滤器是否进行了清理、是否安装了滤芯、压差表是否有效等；检查冷却器一、二次回路是否有泄漏等；检查二次冷却水流量、温度、压力是否合适等；检查回路中的阀门是否按要求开/启；回路是否进行了排气作业等；

（4）启动前必须保证将泵中的气体排净，保证密封腔内有液体。否则，由于启动时无液体冲洗密封，导致密封干摩擦而使密封面划伤或损坏。

2. 启动后检查

（1）检查密封水循环管路是否有泄漏；

（2）检查密封循环水回路压力、温度、压差等是否正常等；

（3）密封管路的过滤器是否有堵塞情况等；

（4）对于较大型机械密封，启动后也要反复几次排气。

6.2.6　机械密封的失效与故障分析

泵用机械密封种类繁多，型号各异，但密封点主要有五处：轴套与轴间的密封；动环与轴套间的密封；动、静环间密封；对静环与静环座间的密封；密封端盖与泵体间的密封。泄漏原因分析及判断：

6.2.6.1　安装静试时泄漏

机械密封安装调试好后，一般要进行静试，观察泄漏量。如泄漏量较小，多为动环或静环密封圈存在问题；泄漏量较大时，则表明动、静环摩擦副间存在问题。在初步观察泄漏量、判断泄漏部位的基础上，再手动盘车观察，若泄漏量无明显变化，则静、动环密封圈有问题；如盘车时泄漏量有明显变化，则可断定是动、静环摩擦副存在问题；如泄漏介质沿轴向外喷射，则动环密封圈存在问题居多，泄漏介质向四周喷射或从水冷却孔中漏出，则多为静环密封圈失效。此外，泄漏通道也可同时存在，但一般有主次区别，只要观察细致，熟悉结构，一定能正确判断。

6.2.6.2 运转时出现的泄漏

泵用机械密封经过静试后，运转时高速旋转产生的离心力，会抑制介质的泄漏。因此，运转时机械密封泄漏在排除密封圈及端盖密封失效后，基本上都是由于动、静环摩擦副受破坏所致。引起摩擦副密封失效的因素主要有：

（1）操作中，因抽空、气蚀、憋压等异常现象，引起较大的轴向力，使动、静环接触面分离；或使静环脱离静环座。

（2）安装机械密封时压缩量过大，导致摩擦副端面严重磨损、擦伤。

（3）动环密封圈过紧，弹簧无法调整动环的轴向窜动量。

（4）工作介质中有颗粒状物质，运转中进入摩擦副，擦伤动、静环密封端面。上述现象在运转中常出现，有时可以通过适当调整静环座等予以消除，但多数需要重新拆装，更换密封。

（5）由于两密封端面失去润滑膜而造成的密封失效：

① 因端面密封载荷的存在，在密封腔缺乏液体时启动泵而发生干摩擦；

② 介质压力低于饱和蒸汽压力，使得端面液膜发生闪蒸，丧失润滑；

③ 如介质为易挥发性产品，在机械密封冷却系统出现结垢或阻塞时，由于端面摩擦及旋转元件搅拌液体产生热量而使介质的饱和蒸汽压上升，也造成介质压力低于其饱和蒸汽压的状况。

（6）由于腐蚀而引起的机械密封失效：

① 密封面点蚀，甚至穿透；

② 由于碳化钨环与不锈钢座等焊接，使用中不锈钢座易产生晶间腐蚀；

③ 焊接金属波纹管、弹簧等在应力与介质腐蚀的共同作用下易发生破裂。

（7）由于高温效应而产生的机械密封失效：

① 热裂是高温油泵，如油渣泵、回炼油泵、常减压塔底泵等最常见的失效现象。在密封面处由于干摩擦、冷却水突然中断，杂质进入密封面、抽空等情况下都会导致环面出现径向裂纹；

② 石墨炭化是使用碳—石墨环时密封失效的主要原因之一。由于在使用中，如果石墨环一旦超过许用温度(一般在-105~250℃)，其表面会析出树脂，摩擦面附近树脂会发生碳化，当有粘结剂时，会发泡软化，使密封面泄漏增加，密封失效；

③ 辅助密封件(如氟橡胶、乙丙橡胶、全橡胶)在超过许用温度后，将会迅速老化、龟裂、变硬失弹。现在所使用的柔性石墨耐高温、耐腐蚀性较好，但其回弹性差。而且易脆裂，安装时容易损坏。

（8）由于密封端面的磨损而造成的密封失效：

① 摩擦副所用的材料耐磨性差、摩擦系数大、端面比压(包括弹簧比压)过大等，都会缩短机械密封的使用寿命。对常用的材料，按耐磨性排列的次序为：碳化硅—碳石墨、硬质合金—碳石墨、陶瓷—碳石墨、喷涂陶瓷—碳石墨、氮化硅陶瓷—碳石墨、高速钢—碳石墨、堆焊硬质合金—碳石墨；

② 对于含有固体颗粒介质，密封面进入固体颗粒是导致密封失效的主要原因。固体颗粒，进入摩擦副端面起研磨剂作用，使密封发生剧烈磨损而失效。密封面合理的间隙，以及机械密封的平衡程度，还有密封端面液膜的闪蒸等都是造成端面打开而使固体颗粒进入的主要原因；

③ 机械密封的平衡程度也影响着密封的磨损。一般情况下，平衡程度$\beta=75\%$左右最适宜。$\beta<75\%$，磨损量虽然降低，但泄漏增加，密封面打开的可能性增大。对于高负荷(高 pv 值)的机械密封，由于端面摩擦热较大，β一般取 65 %~70%为宜，对低沸点的烃类介质等，由于温度对介质气化较敏感，为减少摩擦热影响，β取 80%~85%为好。

6.2.6.3 因安装或设备本身所产生的误差而造成机械密封泄漏

(1) 由于安装不良，造成机械密封泄漏。主要表现在以下几方面：

① 动、静环接触表面不平，安装时碰伤、损坏；

② 动、静环密封圈尺寸有误、损坏或未被压紧；

③ 动、静环表面有异物；

④ 动、静环 V 形密封圈方向装反，或安装时翻边；

⑤ 轴套处泄漏，密封圈未装或压紧力不够；

⑥ 弹簧力不均匀，单弹簧不垂直，多弹簧长短不一；

⑦ 密封腔端面与轴垂直度不够；

⑧ 轴套上密封圈活动处有腐蚀点。

(2) 设备在运转中，机械密封发生泄漏的原因主要有：

① 泵叶轮轴向窜动量超过标准，转轴发生周期性振动及工艺操作不稳定，密封腔内压力经常变化等均会导致密封周期性泄漏；

② 摩擦副损伤或变形而不能跑合引起泄漏；

③ 密封圈材料选择不当，溶胀失弹；

④ 大弹簧转向不对；

⑤ 设备运转时振动太大；

⑥ 动、静环与轴套间形成水垢使弹簧失弹而不能补偿密封面的磨损；

⑦ 密封环发生龟裂等。

(3) 泵在停一段时间后再启动时发生泄漏，这主要是因为摩擦副附近介质的凝固、结晶，摩擦副上有水垢、弹簧腐蚀、阻塞而失弹。

(4) 泵轴挠度太大，造成动静环平行度超标而泄漏。

6.3 迷宫密封

迷宫密封是在转轴周围设若干个依次排列的环形密封齿，齿与齿之间形成一系列节流间隙与膨胀空腔，被密封介质在通过曲折迷宫的间隙时产生节流效应而达到阻漏的目的。

由于迷宫密封的转子和机壳间存在间隙，无固体接触，毋需润滑，并允许有热膨胀，适应高温、高压、高旋转频率的场合。这种密封型式被广泛用于汽轮机、燃气轮机、压缩机、鼓风机的轴端和级间的密封，或其他动密封的前置密封。

6.3.1 工作原理

为了说明迷宫密封装置的密封原理，首先对气体在密封中的流动状态进行分析，如图 6-41所示。当气体流过密封齿与轴表面构成的间隙时，气流受到了一次节流作用，气流的压力和温度下降，而流速增加。气流经过间隙之后，是两密封齿形成的较大空腔。气体在空腔内容积突然增加，形成很强的旋涡，在容积比间隙容积大很多的空腔中气流速度几乎等于零，动能由于旋涡全部变为热量，加热气体本身，因此，气体在这一空腔内，温度又回到了节流之前，但压力却回升很少，可认为保持流经缝隙时压力。气体每经过一次间隙和随后的较大空腔，气流就受到一次节流和扩容作用，由于旋涡损失了能量，气体压力不断下降，比容及流速均增大。气流经过密封齿后，其压力由 p_1 降至 p_2，随着压力降低，气体泄漏减小。由上述过程可知，迷宫密封是利用增大局部损失以消耗其能量的方法来阻止气流向外泄漏，因此，它属于流阻形非接触动密封。

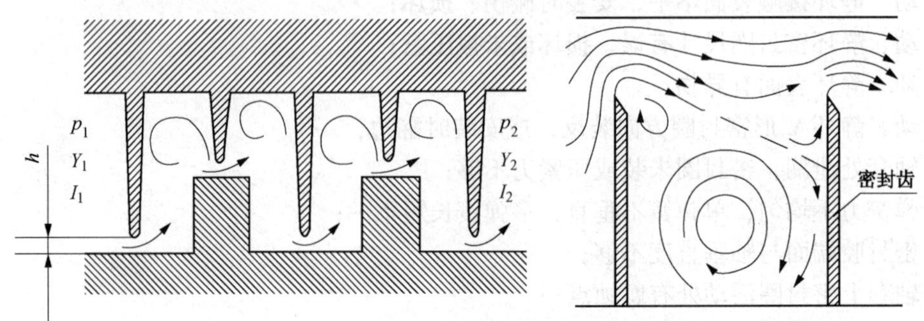

图 6-41　迷宫密封中的气体流动及流动状态

6.3.2　结构、类型和特点

迷宫密封按密封齿的结构不同，分为密封片和密封环两大类型。

密封片结构紧凑，运转中与机壳相碰，密封片能向两侧弯曲，减少摩擦，且拆换方便。

密封环由 6~8 块扇形块组成，装入机壳与转轴中，用弹簧片将每块环压紧在机壳上，弹簧片压紧力约 60~100N，当轴与齿环相碰时，齿环自行弹开，避免摩擦。这种结构尺寸较大，加工复杂，齿磨损后将整块密封环调换，因此应用不及密封圈结构广泛。

迷宫密封的型式有：直通形迷宫密封、参差形迷宫密封、阶梯形迷宫密封、复合直通形迷宫密封等四种见图 6-42。

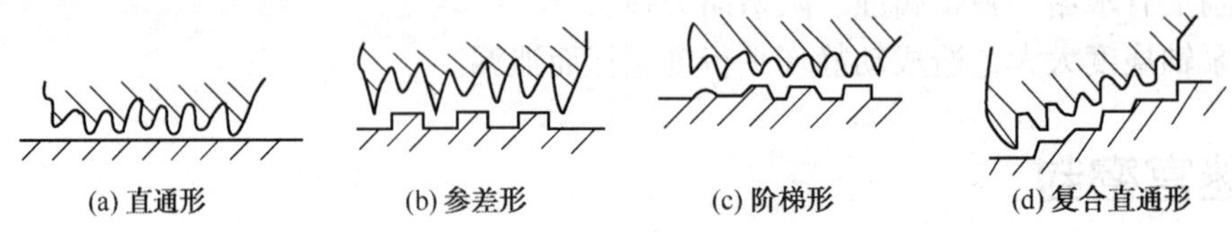

图 6-42　迷宫密封的形式

6.3.2.1　直通形迷宫密封

直通形迷宫密封有整体和镶片两种结构，形状很像梳齿，它结构简单，便于制造，但密封效果较差。

6.3.2.2　参差形迷宫密封

参差形迷宫密封也分整体和镶片两种结构，这种迷宫密封的结构特点，是密封齿的伸出高度不一样，而且高低齿相间排列，与之相配的轴表面，是特制的凹凸沟槽，这种高低齿与凹凸槽相配合的结构，使直通的密封间隙变成了参差式，因此，增加了流动阻力，提高了密封效能。但只能用在有水平剖分面的缸体或隔板中，并且密封体也要作成水平剖分型。

6.3.2.3　阶梯形迷宫密封

阶梯形迷宫密封从结构上分析它类似于直通形迷宫密封，而密封效果却与参差形迷宫密封近似，常用于叶轮盖板和平衡盘处。

6.3.2.4 复合直通形迷宫密封

复合直通形迷宫密封，是阶梯和梳齿复合组成的，使密封性能有所改善，但加工复杂，直通效应减弱。

6.3.3 迷宫密封的齿数与节流间隙

从迷宫密封的工作原理分析可以看出，密封间隙越小，密封齿数越多，其密封效果就会越好。然而，密封齿数增加到一定数目后，效果提高并不明显，因此，密封齿数不宜过多，叶轮前后的级间密封，一般只设3~6齿，轴端密封设6~35齿，齿间距通常为5~9mm，齿尖厚度通常小于0.5mm。密封间隙应根据以下因素选取：轴承间隙，制造公差与装配误差，部件的变形(如铸件收缩和失圆)，转子的挠度，以及通过临界旋转频率时的振幅，热膨胀以及由此引起的变形等。在多种情况下，热膨胀的影响最突出。因此，对启动与停车时单个部件尺寸的变化，以及部件的相对位移必须预先估算。迷宫密封的径向间隙一般取0.2+0.6d/1000(mm)，d 为轴直径。

6.3.4 迷宫密封的材料

迷宫密封材料主要根据密封的工作温度和介质选择。如介质有腐蚀性，则需选用相应的耐蚀不锈钢箔片作为迷宫齿材料。防尘迷宫密封大多用碳钢制造。

有时可在轴表面涂覆软质材料涂层，把齿顶间隙取得很小。齿片甚至可嵌入软质涂层中，运行过程中刻划出一些凹槽，形成极小的跑合间隙，以改善密封性能。软质涂层材料为巴氏合金、石墨、聚四氟乙烯等。

对于离心式压缩机，当输送介质具有爆炸性(例如石油气)，则应采用碰撞时不会产生火花的材料如铝及铝合金。现也有采用聚四氟乙烯塑料作为梳齿片材料的，这时的半径间隙可取得更小一些，因为即使梳齿片与转轴发生接触，也不会对轴造成大的损伤。

6.3.5 迷宫密封的装配

迷宫密封间隙的设计参数是关系到整个机组运行的安全性和经济性的重要因素，因此在装配时应予以重视。

6.3.5.1 装配步骤

(1) 清理、检查各零部件，并测量各配合尺寸，看其是否符合要求，并作好记录。

(2) 每台机组用密封块的数量可能不只一个，组装时不可装错位置，位置装错会给组装工作及间隙调整工作带来麻烦，故密封块(件)应及时打上标记。最好的标记方法是直接在密封块侧面或密封齿间分别打上表示环及环内位置的序号。

(3) 弹簧片的材质因使用温度不同而不一样。应根据材质分别进行保管，防止将低温部分使用的弹簧片误用到高温部分，以免在运行中因弹力消失而使密封间隙增大。

(4) 在组装工作中除应注意气封块要对号组装外，对于不是对称的高低齿气封块，应注意不要装反。大多数气封块高低齿的位置都是一致的(一般是高齿在机头侧)，应掌握规律，防止装反，避免高齿被转子压损。

(5) 气封块与槽道的配合为动配合 H9/d9 或 H10/d10，若配合过紧，应用锉刀仔细修锉，不允许强行打入槽内。气封块组装好后，弹簧片及气封块不允许高出结合面。各气封块接头要经过研合，一圈气封块之间的总膨胀间隙一般留 0.2mm 左右。

(6) 为了使气封块具有自动调整间隙的性能，弹簧片不应过硬。一般要求用手能将气封块压入，松手后又能很快地自动恢复原位。但也不应过软，以致气封块不能保证组装位置，增加泄漏损失。弹簧片失去弹性后应更换，或进行恢复性的热处理后再使用。

(7) 在拆装及起吊过程中，由于工作人员不慎，气封齿被碰撞打坏的事例也不少。特别是镶制的“T”字形气封齿，常因多次撞倒反复平直，使其根部断裂损坏，必须特别小心。

(8) 削尖气封齿应在漏出气的一侧刮削。并且特别注意尽量避免在齿尖刮出圆角。

(9) 测量调整轴向、径向间隙，具体调整方法见后。

(10) 间隙调整后，各零部件清洗干净，仔细组装即可。

6.3.5.2 径向间隙的测量和调整

平均间隙值通常是依据制造厂的规定，一般来说与结构形式有关。对于整体式钢制梳齿形为 0.50~0.70mm；对枞树形为 0.30~0.45mm；“J”字形一般为 0.40~0.60mm；铜齿的低压气封常为 0.30~0.40mm。

测量和调整间隙是一项较复杂的工作，径向间隙的测量比较困难，目前采用的测量方法各有不同，下面介绍几种常用的方法：

(1) 压胶布测量　胶布贴在气封块上，在每一块气封块上贴上一道由数层粘叠在一起的白胶布带(医用胶布)，一般胶布厚 0.25 mm，因径向间隙为 0.30~0.70mm，故常用三层白胶布带。各层胶布宽度依次减少 5~7mm，成阶梯形粘贴在一起，并顺着转子转动方向增加层数，以减少胶布被刮掉的可能性。暂时拆去弹簧，用木楔子顶住气封块，防止在压间隙时弹簧退让引起误差，并在转子气封凹凸台 200~300mm 弧段上均匀地抹上一层红丹，将隔板套、轴封套、转子、汽缸大盖等依次作临时组合。在吊转子时，抹有红丹的弧段应朝上，落下后将其盘转到下方，以免在吊装过程中在胶布上摩擦上红丹印痕。拧紧部分汽缸结合面大螺母，消除结合面间隙，使其符合组装状态，盘动转子转动数圈后重新分解各部件，检查胶布带上接触红丹印痕的轻重来判断间隙值的大小。表 6-6 列出常使用的标准，供参考。

表 6-6　用胶布测量间隙的标准

胶布接触情况	间隙值/mm
三层胶布没有接触	>0.75
三层胶布刚见红色	=0.75
三层胶布有较深的红色	0.65~0.70
三层胶布表面被压光，颜色变紫	0.55~0.60
三层胶布表面被磨光呈黑色，两层胶布刚见红色	0.45~0.50

(2) 用塞尺直接测量　用塞尺测量径向间隙，塞尺塞入的力量要适当。最好用木楔或螺钉旋具插入气封块的背面弧处防止向外退让，以便加大塞入力量来保证测量的准确性，塞尺塞入的深度一般应有 30mm 以上。

(3) 利用假轴测量　根据假轴测量调整轴封洼窝和调整气封间隙的方法是比较精确可靠的，对测量顶部和下部间隙更为方便。假轴的制作可用 $\phi150\sim\phi250$mm 的厚壁管子加工而成，若用铸铁管更好。假轴两端套上与轴颈直径相同的假轴套。转子轴颈和假轴套直径之差不得大于 0.05mm，圆柱度也应小于 0.05mm。另外配置和轴封凸肩直径相同的假盘若干只，假盘内孔和假轴套内径与假轴的配合为间隙配合。

使用假轴测量间隙的方法如下：

在转子吊出汽缸前，测量前后两道轴瓦挡油环的洼窝中心。假轴吊入后应复核以上洼窝中心，使假轴位置与转子位置一致。装有推力支撑联合轴承的机组，往往由于假轴重量比转子重量轻得多，而联合轴承下的支持弹簧会将假轴顶起，以致洼窝中心有变化，因此，吊出转子前应用压板从两侧将轴瓦压住。

利用假盘，使用塞尺测量每个齿与假盘的间隙。短齿可根据转子上凸肩高度测量出，用测出的数值，修正真轴与假轴挠度差、假轴颈与真轴颈的直径差、假盘直径与轴封凸肩直径差，即可求出实际间隙。

将测出的间隙按照机组规定质量标准进行调整。

调整结束后，在转子上贴上厚度相当于汽封允许最小间隙的胶布，组装上轴封套及隔板套，转动转子，检查胶布，以微碰为合格。

6.3.5.3 轴向间隙的测量

轴向汽封间隙应在保证叶轮与隔板不发生摩擦的前提下，调到最小值。枞树形及高低齿的梳齿形汽封，还需正确地分配齿前后的间隙，以防止轴向磨损。

运行时在大多数工况下，转子比汽缸膨胀得快，因而齿前的间隙总比齿后间隙大，一般用楔形塞尺测量轴向间隙。

6.4 浮环密封

6.4.1 基本结构与工作原理

浮环密封的原理是靠高压密封油在浮环与轴套间形成油膜，节流降压，阻止高压侧气体流向低压侧，将气体封住。因为主要是油膜起作用，故又称为油膜密封。在工作时浮环受力情况与轴承相似，所不同的是：轴承浮起的是轴，对浮环密封而言，由于浮环重量很小，故轴转动而在浮环与轴间隙中产生油膜浮力时，浮起的将是浮环，轴是相对固定的。根据轴承油膜原理知道，如浮环与轴完全同心，则不会产生油膜浮力，如浮环与轴偏心，则轴转动时将会产生油膜浮力，这种浮力使浮环浮起而使偏心减小。当偏心减小到一定程度，即对应产生的浮力正好与浮环重量相等时，便达到了动态平衡。由于浮环很轻，因此这个动态平衡时的偏心是很小的，即浮环会自动与轴保持基本同心，这是浮环的特点。见图6-43。

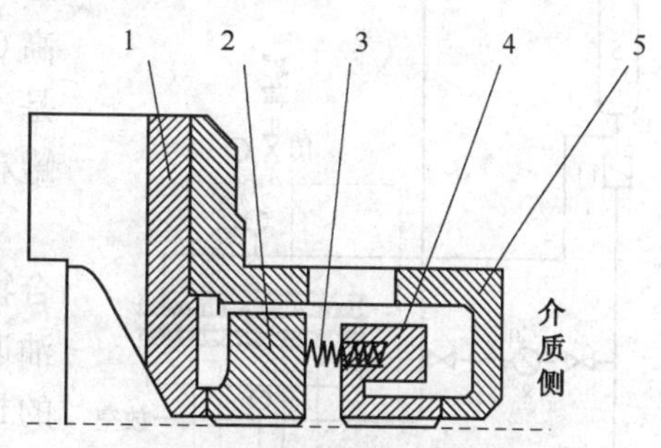

图6-43 浮环密封结构示意图

1—压盖；2—外浮环；3—弹簧；4—内浮环；5—浮环座

6.4.2 浮环密封的优点与缺点

6.4.2.1 浮环密封的优点

（1）浮环密封属于非接触式密封，寿命长，可靠性高。

（2）对机器的运行状态并不敏感，有稳定密封性能。

（3）浮环密封密封件不产生磨损，密封可靠，维护简单、检修方便。

（4）因浮环密封密封件材料为金属，故耐高温。

（5）浮环可以多个并列使用，组成多层浮环，能有效的密封 10MPa 以上的高压。

（6）能用于 10000~20000r/min 的高速旋转流体机械，尤其适用于气体压缩机，其许用线速度可高达 100m/s 以上，这是其他密封所不能比拟的。

（7）只要采用耐腐蚀金属材料或里衬耐腐蚀的非金属材料（如石墨）作浮动环，可以用于强腐蚀介质的密封。

（8）因浮环密封间隙中是液膜，所以摩擦功率极小，使机器有较高的效率。

6.4.2.2 浮环密封的缺点

（1）浮环密封内泄漏仍然较大，回收处理内泄漏油（污油）的设备比较复杂庞大，包括油气分离器、脱气槽及控制系统。特别是当浮环密封内泄漏过大和该系统失灵时便存在密封油污染工艺回路的危险，其结果是降低产品质量，甚至毒化催化剂，直至造成装置停机。为了克服这一缺点，浮环密封本身也在向减少内泄漏的方向发展，例如采用带泵吸效应的内浮环。

（2）浮环密封的油气压差要求很小，控制系统复杂。浮环密封辅助系统的投资远远高于密封本身的投资。

（3）浮环密封件的制造精度要求高，环的不同心度和端面的不垂直度及表面粗糙度对密封性能有明显的影响。

6.4.3 密封油控制系统

浮环密封中的密封油在缝隙中加热，温度升高后回油箱，由油泵加压后，经过冷却器、过滤器、控制仪表再回到密封部位循环使用，这个循环系统称为密封油系统。图 6-44 为某压缩催化富气的离心式压缩机浮环密封系统控制流程图。

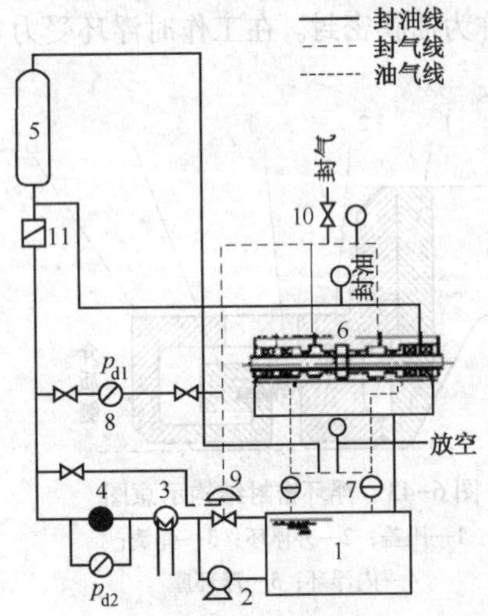

图 6-44 浮环密封系统控制流程图

1—油箱；2—油泵；3—冷油器；4—过滤器；5—高位油箱；6—离心式压缩机；7—回油看窗；8—压差显示仪；9—调节阀；10—密封气；11—窥视窗

机组正常运行过程中，密封系统提供高于平衡管气体压力 0.05~0.07MPa 的密封气，同时还提供较密封气压力高 0.05~0.07MPa 的密封油，密封油与密封气之压力差，是浮环密封取得良好密封效果的外部条件，其值由高位油罐和系统中调控仪表的功能协助实现。

经内浮环间隙流至内浮环空腔的密封油与密封气的混合物，沿密封油内回油管路，流至油气分离器，分离后的油返回油箱，气体放火炬。经外浮环间隙流至外浮环空腔的封油，由此空腔直接流回油箱。

如果被密封气体压力较高，需要提高浮环密封装置的密封能力，则可通过增加浮环数量来实现。在浮环数量增多的情况下，靠内侧浮环的工作环境比较苛刻，它的密封间隙较小，泄油量较少，因此，内浮环处温度较高，为改善内浮环的工作条件，提高其使用寿命，常在浮环上开一些冷却槽或冷却孔，使部分封油经冷却槽后再进入浮环间隙，以便降低浮环温度，改善浮环工作条件，提高浮环工作的可靠性。

6.4.4 浮环密封的安装

6.4.4.1 安装步骤

(1) 检查型号是否相符，有无缺少零件，各元件应无碰坏、变形、裂缝等缺陷。

(2) 检查浮环尺寸、端面的表面粗糙度与平直度、内孔表面粗糙度与不圆度是否在允许范围内。

(3) 检查轴(或轴套)的表面粗糙度、圆柱度与精度应符合要求。

(4) 校对与浮环接触的密封盒的尺寸应符合要求。

(5) 检查清洗轴(或轴套)、密封腔，轴(或轴套)应无划痕、沟槽、毛刺等缺陷，若有缺陷必须修光滑，再用汽油或洗涤剂清洗干净，轴(或轴套)表面不允许有锈斑或灰尘杂质。

(6) 测量浮动环及轴的配合间隙，浮动环及轴的配合间隙应符合规范要求。

(7) 安装内置迷宫密封和内密封盒，迷宫梳齿不得有损伤。

(8) 安装内浮环，浮环方向应正确，并能上下自由浮动。

(9) 安装弹簧，弹簧长短一致。

(10) 安装外浮环，浮环方向应正确，并能上下自由浮动；销钉间隙符合要求。

(11) 安装外密封盒，密封盒不得有损伤。

(12) 安装外置迷宫密封，迷宫梳齿不得有损伤。

6.4.4.2 注意事项

(1) 浮环端面、浮环座端面、压盖端面必须研磨，保证端面接触的严密性，接触面达到100%。

(2) 控制好内、外浮环与轴的间隙。

(3) 使内、外浮环之间的弹簧弹力一致，高度相同。

(4) 浮环座O形橡胶圈不许重复使用，检修时必须更换。

(5) 保证浮环座端面与轴的垂直度、浮环座内圆与轴的同轴度。

(6) 组装过程应保持清洁，各密封表面、轴(轴套)表面不允许有锈斑或灰尘杂质。

(7) 组装时保证各密封面不被划伤、碰破，不允许用工具敲打浮环和密封面；拧紧螺栓前，先在各密封面与接触面涂上润滑油(密封油即可)。

(8) 检查浮环的表面粗糙度和椭圆度是否符合要求。

6.5 蜂窝密封

蜂窝密封是一项成熟的技术，已广泛应用于航天飞机、大功率火箭、军用及民用飞机和多种舰船的发动机，以及电力、石化行业的汽轮机、燃气轮机、压缩机之中，寿命是普通梳齿汽封的两倍以上，具有减少泄漏、提高转子稳定性、提高效率等多重优越性能。

6.5.1 基本结构与工作原理

蜂窝密封是由密封环、蜂窝带和轴等构成的一简单密封结构(图6-45)，密封环一般为圆环形，材质为含Cr的合金钢，其外圆与密封体相连，内圆则与蜂窝带通过钎焊连接在一起。蜂窝带(图6-46)是由厚度仅为0.05~0.10mm的哈氏耐高温合金薄板在特殊成型设备上制成的正六面体网格型材，再经特殊焊接设备焊接而成的。蜂窝带合金的合金牌号一般选用 GH536。GH536 属于镍基固熔强化高温合金，可在 900℃以下长期可靠工作，主要用于制造航空发动机和燃气轮机的火焰筒、燃烧室等构件。其主要成分为 Ni-Cr-Fe，固熔温度 1177℃，屈服强度 755MPa，抗拉强度 38.5MPa，延伸率 45%，室温平均硬度 HRB87。根据密封环体尺寸制作成的蜂窝带，在真空钎焊炉中通过真空钎焊技术被焊接在母体密封环上，即形成了蜂窝密封。

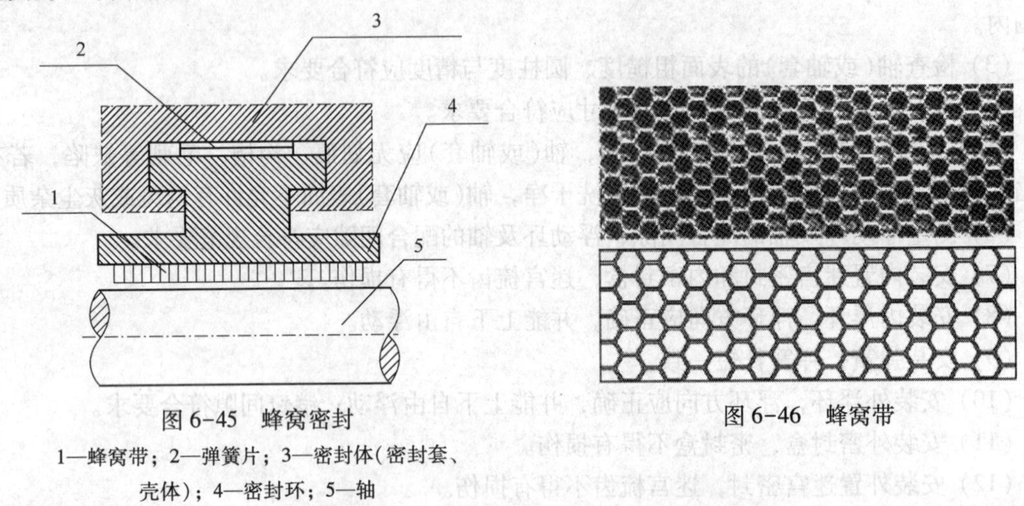

图 6-45　蜂窝密封

1—蜂窝带；2—弹簧片；3—密封体(密封套、壳体)；4—密封环；5—轴

图 6-46　蜂窝带

试验结果表明：对于蜂窝深度 3.0mm，蜂窝芯格尺寸(蜂窝六边形的对边距离)分别为 3.2mm、1.6mm 和 0.8mm 三种蜂窝密封，在不同转速、压比下，芯格尺寸为 1.6 mm 的蜂窝密封封严效果最好。蜂窝密封芯格尺寸的大小对其漏气量的影响并不呈线性规律，蜂窝对边距与蜂窝深度的比值为 0.52 左右时，密封的漏气量较小。另一方面，在相同的入口条件下，间隙越小，进入蜂窝腔的气流与水平面的夹角越大，且旋涡体积越大、中心位置越靠近底面。

蜂窝密封的密封机理：封闭式蜂窝状网格将强大的气流切割分离为无数弱小涡流，对气流形成强大的交叉阻尼，从而达到阻止工质泄漏的密封效果。

6.5.2　特点

(1) 蜂窝密封具有耐磨损、不伤轴、密封效果好的优点。蜂窝密封安装在定子上，转子为光滑圆柱面或带有梳齿。由于蜂窝壁厚很薄，如果蜂窝密封与转子碰磨，首先磨损的是蜂窝密封，对转子没有伤害。由于蜂窝为正六边形网格结构，强度好，可以承受很高的压力，轴向、环向都能产生很强的涡流和屏障，大大提高了轴端的封严能力。

(2) 蜂窝密封具有寿命长的优点。蜂窝密封的结构能在最小的材料质量下保证密封具有最大的强度，不会被轻易磨损而增大密封间隙，也不会倒伏，可以长期保持安装时的较小的密封间隙，所以使用寿命长。试验表明，蜂窝式密封的耐磨寿命为铁素体梳齿式汽封的 2.5 倍。在汽轮机轴端密封中用蜂窝密封代替梳齿密封，还可以大大降低润滑油进水概率，延长机组运行周期。

(3) 蜂窝密封具有降低亚异步振动的优点。蜂窝密封提供了足够的阻尼，特别是段间的蜂窝密封，在机组过临界转速等工况下，能有效消除转子的气流激振，确保了压缩机的稳定运行。美国航天飞机主机高压液氧涡轮泵的经验已经证明，用蜂窝密封替换涡轮级间梳齿密封，可消除转子不稳定问题，降低亚异步振动水平。通过对比实验表明，静子为蜂窝密封而转子带有梳齿的密封结构减振效果最好。替换涡轮级间梳齿密封，可消除转子不稳定问题，降低亚异步振动水平。通过对比实验表明，静子为蜂窝密封而转子带有梳齿的密封结构减振效果最好。

(4) 蜂窝密封具有除湿的优点。蜂窝密封安装在汽轮机低压缸的末级叶片的顶部密封上，不仅可以提高效率，而且可以通过蜂窝的网孔吸附水滴，从而有效除湿，保护动叶片免受水力冲蚀，延长叶片使用寿命。

(5) 蜂窝密封允许在高压降下应用，且不增加密封的尺寸。

6.6 干气密封

作为一种气膜润滑的流体动、静压结合型非接触式机械密封，以其使用寿命长、无泄漏、节能、环保、运行维护费用低等一系列技术优势，逐渐在石油、化工以及冶金等工业的大型离心式压缩机和转子泵上得到广泛应用。它的使用，将有利于降低机组运行成本和提高安全可靠性。

6.6.1 基本结构与工作原理

一般来讲，典型的干气密封结构包含有静环、动环组件(旋转环)、副密封O形圈、静密封、弹簧和弹簧座(腔体)等零部件。静环位于不锈钢弹簧座内，用副密封O形圈密封。弹簧在密封无负荷状态下使静环与固定在转子上的动环组件贴合，见图6-47。

在动环组件和静环配合表面处的气体径向密封有其先进独特的方法。配合表面平面度很高，且表面粗糙度很低，动环组件配合表面上有圈螺旋槽，见图6-48。

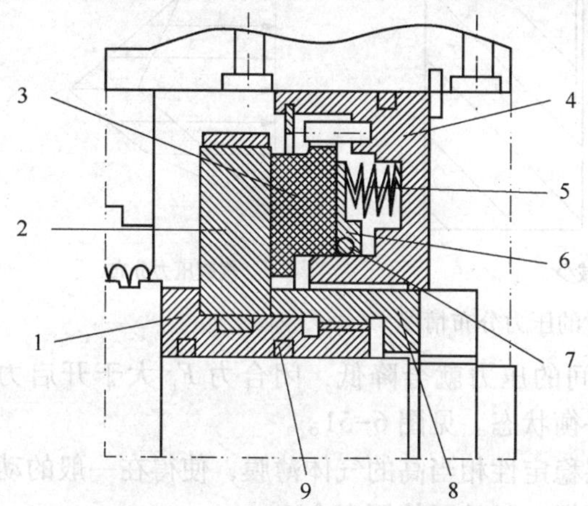

图6-47 干气密封结构示意图

1—轴套(不锈钢)；2—动环组件(硬质合金)；3—静环(碳)；4—弹簧座(不锈钢)；5—弹簧；6—推环(不锈钢)；7—O形圈(氟橡胶)；8—锁紧套(不锈钢)；9—定位环(PTFF)

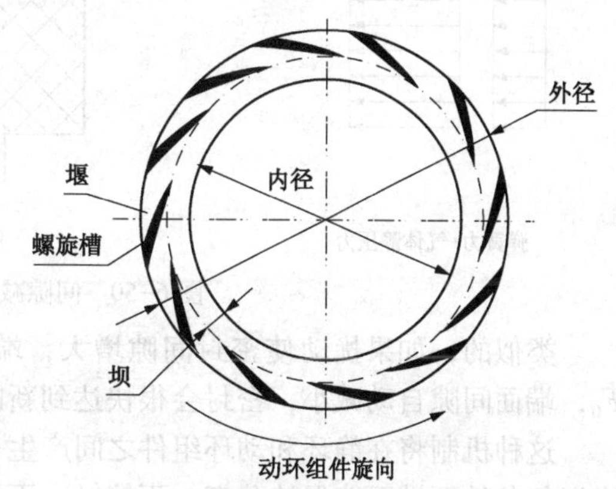

图6-48 动环密封面结构示意图

随着转子转动，气体被向内泵送到螺旋槽的根部，根部以外的一段无槽区称为密封坝。密封坝对气体流动产生阻力作用，增加气体膜压力。该密封坝的内侧还有圈反向螺旋槽，这些反向螺旋槽起着反向泵送、改善配合表面压力分布的作用，从而加大开启静环与动环组件间气隙的能力。反向螺旋槽的内侧还有一段密封坝，对气体流动产生阻力作用，增加气体膜压力。配合表面间的压力使静环表面与动环组件脱离，保持一个很小的间隙，一般为 3μm 左右。当由气体压力和弹簧力产生的闭合压力与气体膜的开启压力相等时，便建立了稳定的平衡间隙。

在动力平衡条件下，作用在密封上的力见图 6-49。

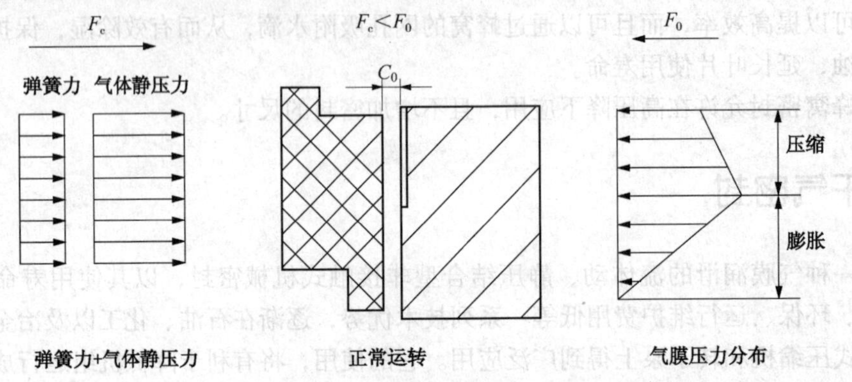

图 6-49 动力平衡条件下的压力分布

闭合力 F_c，是气体压力和弹簧力的总和。开启力 F_0 是由端面间的压力分布对端面面积积分而形成的。在平衡条件下 $F_c=F_0$，运行间隙大约为 3μm。

如果由于某种干扰使密封间隙减小，则端面间的压力就会升高，这时，开启力 F_0 大于闭合力 F_c，端面间隙自动加大，直至平衡为止。见图 6-50。

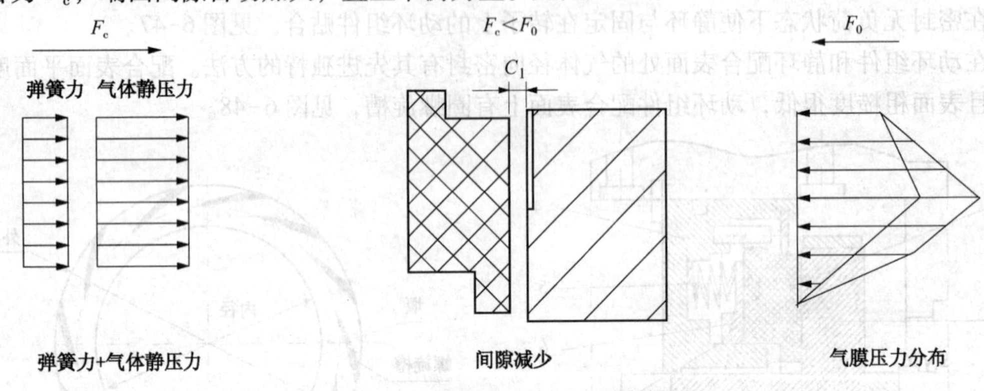

图 6-50 间隙减小时的压力分布情况

类似的，如果扰动使密封间隙增大，端面间的压力就会降低，闭合力 F_c 大于开启力 F_0，端面间隙自动减小，密封会很快达到新的平衡状态。见图 6-51。

这种机制将在静环和动环组件之间产生一层稳定性相当高的气体薄膜，使得在一般的动力运行条件下端面能保持分离、不接触、不易磨损，延长了使用寿命。

通过以上结构的不同组合并配合辅助的密封可演化出用于实际工况的几种结构。

6.6.2 干气密封的材料

密封端面材料对气膜密封的工作起着决定性的影响，保证端面的不被损坏至关重要。气膜密封在启动和停车过程中或在运行过程中受到某种干扰，不可避免地会发生端面的暂时接触，所选择的材料必须能抵抗这种短暂接触而不被损坏。常用的材料有特殊碳—石墨对碳化硅，或碳—石墨对碳化钨，也有采用碳化硅对碳化硅硬对硬组对的气膜密封，为了避免端面静止时同种材料可能形成的过大黏附作用及过大的启动力矩和磨损率，碳化硅的表面常喷涂

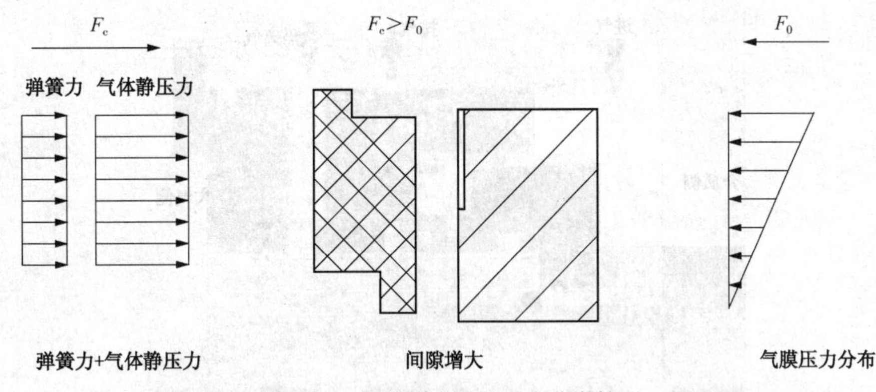

图 6-51 间隙增大时的压力分布情况

有类似金刚石碳涂层。碳化硅的高弹性模量(420GPa)保证了在压力和温度的影响下，密封面的变形量最小，从而在操作期间确保了密封间隙的稳定；良好的热传导性能(导热系数为100~125W/(m·K))保证了必要的热量消散，因此密封端面的温度分布也较均匀。尽管气体的黏度很低，但在高速情况下，黏性摩擦产生的热量也很大，仅依靠泄漏的气体并不能带走所有的热量，所以至少一个密封环具有高导热性能就显得十分必要，碳化硅无疑是一种良好的选择。

辅助密封材料的选择也必须给予充分考虑。辅助密封材料最重要的特性是温度极限、压缩回弹特性和与压力相关的吸气现象。在高压下，气体会扩散进弹性体内部，可是，一旦压力突然下降，弹性体内的高压气体来不及迅速释放，将引起弹性体的爆炸分解，导致弹性密封圈的严重损坏。

6.6.3 干气密封的类型

干气密封结构布置主要取决于密封工况条件(包括被密封气体组分、压力、温度、轴的转速等)、安全性以及环保要求等。典型的结构布置有单端面、双端面及串级结构。

6.6.3.1 单端面干气密封

单端面干气密封是最基本的密封结构形式，主要用于被密封气体压力较低且允许少量气体泄漏到大气侧的场合，因此要求工艺气体对环境无污染如空气、二氧化碳或蒸汽等。图 6-52为典型单端面干气密封，其中密封气体压力一般比工艺气体高 0.2MPa 左右，既可阻止工艺气体泄漏，又可使螺旋槽密封端面实现非接触干运转。梳齿密封在工艺气体和螺旋槽干气密封间建立了一个缓冲区。

6.6.3.2 双端面干气密封

双端面干气密封主要用于不允许工艺气体向大气侧泄漏的场合，因此适用于密封有毒、有害或易造成环境污染的介质。双端面干气密封两静环共用一个动环，并且引入压力比工艺气体压力高的隋性气体作为阻塞气体。由于阻塞气体压力较高，一方面阻塞气体向工艺气体侧泄漏。另一方面向大气侧泄漏。图 6-53 为典型双端面干气密封，密封气体压力一般高于工艺气体 0.2~0.3MPa，允许少量密封气体泄漏到工艺气体中，因此要求密封气体为隋性气体。

6.6.3.3 串级式干气密封

当被密封气体压力超过单端面密封使用范围时，可以考虑使用串级式密封结构。串级式密封普遍应用于压缩机轴封，是可靠性较高的一种结构形式。串级式密封一般同时使用两套

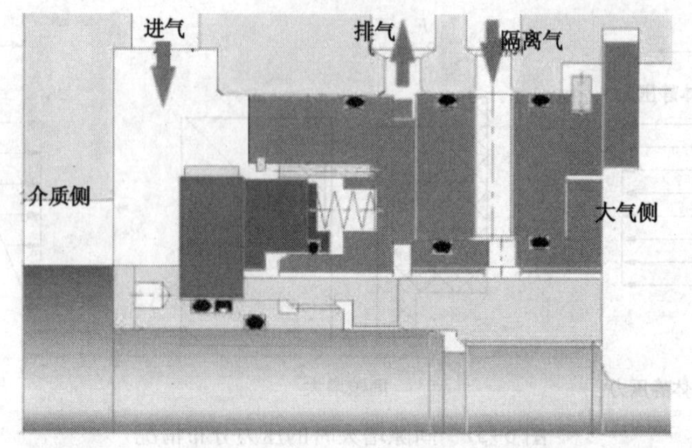

图 6-52 典型单端面干气密封

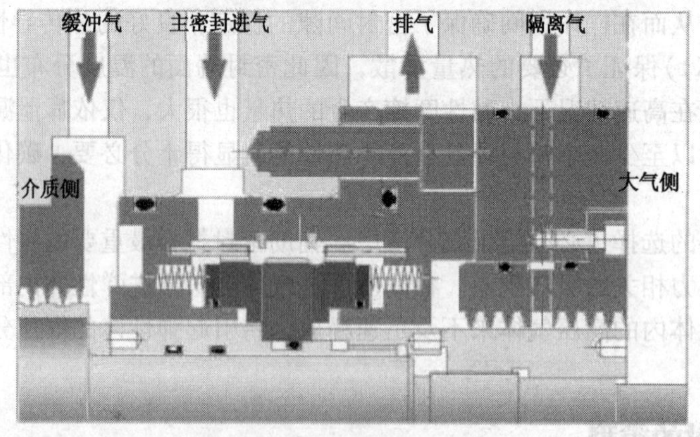

图 6-53 典型双端面干气密封

单端面密封，一套作为主密封，承受全部工作压力载荷，另一套作为辅助密封，主密封和辅助密封间通入密封气体，防止工艺介质向外界泄漏。如果被密封介质压力非常高，则可使用三级结构，前两级分别承受工作压力，第三级则作为辅助密封。图 6-54 为典型两级式干气密封，主密封为一接触式机械密封，干气密封作为辅助密封。

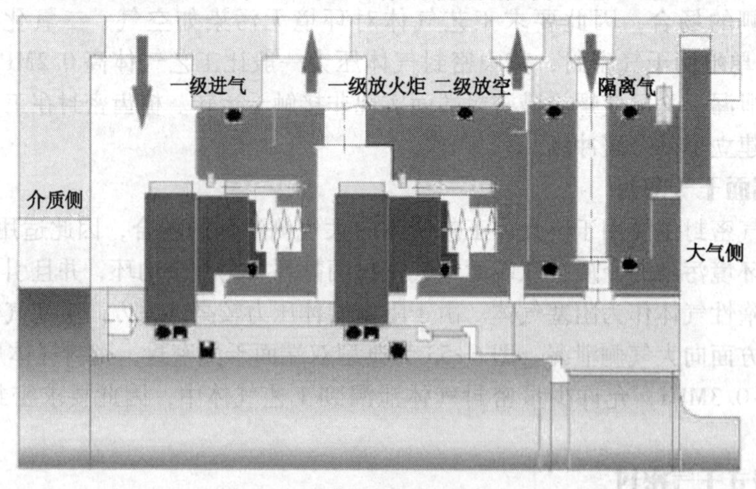

图 6-54 典型两级式干气密封

6.6.3.4 带中间迷宫密封的串联式干气密封

它适用于既不允许工艺气泄漏到大气中，又不允许阻封气进入机内的工况，见图 6-55。如果遇不允许工艺介质泄漏到大气中，且也不允许阻封气泄漏到工艺介质中的工况，此时串联结构的两级密封间可加迷宫密封。用于易燃、易爆、危险性大的介质气体，可以做到完全无外漏。如 H_2压缩机、H_2S 含量较高的天然气压缩机、乙烯、丙烯压缩机等。

该结构所用主密封气除用工艺气本身以外，还需另引一路氮气作为第二级密封的密封气体。通过一级密封泄漏出的工艺气体被全部引入火炬燃烧。而通过二级密封漏入大气的全部为氮气。当主密封失效时，第二级密封同样起到辅助安全密封的作用。

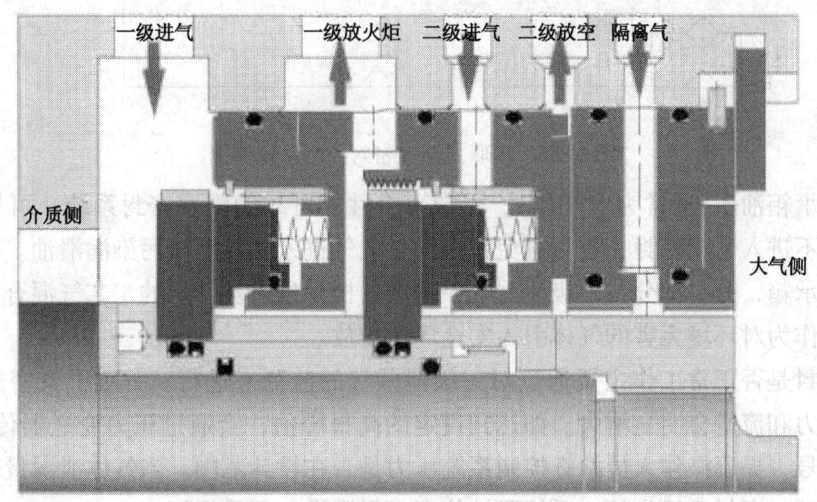

图 6-55 带中间迷宫密封的串联式干气密封

6.6.4 干气密封的控制系统

为了保证干气密封运行的可靠性，每套干气密封都有与之相匹配的监测控制系统，使得密封工作在最佳设计状态，当密封失效时系统能及时报警，有利于维修工人以最快速度处理。下面以典型的串联式干气密封系统为例做简单介绍。

图 6-56 为该系统示意简图。该密封正常运行时是由机组出口端引出一股气，经过两级过滤器(过滤精度 3μm)后成为干燥、洁净的气体作为干气密封的缓冲气进入密封腔。控制其压力稍高于正常运行时的参考气管工艺气压力(通常 50kPa)，其作用是阻挡未净化工艺气中的粉尘、凝缩油等杂质进入密封端面对干气密封的正常工作产生不利的影响。系统由一差压变送器测量缓冲气与参考气之间的差压，信号通过电气转换控制安装在缓冲气入口处的气动薄膜调节阀，以调节缓冲气的入口压力使其维持与参考气的恒定压差。进入密封腔的缓冲气的绝大部分通过梳齿密封回到工艺气内。剩余的一小部分通过第一级干气密封的端面漏出，称为一级泄漏气。当中的大部分被引入火炬安全的燃烧掉。

二级干气密封作为辅助安全密封，虽然不承受介质的压力，但需要在适当的压差下端面才可形成稳定的气膜而长期理想地运行。系统通过在一级泄漏气出口端设置节流阀，调整阀门孔径使其产生适当的背压来满足要求。节流阀同时还起到一级密封失效时限制泄漏量的作用。另引一路氮气为隔离气，经过滤器、减压阀后引入后置的梳齿阻隔密封中间。控制其压

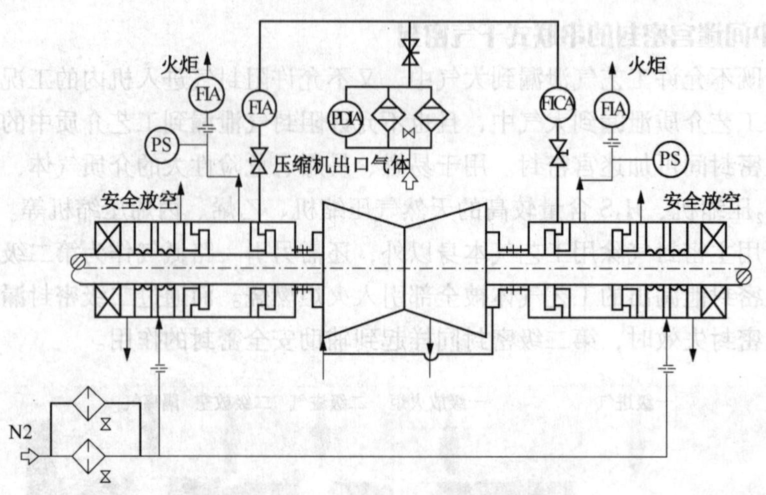

图 6-56　串联式干气密封控制系统简图

力稍高于轴承箱油压(通常为大气压)，形成一个性能可靠的阻塞密封系统。可保证轴承箱中的润滑油不进入干气密封，也可避免残余的工艺气进入轴承区域污染润滑油。隔离气的一部分进入轴承箱，另一部分与一级泄漏气中剩余的极少量未被燃烧的工艺气混合，称为二级泄漏气。可作为对环境无害的气体引入安全场所排放。

判断密封是否正常工作主要通过对一级泄漏气的监测来进行。一级干气密封如出现异常，漏气压力和流量会明显增大。如达到设定的高报警值，会通过压力变送器传至控制室，发出报警信号，提醒操作人员检查控制系统压力是否在设计范围。当气体泄漏量达到高报警值时，表明干气密封已经失效，系统联锁停车，保证设备不受损坏。

6.6.5　干气密封的安装与拆卸

干气密封安装时，保证压缩机已安装好内迷宫密封和做好安装干气密封准备，并且安装和拆卸工具都已准备好。

应注意到在安装干气密封时必须用到硅酮化合物油脂和防咬合剂，并且少量使用，过多的油脂和防咬合剂将恶化密封性能。

安装工具随干气密封一起提供，每套密封有备用的 O 形圈、润滑剂和一些与压缩机连接的物品以防在安装期间造成破坏时备用。

6.6.5.1　压缩机的准备工作

（1）清洗所有进气管路及机壳上进出气孔。清洁安装干气密封的整个区域，检查是否有粘附物和划痕，特别是与静密封 O 形圈相配合的部位是否有缺陷，必要时修整。并在 O 形圈安装时经过的表面均匀地涂上一薄层润滑脂。

（2）确保干气密封经过的导向边已倒角，必要时修整。

（3）检测主轴的轴肩端面对主轴轴线的垂直度，垂直度应≤0.005mm，如达不到要求，必须修整至符合要求。轴肩根部圆角半径应≤1mm。

（4）将压缩机转子调整至工作位置，确定压缩机转子与压缩机壳体的相对位置符合图纸要求。

（5）将安装密封的有关部分均匀地涂上一薄层润滑脂。

6.6.5.2 干气密封的安装

干气密封采用集装式结构。主密封部分已装配成一体，用集装板(件37)和螺钉(件38、39)将其旋转部分与静止部分集装成一体，此部分统称为“集装式密封”。在“集装式主密封”安装进压缩机后应将集装板(件37)和螺钉(件38 、39)拆除，如图6-57所示。安装和拆卸都应整体进行，具体结构见密封装配图6-58。

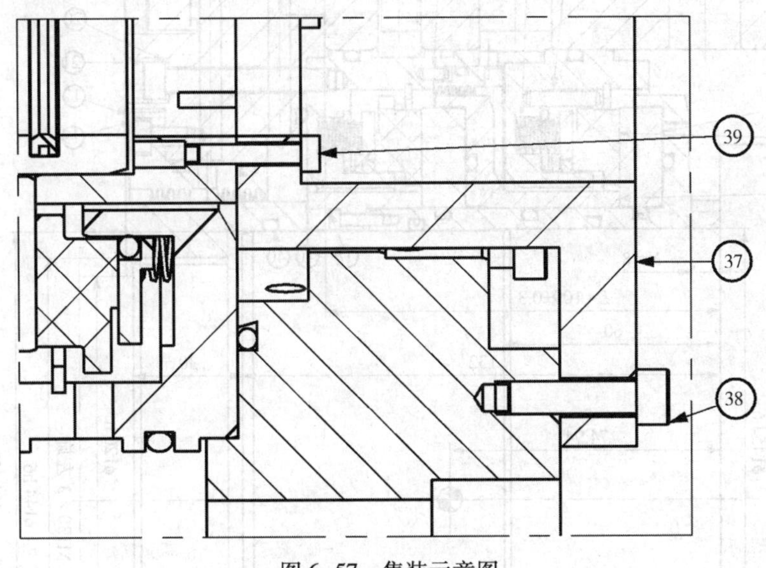

图6-57 集装示意图

(1) 确定干气密封上标示的旋转方向与实际的主轴旋转方向相同。

(2) 将适合的调整垫(件13)套在主轴上，倒角对着轴肩。

(3) 将集装式主密封套装在主轴上，用拆装工具将集装式主密封压至工作位置，用连接螺钉(件23)、垫圈(件22)将集装式主密封固定在壳体上。

(4) 拆下集装板(件37)和连接螺钉(件38、39)。

(5) 将O形圈(件20)安装在后置迷宫(件12)上，后置迷宫(件12)装入迷宫密封腔体(件9)内，用连接螺钉(件19)紧固在迷宫密封腔体上。

(6) 将O形圈(件40)安装在主轴锁母(件19)对应的O形圈槽内，在主轴锁母(件11)的螺纹和内孔表面上涂少许防咬合剂，然后用其将主密封固定在主轴上，锁紧力矩为400N·m。

注意：装O形圈前应先在其表面涂一薄层供应商提供的专用润滑脂。

6.6.5.3 干气密封的拆卸

(1) 用拆卸专用扳手拆卸锁母(件11)。

(2) 拆下连接螺钉(件19)，卸下后置迷宫(件12)。

(3) 安装集装板(件37)和连接螺钉(件38、39)。

(4) 拆下连接螺钉(件23、24)、垫圈(件22)。

(5) 用拆装工具将“集装式主密封”拆下。

(6) 将调整垫(件13)拆下。

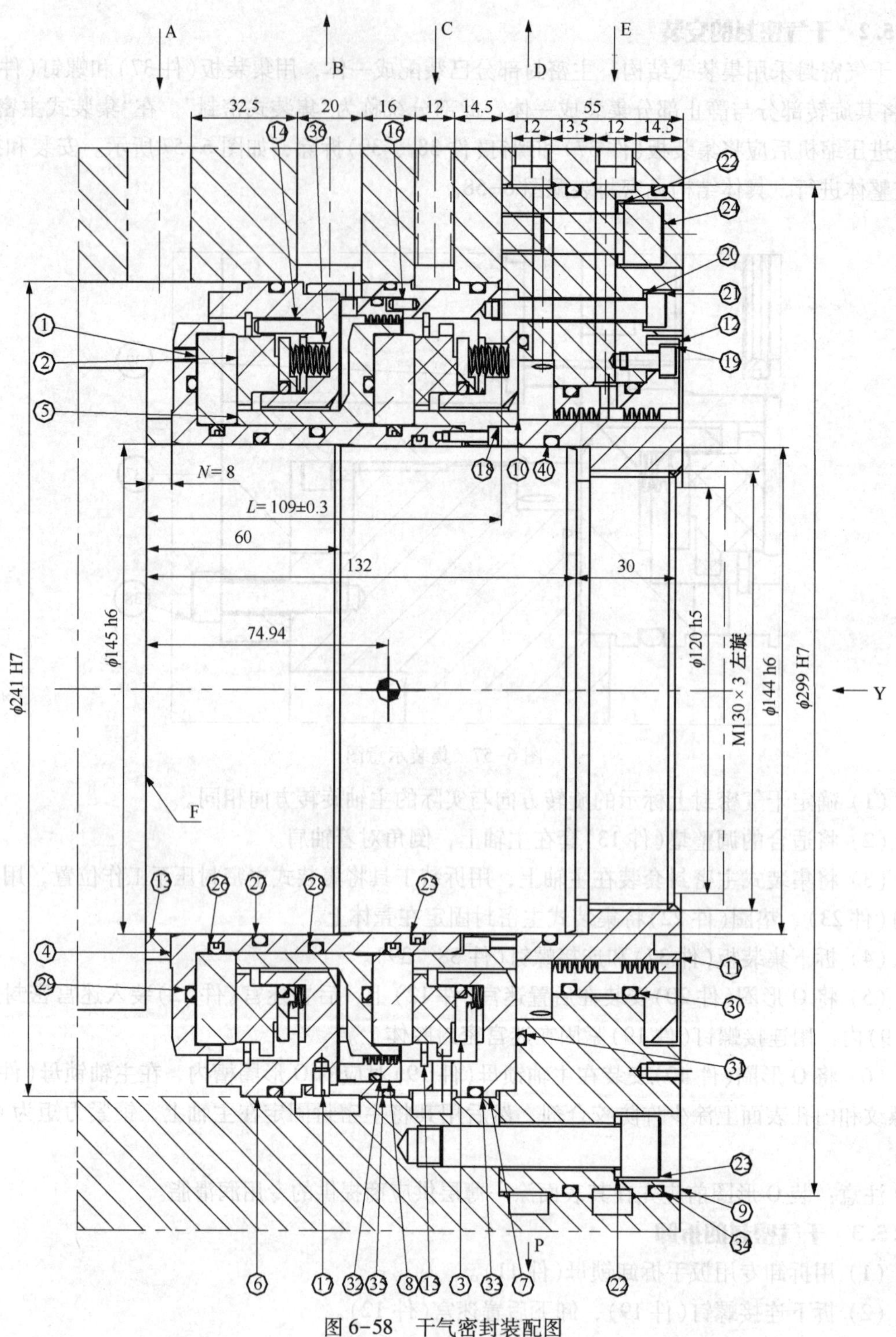

图 6-58　干气密封装配图

第7章　安装工艺

各种机械设备，尽管其结构、性能不同，但安装工序基本上是一样的，即一般都必须经过：运、吊就位——安装(找正、找平、灌砂浆等)——清洗、润滑——检验、调整、试运转，而后才能投入生产。所不同的是，在这些工序中，对各种不同的机诫设备将采取不同的方法。例如，在安装过程中，对大型设备采取分体安装法，而对小型设备则采取整体安装法。

7.1　设备安装前的准备

7.1.1　组织、技术准备

7.1.1.1　组织准备

在进行一项工程的安装之前，应根据当时的情况，结合具体条件成立适当的组织机构。例如：在施工的管理上，成立施工管理部门；在施工的技术、质量管理上，成立技术质量检查部门；在安装工作上，组建专业施工班组等，使安装工作有计划有步骤地进行，并且分工明确，紧密协作。

7.1.1.2　技术准备

(1) 建设单位应组织工程监理、施工、安全质量监督等单位的有关人员参加，由设计单位进行设计技术交底和图纸会审，并签发“设计技术交底记录”和“施工图样会审记录”。上述记录应与施工图样、设计技术文件等效。

(2) 施工单位应根据机器安装工程具体项目内容，编写施工技术方案或技术措施。施工技术方案或技术措施需经施工单位技术主管部门审定、批准后，才能实施。

(3) 参加施工的人员必须具有相关作业的资格证书，对参加作业人员分级进行技术方案交底，并填写“施工技术交底记录”，其内容与施工技术方案、技术措施等效。施工人员应充分熟悉现场及施工图纸、熟悉每道工序内容、工作要点、问题处理方法及报检流程。

7.1.2　工具、材料准备

(1) 机械设备安装工程中采用的各种计量和检测器具、仪器、仪表和设备，必须符合国家现行有关标准的规定；其精度等级应满足被检测项目的精度要求，使用时应在检定合格期内。

(2) 各种计量和检测器具、仪器、仪表和设备，进场后应向监理、业主进行报检、备案，以便进行检查。

7.1.3　设备的开箱、清点和保管

7.1.3.1　开箱

(1) 开箱前，应检查包装箱，外观是否完好，有无破损或冲击损坏的现象。如发生箱体

损坏现象，应向业主或相关单位汇报，并在开箱时作好记录。

(2) 开箱及拆除箱体时，拆除人员应注意使用拆除工具用力及方法合理，不能损坏设备及人身安全。

(3) 拆除的包装板应及时清理，防止包装板上遗留的铁钉扎伤、划伤人员或设备。

(4) 对于装小零件的箱，可只拆去箱盖，等零件清点完毕后，将零件仍放回箱内，便于保管；对于较大的箱，可将箱盖和箱侧壁拆去。设备仍置于箱底上，这样可防止设备受震和碰坏。

7.1.3.2 清点

安装前，要和有关单位一起进行设备的清点和检查。清点后应作好记录，并且要双方人员签字。设备的清查工作主要有以下几项：

(1) 动设备表面及包装情况；

(2) 设备装箱单、出厂检验单等技术文件；

(3) 根据装箱单清点全部工件、零件及附件，若无装箱单，应按技术文件进行；

(4) 各零件和部件有无缺陷、损坏、变形或锈蚀等现象；

(5) 机件各部分尺寸是否与图纸要求相符合(如地脚螺栓孔的大小和距离等)。

7.1.3.3 保管

设备清点后，交由库房保管。在保管中应注意以下几点：

(1) 设备开箱后，应注意保管、防护，不要乱放。以免损伤；

(2) 装在箱内的易碎物品和易丢失的小机件、小零件，在开箱检查的同时要取出来，编号并妥善保管、以免混淆或丢失；

(3) 如堆放在一起时，应把后安装的零部件放在里面或下面，先安装的放在外侧或上面，以便在安装时能按顺序拿取，不损坏机件；

(4) 如果设备不能很快安装，应把所有精加工面重新涂油，采取保护措施。

7.2 设备基础的检验和复验

在安装机械设备时，基础应提前施工完毕，质量合格，并符合设计图纸及技术标准要求。基础质量的好坏，对设备的安装、运转和使用有很大的影响。基础除了要承受机械本身重量和运转时所产生的振动力以外，还要吸收和隔离由于工作时产生的振动，并防止发生共振现象。如果基础不合格，在机器运转过程中可能产生倾斜、沉陷，甚至破坏，导致设备运行精度降低、发生故障甚至停车。因此，在设备安装之前，必须对基础进行严格的检验，发现问题及时进行处理。

7.2.1 基础的种类、材料

7.2.1.1 基础的种类

(1) 按使用的材料分　灰土基础、砖基础、毛石基础、混凝土基础、钢筋混凝土基础。

(2) 按埋置深度分　浅基础、深基础。埋置深度不超过 5m 者称为浅基础，大于 5m 者称为深基础。

(3) 按受力性能分　刚性基础和柔性基础。

(4) 按构造形式分　块式基础、箱式基础、框架式基础。

7.2.1.2 基础的材料

基础的主要材料是混凝土和钢筋。混凝土系由水泥、砂、石、水按一定的混合比例(按重量或体积)搅拌而成，干燥后便成为坚硬的人造石质材料——混凝土。采用不同标号的水泥和不同的砂、石混合比例，可得到不同标号的混凝土。

7.2.2 中心标板和基准点的埋设

在安装关联设备时，由于各设备之间相互密切联系，所以需要用中心标板和基准点把测量出的标高和中心线的位置标志出来作为安装的共同依据。采用中心标板和基准点是现代机械设备安装的一种先进方法。

7.2.2.1 中心标板

中心标板乃是在浇灌基础时，在设备两端的基础表面中心线上埋设两块一定长度的型钢，并标上中心线点作为安装放线时找正设备位置用的一种标定点。

1. 中心标板埋设的方法

(1) 中心标板应埋设在中心线的两端，并且标板的中心要大约在中心线上；

(2) 中心标板露出基础表面的高度为4~6mm；

(3) 在用混凝土浇灌中心标板之前，要先用水冲洗、浸润基础，以使新灌的混凝土能与原基础结合；

(4) 中心标板埋设时应用比基础混凝土至少高一标号的混凝土浇灌固定，如果可能，应焊在基础的钢筋上；

(5) 埋设中心标板的灰浆全部凝固后，由测量人员测出中心线点投在中心标板上，投点(冲眼)的直径为1~2mm，并在投点的周围用红铅油划一圆圈，作为明显的标记。

2. 中心标板的埋设形式

(1) 在基础表面埋设(图7-1)　一般用小段钢轨，也可工字钢、角钢、槽钢，长度为150~200mm；

(2) 在跨越沟道的凹下处埋设(图7-2)；

(3) 在基础边缘埋设(图7-3)，中心标板用钢材长度为150~200mm。

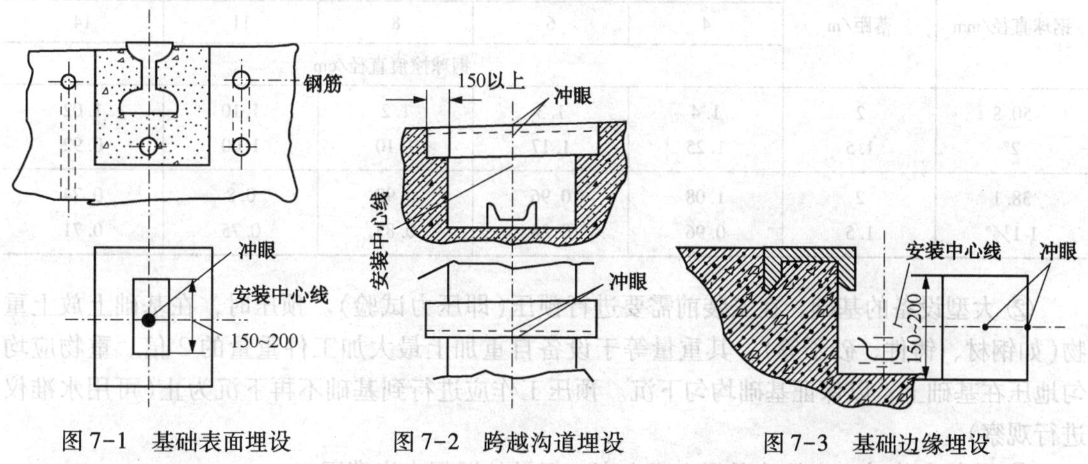

图7-1　基础表面埋设　　图7-2　跨越沟道埋设　　图7-3　基础边缘埋设

7.2.2.2 基准点

在新安装设备的基础上，埋设坚固的金属件(通常用50~60mm长的铆钉)，并根据厂房的标准零点测出它的标高，以作为安装设备时测量标高的依据，称为基准点。埋设基准点的目的，是因为厂房内原有的基准点往往会被先安装的设备挡住，后安装的设备测量标高时，再用原有的基准点就不如新埋设的基准点准确方便。

常用的基准点如图7-4所示。它是在长约50mm的铆钉的杆端焊上一块约50mm见方的铁板，或在钉杆上焊上一根U形钢筋。埋设时，先在预定的位置上挖出一个小坑，再用水泥砂浆浇灌固定。埋设基准点的小坑要上口小、下口大(图7-5)，基准点露出基础顶面部分不能太高(约10mm以下)。

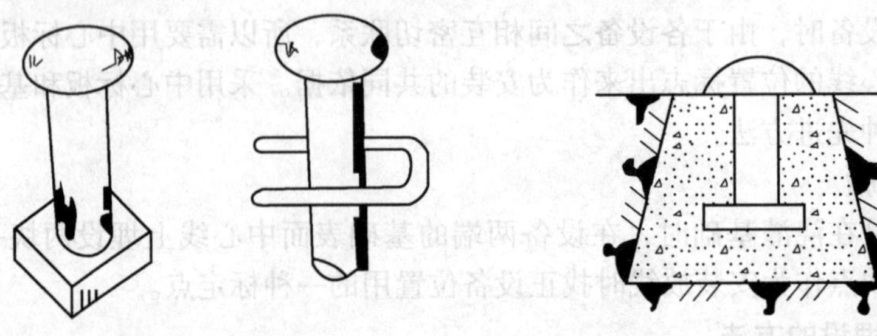

图7-4 基准点　　图7-5 基准点埋设方法

中心标板和基准点，应在浇灌基础时，配合土建埋设；也可在基础上预留埋设中心标板和基准点的孔洞，待基础养护期满后再埋设，但预留孔的大小要合适，并且要下大上小，位置适当。

7.2.3 基础的复验

7.2.3.1 基础的检验

(1) 在设备安装前，应对基础的强度进行测定。

① 一般中小型设备的基础可用钢球撞痕法进行测定，混凝土强度和撞痕直径的关系见表7-1。例如，2″直径的钢球从1.5m高处落下，撞痕直径为1cm，则混凝土的强度为11MPa；

表7-1 混凝土强度和撞痕直径的关系

钢球直径/mm	落距/m	混凝土强度/MPa				
		4	6	8	11	14
		钢球撞痕直径/cm				
50.8	2	1.4	1.3	1.2	1.10	1.02
2″	1.5	1.25	1.17	1.10	1.00	0.92
38.1	2	1.08	0.96	0.90	0.8	0.74
1 1½″	1.5	0.96	0.88	0.83	0.75	0.71

② 大型设备的基础，在安装前需要进行预压(即压力试验)。预压时，在基础上放上重物(如钢材、铸件、砂子等)，其重量等于设备自重加上最大加工件重量的2倍。重物应均匀地压在基础上，以保证基础均匀下沉。预压工作应进行到基础不再下沉为止(可用水准仪进行观察)。

③ 设备安装时，比基础混凝土至少高一标号的混凝土浇灌固定。

(2) 对设备基础几何尺寸和位置的质量要求，见表7-2。

表 7-2 机械设备基础位置和尺寸的允许偏差

项 目 名 称		允许偏差/mm
坐标位置(纵、横轴线)		20
不同平面的标高		0，-20
平面外形尺寸		±20
凸台上平面外形尺寸		0，-20
凹穴尺寸		+20，0
平面的平整度(包括地坪上需安装设备的部分)	每米	5
	全长	10
垂直度	每米	5
	全高	10
预埋地脚螺栓	标高(顶端)	+20，0
	中心距	±2
预留地脚螺栓孔	中心位置	10
	深度	+20，0
	孔壁的铅垂度	10
带锚板的预埋活动地脚螺栓	标高	+20，0
	中心位置	5
	平整度(带槽的锚板)	5
	平整度(带螺纹孔的锚板)	2

7.2.3.2 基础的处理

基础验收时，如出现超出规定的允许偏差，应由责任单位采取处理措施；对于较重大的质量问题，应由责任单位提出处理方案，并经批准后，方可对基础进行处理。

机器安装前，应对基础作以下的处理：

(1) 需要二次灌浆的基础表面，应铲出麻面。麻点深度宜大于 10mm，密度以每 100mm×100mm 内不少于 3~5 个点为宜。

(2) 基础表面的油污或疏松层，必须清除掉；放置垫铁处(至周边约 30mm)的基础表面应铲平，其水平度允许偏差为 2mm/m。

(3) 螺栓孔内的碎石、泥土、积水等杂物，必须清除干净。

7.3 机械设备的安装方法

7.3.1 设备的定位

7.3.1.1 设备定位的基本原则

设备定位的基本原则，就是要满足生产工艺上的需要，并在此基础上考虑维护、修理、技术安全、工序间的相互配合及运输方便等。

设备在车间的安装位置、排列、标高以及立体、平面间的相互距离等，应符合设备平面布置图和安装施工图的规定。但遇有需要调整时，应视生产方式(流水线生产及大批生产)

的不同，分别考虑：

(1) 应符合车间生产对象特点及生产工艺过程的要求；

(2)、设备排列整齐、美观、相互间距离符合设计资料的规定；

(3) 符合于技术安全要求，并须有过道、运输通道，以便于顺利运送材料、工件及安装和拆卸设备。若为流水线生产，更应注意工序间的运输；

(4) 操作、修理、维护方便，并且留有一定的空间，以便堆放材料、工件和工具箱等；

(5) 工艺设备、辅助设备、运输设备、通风设备、管道系统等相互间应密切配合。辅助设备、运输设备等要服从主要设备。

7.3.1.2 定位的要求

(1) 平面位置安装基准线与基础实际轴线或与厂房墙、柱的实际轴线、边缘线的距离，允许偏差为20mm；

(2) 机械设备定位基准的面、线或点与安装基准线的平面位置和标高的允许偏差，应符合表7-3的规定。

表 7-3 机械设备定位基准的面、线或点与安装基准线的平面位置和标高的允许偏差

项 目	允许偏差/mm	
	平面位置	标高
与其他机械设备无机械联系的	±5	±5
与其他机械设备有机械联系的	±2	±1

(3) 设备定位的测量起点，若施工图或平面图有明确规定者，按图上的规定执行；若只有轮廓形状者，应以设备真实形状的最外点(如车床正面的溜板箱手柄端、床头的皮带罩等)算起；

(4) 设备在车间或装置中，纵横排列的规定如下：

① 同类设备纵横向排列或成角度排列时，必须对齐，倾斜角度一致，见图7-6和图7-7；

② 不同类型设备，纵、横向或直线、角度排列时，其正面操纵位置必须排列整齐，见图7-8和图7-9。

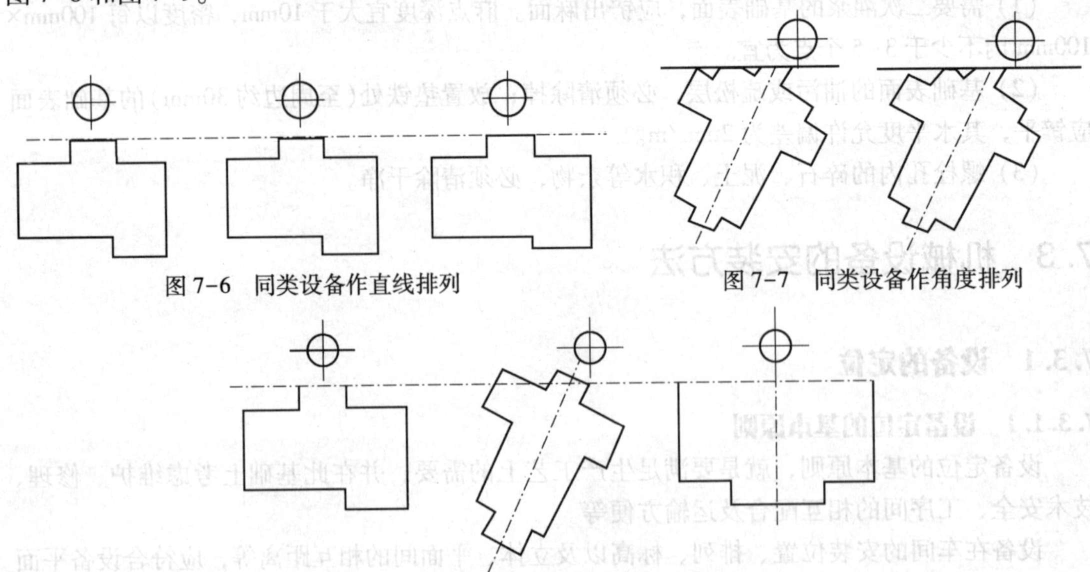

图 7-6 同类设备作直线排列

图 7-7 同类设备作角度排列

图 7-8 不同类型设备作直线及角度的交错排列

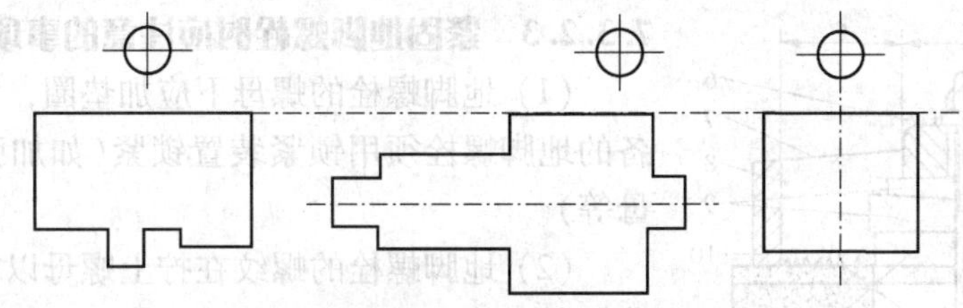

图 7-9　不同类型设备作直线排列

7.3.2　地脚螺栓的安装与处理

7.3.2.1　地脚螺栓的类型及应用

地脚螺栓可分为固定地脚螺栓、活动地脚螺栓、胀锚地脚螺栓和粘接地脚螺栓。

(1) 固定地脚螺栓又称为短地脚螺栓，见图 7-10，它与基础浇灌在一起，用来固定没有强烈振动和冲击的设备。

(2) 活动地脚螺栓又称为长地脚螺栓，见图 7-11，是一种可拆卸的地脚螺栓，用于固定工作时有强烈振动和冲击的重型机械设备。

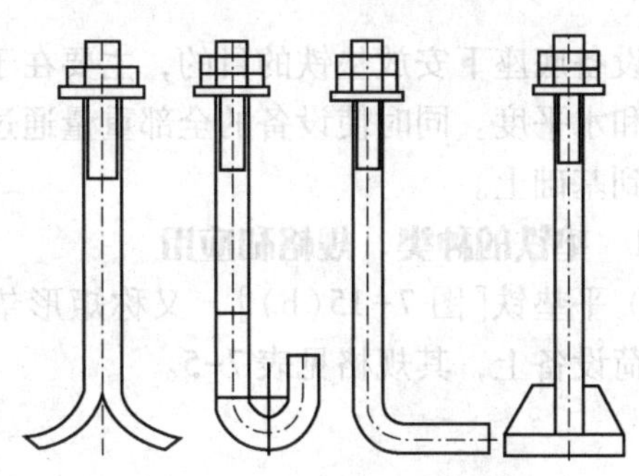

图 7-10　固定地脚螺栓

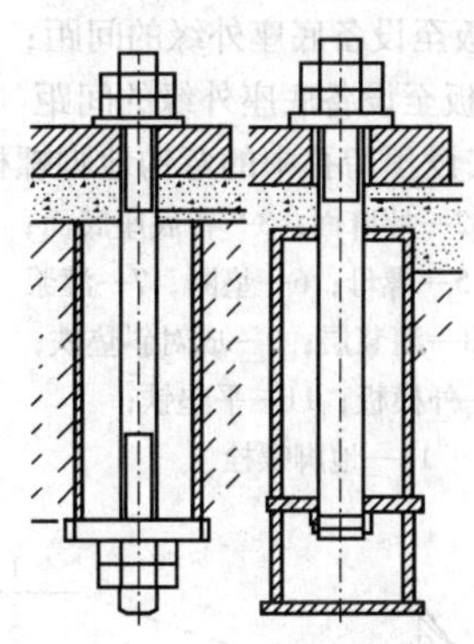

图 7-11　活动地脚螺栓

(3) 胀锚地脚螺栓往往被用于固定静置的简单设备或辅助设备。胀锚地脚螺栓的安装应该满足下列要求：

① 螺栓中心到基础边缘的距离不小于 7 倍的胀锚地脚螺栓直径；

② 装胀锚地脚螺的基础强度不得小于 10MPa；

③ 钻孔处不得有裂纹，注意防止钻头与基础中的钢筋、埋管碰撞。

(4) 粘接地脚螺栓为近年常用的一种地脚螺栓，其方法和要求同胀锚地脚螺。但粘接时注意把孔内杂物吹净，并不得受潮。

7.3.2.2　预留孔地脚螺拴的安放

(1) 固定式地脚螺栓的安放　固定式地脚螺栓在基础预留孔内的安放情况见图 7-12。其下端弯钩处及螺栓到孔壁各侧面的距离 a 不得小于 15mm，如间隙太小，灌浆时不易填满，混凝土内就出现孔洞。地脚螺拴上端要露出 1.5~3 个螺距，不得缩入螺母内。

如设备安装在地下室顶上的混凝土板或混凝土楼板上时，则地脚螺栓弯曲部分应钩在钢筋上，如无钢筋，须加一圆钢穿在螺栓的弯钩部分。

(2) 带锚板的活地脚螺栓的安放　带锚板的地脚螺栓，应按图 7-13 的要求进行安装：

① 地脚螺栓安装后，锚板应与基础底面平行并紧密接触，保证砂浆不外流和地脚螺栓垂直；

② 地脚螺栓光杆部分和锚板应涂防锈漆；

③ 填充砂应干燥。

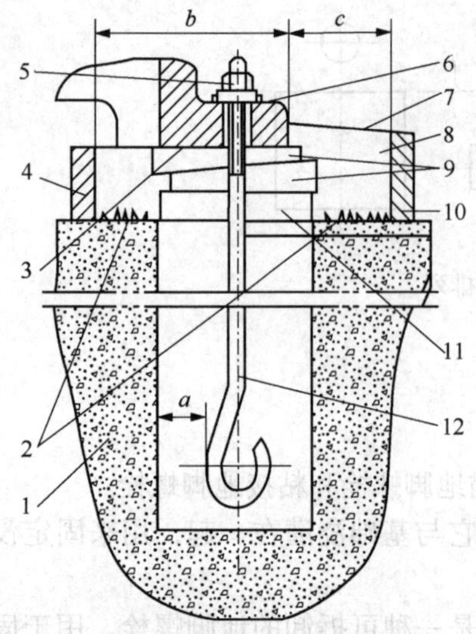

a—地脚螺栓任一部分与孔壁的间距；
b—内模板至设备底座外缘的间距；
c—外模板至设备底座外缘的间距

图 7-12　安设预留孔中的弯钩地脚螺栓

1—基础；2—坪麻面；3—备底座底面；4—模板；5—螺母；6—垫圈；7—灌浆层斜面；8—灌浆层；9—成对斜垫铁；10—外模板；11—平垫铁；12—地脚螺栓

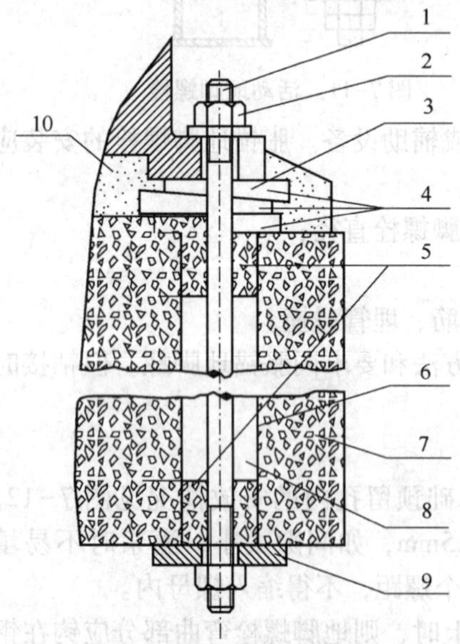

图 7-13　带锚板地脚螺栓孔浇灌

1—地脚螺栓；2—螺母、垫圈；3—底座；4—垫铁组；5—砂浆层；6—预留孔；7—基础；8—砂填充层；9—锚板；10—二次灌浆层

7.3.2.3　紧固地脚螺栓时应注意的事项

（1）地脚螺栓的螺母下应加垫圈，大型及重载荷设备的地脚螺栓须用锁紧装置锁紧（如加弹簧垫圈、双螺母等）。

（2）地脚螺栓的螺纹在拧上螺母以前，先用机油或黄油润滑，以防日后锈蚀而使拆卸困难。

（3）在混凝土达到设计强度75%以后，方可紧固地脚螺栓。

（4）拧紧地脚螺栓应从设备的中间开始，然后往两头交错对角进行。拧时用力要均匀。严禁紧完一边再紧另一边。在紧完螺母后要再复查一次水平。拧紧次序见图 7-14。

（5）拧紧地脚螺栓的力矩及轴向拉力见表 7-4。

7.3.3　垫铁的安装

在设备底座下安放垫铁的目的，主要在于调整设备的标高和水平度。同时使设备的全部重量通过垫铁均匀地传递到基础上。

7.3.3.1　垫铁的种类、规格和应用

（1）平垫铁［图 7-15（b）］　又称矩形垫铁，常用于重载荷设备上，其规格见表 7-5。

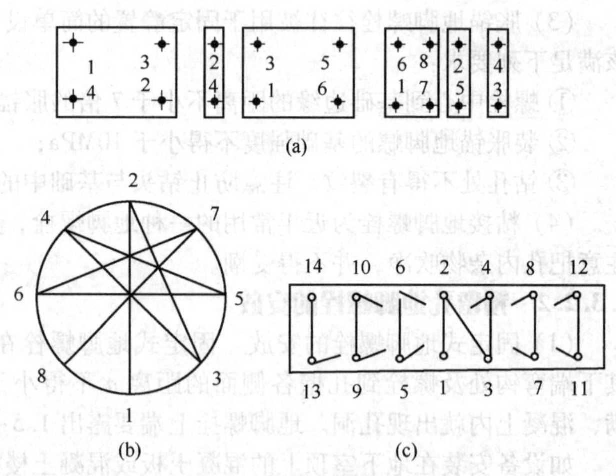

图 7-14　拧紧地脚螺栓的顺序

表 7-4　Q235B 钢地脚螺栓的拧紧力矩及轴向拉力

螺栓直径	力矩/(N·m)	轴向拉力/N
M12	25~30	9000
M16	60~70	15000
M20	130~140	25000
M24	230~240	35000
M27	340~350	48000
M30	450~470	55000
M36	800~820	85000
M42	1200~1300	115000
M48	1900~1950	160000
M56	3000~3100	250000
M64	4400~4600	300000

注：其他材料的地脚螺栓，可根据材料的许用应力计算拧紧力矩及轴向力值。

（2）斜垫铁［图 7-15(a)］　又称斜插式垫铁，大多用于小型及载荷小的设备上。斜垫铁在使用时，与平垫铁配套使用。垫铁表面平整，无氧化皮、飞边等。斜垫铁的斜面及底面的表面粗糙度不得大于 $R_a25\mu m$，斜度宜为 1:20~1:10，对于重心较高或振动较大的机器采用 1:20 的斜度为宜。其常用规格见表 7-5。

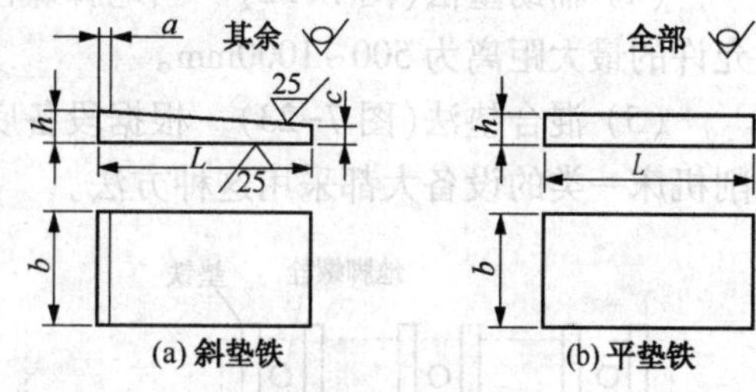

(a) 斜垫铁　(b) 平垫铁

图 7-15　垫铁

表 7-5　常用垫铁规格　mm

斜垫铁					平垫铁		
代号	L	b	c	a	代号	L	b
X1	100	50	≥5	4	P1	100	50
X2	120	60	≥5	6	P2	120	60
X3	140	70	≥5	8	P3	140	70
X4	160	80	≥5	8	P4	160	80
X5	200	100	≥5	9	P5	200	100

注：垫铁厚度 h 可根据实际情况决定，底层平垫铁的厚度宜不小于 10mm。

（3）开口垫铁　用于安装设在金属结构上的设备及由两个以上面积都很小的底板支持的设备。这种垫铁的形状如图 7-16 所示，其尺寸如下：

① 开口宽度 D 应比地脚螺栓直径大 1~5mm；

② 宽度 W 一般和设备底脚的宽度相等；当需要焊接固定时应较底脚宽度大；

③ 长度 L 应比设备底脚长度略长 20~40mm。

（4）L 形垫铁　当以上几种垫铁不能放置时用，如剪断机，因底脚与垫板接触面很小，所以采用 L 形垫铁较好(图 7-17)。其中留出之孔，就是地脚螺栓的位置。

（5）螺栓调整垫铁　其构造很简单，是应用两个斜滑板相对移动、改变总高度的原理做成的(图 7-18)。采用这种垫铁。只须拧动调整螺钉，即可调节设备的高低。这种垫铁既方便、准确，又提高效率。

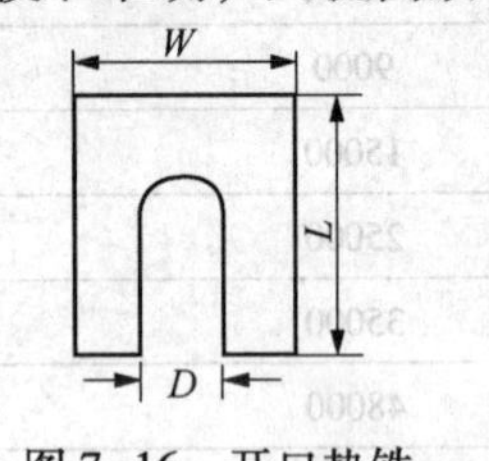

图 7-16　开口垫铁

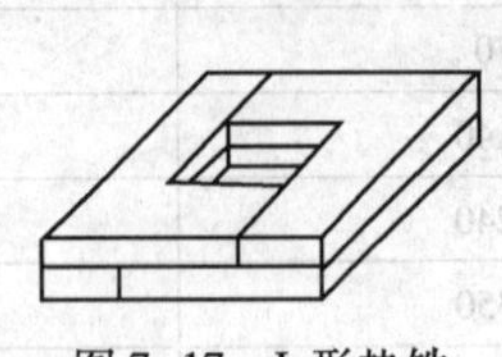
图 7-17　L 形垫铁

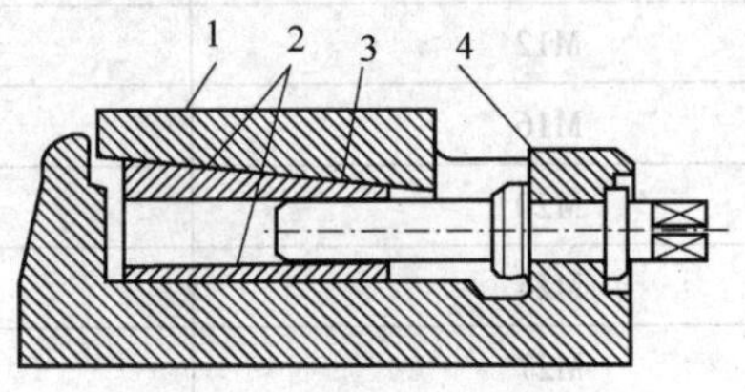

图 7-18　螺栓调整垫铁

1—升降块；2—调整块滑动面；3—调整块；4—垫座

7.3.3.2　垫铁布置形式

(1) 标准垫法(图 7-19)　将垫铁放在地脚螺栓的两侧，这也是放置垫铁的基本原则。

(2) 十字垫法(图 7-20)　当设备底座小、地脚螺栓间距近时用这种方法。一般地脚螺栓间距小于 300 mm 时，可在各地脚螺栓的同一侧放置一组垫铁；

(3) 筋底垫法(图 7-21)　设备底座下部有筋时，一定要把垫铁垫在筋底下。

(4) 辅助垫法(图 7-22)　当地脚螺栓间距太远时，中间要加一辅助垫铁。一般垫铁间允许的最大距离为 500~1000mm。

(5) 混合垫法(图 7-23)　根据段备底座的形状和地脚螺栓间距的大小来放置，金属切削机床一类的设备大都采用这种方法。

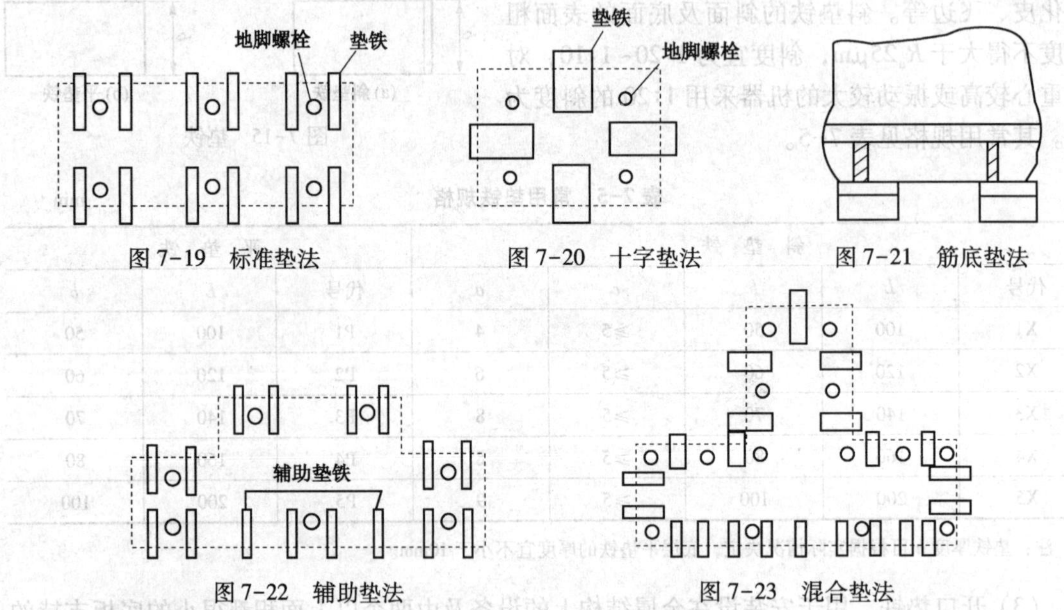

图 7-19　标准垫法　　图 7-20　十字垫法　　图 7-21　筋底垫法

图 7-22　辅助垫法　　图 7-23　混合垫法

7.3.3.3　垫铁的安装方法

1. 直接放置垫铁

在基础上标出垫铁放置的位置，将此位置的基础表面修理平整，直接将垫铁组放置在基础上，垫铁应平稳，并与基础接触良好，接触面积应不小于 50%，垫铁组水平度的允许偏差为 2mm/m，各垫铁组顶面的标高应与机器底面实际安装标高相符，这时可直接将安装设备放置在垫铁组上，进行固定、调整。

2. 压浆法放置垫铁

（1）基础验收合格后，将基础表面处理干净，并在基础上标出垫铁位置，在该位置上凿出比垫铁长宽略大的方坑，然后用水冲洗干净。

（2）用几组临时垫铁（顶丝或千斤顶）支承机器并经找平、找正合格后，对地脚螺栓预留孔进行灌浆。

（3）待混凝土达到设计强度的75%以上时，用水冲净放置正式垫铁组位置的基础表面，并清除积水。

（4）在放置正式垫铁组位置堆积一定量的水泥砂浆。把搭配好的垫铁组放在砂浆上。然后，内外同时推进斜垫铁，挤出砂浆。压浆法放置垫铁用M5水泥砂浆，其配比应符合表7-6的规定。

表7-6　水泥砂浆配比

水	水泥①	砂子②	备　注
0.4	2	2	质量比

注：① 水泥标号42.5。

② 砂子粒径0.4~0.5mm。

（5）垫铁四周的砂浆抹成45°的光坡后进行养护。

（6）当水泥砂浆达到设计强度的75%以上时，拆除临时垫铁，用正式垫铁来调整、复查机器的安装精度，同时打紧垫铁，拧紧地脚螺栓。

3. 座浆法放置垫铁

（1）机器就位之前，在放置正式垫铁组位置凿出比垫铁长宽略大的方坑，然后先用水冲净放置垫铁组位置的基础表面，并清除积水。

（2）在放置垫铁位置上堆放砂浆，然后放上垫铁组，如图7-24所示，使其顶面水平度的允许偏差为2mm/m，顶面标高与机器底面实际安装标高相符，允许偏差为±2mm；

（3）将垫铁四周的砂浆抹成45°光坡后进行养护。

（4）当达到设计强度的75%以上时，再将机器就位，并用垫铁组调平。

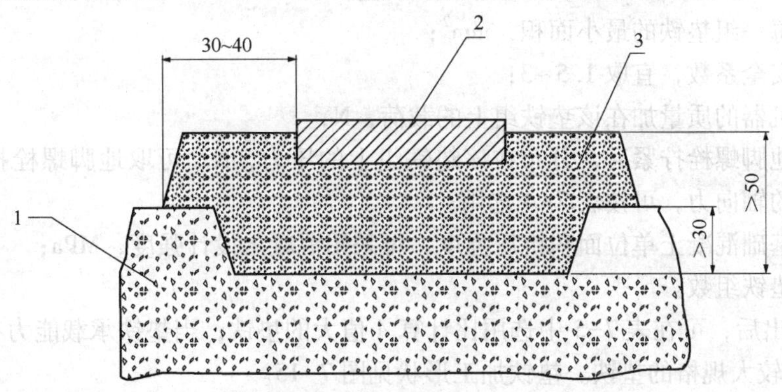

图7-24　垫铁放置方法

1—基础；2—垫铁；3—水泥砂浆

7.3.3.4　垫铁安装的技术要求

（1）垫铁的安装要求：

① 垫铁的高度应在30~70mm内，过高将影响设备的稳定性，过低则二次灌浆层强度较低。

② 为了更好地承受压力，垫铁与基础面必须紧密贴合。因此，基础面上放垫铁的位置不平时，一定要凿平。

③ 设备机座下面有向内的凸缘时，垫铁要安放在凸缘下面。

④ 设备找平后，平垫铁应露出设备底座外缘 10~30mm，斜垫铁应露出 10~50mm，以利于调整。而垫铁与地脚螺栓边缘的距离应为 15mm，以便于灌浆。

⑤ 斜垫铁应配对使用，与平垫铁组成垫铁组时，垫铁的层数宜为三层(即一平二斜)，最多不应超过四层，薄垫铁厚度不应小于 2 mm，并放在斜垫铁与厚平垫铁之间。斜垫铁可与同号或者大一号的平垫铁搭配使用。在拧紧地脚螺栓后，每组垫铁的压紧度必须一致，不允许有松动现象。

⑥ 地脚螺栓两侧的垫铁组，每块垫铁伸入机器底座底面的长度，均应超过地脚螺栓。

⑦ 配对斜垫铁的搭接长度应不小于全长的 3/4，其相互间的偏斜角 α 应不大于 3°(见图 7-25)。

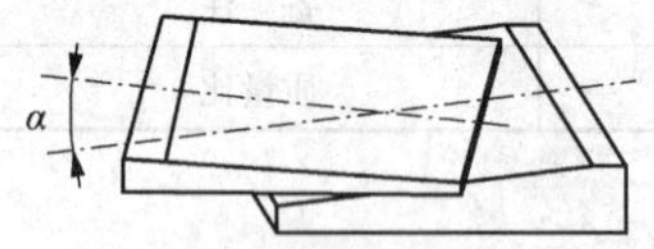

图 7-25　斜垫铁放置位置示意

(2) 机器用垫铁找平、找正后，对垫铁组应做如下检查：

① 用 0.25kg 或 0.5kg 的手锤敲击检查垫铁组的松紧程度，应无松动现象；

② 用 0.05mm 的塞尺检查，垫铁之间及垫铁与底座底面之间的间隙，在垫铁同一断面处从两侧塞入的长度总和，不应超过垫铁长(宽)度的 1/3；

③ 垫铁组检查合格后应在垫铁组的两侧进行层间定位焊焊牢，垫铁与机器底座之间不得焊接；

④ 安装在金属结构上的机器调平后，其垫铁均应与金属结构点焊固定。

(3) 垫铁面积大小的计算：

有些机械设备，安装使用垫铁的布置、形状和数量以及垫铁的大小在设备说明书或设计图纸上都有规定，且垫铁也随同设备一起供货。因此，安装时应符合图纸要求。如未作规定，在安装时可参考前面所述的各项要求和做法进行，其垫铁的大小可按下面公式近似计算。

$$A \geqslant C \times (Q_1 + Q_2) \times 10^4 / Rn$$

式中：A——每一组垫铁的最小面积，mm^2；

C——安全系数，宜取 1.5~3；

Q_1——机器的质量加在该垫铁组上的载荷，N；

Q_2——地脚螺栓拧紧后，分布在该垫铁组上的压力，N。可取地脚螺栓拧紧后所产生的轴向力，可按表 7-4 选用；

R——基础混凝土单位面积抗压强度，可采用混凝土设计强度，MPa；

n——垫铁组数。

A 值计算出后，可在表 7-5 中选用比计算 A 值大的垫铁；当垫铁承载能力有余，而长度不够时，可选较大规格的垫铁。垫铁加工形状见图 7-15。

7.3.4　设备的找正

垫铁放好、设备就位后，便可进行设备找正。找正就是将设备按照平面布置图摆放在规定的位置上，使设备的纵横中心线和基础中心线对齐。设备找正包括三个方面：找正设备中心、找正设备标高和找正设备的水平度。

7.3.4.1 找正设备中心

设备放到基础上，就可以根据中心标板挂中心线来对准设备的中心线，以定设备的正确位置。

1. 挂中心线

挂中心线可采用线架，大设备使用固定线架，小设备使用活动线架。挂中心线时应注意以下事项：

(1) 挂中心线要用直径 0.4~0.8mm 的整根钢丝。中心线的长度不得超过 40m。两纵横中心线相交叉时，长的应在下方，短的应在上方，其间距不得小于 300mm，以免互相接触；

(2) 吊线坠的线应细，而且要柔软、结实。利用线坠的尖对准设备基础表面上的中心点，可在同一根中心线上挂两个线坠，前后两个线坠的尖都应对准在一起(图 7-26)。精密检查时，吊线坠的线可用缝纫机上所使用的缝衣线，细而光滑，检查准确；

(3) 对准中心标板的线坠要大些，而对准设备中心的线坠则要小些，以减少钢丝的挠度(图 7-27)。

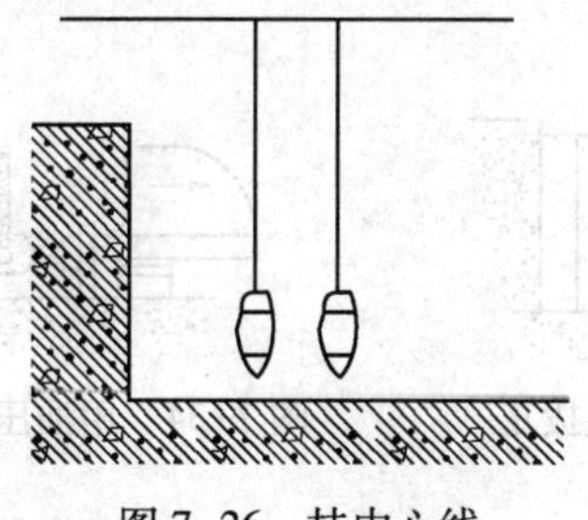

图 7-26　挂中心线

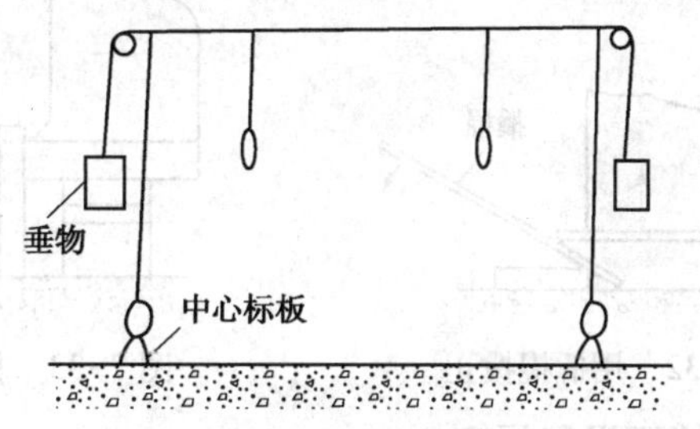

图 7-27　挂线坠

2. 找中心

(1) 根据加工的圆孔找中心　图 7-28 所示为一辊式矫正机，它是根据两个销子的圆孔，在孔内钉上木头和铁片来找中心的；

(2) 根据轴的端面找中心　有些设备，轴很短，只有轴头端面露在外面。这时，可在轴头端面的中心孔内塞上铅，然后用圆规在铅上找出中心(图 7-29)；

(3) 根据侧加工面找中心　一般减速机，可根据两轴外侧装挡油盖的加工面找出中心，见图 7-30；

(4) 根据轴瓦瓦口找中心　图 7-31 所示为一减速箱座，它是根据轴瓦瓦口找中心的。在瓦口上卡一块木板，后在木板上钉一块小铁片，然用圆规在铁片上找出中心。

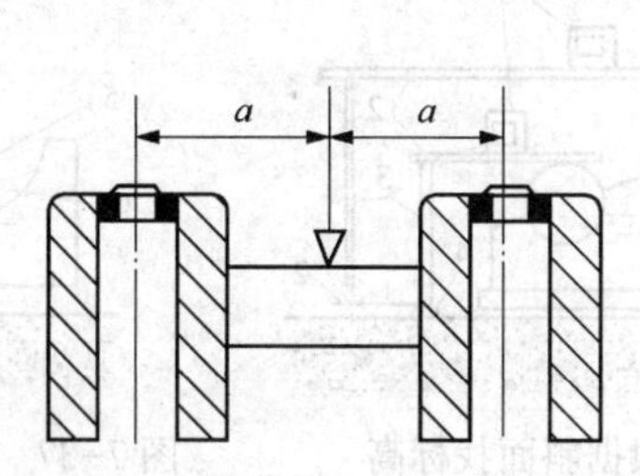

图 7-28　根据加工的圆孔找中心

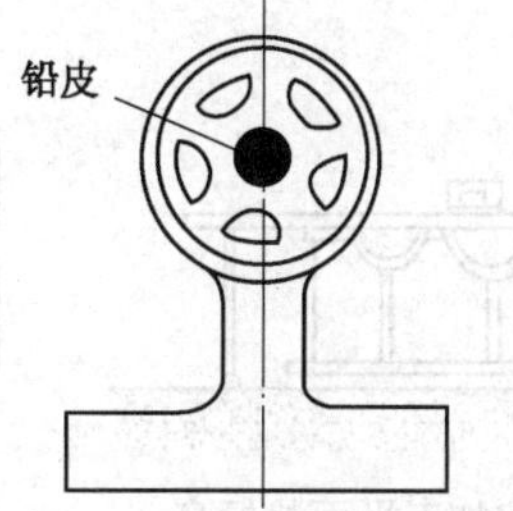

图 7-29　根据轴的端面找中心

3. 设备拨正

挂好中心线、找出中心点后，就可看出设备是否位于正确的位置。如果位置不正确，则必须拨正。常见的设备拨正方法如下：

（1）一般小型机座可用锤子敲击，也可用撬棍撬(图 7-32)。用锤打时要轻，并采取保护措施防止损坏设备；

（2）较重的设备可利用基础，放上垫铁，打入斜铁，使之移动(图 7-33)；

（3）利用油压千斤顶拨正。但在油压千斤顶的两端要加上垫铁或木块，以免碰伤设备表面或基础面(图 7-34)。

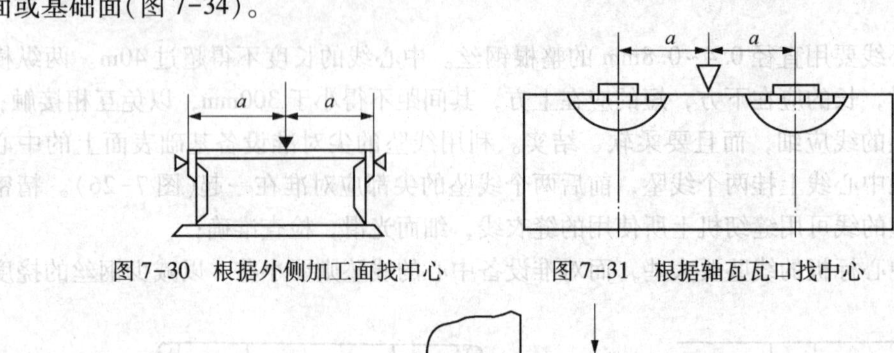

图 7-30　根据外侧加工面找中心　　图 7-31　根据轴瓦瓦口找中心

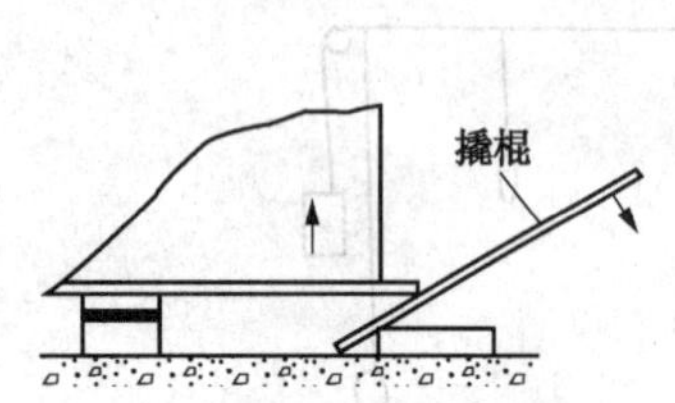

图 7-32　用撬棍拨正

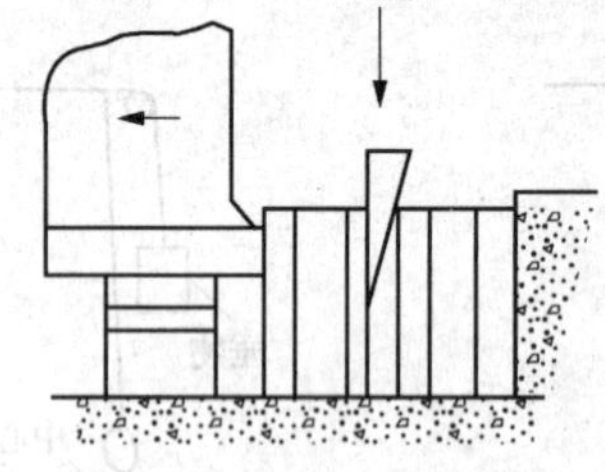

图 7-33　打入斜铁拨正

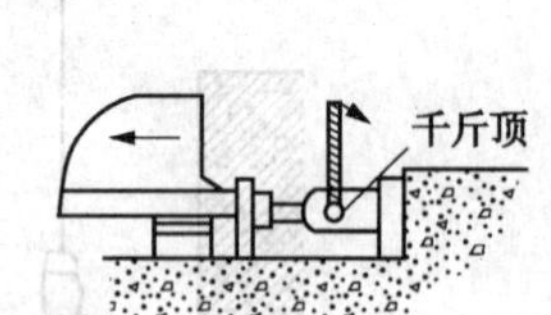

图 7-34　用油压千斤顶拨正

7.3.4.2　找正设备标高

机械设备坐落在厂房内，其相互间各自应有的高度，就是设备的标高。找正设备标高的方法如下：

（1）按加工平面找标高　设备上的加工面，可直接作为找标高用的平面。把水平仪、平尺放在加工面上，即可量出设备的标高。图 7-35 所示为减速机外壳找标高的方法。

（2）根据斜面找标高　有些减速机是倾斜的，虽然盖和机体的接触面是加工面，但是不能用作找标高的基面，而是从两个轴承外套上来找标高，见图 7-36。

（3）按曲面找标高　按图纸找出与曲面下部相切的水平面的标高，度量时用平尺引出。但因平尺不能与曲面完全接触、而存在有间隙，可以用塞尺检查曲面与平尺下部的间隙，把它计算在度量标高的尺寸内(图 7-37)。

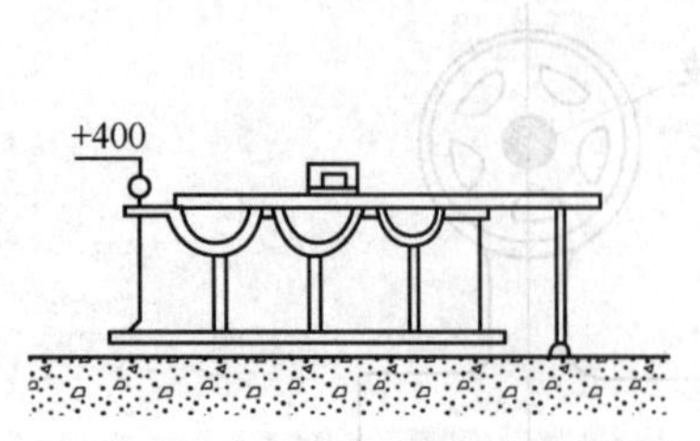

图 7-35　按加工平面找标高

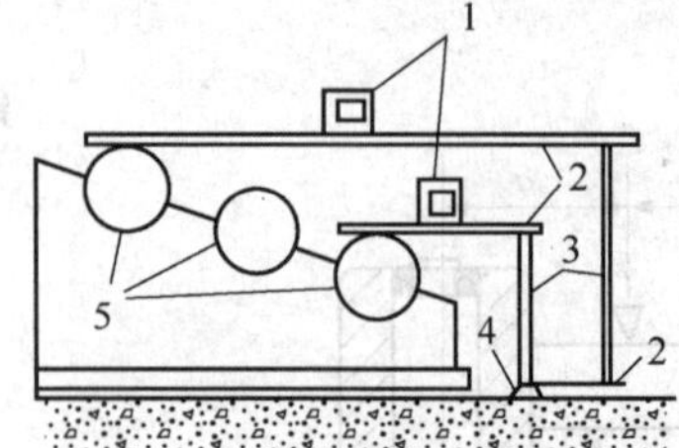

图 7-36　根据斜面找标高

1—方水平；2—平尺；3—千分棍；4—基准点；5—轴承外套

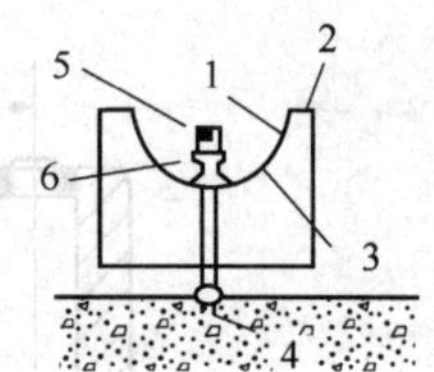

图 7-37　按曲面找标高

1—平面；2—结合面；3—弧面；4—基准点；5—方水平；6—平尺

（4）用样板找标高　如果设备本身没有水平面或曲面。而只有斜面时，可用精密的样板按斜面的斜度放在机体上，以样板上的水平面作为找标高的标准面(图 7-38)。

（5）利用水准仪找标高　这是最简便的方法。但必须考虑在设备上能放平尺，并且设备和其附近的建筑物不妨碍测量视线和有足够放置测量仪器的地方(图 7-39)。

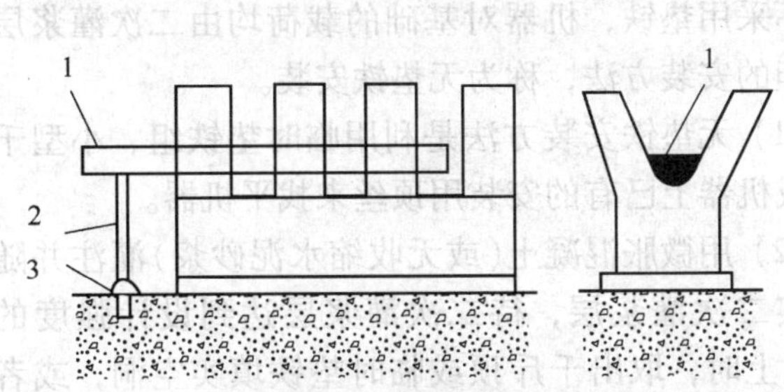

图 7-38　用样板找标高

1—样板；2—千分棍；3—基准点

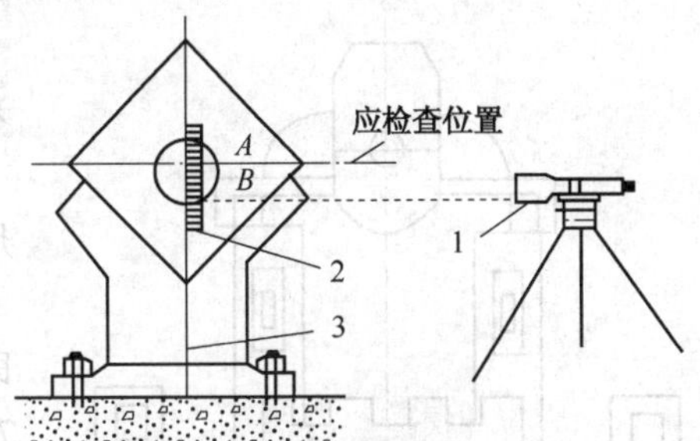

图 7-39　利用水准仪找标高

1—水准仪；2—标尺；3—线坠

7.3.4.3　找正设备的水平度

找水平，就是将设备调整到水平状态，也就是说，把设备上主要的面调整得和水平面平行。找水平是一项很重要的工作，因为它直接影响着设备的安装质量。

1. 找水平的目的

（1）为了保持设备的稳定和重心作用力的平衡，从而避免变形，减少运转中的振动；

（2）减少设备的磨损和动力消耗，从而延长设备的使用寿命；

（3）保证设备的润滑和正常运转；

（4）保证产品质量和加工精度。

2. 正确选择基准面和找水平的方法

找水平的关键，不仅在于操作方法，而且还在于正确选择找水平的基准面，兹分述如下：

（1）找正设备水平度的基准面：

① 以加工平面为基准面　这是最常用的基准面，纵横方位找平都在这个面上，而且找标高也是在这个平面上。图 7-40 就是以加工平面为基准面找正减速机底座水平度的例子。

② 以加工立面为基准面　有些设备只找水平面的水平度是不够的，立面的垂直度也要找好，这时可以加工的立面为基准面。如轧钢机中人字齿轮箱的立面是主要加工面，图 7-41 所示，就是利用这个面找水平的。

（2）找正设备水平度的方法：

① 普通车床水平度的找正　找正普通车床的水平度时，可将水平仪按纵横方向放在溜板上，见图 7-42，在车床的两端测量纵横方向的水平度，当测出哪一面低，就打哪一面的斜垫铁，要反复测量，反复调整，直至合格为止。

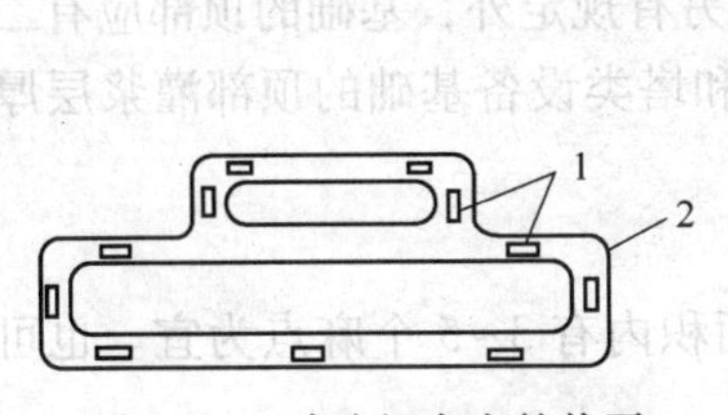

图 7-40　减速机底座的找平

1—方水平；2—底座

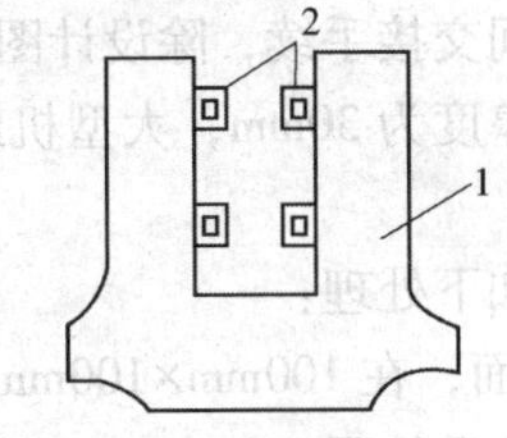

图 7-41　人字齿轮箱的找平

1—机架；2—方水平

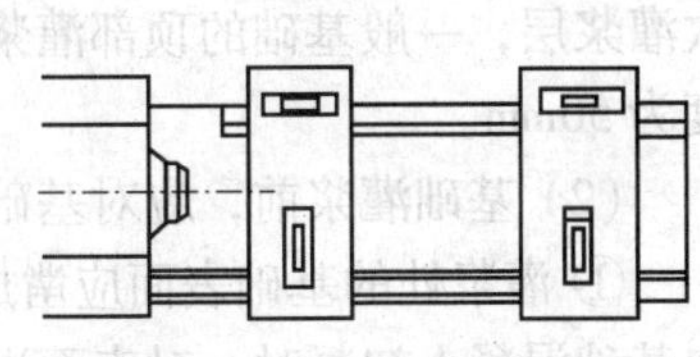

图 7-42　普通车床的找平

② 牛头刨床水平度的找正　牛头刨床找平时，可将水平仪放在图 7-43 所示的位置上，进行纵横水平度的测量。在横导轨的两端测量横向水平度，在床身垂直导轨上检查纵向水平度，如不水平可进行调整。

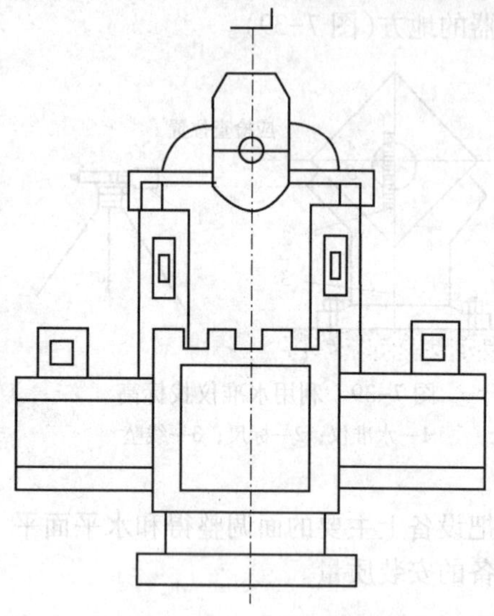

图 7-43　牛头刨床的找平

7.3.4.4　无垫铁安装找正

不采用垫铁，机器对基础的载荷均由二次灌浆层来承担的安装方法，称为无垫铁安装。

（1）无垫铁安装方法是利用临时垫铁组、小型千斤顶或机器上已有的安装用顶丝来找平机器。

（2）用微胀混凝土（或无收缩水泥砂浆）灌注并随即捣实二次灌浆层，待二次灌浆层达到设计强度的 75%以上时，取出千斤顶或临时垫铁填实空洞，或者松掉顶丝，并复测水平度。

（3）无垫铁安装有调整方便、稳定性好及没有垫铁腐蚀等优点，但二次灌浆工作较烦琐。

（4）无垫铁安装的两种常见形式（见图 7-44）。

（5）无垫铁安装，适用于底座底面较平整的机器。对于转速较高负荷较大的机器，二次灌浆层部分宜采用捣浆的方法。对于一般机器可采用灌注的方法。

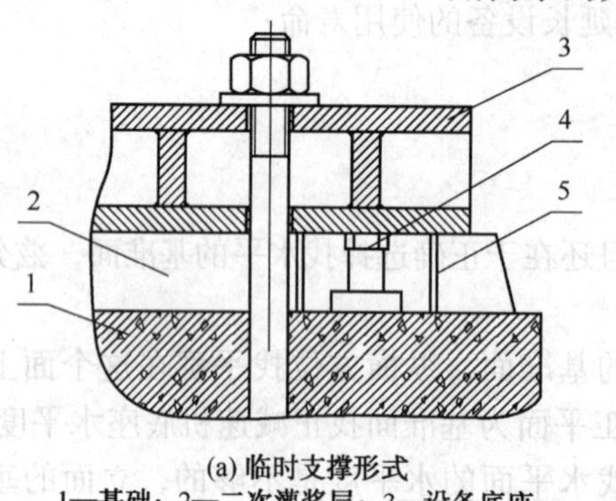

(a) 临时支撑形式
1—基础；2—二次灌浆层；3—设备底座；
4—千斤顶(垫铁)；5—模板

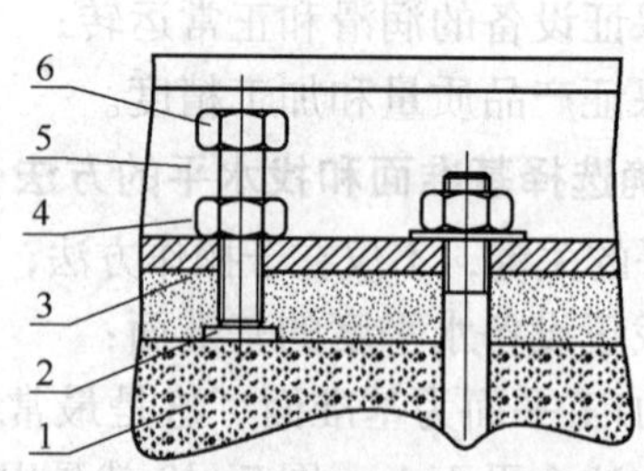

(b) 调整顶丝形式
1—基础；2—垫板；3—二次灌浆层；
4—固定螺母；5—机器底座；
6—顶丝

图 7-44　无垫铁安装的两种形式

7.3.5　灌浆

7.3.5.1　灌浆的技术要求

（1）设备基础灌浆前应办理中间交接手续，除设计图纸另有规定外，基础的顶部应有二次灌浆层，一般基础的顶部灌浆层厚度为 30mm，大型机组和塔类设备基础的顶部灌浆层厚度为 50mm。

（2）基础灌浆前，应对基础做如下处理：

① 灌浆处的基础表面应凿成麻面，在 100mm×100mm 面积内有 3~5 个麻点为宜。也可在基础混凝土初凝时，对表面进行拉毛处理；

② 被油沾污的混凝土应凿除；

③ 用水将基础表面冲洗干净，保持湿润不少于 24h，灌浆前 1h 应吸干积水；

④ 清除预留孔中的杂物、积水。

（3）地脚螺栓预留孔的灌浆工作必须在设备初找正后进行，地脚螺栓预留孔灌浆必须一次灌满到基础面并捣固密实，捣固时应防止设备产生位移。

（4）设备底座下二次灌浆应在设备最终找正、找平后 24h 内进行，二次灌浆必须一次完成，不得分层灌注。

（5）灌浆用的细石混凝土的强度等级应比基础混凝土至少提高一级，水泥砂浆强度不应低于 10MPa，当混凝土需要早强时，可掺入不含有氯盐的早强剂，细石混凝土参考配合比见表 7-7。

表 7-7　混凝土早强剂配比

类别	早强剂名称	掺量①/%	适用范围	效　果
1	三乙醇胺	0.05	常温②硬化	3~5 天可达到设计强度 70%
2	三异丙醇胺 硫酸亚铁	0.03 0.5	常温②硬化	5~7 天可达到设计强度 70%
3	硫酸钠 亚硝酸钠	0.5~1.5 1.0	低温硬化	在-5 ℃条件下，28 天可达到设计强度 70%
4	三乙醇胺 氯化钠 亚硝酸钠	0.05 0.3~0.5 1~2	低温硬化	在-10 ℃条件下，1~2 月可达到设计强度 70%

注：① 与水泥质量比，在有钢筋的情况下也可以使用。

② 常温是指 15~17 ℃。

（6）采用微膨胀混凝土灌注时，在施工前除对原材料进行复验外，还应进行配合比试验。若采用高强无收缩灌浆料时，应对灌浆料进行复验

（7）带锚板的地脚螺栓孔，若设计无要求时，应按图 7-13 所示进行施工。

7.3.5.2　灌浆料的基础知识

1. 定义

灌浆料是以高强度材料作为骨料，以水泥作为结合剂，辅以高流态、微膨胀、防离析等物质配制而成。它在施工现场加入一定量的水，搅拌均匀后即可使用。

具有自流性好，快硬、早强、高强、无收缩、微膨胀；无毒、无害、不老化、对水质及周围环境无污染，自密性好、防锈等特点。在施工方面具有质量可靠，降低成本，缩短工期和使用方便等优点。从根本上改变设备底座受力情况，使之均匀地承受设备的全部荷载，从而满足各种机械，电器设备(重型设备高精度磨床)的安装要求，是无垫安装时代的理想灌浆材料。

2. 用途

灌浆料主要用于：地脚螺栓锚固、飞机跑道的抢修、核电设备的固定、路桥工程的加固、机器底座、钢结构与地基杯口、设备基础的二次灌浆、栽埋钢筋、混凝土结构加固和改造、旧混凝土结构的裂缝治理，机电设备安装，轨道及钢结构安装，静力压桩工程封桩，墙体结构的加厚及漏渗水的修复，各种基础工程的塌陷灌浆以及各种抢修工程等。

3. 灌浆料分类

（1）主要用于地脚螺栓锚固、栽埋钢筋，灌浆层厚度 30mm<δ<200mm 的设备基础二次

灌浆。有抗油要求的设备基础二次灌浆称为普通灌浆料。

(2) 主要用于灌浆层厚度≥150mm 的设备基础二次灌浆。建筑物的梁、板、柱、基础和地坪的补强加固(修补厚度≥40mm)。有抗油要求的设备基础二次灌浆，称为加固工程专用灌浆料。

(3) 主要用于预应力孔道灌浆，灌浆层厚度 10mm<δ<150mm 设备二次灌浆，混凝土梁柱加固角钢与混凝土之间缝隙灌浆，称为混凝土缝隙修复专用灌浆料。

(4) 主要用于精密、大型、复杂设备安装；混凝土结构加固改造，增强，路面快速修复，称为高强无收缩灌浆料。

(5) 主要用于高温环境下专用灌浆料，高温下体积稳定，热震性好，设备长期处于高温辐射温度 500℃环境，灌浆层厚度 30mm<δ<200mm 的设备基础二次灌浆，称为耐热型灌浆料。

(6) 主要用于施工时间短，2h 强度达 C20，立即可运行设备，灌浆层厚度 30mm<δ<200mm 二次灌浆抢工期工程，称为抢修工程专用灌浆料

(7) 主要用于大体积、高精密、复杂结构设备的灌浆需要，所灌浆部位不留死角。具有良好的稳定性，称为精密设备特大型重工设备专用灌浆料。

(8) 主要用于负温下强度增长快，无受到冻害影响，地脚螺栓锚固、栽埋钢筋，灌浆层厚度 30mm<δ<200mm 的设备基础二次灌浆。有抗油要求的设备基础二次灌浆，称为防冻型灌浆料。

4. 特点

(1) 早强高强　浇后 1~3 天强度高达 30MPa 以上，缩短工期。

(2) 自流态　现场只需加水搅拌，直接灌入设备基础，砂浆自流，施工免振，确保无振动、长距离的灌浆施工。

(3) 微膨胀　浇注体长期使用无收缩，保证设备与基础紧密接触，基础与基础之间无收缩，并适当的膨胀压应力确保设备长期安全运行。

(4) 抗油渗　在机油中浸泡 30 天后其强度提高 10%以上，成型体、密实、抗渗、适应机座油污环保。

(5) 耐久性　200 万次疲劳试验，50 次冻融环境试验强度无明显变化。

(6) 耐侯性好　-40~600℃长期安全使用。

(7) 低碱耐蚀　严格控制原材料碱含量，适用于碱-集料反应有抑制要求的工程。

5. 灌浆料主要技术指标(表 7-8)。

表 7-8　灌浆料技术指标

型号	抗压强度/MPa				竖向膨胀率/%	流动度		钢筋握裹强度(圆钢)/MPa	泌水率/%	备注
	6h	1d	3d	28d	1d	初始流动度	30min 流动度保留值	28d		
(通用型)	—	≥15	≥30	≥70	≥0.02	≥260	≥230	≥4.0	≤1.0	
(高强型)	—	≥22	≥40	≥70	≥0.02	≥260	≥230	≥4.0	≤1.0	
(早强型)	—	≥30	≥40	≥60	≥0.02	≥260	≥230	≥4.0	≤1.0	
(早强高强型)	≥22	≥30	≥40	≥70	≥0.02	≥260	—	≥4.0	≤1.0	
(超流态型)	—	≥15	≥25	≥50	≥0.025	≥300	≥250	≥3.5	≤1.0	
(耐高温型)	—	≥22	≥40	≥60	≥0.02	≥260	≥230	≥4.0	≤1.0	

7.3.5.3 灌浆料施工方法

1. 灌浆料施工的特殊要求

灌浆施工前应准备搅拌机具、灌浆设备、模板及养护物品。

（1）灌浆料拌合时，加水量按随货提供的产品合格证上的用水量加入，搅拌均匀即可使用。在满足施工流动度的条件下尽量降低用水量。

（2）灌浆料的拌合可采用机械搅拌或人工搅拌，推荐采用强制式搅拌机拌合。

（3）每次搅拌量应视使用量多少而定，以保证 40min 以内将拌合好的灌浆料用完。

（4）冬季施工时，应采用不超过 60℃ 的温水拌合灌浆料，以保证浆体的入模温度在 10℃以上。

（5）现场使用时，严禁在灌浆料中掺入任何外加剂、外渗料。

（6）地脚螺栓成孔时，基础混凝土强度不得小于 20MPa，螺栓孔壁应粗糙。

（7）灌浆施工不易直接灌入时，宜采用流槽辅助施工。

（8）轨道基础或灌浆距离较长时，视实际工程情况可分段施工，每段长度不应超过 5m。如设备底板具有复杂结构，宜采用压力灌浆。

（9）二次灌浆时，应从一侧进行灌浆，直到从另一侧溢出为止，不得从相对两侧同时进行灌浆。

（10）在灌浆过程中严禁振捣，必要时可采用灌浆助推器，助推器沿浆体流动方向的底层推动灌浆材料，严禁从灌浆层的中、上部推动。

（11）设备基础灌浆完毕后，宜在灌浆料初凝后沿底板边缘向外切 45°斜角，见图 7-45，如无法进行切边处理的，应在初凝后用抹刀将灌浆层表面压光。

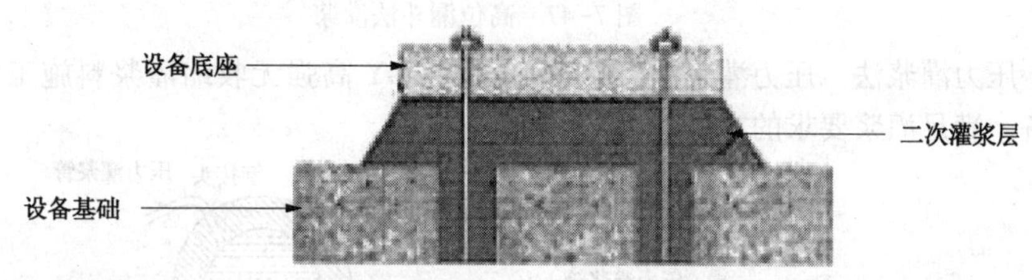

图 7-45　切边示意图

（12）拆模时间应符合表 7-9 的规定。

表 7-9　拆模时间表

日最低气温/℃	拆模时间/h	养护时间/d
-10~0	96	14
0~5	72	10
5~15	48	7
≥15	24	7

2. 灌浆方法

（1）自重法　自重法（图 7-46）是在高强无收缩灌浆料施工中，利用该材料流动性好的特点，在灌浆范围内自由流动，满足灌浆要求的方法。

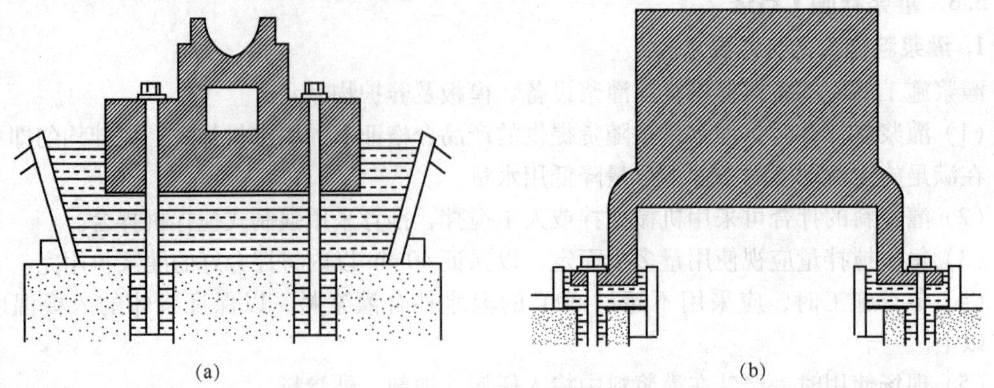

(a)　　(b)

图 7-46　自重法灌浆

(2) 高位漏斗法　高位漏斗法(图 7-47)是在高强无收缩灌浆料施工中，仅靠高强无收缩灌浆料的流动性不能满足要求时，利用提高灌浆的位能差，满足灌浆要求的方法。

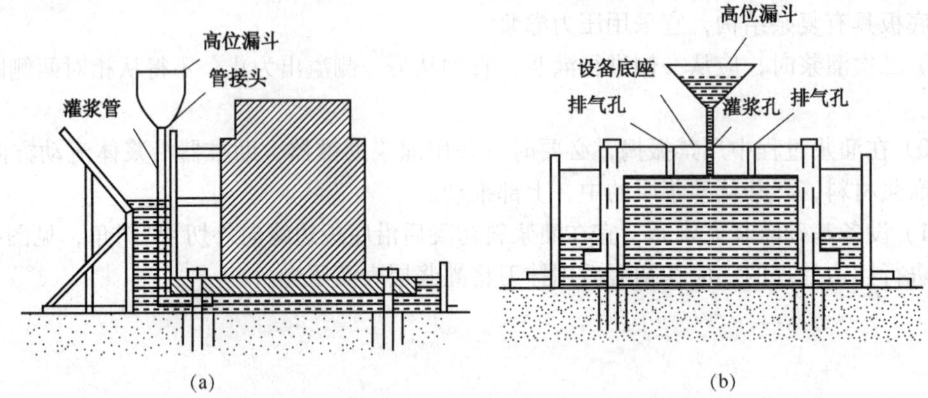

(a)　　(b)

图 7-47　高位漏斗法灌浆

(3) 压力灌浆法　压力灌浆法(图 7-48)是在 GY 高强无收缩灌浆料施工中，采用灌浆增压设备，满足灌浆要求的方法。

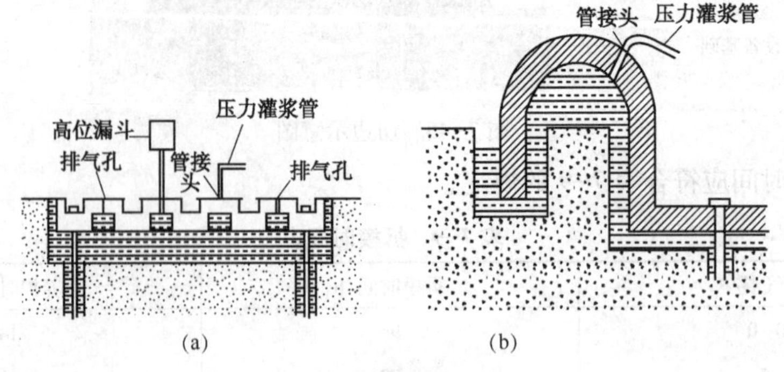

(a)　　(b)

图 7-48　压力灌浆法

3. 施工养护

(1) 自然养护：

① 灌浆时，日平均匀温度不应低于 5℃，灌浆完毕后裸露部分应及时喷洒养护剂或覆盖塑料薄膜，加盖湿草袋保持湿润。采用塑料薄膜覆盖时，水泥基灌浆材料的裸露表面应覆盖

严密，保持塑料薄膜内有凝结水。灌浆料表面不便浇水时，可喷洒养护剂。

② 应保持灌浆材料处于湿润状态，养护时间不得少于 7d。当采用快凝快硬型水泥基灌浆材料时，养护措施应根据产品要求的方法执行。

（2）冬期养护：

① 冬季施工，工程对强度增长无特殊要求时，灌浆完毕后裸露部分应及时覆盖塑料薄膜并加盖保温材料。起始养护温度不应低于 5℃。在负温度条件养护时不得浇水。

② 拆模后水泥基灌浆材料表面温度与环境温度之差大于 20℃时，应采用保温材料覆盖养护。

③ 如环境温度低于水泥基灌浆材料要求的最低施工温度或需要加快强度增长时，可采用人工加热养护方式；养护措施应符合 JGJ 104《建筑工程冬期施工规程》的有关规定。

7.4 机械设备的检验、调整和试运转

7.4.1 检验和调整

安装质量的好坏，取决于对安装设备的检验和调整。检验的目的在于考查部件的装配工艺是否正确，检查安装的设备是否符合设计图纸的规定。凡检查出不符合规定的地方，要进行调整，为试运转创造条件，保证安装的设备达到规定的技术要求和生产能力。

7.4.1.1 转动机构的检验和调整

1. 滚动轴承检测

（1）径向游隙检测方法：

轴承径向游隙的检查可用几种方法。最简单的检查方法是用手转动轴承进行检查。安装正确的轴承能灵活平稳地旋转，没有制动现象；另一种检查方法用手摇晃轴承外圈，即使有 0.01mm 的径向间隙，轴承上最上面一点也要有 0.01～0.15mm 的轴向移动量。此种方法只适于检查单列向心球轴承，对其他类型的轴承并不十分有效。

轴承的径向游隙也可用厚薄规检测。将厚薄规插入轴承未承受负荷部位的滚动体与外圈（或内圈）之间进行测量。这种方法广泛用于检测调心球轴承和圆柱滚子轴承。

轴承的径向游隙还可用百分表检测。检测时，将轴承外圈顶起，用百分表测量。轴承安装后要检测的游隙就是安装游隙。安装游隙等于原始游隙减去安装引起的游隙减小值。

滚动轴承的游隙，有的是可调的，有的是不可调的。游隙可调的轴承有角接触球轴承、圆锥滚子轴承、推力球轴承和推力滚子轴承。其余类别的轴承游隙均不可调。

游隙不可调的轴承，在装配后和使用过程中仍要检查游隙。根据检查结果决定是否需要重装、维修或更换。

对游隙可调的轴承，在安装后和使用过程中都应进行调整。通过使用过程中的调整，能部分地补偿轴承磨损所引起的轴承游隙的增大。

游隙可调的轴承，如圆锥滚子轴承，既有径向游隙又有轴向游隙，而且两者之间有一定的几何关系。对推力轴承来说，仅轴向游隙有实际意义。

（2）轴向游隙的调整方法：

滚动轴承轴向游隙的调整方法很多，有垫片调整法、螺母调整法、螺丝挡盖调整法等。垫片调整法是最常用的调整方法，见图 7-49。调整时，一般先不加垫片，拧紧侧盖的固定

螺钉，直到轴不能转动时为止(此时轴承内无游隙)。此时，用厚薄规测量侧盖与轴承座端面之间的间隙数值，然后加入垫片。垫片厚度等于间隙数值加上轴向游隙。应该注意，采用垫片调整法调整的精度取决于侧盖和垫片的质量。轴承侧盖凸缘端面和侧盖端面应该平行。一套垫片应由多种不同厚度的垫片组成，垫片应平滑光洁，其内外边缘不得有毛刺。

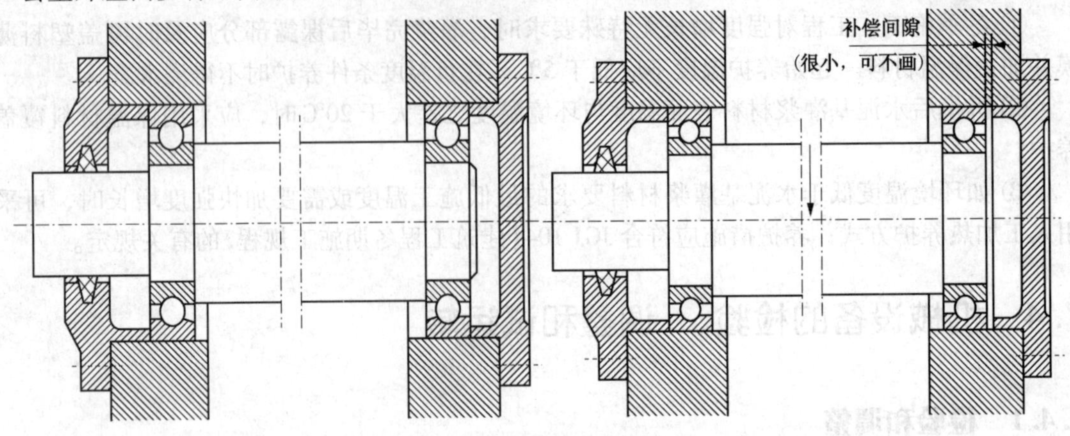

图 7-49　轴向游隙垫片调整法

用螺母调整轴承的轴向游隙有两种方法，一种是用装在轴上的螺母调整(图 7-51)，另一种是用装在轴承座孔上的螺钉调整(图 7-50)。调整时，先将螺母拧紧到轴难以旋转时为止(此时轴承内无间隙，注意在拧紧螺母时应转动轴承，以便使滚动体在滚道上处于正确位置)，然后再将螺母拧松到轴能自由转动为止，调整后用止动螺母锁死，最后还要检查轴向游隙。

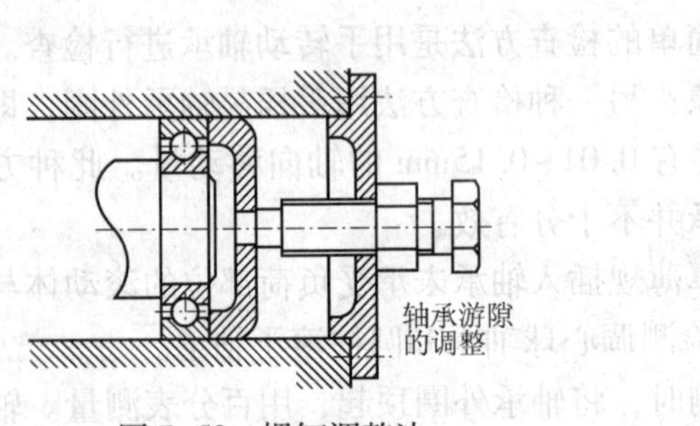

图 7-50　螺钉调整法

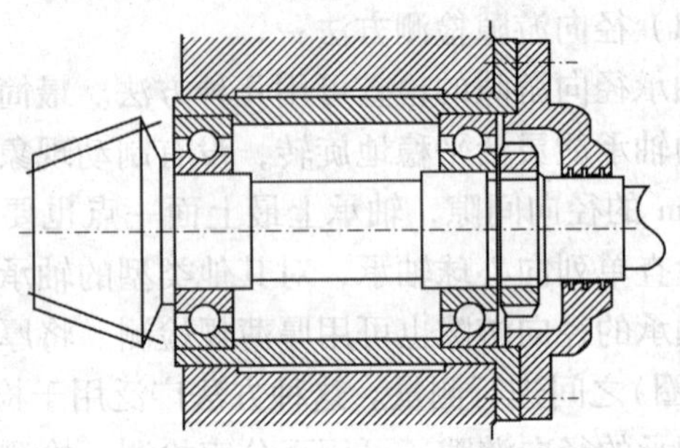
图 7-51　螺母调整法

(3) 轴承组合位置的调整：

调整轴承组合位置的目的，是使轴上零件具有准确的工作位置。例如在蜗杆传动中，要求蜗杆的轴线位于蜗轮的主平面内；在圆锥齿轮传动中，要求两轮分度圆锥的锥顶必须重合，这样才能使啮合处于正常状态。圆锥齿轮轴的位置及轴承间隙的调整，用垫片 1 调整圆锥齿轮的轴向位置，用垫片 2 调整轴承间隙。见图 7-52。

2. 滚动轴承装配的技术要求

(1) 承受径向及轴向负荷的滚动轴承座圈应与轴肩或轴承座挡肩靠紧；圆锥滚子轴承和向心推力轴承与轴肩的间隙不得大于 0. 05mm，其他轴承的间隙宜不大于 0. 10mm。轴承压盖和垫圈应平整。当技术文件有规定时，可按规定留出间隙。若无要求，可根据表 7-11，轴承标准中给出的轴向游隙，留出间隙。

(2) 装配径向间隙不可调，且轴向位移是以两端盖限定的滚动轴承，轴承外圈和轴承盖间间

隙 c(图 7-53)应符合制造厂技术文件规定。当技术文件无规定时，留出间隙可取 0.20~0.40mm。当温差变化较大或两轴承中心距 L 大于 500mm 时，其留出间隙可按下面公式计算。

$$c = \alpha \cdot L \cdot \Delta t + 0.15$$

式中：c——轴承外圈与轴承端盖间的间隙，mm；

α——轴的线膨胀系数，宜取 α 为 12×10^{-6}，1/℃；

L——两轴承间的距离，mm；

Δt——轴与壳体(轴承体)的温差，可取 10~15 ℃。

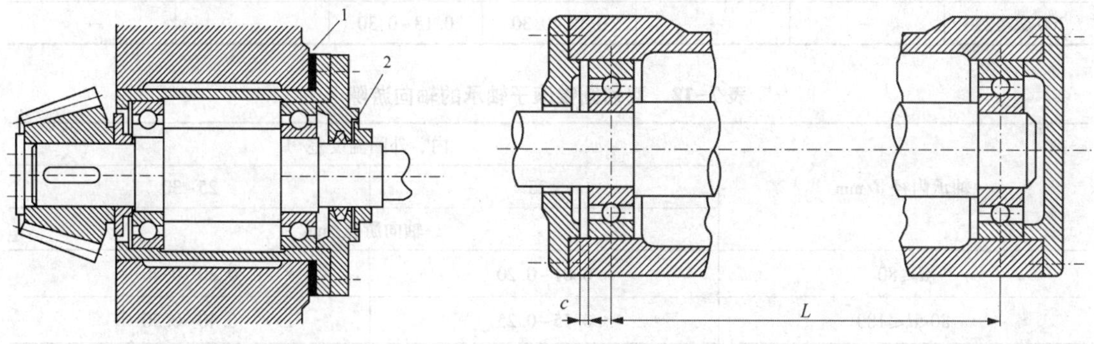

图 7-52　轴系的位置调整　　　　图 7-53　轴承装配间隙

(3) 滚动轴承装在剖分式轴承座或对开式箱体上时，轴承盖与底座的接合面应贴合，轴承外圈与轴承座在对称中心线的 120°范围内，与轴承盖在对称中心线 90°范围内应均匀接触，并应采用 0.03 mm 塞尺检查，塞入长度应小于外圈宽度的 1/3。轴承外圈与轴承或开式箱体的各半圆孔间不得有夹帮现象。各半圆孔的修帮尺寸应符合表 7-10 的规定。

表 7-10　滚动轴承装配修帮尺寸　　mm

轴承外径 D	b_{max}	h_{max}	简　图
$D\leqslant120$	0.10	10	
$120<D\leqslant260$	0.15	15	
$260<D\leqslant400$	0.20	20	
>400	0.25	30	

(4) 单列圆锥滚子轴承、向心推力球轴承、双向推力球轴承的轴向游隙应按表 7-11 调整；双列圆锥滚子轴承在装配时，应检查其轴向游隙，并符合表 7-12 的要求。

表 7-11　滚动轴承的游隙　　mm

轴承内径 d	向心推力轴承		单列圆锥滚子轴承		双向推力球轴承	
	轻系列	中及重系列	轻系列	轻宽、中及中宽系列	轻系列	中及重系列
$d\leqslant30$	0.02~0.06	0.03~0.09	0.03~0.10	0.04~0.11	0.03~0.08	0.05~0.11
$30<d\leqslant50$	0.03~0.09	0.04~0.10	0.04~0.11	0.05~0.13	0.04~0.10	0.06~0.12
$50<d\leqslant80$	0.04~0.10	0.05~0.12	0.05~0.13	0.06~0.15	0.05~0.12	0.07~0.14
$80<d\leqslant120$	0.05~0.12	0.06~0.15	0.06~0.15	0.07~0.18	0.06~0.15	0.10~0.18

续表

轴承内径 d	向心推力轴承		单列圆锥滚子轴承		双向推力球轴承	
	轻系列	中及重系列	轻系列	轻宽、中及中宽系列	轻系列	中及重系列
120<d≤150	0.06~0.15	0.07~0.18	0.07~0.18	0.08~0.20	—	—
150<d≤180	0.07~0.18	0.08~0.20	0.09~0.20	0.10~0.22	—	—
180<d≤200	0.09~0.20	0.10~0.22	0.12~0.22	0.14~0.24	—	—
200<d≤280	—	—	0.18~0.30	0.18~0.30	—	—

表 7-12 双列圆锥滚子轴承的轴向游隙

轴承内径 d/mm	内、外圈温度差/℃	
	<25	25~30
	轴向游隙/mm	
d≤80	0.01~0.20	0.30~0.40
80<d≤180	0.15~0.25	0.40~0.50
180<d≤225	0.20~0.30	0.50~0.60
225<d≤315	0.30~0.40	0.70~0.80
315<d≤560	0.40~0.50	0.90~1.00

（5）向心轴承、滚针轴承、螺旋滚子轴承装配后应转动灵活。当采用润滑脂的轴承时，装配后在轴承空腔内应加注65%~80%空腔容积的清洁润滑脂，但稀油润滑的轴承，不得加注润滑脂。单列向心轴承、向心推力圆锥滚子轴承、向心推力球轴承装在轴颈上和轴承座内的轴向预紧程度(轴向预过盈量)，应按轴承标准或机器设备技术文件的规定执行。

3. 滑动轴承轴瓦间隙的测量与调整

（1）对开式滑动轴承间隙的测量与调整：

① 轴瓦和轴颈之间的侧间隙 b，常用塞尺测量，塞尺塞进间隙中的长度不应小于轴颈直径的1/4。若侧间隙 b 太小，可以刮削瓦口以增大间隙。侧间隙 b 一般为顶间隙 a 的 1/2，愈向下愈小，如图 7-54 所示。

② 轴承顶间隙的测量与调整　轴瓦和轴颈之间的顶间隙，一般采用压铅法测量，其测量方法见图 7-55。测量时先拆开轴承，用直径为 1.5~2 倍顶间隙、长度为 10~40mm 的软铅丝或铅条，分别放在轴颈上和轴瓦接合面上，为防止软铅丝滑落，可用润滑脂粘住，合上上半轴承，装上轴承盖，均匀地把紧螺母，用塞尺检查轴瓦接合面间的间隙，应均匀相等；最后打开轴承盖及上半轴瓦，用千分尺测出已被压扁的软铅丝的厚度，按下式算出顶间隙的平均值。

$$\sigma = \frac{b_1 + b_2}{2} - \frac{a_1 + a_2 + a_3 + a_4}{4}$$

式中　σ——轴承的平均顶间隙，mm；

b_1、b_2——轴颈上各段铅丝压扁后的厚度，mm；

$a_1 \sim a_4$——轴瓦接合面上各段铅丝压扁后的厚度，mm。

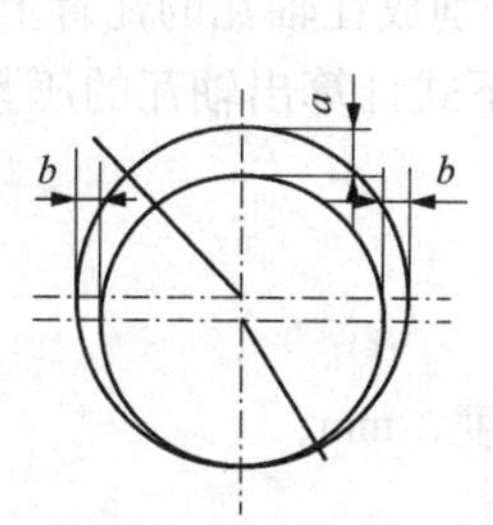

图 7-54　滑动轴承的间隙

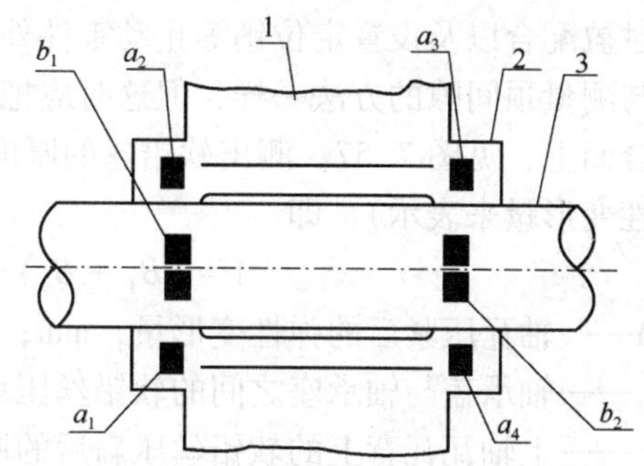

图 7-55　压铅法测量轴承间隙

1—轴承座；2—轴瓦；3—轴

若测得的顶间隙小于表 7-13 或表 7-14 的要求，则应该在上下瓦的接合面间加入垫片；若测得的顶间隙大于此两表的要求，则应减去垫片或刮削接合面来进行调整。

表 7-13　滑动轴承顶间隙

轴径 d/mm	间隙/mm	
	转速<1000 r/min	转速≥1000 r/min
$18<d\leqslant30$	0.04~0.09	0.06~0.12
$30<d\leqslant50$	0.05~0.11	0.08~0.14
$50<d\leqslant80$	0.06~0.14	0.10~0.18
$80<d\leqslant120$	0.08~0.16	0.12~0.21
$120<d\leqslant180$	0.10~0.20	0.15~0.25
$180<d\leqslant260$	0.12~0.23	0.18~0.30
$260<d\leqslant360$	0.14~0.26	0.21~0.34
$360<d\leqslant500$	0.16~0.30	0.25~0.40

表 7-14　薄壁轴瓦顶间隙

转速/(r/min)	<1500	1500~3000	>3000
顶间隙/mm	$(0.8\sim1.2)d/1000$	$(1.2\sim1.5)d/1000$	$(1.5\sim2.0)d/1000$

注：d—轴颈的公称直径，mm。

③ 轴向间隙的检查和调整　滑动轴承装配时，除了径向配合间隙需要检查和调整以外，对于受轴向负荷的轴承还应检查和调整轴向间隙，见图 7-56。将轴推移到一端极端位置，用塞尺或千分表来测量轴向移动的间隙。当轴向间隙不符合要求时，可以通过刮削轴瓦端面或调整止推螺钉来调整。滑动轴承的轴向间隙，对于轴的固定端轴承与轴肩的轴向间隙 c（两边总和）不得大于随机技术文件的要求；对于轴的自由端轴承与轴肩的间隙（两边总和），考虑轴的热膨胀的伸长量，轴向间隙 S 可按下式计算：

$$S=\alpha\cdot L\cdot\Delta t+0.15\text{mm}$$

式中　α——轴材料的线膨胀系数，1/℃；

L——轴上两轴承的中心距，mm；

Δt——轴产生的温升，℃。

④ 轴瓦压紧力的调整　为了防止轴瓦在工作过程中发生转动或轴向移动，除了使瓦背

和轴承座的过盈配合以及设置定位销等止动零件外，主要靠轴承盖螺栓来压紧。测量轴瓦压紧力的方法与测量顶间隙的方法一样，但这时应把软铅丝分别放在轴瓦的瓦背上和轴承盖与轴承座的接合面上，见图 7-57。测出软铅丝的厚度后，按下式计算出轴瓦的压紧力(用轴瓦压缩后的弹性变形量来表示)，即

$$A=(B_1+B_2)/2-a$$

式中 A——轴瓦压紧后的弹性变形量，mm；

B_1、B_2——轴承盖与轴承座之间的软铅丝压扁后的厚度，mm；

a——上轴瓦瓦背上的软铅丝压扁后的厚度，mm。

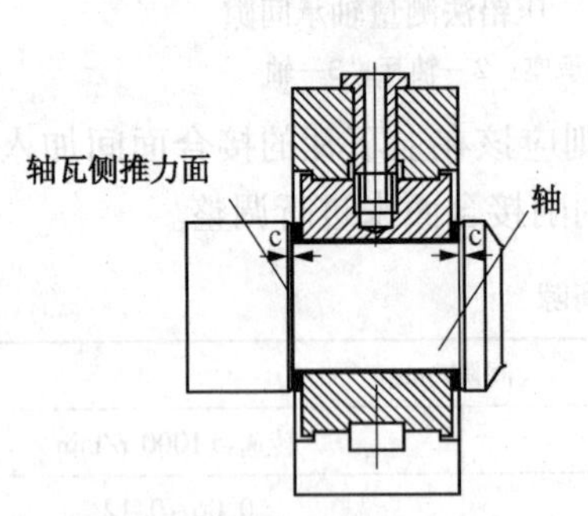

图 7-56 滑动轴承轴向间隙测量简图

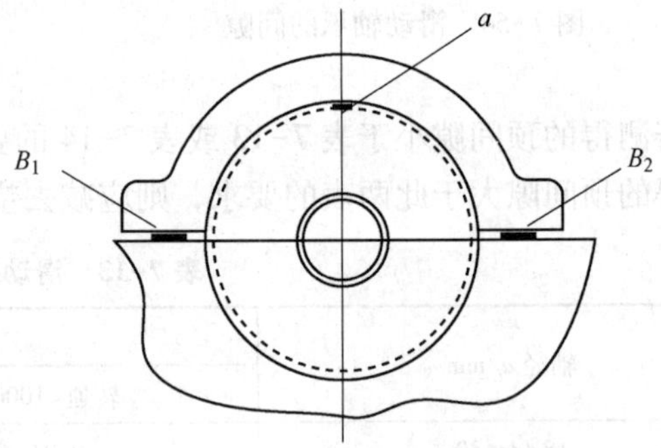

图 7-57 用压铅法测量轴瓦的压紧力

一般轴瓦压紧后的弹性变形量以控制在 0.04~0.08mm 左右为宜。如果压紧变形量不符合要求，则可以用增减轴承盖与轴承座接合面处的垫片厚度的方法来调整。

(2) 多油楔轴承间隙的测量与调整

① 轴瓦检修时，应参照上次检修记录，检查间隙变化情况，若有变化，待查明原因后再进行处理。

② 轴瓦两侧间隙变小，顶部间隙变大，通常是由于轴瓦下部磨损所造成的。前者可采取修刮轴承合金来解决，后者则需进行局部焊补来解决。

③ 两侧间隙过大，顶部间隙偏小及两侧间隙与塞入深度关系不正确，往往是安装时的遗留问题。对于两侧间隙与塞入深度关系不正确的轴瓦，必须重新进行修刮；但对两侧间隙过大，顶部间隙偏小的轴瓦，若运行中无异常现象，可不必处理。

④ 两侧及顶部的前后间隙大小不同，往往是轴瓦位置安装不正确所致，应检查垫铁与轴承座及盖的接触情况是否良好，以及销子不正等原因，使轴瓦位置歪斜。在消除上述缺陷后，才能采用修刮轴承合金的方法来解决。

⑤ 对于三油楔轴瓦，由于在轴瓦组合状态下轴瓦的中分面是倾斜的，上半瓦拿开后单靠倾斜的下半瓦支持转子不易稳定，故不能采用前述的通常方法来检查轴颈与轴瓦的配合间隙。一般只能检查轴瓦的油楔形状是否符合加工图纸的要求，其检查方法是先用内径千分尺检查轴瓦阻油边的直径，应特别注意测出磨损痕迹处的直径变化，从而间接确定其磨损值。然后将直尺放在轴瓦前后的阻油边上，用塞尺或深度尺检查各油楔的情况。

⑥ 由于发生磨损而使油楔间隙发生变化时，可以进行局部焊补，焊后先按照样板将阻油边修刮好，再按图纸要求，以阻油边为基准来修刮各油楔。但必须逐点仔细检查油楔间隙，以保证油楔型线符合图纸要求。

⑦ 多油楔轴承轴瓦紧力调整，轴瓦紧力测量方法也采用压铅法，见图 7-58。

⑧ 压铅法测量紧力的误差原因及解决方法见表 7-15。

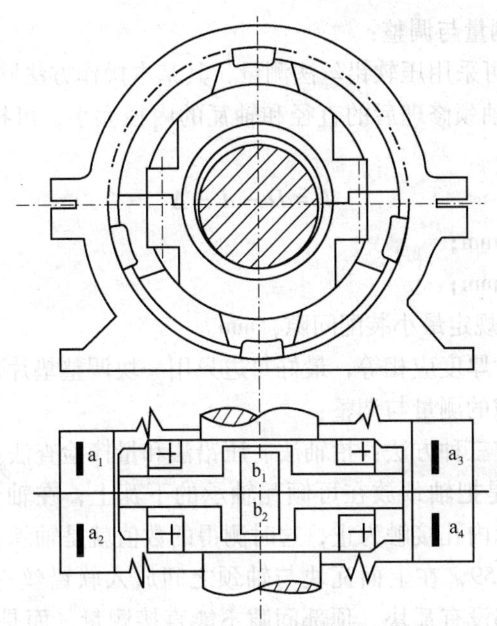

图 7-58 轴瓦紧力测量的方法

a_1，a_2，a_3，a_4—放在轴承座和轴承盖平面间的软铅丝；b_1，b_2—放在上瓦支承块与轴承盖间的软铅丝

表 7-15 压铅法测量紧力的误差原因及解决方法

测量误差原因	解决方法
轴瓦组装不正确，如下半轴瓦放置的位置不正确，定位销子不正、轴瓦结合面、垫铁及轴瓦洼窝清理不干净，有毛刺使轴瓦垫起	在组装轴瓦前，应注意轴瓦洼窝、结合面和垫铁等处的清洁，将一切杂物和毛刺清理干净。装下半轴瓦时，应将轴瓦放平。用手压轴瓦一侧边缘时，没有翘起现象，并用手能使其转动
放置在顶部垫铁处的软铅丝太粗，轴承盖螺栓紧力过大，使轴承盖产生变形	根据紧力的估计值，选择适当的直径软铅丝，放在顶部垫铁和轴承结合面上
轴承盖螺栓紧力不均匀，软铅丝被压成楔形，不易准确地确定压后软铅丝的厚度	紧固轴瓦及轴承盖结合面螺栓时，应先将所有螺栓拧到位，然后对称均匀地紧固。最好在轴承座结合面上放置几块适当厚度的垫片(可用绝缘纸垫)来限制铅丝的压缩量，垫片的厚度约为铅丝直径的 60%~70%
轴承结合面及顶部垫铁与洼窝接触不良，当铅丝放在麻坑或不接触的地方时，就不能正确反映出间隙值	应将结合面作刮研处理，或在轴承结合面上放置面积较大的标准厚度钢垫片来代替铅丝。此时的紧力值是垫片厚度与顶部压出两条铅丝厚度的平均值之差。采用此法时，紧固螺栓后应检查放置在结合面上的所有垫片(每侧最少两块)是否压紧，以免紧偏

⑨ 轴承垫铁接触的检查，调整垫铁如果接触不良，容易引起轴的振动。接触情况可以用塞尺和工作痕迹的分布情况来判断。轴瓦在不承受转子重量的状态下，用塞尺检查轴瓦下部三块垫铁与洼窝的接触，两侧垫铁处用 0.03mm 塞尺塞不进去，而下部垫铁应有 0.05~0.07mm 的间隙；在转子落下后，下部三块垫铁处均应用 0.03mm 塞尺塞不进。

（3）薄壁瓦间隙的测量与调整：

① 测量轴瓦间隙　可采用压软铅丝法测量，其基本操作方法同前述各瓦相同。

② 垫片调整　根据轴颈修理后的直径和轴瓦的内径大小，可按下式计算出应减少调整垫片的厚度 k。

$$k = D - d - \Delta$$

式中　D——轴瓦内径，mm；

d——轴颈外径，mm；

Δ——轴瓦和轴颈规定最小装配间隙，mm。

轴瓦两边的调整垫片厚度应相等，最好每边只用一块调整垫片。

（4）可倾瓦轴承间隙的测量与调整：

测量轴承间隙一般有三种方法：抬轴法、压铅法和量棒检查法。

① 抬轴法　抬轴法是把轴颈放在可倾瓦轴承的下瓦上，在轴颈上安装一检测千分表，然后把轴抬到与可倾轴承内孔接触为止，这时测得的数值就是轴承直径间隙 Δ。

② 压铅法　见图 7-59，在上面瓦块与轴颈之间放入软铅丝，用螺栓紧固上、下轴承壳。五块可倾瓦轴承顶部没有瓦块，顶部间隙不能直接测量，而是通过测量上部轴瓦 3、4 的压铅厚度 S'（图 7-59），再换算成轴承间隙 Δ，用数学式表达如下：

$$\Delta = KS'$$

式中　K——换算系数。

对五块均布可倾瓦来说，$\alpha = 36°$，$K = 1.1$，故对这类轴承计算轴承的间隙 Δ 的换算式为 $\Delta = 1.1S'$。

在检修中也可以直接规定上部两块侧瓦的间隙作为瓦隙的标准，如离心式压缩机 ϕ85mm 轴，规定上倾两瓦块间隙为 0.10~0.12mm。

③ 量棒检查法　量棒检查法是对每一个轴承制取若干个尺寸的量棒。量棒见图 7-60，其直径为 D，轴颈的直径为 d，则 $D = d + \Delta$（轴承间隙），将轴承间隙分成几档，先实际测量一下轴承的内径，然后选出适当的量棒。检查时，先在上、下轴瓦的支撑块内表面上涂上红印油，将选出的量棒放在下轴瓦上，扣上上瓦，并用轴承盖压紧，旋转检查量棒、视其松紧程度来决定是否更换其他尺寸的量棒。如果合适，则打开轴瓦，检查每一个支撑块的接触情况，若接触良好，则为合格；若不合格，就得重新更换支撑块，因为轴瓦不采用刮刀修理。

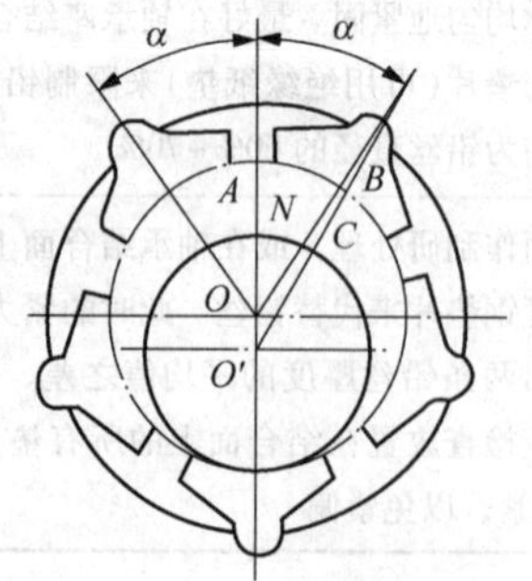

图 7-59　轴承间隙的测量

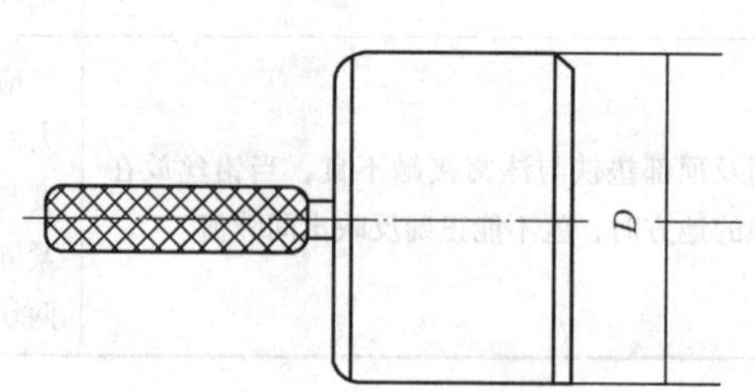

图 7-60　检查量棒

在机组找同心度时，无论轴瓦需要垂直或水平调整，都可以采用加减下部轴瓦与机体之间的三个垫片厚度的方法来调整。另外，无论是垂直调整或水平调整，都使轴与轴瓦不同心，因此，当调整量超过 0.5mm 以上时，还需要修整瓦块圆弧。

（5）推力轴承轴向间隙的测量：

推力轴承轴向间隙的测量是在推力轴承全部装配好后进行。其方法是将千分表固定在静止件上；使测量杆顶在转子上的某一个光滑端面上。盘动转子，用专用工具或杠杆将转子依次分别推向前、后两极限位置，同时记下两极限位置的千分表指示数值，其数值之差即为转子的轴向移动量，也就是推力轴承的轴向间隙。在测量中应注意下述两点，以免造成误差：

① 对于综合式的推力轴承，应考虑轴承外壳移动量的影响，故在测量时，应同时装上一只千分表来测量瓦壳的移动量。由上述方法测得的转子移动量减去瓦壳移动量，其差值为推力轴瓦的轴向间隙。

② 推移转子应有足够大的轴向推力，使推力盘紧靠所有瓦块。对于综合式的推力轴承，可以通过顶部的回油孔用手或螺丝刀检查是否压紧了瓦块；对于单置式推力轴承，不易直接检查瓦块的压紧程度，而球形推力瓦块安装环，由于自重常落到下部位置，若没有足够大的轴向推力，不易压到工作位置上，造成测量的数值偏小。因此，最好采用专用推轴工具来推动转子。

（6）推力轴承轴向间隙的调整：

① 推力轴承轴向间隙应适当，间隙过大，不但在转子推力发生改变时增加通流部分的轴向间隙，而且对瓦块会产生过大的冲击力，使转子的轴向位置不稳定；间隙过小，将增加轴瓦的磨损及瓦块的负载。

② 推力轴承轴向间隙的允许值与轴瓦的结构型式有关。综合式推力轴承为 0.40~0.70 mm；单置式推力轴承为 0.25~0.50mm，通常采用 0.40~0.50mm。

③ 推力轴承轴向间隙的调整方法取决于轴瓦的结构。对于图 7-61 所示的推力轴承是采取改变非工作瓦块安装环后面的调整垫环的厚度来调整；对于图 7-62 所示的单置式推力轴承，是采取移动工作侧或非工作侧的瓦壳的位置来实现的。

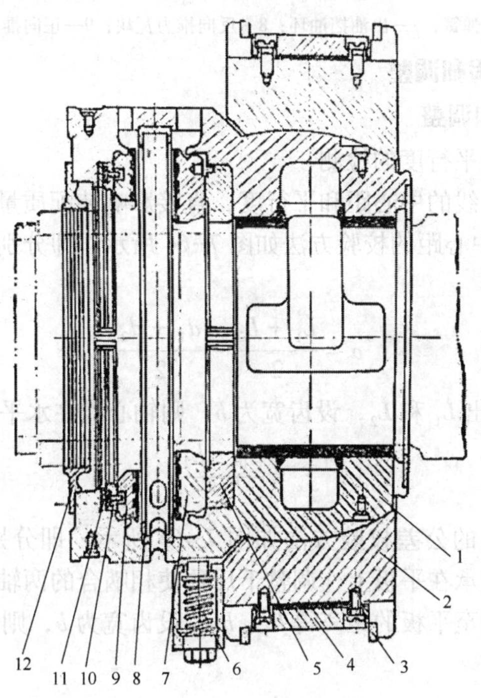

图 7-61　综合式推力轴承

1—轴瓦；2—瓦枕；3—固定环；4—调整垫块；5—支持环；6—支持弹簧；7—工作瓦块；8—挡油环；9—非工作瓦块；10—支持环；11—调整垫环；12—挡油环

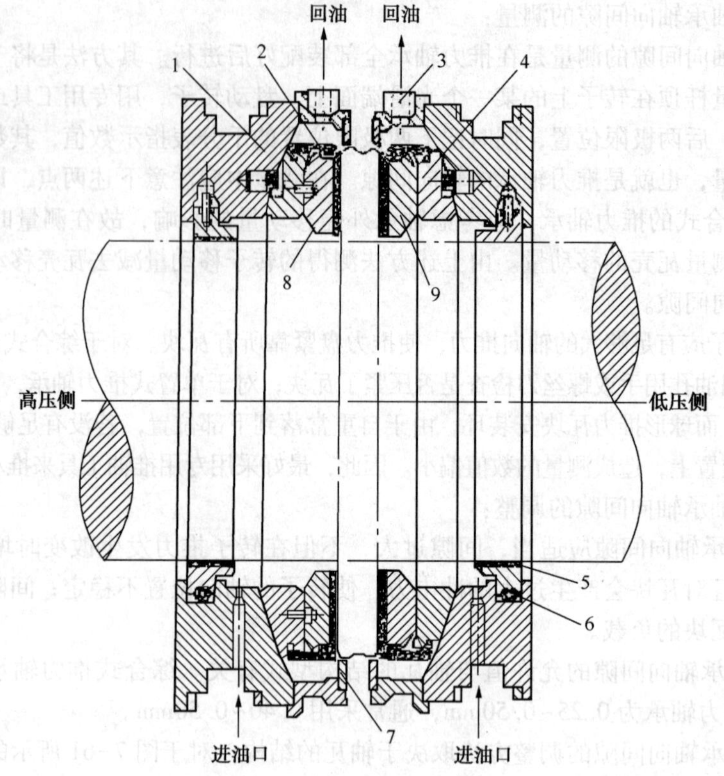

图 7-62　单置式推力轴承

1—球面座；2—挡油环；3—调节套筒；4—推力瓦安装环；5—进油挡油环；6—拉弹簧；7—出油挡油环；8—反向推力瓦块；9—正向推力瓦块

7.4.1.2　传动机构的检验和调整

1. 齿轮传动的检验和调整

（1）圆柱齿轮轴心线平行度的检测：

闭式传动的箱体轴心线的中心距和平行度，直接影响装配质量，在装配前应予以认真校验，见图 7-63。轴心线中心距的校验方法如图 7-64 所示，即分别将芯棒插入箱体孔中，则可测得中心距

$$a = \frac{L_1 + L_2}{2} - \frac{d_1 + d_2}{2}$$

在图 7-64 中，测量出 L_1 和 L_2，设齿宽为 b，则轴心线在水平方向上的公差

$$f_x = \frac{L_1 - L_2}{L} b$$

轴心线在垂直方向上的公差校验方法如图 7-65 所示，即分别将测量芯棒插入箱体孔中，箱体用三个千斤顶支承在平板上，调整千斤顶使相啮合的两轴心线中的某一轴线与平板平行，然后测量另一芯棒至平板的距离得 h_1、h_2，设齿宽为 b，则此两轴心线在垂直方向上的平行度公差

$$f_y = \frac{b}{L}(h_1 - h_2)$$

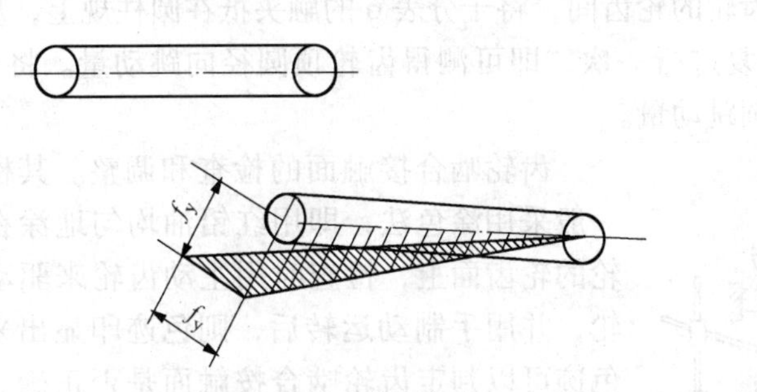

图 7-63　轴心线平行度

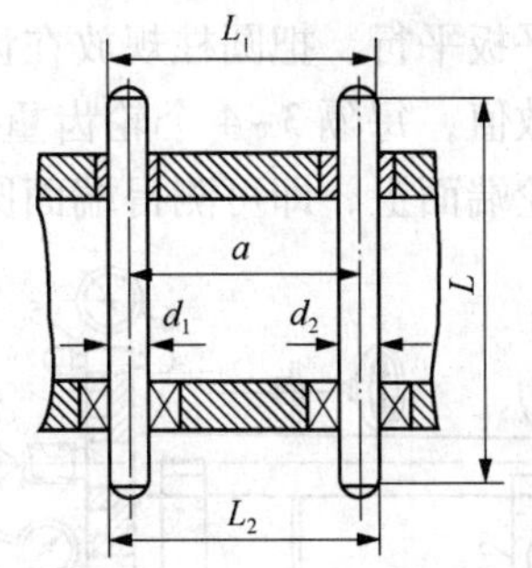

图 7-64　齿轮轴线中心距的测量

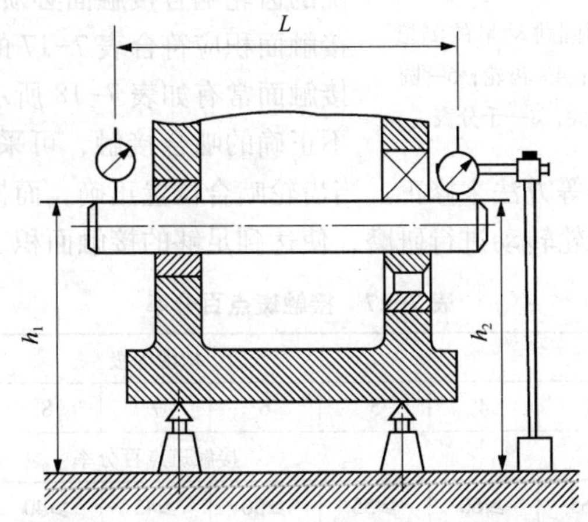

图 7-65　轴心线在垂直方向上平行度公差校验

在检查齿轮轴心线时也可直接查表，并计算偏差是否符合要求。见图 7-64、图 7-65，将所测尺寸 L_1 减去 L_2、h_1 减去 h_2，所得数值与根据测得的中心距 a，根据表 7-16 查出的应达到的允许偏差数值进行比对，看是否符合偏差要求。

表 7-16　渐开线圆柱齿轮副中心距允许偏差　mm

齿轮副公称中心距 a	中心距 a 允许偏差			
	精度 5 级、6 级	精度 7 级、8 级	精度 9 级、10 级	精度 11 级、12 级
$50<a\leqslant80$	±0.0150	±0.0230	±0.0370	±0.0950
$80<a\leqslant120$	±0.0175	±0.0270	±0.0435	±0.1100
$120<a\leqslant180$	±0.0200	±0.0325	±0.0500	±0.1250
$180<a\leqslant250$	±0.0230	±0.0360	±0.0575	±0.1450
$250<a\leqslant315$	±0.0260	±0.0405	±0.0650	±0.1600
$315<a\leqslant400$	±0.0285	±0.0455	±0.0700	±0.1800
$400<a\leqslant500$	±0.0315	±0.0485	±0.0775	±0.2000
$500<a\leqslant630$	±0.0350	±0.0550	±0.0875	±0.2200
$630<a\leqslant800$	±0.0400	±0.0625	±0.1000	±0.2500
$800<a\leqslant1\,000$	±0.0450	±0.0700	±0.1150	±0.2800
$1\,000<a\leqslant1\,250$	±0.0525	±0.0825	±0.1300	±0.3300

（2）检查和调整圆柱齿轮啮合状况的方法：

径向和端面圆跳动的检查，其方法如图 7-66 所示，将齿轮轴支持在 V 形铁或顶尖上，使轴和平板平行，把圆柱规放在齿轮的轮齿间，将千分表 6 的触头抵在圆柱规上，从千分表上读出数值，每隔 3~4 个轮齿重复进行一次，即可测得齿轮顶圆径向跳动量。将千分表 8 抵在齿轮端面上，即可测得端面圆跳动量。

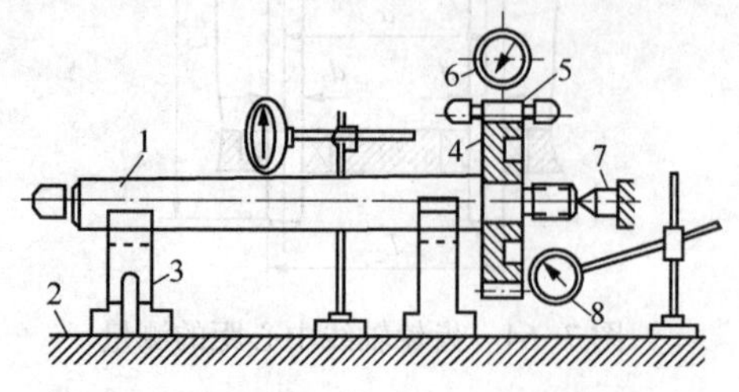

图 7-66　齿轮径向、端面圆跳动量的测量
1—轴；2—平板；3—V 形铁；4—齿轮；5—圆柱规；6—千分表；7—顶尖，8—千分表

齿轮啮合接触面的检查和调整。其检查方法一般采用涂色法，即用红铅油均匀地涂在主动齿轮的轮齿面上，检查时用主动齿轮来驱动被动齿轮，并用手制动运转后，则色迹印显出来，根据色迹可以判定齿轮啮合接触面是否正确。装配正确的齿轮啮合接触面必须均匀地分布在节线上下，接触面积应符合表 7-17 的要求。装配后齿轮啮合接触面常有如表 7-18 所示的几种情况。为了纠正不正确的啮合接触，可采用改变齿轮中心线的位置、研刮轴瓦或加工齿形等方法来修正。当齿轮啮合位置正确，而接触面积太小时，可在齿面上加研磨剂，并使两齿轮转动进行研磨，使达到足够的接触面积。

表 7-17　接触斑点百分率　%

齿轮类型	测量部位	精度等级								
		3	4	5	6	7	8	9	10	11
		接触斑点百分率								
圆柱齿轮（渐开线齿形）	齿高	≥65	≥60	≥55	≥50	≥45	≥40	≥30	≥25	≥20
	齿长	≥95	≥90	≥80	≥70	≥60	≥50	≥40	≥30	≥30
圆柱齿轮（圆弧齿形）	齿高	—	—	≥60	≥55	≥50	≥45	≥40	—	—
	齿长			≥95	≥90	≥85	≥80	≥75		
圆锥齿轮	齿高			≥75	≥70	≥60	≥50	≥40	≥30	≥30
	齿长			≥75	≥70	≥60	≥50	≥40	≥30	≥30
蜗杆蜗轮	齿高	≥70		≥65		≥55		≥45		≥30
	齿长	≥65		≥60		≥50		≥40		≥30

注：圆弧齿形的圆柱齿轮齿长方向的接触痕迹应同时不小于一个轴节（轴向齿距）；齿高方向系指运转时达到额定负荷前，应经过逐级加载磨合，其磨合后的接触斑点不应小于上表所规定的百分率。

表 7-18　齿轮啮合接触面常见情况

接触情况	原因分析	调整方法
正常情况		
同向偏接触	两齿轮轴线不平行	可在中心距允许范围内，刮削轴瓦或调整轴承座
异向偏接触	两齿轮轴线歪斜	

续表

接触情况	原因分析	调整方法
单面偏接触	两齿轮轴线不平行，同时歪斜	如上
游离接触，在整个齿圈上接触区由一边逐渐移到另一边	齿轮端面与回转中心线不垂直	校正齿轮端面与回转中心线的垂直度
不规则接触	齿面有毛刺或碰伤隆起	去除毛刺、修整齿面
接触较好，但不太规则	齿圈径向跳动太大	检验并消除齿圈径向跳动

（3）圆柱齿轮啮合间隙的检查。

其检查方法有以下三种。

① 塞尺法　即用塞尺直接侧出齿轮啮合顶间隙和侧间隙，其侧得的数值一般比实际偏小；

② 压铅法　它是测量齿顶间隙和齿侧间隙最常用的方法。其测量方法见图 7-67。测量时将铅丝放置在小齿轮上，一般在齿宽两端各放置一根，对齿宽较大者可酌情放 3~4 根，铅丝直径一般不超过侧隙的 4 倍，铅丝的端部要放齐，使其能同时进入啮合的两轮齿之间。在放好铅丝后，均匀地转动齿轮，使铅丝受到碾压，压扁后的铅丝用千分尺或游标卡尺测量其厚度，最厚部分的数值为齿顶间隙，相邻两较薄部分的数值之和即为齿侧间隙。传动副啮合侧间隙应符合技术文件的规定。齿轮啮合间隙应符合表 7-19 的规定；

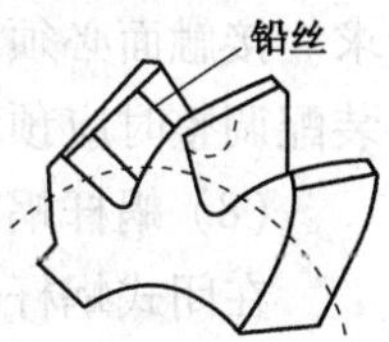

图 7-67　压铅法

表 7-19　圆柱、圆锥齿轮啮合间隙　　mm

齿轮副公称中心距 a	$a\leqslant50$	$50<a\leqslant80$	$80<a\leqslant120$	$120<a\leqslant200$	$200<a\leqslant320$	$320<a\leqslant500$	$500<a\leqslant800$	$800<a\leqslant1250$
齿轮啮合间隙	0.085	0.105	0.130	0.170	0.210	0.260	0.340	0.420

③ 千分表法　见图 7-68，将一个齿轮固定，在另一个齿轮上装上夹紧杆 1，来回摆动该齿轮，在千分表 2 上即可得读数为 j，设分度圆半径为 R，指针长度为 L，则齿侧间隙 $j_n=j\dfrac{R}{L}$ mm

（4）圆锥齿轮两齿轮轴心线的垂直度和相交度的校验：

装配正确的圆锥齿轮，其轴心线应相互垂直并相交。对闭式传动的箱体孔，在装配前应进行校验。箱孔轴心线垂直度的校验方法见图 7-69，千分表装在芯棒 1 上，为防止芯棒轴向窜动，棒上应加定位套，而后旋转芯棒 1，在 180°的两个位置上，千分表触尖与芯捧 2 接触，可读出两个数值，其差值即为两孔轴心线在 L 长度内的不垂直度误差。

（5）圆锥齿轮箱孔轴心线相交度的检验方法　见图 7-70，将芯棒 1 的测量端作成叉形槽，芯棒 2 的测量端按不相交允差做成两个阶梯形，即过端与止端。检验时，若过端能通过叉形槽而止端不能通过，则不相交度在允差范圈内。

（6）圆锥齿轮的轴向定位　一般小齿轮的轴向定位以大齿轮的轴心线为基准来确定，见

图 7-71。而大齿轮一般以调整侧隙决定其轴向位置。以背锥面为基准的镶齿轮装配时将背锥面对成齐平来保证两齿轮正确的装配位置。

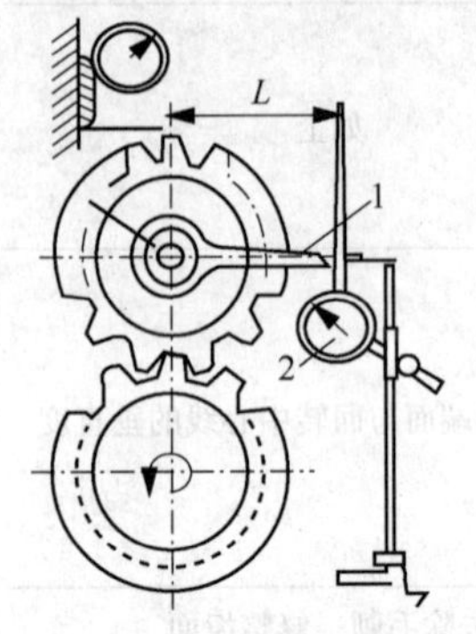

图 7-68　千分表法
1—夹紧杆；2—千分表

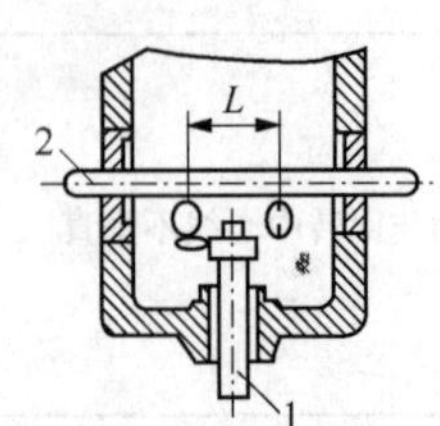

图 7-69　轴心线垂直度检查法

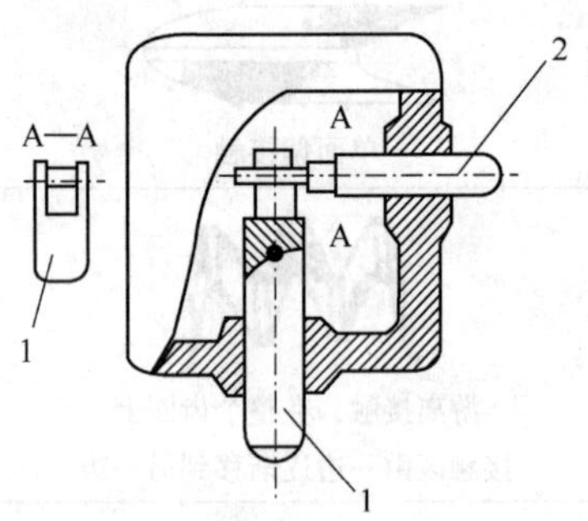

图 7-70　轴心线相交度检验法

（7）圆锥齿轮啮合侧隙和接触状况的检查调整：

圆锥齿轮侧隙的检查方法与圆柱齿轮相同，侧隙的控制范围可按表 7-19 执行。

圆锥齿轮啮合接触状况一般采用涂色法检查，正确啮合的接触面积应达到表 7-17 的要求。接触面必须均匀地分布在节线上下，考虑到锥齿轮受载后，接触区会发生移动，因此在装配调整时应预计到受载后的变动，一般空载时接触面应靠近锥齿轮小端。

（8）蜗杆蜗轮中心距和轴心线垂直度检验：

在闭式蜗杆传动中，箱体孔的中心距和轴心线间的夹角直接影响装配的质量，装配之前应严格检验。中心距可按图 7-72 所示的方法进行检验，即分别将测量芯棒 1 和 2 插入箱体孔，箱体用 3 个千斤顶支承在平板上，调整千斤顶使其中某一芯棒与平板平行，然后分别测量两芯棒至平板距离，则可测出中心距 A，其偏差应在表 7-20 规定的范围内。

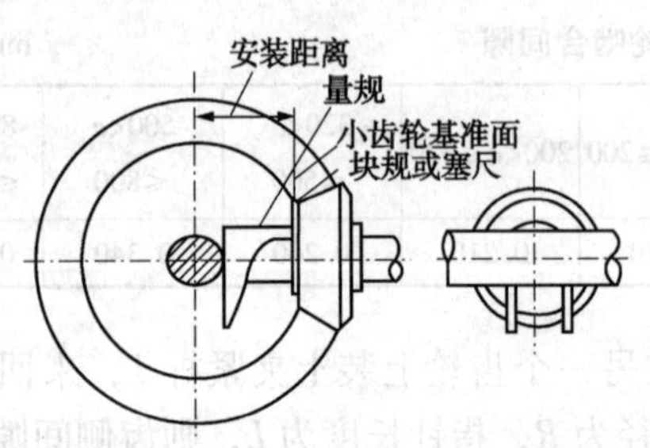

图 7-71　圆锥齿轮轴向定位

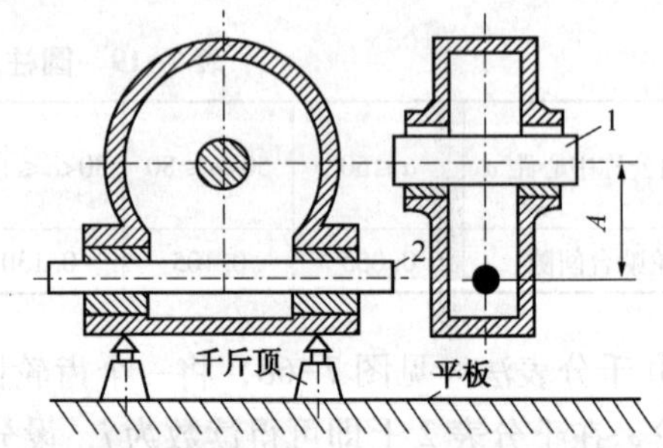

图 7-72　蜗杆蜗轮箱体孔中心距检验

表 7-20　蜗杆蜗轮中心距允许偏差

mm

齿轮副公称中心距 A	中心距 A 允许偏差		
	精度 7 级	精度 8 级	精度 9 级
$A\leq40$	±0.030	±0.048	±0.075
$40<A\leq80$	±0.042	±0.065	±0.105
$80<A\leq160$	±0.055	±0.090	±0.140
$160<A\leq320$	±0.070	±0.110	±0.180
$320<A\leq630$	±0.085	±0.130	±0.210
$630<A\leq1\,250$	±0.110	±0.180	±0.280

两轴心线间的交角，可按图 7-73 所示方法进行检验。即分别将测量芯棒 1 和 2 插入箱体孔中，并在芯棒的一端套一千分表架，用螺钉固定，而后旋转芯棒 1，使千分表在芯棒 2 的两端得到两个读数差为 δ，设蜗轮齿宽为 b，侧量点间距为 L，则两轴心线不垂直度在蜗轮齿宽上以长度度量的偏差 $\Delta f_y = \frac{b}{L} \cdot \delta$。其偏差应在表 7-21 的允许范围。

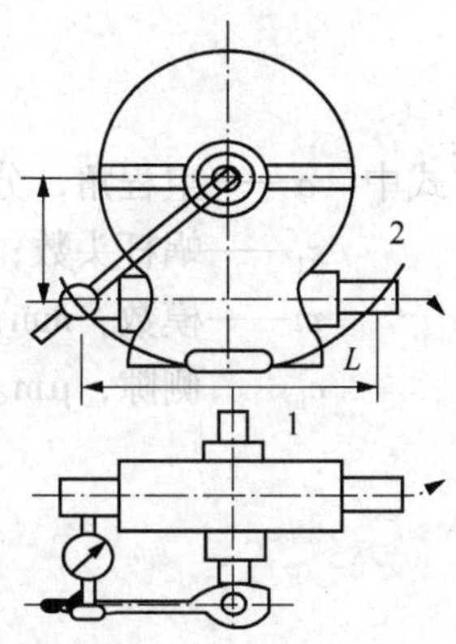

图 7-73 轴心线垂直度检验

(9) 蜗轮中间平面偏移量的检查。

检查蜗轮中间平面偏移量的方法：

① 样本检查法，见图 7-74，即将样板的一边分别紧靠在蜗轮两侧的端面上，然后用塞尺测量样板和蜗杆之间的间隙，两侧的间隙差值即为蜗轮中间平面的偏移量。

表 7-21 蜗杆蜗轮中心线垂直偏差在涡轮齿宽上以长度度量的扭斜度

精度等级	轴向模数/mm				
	1~2. 5	2. 5~6	6~10	10~16	16~30
7	0. 013	0. 018	0. 026	0. 036	0. 058
8	0. 017	0. 022	0. 034	0. 045	0. 075
9	0. 021	0. 028	0. 042	0. 055	0. 095

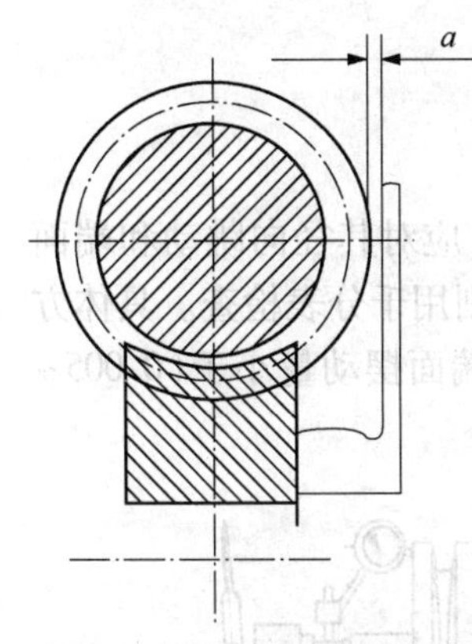

图 7-74 样板测量法

② 拉线检查法，即将线挂在蜗轮轴上，然后分别测量拉线与蜗轮两端面的间隙 a，两侧的间隙差值即为蜗轮中间平面的偏移量。

所测得的偏移量应符合表 7-22 规定的范围，若大于规定范围应予调整，一般采用调整蜗轮的轴向位置。

(10) 蜗杆蜗轮侧间隙的检查：

由于蜗杆传动的结构特点，测量啮合侧间隙无论是采用塞尺法测量还是压铅法测量都有困堆，一般可采用千分表测量。见图 7-75(a)，在蜗杆轴上固定一带量角器的刻度盘 2，把千分表测尖顶在蜗轮齿面上，手转蜗杆，在千分表指针不动的条件下，用刻度盘相对于固定指针 1 的最大转角判断侧隙大小。如用千分表测尖直接与蜗轮齿面接触有困难时，可在蜗轮轴上装一侧量杆，见图 7-75(b)。

表 7-22 蜗杆中心线与蜗轮中间平面极限偏差 mm

精度等级	中心距					
	<40	40~80	80~160	160~320	320~630	630~1250
7	±0. 022	±0. 034	±0. 042	±0. 052	±0. 065	±0. 080
8	±0. 036	±0. 052	±0. 065	±0. 085	±0. 105	±0. 120
9	±0. 055	±0. 085	±0. 106	±0. 130	±0. 170	±0. 200

空程角与侧隙有如下近似关系，即

$$\alpha \approx c_n \frac{360° \times 60}{100 \times z_1 \pi m} = 6.8 \frac{c_n}{z_1 m}$$

式中 α——空程角，分；

z_1——蜗杆头数；

m——模数，mm；

c_n——侧隙，μm。

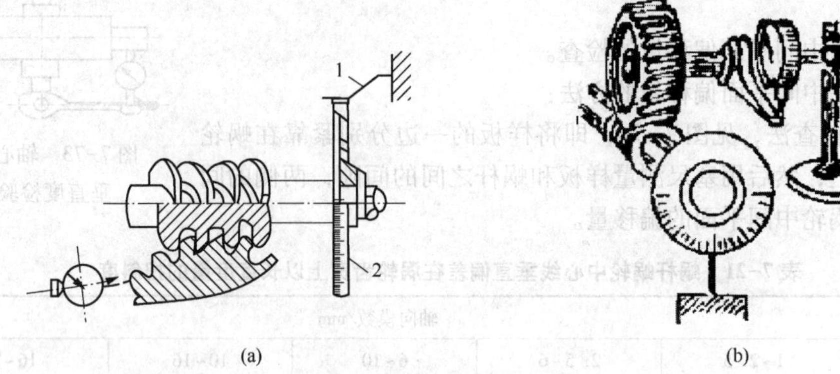

图 7-75　蜗杆蜗轮侧隙的检查

(11)蜗杆蜗轮啮合接触面的检查调整：

蜗杆蜗轮啮合接触面的检查方法一般采用涂色法，即将红丹油涂于蜗杆螺旋面上，转动蜗杆，根据蜗轮轮齿面上的色迹来判断啮合质量，其啮合面积应符合表 7-17 的规定。啮合接触面的正确位置见图 7-76(a)，否则，应调整蜗轮的轴向位置。

2. 皮带传动的检查和调整

(1) 三角皮带轮安装的技术要求和检测方法：

① 三角皮带轮径向跳动及端面跳动检查　带轮安装在轴上后，应对其径向跳动和端面摆动量进行检查。一般采用划针进行检查，在要求较高的场合下，则用千分表检查。具体方法见图 7-77。一般要求其外圆径向跳动小于(0.00025～0.0005)D；端面摆动量小于(0.005～0.001)D。D 为带轮直径。

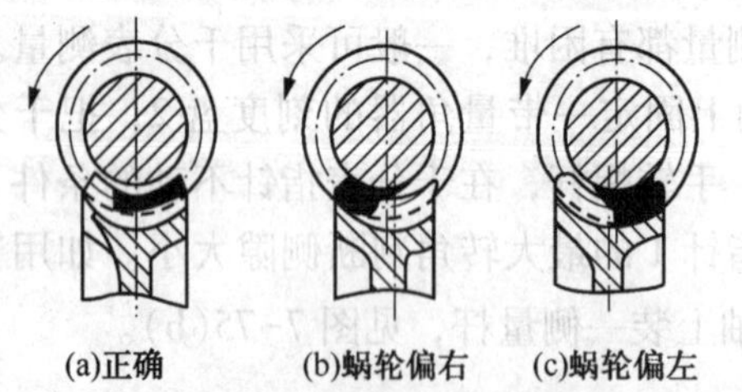

图 7-76　蜗杆蜗轮啮合接触面

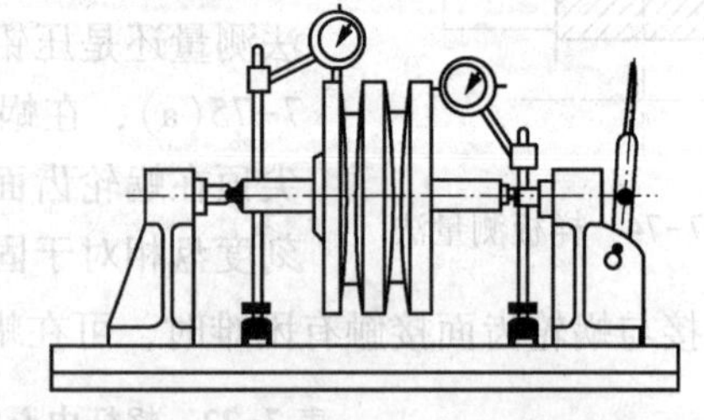

图 7-77　带轮径向跳动及端面跳动检查装置

② 安装后应对其相互位置的正确性进行检查　带轮相互位置的正确性主要是由带轮轴向偏移量和带轮中心线平行度来衡量的。带轮轴向偏移量的测定有直尺测定法(中心距不大的场合下使用)和拉线测定法两种。具体方法见图 7-78。两带轮的中间平面轴向偏移量应小于 1/200a(a 为带轮中心距)。

③ 带轮中心线平行度的检查方法见图 7-79。通过侧量 L_1 和 L_2，设测量点相距 L，则每米长度上的平行度误差$=\frac{L_1-L_2}{L}\times 1000$mm。两带轮轴线应平行，平行度误差应小于 1/100a。

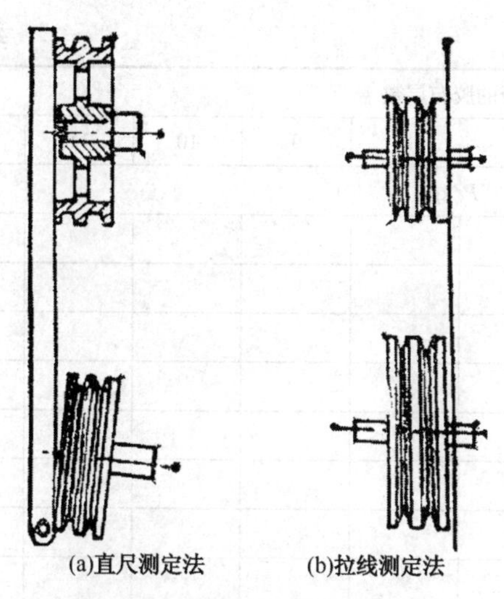
(a)直尺测定法　(b)拉线测定法

图 7-78　带轮轴向偏移测定法

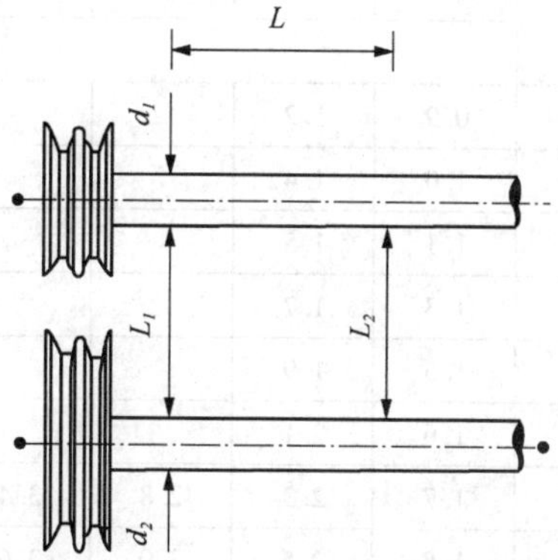

图 7-79　带轮中心线平行度测量

④ 预紧力的调整　适当的预紧力是保证三角皮带传动正常工作的重要因素。预紧力不足，皮带将在带轮上打滑，使带轮发热，胶带磨损。预紧力过大，则会使胶带的寿命降低，轴和轴承间比压增大，磨损加快。在皮带传动中，皮带预紧力是通过在两带轮的切边中点处，垂直带边加一载荷 P，使其产生规定的挠度来控制，见图 7-80。三角胶带传动中，规定在载荷 P 的作用下，每 10mm 长的切边中点产生 1.6mm 挠度时的预紧力为恰当值，P 值见表 7-23。

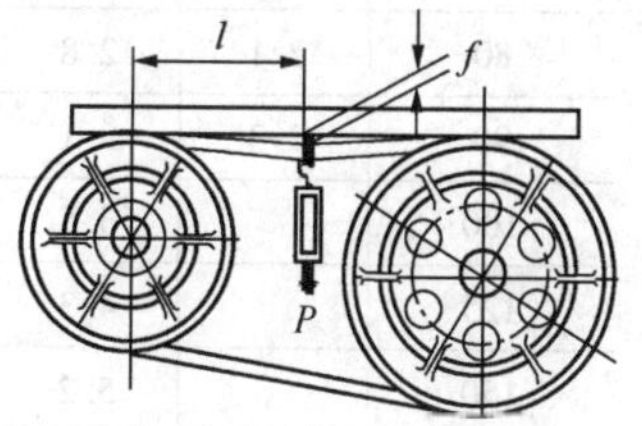

图 7-80　皮带预紧力测定法

表 7-23　调整三角皮带拉紧力所需的 P 值

皮带型号	载荷 P	皮带型号	载荷 P
O	5.0~6.0	C	30.0~36.0
A	9.0~12.0	D	60.0~75.0
B	14.0~18.5	E	100.0~125.0

（2）平皮带传动检测方法：

平皮带传动与三角皮带传动其他的检测要求基本一样，在这里仅就平皮带预紧力的调整加以说明。

平皮带预紧力的测定方法与三角皮带传动相同。在平皮带传动中，规定在载荷 P 的作用下，每 100mm 长切边，其中点产生 1mm 的挠度时的预紧力为适宜。P 值见表 7-24。

表 7-24　调整平皮带或圆皮带拉紧力所需的 P 值

带宽/mm	带的胶布层数									
	3	4	5	6	7	8	9	10	11	12
	P/kgf									
20	0.5	0.7								
25	0.7	0.9								
30	0.8	1.0								

续表

带宽/mm	带的胶布层数									
	3	4	5	6	7	8	9	10	11	12
	P/kgf									
35	0.9	1.2								
40	1.0	1.4								
45	1.1	1.5								
50	1.3	1.7								
55	1.5	1.9								
60	1.6	2.1								
65	1.7	2.3	2.8	3.4						
70	1.8	2.5	3.0	3.6						
75	2.0	2.7	3.2	3.9						
80	2.1	2.8	3.5	4.1						
90	2.3	3.1	3.9	4.6						
100		3.5	4.3	5.2						
125		4.3	5.4	6.5						
150		5.2	6.5	7.8						
175		6.1	7.6	9.0						
200		6.9	8.6	10.4	12.1	13.8	15.6	17.3		
225		7.7	9.7	11.6	13.6	15.5	17.5	19.4		
250		8.6	10.8	13.0	15.1	17.3	19.4	21.6		
275		9.5	11.9	14.3	16.6	19.0	21.4	23.8		
300		10.4	13.0	15.6	18.1	20.7	23.3	25.9		
350				18.1	21.2	24.2	27.2	30.2	33.3	36.3
400				20.7	24.2	27.7	31.1	34.6	38.0	41.5
450				23.3	27.2	31.1	35.0	38.9	42.8	46.7
500				25.9	30.2	34.6	38.9	43.2	47.5	51.8
550				28.5	33.3	38.0	42.8	47.5	52.3	57.0
600				31.1	36.3	41.5	46.7	51.8	57.0	62.2

(3) 同步齿形带传动检测方法：

① 同步齿形带传动件的齿顶间隙和内侧间隙见图 7-81，安装时按表 7-25 要求。

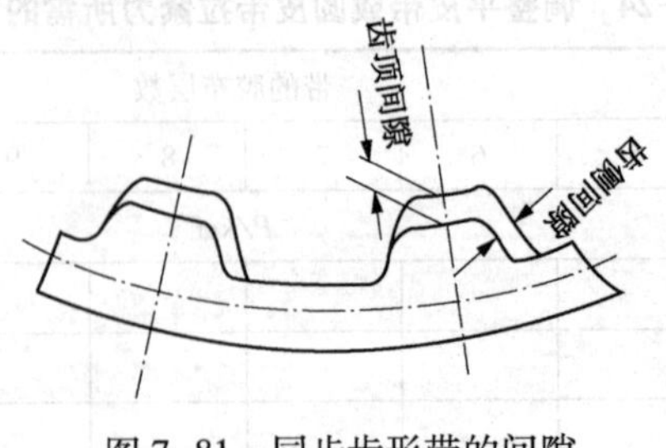

图 7-81 同步齿形带的间隙

表 7-25　同步齿形带齿顶间隙和齿侧间隙　mm

模　数	1.5	2	2.5	3	4	5	6	7	10
齿侧间隙	0.4	0.5	0.55	0.6	0.8	1.0	1.0	1.0	1.0
齿顶间隙	0.55	0.69	0.75	0.82	1.10	1.37	1.37	1.37	1.37

② 同步齿形带传动对中心距和带轮轴线平行度的要求比三角皮带和平皮带高，其允许偏差见表 7-26。

表 7-26　同步齿形带中心距偏差和带轮轴线平行度　mm

同步齿形带长度	<250	>250~500	>500~750	>750~1000	>1000~1500	>1500~2000	>2000~2500	>2500~3000	>3000~4000	>4000
中心距偏差 $\Delta\alpha$	±0.2	±0.25	±0.3	±0.35	±0.4	±0.45	±0.5	±0.55	±0.6	±0.7
带轮轴线平行度 Δz	0.10~0.15/100mm 测量长度									

③ 同步齿形带预紧力的测定方法同三角皮带，在同步齿形带传动中，一般规定在皮带切边中点垂直加载 $P=0.1b$kgf(b 为带宽，mm)时，其挠度在表 7-27 推荐的范围内，即认为预紧力合适。

表 7-27　控制同步齿形带预紧力时，挠度 f 的推荐值　mm

同步齿形带模数 m	挠度 f
1.5，2	(0.05~0.08)α
2.5，3	(0.04~0.06)α
4，5	(0.02~0.03)α
7	(0.01~0.015)α
10	(0.007~0.01)α

3. 链传动件的装配技术要求及其检测方法

(1) 链轮的两轴心线必须平行，两轴心线平行度的检测方法见图 7-82，通过测量 A、B 两尺寸来检查其误差。

(2) 两链轮的中间平面应在同一平面内。轮齿的中心线应重合，其偏差不得大于两链轮中心距的 2/1000；其检测方法可用直尺法，见图 7-83，当中心距较大时，可用拉线法代替直尺法。

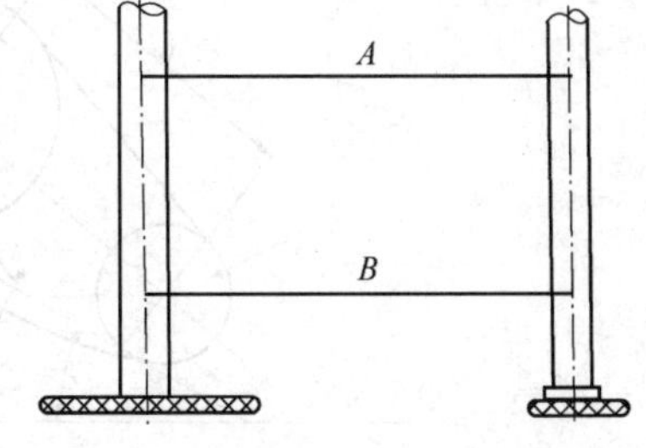

图 7-82　轴心线平行度的检测

(3) 链轮径向和端面跳动量必须在允许范围内。一般套筒滚子链跳动量的允许范围可按表 7-28 的规定，对于精确的链传动要求应适当提高。链轮跳动量的检测方法见图 7-84，用翘针盘或千分表侧量。

(4) 链条工作边拉紧时，非工作边的弛垂度 f(图 7-85)应符合设计文件规定；当无规定且链条与水平线夹角 α 小于 60°时，可按两链轮中心距 L 的 1%~4.5%调整；

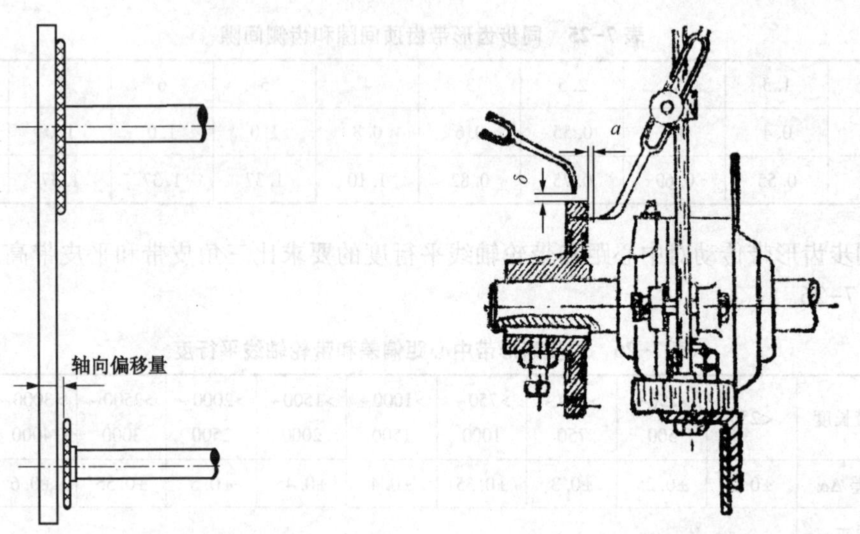

图 7-83　链轮中间平面轴向偏移量的检查　　　图 7-84　链轮径向、端面跳动量的测量

表 7-28　链轮径向、端面跳动量

链轮直径/mm	链轮跳动量/mm	
	径向 δ	端面 a
<100	0.25	0.3
100~200	0.5	0.5
200~300	0.75	0.8
300~400	1.0	1.0
>400	1.2	1.5

4. 联轴节传动机构的检验和调整

联轴节传动机构的检验和调整：联轴节是将两个同心轴牢固地连接在一起的机构。联轴节传动机构检验和调整的目的主要是保证两轴的同心度和联轴节间的端面间隙。这里仅将各型联轴节检验的技术要求列表于后，以便于方便检测。

（1）凸缘联轴器（图 7-86）装配时，两半联轴器端面应紧密接触，两轴的对中偏差：

① 径向位移应小于 0.03mm；

② 轴向倾斜应小于 0.05/1000。

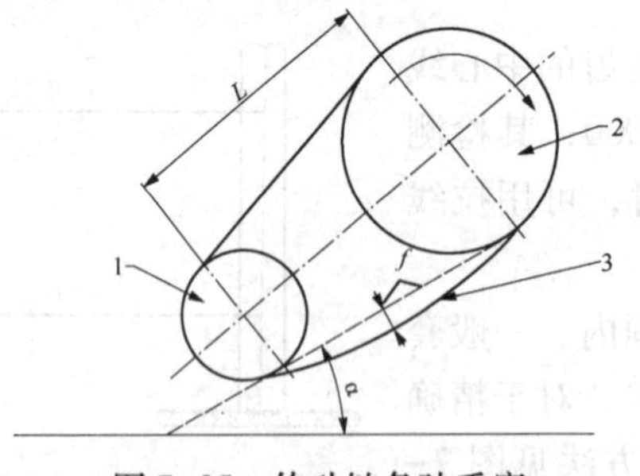

图 7-85　传动链条弛垂度

1—从动轮；2—主动轮；3—从动边链条

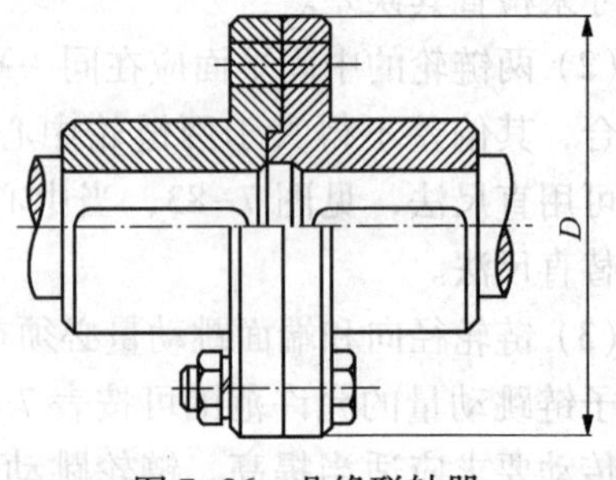

图 7-86　凸缘联轴器

（2）滑块联轴器（图 7-87）装配时，两轴同心度偏差和联轴器端面间隙，应符合表 7-29 规定。

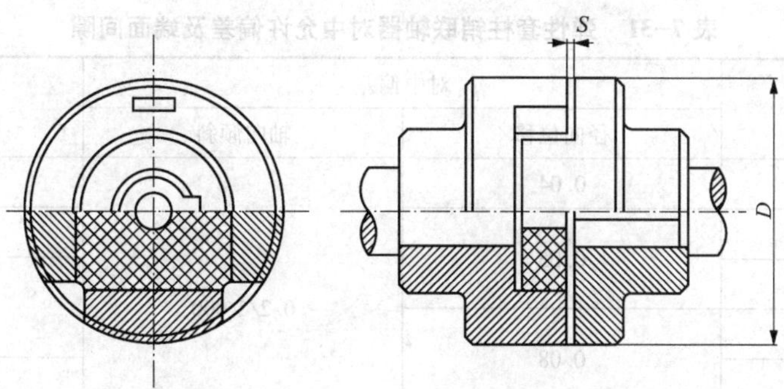

图 7-87　滑块联轴器

表 7-29　滑块联轴器两轴的对中偏差　　mm

联轴器外径 D	对中偏差		端面间隙 S
	径向位移	轴向倾斜	
≤190	0.05	0.4/1000	0.5~1.0
250~330	0.10	1.0/1000	1.0~2.0

(3) 齿式联轴器(图 7-88)装配时，应符合下列要求：

① 两轴的对中偏差及外齿套的端面间隙，应符合表 7-30 规定；

② 联轴器的内、外齿的啮合应良好，并在油浴内工作，且不应有漏油现象：

a)小扭矩、低转速的应符合 GB 7324 的规定；

b)大扭矩、高转速的应符合 GB 5903 的规定。

表 7-30　齿式联轴器装配对中允许偏差及外齿套的端面间隙　　mm

联轴器外径 D	对中偏差		端面间隙 S
	径向位移	轴向倾斜	
170~185	0.30	0.5/1 000	2.0~4.0
220~250	0.45		
290~430	0.65	1.0/1000	5.0~7.0
490~590	0.90	1.5/1000	
680~780	1.20		7.0~10.0

(4) 弹性套柱销联轴器(图 7-89)装配时，两轴的对中偏差及联轴器的端面间隙，应符合表 7-31 的规定。

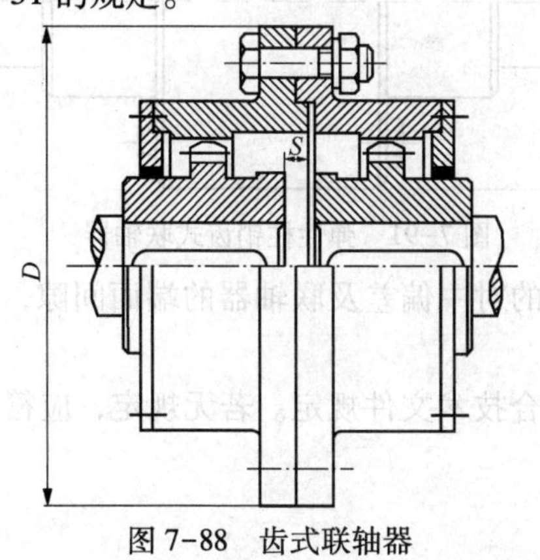

图 7-88　齿式联轴器

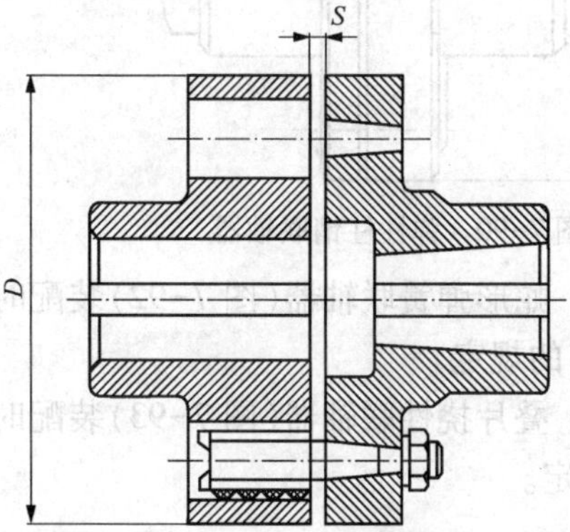

图 7-89　弹性套柱销联轴器

表 7-31　弹性套柱销联轴器对中允许偏差及端面间隙　　mm

联轴器外径 D	对中偏差		端面间隙 S
	径向位移	轴向倾斜	
71~106	0.04	0.2/1 000	2.0~4.0
130~190	0.05		2.0~5.0
224~250			4.0~6.0
315~400	0.08		
475			5.0~7.0
600	0.10		

（5）弹性柱销联轴器（图 7-90）装配时，两轴的对中偏差及联轴器的端面间隙，应符合表 7-32 的规定。

表 7-32　弹性柱销联轴器对中偏差及端面间隙　　mm

联轴器外径 D	对中偏差		端面间隙 S
	径向位移	轴向倾斜	
90~160	0.05	0.2/1 000	2.0~3.0
195~220			2.5~4.0
280~320	0.08		3.0~5.0
360~410			4.0~6.0
480	0.10		5.0~7.0
540~630			6.0~8.0

（6）弹性柱销齿式联轴器（图 7-91）装配时，其径向位移、两轴倾斜和端面间隙的允许偏差应符合表 7-33 的规定。

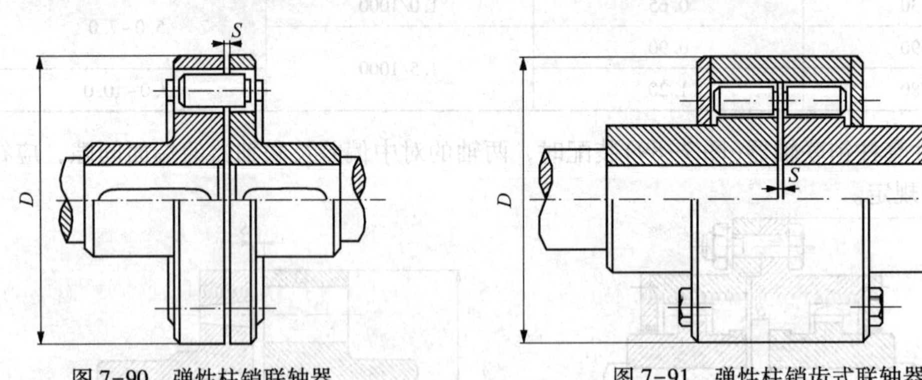

图 7-90　弹性柱销联轴器　　图 7-91　弹性柱销齿式联轴器

（7）蛇形弹簧联轴器（图 7-92）装配时，两轴的对中偏差及联轴器的端面间隙，应符合表 7-34 的规定。

（8）叠片挠性联轴器（图 7-93）装配时，应符合技术文件规定。若无规定，应符合表7-35 的规定。

表 7-33　弹性柱销齿式联轴器对中允许偏差 mm

联轴器外形最大直径 D	径向位移	两轴倾斜	端面间隙 S
78~118	0.08	0.5/1 000	2.5
158~260	0.10		4~5
300~415	0.15		6~8
560~770	0.20		10
860~1158	0.25		13~15
1440~1640	0.30		18~20

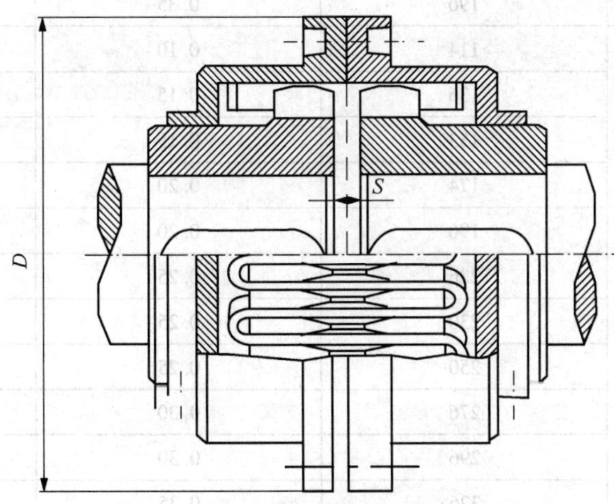

图 7-92　蛇形弹簧联轴器

表 7-34　蛇形弹簧联轴器对中偏差及端面间隙 mm

联轴器外径 D	对中偏差		端面间隙 S
	径向位移	轴向倾斜	
$D \leqslant 200$	0.10	0.1/1000	1.0~4.0
$200<D \leqslant 400$	0.20		1.5~6.0
$400<D \leqslant 700$	0.30	1.5/1 000	2.0~8.0
$700<D \leqslant 1\,350$	0.50		2.5~10.0
$1350<D \leqslant 2500$	0.70	2/1000	3.0~12.0

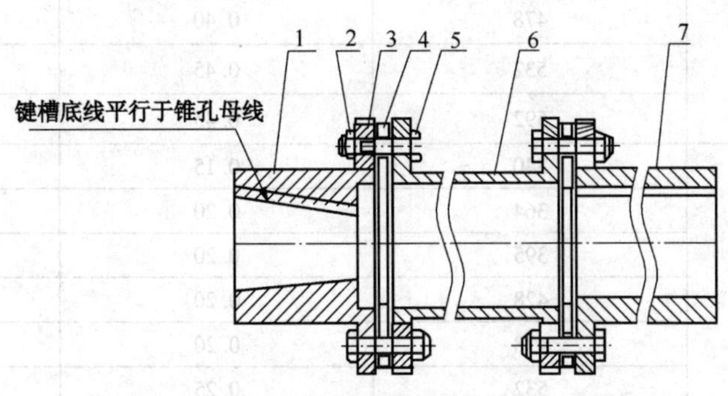

图 7-93　叠片挠性联轴器

1、7—安装盘；2—自锁螺母；3—衬套；4—叠片组件；5—螺栓；6—间隔轴

表 7-35　叠片挠性联轴器对中偏差　　mm

叠片孔数	联轴器外径	对中偏差	
		轴向位移	径向位移
4	90	0.10	0.10
	100	0.15	0.15
	120	0.20	0.20
	130	0.25	0.25
	146	0.25	0.25
	176	0.30	0.30
	196	0.35	0.35
6	114	0.10	0.10
	136	0.15	0.15
	153	0.15	0.15
	174	0.20	0.20
	196	0.20	0.20
	226	0.25	0.25
	230	0.25	0.25
	250	0.25	0.25
	276	0.30	0.30
	296	0.30	0.30
	326	0.35	0.35
	366	0.40	0.40
8	202	0.15	0.15
	235	0.20	0.20
	252	0.20	0.20
	292	0.25	0.25
	340	0.30	0.30
	364	0.30	0.30
	395	0.35	0.35
	428	0.35	0.35
	478	0.40	0.40
	532	0.45	0.45
	592	0.45	0.45
10	340	0.15	0.15
	364	0.20	0.20
	395	0.20	0.20
	428	0.20	0.20
	478	0.20	0.20
	532	0.25	0.25
	592	0.25	0.25

7.4.2 试运转

试运转是机械设备安装中最后的，也是最重要的阶段。经过试运转，机械设备就可按要求正常地投入生产。

在试运转过程中，无论是安装上、制造上、设计上，哪一方面存在的问题，都会暴露出来。只有仔细分析，才能找出根源，提出解决的办法。

由于机械设备种类和型号繁多，试运转涉及的问题面较广，所以安装人员在试运转之前一定要认真熟悉有关技术资料，掌握设备的结构性能和安全操作规程，才能搞好试运转工作。

试运转的步骤应当是：先无负荷，后有负荷，先低速，后高速，先单机，后联动；每台单机要从部件开始，由部件到组件，再由组件到单台设备；对于数台设备联成一套的联动机组，要将每台设备单机试运合格后，才能进行整个机组的联动试运转；前一步骤未合格前，不得进行下一步骤的试运转。

设备试运转前，电动机应单独试验，以判断电力拖动部分是否良好，并确定其正确的回转方向；其他如电磁止动器、电磁阀限位开关等各种电气设备，都必须提前作好试验调整工作。

试运转时，能手动的部件先手动后再机动。对于大型设备可利用盘车器或吊车转动两圈以上，没有卡阻和异常现象时，方可通电运转。

无负荷试运转时，应检查设备各部分的动作和相互间作用的正确性，同时也使某些粗糙表面初步磨合。

负荷试运转的目的是为了检验设备能否达到正式生产的要求。此时，设备带上工作负荷，在与生产情况相似的条件下进行。

7.4.2.1 机器试运转应具备的条件

（1）主机及附属设备、管道等安装工作应全部完毕，施工记录及资料应齐全；

（2）与试运转有关的工艺管道及设备吹扫、清洗、气密完成；

（3）保温、保冷及防腐等工作基本结束(有碍试运转检查的部位除外)；

（4）与试运转有关的土建、水、气、汽等公用工程及电气、仪表控制系统施工结束；

（5）参加试运转的人员，应熟知试运转工艺，掌握操作规程；

（6）现场环境应符合机器试运转要求。

7.4.2.2 试运转前应做的准备工作

（1）编制审定试运转方案；

（2）准备能源、介质、材料、工机具、检测仪器等；

（3）布置必要的消防设施和安全防护设施及用具；

（4）机器入口处按规定装设过滤网(器)；

（5）按设计文件要求加注试运转用润滑油(脂)。

7.4.2.3 试运转前的检查

（1）机械设备周围应全部清扫干净。

（2）机械设备上不得放有任何工具、材料及其他妨碍机械运转的东西。

（3）机械设备各部分的装配零件，必须完整无缺，各种仪表都要经过试验，所有螺钉、销钉之类的紧固件都要拧紧并固定好。

（4）所有减速机、齿轮箱、齿形接头、滑动面以及每个应当润滑的润滑点，都要按照产品说明书上的规定，保质保量地加上润滑油。

（5）检查水冷、液压、风动系统的管路、阀门等，该开的是否已经开启；该关的是否已关闭。

（6）自动润滑系统，在设备运转前。应先开动油泵将润滑油循环一次，以检查整个润滑系统是否畅通，各润滑点的润滑情况是否良好。

（7）检查各种安全设施（如安全罩、栏杆、围绳等）是否都已安设妥当。

（8）只有确认设备完好后，才允许进行试运转，并且在设备起动前还要作好紧急停车和试运转中的安全准备工作。

7.4.2.4 附属设备的试运转

（1）仪表控制及监视系统调整实验，包括：

① 仪表元件的检验和试验；

② 仪表联锁试验；

③ 仪表与电气的联锁试验。

（2）电气及其操作控制系统调整试验，包括：

① 空开模拟试验；

② 热元件保护试验；

③ 联锁试验；

④ 电机试运转。

（3）附属机器设备试运转，包括：

① 水、气、汽、油等系统检查、调试；

② 机器试运转和电气、仪表操作控制系统联合调整试验。

（4）各附属系统试运转的验收标准，应符合机器技术文件规定和设计文件的要求。

7.4.2.5 单机试运转

（1）单机试运转的目的是检查机器设备和电气、仪表的性能与制造及安装质量。

（2）机器单机试运转的时间应符合机器技术文件规定或设计文件的要求。机器设备的单机试运转时间宜为2h。

（3）机器单机试运转所采用的介质，应根据设计文件及实际条件决定。若无特殊规定，宜以水、空气或氮气为介质。选用试运转介质时，应符合下列要求：

① 以水为介质进行试运转所需的功率不得超过额定数值；

② 以空气或氮气为介质进行试运转时，所需的功率和压缩后的温升不得超过额定数值；

③ 若超过额定数值时，应调整试运转参数或采用规定的介质进行试运转。

（4）机器启动前，应符合下列要求：

① 按本章节7.4.2.4规定，附属设备试运行合格；

② 排气或排污完毕；

③ 有压力油系统供油的机器，各注油点的油量、油温、油压应达到设计文件要求，用其他形式供油的机器，供油状况应符合其润滑要求；

④ 盘车灵活，无异常。

（5）在高温或低温条件下工作的机器，启动前必须按机器技术文件的要求进行预热或预冷。与机器连接的高温或低温管道的螺栓必须进行热紧或冷紧。

（6）试运转过程中应符合下列要求并作出记录：

① 检查各主要部位温度和各系统压力等参数，应在规定范围内；

② 振动值应符合机器技术文件的规定，若无规定，离心式机器应符合表 7-36 的规定；

表 7-36　离心式机器轴承处的振动值

转速 V_r/(r/min)	轴承处的双向振幅/mm	转速 V_r/(r/min)	轴承处的双向振幅/mm
$V_r \leqslant 375$	≤0.18	$1500<V_r \leqslant 3000$	≤0.06
$375<V_r \leqslant 600$	≤0.15	$3000<V_r \leqslant 6000$	≤0.04
$600<V_r \leqslant 750$	≤0.12	$6000<V_r \leqslant 12000$	≤0.03
$750<V_r \leqslant 1000$	≤0.10	$V_r>12000$	≤0.02
$1000<V_r \leqslant 1500$	≤0.08		

注：振动值应在轴承体上(轴向、垂直、水平三个方向)进行测量。

③ 齿轮副、链条与链轮啮合应平稳，无异常噪声、声响和磨损；

④ 传动皮带不应打滑，平皮带跑偏量不应超过规定；

⑤ 轴承温度应符合机器的技术文件或设计文件的规定；若无规定，滚动轴承的温升应不超过 40 ℃，其最高温度应不超过 80 ℃；滑动轴承的温升应不超过 35 ℃，其最高温度应不超过 70 ℃；

⑥ 润滑、密封、液压、气(汽)动、冷却等各辅助系统的工作应正常，无渗漏现象；

⑦ 检查驱动电机的电压、电流及温升等不应超过规定值；

⑧ 各种仪表应工作正常；

⑨ 机器各紧固部位无松动现象。

（7）单机试运转结束后，应及时完成下列工作：

① 断开电源及其他动力源；

② 卸掉各系统中的压力及负荷，进行排气、排水或排污；

③ 检查各紧固部件；

④ 拆除临时管道及设备(或设施)，将正式管道进行复位安装；

⑤ 低温机泵用水试运转结束后，必须进行干燥处理；

⑥ 检查机器设备单机试运转系统各阀门开关，应在规定状态；

⑦ 整理试运转的各项记录。

（8）对不适宜单机试运转的机器，可在装置联运时考核其性能和安装质量。

第 8 章　泵

泵是一种输送液体的机器。它以一定的方式将来自原动机的机械能传递给进入(吸入或灌入)泵内的被送液体，使液体的能量(位能、压力能或动能)增大，依靠泵内被送液体与液体接纳处(即输送液体的目的地)之间的能量差，将被送液体压送到液体接纳处，从而完成对液体的输送。泵的类型可按以下方式分类。

1. 依据泵向被送液体传递能量的方式分

(1) 动力式泵　泵连续地将能量传递给被送液体，使其速度(动能)和压力能(位能)均增大(主要是速度增大)，然后再将其速度降低，使大部分动能转换为压力能，被送液体以升高后的压力实现输送。

(2) 容积式泵　泵在周期性的改变泵腔容积的过程中，以作用和位移的周期性变化将能量传递给被送液体，使其压力直接升高到所需的压力值后实现输送。

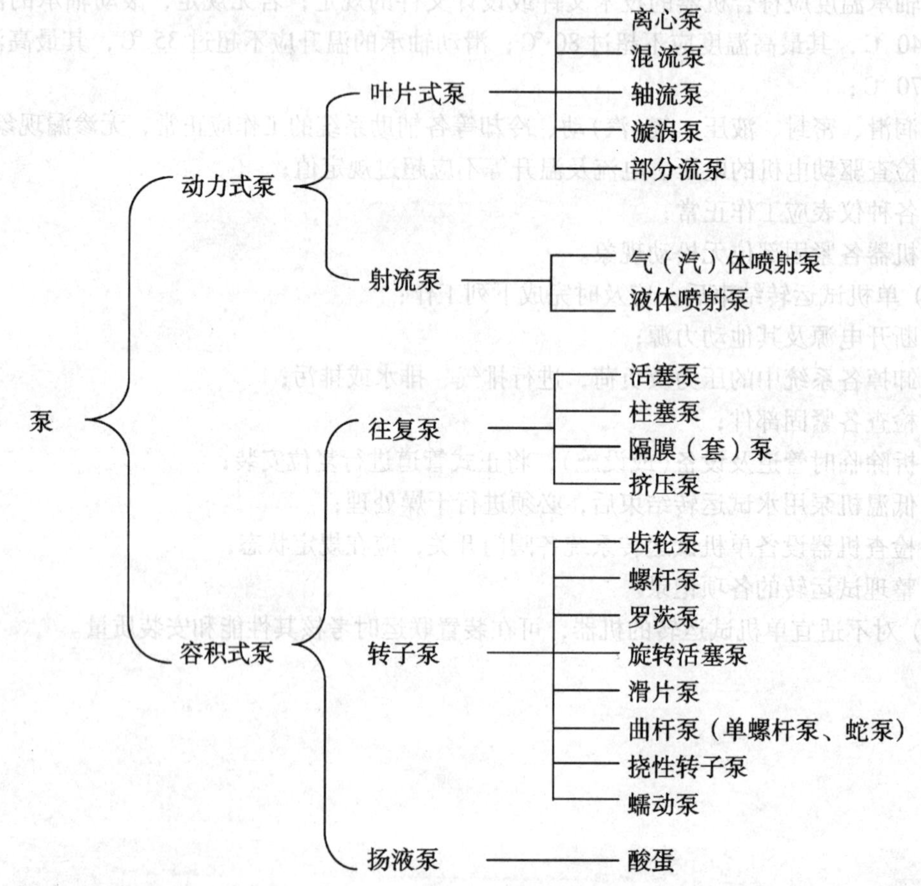

2. 依据泵的用途分

水泵输送的液体为水，如供水泵、排水泵、灌溉泵、消防泵污水泵等。

工业泵输送各种工业生产所需的液体物料(也包括工艺用水)，如化学工业用泵、石油工业用泵、热电站用泵、矿山用泵、建筑用泵、船舶用泵、航空用泵、航天用泵、核工业用泵、食品工业用泵、造纸工业用泵等。

8.1 离心泵

8.1.1 工作原理

离心泵是由原动机(电动机或汽轮机)带动叶轮高速旋转，使液体由于离心力的作用而获得能量的液体输送设备，故名离心泵。

当原动机带动叶轮高速旋转时，充满在泵体内的液体，在离心力的作用下，从叶轮中心被抛向叶轮的外缘。在此过程中，液体获得了能量，流速提高，动能增加。液体离开叶轮进入蜗壳，由于流道逐渐加宽、液体的速度逐渐降低，便将其中部分动能转变为静压能，这样流体压力得到提高，于是液体以较高的压强进入排出管路。

当泵内液体在高速旋转下产生离心力流向叶轮边缘，在叶轮中心形成低压区，这样造成贮槽液面与叶轮中心处的压强差。在这个压强差的作用下，液体便沿着吸入管连续不断地进入叶轮中心，以补充被排出的液体。这样，只要叶轮的转动不停，液体就会连续不断地被吸入和压出，从而达到输送的目的。

离心泵的叶轮是按输送液体设计的，对气体不能施加足够的离心力，假如泵内存在空气，由于空气的密度远小于液体，产生的离心力也小，此时叶轮中心只能造成很小的负压，形不成所需的压强差，液体便不能进入到叶轮中心，泵也就排不出液体，这种现象称为“气缚”。所以，离心泵没有自吸能力，启动前必须要灌泵。

8.1.2 分类

离心泵的分类方法很多，现介绍几种主要分类方法。

8.1.2.1 按工作叶轮数目来分类

（1）单级泵　即在泵轴上只有一个叶轮。

（2）多级泵　即在泵轴上有两个或两个以上的叶轮，这时泵的总扬程为 n 个叶轮产生的扬程之和。

8.1.2.2 按工作压力来分类

（1）低压泵　扬程低于 100mH$_2$O；

（2）中压泵　扬程在 100~650mH$_2$O 之间；

（3）高压泵　扬程高于 650mH$_2$O。

8.1.2.3 按叶轮进水方式来分类

（1）单侧进水式泵　又叫单吸泵，即叶轮一侧吸水；

（2）双侧进水式泵　又叫双吸泵，即叶轮两侧吸水。它的流量比单吸式泵大一倍，可以近似看作是二个单吸泵叶轮背靠背地放在了一起。

8.1.2.4 按泵壳结合缝形式来分类

（1）水平中开式泵　即在通过轴心线的水平面上开有结合缝。

（2）垂直结合面泵　即结合面与轴心线相垂直。

8.1.2.5 按泵轴位置来分类

（1）卧式泵　泵轴位于水平位置。

（2）立式泵　泵轴位于垂直位置。

8.1.2.6 按叶轮出来的水引向压出室的方式分类

（1）蜗壳泵　水从叶轮出来后，直接进入具有螺旋线形状的泵壳。

（2）导叶泵　水从叶轮出来后，进入它外面设置的导叶，之后进入下一级或流入出口管。

通常所说某台水泵属于多级泵，是指叶轮多少来讲的。根据其他结构特征，它又有可能是卧式泵、垂直结合面泵、导叶式泵、高压泵、单面进水式泵等。所以依据不同，叫法就不一样。另外，根据用途也可进行分类，如油泵、水泵、凝结水泵、排灰泵、循环水泵等分类方式。

8.1.3 基本结构

8.1.3.1 离心泵的型号

型号是表征性能特点的代号，我国泵类产品型号编制是由三部分组成。其组成方式如下：

第一部分代表泵的吸入口直径，单位为 mm，用阿拉伯数字表示，大部分老产品用“英寸”表示，即吸入口直径被 25 除后的整数值；

第二部分代表泵的基本结构、特征、用途及材料代号等，用汉语拼音字母表示。离心泵基本型号代号见表 8-1，材料代号表示：Ⅰ类材料为不耐腐蚀的球墨铸铁；Ⅱ类材料为不耐腐蚀的碳素钢；Ⅲ类材料为耐腐蚀的不锈钢。

第三部分代表泵的扬程及级数，老产品很多是以泵的比转数被 10 除后的整数值表示，现在新泵多数用泵的单级扬程表示，单位为 m，对于多级泵，第三部分数字由两部分组成，中间用乘号隔开，乘号前的数字表示泵的单级扬程，乘号后面的数字表示泵的级数。泵的改型产品标志在型号尾部，用大写汉语拼音字母 A、B、C 表示经切割后的叶轮，其中 A 表示第一次切割。B 表示第二次切割，C 表示第三次切割，也是叶轮的极限切割。

表 8-1　离心泵基本型号代号

型号	名　称	型号	名　称
IS	ISO 国际标准型单级单吸离心水泵	Y	离心式油泵
B 或 BA	单级单吸悬臂式离心清水泵	YG	离心式管道油泵
S 或 sh	单级双吸式离心泵	P	屏蔽式离心泵
D 或 DA	多级分段式离心泵	Z	自吸式离心泵
DS	多级分段式首级为双级叶轮	F	耐腐蚀泵
KD	多级中开式单级叶轮	FY	耐腐蚀液下式离心泵
KDS	多级中开式首级为双吸叶轮	W	一般旋涡泵
DL	多级立式筒形离心泵	WX	旋涡离心泵

离心泵的型号表示方法举例如下：

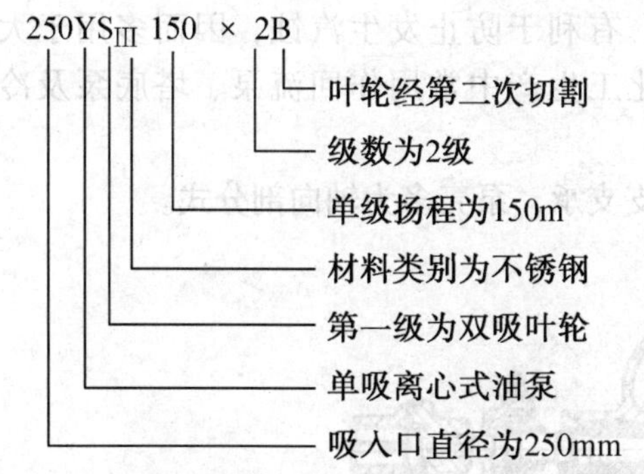

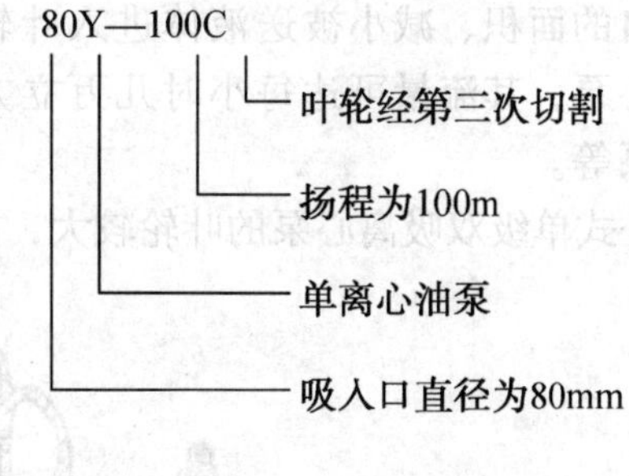

8.1.3.2 常用离心泵结构

1. 卧式单级单吸离心泵

泵轴中心线为水平方向，且只有一只叶轮、叶轮只有一个吸入口的离心泵。图 8-1 为化工流程用单级单吸离心泵的标准结构，其特点如下。

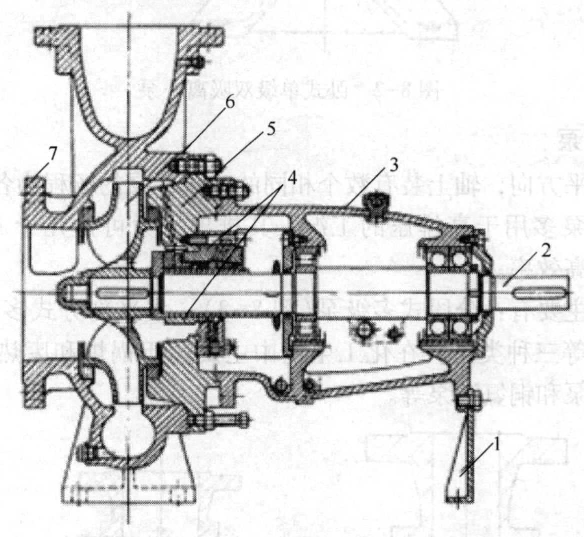

图 8-1 卧式单级单吸离心泵

1—支撑；2—泵轴；3—托架；4—轴封；5—泵盖；6—叶轮；7—泵壳

(1) 泵的吸入口法兰和排出口法兰的中心，均在通过泵轴中心线的铅垂面内，与传统的排出口位于泵壳切向的结构相比，可消除因泵送温度的影响引起排出管路变形，而作用在泵壳上的力矩，保持泵运行中仍有良好的对中、有利于延长泵的运行周期。

(2) 泵体固定在基础上，并采用后开门结构，检修时轴承箱(托架)叶轮及轴封等一起向后抽出，不必拆开吸入和排出管路，可减少维修的工作量。

(3) 采用带中间套筒的联轴器，中间接轴的长度略大于抽出带有叶轮的轴承箱(托架)所需的距离，检修时不必拆移电机，便于检修后的安装和对中。

卧式单级单吸离心泵在化工生产装置中应用的数量最多，一般用于化工生产的进料泵、回流泵、循环泵和产品泵等。

2. 卧式单级双吸离心泵

卧式单级双吸离心泵的泵轴中心线为水平方向，且仅有一只叶轮，叶轮有两个吸入口，分别在叶轮的两端面上(图 8-2)，泵运行时两个吸入口同时吸入液体，可增大叶轮吸入口的面积、减小被送液体进入叶轮时流速，有利于防止发生汽蚀，因而多用于大流量离心泵，其流量可达每小时几万立方米。在化工生产中常用作回流泵、塔底泵及冷却塔水泵等。

卧式单级双吸离心泵的叶轮较大，故多用简支支承，泵壳多为轴向剖分式。

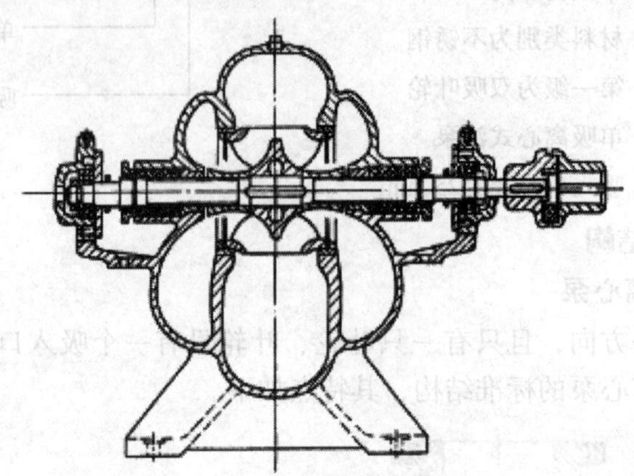

图 8-2　卧式单级双吸离心泵

3. 卧式多级离心泵

泵轴中心线为水平方向，轴上装有数个相同的叶轮，泵的扬程为各叶轮的扬程与叶轮个数的乘积。多级离心泵多用于高排压的工况，其排出压力可达几十 MPa；也用于小流量、高扬程的工况，可提高效率。

卧式多级离心泵主要有：分段式多级泵(图 8-3)、水平剖分式多级泵(图 8-4)和筒式多级离心泵(图 8-5)等三种类型。在化工生产中主要用于锅炉和废热锅炉给水泵，高压液氨输送泵，高压甲胺泵和铜氨液泵等。

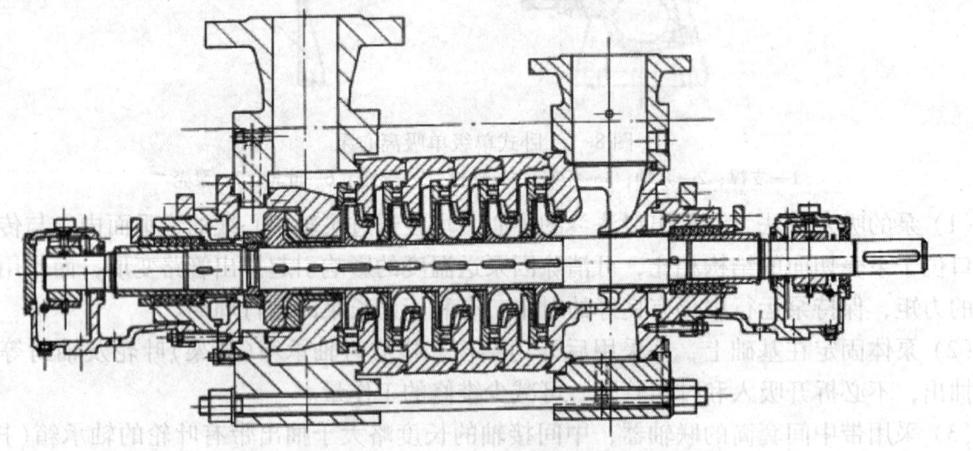

图 8-3　分段式多级离心泵

4. 立式离心泵

立式离心泵的泵轴中心线为竖直方向，根据扬程不同采用不同的级数，化工用立式离心泵一般从单级到 20 余级(图 8-6)。立式离心泵的吸入口在下端，排出口在上端，适用输送低沸点的液体和过冷气体。当输送过程中可能有部分液体气化时，气体将集中于泵的上部，便于排出，不会影响泵的性能和正常运行；泵的吸入口在泵的下端，在化工装置中一般位于

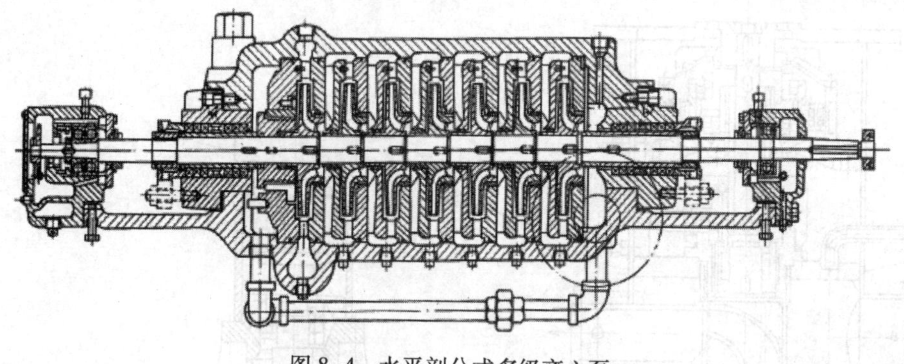

图 8-4　水平剖分式多级离心泵

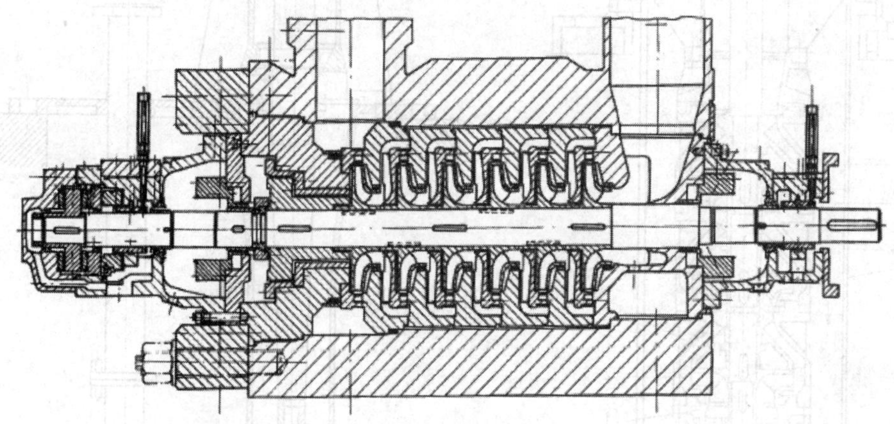

图 8-5　筒式多级离心泵

地坑中，特别是有关标准规范规定，立式离心泵其安装基础的顶面为 *NPSH* 计算准面，故可得到较大的 *NPSH* 值，有利于防止汽蚀。

化工生产中，立式离心泵主要用于输送液氨、液态烃(甲烷、乙烷、乙烯、丙烯等)，以及液氧、液氮等物料的产品泵、给料泵、塔底泵和回流泵等。

5. 液下泵

液下泵属于立式离心泵的一种(图 8-7)。泵浸没在被送液体中运行，被送液体不会漏入大气，不需要有防止液体漏入大气的轴封(填料或机械密封)，泵结构简单，启动前亦不需要灌泵。

液下泵主要用以输送高温液体，熔融物料、酸、碱等强腐蚀性液体；在化工生产中主要用作给料泵、循环泵、补给泵和排污泵等。

6. 管道泵

管道泵属于立式离心泵的一种，其结构示意见图 8-8。泵的吸入口和排出口法兰中心线与泵轴中心线在同一铅垂面内，且与泵轴中心线垂直，可以不用弯头直接连接在管路上。小型管道泵可直接由管道支承；大型管道泵以底部的支座支承于基础上。

图 8-8(a)为直联式管道泵。图 8-8(b)所示管道泵，以带有中间接轴的联轴器传动，在不必拆卸管线和拆除电机的情况下，即可取出转子组(包括：叶轮、泵轴、轴承和轴封等)进行检修，更适合化工生产特别是大型化工装置应用，加之管道泵占地面积小的优点，如按离心式化工流程泵的标准和规范设计、制造和检验，可发展成管道式化工流程泵。

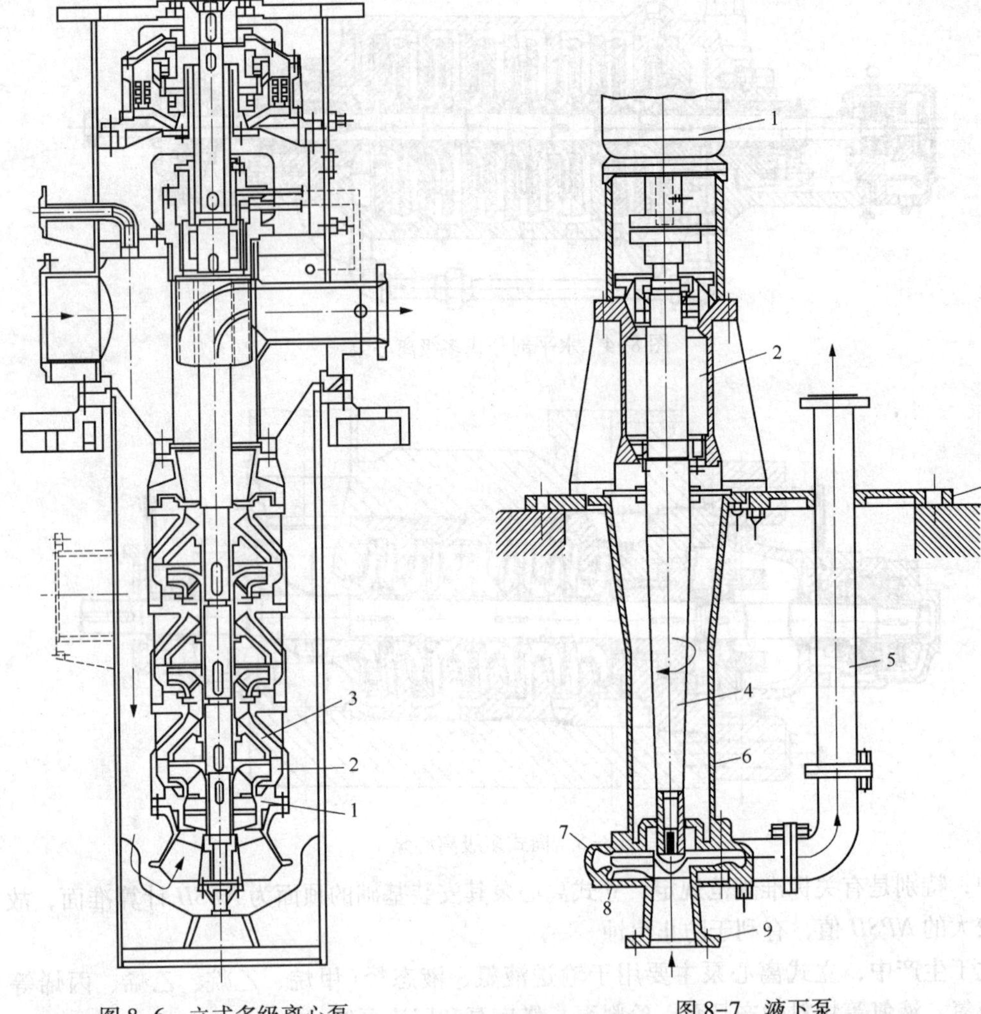

图 8-6 立式多级离心泵

1—叶轮；2—扩压器；3—回流器

图 8-7 液下泵

1—电动机；2—轴承箱；3—底板；4—轴；5—排出管；6—中间管；7—泵体；8—叶轮；9—吸入室

管道泵在化工生产中主要用于直接安装于设备上或管路上的液体物输送泵，接力(增压)泵，循环泵等。

7. 自吸式离心泵

自吸式离心泵第一次启动前需要进行灌泵，以后再次启动时不需再灌泵，能够利用停泵后留在泵内的液体的循环，逐步排出泵内和吸入管路中的气体，达到正常输液。自吸泵的吸入口高于叶轮中心线，且有较大的吸入室，可留存以后再启动时用于灌满泵腔的液体；在泵的排出管设有气液分离室排出气体，并使液体回流到泵吸入室内循环使用。

自吸泵分为内混式(气、液在叶轮入口处混合后进入叶轮)和外混式(气、液在叶轮的出口处混合) 两种形式。外混式(图 8-9)结构简单，应用较多，但其自吸时间较长。设计较好的自吸式离心泵的自吸时间仅需几十秒钟。

在化工生产中，自吸式离心泵主要用于输送高温、有毒、强腐蚀性等液体。

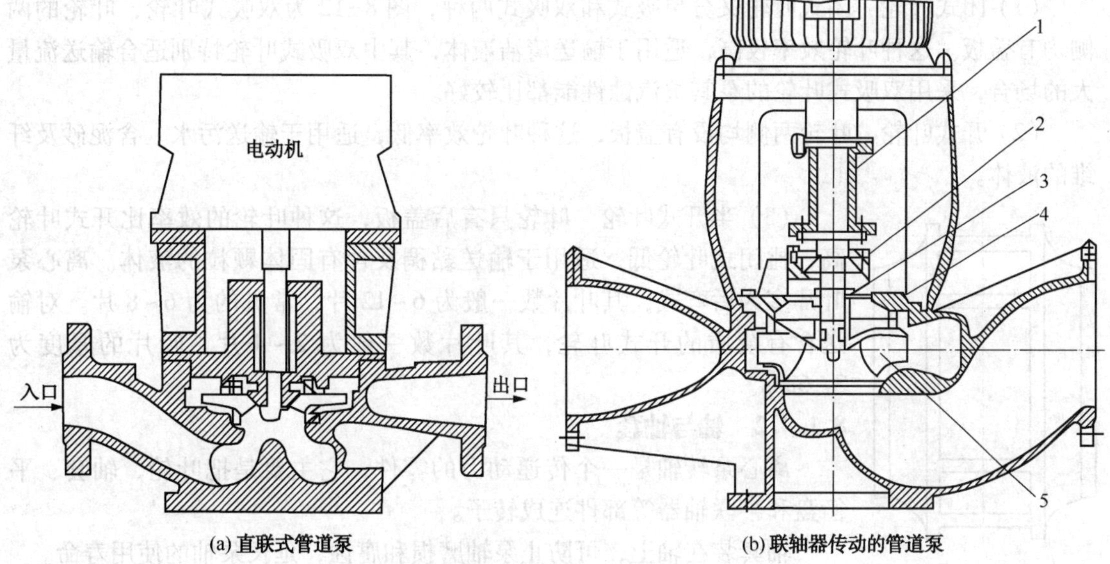

(a) 直联式管道泵　　(b) 联轴器传动的管道泵

图 8-8　离心式管道泵

1—中间接轴；2—轴承；3—轴封；4—泵盖；5—叶轮

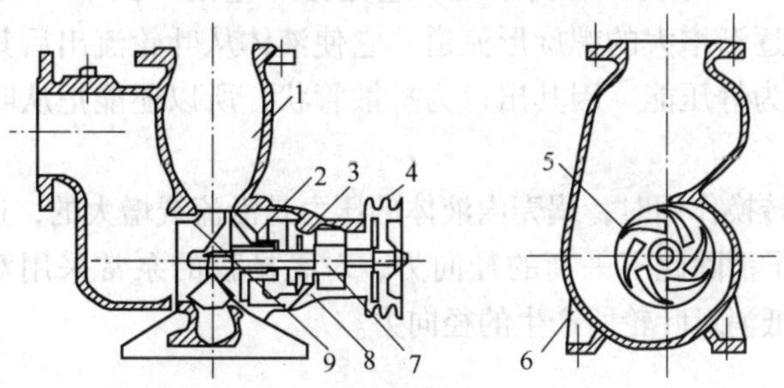

图 8-9　外混自吸式离心泵结构

1—气液分离室；2—填料箱；3—轴承；4—皮带轮；
5—叶轮；6—泵体；7—泵轴；8—轴承体；9—水封环

8.1.4　部件

8.1.4.1　叶轮

叶轮是离心泵唯一直接对液体作功的部件，它直接将驱动机输入的机械能传给液体并转变为液体静压能和动能。叶轮一般由轮毂、叶片、前盖板、后盖板等组成，见图 8-10。按结构形式叶轮可分为三种，见图 8-11。

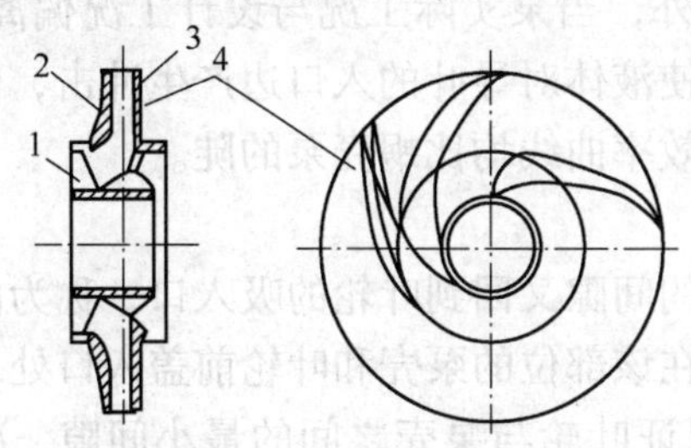

图 8-10　离心泵叶轮构造

1—轮毂；2—前盖板；3—后盖板；4—叶片

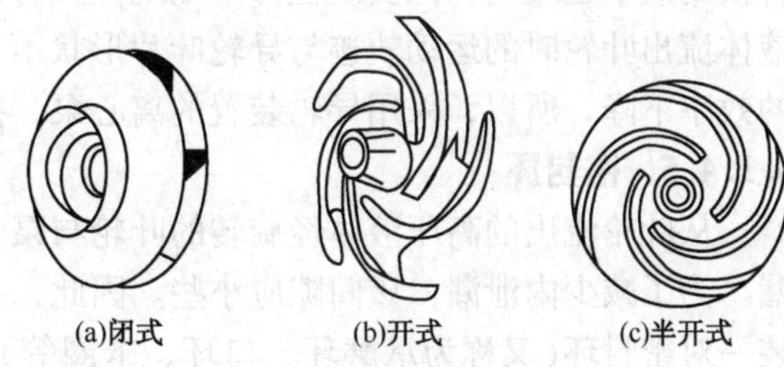

图 8-11　离心泵叶轮的型式

（1）闭式叶轮　闭式叶轮又分单吸式和双吸式两种，图 8-12 为双吸式叶轮，叶轮的两侧均有盖板。这种叶轮效率较高，适用于输送清洁液体，其中双吸式叶轮特别适合输送流量大的场合，采用双吸式叶轮的泵其抗汽蚀性能都比较好。

（2）开式叶轮　叶轮两侧均没有盖板，这种叶轮效率低，适用于输送污水、含泥砂及纤维的液体。

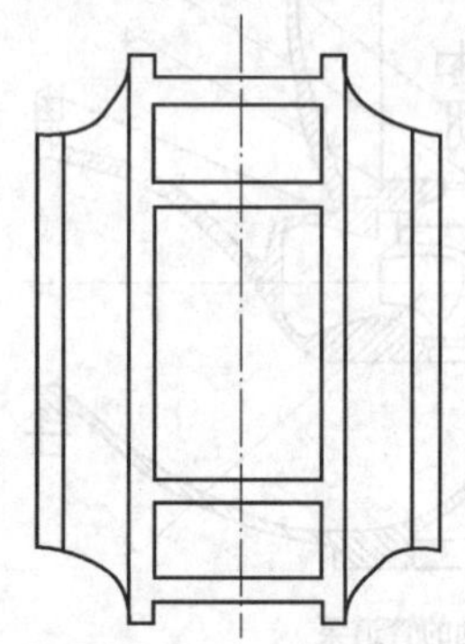

图 8-12　双吸式叶轮

（3）半开式叶轮　叶轮只有后盖板，这种叶轮的效率比开式叶轮高，比闭式叶轮低，适用于输送黏稠及含有固体颗粒的液体。离心泵叶片多为后弯式，其叶片数一般为 6~12 片，常见的为 6~8 片。对输送含有杂质的开式叶轮，其叶片数一般为 2~4 片。叶片的厚度为 3~6mm。

8.1.4.2　轴与轴套

离心泵转轴是一个传递动力的零件，它主要是把叶轮、轴套、平衡盘和半联轴器等部件连成转子。

轴套装在轴上，可防止泵轴磨损和腐蚀，延长泵轴的使用寿命。

8.1.4.3　蜗壳

蜗壳又称为泵壳，它是指叶轮出口到下一级叶轮入口或到泵的出口管之间的、截面积逐渐增大的螺旋形流道。它使液体从叶轮流出后其流速平稳地降低，同时使大部分动能转变为静压能。因其出口为扩散管状，所以还能把从叶轮流出来的液体收集起来送往排出管。

当蜗壳具有能量转换作用时，蜗壳内液体的压力是沿流线增大的，这就会对叶轮产生一个径向的不平衡力。为了消除此不平衡的径向力，对高扬程的泵常采用双蜗壳室，见图 8-13，使用两段蜗壳以互相抵消对叶轮所产生的径向力。

8.1.4.4　导轮

导轮又称导叶轮，它是一个固定不动的圆盘，位于叶轮的外缘、泵壳的内侧，正面有包在叶轮外缘的正向导叶，背面有将液体引向下一级叶轮入口的反向导叶，其结构见图 8-14。液体从叶轮甩出后，平缓地进入导轮沿正向导叶继续向外流动，速度逐渐下降，静压能不断提高。液体经导轮背面反向导叶时被引向下一级叶轮。导轮有径向式、流道式和扭曲式三种，其中扭曲式已逐渐被淘汰。

导轮上的导叶数一般为 4~8 片，导叶的入口角一般为 8°~16°，叶轮与导叶间的径向单侧间隙约为 1mm。若间隙太大，效率变低；间隙太小，则会引起振动和噪声。

导轮与蜗壳相比，其外形尺寸小，采用导轮的分段式多级离心泵的泵壳制造容易，能量转换的效率也较高，但安装检修不如蜗壳式方便。另外，当泵实际工况与设计工况偏离时，液体流出叶轮时的运动轨迹与导轮叶片形状不一致，使液体对导叶的入口边产生冲击，使泵的效率下降。所以，采用导轮装置的离心泵，扬程和效率曲线均比蜗壳泵的陡。

8.1.4.5　密封环

从叶轮流出的高压液体经旋转的叶轮与泵壳之间的间隙又回到叶轮的吸入口，称为内泄漏。为了减少内泄漏，该间隙应小些。因此，一般都在该部位的泵壳和叶轮前盖入口处，安装一对密封环(又称为承磨环、口环、卡圈等)，以保证叶轮与泵壳之间的最小间隙，减小内泄漏。当泵运行一段时间后，密封环被磨损造成间隙过大时，可拆去已磨损的密封环，更换新的密封。

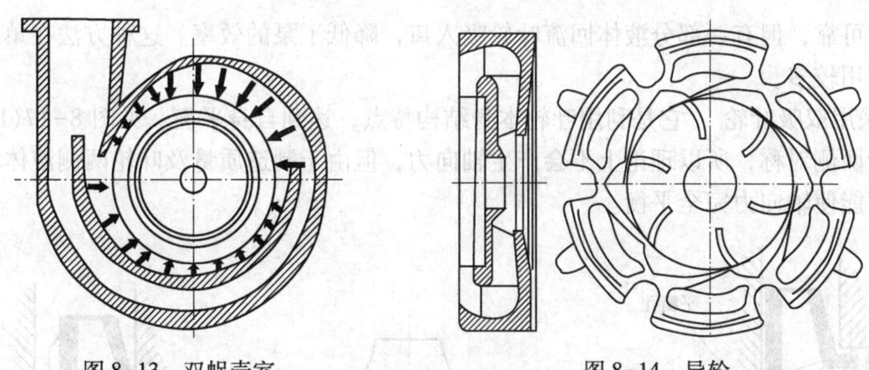
图 8-13　双蜗壳室　　图 8-14　导轮

密封环按其轴截面的形状可分为平环式、角环式、锯齿式和迷宫式等，见图 8-15。平环式和角环式由于结构简单、加工和拆装方便，在一般离心泵中应用广泛；锯齿式或迷宫式的密封效果好，一般用在高压离心泵中。

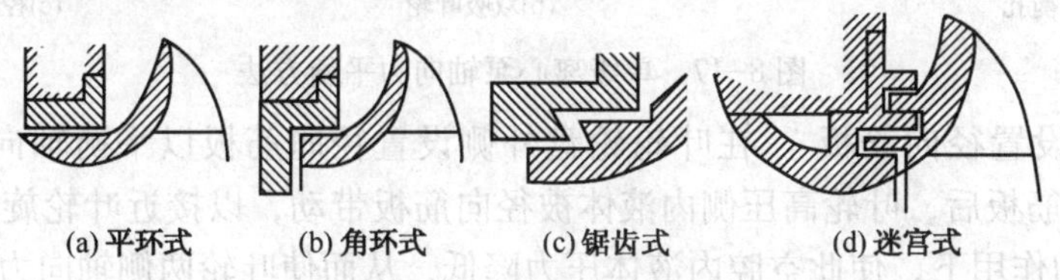

图 8-15　密封环的型式

8.1.4.6　轴向力平衡装置

1. 轴向力的形成及危害

离心泵叶轮(双吸式叶轮除外)工作时，液体以低压 p_1 进入叶轮，而以高压 p_2 流出叶轮，且叶轮前后盖板形状的不对称，使得叶轮两侧所受到的液体压力不相等，从而产生了轴向推力。叶轮两侧的液体压力分布见图 8-16。

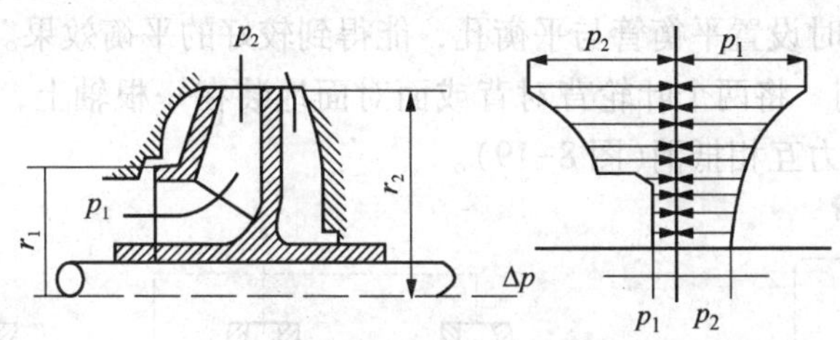

图 8-16　离心泵轴向力示意图

由于叶轮两侧受力不均匀，使得离心泵在运转时，形成一个沿轴向并指向叶轮入口，同时作用在转子上的力，这个力使泵的整个转子向叶轮吸入口端窜动，引起泵的振动、轴承发热，甚至损坏机件，使泵不能正常工作。尤其是多级泵，轴向力的影响更为严重。

2. 轴向力的平衡

当离心泵叶轮产生较大的轴向力时，并且全都作用于轴承上，轴承难以承受。为此，必须采取平衡措施消除或减小轴向力，保证离心泵安全运行。

(1) 单级离心泵轴向力平衡方法：

① 叶轮上开平衡孔　其目的是使叶轮两侧的压力相等，从而使轴向力平衡，见图 8-17(a)，在叶轮轮盘上靠近轮毂的地方对称地钻几个小孔(称为平衡孔)，并在泵壳与轮盘上半径为 r_1 处设置密封环，使叶轮两侧液体压力差大大减小，起到减小轴向力的作用。这种方

法简单、可靠，但有一部分液体回流叶轮吸入口，降低了泵的效率。这种方法在单级单吸离心泵中应用较多。

② 采用双吸叶轮　它是利用叶轮本身结构特点，达到自身平衡，见图 8-17(b)，由于双吸叶轮两侧对称，所以理论上不会产生轴向力，但由于制造质量及叶轮两侧液体流动的差异，不可能使轴向力完全平衡。

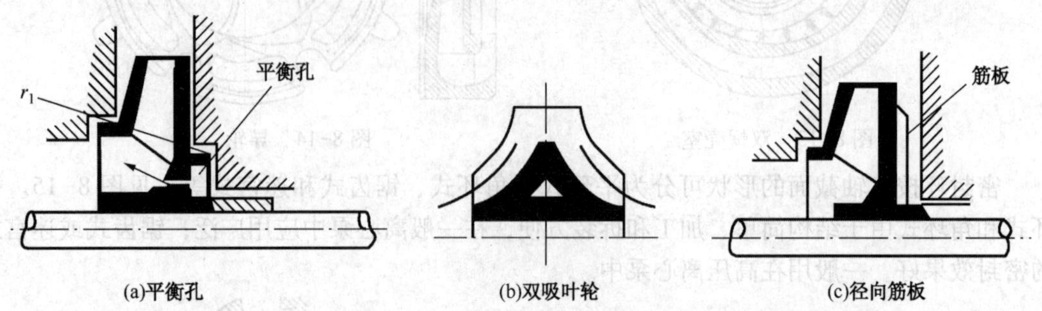

图 8-17　单级离心泵轴向力平衡方法

③ 叶轮上设置径向筋板　在叶轮轮盘外侧设置径向筋板以平衡轴向力，见图 8-17(c)，设置径向筋板后，叶轮高压侧内液体被径向筋板带动，以接近叶轮旋转速度的速度旋转，在离心力的作用下，使此空腔内液体压力降低，从而使叶轮两侧轴向力达到平衡。其缺点就是有附加功率损耗。一般在小泵中采用 4 条径向筋板，大泵采用 6 条径向筋板。

④ 设置止推轴承　在用以上方法不能完全消除轴向力时，要采用装止推轴承的方法来承受剩余轴向力。

(2) 多级离心泵轴向力平衡方法：

① 设置平衡管　见图 8-18，在叶轮轮盘外侧靠近轮毂的高压端，与离心泵的吸入端用管连接起来，使叶轮两侧的压力基本平衡，从而消除轴向力。此方法的优缺点与平衡孔法相似。有些离心泵中同时设置平衡管与平衡孔，能得到较好的平衡效果。

② 叶轮对称排列　将两个叶轮背对背或面对面地装在一根轴上，使每两个相反叶轮在工作时所产生的轴向力互相抵消(图 8-19)。

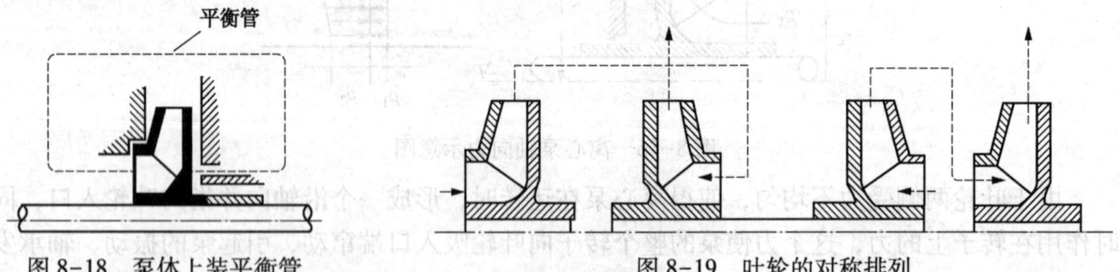

图 8-18　泵体上装平衡管

图 8-19　叶轮的对称排列

③ 采用平衡鼓装置　在分段式多级离心泵最后一级叶轮的后面，装设一个随轴一起旋转的平衡鼓，见图 8-20。

④ 采用平衡盘装置　见图 8-21，在分段式多级离心泵最后一级叶轮后面，装设一个随轴一起旋转的平衡盘和在泵壳上嵌装一个可更换的平衡座。

⑤ 采用平衡鼓与平衡盘联合装置　该装置的特点就是利用平衡鼓将 50%~80%的轴向力平衡掉，剩余轴向力再由平衡盘来平衡，其结构见图 8-22。

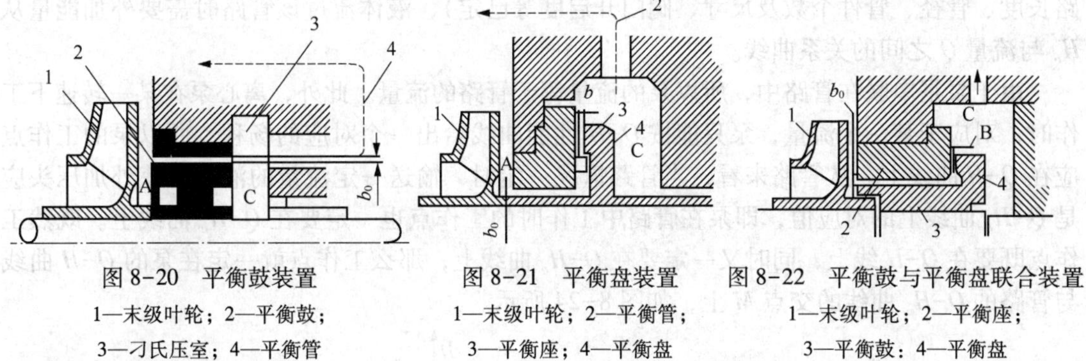

图 8-20　平衡鼓装置

1—末级叶轮；2—平衡鼓；

3—刁氏压室；4—平衡管

图 8-21　平衡盘装置

1—末级叶轮；2—平衡管；

3—平衡座；4—平衡盘

图 8-22　平衡鼓与平衡盘联合装置

1—末级叶轮；2—平衡座；

3—平衡鼓；4—平衡盘

8.1.4.7　滚动轴承

滚动轴承的表述具体详见第五章中 5.11。

8.1.5　性能参数与特性曲线

8.1.5.1　性能参数

离心泵的主要性能参数有流量、扬程、转速、功率和效率等，它表示离心泵在一定转速下，以水为介质在最高效率时的性能参数。新泵出厂时，各性能参数均标在泵的铭牌上。为了正确使用泵，需要了解泵的性能参数，现分别简介如下。

(1) 流量　即泵在单位时间内排出的液体量，通常用体积单位表示，符号 Q，单位有 m^3/h、m^3/s、L/s 等。

(2) 扬程　输送单位质量的液体从泵入口处(泵进口法兰)到泵出口处(泵出口法兰)，其能量的增值，用 H 表示，单位为 kgf · m/kgf。

(3) 转速　泵的转速是泵每分钟旋转的次数，用 N 来表示。

(4) 汽蚀余量　离心泵的汽蚀余量是表示泵的性能的主要参数，用符号 Δhr 表示，单位为米液柱。

(5) 功率与效率　泵的输入功率为轴功率 N。泵的输出功率为有效功率 Ne。

8.1.5.2　特性曲线

离心泵在固定转速下扬程、轴功率和效率等随流量而变化的关系可在坐标图上用曲线表示出来。这种表示离心泵主要性能参数之间关系的曲线，称为离心泵的性能曲线(也称为特性曲线)。离心泵的性能曲线有：流量-扬程(Q-H)曲线、流量-轴功率(Q-N)曲线、流量-效率(Q-η)曲线等。

离心泵的性能曲线是用实验的方法测定的。图 8-23 为一离心泵的性能曲线。试验时转速为 1450r/min，标在图左上角，性能曲线的横坐标为流量 Q，纵坐标分别为扬程 H、轴功率 N 和效率 η。

8.1.6　工作点与流量调节

8.1.6.1　离心泵的工作点

离心泵 Q-H 曲线上任一点都是一个工作点，并对应一组参数(H、Q、P、η、$NPSH$)，离心泵在运行时，都希望它在对应最高效率点的工作点下工作，但是不一定能做到。这是因为离心泵运转时在性能曲线上哪一点工作，是由离心泵性能曲线与管路特性曲线共同决定的。所谓管路特性曲线，是指管路情况一定时(即管路进、出口液流的压力、输液高度、管路长度、管径、管件个数及尺寸、阀门开启度等已定），液体流过该管路时需要外加能量从 H_c 与流量 Q 之间的关系曲线。

由于泵是串联在管路中，所以泵的流量等于管路的流量。此外，离心泵在某一转速下工作时，对应于某一个流量，泵只能按 Q-H 性能曲线给出一个对应的扬程，所以泵的工作点应在 Q-H 曲线上。从管路来看，当管路情况一定时，输送一定流量的液体所获外加压头应是 Q-H_c 曲线上的对应值，即泵在管路中工作时的工作点也一定要在 Q-H_c 曲线上。既然工作点既要在 Q-H 线上，同时又一定要在 Q-H_c 曲线上，那么工作点就一定在泵的 Q-H 曲线与管路的 Q-H_c 曲线的交点 M 上，如图 8-24 所示。

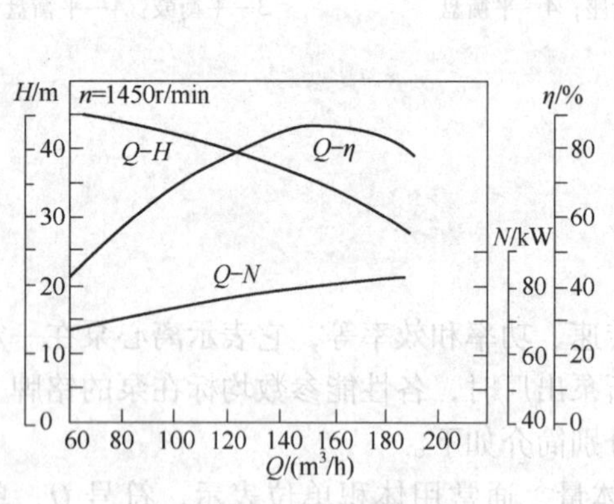

图 8-23　离心泵的性能曲线

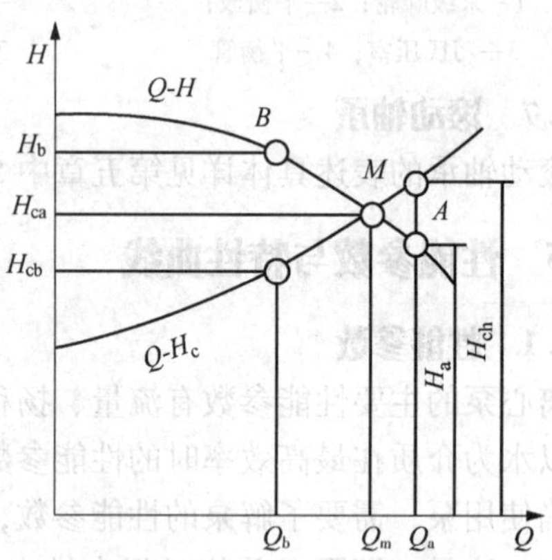

图 8-24　离心泵的工作点

离心泵在管路中工作时，不管什么原因使其工况偏离 M 点工况，泵的继续工作将很快地使其工作点自动回到交点 M。这是因为如果泵不是在交点 M 的工况下工作，而是在图 8-24 中 A 点的工况下工作，则此时泵给出的能量 H_a 将小于使流量为 Q_a 的液体在管路中流动时所需的能量 H_{ca}，这样管路中的流量将不能维持为 Q_a 而会自动减小，一直要减到 $Q=Q_m$ 时流量才不再减少而趋于稳定。同理，如泵在图 8-24 中的 B 点工作，则由于这时扬程从大于管路所需要的压头 H_{ch}，所以管路中的液流将加速，流量将增加，直到流量增加到 $Q=Q_m$，时才趋于稳定。

由上述可知，在一定的管路系统中（指进出口压力、输液高度、管路及管件的尺寸及件数、阀门的开启度等一定），当泵的转速一定时，它只有一个稳定的工作点 M。该点由泵的 Q-H 曲线与该管路的 Q-H_c 曲线的交点决定。

8.1.6.2　离心泵的流量调节

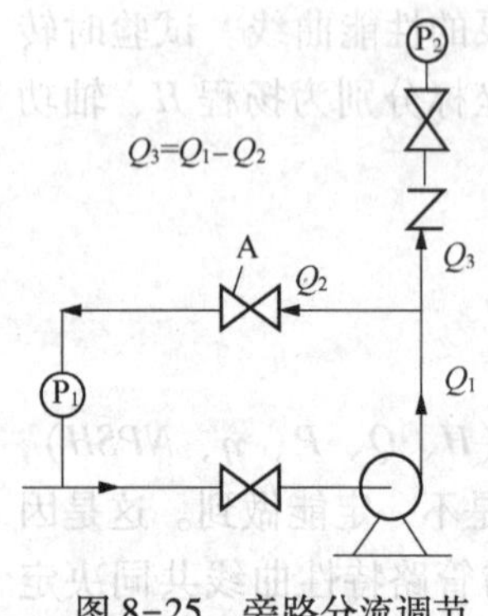

图 8-25　旁路分流调节

在生产过程中，根据工艺要求常需要改变管路系统的流量。由于泵扬程和工作流量决定于管路特性曲线与泵性能曲线的交点，所以调节流量的问题，实际上是如何改变两曲线交点（工况点）的问题。改变工况点有三种情况：

1. 改变管路特性曲线调节

（1）出口调节　这种方法简单，使用最广，但功率损失大不经济，且泵的扬程曲线愈陡损失愈严重。

（2）旁路调节　见图 8-25，在泵出口设有分路，与入口管（或吸液池）连通，在此管路上装设一节流阀 A，通过调节节流阀开度来控制流量。这种方法适用于流量减小而扬程也要减小的场合。

2. 改变泵的性能曲线调节

改变离心泵 $Q-H$ 曲线的方法，最常用的是改变泵的工作转速、切割叶轮和减少叶片数等几种方法。

3. 同时改变泵和管路特性曲线调节

8.1.7 汽蚀与预防

8.1.7.1 汽蚀现象

从泵的工作原理中可知，泵的吸液过程只有在泵内产生真空度(相对吸液池面压力)才能进行，而真空度是有一定限度的，真空度升高，标志着绝对压力降低，当真空度升到一定程度时，绝对压力降到一定程度，泵运转中就出现一种“汽蚀”现象。

泵在运转时，叶轮入口处的压力等于或低于工作温度下被输送液体的气化压力时，液体就会汽化形成许多气泡。同时，原来溶于液体中的气体也将逸出。这些气泡随即被液流带入叶轮内的高压区，在高压作用下，气化介质凝结为液体。在凝结过程中，体积急剧缩小，好似形成一个空穴，这时周围的液体又以极高的速度冲向空穴，造成液体互相冲击，由于液体质点互相冲击，产生很高的瞬间局部冲击压力，连续打击在叶片的表面上，叶片金属表面会因冲击疲劳而剥蚀呈麻点、蜂窝海绵状。上述这种液体气化、凝结、冲击，形成高速、高压、高频冲击载荷，造成金属材料的机械剥裂现象，称为汽蚀现象。

8.1.7.2 汽蚀的危害

(1) 汽蚀使叶轮衬料受到破坏　通常离心泵受汽蚀破坏的部位，先在叶片入口附近，继而延至叶轮出口。起初是金属表面出现麻点，继而表面呈现海绵状、蜂窝状、鱼鳞状的裂痕，严重时造成叶片或叶轮前后盖板穿孔，甚至叶轮破裂。

(2) 汽蚀使泵的性能下降　泵在汽蚀初始阶段对泵的正常运转没有明显的影响，当汽蚀发展到一定程度时，气泡大量产生，堵塞流道，使泵内液体流动的连续性遭到破坏，因而泵性能曲线呈突然下降的形式。

(3) 汽蚀使泵产生噪音和振动　由于气泡的不断产生和溃灭，液体质点互相冲击，会产生各种频率的噪音。汽蚀严重时可听到泵内有“劈啪”的爆炸声，同时引起泵的振动。泵越大，发生汽蚀时的噪音和振动越严重。

8.1.7.3 汽蚀的预防

汽蚀是离心泵运行中的一个极不正常的现象，为了避免泵在工作中发生汽蚀，一般情况下采取以下的方法；

(1) 增大操作压力 P_s　增大泵入口处的压力 P_s，可采取下列措施：增大吸入管直径；缩短吸入管段长度；减少弯头和附件；降低泵的安装高度 Δzos，必要时可设置地下泵房；增大吸入容器内的压力 P_0；降低泵的操作流量；将泵的进口调节阀开大。

(2) 减小 $[\Delta h]$ 或增大 $[H_s]$　在同样转速和流量下，采用双吸叶轮，或采用入口设有诱导轮的泵。

(3) 采用抗汽蚀材料　一般情况下，当使用条件所限不可能完全避免发生汽蚀时，应采用强度、硬度、韧性和化学稳定性高的材料制造叶轮，以延长叶轮的使用寿命。一般用2Cr13、高镍铬合金等。

8.1.8 试运转及故障处理

离心泵安装完毕，要进行试运转。按要求试运合格后，若没有发现任何问题，便可进行移交。若发现有故障，安装或检修人员必须查明原因进行排除，直到试运转合格为止。

8.1.8.1 离心泵的试运转

1. 试运前的准备工作

(1) 检查安装检修记录，确认数据正确，准备好试运用的各种记录表格；

(2) 把泵周围卫生打扫干净；

(3) 检查地脚螺栓有无松动，电机接地线是否良好，入口管线及附属部件、仪表是否完整无缺；

(4) 检查联轴器连接是否合格，护罩是否安装符合要求；

(5) 轴承部位加入合格的润滑油，油位在 1/2~2/3 油标处；

(6) 检查冷却系统是否畅通；

(7) 检查封油系统投用是否正常，封油压力应高于泵入口压力 0.05~0.14MPa；

(8) 盘车应无卡涩现象和异常响声；

(9) 对于高温泵要进行充分的预热，低温泵需进行预冷；

(10) 检查电气系统，并进行供电。

2. 试运转

(1) 启动：

① 关闭泵出口阀，关好泵进出口连通阀。开启入口阀，使液体充满泵体，打开放空阀，将空气赶净后关闭。

② 检查轴封渗漏是否符合要求。

③ 盘车无问题后，启动电机。

④ 当泵出口压力和电机电流正常后，逐渐打开泵出口阀，并严密监视电机电流，将电流控制在红线内，以防电机超负荷，烧毁电机。

⑤ 检查出口压力指示是否正常，润滑情况是否良好。

⑥ 检查轴封渗漏是否符合要求，密封介质泄漏不得超过下列要求：对于机械密封，轻质油 10 滴/min，重质油 5 滴/min；对于填料密封，轻质油 20 滴/min，重质油 10 滴/min。

⑦ 检查冷却系统运转是否正常。

⑧ 检查泵的振动值和轴承温度是否在允许范围内。振动值应符合 JB/T 8097—1999 标准。轴承温度应符合下列要求：对于强制润滑系统，轴承油的温升不应超过 28℃，轴承金属的温度应小于 93℃，对于油环润滑油或飞溅润滑系统，油池的温升不超过 39℃。

⑨ 过程中检测泵的出口流量及压力，并根据其变化判断过滤网的堵塞情况，当堵塞较严重时，应立即停泵处理。

⑩ 认真妥善处理试运中出现的问题，并作好详细记录，同时配合其他岗位做好试运善后工作。

(2) 停车：

① 关闭出口阀；

② 停止电动机。

(3) 验收：

① 连续运转 24h 后(新安装泵在额定工况点连续试运转时间不小于 2h)，各项技术指标

均达到设计要求或能满足生产需要；

② 达到完好标准；

③ 检修记录齐全、准确，按规定办理验收手续。

8.1.8.2 离心泵的故障处理

离心泵在运转过程中常会出现振动、轴承温度高、轴封泄漏等故障。出现这些故障应查明原因，处理后才能继续投入运转。现将离心泵常见故障现象、原因及处理方法列于表8-2。

表8-2 离心泵常见的故障现象、原因及处理方法

故障现象	故障原因	处理方法
流量扬程降低	泵内或吸入管内存有气体	重新灌泵，排除气体
	泵内或管路有杂物堵塞	拆检清理
	泵的旋转方向不对	检查电机接线
	叶轮流道不对中	检查、修正流道对中
	叶轮装反向	拆检调正
	叶轮损坏	拆检更换叶轮
	介质黏度增大	调整工艺
电流升高	转子定子碰擦	解体修理
振动增大	泵转子或驱动机转子不平衡	转子重新平衡
	泵轴与原动机轴对中不良	重新校正
	轴承磨损严重，间隙过大	修理或更换
	地脚螺栓松动或基础不牢固	紧固螺栓或加固基础
	泵抽空	进行工艺调整
	转子零部件松动或损坏	紧固松动部件或更换
	支架不牢引起管线振动	管线支架加固
	泵内部摩擦	拆泵检查消除摩擦
密封泄漏严重	泵与原动机对中不良	重新校正
	轴弯曲	矫正轴或更换
	轴承或密封环磨损过多形成转子偏心	更换并校正轴线
	密封损坏或安装不当	检查更换
	密封冲洗液压力不当	调整密封冲洗液压力比密封腔前压力大0.05～0.15MPa
	操作波动大或抽真空	稳定操作、更换密封
	密封补偿环卡涩	调整或更换密封
	填料过松	重新调整
轴承温度过高	轴承间隙过小	调整轴瓦间隙
	转动部分平衡破坏	检查消除
	润滑油过少或变质	按规定添放或更换润滑油
	轴承损坏或松动	修理更换或紧固
	轴承冷却效果不好	疏通管路或增大冷却水量
	带油环失效	调整或更换
泵体异响	泵内抽空	调整操作
	泵内发生汽蚀现象	调整操作
	泵内有异物	解体清除异物
	叶轮口环偏磨	解体检查消除轴弯曲；解体检查消除口环偏心
	泵体内部件松动	解体检查紧固松动件
	轴中心线偏斜	调正前后轴承中心线

8.2 往复泵

8.2.1 工作原理

往复泵为容积式泵中的一种，由泵缸、缸内的往复运动件、单向阀(吸液和排液)、往复密封以及传动机构等组成(图 8-26)。

往复泵以其泵缸内往复运动件的往复运动，周期性地改变密闭液缸的工作容积，经吸入单向阀周期性地将被送液体吸入工作腔内，在密闭状态下以往复运动件的位移将原动机的能量传递给被送液体，并使被送液体的压力升高，达到需要的压力值后，再通过排液单向阀排到泵的输出管路。重复循环上述过程，即完成输送液体。

8.2.2 分类和适用范围

按往复运动件的形式，往复泵分为以下三类(图 8-27)。

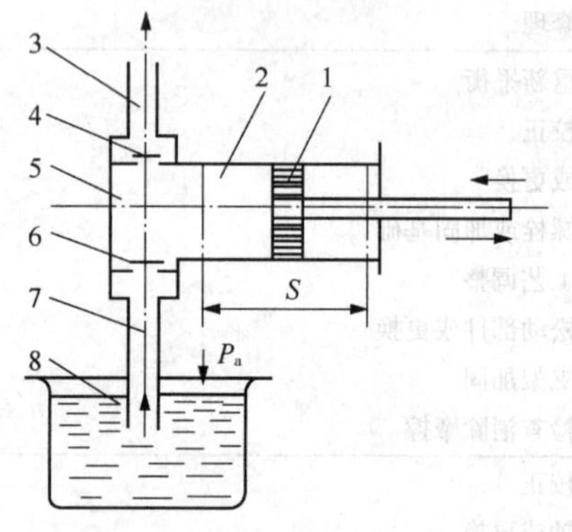

图 8-26 往复泵的工作原理

1—往复运动件(活塞)；2—泵缸；3—排出管；4—排出阀；5—工作室；6—吸入阀；7—吸入管；8—容器

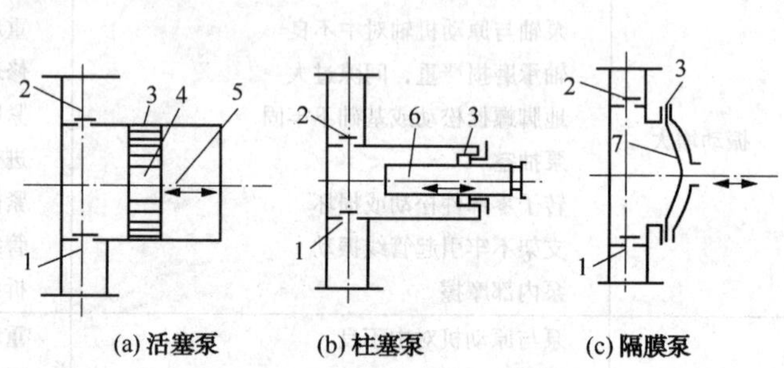

图 8-27 往复式泵的基本类型

1—吸入阀；2—排出阀；3—密封；4—活塞；5—活塞杆；6—柱塞；7—隔膜

8.2.2.1 活塞式往复泵

其往复运动件为圆盘(或圆柱)形的活塞，以活塞环(涨圈)与液缸内壁贴合构成密闭的工作腔，以活塞在液缸内的位移，周期性地改变泵工作腔的容积，完成输送液体。

这类活塞泵适用于中、低压工况，最高排出压力小于等于 7.0MPa，主要用于小型锅炉给水，矿山排水，化工、石油化工及炼油生产输送化工物料和石油及石油制品，可输送运动黏度小于等于 850mm^2/s 的液体或物理化学性质接近清水的其他液体。

蒸汽(包括气压、液压)往复活塞泵具有较好的防爆性能，常用于化工、石油化工及炼油生产中输送丙烷、丁烷、汽油(< 200℃)和热油(< 400 ℃)等易燃、易爆、易挥发的液体，不宜输送腐蚀性液体。

8.2.2.2 柱塞式往复泵

其往复运动件为表面经精加工的圆柱体，柱塞圆柱表面与液缸之间的往复密封构成密闭的工作腔，以柱塞进入泵工作腔内的长度周期地改变工作腔的容积，完成输送液体，见图 8-27(b)。

柱塞泵的设计排液压力比较高，最高排出压力可达1000MPa，甚至更高。主要用于液压动力(水压机高压水泵)增加，化工液体物料增压和输送等。在化工生产中主要用作合成氨生产的铜液泵、碱液泵，尿素生产的液氨泵、甲铵泵；生产乳化液的高压乳化器的高压泵(或称高压均质乳化泵)等。

8.2.2.3 隔膜式往复泵

其往复运动件为膜片，以膜片与液缸之间的静密封构成密闭的工作腔，以膜片的变形，周期性地改变泵工作腔的容积，完成输送液体。

隔膜式往复泵的排出压力可达400MPa。由于隔膜泵没有泄漏，适用于输送强腐性、易燃易爆、易挥发、贵重以及含有固体颗粒的液体和浆状物料，故隔膜式往复泵多用于化工生产，如煤浆输送泵、煤浆循环泵等。

往复泵的流量不均匀(由于吸入过程无液体输出，曲柄连杆机构的往复运动不等速等原因)，同时，往复泵的体积大、质量重(受往复惯性力的限制，往复次数小于等于400次/分)，且结构复杂、易损件多、运行周期较短、维修工作量较大、价格较高，因此，在化工生产中，只有在其他旋转泵(如离心泵)尚不能达到的工况下才应用往复泵，故应用数量远远低于离心泵，且随着部分流泵的出现、多级离心泵技术的发展以及高速旋转密封技术的提高，以旋转泵代替往复泵的范围愈来愈大。目前，排出压力小于40MPa的往复泵，均有以旋转泵代替往复泵的趋向，以前应用往复泵的铜液泵(13MPa)，液氨泵(20MPa)和甲铵泵(15~26MPa)均已被旋转泵所代替。但是在小流量、高排压和要求自吸能力很高工况下，仍较多的应用往复泵。另外往复泵的效率比离心泵高10%~30%，比部分流泵高10%~20%，在需要节能的情况下，应使用往复泵。

8.2.3 主要结构类型

往复泵主要有立式结构和卧式结构两种。

8.2.3.1 卧式往复泵

图8-28所示为最常应用的卧式柱塞式往复泵。卧式往复泵的柱塞或活塞水平布置，操作和维修均比较方便；泵的重心较低，运行平稳；但由于柱塞或活塞的自重，泵缸套、密封件(填函、活塞环)和导向件容易产生偏磨；往复运动件的惯性力为水平方向，需要较大的基础；泵的占地面较大。

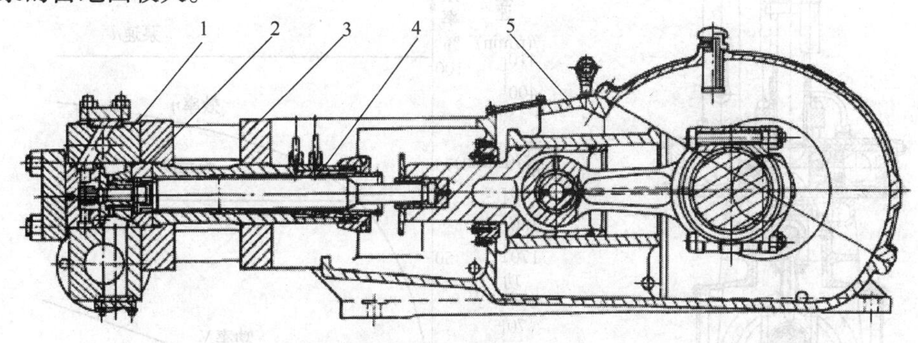

图8-28 卧式柱塞往复泵

1—泵头；2—组合阀；3—泵缸架；4—填料函；5—动力端

8.2.3.2 立式往复泵

图8-29所示为立式柱塞式往复泵，立式泵的占地面较小，柱塞(活塞)在铅垂方向作往复运动，泵的缸套、密封件、导向件不会因柱塞(活塞)自重而产生偏磨；往复惯性力为铅

垂方向，需要的基础较小；泵的重心较高容易产生振动；泵的高度较大，操作维修不便。

柱塞式往复泵柱塞的工作方式有推动和拉动两种。推动方式工作时(图 8-28)，泵的往复运动件和传动件承受压力，机身承受拉力。拉动方式工作时(图 8-29)，泵的往复运动的传动件承受拉力，机身承受压力。

往复泵的机身一般为铸铁制造，铸铁的承压能力优于承拉能力，故拉动式泵的机身尺寸可以较小，质量较轻，但由于拉动式结构复杂，零部件较多，使其应用受到限制，多用于对泵的质量要求苛刻的场合，如船用泵等。推动式泵的结构简单，零部件较少，虽然机身质量较大，但有利于增强泵(特别是卧式泵)的运行稳定性，故应用较多，目前化工生产中应用的往复泵也多为推动式。

8.2.4 性能特点和性能曲线

(1) 压力差(排出压力) 往复泵的压力差(排出压力)，决定于泵的吸入压力和泵输出管路的特性(泵的背压)。只要泵的结构强度和驱动机功率允许，往复泵可达到所需要的任何压力差(排出压力)。因此，往复泵的排出口必须设置安全阀等压力保护器件；往复泵必须在其排出阀全开的状态下启动；并还应注意吸入压力的数值(吸入压力降低，泵的压力差将增大)，以避免往复泵因超压损坏和驱动机过载。

(2) 流量 往复泵的理论流量，仅决定于泵本身的参数(泵的工作容积和往复次数)与泵的压力差(排出压力)无关。由于往复泵吸、排液阀和活塞环等存在内泄漏，且泄漏量随压力差的增大而增大，因此，往复泵的实际流量随泵的压力差的增大而略有下降。

(3) 功率 一般往复泵的往复运动件尺寸、行程和往复次数都是固定的，其轴功率随泵的压力差增大而增大。

(4) 效率 往复泵的效率亦随其压力差增大而逐渐提高，在泵的额定压力差附近，效率最高。泵压力差大于额定值时，因内泄漏增大，效率降低。

往复泵能输送黏稠物料，由于流动阻力增大，泵的实际压力差将随黏度增大而增大，使泵功率增大，效率降低。因此，当泵的往复次数与物料黏度配合不当时，泵的流量将下降。

图 8-30 所示的往复泵性能曲线是以往复泵额定压力差的 25%、50%、75%和 100%的工况下，由性能试验测定、计算泵效率后，绘制而成的。

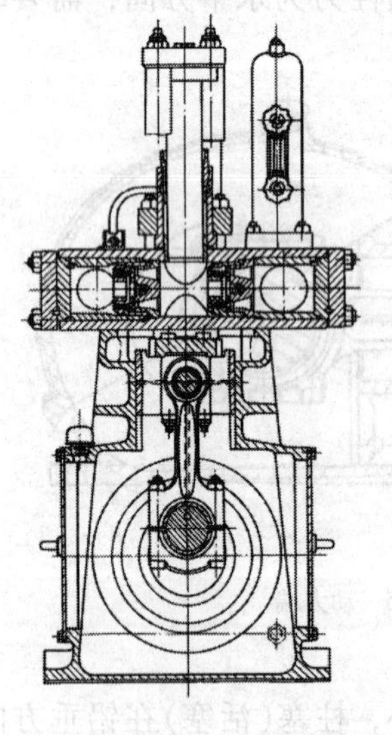

图 8-29 立式柱塞往复泵

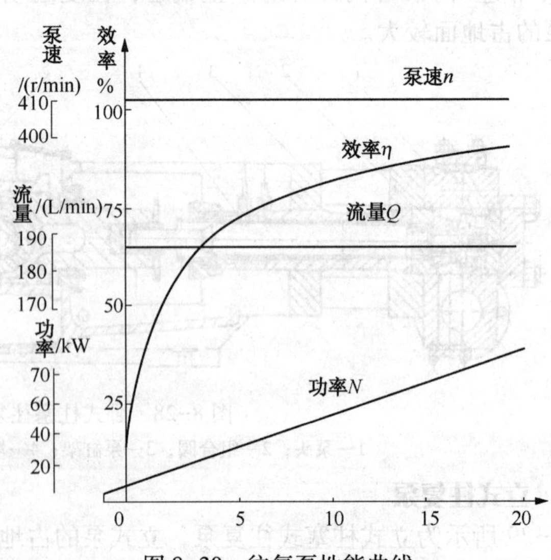

图 8-30 往复泵性能曲线

8.2.5 流量脉动的消除方法

往复泵的瞬时流量是变化的，这种流量的不均匀称作往复泵的流量脉动，往复泵的流量脉动对泵的正常、安全运行和应用都有影响。消除往复泵流量脉动的常用方法有以下几种。

（1）应用多缸往复泵　多缸泵相当于多个同样规格的往复泵在同一曲轴上以不同的相位同时运行，液体排至同一个输出管路内，此时，总的瞬时流量为各液缸的瞬时流量之和，因此，可以减小总流量的脉动（图 8-31）。

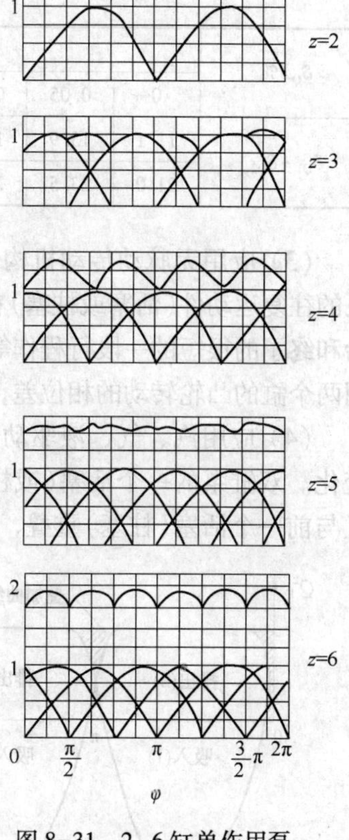

图 8-31　2~6 缸单作用泵流量叠加曲线

不均匀度 δ_{Q1} 和 δ_{Q2} 是衡量流量脉动程度的参数，单作用往复泵和双缸双作用往复泵的流量不均度 δ_{Q1} 和 δ_{Q2} 见表 8-3、表 8-4。

从图 8-31 和表 8-4 可以看出，曲柄连杆传动的多缸往复泵，增加缸数，流量不均度会随之下降，即流量脉动减少；缸数为奇数的效果比偶数的效果更好。

表 8-4 也说明，双缸双作泵的 δ_{Q1} 和 δ_{Q2} 值与 $\frac{d}{D}$ 有关，$\frac{d}{D}=0$ 可埋想解为往复泵活塞（柱塞）两侧均有活塞（柱塞）杆。

表 8-3　单作用泵的 δ_{Q1} 和 δ_{Q2}

λ	δ_Q/%	缸数 z					
		1	2	3	4	5	6
0	δ_{Q1} ~ δ_{Q2}	214 100	57 100	5 9	11 21	2 4	5 9
0.10	δ_{Q1} ~ δ_{Q2}	218 100	58 100	5 14	11 21	2 4	5 9
0.15	δ_{Q1} ~ δ_{Q2}	218 100	59 100	6 16	11 21	2 5	5 9
0.20	δ_{Q1} ~ δ_{Q2}	220 100	60 100	7 18	11 21	2 6	5 9
0.25	δ_{Q1} ~ δ_{Q2}	223 100	62 100	8 21	11 21	2 6	5 9

（2）应用缓冲器　在往复泵液缸的吸入口和排出口设置空气室缓冲器，利用空气的压缩或膨胀时储存或放出一部分液体，可达到减小流量的不均度，降低流量脉动。匹配合理的空气缓冲器可使往复泵入口流量不均匀度控制在 0.25%~1.25%，出口的流量不均匀度控制在 0.5%~4%。

表 8-4　双缸双作用泵的 δ_{Q1} 和 δ_{Q2}

δ_Q/%	$(d_r/D)^2$										
	0	0.05	0.10	0.15	0.20	0.25	0.30	0.35	0.40	0.45	0.50
$\delta_{Q1} \sim \delta_{Q2}$	11.1	13.9	16.9	20.0	23.4	26.9	30.7	34.6	38.8	43.3	48.1
	21.0	23.5	25.6	27.8	30.2	32.7	35.3	38.1	41.1	44.3	47.6

(3) 应用无脉动传动机构　该机构为一种双凸轮传动机构，每个凸轮的形状都保证往复泵的往复运动件(活塞或柱塞)在泵排出行程的绝大部分行程中作匀速运动，仅在排出行程开始和终了的很短的一段行程作等加速和等减速运动，且使排出行程的对应转角 ψ 大于180°，利用两个缸的凸轮转动的相位差，使得加速段和减速段重合获得无脉动流量(图 8-32)。

(4) 应用汽、气、液驱动的双缸直动双作用往复泵　直动泵排液过程中，其流量几乎无变化。双缸泵的一个活塞(或柱塞)完成排液行程时，另一个活塞(或柱塞)已经开始排液行，且与前一个活塞(柱塞)重叠，从而消除了流量脉动(图 8-33)。

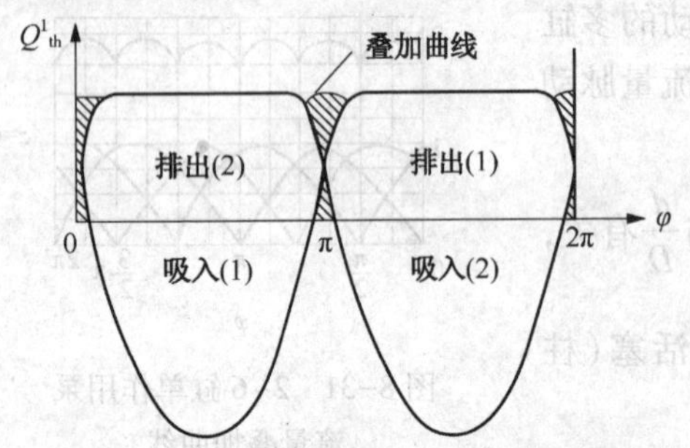

图 8-32　应用无脉动传动机构的往复泵流量曲线

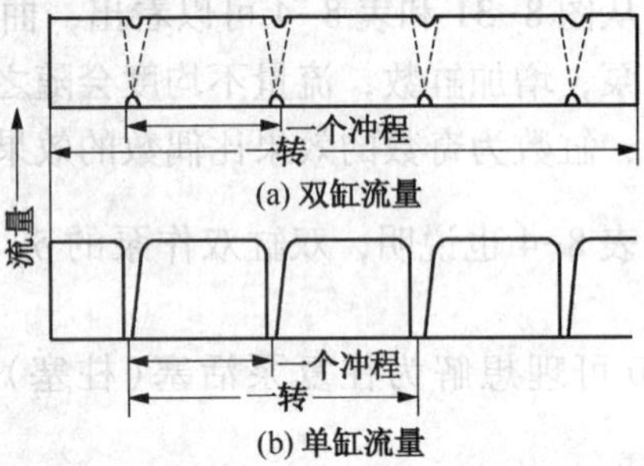

图 8-33　单缸和双缸泵的流量特性曲线

化工生产中，大多应用三柱塞单作用往复泵，使化学反应在允许的流量脉动范围之内进行。如再增加柱塞数量，虽然可进一步降低流量脉动，但使结构复杂，阀门、填料函等易损件增多，这将影响泵的运行周期，增加维修工作量和维修费用。

8.2.6　试运转及故障处理

8.2.6.1　试运转

1. 往复泵试运转前应符合下列要求

(1) 地脚螺栓、动力端、十字头连杆螺栓、轴承盖等各连接部位连接应紧固，不得松动；

(2) 润滑、冷却、冲洗等系统的管道连接应正确，并应清洗洁净、保持畅通；

(3) 盘动曲轴应无卡阻；

(4) 输送高温液体的泵，应按随机技术文件的规定进行预热；

(5) 进、出口管路的阀门应全开；

(6) 高压泵应先启动润滑油泵和高压注油器电机，并应在正常后再启动主机；

(7) 试运转用介质应符合随机技术文件的规定；无规定时，应采用水或乳化液；

(8) 蒸汽往复泵应符合下列要求：

① 配汽机构应保持原出厂的装配状态和相对位置；

② 采用平板式配汽阀时，阀板与阀座的接触应严密，其接触面面积应大于全接触面积

的 70%；采用活塞式配汽式配汽阀时，活塞与配汽缸的径向间隙应为 0.08~0.1mm；

③ 泵的吸液阀和排液阀应做煤油检漏试验，在 3min 内应无渗漏。

2. 往复泵试运转时应符合下列要求

(1) 空负荷试运转应在进、出口管路阀门全开并输送液体情况下进行，运转时间不应少于 0.5h；

(2) 泵的负荷试运转应在空负荷试运转合格后，按额定压差值的 25%、50%、75% 和 100%逐级升压，在每一级排出压力下运转时间不应少于 15min；应在额定压差值、额定转速和最大流量下连续运转 2h；前一压力级试运转未合格，不得进行后一压力级的运转；

(3) 溢流阀、补油阀、放气阀等工作应灵敏、可靠；

(4) 安全阀应在逐渐关闭排出管路阀门、提高排出压力情况下，在规定的起跳压力下，试验安全阀的起跳压力，动作应正确、无误，其试验不应少于 3 次；

(5) 吸液和排液压力应正常；泵的出口压力应无异常脉动；运转中应无异常声响和振动；

(6) 泵的润滑油压及油位应在规定范围内；油池、油箱的油温不应大于 77℃，轴承和十字头导轨孔的温度不应超过 85℃；

(7) 试压泵应进行保压试验，在额定排出压力下，保持压力 5min，额定排出压力小于等于 25MPa 时，其压力表指示值的下降率不应超过 4%；排出压力为 40~100MPa 时，其压力表指示值的下降率不应超过 3%。

(8) 填函的泄漏量不应大于泵额定流量的 0.01%；当泵额定流量小于 $10m^3/h$ 时，其填函的泄漏量不应大于 1L/h；各静密封面不应泄漏；

(9) 蒸汽往复泵应符合下列要求：

① 泵在额定排出压力时，其进汽压力不应超过规定值。进汽、排汽压力差应保持在规定的范围内；

② 对双缸蒸汽往复泵，其两缸行程差不应超过额定行程的 5%。

(10) 应观察和记录试运转中泵的声响、振动、润滑、温度、泄漏和保护装置情况；

(11) 停车应将泵的负荷卸载后进行。

8.2.6.2 蒸汽往复泵的故障处理

蒸汽往复泵常见故障现象、原因及处理方法见表 8-5。

表 8-5 蒸汽往复泵常见的故障现象、原因及处理方法

故障现象	故障原因	处理方法
泵无法启动	配汽摇臂销脱落	装回摇臂销子
	进汽阀芯折断阀门打不开	更换阀门或阀芯
	汽缸磨损间隙过大	更换汽缸或活塞环
	盘根压得过紧	适当放松盘根压盖螺丝
	汽缸活塞环折断	更换活塞环
	两摇臂同时处于垂直位置，致使错汽阀关闭	调整活塞杆位置错开行程
	排汽阀开度小	开大排汽阀
	汽缸内有冷凝水	排净缸内冷凝水
	蒸汽压力不足	进行工艺调整提高蒸汽压力
	液缸内有压力或硬物	排除液缸内压力或硬物

续表

故障现象	故障原因	处理方法
突然停泵	活塞环折断卡住活塞 摇臂轴销脱落 蒸汽中断或压力不足更换活塞环	重新装好摇臂轴销 检查供汽系统 调整行程 行程过大造成活塞落缸
压力波动大	阀关不严或弹力不一样 活塞环在槽内不灵活 活塞损坏 入口压力不稳 介质气化	研磨阀或更换弹簧 调整活塞环与槽的配合 更换活塞 进行工艺调整 进行工艺调整
流量不足	单向阀磨损 活塞运行过慢或行程太短 液缸活塞环磨损超标 进口温度太高，产生气化 液面过低，吸入气体 进口管阀开度小或堵塞	研磨或更换 调节活塞运行次数和行程长度 更换缸套或活塞环 降低进口温度 保证一定液面 增大开度或疏通管路
填料密封泄漏	活塞杆磨损严重 填料损坏 填料不足 填料压盖过松 填料压盖端面与填料箱端面不平行	更换活塞杆 更换填料，接口错开120° 加填料 均匀对称拧紧压盖螺栓 均匀对称拧紧填料压盖
活塞杆过热	注油器不上油 盘根过紧 注油孔堵塞 活塞杆弯曲	修理或更换 均匀松开盘根压盖螺栓 清理疏通 校直或更换
异常响声和振动增大	缸内进入异物 活塞行程过大或速度过快 活塞锁紧螺母或活塞杆锁紧螺母松动 缸套松动 十字头中心架连接处松动 地脚螺栓松动 行程不均 汽缸冷凝液未排出 汽化抽空	清除缸内异物 减小行程长度或调整进汽量 紧固锁紧螺母 紧固缸套顶丝或更换缸套 检查紧固 紧固地脚螺栓 调整行程 排净汽缸冷凝液体 进行工艺调整

8.3 转子泵

8.3.1 工作原理与特点

8.3.1.1 转子泵的工作原理

转子泵是旋转工作的容积式泵，由转子、泵壳(定子)、泵轴、轴封等组成。转子泵完成输液可应用一个、两个或多个转子，当需用两个或两个以上转子时，转子之间需保持共轭关系，还需保持密封隔断泵腔的吸排液区(管)；当转子同时又是传动元件时，转子形状应选用符合传动关系的型线。常见的转子泵有：齿轮泵、旋转活塞泵、罗茨泵、螺杆泵、滑片泵、挠性叶片泵、挠性套泵和挠性管泵等，见图8-34。

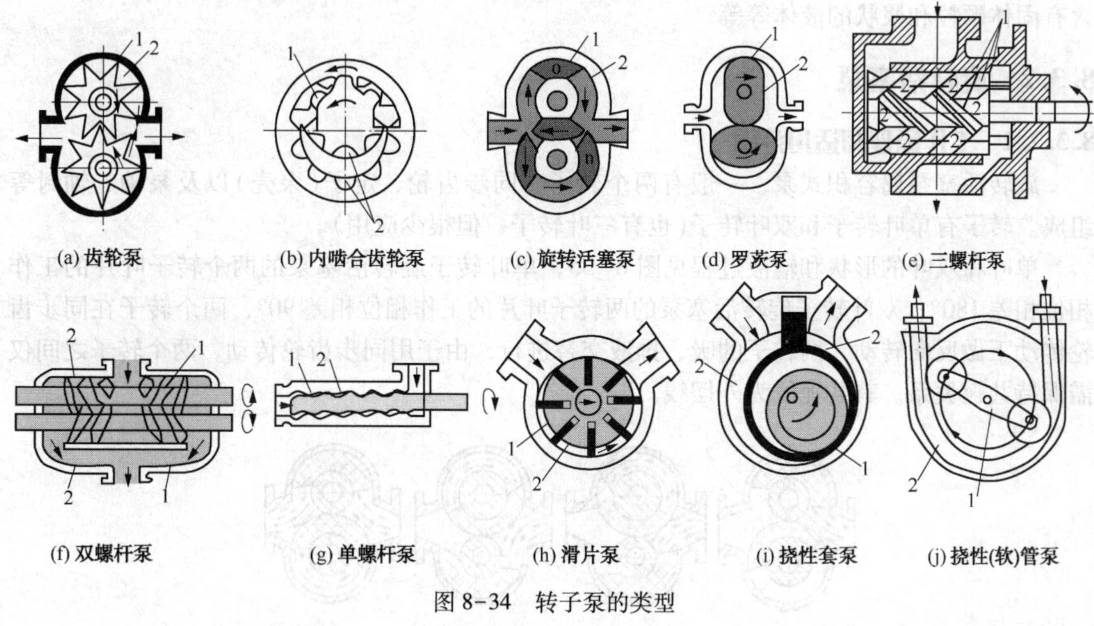

图8-34　转子泵的类型

1—转子；2—工作腔

转子泵以其转子上具有一定几何形状凹槽与定子(泵壳)内壁构成一个或数个工作腔。工作时，转子与定子(泵壳)作相对转动，转子每转一转，转子上的各工作腔完成一次输液过程。在每个输液过程中，转子上的每一个工作腔，都必须有下述三个基本动作。

(1) 工作腔与定子(泵壳)上的吸入管口连通，与排液管口隔断，且随转子的转动，工作腔与吸入管口连通部位的容积逐渐增大，将被送液体吸入工作腔内。

(2) 该工作腔与吸入管口隔断，与排出管口也隔断，将被送液体密闭在工作腔内，随转子的继续旋转，在密闭状态下被送向泵的排出管口。

(3) 转子继续旋转，该工作腔与泵的排出管口连通，与吸入管口隔断，且随转子的转动，工作腔与排出管口连通部位的容积逐渐减小，将被送液体挤至泵的排出管路中去。

8.3.1.2　转子泵特点。

(1) 流量比较小。转子的尺寸确定后，其每一转的排液量是不变的。泵的流量仅与转速有关，排出压力升高时，流量略有下降。

(2) 排出压力比较高，但较往复泵低。排出压力仅决定于排出管路特性，与转子的尺寸和转速无关。

(3) 转速与介质的黏度有关，介质黏度愈高，转速愈低。

(4) 一般具有自吸能力。

(5) 旋转工作的转速较低，无冲击和惯性力(水平或垂直方向)，运行平稳。

(6) 结构简单、紧凑，无吸排液阀，易损件较少，泵本身操作和维护简便。

(7) 有时需用大速比的减速机传动、或用无级变速器调速，增加了转子泵机组的复杂性，泵机组的总效率较低。

转子泵在化工生产中多用于输送黏度较大和含有固体颗粒和悬浮物的液体，也可输送一般液体。因其结构不同，适用范围也不同。齿轮泵、三螺杆泵、滑片泵等适合输送润滑性较好，不含颗粒的清洁、黏性液体；旋转活塞泵、罗茨泵、单螺杆泵适于输送高黏度(可达 1×10^6mPa·s)液体；挠性叶片泵，软管泵等适合输送腐蚀性液体；软管泵、单螺杆泵可输送含有固体颗粒和浆状的液体等等。

8.3.2 旋转活塞泵

8.3.2.1 工作原理和适用范围

旋转活塞泵属容积式泵，一般有两个转子、同步齿轮、定子(泵壳)以及泵轴、轴封等组成。转子有单叶转子和双叶转子(也有三叶转子、但很少应用)。

单叶和双叶的形状和输液过程见图 8-35，单叶转子旋转活塞泵的两个转子叶片的工作相位相差 180°；双叶转子旋转活塞泵的两转子叶片的工作相位相差 90°，两个转子在同步齿轮传动下做反向转动，两转子的吸、排液交替进行，由于用同步齿轮传动，两个转子之间仅需保持共轭关系。其共轭线为外摆线。

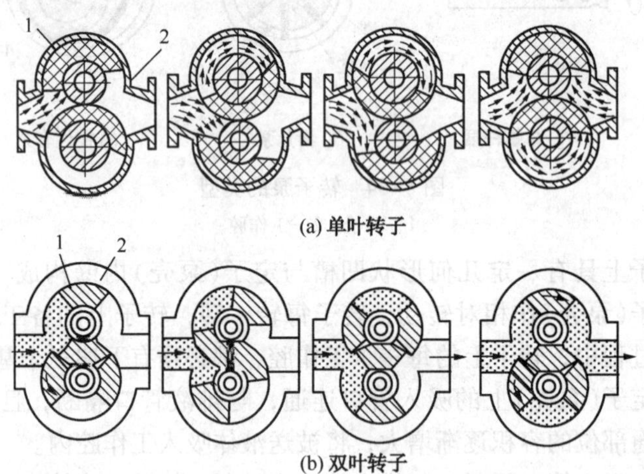

图 8-35 旋转活塞泵的转子形状及输液过程

1—转子；2—定子(泵壳)

旋转活塞泵吸、排液口的隔断是依靠转子外缘圆柱面和端部平面与泵壳内壁之间的径向间隙和轴向间隙实现，因此旋转活塞泵的排出压力不会很高。旋转活塞泵转子的叶片数少、间距大，故泵的工作腔个数少，相对容积较大，转子的工作转速较低，可低到每分钟几转，故旋转活塞泵适于输送黏度很大的液体，也可输送一般液体，但排出量较小，容积效率较低，其适用范围如下：

流量≤336m³/h；

排出压力≤4.0MPa；

介质黏度 1~1000000mPa·s；

工作温度≤250℃。

在化工生产中，应用旋转活塞泵输送高黏度液体，如：顺丁橡胶胶液，其黏度为 5000~20000mPa·s；异戊胶胶液，黏度达 300000~800000mPa·s。在石化工业中，用于输送原油，黏度 200~1000mPa·s。除此，还可用于输送：粘合剂、明胶、涂料、油漆、树脂、纤维素、油脂、沥青、蜡皂液、油墨、釉料浆、糖浆、奶油、果酱、巧克力以及化妆品等。

8.3.2.2 性能特点

旋转活塞泵的性能特点一般以压差-流量(Δp-Q)，(Δp-N)和(Δp-η)等性能曲线表示(图 8-36)。

当旋转活塞泵尺寸和转速已确定时，泵流量随泵的压差增大而略有减小，这是因为压差增大后，泵的回流量(即内泄漏)增加所致；泵的功率随泵的压差增大而增大，且为线性关系；泵的效率随泵的压差增大而逐步提高，当压差增大到一定数值(一般为额定压差)时，效率最高，以后随泵的压差增大，效率亦有所降低。旋转活塞泵的高效区较宽，当操作工况在一定范围内变化时，泵的效率变化较小(压差变化±25%，效率变化量仅±2%)。

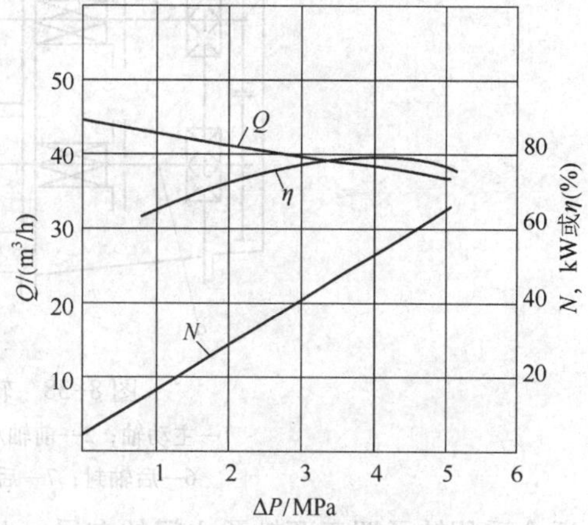

图 8-36　旋转活塞泵的性能曲线

旋转活塞泵在实际应用中，只能以改变转速的方法改变泵的流量。一般是降低转速即减小流量，如需要增大流量，应在送泵时留有裕量。

8.3.2.3 结构

(1) 转子的布置形式　单叶转子和双叶转子旋转活塞泵的结构基本相同，都是在两根平行轴上各装一个转子和一个齿轮，由两个齿轮啮合传动带动转子转动，在转子和轴承之间装有轴封。图 8-37 所示转子泵的转子和齿轮均为悬臂结构；另一种结构将转子或齿轮置于两轴承之间呈简支支承(图 8-38)。这两种结构各有如下优缺点。

① 转子和齿轮悬臂结构转子和齿轮装拆方便，每个转子只需一个轴封(共为两个轴封)，轴封数较少，泄漏机率较低，但转子悬臂支撑承载后容易产生偏磨，如为单叶转子时则最易产生偏磨。

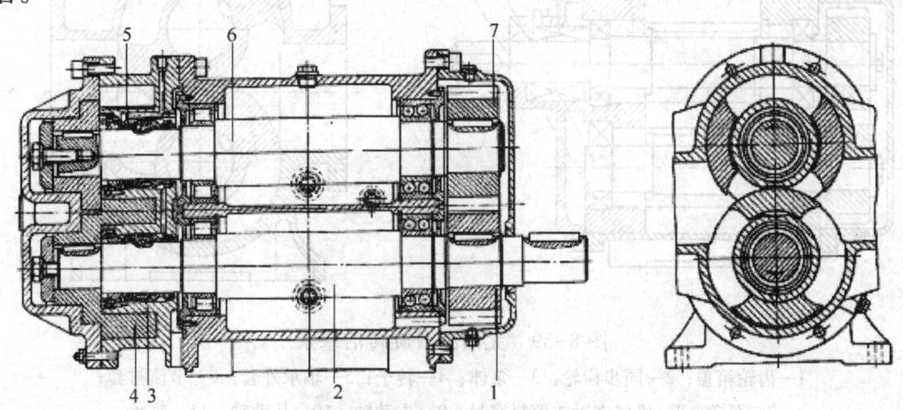

图 8-37　悬臂转子旋转活塞泵

1—主动轴齿轮；2—主动轴；3—泵壳芯筒；4—转子；5—轴封；6—从动轴；7—从动齿轮

同步齿轮置于两轴承之间可减小泵的轴向尺寸，一共只需两个轴封，但齿轮装拆不便。

② 转子置于两轴承之间呈简支支承(图 8-38)，转子工作时受力合理，可克服偏磨现象，但转子拆装不便。当轴承和同步齿轮以润滑油进行润滑时，转子两侧均需装轴封(共有四个轴封)，泄漏的机率增大，故障率也将增大；当轴承和同步齿轮用被送液体进行润滑时

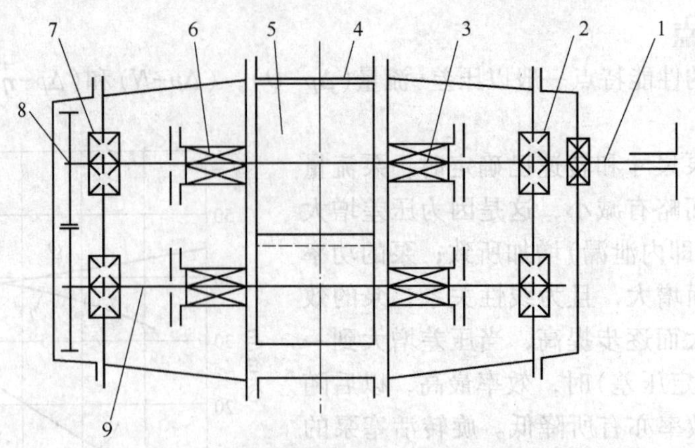

图 8-38　转子筒支承的旋转活塞泵

1—主动轴；2—前轴承；3—前轴封；4—泵壳；5—转子；

6—后轴封；7—后轴承；8—同步齿轮；9—从动轴

适合采用转子置于两轴承之间的布局。此时，只需一个轴封，可将泄漏降至最低，并减小了泵的轴向尺寸，同时消除了润滑油对被送液体的污染，也简化了泵的操作和维护。图 8-39 所示为我国首创，广泛用于输送顺丁胶液，并以顺丁胶液润滑轴承和齿轮的旋转活塞泵。

(2) 转子的形状　旋转活塞泵的转子形状，常用的有两种：其一见图 8-37，转子的叶片位于其轮毂的端面，叶片为空心圆柱的一部分，泵工作时转子叶片绕泵壳内的芯筒旋转，转子叶片的侧面与泵壳内壁及芯筒的柱面构成工作腔。

另一种见图 8-39，转子叶片位于轮毂的径向，泵壳内无芯筒，转子叶片的侧面、轮毂的柱面与泵壳的内壁构成工作腔。

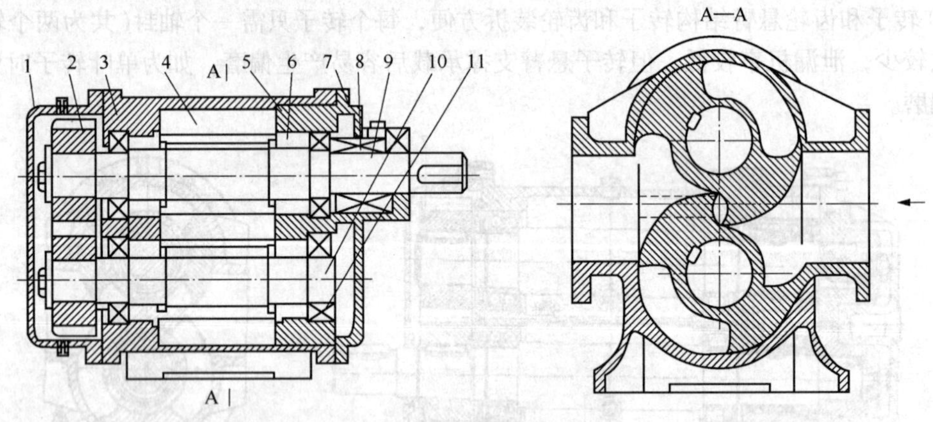

图 8-39　无油润滑旋转活塞泵

1—齿轮箱盖；2—同步齿轮；3—泵体；4—转子；5—轴承外套；6—节流衬套；

7—泵盖；8—机械密封或填料密封；9—主动轴；10—从动轴；11—轴承

两种形状的转子的工作腔形状基本相同，只是后者工作时被送液体仅与泵壳内壁产生摩擦，而前者与泵壳内壁及芯筒柱面均存在摩擦，故后者的摩擦损失较小。但后者两转子之间的密封(隔断吸、排液口)为一个转子的外缘表面与另一个转子的轮毂柱面构成的线密封，而前者为一个转子的外缘面与位于另一个转子内的泵壳的芯筒柱面上，凹入柱面的圆弧面构成的面密封，故前者的两转子间隔断吸、排液口的密封性较好，后者为保持良好的密封性，需有较高的制造和装配精度。

（3）吸、排液管　旋转活塞泵的吸、排液管口；位于泵壳的两侧、两转子的中间。吸、排管口一般为圆形，其直径一般等于或小于转子叶片的长度。为适应输送高黏度的液体、减少流动阻力、提高泵的吸入性能，吸排管口需有较大的通流面积。为此，可用内为矩形或长圆形截面，向外逐步过渡到圆形截面的吸、排液管口，以便于与管路连接。内通流截面的最大高度（矩形或长圆形截面）或直径（圆形截面），对于单叶片转子必须小于两转子的中心距，一般为中心距的 70%~90%；对双叶片转子可大于两转子中心距，最大可达中心距的 14%。

8.3.3　单螺杆泵

8.3.3.1　工作原理和适用范围

单螺杆泵由螺杆（转子）、泵套（定子）、万向联轴器、泵壳及轴封等组成（图 8-40）。一般单螺杆泵的螺杆是圆形截面，以其圆心与轴线的偏心距 e 为半径，以 t 为螺距，绕其轴线作螺旋运动而成的圆形截面螺旋形曲杆（图 8-41）。其定子（泵套）的内孔是以长圆形截面绕轴线转动，同时以 2 倍转子螺距为导程（$T=2e$），轴向移动而成的双头螺旋孔（图 8-42）。

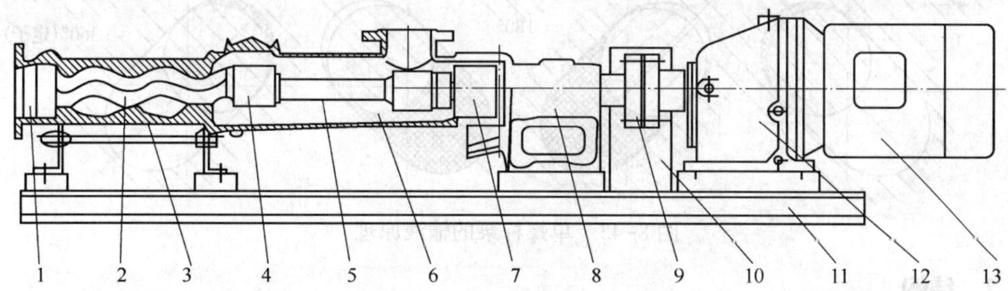

图 8-40　单螺杆泵的结构组成

1—排出体；2—转子；3—定子；4—联轴节；5—连轴杆；6—吸入室；
7—轴封；8—轴承架；9—联轴器；10—联轴器罩；11—底座；12—减速机；13—电动机

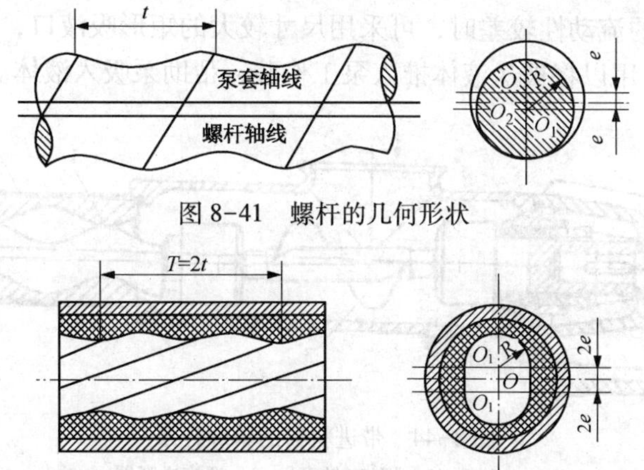

图 8-41　螺杆的几何形状

图 8-42　泵套的几何形状

单螺杆泵工作时，转子（螺杆）在泵套的螺旋孔内作自转和公转的行星运动。螺杆的外表面与泵套的螺旋孔内表面相贴合构成密封线，在螺杆和泵套的螺旋槽之间形成数个互不相通的工作腔，当螺杆在定子螺旋孔内转动时，工作腔随螺杆的转动（自转和公转），以螺旋运动从泵的吸液端移向泵的排液端，同时其容积由小变大、再由大变小，完成输液过程。单螺杆泵输液过程中，工作腔容积和位置的变化情况见图 8-43。

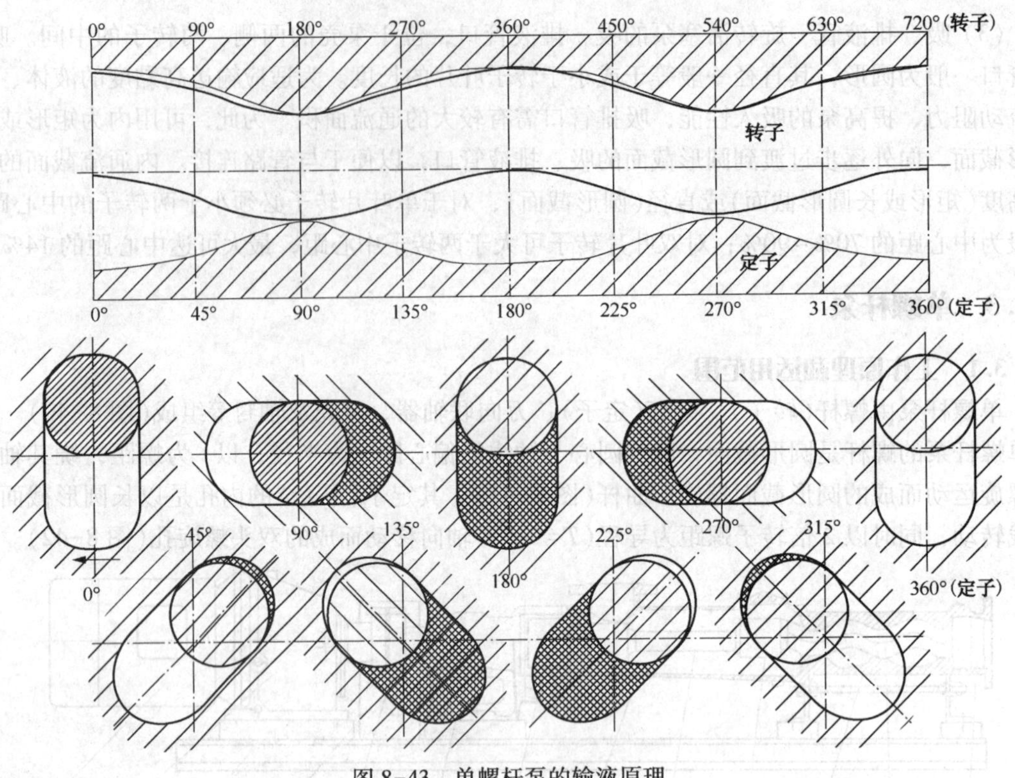

图 8-43　单螺杆泵的输液原理

8.3.3.2　结构

单螺杆泵有卧式和立式两种结构型式。

(1) 卧式单螺杆泵　卧式结构应用较多，其结构布局合理(图 8-40)，泵的吸液管口和吸入室在泵的轴封端，此时，泵轴封的密封压力为吸入压力，密封压力较低，可减少泄漏的可能性。当被送液体的流动性较差时，可采用尺寸较大的矩形吸液口，并在吸入室内增设螺旋进料器(图 8-44)，用以将被送液体推入泵工作腔，帮助泵吸入液体。

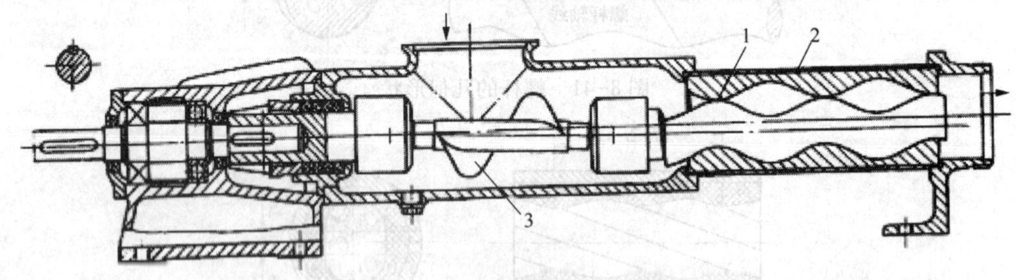

图 8-44　带进料器的单螺杆泵

1—定子；2—螺杆(转子)；3—螺旋进料器

(2) 立式单螺杆泵　立式结构多用于液下和潜水单螺杆泵。

① 液下泵　浸没于液体中，电机、减速器、轴承箱等泵驱动系统置于液面上方，其吸液管口和吸入室在螺杆的下端泵工作时，吸液管口位于泵的最下端，适于输送罐(池)底部的沉淀物，但排液室和排液管位于泵轴封端，轴封的密封压力为泵的排出压力，增加了密封难度(特别是泵的排出压力较高时)。液下泵浸入深度，一般为泵的自身长度。当排出压力 2.4MPa 时，浸入深度为 3~3.5m；当需要增加浸入深度时，需用长轴传动，浸入深度 80m

以内可用硬轴(刚性轴)传动，深度再增大(可达数百米)需用软轴(柔性轴)传动。

② 单螺杆潜液泵　泵体与电机、万向联器均潜于被送液体中，电机置于泵的下面，电机与泵直联，泵转速与电机转速相同，从万向联轴器端吸入液体，由螺杆上端向上排出液体，因此，潜液泵没有长轴可节省钢材，也不需用轴封，更没有泄漏问题，但需应用特殊的潜液电机。

潜液泵的潜入深度决定于泵的排出压力(扬程)，潜液泵不适于抽送沉淀物，一般多用于油田抽送黏性原油，下潜深度可达1000m。

(3) 螺杆　一般为圆形截面的单头螺旋杆，定子孔为双头螺旋孔称作1-2型(或1/2型)。另一种为2-3型(或2/3型)，其螺杆截面为椭圆形的双头螺旋杆、定子孔为三头螺旋孔。2-3型的工作容积比1-2型增大45%，在相同的转速下流量增大45%，在相同的流量下可减小定子的磨损、提高使用寿命。目前应用较多的仍是1-2型螺杆和泵套。

螺杆材料为碳钢，合金钢和不锈钢，可用机械加工方法制造，大直径的螺杆采用空心结构。定子多为橡胶制成，常用有：天然胶(用于输送污水、泥浆、有机涂料等)；丁腈橡胶(用于油类、医药、食品、化妆品等)；氟橡胶(用于烃、苯、烷溶剂等)；氯磺化聚乙烯橡胶(用于酸、碱、油化纤浆液等)及聚氨酯橡胶等。

8.3.4　双螺杆泵

8.3.4.1　工作原理和适用范围

双螺杆泵由两根螺杆、泵体及轴封等组成。一般所指的双螺杆泵是由分别为左旋和右旋的两根单头螺纹的螺杆同置于一泵体中，主动螺杆通过一对同步齿轮，驱动从动螺杆共同旋转。两螺杆的螺纹齿相互置于对方的螺纹槽中，两螺杆螺纹的螺旋面之间、螺纹顶部与根部之间以及螺纹顶部与泵体内壁之间均有很小的间隙，以此间隙构成的密封，在螺杆和泵体内壁之间形成一个或数个密闭的工作腔。

泵在工作时，随着螺杆的转动，在吸入端，工作腔的容积逐渐变大吸入液体，并将其密闭于工作腔内送向泵排出端；在排出端，工作容积逐渐缩小，将被送液体挤出工作腔，排至泵的输出管路中完成输液过程。双螺杆泵的组成和工作原理见图8-45。

螺杆泵有如下特点：

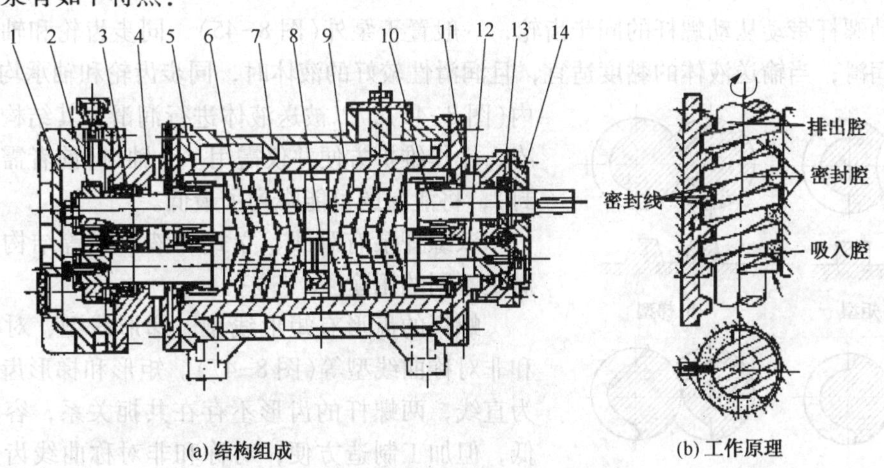

图8-45　双螺杆泵的组成和工作原理

1—齿轮箱盖；2—齿轮；3、13—滚动轴承；4—后支承；5—机械密封；6—螺套A、B；7—泵体；8—调节螺栓；9—衬套；10—主动轴；11—前支架；12—从动轴；14—压盖

(1) 双螺杆泵连续地吸入和排出液体，泵的流量和压力波动很小。

(2) 两螺杆之间存在一定的间隙(一般为0.05~0.15mm)，互相不接触。

(3) 允许输送含有微小颗粒物的液体和腐蚀性介质，且噪声小、寿命长。

(4) 泵的排出压力决定于输出管路系统的压力，可能达到的排出压力决定于密封线条数，即螺杆螺纹的螺距数。

(5) 具有自吸能力，启动前无需灌泵。

(6) 双螺杆泵结构简单、运行可靠、操作维护方便，可通过改变转数调节泵的流量。

(7) 适于输送具有一定黏度的液体，并可气液两相混输。

双螺杆泵的适用范围为：流量0.3~2000m^3/h；排液压力可达到4MPa，非对称曲线齿形可达8MPa；工作温度≤250℃；介质黏度1~1500mm^2/s，降低转速后可达100000mm^2/s。

8.3.4.2 结构

双螺杆泵一般是从螺杆的两端吸入被送液体，由螺杆中部排出，可自动平衡螺杆工作时的轴向力，轴封的压力较低，密封效果较好，此种布局的螺杆泵，每根螺杆都有直径、螺距，齿形和螺距数相同的左旋和右旋两段螺纹，而两根螺杆对应的螺纹旋向相反(图8-46)。

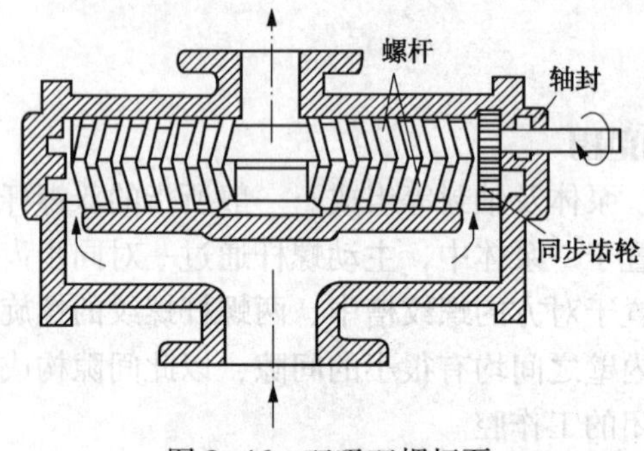

图8-46 双吸双螺杆泵

当要求的排出压力较高时，由于需要较多的螺距数，螺杆较长，为减小泵的轴向尺寸，可应用单吸双螺杆泵。螺杆工作时的轴向力，小型泵多采用止推轴承承担、大型泵用平衡鼓(盘)，以液体压力进行平衡。

主动螺杆带动从动螺杆的同步齿轮，一般置于泵外(图8-45)，同步齿轮和轴承以润滑油进行润滑；当输送液体的黏度适宜，且润滑性较好的液体时，同步齿轮和轴承均可置于泵内(图8-46)，以被送液体进行润滑，其结构简单、紧凑，操作维护方便并仅需用一个轴封(前者需用4个轴封)，将泄漏的可能降到了最低。

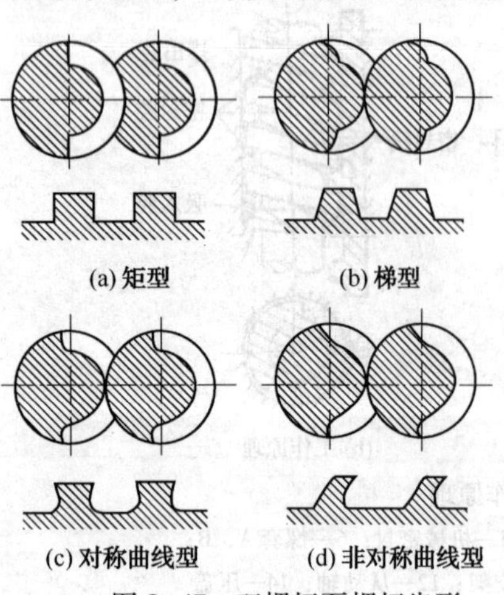

图8-47 双螺杆泵螺杆齿形

双螺杆泵有卧式、立式和液下式等结构型式，以满足不同的用途。

螺杆的齿形有矩形线型、梯形线型、对称曲线型和非对称曲线型等(图8-47)。矩形和梯形齿形的线型为直线，两螺杆的齿形不存在共扼关系，容积效率较低，但加工制造方便；对称和非对称曲线齿形的线型有摆线、不对称摆线渐开线、次摆线包络线以及我国还应用的复合摆线等曲线，两螺杆的齿间存在共扼关系，容积效率较高，但加工制造需要专用的成型刀具和工装。

两根螺杆之间，螺杆与泵体内壁之间的间隙依靠同步齿轮和轴承保持，其间隙值在0.05~0.15mm范围内。

8.3.5 三螺杆泵

8.3.5.1 工作原理和适用范围

三螺杆泵由一根主动螺杆、两根从动螺杆、泵体和轴封等组成(图8-48)。主动螺杆为凸形双头螺纹，从动螺杆为凹形双头螺纹，主动螺杆和从动螺杆的螺纹方向相反。螺杆的螺纹的法向截面齿廓型线为摆线。主动螺杆和从动螺杆的螺纹相互啮合形成数条密封线(图8-49)。这些密封线同螺杆与泵体孔壁之间的间隙密封构成数个密闭的工作腔，并将泵的吸入室和排出室隔开。使得泵吸入端的工作腔能在螺杆转动中，容积逐渐增大，吸入液体，随螺杆继续转动，将液体密闭于工作腔内，并送向泵的排出端；在排出端工作腔随螺杆的转动，容积逐渐缩小，将被送液体挤出工作腔，排至泵的输出管路中去，完成输送液体。

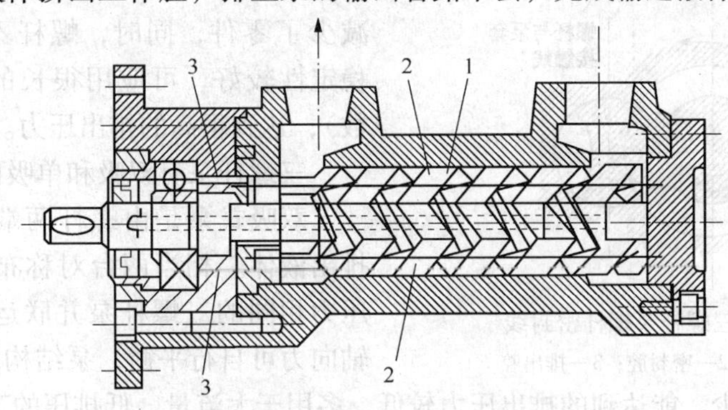

图8-48 低压平衡式三螺杆泵

1—主动螺杆；2—从动螺杆；3—平衡孔

三螺杆泵中，主动螺杆直径和截面面积都较大，在泵工作时承受主要的负荷。从动螺杆的主要作用是阻止液体从排出室漏回吸入室，同时主动螺杆和从动螺杆的啮合也阻止了被送液体随螺杆转动，被送液体相当被限制转动的螺母。当螺杆每转一转，被送液体沿螺杆的轴向由泵吸入端向出口端移动一个导程。螺杆连续地旋转，泵连续地输送液体。

三螺杆泵属容积式泵，其排出压力决定于泵输出管路系统的特性。泵能达到的排出压力与螺杆的导程数(密封线数)、螺杆与泵体孔壁的间隙有关，排出压力越高，需要导程数越多；螺杆越长，要求螺杆与孔壁间隙越小。

三螺杆泵的特点是：流量和排出压力平稳无脉动；对被送液体的搅动很小，泵运行平稳、振动小、寿命长；有自吸能力，并能气液混输；泵的转速较高，体积小，质量轻，结构简单紧凑，操作维护方便。但三螺杆泵的螺杆之间存在啮合关系，螺杆与孔壁的间隙较小，对液体的黏度和含有的颗粒物较为敏感，故适合输送润滑性较好、无颗粒的清洁液体。其适用范围为如下。

流量一般为0.25~1000m³/h，最大可达2000m³/h；

排出压力一般为≤25MPa，最大可达70MPa；

操作温度≤280℃；

液体黏度一般为5~500mm²/s，降低转速可达2400mm²/s；

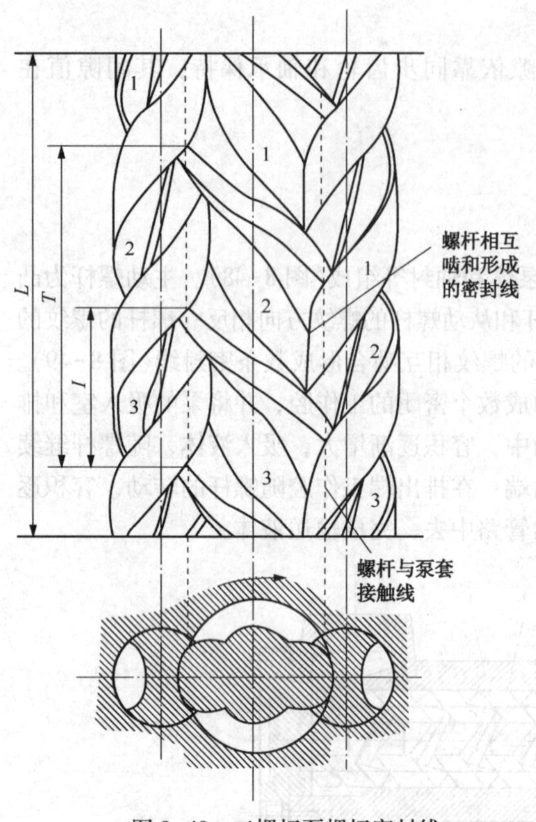

图 8-49　三螺杆泵螺杆密封线

1—吸入腔；2—密封腔；3—排出腔

允许最大颗粒 600μm 以下。

三螺杆泵主要用于输送润滑油、液压油、重油、燃料、柴油、汽油、液体蜡以及黏度较小的合成树脂等。在化工生产装置中主要用于离心压缩机，大型泵等机组的润滑油泵，密封油泵等。

8.3.5.2　结构

三螺杆泵主动螺杆与从动螺杆之间，不用同步齿轮传动，在正常工作过程，从动螺杆依靠被送液体的压力作用(液膜传动)随主动螺杆同步转动，故三螺杆泵一般为内置结构，泵体(套)孔即作为螺杆的轴承支撑螺杆，不必在螺杆两端设置径向轴承，使结构简化，减少了零件，同时，螺杆不承受弯曲载荷，稳定性较好，可应用很长的螺杆(增加螺距数)，达到很高的排出压力。

三螺杆泵有双吸和单吸两种结构型式。

双吸式泵是由螺杆两端吸入液体，中间排出液体。相当两台对称布置的流量和排出压力相同的三螺杆泵并联运行，输送液体的轴向力可自行平衡，泵结构简单、运行平稳，但螺杆的螺距数较少，能达到的排出压力较低，多用于大流量、低排压的工况。

单吸式泵、由螺杆的一端吸入液体，另一端排出液体，在同样长度的螺杆上，可以有较多的螺距数，能获得较高的排出压力，但螺杆输液时的轴向力不能自行平衡，需设置轴向力平衡机构，因此，单吸泵结构较双吸泵复杂。

螺杆的输液轴向力平衡机构有两种：机械支撑式，以止推轴承或推力块、环、垫承担轴向力；液体压力平衡式，以平衡活塞(平衡盘)两面的压力差平衡轴向力。液体压力平衡式有高压平衡和低压平衡两种形式。高压平衡式是将泵排出室的高压液体引至从动螺杆吸入端的端面，用以平衡从动螺杆的轴向力(图 8-50)。低压平衡式则是在从动螺杆的排出端装有平衡活塞，平衡活塞的外端面与密封腔(密封腔与吸入室相连通为低压区)相连通，从而平衡从动螺杆的轴向力见图 8-48。一般当排出压力小于等于 1MPa 的小型泵，可应用机械支撑式平衡机构，排出压力超出上述范围，需应用液体压力式平衡机构。

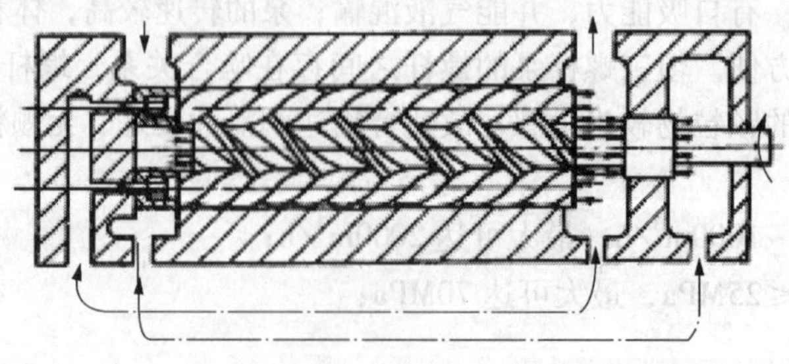

图 8-50　主动转子与从动转子的轴向平衡

三螺杆泵有卧式、立式和液下三螺杆泵等结构型式。其泵体分为整体式和分体式两种。整体式泵体，即泵体和泵套合为一体，在泵体加工出螺杆孔，结构较为简单，但磨损后，需更换整个泵体。分体式泵体的泵套为一单独零件，制成后装入泵体内，当磨损后，只需更换泵套，结构合理，但较为复杂，制造成本较高，多用于高压三螺杆泵。

8.3.6 齿轮泵

8.3.6.1 工作原理和适用范围

齿轮泵由齿轮、泵体和轴封等组成。外啮合齿轮泵和内啮合齿轮泵的组成和工作原理分别见图 8-51、图 8-52。

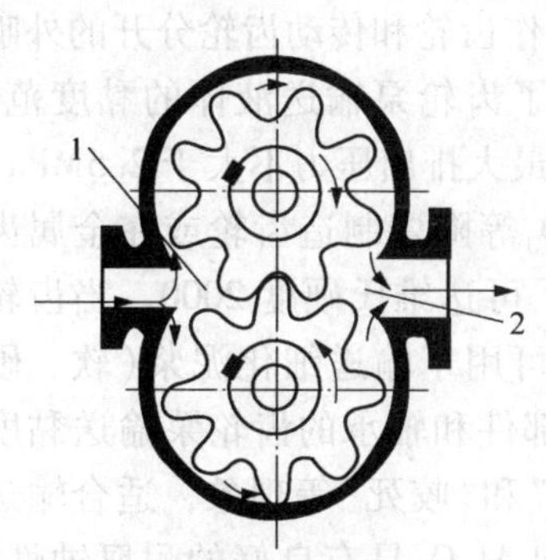

图 8-51 外啮合齿轮泵的组成和工作原理
1—吸入腔；2—压出腔

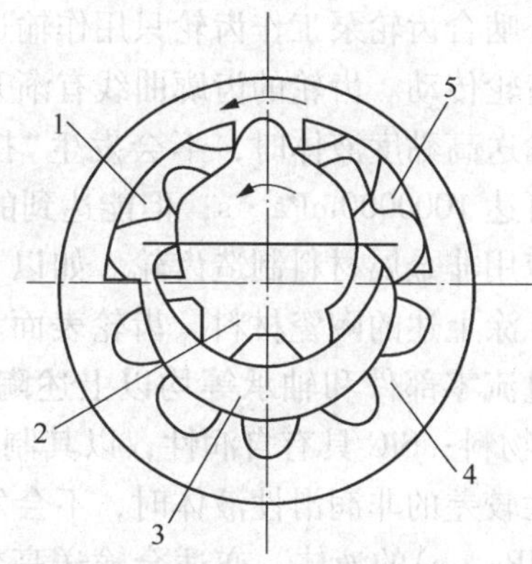

图 8-52 内啮合齿轮泵的组成和工作原理
1—吸入腔；2—主动齿轮；3—月形件；4—从动齿轮；5—压出腔

齿轮泵的结构简单，工作可靠，操作和维护方便，在流量较小的工况下可以有较高的排出压力，但其流量和排出压力均有脉动，且运行噪声较大。

齿轮泵适用于输送有润滑性、不含颗粒和纤维的清洁液体。多用于输送润滑油、液压油、燃料油等油品，在化工生产中也多用于压缩机、泵等机组的润滑油和密封油泵，也用于输送有润滑性、黏度适合，不含颗粒的化工物料。齿轮泵的适用范围为

流量 0.003~3800m^3/h；

排出压力≤32MPa；

工作温度-50~400℃；

介质黏度≤1×10^{6}mPa·s。

8.3.6.2 结构

(1) 外啮合齿轮泵 其工作齿轮数可以有 2~5 个，以 2 个齿轮的应用最广。两个齿轮的齿数和直径相同，其中一个为主动齿轮，带动另一个(从动)齿轮反向转动。

外啮合齿轮的齿廓曲线多为渐开线，特殊用途的齿轮泵有时应用圆弧齿形。齿轮有正齿轮，斜齿轮和人字齿轮。人字齿轮和斜齿轮运行平稳应用最多，正齿轮可达到很高的精度，工作时没有轴向力，多用于小流量(0.003m^3/h 以下)和高排压(20MPa 以上)的齿轮泵。人字齿轮工作时轴向力可自行平衡，斜齿轮则需用轴端液体静压平衡或用止推轴承或液契来承担。

当应用滚动轴承(如滚针轴承)时，以液契承担轴向力简单实用、效果良好。

(2) 内啮合齿轮泵 其工作齿轮一般仅为两个，一个为内齿轮，另一个为外齿轮。外齿

轮的直径和齿数均大于内齿轮，内齿轮偏置于外齿轮的内部，构成两齿轮的轮齿相啮合，泵工作时多以内齿轮为主动轮，带动外齿轮(从动轮)同向转动，也有以外齿轮为主动轮的。内啮合齿轮泵一般用正齿轮，其齿廓曲线有渐开线、圆弧摆线等。

8.3.6.3 化工齿轮泵

齿轮泵属小流量、高排压泵，其流量和压力脉动小于往复泵，而效率又高于叶片泵，但对被送液体的黏度和含有的颗粒物很敏感，因此，齿轮泵未能在化工生产中得到广泛应用。为使齿轮泵能在化工生产中获得广泛应用，多年来一直以适应化工生产的需要作为齿轮泵的主要发展目标之一，并开发出专用齿轮泵的新品种，称作化工齿轮泵，已作为化工过程齿轮泵用于化工生产。化工齿轮泵在设计、结构、制造和选材等方面有如下的发展。

(1) 外啮合齿轮泵工作齿轮只用作输送液体，其主动齿轮和从动齿轮的传动依靠另设的一对同步齿轮传动。齿轮的齿廓曲线有渐开线，圆弧等。工作齿轮和传动齿轮分开的外啮合齿轮泵在输送高黏度液体时，不会发生“挤死”现象，扩大了齿轮泵输送液体的黏度范围，最高黏度可达 1000000mPa · s；但能达到的排出压力较低，最大排出压力不大于 2.5MPa。

(2) 应用非金属材料制造齿轮。如以 SiC、ZrO_2 和 Al_2O_3 等陶瓷制造齿轮或在金属齿轮的表面搪、涂上述的陶瓷材料。齿轮表面具有很高的硬度，可达维氏硬度 2000。当齿轮泵的齿轮等过流零部件和轴承等均以上述陶瓷材料制成时，可用于输送细化泥浆(软、硬皆可)等浆状物料；SiC 具有自润性，以其制造齿轮等过流零部件和轴承的齿轮泵输送黏度较低或润滑性较差的非润滑性液体时，不会发生齿轮的“干涉”和“咬死”等现象，适合输送低黏度(0.5MPa · s)的液体，亦适合输送高黏度液体；ZrO_2 和 Al_2O_3 具有良好的耐腐蚀性能，可用于输送强腐蚀性液体。也有用乙烯一四氟乙烯共聚物、聚苯硫醚和聚四氟乙烯，制作齿轮等过流零部件和轴承等，以扩大齿轮泵的应用范围，可用于输送涂料、漆、颜料、灰汁、抛光剂和酸类、碱液等腐蚀性溶液。

(3) 提高齿轮的制造精度，将齿轮泵的工作间隙缩小到仅有 0.0038mm(3.8μm)，泵的每一转的排液量达到很高的精确度和重复性，再通过高精度的转数调节系统，以改变齿轮泵的转数来调节其流量，并可自动控制。成为一种流量无脉动、调量精确度高、运行平稳、寿命长、适合定量输送黏稠和浆状液体的旋转式计量泵。

8.3.7 挠性管泵

8.3.7.1 工作原理和适用范围

1. 工作原理

挠性管泵亦称软管泵，由挠性(软)管、转子、泵体等组成(图 8-53)。泵工作时，转子转动，转子上的滚动压轮或滑动压块将挠性管压至内壁贴合，管内腔体积缩小，压力升高，将管内液体挤至泵输出管路中。滚动压轮或滑动压块转过(离开)后，挠性管以自身的弹性恢复原状，管内腔体积增大、压力降低，将被送液体吸入管内，构成了转子泵输液的三个基本动作(状态)，转子连续转动，完成输送液体(图 8-53)。

2. 特点

(1) 挠性管泵系连续地吸入和排出液体，其流量和排出压平稳，无脉动。与其他容积式泵一样，泵的流量和排出压力为相互无关的两个独立的参数，其流量仅决定于所用挠性管的直径、转子直径(即所用挠性管的工作长度)和转速，以及同时工作的管子的根数(一般为 1~24根)。其排出压力仅决定于泵输出管路的特性(背压)，与挠性管的尺寸，转子直径和转速以及管子的根数无关，泵能达到的排出压力决定于挠性管的耐压能力，零部件的结构强度和驱动机的功率。

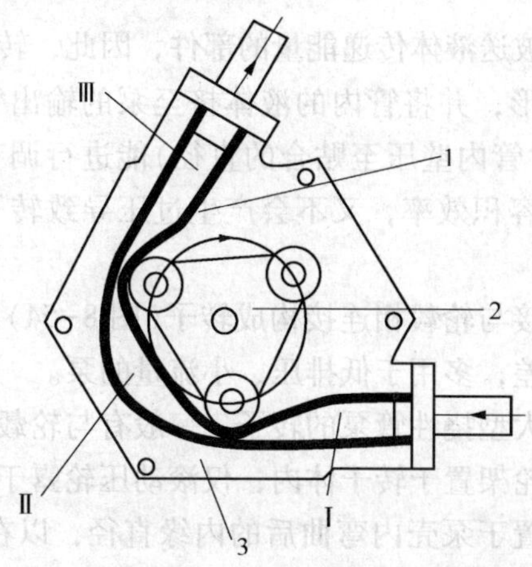

图 8-53　挠性管泵的组成及输液的三个基本动作

1—挠性(软)管；2—转子；3—泵体

Ⅰ—与吸入管通，与排出管断；Ⅱ—与吸入管、排出管均断；Ⅲ—与排出管通，与吸入管断

(2) 挠性管泵具有自吸能力，启动时无需灌泵。挠性管泵没有吸液和排液单向阀、吸入阻力很小，一般 *NPSHr*＝2～3m，最小的 *NPSHr*＝0. 5m。

(3) 挠性管泵的工作腔呈全密闭状态，工作腔(挠性管)内没有任何运动和相对运动的零部件，因而不会有任何运动零件因磨损产生的脱落物进入被送液体；同时，由于无需轴封，被送液体没有漏出泵外的可能，也不会受到来自泵外环境的污染，因此，挠性管泵可以输送对卫生条件要求很高的液体。例如：人工心肺机中的人工心脏血泵等。

(4) 挠性管输液时，转子与被送液体不接触，当被送液体中含有纤维颗粒等悬浮物时，悬浮物不会影响转子转动和引起转子磨损，也不会产生堵塞。且其转子及传动系统有独立的润滑系统，故挠性管泵可以干运转。

(5) 挠性管泵没有吸液阀和排液阀，不存在因吸、排液阀的工作状况而影响泵的性能，特别是在输送带有固体颗粒等悬浮物的液体和高黏度的液体时，不会因液体对吸、排液阀的影响，而引起流量下降和波动。因此挠性管泵转子每一转的排液量稳定精确，可用作计量泵，通过改变转子的转速调节流量、进行定量输送液体。

(6) 挠性管泵结构简单、零部件少、操作维护方便。且具有良好的价格性能比。

3. 挠性管泵的适用范围

流量(单管)0. 01～120m^3/h；

排出压力≤1. 6MPa；

工作温度-20～100℃；

介质黏度≤1×10^{6}mPa · s；

颗粒直径<1/4 管内径；

颗粒含量≤60%。

挠性管泵适于输送含有固体颗粒和悬浮物及浆状的液体、易于污染环境和对卫生条件要求很高的液体，还可以用于输送贵重的和高黏度的液体。广泛应用于化工、石油、水处理、医药、食品、冶金、矿山、建筑、陶瓷、造纸、日用化工、医疗等行业。

8.3.7.2 结构

1. 转子

挠性管泵的转子是泵向被送液体传递能量的部件，因此，转子必须具有足够的强度和刚度，以保证将挠性管挤压变形，并将管内的液体挤至泵的输出管。同时，转子的工作直径(滚动压轮或滑动压块将挠性管内壁压至贴合的直径)能进行调节，以保证将挠性管的内壁压至贴合，使得泵有较高的容积效率，又不会产生过压导致转子卡死或损坏。常见有以下结构。

(1) 滚动压轮的轮架直接与轮毂相连接构成转子(图 8-54)。此转子结构简单，容易调节，但其强度和刚度相对较差，多用于低排压、小流量的泵。

(2) 用于高排出压力或大型挠性管泵的转子，一般有与轮毂为一体的转子体，以增加转子的强度和刚性滚动压轮的轮架置于转子体内，仅滚动压轮露于体外，转子体最好呈空心圆形。且其直径略小于挠性管置于泵壳内弯曲后的内缘直径，以在泵运行时消除(吸收)管子的振动(跳动)(图 8-54)。

(3) 滑动压块的转子结构(图 8-55)。

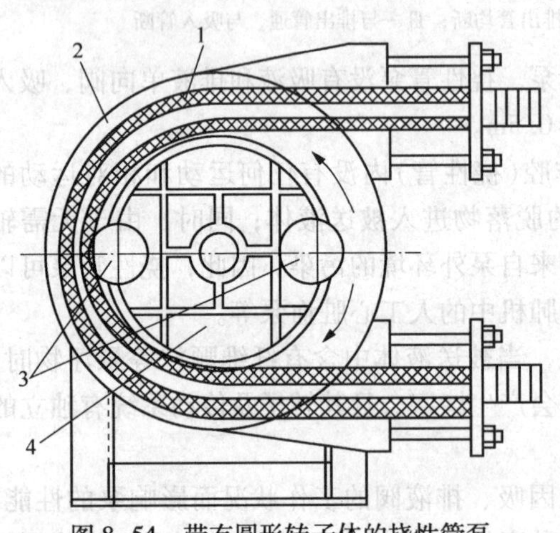

图 8-54 带有圆形转子体的挠性管泵

1—挠性管；2—泵壳；3—滚动压轮；4—圆形转子体

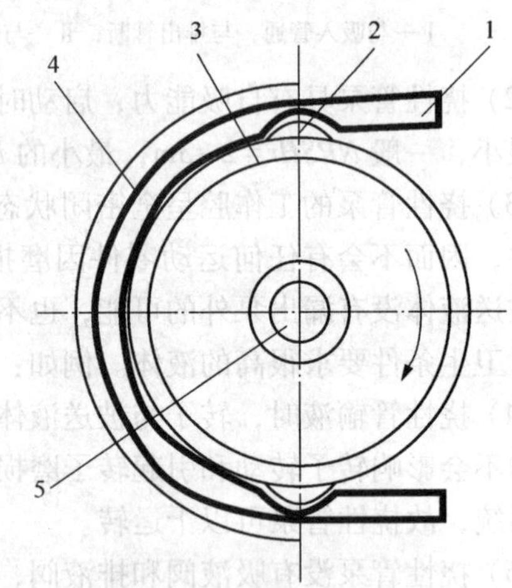

图 8-55 滑块软管泵示意

1—软管(工作腔)；2—滑块；3—转子体；4—泵壳；5—轴

2. 挠性管

(1) 挠性管多为耐压橡胶管，并要具有良好的耐疲劳性能。常用的橡胶有：天然橡胶、异丁烯橡胶、丁腈橡胶、氯丁(三烯)橡胶、硅酮橡胶、三元乙丙橡胶以及氯磺酰化聚乙烯合成橡胶等。用于食品、药品和血液等卫生条件要求很高的液体时，需用符合卫生标准的专用橡胶或塑料(与挠性管连接的接头等过流零件亦应用符合卫生标准的材料制造)，并应以颜色与一般用途橡胶管相区别，一般用白色。

挠性管泵所用的橡胶管，可以是单一胶种的橡胶管，也可是两个胶种的复合橡胶管，如：天然橡胶管内衬丁基橡胶的复合橡胶管。应用复合橡胶管可提高管子的性质、扩大应用范围，并降低成本。目前，挠性管泵用的橡胶管内径范围为 10～125mm；使用压差达 1.6MPa(耐静压力达 4.8MPa)；天然橡胶，丁腈橡胶使用温度为-20～80℃，丁基橡胶，三元乙丙橡胶为-20～100℃(短时工作可达 120℃)。

(2) 挠性管泵一般是依靠管子自身的弹性，迅速并充分地从压扁状态恢复到圆形截面状态，使得泵具有良好的吸入性能。橡胶管的回弹能力决定于橡胶的硬度和管壁厚度等因素，一些资料表明：目前应用天然橡胶异丁烯橡胶(肖氏硬度 53±5)，三元乙丙橡胶(肖氏硬度 66±5)，制成的工作压差 1.6MPa、耐静压力达 4.8MPa 的橡胶管，具有良好的复原能力，应用上述橡胶管的挠性管泵的必需汽蚀余量(*NPSHr*)仅 0.5m。因此，单纯依靠增大管子的回弹力，提高泵的吸入性能，必然随之增大泵的工作能耗。应用侧导辊、辅助管子恢复原状，可有效地降低泵的能耗，提高泵的效率。

图 8-56 所示为一种带有侧导辊的挠性管泵结构示意，该泵的总效率达 75%，容积效率达 98%。同时，减小了管子的壁厚，有利于提高管子的耐疲劳性能，延长管子寿命。

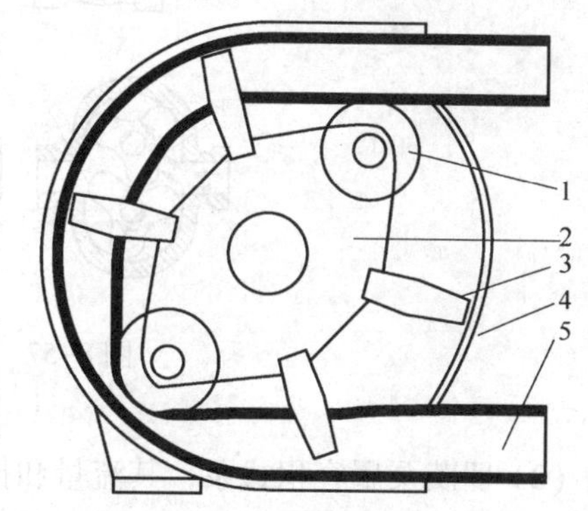

图 8-56 带有侧导辊的挠性管泵结构示意

1—压辊；2—转子；3—侧导辊；4—泵壳；5—软管

(3) 挠性管泵工作腔的橡胶管与泵输入和输出管的连接均采用活接头，且将活接头置泵壳之外，即不需打开泵壳，便可更换作为工作腔的橡胶管(图 8-54)。另一种以锥形孔的压环，作为工作腔的橡胶管与泵输入、输出管接头的压紧连接结构，亦同样便于橡胶管的迅速装拆(图 8-55)。

当转子的滚动压轮转动、滑动压块沿橡胶管外壁滑动需用液体润滑剂进行润滑时，在作为泵工作腔的橡胶管与泵输入、输出管连接部位的橡胶管外壁或连接的接头，与泵壳之间应进行密封，以防止液体润滑剂漏出泵外。

(4) 单管的挠性管泵的管子内径小于和等于 80mm 时，泵没有泵轴和轴承，泵的转子直接装于减速输出轴上与减速器直联；管子内径大于 80mm 的泵，有泵轴和轴承，转子置于泵轴上一般为悬臂支撑，泵以联轴器与减速器相连接。

(5) 双管的挠性管泵的管子内径多为 65mm 以上，一般都有泵轴和轴承，转子装于泵轴上、且多用简支支撑、泵以联轴器(也有用链条)与减速器相连接。

8.3.8 罗茨泵

8.3.8.1 工作原理和适用范围

1. 工作原理

罗茨泵由转子、泵壳、同步齿轮和轴封等组成(图 8-57)。转子的外缘形状为一种独特的圆滑形状，对此独特的形状称作“Roots"，中文译作“罗茨”。罗茨泵这种圆滑形转子的轮廓曲线，使得罗茨泵的两个转子在工作时，其外缘表面始终保持相互接触(实际上是一种动配合)，但此接触并不能进行传动，因而还需以同步齿轮进行两个转子间的传动，并保持两个转子的工作相位。罗茨泵两转子外缘表面相接触和两转子长端的外缘与泵壳内壁的接触(实际上也是一种动配合)构成线密封，以这些线密封形成一个或数个泵的工作腔。当转子转一转的过程中，每个工作腔都存在：与吸入室相连通、与排出室隔断；与吸入室和排出室均隔断；与排出室相连通，与吸入室隔断的三个基本状态，从而将液体吸入工作腔内，在密闭状态将液体由吸端送向排出端，再将液体推至泵的输出管路中去，完成输送液体(图 8-57)。

2. 特点

(1) 罗茨泵两个转子的接触(配合)点的位置，随转子的转动呈周期性的变化。当接触(配合)点位置变化的轨迹为向排出口方向移动时，泵的排液量增大；接触(配合)点位置变化的轨迹为向吸入口方向移动时，泵的排液减小。因此，罗茨泵转子每一转中的各瞬时的排液量是变化的。即罗茨泵的工作原理，已决定了罗茨泵存在流量波动。

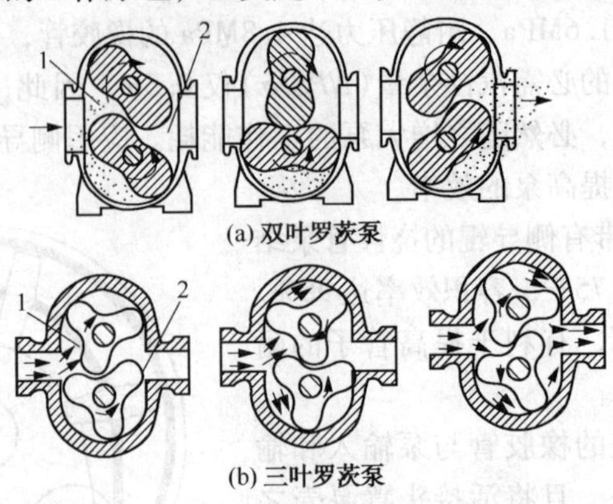

图 8-57　罗茨泵的组成工作原理
1—吸入室；2—排出室

(2) 罗茨泵属容积式泵，其流量和排出压力为相互独立的参数。泵的流量决定于转子的尺寸和转速，与泵的排出压力无关。当排出压力增高时，泵的流量稍有下降，系排出压力增高后，内泄漏量增加所致。罗茨泵的排出压力，仅决定于输出管路系统的特性，与转子的尺寸和转速无关。泵所能达到的排出压力，决定于两转子之间和转子与泵壳内壁之间的接触(配合)程度(配合间隙)、结构强度和驱动机功率。

(3) 罗茨泵没有吸、排液单向阀，其输液性能不会受阀的影响，性能稳定，且具有良好的吸入性能，其 *NPSHr* 最小仅 0.5m。

3. 罗茨泵的适用范围

流量 0.06~600m^3/h；

排出压力≤3.0MPa；

工作温度-40~200℃；

介质黏度≤1×10^{6}mPa · s

适用于化工、石油、建筑、采矿、轻工、食品及日用化工等行业。

8.3.8.2　结构

罗茨泵的总体结构和布局，与旋转活塞泵基本相同(只需换为罗茨形转子和相适应的泵壳)，可参见本章 8.3.2 有关内容。

1. 转子

罗茨泵通常应用 2 叶或 3 叶的转子(图 8-57)，转子用合金钢或不锈钢制造。由于罗茨泵工作时，两个转子需始终保持相接触(一种动配合)、故要求有较高的形状精度和尺寸精度。同时罗茨泵还存在两个转子之间和转子与泵壳内壁之间相接触，保持密封和可能产生磨损的矛盾，且转子和泵壳都可能被磨损。为保持泵能正常运行，并具有较长的运行周期，罗茨泵的结构和选材需做到：易磨损的零部件能快速更换，或能耐磨(减磨)，或能补偿磨损量。例如

(1) 罗茨泵的转子以花键与转子轴相连接，以便于在转子磨损后能快速地抽出，并装入新转子。

(2) 适当增大转子与转子和转子与泵壳内壁的配合间隙，并提高转子制造精度，使得在

泵运行中转子与转子和转子与泵壳内壁相互不接触，并仍能保持密封。

（3）在金属制造的转子表面搪以橡胶或塑料，以其弹性保持密封并得到较小的磨损。图8-58所示的转子端面形状，可减小转子转动时的摩擦功。

（4）转子具有活动的冠部，当转子磨损后仅需更换其冠部，并有可快速抽出和装入的结构，冠部的表面亦可搪以橡胶或塑料(图8-59)。

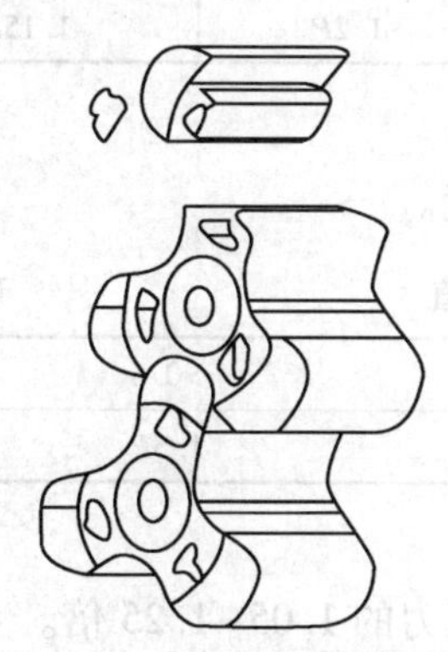

图8-58　可更换冠部的转子

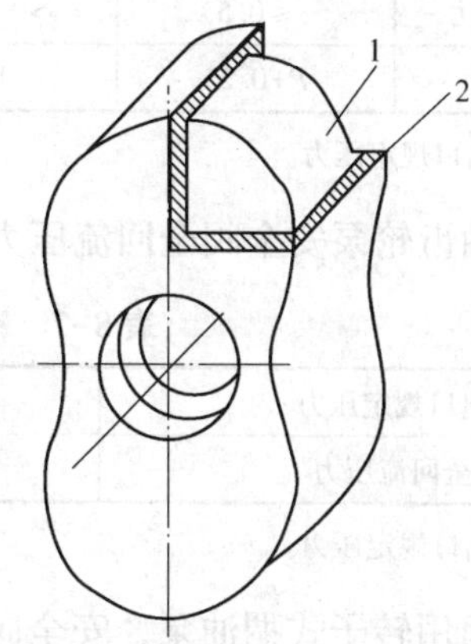

图8-59　表面有非金属涂层的罗茨泵转子

1—金属基体；2—非金属涂层(橡胶或塑料)

（5）在表面搪有橡胶或塑料的转子内部，装有对转子冠部至转子轴中心线的距离进行微量调节的机构，当转子冠部磨损后，以该机构进行调节，对转子冠部的磨量进行补偿。

2. 泵壳

罗茨泵的泵壳一般用球墨铸铁，可锻铸铁或不锈钢制造。泵壳的内壁与转子相接触也会产生磨损，因此，泵壳内壁需进行表面硬化处理，以减小或防止磨损。因为泵壳内壁磨损较大时，即使更换新转子，泵仍会因失去密封而不能正常工作。常用的表面硬化方法有：激光热处理、泵壳内壁衬以耐磨层或镶嵌可更换的耐磨板等。

3. 泵盖

罗茨泵一般都有装拆方便的泵盖，以便于更换转子和用于间歇生产工况时，便于清洗泵内的残留物料，保持卫生(对于食品、医药、日用化工等行业)及防止物料凝固于泵内，影响再次运转(对于化工、石油化工输送树脂、胶液等)。

其结构特点：泵盖与泵壳的静密封应用O形圈，需要的密封压紧力较小，故泵盖与泵壳的紧固螺栓数量可以较少，一般仅4个，且多用可手直接搬动的、冕形螺母或带环的螺母。

8.3.9　转子泵的试运转及故障处理

8.3.9.1　试运转

1. 转子泵试运转前应符合下列要求

（1）应用手或适当的工具转动主杆，螺杆转动应均匀、无卡滞、卡住；

（2）潜水螺杆泵必须有可靠的接地装置和接地线；

（3）泵的液体流道应清洗洁净；

（4）输送液体温度高于60℃时，应按随机技术文件的规定进行预热；

（5）安全阀的调整应符合下列要求：

① 三螺杆泵安全阀试验应在规定工况下逐渐关闭出口压力调节阀，其全回流压力值应符合表 8-6 的规定；出口压力回复到规定压力时，流量不应小于规定流量；安全阀的工作应灵敏、可靠。

表 8-6　三螺杆泵安全阀全回流压力值 MPa

出口规定压力	≤0.5	>0.5~1.6	>1.6~6.0	>6.0~10	>10
全回流压力	P+0.25	1.5P	1.3P	1.2P	1.15P

注：P 为出口规定压力。

② 输油齿轮泵安全阀全回流压力值，应符合表 8-7 的规定。

表 8-7　输油齿轮泵安全阀全回流压力值 MPa

出口规定压力	≤0.6	>0.6
全回流压力	P+0.25	1.5P

注：P 为出口规定压力。

③ 油田用转子式稠油泵，安全阀开启压力应为额定排出压力的 1.05~1.25 倍。

2. 转子泵试运转时除应符合下列要求

（1）启动前应向泵内灌注输送液体，并应在进口阀门和出口阀门全开的情况下启动；

（2）泵在规定转速下，应逐渐升压至规定压力进行试运转；规定压力点的试运转时间不应少于 30min；

（3）运转中应无异常声响和振动，各结合面应无泄漏；

（4）轴承温升不应超过环境温度 35℃，并不应超过输送介质温度 20℃；外装式轴承表面温升不应超过环境温度 40℃；轴承最高温度不应超过 80℃；

（5）填料密封或机械密封的泄漏量，应符合随机技术文件的规定；无规定时，应符合下列要求：

① 输油齿轮泵轴封泄漏量，应符合表 8-8 的规定：

表 8-8　输油齿轮泵的轴封泄漏量

机械密封	轴径/mm	<35		≥35
	泄漏量/(mL/h)	≤3		≤5
填料密封	轴径/mm	≤10	>10~50	>50~100
	泄漏量/(mL/h)	≤10	≤15	≤20

② 油田用转子式稠油泵轴封泄漏量，应符合表 8-9 的规定：

表 8-9　转子式稠油泵轴封泄漏量

机械密封	轴径/mm	≤50	>50
	泄漏量/(mL/h)	≤3	≤5
填料密封	轴径/mm	泄漏量不应大于额定流量的 0.01%；当额定流量小于 $10m^3/h$ 时，泄漏量小于或等于 1L/h	
	泄漏量/(mL/h)		

（6）安全阀的工作应灵敏、正确和可靠；

（7）试运转结束后，应放净泵内积液，并应将泵清洗洁净。

8.3.9.2 转子泵的故障处理(表 8-10)

表 8-10 转子泵常见的故障原因及处理方法

故障现象	故障原因	处理方法
不供油	未注油启动	把泵充满液体
	吸上高度过高	降低吸上高度或安装较大的吸入管
	漏气	检查并改正；检查填料盒
	杂物堵塞	检查调节和消除
	过度磨损	对照制造厂规定的公差检查磨损部件
	旋转方向错误	校正旋转方向
	转速太低	校正转速
噪声过大	不对中	检查电机、泵和联轴器的对中情况
	内部损坏	转子弯曲或损坏；更换
	不平衡	检查转子静、动平衡
	油中有空气	改变吸入口位置
	漏气	检查和校正
	汽蚀	检查泵运行状况
	压力过高	溢流阀压力调得太高，调整到与泵的额定值相一致
	磨损	检查零件是否过度磨损或间隙过大
压力低或流量下降	转速太低	校正转速
	旋转方向错误	校正旋转方向
	吸上高度过高	降低吸上高度或安装较大的吸入管
	漏气	检查并校正；检查填料盒
	油液中有空气	改变吸入管位置
	溢流或旁通阀	可能调整得太小，检查和修正
	过度磨损	对照制造厂的要求检查部件磨损情况
压力过高	系统压力	如果系统压力高于泵的额定值，换较大的泵
	溢流阀或旁通阀	检查和重新调整合适的压力
	系统阻塞	减压阀可能已部分关闭或系统部分阻塞
过度磨损	液体中带有磨粒	检查泵是否适于输送带有磨蚀颗粒的液体；检查过滤器或过滤网是否符合要求
	变形	检查直接传递到机壳上的管道负荷大小并修正
	压力过大	溢流阀压力调整得太高；调整到正确的设定值
	速度过大	检查速度(液体黏度符合要求时)是否与泵说明书相符
	超过所要求的输入功率	检查轴或其他零件是否弯曲或损坏
	液体黏度过大	对照实际液体黏度检查额定速度值；对较高黏度油液要减速
	速度过快	对照泵额定值检查所输送液体的黏度
泵过热	溢流阀或旁路阀	检查调整位置是否合适
	输送液体速度过快	检查速度是否与液体黏度规定值相匹配
	压力过大	溢流阀压力调得太高，调整到正确的位置
	排泄阻塞	溢流阀的旋流会引起过热，可由另一溢流阀排放到油箱中

8.4 计量泵

计量泵属于往复泵中的一种。在石油化工生产中，有些反应器在操作时，要求进入的液体量十分准确，并且可以方便地调节，有时还要求按一定的比例同时输送两种以上介质和液体物料混合，以利于工艺流程的自动化，提高劳动生产率，提高产品质量和改善劳动条件，这些操作都是由计量泵来完成。常见的计量泵有N形曲轴柱塞泵和隔膜泵。

8.4.1 柱塞计量泵

柱塞计量泵主要用于石油、化工、炼油、食品、造纸、原子能技术、热电厂、塑料、医药、饮水、污水处理、环境保护、纺织和矿山等生产和研究部门，定量输送液态腐蚀性介质。

柱塞式计量泵由液缸与传动箱两部分组成，见图8-60。

(1) 液缸部分　液缸部分由液缸体、吸液阀组、排液阀组、填料函和柱塞等零部件组成。由于计量泵要保证计量准确，因此填料密封的密封性能要求比较高，常用多层软聚氯乙烯人字形密封圈。泵的吸、排液阀多采用球形阀。对于大直径柱塞泵和低压泵通常采用单层球形阀，而小直径柱塞泵和高压泵多采用双层球形阀，当一层阀失灵时可由另一层保证泵阀的严密性。

(2) 传动箱　传动箱由曲柄连杆机构和行程调节机构组成。

(3) 工作原理　电机经联轴器与轴直联，带动蜗轮、下套筒、N轴作回旋运动。N轴装在偏心块内，并与偏心块套、连杆和十字头相连，组成曲柄连杆机构，使十字头在托架内作往复运动，并带动柱塞作往复运动。当柱塞向后死点移动时，泵容积腔逐步增大形成真空，在大气压力或正吸入压头的作用下，将吸入阀打开，液体被吸入；当柱塞向前死点移动时，此时吸入阀关闭，排出阀打开，液体被挤出排出阀外，使泵达到吸排的目的。

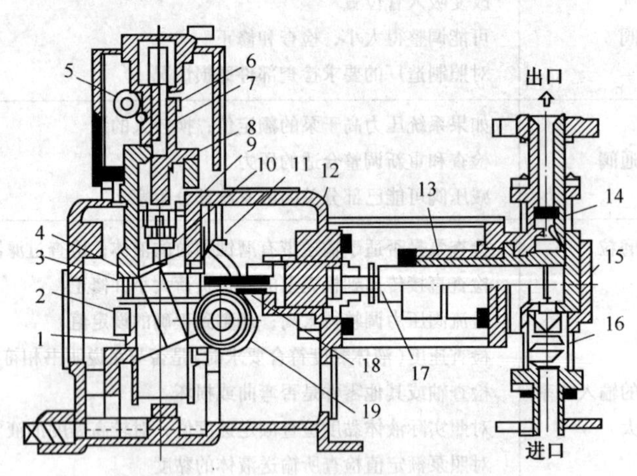

图8-60　柱塞式计量泵(N形曲轴)

1—下套筒；2—蜗轮；3—滚针轴承；4—推力轴承；5—调节蜗杆；6—调节蜗轮；7—调节螺杆；8—调节座；9—上套筒；10—N形曲轴；11—偏心轮；12—十字头；13—填料函；14—出口阀；15—泵缸；16—进口阀；17—柱塞；18—连杆；19—蜗杆

8.4.2 隔膜计量泵

隔膜计量泵既能用在柱塞计量泵所适用的条件下，又能输送强腐蚀、易燃、易挥发性剧毒液体和放射性液体等。隔膜泵根据隔膜型式可分成单隔膜泵、双隔膜泵、管式隔膜泵和机械隔膜泵。单隔膜泵见图 8-61，双隔膜泵见图 8-62。

隔膜式计量泵同样由液缸部分与传动箱两部分组成。

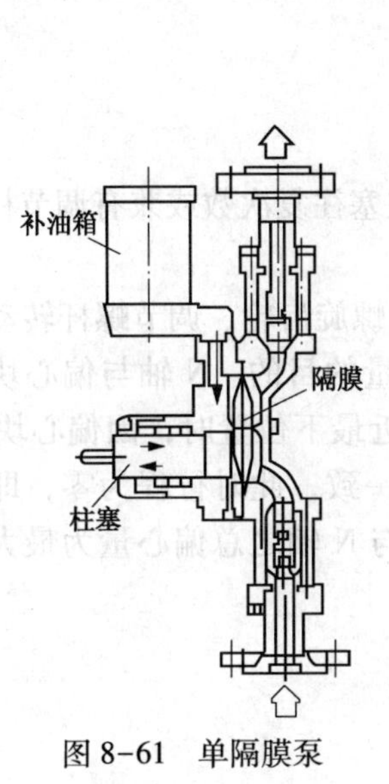

图 8-61　单隔膜泵

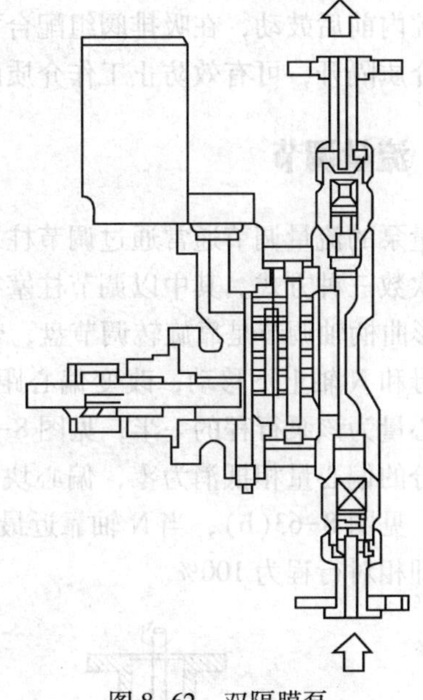
图 8-62　双隔膜泵

1. 液缸部分

隔膜式计量泵液缸部分结构见图 8-61，它由液缸体、吸液阀组、排液阀组、柱塞、隔膜、限制板、补油阀组、安全阀和填料函等零部件组成。它的泵缸和泵体一般用优质灰铸铁铸造，隔膜用橡胶、皮革、塑料或弹性金属片制成。泵体内腔与被输送液体接触部分用耐腐蚀材料衬里。

为了保证隔膜正常工作，在缸体上装有安全补油阀组或安全阀：

(1) 安全阀　当泵的排出压力超过泵的规定压力时，安全阀自行开启，以免压力过高引起故障。在此，必须指出，泵的安全阀只对泵的充油缸起安全作用，不得作工艺流程管路上的安全阀使用。

(2) 安全补油阀组　常用的补油阀有自动补油阀(配普通型隔膜泵)和限位补油阀(配 MF 型隔膜泵)两种型式。泵正常运转时，自动补油阀并不经常做补油动作，因为出厂试验时已调校完毕，一般不再调动。若安全阀排油后或泵缸油腔真空度增大时补油阀杆不动作，则应调整阀杆上的螺母，适量放松弹簧力，但不得过松，引起不断补油现象；或当柱塞作吸入冲程时，用手轻压阀杆，做短时的手动补油，直到泵的流量恢复到正常状态为止。限位补油阀组由限位阀和单向阀组成，引起限位补油阀补油的原因与自动补油阀基本相同，但限位补油阀的油路导通是自动的。自动补油阀在补油过程中不可避免有过量补油现象，而对于限位补油阀，当油量充足时，隔膜后死点前移，使限位阀不再导通，停止补油；反之，限位阀导通，适量补油。它可避免隔膜因过量变形和压差过大引起的早期破坏，延长了隔膜使用寿命。

2. 传动箱

隔膜式计量泵与柱塞式计量泵的传动方式基本相同，主要区别在于液缸部分。

3. 工作原理

隔膜计量泵也是靠柱塞在隔膜液缸内作往复运动，使隔膜腔内的油产生压力，推动隔膜在隔膜腔内前后鼓动，在吸排阀组配合下，达到吸排液体的目的。由于有隔膜将柱塞密封函与输送介质隔开，可有效防止工作介质的渗漏。

8.4.3 流量调节

计量泵的流量调节通常通过调节柱塞行程长短，调节柱塞往复次数或兼有调节柱塞长短和往复次数三种方式。其中以调节柱塞行程方式最为常用。

N 形曲柄轴调节是靠旋转调节盘，带动小螺旋齿轮、大螺旋齿轮、调节螺杆转动，拖动调节螺母和 N 轴上下移动，改变偏心距，从而达到调节流量的目的。N 轴与偏心块形成的最大偏心量为该泵行程的一半，见图 8-63(a)，当 N 轴靠近最下位置时，因偏心块与 N 轴配合部分的偏心量相抵消为零，偏心块与 N 轴的回转中心一致，此时行程为零，即相对行程为零；见图 8-63(b)，当 N 轴靠近最上位置时，偏心块与 N 轴之总偏心量为最大行程的一半，即相对行程为 100%。

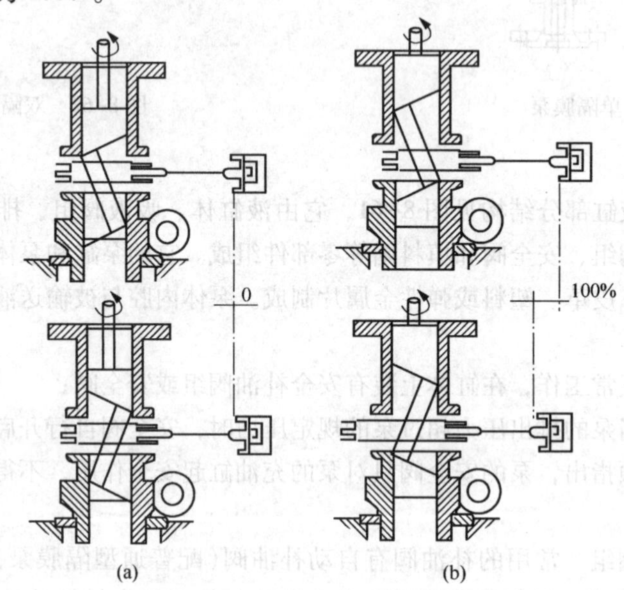

图 8-63 N 形曲轴调节原理

8.4.4 计量泵的试运转及故障处理

8.4.4.1 计量泵的试运转

1. 试运转前的准备工作

(1) 检查安装检修记录，确认数据正确，准备好试运转的各种记录表格；

(2) 把泵周围卫生打扫干净；

(3) 向传动箱内注入符合技术文件的润滑油，油位到油标中间处。对于隔膜泵应在缸体油腔内注满技术文件要求的液压油，同时将油腔内的气排尽。安全自动补油阀应注入适量液压油至距溢出面约 10mm 处，在泵头与传动箱之间的托架内也加注液压油，油位至浸没柱塞填料。

（4）盘车转动自如，无卡涩现象和异常响声。

2. 试运转

（1）启动：

① 关闭泵出口阀，打开泵进出口连通阀，开启入口阀，使液体充满泵体；

② 盘车无问题后按启动开关，给电启动；

③ 逐渐打开泵出口阀，然后关闭进出口连通阀；

④ 根据工艺流程对流量的需要，把调量手轮转到所需刻度；

⑤ 检查泵的振动值是否在允许范围内和是否有不正常响声，如果超标，应停车检查原因，待消除故障后，再投入运行。

（2）停车：

① 切断电源，停止电机运行；

② 关闭进出口管道阀门，但开车前应注意打开。

3. 隔膜式计量泵缸体油腔注油操作

（1）先打开安全补油阀储油罐盖，用手推压补油阀杆往膜腔里充油，同时盘动联轴器使隔膜鼓动，排出膜腔内的气体，直到气泡不再往上冒为止。

（2）开车时，可将安全阀调节螺钉适当调松，使安全阀在泵排出运动中将膜腔内的气体排出，应起跳数次，再拧紧调节螺钉至原来位置，并使安全阀的启跳压力为管道压力的 1.1 倍左右。在安全阀起跳排气的同时，柱塞在吸入过程中，用手轻压阀杆，做短时手动补油。若油量补充过多，将会产生振动和冲击声，可在柱塞作排出冲程时，轻压补油阀杆排出多余的油，直至泵运行平稳为止。

8.4.4.2 计量泵的故障处理

计量泵常见故障现象、原因及处理方法见表 8-11。

表 8-11 计量泵常见故障现象、原因及处理方法

故障现象	故 障 原 因	处 理 办 法
柱塞计量泵流量不稳定的处理	单向阀密封面损坏	更换单向阀或垫片
	单向阀内有杂物卡阻	清除杂物
	溢流阀泄漏	修理或更换
	吸入压力不足	提高入口液
	来液温度高产生气化或泵内有气体未排净	降低温度和排净气体
	吸入管漏	修复或更换破损管件
柱塞计量泵无法启动的处理	N 轴组件严重磨损	更换 N 轴组件
	齿轮副严重磨损	更换齿轮副
	轴承严重磨损	更换轴承
	电机损坏	检查处理电机
	十字头与导轨卡住或销脱落	检查处理
柱塞计量泵电机过载的处理	出口压力过高	调整溢流阀，检查出口管
	填料过紧	适当松开填料压盖螺母
	齿轮副损坏	更换齿轮副
	轴承损坏	更换轴承
	N 轴组件磨损严重	更换 N 轴组件

续表

故障现象	故 障 原 因	处 理 办 法
柱塞计量泵有敲击声的处理	连杆连接螺栓松动 偏心套或轴承间隙过大 连杆拉力轴承松动或磨损 锥形轴承套磨须 蜗轮传动机构磨损	紧固螺栓 更换部件 紧固螺栓或更换轴承 更换锥形套 更换蜗轮传动机构
隔膜计量泵流量不足的处理	溢流阀与补油阀泄漏 补油阀组堵塞 单向阀磨损 溢流阀设定过低 充油腔内有气体或柱塞填料泄漏 来液黏度过高 来液中有气体或泵体内气体未排净 出入口管路泄漏或阻塞	修理或更换 检查清洗疏通 研磨或更换单向阀 设定值调至操作条件 排气补油 降低黏度 进行工艺调整 疏通或更换破损管件
隔膜计量泵出口压力低的处理	溢流阀与补油阀泄漏 单向阀内有杂物卡阻 单向阀磨损 来液中有过多的气体 柱塞填料漏油	修理或更换补油阀 解体清除杂物 修理或更换单向阀 进行工艺调整 检查密封部分

8.5 磁力驱动泵

磁力驱动泵是一种隔离传动型无泄漏泵。由泵、磁力传动器和电机等组成(图 8-64)。泵为叶片泵(主要为离心泵、旋涡泵等)、转子泵(齿轮泵、螺杆泵等)。磁力传动器或称磁力联轴器，由内磁转子、外磁转子和隔离套等组成，内磁转子与泵的叶轮或转子共轴；隔离套与泵体相连接，以静密封与泵体一起构成密闭腔，将叶轮和内磁转子封闭在腔内；外磁转子与电动机相连接，其磁极在隔离套之外与内磁转子磁极位置相对。泵工作时，电机带动外磁转子旋转，依靠磁力带动密闭在隔套(密闭腔)内的内磁转子旋转，驱动泵的叶轮或转子输送液体。

8.5.1 磁力驱动泵的特点与特殊要求

(1) 磁力驱动泵的隔离套为压力容器(与泵体共同组成)，应符合压力容器的要求，用电阻率大、机械强度高、耐腐蚀性好的非导磁材料制成，常用的材料有：奥氏体不锈钢、镍基合金、铬基合金、钛合金、聚全氟乙丙烯、聚偏二氟乙烯、玻璃纤维增强聚丙烯、玻璃纤维或碳纤维增强树脂(玻璃钢)、陶瓷以及金属和非金属、非金属和非金属复合材料制成。隔离套的厚度一般为 1~5mm。较多的采用金属基体、玻璃钢增强的复合材料制造，可达到强度高、厚度小、涡流损失小。

(2) 为得到较高的磁传动效率和保证隔离套的强度，磁转子的长、径比在 0.2~1 的范围选择较为适宜。

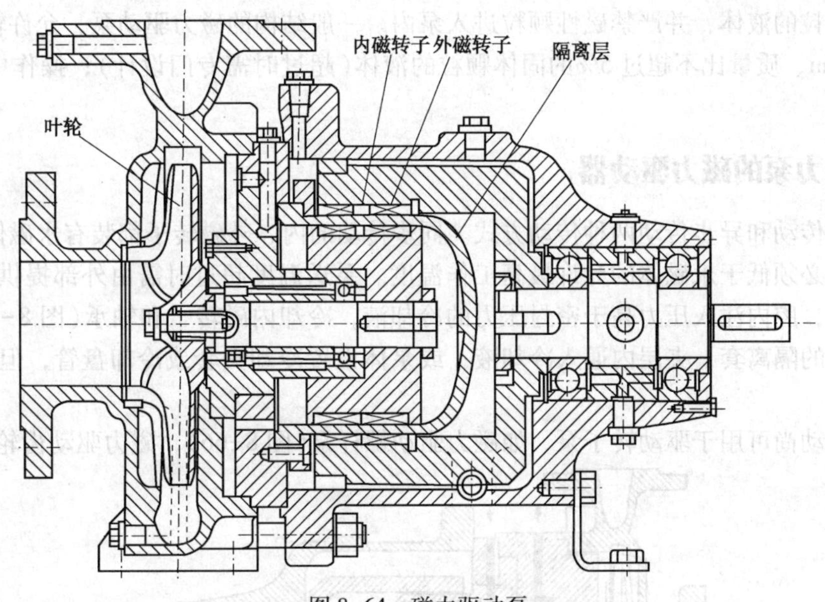

图 8-64 磁力驱动泵

（3）永磁体的实际使用温度应低于磁体的允许最高使用温度，实际使用温度值应小于允许最高工作温度值的80%。

（4）轴承由被输送液体冷却和润滑，轴承一般为由具有自润滑性材料制成的滑动轴承。常用轴承材料有：碳化硅、浸渍碳石墨、硅化石墨、对位聚苯、碳纤维增强聚四氟乙烯、聚苯硫醚等。

（5）当泵为离心泵等叶片泵时，需注意一般采用先进的水力模型，提高泵的效率。

（6）通过计算和试验，将用于冷却和润滑的液体量降到最小，以减少泵的流量损失，提高泵的效率。

（7）磁力驱动泵一般设有防止空转、温度升高和轴承磨损量监测和联锁停车等保护装置。因为泵的流量下降或空转，将引起轴承烧毁或泵的温度升高影响永磁体的性能，通常当功率(电流)下降到一定值时，报警或联锁停车保护；监测隔离套的温度，当超温时即报警或联锁停车，防止永磁体高温退磁；通过监测内磁转子与隔离套之间间隙的变化，可报警轴承的磨损情况；

（8）内、外磁转子的永磁体多以非导磁性金属或非金属材料进行保护，防止永磁体被碰坏和腐蚀，也防止永磁体脱落引起事故。

8.5.2 磁力驱动泵的优点与缺点

8.5.2.1 优点

完全无泄漏；内外磁转子间可有较大的间隙，应用非金属隔离套时，不大于8mm；用金属隔离套时不大于5mm。隔离套的壁厚较大，隔离套被磨穿的可能性较小；隔离套与内、外磁转子的间隙亦较大(最大可达1.5mm)，运行可靠，因轴封磨损造成内磁转子与隔离套碰磨的可能性较小；隔离套装拆方便，可在现场更换，维修方便；采用SiC等自润滑材料制成轴承，耐磨性良好，使用寿命长；泵的转速不受电机的限制，可与电机转速不同。

8.5.2.2 缺点

效率较低；不能在流量低于额定流量的30%下运行，更禁忌空转；一般不能用于输送含有固体颗粒的液体，并严禁磁性颗粒进入泵内。一般结构的磁力驱动泵，允许输送含直径小于0.15mm、质量比不超过5%的固体颗粒的液体(超过时需专门设计)；操作中需严格控制温度。

8.5.3 磁力泵的磁力驱动器

有同步传动和异步传动两种传动方式。同步传动的内、外磁转子都装有永磁体，故输送液体的温度必须低于永磁体的允许最高工作温度。泵送温度超过时需由外部提供冷却，如：设置隔热腔，腔内注入压力高于密封压力的冷却液，冷却内磁转子和轴承(图8-65)；也可采用带夹层的隔离套，夹层内通入冷却液；或泵体设置冷却夹套或冷却盘管，但结构复杂，成本较高。

磁力驱动尚可用于驱动转子泵，如磁力驱动螺杆泵(图8-66)，磁力驱动齿轮泵等。

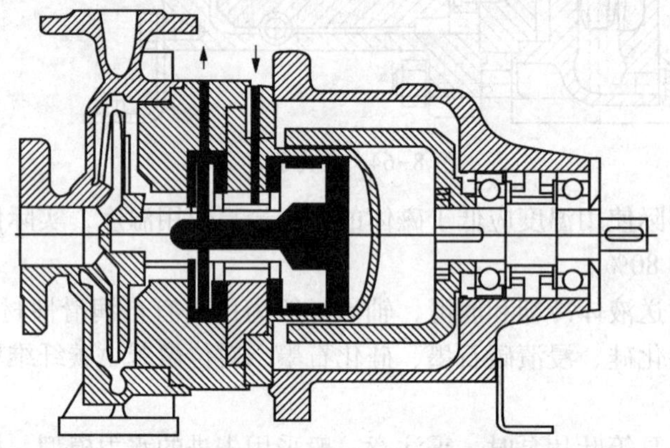

图8-65 外部供液润滑轴承和冷却的磁力驱动泵

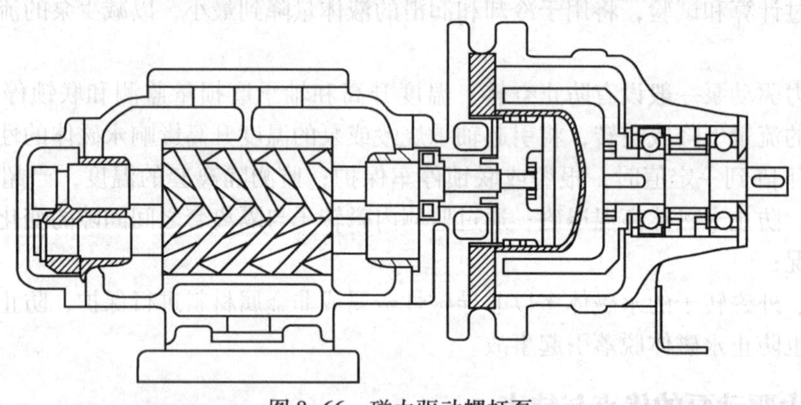

图8-66 磁力驱动螺杆泵

8.5.4 磁力驱动离心泵的适用范围

流量最大达1000m^3/h；扬程：单级关闭扬程可达150m，多级可达900m；温度为-120~450℃；压力最高可达35MPa；介质黏度最大为300mm^2/s。

磁力驱动螺杆泵的应用范围：流量可达240m^3/h；温度为-10~300℃；排出压力可达10MPa；介质黏度可达20000mm^2/s。

磁力驱动齿轮泵应用范围：流量可达105m^3/h；温度可达320℃；排出压力12MPa；介质黏度可达10000mPa·s。

磁力驱动离心泵有：单级、多级、立式、卧式、液下和自吸等型式，有基本型(国外称标准型)、高温型、高压型等。

8.5.5 磁力泵运行操作要求

(1) 磁力泵在正常操作条件下，不存在随时间推移而老化退磁的现象。但当泵过载、堵转或操作温度高于磁体许用温度时就会发生退磁。因此磁力泵必须在正常操作条件下运行。

(2) 磁力泵禁忌空运转，以避免滑动轴承和隔离套烧坏。磁力泵输送的介质不允许含有铁磁性杂质与硬质杂质。磁力泵不允许在小于30%额定流量下工作。

(3) 磁力泵日常主要检查电流、温升和出口压力是否正常，是否渗漏运行，是否平稳，振动和噪声是否正常。若发现异常情况应及时处理。

8.5.6 磁力驱动泵的故障处理

磁力驱动泵常见故障现象、原因及处理方法见表8-12。

表8-12 磁力驱动离心泵常见的故障、现象原因及处理方法

故障现象	故障原因	处理方法
泵不出水	水泵反转 进水管漏气 泵腔储水不足 电压太高、启动时联轴器打滑 吸程太高 阀门没有打开	调整电机旋转方向 杜绝漏气 增加储水量 调整电压 降低泵安装位置 校正或改变阀门
流量不足	吸入管径大小或堵塞 叶轮流道阻塞 扬程过高 转速不够	调换或清洗进水管 清洗叶轮 开大出水阀 恢复额定转速
扬程过低	流量过大 转速太低	关小出水阀 恢复额定转速
噪音太大	泵轴严重磨损 轴承严重磨损 外磁钢或内磁钢与隔离套接触 密封环与叶轮研磨 冷却箱内滚动轴承磨损	更换泵轴 更换轴承 拆除泵头重新组装 更换止推环、密封环 更换滚动轴承
漏液	O形密封圈损坏	更换O形密封圈

8.6 屏蔽泵

屏蔽泵是将叶片泵(应用较多的为离心泵)与驱动用电机直联，并共同密闭在一个压力容器中，此结构只需静密封就能达到完全无泄漏。由于电机浸泡在被输送的液体中，需用屏蔽套对定子绕组和转子鼠笼进行保护，此种电机称屏蔽电机，屏蔽泵由此得名。基本型屏蔽泵见图8-67。

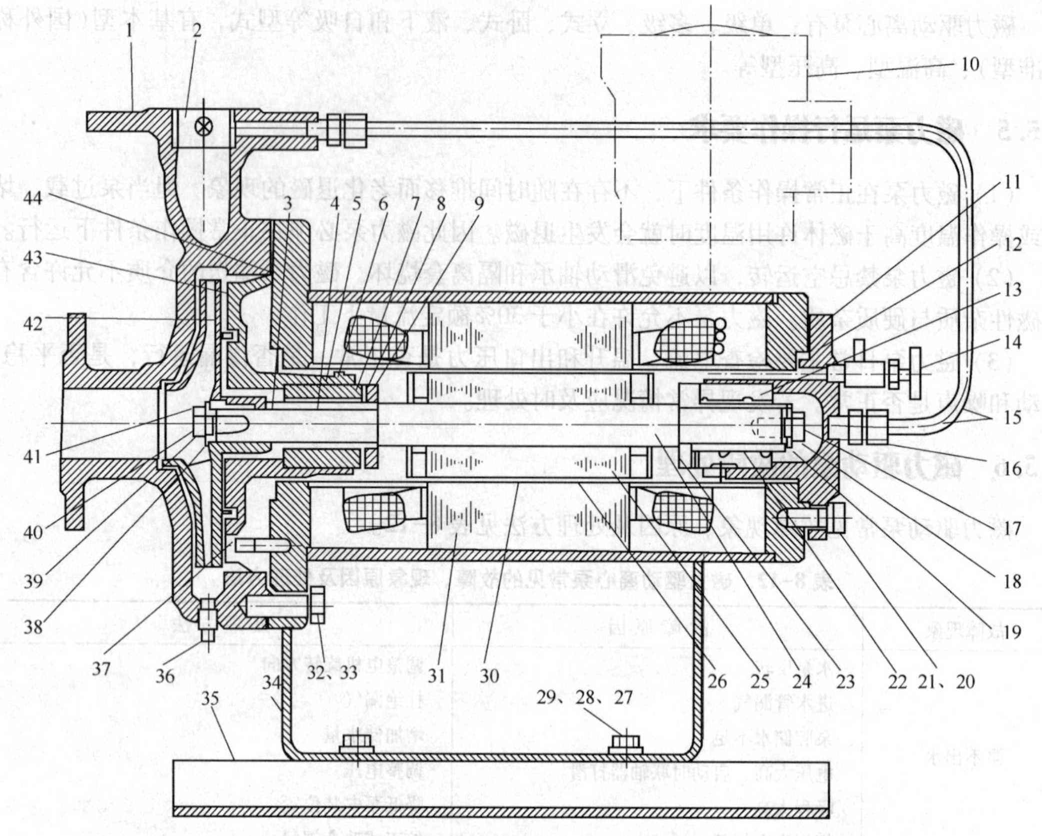

图 8-67 基本型屏蔽泵结构示意

1—泵体；2—过滤器；3—调整垫片；4，22—轴套；5—垫；6—紧定螺钉；7，13—轴承；8，23—推力环；9—销；10—接线盒；11—RB 端盖；12，44—密封垫圈；14—排气阀；15—循环管；16—活接头；17，21，29，32，37，40—螺栓；18，39—止动垫圈；19，27，38—垫圈；20，28，33—弹簧垫圈；24—轴；25—转子；26—转子屏蔽套；30—定子屏蔽套；31—定子；34—机架；35—底座；36—塞子；41—键；42—叶轮；43—FB 端盖

8.6.1 屏蔽泵电机的特点与特殊要求

（1）电机有保护定子和转子的屏蔽套。屏蔽套在泵工作时为受压容器（定子屏蔽套为内压容器，转子屏蔽套为外压容器），要求屏蔽套有足够的壁厚承压，同时屏蔽套又需尽量减小壁厚，以降低电机因“气隙”增大和涡流引起的损失，为此，采用直径较小、长度较大（长径比较大）的转子，且将屏蔽套的壁厚控制在 0.2~1mm 的范围内，并应选用强度高，涡流损失小和耐腐蚀性能好的非导磁性材料制造。常用材料有：奥氏体不锈钢（如 304、316、316L 等）；哈氏合金以及钛等，其中以钛和哈氏合金涡流损失较小。

（2）电机轴承以被输送液体进行润滑。因此，轴承一般需用具有自润滑性材料制造，并多采用滑动轴承，目前主要应用石墨或 SiC 滑动轴承。

（3）对采用离心式叶轮的泵需采取平衡装置降低轴向力，以减轻轴承的负荷。如采用双蜗室、多蜗室和轴力平衡装置等。

（4）应尽量采用先进的水力模型提高泵的效率。

（5）泵输送的液体同时又是电机的冷却液和润滑剂，其供给量应计入泵的流量，因此，泵的流量损失较大，应通过计算和试验，将冷却和润滑液供给量降至最小，以减少泵的流量损失。

（6）屏蔽电机需配置轴承磨损监测装置、指示轴承磨损量，当超过允许值时，及时维修和更换轴承，以保护屏蔽套。

8.6.2 屏蔽泵的优点与缺点

8.6.2.1 屏蔽泵的优点

完全无泄漏；结构简单，零件少（仅为有轴封泵的30%），且无联轴器、轴承数也最少（仅为2只）；安装容易、操作方便、维护工作量小，运行可靠性提高；运行平稳、噪声小约为60~65dB(A)。

8.6.2.2 屏蔽泵的缺点

效率低，屏蔽套被磨穿后，被输送液体接触定子绕阻，可能引起电气事故，甚至发生危险（在欧洲需要有危险区使用许可证，方能使用）。

轴承通常为软质材料制成、易磨损；运行时，流量不得低于最小连续流量、更不能无液空转，否则，将引起轴承烧毁；当被输送液体的温度≥100℃时，需由外界供冷却液对电机进行冷却，单独的冷却液供给系统使屏蔽泵的成本增大。

8.6.3 离心式屏蔽泵的适用范围

流量，最大可达600m³/h；扬程，单级最大扬程可达230m，多级可达1000m；温度，-120~450℃；压力，最大可达120MPa；介质黏度，最大300mm²/s。

为了满足各种不同用途和安装位置的需要，离心式屏蔽泵有：基本型（国外称标准型）、防止气化型、高温型、高压型、高融点（防结晶）型、泥浆型；并有船舶、核电、制冷等专用型；有单级、多级、卧式、立式、液下和自吸型等。

8.6.4 屏蔽泵运行的注意事项

（1）严禁空载运转；

（2）不得长时间反向运转；

（3）在发生汽蚀的状态下，不得运转；

（4）TRG表指示红色区域时，不允许继续运转；

（5）在运转中如发现异常声音或振动等，必须迅速查清原因排除故障；

（6）不得在最小允许流量下运转；

（7）冷却水套、热交换器及循环管路内的流量小于规定时，不应开车和继续运行。

8.6.5 屏蔽泵的故障处理

屏蔽泵常见故障现象、原因及处理方法见表8-13。

表8-13 屏蔽泵常见故障现象、原因及处理方法

故障现象	故障原因	处理方法
轴承易磨损	轴套腐蚀磨损	更换轴套
	轴弯曲	校直或更换电机转子
	异物混入泵内	清除异物
	流量小，轴承润滑不良	进行工艺调整
	抽空或汽蚀	进行工艺调整
	转子不平衡	转子找平衡

续表

故障现象	故 障 原 因	处 理 方 法
振动大	轴承磨损超标 轴弯曲 叶轮与泵壳产生摩擦 转子不平衡 配管不良或管道冲击 泵内汽化或抽空 异物混入泵内	更换轴承 校正轴或更换转子 调整配合间隙 转子找平衡 重新配管消除应力或消除管道系统振动 进行工艺调整 清除异物
异常响声	轴承磨损超标 叶轮口环与泵体口环摩擦 轴弯曲 异物进入泵内 转子不平衡 泵体或来液管内有空气 汽蚀 流量过大或过小	更换轴承 调整间隙，使其符合规范要求 校直或更换转子 解体清除异物 转子找平衡 调整工艺操作 调整工艺操作 调整工艺操作
出口压力低	叶轮堵塞 转动方向错误 叶轮口环与壳体口环间隙磨损超标 叶轮损坏 介质黏度超过设计指标 来液中有过多的气体 进口管滤网堵塞 进口阀开度小	清除堵塞物，检查入口过虑网 重新接线 更换叶轮或泵体口环 更换叶轮 进行工艺调整 进行工艺调整，清除来液气体 清除杂物 进行工艺调整
电机过载	推力轴承损坏 叶轮与泵壳配合间隙过小产生摩擦 异物混入泵内 流量过大 径向轴承间隙过大，转子拖底 介质黏度大	调整叶轮平衡力，更换推力轴承 调整间隙值 解体清除异物 调整出入口阀开度 更换轴承、转子 进行工艺调整
电机过热	电机与泵规格设计不合理 冷却水不足或断水	重新选型 加大冷却水量或重新开水

8.7 高速泵

8.7.1 高速离心泵的结构原理

目前，高速离心泵在石油化工生产中，主要是用来输送液氨、甲氨、液化气等介质。它由电机、增速箱和泵三部分组成。一般情况下，高速离心泵分为卧式高压筒形泵和部分流泵两种。

8.7.1.1 卧式高压筒形泵

它为多级离心泵，在一般情况下当驱动功率超过160kW时，采用卧式结构。

8.7.1.2 部分流泵

这是一种开式径向叶片式离心泵，多为立式结构，驱动功率一般为7.5~13kW，泵的叶轮悬臂装在泵轴上，泵轴与增速箱高速轴直接连接，其结构见图8-68。部分流泵的压液室为一圆形空间，锥形扩压管通过喷嘴与环形压液室连通，接近切线布置，见图8-69，当泵工作时，液体经过吸入管沿轴向进入叶轮，在离心力作用下，液体甩向圆环形压液室，一部分经喷嘴和扩压管流出泵外，其余部分液体继续随叶轮旋转。

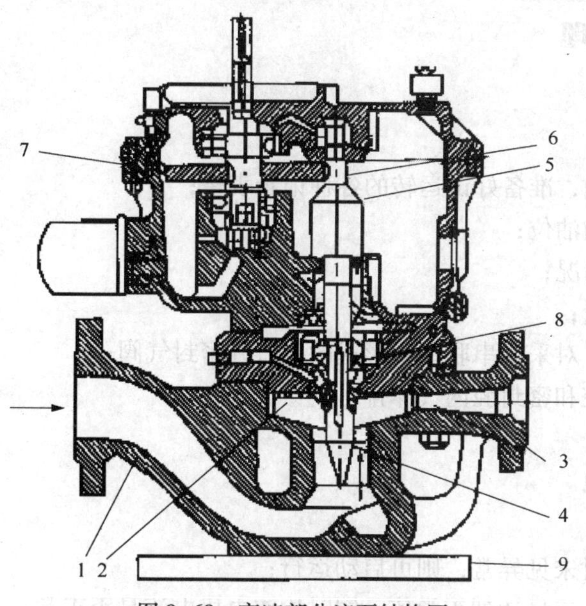

图8-68 高速部分流泵结构图

1—泵体；2—环形压液室；3—叶轮；4—扩压管；5—喷嘴；6—吸入管；7—主动齿轮；8—机械密封；9—座

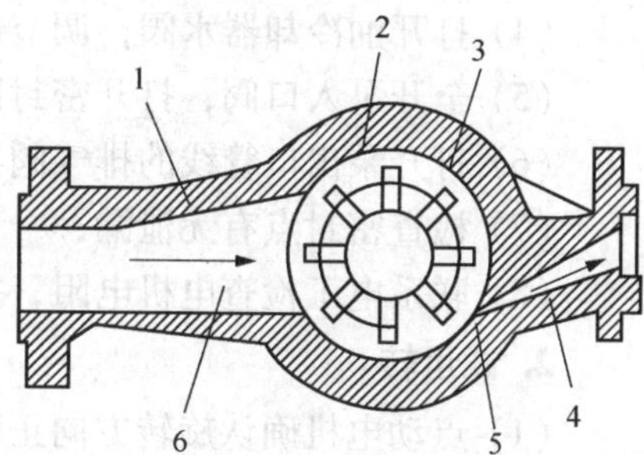

图8-69 部分流泵工作原理图

1—泵壳；2—叶轮；3—扩压管；4—诱导轮；5—高速轴；6—从动齿轮

（1）泵体、叶轮　这种泵的泵体和一般离心泵的泵体不相同。它的压液室为一圆形空间，不是蜗壳形。叶轮是开式叶轮，没有前后盖板，叶片呈直线放射状，在叶轮前面，一般带有诱导轮。叶轮和泵体之间没有密封环，泵内部的间隙较大。叶轮叶片与泵体后盖板和扩散锥管之间的间隙一般为2~3mm，如果达3~4mm还可应用且不影响效率。

（2）增速箱　增速箱主要由齿轮构成，有一级增速和两级增速两种基本类型。为了避免产生轴向力，增速箱齿轮一般采用模数较小的渐开线直齿轮。由于转速高，因此对齿轮加工精度要求很高，节距误差一般为2~3μm，同时齿轮的材料是用特殊钢经渗氮或渗碳处理的。增速箱壳体分成上下两半，一般用定位销定位。增速箱外壳用散热性能好的铝合金制造。高速轴上的轴承对小功率泵采用巴氏合金轴承，功率在150kW以上用分块式滑动轴承与端面止推轴承组合。增速箱的润滑是由自带油泵把油经油过滤器和油冷器送入壳体各个油喷嘴，通过喷嘴将油喷成雾状，用油雾来润滑齿轮和轴承。

8.7.2 高速离心泵的特点

8.7.2.1 优点

（1）泵和增速箱一般为封闭结构，可以露天安装使用。

(2) 结构紧凑、体积小、质量小、维修方便。

(3) 采用开式叶轮，在运转中产生的轴向力较小，因此泵内没有轴向力平衡装置。

(4) 泵内设有旋风分离器，使泵抽送的液体得以净化，采用机械密封以延长密封的寿命。

(5) 叶轮与壳体的间隙较大，可用来输送含固体微粒及高黏度的液体。

(6) 采用诱导轮提高泵的进液压力，泵不易产生汽蚀。

8.7.2.2 缺点

加工精度要求高，制造比较困难。

8.7.3 高速离心泵的试运转及故障处理

8.7.3.1 高速离心泵的试运转

1. 试运转前的准备工作

(1) 检查安装检修记录，确认数据正确，准备好试运转的各种记录表格；

(2) 增速箱装入合格的润滑油到规定的油位；

(3) 检查电源、静电连线和管道连接情况；

(4) 打开油冷却器水阀，调节适当水量；

(5) 全开泵入口阀，打开密封冲洗液，对采用串联密封形式的要打开密封气阀；

(6) 打开泵出口管线的排气阀，将泵腔和密封腔内气体排尽；

(7) 检查密封点有无泄漏；

(8) 联系电工检查电机电阻，并送上电。

2. 试运转

(1) 点动电机确认旋转方向正确，同时未见异常，则可启动运行；

(2) 启动后立即调整出口阀，使压力、流量达到正常值，同时检查电机电流是否正常；

(3) 控制油冷却器冷却水量，使油温保持在30~40℃之间；

(4) 正常运转时齿轮箱内置油泵的油压应保持在0.2~0.3MPa之间，当油压低于0.2MPa时，齿轮箱应停止运转；

(5) 在24h内，油压、油温、振动、噪音、电流无异常后可进行正常运转。振动值不大于2.8mm/s，机械密封泄漏量不超过1滴/min。

8.7.3.2 高速离心泵的故障处理

高速离心泵常见故障现象、原因及处理方法见表8-14。

表8-14 高速离心泵常见故障现象、原因及处理方法

故障现象	故障原因	处理方法
无流量或流量不足，无压力或压力不足	泵未充满	排尽泵内气体
	料液蒸发	充分冷却料液
	入口管漏气	处理管漏气，防止带入挥发性料液
	吸入压头低	增大吸入压头
	电机反转	重新接线
	叶轮装配不当	正确安装叶轮
	吸入管线不畅	清理吸入管线
	叶轮背间隙过大	调整叶轮背间隙

续表

故障现象	故 障 原 因	处 理 方 法
压力波动大	流量过低 吸入压头低 流量控制阀失灵 两台泵并联，同时运转时抢料 旋液分离器严重腐蚀	增大流最(必要时开旁路阀) 增大吸入压头 检修控制阀 停止一台泵 修理或更换旋液分离器
机械密封漏料或漏油	机械密封损坏 密封液或料液带入固体颗粒或杂质 输送低温料液时带入水分	检修机械密封 换滤网，防止固体颗粒料或杂质混入 防止带入水分，或启动前在密封腔内灌注防浇灌剂(如乙醇、丙酮等)
油封漏油	油封损坏	更换油封
增速箱油沫增多	油变质 油面过高 油温过低	换油 减小油量 调整冷却水量
增速箱油温过高	油量过多 滤油器堵塞 油冷却器结垢或水量不足	放油 更换虑油器 除垢或调节水量
振动及噪音大	断轮、轴瓦、轴承等零件严重磨损 叶轮、诱导轮等严重磨损或腐蚀 吸入料液有气体或被气化	解体检修或更换 修理、更换或校验动平衡 排除料液中的气体，降低料液温度
齿轮箱内润滑油变成乳状或浊黄色	润滑油被水或介质污染	检查并排除
油压过低	油位过低 换热器泄漏 油嘴、油泵损坏 油滤器过脏	加油 修理或更换 修理或更换 清理

第 9 章　离心式压缩机

离心式压缩机是一种高速旋转机械，可以满足工业上对气体压缩的各种需求，应用范围很广，而且在许多领域中是其他类型压缩机所无法替代的。作为一种工业装备，它广泛应用于石油、化工、天然气管线、冶炼等诸多重要部门。在诸如大型化肥、大型乙烯等工艺装置中，它所需投资可观、耗能比重大，其安装工程的质量高低，直接影响装置经济效益，安全运行与整个装置的可靠性紧密相关，因而成为备受关注的心脏设备。

9.1　基本组成及工作原理

离心压缩机通过旋转的叶轮对气体做功，将能量传递给气体。最终使其压力得到升高，图 9-1 所示为 DA120-61 离心式压缩机的结构简图。气体由进气室进入离心压缩机，通过叶轮对气体做功，使其动能升高。然后，气体进入扩压器，在扩压器中，气体的动能降低转化为静压能，使气体的压力得到提高。弯道和回流器主要起引导作用，以使气体能顺利地进入下一级继续压缩。在离心压缩机中，叶轮和其他固定部件如扩压器、弯道、回流器等构成离心压缩机的级，级是离心压缩机的基本单元。在完成最后一级的压缩后，气体由蜗壳收集并排入排气管道。

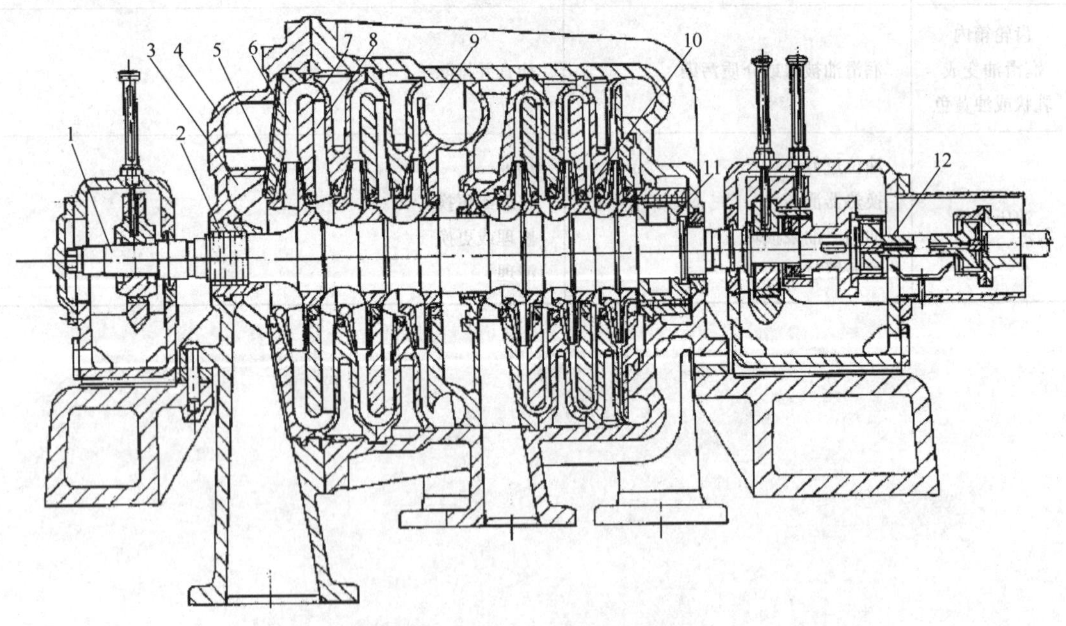

图 9-1　DA120-61 离心式压缩机

1—主轴；2—轴端密封；3—进气室；4—机壳；5—叶轮；6—扩压器；7—弯道；8—回流器；9—蜗壳；10—级间密封；11—平衡盘；12—联轴器

离心压缩机的结构可分为转子和定子两部分。转子是离心压缩机中所有转动部件的总称，由主轴、叶轮、平衡盘和联轴器组成。定子是离心压缩机中所有固定部件的总称，由汽缸(或称为机壳)、隔板和密封件等组成。汽缸和隔板构成离心压缩机各组的扩压器、弯道、回流器以及进气室和蜗壳。气体在离心压缩机中流经进气室、叶轮、扩压器、弯道、回流器，最终通过蜗壳排出，这些部件称为离心压缩机的过流部件，对压缩机的性能起着重要的作用。

9.2 分类

一般可分为水平剖分型、筒型两类。水平剖分型的离心式压缩机有一水平中分面将汽缸分为上下两半，在中分面处用螺栓连接，此种结构拆装方便(图 9-1)，但其承压性较筒型离心式压缩机差。筒型的离心式压缩机有内、外两层汽缸，外汽缸为一筒形，两端有端盖，内汽缸垂直剖分，与隔板等组装好后再推入外汽缸中(图 9-2)，此种结构缸体强度高、密封性好、刚性好，承压性强，但安装困难、检修不便，适用于高压力或要求密封性好的场合。

图 9-2 筒形离心式压缩机

9.3 技术参数与特性曲线

9.3.1 技术参数

表征离心式压缩机性能的主要参数有流量、压缩比、转速、有效功率、轴功率和效率等。

(1) 流量 指单位时间内流经压缩机流道任一截面的气体量，通常以体积流量和质量流量两种方法来表示。

体积流量是指单位时间内流经压缩机流道任一截面的气体体积，其单位为 m^3/s。因气体的体积随温度和压力的变化而变化，当流量以体积流量表示时，须注明温度和压力。

质量流量是指单位时间内流经压缩机流道任一截面的气体质量，其单位为 kg/s。

(2) 压缩比 指压缩机的排出压力和吸入压力之比，有时也称压比。计算压比时排出压力和吸入压力都要用绝对压力。

（3）转速　指压缩机转子旋转的速度，其单位是 r/min。

（4）有效功率　在气体的压缩过程中，叶轮对气体所作的功，绝大部分转变为气体的能量，另有一部分能量损失，该损失基本上包括流动损失、轮阻损失和漏气损失三部分，我们将被压缩气体的能量与叶轮对气体所作的功的比值称为有效功率。

（5）轴功率　离心式压缩机的转子除了为气体升压提供有用功率，以及在气体升压过程中产生的流动损失功率、轮阻损失功率和漏气损失功率外，其本身也产生机械损失，即轴承的摩擦损失，这部分功率消耗约占总功率的 2%～3%。如果有齿轮传动，则传动功率消耗同样存在，约占总功率的 2%～3%。以上功率消耗都是在转子对气体作功的过程中产生的，它们的总和即为离心式压缩机的轴功率。轴功率是选择驱动机功率的依据。

（6）效率　指压缩机输出气体的有效功率与轴功率的比值，主要用来说明传递给气体的机械能的利用程度。

9.3.2　特性曲线

在一定转速下，不同流量 Q 时的排气压力（或压力比）ε、功率 p 和效率 η 用曲线来表示，这些曲线称为压缩机的性能曲线或特性曲线，见图 9-3 和图 9-4，它反映的是整台压缩机各参数之间的关系。

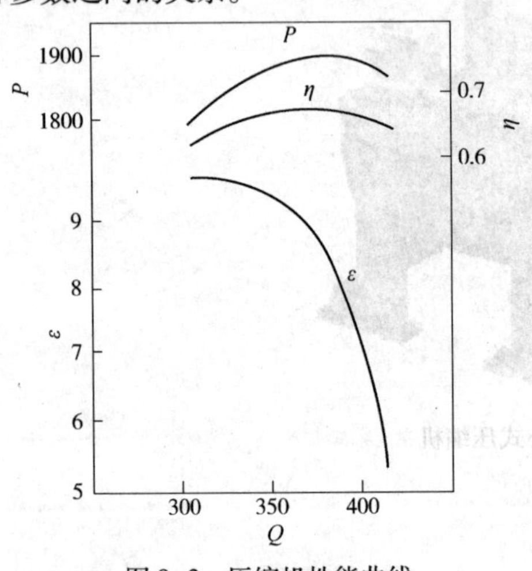

图 9-3　压缩机性能曲线

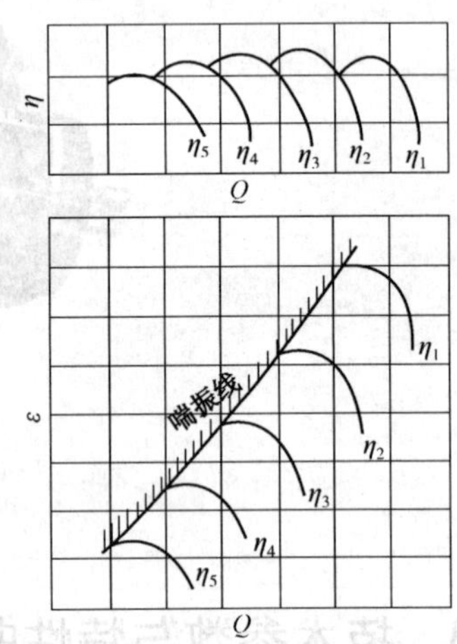

图 9-4　不同转速下压缩机的性能曲线

性能曲线横坐标一般用流量（质量流量或容积流量），纵坐标用出口压力（或压力比）、功率和效率等。

压缩机性能曲线一般由制造厂根据试验数据绘制，或根据模型机试验数据经过计算得出，并作为技术资料提供给用户，有时为了校核压缩机是否达到设计指标，需要在现场用真实气体作介质，重新标定性能曲线，以便与设计值进行比较，运行中性能曲线应以现场实测为准。

压缩机性能曲线有以下特点：

（1）每个转速下都有一条对应的性能曲线，随着气体介质流量的增加，压比曲线由缓慢下降变为陡降，功率和效率的曲线由上升、持平到缓慢下降，效率曲线的持平段为压缩机的最佳工况区，压缩机应在此区段的工况点运行，才能达到最佳状态。

（2）流量一定时，转速越高，排气压力越高；转速越高，性能曲线越向右上方移动。

（3）随着转速的增加，性能曲线变得越来越陡。

（4）在一定转速下，当流量减少到一定值时，压缩机便开始喘振，不能正常工作，该流量称为喘振流量，该点称为喘振点。各转速下喘振点连结起来，便构成喘振线。压缩机流量不能等于或小于喘振流量规定值，否则便发生喘振。喘振流量可通过试验或计算方法来确定，并标在性能曲线上。

（5）防护曲线(防喘振边界线)：为了防止喘振，保证运行的安全，一般设置最小流量限，它比喘振流量大，留有5%的流量裕度，称为防喘裕度。防喘振线就是将最小流量限用曲线连结起来，此曲线叫防护曲线或防喘振边界线。

（6）压缩机的稳定工作区：所谓稳定工作区是指从最小流量限制到最大流量限制以及其他限制之间的稳定工作区。为了机器运转安全，最小流量限制比喘振流量稍大，一般留有5%~10%的流量裕度。就压力来看有最大压力限制，就转速来看有最高转速限制，一般压缩机最大连续运转转速为额定转速的105%~110%。临界转速必须快速通过。图9-5标明压缩机的稳定工作范围。衡量一台压缩机的性能好坏，不能只看设计工况下性能如何，更重要的要看整个稳定工作区的性能，包括稳定工作区的大小。

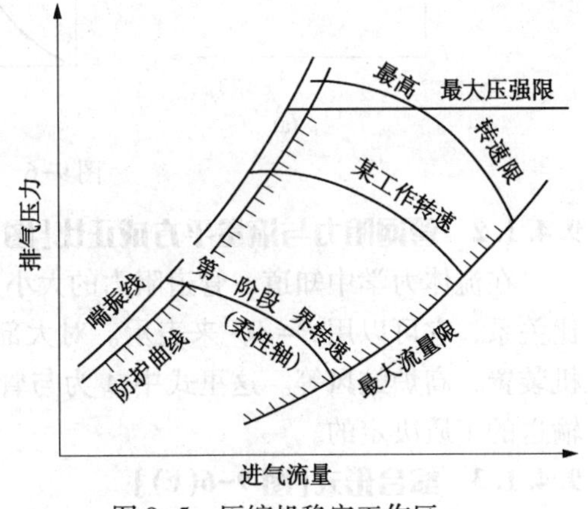

图9-5　压缩机稳定工作区

9.4　流量调节

9.4.1　压缩机与管网联合工作

任何一台压缩机，总是根据综合的条件和要求设计的，在这个设计工况下，通常要求有最高的效率。但实际运行中，压缩机并不总是在设计点工作，这是由于压缩机总是和管网系统一起联合工作的，管网系统的参数及外界条件是可能有变化的，这就要求压缩机适应管网特性的要求，改变自己的参数，于是就产生了所谓变工况问题。

所谓管网系统，是指压缩机出口以后，压缩气体所需经过的全部装置的总称。例如，对燃气轮机装置来说，压缩机后面的管网系统包括气体管道、回热器、燃烧室、燃气透平等。又例如化工用的压缩机，就和化工设备的各种管道与容器联合工作。当然，有时管网系统也可能装在压缩机的前面，这时的压缩机就成为抽气机、吸气机了。也有一部分管网装在压缩机前面，另一部分装在后面的装置。为了分析方便，一律把管网系统看成是装在压缩机后面的情况来研究。

当经压缩机压缩后的气体通过管网系统时，气体的压力不断下降。换言之，气流通过管网时，要克服管网阻力的压力损失，这些损失主要是沿管道长度的速度损失与局部阻力损失。

每一种管网系统都有自己的性能曲线，它是指通过管网的气体流量与保证这个流量通过管网所需的压力之间的关系曲线，即$P=f(Q)$。这个压力是用来克服管网阻力的，所以管网性能曲线有时也称为管网阻力曲线。管网的性能曲线可以是各种各样的，它决定于管网本身的结构与用户的要求，基本上可以归纳为三种形式：

9.4.1.1 管网阻力与流量无关[图 9-6(a)]

它可用压力等于定值的水平线来表示。例如压缩机向某一储气筒输送气体，储气筒的容积甚大，压力基本上保持不变，而压缩机和储气筒间的管道又很短时，就属于这种情况。又如化工与冶金工业中，气体通过某些阻力基本上保持一定的液体层时，也属于这种情况。

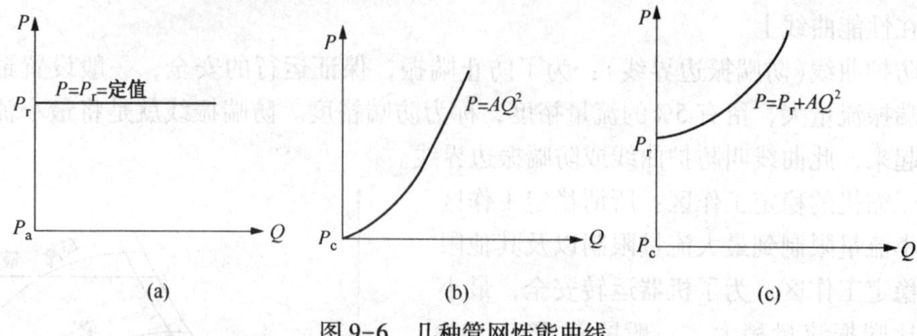

图 9-6　几种管网性能曲线

9.4.1.2 管网阻力与流量平方成正比[图 9-6(b)]

在流体力学中知道，管道阻力的大小是与流速的平方成正比的，也即与流量的平方成正比关系，它可以用 $P=AQ^2$ 来表示。对大部分管网来说都有这种特性。如输气管道，燃气轮机装置，高炉鼓风等。这里式中 A 为与管网阻力有关的常数，它是由管网的构造特性及所输送的工质决定的。

9.4.1.3 综合形式[图 9-6(c)]

上述两种形式的综合形式，管网特性可表示为：$P=P_r+AQ^2$ 例如，由转炉组成的管网，气流不但要克服管道阻力，还要克服钢液层的阻力。这也是一种相当普遍的管网性能曲线形式。

为了便于分析，下面举简单例子，来说明管网性能曲线及与压缩机联合工作的情况。

见图 9-7，与压缩机联合运行的是一根装有阀门的管道。压缩机从大气吸进气体，经压缩后，压力增加到 P_{out}，再经过管道和阀门排往大气，压力又下降到大气压力 P_a。

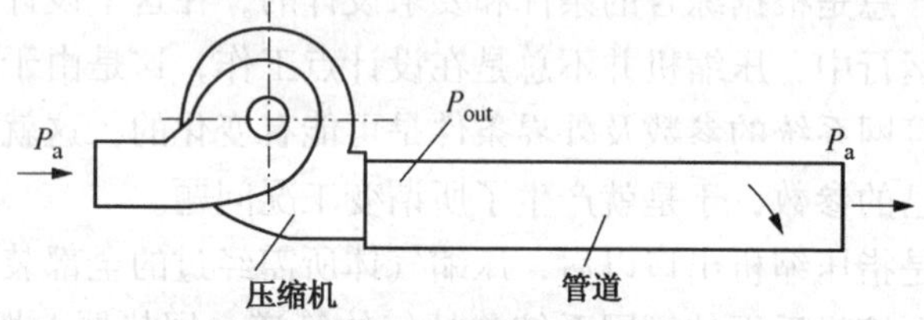

图 9-7　压缩机和管道联合工作

在这种简单的系统中，很清楚地知道，通过压缩机的流量 G，和通过管道的流量 G' 应是相等的，此外，经过压缩机后压力的增加 $\Delta P=P_{out}-P_a$，应和管道内流过该流量时，阻力所引起的压力降 $\Delta P'=P_{out}-P_a$ 相等。根据这两个条件，就可以确定压缩机的工作点。

这种管道具有图 9-6(b)形式的特性，也即管道中的压降与流量关系为；

$$\Delta P=AQ^2=A'G^2;\ A'=\frac{A}{\gamma}$$

式中　A——和管道阻力有关的常数；

A'——假使气体密度 γ 不变，则 A' 也是和阻力系数有关的常数。

如果把压缩机的性能曲线(图 9-8 中的曲线 2)和管网的性能曲线(图 9-8 中曲线 1)作于

同一图上(图 9-8)，横座标用重量流量 G 表示，纵座标用绝对压力 P 表示，这时二根曲线将交于 M 点，该点就决定了压缩机的工作点。当压缩机在 M 点工作时，其流量为 G_M，压力为 P_a，压力增加为 P_M，压力增加 $\Delta P_M=P_M-P_a$。管道内流过的流量也是 G_M，管道中的压降 $\Delta P'M=P_M-P_a$，二者平衡，这时压缩机就在 M 点稳定工作。

如果调整管道中阀门的开度，也就改变了管道阻力常数 A'，管道的性能曲线 $\Delta P'=A'G^2$ 也就移动。如果阀门关小，A'增加，曲线 1 就移到 1_a的位置，这时二曲线的交点为 M_a 点，因此压缩机的工作点也移到 M_a点。反之，如阀门开大，曲线 1 移到 1_b的位置，压缩机的工作点就移到 M_b点。所以调整阀门位置，使机器工作点移动，流量和压力大小就变动。

如果 M 点是设计工况点，一般该点效率最高(图 9-8 中的效率曲线 3)，当工况点移到 M_a或 M_b时，效率都将下降。因此，如果管网阻力计算错误，这时即使压缩机设计得很好，但由于实际运转时的工作点不在设计点，效率也将降低。

如果压缩机出口是经过一段管道后，再进入到一定压力的大容器中去，这时管网性能曲线属于图 9-6(c)形式，即 $P'=P_r+AQ^2$，这里 P_r为容器中压力，A 为整个管道的阻力系数。图 9-9 中曲线 2 便是这种管网的性能曲线。如果管道很短，阻力系数 A 很小，则 $P'\approx P_r$。这时管网性能曲线就接近于水平线(图 9-9 曲线 3)，这就属于上述图 9-6(a)类型的性能曲线了。

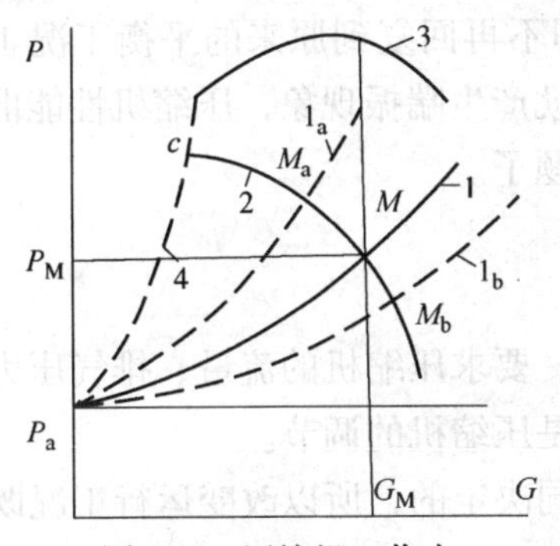

图 9-8　压缩机工作点

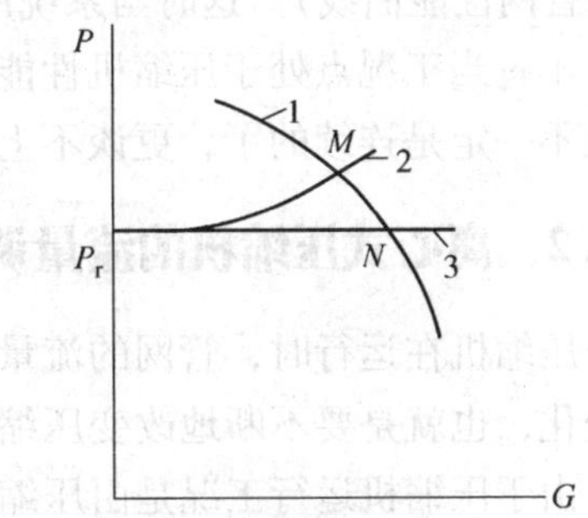

图 9-9　其他装置的管网性能曲线

在压缩机和管网联合工作时，二者性能曲线的交点称为平衡工况工作点。因为这时通过压缩机的流量与管网流量相等，压缩机产生的压力也正好与管网的阻力相等，这样整个系统才能保持平衡。

在运行中这种平衡工况是否能保持稳定呢？对于压缩机-管网系统的稳定性问题，可用小扰动分析法来研究。严格地讲，压缩机-管网系统中，总存在各种各样的小扰动因素，它可能使性能曲线不能严格地保持原来的位置。例如，压缩机进气条件的某些变化，转速的微小变动，气流不均匀性或参数的波动，管网阻力的某些变化……等等小扰动，都可能使系统离开原来的平衡工况工作点的位置。如果在小扰动过去后，工况仍回复到原来平衡工况工作点，则这种情况就是稳定的，否则，就是不稳定的。如果没有自动调节，这种稳定性就取决于压缩机与管网二者性能曲线的关系了。

现举例来说明。如图 9-10 所示，在设计工况下，压缩机与管网二者的性能曲线交于 A 点，这时整个系统在平衡状况下工作。假使气流参数产生了某个小扰动，例如由于某种原因，通过系统的流量瞬间有所增大，即由原来的 Q 增大为 Q_1，那么压缩机的工况点将移至 A_1点，而管网的工况点移至 B_1点，这时压缩机所产生的压力 P_{A1} 将小于管网的阻力 P_{B1}。设 $P_{B1}-P_{A1}=\Delta P$，由于这个压差 ΔP 的存在，系统中的流量将有减小的趋势，使 Q_1 又回至原来

的 Q。也就是说二者的工况点又都回复到原来的平衡工况工作点 A 的位置。同样，若当小扰动的结果使流量瞬间有所减小，$Q_2<Q$，最后由于压缩所产生的压力 F_{A2} 大于管网阻力 F_{B2} 使流量又回升，使二者的工况点也回至原来的 A 点。这种情况，认为系统是稳定的。

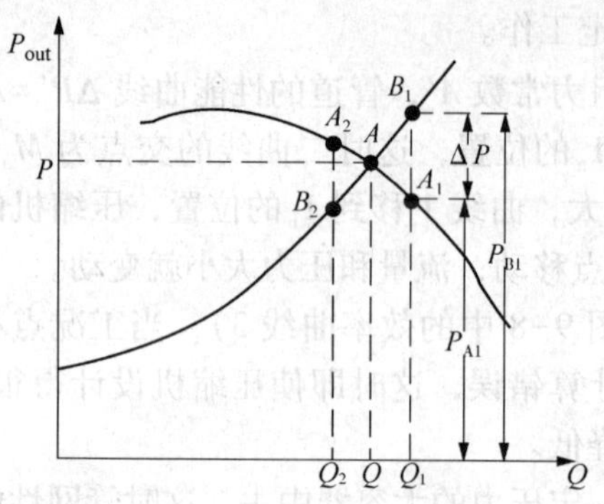

图 9-10 压缩机-管网系统的稳定性

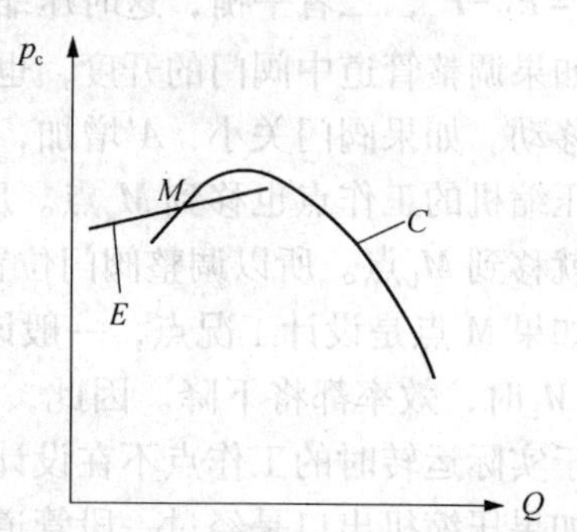

图 9-11 压缩机-管网系统的不稳定状况

显然，当压缩机性能曲线和管网性能曲线相交于压缩机性能曲线的右支时，一般都具有这种性质。但当二者相交于左支，且当压缩机性能曲线的斜率大于管网性能曲线的斜率时(图 9-11)，这时整个压缩机-管网系统就不再处于稳定状况了(图中 C 为压缩机性能曲线，E 为管网性能曲线)。这时当系统产生小扰动后，工况即不再回复到原来的平衡工况工作点了。不过当工况点处于压缩机性能曲线的左支时，系统就产生喘振现象，压缩机性能曲线本身也不一定是连续的了，更谈不上平衡工况的稳定性问题了。

9.4.2 离心式压缩机的流量调节

压缩机在运行时，管网的流量、压力是不断变化的，要求压缩机的流量、排气压力也随之变化，也就是要不断地改变压缩机的运行工况，这就是压缩机的调节。

由于压缩机运行工况是由压缩机本身和管网性能共同决定的，所以改变运行工况既可以用改变压缩机性能曲线，也可以用改变管网性能来实现。

9.4.2.1 压缩机出口节流调节

压缩机出口节流是一种很简便的调节方法。在压缩机排气管上装置节流阀，改变阀门的开度，就可以改变管网的阻力特性，也就改变了压缩机的联合运行工况。

这种压缩机出口节流调节方法，实际上只是相当于改变管网性能曲线，而压缩机性能曲线完全没有变动，所以喘振界限及稳定工况范围都没有变化。

采取这种人为加大管网阻力的调节方法，当然是很不经济的，它使整个装置的效率大大下降。特别当压缩机性能曲线较陡，而调节的流量又较大时，它的缺点就更突出了。目前除了在小型鼓风机及通风机中使用外，很少采用。

9.4.2.2 压缩机进口节流调节

对于转速不变的压缩机，进气节流是一种简便而又广泛应用的调节方法。所谓进气节流，就是把调节阀门装在压缩机前的进气管上，改变阀门的开度，就可以改变压缩机性能曲线，达到调节的目的。进口节流比出口节流的经济性要好，节流后喘振流量向小流量方向移动，使压缩机可能在更小的流量下工作。用这种调节方法，可以不改变转速，又不要求机器具有可转动叶片等复杂结构。因此，从整个装置的成本和构造来看是有利的。所以这是一种比较简便常用的调节方法。

这种调节方法，虽较出口节流调节有较好的经济性，但采用进口节流阀，仍然带来一定的节流损失。此外节流时，要注意使阀门后的气流保持均匀的流场，以免影响压缩机的工作而降低效率。

9.4.2.3 改变压缩机转速调节

当压缩机的转速改变时，其性能曲线也跟着改变。所以当用户要求有所改变时，就可用调节压缩机转速的方法，移动压缩机性能曲线，改变工况点，来满足用户的要求。

转速调节是压缩机最经济的调节方法，与前两种调节相比没有节流损失，但要求驱动机转速可变。

改变转速的调节方法，不要求机器中装备调节用的可动部件，因此压缩机本身的结构可以简单，制造方便。目前大型压缩机大都用蒸汽透平拖动，这样，就可以很方便地满足转速改变的要求。

9.4.2.4 旁路或放空

工艺要求气量比压缩机排量小时，可采用将多余部分气体经冷却器返回压缩机进口，这种方法称为旁路调节。对空气压缩机，可将多余部分空气直接放入大气中，这种方法称为放空调节。这两种调节方法都不经济。

最后，对上述几种调节方法作一综合比较：

出口节流调节方法最简单，但经济性最差。目前除了在通风机及小功率离心式鼓风桥中应用外，一般很少采用。

压缩机进口节流调节，方法简单，经济性较好，并具有一定的调节范围，目前转速固定的离心式压缩机、鼓风机经常采用此法。

改变压缩机转速的调节方法，经济性最好、调节范围广，它适用于由蒸汽轮机、燃气轮机拖动的离心式压缩机。

旁路或放空调节直接使用都不经济，可作为压缩机的辅助调节方法使用。也可以同时采用几种调节方法，取长补短，最有效地扩大压缩机稳定工况范围。

9.5 离心式压缩机的结构特点

9.5.1 叶轮

叶轮又称工作轮，是离心式压缩机中唯一对气体作功的部件，其结构型式、几何参数和工作参数的选取是否合理，对单级和整机的性能优劣具有决定性作用。

按照叶轮的叶片弯曲形式，将叶轮分为前弯叶片式叶轮[图 9-12(a)]、径向叶片式叶轮[图 9-12(b)、(c)]和后弯叶片式叶轮[图 9-12(d)]。其中径向叶片式叶轮又分为弯曲叶片式叶轮[图 9-12(b)]和径向直叶片式叶轮[图 9-12(c)]。径向直叶片式叶轮的入口处设有一个导轮，气流沿轴向进入导轮的叶道，经导流后再流入径向式叶道，实际上导轮与叶轮组合成轴向-径向式叶轮。

根据加工方法叶轮可以分为铆接型、焊接型和整体型。铆接型叶轮分为一般铆接和整体铣制铆接。一般铆接叶轮的叶片常用钢板压制成型，分别与轮盘、轮盖铆接在一起，叶片的形式可以是 U 形、Z 形截面。一般铆接比整体铣制铆接材料利用率高，但强度低，多用在低中压压缩机中叶片比较宽的情况下。

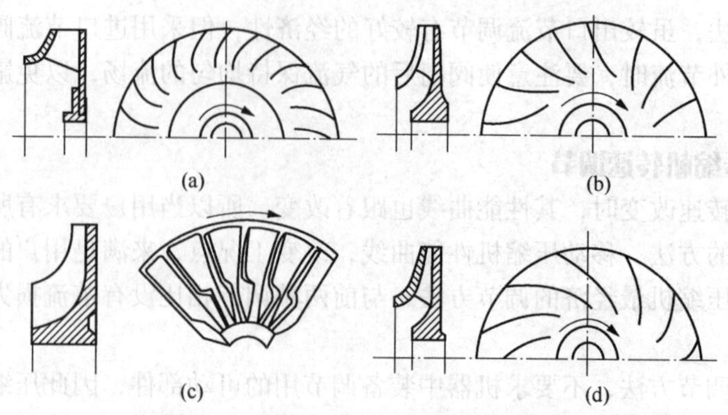

图 9-12　按叶片弯曲形式区分叶轮形式

铣制叶轮的叶片在轮盘上铣出，和轮盖利用穿孔铆接，或者利用叶片榫头铆接。整体铣制铆接叶轮由于取消了叶片的折边，减少了气体的流动阻力损失，提高了叶轮效率。试验表明，整体铣制铆接叶轮级的效率比槽型钢板压制叶片级的效率高 2%左右。整体铣制叶轮比一般铆接叶轮强度高，但材料浪费大，一般多用于窄叶轮加工。铆接工艺的出现比较早，也较成熟。但由于铆钉处容易产生应力集中，强度低，在压缩机使用过程中出现过不少事故。为了保证铆接质量，必须严格注意工艺要求，对铆接材质、钉孔的精铰、手锤的重量和打击次数都有相应的规定。

焊接叶轮在出口宽度比较大时，叶片单独压制，然后分别与轮盘、轮盖焊接，可以在两面内部或外部用手工电弧或氩弧焊进行焊接。当叶片出口宽度较小时，多采用整体铣制焊接叶轮。为了防止焊接变形，焊接时轮盘与轮盖的毛坯厚度都应加大，以便焊后再加工。焊接前要预热(约 250~360℃)，焊后加热(约加热到 650℃，保温 3h 左右)消除焊接应力。焊接叶轮取消了容易产生应力集中和晶间腐蚀的铆钉，强度比铆接叶轮高，和铆接叶轮比较起来，焊接工时要省，所以最近焊接叶轮越来越普遍地被采用。

整体成型叶轮主要是指采用精密浇铸和其他特殊工艺制造的叶轮。精密浇铸工艺既省工时又省料，但由于叶轮形状复杂、加工工艺要求高，要保证铸件无气孔、无杂质是比较困难的，常因质量问题影响叶轮的强度。为了加工窄叶轮，最近出现了一些新工艺，如电火花加工和钎焊等，但是这些工艺加工叶轮的造价比较昂贵。

9.5.2　转子及转子轴向力的平衡

9.5.2.1　转子

转子是压缩机的关键部件，它高速旋转，对气体作功。转子由主轴、叶轮、定距套、平衡盘、推力盘等零部件组成，在轴的一端通过联轴器与驱动轴连接。

转子上各部件都红套在轴上，其中如轮盘、平衡盘等还设有键。有的厂家设计的压缩机的叶轮也带有键，但正常运转时并不传递扭矩，只起防松作用。过盈装配不仅是传递扭矩需要，还是为了防止叶轮在运转时由于离心力的作用而松动。

转子各零件的装配有许多技术要求，主要要求如下：

(1) 转子在装配前，所有叶轮应做超速试验，检查叶轮的变形和表面质量情况。叶轮表面质量通常用磁粉(对钢制叶轮)或着色法(对不锈钢制叶轮)来进行检查。对铆接叶轮要特别注意铆钉是否有松动现象。

(2) 叶轮和转子上的所有其他零部件都必须紧密装在轴上，在运行过程中不允许有松动。叶轮装配采用得比较普遍的是红套。首先将叶轮均匀加热，主轴一般立放在夹具上，当叶轮加热到适当温度时，将叶轮套入主轴。加热温度应该根据叶轮和主轴的过盈量、红套过程来决定，温度过低会出现叶轮还没安装到位而温度降低，卡住主轴。

(3) 转子装配后应进行严格的动平衡。转子装配好后，由于材质不均、加工和装配误差等原因，使其质量分布不均，形成一定的偏心，当转子转动时就会产生不平衡的离心惯性力。经验表明，转子的不平衡是引起压缩机振动的主要原因。动平衡的目的就是要尽量使转子旋转时产生的惯性力和惯性力偶得以平衡，以消除其不良影响。

转子动平衡一般在动平衡机上进行，也可在机器上直接进行。动平衡时，消除不平衡的方法可采用加重法和去重法。一般当不平衡重量小于50~70g时，常采用去重法，当大于此值时则采用加重法。

(4) 转子装配后，有关部位的径向及轴向跳动值应小于允许值。

转子主要零部件材料的正确选用很重要，它不仅要考虑强度的要求，还应考虑材料的工艺性，国内常用如下材料作为转子的主要零部件材料：对主轴常用45号优质碳素结构钢，35CrMo、35CrMoV、40Cr和18CrMnMoB等合金结构钢；对轮盘、轮盖除选用上述材料外还常用Cr17Mn4、34CrNi3Mo等不锈耐酸钢；对叶片则常选用20MnV、30CrMnSi和2Cr13；对铆钉则常选用20Cr、25Cr2MoVA、20CrMo和2Cr13等材料。

9.5.2.2 转子轴向力的平衡

1. 转子的轴向力

由于叶轮的轮盘和轮盖两侧所受的气体作用力不同，部分抵消后，还会剩下一部分轴向力作用于转子，所有叶轮轴向力之代数和就是整个转子的气体轴向推力，作用方向一般从高压端指向低压端。转子的轴向推力经平衡后，剩下的轴向推力由推力轴承来承担，如果推力过大，会影响轴承寿命，严重的会使轴瓦烧坏，引起转子位移，使转子上的零件和固定元件摩擦甚至碰撞，以致机器破坏。因此，须将通过平衡装置抵消大部分轴向力，在运行中必须严密注视轴向推力的变化，确保机器的安全运转。

2. 轴向力的平衡方法

(1) 叶轮对称排列。因为单级单吸叶轮轴向力的方向是指向低压侧的，若叶轮按级或按段对称排列(图9-13)，这时轴向力将基本上相互抵消，使总的轴向力大大降低。这对于设计高压压缩机尤为重要，特别是在中间冷却器后，应考虑进气方向，如轴向力很大，而对称排列在结构上又允许的话，则应予以考虑。

(2) 设置平衡盘在离心式压缩机中安置平衡盘，是一种常用的平衡方法，平衡盘一般安装在高压端，它的外缘与汽缸间设有迷宫式密封，使平衡盘两侧保持压力差，一侧受到末级叶轮出口气体压力的作用，另一侧与机器的进气管相接，气体的压力接近进气压力，如图9-14所示。平衡盘两侧的压力差，产生一个与转子的轴向力方向相反的平衡力 F，可以调整 D 和 d，使转子轴向力的大部分得到平衡。平衡盘结构简单，不影响气体管线的布置，应用极为普遍。

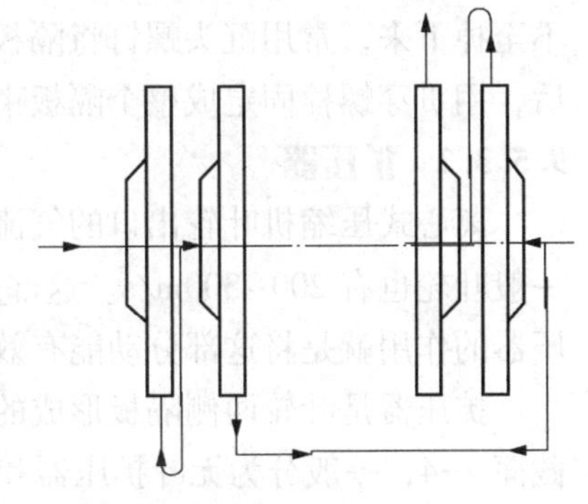
图9-13 叶轮对称排列

(3) 设置径向筋对于高压离心式压缩机，还可以考虑在叶轮的背面加筋，见图9-15，该筋相当于一个半开式叶轮，在叶轮旋转时，它可以大大减小轮盘带筋部分的压力，其压力分布可见图 9-15，图中的 eig 线为不带筋时的压力分布，而 eih 线为带筋时的压力分布，可见带筋时叶轮背面靠近内径处的压力显著下降，因此，合理选择筋的长度，可将叶轮的部分轴向力平衡掉。这种方法在介质密度较大时，效果更为明显。

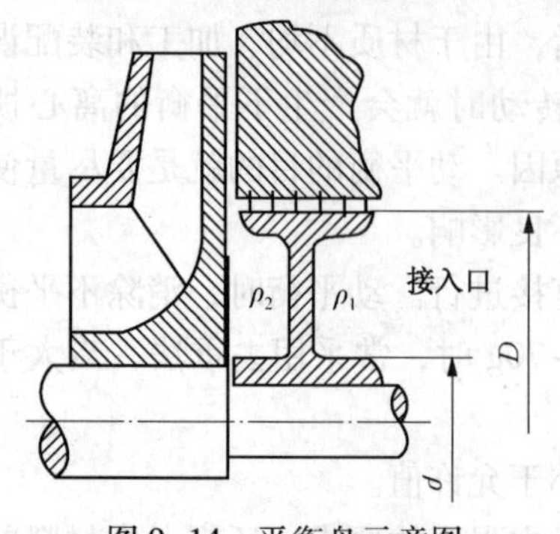

图 9-14 平衡盘示意图

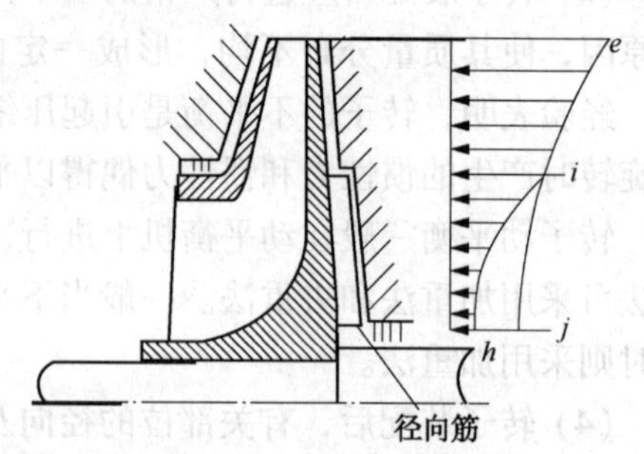

图 9-15 叶轮加径向筋平衡轴向力

采用平衡方法是为了减小转子的轴向推力，以减轻止推轴承的负荷。但是，全部平衡掉轴向推力是没有必要的，因为那样反而会使转子工作不稳定，容易窜动。平衡掉转子轴向推力的 70%，剩下 30%的气体轴向推力作用在推力轴承上，使推力轴承承受正常的比压 0.7~0.8MPa，这样有利于转子的轴向定位。

9.5.3 隔板、扩压器、弯道和回流器

9.5.3.1 隔板

隔板是静止部件，它将机壳分成若干个空间以容纳不同级的叶轮，且构成气体的通道。根据隔板在压缩机中所处的位置，隔板可分为进气隔板、中间隔板、段间隔板和排气隔板四种类型。进气隔板和汽缸形成进气室，将气体导流到第一级叶轮入口。中间隔板任务有两个：一是形成扩压器(无叶或叶片式扩压器)，使气流自叶轮流出来后具有的动能减少，转变为压力的提高；二是形成弯道流向中心，流到下级叶轮的入口。段间隔板的作用是指在段对排的压缩机中分隔两段的排气口。排气隔板除了与末级叶轮前隔板形成末级扩压器外，还要形成排气室。

隔板上装有轮盖密封和叶轮定距套密封，所有密封环一般都做成上下两瓣(对大型压缩机可能做成 4 瓣)以便拆装。为了使转子的安装和拆卸方便，无论是水平剖分型还是筒型压缩机隔板都做成上下两半，差别仅在于隔板在汽缸上的固定方式不同。对水平剖分型汽缸来说，每个上下隔板外缘都加工有沟槽，和相应的上下汽缸装配，为了在上汽缸起吊时，隔板不至掉下来，常用沉头螺钉将隔板和汽缸在中分面固定。对筒形汽缸来说，上下隔板固定好后，用贯穿螺栓固定成整个隔板束，轴向推入筒型汽缸内。

9.5.3.2 扩压器

离心式压缩机叶轮出口的气流线速度较高，对高能量头的叶轮可高达 500m/s 以上，而一般叶轮也有 200~300m/s。这部分动能在叶轮传递给气体的能量中占有相当大的比例，扩压器的作用就是将这部分动能有效地转变为压力能，以提高气体的压力。

扩压器是叶轮两侧隔板形成的环形通道，见图 9-16 和图 9-17，其进口截面 3-3，出口截面 4-4，一般分为无叶扩压器和叶片扩压器，以下分别分析气体在两种扩压器中的流动、扩压原理和性能。

1. 无叶扩压器

无叶扩压器通常是由两个平行壁面构成的环形通道所组成，见图 9-16。气体从叶轮中流出，经过这个环形通道，速度逐渐降低，而压力逐渐增加，然后经过后面的弯道和回流器进入下一级叶轮或者直接流入蜗壳。

无叶扩压器的通道截面为一系列同心圆柱面。进口截面轴向宽度常比叶轮出口宽度略宽，即 $b_3=b_2+(1\sim2)\,\text{mm}$，以便叶轮一旦和扩压器通道不对准时避免气流碰撞隔板壁。近来随着高压离心式压缩机的发展，为了减小进口流动损失，从叶轮出口至扩压器进口做成略有收敛的通道，即 $b_3<b_2$。扩压器内通道一般有等宽形、扩张形和收敛形三种形式，一般采用等宽形，即 $b_4=b_3=$常量。

无叶扩压器具有结构简单，造价低廉，性能曲线平坦，稳定工况范围较宽的优点。但无叶扩压器直径较长，气体流动损失较大。

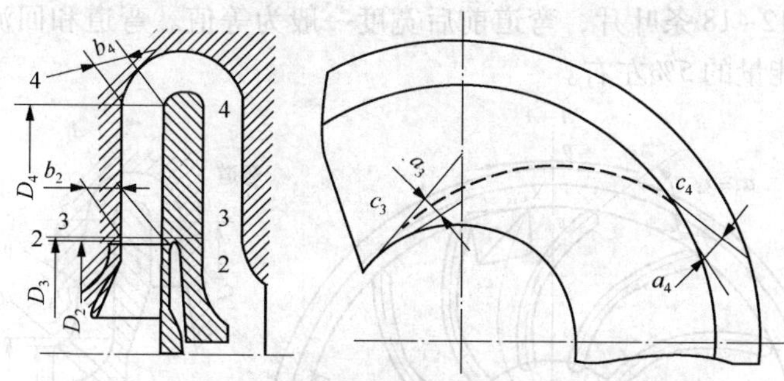

图 9-16　无叶扩压器示意图

2. 叶片扩压器

在无叶扩压器的环形通道上，沿圆周安装均布的叶片，就构成叶片扩压器，见图 9-17。在叶片扩压器中的气流仍然是没有能量加入而有损失的扩压流动。在叶片扩压器中，叶片迫使气体按叶片方向流动，气流就受到叶片的作用力，使气流的动量矩发生变化。

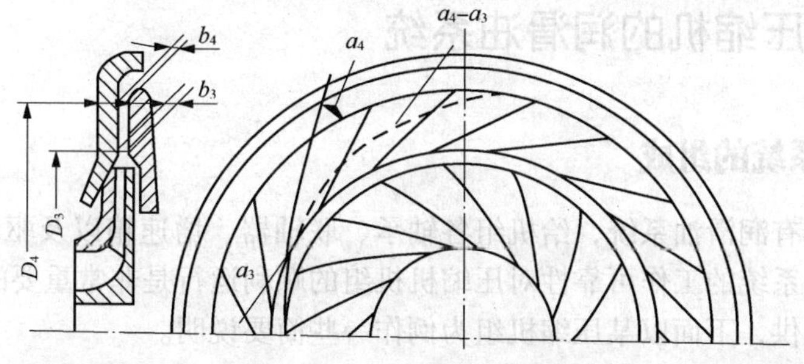

图 9-17　叶片扩压器示意图

叶片的型式可以是直线形、圆弧形、三角形和机翼形等，可以分别制作与隔板用螺栓紧固，或者与隔板一起铸成。叶片扩压器中，从叶轮到扩压器入口的过渡段很重要，因为适当的过渡段可以改善自叶轮出来的气流不均匀性，减小流动损失，还可以降低叶片扩压器进口气流脉动所产生的噪声。一般 $D_3/D_2=1.08\sim1.15$，$b_3/b_2=1.05\sim1.10$，出口直径 $D_4/D_3=1.3/1.55$。

叶片扩压器具有扩压程度大、结构尺寸小的优点。由于气流受到叶片的约束，气流方向角不断增大，故其流道短，流动损失小，在设计工况下它的级效率比无叶扩压器的级效率约高 3%～5%。

叶片扩压器的缺点是变工况性能差，因为当偏离设计工况时，易产生冲击分离损失，使效率明显下降。当正冲角增大到一定值后，会因旋转脱离而导致压缩机喘振。此外，带叶片扩压器的级，其性能曲线较陡，稳定工况范围较窄。

9.5.3.3 弯道和回流器

弯道和回流器位于扩压器之后，见图 9-18。由叶轮甩出的气体介质，经扩压器减速增压后进入弯道，气流经弯道使流向反转 180°，接着流入回流器，为保证气体介质沿轴向进入下一级叶轮，回流器内均设有一定数量的叶片，以改善气体流动状况，引导气流顺利进入下一级叶轮去进一步增压。显然，弯道和回流器是沟通前一级叶轮与后一级叶轮的通道，是实现气体介质连续升压的条件。回流器叶片可以采用等厚度的，并在进出口处削薄，也可以用机翼形叶型。

图 9-18 中截面 4-4 至截面 5-5 为弯道，截面 5-5 至截面 6-6 为回流器，弯道一般不设置叶片，回流器设 12~18 条叶片，弯道前后宽度一般为等值。弯道和回流器有一定流动损失，一般约占每级能量的 5%左右。

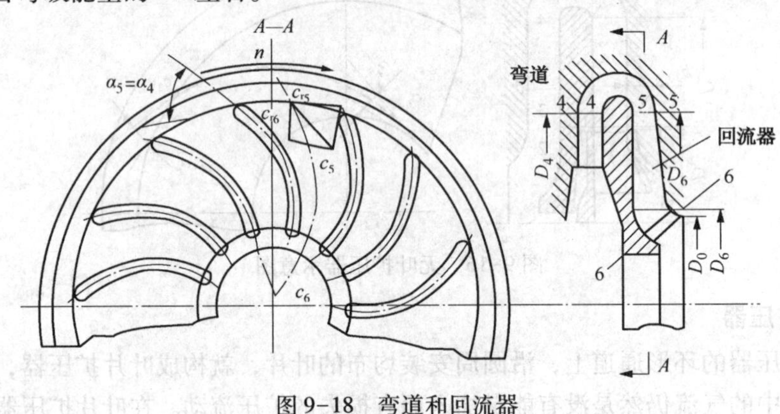

图 9-18 弯道和回流器

9.6 离心式压缩机的润滑油系统

9.6.1 润滑油系统的组成

压缩机机组都有润滑油系统，给机组各轴承、联轴器、增速箱以及驱动机-汽轮机的调节系统等供油。油系统的工作可靠性对压缩机机组的顺利运行是非常重要的。通常机组的用油由同一个系统提供，下面以某压缩机组为例作一些简要说明。

一般压缩机的润滑油系统由润滑油箱、主油泵、辅助油泵、油冷却器、油过滤器、高位油箱、阀门以及管路等部分组成(图 9-19)。

9.6.1.1 润滑油箱

润滑油箱是润滑油供给、回收、沉降和储存设备。其内部设有加热器，用以开车前使润滑油加热升温，保证机组启动时润滑油温度能升至 35~45℃的范围，以满足机组启动运行的需要。回油口与泵的吸入口设在油箱的两侧，中间设有过滤挡板，使流回油箱的润滑油有杂质沉降和气体释放的时间，从而保证润滑油的品质。油箱侧壁设有液位指示器，以监视油箱内润滑油的变化情况，防止机组运行中润滑油油位出现突变，影响机组的安全运行。

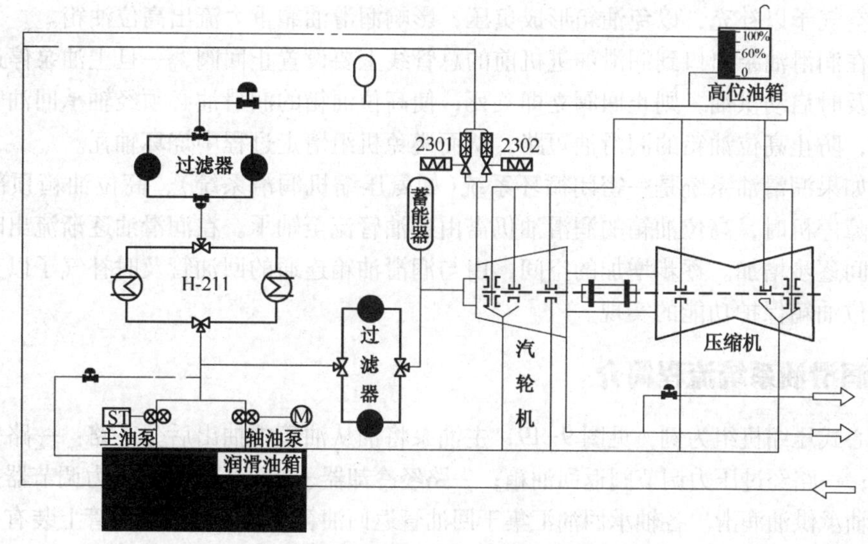

图 9-19 润滑油系统

油箱容量一般为机组运转 3~8min 的供油量，油箱上设有液面计和低液位报警开关。当液位过低时。就发出报警。

9.6.1.2 润滑油泵

一般均配置两台，一台主油泵，一台辅助油泵。机组运行所需润滑油，由主油泵供给；当主油泵发生故障或油系统出现故障使系统油压降低时，辅助油泵自动启动投入运行，为机组各润滑点提供适量的润滑油。主、辅油泵一般分别由汽轮机和电机驱动。

9.6.1.3 润滑油冷却器

润滑油冷却器用于油泵后润滑油的冷却，以控制进入轴承内的油温。为始终保持供油温度在 35~45℃的范围内，油冷却器一般均配置两台，一台使用，另一台备用(特殊情况下可两台同时使用)。当投入使用的冷却器的冷却效果不能满足生产要求时，切换至备用冷却器维持生产运行，并将停用冷却器解体检查，清除污垢后组装备用。

9.6.1.4 润滑油过滤器

润滑油过滤器装于泵的出口，用于对进压缩机润滑油的过滤，是保证润滑油质量的有效措施。为了确保机组的安全运行，过滤器均配置两台，运行一台，备用一台。

9.6.1.5 高位油箱

高位油箱是一种保护性设施，当主、辅油泵供润滑油中断时，高位油箱的润滑油将流进油管，靠重力作用流入各润滑点，以维持机组惰走过程的润滑需要。高位油箱的储油量，一般应维持不小于 5min 的供油时间。

机组正常运行时，润滑油由高位油箱底部进入，而由顶部溢流口排出直接回油箱，一旦发生停电停机故障，辅助油泵又不能及时启动供油，则高位油箱的润滑油将沿着油管路流经各轴承后返回油箱，确保机组惰走过程中对润滑油的需要，保证机组安全停车。

为了确保高位油箱这一作用的实现，润滑油系统应有以下技术措施：

(1) 高位油箱要布置在距机组轴心线不小于 5m 的高度之上，其位置应在机组轴心线一端的正上方，以使管线长度最短，弯头数量最少，保证高位油箱的润滑油流回轴承时阻力最小。

(2) 高位油箱顶部要设呼吸孔，当润滑油由高位油箱流入轴承时，油箱的容积空间由呼吸孔吸入空气予以补充，以免油箱形成负压，影响润滑油靠重力流出高位油箱。

(3) 在润滑油泵出口到润滑油进机前的总管线上要设置止回阀，一旦主油泵停运，辅助油泵也未及时启动供油，则止回阀立即关死，使高位油箱的润滑油必须经轴承回油管线，再返回油箱，防止高位油箱的润滑油短路，从而避免机组惰走过程中烧坏轴瓦。

(4) 如果润滑油系统是一密闭循环系统(如氨压缩机润滑系统)，高位油箱顶部没有呼吸孔，故障停机时，高位油箱的润滑油仍需由进油管流至轴承。在润滑油逐渐流出时，高位油箱的空间逐步增加。逐步增加的空间，由与润滑油箱连通的回油管及时补气予以充实，从而保证高位油箱保护功能的实现。

9.6.2 润滑油系统流程简介

以离心式压缩机组为例，见图 9-19，主油泵将油从油箱中抽出后分三路：一路去汽轮机调节系统；一路经过压力调节阀返回油箱；一路经冷却器、滤清器，经过压力调节器去润滑油总管向各轴承供油润滑。各轴承回油汇集于回油管返回油箱。每一轴承供油管上装有一个减压阀，将油压减至所需的压力值。冷油器、滤清器都是两台，一台工作，另一台备用。连接润滑油管的润滑油高位油箱具有一定的容量，比压缩机中心线高出约 7.45m，当泵油管线出现压力故障时，止回阀自动打开，使油槽的油流入润滑油总管，保证轴承的润滑。由电机驱动的备用泵在装置发出泵启动信号后立即启动，将油从油箱抽出，直接给机组轴承供油。

9.6.3 对润滑油系统的要求

润滑油系统是机组各轴承形成液体润滑状态的保证体系，是轴瓦减轻摩擦、降低磨损、实现长周期安全运行的主要条件，因此，对该系统在工作中的严密性、清洁度以及各部机件的可靠性都有较高的要求。为了满足机组润滑对该系统的要求，应采取有效措施，做好如下工作：

(1) 制定合理的施工程序，确保管线内表面有较好的清洁度。油路管线按施工图纸要求，分段将连接法兰焊好，清除焊渣、药皮及飞溅物，然后进行酸洗、中和及钝化工艺处理，钝化好的管线，两端密封保存待用。

(2) 油系统所有设备、阀门按施工要求进行安装前的解体险查。清除设备阀门内的杂质和浮锈等物，使设备和阀门在安装时有较高的清洁度，从而保证设备阀门安装投用后有较好的运行效果。

(3) 设备安装就位后，实施管线的组对时，要选择合适的垫片。在法兰连接上紧螺栓时，一方面要使螺栓上紧，保持连接部位密封的可靠性，同时也要避免紧力太大，以保持垫片的原始状态和密封性能。

(4) 润滑油系统设备、阀门和管线安装组对工作结束后，要进行油冲洗。冲洗用油与工作用油相同。在油冲洗过程中，油温要有适度变化，使附着于管内的铁锈及其他杂质，在热胀冷缩的变化中，被冲洗带走。油冲洗运行，不仅可以提高润滑油系统的清洁度，同时对系统的严密性以及机件的可靠性进行检查。经油冲洗运行考验，如过滤器压差无变化，各机件无故障，各密封部位无泄漏，则认为润滑系统已符合规范要求。

9.7 离心式压缩机的整体安装

离心式压缩机整体机组如在制造厂试运转合格，又不超过机械保证期限，运输过程安全有保证时，安装前可不做解体(揭盖)检查，直接进行整体安装。安装过程一般按下列顺序进行。

9.7.1 机组就位、找平找正

(1) 机组就位前离心压缩机的底座必须清除油垢、油漆、铸砂、铁锈等，机器的法兰孔应加设盲板，以免脏物掉入。

(2) 位于机器下部与机器相连接的设备，试压检验合格后应先吊装就位，并初步找正。

(3) 机组就位前必须首先确定供机组找平找正的基准机器，先调整固定基准机器，再以其轴线为准，调整固定其余机器。基准机器的确定一般按以下要求：

① 设计或制造方规定的安装基准机器；

② 以重量大，调整困难的机器为安装基准机器；

③ 机器多、轴系长时，宜选安装在中间位置的机器为基准安装机器，以便于整个机组的调整；

④ 条件相同时，优先选择转速高的机器为基准安装机器，可节省调整时间。

(4) 机器就位。先把金属底板放在水泥基础上，压缩机支腿放在底板的支架上。底板设有水平调节螺钉(图 9-20)，利用它调节好底板上表面的标高。利用水平调节螺钉将底板找平。底板用地脚螺栓固定在基础上，但先不上紧。

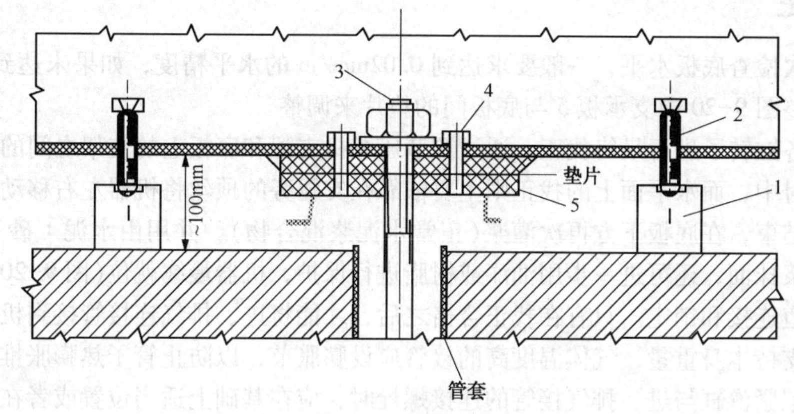

图 9-20 机器就位

1—垫铁；2—水平调节螺钉；3—地脚螺栓；4—螺钉；5—支承板

(5) 机组中心位置根据基准线定位，应符合平面布置图要求，其偏差不应大于 5mm。基准机器的安装标高，其偏差不应大于 3mm。

(6) 纵横向水平以轴承座、下机壳中分面或制造厂给出的专门加工面为准进行测量。机组纵向水平度的允许偏差：基准机器的安装基准部位应为 0.02~0.05mm/m，其余机器必须保证联轴器对中要求。横向水平度的偏差不应大于 0.10mm/m。

9.7.2 机组联轴器对中

(1) 离心压缩机转速高，对联轴器的对中要求严。联轴器表面应光滑，无毛刺、裂纹等缺陷。

(2) 采用百分表测量时，表的精度必须合格，表架应结构坚固，重量轻，刚性大，安装牢固，无晃动。使用时应测量表架挠度，以校正测量结果。

（3）调整垫片应清洁、平整、无折边、毛刺等。查明机组轴端之间的距离符合图纸要求。按制造厂提供的找正图表或冷对中数据进行对中。

9.7.3 基础二次灌浆

（1）基础二次灌浆前应检查和复测联轴器的对中偏差和端面轴向间距是否符合要求。复测机组各部滑键、立销、猫爪、联系螺栓的间隙值。检查地脚螺栓是否全部按要求紧固。用0.25~0.5kg的手锤敲击检查垫铁，应无松动。垫铁层之间用0.05mm的塞尺检查，同一断面处两侧塞入深度之和不得超过垫铁边长（或宽）的1/4。垫铁两侧层间用定位焊固定。机组检查复测合格后，必须在24h内进行灌浆，否则，应再次进行复测。

（2）二次灌浆前，基础表面必须清除油污，用水冲洗干净并保持湿润12h以上，灌浆时应清除表面积水。灌浆层厚度一般为40~70mm，外模板与底座外缘的间距不宜小于60mm，模板高度应略高于底座下平面。用无收缩或微膨胀混凝土灌浆时，其标号应高于基础标号1~2级，且不得低于250号。灌浆的环境温度应在5℃以上，否则，砂浆可用60℃以下温水搅拌和掺入一定数量的早强剂。灌完后应采取保温措施。灌浆应在安装人员的配合和监督下连续进行，一次灌完。灌浆时应不断捣固，使混凝土与基础紧密贴合并充满各部位。二次灌浆后要认真进行养护。

9.7.4 找正

（1）再次检查底板水平，一般要求达到0.02mm/m的水平精度，如果未达到精度要求，可以通过调整图9-20中支承板5与底板间的垫片来调整。

（2）对各缸转子进行最终找正。通过调节压缩机支腿和底板上的支架之间的垫片使转子在垂直面上对中，而水平面上的找正则主要依靠在支腿旁的顶丝将机器左右移动来达到。

当找正结束，在底板下方再次灌浆（正常水泥浆混合物），并用由水泥：砂子=1：2混合的特殊砂浆抹面，还可进一步用油漆或树脂进行保护，机器最终就位（图9-20）。

（3）管道连接和销定。只有在找正合格之后，才能将进、排气连接管接到机器上。接管要用支架来支持本身重量，气体温度高的接管应设膨胀节，以防止管子热膨胀推动汽缸，破坏对中。在把紧汽缸与进、排气接管的连接螺栓时，应在基础上适当位置或者在不与机器相连的结构上架上百分表，使百分表触杆顶在压缩机身上，检查接管对压缩机作用力的大小程度。

在机器以正常速度运行一段时间之后，复查机器的找正情况，证实对中良好，机器应被销定。销钉钉在设有纵向和横向键的底板处，保证机器可以沿纵向和横向自由膨胀和收缩。

9.8 现场组装的离心压缩机安装

现场组装的离心压缩机经过充分准备工作之后，对机组的零部件进行清洗和检查合格才能进行组装。

9.8.1 轴承装配

离心压缩机的转速高，轴承多数采用滑动轴承。轴承的装配应按以下要求和顺序进行：

（1）轴承装配前应进行外观检查。轴瓦合金表面不得有裂纹、孔洞、夹渣、斑痕等缺陷。合金层与瓦壳应牢固紧密地结合，经着色检查不得有分层、脱壳现象。

（2）可倾瓦、薄壁瓦轴承间隙及接触面积是由机械加工保证的，不应进行刮研。

（3）径向轴承的瓦背与轴承座孔应紧密贴合，瓦背接触面应均匀，接触面积不应少于85%。

（4）轴瓦与轴承座以及轴承盖之间的过盈量应符合规定。

（5）轴瓦与轴颈接触应均匀。可用涂色法检查轴颈与轴瓦的接触情况，轴向接触长度不应少于80%。

（6）用压铅法或百分表抬轴法测量径向轴承间隙并作好记录。

（7）可倾瓦的瓦块应均匀，各瓦块间厚度差应不大于0.01mm。装配后瓦块能自由摆动，不得有卡涩现象。

（8）厚壁、可倾瓦口接触应严密。自由状态时，用塞尺检查，间隙不得大于0.05mm。

（9）推力轴承的外观检查也应符合第(1)项的要求，其表面粗糙度 R_a 不应大于0.4μm；推力瓦块的厚度应均匀一致，同组瓦块的厚度差不应大于0.01mm。

（10）推力轴承调整垫应平整，各处厚度差应小于0.01mm，数量不应超过2块；推力轴承与推力盘应均匀接触，用涂色法检查，其接触面积不应小于75%。

（11）测量推力轴承间隙，应在上下两半推力瓦、定位环和上下两半瓦套紧固后进行。推力轴承的间隙应符合机组的技术要求。

9.8.2 机壳与隔板的安装

多级水平剖分式离心压缩机的机壳是上、下两个整体铸钢件，各级之间由可拆的隔板相隔离，而机壳安装在底座上。它们的安装和检查顺序如下：

1. 机壳的检查与安装

（1）机壳安装前应仔细进行外观检查，不得有裂纹、夹渣、气孔、铸砂和损伤等缺陷，必要时应进行无损探伤检查。

（2）壳体的水平或垂直剖分面应完好无损，接合面自由结合时间隙不应大于0.08mm，或每隔一个螺栓拧紧后间隙不应大于0.03mm。

（3）机壳安装在底座支承面上。底座支承面与机壳支承面应紧密结合，自由状态下宜用0.03mm的塞尺检查，不能塞入为合格。

（4）轴承箱内的铸砂、杂物等应清理丁净。轴承座底面与底座支承面应严密接触，应用0.05mm的塞尺检查，不能塞入为合格。

2. 连接螺栓、滑动键的安装要求

连接螺栓、滑动键的间隙及膨胀方向应符合技术文件的规定。

3. 隔板的检查与安装

（1）隔板铸件不得有裂纹、气孔、未浇满和夹层等缺陷，扩压器和回流器的导流叶片应光滑无损。

（2）隔板装进机壳时，应自由滑入槽中，无卡涩现象，隔板装配后，隔板间及隔板与机壳的同轴度偏差应小于0.05mm。

（3）上下两半隔板的结合面应接触良好，结合面的局部间隙应小于0.08mm，固定隔板的销子、定位键和对应孔槽的配合应符合技术文件的规定。

（4）隔板的吊装应使用专用工具。隔板最终装配时，应在各结合面处涂以干石墨粉或其他防咬合剂。

9.8.3 转子安装

叶轮、平衡盘(鼓)是采用过盈热套方法装在主轴上的，并且每装一对叶轮还要对转子进行一次动平衡试验，最后整个转子安装完毕，转子的动平衡试验必须合格。转子由制造厂安装并检验合格后，经装箱运至施工场地。施工单位必须做以下检查后，才能进行离心压缩机的组装。

9.8.3.1 转子的吊装和检查

（1）转子的吊装应使用专用工具。吊装过程必须平稳可靠，转子必须保持水平状态，轻起轻落，不能发生碰撞。

（2）检查并清洗转子，应无锈蚀、损伤、变形、裂纹等缺陷。

（3）测量转子轴颈、各级叶轮外径、叶轮口环、气封、主密封、油封、联轴器等部位的径向跳动值及轮盘进口外圆端面、叶轮出口端面、推力盘工作面外圆端面等部位的轴向跳动值，应符合要求。

（4）主轴颈、浮环密封或机械密封配合处及径向探头监测区轴的表面粗糙度 R_a 不应大于 0.04~0.08μm，推力盘的表面粗糙度 R_a 不应大于 0.04μm。

（5）转子就位后，应测定转子总窜量，并按技术文件要求，调整轴向位置，装推力轴承，使各叶轮工作通道对称于扩压器通道，允许偏差宜为±1mm。

9.8.3.2 联轴器的装配

（1）联轴器装配之前应进行清洗和检查，应无锈蚀、裂纹、毛刺和损伤等缺陷。

（2）测量轮毂孔和轴的直径、锥度，其过盈值和锥度应符合技术文件的规定。

（3）检查轮毂孔和轴的表面粗糙度 R_a，不应大于 0.08μm。

（4）无键联轴器宜用液压法装配，操作方法、装配的压力和推进量必须符合技术文件的规定。装配前宜用涂色法检查轮毂孔和轴的接触情况，能推进部分的接触面积应大于 80%。

（5）过盈加键联轴器，宜用热装。加热温度和方法取决于联轴器的尺寸和过盈量。加热温度宜为 180~230℃。

9.8.4 密封装置的安装

离心压缩机常用的密封有迷宫密封、浮环油膜密封、干气密封、机械密封等，分解密封的安装知识在第六章各小节中已有介绍。

9.8.5 机壳的闭合

离心压缩机的上、下机壳和转子组装完毕并检查合格后，可进行离心压缩机的最后组装。转子装入机壳内，机壳闭合。

9.8.5.1 机壳闭合前的检查

机壳闭合前必须认真检查，并作好相应的安装记录。检查项目包括：

（1）转子中心位置、水平度、主要部位的跳动值、径向轴承和推力轴承各部间隙等均应符合规定要求。

（2）机壳、隔板、密封装置及机壳的水平度、剖分面接触状况等均符合要求。

(3) 机壳内的紧固或定位螺栓应拧紧、销牢，支承滑销系统组装符合要求。

(4) 检查确认机壳内部清洁，无异物。

9.8.5.2 机壳的闭合

(1) 在机壳剖分面上均匀涂抹密封剂。

(2) 装上导向杆，将上机壳平稳地吊起，缓慢下落，使机壳准确地闭合。安装定位销，检查轴封部位不得有错口现象。盘动转子应转动灵活，无异常声响。

(3) 机壳螺栓应无毛刺、损伤，螺栓螺纹部位应涂防咬合剂。螺栓的紧固应从机壳两侧的中部开始，按左右对称分两步进行：先用50%~60%的额定力矩拧紧，再用100%的额定力矩紧固。螺栓的紧固力矩应符合规定。

9.9 离心式压缩机组的对中找正

压缩机的对中找正是安装和检修过程中一个很重要的步骤，图9-21表示由三个缸体组成的离心式压缩机组的三个转子的相互位置情况。每个转子因自重轴线会产生挠曲，使两端翘起。如果使各转子的轴承中心在一个水平面上，那么转子的相互位置出现如图9-21(a)的情况，联轴器端面就会出现张口。在这种情况下运行，对齿轮联轴器齿轮的啮合将受到破坏，对刚性联轴器其连接螺栓将受到多变载荷，容易产生疲劳破坏。如果联轴器两旁的轴承中心还不在同一水平上，就会更严重，联轴器轮毂就会既张口又不同心，这样是不能长期安全运行的。因此应使两联轴器轮毂的轴线重合，端面平行，要达到这一点，各汽缸的轴线在运行中应该是一条匀滑的曲线，见图9-21(b)，而要达到这个要求，各轴承中心就不能在同一水平面上，而应该稍微错开，以使联轴器两端面相互平行。

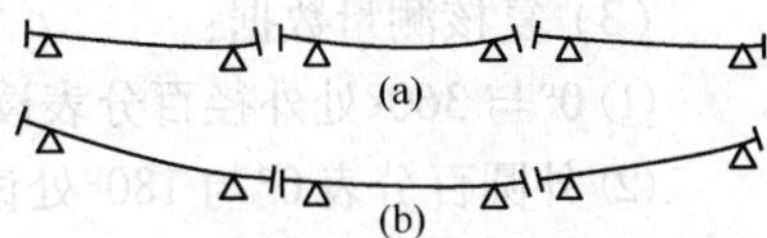

图9-21 多转子机组的相互位置

在压缩机组安装和检修后，通过调整各转子高低和左右位置，使机组达到在运行中各转子中心线构成一根连续无折点的平滑曲线，即在运行中相邻的联轴器轮毂轴线重合、端面平行。这个调整过程就称离心式压缩机的对中找正。现在大多数找正都是在冷态下进行，所以考虑各轴承中心的位置时，还必须考虑到机器运转后的热膨胀影响。

在机组各缸体安装或检修完后对中找正时，通过调节压缩机支腿和底板支架之间的垫片使转子在垂直方向上找正，而水平方向上的找正则主要依靠在支腿旁的顶丝将机器左右移动来调节。原则上应以最重的或运行中热膨胀影响最小的机器为找正的基准，如有齿轮增速器，则一般应以增速器为基准；如果只有一个或两个压缩机汽缸和蒸汽轮机，一般以蒸汽轮机为基准来调整其他缸体位置，来达到对中要求。

9.9.1 离心式压缩机对中找正常用的方法

对中找正常用的方法有三表法和单表法，单表法用于联轴器长度与联轴器轮毂外径的比值相对较大的情况，三表法用于联轴器长度与联轴器轮毂外径的比值相对较小的场合。

9.9.1.1 三表找正法

三个百分表的安装见图9-22，A、B分别代表压缩机和汽轮机的转子，端面用两个百分表，这是为了消除转轴在回转时产生窜动的影响。在测量时，两转子应在同方向转动同一个角度，这样使测量点基本在同一位置，可以减少由于零件制造误差(如联轴器轮毂不圆、联

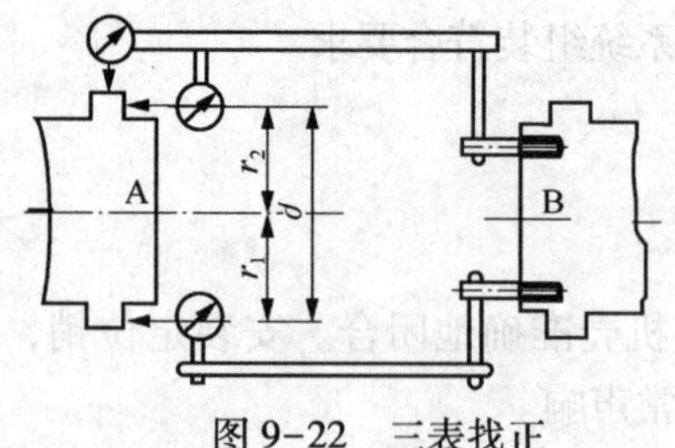

图 9-22　三表找正

轴器轮毂同主轴偏心及歪斜等）而带来的测量误差。端面两百分表测点距轴中心线距离应相等，即 $r_1=r_2$，并尽可能使两表测点间的径向距离 d 大一些，以提高找正精度。找正步骤如下：

（1）把百分表装好后试转一圈，检查径向百分表指针应回原位，端面百分表指针回原位或两表变化相同。

（2）把 B 转子转 90°，然后 A 转子也同向转 90°，停下来记录各百分表读数，依次记入圆表上，见图 9-23(a)，表上箭头方向表示旋转方向，并标明表架在 B 转子上，测 A 转子联轴器轮毂。每转 90°记录一次，记录在表上。

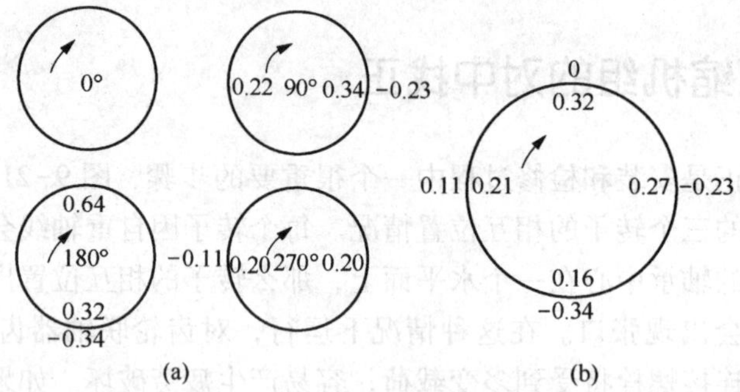

图 9-23　测量值的记录和整理

（3）复核测量数据：

① 0°与 360°处外径百分表读数应相同；

② 外圆百分表 0°与 180°处读数和应等于 90°与 270°处读数和；

③ 端面百分表在 360°与 0°处比较，两表读数的增加或减少量应一致。

以上检验合格后，即可对数据进行进一步处理。

（4）数据处理。把两端面百分表在 0°、90°、180°、270°四位置的读数进行平均，各位置的平均数值填入图 9-23(b) 中的圆内，而外径百分表读数填入圆的外面。

（5）两转子相对位置判断：

① 对于外圆，哪个方向读数小，B 转子就偏向哪一方；

② 对于端面，哪个方向读数小，开口就在哪一方。

根据这两条判断，可判明 A、B 转子垂直面和水平面内的相互位置(图 9-24)。

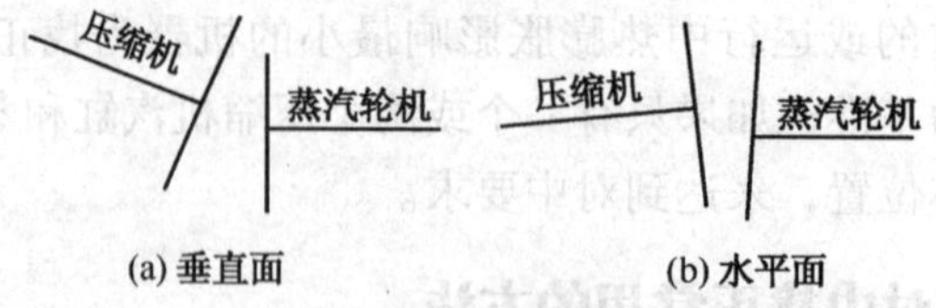

图 9-24　汽轮机和压缩机转子的相互位置

（6）调整量的计算。以 B 转子为基准，调整 A 转子，先计算垂直平面内的调整量。图 9-25中有关尺寸为 $l_1=1200$mm，$l_2=300$mm，$d=200$mm。

联轴器下张口为：$X_A=0.32-0.16=0.16$mm

联轴器中心线偏差为 $X_T=[0-(-0.34)]/2=0.17$mm

首先消除张口，把 A 转子的轴线以 O 点为中心下转一角度，使联轴器端面平行。根据相似三角形原理得

$$z = \frac{(l_1 + l_2) \times x_A}{d} = \frac{(1200 + 300) \times 0.16}{200} = 1.2\ \text{mm}$$

$$y_m = \frac{l_1 \times x_A}{d} = \frac{300 \times 0.16}{200} = 0.24\ \text{mm}$$

张口未消除之前，O 点已高出 B 转子轴中心线 0.17mm，为达到径向对中，A 转子轴还需要平行下移 0.17mm，所以综合考虑结果为

Y 支脚为 0.24-0.17=0.07mm

Z 支脚为 1.20-0.17=1.03mm

即 Y 支脚应减 0.07mm 垫片，Z 支脚应减 1.03mm 垫片。

对中的一般允许误差为：联轴器端面开口 $x_A \leqslant 0.02$mm；轴的不同心度 $x_T \leqslant 0.04$mm。

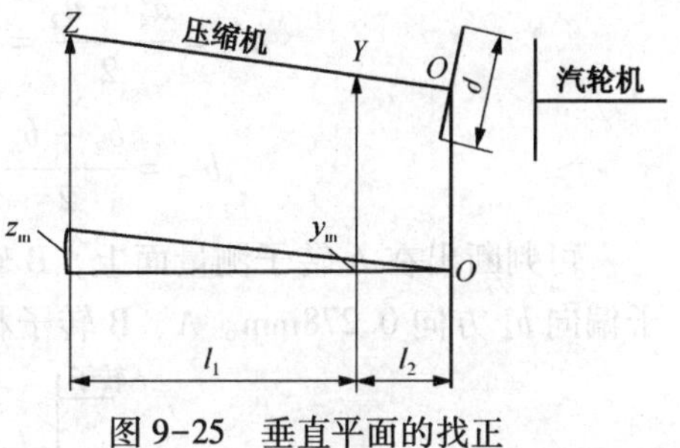

图 9-25　垂直平面的找正

水平方向对中方法同垂直方向相似，只是水平方向调整是通过顶丝使设备横向移动来实现的。

9.9.1.2　单表找正法

架表方法见图 9-26，找正步骤如下：

（1）把表架装在 B 转子上，转动转子，依次记下 A 转子在 0°、90°、180°、270°四位置上的读数，见图 9-27(a)；

（2）把表架装在 A 转子上，转动转子，依次记下 B 转子在 0°、90°、180°、270°四位置上的读数，见图 9-27(b)。

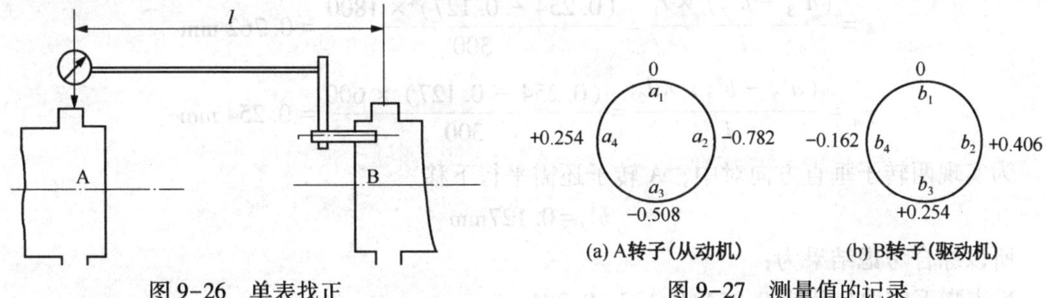

图 9-26　单表找正　　　图 9-27　测量值的记录

（3）复核测量数据，应符合下列要求：

① 0°与 360°处外径百分表读数应相同；

② $a_1+a_3=a_2+a_4$；

③ $b_1+b_3=b_2+b_4$；

以上检验合格后，即可对数据进行进一步处理。

（4）两转子相互位置判断：

① 先分析垂直方向。以 B 转子为基准测 A 转子时，两转子的不同心度为

$$a'_3 = \frac{a_1 - a_3}{2} = \frac{0 - (-0.580)}{2} = 0.254\ \text{mm}$$

按三表对中法的径向位置判断标准，说明在 A 转子测量面上，B 转子比 A 转子低 0.254mm。以 A 转子为基准测 B 转子时，两转子的不同心度为：

$$b'_3 = \frac{b_3 - b_1}{2} = \frac{0.254 - 0}{2} = 0.127\ \text{mm}$$

按三表对中法的径向位置判断标准，说明在 B 转子测量面上，A 转子比 B 转子高 0.127mm。

② 再分析水平面。

$$a'_2 = \frac{a_4 - a_2}{2} = \frac{0.254 - (-0.762)}{2} = 0.508\ \text{mm}$$

$$b'_2 = \frac{b_2 - b_4}{2} = \frac{0.406 - 0.152}{2} = 0.127\ \text{mm}$$

可判断出在 A 转子测量面上，B 转子偏向 a_2 方向 0.508mm；在 B 转子测量面上，A 转子偏向 b_4 方向 0.278mm。A、B 转子相互位置见图 7-43。

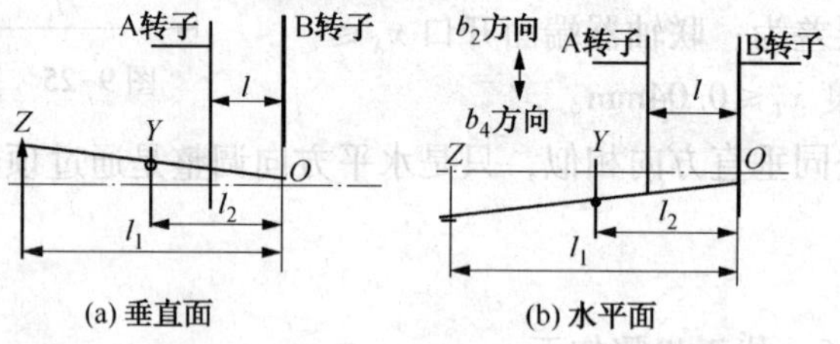

图 9-28 A、B 转子的相互位置

（5）调整量的计算。在图 9-28 中，$l_1 = 1800$mm，$l_2 = 600$mm，$L = 300$mm，以 B 转子为基准调整 A 转子。以垂直方向为例计算。首先以点 O 为固定点使 A 轴下转，消除角度不对中，由相似三角形原理得

$$z = \frac{(a'_3 - b'_3) \times l_1}{l} = \frac{(0.254 - 0.127) \times 1800}{300} = 0.762\ \text{mm}$$

$$y_m = \frac{(a'_3 - b'_3) \times l_2}{l} = \frac{(0.254 - 0.127) \times 600}{300} = 0.254\ \text{mm}$$

为实现两转子垂直方向对中，A 转子还需平行下移

$$b'_3 = 0.127\text{mm}$$

所以综合考虑结果为：

Y 支脚下应取垫片为 0.254+0.127=0.381mm

Z 支脚下应取垫片为 0.762+0.127=0.889mm

水平方向对中计算方法同垂直方向相似。

9.9.1.3 转子找中心时的注意事项

（1）找中心专用工具架应牢固，以免松弛影响测量准确度。

（2）找中心专用工具固定在联轴器上应不影响盘车测量。

（3）用百分表测量时，百分表应留有足够的余量，以免表杆顶死出现错误数据。

（4）用塞尺测量时，塞尺片不多于 3 片，表面平滑无皱痕，插进松紧要均匀，以免出现过大误差。

（5）测量的位置在盘车后应一致，避免出现误差。

（6）盘车时，应注意不要盘过头或没有盘够，以免影响测量准确度。

（7）对中测量时，都需进行复核一次，若两次测量误差小于 0.02mm，则可结束，否则

再进行第三次或第四次复测。若有两次测量结果小于误差要求，即可确认，否则应查找原因再测。

（8）找正通常是机器处于常温下进行的，这种找正称为“冷找正”或“冷对中”。机器运转后由于机器各部分温度不同，各处的膨胀量也就不同，因此要保证在运转状态下对中即所谓“热对中”，那么在冷态对中时就必须事先估计好各机脚处的热膨胀量，在确定调整垫片量时应将它们考虑进去。这样做当然破坏了冷态下的对中，但却能较好地保证“热对中”。热膨胀量的估算很难准确，常常影响热态对中的精度。一般在机器运转一定时间以后（例如8h），机器各部分温度都稳定时，停机趁热检查。

9.9.2 激光找正

在透平机械的找正中，运用激光技术，提高了机器的找正精度和快速性，不仅可进行“冷对中”校核，还可进行“热对中”校核，是一种很有效的找正方法，激光对中仪有冷对中仪和热对中仪两种。冷对中激光仪由激光发射器、激光检测器、激光反射器、计算机、快装夹具和连接电缆组成，早期产品由于发射的激光波长为0.80μm，属于不可见的红外光范围，因而还包括有激光寻迹器，用来确定激光光束的方向。后来，发射激光波长改为0.67μm，属于可见光范围，便省去了寻迹器，“冷对中”仪布置见图9-29。激光发射器、检测器和激光反射器通过快装夹具固定在转轴或联轴器的两端，用电缆将它们与计算机相连，调整好仪器，使发射器的激光束射向激光反射器，再反射到检测器的窗口，检测器以x和y向分别显示激光束入射角的方位。对中时，由0°~360°，每转90°，计算机显示出机组的对中状态与对中需要的调整值。输入机器相对位置数据，转轴转动一周，根据计算机显示的对中量调整相应机脚下垫片厚度，进行机组的找正，操作简便易行。

“热对中”即在机器运行状态下进行对中的在线监测。激光“热对中”仪的布置见图9-30。和激光“冷对中”仪不同的是它有两对x向和y向成90°安装的反射器和监测器，通过检测反射的激光光束的方位变化，来确定机组运行中的对中变化情况，以便校正在“冷对中”时的对中预留量。

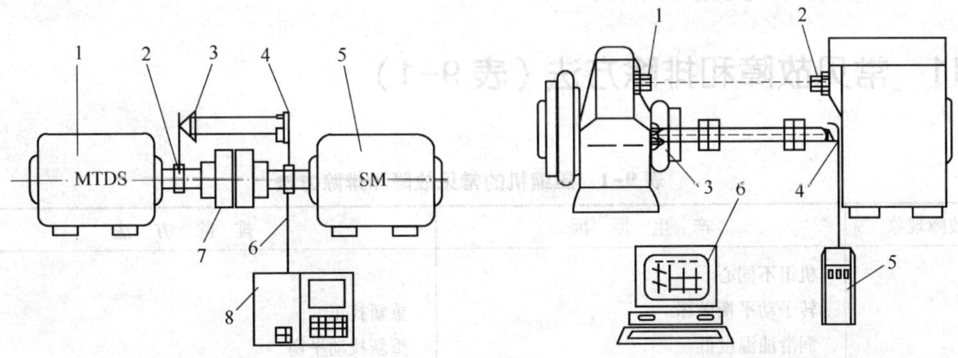

图9-29 激光“冷对中”仪布置

1—需调整机器；2—快装夹具；3—激光反射器；4—激光发身/检侧器；5—固定机器；6—连接电缆；7—联轴器；8—计算机

图9-30 激光“热对中”仪布置

1—y轴方向反射器；2—y轴方向监测器；3—x轴方向反射器；4—x轴方向监测器；5—PC机接口模块；6—微型计算机

激光找正方法比前面介绍的两种方法的优越性明显；首先，可以不需停机而进行在线对中监恻，这是传统方法所无法实现的；其次，找正精度高，传统方法的对中误差一般为0.01mm，而激光找正的误差可减小到0.001mm；再次，激光找正速度快。因此，激光找正法得到广泛应用。

9.10 开停机注意事项

9.10.1 开机注意事项

（1）开机前，若压缩机所输送的工艺气体不允许与空气混合时，在油系统正常运行后应用氮气置换空气，使压缩机系统内的气体含氧量小于规定值,，再用工艺气置换氮气到符合要求，并把工艺气加压到规定的入口压力。加压要缓慢，使密封油压与气体压力相适应。

（2）启动机组在规定转速下运行一定时间后，应对机组进行全面检查。内容包括：润滑油、密封油等系统是否异常；机器各段进、出口气体温度、压力是否异常；机器运转有没有异声。如一切正常，则可升速。压缩机开始负荷运行即逐步升压运行。

（3）对于初次开车的机组，在设计工况下试运行 8h 后，一般应停机检查对中情况，同时拆卸轴承进行检查。

（4）向工艺系统送气应按工艺要求进行，在开启压缩机出口阀时应注意调整防喘振阀的开度以避免出口压力出现大的波动。

9.10.2 停机注意事项

（1）停机后一般应开动盘车装置进行一段时间的盘车。

（2）停机后油系统应继续运行一段时间，直到各部分温度降下来。一般要求回油温度降到 40℃左右，停盘车后，再停油系统。

（3）如果工艺气体易燃、易爆、有毒，在机组停机后需继续向密封系统供油，以确保气体不漏到机外。如果机组要长时间停机，在把进、出口阀都关闭后，应使机内气体卸到常压，并用氮气置换，才能停油系统。

9.11 常见故障和排除方法（表 9-1）

表 9-1 压缩机的常见故障和排除方法

故障现象	产生原因	排除方法
振动	机组不同心 转子动平衡破坏 润滑油温度低 转子发生摩擦 飞动 轴瓦间隙大 瓦盖或地脚螺栓松动	重新找正 重新找动平衡 提高温度 停机检查 调整
轴承温度高	轴瓦进油节流孔小或被堵塞 油中带水 润滑油温度高	加大或清除 换油 调节冷却水

续表

故障现象	产 生 原 因	排 除 方 法
油温高	冷却器结垢 冷却水量不足 油变质	清扫 调节 换油
油压低或无油压	油压自控失灵 主油泵有故障 油管路破裂或严重漏损 过滤网堵塞 泵入口漏气 油箱油面低 压力表失灵	检查 切换 检查处理 清扫 检查处理 加油 校验或更换
主油泵振动或有杂音	轴瓦间隙过大 主机振动 齿轮啮合不良 端盖松动	调整 检查 处理 紧固

第 10 章　往复式压缩机

往复式压缩机又称活塞式压缩机，是容积型压缩机的一种。它是依靠汽缸内活塞的往复运动来压缩缸内气体，从而提高气体压力，达到工艺要求。在化工及石油工业的飞速发展中，活塞压缩机的发展趋势如下：①高压、高速、大容量；②提高压缩机的效率和延长使用寿命；③按系列化、通用化、标准化进行设计、生产，以利提高产量、质量，缩短制造周期，便于产品变型。

10.1　基本组成及工作原理

10.1.1　基本组成

往复式压缩机典型结构见图 10-1，主要由工作腔部分、机座部分及辅助系统等三大部分组成。各部分的主要零、部件见表 10-1。此外，往复式压缩机作为一种从动机械，还须配有驱动装置。

对于大中型压缩机，机座部分往往以最大机身载荷(活塞力吨位)构成系列，汽缸部分在每个机座上可以有许多变型。

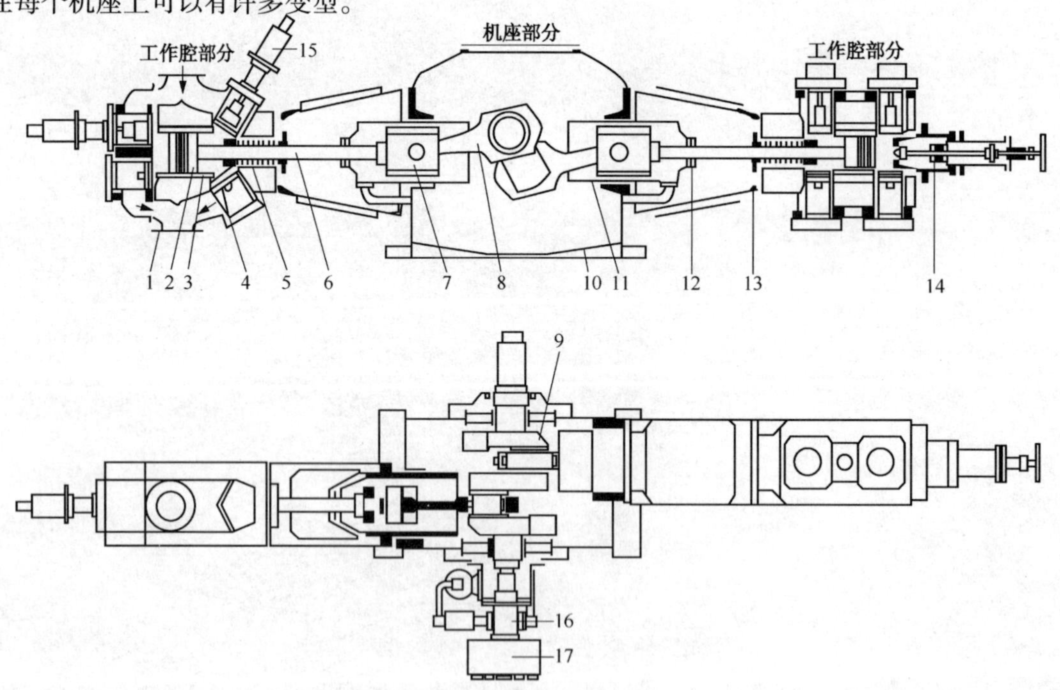

图 10-1　往复式压缩机组成

1—汽缸；2—活塞；3—汽缸套；4—气阀；5—填料；6—活塞杆；7—十字头；8—连杆；9—曲轴；10—机身；11—滑道；12—挡油圈；13—中体；14—流量调节器(补助余隙容积)；15—流量调节器(压、开进气阀)；16—润滑油泵；17—注油器

表 10-1 往复压缩机各部分零、部件

部位 / 名称	零部件名称
工作腔部分	汽缸：汽缸体、汽缸盖、汽缸座、阀孔盖板与压阀罩
	活塞：活塞、活塞杆或活塞销
	气阀：阀座、阀片、升程限制器、弹簧
	密封：活塞环与填料
机座部分	机身：机身及各种盖板，主轴承瓦、轴端密封
	曲轴
	连杆：连杆体、大头盖、连杆螺钉、小头衬套、大头瓦
机座部分	十字头：十字头体、十字头销、滑履一分体式
辅助系统	冷却系统：各级间冷却器与后冷却器，汽缸冷却水套，水管
	润滑系统：注油器、油泵、各种接管
	调节系统：感受元件、调节器、执行机构
	管路系统：各级连接管路、管件、安全阀
驱动装置	原动机：电动机或内燃机或汽轮机
	附属设备：各种控制与电、油、汽供应设备

10.1.2 理论循环

为了简化理论分析，压缩机压缩过程中做以下假设条件：无余隙容积、压缩后气体全部排出、无进排气损失、多变过程指数不变、气体无泄漏、气体为理想气体。压缩机工作时，汽缸内压力及容积变化的情况如图 10-2 所示。当活塞自点 0 向右移动至点 1 时，汽缸在压力 p_1 下等压吸进气体，0-1 为进气过程。然后活塞向左移动，自 1 绝热压缩至 2，1-2 为绝热压缩过程。最后将压力为 p_2 的气体等压排出汽缸，2-3 为排气过程。过程 0-1-2-3-0 便构成了压缩机理论循环。

活塞从止点 0 至止点 1 所走的距离 S，称为一个行程。在理论循环中，活塞一个行程所能吸进的气体，在压力 p_1 状态下其值为

$$V_1 = F_B S$$

式中 F_B——活塞面积，m^2；

S——活塞行程，m。

压缩机把气体自低压空间压送到高压空间需要消耗一定的功，压缩机完成一个理论循环所消耗的功为图 10-2 的 0-1-2-3-0 所围区域的面积，即进气过程中气体对活塞所作的功 p_1V_1 相当于 0-0′-1′-1-0 所围的面积，压缩过程中活塞对气体所作的功相当于 1′-1-2-2′-1′所围的面积，排气过程中活塞对气体所做的功相当于 0-2′-2-3-0 所围的面积。假定气体对活塞所作的功为负值，活塞对气体所作功为正值，则三者之和为图 10-3 中 0-1-2-3-0 所示范围区域的面积。

由于自 1 至 2 的压缩过程中，指数越小，过程曲线越平坦，因此可知过程指数越小，压缩机循环消耗的功也越小。当压缩过程为等温过程时，指数达到最小值 1，消耗功最小，所以汽缸冷却效果越好，越接近等温压缩，压缩机越省功。

在压缩循环中，压缩过程中所消耗的外功将全部变成热量。在绝热压缩过程中，这些热

量将全部转变为气体的内能，使气体内能升高，并全部被气体带出压缩机；在等温压缩循环中，等温压缩的功全部转化为气体势能，压力升高。气体排出压缩机时，温度没有什么改变；在多变压缩过程中，一部分热量变成气体内能被气体所带走。

如果压缩机绝热循环及多变循环中排出的气体，再通入冷却器中等压冷却至气体吸入前的原始温度，则气体内能和气体进入压缩机前相同。必须指出，在这种情况下，压缩气体通过冷却器散热，温度降低，体积缩小，但压力不变，与排气压力相同，这是等压变化过程，此时气体压力较入口压力得到提高。

10.1.3 实际循环

图 10-3 是由指示器在实际机器某级上测得的压力容积变化曲线，通称级的指示图，即为压缩机的实际循环图。它与理论循环图 10-2 的区别是：有余隙容积 V_0的存在，使高压气体不可能全部排出汽缸，在活塞改变行程后，出现了 V_0内高压气体的膨胀线；

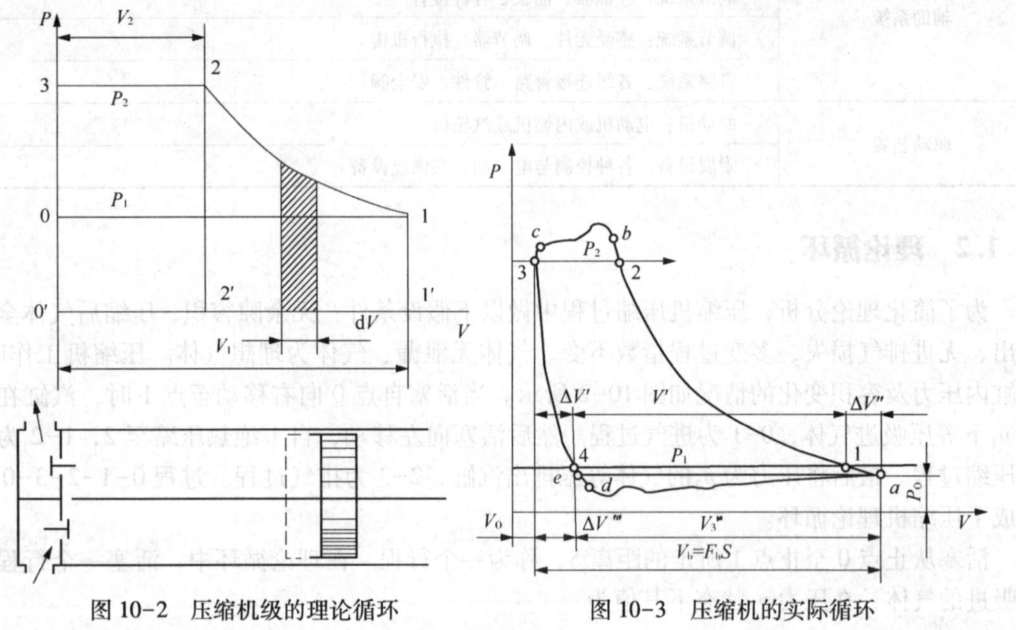

图 10-2　压缩机级的理论循环　　图 10-3　压缩机的实际循环

吸气及排气过程中，气阀启闭滞后，进排气压力波动，所以水平线变为波形曲线；由于气阀及管道阻力损失的存在，使实际吸入压力线总低于名义吸入压力 p_1的水平线，排气压力线则高于名义排气压力 p_2；由于气体与缸壁等有热量交换，所以压缩及膨胀过程指数是一个始终变化的数值；除此之外，还存在着气体的泄漏等。显然这些影响了吸入气体量和耗功，既不像图 10-2 那样全部吸气行程都吸入气体，也不是只耗面积为 1-2-3-0-0 那么少的功。

10.1.4 往复式压缩机的受力

往复式压缩机在正常运转时，作用于运动机构上的主要有惯性力、气体压力的作用力、驱动力矩和相对运动表面之间产生的摩擦力。

1. 惯性力

压缩机中各运动零件的运动若为不等速运动或旋转运动时，便会产生惯性力。惯性力的大小与方向决定于运动零件的质量和加速度，等于两者之乘积，其方向和加速度方向相反。

2. 气体作用力

汽缸内的气体压力也是随着活塞的运动，即随着曲轴转角而变化的。作用在活塞上的气体力，为活塞两侧各相应气体压力和该活塞作用面积的乘积之差值。

3. 摩擦力

相对运动表面互相作用的摩擦力，其方向始终与运动方向相反，其大小则随曲轴转角而变化，但其规律比较复杂。

4. 作用力的分析

往复式压缩机运动件受力状况见图 10-4。曲柄处于任意的转角 α 时，气体作用力 P_g 和往复惯性力 l 合成的活塞力 P，作用在十字头销或活塞销 A 上，然后再沿着连杆传递过去。由于连杆是相对于汽缸轴线摆动的，它和汽缸轴线间摆动的夹角为 β，故传递到连杆上点 A 的作用力 $P_L=P/\cos\beta$，式中 $P=P_g+l$。同时，因为十字头也产生了一个压向十字头导轨的分力——侧向力 N，$N=P\mathrm{tg}\beta$。连杆力 P_L 沿着连杆轴线传到曲柄销中心点 B，它对曲轴产生两个作用：一个作用是连杆力相对于曲轴中心构成一个力矩 $M_y=P_Lh=\mathrm{Pr}\dfrac{\sin(\alpha+\beta)}{\cos\beta}$；另一个作用是使曲轴的主轴颈在主轴上产生一个作用力 P_L。P_L 可以分解为水平方向和垂直方向两个分力，垂直方向分力 $N=P_L\sin\beta=p\mathrm{tg}\beta$，水平方向分力 $P=P_L\cos\beta$。此外主轴承一上还作用有离心力 l。

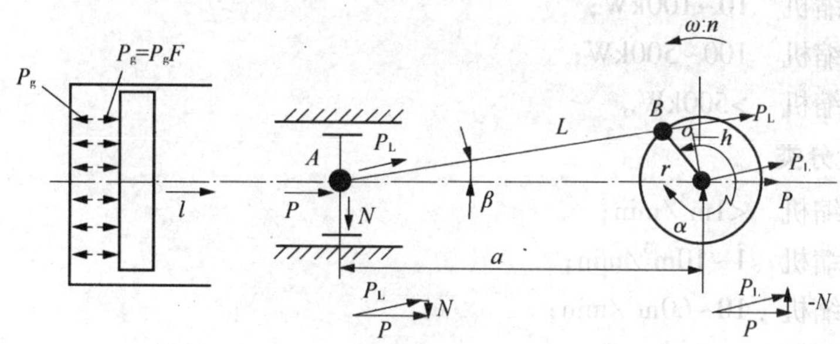

图 10-4 作用力分析

5. 惯性力的平衡

作用在主轴承上的活塞力 P，其中的气体力部分 P_g 已在机器内部平衡掉，余下的往复惯性力部分 I 却未被平衡掉，它要通过主轴承及机体传到机器外面的基础上。由于往复惯性力 I 的方向和数值随着曲轴转角周期性地变化，因而能够引起机器及基础的振动。此外，还有数值不变但作用线方向随曲轴转角周期性地改变的旋转惯性力，I_r 也作用在主轴承上，也会引起机器作相应的振动。过大的振动会使基础产生不均衡的沉降，影响机组寿命，影响操作人员的健康，影响附近地区精密器械的操作，此外，振动还会无谓地消耗能量，严重时能达到压缩机总功的 5%。

采用增大基础的办法来减少振动，但需要增加基建费用，消耗大量的物力和人力，因此应尽量设法在机器内部把惯性力平衡掉。不平衡旋转质量所造成的离心力 I_r 的平衡比较简单，只要在曲柄的相反方向装上适当的平衡重量，使两者所造成的离心力互相抵消即可。往复惯性力的平衡比较复杂。在单列压缩机中，往复惯性力是无法简单地予以平衡的。但是，用加平衡重的方法，可以改变一阶惯性力的方向，使其从沿着汽缸轴线的方向转移到汽缸轴线垂直的方向，原来的二阶往复惯性力 I_2则仍保持原状。在单列的卧式压缩机中，经常利用上述方法，将水平方向的一阶往复惯性力 I_2的 30%~50%转移至垂直方向，以期减轻水平方向上机器的振动。在多列压缩机中，可以使往复惯性力在机器内部彼此间得到部分的或全部的平衡。平衡方法的原则：一种是利用惯性力本身的特点，使各列的曲轴错角合理地配置，使惯性力互相抵消；另一种是在同一曲拐上配置几列，各列轴线间夹角合理地配置，使各列惯性力的合力为某一不变的数值，且始终作用在曲柄方向，这样，就可以利用加平衡重的办法来平衡它。

10.2 分类

1. 按排气压力分类

（1）低压压缩机　0.2~0.98MPa；

（2）中压压缩机　0.98~9.8MPa；

（3）高压压缩机　9.8~98.0MPa；

（4）超高压压缩机　>98.0MPa。

2. 按消耗功率分类

（1）微型压缩机　<10kW；

（2）小型压缩机　10~100kW；

（3）中型压缩机　100~500kW；

（4）大型压缩机　>500kW。

3. 安排气量分类

（1）微型压缩机　$<1m^3/min$；

（2）小型压缩机　$1\sim10m^3/min$；

（3）中型压缩机　$10\sim60m^3/min$；

（4）大型压缩机　$>60m^3/min$。

4. 按汽缸中心线的相对位置分类，见图 10-5。

（1）立式汽缸中心线与地面垂直。

（2）卧式汽缸中心线与地面平行，其中包括一般卧式、对置式和对动式(对置平衡式)。

（3）角度式汽缸中心线彼此成一定角度，其中包括 L 型、V 型、W 型、扇型和星型等。

5. 按曲柄连杆机构分类

可分为有十字头压缩机和无十字头压缩机。

6. 按活塞在汽缸内作用情况分类

（1）单作用式：汽缸内仅一端进行压缩机循环。

（2）双作用式：汽缸内两端都进行同一级次的压缩循环。

（3）级差式：汽缸内一端或两端进行两个或两个以上不同级次的压缩循环。

7. 按压缩机级数分类

（1）单级压缩机：气体经一级压缩达到终压。

(2) 两级压缩机：气体经两级压缩达到终压。

(3) 多级压缩机：气体经三级以上压缩达到终压。

8. 按压缩机列数分类

(1) 单列压缩机：汽缸配置在机身一侧的一条中心线上。

(2) 双列压缩机：汽缸配置在机身一侧或两侧的两条中心线上。

(3) 多列压缩机：汽缸配置在机身一侧或两侧两条以上中心线上。

9. 按冷却方式分类

可分为气(风)冷式压缩机和水冷式压缩机。

10. 按机器工作地点分类

可分为固定式压缩机和移动式压缩机。

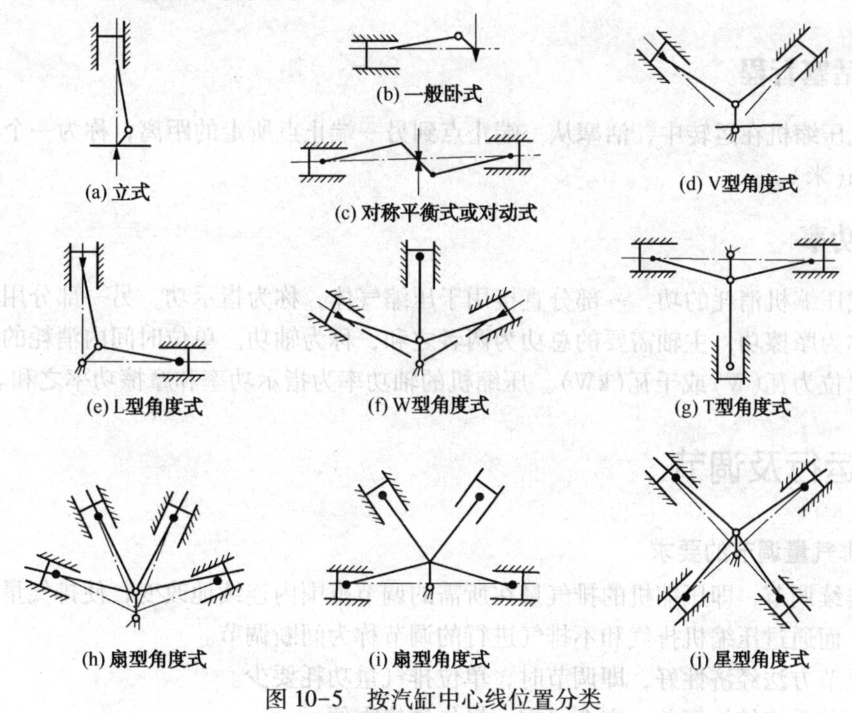

图 10-5 按汽缸中心线位置分类

10.3 技术参数

10.3.1 排气量

往复式压缩机的排气量，通常是指单位时间内压缩机最后一级排出的气体，换算到第一级进口状态的压力和温度时的气体容积值，排气量常用的单位为 m^3/min 或 m^3/h。

压缩机的额定排气量(压缩机铭牌上标注的排气量)，是指特定的进口状态时的排气量。

10.3.2 排气压力

往复式压缩机的排气压力通常是指最终排出压缩机的气体压力，排气压力应在压缩机末级排气接管处测量，常用单位为 MPa。

一台压缩机的排气压力并非固定，压缩机铭牌上标注的排气压力是指额定排气压力。实际上，压缩机可在额定排气压力以下的任意压力下工作，并且只要强度和排气温度等允许，也可超过额定排气压力工作。

10.3.3 转速

往复式压缩机曲轴的转速，常用 r/min 表示，它是表示往复式压缩机的主要结构参数之一。

10.3.4 活塞力

活塞力为曲轴处于任意的转角时，气体力和往复惯性力的合力，它作用于活塞杆或活塞销上。

10.3.5 活塞行程

往复式压缩机在运转中，活塞从一端止点到另一端止点所走的距离，称为一个行程，常用单位为 m(米)。

10.3.6 功率

往复式压缩机消耗的功，一部分直接用于压缩气体，称为指示功，另一部分用于克服机械摩擦，称为摩擦功，主轴需要的总功为两者之和，称为轴功。单位时间内消耗的功称为功率，常用单位为瓦(W)或千瓦(kW)。压缩机的轴功率为指示功率和摩擦功率之和。

10.4 运行及调节

1. 对排气量调节的要求

(1) 连续调节，即压缩机的排气量在所需的调节范围内连续地改变，使排气量随时与耗气量相等；而通过压缩机排气和不排气进行的调节称为间断调节。

(2) 调节方法经济性好，即调节时，单位排气量功耗要少。

(3) 调节系统结构简单、安全可靠、操作维修方便。

2. 排气量调节的方法：

(1) 转速调节　转速调节分连续和间断调节两种。

(2) 管路调节　管路调节包括切断吸气调节、节流吸气调节和回流调节。

(3) 顶开吸气阀调节　顶开吸气阀调节有全行程和部分行程顶开吸气阀调节之分：

① 全行程顶开吸气阀调节　调节时，借助完全顶开吸气阀调节装置(图 10-6)的压叉 2 使吸气阀片在压缩机循环的全部行程中始终处于开启状态，机器空转，排气量为零，从而获得排气量的调节。图 10-7 为全行程顶开吸气阀调节的示功图，由图可见，调节工况耗功很小。

调节器的工作原理：当压缩机正常工作时，由于弹簧 3 的弹力作用，调节器的压叉 2 及小活塞 7 被向上顶起，压叉下面与阀片不接触。当系统的用气量减少，储气罐内的气体压力升高到某一定值时，此气体压力经阀盖 6 上的气道传至小活塞 7 的上面，使小活塞推着压叉下降顶开阀片，使吸气阀处于常开状态，该侧汽缸停止排气。

这种调节方法的特点是设备简单，顶开吸气阀时，功耗极小，故广泛用于压缩机的气量调节。

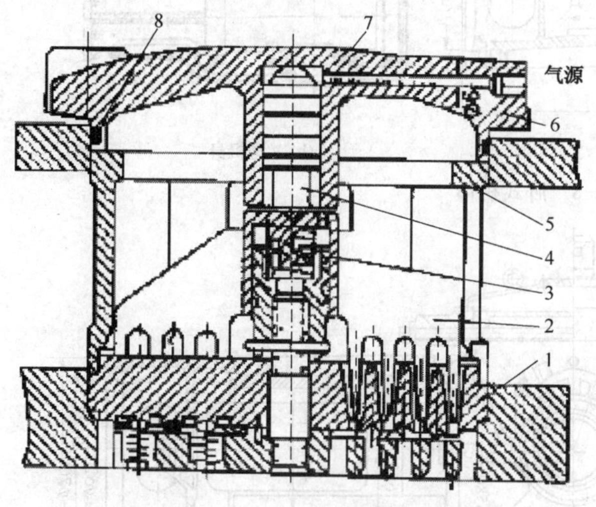

图 10-6　全行程顶开吸气阀的装置

1—升程挡板；2—压叉；3—弹簧；4—顶杆；5—压阀罩；6—阀盖；7—小活塞；8—密封圈

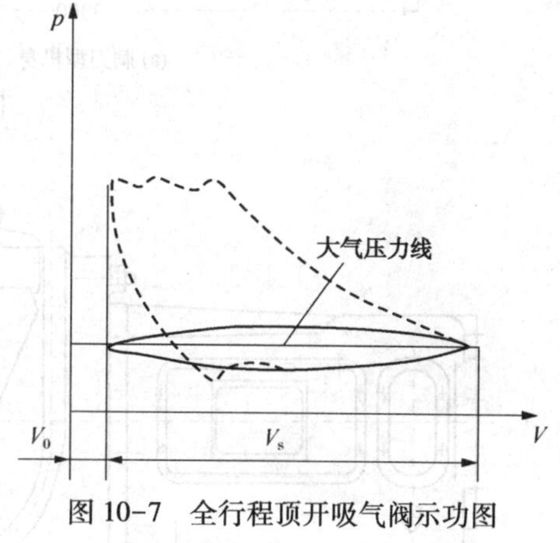

图 10-7　全行程顶开吸气阀示功图

② 部分行程顶开吸气阀调节。这种调节方法是在吸气过程中压叉将吸气阀顶开，吸气终了时，气阀继续打开，当活塞压缩气体运行到某预定位置时，压叉弹回，吸气阀关闭，在剩余行程中气体完成正常的压缩与排气。根据吸气阀顶开时间的长短，可以得到不同的排气量。

(4) 辅助容积调节　每台压缩机都有固定的余隙容积，辅助容积调节就是再增设一辅助余隙容积，调节时把辅助余隙容积与原固定余隙容积接通，使余隙容积增大，吸气量降低，从而达到排气量调节的目的。

10.5　结构特点和主要部件

10.5.1　机体

根据压缩机不同的结构型式，机体可分为卧式机体、对置机体、立式机体、角度式机体。

(1) 立式压缩机采用立式机体，一般由三部分组成：在曲轴以下的部分称为机座(无十字头的立式压缩机的机座习惯称曲轴箱)，机座上有主轴承座孔；在机座以上，中体以下的部分称为机身；位于机身与汽缸间的部分，称为中体。对于中、小型的立式机体，为了简化结构，常把机身与中体铸在一起，对于微型无十字头的立式压缩机，机体常铸成一体。中体、机身、机座铸成一体的机体统称为曲轴箱。

(2) 卧式压缩机采用卧式机体，由机身与中体组成，常铸成整体。卧式机体分为刺刀型机身与叉型机身(图 10-8)。

(3) 对称平衡与对置式压缩机采用对置式机体(图 10-9)。机体一般由机身和中体组成，中体配置在曲轴的两侧，用螺栓与机身连接在一起。机身可做成多列的，如两列、四列、六列等。

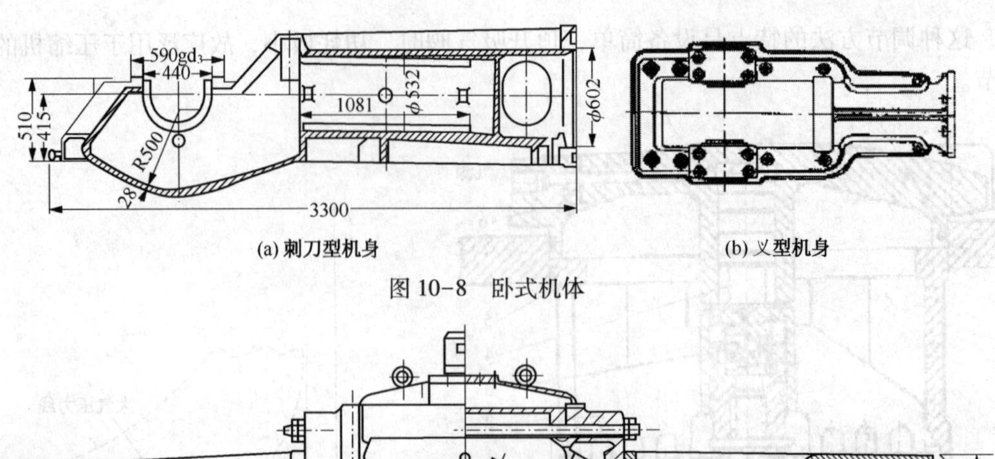

(a) 刺刀型机身　　(b) 叉型机身

图 10-8　卧式机体

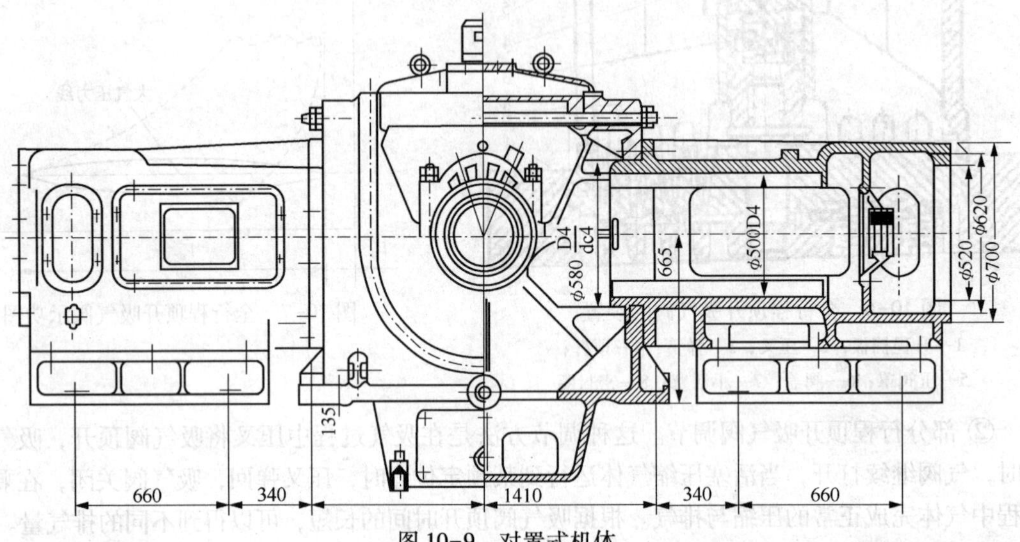

图 10-9　对置式机体

机身为上端开口的匣式结构，具有较高的刚性。机身下部的容积可以贮存润滑油，存油量的多少，按照润滑系统设计的要求而定。如果要求箱体容积能贮存全部润滑油，则机身下部的容积必须按能贮存 5~8min 油泵油量进行设计，另外应该考虑传动机构不应触及最高油面。主轴承安置在与汽缸中心线平行的板壁上，板壁上布置有筋条，机身顶部装有呼吸孔或呼吸器，使机身内部与大气相通，降低油温和机身内部压力，不使油从联接面处挤出来。

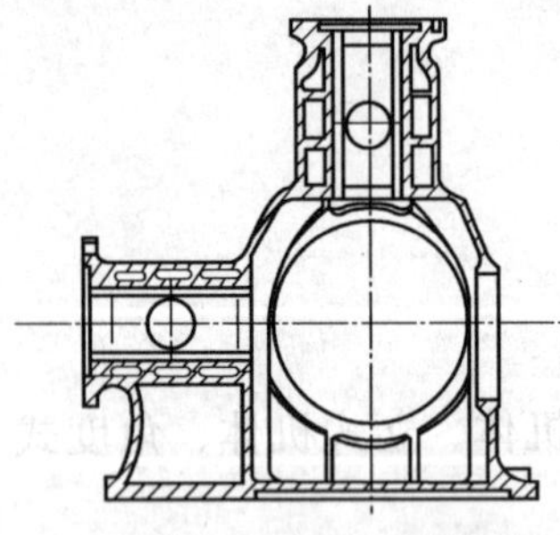

图 10-10　L 型机身

(4) 角式压缩机采用 L 型(图 10-10)、V 型、W 型、扇型等机体。V 型、W 型与扇型压缩机，传动机构多为无十字头结构，机体也多采用曲轴箱型式；L 型压缩机，传动机构多为有十字头结构。机体的主轴承都采用滚动轴承。

10.5.2　曲轴

往复式压缩机曲轴有两类：一种是曲柄轴(开式曲轴)，一种是曲拐轴(闭式曲轴)。曲柄轴大多用于旧式单列或双列卧式压缩机，这种结构现在已很少使用。曲拐轴的结构见图 10-11，现在大多数压缩机都采用这种结构。

曲轴的组成：

(1) 主轴颈　主轴颈装在主轴承中，它是曲轴支承在机体轴承座上的支点，每个曲轴至少有两个主轴颈。对于曲拐轴，为了减少由于曲轴自重而产生的变形，常在当中再加上一个或多个主轴颈，这种结构使曲轴长度增加。

（2）曲柄销　曲柄销装在连杆大头轴承中，由它带动连杆大头旋转，为曲轴和连杆的连接部分，因此，又把它称为连杆轴颈。

（3）曲柄　也叫做曲臂，它是连接曲柄销与主轴颈或连接两个相邻曲柄销的部分。

（4）轴身　曲轴除曲柄、曲柄销、主轴颈这三部分之外，其余部分称轴身。它主要用来装配曲轴上其他零件、部件，如齿轮油泵等(一般装在轴端，轴端设计成 1：10 的锥度或设计成圆柱形，或带有法兰等)。

曲轴可以做成整体的，也可以作成半组合和组合式的。现在，大多数压缩机均采用整体式曲轴。

近年来，大多数压缩机的曲轴常常被作成空心结构，这种空心结构的曲轴非但不影响曲轴的强度，反而能提高其抗疲劳强度，降低有害的惯性力，减轻曲轴的重量。实践证明，空心曲轴比实心曲轴抗疲劳强度约提高 50%。

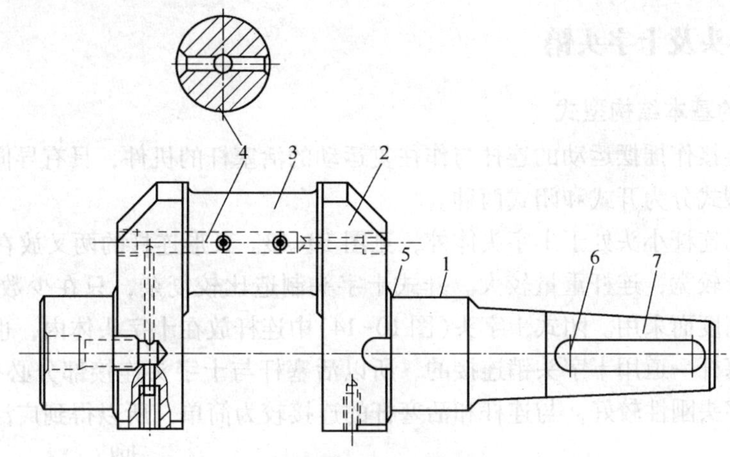

图 10-11　曲拐轴

1—主轴颈；2—曲柄(曲臂)；3—曲拐颈(曲柄销)；
4—通油孔；5—过渡圆角；6—键槽；7—轴端

10.5.3　连杆及连杆螺栓

1. 连杆的基本结构型式

连杆是将作用在活塞上的推力传递给曲轴，又将曲轴的旋转运动转换为活塞的往复运动的机件。

连杆包括杆体、大头、小头三部分，见图 10-12。杆体截面有圆形、环形、矩形、工字形等。圆形截面的杆体，机械加工最方便，但在同样强度时，具有较大的运动质量，适用于低速、大型以及小批生产的压缩机。工字形截面的杆体在同样强度时，具有较小的运动质量，但其毛坯必须模锻或铸造，适用于高速及大批量生产的压缩机。

2. 连杆螺栓

连杆螺栓是连杆上非常重要的零件。影响连杆螺栓强度的重要因素有结构、尺寸、材料以及工艺过程。

通常连杆螺栓的断裂主要是由于应力集中的部位上材料的疲劳而造成的。

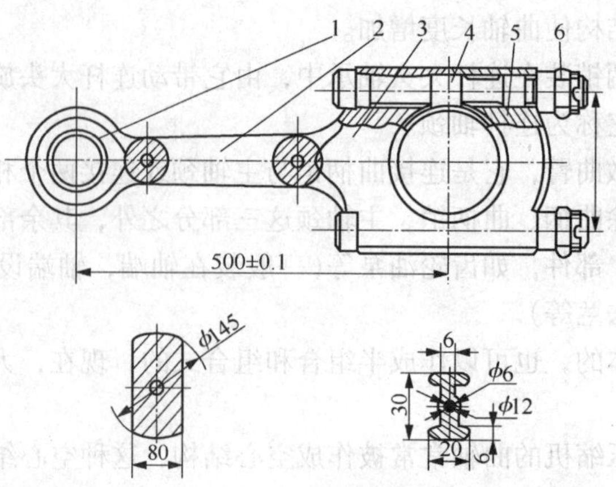

图 10-12　连杆

1—小头；2—杆体；3—大头；4—连杆螺栓；5—大头盖；6—连杆螺母

10.5.4　十字头及十字头销

1. 十字头的基本结构型式

十字头是连接作摇摆运动的连杆与作往复运动的活塞杆的机件，具有导向作用。十字头按连接连杆的型式分为开式和闭式两种。

开式结构的连杆小头处于十字头体外，见图 10-13。叉形连杆的两叉放在十字头体的两侧，故叉形部分较宽，连杆重量较大。开式十字头制造比较复杂，只在少数立式或 V 型压缩机中为降低高度而采用。闭式十字头(图 10-14)中连杆放在十字头体内，也有叉形放在十字头体内和活塞杆一道用十字头销连接的，所以活塞杆与十字头连接部分必须做成吊环形。闭式结构的十字头刚性较好，与连杆和活塞杆的连接较为简单，所以得到广泛应用。

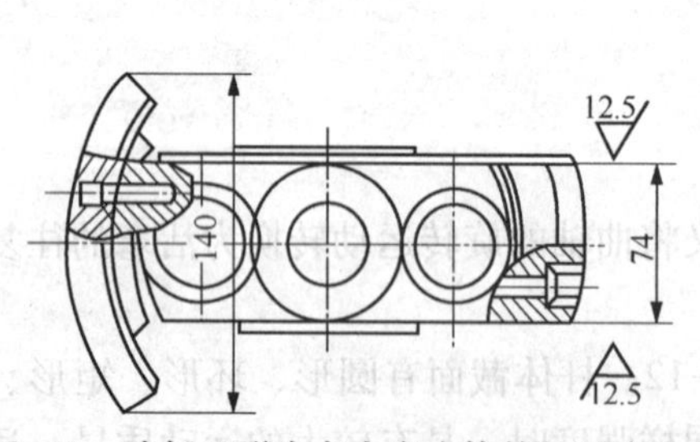

图 10-13　连杆叉形头在十字头体外的开式十字头

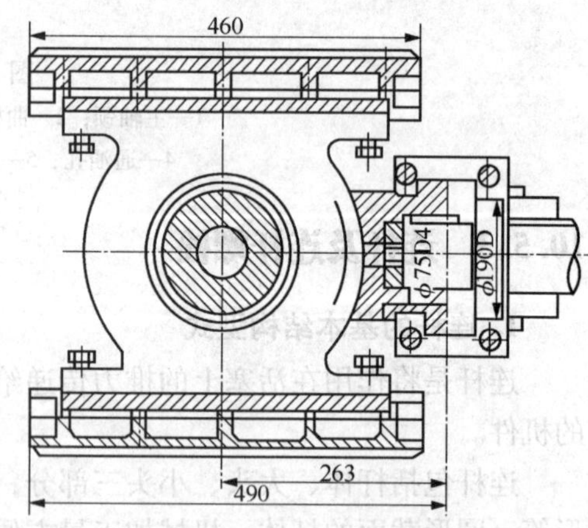

图 10-14　闭式十字头

十字头按十字体与滑履的连接方式可分为整体式与分开式两种。对于小型压缩机的十字头常做成整体的，近年来在高速大型压缩机上为了减轻运动部件的重量，也有采用在滑履上镶有巴氏合金的整体十字头；对于一般的大中型压缩机的十字头则常采用十字头体与滑履分开的结构(图 10-14)，以利调整。整体十字头的优点是结构轻巧，制造方便；其缺点是磨损后，十字头与活塞杆的同轴度公差增大不能调整；而分开式的特点恰与整体式相反，特别适用于大型压缩机。

十字头与活塞杆连接形式又分为螺纹连接、联接器连接、法兰连接和楔连接四种。螺纹连接结构简单，重量轻，使用可靠，但每次检修后要重新调整汽缸与活塞的余隙容积，图 10-15 所示是目前常采用的螺纹连接形式。它大都采用双螺母并拧紧后，用防松装置锁紧。有些结构具有调整垫片，在每次检修后，不必调整汽缸余隙容积，弥补了螺纹连接的缺点。

图 10-16(a)所示为连接器连接结构，图 10-16(b)所示为法兰连接结构。这两种结构使用可靠，调整方便，使活塞杆与十字头容易对中，不受螺纹中心线与活塞杆中心线偏移的影响，而直接由两者的圆柱面的配合公差来保证。其缺点是结构笨重，故多用在大型压缩机上。

还有一种是楔连接的结构。其特点是结构简单，可以利用楔(用比活塞杆软的材料，如 20 号钢制作)容易变形的特点，把楔作为整个运动系统的安全销使用，防止过载时损坏其他机件。它的缺点是不能调整汽缸余隙容积，故常用于小型压缩机上。

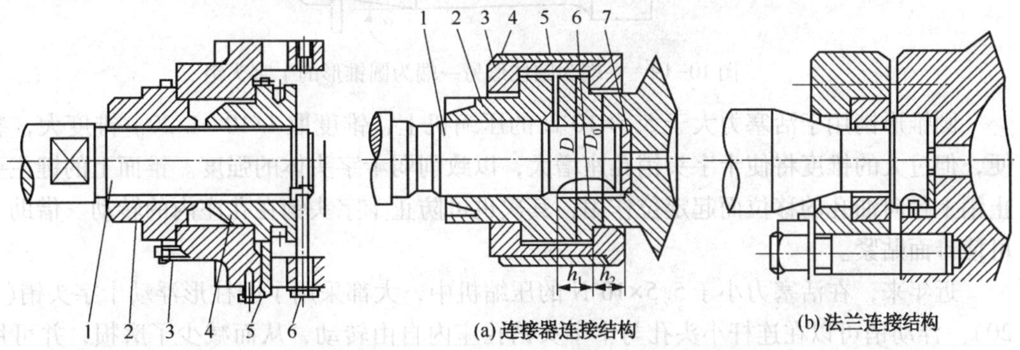

图 10-15　十字头与活塞杆用螺纹连接的结构
1—活塞杆；2、4—螺母；3、5—防松齿形板；6—防松螺钉

图 10-16　十字头与活塞杆用连接器和法兰连接的结构
1—活塞杆；2—螺母；3—连接器；4—弹簧卡环；5—套筒；6—键；7—调整垫片

2. 十字头销

十字头销有圆锥形(图 10-17)、圆柱形(图 10-18)以及一端为圆柱形而另一端为圆锥形(图 10-19)三种型式。十字头销一般固定在十字头上。

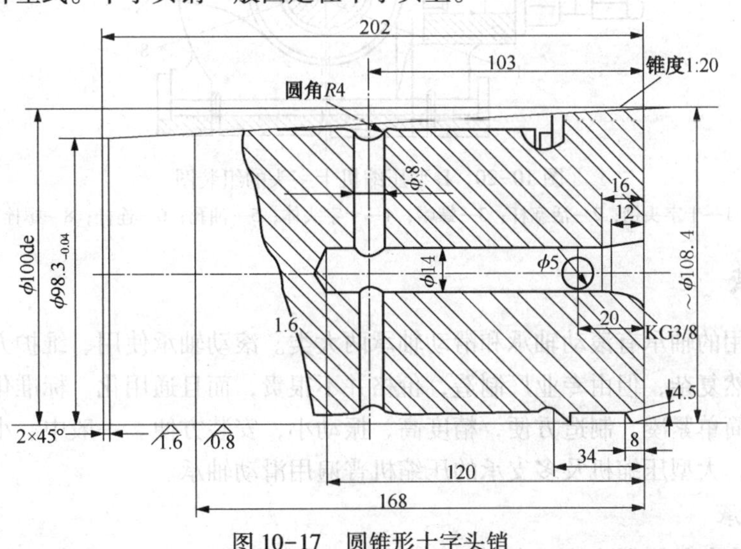

图 10-17　圆锥形十字头销

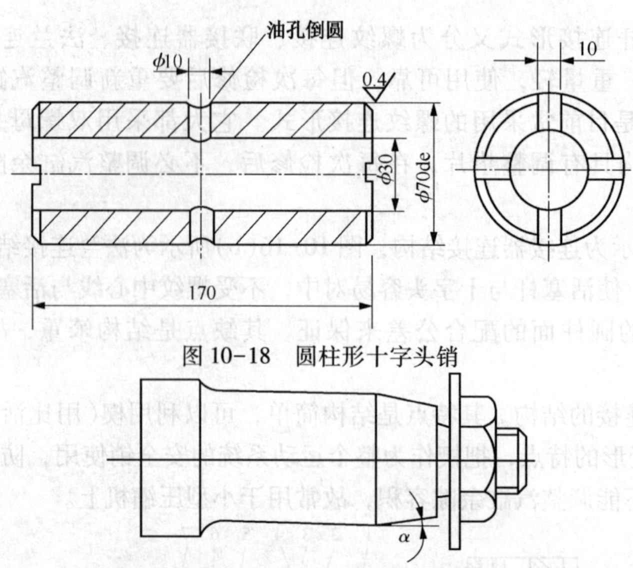

图 10-18　圆柱形十字头销

图 10-19　一端为圆柱形另一端为圆锥形的十字头销

圆锥形销用于活塞力大于 5.5×10^{4}N 的压缩机上，锥度取 1/10~1/20。锥度大，装拆方便，但过大的锥度将使十字头销孔座增大，以致削弱十字头体的强度。锥面上的键主要是防止销上径向油孔的移位而起定位作用，其次也可防止十字头销在孔座内的转动。借助于螺钉可使锥面贴紧。

近年来，在活塞力小于 5.5×10^{4}N 的压缩机中，大都采用了圆柱形浮动十字头销(图 10-20)。浮动销可以在连杆小头孔与十字头销孔座内自由转动，从而减少了磨损，并可用弹簧卡圈扣在孔座的凹槽内进行轴向定位。它具有重量轻、制造方便的优点。

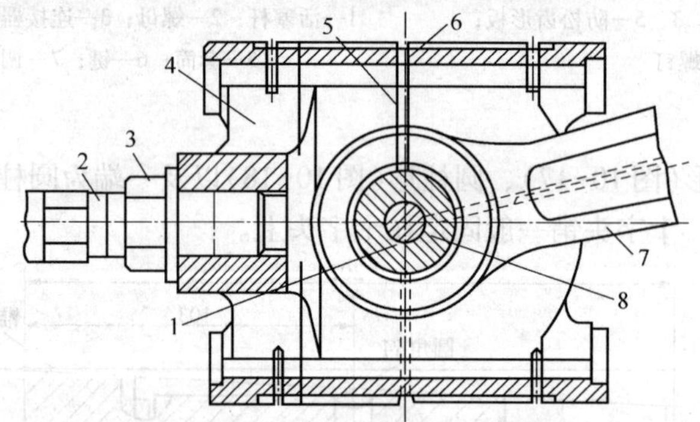

图 10-20　L 型压缩机十字头的组装图

1—十字头销；2—活塞杆；3—螺帽；4—十字头体；5—油孔；6—连杆；8—螺栓

10.5.5　轴承

压缩机常用的轴承有滚动轴承和滑动轴承两大类。滚动轴承使用、维护方便，机械效率较高，结构虽然复杂，但由专业厂制造，价格并不很贵，而且通用化、标准化程度很高。滑动轴承的结构简单紧凑，制造方便，精度高，振动小，安装方便。一般中、小型压缩机适宜采用滚动轴承，大型压缩机及多支承的压缩机普遍用滑动轴承。

1. 滚动轴承

滚动轴承在各种机器中应用很普遍，压缩机用的滚动轴承只是其中的几种，在此不做介绍。

2. 滑动轴承

滑动轴承的轴瓦大都制成可分的。立式压缩机主轴轴承的轴瓦一般分为两半(图 10-21)；卧式压缩机主轴承的轴瓦常分为四瓣(图 10-22)；对称平衡型压缩机中，曲轴轴承在水平方向所受的载荷不大，与立式压缩机一样，轴瓦由水平剖分的两部分组成。连杆大头轴瓦都采用两半的。

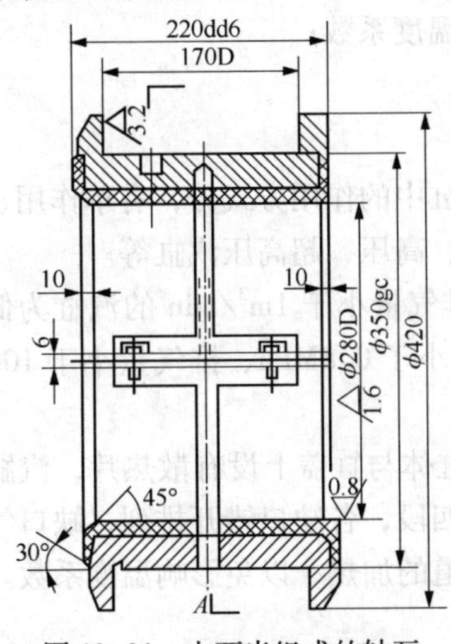

图 10-21　由两半组成的轴瓦

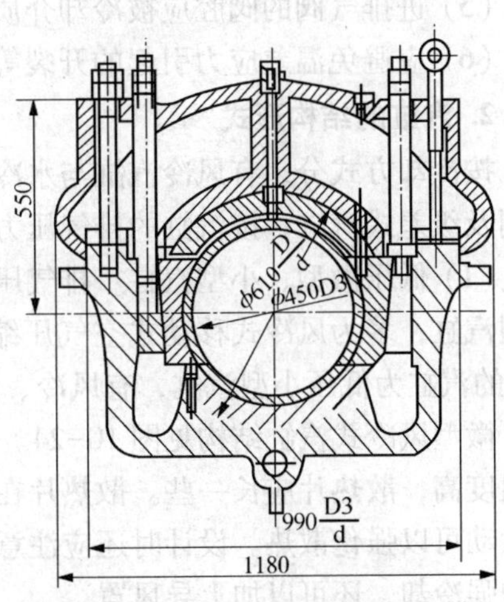

图 10-22　由四瓣组成的轴瓦

滑动轴承按壁厚的不同，可分为厚壁瓦(图 10-21)和薄壁瓦(图 10-23)。当壁厚 t 与轴瓦内径 d 之比，$t/d \leqslant 0.05$ 时为薄壁瓦，其合金层厚度 t_1 一般为 0.3~1.0mm；当 $t/d>0.05$ 时为厚壁瓦，合金层 $t_1=0.01d+(1\sim2)\text{mm}$。厚壁瓦一般都带有垫片，轴承磨损后可以进行调整；薄壁瓦一般都不带垫片，轴承磨损后不能调整，但薄壁瓦贴合面积大，导热性能好，承载能力大，因此目前趋向于使用薄壁瓦轴承。

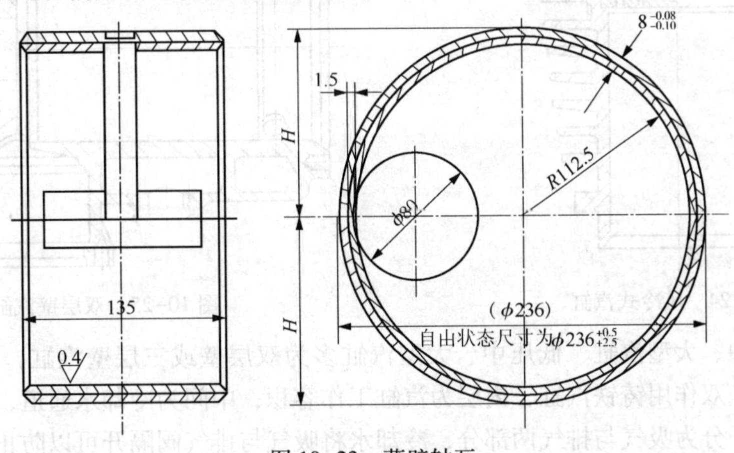

图 10-23　薄壁轴瓦

10.5.6　汽缸

1. 汽缸的作用及性能要求

汽缸是构成工作容积实现气体压缩的主要部件。在汽缸设计时，除了考虑强度、刚度与制造外，还应注意以下几个问题：

(1) 汽缸的密封性、汽缸内壁面(又称汽缸镜面)耐磨性以及汽缸、填料的润滑性能要好；

(2) 通流面积要大，弯道要少，以减少流动损失；

(3) 余隙容积要小，以提高容积系数；

(4) 冷却要好，以散逸压缩气体时产生的热量；

(5) 进排气阀的阀腔应被冷却介质分别包围，以提高温度系数；

(6) 应避免温差应力引起的开裂等。

2. 汽缸的结构形式

按冷却方式分，有风冷汽缸与水冷汽缸；按活塞在汽缸中的作用方式分，有单作用、双作用及级差式汽缸；按汽缸的排气压力分，有低压、中压、高压、超高压汽缸等。

(1) 低压微型、小型汽缸　排气压力小于 0.8MPa、排气量小于 $1m^3/min$ 的汽缸为低压微型汽缸，多为风冷式移动式空气压缩机采用。排气压力小于 0.8MPa、排气量小于 $10m^3/min$ 的汽缸为低压小型汽缸，有风冷、水冷两种。

微型风冷式汽缸结构见图 10-24。为强化散热，它在缸体与缸盖上设有散热片，汽缸上部温度高，散热片应长一些。散热片在一圈内宜分成三、四段，各缺口错开排列，缺口气流的扰动可以强化散热。设计时还应注意防止排气道对进气道的加热，以免影响温度系数。为了增强冷却，还可以加上导风罩。

大多数低压小型压缩机都采用水冷双层壁汽缸，见图 10-25。

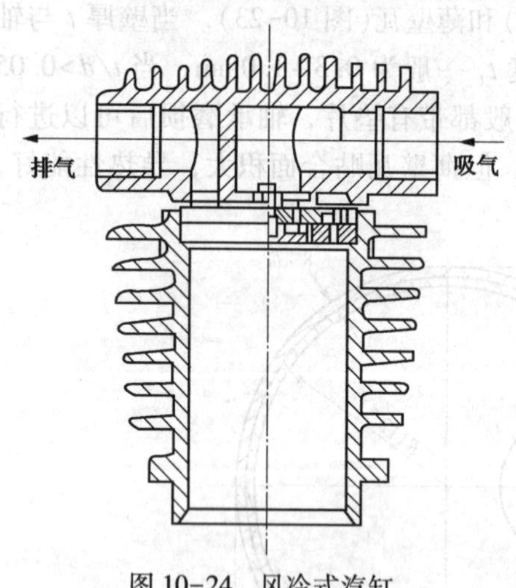

图 10-24　风冷式汽缸

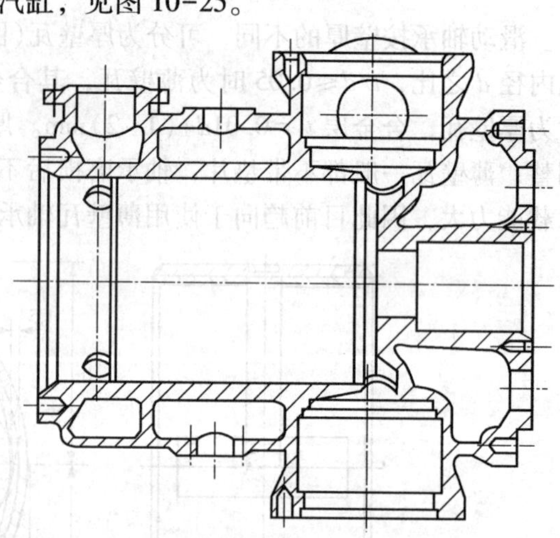
图 10-25　双层壁汽缸

(2) 低压中、大型汽缸　低压中、大型汽缸多为双层壁或三层壁汽缸，图 10-26 则为一个水冷三层壁双作用铸铁汽缸，内层为汽缸工作容积，中间为冷却水通道，外层为气体通道，它中间隔开分为吸气与排气两部分，冷却水将吸气与排气阀隔开可以防止吸入气体被排出气体加热，填料函四周也设有水腔，改善了工作条件。

由于金属向水散热功率远高于向空气散热，夹套水冷却不但冷却效率高，而且可以将进排气道隔离，起到防止吸入气体被排出气体加热的作用。

图 10-27 为 4M12-45/21 二氧化碳气压缩机的第一级低压铸铁水冷汽缸。属大型汽缸，从制造工艺上考虑，汽缸分成了三部分：环形的汽缸体、锥形的汽缸盖和锥形的缸座。汽缸

中央有注油接管，缸座上设有填料函，左缸盖上设有一个 $\phi450$ 的补充余隙容积，用来调节排气量。

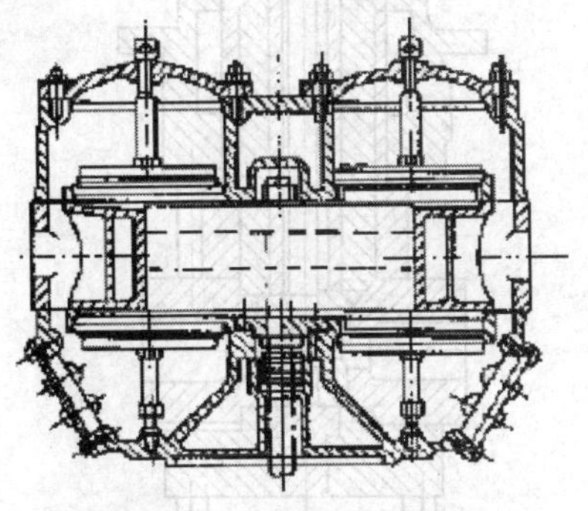

图 10-26　短行程三层壁汽缸

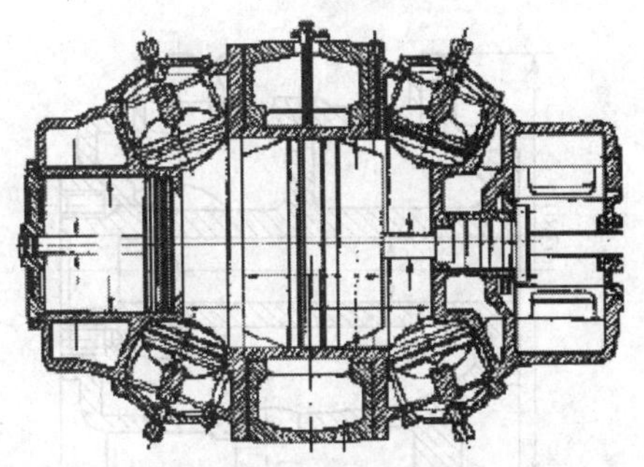

图 10-27　低压大型水冷双作用汽缸

（3）级差式汽缸　图 10-28 为分体的级差式汽缸，左端为Ⅴ级缸，因为压力高，从强度考虑采用锻钢制作，气阀通道由若干小孔组成；中间是平衡容积，右端为Ⅳ级缸，压力较低，由铸钢制成，气阀通道为大圆孔，由于铸钢的铸造工艺性差，所以形状力求简单，水套用钢板围成。

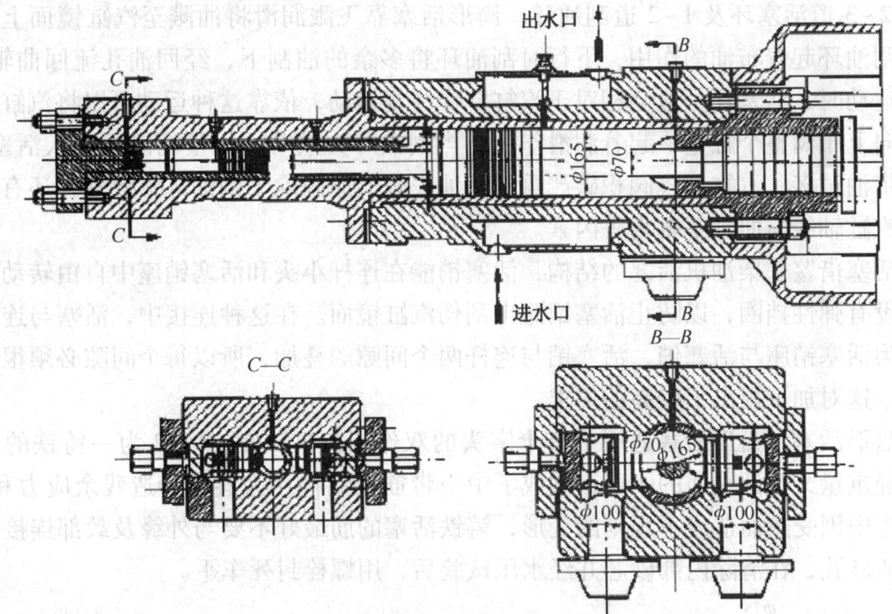

图 10-28　级差式汽缸

（4）高压和超高压汽缸　工作压力为 10～100MPa 的汽缸为高压汽缸，可用稀土合金球墨铸铁、铸钢或锻钢制造，图 10-29 为稀土球墨铸铁汽缸。工作压力大于 100MPa 的汽缸为超高压汽缸，设计时主要应考虑强度与安全，汽缸壁采用多层组合圆筒结构。如图 10-30 所示，超高压汽缸常沿汽缸中心线布置组合阀，以避免在汽缸上承受脉动工作压力的区域上做径向钻孔。

10.5.7　活塞与活塞杆

活塞的作用是与汽缸一起构成压缩容积。对活塞的要求是在保证强度、刚度及连接和定位可靠的条件下，选密封性好、摩擦小、重量轻的活塞。

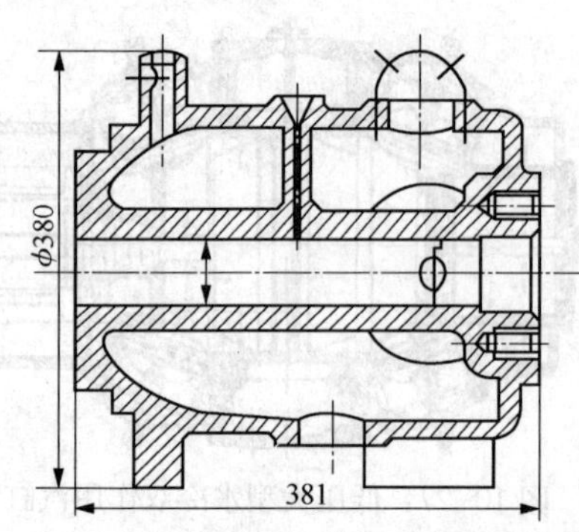

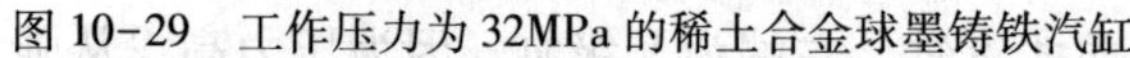

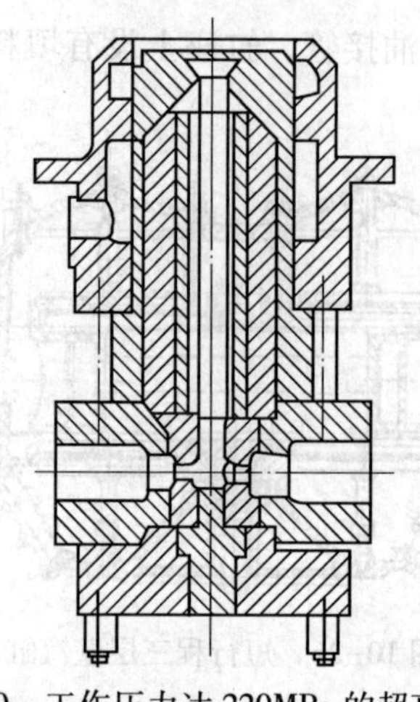

图 10-29 工作压力为 32MPa 的稀土合金球墨铸铁汽缸　　图 10-30 工作压力达 220MPa 的超高压汽缸

1. 活塞

（1）筒形活塞　筒形活塞用于无十字头的单作用低压压缩机中。结构见图 10-31，其下部为裙部，它与汽缸紧贴，起承受连杆侧压力及为活塞导向的作用；活塞的上部为环部，一般设置有 2~3 道活塞环及 1~2 道刮油环。筒形活塞靠飞溅润滑将油溅至汽缸镜面上，活塞上行时，刮油环起着布油的作用，下行时刮油环将多余的油刮下，经回油孔流回曲轴箱中。活塞上下运动时，活塞环一般会相对于汽缸壁作往复运动，依靠这种运动可以将汽缸镜面上的油由下向上布满整个缸壁，起着润滑作用。当刮油环失效时，大量润滑油进入活塞上部，导致气体带油过多，汽缸、气阀积碳严重。刮油失效的原因除了刮油环失效外，还有汽缸磨损失圆，汽缸轴线与曲轴不垂直等因素。

筒形活塞借鉴了柴油机活塞的结构，活塞销能在连杆小头和活塞销座中自由转动，活塞销座两端设有弹性挡圈，以防止活塞销跑出刮伤汽缸镜面。在这种连接中，活塞与连杆间的轴向间隙为活塞销座与活塞销、活塞销与连杆两个间隙的叠加，所以每个间隙必须很小而且差值不大，这对加工提出了较高的要求。

（2）盘形活塞　盘形活塞适用于有十字头的双作用汽缸。图 10-32 为一铸铁的盘形活塞，为减轻重量又保证端面的刚度，做成了中空带筋板结构；为避免铸造残余应力和缩孔，以防止工作中因受热而造成不规则的变形，铸铁活塞的筋最好不要与外缘及毂部连接；活塞端部设有清砂孔，在清除内部砂芯并经水压试验后，用螺栓封死车平。

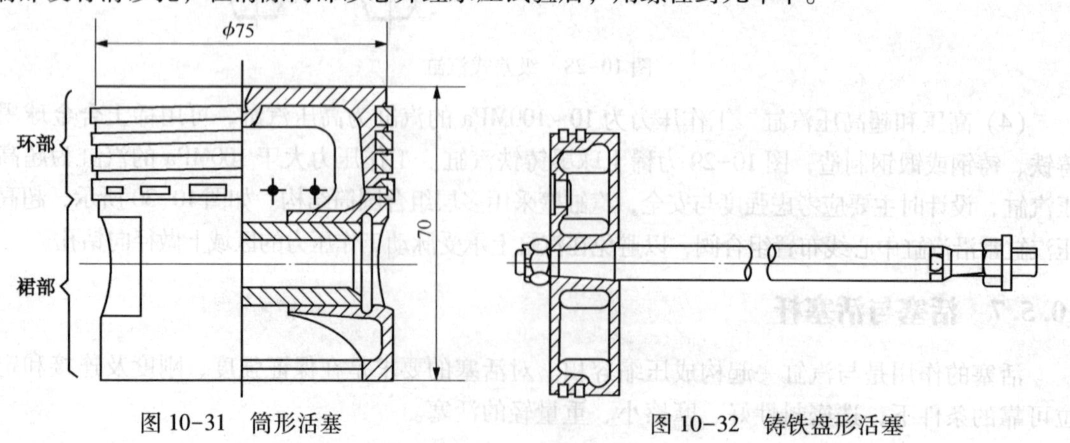

图 10-31　筒形活塞　　图 10-32　铸铁盘形活塞

直径较大的活塞可用钢板焊制，其筋板不仅与端面而且也与毂部焊接，以保证足够的强度，见图 10-33。卧式汽缸盘形活塞的下部支撑活塞的重量，为减少摩擦与磨损，可用轴承合金制造承压面，直径大时，只浇铸在 90°~120°的范围内，见图 10-33，直径不大时，可整圈浇铸。活塞承压环应与汽缸紧贴，它的边缘应开有坡口，以利润滑油楔入，在环面上可开环槽，以利形成油膜。

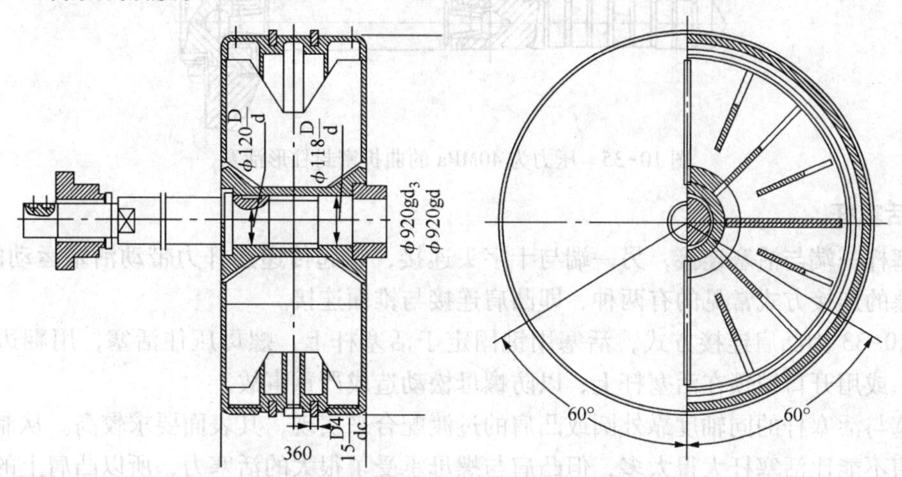

图 10-33 焊接活塞

无油润滑压缩机中，无论卧式、立式缸都设有用自润滑材料制成的承压环(立式缸又叫导向环)。

直径 1m 以上的活塞可采用贯穿活塞杆和端部滑块结构，活塞杆的两端都穿出汽缸，都有填料函，活塞悬挂在活塞杆上，与汽缸四周间隙均匀，密封好，磨损小，但增加了端部填料函，结构要复杂些。

(3) 级差式活塞 级差式活塞为两个及以上不同直径活塞的组合，用于级差式汽缸中。见图 10-34，其低压级下部有承压面，高压级活塞用球型关节与低压级活塞相连，高压级相对于低压级既可作径向移动又可作转动，使小活塞可以沿汽缸表面自由定位。当承压面磨损后，大活塞会相对球型关节自由落下，避免了大活塞重量压在小活塞上的情形。小活塞刚性小易弯曲，为了减小它与汽缸的摩擦，其直径应比汽缸小 0.8~1.5mm。

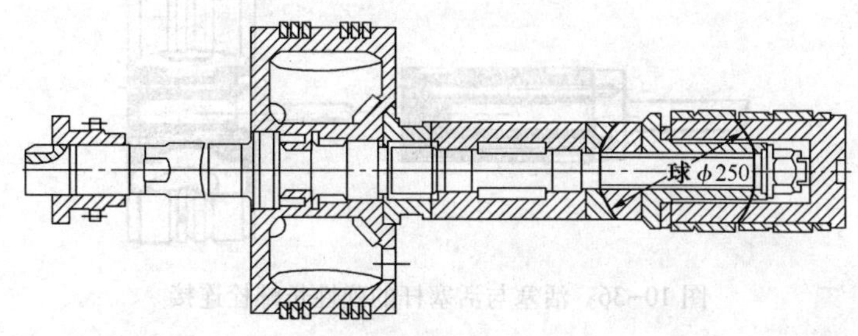

图 10-34 级差式活塞

(4) 组合活塞 图 10-34 的右端为用隔距环组成环槽的组合型活塞，活塞环不用扳开即可装入，在高压级中，活塞环的径向厚度与直径之比较大，若扳开装入则易折断，采用此种结构可避免这种情况。组合活塞的缺点是加工复杂，隔距环端面研磨不好则会发生泄漏。

(5) 柱塞 当活塞的直径很小时，采用活塞环密封在制造上是很困难的，所以多采用柱塞式活塞。图 10-35 为带环槽的柱塞式活塞，它靠柱塞与汽缸的微小间隙及柱面上的环槽形成曲折密封。另一种柱塞式活塞仅为一光滑圆柱体，气体的密封靠填料实现，柱塞工作表面应精磨，圆柱度要求很高。

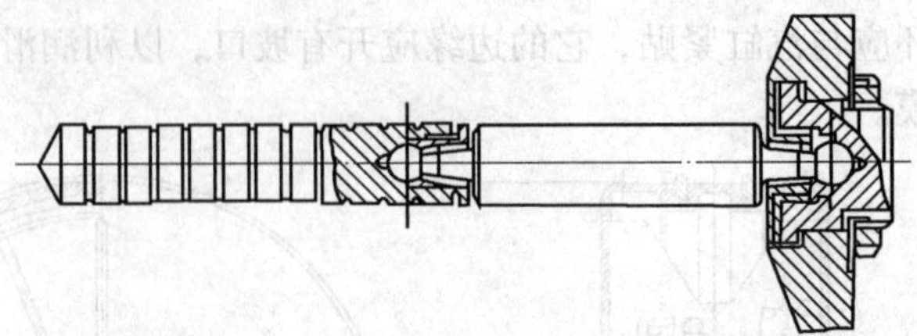

图 10-35　压力为 40MPa 的曲折密封柱形活塞

2. 活塞杆

活塞杆一端与活塞连接，另一端与十字头连接，它起传递连杆力带动活塞运动的作用。它与活塞的连接方式常见的有两种，即凸肩连接与锥面连接。

图 10-33 为凸肩连接方式，活塞用键固定于活塞杆上，螺母压住活塞，用翻边锁紧在活塞上，或用开口销锁在活塞杆上，以防螺母松动造成严重事故。

活塞与活塞杆的同轴度靠外圆或凸肩的过渡配合来实现，其表面要求较高。从制造上考虑，凸肩不能比活塞杆大得太多，但凸肩与螺母承受了很大的活塞力，所以凸肩上的比压很大，为了增大接触面积减少比压，凸肩与活塞的支承表面应加以研磨，当铸铁或铸铝上的比压过大，则应加合金钢垫圈，凸肩与活塞杆应严格垂直并有合理的过渡圆角。活塞杆螺纹应制成细牙且根部倒圆，以提高其疲劳强度。在活塞杆的末稍加工出弹性锥孔，在螺母下部加工出弹性沟槽，可以减少应力集中，提高疲劳强度。

图 10-32 为锥面连接方式，其优点是拆装方便，不需键定位，其缺点是加工精度要求高，否则难以保证活塞与活塞杆垂直，且不易压紧。

图 10-36 为一种较新的连接方式，为美国 Cooper-Bessemer 公司采用，它的活塞只到凸肩处，活塞用弹性长螺栓固定在凸肩上。其优点是：弹性螺栓的刚性小，所以活塞杆承受的脉动负荷小；活塞杆的形状简单；高压级活塞可制成凸肩与活塞等直径，螺栓受的气体力很小，提高了活塞杆的疲劳寿命。

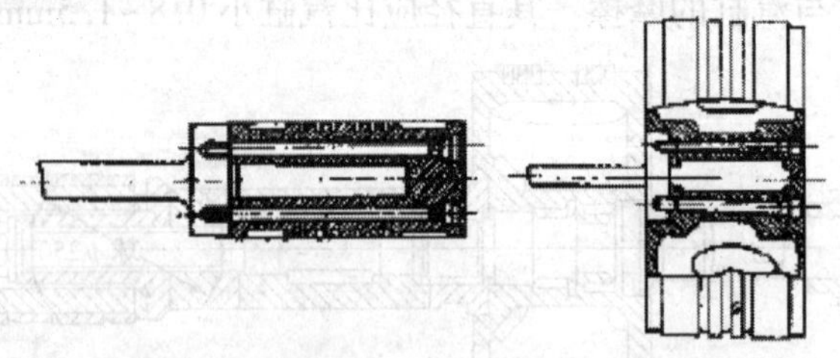

图 10-36　活塞与活塞杆的弹性长螺栓连接

活塞杆与填料的接触部分要求密封性好，故尺寸精度要求高。接触部分还要求耐磨性好，为此需进行表面淬火、表面渗碳或氮化处理，使表面硬度达到 HRC52~62。活塞杆的材料采用淬火处理时用 35 号、45 号钢及 40Cr，氮化时用 38CrMoAl 制造。

活塞杆是在拉压交变载荷下工作的，杆又较细长，设计时应进行一下计算：①在最大活塞力下的压杆稳定校核及强度校核；②螺纹或截面变化较大处的静强度与疲劳强度校核；③活塞与活塞杆接触处的比压校核，具体请参见有关手册。

10.5.8 活塞环

活塞环与填料函是汽缸的密封组件，都属于滑动密封元件，对它们的要求是，既要泄漏少、摩擦小，又要耐磨、可靠。活塞环与填料通常使用金属材料，在有油润滑的条件下工作，但为了满足用户对压缩气体无油或少油的要求，也采用非金属材料在无油或少油的条件下工作。

1. 结构形式

活塞环是一个开口的圆环，用金属材料如铸铁，或用自润滑材料如聚四氟乙烯制成。如图 10-37 所示，自由状态下其直径大于汽缸直径，自由状态的切口值为 A，装入汽缸后，环产生初弹力，该力使环的外圆面与汽缸镜面贴合，产生一定的预紧密封压力，在切口处还应该留有周向热胀间隙 δ。

活塞环的切口形式有三种，见图 10-38。直切口制造简单，但泄漏大，搭接口则相反，所以一般采用斜切口。为减少泄漏，安装时应将各切口错开，并使左右切口相邻，检修时要注意调整。

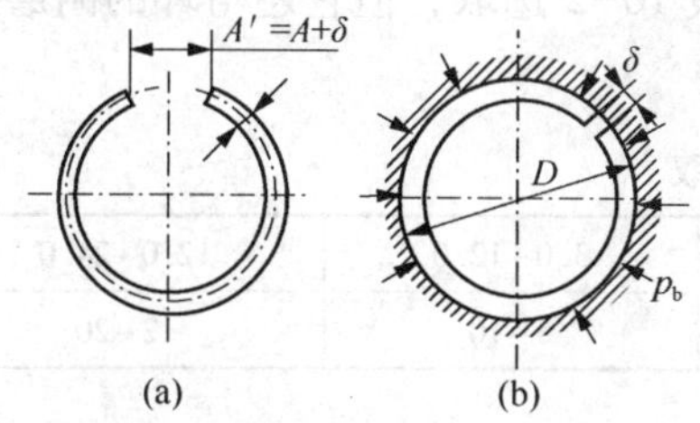

图 10-37 活塞环有关尺寸参数图示

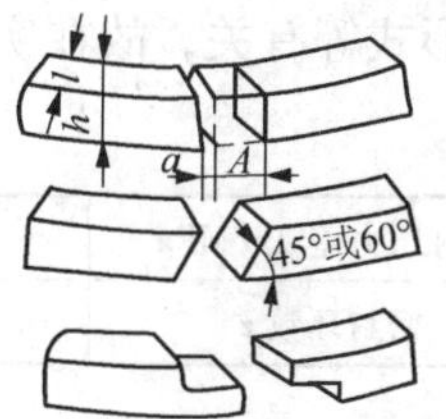

图 10-38 活塞环切口形式

2. 密封原理

活塞环是依靠阻塞与节流来实现密封的，见图 10-39 所示，气体的泄漏在径向由于环面与汽缸镜面之间的贴合而被阻止，在轴向由于环端面与环槽的贴合而被阻止，此即为阻塞。由于阻塞，大部分气体经由环切口节流降压流向低压侧，进入两环间的间隙后，又突然膨胀，产生旋涡降压而大大减少了泄漏能力，此即所谓节流。所以活塞环的密封是在有少量泄漏情况下，通过多个活塞环形成的曲折通道，形成很大压力降来完成的。

活塞环的密封还具有自紧密封的特点，即它的密封压力主要是靠被密封气体的压力来形成的。其工作过程与特点可用图 10-39 说明。在环的初弹力作用下。环与镜面贴合，形成预紧密封，活塞向上运动时，环的下端面与环槽贴合，所以压力气体主要经过环切口泄漏，产生压降，压力分布从 P_1起逐渐减少到 P_2；在活塞环上侧隙及环的内表面(背面)，因间隙很大，气体压力可视为处处为 P_1，这样便形成了一个径向的压力差(背压)与一个轴向的压力差，前者使环涨开，使环压紧在汽缸镜面上，后者使环的端面紧贴环槽，两者都阻止了气体泄漏，由于密封压紧力主要是靠被密封气体的压力来形成的，而且气体压差愈大则密封压紧力也愈大，所以称之为“自紧密封”。通过采用多个活塞环并限制切口的间隙值，可产生很大的阻塞与节流作用，使泄漏得到充分的控制。

实验表明，活塞环的密封作用主要由前三道环承担，见图 10-40，第一环产生的压降最大，起主要的密封作用，当然磨损也最快，当第一道环磨损后，第二环就起主要密封作用，依次类推。在低压级中，由于排气压力小，环承受的压力较小，所以环的磨损较慢；而高压级中，环承受的压力较大，所以环的磨损较快，为了使高压级与低压级活塞环的维修周期相同，所以高压级采用较多的环数。

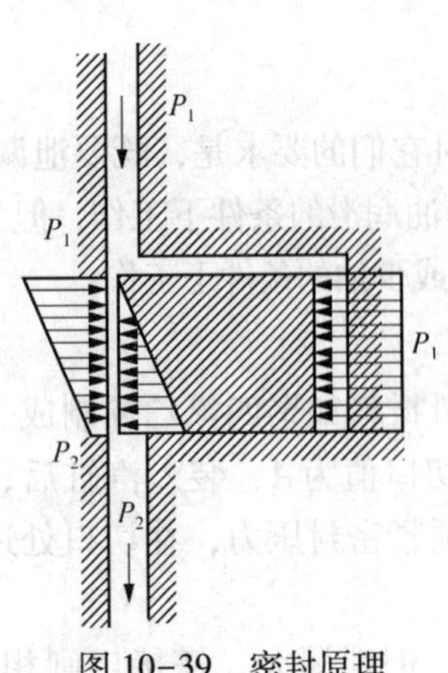

图 10-39　密封原理

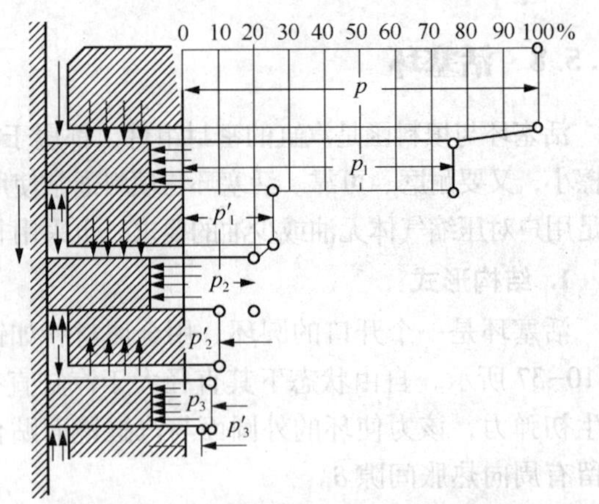

图 10-40　气体通过环系的节流压差

3. 活塞环的数目

一般铸铁活塞环的数目可根据被密封的压差 Δp 按表 10-2 选取，但它还与环的耐磨性、切口形式等有关，故在实际压缩机中并不一致。

表 10-2　活塞环数的选取

密封压力差 Δp/MPa	-0.5	0.5~3.0	3.0~12.0	12.0~24.0
密封环数 z	2~3	3~5	5~10	12~20

4. 活塞环的断面形状

活塞环的断面一般为矩形断面[图 10-41(a)]，常将外圆面尖角加工 0.5mm 倒角，以利于形成油膜，减少摩擦；桶形断面[图 10-41(c)]，是一种较新形式，它的优点是活塞产生摇摆时，可避免环的棱边刮伤汽缸镜面，上下运动时均易产生油膜。图 10-41(d)为在中央嵌入硬度较高、耐高温与耐磨性都很好的锡青铜活塞环，多用于高压汽缸中。另外还有锥形环[图 10-41(b)]、外阶梯环[图 10-41(e)]等，它们的刮油性好，适合于装于最后一道环槽中。

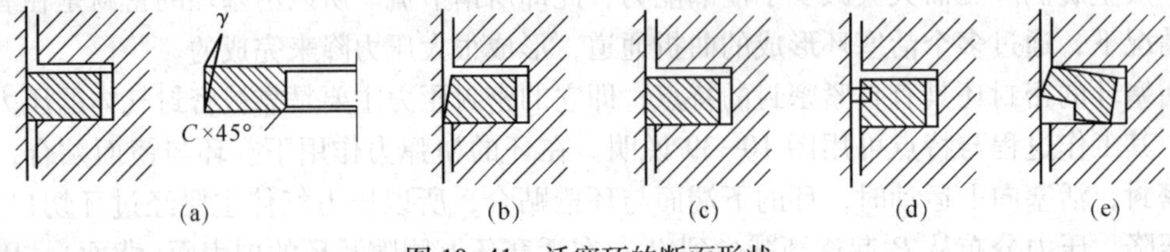

图 10-41　活塞环的断面形状

5. 提高活塞环寿命的措施

常用提高寿命的措施有：采用合适的断面形状、在环的外圆上镀多孔铬、喷多孔钼以增加含油量、容纳磨屑、避免干磨等。

6. 活塞环的材质要求

金属活塞环常用材料为灰铸铁，其金相组织为软质珠光体。灰铸铁活塞环的硬度为 HRB89~107。

活塞环和汽缸均有硬化与非硬化之分，活塞环表面硬化处理有镀硬铬、喷涂钼等，汽缸有渗氮、渗硼等。

球墨铸铁环热处理后，金相组织为贝氏体时，耐磨性更好，同合金铸铁一样，用于制造中高压级活塞环。高压级也可采用耐磨青铜环。

低压级的活塞环若用填充聚四氟乙烯制作，在有油条件下运行时寿命比金属环可高出2~3倍，而且由于它在汽缸表面上形成覆膜，使汽缸的寿命也得到延长。

10.5.9 填料密封

1. 平面填料函

平面填料函是填料函中最简单的一种结构，图 10-42 所示为一低压三瓣密封圈，用于压力差在 1MPa 以下的汽缸密封。这种结构的密封圈为单向斜口，它对活塞杆的比压是不均匀的，锐角处比压较大，所以其内圆磨损主要发生在锐角的一方。密封圈磨损后，相邻两瓣接口处出现缝隙，密封失效。每一组密封圈由两个密封环组成，每个环外圆箍有弹簧，两个环有销钉定位。

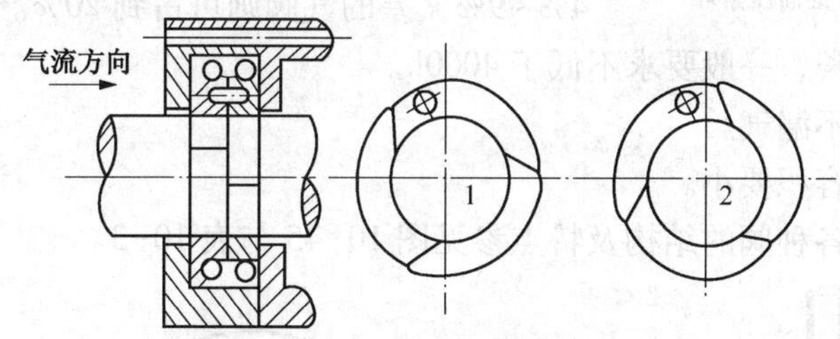

图 10-42　低压三瓣密封圈

当气体压力在 10MPa 以下的中压密封时，填料函采用三、六瓣密封圈，其结构型式见图 10-43。填料函的每组密封圈由两个开口环组成，开口环外圆周上有一个镯形弹簧，使开口环箍紧在活塞杆上。位于高压侧的开口环由三瓣组成，它在轴向挡住由六瓣环组成的第二环的径向间隙，第二环的内三瓣的径向间隙被外三瓣挡住，各环的径向间隙可以补偿密封圈的磨损。

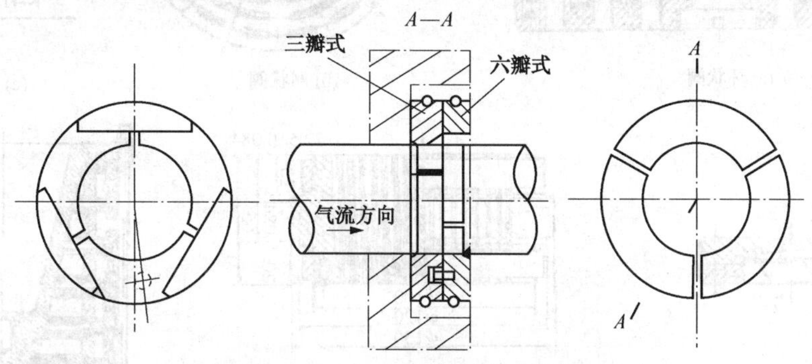

图 10-43　三、六瓣密封环式填料函

2. 锥面填料函

当压缩机气体压力很高时，会使平面填料很快的磨损，这是因为平面填料在活塞杆上单位面积的压力过大而造成的。如果在高、中压压缩机中采用锥面填料函，就可以解决这一问题，这种填料函按密封压力差的不同，而选用不同的锥角和锥形填料元件组数，因而有不同的径向分力。

锥面填料函跟平面填料函一样，也是靠气体压力来实现自紧密封的，其结构如图 10-44 所示。它的密封元件是由一个 T 形环和两个锥形环组成的，三者各有一个切口。

锥面填料的元件，按锥面与垂直于活塞杆中心线的平面夹角 α 的不同数值，分为 10°、20°、30°三种。

10.5.10 气阀组件

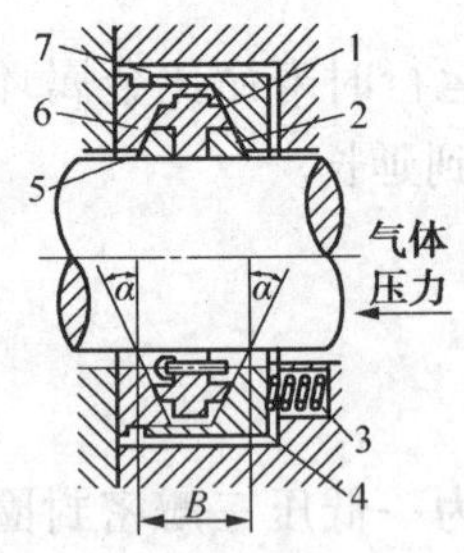

图 10-44　锥面填料函

1—T 形开口环；2—前锥面开口环；3—端面弹簧；4—定位销；5—后锥面开口环；6—锥面支承环；7—锥面压紧环

气阀的作用是控制汽缸能够吸气和排气，它对压缩机的排气量、功耗及使用寿命影响很大，既是一个重要的部件，也是一个易损部件。

往复式压缩机的气阀是自动阀，它的开启与关闭是依靠阀片两边的压力差（即汽缸内与阀腔内的压力差）来实现的，对气阀的要求是：

（1）阻力要小，这不但要求结构上使气阀完全开启时的阻力最小，而且要求气阀能及时启闭，以避免过大的启闭阻力，设计好的气阀其阻力损失只占总功耗的 4%～9%，差的气阀则可占到 20%。

（2）使用寿命要长，一般要求不低于 4000h。

（3）气阀关闭时不漏气。

（4）气阀的余隙容积要小。

（5）结构简单，各种阀的结构及特点参见图 10-45 与表 10-3。

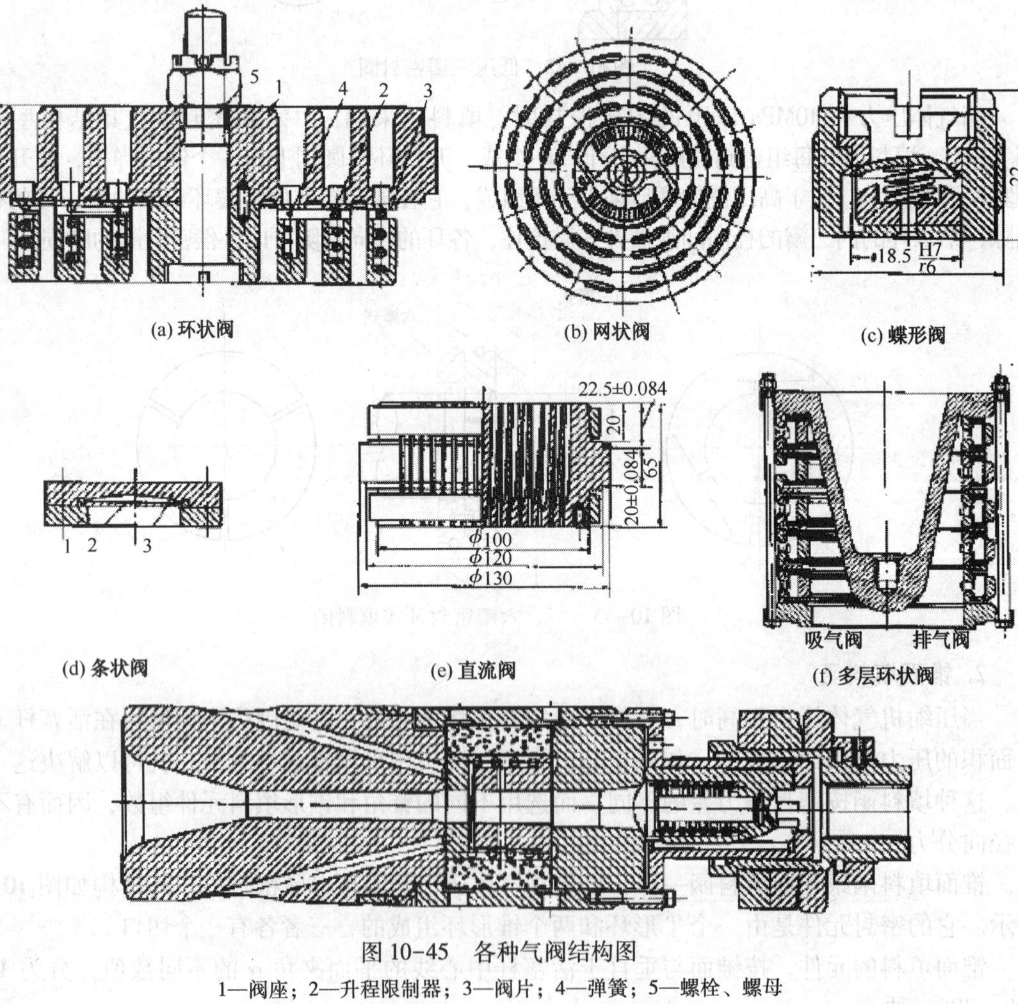

(a) 环状阀　(b) 网状阀　(c) 蝶形阀

(d) 条状阀　(e) 直流阀　(f) 多层环状阀

图 10-45　各种气阀结构图

1—阀座；2—升程限制器；3—阀片；4—弹簧；5—螺栓、螺母

表 10-3　各种气阀的特点及使用场合

阀型	结构特征	优点	缺点	使用场合
环状阀	阀片呈环状，见图 10-45(a)	形状简单，应力集中部位少，抗疲劳好。加工简单。成本低，环可单独更换，经济性好	各环动作不易一致，阻力大，无缓冲片，寿命差，导向部位易磨损	用于大、中、小气量，高低压压缩机；不宜用于无油润滑
网状阀	阀片呈网状，见图 10-45(b)	阀片动作一致，阻力比环状阀小，有缓冲片，无导向部分磨损，弹簧力适应阀片启闭的需要	形状复杂，易引起应力集中，结构复杂，加工困难，阀片上轻微损坏即全部报废。经济性差	同环状阀，但适用于无油润滑
蝶形阀	阀片呈碟形，见图 10-45(c)	结构强度高，圆弧形密封口，阻力损失小。加工简便	通流面积小，不适用大气量，运动件质量大，影响及时启闭	用于高压或超高压压缩机，小型压缩机
条状阀	阀片呈条状，见图 10-45(d)	阀片本身有弹性不需弹簧，运动质量小。升程低，适应高速要求	阀片材料及制造要求高	使用较少
直流阀	阀片安装方向与气流方向一致，见图 10-45(e)	通道面积大，流向不变。阻力小，阀片轻，有利于及时启闭	阀片厚度小。受压低，寿命差	用于低压高速压缩机
塑料阀	阀片材料用尼龙，填充聚四氟乙烯等	有利于及时启闭，冲击力小，寿命长，升程大，阻力小，密封性好。可节省高强度合金钢	强度低，热变形大、耐温性差	目前吸气阀用得较多
组合阀	吸排气阀组合在一起见图 10-45(f)	在高压级上可省去较大的锻造缸头，余隙容积小	结构复杂，吸气阀温度高；降低了温度系数 λ_T	用于小型压缩机的高压级或超高压压缩机
多层环状阀	环状阀片多层结构，见图 10-45(g)	节省气阀安装面积	余隙容积大	用于大型低压，安装面积受到限制的地方

10.6　往复式压缩机的安装

10.6.1　安装前的准备工作

1. 安装之前应具备的主要技术资料

（1）压缩机组出厂合格证；

（2）压缩机组的设备图、说明书、安装及有关工艺配管图；

（3）压缩机组的装箱清单及专用工具、备品备件清单；

（4）部颁或国家有关施工及验收技术规范；

（5）压缩机组及附属设备、配管的施工方案；

（6）压缩机组有关的基础交工验收技术资料。

2. 压缩机组的施工方案应包括的主要内容

（1）施工方案编制说明；

（2）施工现场的平面布置图；

（3）施工计划和劳动组织；

（4）施工工艺、施工技术措施、安全技术措施与技术要求（包括施工作业指导图表）；

（5）施工工艺新技术等；

（6）主要施工机具、专用工具和检测仪器；

（7）施工用料及消耗材料计划量；

（8）施工方案的学习与讨论。

3. 基础的验收工作

（1）基础验收时，建筑单位应提供下列主要技术文件：

① 基础施工自检及检查记录；

② 基础混凝土试块的物理试验证书；

③ 基础沉降观察记录（此项可按设计要求和具体情况定）。

（2）基础验收的条件与标准：

① 基础施工现场应已清理干净；

② 基础表面不允许有明显的较严重裂纹、蜂窝、空洞、露筋等缺陷；

③ 基础中心线与厂房轴线距离允许偏差为：±20mm；

④ 基础各不同的水平面标高允许偏差为：−20mm；

⑤ 基础水平面的不平度允许偏差为：5mm/m，全长最大偏差应在 10mm 之内；

⑥ 基础水平面外形尺寸允许偏差为：±20mm；

⑦ 地脚螺栓孔中心位置允许偏差为：±10mm；

⑧ 地脚螺栓孔的垂直度总允许偏差为：10mm；

⑨ 与地锚板相接触的平面应平整，其不水平度允许偏差为：5mm/m，标高允许偏差为：±10mm；

⑩ 埋地式地脚螺栓预留孔的深度应无负偏差；

⑪ 基础平面局部凹凸部分允许偏差为：±20mm；

⑫ 附属设备的基础也应作相应的检查验收。特别是各附属设备的基础中心线与机组轴线的水平距离偏差不应超过±20mm。

（3）建筑单位原来已有基础沉降观察记录时，在基础验收时应再次校核基础四角沉降点的标高，并记录备查。当建筑单位未进行沉降试验时，安装单位也可自行沉降试验，在试验时可在基础面上预压相当机组总重量 140%～150%的重物，观测沉降的时间应在 24h 以上，沉降工作是否结束应根据基础的沉降量和沉降的速度而定。沉降检查是否合格，原则上应以基础基本不沉降或经过有限的微量均衡沉降后不再出现沉降现象为标准。对于出现沉降量偏大或偏斜沉降现象都是不允许的，应进一步作研究和采取有效措施。

（4）在基础验收过程中所发现较严重的缺陷，均应在办理基础正式验收之前由建筑单位进行返修。

4. 机组的交接与验收工作

（1）机组的交接与验收工作，应在有关部门的专职人员共同参加下进行；

(2) 在进行交接与验收之前，必须具备必要的技术资料，即设备图、装箱清单、设备合格证及使用说明书等；

(3) 应根据有关技术资料进行核对机件的规格和数量，并进行细致的外观检查。对检查中发现的机件质量问题应作详细的交接验收记录，交接验收结束时应由各方代表在记录上会签备查；

(4) 对于在检查中所发现的有限轻度缺陷时，可立即采取处理措施以免缺陷进一步严重化。对于缺陷比较严重的情况应由有关各方共同协商决定后再进行处理；

(5) 机组内部的检查及外观难以发现的细微缺陷，可待解体、清洗之后继续进行检查，当在体解后查得较为严重的缺陷时，同样应请各方有关人员共同研究和分析产生缺陷的原因及主要责任方，并得出妥善的处理方法，研究会议应有正式记录备查；

(6) 经验收后的机件应作妥善保管，对于不能及时进行安装的机件应采取适当的防腐措施。

10.6.2 整体安装和解体安装

所谓整体出厂压缩机，就是机组经过安装调试好，并在出厂前进行了不少于2~4h满负荷连续试运，经检验合格才出厂的设备；安装时，是整体安装就位的施工。所谓解体出厂的压缩机，就是经试运合格后再按几个大部件分开包装，或者所有部件都是散件，例如大型压缩机，由于体积大、吨位重、运输难，故一般都是解体出厂的压缩机；安装时，是组件逐个进行安装就位的施工。

1. 整体压缩机的安装及要求

(1) 整体压缩机的清洗和检查　常规整体压缩机在出厂前都对汽缸、活塞等部位都进行了油封防锈处理，而油封内含有石蜡，这就要求必须要进行清洗干净，防止石蜡堵塞气路和油路，以免引起爆炸；对于供货合同有明确说明的，可以不解体清洗、检查，而直接安装就位、投用。

(2) 整体压缩机的安装水平纵横向偏差不应大于0.20/1000。并应在下列部位进行测量：

① 卧式压缩机、对称平衡压缩机应在机身滑道或其他基准面上测量；

② 立式压缩机应拆去汽缸盖，并在汽缸顶平面上测量；

③ 其他型式的压缩机应在主轴外露部分或其他基准面上进行测量。

2. 解体压缩机的安装及要求

(1) 往复式压缩机组装前，设备的清洗和检查应符合下列要求：

① 零件、部件和附属设备应无损伤和锈蚀等缺陷；

② 零件、部件和附属设备应清洗干净；清洗后应将清洁剂和水分除净，并在加工面上涂一层润滑油。无油润滑压缩机及其与介质接触的零件不得涂油；气阀、填料和其他密封件不得采用蒸汽清洗。

(2) 往复式压缩机组装前应检查零件、部件的原有装配标记，对下列零部件严格按标记进行组装：

① 机身轴承座、轴承压盖和轴瓦；

② 同一列机身、中体、连杆、十字头、汽缸和活塞；

③ 机身和相应位置的支承架；

④ 填料、密封盒应按级别与其顺序进行组装。

10.6.3 安装步骤与技术要求

10.6.3.1 机身的安装

1. 基础上平面的处理

（1）为了确保二次灌浆的混凝土能与基础面有良好的结合质量，都必须对基础面进行铲麻处理。对麻面的处理有麻点形式与麻条形式两种。对于大型压缩机的基础面均采用麻点的形式，麻点比麻条形式与二次灌浆层有更好的结合能力。麻点的处理要求，严格来说应将基础上表面均匀铲除一薄层，使整个面积(除垫铁组位置外)均匀密布麻点。但由于对称平衡压缩机运行比较平稳，并且均采用有垫铁安装法，所以也可采用麻点均布的形式，但麻点总面积之和应不小于基础平面面积的50%，麻点深度应不浅于1.5cm。

（2）基础面垫铁组的位置处，一般均经专门人工精细加工以确保基础与垫铁组的良好接触，并使垫铁组上平面处于水平位置。也有在处理基础麻面时不预留垫铁组位置，而在设置垫铁组时，在两者结合面封以高标号的砂浆薄层以确保两者良好接触及必要的水平度。

（3）基础麻面铲除完毕后应将基础打扫干净，再用水冲洗并采取防护措施，以防在二次灌浆之前被油污。

（4）在基础铲麻并清扫、吹洗后，应进行基础中心线复制工作，以供下一步机身吊装就位找线之用。

2. 垫铁组的安装

（1）常见垫铁为各种不同厚度的钢板或铸铁制成。钢制垫铁的规格常采用150mm×100mm或120mm×80mm，具体按机型大小而定。钢垫的厚度规格不限，厚者可达40~50mm或更厚些，薄的不能小于2mm。而采用铸铁垫铁，往往出于节省钢材的目的，使用铸铁垫铁一般只局限于每垫铁组底层的1~2层范围，所以它的厚度较厚，厚者有达50mm左右，也有采用较薄的，但由于铸铁具有易脆裂的性能，所以最薄不许低于25mm。在使用铸铁垫铁时，由于表面比较粗糙，为了使其能与上层钢垫有良好的接触，上平面均要求刨平。与基础接触的面不需刨削，要求基本平整即可。铸铁垫铁需要刨削是主要缺点，它不加钢垫仅将垫铁周边气割的铁渣去除清净即可使用。

（2）安装用的垫铁除了以上所讲平垫以外，还常常为了机组安装时便于找正和调整而采用斜垫铁组(图10-46)或小型螺纹千斤顶(图10-47)。斜垫铁均为钢板刨削而成，平面尺寸常为(150~200)mm×(80~100)mm，每斜块薄侧厚度不应小5mm，斜率取1/10~1/20，在刨削时仅加工斜面。小千斤顶为钢制件，它的加工比较麻烦，还涉及凹凸相配的球面，所以为了加工方便也可将球面处改为平面接触(图10-48)。采用小千斤顶找平调整时，它比斜铁组的调整具有较高的灵敏度，而且机组在调整过程中的升降比较平稳，不像斜垫组在调整时存在冲击振动。小千斤顶的规格大小可根据机组情况而定，但丝扣部分的有效截面积不应小于本机组机身部分地脚面积的1/2(有效面积系指螺纹根径截面积)。

（3）在安装垫铁组时，应确保各垫铁组上平面的水平度和同标高，以使各垫铁组与机身底座有较良好的接触。每组垫铁的层数一般不得超过四层，最厚层垫铁应在底层，最薄层宜夹在中间。最厚层的垫铁不应小于垫铁组总厚的50%以上，垫铁组总厚一般为50~70mm。在使用斜垫铁组时，其位置应于最上层，在调整结束时要求上下斜垫块的纵向方向错位不得大于20mm，横向应基本不错位。在使用小千斤顶调整时，宜由高向低调整，与斜垫组调整方向正好相反。如考虑小千斤顶底部接触面积太小的话，也可在底部先放置一块 10~15mm 厚度的平垫铁，这可视机身重量而定。

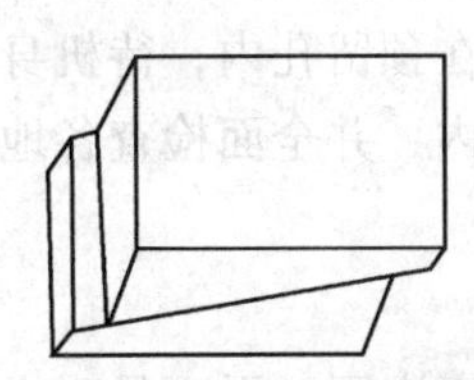

图 10-46　斜垫铁结构

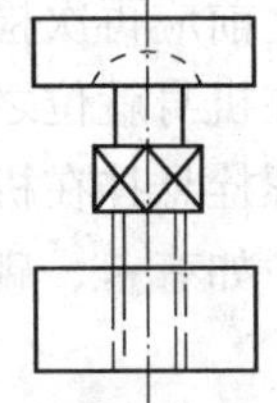

图 10-47　螺纹小千斤顶结构之一

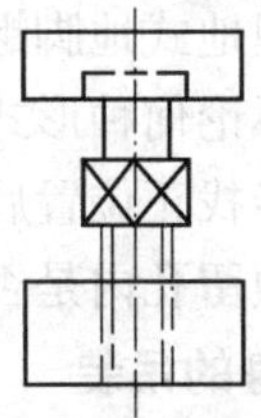

图 10-48　螺纹小千斤顶结构之二

(4) 各垫铁组间的距离要求，除了每个地脚螺栓两侧的垫铁组位置应尽量靠近外，相邻垫铁组的距离最大不得超过 500mm。在选择垫铁组的位置时，应尽量考虑选择在负荷集中处、机身立筋及纵向中心线处等部位。

(5) 各垫铁组安置完毕后(指机身就位找正并不再调整垫铁组后)，用 0.5kg 手锤轻度敲打的检查，待检查合格后即可进行点焊定位，包括不准备取出的斜垫组或小千斤顶，点焊定位工作也可待下一步机组基本安装结束时进行。

3. 机身的试漏

(1) 机身的试漏工作由于比较麻烦，一般在试漏中又较少见有渗漏，所以此项工作易被忽视。但在机组投运之后再发现机身有较严重渗漏缺陷，再处理就麻烦了，所以试漏工作应引起重视。

(2) 进行机身试漏之前，可将其架离地面约 600~700mm 高度，然后进行机身底面的清理工作及涂刷一层白粉，也可先翻转机身进行底面清理及涂粉后翻正并架离一定高度。

(3) 机身内部清理干净，灌入煤油，油面的高度不低于工作时润滑油最高油面高度，试漏时间为四小时，然后进行底部检查。当机身底部有渗漏时，涂刷在底面的白粉将会变黑。对于出现渗漏的缺陷排除可根据缺陷的程度分别采用手铲捻死，万能胶封闭、软金属铆死，加铅盲板或用铸铁焊条焊补等办法处理，但在处理之前应与使用或制造单位明确责任并取得一致的处理意见。

(4) 对于缺陷已经处理过的机身需进行渗漏复试，待试验或复试合格后，还应清除机身底面的白粉，以免影响底面与混凝土二次灌浆层的结合质量。

(5) 在进行机身试漏工作时，还应注意不要在基础上面进行，以免漏油污染已清理过的基础表面。

4. 机身地脚螺栓的准备与就位

(1) 对称平衡压缩机的机身地脚螺栓常有两种形式。一种是地锚式地脚螺栓，它由螺母、螺栓与锚板组成。另一种是普通不带锚板的埋地式地脚螺栓，它在施工时又有预留孔形式与直接在基础里预埋形式之分，由于直接预埋的方法不易确保各处脚螺栓间相对的准确尺寸，所以常采用在基础上预留孔的方法，此法虽然可靠，但在施工时不及上法方便。

(2) 在机身就位之前，应对地脚螺栓、螺母、锚板进行外观检查，并对各件的外形尺寸、螺母与螺栓的螺纹配合、螺栓根帽与锚板的接触情况等进行检查。

(3) 在以上检查工作完毕后，还应将其清理干净，并对螺栓与锚板用红丹漆或沥青漆进行防腐工作(对埋地式地脚螺栓仅除锈干净即可，不得进行防腐工作)螺纹部分均应涂以润滑铅油。地锚式地脚螺栓与混凝土二次灌浆层接触部分，一般采用镀锌铁皮卷制的套管来隔离，套管直径稍大于地脚螺栓直径即可，为了便于施工，此部分也可采用多层缠绕水泥袋纸并涂刷沥青漆的隔离层。

（4）埋地式地脚螺栓留孔在机身就位之前应再次检查其孔内是否有异物落入。

（5）不论何种形式的机身地脚螺栓，在机身就位之前均应全部预放在预留孔内，待机身就位并初步找正位置后，即可将全部地脚螺栓悬挂在机身的地脚螺栓孔内，并全面检查各地脚螺栓在预留孔内是否均处自由悬挂状态，如有卡、碰现象应以处理。

5. 机身的吊装

（1）在机身吊装之前，应检查各垫铁组位置是否合适，垫铁放置是否牢固、平面是否水平。此外，为了便于机身对中就位，对于机身底座四周面无中心记号的应用样冲打上中心记号。

（2）机身吊装的工机具，一般可用机组所在的压缩机厂房桥式吊车，由于桥吊挂钩的升降速度较快，必要时也可在挂钩与机身之间增设手动葫芦以降速度。

（3）由于对称平衡压缩机的机身较高，又都采用匣形开口结构，各型机身的强度、刚性各不一样，为了确保机身的吊装过程中不至变形，在吊装时最好先将机身上开口处的撑梁与拉杆装配好。在装配撑梁时应注意对号入座，因为撑梁与机身是过盈配合并往往不能互换，两者配合的过盈量一般是 0.03~0.06mm，在装配时还应防止撑梁两端面损伤。

（4）吊索应经安全可靠检查。在吊装过程中应保持机身的基本水平和稳定，在机身将要落座时，一定要注意缓慢、平稳以及机身在纵横方向上的对中情况，对中偏差一般不得超过 2mm。

6. 机身的找正

（1）机身的找正方法，在安装中常见的是“三点”找平法，调整点采用斜垫组或螺旋小千斤顶均可以。“三点”的布置位置可根据机身的具体情况而定，但一般是在纵向侧面设一组，横向侧面各设一组，三点位置基本均称。在某些特殊情况下，可临时增设一组机动可调垫铁以使找平工作更能顺利进行。

（2）机身找平所用的测定仪器一般要求采用精度不低于 0.02mm/m 的水平仪，测点的位置选择要看机组原始的装配情况确定，因为对称平衡压缩机的机身与中体有分体与整体制造的两种形式，就是分体结构的，制造厂出厂时也有已经组装与未组装好的两种情况。在机身与中体未组装好的情况下，机身找正测点可选择在主曲轴瓦窝和瓦座与瓦盖的结合加工面上，以前者位置测定轴向水平度，以后者位置测定横向水平度，但在中体组装之后应进行横向水平复校。

（3）在机身找平时，机体上开口处的撑梁应处于把紧状态，安装实践经验证明，在机身撑梁未装配把紧之前进行把紧机身地脚螺栓时，对某些机身来说将出现比较明显的变型，这种变形可以在机身瓦窝与瓦座上平面的水平度上反映出来，在实际施工中若忽视此问题，将给找平工作带来很多的麻烦，而且当撑梁拉紧螺栓把紧之后，也将给机身带来附加应力。

（4）机身的找平程序基本上可以分两步进行，第一步是待机身就位并确认其纵向与横向两个方向的中心位置均合格后，即可将全部地脚螺栓挂在机身上，此时应注意在每个地脚螺栓的螺帽下面各带一个平垫圈，并应确保各地脚螺栓露出螺帽部分的螺纹长度基本相同（一般以 3~4 扣为宜），以及螺栓在螺栓孔内的垂直度情况，此时的全部地脚螺栓均应处于自由状态；然后可以采用“三点法”进行机身初步找平，待初步找平合格之后，即可以让全部垫铁在不影响初步找平的情况下均匀承载；对于埋地式地脚螺栓，此时即可以进行预留孔内灌浆工作。第二步工作是将全部地脚螺栓均匀把紧，把紧操作应对称进行，全过程中应注意机身水平度的变化，必要时可以重新调整。总之，在全部机身地脚螺栓把紧之后(指紧固力矩达到规定要求后)应确保机身符合要求的水平度。在机身找平合格之后，对于个别地脚螺栓露扣长度明显不合适的应进行必要调整，调整的方法可采用在锚板与基础结合面处加相同锚板面积的垫板。此外还应对全部机身垫铁组进行检查，调整有松动现象的垫铁组。

7. 机身地脚螺栓的把紧度问题

机身地脚螺栓应该均匀把紧并将把紧力控制在一定合适范围之内，这是常规的要求。而在实际工作中，由于现在大多数的施工单位还没有使用力矩(测力)扳手，所以还不可能简易地控制把紧力在规定范围，而往往仍凭施工经验控制把紧力，虽然实践证明这还是可行的，但它必须要由有施工经验的人员操作。为了科学施工，各施工单位均应考虑逐步推广使用力矩扳手，特别是在机组上的连杆螺栓、主轴承盖螺栓、汽缸和中体的联接螺栓、中体和机身的联接螺栓等把紧时，更需使用力矩把手控制上板紧力。图 10-49 所示为一种油压式螺栓上紧装置。操作时先将紧固夹具与被拉紧螺栓与油压泵压力油的作用下，推动旋紧活塞 1 上移的同时，带动紧固夹具 8，使需要紧固的螺栓受拉力而伸长，再将螺母上紧(以螺母承力面接触为准)，然后泄压。在使用这种油压式螺栓紧固装置时，应注意按说明书严格控制高压油的压力在规定的范围内，严格防止超压，否则将有可能使螺栓过度受拉而产生残余变形以至使螺栓报废。拉应力应符合技术文件的规定值，若无规定时可以按如下公式进行计算：

$$\sigma = \frac{\alpha \cdot P}{Z \cdot \mu \cdot f} < [\sigma]$$

式中 σ——地脚螺栓在工作时所受的拉应力，N/mm^2；

α——系数，一般 $\alpha = 1.4 \sim 1.7$；

P——使机体移动之力，即最大惯性力，N(计算时可取机组最大活塞力)；

Z——机身一侧地脚螺栓总数(即机身地脚螺栓总数之半)；

μ——机身对基础的摩擦系数，一般取 $\mu = 0.4$；

f——地脚螺栓最小截面积，mm^2(应以螺栓根径计算)；

$[\sigma]$——地脚螺栓材质的许用应力；

材质为碳钢时，一般取：$[\sigma] = (0.6 \sim 0.7)\sigma_s$；

材质为合金钢时，一般取：$[\sigma] = (0.5 \sim 0.6)\sigma_s$；

σ_s——材质的屈服极限，N/mm^2。

由于对称平衡式往复压缩机的对称平衡的结构特点，在机组运行过程中使机体产生位移的最大惯性力实际上比最大活塞力要小得多，并从上述计算公式中可以看出，当 P 值变小时，则 σ 值相应地也变小，σ 与 $[\sigma]$ 的应力距离变得更大。所以，对称平衡压缩机地脚螺栓的把紧力控制要比其他往复式压缩机的地脚螺栓把紧力控制容易，但还是应该引起重视，特别是对于地脚螺栓较多的机组，如 6D 型的地脚螺栓有 18 个，对于它的地脚螺栓把紧力和各螺栓扳紧力的均匀程度就必须引起重视。

在无条件使用力矩扳手的情况下，也可采用一块千分表在地脚螺栓端面定位，通过测量紧固螺母过程中螺栓的总伸长量以达到控制把紧力的目的。各螺栓伸长量的大小可根据设计规定值或仿照连杆大头联接螺栓的计算方法自行计算。在施工时可以测定 1~2 个地脚螺栓的把紧力为参照依据，然后凭试测的参照进行其他地脚螺栓的把紧。

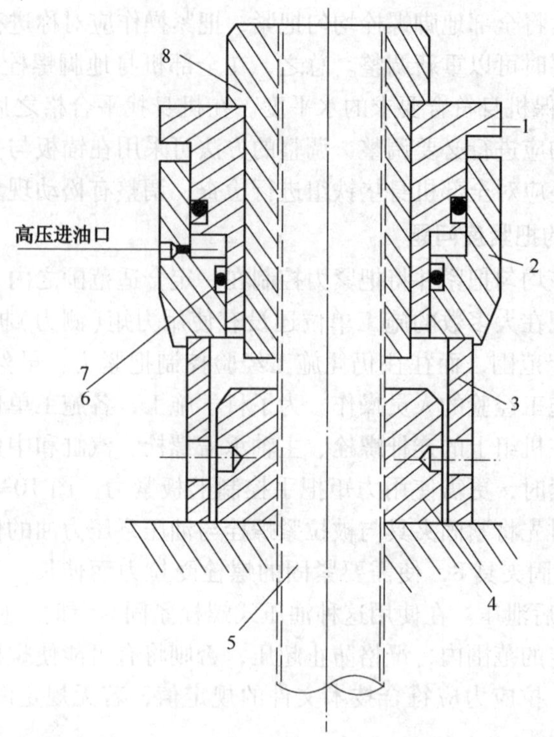

图 10-49　油压式螺栓上紧装置

1—油压活塞；2—油压缸体；3—承压圈；4—螺母；5—地脚螺栓；
6—密封挡圈；7—O 形密封圈；8—紧固夹具

8. 在机身找平过程中可能出现的几个问题及处理方法

（1）大型对称平衡压缩机有多个主轴瓦，如 3M、4M 型均为五个瓦，其中四个是径向瓦一个是轴向止推瓦(一般均位于电机端)；在纵向找平时，可能出现各瓦窝的纵向水平度不完全一致的情况，此时应首先分析不一致的原因，如制造原因、加工后时效变形及安装技术不合理等原因。机身弹性变形也可能是原因之一，对于这种原因，当把全部地脚螺栓松开后，纵向水平不一致的现象应得到消除。机器本身原因造成偏差的，应以机身两端主轴瓦窝为基本依据，以中间轴瓦及止推轴瓦为参考依据。确定有问题的轴瓦后通过修正瓦窝或适量研刮轴瓦合金层的方法来解决。

（2）对机身横向水平度的测量，测量基准点应在中体下滑道上，由于滑道较长，一般均取滑道的前、中、后三个测点进行测量。若在测量中出现三个测点的水平度不一致时，应以滑道前后两测点为基准，若前、后两点测量值不一致时应取平均值，不宜以一点值为测量依据。

（3）在各列中体滑道上进行找平时，可能出现机身同侧相邻各列或机身两侧各列的中体水平度不一致的情况。对于这种情况，首先应看各列的水平度是否在规定的允许范围内，如果各列的水平度都没有超出允许值时，即可认为合格，不必调整。如果水平度超出允许值时，要看仅出现在一侧还是两侧，仅在一侧出现水平度超过允许值时，应以水平度合格的一侧为依据来分析另一侧各列中体水平度的可靠性；两侧水平度均有超差时，可根据主轴承座与瓦盖的结合面来初步判断问题主要出在哪一侧，并根据其水平度超出允许值的大小而采用不同的处理方法，具体处理方法将在中体安装部分详述。

10.6.3.2 主轴与主轴承的检查与安装

1. 主轴与主轴承的检查

（1）在安装时必须对轴承进行细致的检查，以发现因制造原因或保存不善而受的损伤。在进行检查之前，首先应对主轴与主轴承进行认真的脱脂清洗，在清洗时应特别注意各润滑油通道的清洗。

（2）在进行主轴外观检查时，要注意各轴颈是否有损伤脱层或其他缺陷，并测定轴颈的椭圆度和圆柱度，对于经过试运的轴瓦，注意检查划痕。对于主轴上各轴颈的同心度或轴线平行度的检查虽然很重要，但不宜在主轴就位之前进行，其原因在下一步主轴安装找平部分详述。

（3）进行轴瓦检查时，首先应检查瓦面是否有裂纹、夹渣、斑痕等现象，再检查轴承工作面的合金层与轴瓦背的结合情况。检查方法：将轴瓦浸泡在煤油中约 0.5h，然后取出并用干布擦干净，再用白粉沿瓦边四周结合缝处均匀涂刷一层，待一定时间后，检查结合面是否有煤油渗出，凡有煤油渗出处，白粉变黑，表面存在缺陷，根据渗出油量的多少，可基本判断结合面所存在的缺陷程度，对于结合面缺陷严重的情况，也可通过敲击声作出初步判断。除了采用以上方法外，还有采用着色方法来检查合金层与轴瓦的结合情况，先将待检查的瓦擦干净，然后在结合缝上涂一层带色的渗透液，稍待片刻即可擦去渗透液，然后再涂上白色的显示剂，待一定时间后即可进行检查，凡结合不良的地方，都将有渗透液的颜色显示出来。对于检查出来有缺陷的瓦，应根据其缺陷的程度分别采取修补或更换的办法处理。

2. 薄壁瓦的余面高度及测定方法

（1）薄壁瓦在装配中的特性　在对称平衡型压缩机中，一般除了曲轴主定位瓦与连杆小头瓦常采用厚壁瓦以外，曲轴其他主瓦和连杆大头瓦普遍采用薄壁瓦。薄壁瓦与厚壁瓦相比，在装配中有不同的特点，薄壁瓦瓦隙属不可调节形式，瓦隙的大小主要依靠对轴瓦与瓦座的精加工来保证，而厚壁瓦可以通过上下瓦对口处的可调垫片来调整轴瓦顶间隙。在薄壁瓦的精加工过程中，要求严格控制“余面高度”值 ΔH（图 10-50），此值即为轴瓦装配后上下瓦结合处的过盈量，通常称为“余面高度过盈”，其主要作用是为了确保瓦背与瓦座有足够的贴紧力，以防止在主轴转动与机组不断振动过程中产生两者相对位移而影响油路正常畅通。当余面高度 ΔH 过大时，容易出现轴瓦顶间隙过大现象或由于对瓦盖紧固螺栓把紧力过大而造成瓦口的塑性变形；当余面高度 ΔH 值过小时，将会出现轴瓦与瓦座的紧贴力不足或轴瓦顶间隙过小现象，影响正常安装质量。

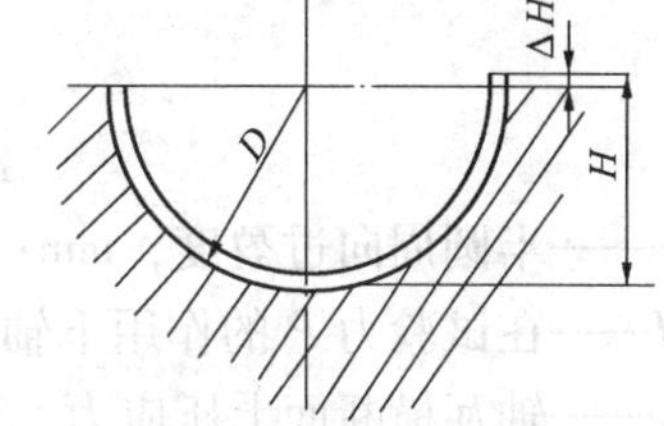

图 10-50　薄壁瓦的“余面高度”ΔH 值示意图

（2）余面高度 ΔH 值的计算及常用数据参数：

$$余面高度\ \Delta H = H - \frac{D}{2}$$

式中　H——在标准半圆量具内用检验轴瓦过盈量的试验力 P 作用下测量尺寸，mm；

D——轴瓦孔径，mm。

在试验力 P 的作用下余面高度 ΔH 值，一般在制造图上有规定，当无规定时可参考表 10-4 所列数据或按如下公式进行计算：

$$\Delta H = h - \Delta h$$

表 10-4 薄壁瓦“余面高度”ΔH值参考表 mm

轴颈直径	轴瓦座孔径	在试验力 P 作用下的“余面高度”ΔH 值	轴瓦的厚度	
			公称尺寸	公差
100	107	+0.090 +0.045	3.5	-0.01
130	137	+0.110 +0.060	6	-0.015
150	162	+0.130 +0.070		
180	192	+0.150 +0.080		
200	212	+0.16 +0.090	8	-0.02
220	236	+0.190 +0.120		
260	276	+0.220 +0.140	8	-0.02
280	296	+0.240 +0.140		
320	340	+0.250 +0.150	10	-0.02
360	380	+0.270 +0.170		

$$h=\frac{1.57\sigma_C}{E}$$

$$\Delta H = 6\times10^{-5}PD\ \text{mm}$$

式中 h——半圆周向过盈度，mm；

ΔH——在试验力 P 的作用下轴瓦半圆周向缩小量，mm；

σ_C——轴瓦横断面上压应力，一般取 $\sigma_C=0.5\sim1.9$MPa；

E——瓦背材质的弹性模数，对于钢瓦 $E=2\times10^5$MPa；

P——横断面上单位面积的试验力，一般取 $P=0.5\sim0.7$MPa。

（3）余面高度 ΔH 值的测定　薄壁瓦的余面高度 ΔH 值，虽然在制造时一般均能确保精确度，但也需对余面高度 ΔH 进行检查，是否符合要求。往往由于在制造时 ΔH 值不符合要求而给安装带来不少麻烦。

对余面高度 ΔH 值的测量，在制造单位是用一个标准的半圆胎具（相当轴承座）进行测量，由于制造厂是较大量生产的，有条件制造各种规格标准量具，而在安装现场条件就有所不同了，因为各安装单位安装大型压缩机的机会有限，而各机组的主轴直径也不都相同，并且主轴的直径一般均比较大，如果也像制造厂那样制造测量胎具是有一定困难的，既不方便又成本较高。为了便于施工而又能确保安装质量，可采用如下方法近似测定：在下轴瓦与瓦座、轴颈的接触检查或修刮之后，将轴瓦与主轴各自就位，在主轴颈上放置铅丝（铅丝直径一般采用 1.5~2 倍顶间隙的规定值），铅丝沿轴向放置在轴顶面上（图 10-51），铅丝的长度应比轴瓦的长度稍长以确保在全瓦长度上满布，然后将上瓦连同瓦盖及紧固螺栓一起安装好，并用扳手将紧固螺栓均匀轻度把紧，以达到瓦背与瓦座、瓦盖以及上下瓦结合面均处于均匀的初始接触状态。此时即可松开紧固螺栓，拿开上瓦与瓦盖，并对铅丝进行厚度测量。当此时所测得值基本等于该瓦的规定余面高度值与顶间隙之和时，则说明该瓦的余面高度值是正适合的。当测得值大于或小于该瓦的规定余面高度值与顶间隙之和时，则说明该瓦的余面高度值相应地过大或过小。

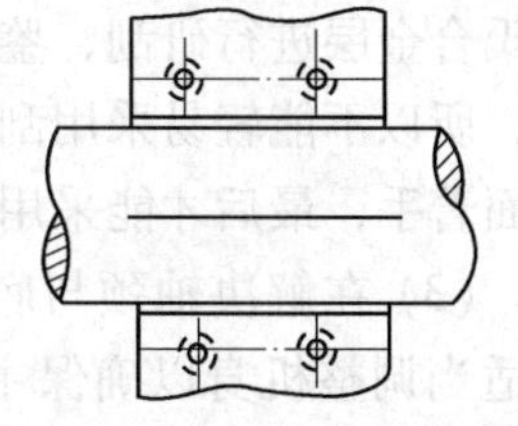
图 10-51　轴颈上压铅方位图

另一种余面高度 ΔH 值的测定方法是：在轴颈顶面上放置适当宽度的扁铜条代替上述方法中的铅条，扁铜条的厚度基本同铅条；在上下瓦对口结合面的四个角的位置上沿径向放置铅丝，然后安装瓦盖并上紧紧固螺栓，螺栓紧固力矩应不小于正常规定的紧固力矩，但也得防止使用过大的紧力以使扁铜条出现受压变形；最后松开紧固螺栓和打开上瓦盖，并对瓦口被压扁铅丝的实有厚度进行准确测量。当扁铜条的厚度减去被压铅条的厚度后数值正好等于轴瓦顶间隙与规定余面高度值之和时，说明该瓦的实有余面高度值是合适的；当大于或小于时，即说明余面高度不符合规定要求。

余面高度值过大时，可根据过大值的程度分别采用在平板上磨削或在磨床上磨削等方法去除过大值。余面高度值过小，要根据过小值的程度分别对待，如过小值极微时，可以适用研刮轴瓦合金层的方法给以弥补，如果过小值较大，而且不允许采用刮削瓦的合金层方法时只好更换新瓦，但不得采用象厚壁瓦那样在上下瓦对口结合面上加调整垫片的方法来弥补，因为这种临时加的垫片无定位点，它在长期运行的不断振动中容易出现位移，内移部分将会破坏轴承正常润滑油膜而带来运行事故。

（4）余面高度过盈的控制　在薄壁瓦余面高度值正常的情况下，如何合适地控制上下瓦结合时的过盈量也是很重要的，特别是在安装时无条件使用力矩扳手的情况下更是如此。在无力矩扳手的情况下，可采用控制紧固螺栓的伸长量办法，也可采用分次压铅法控制把紧力的程度方法，实践证明这种方法只要由有实践经验的同志来掌握，仍是可取的。

3. 主轴与主轴瓦的安装

（1）在主轴与主轴瓦的安装过程中，首先进行上下瓦背与轴承座、轴瓦盖结合面的检查与研刮。检查的方法一般均采用红丹涂色法。在研磨检查薄壁瓦时，应注意它的壁薄、弹性大、容易出现变形等的特点，所以一定要在外加压紧力的作用下进行，否则容易出现假象。瓦背与瓦座、瓦盖的接触面积应在 70%以上，并侧重于接触面的均匀，避免出现接触面积小或接触面不均匀的现象。对于接触面不大理想的情况，可适当采用磨削或锉削等办法修正，但被修正面必须确保原有的光滑度与圆弧度。

（2）瓦背与瓦座、瓦盖间的结合研刮工作结束后，将全部下瓦装上，再利用吊车将主曲轴吊装就位。在吊装主曲轴时应考虑较合理的吊索形式与适当的受力点，以防止主曲轴在吊装过程中产生变形。在主曲轴快要就位时，要严防与瓦口相碰撞。在主曲轴就位之后，应先进行主曲轴水平度初步测定，以观察主曲轴全长内水平度的变化情况，再用塞尺进行侧间隙与底部接触情况的检查，特别注意个别瓦位的底部悬空现象。在处理检查中所发现的缺陷时，首先应解决轴颈底的不接触或接触很不理想的缺陷，因为侧间隙的缺陷比前者较易排除。为了确保轴颈底部有比较良好的接触，必要时可以进行机身的二次调整和适度地对瓦面巴氏合金层进行研刮，鉴于薄壁瓦巴氏合金层很薄的特点，在原则上应不刮或尽量少刮的要求，所以不能轻易采用刮削合金层的方法来确保轴颈底部的良好接触，要尽可能先从其他各方面着手，最后才能采用此一步。

(3) 在解决轴颈与底瓦的接触基本合格之后，应复查主曲轴的水平度情况，必要时可以适当调整机身以确保主曲轴的水平度在 0.05mm/m 之内。然后安装上瓦与瓦盖，并将紧固螺栓把紧。上瓦与主轴颈的接触情况的检查，一般应在主轴就位之前进行，它是将上瓦连同瓦盖直接在轴颈上研磨检查直至两者基本接触良好为止，就位后就不再考虑两者的接触问题，采用此法是因为薄壁瓦瓦口无调整垫片，它不象厚壁瓦那样在就位后可以研磨检查。对轴瓦顶间隙值的确保和合适控制上下瓦结合面的过盈量方法按前述方法进行。

(4) 在轴瓦部分安装检查合格之后，还应进行主曲轴各曲拐之间的距离、曲轴颈水平度以及主曲轴窜量的检查工作。在进行各曲拐肩之间距离时，可将被检查的各曲拐分别置于上、下、左、右四个相互垂直的位置上(图 10-52)，再用千分表或内径千分尺逐个测定两拐肩之间的距离值。测点位置应在离边缘 15mm 处，且应在曲轴颈相对应的中心线上。正常情况下四点测得值之差应在万分之一的活塞行程之内。主曲轴颈水平度检查时可将水平仪放置在轴颈顶面上(图 10-53)，并在相互垂直的四个位置上分别测定检查，在正常情况下各轴颈上的不水平度不得大于 0.02mm。主曲轴的窜量值一般为 0.20~0.50mm 范围，在测定窜量值时时应先将半圆铜环装好。

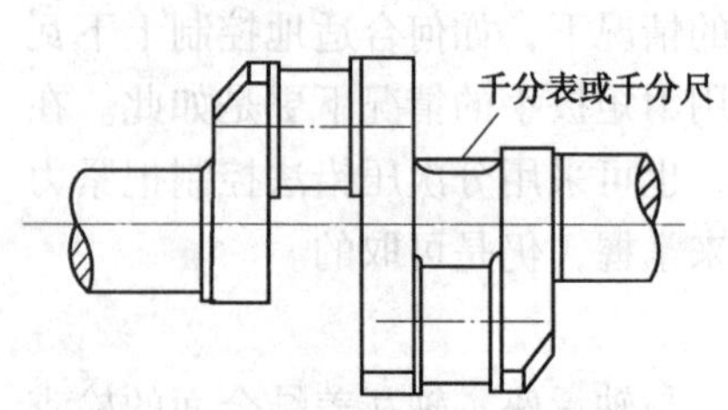

图 10-52　曲拐肩之间距测定位置

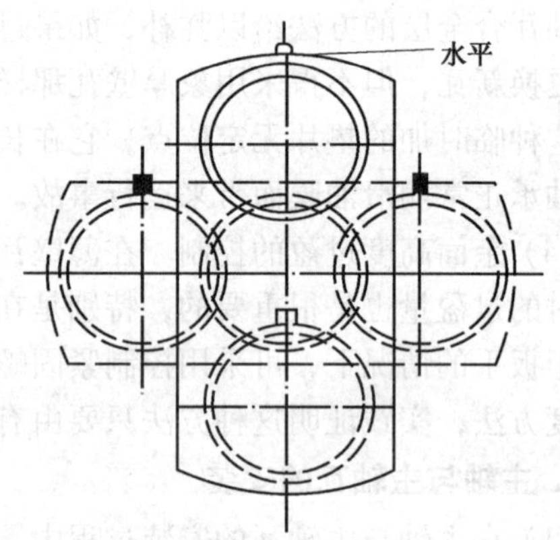

图 10-53　测定曲轴颈各方位的水平度方法

4. 主轴与主轴瓦安装中的若干问题

(1) 薄壁瓦巴氏合金层的刮研问题　从理论上讲，由于薄壁瓦的巴氏合金层很薄，一般不大于 1.5mm，它与轴颈的良好接触应由精加工来确保，所以要求在装配时原则上不应再进行刮削，允许极微量的修正，但从施工现实来看，要确保轴颈与轴瓦的良好接触，不仅涉及对主轴与轴瓦的精加工保证，而且也涉及机身的精加工及变形问题。在实际中所出现的轴颈与轴瓦(主要是下瓦)接触不正常主要原因也往往在机身上，当然也不排除某些瓦由于加工问题而使轴瓦间隙偏小的情况。对薄壁瓦巴氏合金层的不刮或基本不刮，和确保轴瓦与轴颈良好的接触或合适的顶间隙之间存在有一定的矛盾。据调查，现在各安装单位对此问题的意见很不一致，有主张不刮的，认为薄壁瓦属于弹性瓦，又具有良好的导热性，由于轴颈的接触不良而产生的摩擦热可以较快散发，不易引起较严重的轴瓦温升，而且经过一定时间运转之后仍能确保良好的接触。也有主张可以适度研刮，认为轴瓦与轴颈较良好的接触和合适的顶间隙是确保机组避免轴承过度升温和异常振动的重要因素，否则是不合理的。但各安装单位都缺乏进一步的试验数据，如在同一台机组上，当轴瓦与轴颈接触不理想和已经适量刮削巴氏合金层并使两者有较良好接触后，在运行中所反映出来的轴承温度升高及振动情况的差异。为了更进一步提高安装质量，此问题有待今后作进一步试验研究。目前多数意见还是趋向于：在基本确保轴瓦与轴颈有比较良好的接触前提下，对薄壁瓦的巴氏合金层应尽量不刮或少刮，所谓较良好的接触是对厚壁瓦与轴颈的接触要求相对而言的。对于厚壁瓦和轴颈的接触，一般要求在下瓦中部60°~90°的弧面上要确保均匀接触，总接触面积在该范围内应占70%以上，而对多拐曲轴上下瓦都如此要求比较困难，只要求有比较均匀的接触，各瓦的总接触面积不一定都要确保在70%以上，但轴颈底部的不接触或基本不接触的情况是不正常的。对于个别瓦由于制造问题而使顶间隙有限偏小时，允许以刮削合金层给以调整，但不允许采用加调整垫或减少上下瓦的过盈量方法来确保顶间隙值。

（2）关于轴瓦间隙量问题　各机组轴瓦间隙量是否合适，关系到轴承的温升及机组的振动问题。在同条件的运行中，机组的轴瓦间隙量大小也可以衡量一台机器的加工精度问题。所以在实际施工中，应根据各机组的加工精度情况，调整比较合适的瓦隙是很重要的。当机组制造上对瓦隙要求有规定时，可据其要求进行调整，并在可能的条件下，瓦隙应靠近要求范围的下限。在没有明确的间隙要求情况下，可以按$\frac{1}{1000}$~$\frac{1.2}{1000}$轴颈尺寸范围内选定，这仅仅是根据轴径的大小来确定，实际上瓦隙的大小选定除了与加工精度、轴径大小有关之外，与轴瓦所选用的合金层材质也有一定的关系，如合金层有采用铅基与锡基合金、铅青铜合金、铝合金与锑镁铝合金等。常用合金层为铅基与锡基合金，当采用铝合金或锑铝合金时，相对来说瓦隙要求稍偏大。

（3）主轴的水平度问题　主轴的水平度测定，应在轴颈周面四等分的四个测点上进行，全轴的水平度应以主轴两端主轴颈的水平度为准。当两端或一端的四个测点各有微量偏差时，应以平均值为准。主轴的水平度要求一般为每米长度上不水平度应不大于0.05mm，并希望在此允许偏差的范围内考虑结合电机的支承型式和压缩机与电机的联接型式来考虑轴的倾斜方向问题，因为对称平衡压缩机上的电机有单独立轴承与双独立轴承之分。这两种支撑轴承型式下的转子轴在自重的作用下一般不外乎如下两种情况：

第一种情况是当电机为双独立轴承支承时，电机转子在静止时状态的示意如图10-54所示。在此状态时，转子由于转子自重的作用产生一定的挠度，相应地使联轴节的垂直端面也产生一定的倾斜。

第二种情况是当电机为单独立轴承时(图10-55)，此时虽然转子也同样存在一定的挠度，但最大挠度值的位置与以上双独立轴承的情况理有所不同的，而且主轴端联轴节端面的垂直度直接影响到转子最大挠度值所处位置。

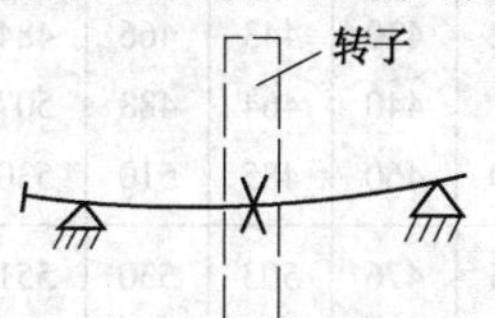

图10-54　双独立轴承时电机转子轴状态

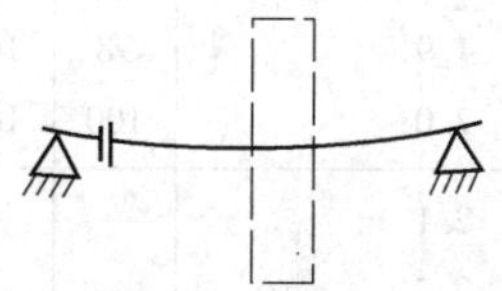
图10-55　单独立轴承时电机转子轴状态

鉴于上述电机转子的两种情况，在安装时最好考虑：当电机转子为第一种情况时，曲轴的水平度应向联轴节端向下倾斜，以使主轴联轴节端面的微量倾斜相近于转联轴节端面的倾斜方向，但主轴水平度偏差仍应控制在允许的范围内。在第二种电机转子情况时，应考虑到约有二分之一的转子重量以及在运行中转子的振动力作用在机身一侧的特点，并结合电机转子实际挠度，使曲轴的水平度以基本保持水平或联轴节端微量偏高的情况为好。

10.6.3.3 中体与汽缸的安装

1. 中体的安装

（1）在组装中体之前，机身应根据两端主轴瓦窝及轴承座与瓦盖的结合面先行初步找正完毕，并清理干净中体与机身的结合面，在结合面上不允许有锈斑存在，必要时可以用零号砂布打磨光滑。

（2）分别用内外径千分尺测量中体与机身的配合间隙及椭圆度，以便在中体找正时心中有数。

（3）将各列中体逐个开始组装在机身上，凡安装上去的中体，应将全部联接螺栓均匀上紧，但上紧度应控制在规定应上紧力的70%左右。当各列中体均安装完毕之后，即可在各列中体滑道上进行找平，尽可能使机身两侧各中体的水平度处于允许偏差范围之内，然后设置中体找中用的线架装置。

（4）对称平衡压缩机的中体或汽缸找中用的拉线工具基本上还是与以往卧式压缩机汽缸找中拉线的工具一样，仅仅是将一个落地支架改为固定在机身内部。线架的结构形式多种多样，凡能达到上、下、左、右四个方向自由微调和灵敏度较高的结构都可以使用，最常见的为形似车床小刀架的结构。钢丝线的直径一般选用0.35~0.50mm范围内，对于不同直径的钢丝线，在其两端应配以相对应的重锤，钢丝直径与重锤质量对照见表10-5。

表10-5 钢丝直径与重锤质量对照表

钢丝直径/mm	0.35	0.40	0.45	0.50
每端重锤质量/kg	9.45	12.34	15.62	19.2

两线架的中心距离选取可根据机组及现场的具体情况确定，但该线架架设距离的选用应考虑中体与汽缸找线均能适用，并且两线架的中心总长度应是0.5m的整数倍，以便查取挠度值(表10-6)。

表10-6 线架间长度与钢丝自重挠度的关系

从测量点到较近线架间的距离/m	两线架间的距离/m												
	4	4.5	5	5.5	6	6.5	7	7.5	8	8.5	9	9.5	10
	钢丝下垂度/μm												
1.6	92	145	198	236	274	301	328	354	380	401	422	438	454
1.7	94	150	206	247	288	317	346	373	400	422	444	461	478
1.8	96	155	214	258	302	333	364	392	420	443	466	484	502
1.9	98	160	222	269	316	349	382	411	440	464	488	507	526
2.0	100	165	230	280	330	365	365	430	460	485	510	530	550
2.1	—	—	232	286	340	377	414	445	476	503	530	551	572
2.2	—	—	234	292	350	389	428	480	492	521	550	572	594
2.3	—	—	236	298	360	401	442	475	508	539	570	593	615
2.4	—	—	238	304	370	413	456	490	524	557	590	614	638
2.5	—	—	240	310	380	425	470	505	540	575	610	635	660

续表

从测量点到较近线架间的距离/m	两线架间的距离/m												
	4	4.5	5	5.5	6	6.5	7	7.5	8	8.5	9	9.5	10
	钢丝下垂度/μm												
2.6	—	—	—	—	384	433	482	519	556	592	628	654	680
2.7	—	—	—	—	388	441	494	533	572	609	646	673	700
2.8	—	—	—	—	392	449	506	547	588	626	664	692	720
2.9	—	—	—	—	396	457	518	561	604	643	682	711	740
3.0	—	—	—	—	400	465	530	575	620	660	700	730	760
3.1	—	—	—	—	—	—	534	583	632	673	714	746	778
3.2	—	—	—	—	—	—	538	591	644	686	728	762	796
3.3	—	—	—	—	—	—	542	599	656	696	742	778	814
3.4	—	—	—	—	—	—	546	607	668	712	756	794	832
3.5	—	—	—	—	—	—	550	615	680	725	770	810	850
3.6	—	—	—	—	—	—	—	—	684	733	782	824	866
3.7	—	—	—	—	—	—	—	—	688	741	794	838	882
3.8	—	—	—	—	—	—	—	—	692	749	806	852	898
3.9	—	—	—	—	—	—	—	—	696	757	818	866	914
4.0	—	—	—	—	—	—	—	—	700	765	830	880	930
4.1	—	—	—	—	—	—	—	—	—	—	836	888	940
4.2	—	—	—	—	—	—	—	—	—	—	842	896	950
4.3	—	—	—	—	—	—	—	—	—	—	848	904	960
4.4	—	—	—	—	—	—	—	—	—	—	854	912	970
4.5	—	—	—	—	—	—	—	—	—	—	860	920	980
4.6	—	—	—	—	—	—	—	—	—	—	—	—	984
4.7	—	—	—	—	—	—	—	—	—	—	—	—	988
4.8	—	—	—	—	—	—	—	—	—	—	—	—	992
4.9	—	—	—	—	—	—	—	—	—	—	—	—	996
5.0	—	—	—	—	—	—	—	—	—	—	—	—	1000

找线的方法目前仍普遍采用“声电法”，声电法找中所测得结果能达到 0.005mm 的准确度，能满足一般大型机组中或汽缸找中的准确度要求。这种方法的缺点是效率低，在机组的安装中，找线工作往往占据比较长的时间，而且在找线时需要有较安静的环境，此工作往往在夜间进行，对操作的人员，还要求有较好的听力和一定的测听经验，否则将难以得到比较准确的测定结果。为了弥补以上的缺点，可以用将声音放大或以光代声的方法提高找线的效率和准确度，图 10-56 所示为一般声电法找线示意图。如果采用声音放大或以光代声的方法时，可将音量放大器或电光信号装置串入以上线路中即可。

在采用声电法找线时，应注意线架的绝缘措施，否则将使声电回路因接地而失效。在找线过程中还应防止回路的不正常短路现象存在，线架应确保稳固可靠。

2. 汽缸的安装

(1) 各级汽缸在安装之前需进行清洗与检查工作，在检查时应特别注意汽缸镜面的质量。清洗及检查后，对需要进行缸体强度试验的汽缸进行水压试验，试验压力要求按有关规定执行，一般均为1.5倍工作压力。如在特殊情况下需要用气压进行强度试验时，一定要采取可靠的安全措施，试验压力一般不得超过工作压力的1.1倍。汽缸的冷却水夹套以1.5倍工作压力进行试验。

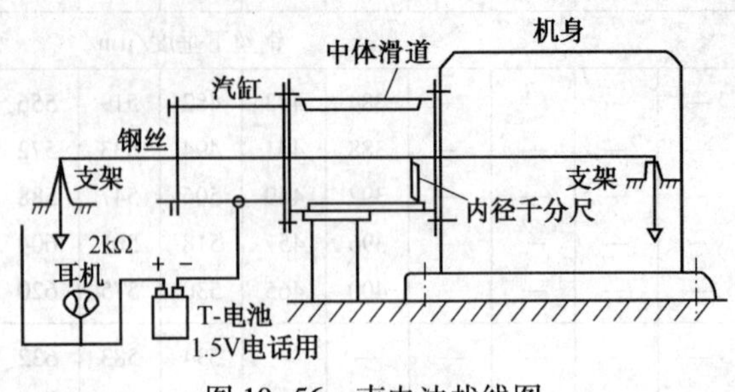

图10-56　声电法找线图

(2) 在试验工作结束之后，进行清理与检查工作，特别要注意与中体、端盖的接触部位。

(3) 用内、外径千分尺细致测量汽缸与中体的配合尺寸、椭圆度以及汽缸内体镜面的椭圆度、锥度等。

(4) 安装汽缸时的找线方法和安装中体时的找线方法基本是一样的，而在找线的目的上却稍有不同，除了检查中体和汽缸的中心线与主轴轴线的垂直度和共面度外，汽缸找线还需检查其与中体的同心度。

(5) 在汽缸找线时，测点应在汽缸镜面两端离边缘10~15mm处，并在各横截面上取上、下、左、右相互垂直的四点位置，各测点应作好记号以供再用。

(6) 汽缸找平与找线的标准符合表10-7要求，水平度应在0.03mm/m之内。

表10-7　缸与中体的同心度和倾斜度

汽缸直径/mm	同心度偏差/mm	倾斜度偏差/(mm/m)
300	0.05	0.03
300~700	0.10	0.04
>700	0.15	0.05

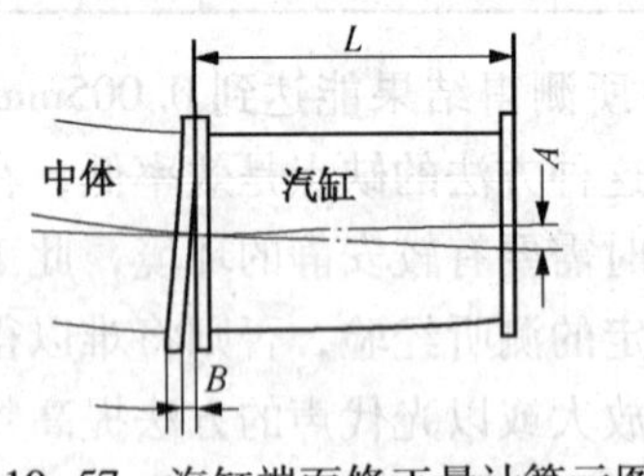

图10-57　汽缸端面修正量计算示图

当同心度与倾斜度超过规定值时，应对汽缸作平行位移研或刮研两者的接触面来调整，凡经研刮的部位应确保两者之良好接触，当倾斜度偏差较大时，可将汽缸端面进行切削加工，不得采用加偏垫片的方法来调整。切削加工的修正量可以按如下方法进行计算(图10-57)。

$$修正量:\quad B=\frac{A\cdot D}{L}\text{mm}$$

式中　A——找正时的偏差值，mm；

D——汽缸与中体结合面的外径，mm；

L——汽缸长度，mm。

(7) 汽缸找正合格后，按照要求力矩均匀把紧汽缸与中体的连接螺栓，并进行同心度、水平度复查，确认符合要求后，即可打定位销进行后续工作。

10.6.3.4 十字头与连杆的安装

1. 十字头与连杆在安装前的检查工作

（1）十字头与连杆的组合件首先应进行解体并清洗干净，在清洗时应注意各体内之油路的畅通和清净。

（2）对上、下滑板与连杆大头瓦的合金层浇铸质量及与钢背结合情况的检查方法参照主轴瓦的检查方法。

（3）将经过清洗与检查的活塞杆（或连同活塞）与十字头在大型平台上进行预组装，以检查活塞杆与十字头的同心度与倾斜度情况。对于制造质量比较可靠的机组，这步工作可省略，但在下一步测量活塞在汽缸内的周隙时应注意这种缺陷存在的可能性。此外，还应注意十字头销孔与活塞杆轴线（即十字头体的轴线）的垂直度。

2. 十字头与连杆的组装

（1）先将上、下滑履与十字头体不加调整垫片的组装体装入滑道内，组装体的紧固螺栓应按正常紧力要求上紧，然后用塞尺测定十字头体在滑道前、中、后三个位置上的顶间隙情况。再组装连杆，使其与主曲轴、十字头组合成连续体，所有联接与紧固均按要求进行。

（2）再次进行十字头在滑道各部位上顶间隙值的测量，并计算所需调整垫片的总厚度以及调整垫片应加的部位。因为在上文曾提及在对称平衡压缩机的十字头滑道有上、下分别为主承力面之分，图 10-58（a）所示不论主轴向哪一个方向旋转，机身两侧各列的上滑道或上滑道受力情况始终有别，这也是与其他卧式往复压缩机的显著不同点。因此，考虑十字头在工作运行一定的时间后，由于合金层的磨损减落而使十字头中心线变化，所以在安装时，对于不同的主承力面上十字头采用不同的水平中心标高要求，相应的也决定了可调垫片应加的位置。在下滑道为主要承力面时，要求十字头水平中心约高于滑道中轴线 0.03mm，当上滑道为主要承力面时，十字头水平中心应偏低滑道中轴线 0.01~0.03mm。十字头体轴线的测定可在与活塞杆组装的端头或专用胎具圆柱面处［图 10-58（b）］，滑道与十字头之间的间隙应符合规定值，无规定时可按中体滑道直径的$\frac{0.7}{1000}$~$\frac{0.8}{1000}$倍选用或根据四级精度第三种配合 D4/Dc4 的公差要求。

（3）大头瓦的径向间隙测量可采用压铅法。测定时应注意的事项，主轴瓦径向间隙值的大小应符合技术文件要求。大头瓦的窜量值根据结构情况而定，因为在常见的结构中有以小头瓦定位与大头瓦定位两种情况，在对称平衡压缩机中常见为小头瓦定位，因为大头瓦现在普遍采用薄壁瓦，这种结构不适应于轴向定位，而小头瓦普遍采用厚壁瓦，采用薄壁瓦的还不大见到；当以小头瓦定位时，轴向窜量值一般为 0.70~1.80mm。现在常见的小头瓦为衬套结构，材料多见为铜合金，也有采用巴氏合金。当采用铜合金材质时，小头衬套与十字头销的径向间隙一般为 0.0007~0.0008 倍十字头销直径。当材质采用巴氏合金时，径向间隙一般为 0.0004~0.0006 倍十字头销直径；衬套的厚度为 0.06~0.08 倍十字头销直径。

（4）组装连杆时，应注意连杆螺栓把紧力大小，它与主轴薄壁瓦存在同样的问题，当使用力矩扳手时，它的把紧扭矩可按下式计算：

$$M=K\cdot T\cdot d$$

式中 M——力矩扳手的扭矩，N·mm；

K——不同摩擦表面情况时的系数，一般取 0.15~0.18；

T——预紧力，N；

d——螺栓的直径，mm。

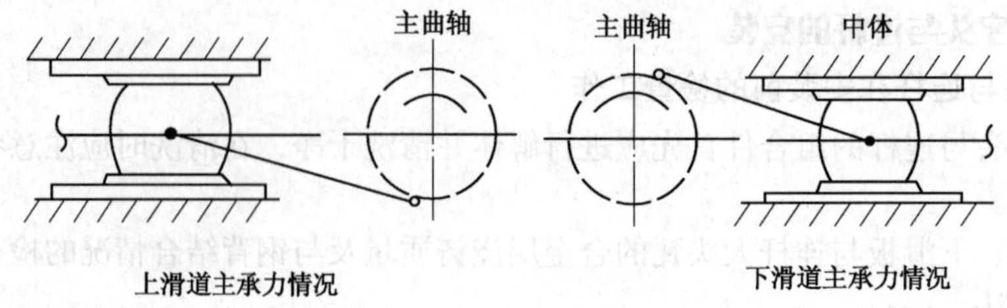

(a) 中体滑道面受力情况示图

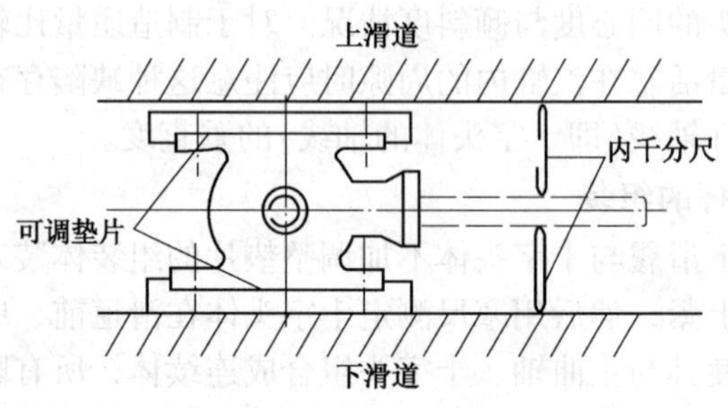

(b) 十字头体轴线的测定方法示图

图 10-58

在没有力矩扳手的情况下可采用外径千分卡或专用卡规来测定连杆螺栓的伸长量。伸长量可以按下列公式进行计算：

$$\delta = \frac{TL}{EF} = \frac{4TL}{E\pi d^2}$$

式中 δ——螺栓的伸长量，mm；

T——预紧力，N；

L——螺栓有效总长度，mm(指螺杆与螺帽的两承力面之间的距离)；

E——螺栓材质的弹性模量，钢与合金钢取 2.1×10^5MPa；

F——螺栓截面积，mm^2；

d——螺栓的直径，mm。

预紧力 T 可按下列公式计算：

$$T = [P_1 + (2.1 \sim 2.5)P]\frac{1}{z}$$

式中 P_1——薄壁瓦过盈所需之力，N；

P——最大活塞力，N；

z——连杆螺栓个数。

薄壁瓦过盈所需力 P_1，可按下式计算：

$$P_1 = P_0 \cdot F$$

式中 P_0——薄壁瓦横断面单位面积过盈所需要，一般取 0.5~0.7N/mm^2；

F——需要过盈的钢瓦背总横断面积(不包括合金层断面)，mm^2。

对于不同材质的紧固螺栓，其最大伸长量不应超过如下规定值：材质为碳钢的紧固螺栓，螺栓有效总长度的$\frac{0.3}{1000}$mm；材质为合金钢的紧固螺栓，螺栓有效总长度的$\frac{0.4}{1000}$mm。

在安装连杆大瓦紧固螺栓时，还应注意螺杆与螺孔的配合松紧度，一般以涂油后能用铜棒轻轻敲入为宜，不能过松，螺杆与螺母的承力面与连杆大头应有良好的接触。

10.6.3.5 填料函及刮油器的安装

1. 填料组的清洗、检查与研刮

（1）常用于中、低压密封三瓣式或六瓣式平面填料和高、中压的锥型填料往往共存于一台机组中，它们在安装之前均须经过拆件清洗、检查与刮研过程，在拆件清洗时，应在非工作面上打上记号以免配件搞乱，对于在检查中发现的缺陷应妥善处理。

（2）在刮研填料组时，应分别将填料盒的密封面在平台上研磨检查，使其接触面积达80%以上，必要时应进行适当的刮研。各组填料与活塞杆的接触面研磨检查工作可在活塞杆上进行，包括对平型填料各瓣之间接触面的检查及锥型填料的外夹环与密封环、内夹环的锥形接触面的检查等。

2. 填料函的组装与间隙调整

（1）填料函在安装之前，应将各组填料组装在各自填料盒内，并按照图 10-59、图 10-60 检查各处间隙。在每一个填料盒内一般均由两组平型填料或一组锥形填料组成。

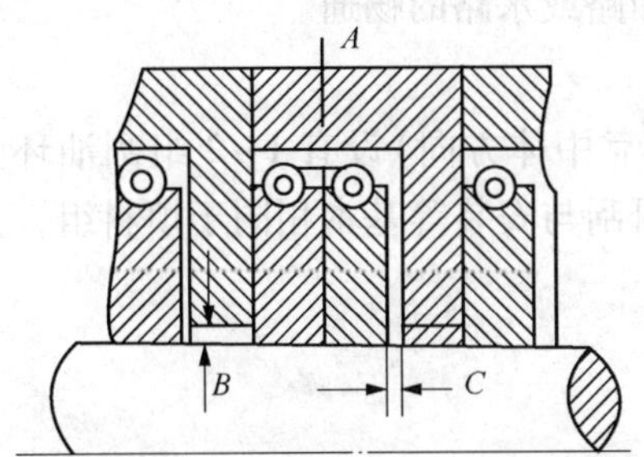

图 10-59 平面填料组的配合间隙图

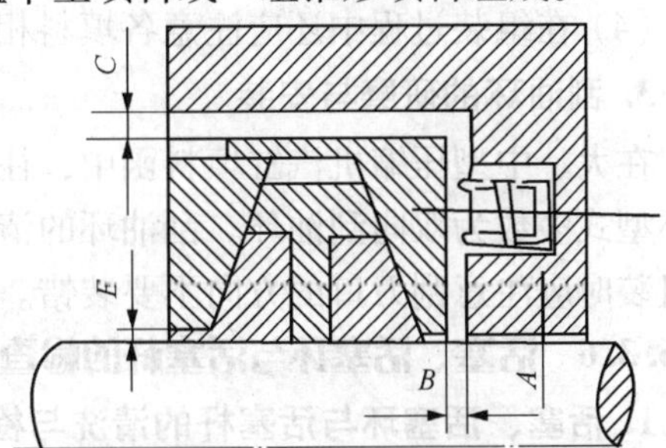

图 10-60 锥形填料组的配合间隙图

填料与填料盒、活塞杆或填料盒与活塞杆的配合间隙要求见表 10-8 及表 10-9。

表 10-8 平面填料安装间隙要求

间隙代号	A	B	C	D
间隙值/mm	2.00~3.50	1.50~3.50	0.035~0.15	0.15~0.3

注：D 为填料盒外径与填料内径之间的间隙。

表 10-9 锥形填料安装间隙要求

间隙代号	A	B	C	D	E	F
间隙值/mm	1.5~3.5	0.40~0.50	1.50~2.50	0.10~0.40	0.80~1.00	1.50~2.50

注：D 为填料盒外径与填料内径之间的间隙；F 为密封环和内夹环的开口间隙。

（2）在检查调整填料盒的组装间隙时，应特别重视填料的两端面平行度以及与轴孔的垂直度。

（3）将各组填料盒装入填料箱内时，应注意锥形填料盒的顺序不得装错。因为锥形填料的锥角 α 有 10°、20°与 30°之分，角度较小者一般装在汽缸端，角度最大的装在靠中体端，如此装设的主要目的是为了使各填料组对活塞杆的压紧力基本均匀相近，有利于减少两者的磨损和更好地密封。因为当被压缩气体由汽缸内漏向填料时，泄漏气体首先给最靠近的填料组压紧环一个轴向作用力 P(图 10-61)，力 P 经压紧环传递后又作用在 T 形环与锥环的斜面上。P 可以分解为径向力 P_1 及轴向力 P_2，P_1 将开口的T形环与锥环压向活塞杆(图 10-62)，此时两个环的对口间隙将缩小。P_1 与 α 成正弦函数关系，即 $P_1=P\sin\alpha$，填料函对活塞杆的正压力 P_1 与漏气压力 P 成正比，与锥角 α 成反比。由汽缸泄漏到填料涵内的气体压力，对第一组锥形填料为最大，为了使该组压紧环与锥环对活塞杆的压紧力不致太大，所以锥形角 α 要求适当地小些，而后面各组填料因所受的力 P 逐级变小，所以 α 角相应增大，使填料函内各组填料作用在活塞杆上的压力尽可能相近。

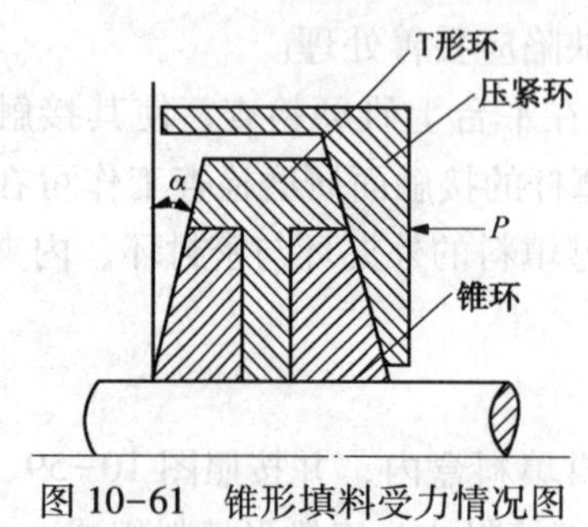

图 10-61　锥形填料受力情况图　　　　图 10-62　锥形填料受力分析图

(4) 在组装过程中还应注意各填料相互间的连通油路或水路的畅通。

3. 刮油环的研磨与安装

在大、中型压缩机汽缸填料函中，往往在最外端(靠中体方向)设有 1~2 组刮油环。刮油环型式多数为双向刮油环。刮油环的清洗、检查、研刮与安装等基本相同于填料组，只是在组装时应注意刮刀口的方向不要装错。

10.6.3.6　活塞、活塞环与活塞杆的检查与安装

1. 活塞、活塞环与活塞杆的清洗与检查工作

(1) 在安装之前，应对各零、部件进行认真清洗检查，并妥善保管以待各件进一步检查，活塞环是易损件，更应注意防止损坏。

(2) 检查、测量活塞环应符合要求。

(3) 活塞与活塞杆的圆度、圆柱度及表面精度符合要求。

2. 活塞组的组装及检查

活塞与活塞杆组装时，应检查两者之接触情况是否良好。组装后应将其放在平台上进行两者的垂直度与同心度的检查(图 10-63)，垂直度的要求为每 100mm 长度之内不大于 0.02mm，不同心度要求不大于 0.02~0.05mm。活塞组在平台上的放置可用V形垫铁支承，并用方水平在活塞杆上找水平，然后用千分表分别测定 A、B、C、D 与 A_1、B_1、C_1、D_1 等活塞与活塞杆轴线垂直面的 8 处数据，再计算两者的垂直度与同心度，计算时应考虑测点位置的椭圆度和圆柱度影响。

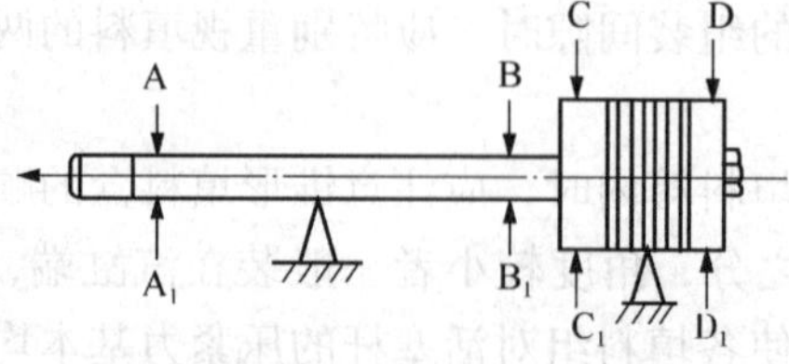

图 10-63　活塞与活塞杆的垂直度和同心度检查方法

3. 传动组件的整体检查及汽缸余隙调整

(1) 活塞杆冷态跳动值的测量　此项测定工作要在压缩机组全部安装完毕后进行。测量的方法可以采用一个或两个千分表分别在靠近汽缸填料箱与十字头刮油器一侧进行测定，仔细测量活塞杆在往复运动中的水平及垂直方向的跳动值(图 10-64)。当两侧间的距离 L 较小时，仅测汽缸填料箱侧即可。测量时，活塞杆应作连续往复的运动(采用手动盘车或电动盘车均可以)。当跳动值超过技术规范要求时，应分析原因并制定处理方法。

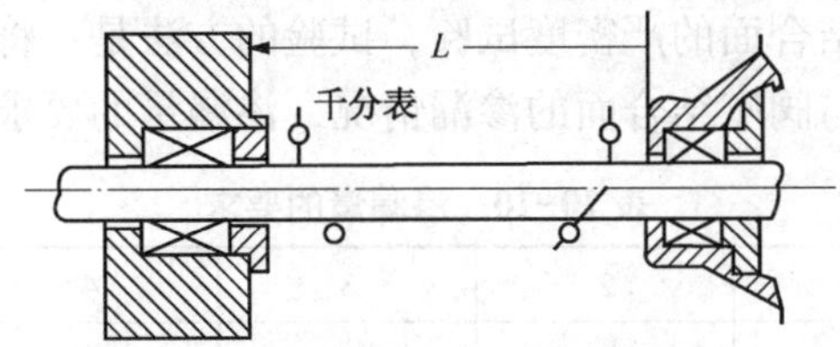

图 10-64　活塞杆跳动值测定方法

正常情况下活塞杆的摆动值大小目前尚无正式规定，其值与汽缸的大小以及缸内的工作压力大小均有关系，一般可以参考如下范围：

当缸内工作压力在 1.5MPa 以下和汽缸直径在 400mm 以上时，最大摆动值应小于 0.30mm。

当缸内工作压力在 1.5~20MPa 和汽缸直径小于 400mm 时，最大摆动值应小于 0.20mm。

当缸内工作压力在 20MPa 以上时，不论汽缸直径大小，其最大摆动值应小于 0.10mm。

(2) 在盘车进行摆动值测定时，应同时检查十字头在滑道内的跑偏情况。

(3) 活塞、活塞杆、十字头组装后，可将汽缸盖盖上并按正常要求上紧螺栓，然后进行汽缸余隙的检查。汽缸余隙应符合设计要求，当无要求时参考如下标准：

对于一列一级的汽缸余隙值为(对双作用缸而言)：

曲轴侧汽缸余隙 $\geqslant S \cdot \dfrac{1}{1000}$，mm

汽缸盖侧余隙值 $\geqslant S \cdot \dfrac{1}{1000}+1$，mm($S$—活塞行程，mm)。

对于一列两级的串联汽缸余隙值的控制，应考虑两级热膨胀伸长之累计值影响，一般二级缸(外测)的余隙值比一级要稍大。

(4) 汽缸余隙的调整　汽缸余隙的测定方法一般均采用压铅法，铅条最好采用圆形截面，直径一般为余隙的 1.5~2 倍。测定时，铅条均由气阀孔处伸入。对于小直径的汽缸余隙测定一般测单边即可，对于直径较大的汽缸，一般要求在两侧同时测定，这样所得值较准确。当测得余隙值不合适时，可以调整活塞杆头部与十字头连接处的调整垫片的厚度，也有调整十字头与活塞杆连接处的双螺母或汽缸盖垫片厚度等方法，但第一种方法是比较合理的常用方法。

10.6.3.7　汽缸吸排气阀的安装

1. 气阀的清洗与检查

(1) 吸排气阀在拆卸清洗之前，应在气阀上打上记号，以免回装错误，然后用煤油清洗干净，并用白布擦干进行检查。

(2) 阀片的平面应确保较低的表面粗糙度，并且不允许有裂纹、明显划痕等缺陷。

(3) 阀座与阀片的接触面光滑、接触严密，无裂纹、明显划痕等缺陷，阀座与汽缸的结合面也应光滑，不得有径向划痕或砂眼等缺陷。

（4）气阀上的各个弹簧均应确保基本相同的自由高度，弹簧的轴线与两端面应有良好的垂直度。

2. 气阀组装后的检查与修正

（1）气阀组装后，首先应检查阀片是否能自由迅速升降，不得有卡住现象。

（2）检查阀片的完全开启状态时与阀座间的通道间隙是否符合设计要求。

（3）进行阀片与阀座结合面的严密度试验，试验的方法是：将气阀水平放置，然后在阀片上灌入煤油，检查阀片与阀座结合面的渗漏情况，渗漏量的要求见表 10-10。

表 10-10　渗漏量的要求

气阀阀片圈数	1	2	3	4	5	6
在 5min 内允许渗漏滴数	10	28	40	64	94	130

（4）对于经煤油渗漏检查不合格者，分析渗漏的原因，然后采取换件或修理措施。对于少量渗漏的，也可采用研磨方法修正，研磨工作可以在平板上进行，研磨剂一般采用细号研磨膏拌和适量的机油。在研磨操作中常采用，8 字形研磨方法，要求阀片整个接触面受到均匀研磨，所施加在阀片上的外力要注意用力均匀。

3. 气阀的安装

（1）在安装气阀之前，应对气阀上阀座结合面和垫片进行清洗与检查，结合面上不得有明显的径向划痕。

（2）检查气阀阀片升程限制器的端面锁紧装置是否可靠，必要时可以铆死，以免阀组在运行中由于不断振动而出现松脱事故。

（3）认真区别吸排气阀，防止装错。

（4）安装时注意垫的正确位置，防止出现偏垫。

（5）机组若不能及时试运行时，应采取可靠的防锈措施。

10.6.3.8　同步电机的安装

（1）同步电机的基础一般均与机身基础为一整体，对基础的检查、处理及垫铁组的设置基本与压缩机部分相同。

（2）在安装同步电机钢底座时，要重点控制水平度及轴中心线的位置，一般要求水平偏差在 0.10mm/m 之内，轴中心偏差在 0.50mm 之内。

（3）同步电机的吊装工作，根据电机结构（如单独立轴承、双独立轴承）、重量及现场实际情况，可采取整体或分体吊装。

（4）分体电机安装方法及要求如下：

在进行分体吊装时，一般是待钢座找平、找正并有合适的平面标高之后，让独立轴承就位并初步找平找正，再吊装电机定子。此时应先将定子与钢座间的可调垫片放好（包括绝缘垫），待定子就位并初步找正后，即可进行转子吊装工作。对于单独立轴承的转子吊装，事先在联轴器一侧应准备好托垫或托架，以临时支承转子。转子安全而顺利地装入定子内是一项细致的工作，严防定、转子在套装过程中相碰。在套装时若外侧独立轴承影响穿入，可作适当的暂时移位或拆除。待转子初步就位后，调整转子与被驱动轴的联轴器找正（包括同心度、间距）以及转子气隙。对于双独立轴承的转子，在联轴节找正之前可以进行轴瓦的刮研，但刮研时要保持转子轴正常的水平位置。它也可以与单独立轴承那样在联轴器找正时进行刮研，刮研要求同机身主轴瓦。

除了以上吊装程序外，还有采用在电机钢座找正找平之后，即进行单或双独立轴承的安装并进行初步找正后再吊装转子，待转子就位并初步找正定位，最后再吊装电机定子就位的方法。这种方法似乎要麻烦一些，因为在吊装定子时，外侧独立轴承需拆除，待定子装入转子轴内后再重新安装调整，但这种方法在进行定子、转子相套时相对安全可靠。

(5) 刚性联轴节的找正：

① 刚性联轴节的找正方法有“一表找正法”、“二表找正法”和“三表找正法”等多种方法。在对称平衡压缩机的刚性联轴节找正中，普遍采用“二表找正法”，即采用两块千分表分别测定联轴节径向和轴向的找正(图 10-65)。在使用该法对联轴器进行找正时，一般分两步进行：第一步是用钢板尺和塞尺进行初步找正，即用钢板尺在联轴节外圆面的不同轴向位置上进行靠测，利用透光法检查两联轴节的径向偏差，并用塞尺检查两半联轴器两端面的平行度及端面间距；第二步采用两块千分表进行精找，即由两块表分别精确测量轴向与径向的偏差并进行调整，使同心度符合要求。

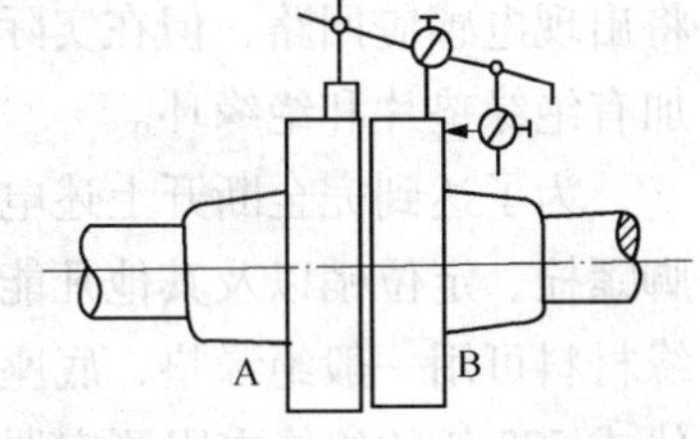

图 10-65 “二表找正法”装置图

② 在采用“二表找正法”时应注意：

a. 对称平衡压缩机有“M”型与“H”型之分，它们在找正刚性联轴节的方法上是一样的，但被调整的对象不同。对于“M”型对称平衡压缩机刚性联轴节的找正，有以主曲轴上联轴器为主基准，调整电机轴联轴器。但也有相反的采用情况，但由于电机转子的调整比较容易，压缩机调整牵涉到其上的附件管线等，所以多数采用前种方法。对于“H”型机组上刚性联轴节的找正，“H”型机组的电机转子轴往往是与某一侧主曲轴为一整体轴，只与另一侧主曲轴通过刚性联轴节联接，在进行联轴节找正时，一般均以主曲轴与转子轴为整体一侧刚性联轴节为主轮，调整另一侧主曲轴位置以达到找正目的。

b. 由于一般联轴节的外圆端面加工的表面粗糙度较差，不利于找正时千分表的端向移动。所以常在联轴节外圆端面上取上、下、左、右各相隔 90° 的测点位置，测点距边缘约 10~15mm，并将各测点作好记号以重复用，在实际测定时常需多次测定以达到更合适的找正数据。除了以上找正时的单轮转动方法以外，现在还常采用双轮同时转动的方法，即使联轴节组同时旋转，并分别测定四个位置上的数据。这种方法的优点是测点的千分表触头基本上只作很有限的位移，对测定结果的准确度是有利的。

c. 独立轴承不论是一个或两个的，在找正联轴节的过程中应随时配合作适当位移，以确保轴承与轴颈始终处于正常配合位置。独立轴承的地脚螺栓紧固问题，在施工中往往被忽视，由于为了调整方便而使地脚螺栓始终处于松开状态，待找正工作结束后再紧地脚螺栓，此时将会影响找正的准确度。所以，对独立轴承的地脚螺栓应采取调整一次立即紧固是比较可靠的。

d. 由于对称平衡压缩机的联轴节外缘一般较宽，所以采用的千分表架要考虑适当的刚性和稳定性。千分表座在主轮上的固定要可靠，在使用磁力表座时应注意磁力是否正常，无磁力表座时也可以采用包箍等方法来固定千分表架。

③ 联轴节找正时各支承点的调整值计算方法可参见第五章的第九节。

④ 在进行联轴节找正时，还应考虑电机转子由于自重影响而产生的挠度值对找正的影响，并结合本机组对找正的要求而确定调整值。

⑤ 待找正工作结束后，即可进行联轴节螺栓孔的精铰工作，在铰孔时应注意原已作核对孔位的标号。精铰后的螺栓孔与螺栓的配合为微量过盈配合，不得松动。

（6）独立轴承与电机钢座间的绝缘垫问题：

在安装电机独立轴承时，凡采用双独立轴承的，均应在任意一侧的独立轴承座与钢座之间加绝缘垫片和绝缘环，其主要目的是为了防止产生静电感应轴承电流。因为从电机转子轴—独立轴承甲—电机钢底座—独立轴承乙—电机转子轴正好形成一电感应回路，它在电机运行时将产生感应轴承电流，这种感应轴承电流的存在将起破坏润滑油膜和造成轴承过热的不良作用(图 10-66)。对于单独立轴承装置的电机，虽然在理论上不存在如双独立轴承那样将出现电感应回路，但在实际中往往为了防止意外回路的出现而在独立轴承座与钢座之间也加有绝缘垫片和绝缘环。

为了达到完全断开上述电感应回路，除了在独立轴承底部加绝缘垫之外，独立轴承的地脚螺栓、定位销以及其他凡能形成感应回路的任何导电联接件，均应严格采取绝缘措施。绝缘材料可用一般绝缘垫，底座上绝缘垫周边尺寸应稍大于底座。绝缘效果的检验可用 1000 伏或 500 伏的绝缘电阻测定器测定，要求绝缘电阻大于 50 万欧姆为合格。

（7）同步电机的定子安装找正：

① 在安装找正电机定子时，应考虑将来生产维修之便与安装时调整之用，一般在定子底座与钢座之间加上 2~4mm 厚的垫片层，它由多层薄垫组成。此垫一般属设备自带，如没有时应现场配制。

② 电机定子的找正均在联轴节找正之后进行，并以转子为基准进行调整，包括同心度与轴向位置的调整。

③ 电机空气间隙量的调整检查方法(图 10-67)：

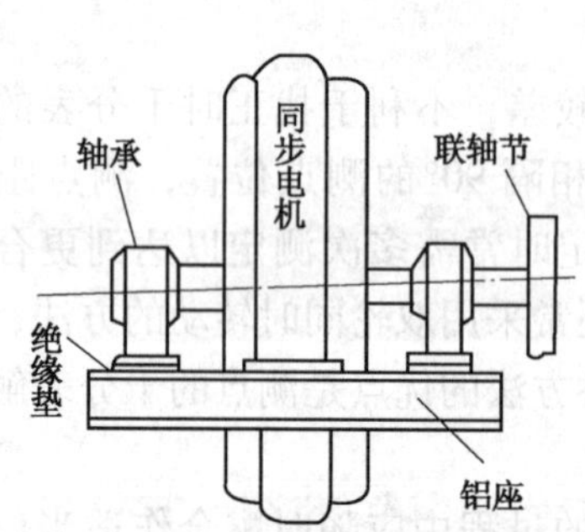

图 10-66　防止产生轴承电流的绝缘措施示意图

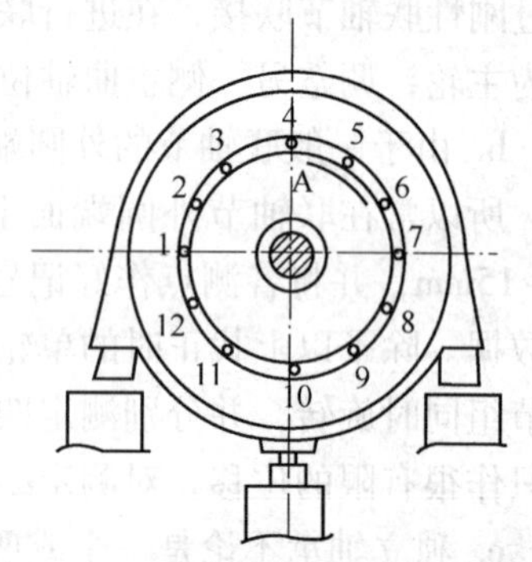

图 10-67　电机空气间隙量检查方法

a. 以转子为基准检查空气间隙的方法：

先将定子周围等分为 8~12 点，并在各点作上编号，再在转子圆周上任取一点 A，并作标志。然后让 A 点沿着定子的顺序号慢慢移动，并测得 A 点与各顺序点之间的空气间隙值，当各点气隙值均基本一致时，即说明定子与转子同心度比较理想。当各点值出入较大时，应分析原因，在判别是定、转子不同心关系还是因定子椭圆度的关系。

b. 以定子为基准检查空气间隙的方法　检查的方法同上，它是先在转子周边上编等分顺序号，再以定子上某点为 A_1 点。当转子慢慢转动时，分别测定与 A_1 点相应的各点间之气隙值，再根据测点值的情况来判别定转子的同心度和转子的椭圆度情况。

c. 定子与转子间各测点的气隙值最大偏差应在平均气隙值的 10%以内。由于考虑到转子在运行一阶段之后的微量下沉原因，一般在安装时，要求顶部空气间隙值比底部空气间隙值比底部空气间隙值小5%~10%的平均气隙值。

d. 在检查定子与转子的空气间隙工作中还应注意如下几点：

测量气隙的工具可以用塞尺，但其长度不应短于300mm。在测定时，最好在相应点的两侧均测定。

在测定气隙过程中，要严防它物落入气隙内。

在环向气隙找正合格后，还应检查轴向位置是否也符合要求，然后即可进行定子定位（打定位销），并将轴端压盖及转子各磁极连接螺栓、风扇连接螺栓拧紧并复查以及注意防松垫是否可靠。

④ 最后进行同步电机的导电装置安装，在进行此步工作时，集电环和励磁滑环的内孔与主轴应有0.30~0.50mm的间隙，碳刷与滑环的接触弧面应严密，不得有间隙。

10.7 往复式压缩机的试车

往复式压缩机安装好以后，都要进行试车，以检查压缩机的运转情况，了解或测试压缩机的工作性能，并检查压缩机的设计、制造、装配及安装工作是否合理和完善。试车分单机无负荷试车、空气负荷试车、介质负荷试车。

对使用过的压缩机，经过拆卸和检修后，轴和轴瓦、活塞杆和填料、汽缸套和活塞环等各摩擦件都进行了修换，虽然在制作时经过精密的加工，修理中进行了精心的刮研，但是它们的表面还是比较粗糙或接触不理想。因此，必须进行空负荷磨合，即空负荷试车，使传动机构和密封部位互相配合的摩擦件进行运转磨合。各部分的装配间隙调节是否恰当等，也要通过试车来进行检验。另外，通过试车也可以发现和消除由于安装或修理不当而产生的缺陷。

10.7.1 机组试车

10.7.1.1 压缩机组在试车之前应具备的基本条件

（1）与压缩机组试车有关的建筑工程必须基本完毕，并已打扫清净。

（2）与压缩机组试车有相关的上下水、工艺配管、配电、仪表、附属设备等均已安装完毕，并已检查、试验与调校工作，结论为合格。

（3）具备齐全的安装自检记录、隐蔽工程记录、试验与调校记录，并已经有关的检验部门审查。

（4）试车所需用料均已基本备齐。

（5）试车方案已确定。

（6）已明确试车时统一指挥的组织机构。

10.7.1.2 试车前的检查

（1）检查机组的二次灌浆层质量，是否出现开裂等现象。

（2）检查机组的全部地脚螺栓、联轴节联接螺栓等的紧固及防松情况，还有汽缸的支撑是否良好等。

（3）检查润滑油的规格及用量是否符合要求。

（4）检查水系的畅通与流量情况。

（5）抽查机体内某些重要部位的间隙及接触情况。

（6）检查与机组运行有关系的测试仪表及联锁装置。

（7）检查动力配电是否已具备正常供电能力。

（8）拆除机组的全部进排气阀及分离器出口处滤网，并在进排气口设置临时铁丝网以防异物进入缸内。再进行盘车检查，以观察与测听机组内各运动构件是否动作正常，有无异响。

（9）检查机组各级安全阀是否已调试合格，不准备在机组运行后复调的安全阀应已进行铅封。

10.7.1.3 润滑油及水系统的试运行

1. 循环油系统试运

（1）为了确保循环油系统的洁净度，特别是防止有损运动部件的正常摩擦面的硬质细颗粒的存在，故在机组试车之前均应进行试循环使杂质得以滤除。在该系统试循环时，一般采用切断进入主轴与十字头滑道处油进口接点的方法，使齿轮泵送来的循环油直接进入机身并经过其上的回油管回到集油箱。

（2）在进行循环油系统试循环时，应注意油温是否合适，必要时可适当利用集油箱内加热盘管进行蒸汽加热或通过冷却器冷却。

（3）在启动齿轮油泵之前，应检查油泵的转向是否正确，并将油泵的进、出口阀、压力调节阀以及压力表控制阀等全部开启。

（4）油泵启动后，逐渐关小压力调节阀，使油泵出口压力稳步上升达到规定压力。当已全部关闭调节阀而油泵出口压力达不到规定指标的下限时，应仔细分析原因，如油泵、调节阀、安全阀等是否存在内漏等，并采取合理的处理方法。

（5）当油泵出口压力正常后，要进行4h以上的连续试运行，以观察油泵的运行性能是否良好。在连续试运行的过程中应检查油系统各接点的严密度情况、油温情况等。运行结束后，应取出油滤器清洗并观察分析循环油的清洁度情况。

（6）对于与油循环有联锁的装置，此时亦可检查与调试，在油系统试运合格后，卸油、箱换油。

（7）油循环是否合格及循环所需的时间，主要是根据油滤器网面的洁净度情况而定，在试循环工作结束以后，应将被拆除的各接点全面恢复原位。

2. 注油系统试运行

（1）注油系统的清洗、检查及安装完毕之后，即可将汽缸油加入注油器，并使油位达到许可的最高油面。在加油时应用细目铜丝网滤油或经注油器上滤油器慢慢加入（此法因速度太慢一般在初次加油时不采用），以确保注油系统用油的洁净度。

（2）将注油系统各油管与汽缸、填料函的接点全部断开，并在断开接头处放置接油器以回收由油管排出油。

（3）摇动注油器上手柄，检查注油器内各构件的运动是否正常，并观察玻璃罩内各注油点是否畅通，然后启动注油器组电机以检查各油管排出油的洁净度情况，要求连续运行两小时，在连续运行期间应检查注油器运行情况及各油路接点的密封情况。

（4）在注油系统连续运行过程中，还应通过调节螺套对各油路的滴油速度进行调节，以达到规定的滴油速度要求。

（5）在注油系统运行中，并考虑调节螺套是否有效，对注油器内不断给以油的补充也不可忽视。在试运前就应进行压力试验，合格后进行油系统试运，待试运行合格后，最好继续以各种缸工作压力的1.5倍，对各油管逐根进行强度压力试验，待试验合格后再将各接点接好以待机组试运行。

3. 冷却水系统试运行

（1）大型压缩机的冷却水由于耗量较大，故一般均采用水系统打循环的方式。常见的水冷却系统有开式与闭式两种。

开式循环系统是用泵把冷水池中冷却水送往压缩机需要冷却各部分，经换热之后的水流经检水槽送至温水池，再用泵将温水输送到凉水塔冷却后返回至冷水池供循环使用。这种系统因为有检水槽，便于检查水量与水温，所以使用可靠，在遇有突然停电的情况时，将由停水断路器自动控制机组停车。

闭式循环系统，即为来自水池冷却水经泵加压以后送往机组各处，经换热后的水直接返至温水池，系统中并装有测温计，这种系统常用在较小型机组的水系统。但不论采用何种水系统循环方式，它们在压缩机组正式试车之前都必须试运合格，满足使用要求。

（2）冷却水的水质应符合要求。对水质的主要要求是清净无杂质、不易积垢、不能具有腐蚀性。目的是为了提高换热效率、防止系统堵塞、延长机组的使用寿命。

（3）当室温在+5℃以下进行水系统试循环时，循环工作结束后应及时将系统内冷却水排除干净，以免系统中设备或管线冻裂损坏。

10.7.1.4 压缩机组无负荷试车

1. 试车前准备

（1）电机单独试运合格。

（2）油系统试运合格。

（3）试运记录表格。

（4）机组试运条件确认。

2. 无负荷试车的程序

（1）将因电机独立试车而被拆除的部件全部复位，并经检查无误。

（2）使冷却水系统投入正常运行。

（3）使注油系统和循环油系统投入正常运行。

（4）进行机组盘车检查。

（5）进行点动启动，注意检查，应无异常情况和声响，旋转方向正确。

（6）进行二次启动，并使机组连续运行约5~30min，并检查各部情况。如运行情况一切正常，可继续按有关规定进行4~8h的连续试运行。

（7）当以上连续试运行过程一切正常后，即可停止机组运行，并在相隔一定时间后陆续停止油系统与水系统的运行。

3. 在无负荷试车中应注意的事项

（1）进行循环油系统的油压检查。当油压逐渐下降时，说明滤油系统堵塞情况恶化，应及时切换，确保油压在规定的范围。

（2）定时进行注油系统的各注油点的油量检查(一般在试车阶段的滴油量可比正常用量增大5%)和系统内各接点的严密度检查。

（3）检查冷却水系统的畅通与流量情况。

(4) 测听传动部件的声响。

(5) 检查地脚螺栓的松动情况。

(6) 检查各轴承的温升情况。

(7) 电机部分的检查同电机试车要求。

(8) 检查仪表及连锁装置的显示、监控及动作是否符合要求。

(9) 在试车过程中，如因故需要停车时，连续运转的计时应从再次启动后重新计算。

(10) 在试车过程中，还应定时作好各项检查的试车记录。

10.7.1.5 压缩机组的负荷试车

1. 负荷试车前的准备工作

(1) 负荷试车前的准备工作基本上与无负荷试车的准备工作相同，但出于负荷试车的安全考虑，对准备工作应更进一步引起各方面的重视。

(2) 由于负荷试车涉及某介质被压缩问题，故在试车之前应明确采用何种介质作为压缩的对象。在实际情况中，当机组最高出口压力不超过 25MPa 时，一般均以空气为试车介质，当要求超压时，介质可采用氮气。在实际负荷试车中，对于最终压力超过 25MPa 的机组，若采用氮气为压缩介质时，一方面供气量太大，另一方面还需一套临时设施构成机组试车用的循环系统，所以极少采用。一般均以空气为介质将机组负荷加压至 22MPa 左右即不再继续升压，待现场试车时再继续完成更高压力部分的加压工作。

2. 负荷试车的程序

(1) 打开本机组系统的放空阀、控制阀和卸载阀、旁路阀等。机组末级出口系统，将根据具体情况选择放空点，放空点应设置消音器。

(2) 冷却水系统投入运行，并检查系统是否畅通，流量是否正常。

(3) 循环油与注油系统投入运行，并检查油压与滴油量等情况。

(4) 盘车检查各部活动情况。

(5) 通风系统投入运行(此项将根据具体需要而定)。

(6) 检查机组的运转控制操作柄的位置是否正常。

(7) 机组启动(根据需要可先点动启动)，并使机组在空负荷条件下运行约 10~20min，在确认机组运行一切正常之后，即可开始缓慢加压，逐级升压，并分阶段地进行稳压。

(8) 当最终排出压力达到试车规定的最高压力后，应稳压连续运行 72h。

(9) 经 72h 连续运行并确认合格之后，即可从末级开始全面稳步卸压，使机组由负荷运行过渡为无荷运行，然后停车。

(10) 机组停车后是否需要继续进行一定时间的盘车，将根据各机组情况而定，最后应根据机组温降情况陆续停止注油系统、循环油系统和冷却水系统的运行。

3. 负荷试车过程中的升压与调节

(1) 大型压缩机组负荷试车中的升压过程一般均分几个阶段升压，阶段的次数取决于机组各段的总压缩比和机组初始进入与最终排出的被压缩气体工作压力情况。如中、低压机组可分 2~3 个阶段进行升压，高压机组可以分三个以上的阶段进行升压。在每一阶段的稳压时间一般不得低于 1h，以便检查与考验机组在本阶段负荷试运行的情况，在各阶段的升压过程中，均应注意稳定而缓慢的升压。

（2）在以上升压或稳压过程中，可利用下列阀进行调节与控制：

① 调节余隙阀；

② 各级近路阀；

③ 各级卸荷阀和油水排净阀；

④ 各级放空阀。

4. 负荷试车过程中的检查工作

（1）检查冷却水系统的压力、流量及水温情况。

（2）检查注油系统各供油点的滴油量情况。

（3）检查循环油系统的油压情况。

（4）检查汽缸、填料函和系统中各接点的严密度。

（5）检查机组轴承等运动部件的温升程度及独立轴承油环的转动情况。

（6）检查机组本身和基础的振动情况。

（7）测听机组与系统内的异常声响情况。

（8）定期排放各附属设备内的油水。

（9）检查或测听机组配管的振动与管内有无异物。

（10）检查各级仪表及联锁装置的灵敏度。

（11）检查电机的电流、温升及励磁等部分情况。

（12）对以上各项的定时检查工作，应作好详细的试车检查记录。

5. 负荷试车过程中的安全阀调校工作

安全阀的调校工作，特别是对中压级与高压级安全阀的调校，在条件许可的情况下，均应在机组负荷试车之前调校完毕并按要求铅封，这将给试车工作带来安全保障。但在实际调校工作中，特别是对于高、中压安全阀往往需要进行二次调校，其主要原因是：按照以往的习惯或经验，确认了安全阀的最终调校以气调为可靠，所以它就涉及调压用的气源问题，进行二次调校一般就是因为气源解决不了。关于能否用水调代替气调一次完成呢？在理论上水调与气调应该是一致的，都能达到调压的目的。但经实践证明，水调与气调的结果往往稍有出入，而且往往水调的安全阀启动压力偏高，主要是因为气体比水有较强的渗透能力的关系。也有采用一次水调，因考虑安全阀启动压力要求有一定范围，就是启动压力有一定的波动不会涉及安全问题。但不论采用一次调校二次调校，一般均要求安全阀在调校之前需经1.5倍工作压力的试验。对于需要在机组运行中进行二次气调的安全阀，均必须在事先用水压进行一次调校合格，为了二次气调更安全可靠，在水调时往往将安全阀的开启压力定在最高工作压力上，以便在负荷试车时由低向高作最后调整。二次调校的方法不足之处是机组需要作超负荷运行以供安全阀调校，也有不主张机组进行超负荷运行，认为这对机组的使用寿命有害，所以对安全阀的启动定压采用凭经验调校，然后用水压复校的方法。该法即先用水压将安全阀启动压力调校在该级额定工作压力上，在负荷试车时细致观察其是否在该定压下起跳，如不起跳或提前起跳，应对安全阀以适当的调整，并注意掌握安全阀的调整量与起跳压力变化的关系，然后将安全阀调至规定范围。为了可靠起见，待机组停车之后，应将安全阀卸下进行水压试验。由于安全阀的启动定压有定范围，如工作压力为32MPa的氮氢气压缩机，它的末级安全阀启动压力要求为33~33.5MPa，所以采用此法还是可取的。

6. 负荷试车后的检查工作

（1）检查机组各部螺栓的紧固情况是否正常。

（2）检查或抽查汽缸、承轴等部位的磨损情况。

（3）检查电机各部情况。

（4）检查与清洗油系统各滤油及油质情况。

（5）检查有关的电气、仪表情况。

（6）排除在试车中所发现的缺陷。

10.7.2 往复式压缩机试车合格及完好标准

10.7.2.1 往复式压缩机试车正常须达到的要求

（1）各运动部件应无不正常响声。

（2）各连接处及各密封面应无漏气、漏油和漏水现象。

（3）冷却水和润滑油的供应量应适当，不得有中断现象。

（4）主轴轴承、连杆轴承、十字头滑板和活塞杆等摩擦部位的温度一般不超过65℃。

（5）各级汽缸排出的气体温度应不超过160℃。

（6）冷却部位排出的冷却水温度应不超过40℃。

（7）循环润滑系统的油压应保持在0.1~0.3MPa，不得低于0.05MPa。

（8）安全阀开启应灵敏。

（9）压缩机在工作时的振幅一般不得超过下列规定：

① 转速低于200r/min时，应小于0.25mm；

② 转速在200~400r/min时，应小于0.20mm；

③ 转速高于400r/min时，应小于0.15mm。

10.7.2.2 往复式压缩机完好标准

1. 运转正常，效能良好

（1）设备生产能力满足正常生产需要或达到铭牌能力的90%以上；

（2）压力润滑和注油系统完整好用，注油部位（轴承、十字头、汽缸等处）油路畅通，油压、油位、润滑油指标及选用均应符合规定；

（3）运转平稳无杂音，机体及管系振幅符合设计规定；

（4）运转参数（温度、压力）等符合规定，各部轴承、十字头等温度正常；

（5）轴封无严重泄漏，如系有害气体，其泄漏应采取措施排除；

（6）段（级）间管系振动符合规定。

2. 内部机件无损，质量符合要求

各零部件的材质选用，以及活塞、十字头、轴瓦、阀片等组装配合，磨损极限以及严密性，均应符合规程规定。

3. 主体整洁，零附件齐全好用

（1）安全阀、压力表、温度计、自动调压系统控制及自启动系统应定期校验灵活准确；安全护罩、对轮螺栓、锁片等齐全好用；

（2）主体完整，稳钉、安全销等齐全牢固；

（3）基础、机座坚固完整，地脚螺栓、各部螺栓应满扣、齐整、紧固；

(4) 进出口阀门及润滑、冷却系统，应安装合理，不堵不漏；

(5) 机体整洁，油漆完整美观；

(6) 附机状态完好。

4. 技术资源齐全准确

(1) 设备档案，并符合设备管理制度要求；

(2) 定期状态监测记录；

(3) 基础沉降测试记录；

(4) 设备结构图及易损配件图。

10.8 往复式压缩机的故障分析与处理

从总体上讲，压缩机的故障诊断方法可以分为两大类：一类是实践经验诊断法，另一类是诊断理论诊断法。所谓实践经验诊断法，就是由作业人员通过耳听、眼看、手摸等来获得压缩机在运行过程中所产生的噪声、振动、温度等二次信息，再根据长期的实践经验，作出判断和采取处理的方法。所谓诊断理论诊断法，就是通过较先进的检测仪器和理论依据进行分析、判断找出故障原因的方法。

10.8.1 实践经验诊断法

压缩机运转和操作条件的变化，是通过仪表显示出来的。但仪表的显示一般是笼统的，具有一定的局限性，往往只说明问题的存在，而不能指明问题性质、部位的所在。还需提供各方面的综合分析、判断，才可能对发生的各种情况得出结论。操作人员和检修人员就要靠看、听和摸的帮助。

用看的方法可以观察各传动部分连接是否松动和脱落，各摩擦部分的润滑是否良好。从各种仪表的指示，可以看出整个压缩机的工作情况，及时发现问题，查出问题的关键，如气体、冷却水、润滑油各系统运转是否正常，阀门有无泄漏，以及其他部位的跑、冒、滴、漏等。

用听的方法能较准确地判断压缩机各部件的运转情况：听出各级进、排气气阀的阀片是否有损坏；活塞是否因活塞环损坏而漏气；轴瓦是否碎裂；气流是否脉冲严重；管道振动是否过大等。

用摸的方法可以探测出各摩擦部分的温升程度、振动大小等。

所谓的看、听、摸不是孤立的，而是紧密配合、互相关联的。例如，汽缸的进口气阀漏气，用看、听、摸三种方法，就有不同程度的反映，因为气阀漏气，可以摸出气阀盖的温度比正常操作的温度为高，且可以听到气阀内传出的异常响声。

在实际操作中，不断积累总结经验，应用看、听、摸的方法，能及时准确地到断各种不正常现象的原因，迅速处理，消除故障。

10.8.2 诊断理论诊断法

根据往复式压缩机的结构特点和运行特征，常采用以下诊断手段：

1. 振动测试

振动测试分析是诊断往复式压缩机最基本、最有效的手段。压缩机各运动副的磨损、连接件的松动、配合精度的变化，一般都能通过振动信号及其参数得到充分的反映。对振动信号作多方面分析可以获得反映压缩机状态的丰富信息。

2. 温度监测

往复式压缩机的许多零部件，在强烈的冲击和摩擦条件下工作，因此温度也是反映某些部位状态变化的敏感因素。特别对监测十字头滑块、活塞等部位的磨损及配合情况，以及反映冷却系统、气阀部件的工作状态都是比较有效的。

3. 铁谱分析

铁谱分析用于监测压缩机曲轴箱内运动副的磨损情况，是一种比较理想的辅助手段。但当有多个同种材质的运动副存在磨损故障时，采用铁谱分析不能准确地区分故障的部位。因此，只能当作一种辅助手段与其他方法配合使用。

4. 冲击脉冲法

由于往复式压缩机内存在多个冲击振源，其强烈的冲击信号往往淹没了滚动轴承相对弱小的脉冲信号，因此，采用冲击脉冲法对往复式压缩机的滚动轴承进行常规判断往往是无效的。但它可当作相对标准对本机进行前后比较，作状态趋势管理还是适宜的，也可用于同型号机组之间作类比判别。

5. 监测工况参数

通过监测压缩机的排气量、排气压力、冷却水量、润滑油量等参数为查找压缩机有关部位及零部件的故障提供有用信息。

10.8.3 常见故障及其原因和措施

压缩机在运转过程中，难免会出现一些故障，甚至事故。故障是指压缩机在运行中出现的不正常情况，一经排除压缩机就能恢复正常工作，而事故则是指出现了破坏情况。两者往往是关联的，若发生故障不及时排除便会造成重大事故。

1. 排气量不足

排气量不足是与压缩机的设计气量相比而言。主要可从下述几方面考虑：

(1) 进气滤清器的故障　积垢堵塞，使排气量减少；吸气管太长，管径太小，致使吸气阻力增大影响了气量，要定期清洗滤清器。

(2) 压缩机转速降低使排气量降低　空气压缩机使用不当，因空气压缩机的排气量是按一定的海拔高度、吸气温度、湿度设计的，当把它使用在超过上述标准的高原上时，吸气压力降低等，排气量必然降低。

(3) 汽缸、活塞、活塞环磨损严重，使有关间隙增大，泄漏量增大，影响到了排气量。当属于正常磨损时，需及时更换易损件，如活塞环等。若是由于安装不正确，间隙留得不合适时，应按图纸给予纠正，如无图纸时，可取经验资料，对于活塞与汽缸之间沿圆周的间隙，如为铸铁活塞时，间隙值为汽缸直径的0.06/100~0.09/100；对于铝合金活塞，间隙为汽缸直径的0.12/100~0.18/100；钢活塞可取铝合金活塞的较小值。

(4) 填料函不严产生漏气使气量降低。其原因首先是填料函本身制造时不合要求；其次可能是由于在安装时，活塞杆与填料函中心对中不好，产生磨损、拉伤等造成漏气；一般在填料函处加注润滑油，它起润滑、密封、冷却作用。

(5) 压缩机吸、排气阀的故障对排气量的影响。阀座与阀片间掉入金属碎片或其他杂物，关闭不严，形成漏气。这不仅影响排气量，而且还影响间级压力和温度的变化；阀座与阀片接触不严形成漏气而影响了排气量，一个是制造质量问题，如阀片翘曲等，第二是由于阀座与阀片磨损严重而形成漏气。

(6) 气阀弹簧力与气体力匹配的不好。弹力过强则使阀片开启迟缓，弹力太弱则阀片关闭不及时，这些不仅影响了气量，而且会影响到功率的增加，以及气阀阀片、弹簧的寿命，同时，也会影响到气体压力和温度的变化。

(7) 压紧气阀的压紧力不当。压紧力小，则易产生漏气，压紧力太大，会使阀罩变形、损坏，一般压紧力可用下式计算：$p=k\pi/4D^2P_2$，D 为阀腔直径，P_2 为最大气体压力，k 为大于 1 的值，一般取 1.5~2.5，低压时 $k=1.5$~2.0，高压时 $k=1.5$~2.5。

2. 排气温度不正常

排气温度不正常是指其高于设计值。从理论上进，影响排气温度增高的因素有：进气温度、压力比、以及压缩指数(对于空气压缩指数 $k=1.4$)。实际情况影响到吸气温度高的因素还有：中间冷却效率低，或者中冷器内水垢多影响到换热，则后面级的吸气温度必然要高，排气温度也会高。气阀漏气，活塞环漏气，不仅影响到排气温度升高，而且也会使级间压力变化，只要压力比高于正常值就会使排气温度升高。此外，水冷式机器，缺水或水量不足均会使排气温度升高。

3. 压力不正常以及排气压力降低

压缩机排出的气量在额定压力下不能满足使用者的流量要求，则排气压力必然要降低，即排气压力降低是现象，其实质是排气量不能满足使用者的要求。此时，只好另换一台排气压力相同，而排气量大的机器。影响级间压力不正常的主要原因是气阀漏气或活塞环磨损后漏气，故应从这些方面去找原因和采取措施。

4. 不正常的响声

压缩机若某些件发生故障时，将会发出异常的响声，一般来讲，操作人员是可以判别出异常的响声的。活塞与缸盖间隙过小，直接撞击；活塞杆与活塞连接螺帽松动或脱扣，活塞端面丝堵松，活塞向上窜动碰撞汽缸盖，汽缸中掉入金属碎片以及汽缸中积聚水份等均可在汽缸内发出敲击声。曲轴箱内曲轴瓦螺栓、螺母、连杆螺栓、十字头螺栓松动、脱扣、折断等，轴径磨损严重间隙增大，十字头销与衬套配合间隙过大或磨损严重等等均可在曲轴箱内发出撞击声。排气阀片折断，阀弹簧松软或损坏，负荷调节器调得不当等等均可在阀腔内发出敲击声。由此去找故障和采取措施。

5. 过热故障

在曲轴和轴承、十字头与滑板、填料与活塞杆等摩擦处，温度超过规定的数值称之为过热。过热所带来的后果：一个是加快摩擦副间的磨损，二是过热量的热不断积聚直致烧毁摩擦面以及烧抱而造成机器重大的事故。造成轴承过热的原因主要有：轴承与轴颈贴合不均匀或接触面积过小；轴承偏斜曲轴弯曲，润滑油黏度太小，油路堵塞，油泵有故障造成断油等；安装时没有找平，没有找好间隙，主轴与电机轴没有找正，两轴有倾斜等。

6. 压缩机的事故

(1) 断裂事故曲轴断裂　其断裂大多在轴颈与曲臂的圆角过渡处，其原因大致有如下几种：过渡圆角太小，$r<0.06d$(d 为曲轴颈)；热处理时，圆角处未处理到，使交界处产生应力集中；圆角加工不规则，有局部断面突变；长期超负荷运转，以及有的用户为了提高产量，随便增加转速，使受力状况恶化；材质本身有缺陷，如铸件有砂眼、缩松等。此外在曲轴上的油孔处起裂而造成折断也是可以看到的。

（2）连杆的断裂　有如下几种情况：连杆螺钉断裂，其原因有：连杆螺钉长期使用产生塑性变形；螺钉头或螺母与大头端面接触不良产生偏心负荷，此负荷可大到螺栓受单纯轴向拉力的七倍之多，因此，不允许有任何微小的歪斜，接触应均匀分布，接触点断开的距离最大不得超过圆周的1/8，即45°；螺栓材质加工质量有问题。

（3）活塞杆断裂　主要断裂的部位是与十字头连接的螺纹处以及紧固活塞的螺纹处，此两处是活塞杆的薄弱环节，如果由于设计上的疏忽，制造上的马虎以及运转上的原因，断裂较常发生。若在保证设计、加工、材质上都没有问题，则在安装时其预紧力不得过大，否则使最大作用力达到屈服极限时活塞杆会断裂。在长期运转后，由于汽缸过渡磨损，对于卧式列中的活塞会下沉，从而使连接螺纹处产生附加载荷，再运转下去，有可能使活塞杆断裂，这一点在检修时应特别注意。此外，由于其他部位的损坏，使活塞杆受到了强烈的冲击时，都有可能使活塞杆断裂。

（4）汽缸、缸盖破裂　主要原因：对于水冷式机器，在冬天运转停车后，若忘掉将汽缸、缸盖内的冷却水放尽，冷却水会结冰而撑破汽缸以及缸盖，特别是在我国的北方地区，停车后必须放掉冷却水；由于在运转中断水而未及时发现，使汽缸温度升高，而又突然放入冷却水，使缸被炸裂；由于死点间隙太小，活塞螺母松动，以及掉入缸内金属物和活塞上的丝堵脱出等原因都会使活塞撞击缸盖，使其破裂。

（5）燃烧和爆炸事故　有油润滑压缩机中往往产生积碳问题，这是我们所不希望的，因为积碳不仅会使活塞环卡在槽内，气阀工作不正常以及使气流通道面积减小增加阻力，而且在一定的条件下积碳会燃烧，导致压缩机发生爆炸事故。因此，汽缸中的润滑油不能供给太多，不能让没有经过很好过滤，含有大量尘埃的气体吸入汽缸，否则形成积碳与含有多量挥发物的气体接触导致爆炸。为要防止燃烧、爆炸发生，一定要计划检修，定期清洗储气罐和管道的油垢。

除此以外，引起压缩机燃烧和爆炸事故还有如下操作方面的原因：压缩机在用氢、氧、氮氢气负荷试车之前，没有用低压的氮气将空气驱除干净而引起爆炸。因缺乏操作知识，开车后没有打开压缩机到储气罐的阀门，致使排气压力急剧升高导致爆炸。因此，要防止这类事故发生，开车前必须熟悉操作规程，开车后，密切注意压力表数值。在一般中小型压缩机中，最好将压缩机到储气罐这段管路上的闸阀取消，只留下逆止阀即可。此外，对压缩机操作工应进行上岗前的培训。

由于压缩机高压级气阀不严密，使高压高温的气体返回汽缸，在排气阀附近产生高温，当有积碳存在时，即会引起爆炸。为避免事故，此时必须检修排气阀、检查漏气部位，消除故障。

第 11 章　螺杆压缩机

螺杆压缩机凭借其可靠性高、操作维护方便、动力平衡好、适应性强、有良好的输气量调节性等优点，广泛应用于石油、化工、空气动力、制冷等领域。

11.1　基本组成及工作原理

11.1.1　基本组成

螺杆压缩机有单螺杆、双螺杆之分，常用的是双螺杆压缩机，现在以无油双螺杆压缩机为例，介绍其基本组成，见图 11-1。

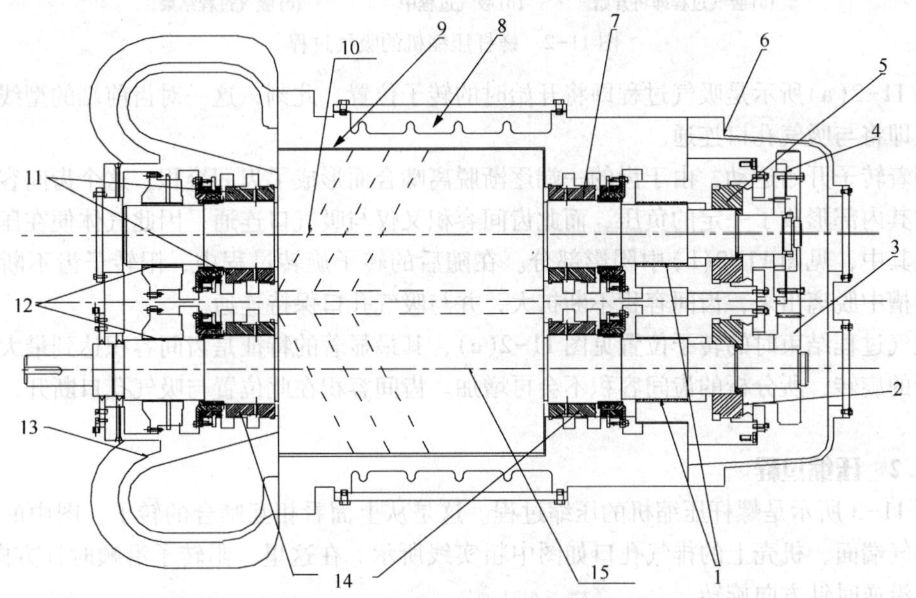

图 11-1　无油双螺杆压缩机

1、12—径向轴承；2、5—止推轴承；3、4—同步齿轮；6—出口壳体盖；

7、11、14—轴密封；8—冷却水套；9—中间壳体；10—阴转子；

13—入口壳体盖；15—阳转子

在“∞”字形的汽缸内平行地安装着两个相互啮合的螺旋形转子，通常把节圆外具有凸齿的转子称为阳转子(或称主动转子)，把节圆内具有凹齿的转子称为阴转子(或称从动转子)。中间壳体的两端用端盖封住，支承转子的轴承安装在端盖的轴承孔内。转子上每一个螺旋槽与中间壳体内表面所构成的封闭容积即是螺杆压缩机的工作容积。在压缩机体的两端，分别开设有一定形状和大小的吸排气孔口，呈对角线布置。此外，还有轴封，同步齿轮、平衡活塞等部件。

11.1.2　工作原理

螺杆压缩机属于容积式压缩机，其工作循环可分为吸入、输气、压缩和排气四个过程。

随着转子旋转，每对相互啮合的齿相继完成相同的工作循环，为简单起见，这里只分析其中的一对齿的工作原理。

11.1.2.1 吸入过程和输气过程(或统称为吸气过程)

在图 11-2 中，所分析的一对齿用箭头标出，阳转子按逆时针方向旋转，阴转子按顺时针方向旋转，图中的转子端面是吸气端面。机壳上有特定形状的吸气孔口，如图中粗实线所示。

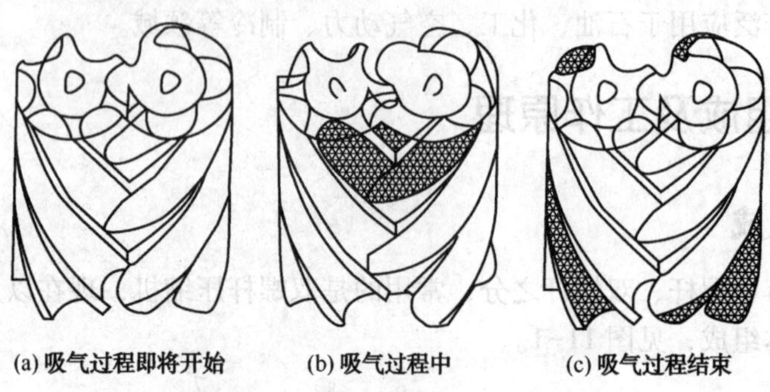

图 11-2 螺杆压缩机的吸气过程

图 11-2(a)所示是吸气过程即将开始时的转子位置。此刻，这一对齿前端的型线完全啮合，且即将与吸气孔口连通。

随着转子开始运动，由于齿的一端逐渐脱离啮合而形成了齿间容积，这个齿间容积的扩大，在其内部形成了一定的负压，而此齿间容积又仅与吸气口连通，因此气体便在压差作用下流入其中，见图 11-2(b)中阴影部分。在随后的转子旋转过程中，阳转子齿不断从阴转子的齿槽中脱离出来，齿间容积不断扩大，并与吸气孔口保持连通。

吸气过程结束时的转子位置见图 11-2(c)，其最显著的特征是齿间容积达到最大值，随着转子的旋转，所分析的齿间容积不会再增加。齿间容积在此位置与吸气孔口断开，吸气过程结束。

11.1.2.2 压缩过程

图 11-3 所示是螺杆压缩机的压缩过程。这是从上面看相互啮合的转子。图中的转子端面是排气端面，机壳上的排气孔口如图中粗实线所示。在这里，阳转子沿顺时针方向旋转，阴转子沿逆时针方向旋转。

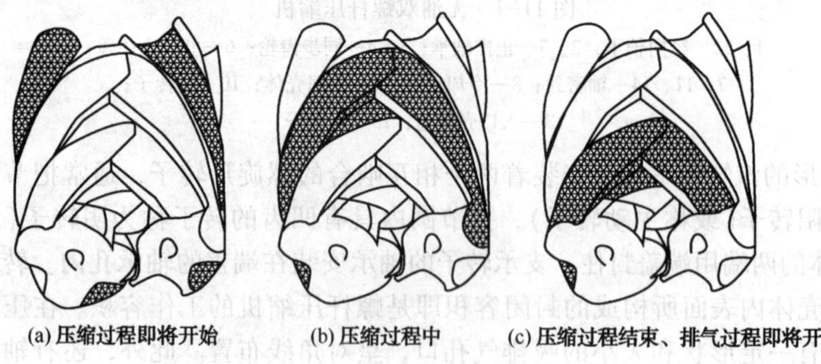

图 11-3 螺杆压缩机的压缩过程

图 11-3(a)所示是压缩过程即将开始时的转子位置。此时，气体被转子齿和机壳包围在一个封闭的空间中，齿间容积由于转子齿的啮合就要开始减小。随着转子的旋转，齿间容积由于转子齿的啮合而不断减小。被密封在齿间容积中的气体所占据的体积也随之减小，导致

压力升高，从而实现气体的压缩过程。如图 11-3(b)所示。压缩过程可一直持续到齿间容积即将与排气孔口连通之前，如图 11-3(c)所示。

11.1.2.3 排气过程

图 11-4 所示是螺杆压缩机的排气过程。齿间容积与排气孔口连通后，即开始排气过程。随着齿间容积的不断缩小，具有排气压力的气体逐渐通过排气孔口被排出，见图 11-4(a)。这个过程一直持续到齿末端的型线完全啮合，见图 11-4(b)。此时，齿间容积内的气体通过排气孔口被完全排出，封闭的齿间容积的体积将变为零。

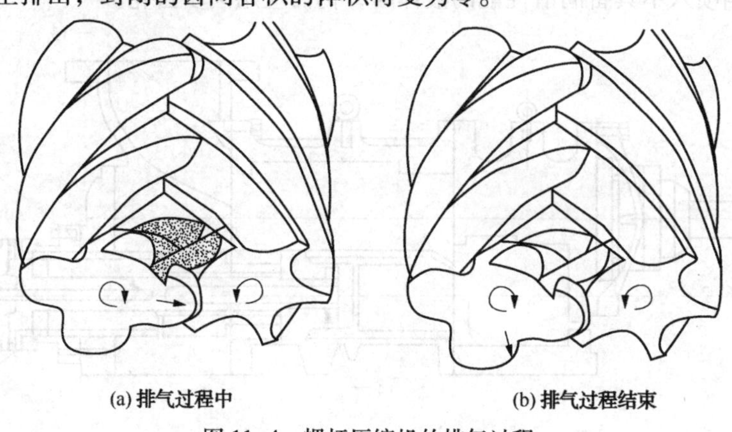

(a) 排气过程中　　(b) 排气过程结束

图 11-4 螺杆压缩机的排气过程

11.1.3 螺杆压缩机的优、缺点

螺杆压缩机具有可靠性高、操作维护方便、动力平衡性好、适应性强、可多相混输等优点。也存在造价高、不能用于高压场合、不能制成微型机等缺点。

11.2 分类

螺杆压缩机有多种分类方法：按运行方式的不同，分为无油压缩机和喷油压缩机两类；按被压缩气体种类和用途的不同，分为空气压缩机、制冷压缩机和工艺压缩机三种；按结构形式的不同，分为移动式和固定式、开启式和封闭式等。常见的螺杆压缩机分类如下：

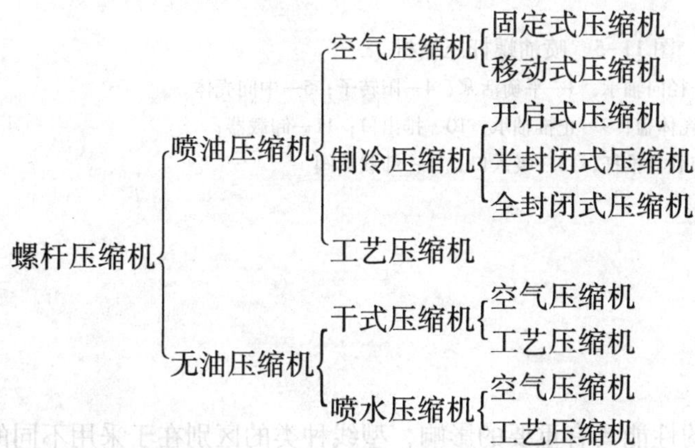

在无油螺杆压缩机中，气体在压缩时不与润滑油接触。无油螺杆压缩机的结构如图 11-1 所示，它的转子不接触，相互间存在间隙，阳转子通过同步齿轮带动阴转子旋转。在喷油螺

杆压缩机中，润滑油被喷入所压缩的介质中，起着润滑、冷却的作用。图 11-5 为喷油螺杆压缩机结构图，它不设同步齿轮，由阳转子直接带动阴转子旋转。

喷油螺杆压缩机和喷水(或其他非油冷却介质)螺杆压缩机统称为湿式螺杆压缩机。干式螺杆压缩机与湿式螺杆压缩机的区别在于：干式机在工作腔中只有受压缩气体，机壳一般设有冷却水套，两螺杆由同步齿轮传动；湿式机在工作腔内喷入润滑油或纯净水进行内冷却，有些是喷入被压缩介质液体进行内冷却。当喷入的为润滑油时，两螺杆可以依靠自身的啮合副传动，当喷入不具备润滑性能的液体时，仍需应用同步齿轮。

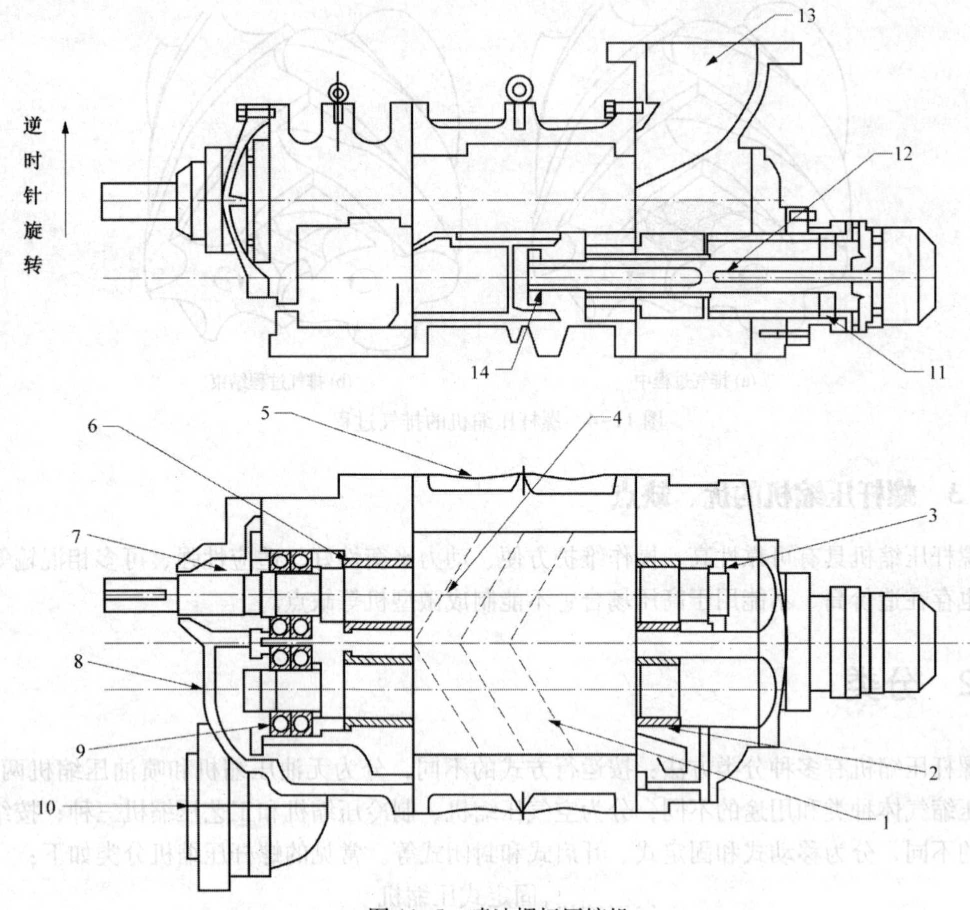

图 11-5 喷油螺杆压缩机

1—阴转子；2，6—径向轴承；3—平衡活塞；4—阳转子；5—中间壳体
7—轴密封；8—壳体盖；9—止推轴承；10—排出口；11—卸载器；
12—卸载器推杆；13—吸入口；14—卸载器阀

11.3 技术参数

11.3.1 转子型线种类

转子型线种类对螺杆压缩机的性能具有重要的影响，型线种类的区别在于采用不同的组成齿曲线。第一代和第二代转子型线通常是“线”密封的型线，即其组成齿曲线中含有“点”，这些点沿转子的长度方向便形成了一条密封线。第三代和以后的各种新的不对称型线，一般都是“带”密封的型线，即其组成齿曲线中不再含有“点”，而都是“曲线段”，这些曲线段沿转子长度方向便形成了有一定宽度的密封带。“带”密封型线的性能明显优于“线”密封型线，特别是在高压比工况或转子直径较小的中小型螺杆压缩机中，这种“带”密封型线的优势更为明显。

11.3.2 转子齿数

一般情况下，螺杆压缩机阳/阴转子的齿数一般在3/3～10/11之间，最常用的是3/4、4/5、4/6、5/6、5/7、6/8等。图11-6示出3/4、4/6和6/8的三种齿数组合。

对于图11-6(a)所示的3/4组合形式，其转子直径较小，因此具有泄漏线长度与容积量之比较小的优点，可使压缩机具有较高的效率，但其抗弯刚度较差。由于3/4组合形式的阴转子直径很小，当压差太大时，它将会产生较大的弯曲变形，甚至与机体相接触。所以，这种形式多用于压差较小的应用场合，如物料输送、多级压缩机的低压级等。

与3/4的形式正好相反，对于图11-6(b)所示的6/8组合方案，转子直径较大，因此泄漏线长度也较长，导致压缩机的效率较低。但由于其阴转子直径较大，故抗弯能力较强。所以，这种形式可以适用于压力差很大的场合，例如高压差的螺杆工艺压缩机和微小型的螺杆制冷压缩机等。

图11-6(c)所示的4/6组合形式转子刚度适中，并且阴阳转子的刚度相近，压缩机的效率也较高，因此获得了较为广泛的应用。

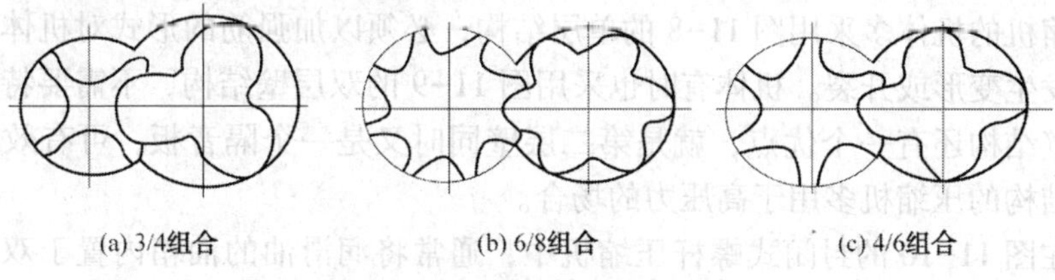

图11-6 不同的转子齿数组合

11.3.3 转子啮合间隙、端面间隙和齿顶间隙

在螺杆压缩机中，阴阳转子间沿接触线的啮合间隙，对压缩机的性能具有重要的影响。这是因为接触线两侧的压力差较大，通过此泄漏通道的泄漏，占了整个泄漏损失的绝大部分。图11-7示出不同阳转子齿顶速度 v_m 时，压缩机的容积效率 η_v 和绝热效率 η_{ad} 随转子啮合间隙 δ 的变化情况。从中可以看出，随着啮合间隙的增大，两种效率都呈线性下降，特别是在齿顶速度低的情况下，效率下降更快。一般情况下，啮合间隙每增大0.01mm，容积效率就要下降1%～3%。啮合间隙的具体数值主要取决于转子的尺寸和材料，一般可按0.03%～0.08%D选取(D为转子外径)。

螺杆压缩机中吸气端面基本不存在压力差，因此吸气端的间隙显得无关紧要。但在排气端面却有从排气压力到吸气压力的压力差，这意味着排气端间隙非常重要。所以在螺杆压缩机装配中，所有为防止热膨胀而预留的间隙都放在吸气端，以便把这种膨胀对排气端间隙的影响减到最小。起轴向定位作用的推力轴承一般总是放在排气端，因此影响排气端面间隙的只是排气端面与推力轴承间一段轴的膨胀。转子排气端面间隙的一般取值范围为0.01～0.10mm。

阴阳转子的齿顶与其汽缸孔之间也要留有一定的间隙，以补偿转子变形和加工误差，其数值通常在0.01～0.10mm之间。

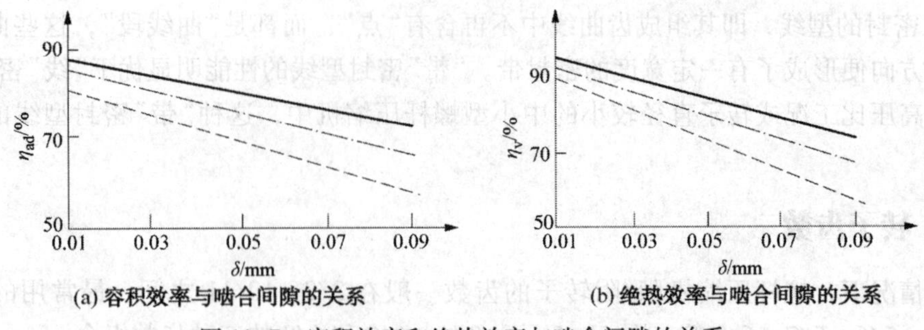

(a) 容积效率与啮合间隙的关系　　(b) 绝热效率与啮合间隙的关系

图 11-7　容积效率和绝热效率与啮合间隙的关系

直线表示 $v=40\text{m/s}$；点划线表示 $v=30\text{m/s}$；　虚线表示 $v=20\text{m/s}$

11.4　结构特点

11.4.1　机体

机体是螺杆压缩机的主要部件，它由汽缸及端盖组成。转子直径较小时，常将排气端盖或吸气端盖与汽缸铸成一体，转子沿轴向装入汽缸。在较大的机器中，汽缸与端盖是分开的。有的大型螺杆压缩机汽缸设水平剖分面，这种结构便于机器的拆装和间隙的调整。端盖有整体式结构的，也有中分式结构的，端盖内置有轴封、轴承，同时还兼作同步齿轮的箱体。

螺杆压缩机的机体多采用图 11-8 的单层结构，必须以加强筋的形式对机体外部进行加强，以避免发生变形或开裂。机体有时也采用图 11-9 的双层壁结构，不需要特别的加强筋措施。双层壁结构还有一个优点，就是第二层壁同时又是一个隔音板，可有效降低机器噪声。双层壁结构的压缩机多用于高压力的场合。

特别是在图 11-10 的封闭式螺杆压缩机中，通常将润滑油的油箱内置于双层壁的机体之内，更能使机器的噪声大幅度下降。无论何种结构的机体，都应具有良好的刚度。

机体的材料主要取决于所要达到的排气压力和被压缩气体的性质。当排气压力小于 2.5MPa 时，可采普通灰铸铁；当排气压力大于 2.5MPa 时，一般采用铸钢或球墨铸铁。对于腐蚀性气体、酸性气体和含水气体，可采用高合金钢或不锈钢。

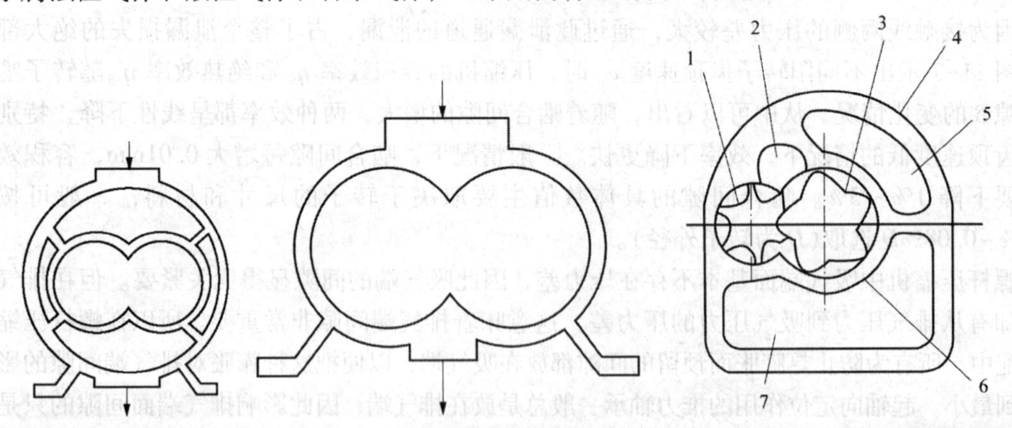

图 11-8　单层壁结构机体　　图 11-9　双层壁结构机体　　图 11-10　封闭式压缩机的双层壁结构机体

1—阴转子；2—调节滑阀；3—阳转子；
4—机体外壁；5—气体流道；6—机体内壁；7—油箱

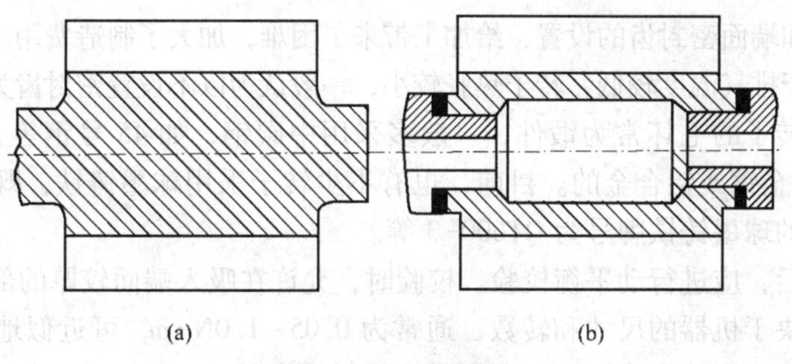

图 11-11 转子结构

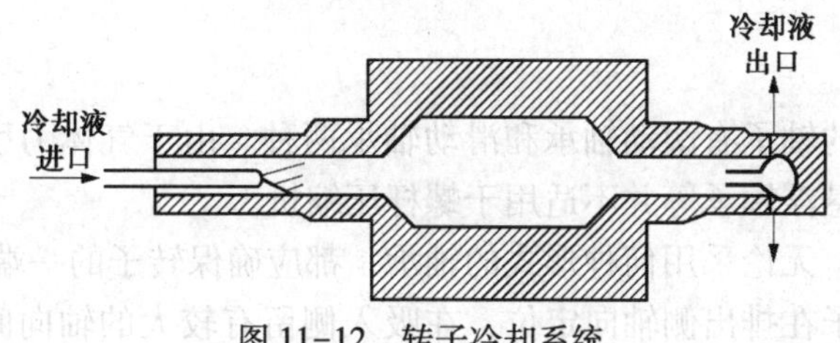

图 11-12 转子冷却系统

11.4.2 转子

转子是螺杆压缩机的主要零件，其结构有整体式与组合式两类。当转子直径较小时，通常采用整体式结构，见图 11-11(a)。而当转子直径大于 350mm 时，为节省材料和减轻重量，常采用组合式结构，见图 11-11(b)。

当排气温度较高时，为了减少转子的变形，干式螺杆压缩机的转子有时采用内部冷却的结构。图 11-12 所示为一种无油压缩机转子内部冷却系统图。

在螺杆压缩机中，有时在阴、阳转子的齿顶设有密封齿，并在阳转子齿根圆的相应部分开密封槽，见图 11-13。密封齿数及其位置，有多种形式。以阴转子为例，图 11-14 中示出Ⅰ、Ⅱ、Ⅲ共三种方案。另外，有时还在转子的端面，特别是排气端面，加工成许多密封肋，其形状见图 11-13 中 *A-A*、*B-B* 剖视图所示。这种密封齿可与转子作为一体，也可以镶嵌在铣制的窄槽内。

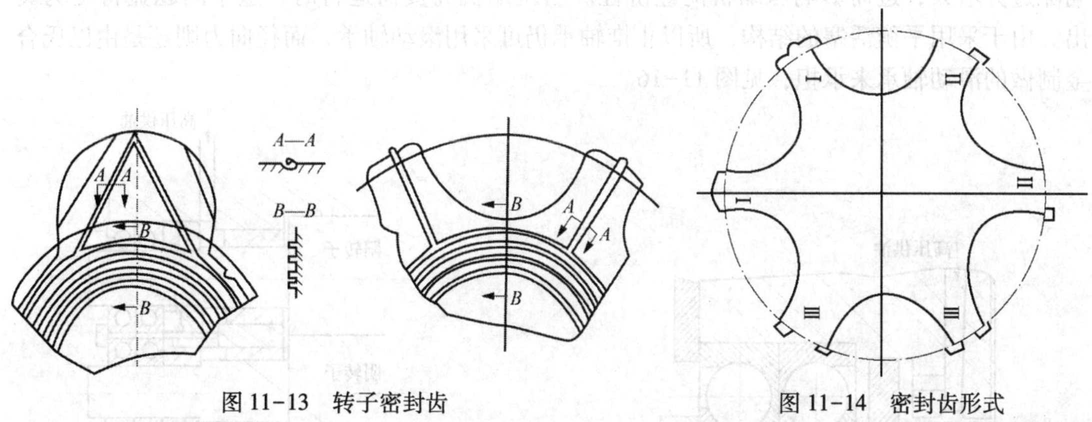

图 11-13 转子密封齿　　图 11-14 密封齿形式

大多数的干式螺杆压缩机转子齿顶设有密封齿，其目的是使压缩机间隙尽可能小。这些密封齿的横截面积很小，能在开始运行后的一段时间内“磨合”到最佳的尺寸，能对加工误差、转子变形和热膨胀进行补偿，从而使压缩机能保持非常小的均匀间隙，使泄漏量减少。另外，当转子振动、轴承损坏，致使转子与汽缸接触时，密封齿可防止引起大面积的咬伤，避免出现严重事故。齿顶和端面密封齿的设置，给加工带来了困难，加大了制造费用。因此，在喷油螺杆压缩机中，由于排气温度较低，转子热胀较小，一般认为以不设置密封齿为宜。

螺杆压缩机转子的毛坯常为锻件，一般多采用中碳钢，如 45 号钢等，有特殊要求时，也有用 40Cr 等合金钢或铝合金的。目前，也有不少转子采用球墨铸铁，既便于加工，又降低了成本，常用的球墨铸铁牌号为 QT600-3 等。

转子精加工后，应进行动平衡校验。校验时，允许在吸入端面较厚的部分取重。允许的不平衡力矩，取决于机器的尺寸和转数，通常为 0.05～1.0N·m，可近似地取作(0.1～0.2) $G\times10$N·m(G 为转子重量，单位：N)。尺寸小、转速高的机器应取偏低值。

11.4.3 轴承

螺杆压缩机常用的轴承有滚动轴承和滑动轴承两种。由于气体力引起的轴承负荷很大，因此，气体轴承和磁悬浮轴承等并不适用于螺杆压缩机。

在螺杆压缩机中，无论采用何种形式的轴承，都应确保转子的一端固定，另一端能够伸缩。一般情况下，转子在排出侧轴向定位，在吸入侧留有较大的轴向间隙，让其自然膨胀，以便保持排出端有不变的最小间隙值，使气体泄漏为最小，并减小端面磨损。

在无油螺杆空气压缩机中，通常采用高精度的滚动轴承，以便得到高的安装精度，使压缩机获得良好的性能。由于无油螺杆压缩机的转速很高，在选择滚动轴承时，应保证其有足够长的寿命。通常，用分别安装在转子两端的圆柱滚子轴承承受转子的径向载荷，用安装在排气端的一个角接触球轴承承受轴向载荷，并向转子进行双向定位。

在大载荷的螺杆制冷机和工艺压缩机中，由于使用滚动轴承寿命太短，往往采用滑动轴承，螺杆压缩机中的全部径向力必须由轴承来承受，通过平衡装置将部分或全部轴向力抵消。平衡装置通常采用一个平衡活塞或类似装置，在它两边施加一定的压差来平衡轴向力，一般用高压油提供所需压力。由于轴向力不一样，两转子所用的平衡活塞直径也不一样，或者只在阳转子上设平衡活塞。图 11-15 所示为一个油压平衡活塞的结构。

在中小型制冷和工艺压缩机中，采用轴向滑动轴承时，由于游隙较大，会导致排气端面间隙过分增大，进而影响压缩机的经济性。当压缩机高负荷运行时，这个问题显得更为突出。由于采用平衡活塞的结构，所以止推轴承仍可采用滚动轴承，而径向力则还是由巴氏合金制做的滑动轴承来承担，见图 11-16。

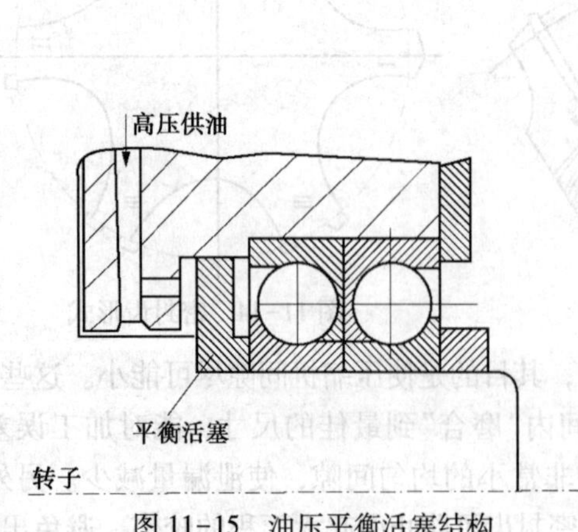

图 11-15　油压平衡活塞结构

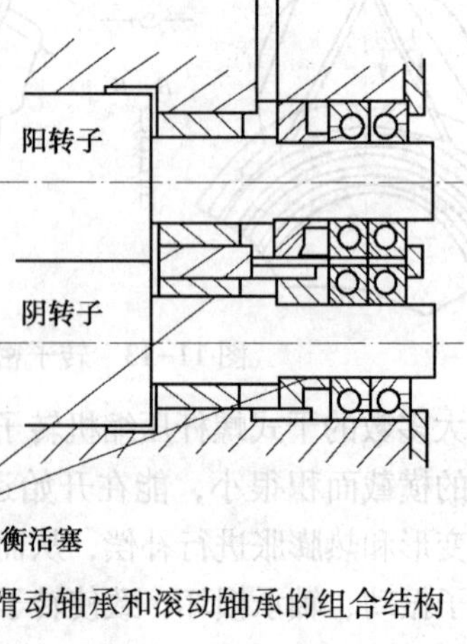

高压供油
阳转子
阴转子
直径不同的平衡活塞

图 11-16　滑动轴承和滚动轴承的组合结构

11.4.4 轴封

螺杆压缩机的轴封主要有石墨环式、迷宫式、机械式和干气密封等，参见第6章。

11.4.5 同步齿轮

在无油螺杆压缩机中，转子间的间隙和驱动靠同步齿轮来实现。同步齿轮有可调式及不可调式两种结构，通常都采用图11-17所示的可调式结构。小齿圈(又称反向齿片)1及大齿圈2都套在轮毂3上，调整小齿圈(反向齿片)1，使之与大齿圈2错开一个微小角度，就可减少主动齿轮与从动齿轮之间的啮合间隙，提高阴、阳螺杆正反负荷侧的啮合精度。小齿圈(反向齿片)1调整时必须注意方向，要使它在齿轮啮合时不受主承载力，提高其使用寿命。间隙调整适当以后，将小齿圈(反向齿片)1、大齿圈2与轮毂3用圆锥销4定位，再用螺栓5将大小齿圈及轮毂固定。为防止螺母松动，螺栓5之间用防松垫片6连接。螺杆压缩机同步齿轮的齿圈材料可用40CrMo钢，轮毂材料通常为40号中碳钢。

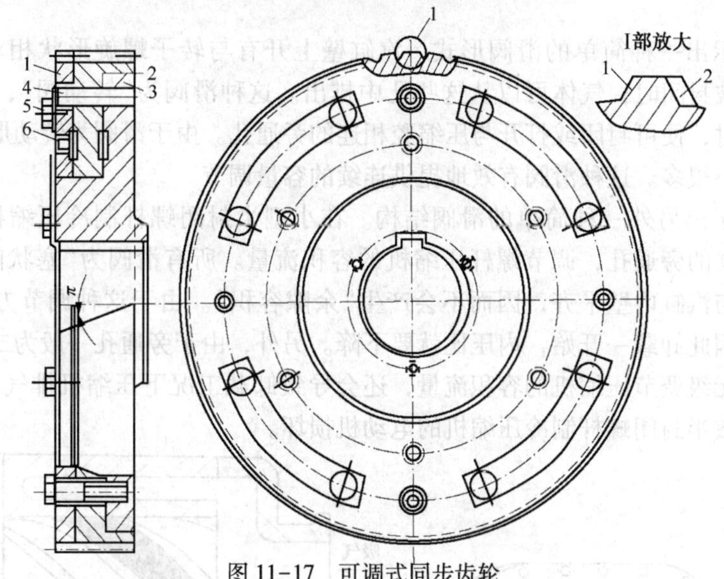

图11-17 可调式同步齿轮

1—小齿圈(反向齿片)；2—大齿圈；3—轮毂；4—圆锥销；5—螺栓；6—防松垫片

11.4.6 容量调节滑阀

容量调节滑阀是螺杆压缩机中用来调节容积流量的一种结构元件，虽然螺杆压缩机的容积流量调节方法有多种，但采用滑阀的调节方法获得广泛的应用，特别是在喷油螺杆制冷机和工艺压缩机中。见图11-18，这种调节方法是在螺杆压缩机的机体上装一个调节滑阀，成为压缩机的机体的一部分。它位于机体高压侧两内圆的交点处，且能在与汽缸轴线平行的方向上来回移动。

容量调节滑阀调节螺杆压缩机容积流量的原理：见图11-19(a)，随着转子的旋转，被压缩气体的压力沿转子的轴线方向逐渐升高，在空间位置上，是从压缩机的吸气端逐渐移向排气端；见图11-19(b)，在机体的高压侧开口后，当两转子开始啮合并提高气体压力时，其中有些气体便会通过开口处旁通掉。从以上分析可以看出，压缩机对从开口处旁通气体所做的功，仅是用来将其排出，因此压缩机的耗功主要是压缩最终排出的气体所做的功和机械摩擦功之和。所以，当用容量调节滑阀调节螺杆压缩机容积流量时，可使压缩机在调节工况下保持较高的效率。

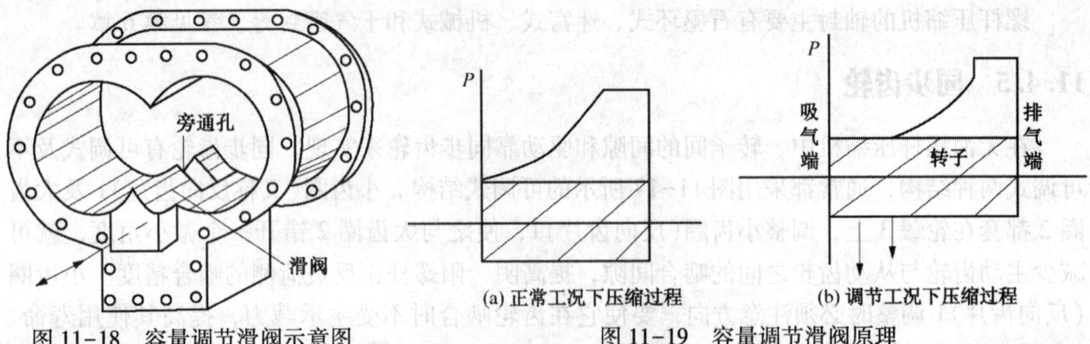

图 11-18　容量调节滑阀示意图　　图 11-19　容量调节滑阀原理

滑阀可以按控制系统的要求朝任一方向移动，其驱动方式有多种，最常见的是采用液压缸的方式，由压缩机本身的油路系统提供所需的油压。在少数机器中，滑阀是由电动机经减速后驱动的。

图 11-20 示出一种简单的滑阀形式，汽缸壁上开有与转子螺旋形状相对应的旁通孔，当这些孔没有被封闭时，气体可以从这些孔中排出。这种滑阀为“转动阀”，阀体是螺旋形的，当它旋转时，便可封闭或打开与压缩腔相连的旁通孔。由于滑阀为转动形式，压缩机总体长度便可减小很多。这种滑阀有效地提供连续的容量调节。

图 11-21 示出另外一种简单的滑阀结构。在小型半封闭螺杆制冷压缩机中广泛应用。它利用多个独立的旁通孔，调节螺杆压缩机的容积流量。所有滑阀为“塞状阀”，由于阀体可以做成恰好与汽缸内壁平齐，因而不会产生“余隙容积”。由于这种调节方式不改变排气孔口的大小，因此卸载一开始，内压比就要下降。另外，由于旁通孔一般为二到三个，故不能实现连续地无级调节压缩机的容积流量，还会导致卸载工况下压缩机排气温度越来越高，严重时可能导致半封闭螺杆制冷压缩机的电动机损坏。

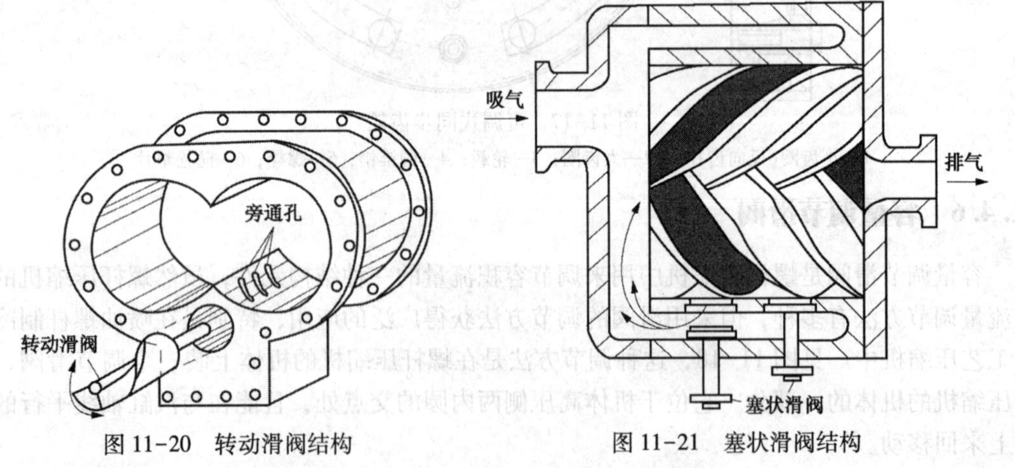

图 11-20　转动滑阀结构　　图 11-21　塞状滑阀结构

11.4.7　内容积比调节滑阀

螺杆压缩机工作的最佳工况是内压比等于外压比，若二者不等，经济性都会降低。增大或减小排气孔口的尺寸，将改变齿间容积内气体同排气孔口连通的位置，从而改变内压比。见图 11-22，通过一种滑阀调节，就可以获得变化的排气孔口，从而实现内容积比和内压比的调节。有时要求同时调节容积流量和内容积比，见图 11-23，在转子下部的孔中，移动的是两个滑阀，即前述容量调节滑阀中的固定块也变成了移动的。两个滑阀之间没有机械联系，分别由各自的液压缸驱动，在满负荷工况下，见图 11-23(a)、(b)，内容积比调节滑阀可以前后移动，以控制压缩机的内压比，为了保持满负荷，容量调节滑阀必须随内容积比调节滑阀运动，以保证两者之间的密封。

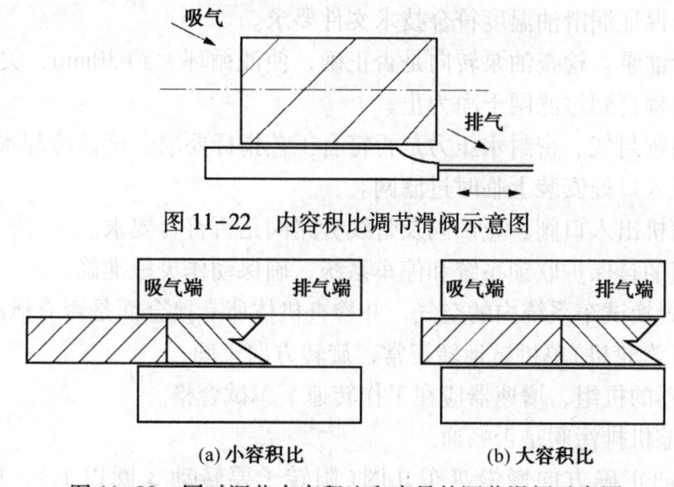

图 11-22　内容积比调节滑阀示意图

图 11-23　同时调节内容积比和容量的调节滑阀示意图

在同时调节内容积比和容量的调节滑阀装置中，为了获得两滑阀的正确位置，必须有一套图 11-24 所示的复杂调节机构，并通常采用计算机控制系统。这是因为在任何一个工况下，调节控制系统都必须判定两滑阀应处在什么位置，以便能对其进行正确的调节。

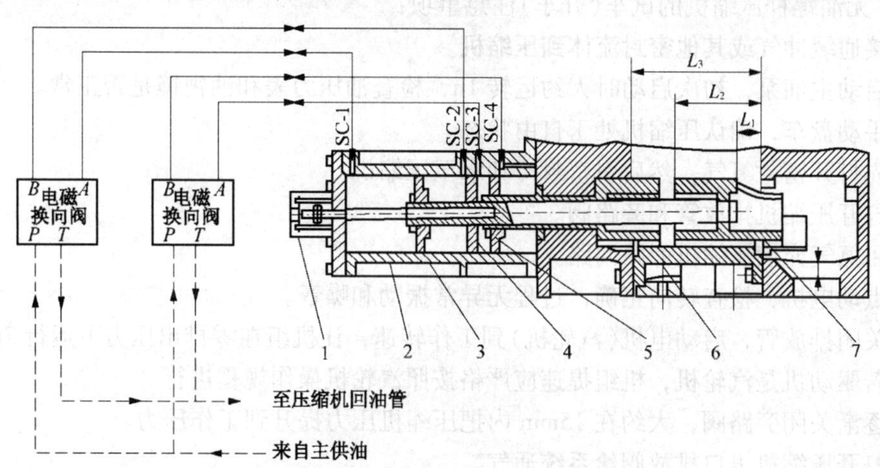

图 11-24　内容积比和容量调节滑阀控制系统

1—容量指示机构；2—液压缸；3—容量调节活塞；4—隔板；5—内容积比调节活塞；6—内容积比调节滑阀；7—容量调节滑阀

11.5　试车与验收

1. 试车前的准备工作

(1) 检查安装检修记录，确认数据正确，有试车方案。

(2) 向油分离器(贮油器)、油冷却器注油，油从注油接头加入(可由外油泵或机器本身油泵加入)。注油时，应观察油分离器上视镜油面，正确的油位应大约保持在视镜的3/4处。

(3) 检查油箱油位，对于装备有蓄油器的机组，必须确认蓄油器的气囊压力在设计范围内。

(4) 开机前应保证润滑油温度符合技术文件要求。

(5) 启动润滑油泵，检查油泵转向是否正确，使油循环大约30min，关闭油泵，检查过滤网，重复以上过程直到过滤网干净为止。

(6) 检查机组密封气、密封水压力是否符合工艺指标要求，确认冷却水系统运行正常。

(7) 在压缩机入口处安装上临时过滤网。

(8) 检查压缩机出入口阀、止回阀及管线旁路阀是否符合要求。

(9) 检查机组的自保护联锁系统和停车系统，确保动作灵敏准确。

(10) 用氮气置换试车系统内的空气，并检查机体所有接合面是否有泄漏。

(11) 电动机(汽轮机)单机试运转正常，旋转方向正确。

(12) 带增速器的机组，增速器应在工作转速下单试合格。

(13) 检查压缩机排污阀是否畅通。

(14) 压缩机向正确方向慢慢盘车几圈(阳转子要转动3圈以上)，应无卡涩摩擦等现象。

(15) 试车前所有零部件及附件必须齐全，完整。

2. 试车(开车)注意事项

(1) 无油螺杆压缩机的试车(开车)注意事项：

① 接通缓冲气或其他密封流体到压缩机。

② 启动主油泵，初次启动时大约运转1h，检查油压力表和油视镜是否正常。

③ 手动盘车，确认压缩机处于自由状态。

④ 先打开密封氮气，然后引密封冷却水至压缩机。

⑤ 打开压缩机排放管和旁路阀。

⑥ 用氮气充满压缩机旁路回路。

⑦ 点动电机，检查转向正确，过程无异常振动和噪音。

⑧ 关闭排放管，启动电机(汽轮机)到工作转速，让机组在零排出压力下运行2min。

⑨ 若驱动机是汽轮机，机组提速应严格按照汽轮机操作规程进行。

⑩ 逐渐关闭旁路阀，大约在15min内把压缩机压力提升到工作压力。

⑪ 打开压缩机出口排放阀给系统通气。

(2) 螺杆制冷压缩机的试车(开车)注意事项：

① 检查压缩机应可用手盘车无异常情况。

② 检查油分离器中油面在合适位置。

③ 检查吸入阀、排出阀、油过滤器进出口阀、压力表及其他与压缩机相连的阀是否打开。

④ 氨制冷机应检查油冷却器水阀是否打开，对于氟利昂制冷机应注意油温不低于30℃，当低于30℃时打开电加热器，油温高于35℃时再打开水阀，冷却水的压力不低于0.15MPa。

⑤ 检查电动机电压是否正常。

⑥ 合上控制电源，检查控制灯是否正确。

⑦ 启动油泵，使油泵出口压力高于排气压力 0.2~0.3MPa。

⑧ 使四通阀处于减载或增载位置，检查滑阀移动是否正常，然后将滑阀调至零位。

⑨ 用手盘动压缩机，应能轻易转动。

⑩ 合上主机电源及控制电源。

⑪ 观察压力表压力及检查主机机体与轴承处的温度是否正常。

(3) 机组在上述情况下运行 30min，检查系统和辅助设备的工作情况，检查是否存在异常振动和噪音。

(4) 在电机启动运转时，应慢慢打开吸气截止阀，否则过高的真空度将增大机器的噪音和振动。

(5) 机组运行稳定后，必要时可做机组的性能试验。

(6) 做好试车记录。

3. 验收

(1) 机组经过连续运行 24h 后，各项技术指标达到设计要求或能满足生产需要。

(2) 设备达到完好标准。

(3) 安装或检修记录齐全准确，按规定办理验收手续。

4. 停车注意事项

(1) 无油螺杆压缩机的停车注意事项：

① 将主电机断电。

② 气量调节阀关闭、自动放空阀打开。

③ 切断水源，排空系统中的水。

④ 检查盘车是否轻快。

⑤ 油泵停运。

(2) 螺杆制冷机停车注意事项：

① 将能量调节阀手柄旋转至减载部位，使滑阀回到零位。

② 关闭油冷却器的水阀。

③ 将主电机断电。

④ 油泵停运。

11.6 故障分析与处理

螺杆压缩机的故障分析与处理见表 11-1。

表 11-1 螺杆压缩机的故障分析与处理

故障现象特征	故障原因	处理方法
主驱动机在起动后立即停车(在大约 20s 内)	1. 安全装置跳闸 2. 通过主驱动机的安全装置跳闸 3. 连锁电路不正确	1. 检查跳闸原因。每次由跳闸装置停车后，都要慢慢手动盘车，以确保安全。如果需要时间延时，或时间延时不正确，要向压缩机厂家咨询。在起动期间振动，开关可能需要时间延时 2. 检查处理驱动机跳闸情况 3. 检查连锁电路，如有错误，予以修正

续表

故障现象特征	故 障 原 因	处 理 方 法
螺杆压缩机自动停机	1. 电机故障 2. 油温过高 3. 油压差过大 4. 控制电路故障 5. 负荷过大 6. 转子咬合	1. 检查电机 2. 检查清洗油冷器 3. 检查清洗油过滤器 4. 检查修理控制元件 5. 检查原因、减少负荷 6. 解体检查处理或更换零部件
压缩机无气体流量	1. 转动方向错误 2. 管道堵塞	1. 参阅压缩机的外形图，检查实际转动方向 2. 检查管道、阀门、消音器、进口过滤器、冷却器等，以确认流程已打通
压缩机能力低	1. 出口压力高 2. 进口压力低 3. 转子和外壳间间隙过大 4. 安全泄压阀泄漏或因不正确的给定值而放空 5. 通过旁路阀泄漏	1. 处理工艺操作故障 2. 处理工艺操作故障 3. 检查更换超标部件 4. 拆下泄漏的阀门，清理和检查或更换。检查给定压力，并加以修正 5. 检查处理旁路阀
螺杆压缩机能量调节机构不灵活	1. 四通阀不畅通 2. 油管路不畅通 3. 油活塞间隙过大 4. 滑阀或油活塞卡死 5. 指示器故障 6. 油压不够	1. 检修或更换四通阀 2. 检修或吹扫油路系统 3. 检修或更换活塞和活塞环 4. 检修处理 5. 检修或更换 6. 调整油压
气体出口压力过大	1. 压缩机排气压力过高 2. 冷却不足 3. 阀门操作不正确	1. 重新设置安全阀压力 2. 检查并清洗冷却介质过滤器 3. 检查截止阀的位置，并纠正
气体出口温度高	1. 转子、壳体部位间隙过大 2. 排出气体压力过大 3. 中间冷却不足 4. 压缩机夹套冷却不够 5. 压缩机有故障 6. 冷却水流量不足 7. 中间冷却器故障	1. 更换磨损件或调整转子与转子和转子与壳体间间隙 2. 见“气体出口压力过大” 3. 清洗冷却器和冷却水系统 4. 清洗压缩机冷却夹套 5. 检查压缩机是否有摩擦，必要时调试 6. 检查调节冷却水供应量 7. 检查中间冷却器
气体进口温度高	1. 冷却水温度高 2. 气体冷却器的冷却水流量低 3. 气体冷却器结垢或有脏物 4. 工艺有故障	1. 检查冷却水系统 2. 检查冷却器的温升，如果温升太大，增加冷却水量 3. 清洗冷却器 4. 检查压缩机上游工艺

续表

故障现象特征	故障原因	处理方法
螺杆压缩机起动负荷过大	1. 排气压力高 2. 滑阀未回零位 3. 机体内充满油和液体 4. 转子接触摩擦或烧坏	1. 打开吸气止逆阀，使高压气回至低压系统，提高冷凝器冷凝能力 2. 将能量指示调至零位 3. 用手盘动压缩机将液体排出 4. 解体检修或更换配件
制冷能力不足	1. 喷油量不足 2. 滑阀不在正确位置 3. 吸气阻力过大 4. 转子磨损，间隙大 5. 制冷量调节装置故障	1. 检查油系统，提高油量 2. 调整滑阀位置 3. 清洗吸气过滤器 4. 调整或更换零件 5. 检修调节装置
螺杆压缩机机体温度高	1. 机体与转子有摩擦发热 2. 吸入气体过热 3. 压缩比过大 4. 冷却油或冷却水故障	1. 迅速停机进行检修 2. 降低吸气温度 3. 降低排压或负荷 4. 处理冷却系统
排气压力高引起安全阀放空、过大的功率、出口高温	1. 阀门操作不正确 2. 能量控制阀误动作 3. 冷却器前后压差太大	1. 检查调整截止阀的位置 2. 检查该阀并予以纠正 3. 检查并清理
排气压力低	1. 进口过滤器堵塞 2. 阀门操作不正确 3. 能量控制阀误动	1. 清理或更换进口过滤器元件 2. 检查调整进口阀门位置 3. 检查，必要时进行更换或修理
螺杆压缩机耗油量大	1. 油分离器中油过多 2. 油压过大，带油量过多 3. 油分离器效果不佳 4. 密封泄漏大	1. 放油至规定的液位 2. 降低油压差 3. 检查修理 4. 更换密封
螺杆压缩机润滑油温度高	1. 因为结垢或脏物积聚引起油冷器效率降低 2. 冷却水流量低 3. 冷却水温度高 4. 压缩比过大 5. 吸入气体过热 6. 喷油量不足(湿式螺杆压缩机) 7. 温度控制阀误动作 8. 温度控制阀的旁路阀打开	1. 对管束进行清理 2. 提高冷却水流量 3. 使用合适温度的冷却水 4. 降低压缩比或减轻负荷 5. 提高蒸发系统液位 6. 提高油压增加油量 7. 进行检查 8. 检查阀门的位置
润滑油系统压力低	1. 油压调节阀误操作，油压调节不当 2. 油泵出口的回油阀打开 3. 由于不正确的给定值或阀座损坏，油通过泄压阀漏掉 4. 切换过滤器清理或更换过滤元件 5. 检查修理泵零件的磨损情况 6. 检查处理，恢复储油槽油位 7. 检查油冷器，提高冷却能力 8. 检查更换密封部件 9. 加足油量或换油 10. 检修或更换部件	1. 检查阀门，必要时调节油压 2. 关闭该阀门 3. 检查给定值。如果错误，要纠正，必要时更换阀门 4. 过滤器元件堵塞，油系统不畅通 5. 油泵故障油泵转子磨损，泵效率降低 6. 储油槽油位低 7. 油温过高 8. 内部泄漏 9. 油量不足或油质不良 10. 主机的螺杆转子与壳体磨损

续表

故障现象特征	故障原因	处理方法
润滑油的流量过大	1. 轴承间隙增大 2. 节流孔板安装不正确 3. 润滑油温度高 4. 油压调节阀误操作	1. 检查轴承间隙，必要时更换轴承 2. 检查油管线并安装正确的孔板 3. 采取措施降低润滑油温度 4. 检查阀门
排油不正常	1. 有阻碍物 2. 吸气或压力平衡不正确	1. 检查有视镜的管道，确认油的排放正常 2. 检查呼吸器并予以清理，检查压力平衡管线有无障碍物
储油罐油位降低	1. 油泄漏 2. 油泄漏到压缩机的压缩室里 3. 机械密封的内部密封油排放过度	1. 检查泄漏处，如有要修复 2. 增加密封缓冲气的压力 3. 检查更换机械密封
储油罐油位上升	1. 冷却水泄漏到油系统 2. 工艺气体冷凝液或工艺气体中的水进入油系统	1. 检修冷却水系统的密封点 2. 检查轴封的密封情况
蓄压器中的油位降低	1. 油压低 2. 吹除气供气阀操作不正确 3. 汽泡进入蓄压器	1. 调节油压 2. 关闭吹除气供气阀，通过打开排泄阀调节油位 3. 重新调节油位
润滑油含水	1. 油冷却器管道泄漏 2. 密封气压力过低 3. 雨水进入油管线	1. 更换密封垫，必要时进行管束泄漏试验 2. 调整密封气压力 3. 检查通向大气的放空管，放空管必须在端部用向下的弯头进行保护，防止雨水或异物进入管道
气体泄漏	1. 连接螺栓松动 2. 垫片损坏 3. 压缩机密封有故障	1. 上紧螺栓 2. 更换垫片 3. 检查压缩机密封，如有损坏要更换
润滑油压力波动	1. 油压调节阀误操作 2. 油泵操作不正常	1. 检查和修理阀门 2. 检查油泵的操作条件，尤其是泵的进口压力
机械密封漏油	1. 密封面被灰尘等损坏 2. O 形环损坏 3. 润滑油温度高 4. 润滑油压力高 5. 有脏物	1. 更换密封 2. 更换 O 形环 3. 打开油冷器旁路阀调节油温 4. 通过压力调节阀调节油压 5. 检查清洁情况
冷却水太热	1. 冷却水供水系统故障	1. 检查冷却水供水系统，如有可能，降低供水温度
注水流量太小	1. 喷嘴堵塞 2. 管道和阀门里有结垢沉淀 3. 流量控制阀误操作	1. 检查和清理 2. 清理，如果结垢厉害，要用蒸汽吹扫 3. 打开控制阀的旁路阀进行手动操作，或修理控制阀

故障现象特征	故障原因	处理方法
振动大	1. 联轴节对中不好 2. 转子结垢或粘附工艺物质，造成不平衡 3. 转子间隙过小或转子接触，引起转子磨损 4. 轴承磨损使轴承间隙超标准 5. 同步齿轮磨损，啮合间隙超标准 6. 轴弯曲 7. 地脚螺栓松动 8. 共振(包括支承共振、基础共振、机壳结构共振) 9. 灌浆不正确	1. 在热机的情况下重新找正 2. 通过注入溶剂或水，清除沉淀物 3. 停掉压缩机，进行手动盘车，如果损坏严重，拆卸压缩机并修理 4. 调整轴承间隙，必要时进行更换 5. 检查齿轮游隙，按指定的要求进行更换 6. 校直轴 7. 紧固螺栓 8. 调查是否存在下列共振并消除： ·扭转共振 ·横向共振 ·管道共振——管道上存在立波压力脉冲 9. 重新灌浆
转子接触，转动有卡涩现象	1. 有外来杂质进入壳体 2. 转子表面有结垢 3. 出口压力低于进口压力 4. 出口温度高 5. 转子弯曲 6. 阀门操作不当，产生反压力 7. 转子冷却效果不好 8. 同步齿轮定位不正确 9. 轴承和同步齿轮磨损 10. 推力轴承磨损严重，推力间隙大	1. 清除杂质 2. 清洗转子表面污垢 3. 调整工作压力 4. 处理工艺操作故障 5. 检查校直轴 6. 旁路阀避免快速操作 7. 机组停车，应保证连续向外壳和油冷却器提供冷却水 8. 重新调整同步齿轮啮合间隙 9. 检查更换磨损件 10. 更换推力轴承
螺杆压缩机有异响	1. 转子接触或与壳体摩擦 2. 轴承损坏 3. 运转连接件松动 4. 机内有异物 5. 吸入大量液体	1. 对机组进行检修 2. 更换轴承 3. 停下压缩机，上紧螺栓 4. 解体检查，清除异物 5. 调整操作或停机放液
轴承高温	1. 使用了不合格的润滑油 2. 轴承入口润滑油温度高 3. 油的流量不足 4. 出口压力过大 5. 油过滤器压差过大 6. 联轴器对中不符合标准 7. 转子不平衡 8. 润滑油里有水 9. 轴颈表面粗糙 10. 推力盘表面粗糙	1. 检查油的质量，油必须清洁，有适当的黏度，如果不合格要更换新油 2. 采取措施降低来油温度 3. 检查管道是否有障碍物，增加油压 4. 进行工艺处理，降低出口压力到合适程度 5. 清理或更换过滤器滤芯 6. 按标准重新找正 7. 校验转子的平衡性 8. 检查油分离器 9. 修复轴颈达到标准的表面粗糙度，轴颈如果不是严重损伤，可用油石修理。如果严重损伤，轴颈需要镀铬并研磨 10. 进行抛光，直至粗糙点消除，重新调整推力间隙

续表

故障现象特征	故障原因	处理方法
外壳夹套冷却不足	1. 冷却水流量不足 2. 外壳夹内壁上有结垢沉积 3. 管道或阀门位置安装不正确	1. 检查通过夹套的冷却水温度 2. 在水冷却的情况下可进行化学清洗 3. 夹套进口和出口管道必须保证有一定弯曲度，夹套进口和出口接头要位于压缩机相对的一侧
油通过迷宫环泄漏	1. 迷宫环磨损 2. 由于压力平衡不适当，在轴承箱里建立了压力 3. 缓冲气供气不足 4. 排污器放空管线上的阀门关闭	1. 检查迷宫环间隙，必要时更换 2. 检查处理压力平衡管线 3. 增加缓冲气流量 4. 打开该阀门
油泄漏到转子腔里，引起工艺气体被油污染	1. 油通过迷宫环泄漏 2. 密封缓冲气压力低 3. 密封油未能排出	1. 检查迷宫环间隙，必要时更换 2. 增加密封缓冲气压力 3. 打开密封油排污器液位控制阀的旁路阀

第 12 章　轴流式压缩机

气体在压缩机汽缸中沿轴向流动的压缩机称为轴流式压缩机。

轴流式压缩机与离心式压缩机都属于透平式压缩机。与离心式压缩机相比，轴流式压缩机具有流量大、体积小、重量轻和设计工况下效率高等优点；但是，它也存在稳定工况范围较窄、性能曲线较陡、变工况性能较差和叶片易磨损等缺点。轴流式压缩机多用于炼油、化工和钢铁等行业。

12.1　基本组成及工作原理

轴流式压缩机主要由机壳、转子、静叶承缸、调节缸等组成。基本结构和主要元件如图 12-1 所示。

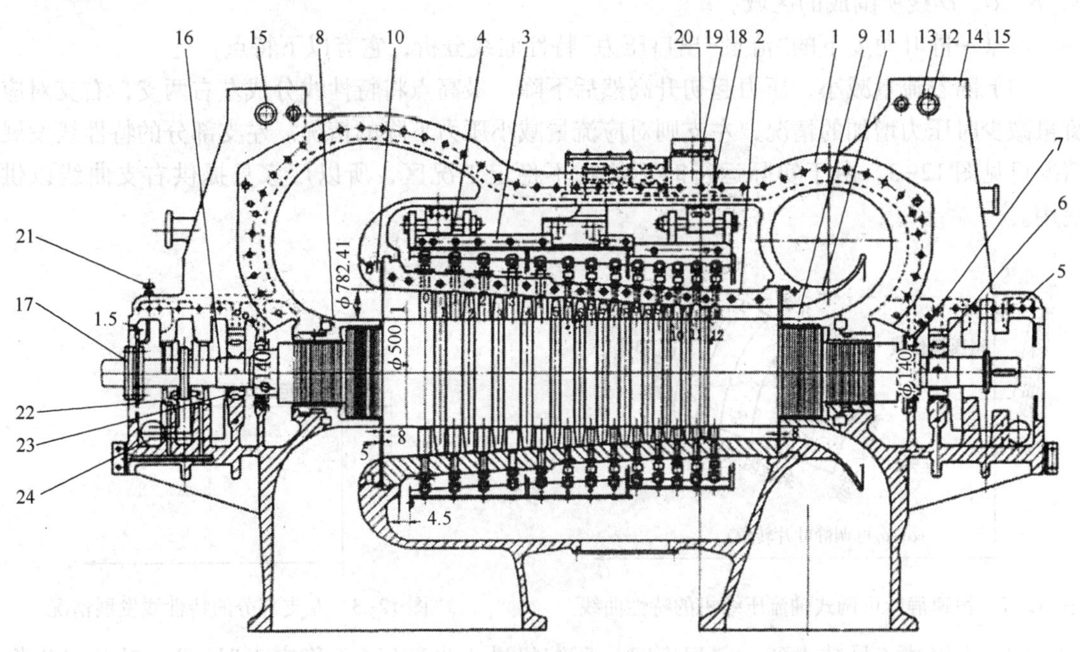

图 12-1　轴流式压缩机剖面图

1—机壳；2—静叶承缸；3—调节缸；4—驱动环；5—轴承箱；6—径向轴承；7—油封；8、9—密封套；10—进口收敛器；11—扩压器；12—螺栓；13—垫圈；14—支腿；15—导向键；16—转子；17—联轴器；18—调节缸支撑；19、20—伺服马达；21—位移监视器；22—止推轴承；23—径向轴承；24—热电偶

轴流式压缩机气体的运动是沿着轴向进行的，其间排有动、静相间扭曲形的叶片，转子高速旋转使气体产生很高的流速，而当气体流过依次串联排列着的动叶片和静叶栅时，转子对气体作功，在扩压器中，气体流速降低，压力升高，其动压能转变为静压能，从而达到输送气体并增压的目的。

12.2 分类

轴流压缩机按末级是否配置离心叶轮可分为两大类，即纯轴流式压缩机和轴流-离心混合式压缩机。纯轴流式压缩机的末级未配置离心叶轮，轴流-离心混合式压缩机的末级配置有离心叶轮。

轴流-离心混合式压缩机因末级配置有离心叶轮，能防止已压缩介质在末级轴向级中膨胀，避免转子动叶中发生附加高动力负荷，增加了操作的安全可靠性，另外，还使机组性能曲线的阻塞线大幅下移。

12.3 性能曲线

对静叶可调型轴流压缩机来讲，静叶栅每一角度的变化，都对应于一条曲线，所以调节静叶角度，可使一根根孤立的、特性较陡的曲线形成流量变化范围宽阔的可调区域，从而满足操作的需要。恒速静叶可调式轴流压缩机的特性曲线如图 12-2 所示，其安全运行区域为 *A*、*B*、*C*、*D* 线所围成的区域。

就某一静叶角度下的“流量-出口压力”特性曲线分析，它有以下特点：

(1) 随着流量减小，压力起初升高然后下降。最高点将特性线分成左右两支，右支对应流量减少时压力增加的情况，左支则对应流量减小压力下降的情况。左支部分的特性线发展情况可见图 12-3。由于实际运行时不能在不稳定工况区，所以厂家只提供右支曲线以供使用。

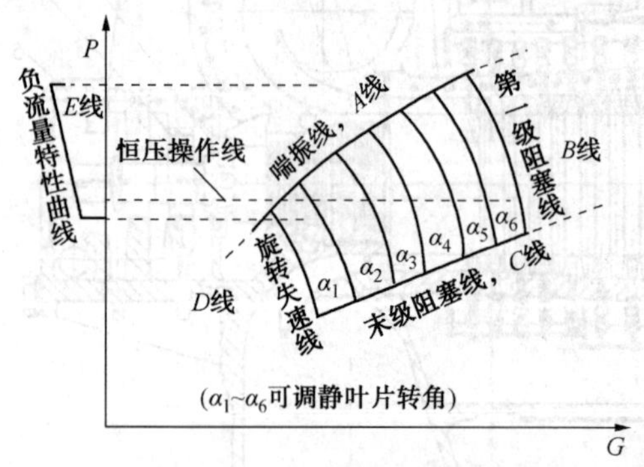

图 12-2 恒速静叶可调式轴流压缩机的特性曲线

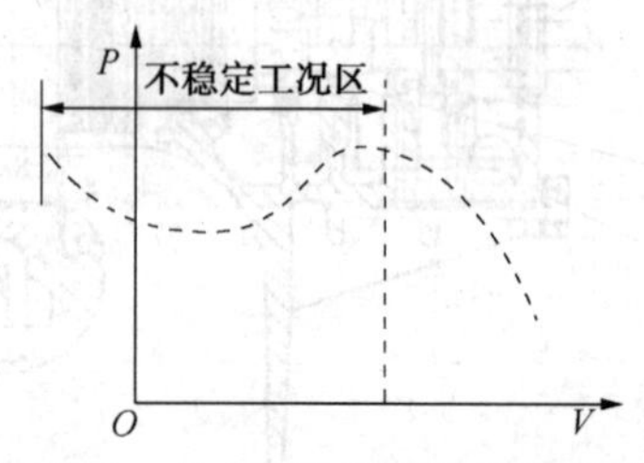

图 12-3 左支部分的特性线发展情况

(2) 当气体流量减小到一定程度时，压缩机进入失速区（不稳定工况区），叶片发生振动，各静叶角度下的特性线均有失速时的最小流量点，各点的连线叫失速边界线即喘振线，至于此时是否喘振还要取决于机后管网情况。

(3) 当气体流量增加到一定程度时，压力急速下降，压缩机进入阻塞区，叶片发生颤振。如同喘振边界线一样，也可作出一条阻塞边界线。

(4) 转速升高，特性曲线变陡。

(5) 在同一进气压力与温度条件下，“流量-出口压力”与“流量-效率”曲线都有最大值，但最高效率与最大压力并不在同一工况点上。

(6) 仅改变进气压力，压缩机的压比与效率不会变化，但流量与功率将与进口压力成正比变化。

(7) 大气温度变化对特性曲线的影响：

① 风机流量与大气绝对温度成反比例。气温低，吸入重量流量少；气温高，吸入流量多。为此，主风机在运行时应注意按季节特性操作，冬季可提高装置处理量以发挥主风机的供风能力，而夏季操作应注意喘振。

② 当气温下降时，压力呈上升趋势；气温上升时，压力呈下降趋势。

12.4 旋转失速、喘振与阻塞

轴流式压缩机在实际运行中，并不一定总是在设计工况下工作，当运行条件改变时，其工况点就会离开设计点，而进入非设计工况区域。这时实际的气流流动情况就与设计工况有差别，而且在一定条件下产生了不稳定流动工况。从目前来看，有这样几种比较典型的不稳定工况，即旋转失速工况、喘振工况及阻塞工况。这三种工况都属于气体动力不稳定工况。当轴流式压缩机在上述这些不稳定工况下工作时，不仅会大大恶化工作性能，有时还会发生强烈的振动，使机器不能正常工作，甚至产生严重的破坏事故。

12.4.1 旋转失速

轴流式压缩机特性曲线静叶最小角度与最小工作角度线之间的区域称旋转失速区。旋转失速又分为渐进失速和突变失速两种类型。当风量小于轴流式主风机的旋转失速线限值时，叶片背面气流产生脱离，机内气流形成脉动流，使叶片产生交变应力而导致疲劳破坏。

为了防止失速，要求操作者熟悉其特性曲线，启动过程中快速通过失速区，操作过程中应按制造厂的规定，使最小静叶角度不低于规定值。

12.4.2 喘振

在压缩机与一定容积的管网联合工作时，当压缩机在高压缩比、低流量下运行，一旦机流量小于某一定值，叶片背弧气流严重脱离，直至通道堵塞，气流强烈脉动，并与出口管网的气容、气阻间形成振荡，此时机、网系统气流的参数出现整体大幅度波动，即气量、压力随时间大幅度周期性变化；压缩机的功率以及声响均周期性变化。上述变化非常剧烈，使机身强烈振动，乃至机器无法维持正常运行。这种现象称为喘振。

由于喘振是整个机、网系统发生的现象，因此它不但与压缩机内部流动特性有关，且决定于管网特性，其振幅、频率受管网容积的支配。

喘振所造成的后果常常是严重的，它会使压缩机转子与静子元件经受交变应力而断裂，使级间压力失常引起强烈振动，导致密封及推力轴承的损坏，使转子与静子相碰，造成严重事故。特别是高压的轴流式压缩机，发生喘振可能在短时间内即毁坏机器，所以是不允许压缩机在喘振工况下运行的。

从上面的初步分析中得知，喘振的产生首先是由于变工况时压缩机叶栅中气动参数与几何参数不协调，形成旋转失速所造成。但并不是旋转失速都一定导致喘振的发生，后者还与管网系统有关。所以说喘振现象的形成包含着两方面的因素：从内部来说，它取决于轴流式压缩机在一定条件下出现强烈的突变失速，从外部来说，又与管网的容量及特性线有关。前者是内因，后者是外界条件，内因只有在外界条件的配合下，才促使喘振发生。

12.4.3 阻塞

压缩机的叶片喉部面积是固定的。当流量增大时由于气流轴向速度增大，气流相对速度增大，负冲角(冲角为气流方向与叶片进口安装角之间的夹角)也随之增大。此时，叶栅进口最小截面上平均气流将达到音速，这样通过压缩机的流量就达到一临界值而不再继续增大，这一现象叫阻塞。

这种初级叶片的阻塞决定了压缩机的最大流量。当排气压力降低时，压缩机内的气体将因膨胀体积增加而使流速增加，当气流在末级叶栅达到音速时也发生堵塞。由于末级叶片气流受阻，末级叶片前的气压升高，末级叶片后的气压降低，造成末级叶片前后的压差加大，这样末级叶片前后受力不平衡而产生应力，也可能导致叶片损坏。

一台轴流式压缩机当其叶型和叶栅参数确定后，其阻塞特性也就固定了。轴流式压缩机不允许在阻塞线以下区域过久运行。

一般来说，轴流式压缩机的防阻塞控制无需象防喘振控制那样严格，控制动作不要求很快，也不必设脱扣停车点。至于要不要设置防阻塞控制也由压缩机本身的要求决定。一些生产厂家因设计时已考虑到了叶片的加强，可以经受颤振应力的增大，可不设防阻塞控制。若厂家设计时未考虑阻塞现象出现时叶片强度需增加，则需设有防阻塞自控设施。

轴流式压缩机的防阻塞控制方案如下：在压缩机的出口管路上设一蝶形防阻塞阀，将入口流量和出口压力这两个检测信号同时输入防阻塞调节器。当机出口压力异常下降，机运行工况点落在反阻塞线下面时，调节器的输出信号送进防阻塞阀使该阀关小，因而风压增加，流量减小，工况点进入反阻塞线以上，机摆脱阻塞工况。

12.5 结构特点

1. 机壳

轴流式压缩机机壳设计成水平剖分，便于拆卸和组装。机壳一般由铸铁铸造而成。铸铁结构具有不易变形、吸收噪音和减振性能好等优点。机壳的进出口法兰均垂直向下。机壳分4点支撑在底座上，4个支撑点设计在接近下机壳中分面处，分布在下机壳的两侧，而不是布置在机壳的两端，此种机壳支撑方式具有一定的稳定性，可减少热膨胀而引起的机组热变形。四个支撑点中，排气端的两点为固定点，进气端的两个点为滑动支撑点。

机壳的中分面用预应力螺栓把上下机壳连接成二个刚性很强的整体，预应力螺栓的预紧力是通过计算确定的。

2. 静叶承缸

静叶承缸也设计成水平剖分型，中分面用螺栓连接形成一个内孔有很小锥度的筒体，与转子组成一个轴流式压缩机的流道。通道的几何尺寸通过气动计算确定。

叶片承缸的缸体一般由铸铁铸造而成，通过两端支撑在机壳上。进气侧一端为固定支撑，排气侧的一端设计成滑动支撑以满足缸体热膨胀的要求。承缸的进气侧相配的是进口圈，承缸排气侧相配的是扩压器，分别与其他元件组成一个收敛通道和扩压通道，从而构成一个完整的轴流通道。

在叶片承缸上装有支撑静叶的静叶轴承，静叶及其附件全部支撑在静叶轴承上，静叶轴承采用石墨材质，具有很好的自润滑作用和密封作用。

静叶由 2Cr13 等坯料精加工而成，叶型表面进行湿式喷砂处理。

3. 调节缸

调节缸一般用碳钢钢板焊接而成，水平剖分，有较好的刚性，支撑在机壳上，四个支撑轴承布置在靠近中分面的下缸体两侧。调节缸安装在机壳与静叶承缸之间，因此有时也称为中缸，机壳为外缸，叶片承缸为内缸。

调节缸一般有 4 个轴承且是无油润滑轴承。调节缸的内部相对应于各级静叶片装有各自的导向环，分为上下两半，分别安装在上下缸体上。

调节缸用于调节轴流式压缩机的静叶角度，在伺服马达作用下作轴向往复移动。导向环的作用是使滑块也作轴向往复移动，而滑块通过曲柄与静叶叶柄相连，因此调节缸的轴向移动可带动静叶转动，从而实现调节静叶角度的目的。各级静叶调节角度的大小由各级曲柄的长度决定。

4. 转子及动叶片

轴流式压缩机的转子是由主轴、各级动叶片、隔叶块及叶片锁紧装置等组成。

作为高速旋转部件，对轴流式压缩机转子要求有足够的强度和刚度，结构紧凑。轴流式压缩机转子种类多，但基本上可以分为转鼓(鼓筒型)、轮盘型和盘鼓结合型三种(表 12-1)。

表 12-1　轴流式压缩机转子分类

分类		简　图	特　点
鼓筒型		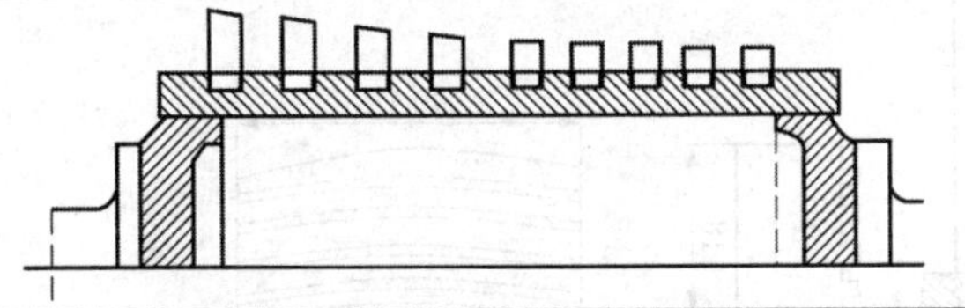	结构简单，加工量少，刚性好(多为刚性轴)，动叶周向装入。但强度差，轮缘许用周向速度低，$u \leqslant 150 \sim 180 m/s$
轮盘型		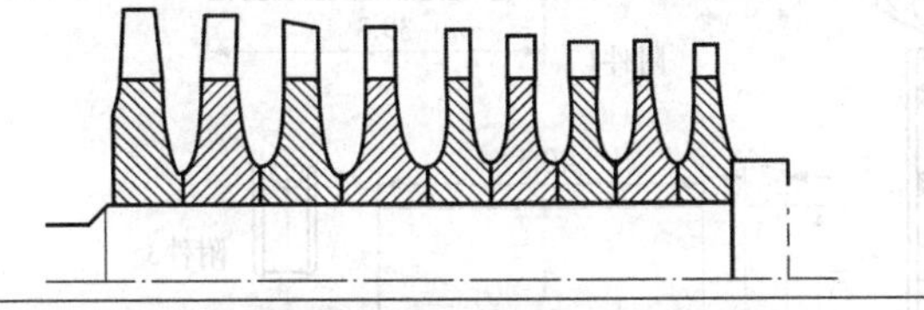	叶轮与轴用过盈连接，可以不用键而靠过盈预紧力传递扭矩。动叶可轴向装配，刚性较差，一般为柔性轴
盘鼓结合型	焊接式	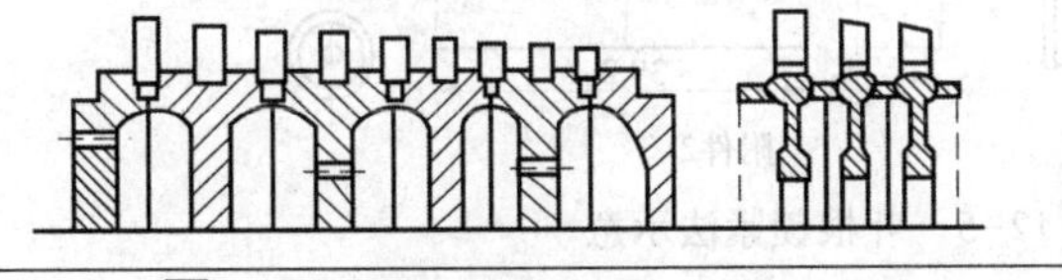	刚性、强度都较好。使用最广泛。它又分： (1) 焊接式　要求焊接技术较高，薄叶轮要求使用先进焊接技术，如电子束焊等 (2) 径向销钉式　叶轮过盈配合并压入轴向销钉 (3) 拉杆式　有中心拉杆和外围拉杆两种。传递扭矩有 2 轴向销钉传扭，端面齿传扭，端面摩擦传扭等
	径向销钉式	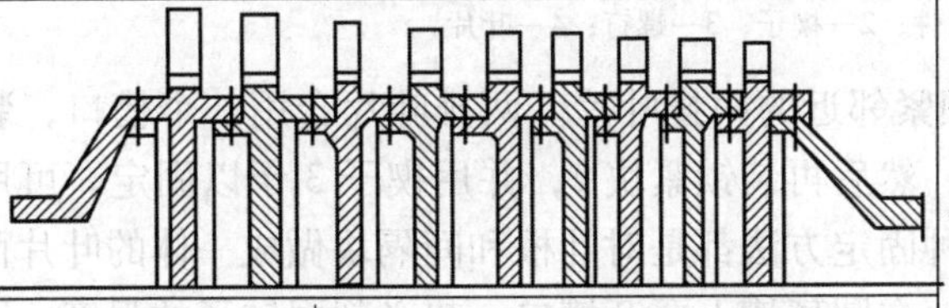	
	拉杆式	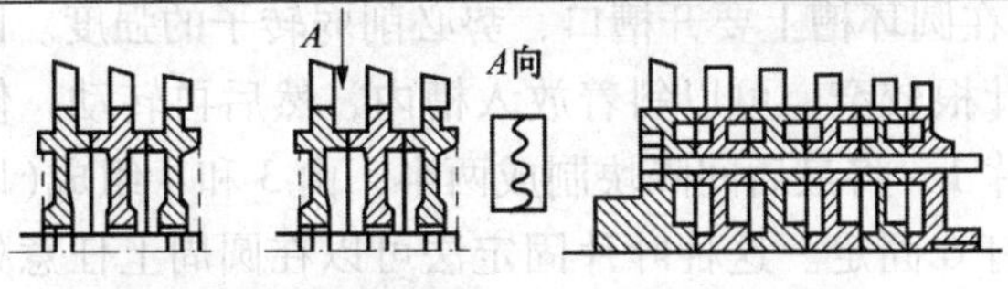 A　A向 (a) 轴向销钉传扭　(b) 端正齿传扭　(c) 摩擦传扭	

动叶分为叶身1和叶根2(图12-4)，叶身为叶片的型线部分，厚度一般为弦长的2.5%~8%。叶根形式可分为燕尾型、纵树型、齿型以及销钉型等，将叶片固定在转鼓或轮盘上，传递叶片对转鼓或轮盘的作用力。燕尾型叶根尺寸紧凑，加工方便，轮缘强度好，是压缩机常用的叶根形式。叶片可以轴向或周向装配。周向装配时，在转鼓或轮盘上带有两个180°布置的槽口，装配时叶根(包括隔块)从槽口放入，顺环形槽推到正确的位置。为了使最后的一个叶片得以固定，可采用锁块加以锁紧。图12-5是一种齿型叶根锁紧法的示意，装入最后叶片4之后，装入附件1，并用楔子2予以压紧，而楔子则用螺钉3加以固定，为了使螺钉不脱落将螺钉冲压几个点。

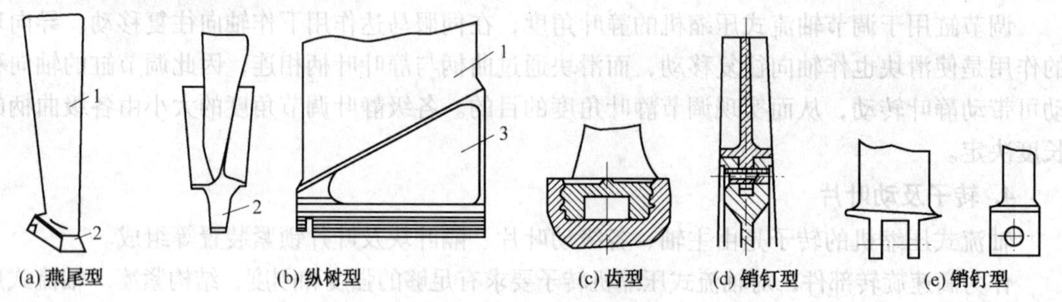

图12-4　动叶

1—叶身；2—叶根；3—过渡部分

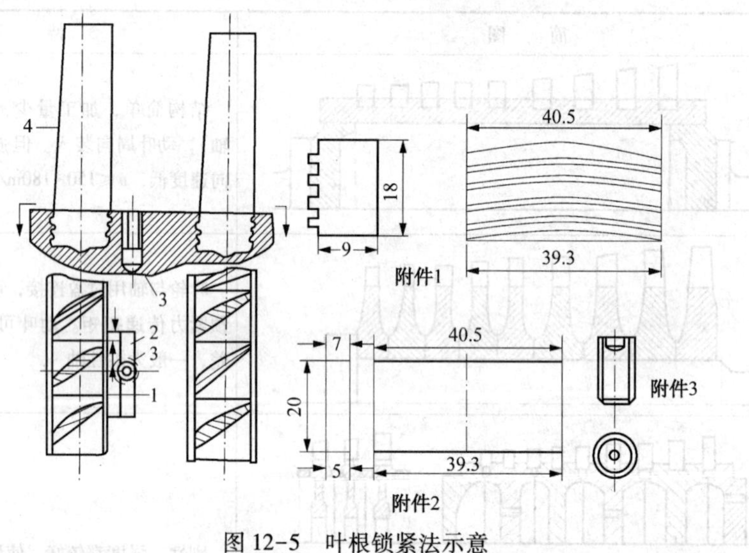

图12-5　叶根锁紧法示意

1—附件；2—楔子；3—螺钉；4—叶片

图12-6所示的结构，适应于锁紧邻近的两排叶片。两排叶片合用一个槽口，装入最后一个叶片之后，可将锁紧块1放入，然后再装锁紧块2，并用楔子3予以固定。可用螺钉或锁紧块的嵌边将楔子固定。上述两种固定方法都是对叶根和间隔块做成一体的叶片而言，显然这种叶片的毛坯大，装配较复杂，在圆环槽上要开槽口，势必削弱转子的强度。因此，通常叶根和间隔块分开做(图12-7)，叶根较窄，可以斜着放入槽内，然后再转动，使叶根嵌入槽中(图12-8)。为了装配最后叶片1，将最后间隔块制成两半，由3和4组成(以代替叶片间隔2)，而它们可用楔子5及螺钉6固定。这种叶片固定法可以在圆周上任意处装入槽内，因而比较方便。

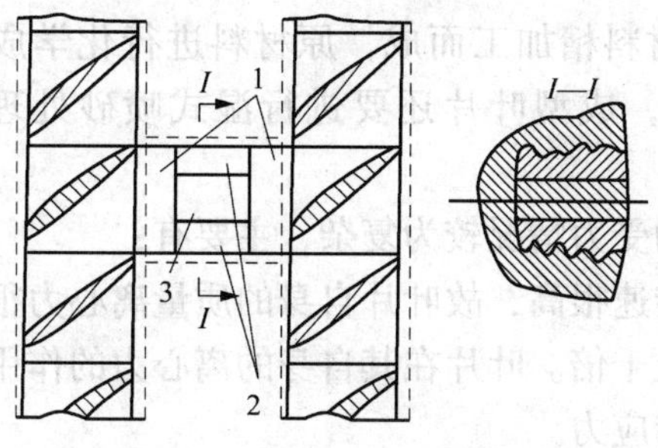

图 12-6 邻近双排叶片的固定

1，2—锁紧块；3—楔子

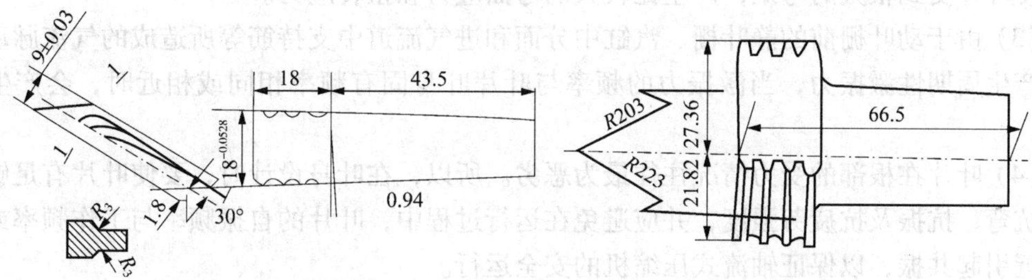

图 12-7 叶根和间隔块分开的叶片

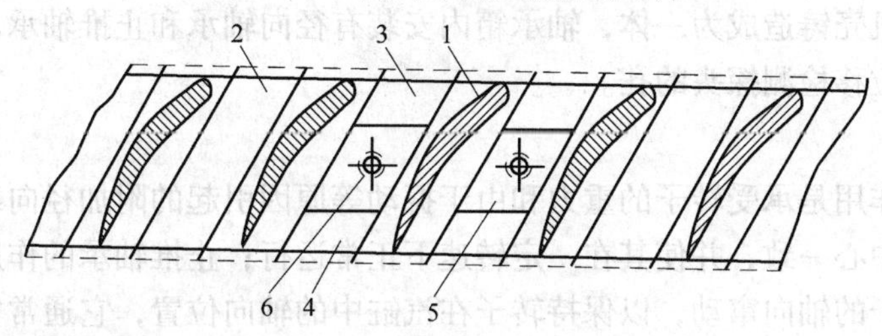

图 12-8 最后间隔块的固定

叶片轴向装配时，轮盘上开有齿形纵向槽，叶片轴向推入后，用螺钉或者轴向销、锁紧垫片等方法固定(图 12-9)。

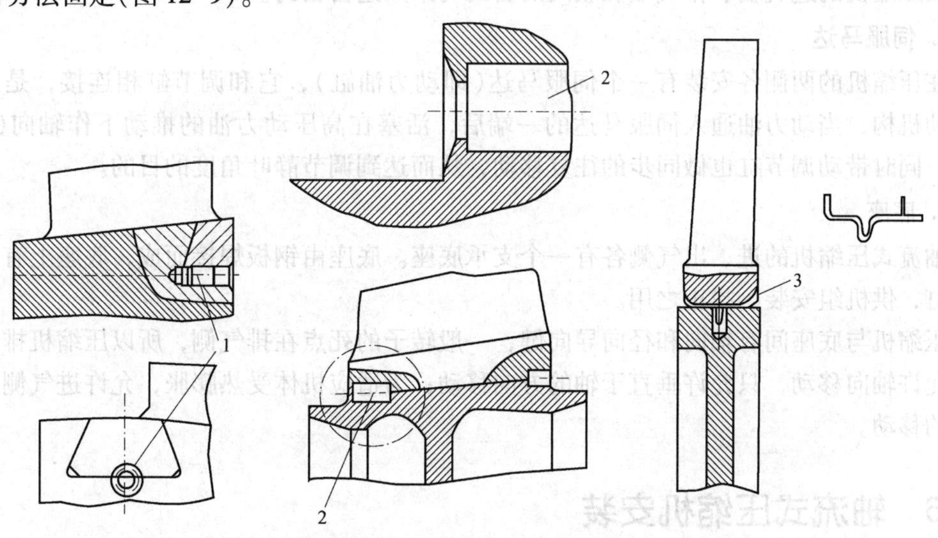

图 12-9 叶片在轮盘上的固定方法

1—螺钉；2—轴向销；3—锁紧垫片

动叶片采用 2Cr13 等材料精加工而成，原材料进行化学成分、机械性能、裂纹检验。叶片成型加工后进行测频，成型叶片还要进行湿式喷砂处理，以增加叶片表面的疲劳强度。

在工作状态下，动叶的受力情况较为复杂，主要有：

（1）由于风机转子的转速很高，故叶片自身的质量离心力很大，有时离心力可以比叶片本身的重力大数百倍甚至上千倍。叶片在其自身的离心力的作用下，将产生很大的拉伸应力和弯曲应力，还能产生扭转应力。

（2）由于工作叶片，处在流量大、流速高的气流中，故有较大的横向气体力作用在叶片上，使叶片受到很大的弯矩，产生比较大的弯曲应力和扭转应力。

（3）由于动叶栅前的静叶栅、汽缸中分面和进气流道中支持筋等所造成的气流脉动，对叶片产生周期性激振力，当激振力的频率与叶片叶身固有频率相同或相近时，会产生共振现象。

（4）叶片在根部的受力情况往往最为恶劣。所以，在叶身设计时，要使叶片有足够的抗拉、抗弯、抗振及抗疲劳强度，并应避免在运行过程中，叶片的自振频率与工作频率或高倍频接近引起共振，以保证轴流式压缩机的安全运行。

5. 轴承箱

轴承箱与下机壳铸造成为一体，轴承箱内安装有径向轴承和止推轴承。轴承箱盖上面有安装轴振动、轴位移检测探头的孔。

6. 轴承

径向轴承的作用是承受转子的重力和由于振动等原因引起的附加径向载荷，以保持转子转动中心和汽缸中心一致，并使其在一定转速下正常运行；止推轴承的作用是承受转子的轴向载荷，阻止转子的轴向窜动，以保持转子在汽缸中的轴向位置，它通常安装在转子的低压端。每个径向轴承以及止推轴承主推力面和副推力面内一般埋两个测温元件。

7. 密封

在压缩机的进气端、排气端和级间的密封均采用迷宫密封。

8. 伺服马达

在压缩机的两侧各安装有一个伺服马达（即动力油缸），它和调节缸相连接，是调节缸的驱动机构，当动力油通入伺服马达的一端后，活塞在高压动力油的推动下作轴向（往复）运动，同时带动调节缸也做同步的往复移动，从而达到调节静叶角度的目的。

9. 底座

轴流式压缩机的进、出气侧各有一个支承底座。底座由钢板焊接而成，底座上有找正调整螺钉，供机组安装、找正之用。

压缩机与底座间有轴向和径向导向健，一般转子的死点在排气侧，所以压缩机排气侧机体不允许轴向移动，只允许垂直于轴的方向移动；为适应机体受热膨胀，允许进气侧机体各方向的移动。

12.6 轴流式压缩机安装

轴流式压缩机安装程序参照第 9 章第 7 节“离心式压缩机的整体安装”。

12.6.1 部件组装要求

1. 轴承组装

径向轴承和止推轴承组装时，质量要求应符合 12.6.2.4~5 的要求。轴瓦和轴颈表面应浇上润滑油。轴承应按标记组装，对轴承的监测元件和接线应经仪表工检验后装入。

2. 静叶承缸、驱动环、调节缸的组装

（1）翻转下静叶承缸，调整各级静叶转轴、曲柄和滑块的轴线位于同一断面内。

（2）装入各级驱动环。

（3）吊装调节缸，拧紧与驱动环的连接螺栓，穿入不锈钢丝防松。

（4）用专用工具将组合件纵向翻转 180°，水平剖分面保持水平，对正放入下机壳中。

（5）安装调节缸两侧支撑导杆和支撑滑板，然后调整调节缸，使调节缸的传动板与伺服马达的传动板对正连接防松。

（6）调整调节缸使伺服马达的行程指针对正标尺中位置。

3. 转子吊装

（1）调整调节缸，把静叶栅角度调到最小开度。

（2）起吊转子时，应使用制造厂提供的专用工具。转子起吊过程中，要保证轴的水平，严禁发生碰撞。

（3）转子就位后盘动转子应无碰擦、偏重现象。

（4）组装件的上半部组装除应符合上述有关规定外，还应符合下列要求：

① 水平剖分面涂密封胶。

② 上静叶承缸下落以导杆定位。

③ 盘动转子应无碰擦、偏重现象。

④ 静叶承缸环槽内装入 O 形密封圈，且插接牢固。

⑤ 应先拧紧与驱动环的连接螺栓，再拧紧调节缸水平剖分连接螺栓，且均应穿入不锈钢丝防松。

4. 油封

将油封清洗干净后，进行组装。水平剖分面间隙不大于 0.05mm。

5. 迷宫式密封

密封片应镶嵌牢固，水平剖分面应平整，接触严密，密封套与座孔配合紧密不松动，连接螺栓拧紧后采取放松措施。

6. 上机壳吊装前的质量验收

机壳扣合前应确保机壳内部所有缺陷均已处理完毕，各部间隙测量结果均在质量要求的范围内，无漏项；所有零部件安装质量合格，无异物掉入；记录齐全、准确无误。

7. 上机壳安装

机壳扣合时应符合下列要求：

（1）上机壳就位时靠导向杆定位，并应缓慢下落，不应有碰撞或卡涩。

（2）插入定位销后，拧紧水平剖分面的连接螺栓。

（3）螺纹应涂防咬合剂，紧固螺栓时应对称拧紧，螺母下面需加垫片。

（4）罩形螺母与螺栓内部顶间隙不应小于 2mm。

12.6.2 轴流式压缩机安装过程中的检测项目

1. 机壳

(1) 检查横向导向键与底座接触应严密，调节垫片应无毛刺、卷边，螺钉连接应牢固，与键槽的配合间隙应符合技术要求，见图 12-10。横向导向键顶面与机壳承载面接触局部间隙应符合技术要求。

(2) 垂直导向键与机壳组装间隙应符合技术要求，见图 12-11。

(3) 检查支腿、底座和连接螺栓间的间隙，检查部位见图 12-12，间隙应符合技术要求。

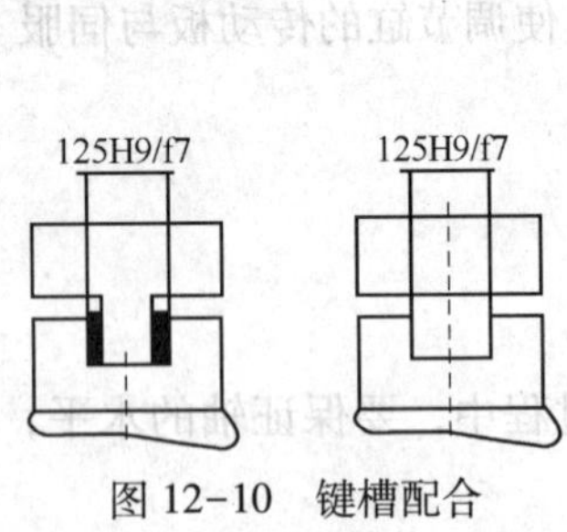

图 12-10 键槽配合

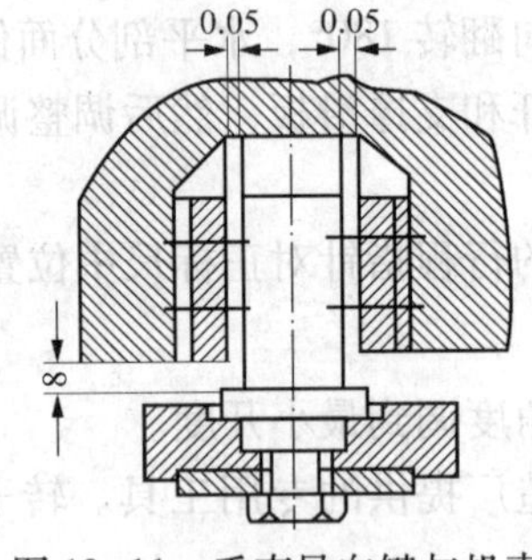

图 12-11 垂直导向键与机壳组装间隙

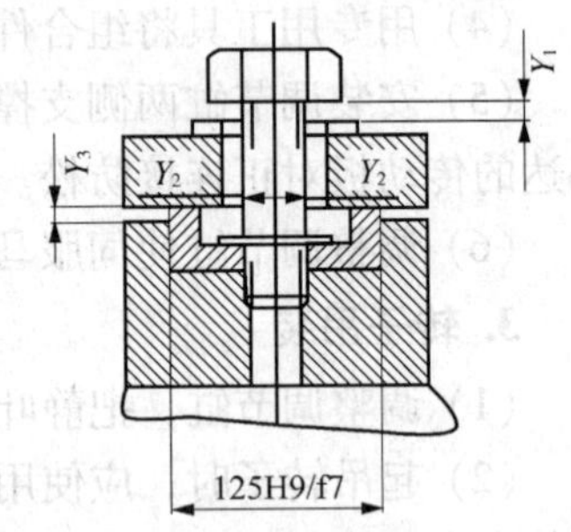

图 12-12 支腿、底座和连接螺栓间的间隙

2. 转子

(1) 外观 转子各轴颈、止推盘处应进行理化检查，其表面应光洁无裂纹、锈蚀及麻点，转子表面不应有机械损伤和缺陷。

(2) 动叶片的裂纹检验：

① 一般情况下，应仔细检查安装完的第一级、第二级和倒数一、二级动叶片的工作部分和叶片的连接部分，其余各级叶片进行目测。

② 如果发生下列情况之一，应对叶片全部进行裂纹检验：

a. 机器不稳定工作的逆流、旋转失速；

b. 叶片发生条痕；

c. 流道内发现机械杂物；

d. 发生腐蚀现象。

③ 当机器发生喘振时，必须进行全部叶片的检验。

④ 检验方法：根据具体情况可采用的检验方法有着色检验、磁粉探伤、测频法、涡流探伤，检查时按照以下要求操作：

a. 任何情况下，检查时都应将转子从机壳中吊出来进行；

b. 着色时，不允许使用含有氯化物的渗透剂；

c. 轴颈圆度、圆柱度，检查轴颈圆度、圆柱度允许偏差值为 0.01mm；

d. 转子跳动，转子跳动检测部位见图 12-13，允许跳动值应符合技术要求；

e. 所有传感器部位(径向振动和轴位移)，其最终表面粗糙度 R_a 值应达到 0.4~0.8μm；

f. 校正动平衡，动平衡精度等级按制造厂要求，如制造厂无要求，按不低于 G2.5 级处理。

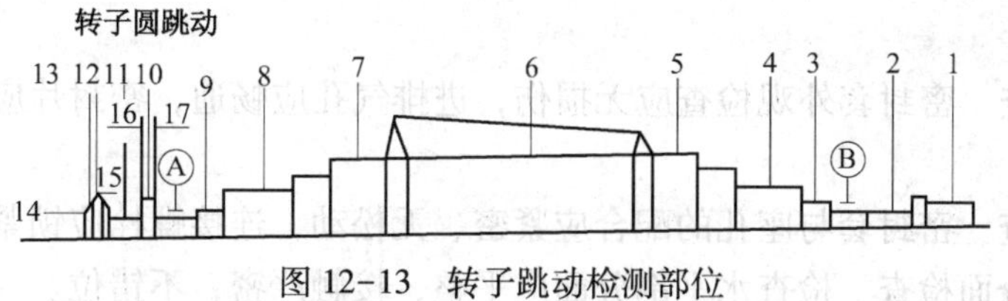

图 12-13　转子跳动检测部位

3. 轴承箱

(1) 各配合表面检查　检查各配合表面应无损伤，水平剖分面接触应严密，自由间隙不应大于 0.05mm。

(2) 油孔、油道清洗检查　油孔、油道应清洁无杂质，并应畅通无阻，连接法兰面无径向划痕。

(3) 内表面涂料检查　检查内表面涂料应无起皮和脱落现象，否则应彻底清除后重涂。

(4) 试漏检查　机器正常运转时，轴承箱部位若有油渗漏现象，检修时应做煤油渗透检查，4h 无渗漏为合格。

(5) 连接螺栓检查　检查连接螺栓应完好无损，否则应更换。

4. 径向轴承

(1) 外观检查　轴瓦应无裂纹、夹渣、气孔等缺陷。

(2) 轴瓦脱壳检查　对轴承进行无损探伤，检查轴瓦有无脱壳现象。

(3) 轴瓦背与座孔接触面积　轴瓦背与座孔应接触良好，接触面积不小于 75%。

(4) 轴瓦与轴颈接触轴瓦与轴颈的接触，沿长度方向接触面积应大于 75%。

(5) 轴承水平剖分面　检查轴承水平剖分面自由间隙不应大于 0.05mm。

(6) 轴承间隙　检查轴承间隙应符合要求。

(7) 轴瓦背过盈量　检查轴瓦背的过盈量应为 0.01~0.05mm。

5. 止推轴承

(1) 外观检查　检查轴瓦应无裂纹、夹渣、气孔重皮等缺陷。

(2) 脱壳检查　对轴承进行无损探伤检查，检查轴瓦有无脱壳现象。

(3) 瓦块、摆动瓦块厚度检查　检查止推瓦块的厚度应均匀一致，厚度允许偏差为 ±0.02mm。

(4) 止推瓦块与止推盘的接触面积检查　止推瓦块与止推盘接触面积不少于 80%。

(5) 组装后摆动检查　组装后瓦块的摆动应灵活可靠，无卡涩现象。

(6) 组装后平行度检查　组装后检查瓦块承力面与定位环应平行，平行度允许偏差为 0.02mm。

(7) 调整垫片　调整轴承间隙用的调整垫片应光洁无卷边、毛刺等缺陷。

(8) 轴承剖分接合面检查　检查轴承剖分接合面自由间隙应不大于 0.05mm。

(9) 止推轴承间隙调整　止推轴承的止推间隙应用垫片调整，调整后上、下两半轴承的垫片厚度应相等。用百分表测量止推间隙应符合技术要求。

6. 油封

(1) 外观检查　外观检查油封齿嵌装应牢固，无裂纹、卷曲、歪斜等缺陷，回油孔畅通。

(2) 油封间隙检查　油封间隙 y_1、y_2(图 12-14)应符合技术要求，超过最大值时应更换。

7. 迷宫密封

(1) 外观检查　密封套外观检查应无损伤，进排气孔应畅通，密封片应无裂纹、卷曲或歪斜等损伤。

(2) 连接检查　密封套与座孔的配合应紧密、无松动，连接螺栓应锁紧防松。

(3) 水平剖分面检查　检查水平剖分面应平整，接触严密，不错位。

(4) 径向和轴向间隙检查　检查密封间隙 $y_3 \sim y_5$(见图 12-15)应符合技术要求。

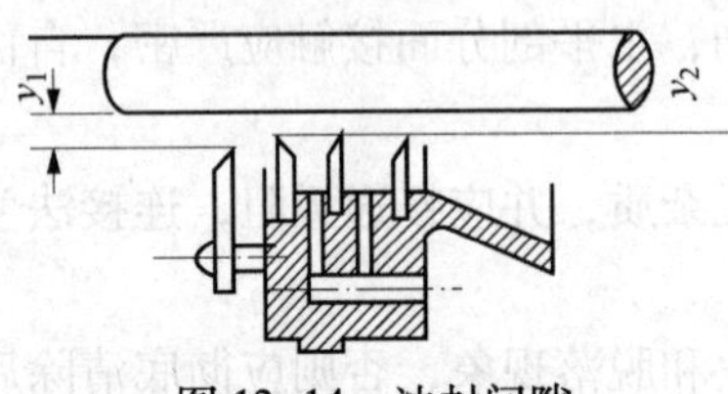

图 12-14　油封间隙

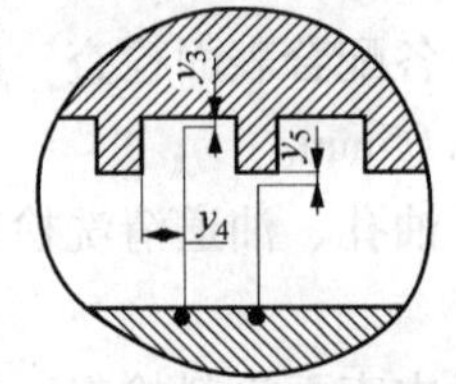

图 12-15　迷宫密封间隙

(5) 间隙调整　密封间隙的调整可用修刮或更换密封片的方法来达到规定值。

8. 静叶承缸

(1) 检查静叶承缸应无变形、裂纹。

(2) 各接合面应光洁、无锈蚀和损伤，各连接螺栓应无变形。

(3) 承缸背压板和螺栓应无松动和锈蚀。

9. 可调静叶

(1) 外观检查　检查静叶片应无裂纹、锈蚀、损伤、变形等缺陷。

(2) 静叶密封圈、石墨轴承及静叶检查：

① 检查静叶密封圈应无老化、断裂等损伤，若发现应更换；

② 检查石墨轴承磨损情况，若发现有裂纹、破碎等缺陷应更换；

③ 石墨轴承与静叶转轴的配合间隙应符合要求，若超过偏差允许值，应更换密封轴承；

④ 检查静叶附件如滑块、曲柄应无毛刺、裂纹等缺陷。防松不锈钢丝应牢固可靠。所有静叶的调节转动应灵活、准确。

(3) 缺陷检查　裂纹等缺陷检验参见 12.6.2 中第 2 条内容。

10. 静叶栅角度测量

(1) 用万能角度尺测量静叶栅角度。测量时尺应靠近叶根，并垂直于叶片轴线(图 12-16)。

(2) 各级静叶栅角度应保证一级静叶栅角度值在最小开度、中间开度和最大开度时分别测量。

(3) 各级静叶栅角度值应符合要求。

(4) 一级静叶栅特殊角度值与标尺的对应关系应符合规定。

(5) 移动调节缸时应左右同步进行。

11. 叶片间隙

(1) 动静叶片顶间隙应在其最上和最下部取 3~4 片用压铅法测量，两侧间隙应在下承缸水平剖面处用塞尺逐片检测。

(2) 用压铅法测叶顶间隙时，铅丝直径应比设计最大间隙值大 0.5mm，将铅丝放置各叶顶弯折后，用胶布贴牢。

(3) 转子吊入后严禁盘动。

(4) 叶顶间隙应符合要求。

12. 调节缸和驱动环

(1) 外观检查　外观检查各接合面应光洁，无锈蚀等损伤，各连接螺栓能用手拧入。驱动环应无扭曲变形，内表面光洁，无锈蚀，外表面油漆完好，各驱动环与滑块接触良好。

(2) 调节缸两侧支撑及间隙检查　检查调节缸两侧支撑应无裂纹等缺陷，导杆无弯曲、变形。导向套与导杆的配合间隙、滑道与滑板的配合间隙应符合要求。

(3) 驱动环与滑块间隙测量　测量驱动环与滑块的侧间隙(图 12-17)应符合要求。

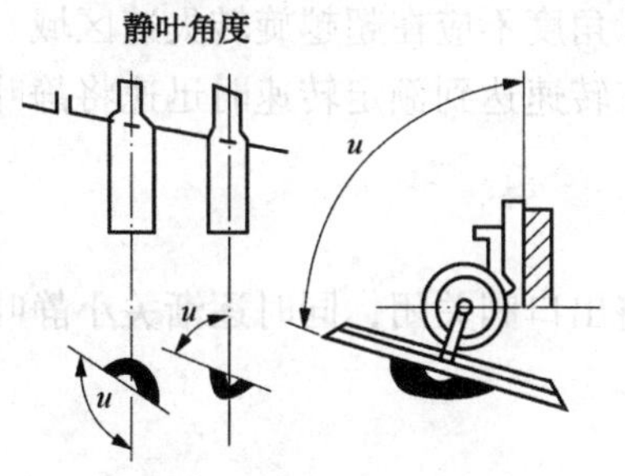

图 12-16　静叶栅角度测量

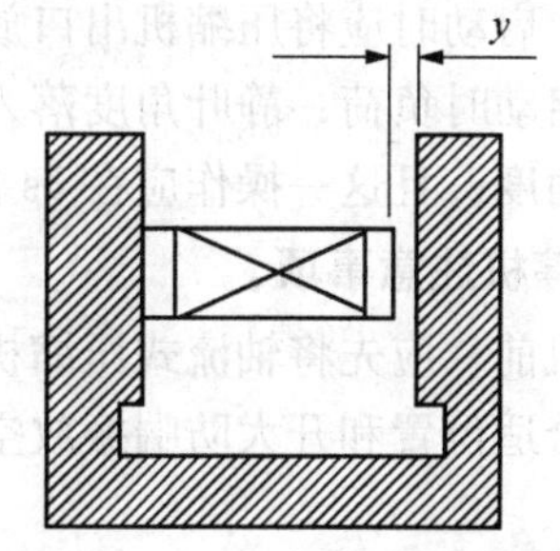

图 12-17　驱动环与滑块间隙

13. 伺服马达

装配时，活塞杆上的定位螺钉要点铆固定。

(1) 检查各连接螺栓、螺钉及销钉不应有变形，螺纹应完整无缺陷。

(2) 检查缸套内表面的磨损情况，活塞与缸之间的间隙应在 0.06~0.10mm 之间。

(3) 检查活塞环表面不得有纵向沟纹，其圆周与缸壁用透光法检查应接触良好。

(4) 活塞杆的跳动值允许偏差为 0.08mm，圆度允许偏差为 0.04mm。

(5) 橡胶密封圈应无老化及断裂现象，否则应予以更换。

(6) 可调静叶栅角度在中间开度时，指针应指在标尺中间位置处，传动杆锁紧螺母的外端面与传动板套筒的外端面间距 A、间距环与伺服马达端盖的端面间距 B 见图 12-18，应符合要求。

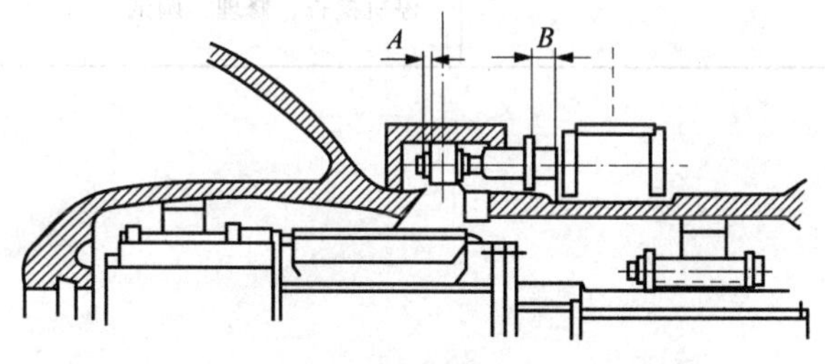

图 12-18　可调静叶栅中间开度

(7) 传动杆内连接套的球型螺母应无松动。

(8) 电液转换器必须在动力油系统冲洗合格后安装。

12.7　开停机注意事项

1. 开机注意事项

(1) 开机前应对轴流式压缩机入口过滤器要进行全面检查、清扫，过滤器及进口不能有杂物存在。过滤器周围地面和入口风道地面必须清扫干净，防止有杂物吸入压缩机。

（2）检查轴流式压缩机入口过滤器卷帘机构电动、手动状态均正常，卷帘布干净无断裂现象。

（3）做好轴流压缩机出口电动阀、机出口阻尼单向阀的开关试验。

（4）检查调试防喘振阀，在全开、全关以及中间位置，是否准确、灵敏好用。

（5）检查压缩机可调静叶执行机构，在全开、全关以及中间位置是否准确、灵敏好用；现场紧急手动操纵杆可全角度调节静叶角度。

（6）启动时应将压缩机出口放空阀全部打开，静叶角度不应在超越旋转失速区域。若为了降低启动时负荷，静叶角度落入旋转失速区，则应在转速达到额定转速时迅速将静叶开大到安全角度，且这一操作应在3s内完成。

2. 停机注意事项

停机前，应先将轴流式压缩机切出系统，即逐渐将出口阀关闭，同时逐渐关小静叶可调角度到合适位置和开大防喘振放空阀。

12.8 故障分析与处理

轴流式压缩机的故障分析与处理见表12-2。

表12-2 轴流式压缩机的故障分析与处理

故障现象	故 障 原 因	处 理 方 法
喘振	防喘振控制系统失灵	停机后检查、调试防喘振控制系统
	防喘振线给定有误	停机后重新检查、重新给定防喘振线
	压缩机流量偏低	开大静叶可调角度，增加压缩机入口流量
	后路系统压力过高	减小压缩机后路系统的压力；稍微开大放空阀
	压缩机入口过滤器堵塞，阻力降增加	减小压缩机入口过滤器的阻力降
逆流	压缩机后系统的压力突然升高且出口单向阀失灵	停机检查、修理、调试

第13章 汽 轮 机

汽轮机具有效率高、功率大、寿命长、运转安全可靠、转速容易控制、无易燃易爆、能较好地利用工厂余热等优点，广泛应用于发电、石油、化工等行业。它的主要缺点是：装置庞大、复杂，不适宜移动等。

在石油化工企业中，汽轮机通常用于驱动离心式压缩机、泵、风机，以及自备电站用于驱动发电机，以达到热电联供的目的等。通过选用不同型号的汽轮机，可抽出不同压力等级的蒸汽满足不同化工工艺生产的需要，实现工厂热能的综合利用，提高工厂的经济效益。因此，石化企业中应用的汽轮机具有数量多、品种杂、用途广、参数高、容量大、转速高、单系列运行、自控联锁程度高等特点。

13.1 工作原理及基本组成

1. 工作原理

汽轮机是利用水蒸气的热能来作功的旋转式热能动力机械。汽轮机工作时，先将水蒸气的热能转变为水蒸气的动能，然后把水蒸气的动能转变为转轴的机械能。汽轮机的这种能量转变是通过冲动作用原理和反动作用原理这两种方式来实现的。

2. 基本组成

汽轮机组通常由汽轮机本体、监控系统、供油系统、冷凝系统和盘车系统等组成。

(1) 汽轮机本体　主要由静止和转动两部分组成，其中静止部分包括汽缸、隔板(或持环)、静叶片、轴承座、机座、速关阀(又称事故截止阀、自动主汽门等)、调节阀等。转动部分主要是指转子部分，包括主轴、叶轮、转鼓、动叶片、危急保安器等。

(2) 监控系统　主要有速关组件、调速器、抽汽温度和压力保护装置、超速保护装置、轴承温度和振动保护装置、转子轴位移和叶片保护装置等

(3) 供油系统　主要有主油泵、辅助油泵、事故润滑油泵、油箱、油箱加热器、油冷器、油过滤器、蓄能器或高位油槽、抽油烟系统等。

(4) 冷凝系统　主要有抽气器、冷凝器、冷凝水泵、循环水泵、真空泵等。

(5) 盘车系统　主要有电动或液压自动盘车装置、盘车油泵、顶轴油泵、手动盘车装置等。

13.2 分类

汽轮机种类多，品种杂，其分类方法多种多样，一般情况下可按工作原理、结构形式、热力特性、新汽压力、汽流方向和用途等进行分类。

1. 按工作原理来分类

按汽轮机的工作原理可分为冲动式汽轮机、反动式汽轮机和混合式汽轮机三种。

（1）冲动式汽轮机　由冲动级组成，其基本工作原理为：在冲动式汽轮机中，蒸汽主要在喷嘴中膨胀，压力降低，速度增加，在流经动叶片时压力保持不变，气流方向改变，对动叶片产生了一个冲动力，叶轮在这个冲动力的作用下旋转做功。

（2）反动式汽轮机　由反动级组成，其基本工作原理为：在反动式汽轮机中，蒸汽不仅在喷嘴中膨胀加速，而且在流经动叶片通道时继续膨胀加速。因此，汽轮机动叶片不仅受到喷嘴出口高速汽流的冲动力作用，而且还受到蒸汽离开动叶片时的反作用力作用，叶轮在蒸汽的冲动力和反动力的联合作用下旋转作功。

（3）混合式汽轮机　由冲动级和反动级共同组成，一般情况下，汽轮机的前几级为冲动级，后几级为反动级。近代常用的汽轮机，实际上用的大部分都是带反动度的冲动式汽轮机，动叶片中也有汽流膨胀，但比在喷嘴中膨胀的程度小些。

反动度是指蒸汽在汽轮机动叶片中膨胀的程度，反动度常用ρ来表示。

$$\rho = \text{动叶片中的理论焓降/级中的总焓降}$$

纯冲动级的$\rho=0$，意思是指蒸汽只在喷嘴中膨胀。反动级的$\rho=0.5$，意思是指蒸汽的膨胀有一半在喷嘴中进行。带反动度的冲动级$0<\rho<0.5$。带有不大反动度的冲动级使用最为广泛，它可以提高冲动式汽轮机的效率。

2. 按结构形式分类

按汽轮机的结构形式可分为单级汽轮机和多级汽轮机两种。

（1）单级汽轮机　通流部分只有一级叶轮，通常为背压式汽轮机。多用于驱动泵、风机等小型设备。

（2）多级汽轮机　通流部分有两级以上的叶轮。可为凝汽式、背压式、抽汽凝汽式、多压式汽轮机等。多用于驱动离心压缩机、发电机等大型设备。

3. 按热力特性分类

按热力特性汽轮机可分为凝汽式、背压式、调节抽汽式、中间再热式、抽汽背压式五种。

（1）凝汽式汽轮机　见图13-1，凝汽式汽轮机的排汽进入凝汽器，排汽在低于大气压情况下凝结成水。凝结水被引回作锅炉给水的一部分，排汽凝结放出热量不再利用。

（2）背压式汽轮机　见图13-2，这种汽轮机的排汽压力高于大气压，排汽进入蒸汽管网，供热用户使用。

（3）调节抽汽式汽轮机　见图13-3，这种汽轮机中，当蒸汽经过若干个级的膨胀做功后，将部分蒸汽从汽缸上开的一个或多个抽汽口抽出，随即进入热管网，供热用户使用。未抽出的蒸汽继续在汽轮机中膨胀作功。

（4）中间再热式汽轮机　进入这种汽轮机的蒸汽膨胀到某一压力后，被全部抽出送往锅炉的再热器加热后重新返回汽轮机作功。

（5）抽汽背压式汽轮机　这是一种具有调节抽汽的背压式汽轮机。

4. 汽轮机的其他分类分类方法

（1）按新汽压力分类

按进入汽轮机新汽压力的高低可把汽轮机分为低压汽轮机、中压汽轮机、高压汽轮机、超高压汽轮机、亚临界汽轮机、超临界汽轮机六种。

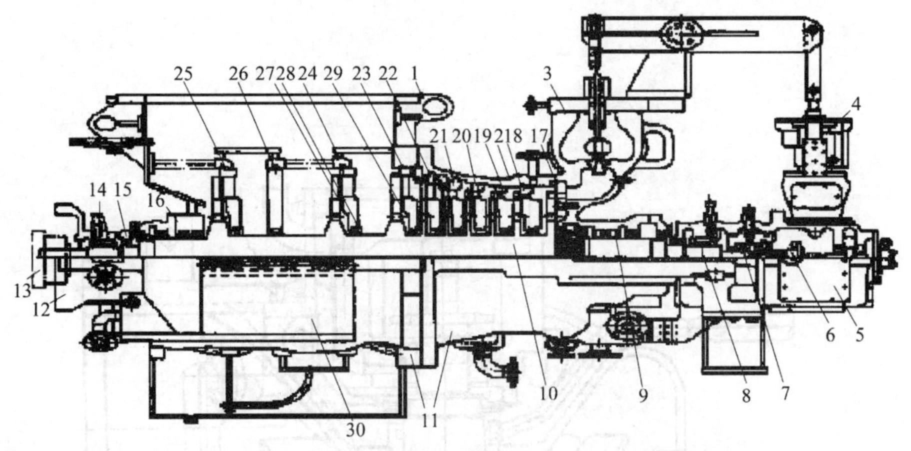

图 13-1　凝汽式汽轮机结构图

1—排汽缸；2—上汽缸；3—调节阀；4—调速机构；5—前轴承座；6—危急保安器；7—推力轴承；8—前轴承；9—高压端汽封；10—转子；11—下汽缸；12—后轴承座；13—联轴器；14—后轴承；15—油封；16—低压端汽封；17—喷嘴；18~25—隔板；26—分流隔板；27—动叶片；28—隔板汽封；29—叶轮；30—挠性板

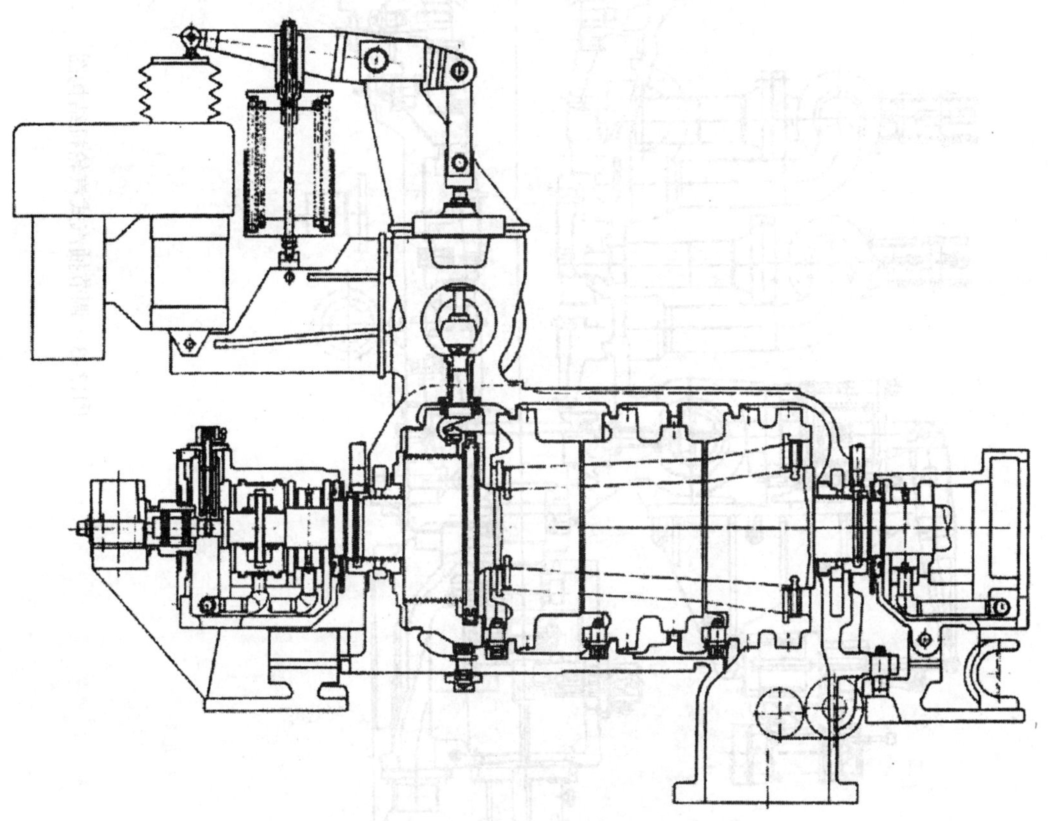

图 13-2　背压式汽轮机结构图

（2）按汽流方向分类

按蒸汽在汽轮机内流动的方向可把汽轮机分为轴流式汽轮机、辐流式汽轮机和周流式汽轮机三种。

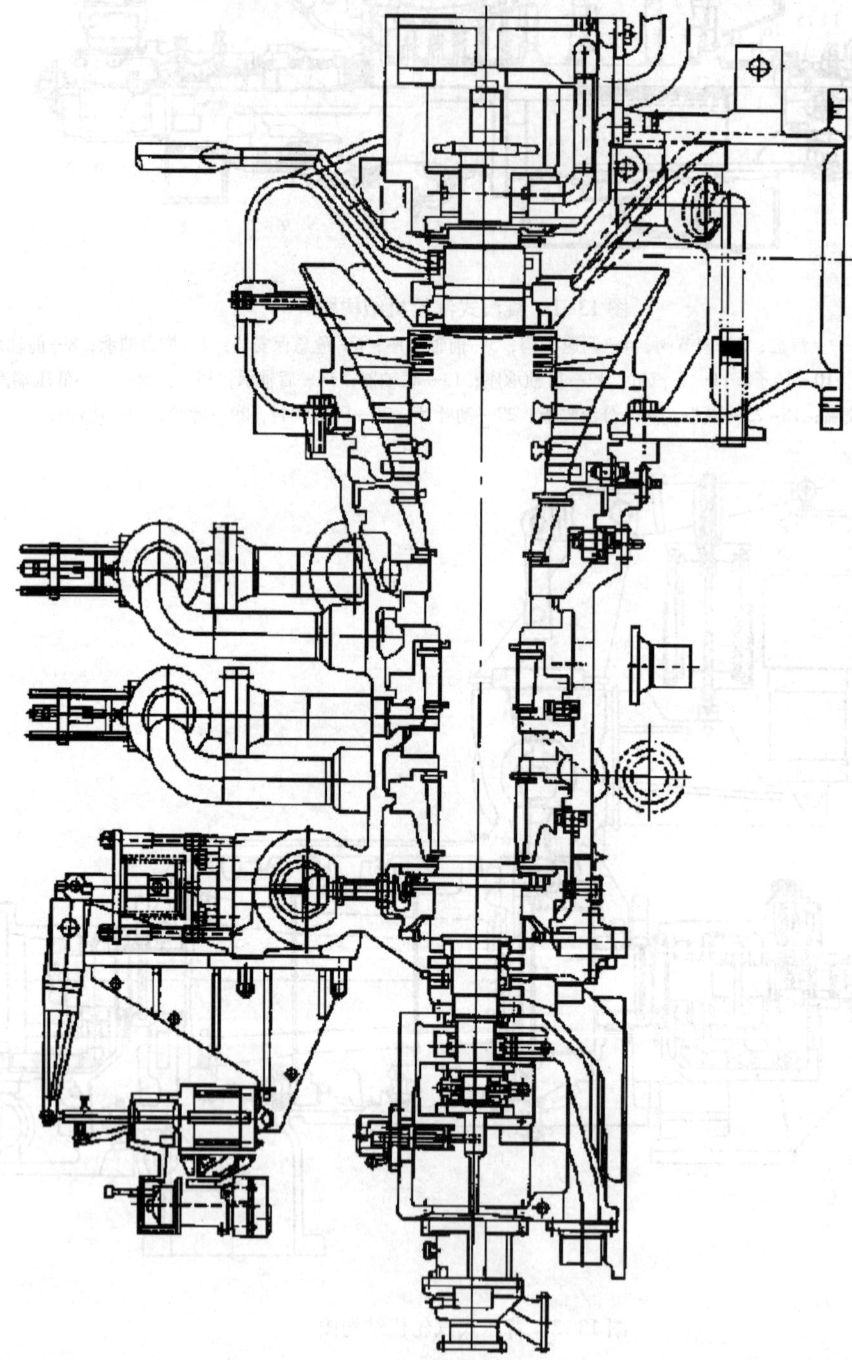

图13-3 调节抽汽式汽轮机结构图

13.3 技术参数

工业汽轮机涉及的参数范围非常广泛，基本参数包括水蒸汽参数、汽轮机的转速和功率等。

1. 水蒸汽参数

蒸汽参数与整个汽轮机动力装置的经济性、安全可靠性、制造成本、运行费用、产品系列化以及用汽工艺流程和用汽参数等因素有关。因此，蒸汽参数应按汽轮机、锅炉、凝汽设备、给水泵、回热系统、工艺流程和用汽系统等因素综合考虑，进行全面综合的技术经济分析后确定。蒸汽参数一般用压力、温度、比容、内能、焓、熵等物理量来描述。

2. 功率

驱动用汽轮机的功率，一般按被驱动机械的耗功加上适当的储备而定。发电用机组则根据系统供给的汽量，求得能发出的功率，然后再按发电机系列，选配合适的发电机。汽轮机的功率有理想功率、内功率、轴功率、额定功率和设计功率。

（1）理想功率　是指在不计任何损失的情况下，蒸汽在汽轮机中作等熵膨胀时，单位时间内所作的功。

（2）内功率　汽轮机通流部分所发出功率称为内功率，也就是从汽轮机理想功率中去除所有内部能量损失所消耗的功率。

（3）轴功率　从内功率中扣除外部能量损失所消耗的功率称为轴功率。它表示汽轮机轴端输出的功率，又称为有效功率。

（4）额定功率和设计功率　额定功率是指汽轮机可以连续运转的最大功率，也就是铭牌功率。设计功率是汽轮机热力设计和通流部分设计的依据，在此功率下保证汽轮机运行时的最高效率。

3. 转速

工业汽轮机的转速一般按被驱动机械的需要而定。汽轮机的转速通常比较高，可根据生产的实际要求，力求减小汽轮机的体积和重量，提高效率，同时根据蒸汽参数、功率和强度等条件，选择最佳转速。当汽轮机的最佳转速与被驱动机械的转速无法协调时，可增设变速器，以满足输出的需要。汽轮机的转速通常分为额定转速、临界转速、跳闸转速等。

4. 主要运行经济指标

汽轮机运行经济指标主要用汽耗量、汽耗率、热耗率来表示。

（1）汽耗量　汽轮机每小时消耗的蒸汽量叫汽耗量，也就是流过汽轮机的蒸汽流量。

（2）汽耗率　驱动发电机的汽轮机组，每发出 1kW · h 电所需要的蒸汽量叫汽耗率。

（3）热耗率　汽轮机发电机组，每生产 1kW · h 电所需要的热量叫热耗率。

13.4 结构特点

汽轮机本体主要由静止部分和转动部分组成，其中静止部分包括汽缸、轴承座、机座、滑销系统、速关阀、调节阀等。转动部分主要是指转子部分，包括主轴、叶轮、转鼓、动叶片、危急保安器等。

13.4.1 汽缸的结构特点

汽缸是汽轮机通流部分的包容体，它用来支撑汽轮机的隔板、静叶持环、调节阀等部件。汽缸的另一个作用是把通流部分与大气隔开，形成密闭的汽室，保证蒸汽在汽轮机内完成能量转换过程。为方便检修，汽轮机的汽缸通常是水平剖分式的，由上汽缸和下汽缸两部分组成，水平中分面法兰用螺栓连接。汽缸体一般通过猫爪(或搭脚)支撑在机座上，有上支撑和下支撑两种方式。在中低压汽轮机中，一般采用单层结构汽缸。高压汽轮机的汽缸通常采用双层结构，分为外缸和内缸两部分。

(1) 汽轮机的外缸　外缸通常由前缸和后缸(排缸)两部分组成，前缸和后缸沿水平面剖分为上、下两半，垂直、水平剖分面法兰均用螺栓连接。抽汽凝汽式汽轮机外缸结构见图13-4。

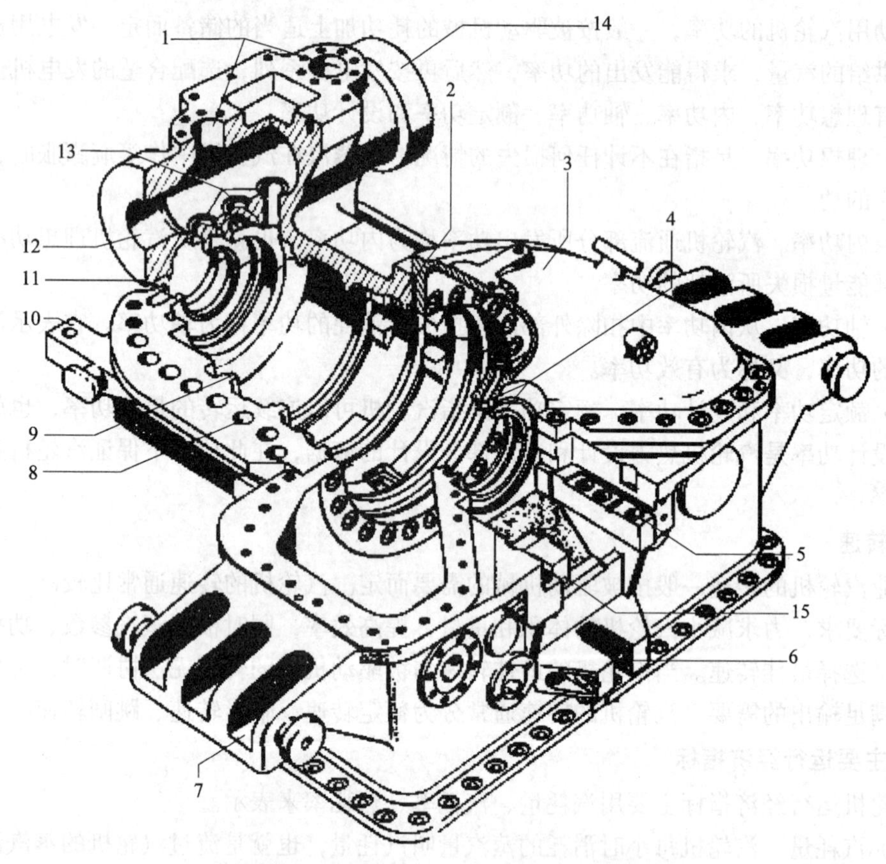

图13-4　抽汽凝汽式汽轮机汽缸结构图

1—调节阀阀杆装配孔；2—内缸支承凸台；3—排缸；4—后汽封装配凸环；5—后轴承座安装面；6—立销销槽；7—后猫爪；8—中分面螺栓孔；9—内缸装配凸环；10—前猫爪；11—前汽封装配凸环；12—进汽室；13—调节阀阀座装配孔；14—速关阀阀壳；15—后轴承座导向键

(2) 汽轮机的内缸　汽轮机内缸用来支撑静叶片、汽封等部件，它通常是沿水平剖分的，上、下半之间用螺栓连接且有锥销定位。汽轮机内缸结构见图13-5(a)。

内缸用下半法兰支撑凸耳支撑在外缸下半的凸台上，通过改变前后支撑面垫板的厚度可调整内缸上下中心，垫板与外缸下半支承面之间可相对滑移。在支撑面的上侧装有压板，用于调整内缸下半法兰支撑凸耳与外缸上半的法兰平面之间的间隙，这样既能防止内缸翘起，又不会约束内缸的热膨胀，其结构见图 13-5(b)。

内缸下半底部加工有偏心导柱，它与装在外缸下半的轴向腰园形槽相配，用于调整内缸的横向中心。

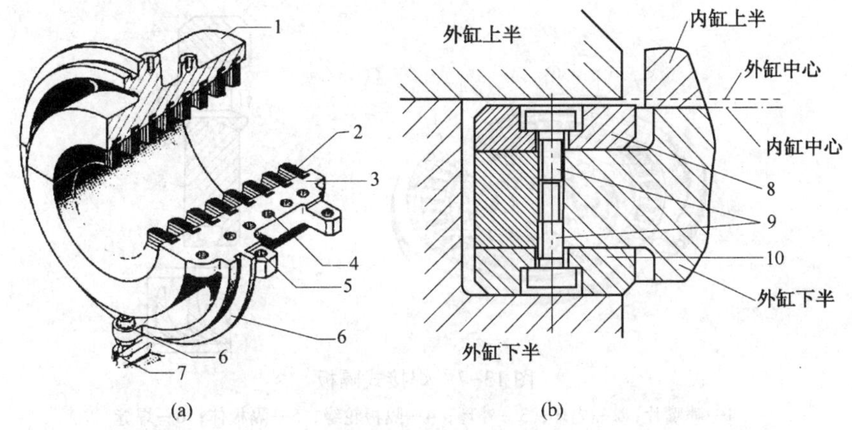

图 13-5　汽轮机内缸结构图

1—内缸；2—喷嘴；3—剖分面；4—螺栓孔；5—支撑凸耳；6—偏心柱；7—外缸凹槽；8—压板；9—螺钉；10—垫板

汽缸所用材料主要由蒸汽的温度决定，为了便于制造和合理使用材料，减少优质材料的消耗，常常把汽缸分为高压汽缸、中压汽缸和低汽压缸。高压汽缸由于其中蒸汽的压力、温度较高，一般用合金钢或铸钢制造，而中、低压汽缸多用优质铸铁或普通铸铁制造。

13.4.2 隔板的结构特点

汽轮机的隔板一般由上下两半组成，上半隔板通过上汽缸两边的锁垫安装在上汽缸的隔板槽中，锁垫也起防止隔板转动的作用。下半隔板通常用下汽缸两侧的凸台支撑，便于调整隔板的中心。在上下两半隔板的结合面处，配有密封键，在装配时起定位和密封的作用。

按隔板的制造方法不同，隔板可分为铸造隔板和焊接隔板两种。

1. 铸造式隔板

铸造式隔板的结构见图 13-6，先用钢板把喷嘴制作好后放入砂型中铸造而成的，它具有制造简单、成本低等优点。但是这种隔板的强度较低，喷嘴形状易出现尺寸上的偏差。通常用于汽轮机的低压部分。

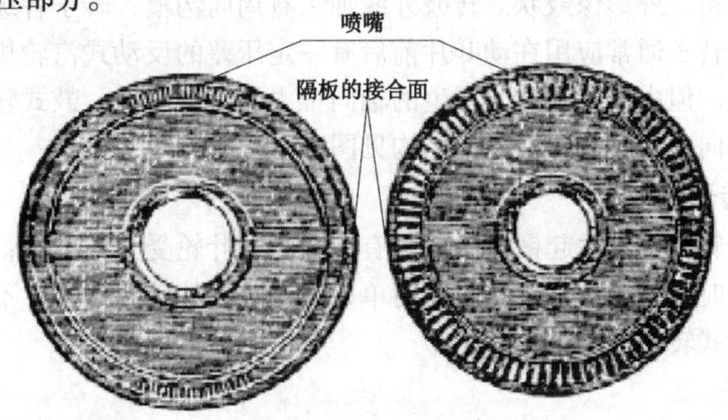

图 13-6　铸造式隔板

2. 焊接式隔板

焊接式隔板的结构见图 13-7，把铣制好的喷嘴片先焊接在内、外环上，然后与隔板本体、轮缘找平后焊接在一起。因此，焊接式隔板能得到形状精确和表面光洁的汽流通道，蒸汽流动的能量损失较小。

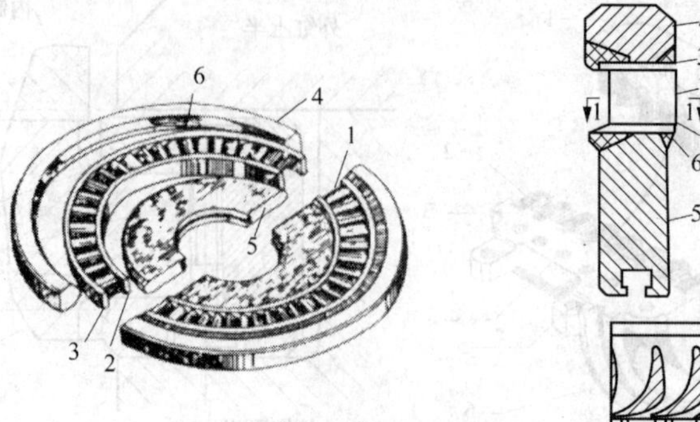

图 13-7　焊接式隔板

1—喷嘴片；2—内环；3—外环；4—隔板轮缘；5—隔板体；6—焊缝

13. 4. 3　喷嘴的作用

汽轮机的喷嘴又叫静叶片，它的作用是把蒸汽的热能转变为高速汽流的动能，使高速汽流以一定的方向从喷嘴喷出，进入动叶片，推动叶轮旋转做功。

汽轮机第一级喷嘴一般直接安装在汽缸高压端专门的喷嘴室上，分成不同数目的弧段。第一级以后的喷嘴通常安装在隔板上。反动式汽轮机不采用隔板式结构，各级静叶片直接安装在汽缸上。第一级喷嘴的各喷嘴弧段直接受各调节汽阀的控制，用它来调节汽轮机的进汽量，以适应机组负荷的需要，所以，第一级喷嘴又叫调节级喷嘴。

13. 4. 4　转子的结构特点

汽轮机的转子是汽轮机所有转动部件的组合体。它由主轴、叶轮或转鼓、动叶片、止推盘、危急保安器等组成。按转子的结构形式可分为转轮式转子和转鼓式转子两种。按转子的制造工艺可分为整锻式转子、套装式转子、焊接式转子和组合式转子等四种。冲动式汽轮机常采用转轮式转子，反动式汽轮机则多用转鼓式转子。

1. 转鼓式转子

其中间部位较粗，外形像鼓状。转鼓外缘加工有周向沟槽，转子各级动叶片直接安装在周向沟槽中。这种转子通常应用在动叶片前后有一定压差的反动式汽轮机上。其优点是结构简单，弯曲刚性大。但由于这种转子产生的轴向推力较大，所以，鼓式转子一般都带有平衡活塞，用于平衡轴向力。转鼓式转子的结构见图 13-8。

2. 整锻轮式转子

转子的各级叶轮与主轴一起锻出，它具有强度高，叶轮受力情况好，不易出现叶片脱落和松动的优点，同时转子结构紧凑、装配简单，没有叶轮的套装过程。不足之处是转子直径不宜过大。整锻轮式转子见图 13-9。

3. 套装式转子

采用叶轮和主轴分别加工，然后采用过盈配合的方式把叶轮热装在轴上。这种转子的优点是加工方便，便于合理使用材料，主轴及叶轮的质量容易得到保证。其缺点是不宜在高温和温度变化大的条件下工作，否则会出现叶轮松动的现象。汽轮机套装式转子见图 13-10。

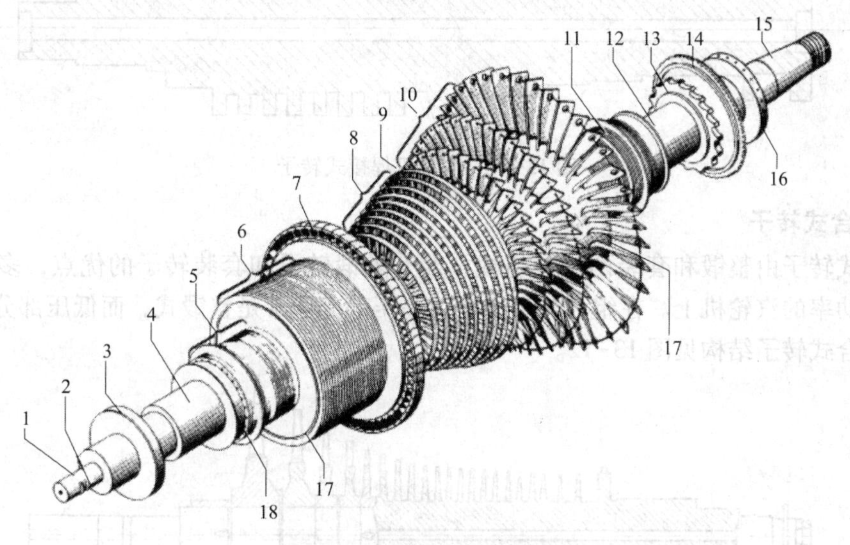

图 13-8　转鼓式汽轮机转子

1—危急保安器；2—轴位移凸肩；3—推力盘；4—前轴承轴颈；5—前汽封；6—平衡活塞汽封；7—调节级；8—转鼓；9—中间汽封；10—低压级；11—后汽封；12—后轴承轴颈；13—盘车棘轮；14—油涡轮动轮；15—联轴器轴段；16—平衡环；17—主平衡面；18—前辅助平衡面

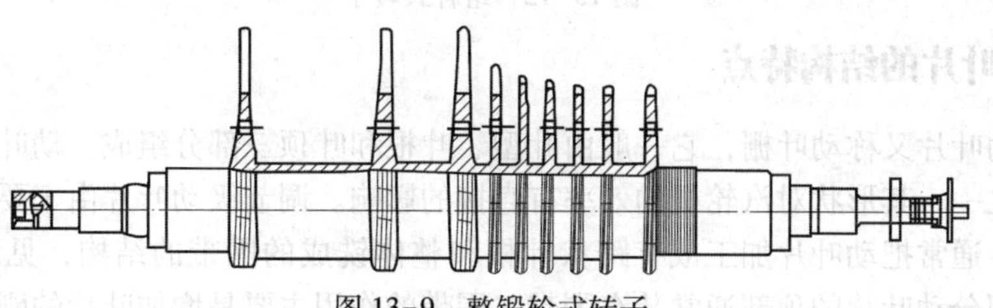

图 13-9　整锻轮式转子

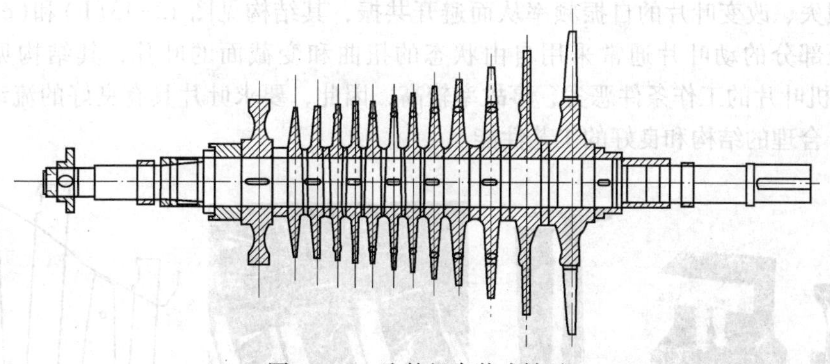

图 13-10　汽轮机套装式转子

4. 焊接式转子

由几个强度很高的实心轮盘和两个轴端在外缘部分焊接而成。其优点是强度高、刚性好、重量轻、结构紧凑，应用较广泛。但是要求转子材料有较好的焊接性能，并且焊接技术要求很高。汽轮机焊接式转子的结构见图 13-11。

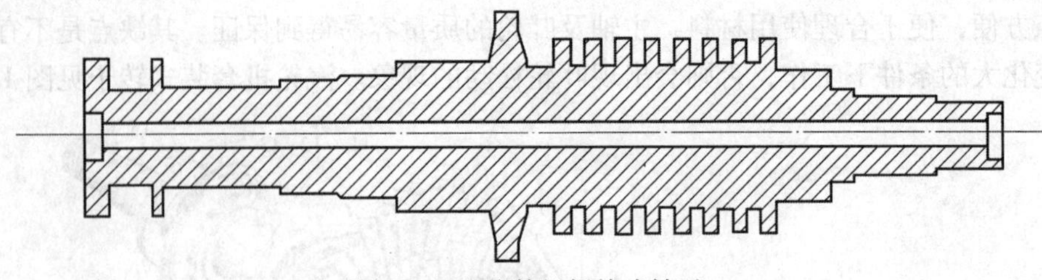

图 13-11　汽轮机焊接式转子

5. 组合式转子

组合式转子由整锻和套装两部分组成，兼有整锻转子和套装转子的优点，多用在高参数、中等功率的汽轮机上。在组合式转子中，高压部分通常是整锻式，而低压部分通常是套装式。组合式转子结构见图 13-12。

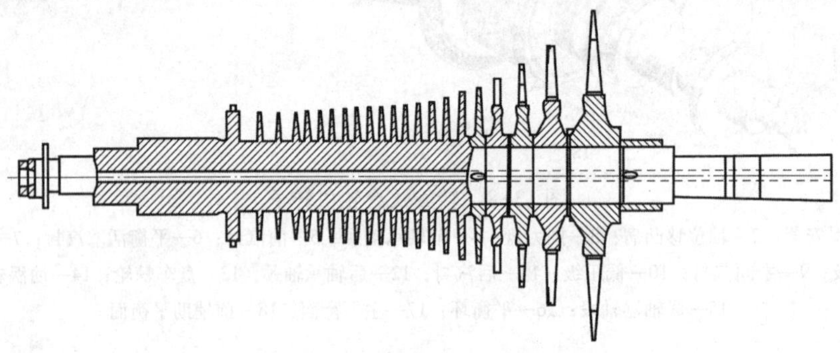

图 13-12　组合式转子

13.4.5　动叶片的结构特点

汽轮机动叶片又称动叶栅，它一般由叶型、叶根和叶顶三部分组成。动叶片是汽轮机最重要的零件之一，其形状对汽轮机的效率有直接的影响。调节级动叶片由于要承受很高的离心力，所以，通常把动叶片加工成有跨状叶根和整体铣成的围带的结构，见图 13-13(a)。汽轮机高压部分动叶片的顶部通常装有围带，围带的作用主要是增加叶片的刚性、减少蒸汽从叶顶处损失、改变叶片的自振频率从而避开共振，其结构见图 13-13(b)和(c)。凝汽式汽轮机低压部分的动叶片通常采用自由状态的扭曲和变截面的叶片，其结构见图 13-13(d)。汽轮机叶片的工作条件恶劣，事故率较高，因此，要求叶片具有良好的流动特性、足够的强度、合理的结构和良好的工艺性能。

(a) 调节级有2只和3只跨脚的动叶片　(b) 带有反T形叶根和整体围带的动叶片　(c) 高压部分典型的动叶片　(d) 低压部分典型的动叶片

图 13-13　动叶片结构图

汽轮机的叶片按其工作原理可分为冲动式和反动式两大类。按制造工艺可分为铣制、轧制、模锻、精密铸造及电化学加工等类型；按叶片的截面形状可分为等截面和变截面叶片。常见的叶根有反T形叶根、菌形叶根、叉形叶根和枞树形叶根等四种。

13.4.6 转子轴向力产生的原因及平衡方法

13.4.6.1 轴向力产生的原因

汽轮机转子的轴向推力主要来源于蒸汽作用于动叶片上的轴向分力、动叶片和叶轮的前后压差、轴变径产生的压差等。

1. 作用于动叶片上的轴向分力

汽轮机转子工作时，蒸汽作用在动叶片上的力除沿圆周方向的力外，还有一个沿轴向的分力，这使转子产生一定的轴向力。现代应用的汽轮机大都带有一定的反动度，动叶片前后存在一定的压差，该压差也会使动叶片产生轴向力。

2. 作用在叶轮上的轴向力

在冲动式汽轮机(带有一定反动度)中，叶轮前后存在一定的压差，由于叶轮面积较大。所以，它产生一定的轴向推力。

3. 由于轴变径产生的轴向力

由于汽轮机主轴变径形成的阶梯形、锥面、凸肩等也存在一定的压差。所以，也会使转子产生轴向推力。

13.4.6.2 轴向力的平衡方法

汽轮机正常工作时，转子上受到很大的轴向推力，其中的大部分由平衡装置平衡掉，小部分由止推轴承承受。在汽轮机中，平衡轴向力的常用方法有平衡活塞、开平衡孔、采用相反流动的布置方法等。

1. 平衡活塞

在大型反动式多级汽轮机中，通常在转子前端设有平衡活塞。靠近汽缸中心侧为高压蒸汽，另一侧为低压蒸汽。这样，在平衡活塞上就产生了一个与转子轴向力方向相反的轴向推力，以抵消转子大部分的轴向力。

2. 开平衡孔

在冲动式汽轮机中，通常在叶轮上开几个孔，这样叶轮两侧的蒸汽可相互流动，使轮盘两侧的蒸汽压力差减少，从而减少轮盘的轴向推力。平衡孔一般为奇数，通常开5个或7个(也有开偶数的)，这样可避免在同一径向截面上开设两个平衡孔，从而使叶轮截面强度不过分削弱。

3. 用相反流动的布置方法

把蒸汽在汽轮机内的流动方向布置成相反的，使产生的轴向推力方向相反，相互抵消达到平衡轴向力的目的。也可以让蒸汽在高压缸和低压缸中的流动方向相反，使轴向力相互抵消。

13.4.7 汽封系统的结构特点

为了防止汽轮机动静部分发生碰磨和减少蒸汽泄漏，提高汽轮机的经济性能，在汽轮机的轴端、级间、段间、围带及平衡活塞等处设有汽封。汽轮机的汽封按结构可分为迷宫式、碳精式和水封式三种。按用途可分为轴端汽封、隔板汽封和围带汽封三种。

汽轮机的轴端汽封通常采用迷宫密封和碳精密封两种。迷宫密封有梳齿形、齿片形和伞柄形三种。梳齿形迷宫密封分为高低齿形和平齿形两种。平齿形梳齿密封的结构简单，安装检修方便，但其密封效果不及高低齿形密封好。汽轮机高压端通常用高低齿迷宫密封，低压段则用平齿迷宫密封。汽封片通常采用强度较高的不锈钢制作，在防止蒸汽泄漏的同时平衡掉一部分轴向力。汽轮机典型的轴端汽封结构见图 13-14。

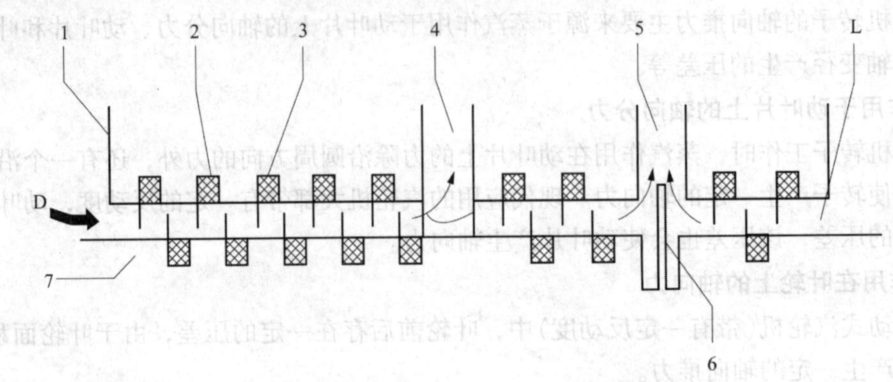

图 13-14　汽轮机典型的轴端汽封示意图

1—密封套；2—方嵌条；3—汽封片；4—漏汽出口；
5—信号管；6—盘；7—汽轮机转子；D—汽缸；L—大气

汽轮机汽缸的高、低压端虽然都装有汽封，但仍然不能避免高压端蒸汽通过汽封的间隙外漏，和外界空气从低压端汽封的间隙漏入汽轮机内。为了回收汽轮机高压端的汽封漏汽和阻止外界空气由低压端漏入汽缸，汽轮机均设置有汽封系统见图 13-15，以提高汽轮机的经济性能。凝汽式汽轮机低压端汽封引用压力稍高于大气压力的蒸汽来密封，防止因空气漏入使汽轮机排汽压力提高，降低机组的经济性。在汽轮机正常运行时，通常把高压端汽封的漏汽用管线引到低压端，作为低压端汽封汽用。在汽轮机启动和停机过程中，由于高压端轴封没有蒸汽，则应引用经减温减压的新蒸汽同时送入高、低压端汽封中去。汽封最后的漏汽通过各自的信号管排到大气中或通过管线引到冷凝器中进行冷凝。所以，在汽轮机运行的过程中，可以通过观察信号管的漏汽量情况来监视轴封的好坏。

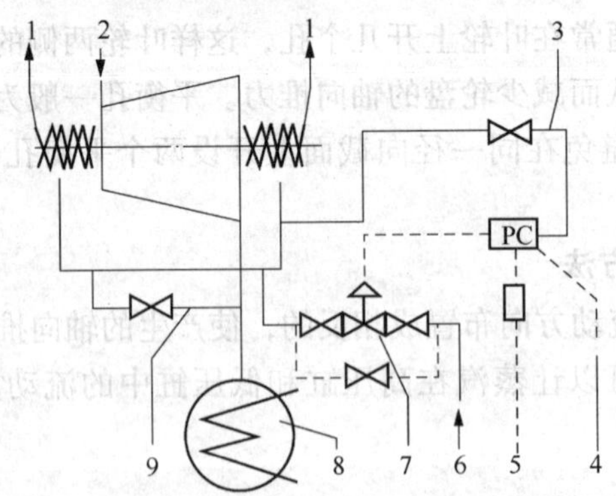

图 13-15　汽轮机汽封系统图

1—信号管；2—新蒸汽入口；3—压力信号管；4—压力控制器；5—压缩空气；
6—汽封供汽；7—振动膜控制阀；8—冷凝器；9—应急旁路

13.4.8 蒸汽室的结构

汽轮机蒸汽室有整体式和沿水平剖分式两种结构。沿水平剖分的蒸汽室结构见图13-16，汽室上、下两半用螺栓连接，结合面上配有轴向定位销。按汽轮机运行要求和特性不同，汽室上半开有4只或5只角形环装配孔，与相应的调节阀配合使用。

蒸汽室前端外圆上的定位槽(5)与汽缸凸环相配合，既用于蒸汽室轴向定位又是蒸汽室轴向热膨胀的基准(即死点)。

蒸汽室通过其两侧法兰支撑在下汽缸，蒸汽室上下中心可通过配作垫板的厚度来调整，垫板用螺钉固定在下半汽室法兰支承面上。蒸汽室连同垫板一起可在径向方向水平滑移，径向方向的中心可以通过调节安装在蒸汽室下部的偏心导柱来调整。

蒸汽室内的汽封分为两部分，一是在蒸汽室上半后端内圆上嵌装的汽封片，其作用是减少调节级漏汽损失；二是蒸汽室前端内圆上的汽封片，它与转子平衡活塞构成平衡活塞汽封。

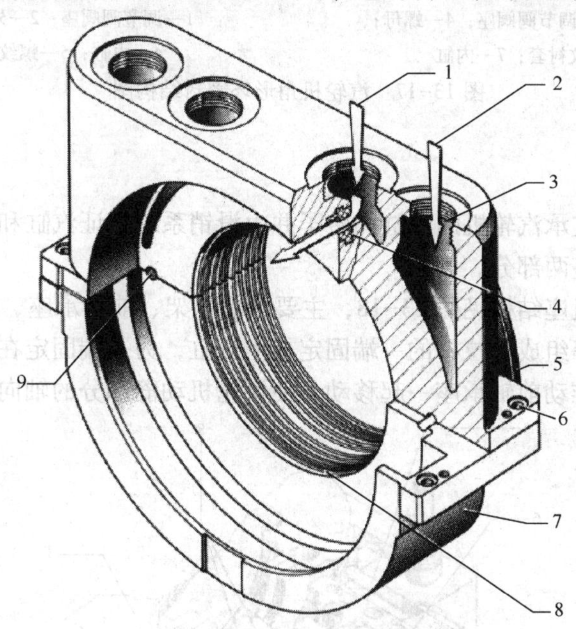

图13-16 蒸汽室的结构图

1—进汽；2—蒸汽室上半；3—角形环装配孔；4—喷嘴组；5—定位槽；6—中分面螺栓孔；7—蒸汽室下半；8—平衡活塞汽封；9—定位销

13.4.9 角形密封环

在大型汽轮机中，通常在外缸与内缸、喷嘴室、蒸汽室之间均用角形密封环来连接，角形密封环的结构见图13-17，从调节阀流出的蒸汽经角形环进入相应的喷嘴组汽室。角形环与螺纹衬套之间在高度方向上有一定的间隙，使得角形环可在平面方向上移动，这样在扣上汽缸盖时角形环能自动对中。机组运行时，角形环不仅对不同压力腔的蒸汽起到密封作用，而且允许被连接件之间能自由膨胀。

当采用见图13-17(a)的结构形式时，阀座与外缸的阀座孔是间隙配合，阀座由螺母拉紧并用销定位，销的端部点焊固定。角形环和螺纹衬套装在内缸(蒸汽室或喷嘴室)上，螺纹套用销防松，销的端部点焊固定。当采用见图13-17(b)的结构形式时，阀座与外缸的阀座孔是过盈配合。

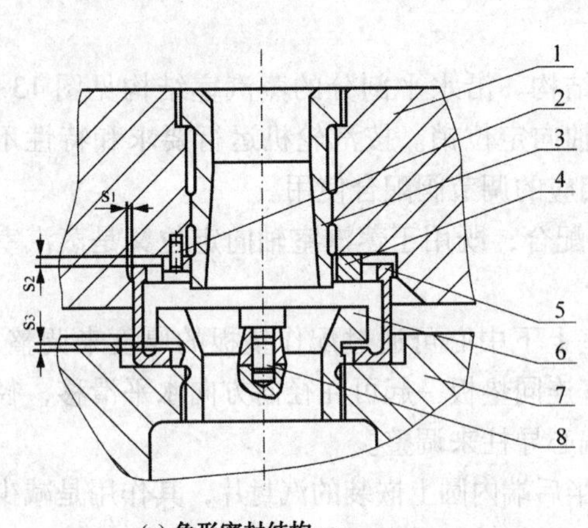

(a) 角形密封结构一

1—外缸；2，8—销；3—调节阀阀座；4—螺母；
5—角形环；6—螺纹衬套；7—内缸

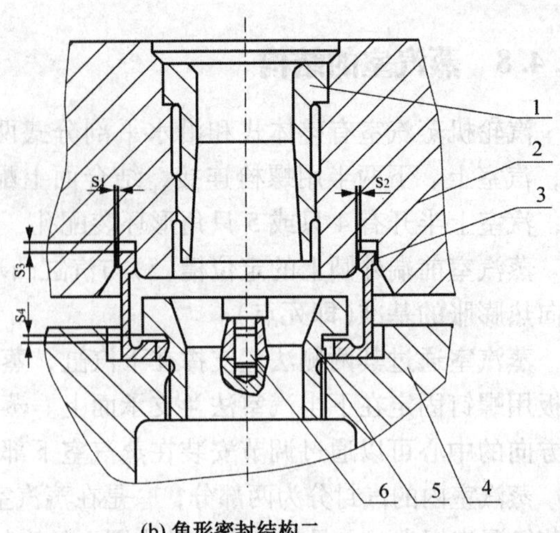

(b) 角形密封结构二

1—调节阀阀座；2—外缸；3—角形环；
4—内缸；5—螺纹衬套；6—销

图 13-17　汽轮机角形环密封结构图

13.4.10　机座

汽轮机机座用于支承汽轮机的汽缸和转子并由滑销系统保证汽缸和转子的正确位置。通常分为前机座和后机座两部分。

(1) 前机座　前机座结构见图 13-18，主要由前座架、前轴承座、拉杆组件、汽缸热膨胀指示器以及连接件等组成。拉杆的一端固定在上汽缸，另一端固定在前轴承座上，当汽缸膨胀或收缩时，拉杆推动前轴承座一起移动，使汽轮机动静部分的轴向间隙保持不变。

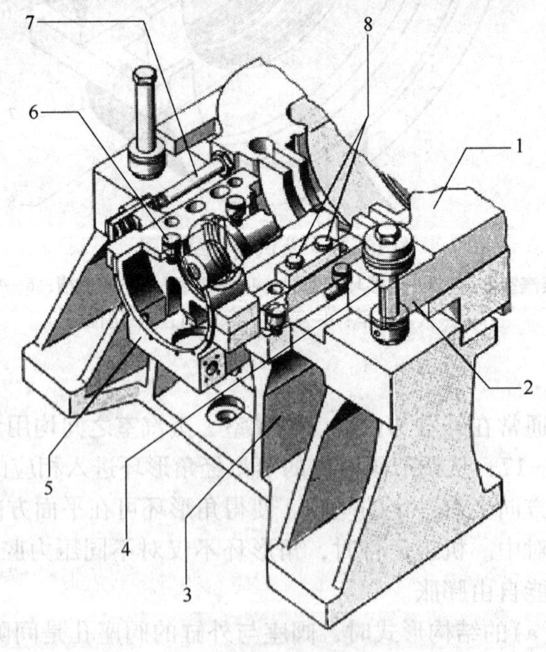

图 13-18　汽轮机前机座结构示意图

1—汽缸；2—上汽缸前猫爪；3—前座架；4—汽缸调整组件；
5—前轴承座；6—轴承座调整组件；7—拉杆；8—螺栓

(2) 后机座　凝汽式与背压式汽轮机后机座有较大的区别，背压式汽轮机的后机座没有排缸。凝汽式汽轮机后机座的结构见图 13-19，其通常由排缸、后轴承座、汽缸立销组件等组成。后机座固定在汽轮机的基础底板上，用于支承汽缸和转子，使它们在各个方向保持正确位置并构成汽轮机热膨胀的基准点(即死点)。

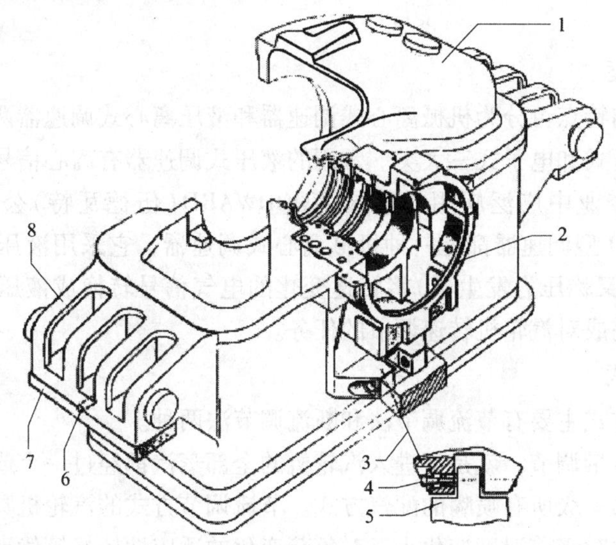

图 13-19　凝汽式汽轮机后机座结构图

1—排缸；2—后轴承座；3—排缸立销组件；4—调整组件；5—汽缸立销；6—定位销；7—基础底板；8—排缸猫爪

13.5　调速系统

1. 调速系统的组成

汽轮机调速系统的作用是维持汽轮机的设定转速。汽轮机调速系统通常由感应机构、传动放大机构、反馈机构和执行机构四部分组成。按调速系统动作时所需能量的供应来源可分为直接调节和间接调节两大类。调速系统的工作过程是：感应机构感受速度变化，并将这种变化转换成便于传递的信号，经传动放大机构进行比例放大和功率放大后传递给执行机构，进而改变进汽量，控制汽轮机转速的变化。

(1) 感应机构　由调速器和信号转换机构组成。在间接调节系统中，调速器感应速度变化，信号转换机构对调速器输出的信号进行第一次放大，生成二次油压。

(2) 传动放大机构　主要由错油门、油动机、杠杆等组成，它的作用是把二次油压变化的信号转化、放大后传到调节阀，改变调节阀的开度，调节汽轮机的转速。

(3) 反馈机构　通常由反馈斜铁、反馈杠杆、肘形杆和调整螺钉等组成。反馈机构的作用是使某一调节元件输出的调节信号返回其输入端，削弱或抵消原输入信号的作用，以便能够适时结束调节过程，使机组达到新的稳定工况。

(4) 执行机构　由调节阀及其传动装置组成，由它来最终完成改变汽轮机进汽量、控制机组转速的任务。

2. 液压传动放大机构的特点

在汽轮机液压放大机构中，为提高错油门滑阀工作灵敏度，确保其不产生卡涩现象，通常把滑阀设计成可以旋转的，把它叫作旋转滑阀。旋转式滑阀除了具有工作灵敏，不产生卡涩的特点外，还可以产生微小的振动，使滑阀经常处于轴向运动状态，提高了滑阀的灵敏度。同时错油门微小的振动使油动机和调节阀阀杆产生微小的上下脉动，可防止油动机活塞和调节阀阀杆出现卡涩现象。滑阀的旋转速度和振动幅度的大小可以通过其调节螺钉进行调整。

3. 调速器的分类

按调速器的结构特点可分为机械离心式调速器和液压离心式调速器两大类。按工作原理可分为机械式、液压式和电子式三大类。常用的液压式调速器有离心信号油泵和旋转阻尼式两种。在我国石化企业中广泛应用的美国 WOODWARD(伍德瓦特)公司生产的 PG-PL、TG-10、UG-8、PSD 型调速器都是一种机械离心式调速器，它采用液压传动。电子调速器是通过电液转换器(又称压力发生器)将转速变化的电气信号转换成液压信号，然后利用液压放大和执行元件完成对汽轮机转速调节的任务。

4. 主要配汽方式

汽轮机的配汽方式主要有节流调节法和断流调节法两种。

节流调节也称质量调节，就是指进入汽轮机的全部蒸汽都经过一个或几个同时启、闭的调节阀，然后流向第一级所有喷嘴的配汽方式。节流调节方式的汽轮机具有结构简单，制造成本低，在负荷变化时级前温度变化小，对负荷变化的适应性较好等优点。由于节流调节存在节流损失，使汽轮机相对内效率降低，汽轮机的负荷越低，节流损失就越大。所以，节流调节的汽轮机存在机组低负荷运行时经济性较差的缺点。

断流调节也称喷嘴调节，就是指进入汽轮机的新蒸汽首先通过速关阀，然后经几个依次启、闭的调节汽阀通向汽轮机的第一级喷嘴。每一个调节汽阀分别控制相应的一组喷嘴。断流调节没有节流损失。因此，在部分负荷时，断流调节汽轮机比节流调节汽轮机的经济性高。

断流调节汽轮机的缺点是：结构复杂、工况变动适应性差。

13.6 安装

蒸汽轮机安装工作内容通常包括：机座、轴承座和汽缸的安装；汽缸的找平与找正；转子、隔板和汽封的安装；调速、保安和油系统的安装、试验和调整等。

13.6.1 机座、轴承座和汽缸的安装

机座、轴承座和汽缸是汽轮机本体主要的支承部件，必须保证它们之间的连接刚度，否则将会造成汽轮机运行时出现异常振动的现象，严重时可能造成设备事故。所以，汽轮机安装时，基础验收与机座的安装工作必须引起足够的重视，严格按规范的程序进行。

13.6.1.1 基础验收和机座的安装

1. 基础验收

按照汽轮机厂家提供的技术数据对汽轮机基础的尺寸和地脚螺栓预留孔的尺寸进行认真的核对。并确保基础强度满足要求。放置机座垫板前，彻底去除基础表面松散的粉粒和水泥浆刷面，确保灌浆表面无灰尘、油迹等。

2. 机座的安装

汽轮机的机座有整体式机座和分散式机座两种，它们的安装程序基本相同。安装机座前，先按技术要求放置预埋垫板，尽可能使每块垫板的高度和水平相同。检查机座垫板是否符合技术要求，并彻底清除与混凝土接触面的油污、铁锈等，将机座垫板放置在预埋的垫板上，调整好机座垫板的水平和标高。彻底去除机座底面的油污，然后将机座安放在垫板上。检查机座的标高及水平度，按要求分别调整轴承座和汽缸机座的高度和水平。多数机座垫板带有调整螺栓，用它可以调整机座的水平和标高。调整好机座的水平和标高后按要求加工永久垫铁，把永久垫铁按要求放置在地脚螺栓两侧。每组垫铁不应多于三块，不允许使用斜垫铁。确认机座调整合格后，把紧地脚螺栓，把垫铁焊在一起。

13.6.1.2 轴承座与下汽缸的安装

1. 机座、轴承座和下汽缸接触面的检查

为使机组受热膨胀时轴承座和下汽缸能按照滑销系统的定位方向进行自由滑动，无论是整体式机座还是分散式机座，在组装前都要对机座滑动面进行严格的检查。

通常可先用小平板检查机座上的滑动面、轴承座和下汽缸底面，必要时进行刮研。然后以轴承座或下汽缸底面为基准，把机座与它相对应的轴承座或下汽缸对应在一起进行研磨检查。对于滑动面的接触要求是：接触面积不少于总面积的75%，接触点分布均匀，而且每$25 \times 25mm^2$的面积上接触点不少于3~5点。用0.05mm的塞尺检查滑动接触面四周，塞尺均不得塞入。

2. 汽轮机滑销系统的检查和装配

（1）滑销的作用　汽轮机在开车、停车和改变负荷的过程中，汽缸温度会发生较大的变化，汽缸的膨胀量也会随着发生变化，汽缸膨胀量最大可达8mm。若汽缸与转子胀缩的方向不相同，汽轮机动静部分就会发生碰磨甚至把转子卡死，造成严重的设备事故。在平面上，通常以凝汽器的中心为汽轮机的死点，汽缸以此为中心向各个方向自由膨胀。汽轮机滑销系统的作用是使汽轮机工作时确保汽缸与转子中心始终保持一致、动静部分之间的间隙保持在许可范围内。

多数汽轮机都有汽缸膨胀量的指示器，用于随时监视汽缸膨胀的情况。冷态下，指针应该指在标尺的零刻度线上。

（2）汽轮机滑销系统的组成　滑销系统(又称滑键系统)通常由横销、纵销、立销、猫爪横销等组成。汽轮机横销的作用是对汽缸轴向定位，并保证横向自由膨胀。纵销的作用是确保汽缸和轴承座沿着转子的中心线方向自由膨胀。立销的作用是保证汽缸在垂直方向上自由膨胀，并与纵销一起保持机组的纵向中心不变。有的汽轮机高压缸猫爪下也装有横销，它在保证汽轮机汽缸能横向膨胀的同时随着汽缸轴向的胀缩，推动轴承座向前或向后移动。横销和纵销中心的交叉点为汽轮机的“死点”。滑销系统及死点见图13-20，机组受热膨胀时，以该点为中心向前后、左右膨胀。

（3）滑销的检查　在汽轮机轴承座和下汽缸就位前，必须按规定对汽轮机的滑销系统作认真细致的检查，确保滑销在槽内滑动灵活而且无卡涩现象。如果滑销的间隙过小或出现卡涩现象，应该用刮刀刮削或平面磨床加工使其间隙达到要求值。滑销的配合间隙过大时，可采用补焊后机加工或重新配制新销的方法处理，补焊后的滑销强度不能低于原有金属强度。新销的材料应该与原销的材料相同。

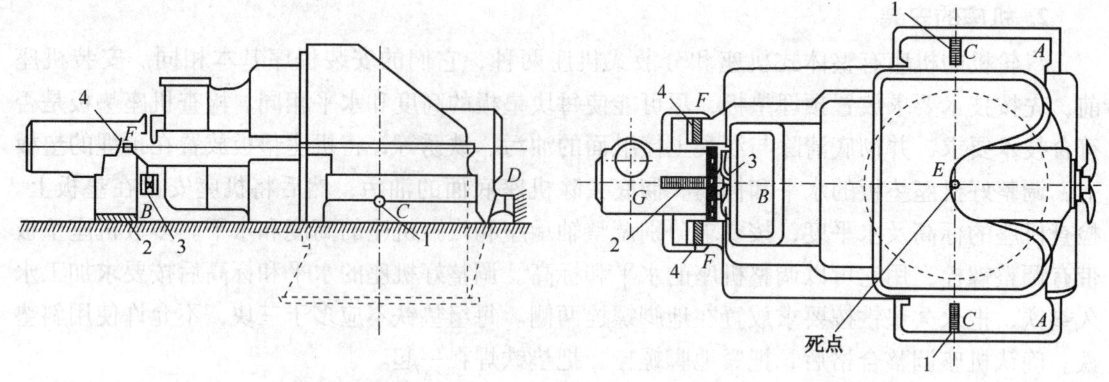

图 13-20 汽轮机滑销系统及死点示意图

1—横销；2—纵销；3—立销；4—猫爪横销

（4）滑销系统装配的技术要求　安装前对滑销及滑销槽进行仔细检查，将毛刺、铁锈及其他杂质彻底清理干净，使它表面光滑并涂上黑铅粉或厂家推荐的润滑剂。在装汽轮机猫爪销时，要求滑销两侧面平行，各平面接触均匀，接触面积不少于75%。汽轮机同一滑销及滑销槽各测量点的数值应相同，其误差值不得超过0.03mm。滑销与轴承箱销槽、机座销槽之间的接触面积应该在80%以上，各配合面粗糙度应不大于R_a1.6。汽轮机纵销和横销与机座销槽配合的过盈量为0~0.02mm。检查连接螺栓确认其完好无损，无毛刺等，组装前应涂防咬合剂。必须做好滑销的防尘密封措施，防止灰尘或其他硬物进入滑销槽内对滑销造成破坏。

检查汽轮机立销与机座及汽缸之间的配合情况，其配合间隙应符合技术文件要求，当无要求时按以下要求执行：汽缸与机座之间的距离大于汽缸的膨胀量；汽缸端滑销槽与滑销之间的间隙为0.04~0.08mm；滑销与机座滑销槽之间的过盈量为0~0.02mm。否则要按要求进行调整。滑销系统具体的技术要求见表13-1。

表 13-1　汽轮机滑销系统的简图和技术要求表

名　称	见　图	技术要求
纵销、横销	b_1 b_2 a c	$b_1+b_2=0.01\sim0.08$ 过盈量 $c=0\sim0.02$ $a=1\sim2$
立销	b_1 b_2 a c b_3 b_4 a_1 a_2 c	键的温度低于槽时 $b_1+b_2=0.04\sim0.08$ 键的温度高于槽时 $b_1+b_2=0.12\sim0.16$ a 大于膨胀量且不小于 3.0 $b_3+b_4=0.04\sim0.08$ a_1+a_2 大于膨胀量且不小于 3.0 过盈量 $c=0\sim0.02$

续表

名　称	见　图	技术要求
角销		a=0.04~0.08 b大于1.0
圆销		销与孔的配合为H7/h6，表面粗糙度为孔R_a3.2，销Ra1.6，孔中心线应和接合面重合，误差在全长上不大于孔径的1/10。
猫爪横销		b_1+b_2=0.04~0.08 过盈量c=0~0.02 销两侧面平行，A、B、C、D平面接触均匀，接触面积不少于75% a=0.12~0.16
连接螺栓		后汽缸a=0.10~0.20 前轴承箱a=0.04~0.08 b大于汽缸膨胀量t

3. 机座、轴承座和下汽缸的组装

将各滑动面彻底清理干净后，按要求在滑动面上涂上一层磷状黑铅粉或厂家推荐的润滑剂。将轴承座和下汽缸吊装在其机座上。为防止汽轮机的各滑销出现倾斜，保证轴承座和汽缸在运行中能自由膨胀，在吊装时应该把所有滑销都向一侧靠紧。在吊装汽缸时，为保证汽缸水平垂直放下，吊装过程中应该把水平仪放在汽缸水平法兰上，随时监视汽缸的水平情况，出现倾斜时要及时调整。汽缸就位后必须检查汽缸与机座之间的距离是否大于汽缸的膨胀量，汽缸的膨胀量通常由厂家提供，在随机资料中可以查到。同时检查各滑动面的连接螺栓与螺栓孔之间的间隙是否大于机组膨胀时的位移量。

4. 轴承座及汽缸的找正

轴承座及汽缸就位后必须进行找正。汽缸找正的目的是为了使汽轮机本体的中心位置和水平度符合要求。汽轮机中心与基础中心线横向允许偏差1~3mm，排缸出口与凝汽器进口同心度允许偏差0.5~1mm。轴承座找水平的方法是用水平仪测量轴承座的纵向及横向水平，然后通过调整机座垫板的调整螺栓进行调整，在标高符合要求的条件下使水平度达到≤0.02mm/m。下汽缸找水平和调整的方法与轴承座找水平方法基本相同。下汽缸横向水平的允许偏差不得超过0.02mm/m；纵向水平应根据制造厂家设计的转子扬度来调整，并相应地调整各轴封洼窝中心的高度。找平、找中心是相互关联的。因此，在找平、找中心、找标高时要全面考虑，相互兼顾。上支撑汽缸的调整结构见图 13-21。

5. 机座、轴承座和汽缸调整结束后的检查

（1）前缸两只猫爪要均匀承载，后缸猫爪或排缸支撑猫爪在整个面积上和基础底板接触均匀，一般不得存在超过 0.03mm 的间隙，若不满足要求，可通过调整与排汽缸猫爪相连基础板上的调整螺栓，予以消除。若间隙过大，要重新加工垫片进行调整。

（2）把其余的调整螺栓一直旋到顶住底板为止，但要注意，不得改变机组的标高及水平。机组重量应该均匀分配在所有的调整螺栓上。

（3）把紧各地脚螺栓后复查汽缸和轴承座的水平度和标高，如不符合要求，需要重新调整，直至符合技术要求为止。

13.6.2 轴承的安装与检修

汽轮机轴承的安装与检修请参照第 7 章的 7.4.1。

13.6.3 转子的安装

汽轮机转子的安装包括：转子的吊装、测量和各部间隙的调整等内容。

13.6.3.1 转子的吊装

在吊装转子前应该仔细做好如下几项工作：

（1）吊转子前，必须认真检查吊具是否安全可靠，特别是吊车的制动装置要灵敏可靠。确认所用的吊具必须有足够的强度。

（2）确认汽缸、各汽封槽没遗留有任何异物。各汽孔、水孔内没有异物堵塞。

（3）轴承的下瓦要用不起毛的棉布擦干净，并浇上干净的透平油。

（4）转子各部分必须仔细清洗干净，不得附有任何异物。

（5）检查转子各部是否有毛刺、麻点、碰伤、划伤等缺陷，特别是轴承部位的轴颈和止推盘，其表面粗糙度、跳动度必须符合技术要求。

做好以上各项检查后，按图 13-22 所示，用专用吊具将转子从支架上吊起后，把水平仪放在轴承部位的轴颈处，调整好转子的水平，由专人指挥，缓慢平稳地把转子吊进汽缸内。在转子吊装的过程中，必须保持转子水平。防止转子部件与汽缸、轴承箱内各部件发生碰撞、刮蹭等。

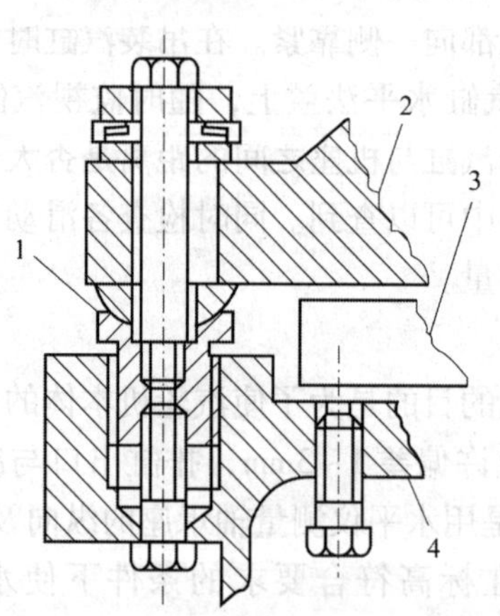

图 13-21 上支撑汽缸的调整结构示意图

1—调整螺母；2—上汽缸；3—下汽缸；4—轴承支座

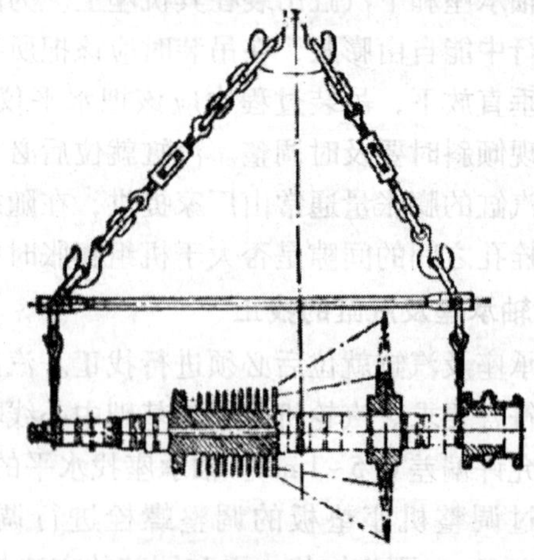

图 13-22 汽轮机转子吊装示意图

13.6.3.2 汽轮机转子的测量

汽轮机转子的测量内容包括：转子径向跳动、轴向偏摆、轴颈扬度、轴颈圆度、圆柱度及各动、静部分间隙的测量。

(1) 转子径向跳动的测量　通常用百分表进行检测，把表座固定在汽缸中分面上，将百分表的跳杆垂直指向被测部位，把轴沿圆周方向分成若干等份，每转动转子一等份记录一次百分表读数，便可计算出转子各部的跳动值。跳动值不得超出厂家提供的设计标准值范围。

(2) 转子轴向偏摆的测量　转子轴向偏摆又称转子的轴向跳动、转子瓢偏度，是指在给定直径的圆周上，被测端面各点与垂直于轴线的平面间最大与最小距离之差。汽轮机转子需要测轴向偏摆的部位有：止推盘的工作面和非工作面、叶轮进出汽的边缘、联轴节的端面等。轴向偏摆测量方法有单表法或双表法两种。单表法测量操作简单，但若转子有轴向移动时，数据不真实。双表法可消除轴向移动对测量值的影响，但读数和计算比较复杂。双表法测量方法如图 13-23 所示。

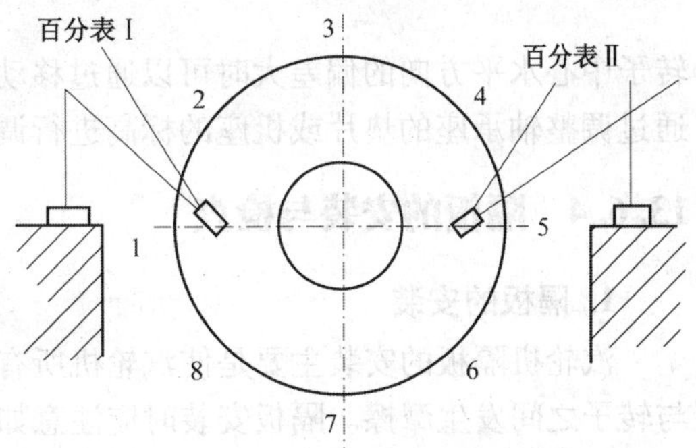

图 13-23　转子轴向偏摆的测量示意图

(3) 轴颈扬度的测量　转子的轴颈扬度是指转子轴线在空间的倾斜程度。轴颈扬度测量的部位通常选择在前、后轴承处的轴颈上表面。轴颈扬度通常用合像水平仪来测量，测量时，在同一位置水平仪掉转 180°测量两次，两数代数和的一半就是该处轴颈的扬度。

(4) 转子动、静叶片间间隙的测量及调整　测量汽轮机转子动静叶片间的间隙时，必须先把转子推向汽缸的低压端，使止推盘紧贴在止推轴承的主瓦上，盘动转子，用塞尺分别测出各个位置的轴向和径向间隙。若动、静叶片间隙过小，在汽轮机启动时动静部分可能会发生碰磨，损坏汽轮机。间隙过大时，会降低汽轮机的效率，所有测量值必须在厂家原设计值范围内，否则必须进行调整。

轴向间隙调整方法如下：①若间隙值向同一方向同时偏大或偏小，则应该向相反的方向调整整个转子相对汽缸的位置。此时，可通过调整止推轴承主、副瓦瓦背的调整垫片厚度来达到目的。但要注意，这种方法会改变危急遮断器脱扣栓和转子上轴位移凸台间的轴向间隙。若止推轴承座是通过导轨安装在前轴承箱内，并用两根拉杆与汽缸联接的，也可以通过调整拉杆的长度来调整转子在汽缸里的位置。②如果只是某一段的轴向间隙不合适，则只需对该段隔板的轴向位置进行调整。

径向间隙调整方法如下：①若径向间隙偏差是由于汽缸与机座同心度偏差造成的，则可以通过调整机座立销组件来调整。机座立销调整机构如图 13-24 所示。②如果只是某一段的径向间隙不合适，则只需对该段的偏心柱或调整螺钉进行调整。

(5) 转子与汽缸同轴度调整　理想状况下，汽轮机转子的中心与汽缸的中心应该相一致，若它们的中心偏差过大，会使汽轮机动静部分发生摩擦，引起机组异常振动。所以，安装时必须对汽轮机转子和汽缸同轴度进行调整，使其符合要求。

汽轮机转子同心度是以汽缸前后汽封洼窝的中心为基准。把百分表固定在转子轴上，杠杆百分表的跳杆垂直指向汽封洼窝，盘动转子，测出转子中心偏离汽封洼窝的中心的数值。

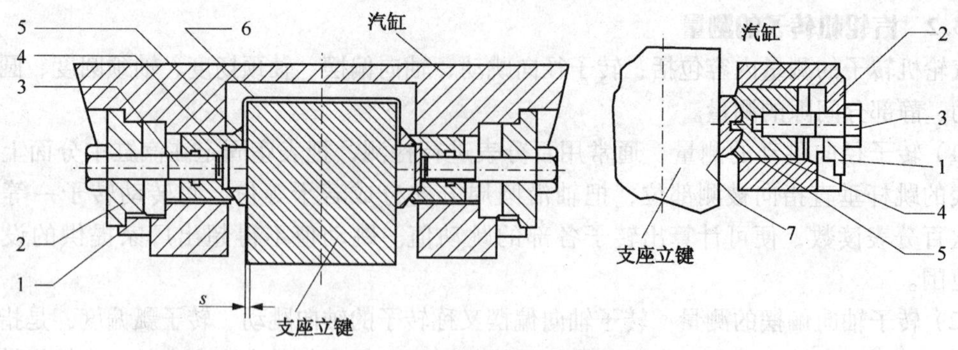

图 13-24　机座立销调整机构

1—止动块；2—压盖；3—螺栓；4—螺纹座；5—球面垫圈；6—钢丝；7—挡圈

转子中心水平方向的偏差大时可以通过移动前后轴承座的方法进行调整，垂直方向的偏差则通过调整轴承座的垫片或机座的标高进行调整。

13.6.4　隔板的安装与检查

1. 隔板的安装

汽轮机隔板的安装主要是使汽轮机所有隔板的中心与转子的中心相一致，防止隔板汽封与转子之间发生摩擦。隔板安装时应注意如下事项：

(1) 安装隔板前必须对隔板本体、喷嘴、汽缸槽道进行检查，是否有无裂纹、变形、松动、砂眼等缺陷。安装隔板的槽道必须用压缩空气吹扫干净，并检查汽缸内所有的汽孔和水孔是否畅通、干净。

(2) 吊装隔板时，要使用专用工具吊装，而且操作要平稳缓慢，防止吊装过程中出现卡涩现象。出现卡涩现象时，必须用铜锤或铅锤轻轻敲打隔板，使其活动后再继续降落。

(3) 所有轮缘与汽缸槽道接触处都必须涂上干铅粉或抗啮合剂，防止锈蚀。

2. 隔板间隙的检查

隔板在汽缸内必须有一定的径向和轴向间隙，使隔板受热膨胀时不至于卡死在槽道内。隔板的间隙可用塞尺或压铅法进行测量。一般情况下隔板的轴向间隙在 0.05~0.20mm 之间。有导向销隔板和无导向销隔板的径向间隙差别较大，有导向销隔板的径向间隙通常为 1~2mm之间，无导向销隔板的径向间隙通常在 0.15~0.30mm 之间。

3. 隔板找中心

隔板找中心的目的是使隔板汽封洼窝或静叶持环的中心与汽轮机转子的中心相一致。安装时它们中心的偏差要控制在技术文件许可偏差范围内。隔板中心的测量方法通常有压铅法、假轴法、激光对中法和拉钢丝法等。

(1) 压铅法测量隔板的中心　用压铅测量隔板中心的方法如图 13-25 所示。先将所有隔板的汽封拆下，然后在各汽封洼窝处放置适当直径的铅条，把转子吊入汽缸就位。隔板中分面两侧的间隙 A 和 C 可用内径千分表或塞尺测量出来，下部间隙由铅条被压偏后的厚度量出。若汽缸垂直方向的弧度较大，又没有准确的修正参考值时，必须把上汽缸扣上，把紧大盖螺栓才能消除汽缸垂直方向弧度的影响，使测量的数值更接近汽轮机工作状态。压铅法测量隔板的中心虽然接近实际，但是工作量大。

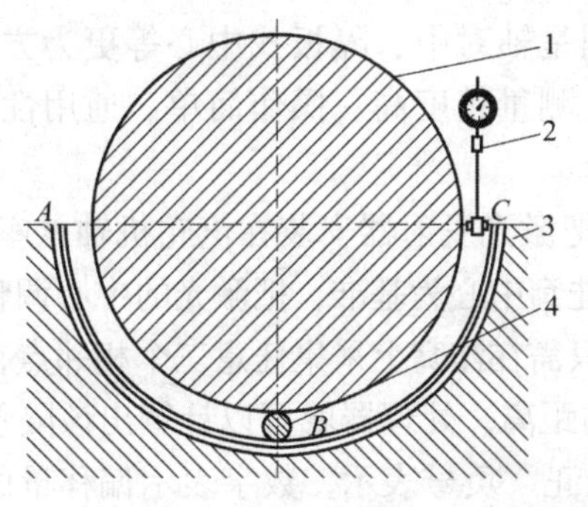

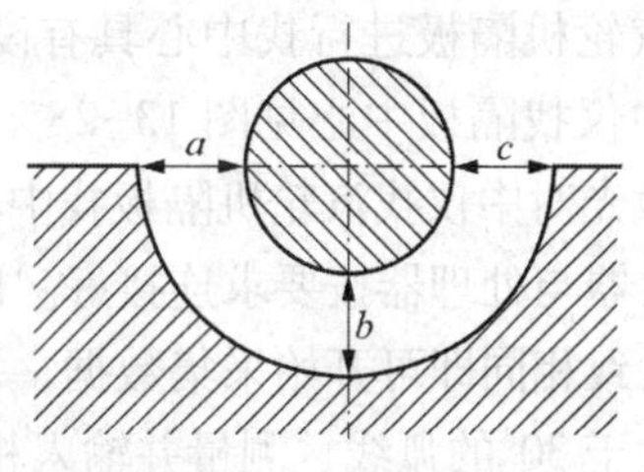

图 13-25　压铅法测量隔板的中心

1—转子；2—内径千分表；3—隔板；4—铅条

（2）假轴法测量隔板的中心。用假轴测量汽轮机隔板中心的方法见图 13-26。以汽轮机主轴的长度为假轴的长度，按转子轴承部位轴颈的尺寸和精度用无缝厚壁钢管加工一根假轴，并测出假轴的挠度。制作两套支撑假轴用的下部带有两个可调支点的可调式假轴承，也可把假轴直接放在汽轮机的轴承上进行测量。

图 13-26　假轴法测量隔板的中心实物图

测量时，要先检查假轴的中心与汽轮机转子的中心是否一致。发现它们的中心不一致时，必须查找原因，消除影响因素后才能使用。假轴的中心调整合格后，把百分表或杠杆表固定在假轴上，表的跳杆垂直指向隔板汽封洼窝。盘动假轴，测量隔板中心与轴心的水平方向和垂直方向的偏差。偏差值为该方向直径处表值之差的一半。假轴法测量和调整隔板的中心可以边操作边监视百分表指针的变化情况，操作起来直观、方便又准确。假轴的结构见图 13-27。

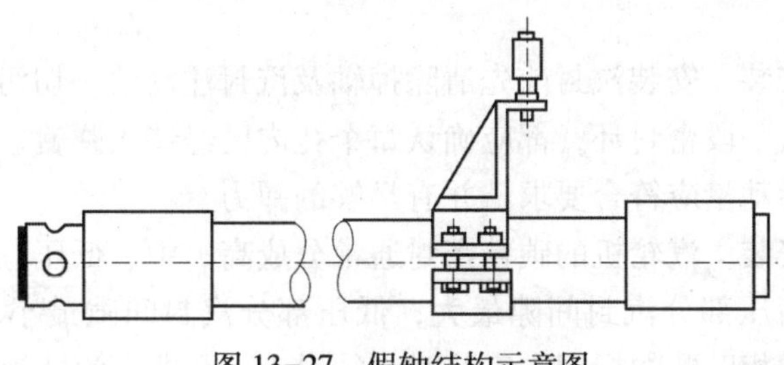

图 13-27　假轴结构示意图

（3）激光对中法　近年来，随着功能强大、精确度高的激光准直仪在机组安装、检修中的广泛应用，使机组施工更为精确、快捷，特别是轴对中、隔板找中心等更为方便、准确。用激光对汽轮机隔板进行找中心具有设备轻巧、测量精度高、操作简单、通用性强等优点。用激光对中仪找隔板中心见图 13-28。

使用激光对中仪找汽轮机隔板找中心时，先把激光发射器安装在汽轮机轴承座中分面上，把激光接收器与处理器按要求连接好。以两轴承洼窝中心为基准，把激光的中心调整到与轴承洼窝中心大致相同即可开始采集数据。每个隔板只需在洼窝上采集任意三个相邻点，三点连接弧长角度大于 30°的弧线，测量并输入相应隔板的距离，处理器就可以计算出该隔板中心与激光中心相对的偏差值，用 X 轴和 Y 轴的数值加上正、负号表示，数字表示偏移量的大小，正负号表示偏移的方向。并能生成隔板中心偏移方向的示意图如图 13-29 所示。

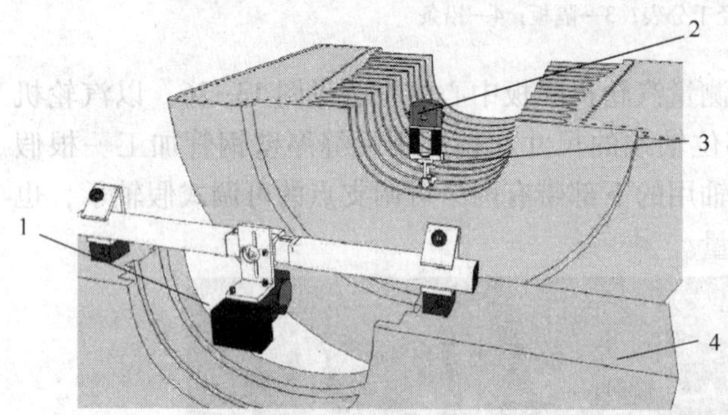

图 13-28　激光对中仪找正隔板中心示意图

1—激光发射器；2—激光接收器；
3—隔板汽封洼窝；4—轴承座

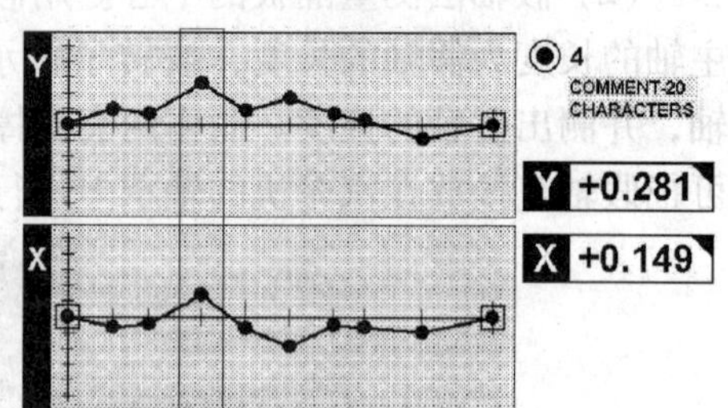

图 13-29　激光对中仪显示隔板中心偏移曲线图

在实施调整时，应该选择汽缸两端轴封洼窝为基准，把激光接收器放在相应隔板垂直方向上，边调整边监视显示屏中数值的变化情况，当其显示的数据在厂家设计标准范围内时，说明这级隔板的中心偏差已经符合设计的技术要求，隔板安装合格。

用激光对中仪找汽轮机隔板找中心没有挠度的影响，也不需要把激光的中心调整到与转子中心完全一致的状态，大大地降低了工作强度，提高了设备安装、检修的速度和精度。

13.6.5　汽封的安装和检查

汽轮机的汽封通常有迷宫密封和碳精密封两种。迷宫密封的安装和碳精密封的间隙检查和安装有较大的区别。

1. 汽封的安装

（1）迷宫密封的安装　安装汽封前先清除掉轴及汽封洼窝的一切污物。按照要求把汽封环装汽封槽中，每装入一段密封环，都应确认每个孔内已经装入弹簧。装好汽封后，应该用手按动汽封，汽封的活动量应符合要求，并有足够的弹力。

（2）碳精密封的安装　汽轮机的碳精密封通常分成高、中、低压三部分，三部分的汽封间隙都不相同，其中高压部分汽封间隙最大，低压部分汽封间隙最小。碳精环通常分成三瓣，每瓣都有与另一瓣相匹配的标记，安装时必须对上。在非凝汽式汽轮机中，碳环密封端面必须贴在低压侧，同时弹簧紧力也应该把碳环推向密封箱的一端。非凝汽式汽轮机碳精密封的安装见图 13-30。

在凝汽式汽轮机中，以密封蒸汽入口为界，里侧碳环密封端面贴在靠汽轮机排汽口侧的密封箱上，弹簧的压紧力把碳环推向汽轮机排汽端；外侧的碳环密封端面贴在外侧，同时弹簧紧力把碳环推向密封箱的外侧。若装反了，蒸汽会使碳环偏斜，汽封出现偏磨和大量泄漏现象。凝汽式汽轮机碳精密封的安装见图 13-31。

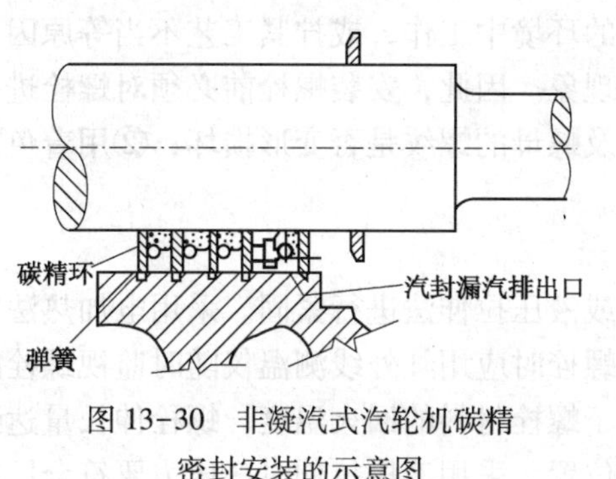

图 13-30　非凝汽式汽轮机碳精密封安装的示意图

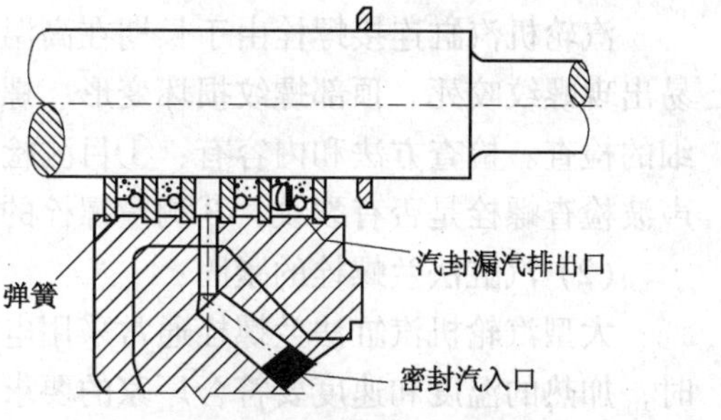

图 13-31　凝汽式汽轮机碳精密封安装的示意图

2. 汽封的检查

汽封的检查请参照“第 6 章迷宫密封”部分。

13.6.6　上汽缸的安装及螺栓紧固

1. 上汽缸的吊装

上汽缸的安装俗称扣大盖、扣缸。上汽缸安装要求如下：

（1）确认汽缸内所有应该检查和调整项目均已完成。

（2）确认汽缸内已经清理干净，没有异物遗留在汽缸内。各汽孔、水孔无堵塞。汽缸内零部件无漏装和误装，各紧固螺母、螺栓均已作了防松和防脱落处理。

（3）按汽轮机旋转的方向盘动转子，检查汽轮机动静部分是否发生摩擦，确认无磨擦现象才能吊装上汽缸。

（4）检查上下汽缸结合面是否平整，有无缺陷、毛刺等，若有应该彻底清除，并用专用的清洗液去除中分面的油垢、油漆、密封胶等。

（5）从枕木上吊起汽缸，把水平仪放在水平的法兰口，调整好汽缸结合面的横向和纵向水平。用压缩空气吹扫干净汽缸，并把顶丝退回汽缸结合面内。

（6）把导杆安装在下汽缸上，并给导杆涂上润滑剂。

（7）在吊装的过程中，应该用水平仪监视汽缸的水平情况，确保汽缸水平、垂直下落，发现偏差要及时调整好后才能继续下落。在汽缸下落的过程中，不应出现卡涩和动静部分发生磨擦现象，若出现这种情况，应该马上停止下落，查找卡涩或磨擦的原因，消除后才能继续下落。

（8）在上汽缸正式就位前应进行一次试扣，就是在汽缸结合面没有涂密封胶或其他涂料的情况下，先将汽缸按正式就位的要求把上汽缸扣在下汽缸上，确认上下汽缸能否顺利、正确就位，并用塞尺检查汽缸结合面四周的间隙是否均匀。

（9）确认汽缸能正确就位后，把上汽缸慢慢吊起约 300mm，用木块在汽缸的四个角把上汽缸支撑住，在下汽缸结合面上均匀地涂上一层薄薄的汽轮机专用密封胶或厂家认可的其他配方涂料。

(10) 上汽缸下落到距离下汽缸 10mm 左右时，打入汽缸结合面的定位销，使上下汽缸正确对准，才可将汽缸一次下落完毕。

2. 汽缸法兰螺栓的检查和紧固

(1) 汽缸法兰螺栓的检查：

汽轮机汽缸连接螺栓由于长期在高温、高压的环境中工作，或拧紧工艺不当等原因，容易出现螺纹咬死、顶部螺纹损坏变形、螺栓断裂现象。因此，安装螺栓前必须对螺栓进行仔细的检查。检查方法和内容有：①目测检查螺栓及螺母的螺纹是否变形损坏；②用着色或超声波检查螺栓是否有裂纹；③测量螺栓的伸长量。

(2) 汽缸法兰螺栓的紧固：

大型汽轮机汽缸法兰螺栓通常采用电加热法或液压拉伸法进行紧固。采用电加热法紧固时，加热的温度和速度要符合厂家的要求，加热螺栓时应用红外线测温仪随时监视螺栓的温度，严格控制螺栓加热的温度，加热温度不能高于螺栓材料的回火温度。螺栓伸长量达到技术要求后用专用工具把螺母一次性把紧到标定的位置。采用液压拉伸时，压力要符合厂家的要求，防止螺栓发生塑性变形。小型汽轮机通常用力矩扳手，按厂家提供的力矩值上紧。紧固汽缸螺栓总的原则是：①保证汽缸在连续运行的周期内结合面严密；②预紧力要适当，使汽轮机在启动和运行状态容许的温差范围内，螺栓不会因其应力超过许用值而发生塑性变形；③把紧工艺要正确，防止损坏螺纹。

为了避免在把紧汽缸法兰螺栓时引起汽缸变形，紧固汽轮机汽缸法兰螺栓时都应遵循一定的顺序。高压汽缸和中、低压汽缸以及小型汽轮机汽缸法兰螺栓紧固的顺序不大相同。总的要求，以容易消除汽缸上下法兰面间隙为原则。

① 在高压汽轮机中，汽缸垂直方向弧度最大处在汽缸的中部。所以，上紧螺栓时应该从汽缸的中部开始，对称均匀地向汽缸前后把紧，把法兰的间隙赶向汽缸前后自由端。高压汽缸法兰螺栓拆卸和紧固的顺序相同。螺栓拆、紧的顺序见图 13-32。

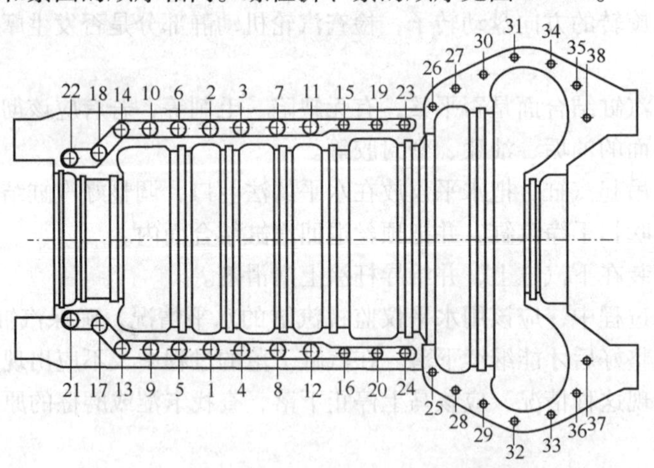

图 13-32 高压汽轮机汽缸法兰螺栓拆和紧的顺序

② 小型汽轮机的紧固。通常从蒸汽入口端向出口端对称均匀把紧。具体顺序见图 13-33。

③ 紧固中、低压汽轮机汽缸法兰螺栓时，应该从中压与低压分界处开始，先紧中压段，然后紧低压段。具体顺序见图 13-34。

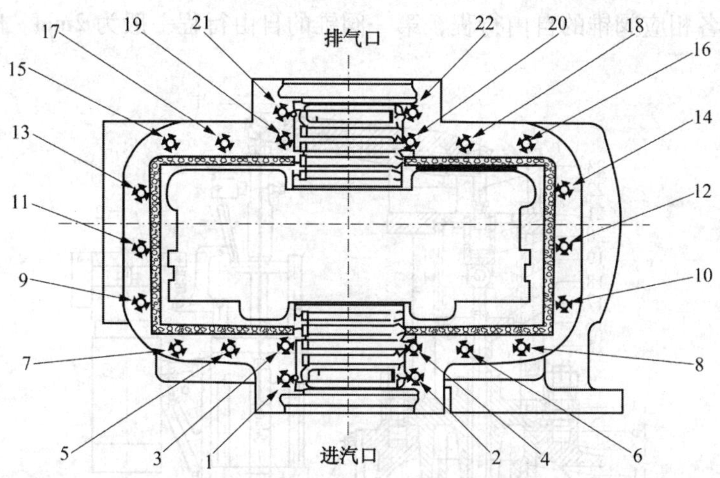

图 13-33　小型汽轮机汽缸法兰螺栓拆和紧的顺序

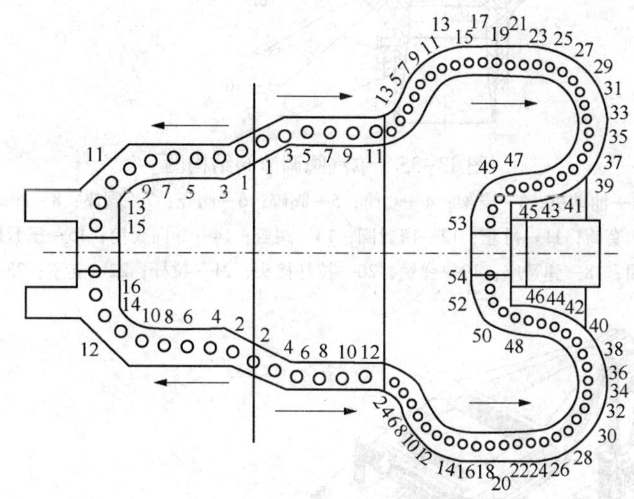

图 13-34　中、低汽轮机汽缸法兰螺栓拆和紧的顺序

13.6.7　调节系统的安装及调试

13.6.7.1　汽轮机调节系统的安装

汽轮机调节系统的安装包括调节阀、油动缸、错油门、调速器等的安装。

1. 调节阀

汽轮机的调节阀有调速阀、抽汽调节阀等，它和相关连杆、杠杆、弹簧等组成汽轮机的执行机构。调速阀也叫速度调节阀、主汽调节阀等，有单汽阀和多汽阀两种。

(1) 单汽阀调节阀　节流调节式和中间进汽式汽轮机多采用单汽阀，其结构见图 13-35。这种调节阀也用于调节抽汽式汽轮机高压、中压抽汽管返回汽轮机高压、中压段入口喷嘴的蒸汽流量，达到控制汽轮机高压、中压抽汽量的目的。

(2) 多汽阀调节阀　采用喷嘴调节方式的汽轮机通常采用多汽阀调节阀，分为提板式和凸轮式两种。提板式调节阀结构见图 13-36(a)。每只阀锥的开启顺序和行程由衬套 7 的长

度 S 决定，h 是各相应阀锥的自由行程，第一阀锥的自由行程一般为 2mm。阀座 8 配装在进汽室底部。

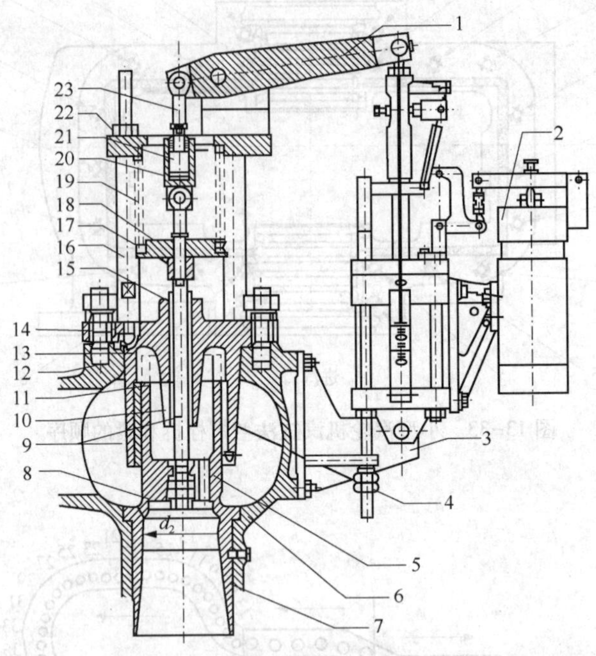

图 13-35　单汽阀调节阀结构图

1—杠杆；2—油动机；3—支架；4—套筒；5—阀碟；6—阀壳；7—阀座；8—冷却蒸汽孔；9—阀杆；10—导向套筒；11—衬套；12—密封圈；13—阀盖；14—导向套筒；15—压紧螺母；16—螺柱；17—调整垫圈；18—弹簧座；19—弹簧；20—拉杆接头；21—拉杆；22—支座；23—关节轴承

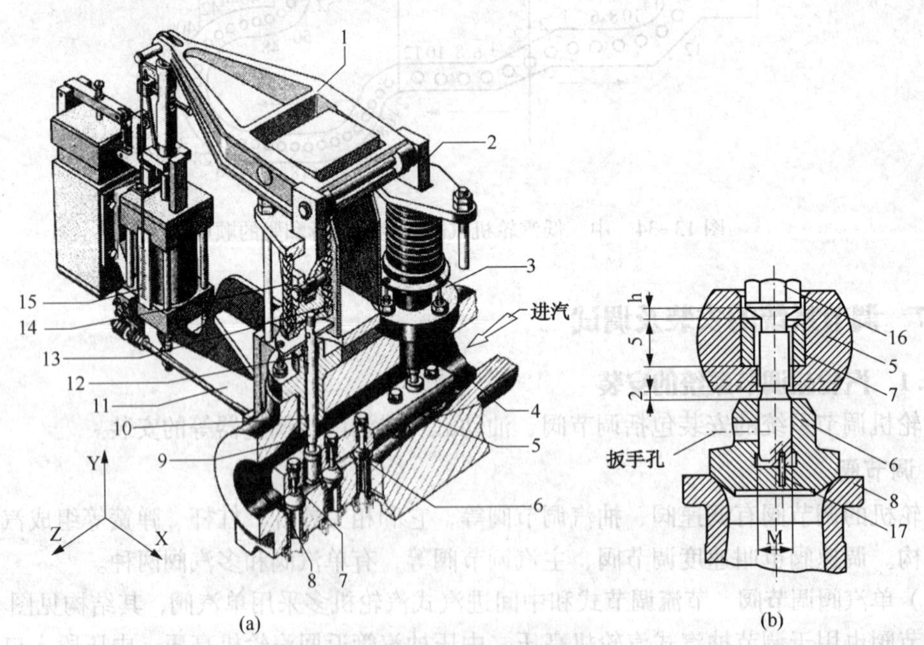

图 13-36　提板式调节阀结构图

1—控制臂；2—连接环；3—阀套；4—阀室；5—阀梁；6—阀锥；7—套筒；8—阀座；9—阀杆；10—阀杆套；11—托架；12—导向环；13—阀杆接头；14—弹簧；15—油动机；16—阀锥螺栓；17—锥销

2. 调节阀安装注意事项

（1）弹簧的压缩量必须符合设计要求。

（2）阀杆和阀体不能出现卡涩现象，油动缸的油压泄压后，阀应该在弹簧力的作用下快速地关闭。

（3）阀杆的弯曲度、阀杆与衬套之间的间隙应符合技术要求，不能出现卡涩现象。

（4）调节阀阀杆的填料不能压得过紧，防止阀杆出现卡涩或断裂等现象。

（5）调节阀的自由行程应符合厂家的技术要求。

（6）每个阀锥的开启顺序和自由行程必须符合厂家设计的要求。

3. 油动机和错油门的安装与调整

油动机和错油门组成汽轮机调节系统的放大机构，典型的结构见图 13-37。

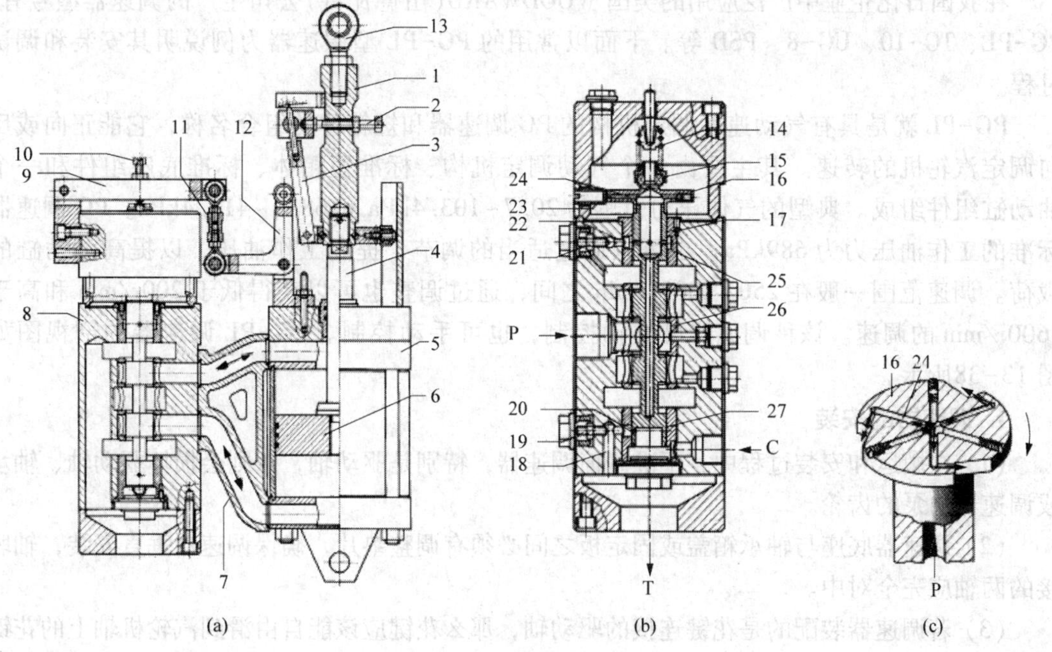

图13-37　油动机和错油门结构图

1—万向连杆；2—反馈斜铁；3—活塞杆；4—油缸；5—活塞；6—连接体；7—错油门；8—滑阀；9—错油门油缸；10—反馈杠杆；11—调节螺栓；12—肘形杆；13—滚轮；14—弹簧；15—轴承；16—旋转轮盘；17—活塞；18—排放孔；19—振动调整螺钉；20—小孔；21—转速调整螺钉；22—径向小孔；23—铝垫；24—径向孔通道；25—上套筒；26—中间套筒；27—下套筒；C—二次油；T—排泄油；P—压力油

（1）油动机和错油门安装要求：

① 油动机和错油门各部件必须彻底清洗干净，不能有任何异物、锈迹等，各部分配合间隙应符合技术要求；

② 调节阀的开度与二次油压、电压信号与二次油压、调节阀阀杆行程与油动缸活塞杆行程的实际数值要与设定值相对应；

③ 传动放大机构应有适当的活动量，使油动缸活塞杆能随着控制臂上下运动的轨迹里外摆动，防止油动机活塞组件出现卡涩或偏磨现象；

④ 错油门滑阀及油动机活塞不能有卡涩现象；

⑤ 滑阀的振动和转速应该符合要求；

⑥ 反馈机构各连接点应活动轻松灵活，不能出现卡涩现象，各卡环要安装到位；

⑦ 万向连杆孔的中心应该与控制臂孔的中心重合。

（2）油动机和错油门的调整：

① 电压信号与油动缸活塞杆的行程不对应时可通过调整万向连杆的长度来实现，也可通过调整反馈杠杆上的调节螺栓 11 或反馈斜铁 2 的角度来实现。

② 油动机上下波动不符合要求时，可调整错油门的振动调整螺钉 19 使波动量符合要求。滑阀的转动速度可通过调整转速调整螺钉 21 来实现。

③ 当调节阀的空行程或开度不合适时可调整油动机万向连杆的长度来调节。

④ 二次油压与电压信号的对应关系通过调整电液转换器的调整螺钉来实现。

13.6.7.2 调速器的安装与调试

在我国石化企业中广泛应用的美国 WOODWARD（伍德瓦特）公司生产的调速器型号有：PG-PL、TG-10、UG-8、PSD 等。下面以常用的 PG-PL 型调速器为例说明其安装和调试过程。

PG-PL 就是具有气动速度调定机构的 PG 调速器和短箱件的组合名称，它能正向或反向调定汽轮机的转速。其主要由一个气动调定机构、标准短箱体、标准底座组件和一个油动缸组件组成。典型的气体压力范围为 20.7~103.4kPa 和 68.9~413.4kPa。PG 调速器标准的工作油压力为 689kPa，也可以通过适当的调节，提高工作油压，以提高油动缸的载荷。调速范围一般在 250~1000r/min 之间，通过调整也可以获得低于 200r/min 和高于 1600r/min 的调速。该种调速器可气动控制，也可手动控制。PG-PL 调速器的剖视图如图 13-38所示。

1. 调速器的安装

（1）在搬运和安装过程中，不准碰撞调速器，特别是驱动轴，否则会损坏驱动轴、轴承或调速器油泵的齿轮。

（2）调速器底座与轴承箱盖或固定板之间必须有调整垫片，确保调速器垂直安装，轴联接的两轴应完全对中。

（3）若调速器装配的是花键连接的驱动轴，那么花键应该能自由滑到汽轮机轴上的花键槽内。如果是齿轮连接的驱动轴，齿轮应该能自由地滑进调速器轴内，并且检查两齿轮的啮合情况。

（4）从调速器到蒸汽调节阀之间的各连杆必须正确对中，不得有偏磨、卡涩或松动现象，以免造成调速器不能正常工作。

（5）调速器油动缸活塞处于关闭位置时，汽轮机调节阀也应该处于关闭状态。

2. 调速器的调试

通常情况下，新的调速器或检修后的调速器在投入使用前，只需给调速器加满油并调节补偿针阀，使汽轮机获得最大的稳定性。所有其他的运行调试均由工厂按照汽轮机生产厂家的要求完成，不必进一步调试。若需要改变或调定速度或其他调试，应该参考原动机生产厂家的技术要求进行调整。

为安全起见，汽轮机开车前，应该把手动速度调节旋扭置于最小速度调整位置，并确保防止汽轮机失控的超速保护装置动作灵敏好用。

（1）稳定性的调节　调速器的稳定性通过调整补偿针阀的开度来调节。它的开度大小与汽轮机的特性有关。调试过程如下：

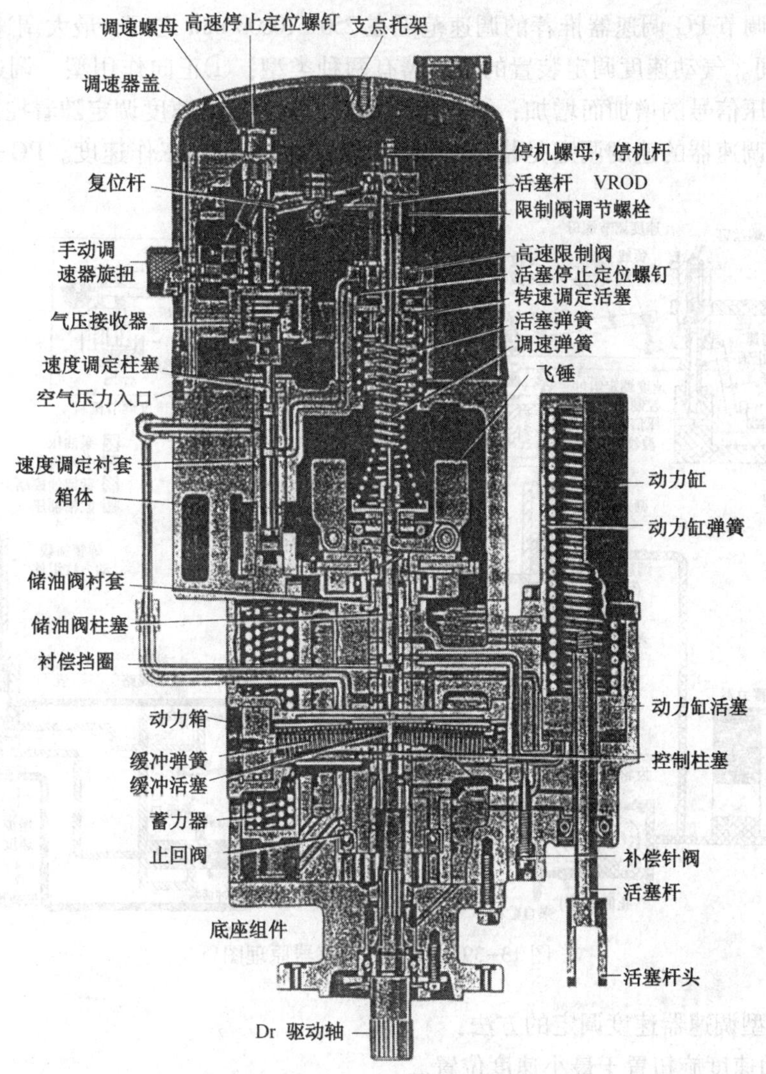

图 13-38　PG-PL 调速器剖视图

① 当汽轮机低速转动时，将补偿针阀打开几圈，使汽轮机转速波动。让汽轮机波动几分钟，以排出调速器液压循环系统中的空气。

② 渐步关小补偿针阀，直至汽轮机转速波动消失。尽可能使针阀开着，以防调速器反应缓慢。每个调速器针阀的设置都不同，从 1/16~2 圈针阀均处于开的状态。不允许将针阀关紧，否则调速器不能正常工作。

③ 手工调节速度调节，检查调速器的稳定性。当调速器很快响应，使汽轮机转速达到标准值(仅稍过或稍低一点)时，补偿针阀的开度比较理想。

④ 打开调速器箱一侧的排油孔丝堵，使油外流，直到油中完全没有气泡为止。这一操作只能在汽轮机停止转动的情况下进行。

⑤ 拧紧排油丝堵，重新给调速器加满油，检查丝堵是否漏油。

⑥ 重复①~③步。

当使用预加载缓冲弹簧时，针阀的开度不能超过 1/16 圈，针阀不能关得太紧，否则调速器不能正常工作。

（2）速度调节 PG 调速器推荐的调速范围在 250~1000r/min 之间，最大调速范围在 200~1600r/min 之间。气动速度调定装置的调速器有两种类型：①正向作用型，调速器的速度调定随着控制气压信号的增加而增加；②反向作用型，调速器的速度调定随着控制气压信号的减少而增加。调速器的速度调定是指设定调速器的最大和最小工作速度。PG-PL 调速器原理见图 13-39。

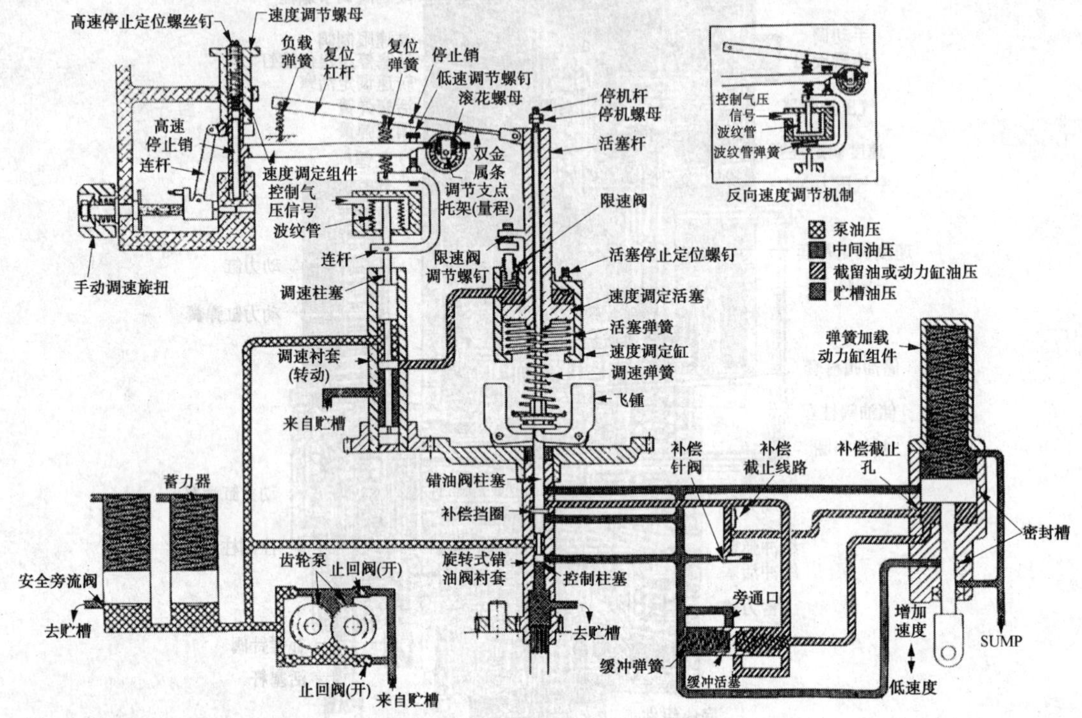

图 13-39　PG-PL 调速器原理图

正向作用型调速器速度调定的方法：

① 把手动速度旋扭置于最小速度位置。

② 按要求调整高速停止定位螺钉，直到螺钉的上端面与调速螺母的端面平齐。

③ 给调速器通入最小的控制气压信号，调整调速螺母以获得与气压信号相对应的最小速度。此时应该保证低速调节螺钉没有触及复位杠杆。

④ 调整限制阀调节螺钉，以便当速度增加时，不能将高速限制阀关闭。调整调速器速度量程与控制气压信号的方法如下：

a. 逐步增加控制气压信号至最大，确保汽轮机不得超过规定的最大转速。

b. 如果控制气压没有增至最大以前，汽轮机已达到最大规定转速，则调整支点托架，使滚动轴承支点移向速度动力缸组件。

c. 如果控制气压增至最大，仍没有达到汽轮机最大规定转速，则调整支点托架，使滚动轴承支点远离速度动力缸组件。

d. 支点托架的调整方法如下：松开支点托架的凹头螺钉，松开托架移动方向侧的滚花螺母，转动另一侧的滚花螺母移动支点托架，然后拧紧凹头螺钉和滚花螺母。

e. 重复 c. 和 d. 步。直到在最小的控制气压下得到最小的规定速度。在最大的控制气压下得到最大的规定速度。使汽轮机转速随着控制气压的增加而增加。

f. 给调速器通入最大控制气压，调整限速阀调节螺钉，以便其刚好接触到高速限制阀的阀芯。增加控制气压，使其稍稍大于最大规定值，高速限制阀应该在汽轮机高出最大规定转速 5r/min 内开启。若不符合要求则需要重新调整限速阀调节螺钉。

g. 给调速器通入最小规定转速所对应的最小控制气压，按不同用户要求完成下列调整：

ⅰ. 当控制气压消失时，要求汽轮机低速运行。

a）当汽轮机低速运行时，调节低速调节螺钉，使其刚好与复位杠杆上的停止销接触。

b）调整转速调定活塞停止定位螺钉。汽轮机低速运行时，转动螺钉使其与活塞接触，然后再向后旋转 2 周。

ⅱ. 当控制气压消失时，要求汽轮机停止运行。

a）提升停机杆，但不应引起汽轮机转速下降。提起停车杆后，调整停机螺母，然后用上面的锁定螺母锁定。

b）向下转动活塞停止定位螺钉，直到触及速度调定活塞，然后再逆时针旋转 2 圈。

c）调整低速调节螺钉，使其低于复位杆的停止销 1~1. 3mm。关掉调速器的控制气压信号，汽轮机应该停机。调整低速调节螺钉与停止销的间隙，使其值为 0. 05~0. 13mm。

h. 调整高速停止定位螺钉，防止速度调节螺母高速时下移。调整方法是：先使用手动速度旋扭提高汽轮机转速，以防停机，关闭调速器控制气压信号。然后向右转动手动速度旋扭使汽轮机增加到最大规定转速。最后向右转动高速停止定位螺钉直到与高速螺母停止销接触。

反向作用型调速器速度调定的方法：

（1）把手动速度旋扭置于速度最小位置。

（2）调整调速螺母直到速度调节组件伸出螺母约 6. 4mm。

（3）按要求调整高速停止定位螺钉，直到螺钉的上端面与调速螺母的端面平齐。

（4）调整限制阀调节螺钉，使其速度增加时，不能与高速限制阀接触。给调速器通入最小的控制气压信号，得到汽轮机的最大规定转速，小心不要使汽轮机转速超出最大规定转速。

（5）顺时针方向转动手动调速旋扭，将汽轮机速度增加到最大规定速度。向里转动高速停止定位螺钉，直到其与高速停止销接触，如果螺钉转动得太向下，速度可能会降低。如果手动调速旋扭顺时针转动到尽头，汽轮机的转速仍达不到最大规定值。则反时针方向转动手动调速旋扭 2 周，向外转动高速停止定位螺钉几圈，然后反时针转动速度调节螺母直到达到最大规定转速，再向下转动高速停止定位螺钉，使其刚好与高限停止销接触。将手动调速旋扭沿顺时针方向转动到底，汽轮机转速不再超出最大规定转速。

（6）慢慢增加控制气压信号，直到达到最小规定速度。低速调节螺钉应没有接触到复位杆上的停止销，并且当速度调定活塞上移减小速度时，调速活塞停止定位螺钉也应没有使其停止。

如果控制气压没有增至最大以前，已达到汽轮机最小规定转速，则应调整支点托架，使滚动轴承支点移向速度动力缸组件。

支点托架的调整方法如下：松开支点托架的凹头螺钉，松开托架移动方向一侧的滚花螺母，转动另一侧的滚花螺母移动支点托架，然后拧紧凹头螺钉和滚花螺母。

（7）重复(4)~(6)步骤，直到当气压信号达到最大值时，得到最小的规定速度。当气压信号达到最小规定值时，得到最大的规定速度。保证汽轮机转速随着控制气压的减小而增加。

(8) 设置速度后，将最小控制气压输入调速器(应得到最大转速)。逆时针转动手动调速旋扭，直到得到最小规定速度。逆时针转动速度调节螺母 1/2 圈(增加转速)和逆时针转动速度调节旋扭(减小转速)交替进行直到调节旋扭完全打开。关闭控制气压信号，调整速度调节螺母得到最小规定速度。如果手动调速旋扭逆时针转动到底仍未能达到最小规定速度，则去掉控制气压信号，调整速度调节螺母以得到最小规定速度。

(9) 当汽轮机在最低设置速度下运行时，向下转动活塞停止定位螺钉直到其与调速活塞面接触，然后再逆时针转动 2 圈，用锁紧螺母固定。这样调整的目的是当汽轮机停机时，限制活塞向上移动，并减少开车时要求的摇动量。

(10) 若用到停机螺母，将停机杆提起，但不要引起汽轮机转速下降，当提起停机杆时，调整停机螺母，使其高出转速调定活塞 0.8mm，然后用上面的锁紧螺母固定。

(11) 当控制气压信号关闭时，顺时针转动手动调速旋扭使汽轮机转速达到最大值。调整限速阀调节螺钉，以便其刚好接触到高速限制阀的阀芯。将汽轮机转速增加到稍稍高出最大规定值，高速限制阀应该在汽轮机超出最大规定转速 5r/min 内开启。若不符合要求则需要重新调整。

(12) 将手动调速旋扭顺时针转动到最大，给调速器通入最大控制气压。调整低速调节螺钉使其在汽轮机处于最小转速时刚好与复位杆的停止销接触。

(13) 在正常运行的情况下，将手动调速旋扭转动到最里位置。

13.6.8 保安系统的安装及调试

大型汽轮机的保安系统通常由超速保护系统、振动保护系统、蒸汽压力和温度保护系统、低油压保护系统、低真空保护系统、轴向位移保护系统、叶片保护系统等组成。主要元件有速关阀、危急保安器、危急遮断油门、电磁阀、低油压跳闸开关以及各种振动、温度探头等。小型汽轮机的保安系统较为简单，通常由低油压和超速保护装置组成。一些非压力润滑的小型汽轮机甚至只有超速保护装置。小型汽轮机典型的保安系统见图 13-40。

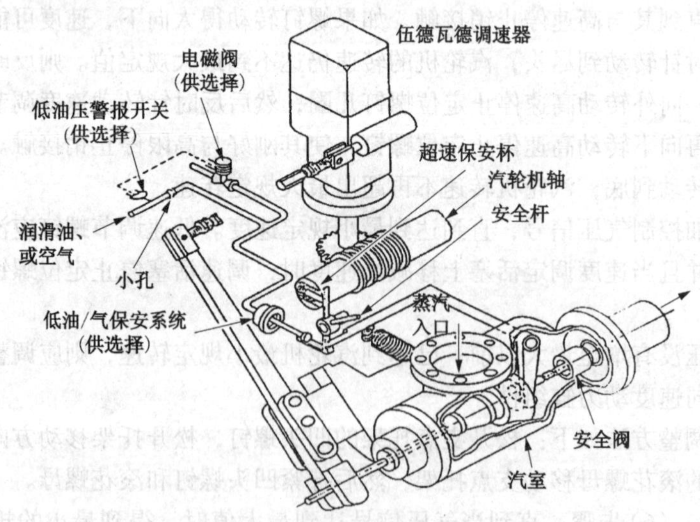

图 13-40 小型汽轮机典型的保安系统

13.6.8.1 速关阀的结构特点及安装

汽轮机的速关阀又称主汽门、事故截止阀，它通常安装在调节阀之前，用于紧急情况下在很短时间内切断供给汽轮机的蒸汽，使汽轮机快速地停下来，避免汽轮机遭到破坏。在小型汽轮机中，速关阀还起到在汽轮机启动过程中控制进汽量的作用，使汽轮机按要求升速，升到一定转速后由调速器的手动调速旋扭进行微调致机组额定的工作转速。速关阀按其开启时操作方式不同可分为全自动式、半自动式和手动式三种。

1. 全自动式速关阀

通常由油动机和截止阀两部分组成，它能通过电磁阀，把操作人员在中控室发出的电子信号转换成液压信号经过放大后传给油动机执行，从而实现远程开启和关闭操作。它的开启和关闭过程如下，启动油由 F 入口流入桶形活塞后的腔室内，油的压力克服弹簧力，推动桶形活塞向活塞盘方向移动，最终贴紧在活塞盘上，形成密封腔，通过启动装置控制，在活塞盘前建立跳闸油压 E，当跳闸油压增大时，桶形活塞后面压力慢慢下降，使活塞盘和桶形活塞一起向后移动，由于油动机的活塞杆与截止阀的阀杆是相连的，所以，截止阀的阀锥也跟着向后移动，这样阀门就被打开了。当活塞盘、桶形活塞和试验活塞被跳闸油压紧在油动机缸盖上时，截止阀就全开了，跳闸油压也最终被建立起来。当由于某种原因使跳闸油压泄压时，活塞盘在弹簧力的作用下，迅速向截止阀方向移动，截止阀的阀锥在活塞杆和阀杆的推动下与阀座贴合，蒸汽被切断。其结构见图 13-41。

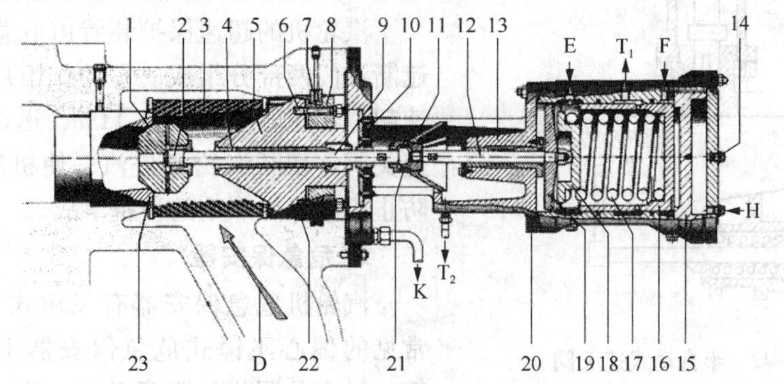

图 13-41 全自动式速关阀

1—主阀锥；2—卸荷阀锥；3—滤网；4—阀杆套；5—阀盖；6—螺栓；7—弓形环；8—压环；9—阀杆；10—隔热板；11—挡油圈；12—活塞杆；13—支座；14—压力表接口；15—试验活塞；16—活塞；17—弹簧；18—弹簧座；19—活塞盘；20—油缸；21—阀杆联节器；22—密封环；23—阀座；D—蒸汽入口；K—泄漏蒸汽排出口；E—速关油；F—启动油；H—试验油；T_1—回油口；T_2—漏油排出口

2. 半自动式速关阀

这种速关阀在开启时需要在现场手动操作，关闭时可实现远程操作。它主要由操作手轮、锁闩机构、弹簧、跳闸油缸和阀等组成。当跳闸油压力等于或大于设定值时，自动挂闸机构挂闸，转动手轮，阀杆朝开的方向运动，阀门打开。当跳闸油压下降到设定值时，跳闸油缸内的高压油泄掉，在弹簧力及蒸汽压力的作用下截止阀迅速关闭。其结构见图 13-42。

3. 手动式速关阀

这种阀的开关均不能远程操作，它通常用于小型汽轮机中，可以实现汽轮机超速和低油

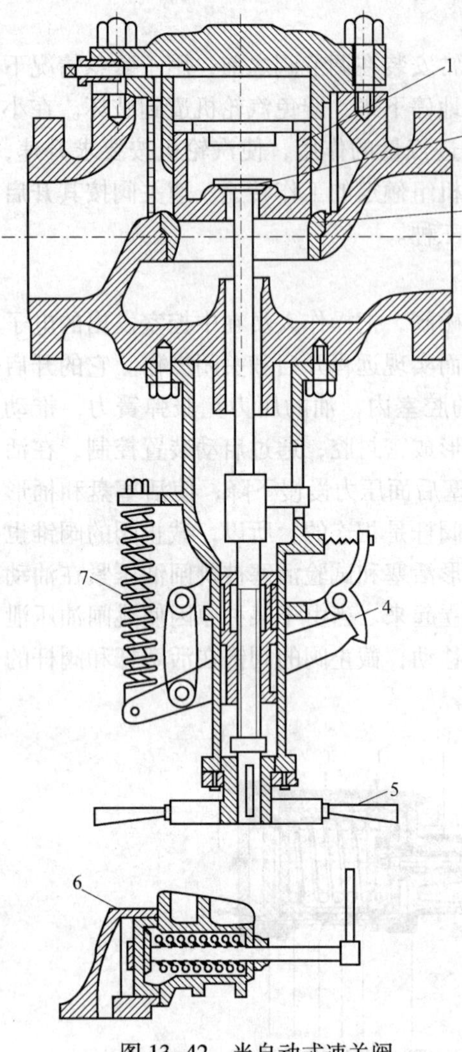

图 13-42　半自动式速关阀

1—阀缸；2—预启阀；3—阀座；4—锁闩机构；5—手轮手柄；6—跳闸油缸；7—关闭弹簧

压保护。一般情况下，它通过连杆机构直接与危急保安器和低油压保护装置连接。这种截止阀通常起到在汽轮机启动过程中控制进汽量，从而控制汽轮机转速和紧急情况下迅速切断汽轮机供汽的双重作用。

4. 速关阀安装要求

（1）在任何情况下，特别是在跳闸油压泄掉后，速关阀能够在其弹簧力的作用下迅速关闭。

（2）从保护装置动作到速关阀完全关闭的时间应小于 0.5~0.8s。截止阀全关后，弹簧对汽阀的压紧力要有 500~800kgf 的裕量。

（3）速关阀应具有足够的严密性。要求在额定参数下，速关阀全关时，汽轮机的转速能迅速降到 1000r/min 以下。因此，速关阀在安装后必须进行气密性和关闭时间两项试验。

（4）隔热防火措施要符合要求。

13.6.8.2　超速保护系统的结构特点及安装

汽轮机的超速保护装置由危急保安器和危急遮断油门两部分组成。它的作用是当汽轮机的转速超过额定转速的 9%~11%，迅速关闭汽轮机的速关阀，切断汽轮机进汽，使机组快速停下来，防止机组发生严重的设备事故。

1. 危急保安器

汽轮机危急保安器有飞锤式和飞环式两种。常见的偏心飞锤式危急保安器主要由飞锤、弹簧、衬套及调节套筒等组成，其通常安装在汽轮机的轴头上。在大型汽轮机中，危急保安还增设了注油试验装置。汽轮机危急保安器动作转速可以通过改变飞锤压紧弹簧的预紧力来调整，弹簧压紧力越大，危急保安器动作时的转速就越高。也可通过改变飞锤（也称跳闸螺栓）的重心来调整。其结构如图 13-43 所示。

2. 危急遮断油门

危急遮断油门是接受危急保安器的动作来控制速关阀及调节阀关闭的机构。不同厂家设计的结构形式不尽相同，但它的工作原理基本相同。其主要由滑阀、活塞、弹簧、脱扣栓、手动杆以及节流元件等组成。在正常情况下，压力油从入口 P 进入危急遮断油门内，由于活塞 2 的端面和控制凸环 9 存在面积差，从而产生一个轴向压力差，该压力克服弹簧力把滑阀推向后端，压力油通过阀体上的节流元件，从接头 E 流出，进入跳闸油路，流向速关阀的盘形活塞前，建立跳闸油压。当危急保安器的飞锤在离心力的作用下伸出并撞击危急遮断油门的脱扣栓时，在飞锤的冲击力和弹簧力的作用下，把滑阀推到阀套 10 的凹槽处，切断压力油进路，使去速关阀的油压降低，并打开排油 T，使跳闸油压迅速泄掉，速关阀关闭，汽轮机的进汽被切断。危急遮断油门结构见图 13-44。

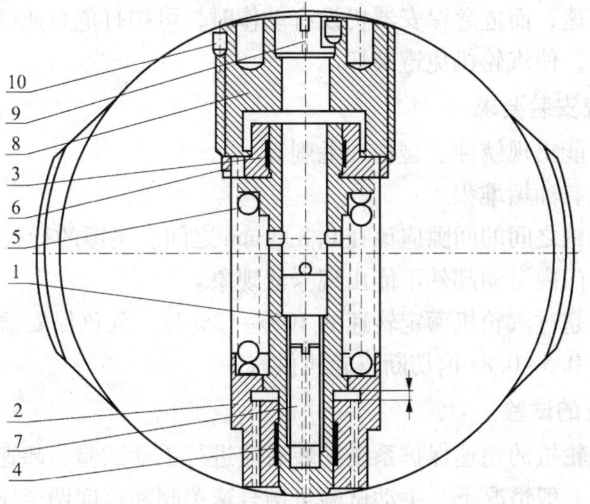

图 13-43　危急保安器

1—飞锤；2—导向套筒；3、4—导向片；5—弹簧；6—导向环；

7—配重螺钉；8—压紧螺母；9—螺塞；10—螺钉

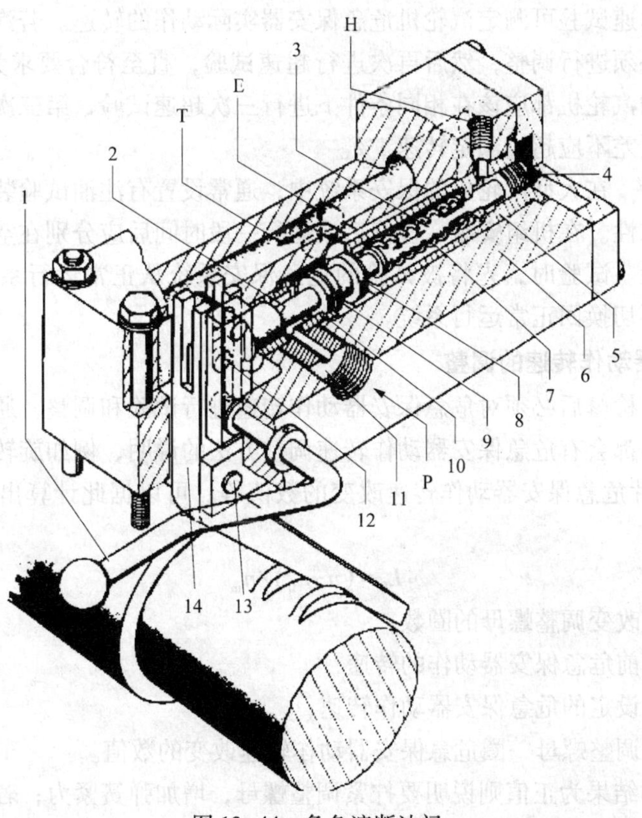

图 13-44　危急遮断油门

1—手动杆；2—活塞端面；3—滑阀；4—活塞；5—阀套；6—壳体；7—弹簧；

8—调节凸环；9—调节齿环；10—阀套；11—节流元件；12—活塞；13—销轴；14—挂钩

H—开关油；P—压力油；E—跳闸油；T—回流油

危急遮断油门有一个手动杆，其作用是当由于某种原因需要紧急停机或汽轮机转速已经升高到汽轮机危险转速，而危急保安器仍没有动作时，可拍打危急遮断油门的手动杆，同样能使速关阀迅速关闭，使汽轮机免遭破坏。

3. 超速保护系统安装要求

（1）飞锤表面不能出现锈蚀、碰伤、毛刺等。

（2）孔槽内不能有油垢堆积。

（3）飞锤与脱扣销之间的间隙应该在 0.8~1mm 之间。飞锤的行程在 4~6mm 之间。

（4）危急遮断油门内滑动部件不能出现卡涩现象。

（5）当转子转速超过汽轮机额定转速的 10%~12%时，危急保安器、危急遮断油门和速关阀应及时动作，在 0.5~0.8s 内切断汽轮机供汽。

4. 超速保护系统的试验

一般情况下，汽轮机的超速保护系统安装后应进行手动试验、超速试验和注油试验。

（1）手动试验　一般情况下，手动试验可结合速关阀和速度调节阀的严密性以及它们关闭时间试验一起进行。手动试验的目的是检查危急遮断油门、速关阀和速度调节阀是否动作。分为汽轮机静止试验和空负荷试验两种。

（2）超速试验　汽轮机的超速试验分为机械超速试验和电子超速试验两种。通常在空负荷下进行。通过超速试验可测定汽轮机危急保安器实际动作的转速。若汽轮机实际跳闸转速不符合要求时，必须进行调整，然后再次进行超速试验，直至符合要求为止。一般情况下，新安装或大修后的汽轮机都应该在相同条件下进行三次超速试验，第三次动作转速与前两次动作转速平均值之差不应超过额定转速 1%。

（3）注油试验　在大型汽轮机的保安系统中，通常设置有注油试验装置，以检验汽轮机危急保安器的可靠性。在机组安装、检修后或运行一段时间后应分别在空负荷和带负荷的情况下进行注油试验。试验时，先将被试验的危急保安系统从正常运行系统切换到试验系统中，试验完毕后再切换回正常运行系统。

5. 危急保安器动作转速的调整

汽轮机安装或检修后必须对危急保安器动作转速进行试验和调整，通常情况下，汽轮机厂家提供的说明书都会有危急保安器动作转速调整方法的说明，例如旋转调整螺母一圈或增减 0.1mm 调整垫片危急保安器动作转速改变的数值等。可以据此计算出要改变调整螺母的圈数：

$$L_0=(n-n_0)/n_m$$

式中　L_0——需要改变调整螺母的圈数；

n——调整前危急保安器动作的转速；

n_0——需要设定的危急保安器动作转速；

n_m——旋转调整螺母一圈危急保安器动作转速改变的数值。

若上式计算的结果为正值则说明要拧紧调整螺母，增加弹簧紧力；若计算结果为负值则说明要拧松螺母，减少弹簧紧力。

一些小型汽轮机往往通过增减弹簧的调整垫片来调整危急保安器动作的转速，厂家会提供每增减 0.1mm 调整垫片危急保安器动作转速改变的近似数值作为调整的参考值，也可以套用上式进行计算。

上式计算出来的是参考值，而不是准确值，在实际操作中应边调整边试验，直到符合要求为止。

13.6.8.3 轴向位移保护系统的安装及调试

汽轮机在运行中会产生巨大的轴向力，使转子产生轴向位移，为防止汽轮机转子的轴向位移量超过允许值，使汽轮机动、静部分发生碰磨，造成严重的设备事故，大型汽轮机通常设计有转子轴向位移保护装置。轴向位移保护装置可分为液压式和电子式两种。它们同时起到监视转子轴向位移量和位移量过大时自动动作，使速关阀和调节阀迅速关闭，以免机组造成二次损坏。

1. 液压式轴向位移保护装置

这种保护装置的工作原理是喷嘴-挡板原理。其基本结构见图13-45，主要由挡板、喷油嘴、滑阀、弹簧及调整螺钉组成。喷嘴的油流量由喷嘴与挡板之间的轴向间隙大小来决定。当挡板与喷嘴之间的间隙增大时，喷嘴的喷油量增大，轴向位移油压降低，油压降低到一定值时，弹簧的向下作用力将大于油压向上的作用力，因而滑阀向下移动，通往电磁阀的高压油被切断，电磁阀动作，汽轮机的速关阀和调节阀迅速关闭，机组自动停车。

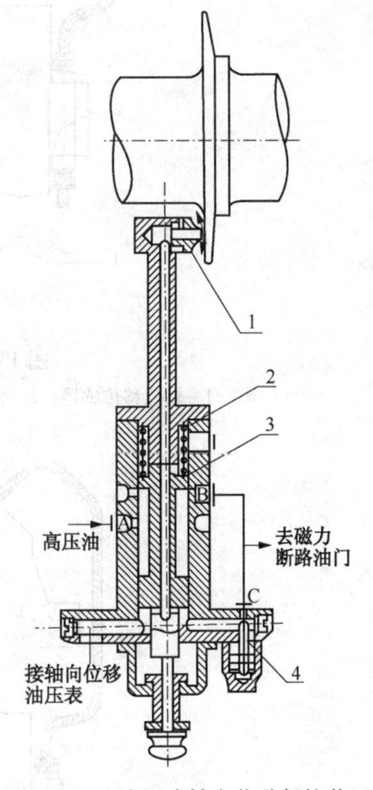

图13-45 液压式轴向位移保护装置

1—喷嘴；2—弹簧；3—滑阀；4—调整螺钉

2. 电子式轴向位移保护装置

这种保护装置通常由轴位移传感器(又称探头)、前置放大器、延伸电缆以及防护罩等组成。电涡流传感器安装在垂直于转子的一个轴环的位置。传感器与轴环之间的间隙是可调的。在汽轮机安装或检修后均应对转子的轴向位移进行零位置设定。置零的方法是：先用推轴法测出止推轴承的间隙，也就是正常状态下转子的位移量，然后把转子推到中间位置，使止推轴承前后间隙相同，这时由仪表人员按要求调整好探头与轴环之间的间隙，并把此时转子的状态设定为零状态。电子式轴向位移保护装置见图13-46。

13.6.8.4 振动保护系统

当汽轮机运行时，由于种种原因转子会产生振动，转子振动的大小是反映机组运行状态好坏的主要特征。转子的振动通过具有弹性、阻尼作用的轴承油膜传到轴承，同时由于转子相对于静止部件质量要小得多，所以，转子的振动没有完全传出。当测量轴承箱的振动时，测到的是源自转子振动的二次作用，其只能反映出汽轮机振动的总体特性，没有反映转子振动的真实情况。所以，大型汽轮机通常都设置有在线的转子振动监测系统，用于监视转子的振动情况和振动保护。转子的振幅上升到一定值时保护系统发出报警，超出安全范围时，系统发出联锁信号，关闭汽轮机速关阀，使汽轮机停止运行，防止事故扩大。

振动保护系统的构成见图13-47。通常由两个相成90°的振动传感器、延伸电缆、前置放大器、插头防护罩等组成。

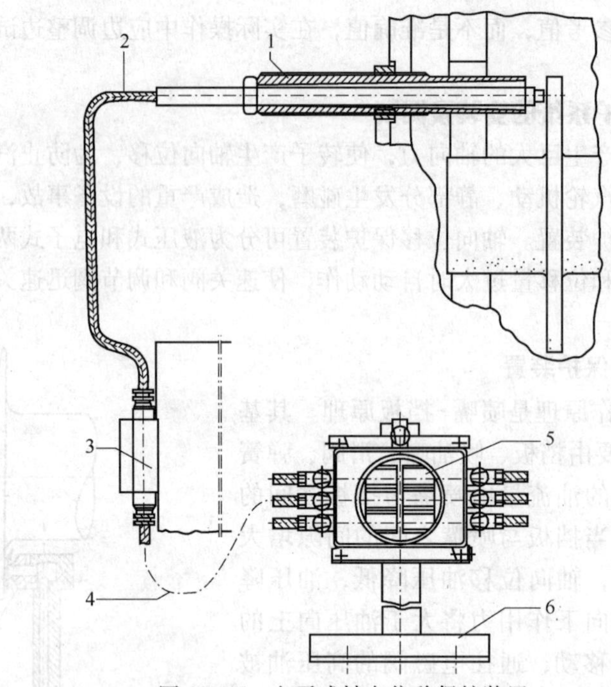

图 13-46　电子式轴向位移保护装置

1—轴位移传感器；2—伸缩电线；3—防护罩；4—电缆；5—放大器；6—支架

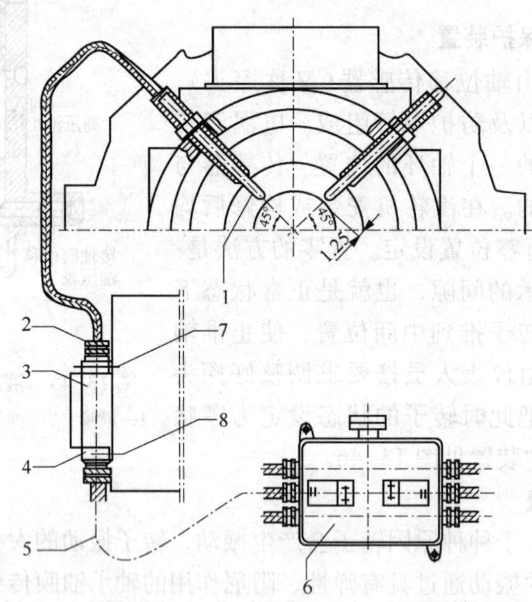

图 13-47　转子振动保护系统

1—传感器；2—电缆接头；3—防护罩；4—平台；

5—伸缩电线；6—放大器；7、8—圆头螺栓

13.6.8.5　低油压保护系统

由于汽轮机转速高、转子温度高等，要求在运行过程中连续不间断地为轴承供油，对轴承进行润滑和冷却，所以汽轮机的供油系统中一般都设置有低油压保护系统。其通常由低油压跳闸开关和高位油槽或蓄能器组成。当汽轮机的润滑油压力下降到设定的报警压力值时，

低油压报警开关动作，向操作人员发出低油压报警，同时启动辅助油泵，若油压继续降低到设定的跳闸值，低油压跳闸开关动作，发出联锁信号，汽轮机跳闸油压泄掉，速关阀关闭，同时高位油槽向润滑油系统供油，汽轮机停止运行。

13.6.9 调节系统的调试

13.6.9.1 调节系统的调试项目

汽轮机安装或检修后，必须按各自机组随机的技术要求进行静态特性、动态特性和超速等项目的试验和调整。调节系统试验的目的是确定调节系统的静态特性、速度变动率、迟缓率、动态特性等，全面评定调节系统的工作性能，及时发现和消除机组存在的隐患，确认调节系统是否满足机组安全生产的需要。对于新安装和检修后的机组，通过静态试验可将各机构的关系调整到符合设计要求，为保证安全、可靠启动和运行提供必要条件。通过空负荷试验可以测定调速器特性、传动放大机构特性、同步器工作范围、感应机构和传动放大机构的迟缓率等。通过超速保护试验可测定汽轮机危急保安器的实际动作转速。

（1）静态特性曲线　是指汽轮机在单机运行的条件下，把负荷与转速之间的关系画在以负荷为横座标，转速为纵座标的图纸上，得到的一根平滑的曲线。静态特性曲线应该是一根平滑下降的曲线，中间不应有水平的部分，曲线两端应较陡。

（2）迟缓率　迟缓率又称不灵敏度，是指在汽轮机调速系统中由于各部件的摩擦、卡涩、不灵活，以及连杆、铰链等结合处的间隙、错油门的重叠度等等因素所造成的动作迟缓程度。汽轮机调速系统的迟缓率应该降至最小程度，最好的迟缓率 $\varepsilon=0.2\%\sim0.4\%$，最大不得超过 0.5%。迟缓率过大会延长从汽轮机负荷发生变化到调节阀开始动作的时间间隔，造成调节滞后，导致汽轮机不能维持空负荷运行或引起转速摆动、负荷摆动等。

（3）错油门的重叠度　是指错油门活塞高度大于进油孔高度的数值。为了减少错油门的泄漏损失，错油门的重叠度允许数值为 0.14~0.4mm。错油门的重叠度对调节系统迟缓率影响很大，重叠度过大，调速系统迟缓率增加较明显，使汽轮机在甩负荷或负荷突变时，引起汽轮机超速。在安装错油门时，必须测量重叠度的数值。

（4）速度变动率　汽轮机稳定运转的转速是随着负荷变化的，当功率从零升到额定功率时，汽轮机的稳定转速也相应地从 n_1 变到 n_2，将其转速的差值和额定转速比值的百分数称为调节系统的速度变动率。速度变动率越大，机组甩负荷后的最高瞬时转速就越高，可能会使危急保安器动作，使机组不能维持空负荷运转。速度变动率过小，又会使静态特性曲线过于平坦，容易引起负荷波动。因此，速度变动率应控制在 3.5%~6%范围内。

（5）速度变动率的调整　要改变速度变动率通常可以采取改变调速器特性曲线、传动放大机构特性曲线或配汽机构特性曲线中的任一特性曲线的斜率来实现。

13.6.9.2 调节系统满足要求的条件

（1）速关阀、调节阀阀杆没有卡涩和松驰现象，汽轮机的危急保安器动作后，调节系统应能保证速关阀在 0.5~0.8s 内关闭严密，不出现漏汽现象。

（2）在规定的蒸汽参数范围内，速关阀全开时，调节系统应能维持汽轮机空负荷运行。

（3）当机组由满负荷突然甩至空负荷时，调节系统应该能维持汽轮机的转速在危急保安器动作转速以下。

（4）速关阀和调速阀的阀杆、错油门、油动机及调速系统连杆上的各活动连接装置没有卡涩和松动现象。当机组的负荷改变时，调速阀应该均匀而平稳地移动；当负荷稳定时，调节系统的摆动幅度不应大于1%。

13.6.10 油系统冲洗

1. 油冲洗的目的

现场油冲洗的目的是为了除去管道在运输和组装过程中产生的砂子、灰尘、油漆和其他外来杂质，保证机组长期安全运行。

油系统冲洗建议使用与机组运行用工作油相同牌号、性能的润滑油进行油冲洗。

2. 准备工作

（1）油箱　在注入冲洗油之前，须先清理滤网，内部用新棉布擦拭干净后再用面团把残留物清理干净。

（2）滤油器　将润滑油滤油器的滤芯拆除，用棉布及面团清理内部，达到使用要求。

（3）断开机组用油点，接跨线，机组断开处加盲板防护，以免杂质进入机器。

（4）临时管线制作　润滑油管线临时管线用合成塑料制作，所用合成塑料的管道管壁中间应有加强钢丝，合成塑料管道与金属管道联接应制作临时法兰，法兰处焊接可与塑料管道连接的插管，插管上应有凹槽(图 13-48)，用适合的金属管箍紧固(图 13-49)。调速系统管线用金属管线制作，焊口焊接采用氩弧焊焊接，并进行清洗处理。

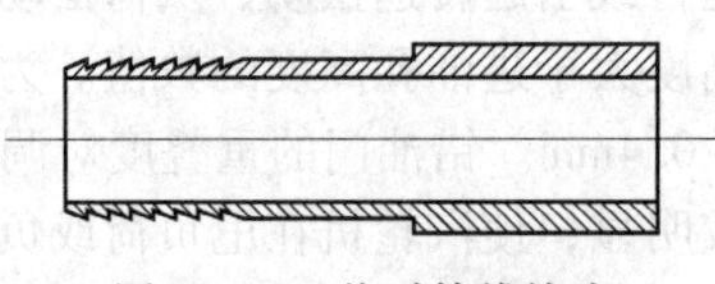

图 13-48　临时管线接头

图 13-49　金属管箍

（5）临时过滤网位置　油运临时过滤网位置安装在机组总回油管道上，尽量接近油箱处。临时过滤网制作成圆柱形或圆锥形，过滤网流通面积应大于总回油管道流通面积，采用 180 目过滤网。

（6）轴承　压缩机、汽轮机轴瓦不参与油冲洗，把轴瓦进油管线用临时管线接至回油管线。

（7）速关阀　拆出速关阀油缸中的活塞、弹簧及弹簧座，油缸盖仍盖好。

（8）油动机　取出错油门滑阀、弹簧及弹簧座，在错油门的压力油进油口临时加节流孔板，节流孔直径按错油门规格在 2~4mm 范围选取，错油门二次油进油封堵。

（9）调速器　采用 SRIV 液压调速器或 PG-PL 等机械-液压调速器的汽轮机，将放大器的压力油进油用临时管路接至回油。

（10）电液转换器　电液转换器不参与油冲洗。装接在管路上或单独支架上的电液转换器压力油进油用临时管路接至回油；装在速关组件上的电液转换器，闷板反装(有凹槽一面朝向速关组件本体)。

（11）速关组件　压力油进油用临时管路接至回油。

（12）危急度遮断油门　拆出压力油进油处节流孔板。

（13）抽汽速关阀　抽汽速关阀操纵座或抽汽速关阀油缸的压力油进油用临时管路接至

回油。

（14）顶轴油管路　顶轴油泵不参加油冲洗，泵的进、出口油管临时短接，以冲洗顶轴油管路。

（15）盘车油管路　盘车油泵的进油由临时管路接至回油。

（16）自带主油泵的汽轮机，主油泵及注油引射器的进、出口封堵；拆除引射器调节阀；主油泵的进、出油管接入循环系统管路以进行油冲洗。

（17）仪表　除必要的压力、温度监测点外，油系统其他仪表点应阻断。

（18）油箱加油　向油箱加注正常运行油量50%~60%的润滑油，注油时用虑油机或经过120目滤网注入。

（19）汽轮机调节控制油系统清洗前，所要拆卸的零部件如油动机滑阀，必须在厂家指导下进行拆卸。拆卸后要妥善保管，以免损坏或丢失。

3. 冲洗步骤及操作要点

（1）建议油系统冲洗分阶段进行，开始先冲洗润滑油系统，经一个循环周期合格后，在进行调节油系统冲洗。

（2）冲洗过程中，视轴承座回油情况，适当增大各轴承进油节流阀开度。

（3）油冲洗时，运行油泵与备用油泵交替运转，每8h切换一次，冲洗油压尽可能接近系统工作压力。

（4）为提高冲洗效果，缩短冲洗时间，除加大冲洗油量外，还应使油温冷、热交替变化，温度与时间关系见图13-50，以8h为一个循环周期，期间低温约为25℃，高温约为75℃。油加热时一定要注意：油温不得超过80℃，以免油变质，在油升温时所有与油接触的管路都应同时升温，如其中有的管路温度较低时，应查明原因并予以排除。冲洗过程中对管道，尤其是焊口部位，不时用木锤或铜锤敲击，以使杂质易于脱落。循环周期视油冲洗质量情况为定，不作硬性规定，直至合格为止。

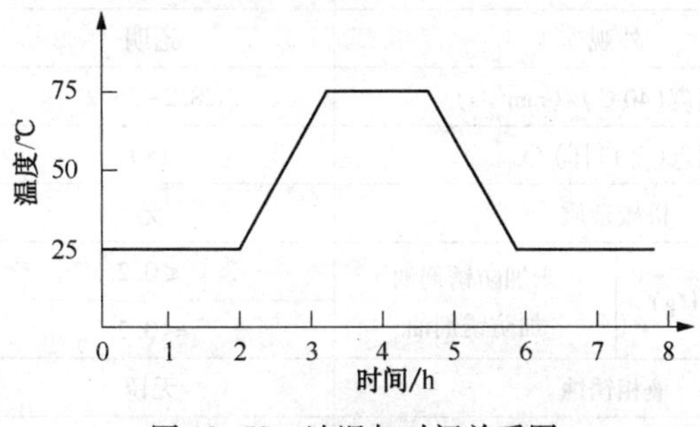

图13-50　油温与时间关系图

（5）临时回油滤网的拆洗次数，根据系统的清洁程度灵活确定，开始可2h更换一次，以后视清洁程度可以4h或8h清洗一次。

（6）将压缩空气（或氮气等）引入管路系统，以增加管路中油的湍流度，加快管线中杂质的冲洗。

（7）调节保安系统油冲洗按构成不同分别作如下操作：

① 采用液压或机构——液压调速器的汽轮机　从第二循环周期开始，停机电磁阀置位于正常运行状态；危急遮断油门的手柄拨到挂钩位置并予以固定。第二循环周期之后，调速器进油管恢复正常连接。从第三循环周期开始，操作启动调节器在启动和运行两个位置进行

切换，对通到速关阀的速关油和启动油管路进行冲洗；定时操作速关阀的试验阀，以使试验油管路得以冲洗。

② 采用速关组件的汽轮机　从第二循环周期开始，危急遮断油门拨到挂钩位置并予以固定(不带危急遮断油门的汽轮机勿需该项操作)。从第三循环周期开始，速关组件压力油进油管恢复正常连接后，速关组件的手动及遥控停机阀置于正常运行位置，定时轮换操作启动油及速关油控制阀(手动或电动)，以使接到速关阀的启动油和速关油管路得到冲洗；定时将速关阀的试验阀置于试验位置，冲洗试验油管路。

4. 油系统冲洗清洁度评定

(1) 在各润滑点入口处加设 180~200 目过滤网，经冲洗 4h 后，每平方厘米可见软质颗粒不超过两点，不得有任何硬质颗粒，并允许有少量纤维体。

(2) 油系统合格后，通油 24h，油过滤器前后压差增值，不应大于 0. 01~0. 015MPa。

5. 恢复油系统

(1) 机组油系统临时设施及拆卸部件，应在第二循环周期合格后才能进行恢复。

(2) 拆除冲洗用临时管路、孔板及堵头，管路连接恢复到正常状态。

(3) 清理速关阀油缸及错油门壳体内部，清洗包括轴承在内的被拆出零部件，使轴承、速关阀、油动机、危急遮断油门恢复到正常状态。回装部件应在厂家指导下进行。

(4) 电液转换器与速关组件本体之间的闷板仅在油冲洗时使用，油冲洗结束后闷板必须恢复至运行状态。

6. 油质检验

(1) 油冲洗合格后，需对油冲洗使用过的润滑油进行油质理化指标检测，具体指标要求见表 13-2；润滑油检查合格可以继续使用，如不合格需将不合格油品排出，注入新油。

表 13-2　机组润滑油质量标准(GB/T 11120)

序号	项目		质量指标	检验方法
1	外观		透明	外观目视
2	运动黏度(40℃)/(mm^2/s)		28. 2~35. 2	GB/T 265
3	闪点(开口杯)/℃		180	GB/T 267
4	机械杂质		无	外观目视
5	酸值/(mgKOH/g)	未加防锈剂油	≤0. 2	GB/T 264 或 GB/T 7599
		加防锈剂油	≤0. 2	
6	液相锈蚀		无锈	GB/T 11143
7	被浮化度/min		15	GB/T 7605
8	水分/(mg/L)		无	GB/T 7600 或 GB/T 7601

(2) 换油时，应将系统残油排放干净，如管线及管线低点底部存油、过滤器存油、冷油器存油、阀门存油等。保证注入的新油不与残油混合。

13. 7　开停机注意事项

13. 7. 1　开机注意事项

(1) 确认机组安装或检修工作已经完毕，质量符合相关技术要求。

（2）做好机组消防工作，清除现场的杂物及易燃易爆物品。特别是蒸汽管线及保温上的油污等必须彻底清除，以免发生火灾事故。

（3）按规程进行充分的暖管，彻底排掉管线及机体内的凝水，防止发生水冲击事件。

（4）汽轮机转子冲转后，应该在低速情况下对机组的轴承、汽缸等部位进行听声音、测振动等全面检查。确认无异常杂音才能继续升速。

（5）在升速过程中，必须严格控制升速速度、汽轮机各部分金属的温差等，把热力及热变形控制在允许范围内。

（6）汽轮机在额定参数下，若在上、下汽缸温差及转子热弯曲较大的情况下热态启动时，很容易发生设备事故。因此，在额定参数下热态启动汽轮机时必须注意如下事项：

① 转子振动不允许超过规定值，通常情况下转子的最大弯曲度不得超过0.04mm。

② 汽轮机的上、下汽缸温差及胀差控制在允许范围内。一般情况下调节级处的上、下汽缸温差不得超过50℃。同时新汽和再热蒸汽温度应该高于相对应汽缸金属温度50~100℃。

③ 汽轮机冲转后应该尽快升速、并网、带负荷，确保热启动时不发生冷却现象。

13.7.2 停机注意事项

（1）汽轮机停机前应做好辅助油泵、顶轴油泵以及盘车装置的各项试验，确保它们处于备用状态。

（2）在减负荷过程中，必须严格控制汽轮机金属温差变化及温度下降速度，严密监视汽缸与转子负胀差变化情况，若出现负胀差增大，应该停止减负荷，维持到负胀差减小后才能以适当的速度继续减负荷。

（3）汽轮机不能在低负荷或空负荷情况下停留过长时间，避免汽缸热应力增大。及时切除或停用相应的系统和辅助设备。维持及调整汽封供汽和凝汽器的水位等。

（4）转子完全静止后，及时投入盘车装置，使转子继续转动，直到汽缸温度降到150℃以下才能停止盘车。辅助油泵仍应继续运行到轴承温度小于40℃。

（5）停机后及时疏水，防止凝汽器内温度和水位过高。

13.8 故障原因与处理

汽轮机常见的故障原因与处理方法见表13-3。

表13-3 汽轮机常见的故障原因与处理方法

故障现象	故障原因	处理方法
叶片断裂	负荷过重	调整操作工况
	预热不够	按预热程序预热并达到设定温度
	热处理不当引起材质缺陷	更换不合格的叶片
	材料内部存在裂纹火渣等缺陷	修复或更换不合格的叶片
	疲劳断裂	更换损坏的叶片，查找并消除引起叶片疲劳断裂的因素
	振动特性不良	调整叶片自振频率
	新汽温度经常过低	把新汽温度提高到正常值
	叶片结垢严重	清除叶片的盐垢
	发生严重的水冲击	停机消除水冲击因素

续表

故障现象	故障原因	处理方法
轴瓦温度高	轴承入口油温偏高 机组负荷过大 轴瓦间隙偏小或损坏 润滑油变质 振动增大 油压低或供油量不足 轴颈与轴瓦的接触面积不符合要求	增大冷却水或清除冷却水管路的堵塞物 适当降低机组负荷 调整轴瓦间隙或更换轴瓦 更换合格的透平油 检查消除振动因素 调高润滑油压力或增大油量 修刮轴瓦，使其接触面积符合技术要求
速关阀不能开启	速关阀油动缸活塞卡死 油泵出口压力低 速关阀阀杆弯曲 油动缸活塞、活塞环间隙过小或过大 速关阀组装时各段筒体不对中 活塞盘贴合不良 打开启动手轮速度过快	解体油动机检查活塞及缸体，清除结垢，防止蒸汽窜入油中 调节油泵出口压力使其符合要求 解体检查，矫直或更换阀杆 检查处理油动缸活塞环、活塞使其间隙符合技术要求 调整各段筒体中心线使其符合技术要求 消除活塞盘偏磨，研磨活塞盘的密封面使其符合技术要求 降低开启手轮速度
危急保安装置工作不正常	控制油路不畅通 电磁阀不动作 弹簧卡涩或折断 滑阀结垢 滑阀磨损	检查清洗控制油路 检查处理电磁阀 清理杂物或更换弹簧 危急保安装置解体清洗滑阀 检查更换滑阀
调节汽阀工作不正常	调节汽阀密封面损坏 阀座松动 阀杆与联接件松动 调节阀杆与定位套磨损过大 调节阀杆卡涩	修复、更换阀锥或阀座 修复或更换阀座 紧固阀杆及联接件 更换阀碟、阀芯和阀杆定位套 拆检调节阀，清除阀杆积垢
油动机工作不正常	油动机活塞杆或油封损坏 活塞环磨损或折断 活塞磨损 活塞锁紧螺母松动或脱落 油动机控制油波动	更换活塞杆或油封 更换活塞环 修复或更换活塞 紧固或回装锁紧螺母 调整处理错油门或油路
汽轮机无法提速	主蒸汽温度、压力低 蒸汽入口过滤网堵塞 调速阀阀锥脱落 复水器真空度低 汽轮机叶片结垢 汽轮机超负荷运行	调整蒸汽操作参数，达到操作指标 解体清除滤网内的异物 拆检调速阀，调整阀锥或更换 拆检抽气器和复水器 在线或停机清洗叶片 调整操作参数
汽轮机效率降低	汽封及级间汽封间隙增大，造成漏汽量大 动叶片和喷嘴积垢 运行工况变化 凝汽式汽轮机真空度降低	调整汽封间隙或更换汽封 清洗积垢，改善蒸汽品质 将压力、温度、背压、真空度、转速恢复到正常设计值 检查修理抽气器或真空泵，改善真空度

续表

故障现象	故 障 原 因	处 理 方 法
调节系统引起汽轮机转速波动	错油门滑阀卡住或径向油孔堵塞	拆检错油门滑阀，清除异物，检查疏通油孔
	主油泵出口油压波动	消除引起油压波动的因素
	调节阀自由行程过小	调整调节阀的自由行程，使其符合技术要求
	迟缓率过大	减少错油门的重叠度，检查清理或更换联按件，减少各联按部件的摩擦、卡涩、不灵活，以及连杆、铰链等结合处的间隙等
	规定负荷时达不到设计转速	重新做静态调试，确认各调节杠杆的正确位置
	调速器故障	①PG-PL型调速器内有空气，进行排气操作 ②把针型阀开度调整到合适状态 ③缓冲弹簧弹力不够，更换缓冲弹簧弹
汽轮机异常振动	转子不平衡	校验转子动平衡
	对中不良	调整机组对中，使其偏差符合技术要求
	基础或紧固件松动	检查并紧固各紧固件
	联轴器损坏	修复或更换联轴器
	轴承损坏或紧固螺栓松动	修复或更换轴承，检查紧固螺栓
	叶片冲蚀或脱落	修复或更换叶片
	轴承的油温低或含水	调整润滑油温度或更换润滑油
	滑销系统卡涩	清理污垢，调整间隙或修复滑销
	转子弯曲、变形	校直或更换转子
轴向位移过大	止推轴承磨损	调整止推轴承间隙或更换止推轴承
	轴位移探头松动	检查调整探头
	超负荷运行	降低负荷运行
	级间汽封磨损导致级间泄漏过大	更换级间汽封，使其间隙技术符合规范
	叶片结垢严重	清洗叶片
	水冲击	查找水冲击的原因并彻底排除
	新蒸汽温度过低	调整新蒸气操作温度
	负荷增加过快	降低升负荷速度
汽轮机超速	抽汽逆止阀失灵	检修逆止阀
	危急保安器不能动作	进行注油试验，检查危急保安器
	速关阀、调节阀等阀杆处结垢	清除阀杆处的盐垢
	调节、保护系统的部件锈蚀	清除调节、保护系统各部件的铁锈，检查润滑油的酸值及含水量
调节系统波动	控制油压力过低或油压不稳	调整控制油压力
	调节阀和油动机连接尺寸不正确或二次油压与调节汽门开度的关系不正确	按技术参数调整调节阀和油动机连接尺寸和二次油压与调节汽门开度的关系
	错油门、油动机或传动执行机构发生卡涩	检修错油门、油动机或传动执行机构
	调节阀阀杆卡涩、阀座松动、阀锥脱落或阀杆断裂等	检修调节阀
润滑油带水	汽封漏汽进入轴承箱	更换轴封
	润滑油油冷却器发生泄漏	对冷却器进行水压试验，堵住发生泄漏的管
	油箱中的水蒸气在油箱中凝结成水	检查清理油箱呼吸阀，使水蒸气及时排出油箱外

第 14 章　烟气轮机

烟气轮机(又称烟气透平)是以烟气为工质，将工质的热能和压力能转变为机械能的原动机。烟气轮机在石油炼厂流化催化裂化装置再生烟气能量回收系统中已得到广泛的应用。

14.1　分类

1. 按结构形式分

烟气轮机按结构形式分为单级烟气轮机和多级烟气轮机。

静叶和轮盘上装有动叶的工作轮是组成烟气轮机的最基本的工作单元，称为“级”。如果整台烟气轮机只有一个级，称为单级烟气轮机；如果整台烟气轮机包含有两个级，则称为两级烟气轮机；二级以上则称为多级烟气轮机。两级烟气轮机的效率要比单级烟气轮机的要高。目前，国内制造的两级烟气轮机的效率约为 83%，而单级烟气轮机的效率约为 78%。

2. 按照烟气在级内流动方向分

烟气轮机按照烟气在级内流动方向可分为轴流式烟气轮机和径流式烟气轮机。

烟气在级内轴向流动的称为轴流式烟气轮机。通常所见的大多数烟气轮机为轴流式，因为轴流式容许流过的工质流量较大，结构上易做成多级型式，能够满足高膨胀比和大功率要求，效率又较高。此外，轴向进气可使烟气进入烟气轮机机时能稳定流动，以确保烟气中的催化剂颗粒均匀分布。

烟气在级内径向流动的称为径流式烟气轮机(或称向心式)。径流式适宜用于小功率场合。但它存在着离心分离作用，容易产生颗粒集中的倾向，入口压力损失较大。

图 14-1 和图 14-2 分别是我国制造的 YLⅠ型单级轴流式烟气轮机外形图和剖面图，图 14-3和图 14-4 分别是 YLⅡ型两级轴流式烟气轮机外形图和剖面图。

图 14-1　YLⅠ型单级轴流式烟气轮机外形图

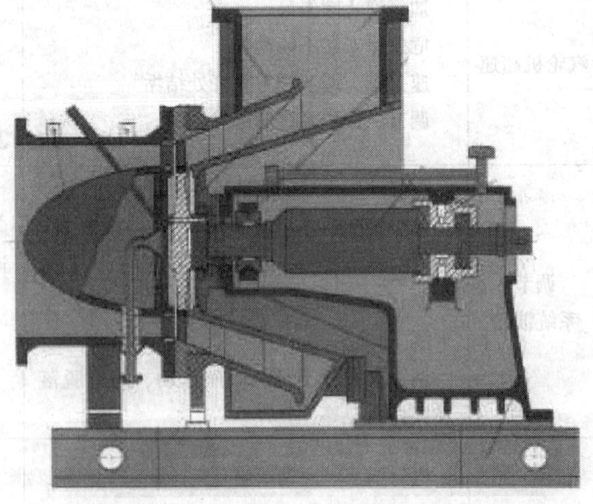

图 14-2　YLⅠ型单级轴流式烟气轮机剖面图

图 14-3　YLⅡ型两级轴流式烟气轮机外形图

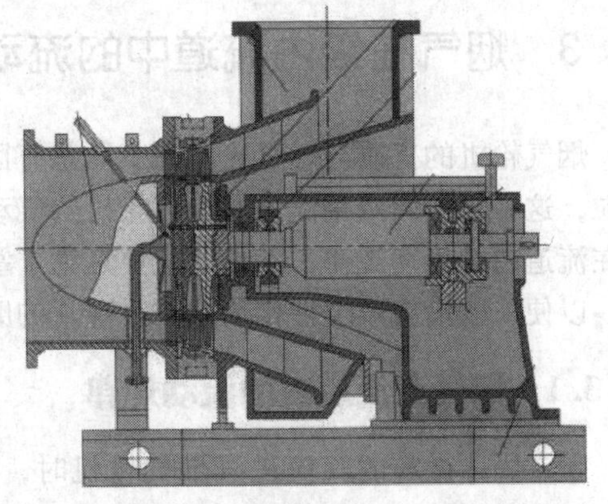

图 14-4　YLⅡ型两级轴流式烟气轮机剖面图

14.2　工作原理

烟气轮机是将烟气的热能和压力能转变为转轴上的机械能的原动机。级是烟气轮机最基本的工作单元。它主要由一列静叶片和一列动叶片组成。图 14-5 表示烟机某一级的热力参数变化情况，静叶片前截面(即级进口截面)用 0-0 表示，静叶片和动叶片之间的截面用 1-1 表示，而动叶片后截面(即级出口截面)用 2-2 表示。这三个截面通常称为级的特征截面，其气流参数分别注以下标 0、1 和 2 表示。

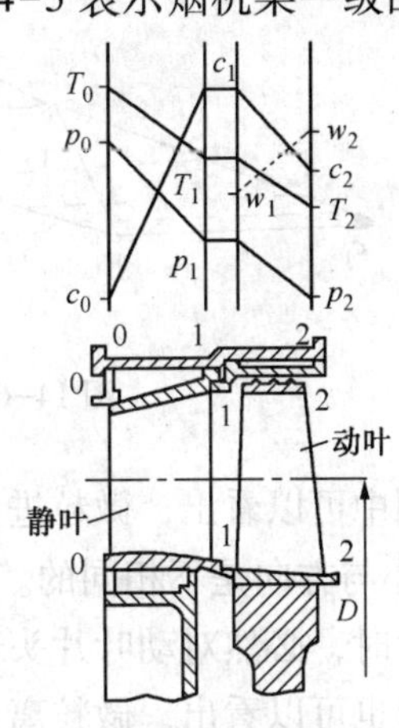

图 14-5　级中气流参数的变化情况

在静叶流道内，烟气在喷嘴中膨胀，把热能和压力能转变成动能，这时烟气压力由 p_o膨胀到 p_1，温度由 T_o下降到 T_1，气流速度相应地由 c_o升至 c_1。在动叶流道内，烟气从静叶以很高的速度喷向动叶，在动叶流道内顺着流道的形状逐渐改变其流动方向。由于气流发生转向，动叶必然有一个力作用于气流，反之气流也一定有一个与之相应的作用力 F 作用在动叶上，这个力在周向的分力 F_u就推动工作轮不断地旋转，并输出机械功，这就是烟气的热势能转换成转轴上的机械功过程。F 在轴向的分力 F_a，必须要由轴向止推轴承来承受，以避免产生过大的轴向位移。

根据在气体流动特性的研究中知道，气体作加速流动时，其流动损失要比作非加速流动时小，因此在设计中往往要使烟气在动叶的流道中有一定的加速。这样，当一股加速气流自动叶喷出时，就会类似于喷气发动机尾部喷管中的喷气流一样，也会产生推力，而推动工作轮旋转获得机械功。所以，烟气在动叶栅中加速流动，不仅可改善流动状态，同时也可获得一部分机械功，这时动叶中气流的压力由 p_1膨胀到 p_2，温度由 T_1下降到 T_2，而相对速度由 w_1增加到 w_2。

14.3 烟气在级内流道中的流动规律与对叶片磨损的影响

烟气轮机的工质与燃气轮机的工质是有区别的，因为烟气轮机的工质中含有催化剂固体微粒，这种气—固两相流动对烟气轮机的气动热力性能和叶片的磨损要产生影响。现研究烟气在流道内的流动规律，其目的主要是为了掌握气—固两相流动对叶片磨损的规律和影响因素，以便采取措施减少催化剂微粒对叶片的磨损。

14.3.1 烟气在流道内的流动规律

带有固体微粒的气流进入烟气轮机时，在静叶和动叶流道内，细小微粒(一般指小于5μm 的颗粒)基本上随气流一起运动，造成比单纯气流有较大的黏性作用和黏性损失，另外，一些较大的颗粒由于惯性较大，速度滞后于气体的速度，其速度三角形与气体的速度三角形有明显的差别，见图 14-6。

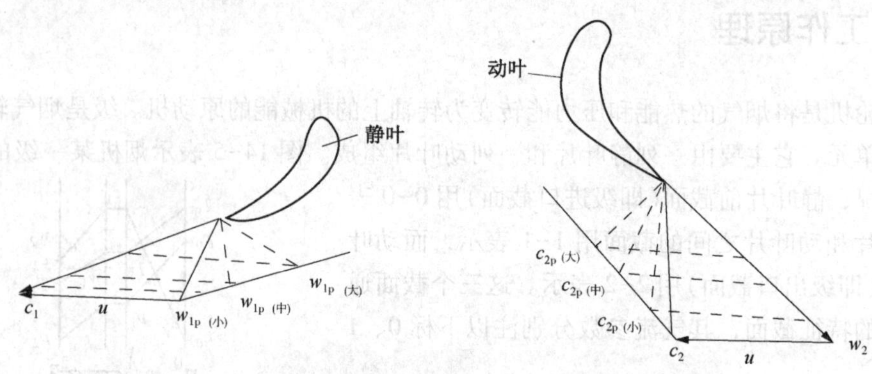

图 14-6　微粒大小对动叶前、后速度三角形的影响

从图中可以看出，微粒进入动叶片的相对速度 w_{1p}的大小和方向与气体的相对运动速度 w_{1p}的大小与方向是不相同的。颗粒尺寸愈大，这种差异也愈大。当微粒以比较大的冲角进入动叶片时，必然对动叶片头部产生较大的磨损，颗粒愈大磨损也就愈大。从动叶片出口速度三角形也可以看出，微粒离开动叶片的绝对速度 c_{2p}的方向与气体的绝对速度 c_2的方向不同。因此，较大微粒在离开动叶片时，必然产生旋涡，而造成出气边的磨损。

微粒在叶片的转折中，由于离心力的作用，不同尺寸的颗粒在叶道中的运动轨迹是不同的。微粒在叶片中的轨迹见图 14-7。从图中可以看出，较大的颗粒在离心力的作用下远离了中心流线，而到达了叶片的压力面(腹面)，对压力面的出气边造成较大的磨损。

当微粒进入动叶片时，一部分微粒与动叶碰撞后反弹到叶片压力面而造成磨损，见图 14-8。粉尘微粒尺寸的不同，在叶片高度方向上的分布也是不相同的。图 14-9 给出了1μm、17μm 和 100μm 的颗粒在一台入口压力为 0.3MPa(绝)，入口温度为 705℃的双级烟气轮机第一级动叶片表面的分布情况。可以看出，对于 1μm 的微粒在整个动叶高度方向上分布是均匀的。17μm 的微粒在叶片根部有较少的颗粒，而 100μm 的微粒有 96%集中在叶片顶部。这是因为当微粒到达动叶片表面时，遇到高速旋转的叶片，较大的微粒受到离心力的作用而被甩向叶片顶部；而当微粒很小时，可以认为微粒是随气体流动的。因此，大尺寸的微粒愈多，动叶片的出气边磨损就愈严重。

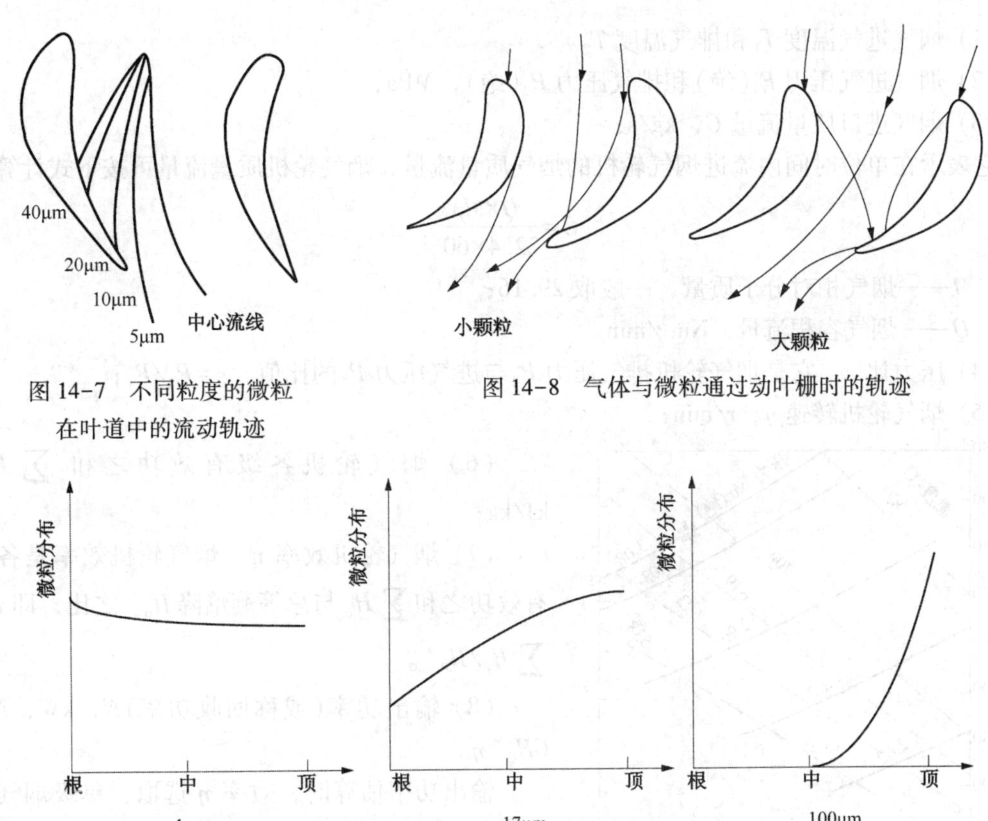

图 14-7 不同粒度的微粒在叶道中的流动轨迹

图 14-8 气体与微粒通过动叶栅时的轨迹

图 14-9 不同尺寸的微粒在动叶高度方向上的分布情况

由上所述，微粒在流道内有自己特定的三元运动轨迹，通过动量与热量的交换，影响气体的作功能力。不同尺寸的微粒，由于其运动轨迹不同，分布也极不均匀，并且在流道发生碰撞弹跳，对烟气轮机的叶片和流道进行冲蚀磨损。

14.3.2 烟气粉尘浓度与颗粒尺寸对叶片冲蚀的影响

催化剂微粒的浓度对叶片的磨损影响是很大的。美国壳牌石油公司的第一台烟气轮机，由于未采用第三级旋风分离器除尘，而使含大量催化剂的烟气直接进入烟气轮机，粉尘的浓度太大(估计大于 1g/m)，只运转了 750h，叶片就不能用了。日本也有使用 400 块叶片失重达10%~20%的报道。国内多台烟气轮机的使用情况表明，当烟气的含尘量小于 200mg/Nm^3，大于 10μm 的微粒小于 8%时，一般可使用 1~2 周期(8000~16000h)。

国内外大量实践表明，含粉尘浓度是造成叶片磨损的主要原因之一。为保证叶片寿命和烟气轮机的效率，我国一般要求烟气轮机含粉尘浓度不大于 200mg/Nm^3。此外，颗粒尺寸一般要求大于 10μm 的不超过 8%。因为粒度大的微粒在离心力的作用下易于集中到叶片顶部，造成局部严重磨损。

14.4 主要性能参数

通常应用以下参数来表示轴流式烟气轮机的工作性能，即：

(1) 烟气进气温度 T_1 和排气温度 T_2。

(2) 烟气进气压力 P_1(绝)和排气压力 P_2(绝), MPa;

(3) 烟气进口质量流量 G, kg/s;

它表示在单位时间内流进烟气轮机的烟气质量流量,烟气轮机质量流量可按下式计算:

$$G=\frac{Q\times M}{22.4\times60}$$

式中 M——烟气相对分子质量,一般取 29.16;

Q——烟气容积流量, Nm^3/min。

(4) 压力比 ε, 它是烟气轮机排气压力 P_2 与进气压力 P_1 的比值, $\varepsilon=P_2/P_1$;

(5) 烟气轮机转速 n, r/min;

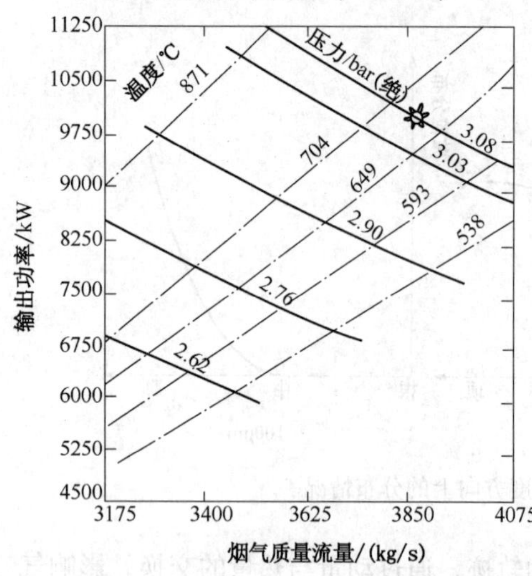

图 14-10 某烟气轮机的性能曲线图

(6) 烟气轮机各级有效功之和 $\sum H_e$, kJ/kg;

(7) 烟气轮机效率 η, 烟气轮机效率是各级有效功之和 $\sum H_e$ 与总等熵焓降 $H_0{}^*$ 之比,即 $\eta=\sum H_e/H_0{}^*$。

(8) 输出功率(或称回收功率) N, kW, $N=GH_0{}^*\eta$。

输出功率估算时,效率 η 选取:单级烟气轮机取 0.78,两级烟气轮机取 0.83,多级烟气轮机取 0.85。

图 14-10 为某台烟气轮机的性能曲线,它反映输出功率与烟气进口压力、温度、质量流量间的关系。

14.5 YLⅡ烟气轮机的主要结构与系统的组成

现以我国 YLⅡ10000B 型烟气轮机为例,说明烟气轮机的主要结构与系统的组成概况。

YL10000Ⅱ型烟气轮机为双支点悬臂式烟气轮机。它主要由底座、轴承箱、排气机壳、过渡机壳、进气机壳、转子六大部分组成。

1. 转子组件

转子总成主要由一、二级轮盘和一、二级动叶片及主轴等组成。一、二级轮盘之间和两级轮盘与主轴之间,以止口定位,并热装在轴端。在考虑到轮盘和拉紧螺栓工作时的热膨胀变形等因素,由具有足够预紧力的拉紧螺栓将轮盘和主轴连接固定,并用力矩扳手紧固到要求的扭矩。

一、二级轮盘为实心结构,采用高温合金材料模锻加工而成,轮缘开有枞树形叶根榫槽与带枞树形叶根的动叶配合,并用锁紧片将动叶锁紧固定在轮盘的榫槽内,且保留 0.10~0.25mm 的热膨胀间隙。

为了减少轮盘重量和冷却二级轮盘的需要,在一、二级轮盘外缘之间对接处,做成中空结构,形成空腔。

转子按刚性转子设计，转子的设计寿命不小于100000h，在规定的温度下瞬时转速达到额定转速的105%，应能安全运行。该刚性转子的横向临界转速大于最大连续转速20%。

转子的结构在设计上采取了防止催化剂在一二级轮盘之间堆积的措施。即在一、二级轮盘外凸缘对接处之间，保留有一定的圆周间隙，要求空腔内的蒸汽压力大于一二级轮盘外侧的烟气压力，以阻止烟气粉尘落入空腔内。即使烟气粉尘落入一二级轮盘之间内空腔，通过转子的转动，可把粉尘从5mm间隙中靠离心率甩出来，防止因催化剂在内凹面中堆积的不平衡而引起转子振动。

为了防止一、二级轮盘工作时超温而使其机械强度降低，需要用蒸汽进行冷却。故在一级轮盘中加工有圆周均匀分布6个轴向通孔，也称为平衡孔。这6个轴向通孔有二个功能，一是冷却蒸汽通道，二是每个轮盘受到烟气压力差的平衡孔。转子运行时，一路冷却蒸汽直接从轴向喷在一级轮盘前侧，对一级轮盘前表面进行冷却；另一路冷却蒸汽穿过这6个轴向通孔进入一二级轮盘之间空腔内，对一级轮盘后表面和二级轮盘前表面进行冷却，最后蒸汽从一二级轮盘外凸缘对接处之间5mm间隙中跑出，进入流道。冷却蒸汽量一般采用大于入口烟气压力0.1MPa压差控制。

转子动平衡时应带半联轴节进行动平衡试验，动平衡精度不低于GB/T 9239—2006中G2.5级，应达到G1级。

一、二级动叶由高温合金精铸或模锻成型，动叶表面均喷涂有高温耐磨涂层，能保证使用30000h不脱落。转子主要部件材料见表14-1。

表14-1 烟气轮机重要零件用专用材料牌号

入口烟气温度/℃	材料牌号				
	静叶片	动叶片	轮盘	拉杆螺栓及套筒	主轴
500~600	K213	K213	20Cr3MoWV	25Cr2Mo1VA	20Cr3MoWV 0Cr3MoV
601~650	K213	K213	GH2132	GH2132或GH2132	GH2132/34CrNiMo6
651~730	K213	864合金	864合金	GH2132或GH2132	40CrNi2MoA

注：864合金其性能相当于美国合金Waspaloy。

2. 进气机壳

进气机壳主要由机壳、导流锥及一级静叶组件组成。进气机壳为不锈钢焊接件，导流锥为不锈钢铸件，并焊接在进气机壳内。

一级静叶组件由一级静叶片和固定镶套组成一个组合件，用螺栓紧固在进气锥端部。在进气机壳上设有可调式辅助挠性支撑。可调式辅助挠性支撑的作用是支承进气机壳的重量，并保证进气机壳轴向膨胀时中心不变，与排气机壳同心。导流锥做成二次抛物线形，即飞机头形。导流锥的作用是导引烟气分布均匀，并流向动静叶片。导流锥里面做成中空，导流锥底(喇叭口)外径与轮盘外径尺寸应大致相等。导流锥顶面对着入口烟气，而导流锥底对着一级轮盘。导流锥内安置一条冷却轮盘蒸汽管子，该冷却蒸汽径向进入导流锥，再转折成轴向喷射到一级轮盘上，然后蒸汽穿过一级轮盘的6个轴向通孔(平衡孔)冷却二级轮盘。

进气机壳设置有一根监测一级轮盘温度的温度计承插管子。该承插管子以约60°斜插穿过导流锥体延伸到一级轮盘前。这样，烟气轮机工作时，温度计可监测到一级轮盘温度。

一级静叶组件安置在导流锥之后，它与机壳之间留有热膨胀间隙。一级静叶表面喷涂有高温耐磨涂层，一般使用30000h不脱落。静叶片材料见表14-1。

3. 过渡机壳结构

过渡机壳主要由过渡壳体、二级导流叶环组件、拉紧螺杆、压板和圆柱头螺钉组成。过渡机壳设计成垂直剖分二瓣结构或垂直和水平剖分四瓣结构。而与之配合的二级导流叶环也相应设计成垂直剖分二瓣结构或垂直和水平剖分四瓣结构。二级导流叶环安放在过渡机壳内，二者之间保留有一定径向间隙，以便于调整二级导流叶环体内径。二级导流叶环由调整螺栓径向定位在过渡机壳上，利用这些调整拉紧螺栓可调整一二级导流叶环体的内径大小，从而达到调整一二级动叶与动叶环体之间径向间隙、二级导流叶环体内环上迷宫气封与一二级轮盘凸缘之间径向间隙的目的。

在过渡机壳的剖分端面上，用圆柱头螺钉固紧压把将二级导流叶环定位。

二级导流叶环组件主要由二级导流叶环体、二级静叶片、迷宫密封、销钉组成。二级导流叶环体内径有一定的锥度，开有T形二级静叶环固定槽，二级静叶片靠外圆止口单片用T形叶根固定在固定槽内，并用销钉对二级静叶片定位。T形叶根与固定槽的配合径向间隙和侧间隙为0.02~0.1mm，以便于安装和静叶片热膨胀。

二级静叶片叶根与叶根之间的贴合表面留有0.05mm安装间隙(装配时，叶片叶根与叶根之间的贴合表面放置0.05mm纸片)。为防止漏气，即是防止烟气粉尘泄漏直接冲刷轮盘和防止烟气粉尘从一二级轮盘外凸缘对接处之间的5mm间隙中进入凹腔内，在二级导流叶环体内环上设置了二组固定Ni基合金气封片或Ni基合金蜂窝密封。

二级导流叶环体内径表面和二级静叶片(过流部件)表面，均喷涂有高温耐磨涂层。二级静叶片材料见表14-1。

4. 排气机壳结构

它由进出口法兰、扩压器及壳体组成，为不锈钢焊接整体形。为防止壳体内产生高温热应力，一般壳体厚度较薄。在壳体外表面焊有加强筋。

排气机壳用入口端法兰上的两个支耳放置在底座的两个支座上，由支座支承排气机壳的重量。支耳与支座之间设有调整垫片。排气机壳的两个支耳在靠近入口端法兰一侧，两个支耳与底座支座面上设置横向导向键。排气机壳底部的前端和后端设置纵向导向键。排气机壳的轴向热膨胀死点是横向导向键与竖直导向键的交点。它在排气机壳进口法兰一侧。排气机壳的水平方向热膨胀死点是排气机壳竖直导向键。设置的竖直导向键一般与排气机壳中心线重合，竖直导向键在排气机壳正下方。排气机壳的竖直方向热膨胀死点是排气机壳的支耳。

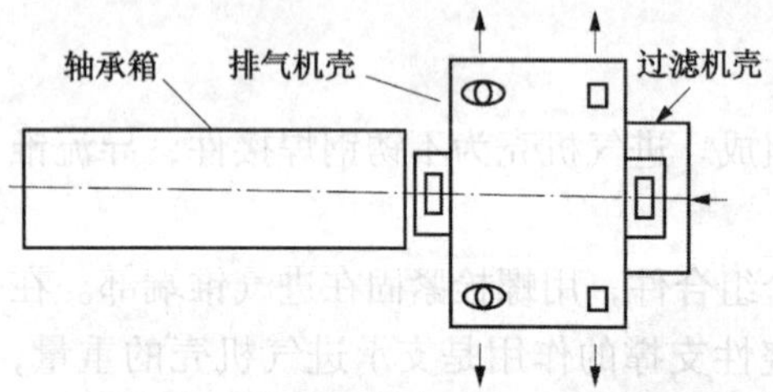

图14-11　烟机排气机壳的固定和热膨胀方向

下排气机壳竖直向下导向膨胀。上排气机壳竖直向上自由膨胀，见图14-11。

因该烟气轮机为轴向进气，排气机壳顶上排出。所以排气机壳要承受入口管的轴向推力和出口管的向下压力或向上拉力。机壳和底座的结构设计及两者相连接后的这种固定方式必须能承受一定的入口和出口管道施加于烟气轮机接口法兰的力和力矩。机壳和底座的结构和刚度应有足够的裕度，应能适应短期超温和超压工况时管道的推力。

转子与排气壳体之间的轴封，采用蒸汽和压缩空气两组迷宫密封。蒸汽密封烟气，压缩空气密封蒸汽，且控制三者之间的压差，保证烟气不外泄。

排气机壳上设置了二组四级不锈钢迷宫气封，见图14-12。

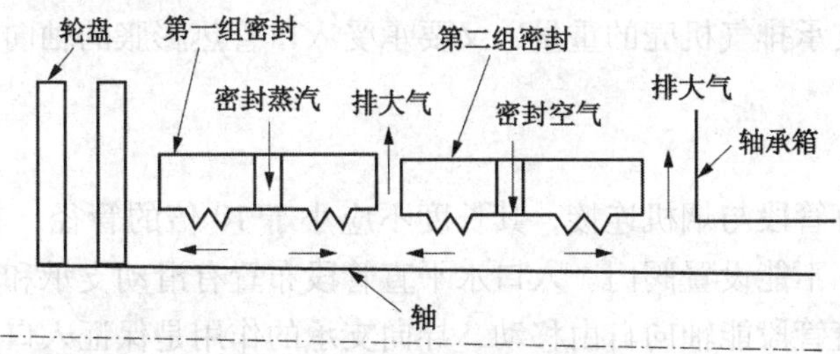

图 14-12　烟气密封示意图

第一级迷宫气封后端为密封蒸汽口。密封蒸汽用于封住烟气，保证烟气不从第一段密封处泄漏。密封蒸汽压力一般高于烟气压力 0.1MPa(g)。密封蒸汽沿二级轮盘后表面作径向流动，冷却二级轮盘后表面，最后流入流道。

第二级迷宫气封后端为密封蒸汽排气口。密封蒸汽从第二级迷宫气封泄漏出来后排向大气，以便降低压力防止继续向第三级迷宫气封泄漏。

第三级迷宫气封后端为加净化风密封口。目的是防止烟气和密封蒸汽继续向第四级迷宫气封泄漏。一般在第三级迷宫气封后端上加大于密封蒸汽 0.05~0.1MPa(g)的密封净化风。

第四级迷宫气封后端为密封净化风排出口。从第三级迷宫气封上泄漏出来的密封净化风在第四级迷宫气封后端排向大气。

四级不锈钢迷宫气封为水平剖分式。下半气封座与排气机壳为一体结构，所以下半气封座为不可拆。上下半气封座加工有水平和轴向端面连接结构。上半气封座为可拆式结构，它的中分面和轴向端面与下半气封座的中分面和轴向端面螺栓连接，形成完整密封结构。

5. 轴承箱及轴承

轴承箱系水平剖分结构，由箱体和箱盖组成，轴承箱为铸钢件，接有轴承润滑油进、出口管线。轴承箱上装有轴承、油封和转速探头、轴振动探头及轴位移探头。后轴承部件由径向轴承和止推轴承及油封组成，径向轴承用于承受转子径向质量载荷和振动载荷，而轴向止推轴承主要承受动叶与轮盘两侧存在的压力差和气体流经动叶时气流速度在轴向发生动量变化而产生的轴向力。径向轴承采用四油叶动压滑动轴承或可倾瓦轴承，止推轴承为米契尔轴承或金斯伯雷轴承。装配时，转子相对于机壳的对中与定位通过轴承箱底面的调整垫片来调整，用螺栓和定位销固定在底座上。

前轴承由径向轴承和油封组成。前轴承的长度比后轴承的要长，原因是前轴承支承了转子的大部分重量。而且因前轴承靠近排气机壳，受热幅射的影响温度较高，热传递到该轴颈处的温度也高，如果不进行充分冷却，将会影响转子的安全运行，故前轴承的长度比后轴承要长，供油量也大得多。

轴承箱盖和轴承箱体的前端，设置了轴承油封，由二级油封和一级气封组成。第一级油封为阻油密封环，阻油密封环的作用是阻挡润滑油泄漏到第二级油封；第二级油封为油密封环，油密封环的作用是防止润滑油继续泄漏到第三级气封，保证润滑油不泄漏；第三级气封为净化风气体密封，它的作用是防止润滑油漏出与排气机壳接触引起火灾，净化风密封压力为 0.05MPa(g)，可通过密封空气管线上的截止阀进行手动控制。

6. 底座

底座为焊接件。支承排气机壳的两个支承座为刚性支座，用水冷却，以保证机组的中心标高不变。它既要支承排气机壳的重量，又要承受入口管热膨胀的轴向推力和出口管热膨胀的拉力或压力。

7. 烟机入口管

烟机入口水平直管段与烟机连接，其长度不应小于10倍的管径。在此长度内只允许加有带内套的膨胀节，不能设置阀门。入口水平直管段布置有滑动支承和导向支承，滑动支承的作用是保证入口直管段能轴向自由移动，导向支承的作用是保证入口直管段轴向自由移动时中心不变，与烟机同中心。

为了减少入口水平直管段热膨胀的移动距离，经过计算，设定一定的预拉伸量。热膨胀时，烟机入口水平直管段的热膨胀以烟机为热膨胀死点，而向后轴向水平移动。三旋与烟机入口水平直管段之间的管段，布置有多个膨胀节，这些膨胀节既要保证吸收管段一定的热膨胀量，又要起着铰支作用。

考虑到内衬里的脱落会损坏烟机叶片，故烟机入口管不允许设置内衬里，管外包裹保温材料。

8. 烟机出口竖直管段的热膨胀设计

烟机出口竖直管段与烟机出口法兰连接，并与出口水平管段相连接。在靠近出口竖直管段一侧的出口水平管段上，焊接有出口水平管段热膨胀的死点，以免出口水平管段热膨胀时，对烟机产生水平推力。出口竖直管段一般设置有三个膨胀节，这些膨胀节既吸收出口竖直管段的热膨胀量，又起着铰支作用，保证死点前的一小截出口水平管段热膨胀移动所产生转角。死点后出口水平管段热膨胀一般不对烟机产生推力作用。

考虑到即使内衬里脱落也不会影响烟机的安全运行，故烟机出口水平管设置有内衬里，管外包裹保温材料。

9. 轮盘蒸汽冷却系统

冷却蒸汽分成两路进入机壳，一路由喇叭口(锥底)的喷嘴喷射到一级轮盘中心，沿轮盘表面作径向流动，其中一部分冷却蒸汽通过轴向通孔(平衡孔)进入一、二级轮盘之间的空腔，冷却一级轮盘的后侧面和二级轮盘的前侧面。另一路是二级轮盘后的轴端密封蒸汽进入机壳后，沿二级轮盘后侧面作径向流动冷却。

10. 润滑油系统

润滑油由进油总管分别进入前、后端径向轴承和止推轴承，回油经轴承箱和润滑油出口管至机组回油管。进轴承的润滑油压力一般控制在0.15~0.18MPa(表)。烟机使用的润滑油有两个功能，其一为润滑轴承，其二为冷却轴承。

11. 监测系统

烟气轮机设置了轴振动、轴位移、轴承温度、转速监测系统。轮盘温度必须控制在一定范围内，用一支热电偶插到一级轮盘前进行监测，其温度可通过自动调节蒸汽管线上调节阀开度实现自动控制。

14.6 烟气轮机安装

现以我国YLⅡ10000B型烟气轮机为例，说明烟气轮机的主要安装程序。

YLⅡ10000B型烟气轮机为双支点悬臂式二级烟气轮机。它主要由底座、轴承箱、排气机壳、过渡机壳、进气机壳、转子六大部分组成。

图14-13为YLⅡ10000B型烟气轮机的安装示意图。

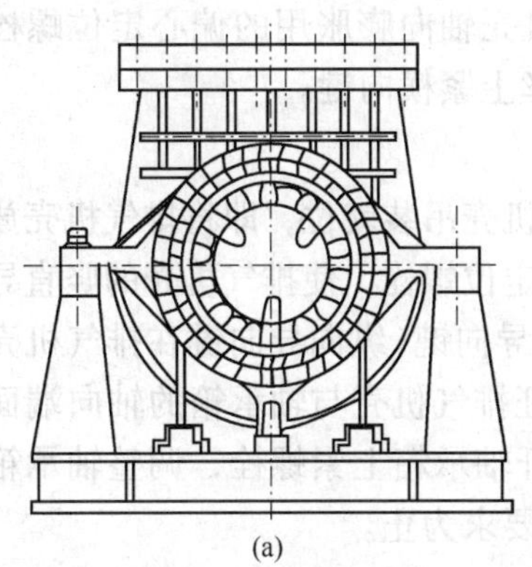

(a)

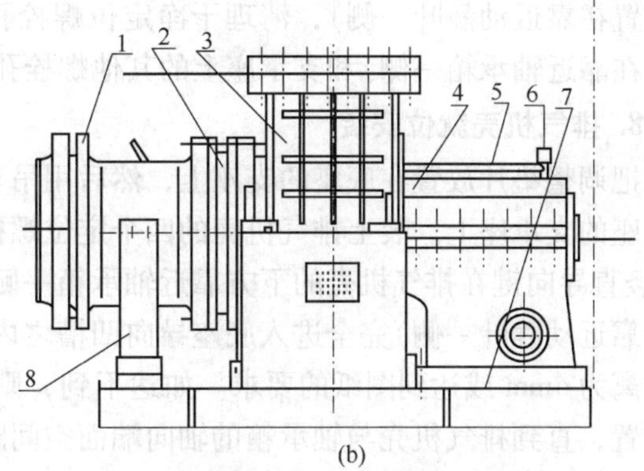

(b)

图14-13 烟气轮机安装示意图

1—进气机壳(进气锥)；2—过渡机壳(二级静叶组件)；3—排气壳体；4—轴承箱盖；5—轴承箱体；6—底座；7—转子；8—挠性辅助支座

1. 检查烟气轮机底座和轴承箱

烟气轮机底座和轴承箱为分体结构，它们之间需要用螺杆连接，安装前，检查烟气轮机底座底面和与轴承箱连接的平面是否有加工缺陷，如有麻点、凹坑、表面粗糙等缺陷，需进行处理。检查轴承箱底面和中分面是否有加工变形，凹坑、表面粗糙等缺陷，如有需要重新处理。

2. 烟气轮机底座就位

验收混凝土基础合格后，对混凝土基础进行麻面处理并用水清洗干净，在混凝土基础面上放置若干组临时垫铁(如果底座没有配上调整螺丝时采用)，然后用桥吊把底座吊到已布置好临时垫铁的混凝土基础面上，粗对中心线。穿上地脚螺栓，临时固紧，调整底座水平度，调整时应在底座上放置水平仪检查其水平度(放置在与轴承箱连接的平面上)。

3. 底座与轴承箱检查与连接

在底座与轴承箱连接的平面上涂上红丹，用桥吊将轴承箱放置在底座上，检查其接触面积，接触面积应至少大于85%以上。确认接触面积达到要求后，把紧底座与轴承箱的连接螺栓，用塞尺检查其连接面缝隙，其缝隙不能大于0.02mm为合格。

4. 检查轴承箱中分面和轴承座孔的纵横向水平度

将水平仪放置在轴承箱中分面和轴承座孔上检查其纵横向水平度，水平度应符合技术要求(允许纵向偏差0.04mm/m，横向偏差0.05mm/m)。

5. 检查轴承箱与轴承箱盖中分面和轴承座孔与轴承的接触面积

在轴承箱下中分面上涂上红丹，然后用吊车将轴承箱上盖放置在轴承箱座中分面上，检查轴承箱中分面的接触面积，接触面积应达到95%以上。把紧轴承箱上下盖的连接螺栓，用塞尺检查其连接面缝隙，其缝隙不能大于0.02mm为合格。在轴承座孔与轴承的接触面上涂上红丹，检查其中分面的接触面积，接触面积应达到85%以上。

6. 放置假轴(也可以采用烟机转子)

安装下半径向轴承后，在其上放置假轴，安装上半径向轴承就位，把紧轴承螺栓。

7. 底座的支承座和排气机壳支耳的清洁

将底座的支承座和排气机壳的支耳清洗干净，并清洗干净底座的支承座的横向键(横向键设置在靠近动静叶一侧)，清理干净定位螺栓孔(排气机壳轴向膨胀用的偏心定位螺栓孔设置在靠近轴承箱一侧)和支承座上的其他螺栓孔，用螺丝上紧横向键。

8. 排气机壳就位安装

把调整垫片放置在底座的支座上，然后用吊车把排气机壳吊装就位，即将排气机壳放置在底座的支承座上。装上排气机壳的四个定位螺栓和其他定位螺栓，使排气机壳的竖直导向键(竖直导向键在排气机壳的下方靠近轴承箱一侧)和纵向导向键(纵向导向键在排气机壳的下方靠近动静叶一侧)完全进入底座导向凹槽之内，要保证排气机壳与轴承箱的轴向端面空间距离为4mm或达到图纸的要求。如达不到，则重新松开轴承箱上紧螺栓，调整轴承箱轴向位置，直到排气机壳与轴承箱的轴向端面空间距离达到要求为止。

9. 找排气机壳与轴承箱同心度

在排气机壳的径向大止口圆周上(与过渡机壳配合的止口)划分12~16等份，然后将百分表调整为0，盘动假轴测定每一限定点数据，并记录。如排气机壳与轴承箱同心度水平方向偏差较大，用水平顶丝顶排气机壳调整。如垂直方向偏差较大，用顶丝顶起排气机壳，可加减支承耳上调整垫片调整排气机壳的高低，直至找到排气机壳与轴承箱同心度达到合格为止(假轴中心与排气机壳中心径向跳动不大于0.04mm)。

10. 找排气机壳与轴承箱垂直度

同理，在排气机壳的径向大止口轴向端面上(与过渡机壳配合的轴向端面)划分12~16等份，然后将百分表调整为0，盘动假轴测定每一限定点数据，并记录。如排气机壳与轴承箱垂直度偏差较大，用顶丝顶起排气机壳，加减支承座上定位螺栓一端的垫片或横向键一端的垫片调整排气机壳与轴承箱垂直度(一般不允许在轴承箱底部加垫片调整)，直至找到排气机壳与轴承箱垂直度达到合格为止(假轴中心与排气机壳中心端面跳动不大于0.08mm)。

如果由于现场条件限制，没有假轴而使用转子复查时，要考虑因瓦间隙引起的转子下沉。

11. 排气机壳纵向导向(竖直)键的安装定位

排气机壳与轴承箱的同心度和垂直度合格后，排气机壳的前后纵向导向键可安装定位。在排气机壳纵向导向键和底座导向凹槽之间，安装定位螺栓和调整垫片，使导向键和导向凹槽之间两侧留有0.02~0.04mm间隙，导向键和导向凹槽之间轴向也要留有一定轴向间隙(图14-14)，然后将其固定在机座上，并打上定位销。

排气机壳纵向导向(竖直)键的正确安装定位，保证了下半排气机壳能自由竖直向下膨胀和自由轴向膨胀，使排气机壳热膨胀时中心不变，保持与轴承箱同心。

12. 调整支耳上定位螺栓的排气机壳热膨胀间隙

在支耳上导向横向键与底座支承座的键槽配合、接触要良好，其过盈量0.005~0.015mm。而与排气机壳支承座上的键槽每侧间隙和顶间隙为0.20~0.40mm。

机座支承座上的四个定位螺栓与排气机壳支耳的垫片间隙为0.20mm，即要留有0.20mm的排气机壳向上热膨胀间隙(图14-15)。而在靠近轴承箱一侧定位螺栓必须以较大距离偏心于排气机壳支耳上螺栓孔，以保证排气机壳沿轴承箱一侧轴向自由膨胀。如热膨胀间隙不符合要求，可通过调整垫片来保证机座支承座上定位螺栓与排气机壳支耳之间的热膨胀间隙。

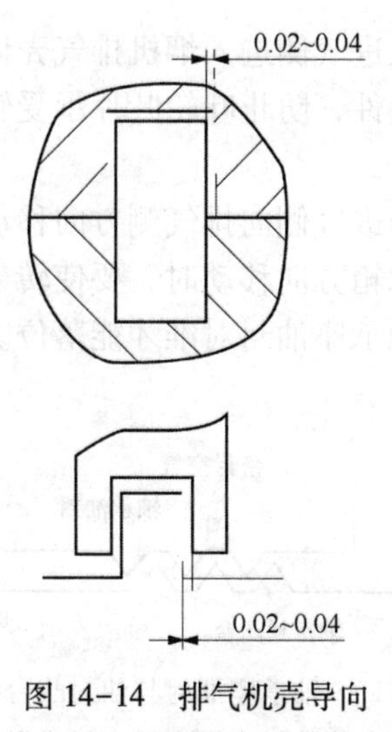

图 14-14　排气机壳导向横向键和导向纵向键的装配

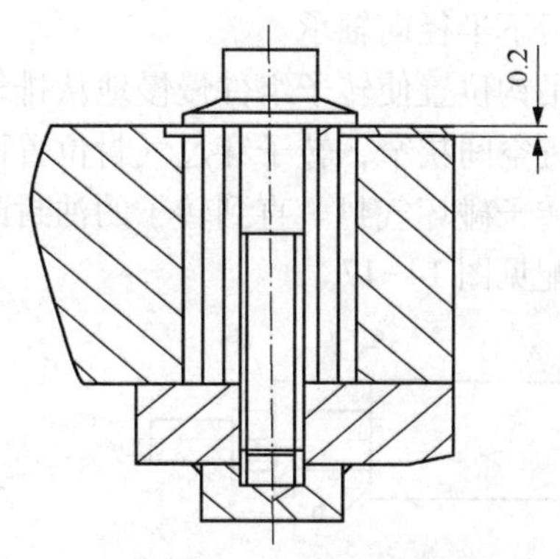

图 14-15　排气机壳定位螺栓的装配

13. 测量排气机壳迷宫气封间隙

用卡尺测量第一、二、三、四级气封内径尺寸，并记录在案。第一、二、三级气封内径尺寸应相同。同理，测定转子与第一、二、三、四级气封相应配合的外径尺寸。计算转子与第一、二、三、四级气封的相应配合间隙，配合间隙应达到表 14-2 中规定值。如气封间隙超标，应更换；如气封间隙太小，应刮气封处理。

表 14-2　烟气轮机气封和油封间隙值　mm

第一、二级气封间隙	第一、二级气封间隙	油封间隙	阻油环间隙
0. 55~0. 6	0. 25~0. 35	0. 225~0. 25	0. 25~0. 30

14. 预测量轴承箱油封间隙

用卡尺测量第一、二、三级油封内径尺寸，并记录在案。第一、二、三级油封内径尺寸应相同。同理，测定转子与第一、二、三级油封相应配合的外径尺寸。计算转子与第一、二、三级油封的相应配合间隙，配合间隙应达到表 14-2 中规定值。

15. 烟气轮机转子安装就位

拆出假轴，然后在排气壳体的密封座上分别装上两组下半气封和上下半轴承油封。在用吊车将转子吊装入位前，要检查转子各部位的跳动偏差值。检查部位和跳动偏差值见图 14-16和表 14-3。

表 14-3　烟气轮机转子跳动偏差值　mm

测量部位	a	b	c	d	e	f	g	h	i
径跳			0. 01	0. 02	0. 01				0. 03
端跳	0. 10	0. 10				0. 01	0. 01	0. 01	

转子吊装方法如下：

因排气壳体为垂直剖分式，且转子结构为悬臂支承式，所以转子必须从排气壳体的进气侧吊入，再用桥吊分二次换钩就位。在转子组件吊装前，应做好换钩支撑架的准备工作，具体程序：

（1）利用桥吊吊装转子组件，在保持平衡状态下从进气侧进入烟机排气壳体。

（2）在轴承处及转子前端用临时支撑架支撑转子组件，防止叶轮叶片承受转子的重量。

（3）装前后下半径向轴承。

（4）移动吊钩位置使转子组件慢慢地从排气壳体的进气侧向排气侧方向移动。由于排气壳体的气封位置空间狭窄，转子穿过气封位置而向轴承箱方向移动时，要使转子随时改变吊装角度，以免转子碰坏气封。直到转子的油封凸台与轴承座油封对准才能落位。油封凸台与轴承座油封装配见图 14-17。

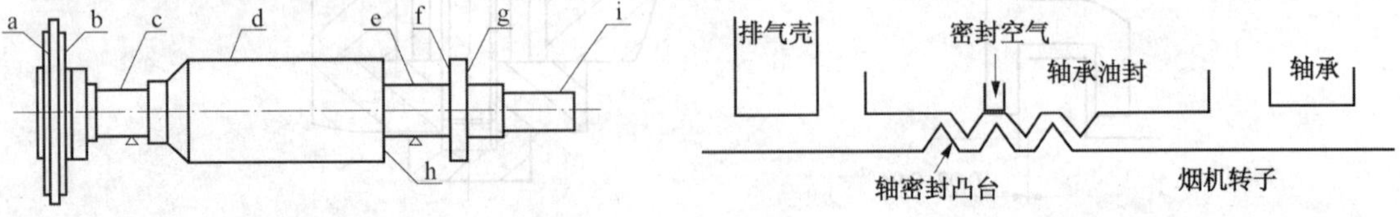

图 14-16　烟气轮机转子跳动检查部位

图 14-17　轴承座油封与油封凸台装配示意图

（5）也可制作专用工具，如采用导轨车推入转子就位的安装方法。

（6）建议制作专用导轨式活动支架，使转子组件保持水平平衡状态一次性地从进气侧进入烟气轮机排气壳体。

16. 烟气轮机与主机粗找正

如果烟气轮机与主机使用的是膜片联轴节，则粗找正方法如下：

（1）测量烟气轮机与主机轴端距离。如果膜片联轴节要求在冷态预拉 2.5mm，则用卡尺量取烟气轮机与主机轴端距离=膜片联轴节自由长度+2.5mm，如小于或大于该长度，则用千斤顶或钢丝绳，拉或顶底座来调整两轴端距离达到该长度。

（2）在两联轴器端面，按上下左右画分四个等份代表竖直和水平方向的同心度。并规定上顶点为 0 点。将表架分别紧固在烟机转子和主风机转子上，在表架装上两块百分表，一个测轴向偏差，另一个测径向偏差。装表后，缓慢盘车以消除误差。注意表杆接触的表面应光滑、无锈蚀、缺陷。

（3）找正方法参照第七章离心式压缩机。如果烟气轮机与主机同心度不符合找正标准，则要用临时垫铁来调整两轴端的同心度。

17. 测量转子与气封、转子与油封之间的侧间隙和顶间隙

（1）用塞尺测量第一、二、三、四级气封与转子、转子与油封之间的配合侧间隙，并记录在案。配合侧间隙必须符合表 14-2 中指标范围。

（2）将上气封装入上气封盖，然后用 0.05mm 铅丝放置并固定在上气封盖的气封上（每级气封片固定 2~3 条铅丝），将上气封盖吊装入位，并用螺栓上紧。拆出上气封盖，取出铅丝，测量其间隙，取每级气封片的 2~3 条铅丝的平均直径为转子与气封之间的顶间隙。配合顶间隙必须符合表 14-2 中指标范围。

（3）将上油封装入轴承箱上盖，然后用 0.5mm 铅丝放置并固定在上气封盖的气封上（每级气封片固定 1 条铅丝），将轴承箱上盖吊装入位，并用螺栓把紧。拆卸轴承箱上盖，取出铅丝，测量其顶间隙。油封顶间隙必须符合表 14-2 中指标范围。

18. 测量转子轴承间隙

因径向轴承为固定瓦块式四油叶轴承，轴承底部和顶部没有瓦块，用压铅丝法测量轴承间隙较为困难，一般采用抬轴法测量轴承间隙。抬轴法测量方法如下：

（1）在轴承中分面上涂上一层薄薄的密封胶，将上半轴承吊装入位，并用螺栓把紧。

（2）在轴颈上打上一个百分表，并调整回零。

（3）用吊车或专用工具吊轴，直到轴接触轴承顶部为止。读出百分表读数即为转子轴承总间隙。轴承间隙应达到表 14-4 中的规定值。

表 14-4　烟气轮机轴承间隙值　　mm

前轴承	后轴承	瓦口	接触情况
0.15~0.20	0.16~0.18	0.48~0.54	要有 1/3 瓦块弧光部分接触均匀

19. 重新检查排气机壳与轴承箱的同心度和垂直度

这时，可直接在烟气轮机转子上固定一个百分表，百分表指针压向与过渡机壳连接的排气机壳大止口圆周面和端面。重新检查排气机壳与轴承箱的同心度和垂直度是否达到要求。如达不到要求，需重新调整排气机壳。

20. 转子轴向定位和止推轴承的安装调整

转子轴向定位的方法如下：①安装上下半主副止推轴承入位（止推轴承为米契尔止推轴承），轴向推动转子，用塞尺检查二级轮盘与排气机壳端面之间的轴向间隙，当二级轮盘与排气机壳端面之间的轴向间隙达到 10mm 时，停止推动转子，此时转子已正确定位。这时止推盘的位置应是转子的工作位置，即是止推盘压着主推力瓦的位置。②如二级轮盘与排气机壳端面之间的轴向间隙小于或大于 10mm，则要通过加减主副推轴承的调整垫片，直到二级轮盘与排气机壳端面之间的轴向间隙达到 10mm 为止。③转子正确定位后，要根据止推轴承标准总间隙 0.48~0.50mm，通过加减副推轴承的调整垫片来调整止推轴承间隙。

调整好的止推轴承间隙后，要进行检查。其方法如下：

（1）轴承箱上固定一个百分表，百分表指针压向转子的联轴节端面。

（2）推动转子，使转子压着主推瓦，将百分表指针读数调整为零。然后反向推动转子，使转子压着副推瓦，百分表指针读数即为止推轴承间隙值。记录百分表指针读数。需反复测量几次，确认其测量值。

21. 测轴承衬背紧力

轴瓦瓦背紧力测量方法参考 7.4.1.1。

22. 轴位移探头的安装定位（轴位移探头安装在转子联轴节一侧）

（1）安装轴位移探头，仪表工在轴承箱中固定轴位移探头后，钳工在轴承箱上固定一个百分表，百分表指针压向转子的联轴节端面。

（2）推动转子，使转子的止推盘贴着主推瓦，将百分表指针读数调整为零。然后反向推动转子，使转子紧贴副推瓦，百分表指针读数即为止推轴承间隙值。记录百分表指针读数。

（3）将转子推到主副止推瓦的正中位置，即是百分表指针读数的一半。

（4）仪表工将轴位移指示读数调整为零。推动转子，使转子的止推盘压着主推瓦（轴位移探头向测量板方向移动），这时轴位移指示读数应为正数，记录读数。再推动转子，使转子的止推盘压着副推瓦（轴位移探头向离开测量板方向移动），这时轴位移指示读数应为负数，记录读数。

（5）如果两个轴位移正负读数绝对值相等，则轴位移探头的安装定位成功。如果该两个正负读数绝对值不相等，则需按上述(2)~(4)点程序重新做一次，直到两个轴位移正负读数绝对值相等为止。

(6) 再反复推动转子压着主、副止推瓦，验证几次，确认其两个轴位移正负读数绝对值几次都相等，才能确认轴位移探头的安装定位正确。

23. 安装气封上盖

在排气壳体的气封连接中分面和端面，涂上一层薄薄的亚麻油黑铝粉密封涂料，然后将气封上盖吊装入位到排气壳体的气封连接中分面和端面上，并用螺栓把紧。

24. 安装轴承箱上盖

在安装和布置好轴瓦温度和轴位移接线后，才能在轴承箱体上安装轴承箱上盖。

首先在轴承箱体上安装导向定位销，然后在轴承箱体上涂上一层薄薄的常温用的密封胶。用吊车将轴承箱上盖慢慢吊装入位到轴承箱体上，把紧连接螺栓。

25. 装配过渡机壳

在排气机壳和过渡机壳的连接面上涂高温密封涂料(如亚麻油黑铝粉密封涂料)，用吊车将二瓣或四瓣过渡机壳吊装入位到与排气机壳的连接面上，并用力矩板手按规定力矩把紧。用塞尺逐片检查一级动叶叶顶与二级导流叶环内径之间的径向间隙，并记录。如径向间隙超过2.2mm，应用板手调整螺栓，进行放松二级导流叶环，使二级导流叶环内径变小，间隙达到1.8~2.2mm标准范围。如径向间隙小于1.8mm，应用板手调整螺栓，拉紧二级导流叶环，使二级导流叶环内径增大，间隙达到1.8~2.2mm标准范围。

26. 安装永久垫铁

清理干净永久垫铁，以一块平垫、二块斜垫为一组，每块垫铁相互贴合应符合标准。

用座浆法放置垫铁，把基础清洗干净，用水润湿，将已配制好的混凝土(混凝土应预先做试块试验)，放置在基础上永久垫铁的位置。混凝土要制作成梯形。把平垫铁放置在混凝土上，用水平仪检查平垫铁的水平度，并试装二块斜垫在平垫上，用塞尺检查斜垫与基座之间的接触情况，用0.01mm的塞尺，塞不入为合格，直到完成最后一组垫铁放置工作为止。

27. 烟气轮机与主机精找正

其找正方法与第16条“烟气轮机与主机粗找正”相同。精找正完毕后，对每组斜垫铁进行点焊。

28. 基础二次灌浆

(1) 对地脚螺栓孔两端灌一般水泥砂浆深度100mm，螺栓孔中间塞满干粗河砂。

(2) 在基础表面与底座间进行二次灌浆，灌浆前，二次灌浆用料要做试块试验。二次灌浆用料一般可用膨胀水泥砂浆或树脂类用料，灌浆高度至少高于底座底面20mm以上。一般要求膨胀水泥砂浆或树脂类用料收缩量极小。以达到辅助支撑底座的作用。

29. 装配进气机壳

在进气机壳和过渡机壳连接端面上，涂高温密封涂料(如亚麻油黑铝粉密封涂料)，并加一层厚度为0.1~0.2mm的柔性石墨垫片。用吊车将进气机壳吊装入位到过渡机壳连接端面上，将螺栓把紧到规定力矩。

30. 烟气轮机——主机联轴节的安装

以HB8S-4630/2RH型层叠膜片联轴节为例，其安装方法如下：

（1）图 14-18 所示，将凹凸隔膜节（零件 3 和零件 2）分别安装到烟气轮机和主机的半联轴节上，装上防松自锁螺栓，用力矩板手将连接螺栓按规定力矩（例如 82kg · m）对称均匀上紧。注意要保证配合标记完全对准。

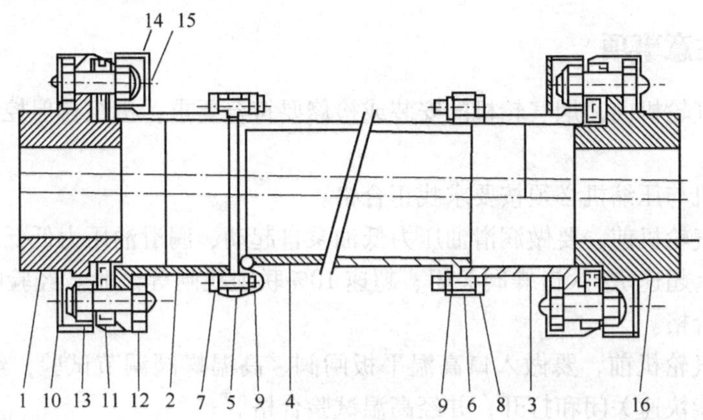

图 14-18　HB8S-4630/2RH 型层叠膜片式联轴节结构

1、16—半联轴节；2—凸隔膜节；3—凹隔膜节；4—中间节；5—垫环；6—调整片；7、8—中间节连接螺栓；9—中间节连接螺母；10、19—挡风扳；11—层叠膜片；12—连接主螺栓；13—连接主螺母；14—压缩帽；15—固定螺丝

（2）因联轴节冷态安装时，要预拉伸 2. 5mm，产生轴向负荷，这时凹凸隔膜节之间的实际自由距离为 238. 4mm，故需要调整到接近 235. 9mm。因中间节长度+垫环长度=232. 1mm。所以要在垫片座上加调整垫片，长度为 3. 8mm。其加调整垫片的数量的计算方法如下：

$$(X-2.5-232.1)\mathrm{mm}/0.381\mathrm{mm}=\text{调整垫片数量}$$

式中　X——凹凸隔膜节之间的实际自由距离尺寸，mm；

0. 381mm——每块薄调整垫片的厚度，mm。

计算结果圆整到最接近的整数。

将计算所需的调整垫片（零件 6）数量装配到垫环（零件 5）上。然后把垫环（零件 5）装配到中间节的长窝口上。

（3）用专用夹具夹紧烟气轮机或主机的隔膜节与半联轴节，把紧专用夹具的螺丝，使弹簧膜片受压缩。放入垫环，并放进 3. 8mm 调整垫片。逐渐松开专用夹具的螺丝，当专用夹具放松两凹凸隔膜节之间的实际距离收缩接近 235. 9mm，放入中间节（零件 4），装上防松自锁螺栓。用力矩板手将连接主螺栓按规定力矩（例如 32kgf · m）对称均匀上紧。

（4）安装挡风板（零件 19）和联轴节护罩。

如主机和烟气轮机的轴承箱上盖压着联轴节护罩，应先装联轴节护罩，才能装主机和烟气轮机的轴承箱上盖。

31. 装配烟气轮机入口短节

为便于拆卸烟气轮机，在进气机壳前面设置了烟气轮机入口短节。在烟气轮机入口短节和进气机壳法兰面上涂高温密封涂料（如亚麻油黑铝粉密封涂料），然后用吊车将烟气轮机入口短节安装到进气机壳的与之配合的连接端面上，并在烟气轮机入口短节和进气机壳之间放置缠绕石墨垫片。用力矩板手将连接螺栓按规定力矩把紧。

14.7 开停机注意事项

14.7.1 开机注意事项

（1）启动烟气轮机前，烟气轮机的安装或检修要符合要求，机组自保控制、监测仪表等完备齐全。

（2）烟气轮机与压缩机必须按要求找正合格。

（3）启动烟气轮机前，要做润滑油压力低油泵自起动、润滑油压力低低联锁跳闸、轴位移高高联锁跳闸、超速7%入口蝶阀关闭、超速10%联锁跳闸等试验。经验收联锁继电回路动作准确，试验合格。

（4）启动烟气轮机前，要做入口高温平板闸阀、高温蝶阀调节试验，经验收能调节灵活，安全可靠，能快速关闭和打开，并经高温试验合格。

（5）启动烟气轮机前，切记要给机座通入冷却水。

（6）启动烟气轮机前，要投用轴封系统的密封蒸汽和压缩风，并确认密封蒸汽压力及压缩风与密封蒸汽压差达到要求。冷却蒸汽和密封蒸汽必须是过热蒸汽，不能含有水，否则会损伤机器。

（7）入口烟气粉尘量应小于200mg/Nm^3，催化剂颗粒大于10μm的应小于3%，才能投用烟气轮机。否则，应切出烟气轮机。

（8）投用烟气轮机前，应将轮盘冷却蒸汽阀门打开，同时打开机壳下部的排凝阀，放出存水见气后关闭，静止暖机30min。

（9）四机组启动时，烟气轮机入口闸阀和入口蝶阀均处于关闭状态，轮盘前侧冷却蒸汽应调到正常冷却蒸汽的4倍。

（10）机组采用手动盘车时，要凭手感检查盘车是否有困难；采用电动机构盘车时，应检查烟气轮机轴承、气封、转子叶片处是否有异常声音，如发现异常，应停机解体检查。

（11）当用旁路对烟气轮机进行暖机时，应仔细检查烟气轮机各部热膨胀情况，当烟气轮机出口温度大于430℃时，应适当加大轮盘冷却蒸汽量。

（12）当烟气符合要求后，开始先打开闸板阀，入口蝶阀关闭，仔细观察机壳升温情况，并停留30min。

（13）投用烟气轮机时，切记不要快速打开入口蝶阀，应缓缓打开入口蝶阀，并仔细观察机壳升温情况，要求机壳升温速度不超过38℃/h。

（14）当装置操作不当或三级旋风分离器失效而造成烟气粉尘量超标而切出烟气轮机时，应加大轮盘冷却蒸汽量，以将因鼓风造成的大量热量带走，控制烟气轮机出口温度不超过417℃。

（15）当烟气轮机入口温度超温时，应及时采取措施，适当加大轮盘冷却蒸汽量，同时认真记录超温时间值，以便重新核算轮盘、叶片的使用寿命。

14.7.2 停机注意事项

（1）烟气轮机正常停机时，不能快速关闭入口蝶阀。应先逐渐关小入口蝶阀开度，减少负荷。先减去40%额定负荷，停留30min。再减去20%额定负荷，留30min。再减去10%额定负荷，留 30min。然后关闭入口蝶阀，要求机壳降温速度不大于 38℃/h，当不能满足上述要求时应适当延长停留时间。

(2) 关闭入口蝶阀和闸阀后，不能停止盘车，只有当烟气轮机壳体温度降低到 273℃ 时，才能停止盘车，关闭冷却蒸汽阀门。

(3) 只有当轴承温度降低到 40℃时，才能停油泵。关闭润滑系统后，方可停止向轴封供缓冲空气。

(4) 当润滑油压突然下降，且备用泵起动后仍无法恢复正常、机组超速、机组振动大超标、轴承温度超高时，必须紧急停机。

14.8 故障分析和处理措施

烟气轮机故障分析和处理措施见表 14-5。

表 14-5　烟气轮机故障分析和处理

故障现象	故障原因	处理方法
轴承温度高	轴承润滑油喷嘴孔径小或堵塞使供油量不足 轴承进油温度太高 轴承间隙过小 润滑油变质或含水分 仪表失灵	检查孔径是否合格，堵塞物应清理干净 清理和更换冷却器 增大间隙 换油 更换温度仪表
润滑油压力过低	润滑油压力监测系统故障 油位低 润滑油泵吸入管堵或漏油 滤网堵 主油泵和辅助油泵故障	校准或更换 加油 清理和堵漏 清理或更换滤网 修理和更换
振动过大	转子不平衡 机组找正精度被破坏 共振 螺栓松动或断裂 轴承磨损 其他相连机器振动的影响 轴封与轴发生磨损 叶轮黏结粉尘，造成转子不平衡 管系排列不合适	更换磨损和松动的叶片，除去转子上沉积物，重新做动平衡 重新找正(热态) 找出共振原因 检查支撑和地脚螺栓，拧紧或更换 更换轴承 排除其他机器引起的振动 修理或更换 提供冷却轮盘用的过热蒸汽；提高三旋分离效率 检查管道排列，并调整管架弹簧和膨胀节
烟机密封蒸汽压差低	调节失灵密封蒸汽中断	修理检查供汽系统出现的故障，并予以处理
烟机冷却蒸汽压力低	调节阀失灵 冷却蒸汽压力低	处理 检查供汽系统

续表

故障现象	故障原因	处理方法
轴位移过大	推力轴承磨损或损坏 转子轴向中位与仪表零位未对正 轴位移探头安装位置移动 机组操作不稳定	修理或更换 重新对正 重新安装 找出操作不稳定原因
二级动叶根部磨损有沟槽	烟气粉尘过多，流动恶化 叶片结垢，破坏原气动设计	提高三旋分离效率 拆机清垢
叶片断裂	制造质量差 使用时间长，疲劳断裂 流动恶化，使叶片振动	提高制造质量 更换 拆机检查，更换动静叶
轮盘开裂	操作超温 选材不当。制造质量差 冷却蒸汽量不足	改善操作 审查原设计。提高制造质量 提高轮盘冷却蒸汽量
轴密封部位磨损	催化剂沉积在迷宫密封上	提供过热蒸汽和提高密封蒸汽压力
轴承箱漏油着火	油封失效 轴承箱中分面密封失效	拆机更换油封 处理轴承箱中分面并加高温密封胶

第 15 章　风　　机

风机广泛用于国民经济生产的各工业部门，在石化工业中，主要用于排气、冷却、输送、鼓气等操作单元之中，相对于其他化工机器来说，风机结构比较简单，维修和检修也比较容易。

15.1　风机的分类

风机按工作原理可分为叶片式风机和容积式风机。叶片式风机又称为透平式风机，主要有：离心式风机、轴流式风机、混流式风机和横流式风机等。容积式风机主要有：往复式风机、罗茨风机、螺杆风机、叶式风机和滑片式风机等。

风机按所产生的风压高低分类，在标准进气状态下，全压 $p<15\text{kPa}$ 的风机称为通风机，压缩比为 $1.15\leqslant e\leqslant 3$ 或压差为 $15\text{kPa}\leqslant \Delta p\leqslant 0.2\text{MPa}$ 的风机称为鼓风机，压缩比 $e\geqslant 2$ 或压差为 $\Delta p\geqslant 0.2\text{MPa}$ 的风机称为压缩机。

在石化工业中，离心式风机、轴流式风机和罗茨风机应用较多，混流式风机和横流式风机应用较少，而离心式风机、螺杆式风机与离心压缩机、螺杆压缩机在结构形式和工作原理上基本相同，其内容可参见相关章节，本章主要介绍离心式通风机、Gz 轴流式通风机和罗茨风机。

15.2　离心式通风机

15.2.1　工作原理

离心式通风机主要由机壳、叶轮(包括轮毂、叶片、前盘、后盘等)、轴和轴承等组成。当原动机(一般用电动机)带动叶轮转动时，由于叶轮的旋转，带动叶轮中叶片之间的气体跟着旋转，因而产生了离心力。在离心力的作用下，这些气体被甩向机壳，并从风机出口排出，而在叶轮中央则形成负压。由于入口呈负压，使外界的气体在大气压力的作用下立即补入。由于叶轮不停地旋转，气体便不断地排出和补入，从而达到了风机连续抽送气体的目的，见图 15-1。

可见，离心式通风机是一种借助叶轮带动气体旋转时产生离心力把能量传递给气体的机械。

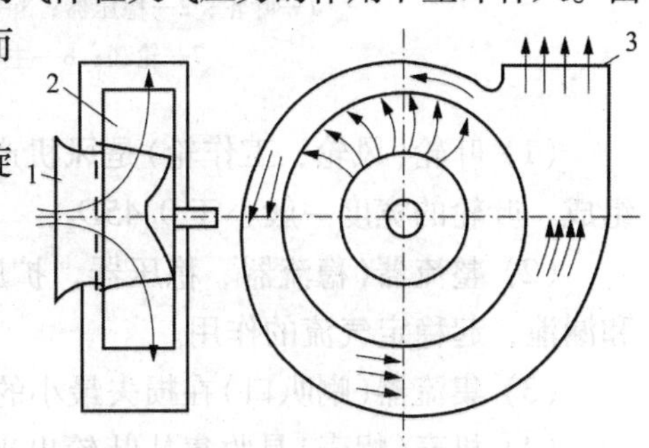

图 15-1　离心通风机示意图
1—集流器；2—叶轮；3—机壳

15.2.2　分类

1. 按风机产生的压力大小分类

可分为低压、中压和高压风机。

(1) 风机进口为标准大气条件，风机全压 $p_{tF}\leqslant 1\text{kPa}$ 的离心风机，为低压风机。

(2) 风机进口为标准大气条件，风机全压为 $1\text{kPa}<p_{tF}<3\text{kPa}$ 的离心风机，为中压风机。

(3) 风机进口为标准大气条件，风机全压为 $3\text{kPa}<p_{tF}<15\text{kPa}$ 的离心风机，为高压风机。

2. 按叶片出口角分类

可分为后弯(后向)式、径向式和前弯(前向)式风机，见图 15-2。

(1)后弯式风机叶片出口 $\beta_2<90°$；

(2)径向式风机叶片出口 $\beta_2=90°$；

(3)前弯式风机叶片出口 $\beta_2>90°$。

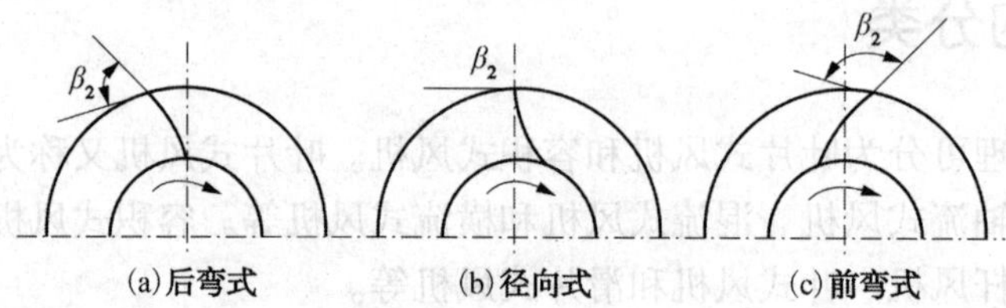

图 15-2　按叶片出口角分类的风机类型

15.2.3　结构形式

1. 离心式通风机的基本结构

离心式通风机结构简单，制造方便。叶轮和机壳一般都用钢板制成，通常采用焊接结构，有时也用铆接。图 15-3 是一台离心式通风机的结构示意图。

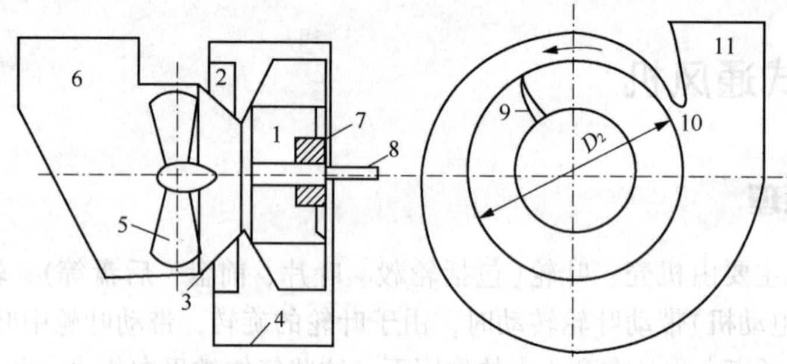

图 15-3　离心式通风机结构示意图

1—叶轮；2—稳压器；3—集流器；4—机壳；5—调节器；6—进风箱；
7—轮毂；8—主轴；9—叶片；10—舌；11—扩散器

(1) 叶轮(风轮、工作轮)是风机产生压头传递能量的主要构件，由前盘，叶片和后盘组成。叶轮的宽度一般小于 $0.45D_2$；

(2) 整流器(稳流器、稳压器、扩压环)是为了减少机壳内涡流损失、入口区的压力差和漏泄，起稳定气流的作用。

(3) 集流器(喇叭口)在损失最小的情况下，将气体均匀导入叶轮。

(4) 机壳(蜗壳)是收集从叶轮出来的气体，引向排出口；同时将气流的部分动能转变为压力能。它大多采用矩形截面。

(5) 调节器(导流器、挡板)通过调节开度，控制风量。

(6) 进风箱(耳子)其横断面积与叶轮进口面积之比为1.75~2.0适宜。进风箱与风机出口的夹角90°为最好，180°时最差。

(7) 轮毂(葫芦头、轴盘)将叶轮固定于大轴上。

(8) 大轴传递轴功率。

(9) 叶片将机械能转变为气体的能量。

(10) 舌(喉部)影响效率和噪声。

(11) 扩散器(扩压器)是为了在能量损失最小的情况下，将部分动能转变为压力能。它的扩散角一般小于15°。

2. 进气方式不同的结构形式

离心式通风机一般都是采用单级叶轮，单侧进气的结构，称为单吸通风机，用符号"1"表示。流量大的通风机叶轮有时做成双侧进气的，称为双吸通风机，用符号"0"表示。风压高的通风机也可做成两级串联的结构形式，用符号"2"表示。

3. 旋转方向不同的结构形式

离心式通风机可以做成右旋和左旋两种。从原动机一端正视，叶轮旋转为顺时针方向的，称为右旋，用"右"表示；叶轮旋转为逆时针方向的，称为左旋，用"左"表示。但必须注意，叶轮只能顺着机壳螺旋线的展开方向旋转，否则，叶轮出现反转时，流量会突然下降。

4. 出风口位置不同的结构形式

离心通风机的出风口位置，根据使用的要求，可以做成向上、向下、水平向左、向右、各向倾斜等各种形式。为了使用方便起见，出风口往往做成可以自由转动的结构。一般情况下，风机制造厂规定8个基本出风口的位置，见图15-4。

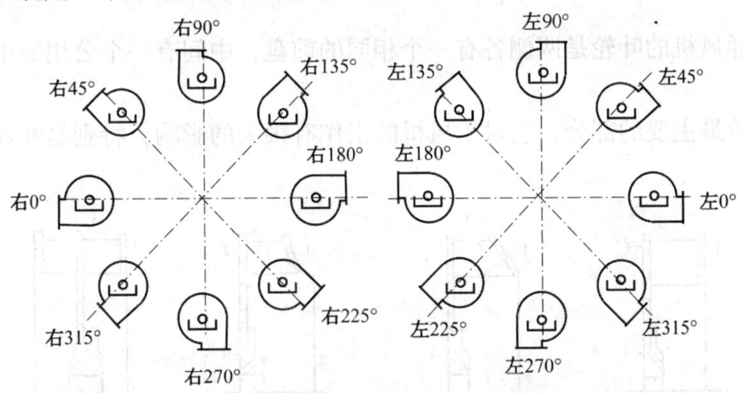

图15-4　离心通风机8个出风口位置

5. 传动方式不同的结构形式

根据使用情况的不同，离心通风机的传动方式亦有多种。如果风机的转数和电动机的转数相同，对于机体较大的风机可以采用联轴器将风机和电动机直联的传动方式。结构简单、紧凑，对于机体较小、转子较轻的风机，则可以取消轴承和联轴器，将叶轮直接装在电动机轴上，结构更加简单、紧凑。如果风机的转数和电动机的转数不相同，则可以采用皮带轮的传动方式。

目前，风机制造厂把离心通风机的传动方式规定为六种形式，用汉语拼音字母表示(图15-5)。

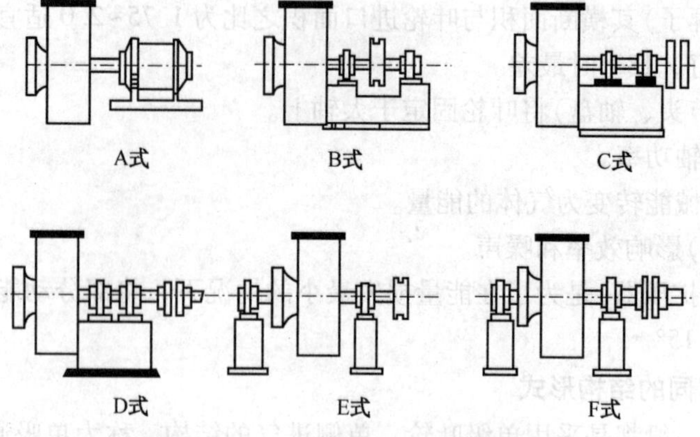

图 15-5　离心通风机六种传动方式

A 式—无轴承箱，以电动机直接传动；B 式、C 式—悬臂支承，皮带传动；B 式的皮带轮在轴承之间；D 式—悬臂支承，以联轴器传动；E 式—双支承装置，皮带传动；F 式—双支承装置，联轴器传动

15.2.4　结构部件

15.2.4.1　叶轮

叶轮是风机的主要部件。它的尺寸和几何形状对风机的性能有着重大的影响。离心通风机的叶轮由前盘、后盘、叶片和轮毂组成，用焊接和铆接均可。叶轮前盘的形式有平前盘、圆锥前盘和圆弧前盘等几种，见图 15-6。平前盘制造简单，但对气流的流动有不良影响，效率较低。圆锥前盘和圆弧前盘叶轮虽然制造比较复杂，但效率和叶轮强度都比平前盘优越。

双吸离心通风机的叶轮是两侧各有一个相同的前盘，中间有一个公用的中盘，而中盘铆在轮毂上。

叶片是叶轮最主要的部分，它对于风机的工作有很大的影响，特别是叶片出口角和叶片形状。

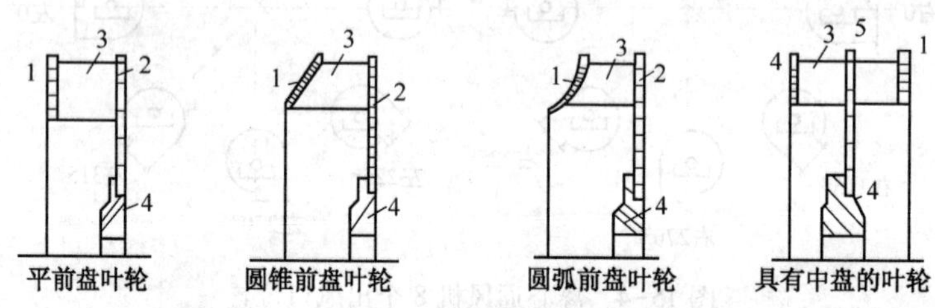

图 15-6　叶轮的结构形式

1—前盘；2—后盘；3—叶片；4—轮毂；5—中盘

1. 叶片出口角

离心通风机的叶轮，根据叶片出口角的不同，可分为前弯、径向和后弯三种(见图 15-2)。在叶轮圆周速度相同的情况下，叶片出口角 β_2 越大，则所产生的压力越高。所以两台同样大小和同样转速的离心通风机，前弯叶轮的压力比后弯叶轮的压力要高。但一般后弯叶轮的流动效率比前弯叶轮要好，所以在一般的情况下，使用后弯叶轮通风机的耗电量比前弯通风机要少。

2. 叶片形状

离心通风机叶片形状有平板型，圆弧型和机翼型等几种，见图 15-7。平板型叶片制造简单。机翼型叶片具有良好的空气动力性能，强度高，刚性大，风机的效率一般较高。如果将机翼型叶片的内部加上补强筋，还可以增强叶片的刚度。机翼型叶片的缺点是输送含尘气流浓度高的介质时，叶片容易磨损，叶片磨穿后，杂质进入叶片内部，使叶轮失去平衡而产生振动。

前弯叶轮一般都采用圆弧型叶片。后弯叶轮中，对于大型风机多采用机翼型叶片。对于除尘器效率低的燃煤锅炉引风机可采用圆弧型或平板型叶片。当前，采用平板型叶片离心通风机的较多。

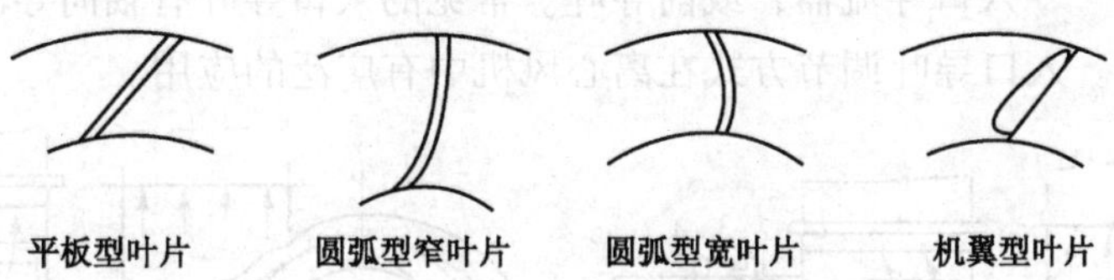

图 15-7　各种不同形状的叶片示意图

15.2.4.2　进气部件

离心式风机的进气部件有进气室和进气口两种。其作用是改善气流进入叶轮时的流动状态，提高效率。进气室一般用于大型离心式风机，图 15-8 所示为其结构形式。

进气口的结构形式见图 15-9，高效离心式风机广泛采用 f 型、g 型、h 型，其中 h 型用于小比转速。

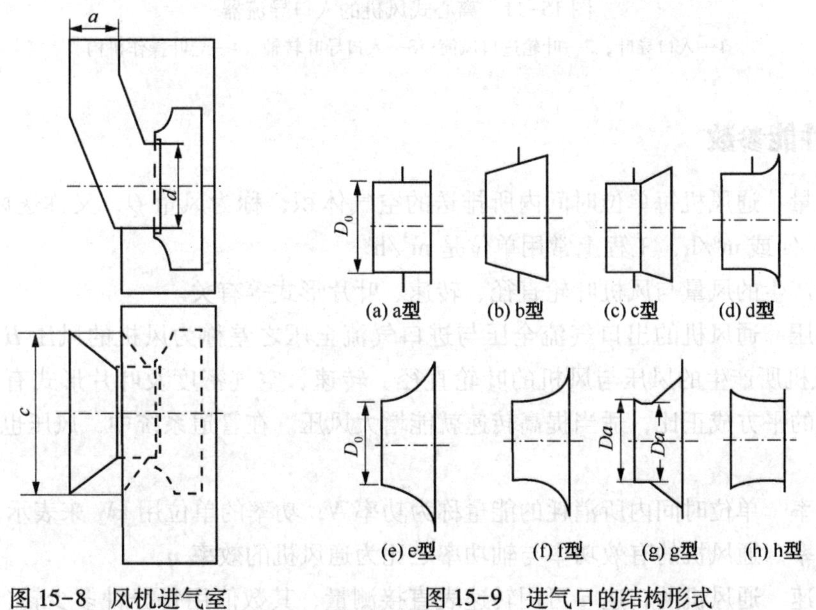

图 15-8　风机进气室　　图 15-9　进气口的结构形式

15.2.4.3　涡壳

涡壳作用是汇集叶轮出口气流并引向风机出口，与此同时将气流的一部分动能转化为压能。涡壳外形以对数螺旋线或阿基米德螺旋线最佳，具有最高效率。涡壳轴面为矩形，并且宽度不变。

涡壳出口处气流速度仍然很大，为了有效利用气流的能量，在涡壳出口装扩压器，由于

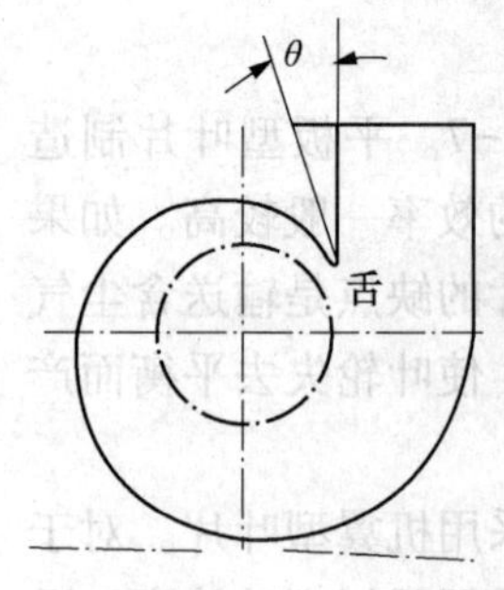

图 15-10　涡壳

涡壳出口气流受惯性作用向叶轮旋转方向偏斜，因此扩压器一般作成沿偏斜方向扩大，其扩散角通常为6°~8°，见图 15-10。

离心风机涡壳出口部位有舌状结构，一般称为涡舌(图 15-10)。涡舌可以防止气体在机壳内循环流动。一般有涡舌的风机效率，压力均高于无舌的风机。

15.2.4.4　入口导叶

在离心式风机叶轮前的进口附近，设置一组可调节转角的导叶(静导叶)，以进行风机运行的流量调节。这种导叶称为入口导叶或入口导流器，或前导叶。常见的入口导叶有轴向导流器和简易导流器两种，见图 15-11。入口导叶调节方式在离心风机中有广泛的应用。

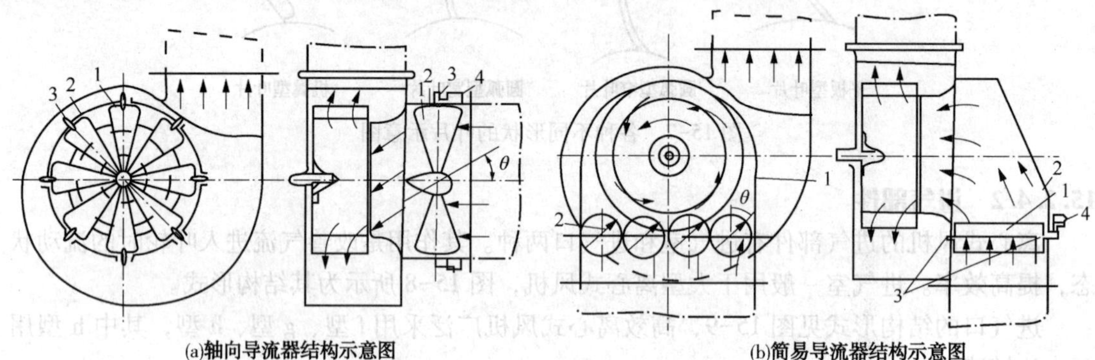

图 15-11　离心式风机的入口导流器

1—入口导叶；2—叶轮进口风筒；3—入口导叶转轴；4—导叶操作机构

15.2.5　性能参数

(1) 风量　通风机每单位时间内所排送的空气体积，称为风量 Q，又称送风量或流量，其单位为 m^3/s 或 m^3/h，工程上常用单位是 m^3/h。

风机所产生的风量与风机叶轮直径、转速、叶片形式等有关。

(2) 风压　通风机的出口气流全压与进口气流全压之差称为风机的风压 H，其单位为 mmH_2O。风机所产生的风压与风机的叶轮直径、转速、空气密度及叶片形式有关，风机的风压与转速的平方成正比，适当提高转速就能增大风压。在管道系统中，风压也可用调节闸门来改变

(3) 功率　单位时间内所消耗的能量称为功率 N，功率的单位用 kW 来表示。

(4) 效率　通风机的有效功率与轴功率之比为通风机的效率 η。

(5) 转速　通风机的转速 n 可用转速表直接测量，其数值用每分钟多少转(r/min)来表示。小型风机的转速一般较高，往往与电动机直接相连。大型风机的转速较低，一般用皮带传动与电动机相连，改变皮带轮的直径即可调节风机的转速。

(6) 通风机的性能曲线　见图 15-12，通风机的性能曲线一般有 H-Q 曲线，N-Q 曲线，η-Q 曲线三种，这三种曲线常画在同一图上，统称为风机的特性曲线。根据特性曲线，已知 $Q\mathrm{m^3/h}$，$H\mathrm{mmH_2O}$，$N\mathrm{kW}$，$\eta(\%)$中的任何一值即可求得其他各值。

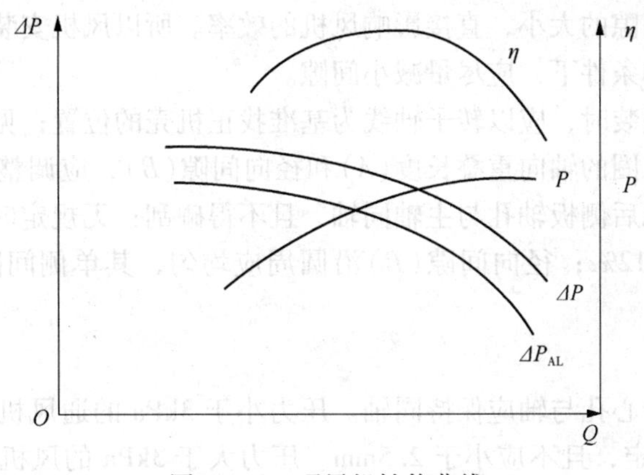

图 15-12　通风机性能曲线

15.2.6　安装

1. 风机水平要求

(1) 整体安装的通风机，应在轴承箱中分面上进行检测，其纵向安装水平亦可在主轴上进行检测，纵、横向安装水平偏差均不应大于 0.10/1000；

(2) 左、右分开式轴承箱的纵、横向安装水平，以及轴承孔对主轴轴线在水平面的对称度，见图 15-13，应符合下列要求：

① 在每个轴承箱中分面上，纵向安装水平偏差不应大于 0.04/1000；

② 在每个轴承箱中分面上，横向安装水平偏差不应大于 0.08/1000；

③ 在主轴轴颈处的安装水平偏差不应大于 0.04/1000；

④ 轴承孔对主轴轴线在水平面内的对称度偏差不应大于 0.06mm(图 15-13)；可测量轴承箱两侧密封径向间隙之差不应大于 0.06mm。

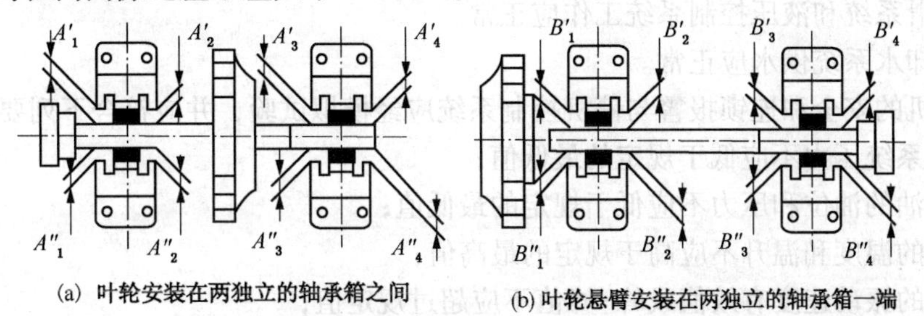

(a) 叶轮安装在两独立的轴承箱之间　(b) 叶轮悬臂安装在两独立的轴承箱一端

图 15-13　轴承孔对主轴轴线在水平面内的对称度

2. 风机间隙要求

离心通风机叶轮与进口的交接结构，有对口和套口两种形式，见图 15-14。对口形式的轴向间隙 A' 一般是小于叶轮直径的 1%，叶轮直径越大，小得越多。套口形式的轴向重叠段 A 则多半大于或等于叶轮直径的 1%，径向间隙 B 不大于叶轮直径的 0.5%~1%。

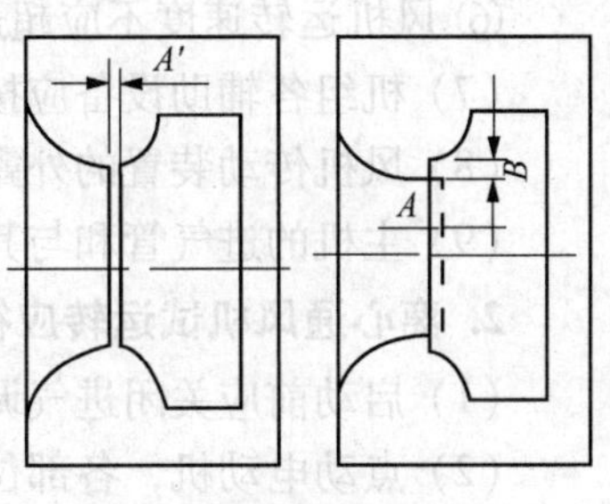

图 15-14　离心通风机进口间隙示意图

如果上述间隙过大，由于机壳内与进口之间有压力差，机壳内的气流就通过间隙返回叶轮进口，形成泄漏损失。间隙越大，损失越大。间隙的大小，直接影响风机的效率。所以风机安装时，在保证运行时叶轮与进口不发生摩擦的条件下，应尽量减小间隙。

离心通风机机壳组装时，应以转子轴线为基准找正机壳的位置；见图 15-14，机壳进风口或密封圈与叶轮进口圈的轴向重叠长度（A）和径向间隙（B），应调整到随机技术文件规定的范围内，并应使机壳后侧板轴孔与主轴同轴，且不得碰刮；无规定时，轴向重叠长度（A）应为叶轮外径的 8‰～12‰；径向间隙（B）沿圆周应均匀，其单侧间隙值应为叶轮外径的 1.5‰～4‰。

3. 机壳位置要求

离心通风机机壳中心孔与轴应保持同轴。压力小于 3kPa 的通风机，孔径和轴径的差值不应大于表 15-1 的规定，且不应小于 2.5mm。压力大于 3kPa 的风机，在机壳中心孔的外侧应设置密封装置。

表 15-1 机壳中心孔与轴径的差值

机　　号	差值/mm	机　　号	差值/mm
No2～No6.3	4	>No6.3～No12.5	8
>No12.5	12		

15.2.7 试运

1. 风机试运转前，应符合的要求

（1）轴承箱和油箱应经清洗洁净、检查合格后，加注润滑油；加注润滑油的规格、数量应符合随机技术文件的规定。

（2）电动机、汽轮机和尾气透平机等驱动机器的转向应符合随机技术文件的要求。

（3）盘动风机转子，不得有摩擦和碰刮。

（4）润滑系统和液压控制系统工作应正常。

（5）冷却水系统供水应正常。

（6）风机的安全和连锁报警与停机控制系统应经模拟试验，并应符合下列要求：

① 冷却系统压力不应低于规定的最低值；

② 润滑油的油位和压力不应低于规定的最低值；

③ 轴承的温度和温升不应高于规定的最高值；

④ 轴承的振动速度有效值或峰-峰值不应超过规定值；

⑤ 喘振报警和气体释放装置应灵敏、正确、可靠；

⑥ 风机运转速度不应超过规定的最高速度。

（7）机组各辅助设备应按随机技术文件的规定进行单机试运转，且应合格。

（8）风机传动装置的外露部分、直接通大气的进口，其防护罩（网）应安装完毕。

（9）主机的进气管和与其连接的有关设备应清扫洁净。

2. 离心通风机试运转应符合的要求

（1）启动前应关闭进气调节门；

（2）点动电动机，各部位应无异常现象和摩擦声响；

（3）风机启动达到正常转速后，应在调节门开度为 0°～5°时进行小负荷运转；

（4）小负荷运转正常后，应逐渐开大调节门，但电动机电流不得超过额定值，直至规定的负荷，轴承达到稳定温度后，连续运转时间不应少于20min；

（5）具有滑动轴承的大型风机，负荷试运转2h后应停机检查轴承，轴承应无异常现象；当合金表面有局部研伤时应进行修整，再连续运转不应少于6h；

（6）高温离心通风机进行高温试运转时，其升温速率不应大于50℃/h；进行冷态试运转时，其电机不得超负荷运转；

（7）试运转中，在轴承表面测得的温度不得高于环境温度40℃，轴承振动速度有效值不得超过6.3mm/s；矿井用离心通风机振动速度有效值不得超过4.6mm/s。

15.3 Gz轴流式通风机

15.3.1 工作原理

由于轴流通风机的叶轮安装在圆筒形机壳中，当原动机带动叶轮旋转时，空气由集流器顺利进入叶轮内，于是叶片与空气之间就有了相对的运动，气流对叶片就会有作用力，见图15-15。作用力的合力用$\sum R$表示，合力$\sum R$可分解为叶片旋转的切向及轴向两个分力$\sum R_u$及$\sum R_a$，前者称之为回转阻力，而后者称之为引力。单位时间内原动机通过轴加到叶片上的功为回转阻力与叶片质心半径r_c和旋转角速度ω的乘积，即$\sum R_u r_c \omega$。在没有任何损失的条件下，叶片就把这部分功全部传给气体，气体从中获得了能量，当它所获得的能量足以克服外界阻力时，它就会离开叶片顺着轴沿着$-\sum R_a$的方向流动，而$-\sum R_a$为叶片对气流的作用力在轴向的分力，这时叶片入口处变为负压，叶片前面与叶片入口形成了压差，于是叶片前面的空气就会流向叶片入口。当这部分新流来的空气从叶片获得能量以后，还会从叶片间的流道(叶道)流出去，所以，只要原动机带动通风机的转轴及叶片连续不断地运转，通风机就会连续不断地向外界输送气体。

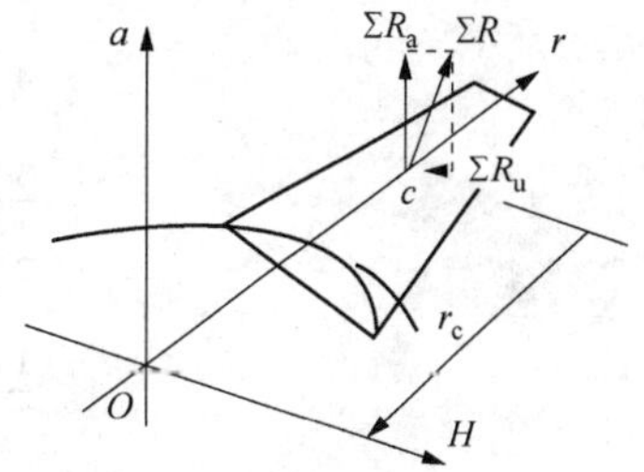

图15-15　气体对叶片的作用力

15.3.2 分类

GZ系列轴流风机是一种工业性冷却通风设备，是空冷器三大部件之一，它的风筒与构架的风箱底板相连接，并与空气冷却器管束配套使用，因此其性能同相应的空冷器是相互匹配的。

该系列风机分为停机手动调角、自动调角和不停机手动调角三种型式：

（1）停机手动调角风机主要由电动机、皮带轮组、叶轮组、风机架及电机吊架等部件组成；它具有结构简单，故障率少等特点。

（2）自动调角风机除叶轮组带有气动膜盒式调角执行机构外，其余结构与停机手动调角风机一样；它具有自动控制叶片角度，准确控制介质出口温度等特点。

（3）不停机手动调角风机除叶轮组带有调节杆调角执行机构外，其余结构与停机手动调角风机一样；它与自动调角风机比较，调试、安装、使用要简单得多，故障率相对要少，与停机手动调角风机相比则有明显优越性，它可随时调节到任意角度，且角度指示准确、直观。

该系列风机的工作原理同一般轴流风机一样，叶轮由动力驱动、旋转，从叶轮下端吸入空气，再经由叶轮垂直向上吹送，作为冷却介质从管束流过，使管内介质得到冷却。

该系列风机结构紧凑简单、安装调整容易、运行可靠、使用维护简便，被广泛用于石油、化工企业的空冷中。

15.3.3 结构

（1）停机手调角风机　见图 15-16。

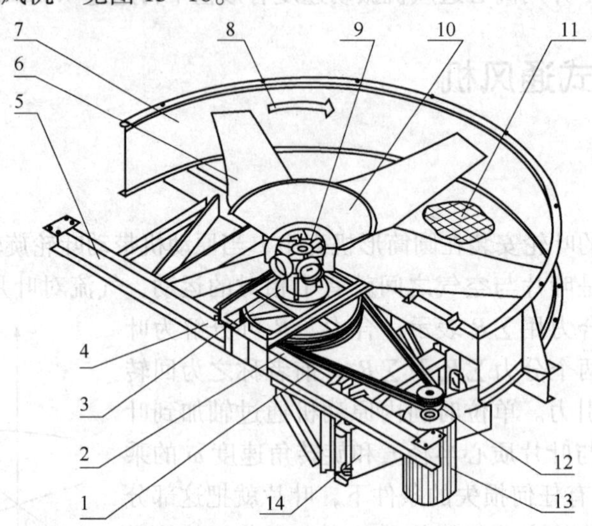

图 15-16　停机手调角风机结构

1—三角胶带；2—大带轮组；3—轴承总成及轴；4—注油管路；5—吊梁；6—叶片；7—风筒；8—旋转方向；9—手调轮毂；10—挡风盘；11—安全网；12—小带轮组；13—电动机；14—电机吊架

（2）自动调角风机　见图 15-17。

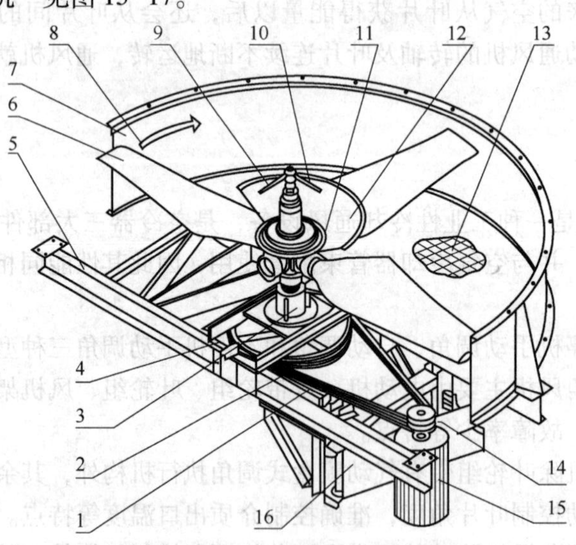

图 15-17　自动调角风机结构

1—三角胶带；2—大带轮组；3—轴承总成及轴；4—注油管路；5—吊梁；6—叶片；7—风筒；8—旋转方向；9—信号气源；10—工作气源；11—自调轮毂；12—挡风盘；13—安全网；14—小带轮组；15—电动机；16—电机吊架

（3）不停机手调角风机　见图 15-18。

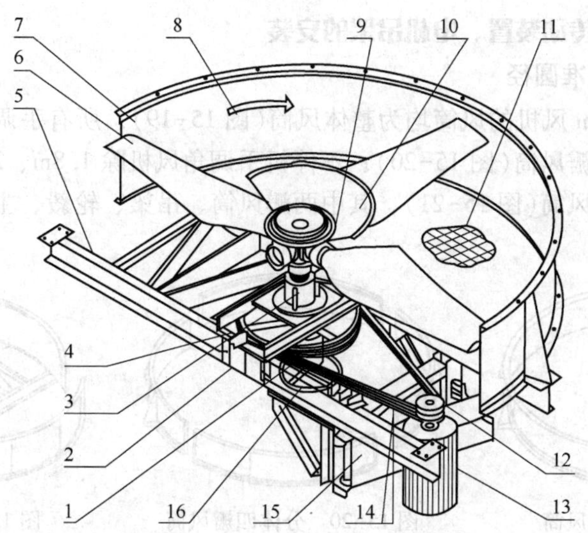

图 15-18　不停机手调角风机结构

1—大带轮组；2—调角机构架；3—轴承总成及轴；4—注油管路；5—吊梁；6—叶片；7—风筒；8—旋转方向；9—不停机手调轮毂；10—挡风盘；11—安全网；12—小带轮组；13—电动机；14—三角胶带；15—电机吊架；16—调角机构

15.3.4　型号表述的意义

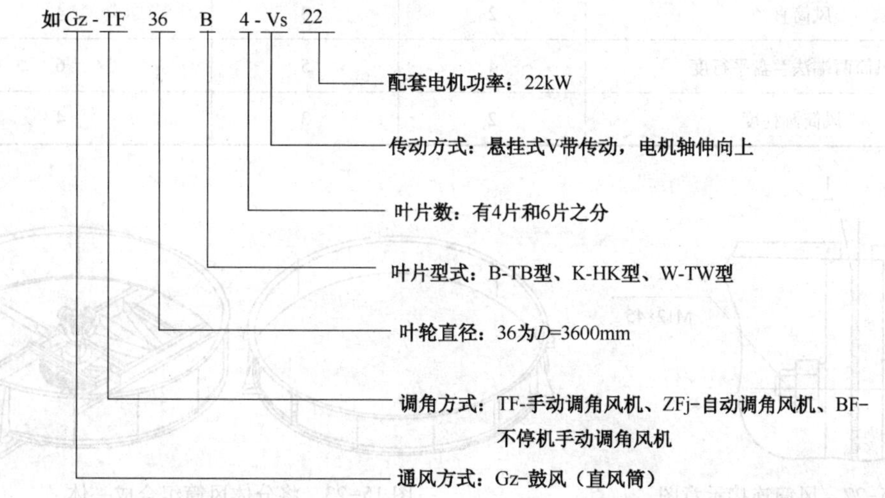

各种 TW 宽叶型四叶片风机设计噪音均在 80dB（A）以下，其他风机噪音在 85dB（A）以下。

自动调角风机需供信号气源为 0.02~0.1MPa，工作气源为 0.4MPa 与气源联接为 Rp1/4 管螺纹。

15.3.5 安装

15.3.5.1 风机架与传动装置、电机吊架的安装

1. 组装风筒、校准圆径

所有1.8m、2.4m风机的风筒均为整体风筒(图15-19)；所有手调及自调3.0~4.5m风机的风筒均为分体四瓣风筒(图15-20)；不停机手调角风机除1.8m、2.4m风机为一整体风筒外，其余均为三体风筒(图15-21)，其中两瓣风筒、吊梁、轮毂、主轴、轴承总成及调角机构已组装完毕。

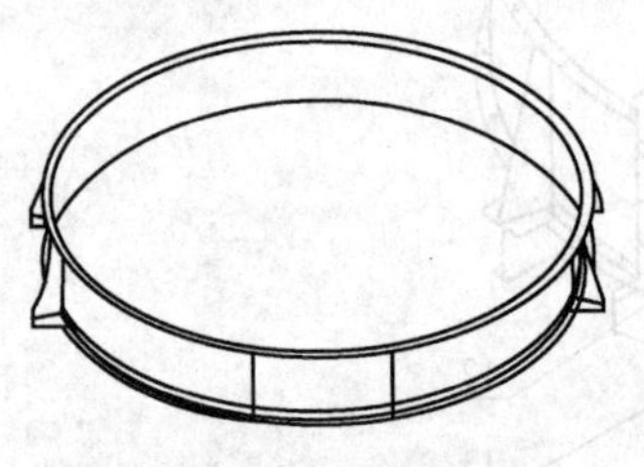

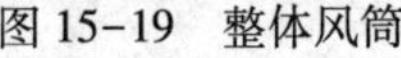

图15-19 整体风筒

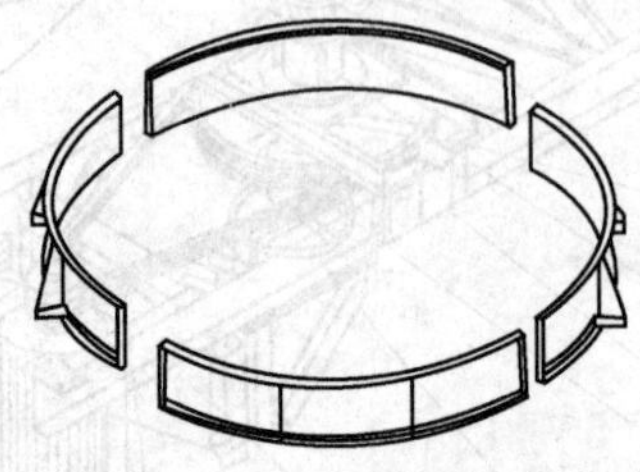

图15-20 分体四瓣风筒

图15-21 三体风筒

整体风筒安装前及分体风筒组装完成后，应校验风筒圆度、风筒两端法兰盘平行度、风筒圆柱度，具体要求见表15-2；分体风筒组装可在各瓣风筒连接处加设石棉橡胶垫来调整风筒的直径、圆柱度、法兰盘平行度的偏差数值，见图15-22；分体风筒组装完后见图15-23。

表15-2 风筒各部分允差表

mm

叶轮直径 / 名称	1800~2000	2000~3000	3000~5000
风筒直径	2	3	4
风筒两端法兰盘平行度	4	5	6
风筒圆柱度	2	3	4

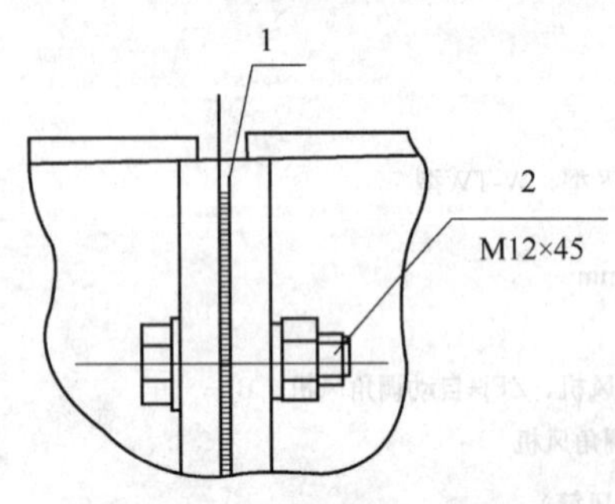

图15-22 风筒连接示意图

1—石棉橡胶垫；2—螺栓

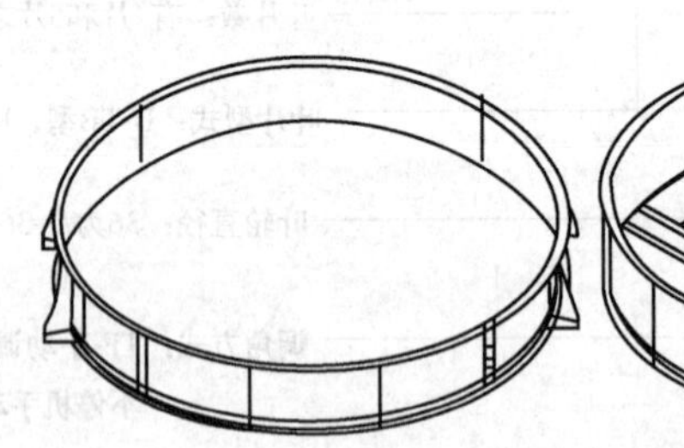

图15-23 将分体风筒组合成一体

2. 组装小带轮组、电动机、电机吊架及吊梁

(1) 将小带轮组安装于电机轴上，见图15-24，并保证其水平，调节原理见轮毂的安装。注意：不许随意拆卸小皮带轮组上的平衡块。

(2) 将电动机整体吊装于电机吊架上，用螺栓连接固定。见图15-25。

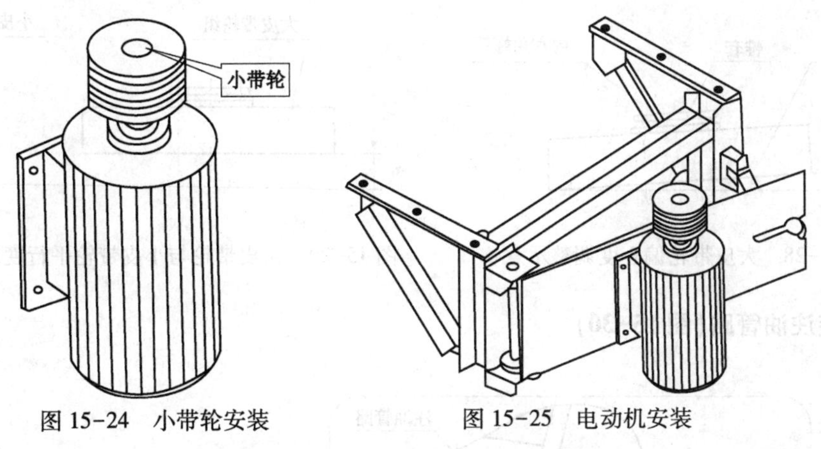

图 15-24　小带轮安装　　　　图 15-25　电动机安装

（3）调整顶丝，使小带轮组水平后，将其锁紧，见图 15-26。

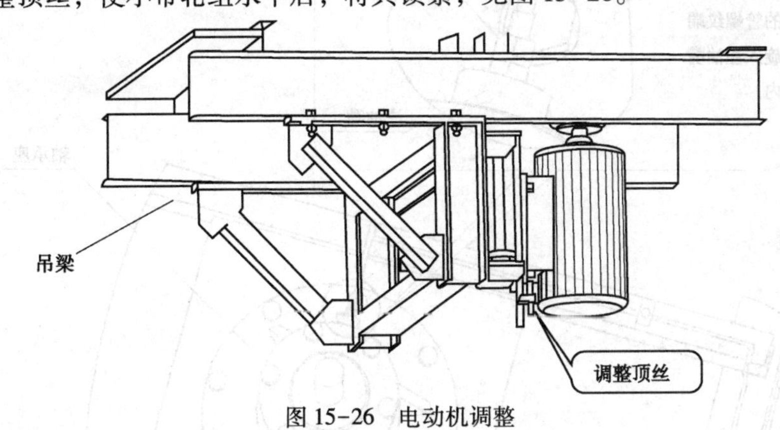

图 15-26　电动机调整

3. 主轴及大皮带轮组的安装（不停机手调角风机可略去此步）

见图 15-27，调整大、小皮带轮组的水平位置，偏心度之允差应为 $\Delta_1 \leqslant 1$mm，若 $\Delta_1 > 1$mm 时，应调节轴承总成与轴承座板的垂直度，见图 15-28；平行度之偏差为 $\Delta_2 \leqslant 2$mm，若 $\Delta_2 > 2$mm 时，应调节大带轮组上的内六角螺钉的松紧，调节原理参见轮毂的安装，见图 15-29。

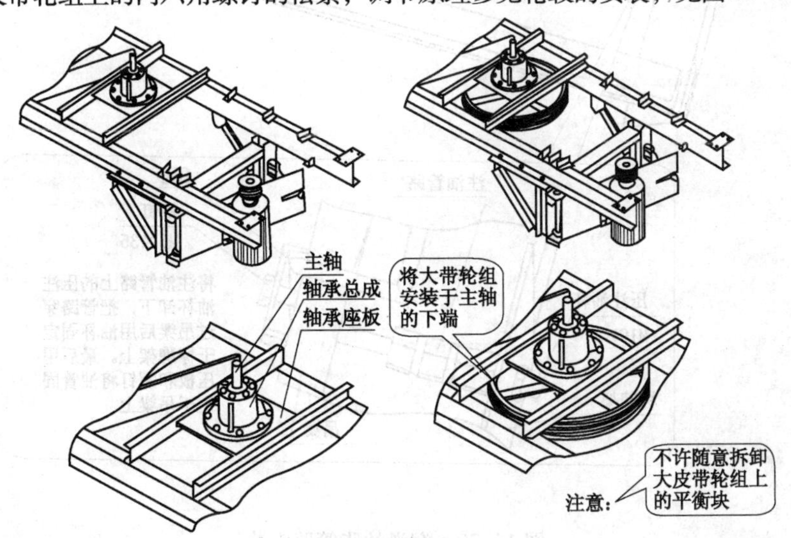

图 15-27　主轴及大皮带轮安装

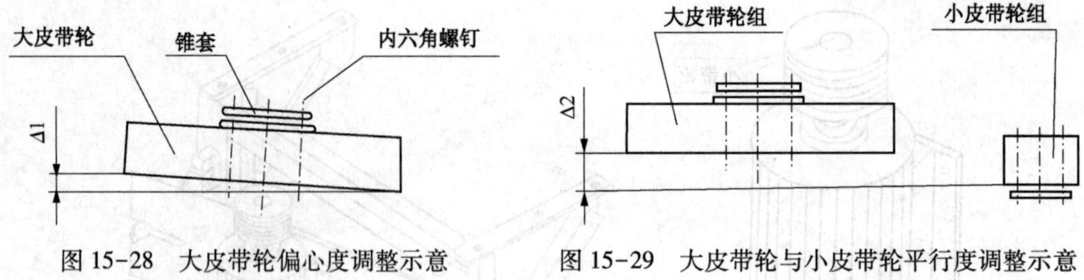

图 15-28　大皮带轮偏心度调整示意　　图 15-29　大皮带轮与小皮带轮平行度调整示意

4. 安装注油管路(图 15-30)

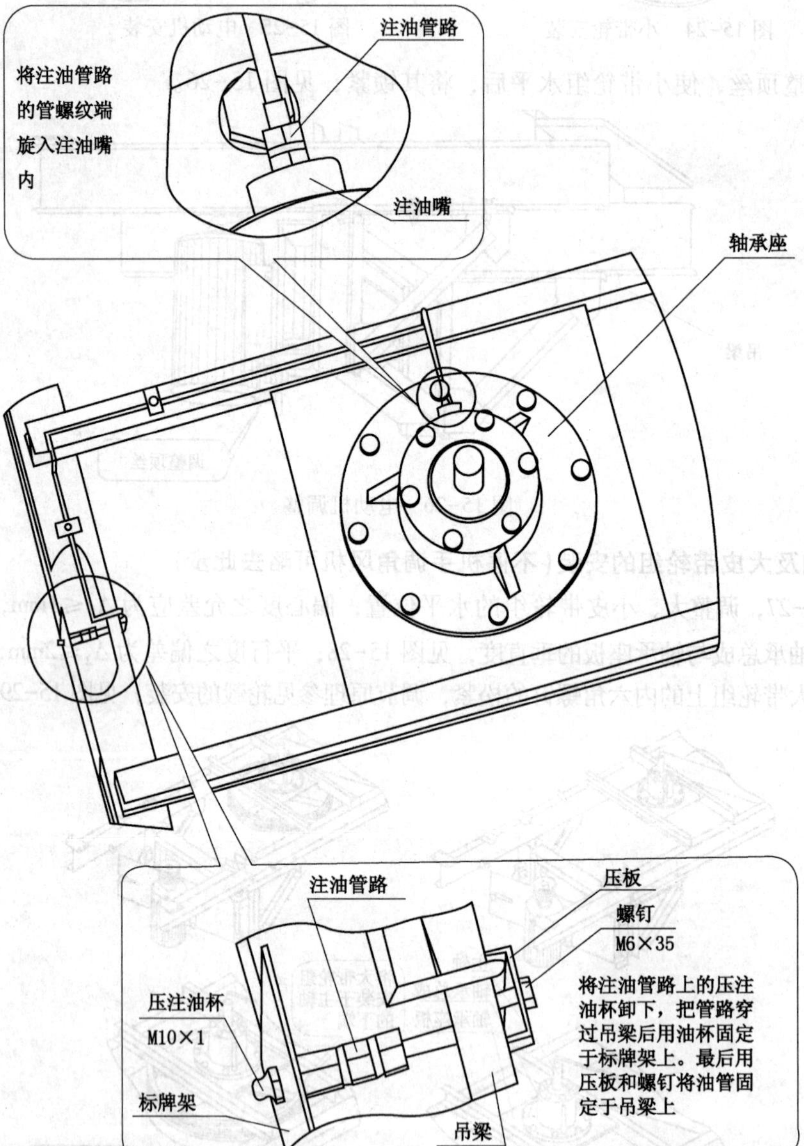

图 15-30　润滑油脂管路安装

5. 将组装好的风机风筒装于构架底板下(图 15-31)

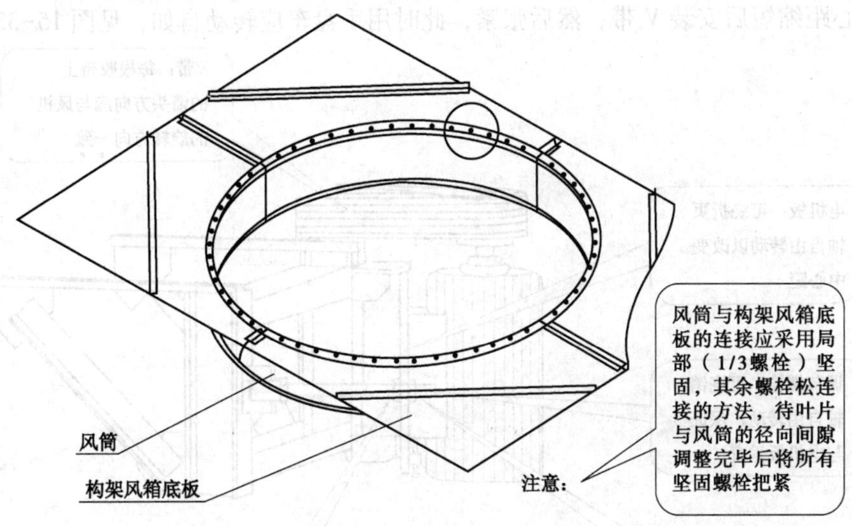

图 15-31 风筒与构架底板连接

6. 将已安装好的部件整体吊装于风筒底下(图 15-32)

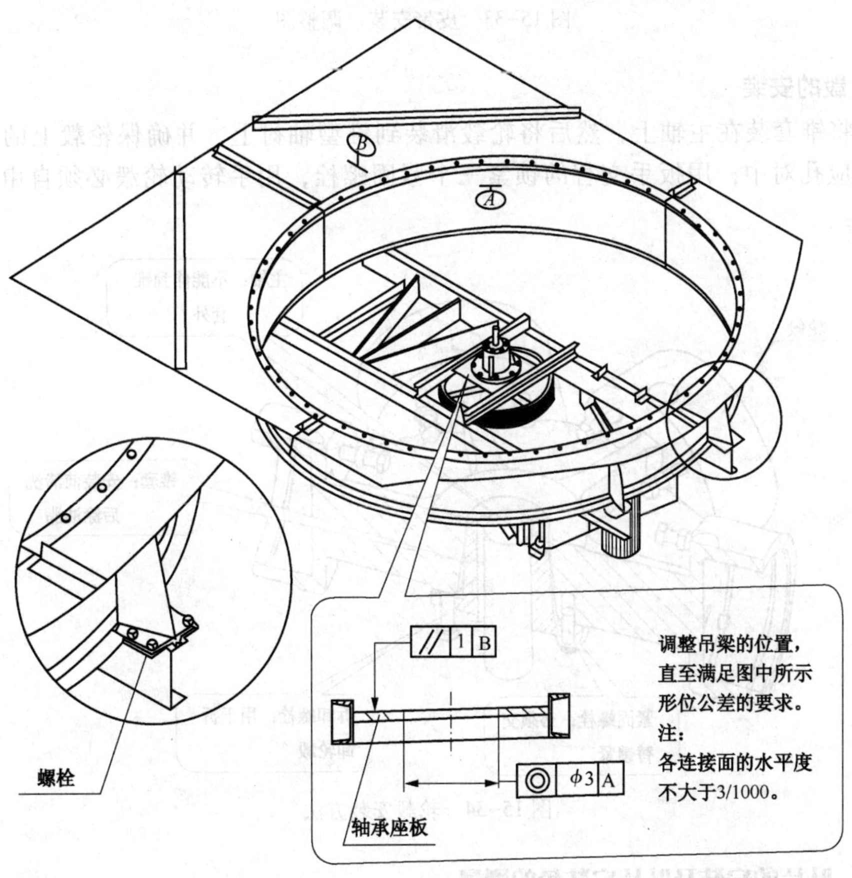

图 15-32 风筒、吊梁整体吊装图

7. 安装V带

将中心距缩短后安装V带，然后张紧，此时用手盘车应转动自如，见图15-33。

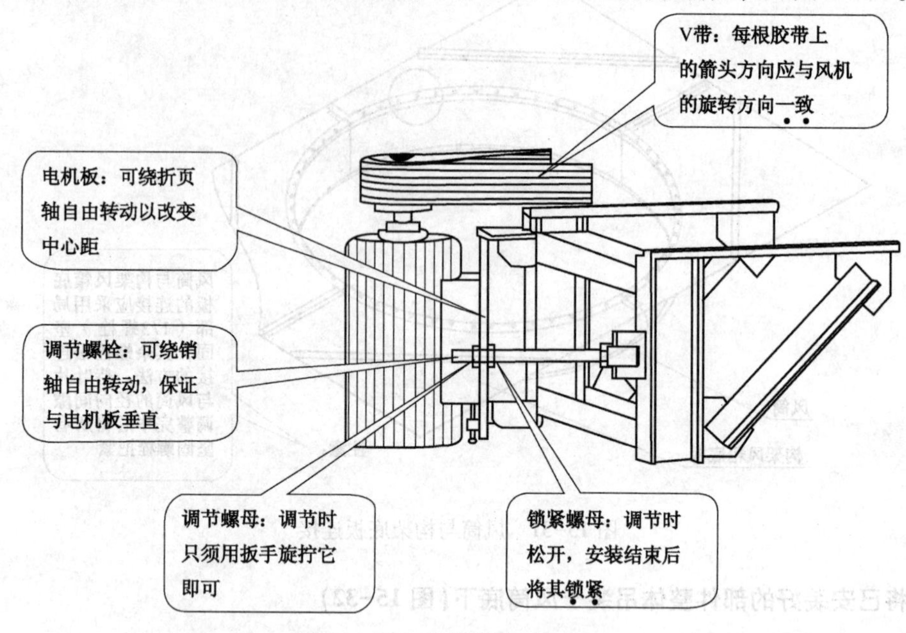

图15-33　皮带安装、调整图

8. 轮毂的安装

首先将锥套装在主轴上，然后将轮毂滑装到锥型轴衬上，并确保轮毂上的三个丝孔与锥套相应孔对中，用扳手交替的锁紧三个紧固螺栓，用手转动轮毂必须自由转动，见图15-34。

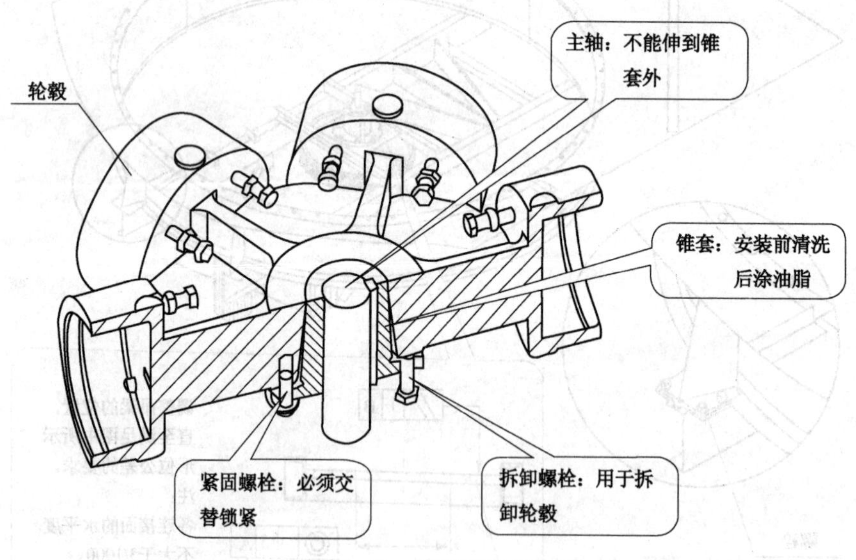

图15-34　轮毂安装方法

15.3.5.2　叶片的安装及叶片安装角的测量

叶片的安装步骤，见图15-35。

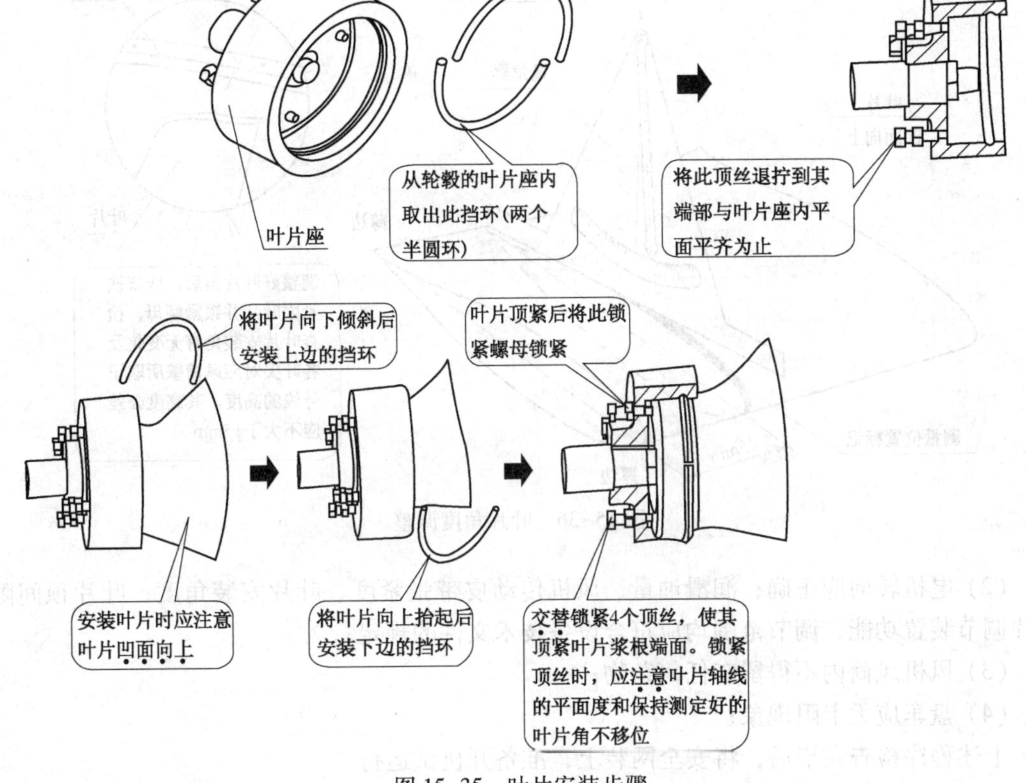

图 15-35 叶片安装步骤

1. 叶片与风筒间隙的调整

风机叶片尖端与风筒内壁之间的径向间隙，不应大于风机直径的 0.5%和 19mm 中的较小值。且不小于 9mm(直径小于 2.4m 的风机应不小于 6mm)，若叶片与风筒壁任意一点的径向间隙不满足上述要求，则应采取以下措施：

(1) 将风筒连接用的石棉橡胶垫去掉，拉紧风筒；

(2) 在风筒连接处加垫，扩大风筒直径；

(3) 调整吊梁的位置来调整叶片与风筒的间隙。

2. 预安装角的选定

(1) 停机手调风机及自动调节风机叶片预安装角的选定应符合随机技术文件的要求；

(2) 不停机手动调角风机的预安装角应选为 0°，旋转不停机手动调角风机的调角手轮，使角度指示对准“0°”。

注意：柱塞上死点时，叶片角应为 18°。

3. 叶片安装角的测量(图 15-36)

15.3.6 试运转

1. 试运转前应符合的要求

(1) 不论何时开机，包括日常的停机维修的开机，开机前均要检查半园挡环是否卡进了叶片座的圆槽内，叶片定位的顶丝是否顶紧了，检查各连接件的紧固是否良好；

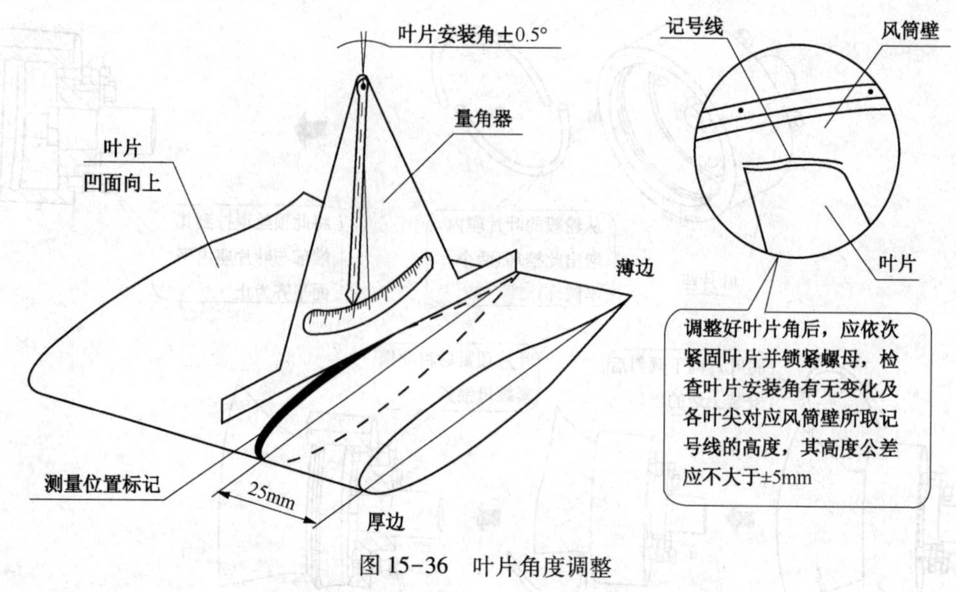

图 15-36　叶片角度调整

（2）电机转向应正确；润滑油量、风机传动皮带张紧度、叶片安装角度、叶片顶间隙、叶片调节装置功能、调节范围均应符合设备技术文件的规定；

（3）风机风筒内不得留有任何杂物；

（4）盘车应无卡阻现象；

上述程序检查完毕后，将安全网装上，准备开机试运行。

2. 风机试运转应符合的要求

（1）启动时，各部位应无异常现象；当有异常现象时应立即停机检查，查明原因并消除；

（2）启动后可手动调节叶片角度的风机调节角度时，其电流不得大于电机的额定电流值；

（3）滚动轴承正常温度不应大于 70℃，温升不应超过 55℃；

（4）风机轴承的振动速度有效值不应大于 6. 3mm/s；轴承箱安装在机壳内的风机，其振动值可在机壳上进行测量；

（5）连续运转不少于 1h 后停机检查各部件是否完好。

3. 空冷风机停机

风机在运行期间运行平稳、各项参数正常、记录齐全，经业主、监理、确认后，即可进行停机，并整理相应的运转记录。

15. 4　罗茨风机

15. 4. 1　概述

（1）用途　罗茨风机属于回转式容积式压缩机。不但用于鼓风送气，还可用于抽真空，即罗茨真空泵。如果吸入适量的水，在转子间、转子与汽缸间形成水封，这样既可以减少内泄漏，又可以消除压缩热，从而提高容积效率和绝热效率。

（2）分类　罗茨风机按电机的驱动方式可分为两种，一种是罗茨风机与电机通过弹性联轴器直连，另一种是电机通过齿轮箱驱动罗茨风机。

罗茨风机按结构型式可分为立式和卧式两种。卧式罗茨风机的两根转子中心线在同一水平面内，其进、出风口在机座的上部和下部；立式罗茨风机的两根转子中心线在同一垂直面内，其进、出风口在机座的两侧。通常情况下，流量大于 $40m^3/min$ 时制成卧式，流量小于 $40m^3/min$ 时制成立式。

（3）特点　罗茨风机的优点是：送风量与回转数成正比，当罗茨风机的出口阻力有变化时，输送的风量并不因此而受显著的影响；并且其结构紧凑、占地面积小、重量轻；运行稳定、效率高、便于维护和保养；除轴承和齿轮等传动件外，各工作件不需要润滑，排气不含油分，所输送的气体纯净、干燥；因机内无相互摩擦的零部件，对含有一定粉尘的气体也可使用。

罗茨风机的缺点是：加工制造比较麻烦，转子质量不易保证，造价高；运转中噪音较大。

15.4.2　工作原理与构造

1. 罗茨风机的工作原理

罗茨风机的工作原理见图 15-37，由两只腰形渐开线转子通过主、从动轴上的齿轮，使两根转子作等速反向旋转，完成吸气、压缩和排气过程。当左侧转子作顺时针方向转动时，右侧转子作逆时针方向转动，气体从下面进口吸入；随着旋转时所形成的工作室容积的减少，气体受压缩，最后从上面出口排出。两转子相互之间、两转子与机壳及墙壁板之间，既要保证相互不发生碰撞，又要保证不因间隙过大影响效率；同时，由于两根转子在运转中，始终保持只有微小的间隙，把进入气体和排出气体相互隔绝，使排出的气体尽量不返回进气室中。

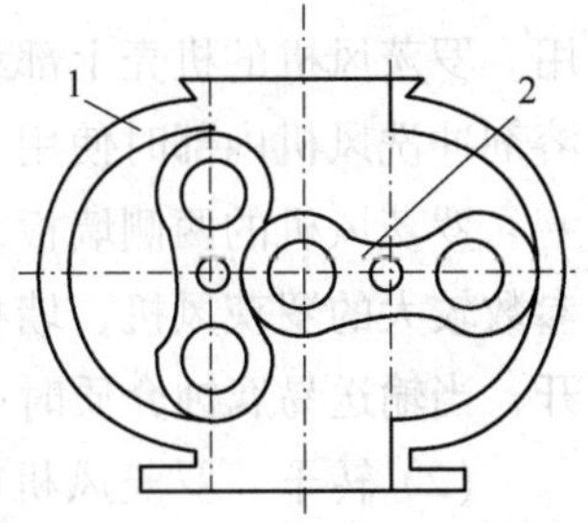

图 15-37　罗茨风机工作原理

1—外壳；2—转子

罗茨风机的两叶轮相互之间，以及叶轮与墙板、机壳之间均应保持适当间隙，以保证风机的正常运行。间隙过大则气体被压缩时通过此间隙的气体漏损量增大，风机性能下降，也就是气体在一定压力下通过的流量减小；反之，当间隙过小时，由于叶轮的散热情况比机壳墙板差，热膨胀的不均匀性会使运行间隙更小甚至发生叶轮间咬死、擦壳等设备事故。

2. 罗茨风机的构造

罗茨风机是由机壳、前后墙板、叶轮、主轴、从动轴、密封、同步齿轮副、轴承、电动机、底座等部件组成，图 15-38 所示是 L36 型的风机装配图，一些较大型罗茨风机还带有润滑油循环系统、减速装置、除尘器、消声器以及安全阀等。

（1）机壳及墙板　罗茨风机的机壳和前后墙板组成密闭空间，保证输送气体的吸气、压缩和排出的过程。罗茨风机的机壳有整体式和水平剖分式两种。整体式（立式或卧式）结构简单，制造方便，但安装和调整间隙比较困难，仅用于小型罗茨风机。对于性能参数较大的罗茨风机，一般采用卧式结构，机壳和两端墙板均采用水平剖分式结构。虽然水平剖分式结构机械加工要求较高，制造工艺比较麻烦，但由于安装及调整间隙比较方便，因而被广泛采

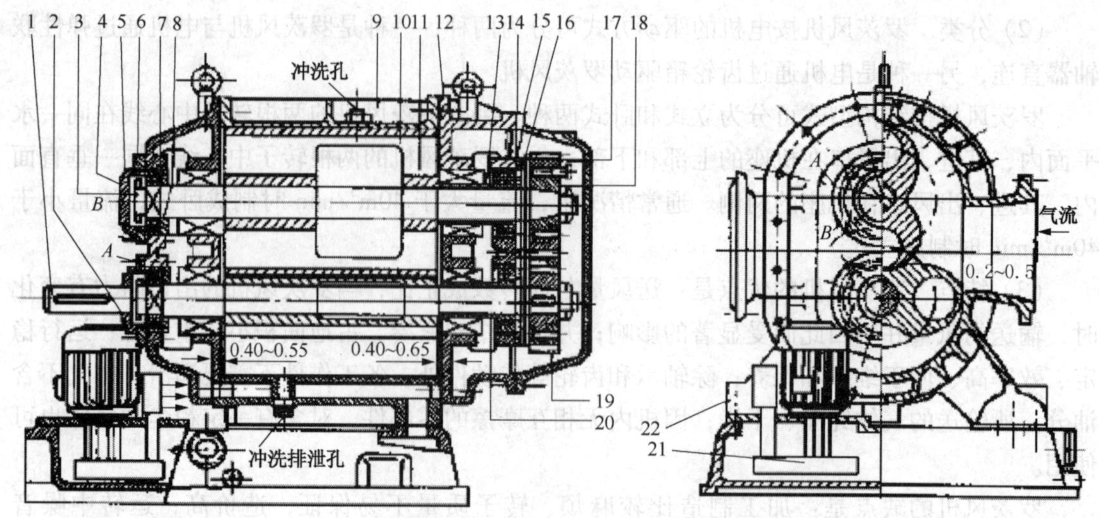

图 15-38 L36 型罗茨风机的装配图

1—主轴；2、8—圆形环；3—从动轴；4、16—轴承盖；5、20—轴承；6、15—轴承座；7—前墙板；9—机壳；10—叶轮；11—轴端密封；12—后墙板；13—衬套；14—齿轮箱；17、19—齿轮圈；18—轮毂；21—电泵；22—油管

用。罗茨风机的机壳上部和底部均设有冲洗孔，专供输送不干净或含有沉积物的介质时注入溶剂冲洗风机内部时使用。

罗茨风机的两侧墙板，支撑着两根转子。小型罗茨风机的两侧墙板都制成整体式。性能参数较大的罗茨风机，墙板采用水平剖分式结构，这种结构的特点是把密封室和轴承室隔开，当输送易腐蚀介质时可以避免腐蚀介质对轴承的腐蚀，延长轴承的寿命。

（2）转子　罗茨风机的转子由叶轮和轴组成，小型罗茨风机的叶轮可以制成实心的，大、中型叶轮为了减轻重量，可以制成空心的。叶轮的风叶型线有渐开线、摆线、包络线及圆弧线等。我国目前风机行业最常用的是两叶渐开线直线形风叶，此风叶与其他类型风叶相比，其有较大的排出风量，而且容积效率最高。

（3）轴封装置　罗茨风机的轴封装置有涨圈式、迷宫式、填料式、机械密封式、骨架油封式等，针对不同的环境、不同的介质、不同的转速，可采取不同的密封方式。

（4）传动齿轮　罗茨风机的传动齿轮分为主动齿轮和从动齿轮，两齿轮的齿数和模数均相同，所不同的是从动齿轮的轮毂上有四个椭圆形孔和两个销钉孔，用于调整转子的径向间隙。传动齿轮在安装时，要保证两个齿轮同步旋转，以避免引起卡死现象，故装配时齿轮有较小的侧隙。但是，随着运行时间的增加，磨损加大，引起侧隙增加，当齿轮侧隙接近叶轮间最小间隙时，两叶轮易发生撞击现象，从而破坏罗茨风机的运行，甚至发生设备事故。传动齿轮的型式，有直齿圆柱齿轮、斜齿圆柱齿轮和人字齿轮。直齿圆柱齿轮制造方便，其缺点是转速较高时容易引起冲击，且噪声较大。斜齿轮传动轴向力较大。人字齿轮运转平稳，噪声小、强度高，但制造、安装和调整比较复杂。

（5）轴承　罗茨风机的轴承可采用滚动轴承和滑动轴承。滚动轴承摩擦系数小、轴向尺寸小、径向间隙小、维护方便，因而使用广泛。滑动轴承可用在高转速场合，其承载能力大，结构简单，现场施工容易。

（6）润滑　对于一些小型罗茨风机，其轴承和齿轮的润滑一般采用润滑脂（或甩油润滑)，润滑系统简单；而一些较大型的罗茨风机，就有比较完整的油路系统，包括油箱、过滤器、油冷器、油泵、单向阀和仪表装置等。油路系统工作良好，才能保证罗茨风机正常工作。

15.4.3 安装

罗茨风机的安装(一般都是整体安装)。

(1) 罗茨风机的安装水平，应在主轴和进气口、排气口法兰面上纵、横向进行检测，其偏差均不应大于0.2/1000。

(2) 罗茨风机安装时，应检查正、反两个方向转子与转子间、转子与机壳间、转子与墙板的间隙以及齿轮副侧的间隙，其间隙值应符合随机技术文件的规定。

15.4.4 试车与运行

1. 试车准备工作

罗茨风机在试车前，应做好各种准备工作和各项检查，具体检查要求如下：

(1) 检查地脚螺栓和各结合面螺栓是否紧固。

(2) 手动盘车，罗茨风机在旋转一周的范围内，转动是否均匀，有无摩擦现象。

(3) 检查各润滑点是否润滑到位，油箱油位是否符合要求。

(4) 检查冷却水阀是否完好，冷却水是否畅通。

2. 试车

(1) 单独运行油泵，检查油泵的声音、振动是否正常。调整油泵的出口油压，使其达到要求的数值。

(2) 打开罗茨风机的进、出口阀门。

(3) 启动电动机，检查电动机的运转方向是否正确，电流是否正常。

(4) 检查机组的声音、振动是否正常，罗茨风机内部是否有异常响声，罗茨风机轴承的最大允许振幅见表15-3。

表15-3 罗茨风机轴承的最大径向振幅

转速/(r/min)	≤500	500~600	600~800	800~1000	1000~1500	1500~2000	2000~3000
振幅/mm	0.24	0.20	0.16	0.14	0.11	0.10	0.05

(5) 检查润滑系统的油温、油压是否正常。

(6) 检查机组和进出口管线上是否有泄漏，以及密封装置的密封效果是否良好。

(7) 检查仪表指示和自动控制是否正常。

(8) 检查轴承温度是否正常，轴承的工作温度一般在50~65℃，不应超过70℃。

(9) 检查附属装置如消声器、安全阀等是否有缺陷。

15.5 故障原因及处理

Gz轴流式通风机常见的故障原因及处理方法见表15-4。

表 15-4　Gz 轴流式通风机常见的故障原因及处理方法

故障现象	故障原因	处理方法
电流计指示异常	叶片角度有异常变化 自调执行机构失灵 风机轮毂平衡破坏 皮带松动跳槽	校正安装角后紧固 排除定位器和气源线故障 补校平衡 调整皮带张紧力
电机电流过大或温度升高	叶片角度有异常变化 轴承座剧烈振动 电机本身原因 电流单线断电	校正安装角后紧固 重新调整正 查明原因 检查电源是否正常
自动调角风机调角失灵	气路泄漏 定位器堵塞 动密封摩擦副磨损	修堵、换密封垫等 用 ϕ3mm 钢丝透排气节流孔 更换回转接头
传动部件异常振动	驱动部件螺钉松动 旋转机构偏心	拧紧螺钉，紧固松动部位 调整偏心
运转部件有异常声音	轴承磨损 缺少润滑油 回转部件与固定件接触 紧固螺钉松动	更换轴承 补润滑油 调整相反位置 拧紧螺钉
回转部位过热	缺少润滑油 回转部位与非回转部位接触摩擦	补充润滑油 调整间隙
轴承温升过高	轴承座剧烈振动 缺少润滑 润滑油变质 轴承损坏	重新调整正 补充润滑油 更换润滑油 更换轴承

罗茨风机常见的故障原因及处理方法见表 15-5。

表 15-5　罗茨风机常见的故障原因及处理方法

故障现象	故障原因	处理方法
风量波动或不足	过滤器网眼堵塞 间隙增大 传动皮带打滑，转速不够 管道法兰漏气 轴封装置漏气 安全阀漏气 管路压力损失增大 转子与壁板接触或两转子撞磨	更换或清洗过滤器 校对间隙 调整或更换皮带 更换衬垫或紧固螺栓 修理或更换 研磨或更换 校对进出口压力 调精转子轴向间隙或调整同步齿轮
电机过载	管路压力损失增大 转子与壁板接触或两转子撞磨	校对进出口压力 调整转子轴向间隙或调整同步齿轮

续表

故障现象	故 障 原 因	处 理 方 法
机体过热	油位和油黏度不当或油不清洁 两支承轴承不同轴或风机轴与电机轴不同心 轴瓦接触不良或间隙过小 轴承的定位轴向间隙不当 轴承压盖紧力过大或轴瓦间隙过小 滚动轴承损坏 压力比增大 转子与壁板接触	调整油位或更换润滑油 修复或调整两轴同心度 刮研或调整轴瓦 调整间隙 调整紧力和间隙 更换轴承 检查进出口压力 调整转子轴向间隙
敲击声	同步齿轮与叶轮转子位置不当 装配不良 压力波动 齿轮损坏	按规定位置调整 重新装配 检查调整 更换齿轮
轴承和齿轮严重损坏	润滑不好 润滑油量不足	更换润滑油 添加润滑油，更换轴承和齿轮
密封泄漏	密封部件装配不当 密封环内进入杂物 转子振动过大 密封部件有损坏	重新装配 清洗或更换 消除转子振动 更换合格部件

第16章 起重机械

起重机械是现代化生产不可缺少的设备，被广泛地应用于冶金、煤炭、电力等各行业的各种物料的起重、运输、装卸安装和人员输送等作业中，从而大大减轻了体力劳动的强度，提高了劳动生产效率。同时一些起重机械还能在生产过程中进行某些特殊的工艺操作，使生产过程实现机械化和自动化。

起重机是以间歇、重复的工作方式，通过起重吊钩或其他吊具起升、下降，或升降与运移物料的机械设备，它在搬运物料时，经历上料、运送、卸料及返回原处的过程，工作范围大，危险因素很多，因而要求的安全程度较高。

16.1 工作特点

(1) 起重机械通常结构庞大，机构复杂，能完成起升运动、水平运动。例如，桥式起重机能完成起升、大车运行和小车运行3个运动；门座起重机能完成起升、变幅、回转和大车运行4个运动。在作业过程中，常常是几个不同方向的运动同时操作，技术难度较大。

(2) 起重机械所吊运的重物多种多样，载荷是变化的。有的重物重达几百吨乃至上千吨；有的物体长达几十米，形状也很不规则，有散粒、热融状态、易燃易爆危险物品等，吊运过程复杂而危险。

大多数起重机械，需要在较大的空间范围内运行，有的要装设轨道和车轮(如塔吊、桥吊等)；有的要装上轮胎或履带在地面上行走(如汽车吊、履带吊等)；有的需要在钢丝绳上行走(如客运、货运架空索道)，活动空间较大，一旦造成事故影响的范围也较大。

(3) 有的起重机械需要直接载运人员在导轨、平台或钢丝绳上做升降运动(如电梯、升降平台等)，其可靠性直接影响人身安全。

(4) 起重机械暴露的、活动的零部件较多，且常与吊运作业人员直接接触(如吊钩、钢丝绳等)，潜在许多偶发的危险因素。

(5) 作业环境复杂。从大型钢铁联合企业，到现代化港口、建筑工地、铁路枢纽、旅游胜地，都有起重机械在运行；作业场所常常会遇有高温、高压、易燃易爆、输电线路、强磁等危险因素，对设备和作业人员形成威胁。

(6) 起重机械作业中常常需要多人配合，共同进行。一个操作，要求指挥、捆扎、驾驶等作业人员配合熟练、动作协调、互相照应。作业人员应有处理现场紧急情况的能力。多个作业人员之间的密切配合，通常存在较大的难度。

(7) 起重机械的上述工作特点，决定了它与安全生产的关系很大。如果在起重机械的设计、制造、安装使用和维修等环节上稍有疏忽，就可能造成伤亡或设备事故。一方面造成人员的伤亡，另一方面也会造成很大的经济损失。

16.2 起重机分类与主要参数

16.2.1 分类

按构造类型起重机械可分为轻小型起重设备、起重机和升降机三大类。

16.2.1.1 轻小型起重设备

轻小型起重设备一般只有一个升降机构，常见的有千斤顶、电动或手拉葫芦、绞车、滑车等。

16.2.1.2 起重机

当起重设备除了具有起升机构以外，还有其他运动机构时，其结构组成必然比单机构的轻小型起重设备复杂得多，称这类起重设备为起重机。根据金属结构的类型不同，起重机可分为桥架类型起重机和臂架类型起重机两大类别。

1. 桥架类型起重机

桥架类型起重机的最大特点，是以桥形金属结构作为主要承载构件，取物装置悬挂在可以沿主梁运行的起重小车上。桥架类型起重机通过起升机构的升降运动、小车运行机构和大车运行机构的水平运动，在矩形三维空间内完成对物料的搬运作业。桥架类型起重机根据结构形式不同还可以进一步分为桥式起重机(俗称为天车、行车)、门式起重机(被称为带支腿的桥式起重机、包括装卸桥和集装箱门式起重机)和缆索起重机(由于跨度太大，用缆索取代了桥形主梁)等。

2. 臂架类型起重机

臂架类型起重机的结构特点是，都有一个悬伸、可旋转的臂架作为主要受力构件。其工作机构除了起升机构外，通常还有旋转机构和变幅机构，通过起升机构、变幅机构、旋转机构和运行机构等四大机构的组合运动，可以实现在圆形或长圆形空间的装卸作业。例如，流动式起重机(汽车起重机、轮胎起重机、履带起重机)、塔式起重机、门座起重机等。

除了按构造类型分类外，起重机还可以按行驶性能分为有轨运行起重机和无轨运行起重机。有轨运行起重机装有车轮，可以在铺设的轨道上在有限范围内工作，例如，各种桥架类型起重机、塔式起重机、门座起重机等。无轨运行起重机的运行装置配备橡胶轮胎或履带，常见的各种流动式起重机，它们机动性好，可以在各种路面上长距离行驶，灵活转换作业场地。

大多数起重机是通用式的，广泛应用于车间、仓库、露天堆放场等处。也有许多起重机是专门为特定工作场所或某种工艺服务的。例如，兑铁水起重机、脱锭起重机等冶金起重机；铸造起重机、锻造起重机等服务于热加工的起重机；门座起重机、卸船机等专门用于港口装卸作业的起重机及用于海上作业的浮式起重机等。

16.2.2 起重机主要参数

起重机主参数是表示起重机主要技术性能指标的参数，是起重机设计的依据，也是起重机安全技术要求的重要依据。下面仅就与安全关系较大的起重机主参数介绍如下：

(1) 额定起重量 G_n　是指起重机能安全吊起的物料连同可分吊具质量的总和。对于吊钩起重机其额定起重量就是其安全起吊物料的质量。但对带可分吊具(如抓斗、电磁吸盘、平衡梁等)的起重机，其吊具和物料质量的总和是额定起重量，允许起升物料的质量是有效起重量。起重机标牌上标定的起重量，通常都是指起重机的额定起重量。起重量标牌应醒目显示在起重机结构的明显位置上(这是起重机安全检查的内容之一)，以提示操作者避免超载。需要说明的是，对于臂架类型起重机来说，其额定起重量是随幅度增大而变小的。这类起重机的起重特性指标是用起重力矩来表示，标牌上标定的值是专指在臂架处于最小幅度时的最大起重量。明确这一点对安全操作起重机是非常重要的。

(2) 起升高度 H　是指起重机运行轨道顶面，或地面到取物装置上极限位置的垂直距离。有些起重机的取物装置允许下放到地面或轨道顶面以下，其下放的距离称为下降深度。这时，起重机的起升范围即是起升高度和下降深度之和，即吊具最高和最低工作位置之间的垂直距离。在起重机实际作业中，不得超过起升高度允许值。因为超限度会使卷绕在起升机构卷筒上的钢丝绳绳尾固定措施超载失效，将导致重物坠落事故发生。

(3) 跨度 S　是指桥式类型起重机运行轨道中心线之间的水平距离。桥式类型起重机的小车运行轨道中心线之间的距离，地面有轨运行的臂架式起重机的运行轨道中心线之间的距离，都称为轨距。保持起重机的大车运行轨道的跨度和小车运行轨道的轨距平行，是起重机安全检查的内容之一。

(4) 幅度 L　旋转臂架式起重机的幅度，是指旋转中心线与取物装置铅垂线之间的水平距离，单位是 m。非旋转类型的臂架起重机的幅度，是指吊具中心线至臂架后轴或其他典型轴线的水平距离。当臂架倾角最小，或小车位置与起重机回转中心距离最大时的幅度为最大幅度，反之为最小幅度。对于臂架类型起重机来说，不同幅度对应的安全起重量是不同的。

(5) 工作速度 V　起重机工作机构在额定载荷下稳定运行的速度。包括起升速度 V_q、大车运行速度 V_k、小车运行速度 V_t、变幅速度 V_l 和旋转速度 ω。对于流动式起重机在道路行驶状态下的工作速度，是用行走速度 V_o 来描述。当起重机的某一工作机构可以多挡位操作时，一般情况下，载荷越大，工作速度越低。对于臂架式起重机，应控制其旋转速度，防止由于旋转速度太大，吊载产生的离心力导致起重机倾翻。

16.2.3 起重机工作级别

起重机工作级别是表征起重机工作特性的一个重要概念，又是关系起重机安全的一个重要依据，是安全检查、事故分析计算和确定零部件报废标准的依据。一般来说，工作级别不同，安全系数就不同，报废标准也不同。

起重机的工作级别、起重机金属结构工作级别和起重机机构的工作级别是有区别的，下面将分别予以讨论。

(1) 起重机工作级别　起重机的利用等级是表征起重机在整个设计寿命期间的使用频繁程度，按设计寿命期内总的工作循环次数分为 U0～U9 共 10 级；起重机的载荷状态是表明起重机受载的轻重程度的指标，按名义载荷系数分为轻、中、重和特重四级。综合考虑利用等级和载荷状态，按对角线原则，起重机工作级别分为 A1～A8 共 8 级。

(2) 起重机金属结构工作级别　起重机金属结构工作级别按结构件中的应力状态的应力循环次数分为 A1～A8 级。划分方式与起重机工作级别的划分方式相同。

(3) 起重机机构工作级别　利用等级即机构工作的繁忙程度，按各个机构设计总使用寿命期内处于运转状态的总小时数分为 T0～T9 共 10 级。载荷状态表明机构受载程度分为轻、中、重和特重四级。工作级别根据利用等级和载荷状态，按对角线原则，分为 M1～M8 共 8 级。

这里，首先需要指出，起重机工作级别与起重机的起重量是两个不同的概念。起重量是指一次被起升物料的质量，工作级别是起重机综合工作特性参数。起重量大，工作级别未必高；起重量小，工作级别未必低。即使起重量相同的同类型起重机，只要工作级别不同，则零部件的安全系数就不相同。如果仅仅看起重吨位而忽略工作级别，把工作级别低的起重机频繁、满负荷使用，那么就会加速易损零部件报废，使故障频发，甚至引起事故。

另外需要说明，起重机和金属结构的工作级别与机构工作级别是不同的。对于同一台起重机，由于各个工作机构受载的不一致性和工作的不等时性，即使是同一台起重机，不同机构的工作级别与起重机的工作级别往往是不一致的，这在不同机构的零部件报废和更新时要特别注意。

16.2.4 起重机载荷

起重机在作业过程中，承受载荷种类复杂、载荷作用方向不同，这不仅表现在运行过程中起重机要受到包括静载荷、动载荷、交变载荷等各种载荷的作用，而且随着起重机作业的工况改变，即使是同类载荷也表现出多变的特征。受到载荷作用的起重机械各承载零件和结构件会产生相应的应力和变形，当应力和变形超过一定的限度，就会使零、构件丧失功能，甚至破坏，造成危险。

起重机载荷状态是表明起重机受载的轻重程度，起重机载荷状态按名义载荷谱系数分为 Q1～Q4 四级，见表 16-1。

表 16-1　起重机工作级别

载荷状态	载荷谱系数 K_P	利用等级									
		U0	U1	U2	U3	U4	U5	U6	U7	U8	U9
Q1—轻	0.125			A1	A2	A3	A4	A5	A6	A7	A8
Q2—中	0.25		A1	A2	A3	A4	A5	A6	A7	A8	
Q3—重	0.5	A1	A2	A3	A4	A5	A6	A7	A8		
Q4—特重	1.0	A2	A3	A4	A5	A6	A7	A8			

16.3 起重机械的安装

16.3.1 起重机的搬运和存放

桥、门式起重机体积大、重量重，给搬运工作带来了一定的困难。起重机在运输过程中由于中转、装卸、搬运和存放不当，会造成起重机的损坏和引起桥架变形，致使其修复困难，影响起重机质量，为此必须严加注意。

起重机由制造厂装运到使用单位所在的铁路货站、码头或厂矿内的专用线上之后，须进行卸车和搬运工作。应特别注意避免桥架和机构的扭、弯和撞击等事故发生。为此，必须遵守下列规定：

(1) 首先要明确所吊物体的重量。最好用两台汽车或履带、铁路港口等起重机从两头把桥架抬起来。如梁用一台起重设备吊起来时，至少需捆扎两处，并需在各棱角处垫衬垫物，衬垫物可以用放木或半圆钢和或麻片等，以免切断绳索和损坏设备。

桥式起重机最好栓挂在车轮或主梁上，箱形结构，如捆扎主梁，为便于穿绳，可在栓挂部位的行走台板上开一个小方孔，禁止整体栓挂行走台板及其他机械零件。对于桁架结构的起重机应栓挂在具有竖杆的节点处，禁止栓挂在不是节点的部位以及伸出外伸的杆件上。对门式起重机或装卸桥则尽可能栓挂在接板与支腿连接的地方。

(2) 起吊时应先缓慢的试吊，当刚吊起时，应检查吊重、松扣、切绳等现象，确认无问题后再正式起吊，缓慢平缓地放在已准备的车上，以便搬运。

不论用一台车或两台车(汽车或平板车)搬运桥架，每台车上必需设有转盘，以免桥架在搬运中弯扭变形。

(3) 在公路上搬运(特别是市内)，应事先与当地交通部门取得联系，选好线路，对必经之桥梁，要实现核实承载能力，经过之门架架空线、隧道等要测好，以免发生事故。

(4) 运进厂矿的起重机，如果不能及时安装、架设，需存放一定时期的，应妥善放置。首先要选择比较坚实的地面，应防止存放期间地面局部下沉，使桥架变形。桥架以整台车从端梁中部拆开分两半存放即可。下边要垫好枕木，枕木要求垫好垫平，并应对称放置，走台下边设有运输架的则在运输架处最好。对于桁架结构应把枕木垫在有竖杆的节点处。门式起重机或装卸桥架要垫在连接支腿的地方。当桥架的两半存放时，主梁应垂直放置，水平放置时，若枕木位置垫得不合适，会引起主梁旁弯，从而影响起重机今后正常工作。

如果起重机需较长时间放置在露天场地，则要求将其遮盖，特别是电气设备。对露在外部的机械加工面，应涂上防锈油。

起重机应严格按技术要求进行安装。由于搬运和存放而造成的缺陷应排除，否则就不能正常运转，直接影响生产。

16.3.2 安装前的准备工作及安装要求

(1) 按照随机所带的装箱单，清点零部件数量和所带文件，包括：

① 产品合格证书一份；

② 安装架设、交工验收与使用维护说明书一本；

③ 安装架设用附图一份；

④ 使用维修及易损附图一份。

安装架设附加图，专供安装架设单位使用和保管，其余三种均应由使用单位保管，为起重设备使用维修的必备参考资料。

(2) 外观检查：

① 检查所有机构和金属结构有无损坏；

② 观察油漆涂层的削落和机件的锈蚀情况；

(3) 对照安装架设附加图和有关技术文件的技术要求，认真研究安装方案和安装架设的具体程序。

① 由于起重机是拆开运输的，故安装单位应把起重机各部分安装起来，根据具体条件，最好在地面上安装，特别是主梁小车腿的安装与调整，以避免高空安装的困难。

② 因搬运不当或保管不好所造成的缺陷和超过规定误差的部分，均应按技术要求修理或调整好。特别是金属结构部分的缺陷，必须在地面设法校正好，否则不准架设。

③ 消除污渍，擦洗锈蚀，必要时须拆下机件，特别是滚动轴承，清洗干净后重新组装。

16.3.3　起重机轨道(大车运行轨道)的安装

起重机轨道的安装，是一项极为重要的工作，如不认真对待，会导致起重机不能正常运行。

起重机在工作中常见的问题是通常所说的大车啃道，即大车轮缘与轨道侧面，在运行规程中产生严重的磨损，大车啃道原因很多，但轨道铺设质量不好，是直接导致大车啃道的重要原因之一。

16.3.3.1　起重机轨道安装技术概述

轨道的安装除了可靠性外，同时必须考虑便于更换，特别是连续生产的场所，更不能忽视这一点。

用来安装轨道的承轨梁，常用的有两种，一种是钢结构梁，一种是混凝土预制梁。混凝土预制梁必须留预埋口，以备安装地脚螺栓。

起重机轨道的安装方法视条件不同而异，有：

(1) 压板固定法　压板上的孔需做成长孔，垂直方向的调整可在钢轨下加垫，每块压板根据受力大小可以制成单孔的或双孔的。

(2) 钩形螺杆固定法　如果在钢制承梁上，翼缘板的宽度不宜大于 400mm，否则钩形螺杆就需很长，而降低了固定的牢固性。

(3) 焊接和螺栓连用固定法　先在地面上将具有长孔的垫板焊接在钢轨或方轨的底部，然后再吊装到承梁的地脚螺栓上固定。

16.3.3.2　起重机轨道的安装方法

(1) 轨道接头可以做成直的或 45°斜的，可使大车轮在接头处平稳过渡，正常接头的缝隙为 1~2mm，在寒冷地区冬季施工或安装前的气温低于常年使用气温 20℃以下时，应考虑温度缝隙，在单根钢轨长 10m 左右时可取 4~6mm(包括正常缝隙)。

(2) 接头处两轨道的横向位移及高低不平差，均不得大于 1mm。

(3) 在同一截面上的轨道高低差，对桥架式起重机，在柱子处不超过 10mm。

(4) 同一侧轨道面，在两根柱子间的标高与相邻柱子间的标高差不得超过 $B/1500$(B 为柱子间距离，单位 mm)，但最大不超过 10mm。

(5) 轨道跨度、轨道中心与承梁中心、轨道不直等误差不得超过如下规定：

① 轨道实际中线对吊装梁实际中线的位置偏差不得超过 10mm。

② 轨道实际中线对安装基准线的位置偏差不应超过 3mm，龙门起重机和装卸桥的轨道不应超过 5mm。

③ 轨道跨度偏差应符合下列要求：

a. 桥式起重机和悬挂起重机不应超过±5mm；

b. 龙门起重机和装卸桥跨度小于或等于 30m，不应超过±8mm；跨度大于 30m，不应超过±10mm。

④ 轨道的纵向不水平度应符合下列要求：

a. 轻轨、重轨、起重机构、方钢和工字钢轨道不应超过 1/1500；轻轨、重轨、起重机轨和方钢应在每根柱子处测量。工字钢应在固定点处测量，在全程上最高点与最低点之差不应大于 10mm；

b. 龙门起重机的装卸桥的轨道不应超过 1/1000，每个 10m 测量一点。

⑤ 方钢和工字钢轨道的横向不水平度不应超过轨道宽度的 1/100。

⑥ 同跨两平行轨道的标高相对差应符合下列要求：

a. 桥式起重机的轨道在柱子处不应大于 10mm，其他处不应大于 15mm；

b. 单梁悬挂起重机的轨道不应大于 5mm；

c. 龙门起重机和装卸桥的轨道不应大于 10mm。

⑦ 两平行轨道的接头位置应错开，其错开距离不应等于起重机前后车轮的轮距。

⑧ 轨道接头应符合下列要求：

a. 接头用对接焊时，焊条和焊缝应符合钢轨的材质和焊接质量的要求，焊好后接头平整光滑；

b. 接头用鱼尾板规格相同的连接板连接时，接头左、右、上三面偏移均不应大于 1mm，接头间隙不应大于 2mm；

c. 伸缩缝处的间隙应符合设计规定，其偏差不应超过±1mm；

d. 用垫板支承的方钢轨道，接头处的垫板宽度应比其他处增加一倍。

⑨ 龙门起重机和装卸桥同一侧面两根轨道的轨偏差不应超过±2mm，其相对标高差不大于 1mm。

⑩ 混凝土吊车梁与轨道之间的混凝土灌浆层（或罩平层）应符合设计规定，浇灌前吊车梁顶面应冲洗干净。

⑪ 钢轨下面用弹性垫板作垫层时，弹性垫板的规格和材质应符合设计规定，紧固螺拴前，钢轨应与弹性垫板贴紧，如有间隙，应在弹性垫板下加垫铁垫实，垫铁的长度均应比弹性垫板大 10~20mm。

⑫ 在钢吊车梁铺设钢轨时，钢轨底面与钢顶面贴紧，如有空隙，其长度超过 200mm 时，应加垫铁垫实，垫铁长度不应小于 100mm，宽度应大于轨道地面 10~20mm，每处垫铁不应超过三层，垫好后应与钢梁焊接固定。

（6）调整轨道符合要求后，应全面复查螺栓的紧固情况。

16.3.4 安全装置的安装

（1）终点挡架（车挡） 起重机运行轨道的终点（共四处），必须安装牢固的终点挡架，防止起重机两端出轨，造成严重事故挡架的高度应与起重机上大车缓冲器的高度相适应。

轨道上的车挡应在吊装起重机前装完，同一跨端的两车挡与起重机缓冲器均应接触，如有偏差应进行调整。

（2）起重机的端梁上装有两个限位开关，当起重机运行到离终点一定距离时，如果由于某种原因没有断电制动，则起重机安全尺碰上限位开关触头，起重机即自行断电制动。

安全尺通用边宽 50mm 以上的等边或不等边角钢制成，它的端部做成斜面。

同一轨道上有两台以上起重机工作时，则起重机相互应装上安全尺以免起重机相撞，并且两台起重机相互作用的缓冲器碰头的高度相等。

（3）安全挡板 上下起重机用的平台，最好不要设在起重机电滑线的同侧，如条件所限，须在同侧时，则应在平台上设有安全挡板（木制或其他绝缘材料）以防止上、下人员时发生触电事故。

16.3.5 大车用电缆的安装

门式起重机和装卸桥的大车如采用电缆供电，则电缆在地面的固定点最好以大车行程中点为原点，当起重机从中点向两端运行时为放缆，从两端向终点运行时为收缆，放缆靠大车拖动，收揽靠电动机带动缆卷筒缠绕(或用弹簧)。

(1) 电缆在地面上的固定，应由能使电缆左右倒向的固定弯夹，尺寸可由使用单位根据所选用的电缆规格进行设计。

(2) 轴销的直径可取 40~50mm。

(3) 可利用尺寸与电缆相适应的无缝钢管或水煤气管制作弯夹。

(4) 混凝土基座的位置与安装在起重机下端梁或支腿上的导向滑轮的位置相适应。

(5) 电缆与弯夹之间，要垫上衬垫物，以防损坏电缆。

(6) 电缆应在弯夹中夹紧，防止拉开电缆接线头。

(7) 电缆接线头与弯夹之间要保持一定的距离，使电缆处于松弛状态。

16.3.6 导电装置

(1) 用于小车供电的移动电缆三种基本形式：

① 钢丝绳拖线；

② 电缆滑车；

③ 电缆拖车。

(2) 起重机电源导电装置绝大部分采用角钢滑线，滑线应由用户自行设计安装，起重机上只备有电源集电器。

(3) 通用桥式起重机电源滑线的安装尺寸参见随机图纸。

(4) 门式起重机一般采用电车线和电缆卷筒供电。

(5) 角钢导电装置　角钢导电是最普遍的小车导电装置，一般采用∠50×50×5 ~∠75×75×8 范围的角钢。固定小车滑线的支架(即电柱)之间的距离不大于 2.5m，而电源滑线支架间距离应不大于 6m。滑线全场允许有接头，接头处用一段 100mm 长的小角钢焊在滑线里面，而接触表面要保持平滑，不平度不大于 0.5mm。如果电源滑线长度超过 50m 时，在建筑物留有伸缩缝的地方，滑线应备有温度补偿装置。

16.3.7 桥式起重机结构的安装

安装前先将焊在主梁腹板上，为运输捆绑用的钩子锯掉。

1. 垫板架的要求

(1) 对整体架设的起重机，应支承在按起重机跨度临时搭起的架子上，使主梁底面离开地面。

(2) 如果梁上能铺设钢轨，则大车轮直接放在钢轨上，否则把支架垫在主梁的下水平盖板靠近主梁两端变高度处，不论用哪种方法，都需用水平仪找正。

(3) 铺钢轨的以钢轨上平面为基准找水平，垫在主梁下的，在端梁宽度中心线上，以离小车轨道中心线等距离的四点上，测量桥架的水平。

(4) 在测量水平位置之前，应将端梁连接好，并防止车轮窜动而影响水平准确性。

2. 组装桥架的检测方法

支承点设在车轮下的桥架，按附图的规定，全面检查起重机的桥架安装质量。如果垫在主梁下，则除主梁上拱度外，其余项目也都可以检查。同时还可以检查大车运行机构的安装质量。在地面上进行安装与检验比架设到空中后再进行要方便得多，同时对超差或损坏部分也便于修复。但由于受安装架设和起升设备条件限制，有时只得拆开部分，架到厂房的承梁轨上后再进行组装，尤其是大吨位起重机。

（1）跨度的测量　测量跨度时，需要准备一个测量长度不大于跨度值的钢盘尺，测量重为15kg以上的弹簧秤一个。

（2）拱度的测量　拱度可用水平仪，连通器和柱钢丝法测量，测量点应在主梁的各筋板上。（筋板位于走台板下支撑角钢处）。

① 用水平仪架设在适当的位置，可直接测出主梁各点的拱度值。

② 用连通器测时，将有带色的水灌置于起重机跨度中的适当位置上，然后移动用软管连接的带有刻度的水管标尺，测得各测点的水位高度，各测点的读数与跨端的读数差，即为各测点的拱度值。测量时应注意软管不要打折。

③ 用拉钢丝法测量需备齐下列几件工具：

a. 15kg重弹簧秤一个；

b. $\phi 0.49 \sim \phi 0.52$mm钢丝若干；

c. 撑杆两根，高度取130mm或150mm；

d. 滑车两个。

对于双滑桥式起重机，可制造两套工具，两根主梁可以同时测量。

3. 主梁水平旁弯的测量

（1）测完拱度，将撑杆去掉，把滑车移到主梁的边上，使钢丝与盖板贴紧，两端取等距离。

（2）跨度中段的最大旁弯$\leqslant S/2000$。

4. 小车轨道高低差的测量

（1）将滑车支在每根轨道纵向中心线上，把撑杆垫在轨道的两端，用钢卷尺测量同一截面上两根轨道的高低差，测量点应在主梁的各筋板上，小车轨道高低差参见规定。

（2）也可用平尺测定，用较长的水平尺直接放在同一截面的两根轨道上测量，没有长水平尺时，可用钢性好的平直尺放在两根轨道上，再把水平尺放在其上面进行测量。

5. 小车轨道偏差的测量

用卷尺或钢尺逐段测量。

6. 对角线的测量

（1）利用水平点测量　利用垫桥架找水平的四个等距离点测量对角线。

（2）利用垂直弯板测量。

（3）以车轮踏在宽度中心为基准，测量对角线是比较理想的。

以上各项测量完后，如有超差，应进行校正和修复。

7. 大车运行机构的安装检查

大车运行机构在制造厂已经装配好，桥式起重机大车运行机构与桥架一起发运。

大车运行机构在起重机组装完成后，进行安装检查。

(1) 检查基准。

(2) 车轮端面的水平偏斜。

(3) 测量跨度。

(4) 车轮找正(包括平行度、垂直度以及同位差)。

装好的运行机构，把制动器松开，用手转动减速器主动轴，使车轮转动一周时，应没有任何卡住的现象。

8. 小车的安装检查

(1) 在制造厂整台安装好的小车，发运到使用单位后，稍经调整即可安装在桥梁架上。

(2) 由于超宽而分开运输的大吨位或特殊起重机的小车，则需重新组装，即将拆开部分按图中的技术要求重新组装紧固好。

(3) 重新组装的小车，应检查小车轮的尺寸是否符合技术要求。

① 小车轮的不平行差、端面的垂直度、同位差的测量方法和允许偏差值与大车运行机构相同。

② 无载时主动轮踏面与轨道接触，被动轮允许有不大于 0.3mm 的间隙(在实验平台和标准轨道上)。负载后主、被动轮的踏面应与轨道面接触。

③ 松开制动器，用手转动减速器主动轴，使车轮旋转一周不应有任何卡涩的现象。

④ 小车轮距的相对偏差(即两边轮距相差)不应大于 4mm。

⑤ 小车轮距偏差，当名义尺寸小于 2500mm 时，其允差为±2mm；当名义尺寸大于 2500mm 时，其允差为±3mm，且主动轮的轮距与被动轮的轮距差不得大于 3mm。

⑥ 带铰接缓冲装置的装卸桥小车，车轮装好后，在无载的情况下，车架的端部上平面只能向下倾斜，倾斜量不应超过 5mm。

⑦ 单主梁小车运行机构的安装，包括垂直反滚轮支腿或水平反滚轮的支腿安装与调整，最好在地面与主梁共同配装。

16.3.8 门式起重机和装卸结构的安装

1. 架桥的安装

(1) 应首先在安装工地选好地段，把几段桥架用预装螺栓连接成一个整体，连接时可以利用已铺设的大车运行轨道面作水平基准。

(2) 需要进行铆接的桁架结构，如果大车运行轨道面高于地面的高度不能满足铆接作业时，可以另搭一个一定高度的架子做为水平基准。

(3) 将桥架横放在轨道或架子上，最好加在与支腿连接用的支撑面上，用水准仪测出两端支撑面上的小车轨道的水平标高。

(4) 单主梁桥架上只有一根轨道，只找出两端各一点的标高相同即可。

(5) 双梁桥架上有两根轨道，须找出两端共四点的标高相同。

(6) 以这两点为零点，用千斤顶垫出抛物线的拱度和翘度，垫拱度和翘度时对于箱形架应垫在大筋板的下边，对于桁架梁应垫在各节点处，小车轨道下边的工字钢也要垫好。

(7) 在测量跨度、桥架对角线偏差、主梁的水平旁弯、小车规矩偏差、同一截面内两根小车轨道的高低差、小车轨道接头处的高低差和侧向借位等各项指标都达到规定的技术要求之后，再将接头处的所有螺栓拧紧。

(8) 铰接孔螺栓连接部分，应按图样规定的公差铰孔后，再用铰制孔螺栓连接，不能随意更改。

2. 支腿与下端梁的安装

（1）箱形结构的支腿一般是整体发运，也有分段拆开运输的，对后者按生产厂加工好的孔眼用规定的螺栓牢固的连接起来即可。

（2）桁架结构的支腿，因是拆开发运的，故需按支腿图纸要求重新组装。

（3）首先用预装螺栓把各构件连接好，然后检查和调整几何尺寸，主要尺寸公差范围参见安装技术要求。

（4）在组装支腿的同时，把驾驶室安装在支腿上，这比支腿立起后再安装驾驶室要方便得多。

3. 支腿与桥架的安装

（1）检查支腿的垂直度、由车轮处量的起重机跨度和车轮处的对角线偏差。

（2）有超差，应利用主梁与支腿之间的垫板进行调整，必要时加偏斜垫。

（3）把所垫的垫片在边缘点焊在支撑面上。

（4）各部分尺寸都合格后，按图纸规定铰制支腿与桥架和下端梁的螺栓孔，用螺栓全部紧固好。

16.3.9 起重机的架设

1. 架设前的准备工作

（1）首先组织安装技术人员和架设工人认真研究和制订架设方案。

（2）安全技术人员应审查安装架设方案，安装人员应尊重安全技术人员对安装架设方案中有关确保安全作业的意见。

（3）安装架设方案应根据施工图纸及有关技术文件中的技术要求，被起升的设备自重、现场具体情况、起升设备的能力等具体条件制订。

（4）架设前要对每件器材进行认真的检查，要检查安装架设场地的地面和空间，有无妨碍架设的物件，如电线和各种管道等。必要时应事先把它们拆掉或采取临时措施，以便保证其他部门工作。

（5）用桅杆架设起重机时，应检查桅杆支撑座的垫实情况和固定桅杆的拉索是否拉得紧，捆绑用的地拴是否牢固。

（6）起升的卷扬机是否正常运转，检查制动装置的工作是否可靠，卷扬机固定是否稳妥，要防止架设起升过程中，在重物的作用下把卷扬机拖动。

（7）检查起升用的上下滑车以及导向滑车有无故障。

（8）捆绑滑车用的钢丝绳是否有足够的强度。捆绑是否牢固。

（9）作起升用的钢丝绳必须具有5倍以上的安全系数，并不许有断丝、弯结和其他损伤。

（10）架设设备的所有转动部位（制动部分除外）都应架上足够的润滑油脂。

2. 试吊装检查

应先将被起升的起重机吊离现场面100~200mm，停留时间认真检查所有起升设备和起升工具，捆绑是否牢固，起升钢丝绳在滑车中穿挂是否正确并向滑车固定的是否得当，起重机的重心是否找合适，拖拉绳是否找合适，拖拉是否得力，桅杆支座有无异样。只有确认各部分没有问题后，才允许作正式架设起升工作。

3. 架设方法

（1）利用移动式起重机进行架设。

（2）利用建筑厂房的桅杆起重机架设。

4. 桥式起重机的架设

（1）通用桥式起重机，起重量小的(75t 以下)多为整体架设。

（2）整体架设的起重机，在地面组装好并检查合格后再架设。

（3）用单桅杆架设时，应把小车捆牢在桅杆处。

（4）用双桅杆架设时，则捆牢在两桅杆之间的任何位置即可。

（5）整体架设的双梁桥式起重机，需在捆绑处的两主梁内板之间撑上支承物(一般用枕木或圆木即可)，且撑在主梁的大筋板上，并用绳索拴住，以防起吊后主梁向内变形。

5. 驾驶室安装

当整体桥架起升到一定高度后(即比操纵室稍高一些后)停止起升，把驾驶室移到走台下，同桥架连接起来，此时应在驾驶室一端的主梁下边垫上事先准备好的具有足够强度的支架，以防起重机下滑。

6. 架设工作基本完成

当起升到比大车运行轨道稍高一些后，利用拖拉绳把架空的起重机拉到位置，对准轨道，放下起重机，至此起重机的架设工作基本完成。

7. 拆除捆绑用的钢丝绳和卸下桅杆

（1）拆除小车和大车捆扎用钢丝绳。

（2）拆卸桅杆等起重用具，按先拆下后拆上的原则，依次拆卸。

（3）监护现场，避免发生重物坠落事故。

（4）拆下的起重工具擦净油垢，做好保养工作。

8. 电气线路的安装及其他安装调试工作

9. 门式起重机和装卸桥的架设

（1）先将小车捆绑在已装好的桥架轨道上，捆绑时应考虑桥架的重心，当桥架起升到稍高于支腿高度之后，把预先以安装好的钢性支腿和挠性支腿分别沿轨道平移到架桥下边放下桥架，用螺栓或铆钉紧固地连接起来。

（2）架设方法：

① 双桅杆架设；

②“门”字形桅杆架设；

③ 移动式起重机架设；

④ 不论采取哪种架设方案，如果条件允许，最好在桥架起升到离地面一定高度后，把驾驶室在地面连接在梁架或小车上，这样比到空中再安装要方便得多。

16.3.10　穿绕起升钢丝绳

1. 检查

（1）检查钢丝绳的型号、规格是否与安装图纸要求相符合。

（2）起重机械用的钢丝绳应符合相关标准要求，不应有腐蚀、硬弯、扭曲和压扁等缺陷。

（3）使用的钢丝绳必须有产品合格证。

(4) 起升机构不得使用编结接长的钢丝绳。

(5) 绳端用铅丝扎紧，不使其松散。

2. 钢丝绳的缠绕

(1) 新钢丝绳(连同缠绕钢丝绳的绳盘)抽出时，应采取措施防止钢丝绳打环、扭结、弯折或粘上杂物。

(2) 按照小车总图上的钢丝绳绕向示图，钢丝绳绕过吊钩上的动滑轮和小车架上的固定滑轮。

(3) 用手转动减速箱高速轴(松开制动器)，使卷筒旋转，钢丝绳在卷筒上应能按顺序整齐排列。

(4) 绳的两端用压板分别固定在卷筒的两端。

(5) 当吊钩处于工作位置最低时，钢丝绳在卷筒上缠绕，除固定绳尾的圈数外，必须不少于2圈。

(6) 如钢丝绳过长，应截至要求尺寸，钢丝绳切断时，应有防止绳股散开的措施。

(7) 钢丝绳工作时，不应有卡阻或其他部件相碰等现象。

16.3.11 起重机的试运转

1. 起重机试运转的准备

起重机试运转前，应按下列要求进行检查：

(1) 液压系统、变速箱、各润滑点及运动机构，所加润滑油的性能、规格和数量应符合随机技术文件的规定。

(2) 制动器、起重量限制器、液压安全溢流装置、超速限速保护、超电压及欠电压保护、过电流保护装置等，应按随机技术文件的要求进行调整和整定。

(3) 限位装置、电气系统、联锁装置和紧急断电装置，应灵敏、正确、可靠。

(4) 电动机的运转方向、手轮、手柄、按钮和控制器的操作指示方向，应与机构的运动及动作的实际方向要求相一致。

(5) 钢丝绳端的固定及其在取物装置、滑轮组和卷筒上的缠绕，应正确、可靠。

(6) 缓冲器、车挡、夹轨器、锚定装置等应安装正确、动作灵敏、安全可靠。

2. 起重机空载试运转

(1) 各机构、电气控制系统及取物装置在规定的工作范围内，应正常动作；各限位器、安全装置、联锁装置等执行动作应灵敏、可靠；操作手柄、操作按钮、主令控制器与各机构的动作应一致。

(2) 起升机构和取物装置上升至终点和极限位置时，其减速终点开关和极限开关的动作应准确、可靠、及时报警断电。

(3) 小车运行至极限位置时，其终点低速保护、极限后报警和限位应准确、可靠。

(4) 大车运行应符合下列规定：

① 移动时应有报警声或警铃声；

② 移动至大车轨道端部极限位置时，端部报警和限位应准确、可靠；

③ 两台起重机间的防撞限位装置应有效、可靠；

④ 供电的集电器与滑触线应接触良好、无掉脱和产生火花；

⑤ 供电电缆卷筒应运转灵活，电缆收放应与大车移动同步，电缆缠绕过程不得有松弛；电缆长度应满足大车移动的需要，电缆卷筒终点开关应准确、可靠；

⑥ 大车运行与夹轨器、锚定装置、小车移动等联锁系统应符合设计要求。

（5）起重机空载试运转应分别进行各档位下的起升、小车运行、大车运行和取物装置的动作试验，次数不应少于 3 次。

3. 起重机静载试运转

（1）起重机的静载试验应符合下列规定：

① 起重机应停放在厂房柱子处。

② 将小车停在起重机的主梁跨中或有效悬臂处，无冲击地起升额定起重量 1.25 倍的荷载距地面 100~200mm 处，悬吊停留 10min 后，应无失稳现象。

③ 卸载后，起重机的金属结构应无裂纹、焊缝开裂、油漆起皱、连接松动和影响起重机性能与安全的损伤，主梁无永久变形。

④ 主梁经检验有永久变形时，应重复试验，但不得超过 3 次。

⑤ 小车卸载后并开到跨端或支腿处，检测起重机主梁的实有上拱度或悬臂实有上翘度，其值不应小于表 16-2 的规定。

表 16-2　起重机主梁实有上拱度或悬臂实有上翘度的最小值

起重机类别	检测部位	最小值/mm
手动单梁起重机、手动双梁起重机、手动悬挂起重机，电动葫芦桥式起重机、通用桥式起重机、冶金起重机、电动葫芦门式起重机、通用门式起重机	主梁跨中 S[①]/10 的范围内	$0.7S/1000$
电动单梁起重机、电动悬挂起重机	主梁跨中 $S/10$ 的范围内	$0.8S/1000$
电动葫芦门式起重机、通用门式起重机、悬臂起重机	有效悬臂处	$0.7L_0$[②]/350

注：①S 为起重机的跨度，mm；②L_0 为有效悬臂的长度，mm。

（2）起重机静载试验后，应以额定起重量在主梁跨中和有效悬臂处检测起重机的静刚度。静刚度值应符合随机技术文件的规定，其检测应符合下列规定：

① 将空载小车开到跨端或支腿处，在主梁跨中或有效悬臂处应定出测量基准点。

② 再将小车开至主梁跨中或有效悬臂处，应起升额定起重量的荷载距离地面 200mm，并应待荷载静止后检测。

③ 起重机主梁或悬臂的静刚度值，应以测量基准点垂直向下移动的距离计。

4. 起重机动载试运转

（1）各机构的动载试运转应分别进行；当有联合动作试运转要求时，应符合随机技术文件的规定。

（2）各机构的动载试运转应在全行程上进行；试验荷载应为额定起重量的 1.1 倍；累计起动及运行时间，电动的起重机不应少于 1h，手动的起重机不应少于 10min；各机构的动作应灵敏、平稳、可靠，安全保护、联锁装置和限位开关的动作应灵敏、准确、可靠。

（3）门式起重机大车运行时，荷载应在跨中。

（4）柱式悬臂起重机在任何工况下，不应有悬臂自主回转和小车失控运行。

（5）卸载后，起重机的机构、结构应无损坏、永久变形、连接松动、焊缝开裂和油漆起皱，液压系统和密封处应无渗漏。

附　录

附录 1　起重机械安装的行政性法规（资料性附录）

随着我国起重行业的发展，起重机械的立法管理也在不断完善。目前，在《特种设备安全监察条例》下，已有《特种设备质量监察与安全监察规定》等 40 多个规章、规范性文件和一系列相关标准及技术规定，初步形成了一整套安全监察法律法规体系，体系的建立，为推进特种设备安全监察工作法制化、规范化、科学化，进一步加快和完善相关安全法制建设提供了保障。

根据 2009 年 1 月 24 日《国务院关于修改〈特种设备安全监察条例〉的决定》修订，修订后的条例自 2009 年 5 月 1 日起施行。本条例共 8 章 103 条。

1.1　第二章　总则

（1）第一条　为了加强特种设备的安全监察，防止和减少事故，保障人民群众生命和财产安全，促进经济发展，制定本条例。

（2）第二条　本条例所称特种设备是指涉及生命安全、危险性较大的锅炉、压力容器（含气瓶，下同）、压力管道、电梯、起重机械、客运索道、大型游乐设施和场（厂）内专用机动车辆。

1.2　第三章　特种设备的使用

（1）第二十五条　特种设备在投入使用前或者投入使用后 30 日内，特种设备使用单位应当向直辖市或者设区的市的特种设备安全监督管理部门登记。登记标志应当置于或者附着于该特种设备的显著位置。

（2）第二十六条　特种设备使用单位应当建立特种设备安全技术档案。安全技术档案应当包括以下内容：

① 特种设备的设计文件、制造单位、产品质量合格证明、使用维护说明等文件以及安装技术文件和资料；

② 特种设备的定期检验和定期自行检查的记录；

③ 特种设备的日常使用状况记录；

④ 特种设备及其安全附件、安全保护装置、测量调控装置及有关附属仪器仪表的日常维护保养记录；

⑤ 特种设备运行故障和事故记录；

⑥ 高耗能特种设备的能效测试报告、能耗状况记录以及节能改造技术资料。

（3）第二十七条　特种设备使用单位应当对在用特种设备进行经常性日常维护保养，并定期自行检查。

（4）第二十八条　特种设备使用单位应当按照安全技术规范的定期检验要求，在安全检验合格有效期届满前 1 个月向特种设备检验检测机构提出定期检验要求。

（5）第三十条　特种设备存在严重事故隐患，无改造、维修价值，或者超过安全技术规范规定使用年限，特种设备使用单位应当及时予以报废，并应当向原登记的特种设备安全监督管理部门办理注销。

(6) 第三十八条　锅炉、压力容器、电梯、起重机械、客运索道、大型游乐设施、场(厂)内专用机动车辆的作业人员及其相关管理人员(以下统称特种设备作业人员)，应当按照国家有关规定经特种设备安全监督管理部门考核合格，取得国家统一格式的特种作业人员证书，方可从事相应的作业或者管理工作。

(7) 第四十条　特种设备作业人员在作业过程中发现事故隐患或者其他不安全因素，应当立即向现场安全管理人员和单位有关负责人报告。

1.3　第七章　法律责任

(1) 第八十三条　特种设备使用单位有下列情形之一的，由特种设备安全监督管理部门责令限期改正；逾期未改正的，处2000元以上2万元以下罚款；情节严重的，责令停止使用或者停产停业整顿：

① 特种设备投入使用前或者投入使用后30日内，未向特种设备安全监督管理部门登记，擅自将其投入使用的；

② 未依照本条例第二十六条的规定，建立特种设备安全技术档案的；

③ 未依照本条例第二十七条的规定，对在用特种设备进行经常性日常维护保养和定期自行检查的，或者对在用特种设备的安全附件、安全保护装置、测量调控装置及有关附属仪器仪表进行定期校验、检修，并作出记录的；

④ 未按照安全技术规范的定期检验要求，在安全检验合格有效期届满前1个月向特种设备检验检测机构提出定期检验要求的；

⑤ 使用未经定期检验或者检验不合格的特种设备的；

⑥ 特种设备出现故障或者发生异常情况，未对其进行全面检查、消除事故隐患，继续投入使用的；

⑦ 未制定特种设备事故应急专项预案的；

⑧ 未依照本条例第三十一条第二款的规定，对电梯进行清洁、润滑、调整和检查的；

⑨ 未按照安全技术规范要求进行锅炉水(介)质处理的；

⑩ 特种设备不符合能效指标，未及时采取相应措施进行整改的。

特种设备使用单位使用未取得生产许可的单位生产的特种设备或者将非承压锅炉、非压力容器作为承压锅炉、压力容器使用的，由特种设备安全监督管理部门责令停止使用，予以没收，处2万元以上10万元以下罚款。

(2) 第八十四条　特种设备存在严重事故隐患，无改造、维修价值，或者超过安全技术规范规定的使用年限，特种设备使用单位未予以报废，并向原登记的特种设备安全监督管理部门办理注销的，由特种设备安全监督管理部门责令限期改正；逾期未改正的，处5万元以上20万元以下罚款。

(3) 第八十六条　特种设备使用单位有下列情形之一的，由特种设备安全监督管理部门责令限期改正；逾期未改正的，责令停止使用或者停产停业整顿，处2000元以上2万元以下罚款：

① 未依照本条例规定设置特种设备安全管理机构或者配备专职、兼职的安全管理人员的；

② 从事特种设备作业的人员，未取得相应特种作业人员证书，上岗作业的；

③ 未对特种设备作业人员进行特种设备安全教育和培训的。

(4) 第八十七条　发生特种设备事故，有下列情形之一的，对单位，由特种设备安全监督管理部门处5万元以上20万元以下罚款；对主要负责人，由特种设备安全监督管理部门处4000元以上2万元以下罚款；属于国家工作人员的，依法给予处分；触犯刑律的，依照刑法关于重大责任事故罪或者其他罪的规定，依法追究刑事责任：

① 特种设备使用单位的主要负责人在本单位发生特种设备事故时，不立即组织抢救或者在事故调查处理期间擅离职守或者逃匿的；

② 特种设备使用单位的主要负责人对特种设备事故隐瞒不报、谎报或者拖延不报的。

(5) 第一百零三条　本条例自2003年6月1日起施行。1982年2月6日国务院发布的《锅炉压力容器安全监察暂行条例》同时废止。

附录2　起重机械的安全操作规程（资料性附录）

2.1　起重机械安全管理人员岗位职责

(1) 熟悉并执行起重机械有关的国家政策、法规，结合本单位的实际情况，制定相应的管理制度。不断完善起重机械的管理工作，检查和纠正起重机械使用中的违章行为。

(2) 熟悉起重机的基本原理、性能、使用方法。

(3) 监督起重机作业人员认真执行起重机械安全管理制度和安全操作规程。

(4) 参与编制起重机械定期检查和维护保养计划，并监督执行。

(5) 协助有关部门按国家规定要求向特种设备检验机构申请定期监督检查。

(6) 根据单位职工培训制度，组织起重机械作业人员参加有关部门举办的培训班和组织内部学习。

(7) 组织、督促、联系有关部门人员进行起重机械事故隐患整改。

(8) 参与组织起重机械一般事故的调查分析，及时向有关部门报告起重机械事故的情况。

(9) 参与建立、管理起重机械技术档案和原始记录档案。

(10) 组织紧急救援演习。

(11) 起重机械安全管理人员必须经专业培训，有特种设备安全监察部门考核合格。

2.2　起重机械作业人员岗位职责

(1) 熟悉并执行起重机械有关的国家政策、法规。

(2) 作业人员必须经过知识培训，由特种设备安全监察部门考核合格后方可上岗。做到持证操作，定期复审。

(3) 有高度责任心和职业道德。

(4) 做到懂性能、懂原理、懂构造、懂用途，会操作，不断提高专业知识水平和工作质量。

(5) 协助起重机械日常检查，配合维护保养人员对起重机械进行检查和维护。

(6) 严守岗位，不得擅自离岗。

(7) 密切注意起重机的运行情况，如发现设备、机件有异常情况或故障，及时向有关部门人员报告，及时排除隐患后方可继续使用，严禁带病运行。

(8) 做好当班起重机械运行情况记录和交接班记录。

(9) 保持起重机械清洁卫生。

2.3 起重机安全技术管理规程

(1) 每台起重设备必须经有关部门确认的持有司机操作证的专职司机操作。

(2) 起重机的侧面或其他明显的部位必须挂有从地面上可看清的起重量标牌。

(3) 禁止在起重机上存放易燃、易爆等危险物品。

(4) 吊具处在下极限位置起升重物时，卷筒上除固定用的钢丝绳外，还应有两圈以上的安全圈。

(5) 禁止从起重机上往地面上扔任何物品。

(6) 工具及备用等必须存放在专用箱中，禁止散放在大车或小车上。拆换的旧部件应及时送回地面

(7) 到起重机上进行检查或修理时，起重机必须断电，并在电源开关处挂上“不准送电”的字样。多机共用同一电源时，应挂在该起重机的保护配电箱的电源开关上，并应在被修理的起重机两侧设上挡器、标志牌和信号灯，必要时设专人守护和指挥，以防临机碰撞。

(8) 必须带电修理时，应该带上绝缘手套和穿上绝缘靴，必须使用绝缘手柄的工具。

(9) 修理用的照明灯电压应在36V以下。

(10) 有可能产生导电的电气设备的金属外壳必须接地。

(11) 夜间作业必须有充足的照明。

(12) 起重机的操纵室中和走台上应备有灭火器，应设有安全绳，以备特殊情况时上下车。

(13) 每年至少有一次对起重机进行全面的安全技术检查工作。

2.4 起重机安全操作规程

(1) 起重机械作业人员必须经过培训考试合格，取得特种设备安全监察机构颁发的《起重机械作业人员证书》，方可独立上岗操作。

(2) 起重机械作业人员应严格遵守起重机安全操作规程。

(3) 起重机械作业人员应了解所用起重机的构造性能，熟悉其工作原理和操作系统、掌握其安全装置的功用和正确的操作方法。

(4) 如有人违反起重机安全技术规程，起重机械作业人员有权拒绝吊运。

(5) 起重机械作业人员应熟记指挥工的指挥信号(手势、哨音、旗语)并应与指挥工密切配合

(6) 在垂直位置起升重物时，禁止斜拉斜吊。

(7) 禁止起吊埋在地下或冻在它物上的重物。禁止用吊具拖拉车辆。

(8) 起重机工作时，禁止任何人停留在起重机上、小车上、起重机轨道上。

(9) 工作停歇时，不得将起重物悬在空中。

(10) 物件起吊时应先稍离地面(200~300mm)试吊，确认吊挂平稳，制动良好，然后升高，缓慢运行。

(11) 起吊物件必须捆绑平稳牢固，棱角快口部位应设衬垫，吊位应正确，起吊件翻身时要掌握重心，应注意人员动向。

(12) 捆缚吊物选择绳索夹角要适当，不得大于120°。遇特殊起吊件时应用专用工具。

(13) 吊运的重物应在安全通道上运行，在没有障碍的线路上运行时，吊具或重物的底面必须起升到离开工作面2m以上。

(14) 在运行线路上需要越过障碍物时，吊具和重物的底面应起升到比障碍物高半米以上。

(15) 禁止吊运重物从头顶上越过，禁止任何人到重物下边工作。

(16) 禁止利用起重机吊具运送或起升人员。

(17) 起重机上的制动器如果出现故障或者没有调好，禁止工作。

(18) 在正常情况下，不应依靠各限位开关作为停车用。

(19) 起重机械作业人员必须集中精神，不准与同室其他人闲谈，不准喝酒、吸烟、和吃东西。

(20) 作业前先空车开动各机构，判断运转是否正常。

(21) 必须听从指挥信号，信号不明或指挥工没有离开危险区域(如指挥工站在重物上或在面设备与重物之间的狭窄地区)之前不准开车。

(22) 由于受环境或其他因素的影响，指挥工发出的信号与司机意见不同时，应发出询问信号，确认指挥信号与指挥意图一致后在操作。

(23) 对捆绑方法不当或吊运中有可能发生危险时，司机应拒绝吊运，并提出改进意见。

(24) 有主、副两套吊具的起重机，应把不工作的吊具升至上限位置，且不准挂其他辅助吊具。

(25) 起重机的遥控器应逐级开动，禁止将遥控器手柄从顺转位置直接反转作为停车用。只有在防止事故发生时方可使用。

(26) 起重机大车小车应缓慢靠近终点，尽量避免碰撞挡驾。应防止与另一台起重机碰撞，只有在了解周围条件的情况下才允许用空负荷的起重机来缓慢地推动另一台起重机。

(27) 在操作过程中，如果听到有不正常的声音时，应立即停车断电进行检查，吊重物时应稳妥放下。

(28) 正在工作的起重机，遇有突然停电或线路电压急剧下降时，应尽快将各控制器转回零位，切断操纵室的总开关，并通知指挥工。如停电重物掉在半空中时，起重机械作业人员和指挥工不准离开岗位，要警戒任何人通过危险区。

(29) 起升机构制动器在工作中突然失灵时，要沉着冷静，必要时将控制器转在低速档上做慢速反复升降动作，同时开动大车或小车，选择安全地区，放下重物。

附录3　常用金属密度表（资料性附录）

常用金属密度表

材料名称		密度 g/cm^3	材料名称		密度 g/cm^3
灰口铸铁		6.6~7.4	不锈钢	1Cr18Ni11Nb、Cr23Ni18	7.90
白口铸铁		7.4~7.7		2Cr13Ni4Mn9	8.50
可锻铸铁		7.2~7.4		3Cr13Ni7Si2	8.00
铸钢		7.80	纯铜材		8.90
工业纯铁		7.87	59、62、65、68黄铜		8.50
普通碳素钢		7.85	80、85、90黄铜		8.70
优质碳素钢		7.85	96黄铜		8.80
碳素工具钢		7.85	59-1、63-3铅黄铜		8.50
易切钢		7.85	74-3铅黄铜		8.70
锰钢		7.81	90-1锡黄铜		8.80
15CrA铬钢		7.74	70-1锡黄铜		8.54
20Cr、30Cr、40Cr铬钢		7.82	60-1和62-1锡黄铜		8.50
38CrA铬钢		7.80	77-2铝黄铜		8.60
铬钒、铬镍、铬镍钼、铬锰、硅、铬锰硅镍、硅锰、硅铬钢		7.85	67-2.5、66-6-3-2、60-1-1铝黄铜		8.50
			镍黄铜		8.50
铬镍钨钢		7.80	锰黄铜		8.50
铬钼铝钢		7.65	硅黄铜、镍黄铜、铁黄铜		8.50
含钨9高速工具钢		8.30	5-5-5铸锡青铜		8.80
含钨18高速工具钢		8.70	3-12-5铸锡青铜		8.69
高强度合金钢		7.82	6-6-3铸锡青铜		8.82
轴承钢		7.81	7-0.2、6.5-0.4、6.5-0.1、4-3锡青铜		8.80
不锈钢	0Cr13、1Cr13、2Cr13、3Cr13、4Cr13、Cr17Ni2、Cr18、9Cr18、Cr25、Cr28	7.75	4-0.3、4-4-4锡青铜		8.90
	Cr14、Cr17	7.70	4-4-2.5锡青铜		8.75
	0Cr18Ni9、1Cr18Ni9、Cr18Ni9Ti、2Cr18Ni9	7.85	5铝青铜		8.20
	1Cr18Ni11Si4AlTi	7.52	锻铝	LD8	2.77
7铝青铜		7.80		LD7、LD9、LD10	2.80
19-2铝青铜		7.60	超硬铝		2.85
9-4、10-3-1.5铝青铜		7.50	LT1特殊铝		2.75
10-4-4铝青铜		7.46	工业纯镁		1.74

续表

材料名称		密度 g/cm³	材料名称		密度 g/cm³
铍青铜		8.30	变形镁	MB1	1.76
3-1 硅青铜		8.47		MB2、MB8	1.78
1-3 硅青铜		8.60		MB3	1.79
1 铍青铜		8.80		MB5、MB6、MB7、MB15	1.80
0.5 镉青铜		8.90	铸镁		1.80
0.5 铬青铜		8.90	工业纯钛(TA1、TA2、TA3)		4.50
1.5 锰青铜		8.80	钛合金	TA4、TA5、TC6	4.45
5 锰青铜		8.60		TA6	4.40
白铜	B5、B19、B30、BMn40-1.5	8.90		TA7、TC5	4.46
	BMn3-12	8.40		TA8	4.56
	BZN15-20	8.60		TB1、TB2	4.89
	BA16-1.5	8.70		TC1、TC2	4.55
	BA113-3	8.50		TC3、TC4	4.43
纯铝		2.70		TC7	4.40
防锈铝	LF2、LF43	2.68	钛合金	TC8	4.48
	LF3	2.67		TC9	4.52
	LF5、LF10、LF11	2.65		TC10	4.53
	LF6	2.64	纯镍、阳极镍、电真空镍		8.85
	LF21	2.73	镍铜、镍镁、镍硅合金		8.85
硬铝	LY1、LY2、LY4、LY6	2.76	镍铬合金		8.72
	LY3	2.73	锌锭(Zn0.1、Zn1、Zn2、Zn3)		7.15
	LY7、LY8、LY10、LY11、LY14	2.80	铸锌		6.86
	LY9、LY12	2.78	4-1 铸造锌铝合金		6.90
	LY16、LY17	2.84	4-0.5 铸造锌铝合金		6.75
锻铝	LD2、LD30	2.70	铅和铅锑合金		11.37
	LD4	2.65	铅阳极板		11.33
	LD5	2.75			

附录4　石油化工机械设备常用润滑油

工业闭式齿轮油(GB 5903—2011)

项目		质量指标																						试验方法
品种		L-CKB				L-CKC											L-CKD							
黏度等级(按 GB/T 3141)		100	150	220	320	32	46	68	100	150	220	320	460	680	1000	1500	68	100	150	220	320	460	680	1000	
运动黏度(40℃)/(mm²/s)		90~110	135~165	198~242	288~352	28. 2~35. 2	41. 4~50. 6	61. 2~74. 8	90. 0~110	135~165	198~242	288~352	414~506	612~748	900~1100	1350~1650	61. 2~74. 8	90. 0~110	135~165	198~242	288~352	414~506	612~748	900~1100	GB/T 265
运动黏度(100℃)/(mm²/s)		—				报告											报告								GB/T 265
外观		—				透明											透明								目测
黏度指数	不小于	90				90									85		90								GB/T 1995
闪点(开口)/℃	不低于	180	200			180			200								180		200						GB/T 3536
倾点/℃	不高于	-8				-12				-9					-5		-12		-200						GB/T 3535
水分(质量分数)/%	不大于	痕迹				痕迹											痕迹								GB/T 260
机械杂质 (质量分数)/%	不大于	0. 01				0. 02											0. 02								GB/T 511
铜片腐蚀试验 (100℃, 3h)	不大于	1				1											1								GB/T 5096
液相锈蚀(24h)		无锈				无锈											无锈								GB/T11143
氧化安定性　总酸值达 2. 0mgKOH/g 时/h	不小于	750		500		—											—								GB/T 12581
旋转氧弹(150℃)/min		报告				—											—								SH/T 0193
氧化安定性(95℃, 312h) 100℃ 运动黏度增长/%	不大于					6											—							报告	GB/ T0123
氧化安定性(121℃, 312h) 100℃ 运动黏度增长/%	不大于	—				—											6								GB/T 0024
沉淀值/mL	不大于					0. 1											0. 1								

续表

项目	质量指标																							试验方法
品种	L-CKB				L-CKC											L-CKD								
黏度等级(按 GB/T 3141)	100	150	220	320	32	46	68	100	150	220	320	460	680	1000	1500	68	100	150	220	320	460	680	1000	
泡沫性(泡沫倾向/泡沫稳定性)/(mL/mL)																								GB/T 12579
程序Ⅰ(24℃) 不大于	75/10				50/0											50/0						75/10		
程序Ⅱ(93.5℃) 不大于	75/10				50/0											50/0						75/10		
程序Ⅲ(后24℃) 不大于	75/10				50/0											50/0						75/10		
抗乳化性(82℃)																								GB/T 8022
油中水(体积分数)/% 不大于	0.5				2.0											2.0						2.0		
乳化层/mL 不大于	2.0				1.0											1.0						4.0		
总分离水/mL 不小于	30.0				80.0											80						50		
极压性能(梯姆肯试验机法) OK 负荷值/N(lbf) 不小于	—				200(45)											267(60)								GB/T 11144
承载能力 齿轮机试验/失效率 不小于	—				10			12		>12						12			>12					SH/T 0306
剪切安定性(齿轮机法)剪切后40℃运动黏度/(mm^2/s)	—				在黏度等级范围内											在黏度等级范围内								SH/T 0200
四球机试验																								GB/T3142 SH/T 0189
烧结负荷(PD)/N(kgf) 不小于	—				—											2450(250)								
综合磨损指数/N(kgf) 不小于																441(45)								
磨斑直径(196N,60min,54℃,1800r/min)mm 不大于																0.35								
组成与特性	由精制矿物油加入抗氧、防锈添加剂调配而成,有严格的抗氧、防锈、抗泡、抗乳化性能要求				由精制矿物油加入抗氧、防锈、极压抗磨剂调配而成,比 CKB 具有较好的抗磨性											由精制矿物油加入抗氧、防锈、极压抗磨剂调配而成,比 CKC 具有更好的抗磨性和热氧化安定性								
主要用途	适用于一般轻载荷的齿轮润滑				适用于中等载荷的齿轮润滑											适用于高温下操作的重载荷的齿轮润滑								

蜗轮蜗杆油(SH/T 0094—1991)

项目		质量指标																				试验方法
品种		L-CKE										L-CKE/P										
质量等级		一级品					合格品					一级品					合格品					
黏度等级(按 GB/T3141)		220	320	460	680	1000	220	320	460	680	1000	220	320	460	680	1000	220	320	460	680	1000	
运动黏度(40℃)/(mm²/s)		198~242	288~352	414~506	612~748	900~1100	198~242	288~352	414~506	612~748	900~1100	198~242	288~352	414~506	612~748	900~1100	198~242	288~352	414~506	612~748	900~1100	GB/T 265
黏度指数	不小于	90					90					90					90					GB/T 1995
闪点(开口)/℃	不低于	200	200	220	220	220	180	180	180	180	180	200	200	220	220	220	180	180	180	180	180	GB/T 3536
倾点/℃	不高于	-6					-6					-12					-6					GB/T 3535
水分/%	不大于	痕迹					痕迹					痕迹					痕迹					GB/T 200
机械杂质/%	不大于	0.02					0.05					0.02					0.05					GB/T 511
中和值/(mgKOH/g)	不大于	1.3					1.3					1					1.3					GB/T 4945
皂化值/(mgKOH/g)		9~25					5~25					不大于 25					不大于 25					GB/T 8021
腐蚀试验(铜片,100℃,3h)/级	不大于	1					1					1					1					GB/T 5096
液相锈蚀试验 蒸馏水 合成海水		 无锈 —					 无锈 —					 — 无锈					 无锈 —					GB/T 11143
沉淀值/mL	不大于	0.05					0.05					—					—					SH/T 13024
硫含量/%	不大于	1.0					1.0					1.25					1.25					SH/T 0303
氯含量[1]	不大于	—					—					0.03					—					SH/T 0161
氧化安定性[2]酸值达 2.0mg KOH/g 时/h	不小于	350					—					350					—					GB/T 12581
泡沫性(泡沫倾向/泡沫稳定性)/(mL/mL) 24℃ 93.5℃ 后 24℃	 不大于 不大于 不大于	 75/10 75/10 75/10					 75/10 75/10 75/11					 75/10 75/10 75/12					 —/300 —/25 —/300					GB/T 12579
抗乳化性(82℃,40-37-3mL)/min	不大于	60					—					60					—					GB/T 7305
组成与特性		由精制矿物油或合成烃加入油性剂等调配而成,具有良好润滑特性和抗氧、防锈性能																				
主要用途		适用于蜗轮蜗杆齿轮之润滑																				

注:①对矿油型,未加含氯添加剂时可不测定含氯量。

②保证项目,每年测一次。

矿物油型液压油（L-HL、L-HM、L-HG）（GB/T 11118.1—2011）

项目		质量指标																					试验方法
品种（按 GB 7631.2）		L-HL							L-HM（高压）				L-HM（普通）						L-HG				
黏度等级（按 GB/T 3141）		15	22	32	46	68	100	150	32	46	68	100	22	32	46	68	100	150	32	46	68	100	
运动黏度/（mm^2/s） 0℃	不大于	140	300	420	780	1400	2560	—	—	—	—	—	300	420	780	1400	2560	—	—	—	—	—	GB/T 265
40℃		13.5～16.5	19.8～24.2	28.8～35.2	41.6～50.6	61.2～74.8	90.0～110	135～165	28.8～35.2	41.6～50.6	61.2～74.8	90.0～110	19.8～24.2	28.8～35.2	41.6～50.6	61.2～74.8	90.0～110	135～165	28.8～35.2	41.6～50.6	61.2～74.8	90.0～110	
黏度指数	不小于	80							95				85						90				GB/T 2541
闪点（开口）/℃	不低于	140	165	175	180	195	205	215	175	185	195	205	165	175	185	195	205	215	175	185	195	205	GB/T 3536
倾点/℃	不高于	-12	-9	-6	-6	-6	-6	-6	-15	-9	-9	-9	-15	-15	-9	-9	-9	-9	-6	-6	-6	-6	GB/T 3535
水分/%	不大于	痕迹							痕迹										痕迹				GB/T 260
机械杂质/%	不大于	无							无										无				GB/T 511
腐蚀试验（铜片，100℃，3h）/级	不大于	1							1										1				GB/T 5096
液相锈蚀（24h）		无锈							无锈										无锈				GB/T 11143
氧化安定性 1500h 后总酸值/（mg KOH/g） 1000h 后总酸值/（mg KOH/g） 1000h 后油泥/mg	 不大于 不大于 	 — —	 2.0 报告						2.0 — — 报告				— — 2.0 报告						— — 2.0 报告				GB/T 12581 SH/T 0565
旋转氧弹（150℃）/min		报告							报告										报告				SH/T 0139
泡沫性（泡沫倾向/泡沫稳定性）/（mL/mL） 程序Ⅰ（24℃） 程序Ⅱ（93.5℃） 程序Ⅲ（后 24℃）	 不大于 不大于 不大于	 150/10 75/10 150/10							 150/10 75/10 150/12										 150/10 75/10 150/10				GB/T 12579
抗乳化性（乳化液到 3mL 的时间）/min 54℃ 82℃	 不大于 不大于	 30 —	 30 —	 30 —	 30 —	 30 —	 — 30	 — 30	 30 —	 30 —	 30 —	 — 30	 30 —	 30 —	 30 —	 30 —	 — 30	 — 30	 报告 —			 — 报告	GB/T 7305
组成与特性		具有防锈、抗氧性的精制矿物润滑油							具有抗磨性的 HL 型油品，不仅具有 HL 油的全部特性，而且具有良好的抗磨性能										具有更好的防黏滑性（防爬性）的 HM 油品				
主要用途		用于通用型机床液压箱和齿轮箱，轻载荷机械的润滑							用于要求抗磨性能较高的中、高压液压系统用油										用于既有液压传动，又有滑动面的系统				

矿物油型液压油(L-HV)和合成烃型液压油(L-HS)(GB/T 11118.1—2011)

项目		质量指标												试验方法
品种(按 GB 7631.2)		L-HV							L-HS					
黏度等级(按 GB/T 3141)		10	15	22	32	46	68	100	10	15	22	32	46	
运动黏度(40℃)/(mm^2/s)		9.00~11.0	13.5~16.5	19.3~24.2	28.8~35.2	41.4~50.6	61.2~74.8	90.0~110	9.00~11.0	13.5~16.5	19.3~24.2	28.8~35.2	41.4~50.6	GB/T 265
运动黏度到 1500mm^2/时的温度/℃	不高于	-33	-30	-24	-18	-12	-6	0	-39	-36	-30	-24	-18	
黏度指数	不小于	130	130	140	140	140	140	140	130	130	150	150	150	GB/T 2541
闪点(开口)/℃	不低于	—	125	175	160	180	180	190	—	125	175	175	180	GB/T 3536
闪点(闭口)/℃	不低于	100	—	—	—	—	—	—	100	—	—	—	—	GB/T 261
倾点/℃	不高于	-39	-36	-36	-33	-33	-30	-21	-45	-45	-45	-45	-39	GB/T 3535
水分/%	不大于	痕迹							痕迹					GB/T 260
机械杂质/%	不大于	无							无					GB/T 511
腐蚀试验(铜片,100℃,3h)/级	不大于	1							1					GB/T 5096
液相锈蚀(24 小时)		无锈							无锈					GB/T 11143
氧化安定性 1500h 后总酸值/(mg KOH/g) 1000h 后油泥/mg	不大于	— —	— —	2.0 报告					— —	— —	2.0 报告			GB/T 12581
旋转氧弹(150℃)/min		报告							报告					SH/T 0139
泡沫性(泡沫倾向/泡沫稳定性)/(mL/mL) 程序Ⅰ(24℃) 程序Ⅱ(93.5℃) 程序Ⅲ(后 24℃)	 不大于 不大于 不大于	 150/0 75/0 150/0							 150/0 75/0 150/0					GB/T 12579
抗乳化性(乳化液到 3mL 的时间)/min 54℃ 82℃	 不大于 不大于	 30 —	 30 —	 30 —	 30 —	 30 —	 30 —	 — 30	 30 —					GB/T 7305
组成与特性		具有更好的黏温特性的 HM 型油品							以合成烃为基础油,具有较低的倾点和良好的黏温特性					
主要用途		用于要求高黏度指数的中、高压液压系统							用于特殊环境及高寒地区作业					

汽轮机油(L-TSA 和 L-TSE)标准(GB 11120—2011)

项目		质量指标							试验方法
		A 级			B 级				
黏度等级(按 GB/T 3141)		32	46	68	32	46	68	100	
运动黏度(40℃)/(mm^2/s)		28.8~35.2	41.4~50.6	61.2~74.8	28.8~35.2	41.4~50.6	61.2~74.8	90.0~110	GB/T 265
黏度指数	不小于	90			85				GB/T 1995
倾点/℃	不高于	-6			-6				GB/T 3535
闪点(开口)/℃	不低于	186		195	186		195		GB/T 3536
密度(20℃)/(kg/m^3)		报告			报告				GB/T 1884 GB/T 1885
酸值/(mgKOH/g)	不大于	0.2			0.2				GB/T 4945
中和值/(mgKOH/g)	不大于	报告			报告				GB/T 4945
机械杂质		无			无				GB/T 511
水分(质量分数)/%		0.02			0.02				GB/T 11133
抗乳化性(乳化液到 3mL 的时间)/min									GB/T 7305
54℃	不大于	15		30	15		30	—	
82℃	不大于	—		—	—		—	30	
泡沫性(泡沫倾向/泡沫稳定性)/(mL/mL)									GB/T 12579
程序Ⅰ(24℃)	不大于	450/0			450/0				
程序Ⅱ(93.5℃)	不大于	50/0			100/0				
程序Ⅲ(后 24℃)	不大于	450/0			450/0				
氧化安定性									
1500h 后总酸值/(mg KOH/g)	不大于	0.3	0.3	0.3	报告	报告	报告	—	SH/T 0565
总酸值达 2.0mg KOH/g 时/h	不小于	— 3500	— 3000	— 2500	— 2000	— 1500	— 2000	— 1000	GB/T 12581
1000h 后油泥/mg		200	200	200	报告	报告	报告	—	
液相锈蚀(24h)		无锈							GB/T 11143
铜片腐蚀(100℃,3h)/级	不大于	1							GB/T 5096
空气释放值(50℃)/min	不大于	5		6	5	6	8	—	SH/T 0308
组成与特性		具有防锈、抗氧性的精制矿物润滑油;TSE 在此基础上增加了极压性能			具有防锈、抗氧性的精制矿物润滑油				
主要用途		TSA(A 级)用于发电机及工业装置的汽轮机组,无需提高齿轮承载能力;TSE 适用于齿轮润滑系统			TSA(B 级)用于发电机及工业装置的汽轮机组,无需提高齿轮承载能力;				

抗氨汽轮机油（SH/T 0362—1996）

项目		质量指标			试验方法
牌号		32	32D	68	GB/T 3141
运动黏度(40℃)/(mm²/s)		28.8~35.2	28.8~35.2	61.2~74.8	GB/T 265
黏度指数	不小于	90	90	90	GB/T 1995
倾点/℃	不高于	-17	-27	-17	GB/T 3535
闪点(开口)/℃	不低于	180	180	180	GB/T 267
酸值/(mgKOH/g)	不大于	0.03	0.03	0.03	GB/T 264
灰分(加剂前)/%	不大于	0.005	0.005	0.005	GB/T 508
水分		无	无	无	GB/T 260
机械杂质		无	无	无	GB/T 511
氧化安定性(酸值达 2.0mg KOH/g 的时间)/h	不大于	1000	1000	1000	GB/T 2581
破乳化时间(54℃)/min	不大于	30	30	30	GB/T 7305
液相锈蚀试验(蒸馏水，24h)		无锈	无锈	无锈	GB/T 1143
抗氨性试验		合格	合格	合格	SH/T 0302

往复式空气压缩机油标准（GB 12691—1990）

项目		质量指标										试验方法
品种		L-DAA					L-DAB					
黏度等级(按 GB/T 3141)		32	46	68	100	150	32	46	68	100	150	
运动黏度/(mm²/s) 40℃		28.8~35.2	41.6~50.6	61.2~74.8	90.0~110	135~165	28.8~35.2	41.6~50.6	61.2~74.8	90.0~110	135~165	GB/T 265
100℃		报告					报告					
闪点(开口)/℃	不低于	175	185	195	205	215	175	185	195	205	215	GB/T 3536
倾点/℃	不高于	-9				-3	-9				-3	GB/T 3535
水分/%	不大于	痕迹					痕迹					GB/T 260
机械杂质/%	不大于	0.01					0.01					GB/T 511
腐蚀试验(铜片，100℃，3h)/级	不大于	1					1					GB/T 5096
液相锈蚀试验(蒸馏水)		—					无锈					GB/T 11143
抗乳化性(40-37-3)/min												GB/T 7305
54℃	不大于	—				—	30		—		30	
82℃	不大于						—					
载荷		轻					中					
润滑油使用条件		1. 排气压力≤1MPa 排气温度≤160℃ 级压力比<3：1 2. 排气压力>1MPa 排气温度≤160℃ 级压力比≤3：1					1. 排气压力≤1MPa 排气温度>160℃ 2. 排气压力>1MPa 排气温度≤140℃ 3. 级压力比>3：1					

轻载荷喷油回转式空气压缩机油(GB 5904—1986)

项目		质量指标						试验方法
品种		L-DAG						
黏度等级		15	22	32	46	68	100	GB/T 3141
40℃黏度/(mm^2/s)±10%		15	22	32	46	68	100	GB/T 265
运动黏度(40℃)/(mm^2/s)		90~110	135~165	198~242	288~352	414~506	612~748	GB/T 265
黏度指数	不大于	90						GB/T 2541
闪点(开口)/℃	不低于	165	175	190	200	210	220	GB/T 267
倾点/℃	不高于	-9						GB/T 3535
水分/%	不大于	痕迹						GB/T 260
机械杂质/%	不大于	0.02						GB/T 511
氧化安定性/h	不大于	1000						GB/T 12581
腐蚀试验(铜片,100℃,3h)/级	不大于	1						GB/T 5096
抗泡性(24℃)mL								GB/T 7305
泡沫倾向	不大于	100						
泡沫稳定性	不大于	0						
破乳化性(40-37-3)/min								GB/T 12580
54℃	不大于	30					—	
82℃	不大于	—					30	
载荷		轻						
润滑油使用条件		1. 排气及气/油温度<90℃,排气压力<0.8MPa 2. 缓和操作条件下,排气压力>0.8MPa						

参 考 文 献

[1] 黄涛勋．初级钳工技术．北京：机械工业出版社，2007

[2] 黄涛勋．中级钳工技术．北京：机械工业出版社，2005

[3] 黄涛勋．高级钳工技术．北京：机械工业出版社，2006

[4]《化工厂机械手册》编辑委员会．化工厂机械手册——通用零部件和化工机器的维护检修．北京：化学工业出版社，1989

[5] 中国石化集团公司人事部，中国石油天然气集团公司人事服务中心．机泵维修钳工．北京：中国石化出版社，2008

[6] 余国琮．化工机械工程手册．北京：化学工业出版社，2003

[7] 成大先．机械设计手册．北京：化学工业出版社，2008

[8] 韩克筠．钳工实用技术手册．江苏：江苏科学技术出版社，2000

[9] 孙庚午．钳工应用手册．郑州：河南科学技术出版社，2000

[10] 沈立智．大型旋转机械状态检测与故障诊断．第四期全国设备状态监测与故障诊断实用技术培训班讲义，2006

[11] 黄钟岳．透平式压缩机．北京：化学工业出版社，2004

[12] 关子杰，钟光飞．润滑油应用与采购指南．北京：中国石化出版社，2010

[13] 蒋明俊，郭小川．润滑脂性能及应用．北京：中国石化出版社，2010

[14] GB/T 21389—2008 游标、带表和数显卡尺

[15] GB/T 1214.1—1996 游标类卡尺 通用技术条件

[16] GB 5806—2003 锉刀分类、编号规则

[17] GB/T 131—2006 产品几何技术规范(GPS) 技术产品文件中表面结构的表示法

[18] GB/T 16455—2008 条式和框式水平仪

[19] GB/T 1182—2008 产品几何技术规范(GPS)几何公差形状、方向、位置和跳动公差标注

[20] GB 50278—2010 起重设备安装工程施工及验收规范

[21] GB 50231—2009 压缩机、风机、泵安装工程施工及验收规范

[22] SH/T 3544—2009 石油化工对置式片复压缩机组施工及验收规范

[23] SH/T 3539—2007 石油化工离心式压缩机组施工及验收规范

[24] SH/T 3538—2005 石油化工机器设备安装工程施工及验收通用规范

[25] SH/T 3516—2012 催化裂化装置轴流压缩机-烟气轮机机组施工技术规程

[26] JB/T 7981—2010 螺纹样板

[27] 杭州汽轮机股份有限公司产品使用说明书